本书受国家自然科学基金，亚热带建筑科学国家重点实验室基金，广东省自然科学基金，广州市科技计划项目基金资助

基于性能的钢筋混凝土结构抗震

——理论研究、试验研究、设计方法研究与工程应用

韩小雷　季　静　著

中国建筑工业出版社

图书在版编目（CIP）数据

基于性能的钢筋混凝土结构抗震——理论研究、试验研究、设计方法研究与工程应用/韩小雷，季静著. —北京：中国建筑工业出版社，2019.2（2021.11重印）
ISBN 978-7-112-23158-4

Ⅰ.①基… Ⅱ.①韩… ②季… Ⅲ.①钢筋混凝土结构-抗震-研究 Ⅳ.①TU375

中国版本图书馆CIP数据核字（2019）第005380号

本书从理论研究、试验研究、设计方法研究和工程应用四个角度，对基于性能的钢筋混凝土结构抗震展开全面研究。主要内容包括基于性能的钢筋混凝土结构抗震设计方法、构件变形限值的理论研究、基于试验结果的构件变形限值统计分析研究、典型构件的拟静力试验研究、RC构件变形限值的验证与修正、强震作用下结构弹塑性分析、地震波的选取方法、设计方法在各类典型结构中的应用、结构变形限值研究、工程实例、结构构件破坏形态预测。

本书可供土木工程专业师生以及从事建筑结构抗震设计的工程人员参考。

责任编辑：徐晓飞　辛海丽
责任校对：王雪竹

基于性能的钢筋混凝土结构抗震
——理论研究、试验研究、设计方法研究与工程应用
韩小雷　季　静　著

*

中国建筑工业出版社出版、发行（北京海淀三里河路9号）
各地新华书店、建筑书店经销
霸州市顺浩图文科技发展有限公司制版
北京建筑工业印刷厂印刷

*

开本：787×1092毫米　1/16　印张：39　字数：948千字
2019年5月第一版　2021年11月第二次印刷
定价：**138.00**元

ISBN 978-7-112-23158-4
（33240）

前　　言

本书经历了近30年的研究过程，前15年在黑暗中摸索，走了很多弯路，同时也积累了一些经验教训，近15年逐渐形成了基于性能的钢筋混凝土结构抗震理论体系。通过仔细的计算分析、大量的试验研究和复杂的工程应用，同时参考了国内外许多专家学者的理论研究和试验结果，在关键技术上取得了突破（地震波选取、纤维模型修正、基于构件的结构弹塑性分析和构件变形指标限值确定等）。在构件层次建立了精细的基于性能的钢筋混凝土结构抗震设计方法；开发了具有自主知识产权的结构设计软件；通过1000多个典型结构的算例分析和35个超限高层建筑结构抗震设计的工程应用，证明了本理论体系、设计方法和分析软件的正确性和可行性；编制了广东省标准《建筑工程混凝土结构抗震性能设计规程》。目前，省内外许多复杂高层建筑结构抗震设计参考了本研究成果。

现行规范的小震设计包含了小震承载力设计＋抗大震构造措施，实际上是一个包含抗大震内容的设计，但对大震作用未能进行量化分析。基于性能的抗震设计思想，实际上是在现行规范小震承载力设计＋抗大震构造措施的基础上，补充了中、大震作用下的拟弹性分析和弹塑性分析，对延性破坏构件进行变形验算，对脆性破坏构件进行承载力复核，确保结构在大震作用下的安全性。

在研究和应用过程中，许多专家学者给予了宝贵的意见和建议。容柏生院士从哲学的高度为我们指明了方向，魏琏教授从技术的角度给予了我们无私的帮助，坚定了我们克服困难的信心和决心，方小丹设计大师从工程的角度让我们看到自己的不足，促使我们不断努力，陈星设计大师的建议让我们将关键技术进一步完善，等等。

本书共分十一章，从理论研究、试验研究、设计方法研究和工程应用四个角度，对基于性能的钢筋混凝土结构抗震展开全面研究。

第1章在研究的基础上提炼出基于性能的钢筋混凝土结构抗震设计方法。

第2章从有限元法的角度，提出钢筋混凝土梁、柱、一字形剪力墙、T形剪力墙、L形剪力墙、工字形剪力墙的破坏形态划分准则和变形指标限值。

第3章通过所收集到的国内外钢筋混凝土梁、柱、剪力墙构件抗震试验结果，统计、回归出钢筋混凝土梁、柱、剪力墙的破坏形态划分准则和变形指标限值。

第4章在第2、3章研究成果的基础上，针对影响构件破坏形态和变形指标限值的参数，设计了9个梁试件、12个柱试件、20个一字形剪力墙试件、12个T形剪力墙试件、12个L形剪力墙试件和20个工字形剪力墙试件，进行拟静力试验，得到了各试件的破坏形态和变形指标限值，直观地建立了钢筋混凝土梁、柱、剪力墙构件变形大小一构件承载能力一构件损坏程度的对应关系。

第5章通过第4章的试验结果，验证第2、3章的研究成果，并对第2、3章研究成果进行了修正，提出工程应用可接受的构件破坏形态划分准则和变形指标限值。

第6章提出改进的钢筋及混凝土材料本构模型、修正的构件宏观纤维模型，论述钢筋混凝土结构弹塑性分析基本原理；采用纤维模型对构件试验结果进行计算模拟；通过钢筋混凝土框架结构、剪力墙结构以及框-剪力墙结构足尺模型的振动台试验结果，验证了所提出的修正纤维模型材料本构及其参数取值的合理性。

第7章通过美国、日本、欧洲等国强震观测台网收集了23万余条地震记录，进行统计分析，提出了与中国规范接轨的不同场地条件的6～10s地震影响系数曲线，完善了中国规范的地震反应谱。考虑中国规范对罕遇地震作用下特征周期增加0.05s的要求，对阻尼比为0.05特征周期为0.25s、0.3s、0.35s、0.4s、0.45s、0.5s、0.6s、0.7s、0.8s和0.95s的各类场地，选出与规范反应谱在统计意义上相符的强震记录，组成弹塑性时程分析的地震波库。

第8章根据中国现行规范设计了一批典型的钢筋混凝土结构，包括27个框架结构、27个剪力墙结构、27个框-剪力墙结构、31个框支剪力墙结构以及18个框-筒结构，采用第一章的设计方法对上述结构模型进行了性能化复核，展示了基于性能的抗震设计方法的可操作性和适用性。

第9章通过对比日本、美国、欧洲、澳洲、中国台湾、中国香港以及中国大陆现行规范在风荷载作用下结构变形控制准则，提出适用于我国规范体系的风荷载作用下结构刚度控制准则；通过对比美国与中国规范在地震作用下结构变形控制准则，提出适用于我国规范体系的地震作用下结构刚度控制准则。

第10章通过八个实际工程应用案例，包括国内的6度、7度（7.5度）、8度（8.5度）设防区和国外的工程，展示本研究提出的基于性能的结构抗震设计方法的适用性和特色。

第11章对框架结构和剪力墙结构构件破坏形态进行预测。

我们在2013年出版了关于结构抗震的第一本学术专著《基于性能的超限高层建筑结构抗震设计》，经过五年多的深入研究，完善了基于性能的钢筋混凝土结构抗震设计，本书是上述专著的姊妹篇，同时本书也是广东省标准《建筑工程混凝土结构抗震性能设计规程》的编制背景材料。

鉴于钢筋混凝土结构弹塑性力学性能的复杂性，且作者水平有限，本书的研究和应用不可避免存在不足之处。欢迎该领域的专家、学者、工程师及广大研究人员批评指正，欢迎来电（Tel：020-87114206）、来信（Email：xlhan@scut.edu.cn）交流讨论。希望你们的参与和讨论，能够帮助我们进一步完善研究和应用，促进我国基于性能的结构抗震不断向前发展。

参加第2章编写的还有戚永乐博士、王骜亚硕士、杨万硕士、李伟琛硕士，参加第3章编写的还有崔济东博士，参加第4章编写的还有孙典龙硕士、龚涣钧硕士、陆怀坤硕士、韦艳丽硕士、林乐斌硕士、潘洲池硕士、谢舜光硕士，参加第5章编写的还有崔济东博士、林乐斌硕士、潘洲池硕士，参加第6章编写的还有林金樾硕士、欧秋望硕士、黄狄昉博士生、邱焱坤硕士生，参加第7章编写的还有尤涛硕士，参加第8章编写的还有刘婉筠硕士、罗煜硕士、谢灿东硕士、肖新瑜硕士，参加第9章编写的还有程炜硕士、杨光硕士，参加第10章编写的还有贺锐波高级工程师、彭樵斌高级工程师、李建乐硕士、林哲硕士、何伟球硕士、黄世怡高级工程师，参加第 11 章编写的还有黎梓健硕士。

本书的理论研究和工程应用是我和我的团队（华南理工大学高层建筑结构研究所）所有老师和研究生共同努力的结果。在此特别感谢郑宜硕士、陈学伟博士、黄超博士、戴金华博士、林生逸硕士、沈雪龙硕士、杨程硕士、陈彬彬博士生、王响博士、刘寒硕士、曹源硕士、周新显博士、乔升访博士、王素裹博士、劳晓春博士、万海涛博士等，是他们的聪明才智和创新性研究，将整个团队的研究工作和工程应用不断向前推进，同时感谢张一璐硕士生对本书的编辑做了大量的工作。

韩小雷　季　静

2018 年 9 月于华南理工大学高层建筑结构研究所

目　　录

第1章　基于性能的钢筋混凝土结构抗震设计方法

1.1　概　　述

基于性能的结构抗震设计方法（Performance-Based Seismic Design of Structure）可以根据不同重现期（小震、中震、大震）的地震作用，对结构、构件或材料的性能（内力、应力、位移、变形、应变等）进行弹性或弹塑性定量细化分析，从而可以预测结构、构件或材料在地震作用下的受力情况损坏程度。通过定量分析强震中结构和构件变形的方法代替目前规范中通过构造措施定性预测结构延性的方法，真正实现基于构件层次的强震定量设计，从而可以准确预测结构抗倒塌安全性及抗倒塌概率，是钢筋混凝土结构抗震设计的发展方向。

该设计方法主要分为以下步骤：

1. 根据建筑物的重要性或使用要求，从宏观的角度设定建筑结构的抗震性能目标，通常从高到低分为A、B、C、D四个等级；

2. 根据抗震性能目标确定不同重现期地震作用下的抗震性能水准，抗震性能水准从高到低可分为1、2、3、4、5五个等级；

3. 根据抗震性能水准确定结构构件的承载力需求和变形需求；

4. 通过小震设计和构件构造，确定结构构件截面和配筋；

5. 通过中震、大震作用下定量、细化的结构弹性或弹塑性分析，复核构件承载力和变形能力。

我国目前抗震规范采用“三水准、两阶段”的设计方法，该方法对建筑物的重要性、结构高度、结构体系以及结构规则性有具体的限制条件，对于以下不符合规范适用范围的建筑结构，应采用基于性能的抗震设计方法进行结构抗震设计。

（1）甲类建筑、超限高层建筑、大跨建筑以及特别不规则建筑的结构抗震设计；

（2）除以上四类建筑外，乙类建筑关键部位和薄弱部位的结构抗震设计；

（3）业主为实现特殊造型或满足震后特殊功能要求的建筑，其整体结构抗震设计或关键部位、薄弱部位结构抗震设计。

1.2　抗震性能目标及抗震性能水准

抗震性能目标从高到低可分为A、B、C、D四个等级，A级需要较高的承载力，延性需求较低；D级需要较高的延性，承载力需求较低。性能目标D是抗震设计的最低要求。

通常可以根据建筑物的重要性和使用功能确定抗震性能目标：

A级，甲类建筑或业主要求地震时和地震后使用功能不能中断的建筑。

B级，乙类建筑或业主要求地震后使用功能必须短期内恢复的建筑。

C级，丙类建筑或延性较好的乙类建筑。

D级，丁类建筑或延性较好的丙类建筑。

不同设防烈度、不同场地土类别上的两栋相同建筑，在罕遇地震作用下的最低性能水准需求应该是相同的。

与抗震性能目标对应的抗震性能水准如表1-2-1所示。

最低抗震性能水准 **表1-2-1**

性能目标 / 性能水准 / 地震水准	A	B	C	D
多遇地震	1	1	1	1
设防烈度地震	1	2	3	4
预估的罕遇地震	2	3	4	5

抗震性能水准与结构、构件震后损坏程度的关系如表1-2-2所示。

各性能水准结构、构件预期的震后性能状况 **表1-2-2**

结构抗震性能水准	宏观损坏程度	损坏部位			继续使用的可能性
		关键构件	普通竖向构件和重要水平构件	耗能构件	
1	完好、无损坏	无损坏	无损坏	无损坏	不需修理即可继续使用
2	基本完好、轻微损坏	无损坏	无损坏	轻微损坏	稍加修理即可继续使用
3	轻度损坏	轻微损坏	轻微损坏	轻度损坏、部分中度损坏	一般修理后可继续使用
4	中度损坏	轻度损坏	部分中度损坏	中度损坏、部分严重损坏	修复或加固后可继续使用
5	比较严重损坏	中度损坏	部分比较严重损坏	比较严重损坏、部分严重损坏	需排险大修

关键构件、普通竖向构件、重要水平构件以及耗能构件应根据工程结构受力特点并结合设计经验进行划分。

结构构件的承载力和延性可以互补，罕遇地震所对应的抗震性能水准应与抗震等级所对应的构造措施对应，抗震性能水准2不应低于抗震等级四级，抗震性能水准3不宜低于抗震等级三级，抗震性能水准4不宜低于抗震等级二级，抗震性能水准5不宜低于抗震等级一级。

基于性能的抗震设计方法可以采用两水准（多遇地震、罕遇地震）、两阶段（多遇地震弹性承载力设计、罕遇地震弹塑性承载力、变形复核）的方法进行结构抗震设计。

对于续建、改建、扩建建筑的新建结构设计应符合《基于性能的钢筋混凝土结构抗震设计规程》（以下简称为《性能抗规》）；对于续建、改建和扩建建筑的已建结构，当按原设计规范满足小震承载力需求，同时满足大震变形复核要求时，可不进行抗震构造加固。

1.3 设计方法

基于性能的抗震设计方法包括小震弹性设计和中、大震弹塑性复核两部分，对应各抗震性能水准，构件承载力和变形能力的要求如表1-3-1所示。

构件设计方法 **表1-3-1**

性能水准＼构件		关键构件	普通竖向构件和重要水平构件	耗能构件
1	正截面	弹性设计	弹性设计	弹性设计
	斜截面	弹性设计	弹性设计	弹性设计
2	正截面	弹性设计	弹性设计	不屈服设计
	斜截面	弹性设计	弹性设计	不屈服设计
3	正截面	不屈服设计或变形校核（L2、Z2、SW2）	不屈服设计或变形校核（L3、Z3、SW3）	极限设计或变形校核（L5）
	斜截面	弹性设计	不屈服设计	极限设计
4	正截面	变形校核（L3、Z3、SW3）	变形校核（L4、Z4、SW4）	变形校核（L6）
	斜截面	不屈服设计	极限设计	最小截面设计
5	正截面	变形校核（L3、Z3、SW3）	变形校核（L5、Z5、SW5）	变形校核（L6）
	斜截面	不屈服设计	最小截面设计	最小截面设计

对性能水准1、2、3采用弹性方法计算时，构件采用承载力进行设计；对性能水准3、4、5采用弹塑性方法计算时，延性破坏构件采用构件变形限值复核构件破坏程度，脆性破坏构件采用承载力复核构件性能。

1. 多遇地震作用下弹性设计时，计算公式应符合式（1-3-1）的规定：

$$\gamma_G S_{GE}+\gamma_{Eh}S_{Ehk}+\gamma_{Ev}S_{Evk}+\psi_w\gamma_w S_{wk}\leqslant R_d/\gamma_{RE} \tag{1-3-1}$$

式中 R_d、γ_{RE}——分别为构件承载力设计值和承载力抗震调整系数；

S_{GE}——重力荷载代表值的效应，γ_G、γ_{Eh}、γ_{Ev}、γ_w分别为重力荷载、水平地震作用、竖向地震作用和风荷载分项系数；

S_{Ehk}——水平地震作用效应标准值，尚应乘以相应的增大系数、调整系数；

S_{Evk}——竖向地震作用效应标准值，尚应乘以相应的增大系数、调整系数；

S_{wk}——风荷载效应标准值；

ψ_w——风荷载组合值系数，应取0.2。

2. 设防烈度地震或预估的罕遇地震作用下弹性设计时，计算公式应符合式（1-3-2）的规定：

$$\gamma_G S_{GE}+\gamma_{Eh}S^*_{Ehk}+\gamma_{Ev}S^*_{Evk}\leqslant R_d/\gamma_{RE} \tag{1-3-2}$$

式中 S^*_{Ehk}——水平地震作用效应标准值，不考虑与抗震等级有关的增大系数；

S_{Evk}^{*}——竖向地震作用效应标准值，不考虑与抗震等级有关的增大系数。

3. 设防烈度地震或预估的罕遇地震作用下不屈服设计时，计算公式应符合式（1-3-3）的规定，水平长悬臂结构和大跨度结构中的关键构件正截面承载力尚应符合式（1-3-4）的规定：

$$S_{GE}+S_{Ehk}^{*}+0.4S_{Evk}^{*}\leqslant R_{k} \quad (1\text{-}3\text{-}3)$$

$$S_{GE}+0.4S_{Ehk}^{*}+S_{Evk}^{*}\leqslant R_{k} \quad (1\text{-}3\text{-}4)$$

式中 R_k——构件承载力标准值，按材料强度标准值计算。

4. 设防烈度地震或预估的罕遇地震作用下极限设计时，计算公式应符合式（1-3-5）的规定，水平长悬臂结构和大跨度结构中的关键构件正截面承载力尚应符合式（1-3-6）的规定：

$$S_{GE}+S_{Ehk}^{*}+0.4S_{Evk}^{*}\leqslant R_{u} \quad (1\text{-}3\text{-}5)$$

$$S_{GE}+0.4S_{Ehk}^{*}+S_{Evk}^{*}\leqslant R_{u} \quad (1\text{-}3\text{-}6)$$

式中 R_u——构件承载力极限值，计算时材料强度可取高于标准值的平均值。

5. 设防烈度地震或预估的罕遇地震作用下最小截面设计，钢筋混凝土竖向构件的受剪截面应符合式（1-3-7）的规定，钢-混凝土组合剪力墙的受剪截面应符合式（1-3-8）的规定。

$$V_{GE}+V_{Ek}^{*}\leqslant 0.15f_{ck}bh_{0} \quad (1\text{-}3\text{-}7)$$

$$(V_{GE}+V_{Ek}^{*})-(0.25f_{ak}A_{a}+0.5f_{spk}A_{sp})\leqslant 0.15f_{ck}bh_{0} \quad (1\text{-}3\text{-}8)$$

式中 V_{GE}——重力荷载作用下的构件剪力（N）；

V_{Ek}^{*}——地震作用标准值的构件剪力（N），不需要考虑与抗震等级有关的增大系数；

f_{ck}——混凝土轴心抗拉强度标准值（N/mm^2）；

f_{ak}——剪力墙端部暗柱中型钢的强度标准值（N/mm^2）；

A_a——剪力墙端部暗柱中型钢的截面面积（mm^2）；

f_{spk}——剪力墙墙内钢板的强度标准值（N/mm^2）；

A_{sp}——剪力墙墙内钢板的横截面面积（mm^2）。

6. 构件变形校核时，验算公式应符合式（1-3-9）的规定：

$$\delta\leqslant[\delta] \quad (1\text{-}3\text{-}9)$$

式中 δ——构件在1～6不同性能水准下的变形需求；

$[\delta]$——与构件允许破坏程度对应的构件变形限值。

1.4 变形指标限值

变形指标限值是评判结构、构件和材料性能状态的重要指标，从宏观到微观可以分为结构变形指标限值（层间位移角、结构顶点位移角）、构件变形指标限值（构件弹塑性转角）和材料变形指标限值（材料应变）。

1. 材料应变限值

弯曲破坏和弯剪破坏的构件，不同损坏程度对应的应变限值不应超过表1-4-1的规定。

不同损坏程度的材料应变限值　表 1-4-1

材料	无损坏	轻微损坏	轻度损坏	中等损坏	比较严重损坏	严重损坏
混凝土压应变	0.002	0.004	0.0064	ε_{cu}且<0.020	1.5ε_{cu}	1.8ε_{cu}
钢筋拉应变	f_y/E_s	0.015	0.030	0.6ε_{su}且<0.05	0.9ε_{su}且<0.080	0.100
钢材应变	f_y/E_s	0.010	0.015	0.025	0.040	0.060

2. 构件的变形限值

钢筋混凝土结构的构件可以分为梁、柱、剪力墙三种。

梁构件的变形限值见表 1-4-2。

钢筋混凝土梁的塑性转角限值　表 1-4-2

构件参数		性能水准					
		无损坏	轻微损坏	轻度损坏	中度损坏	比较严重损坏	严重损坏
弯控							
m	ρ_v						
≤0.2	≥0.012	0.004	0.016	0.024	0.031	0.039	0.044
≥0.8	≥0.012	0.004	0.018	0.029	0.039	0.049	0.054
≤0.2	≤0.001	0.004	0.010	0.011	0.013	0.014	0.017
≥0.8	≤0.001	0.004	0.012	0.016	0.020	0.024	0.029
弯剪控							
m	ρ_{sv}						
≤0.5	≥0.008	0.004	0.009	0.014	0.019	0.024	0.026
≥2.5	≥0.008	0.004	0.007	0.009	0.012	0.014	0.016
≤0.5	≤0.0005	0.004	0.007	0.009	0.012	0.014	0.016
≥2.5	≤0.0005	0.004	0.005	0.007	0.008	0.009	0.012

注：1. 表中可以采用线性插值方法得到相应的位移角限值；
2. 当构件具有多种可能的破坏形态时，则采用表中所列的较小值。

柱构件的变形限值见表 1-4-3。

钢筋混凝土柱的塑性转角限值　表 1-4-3

构件参数		性能水准					
		无损坏	轻微损坏	轻度损坏	中度损坏	比较严重损坏	严重损坏
弯控							
$-\bar{n}$	ρ_v						
≤0.1	≥0.021	0.004	0.018	0.027	0.037	0.046	0.056
=0.6	≥0.021	0.004	0.013	0.018	0.022	0.027	0.030
≤0.1	≤0.001	0.004	0.015	0.022	0.029	0.036	0.042
=0.6	≤0.001	0.004	0.009	0.011	0.012	0.013	0.014

续表

构件参数		性能水准					
		无损坏	轻微损坏	轻度损坏	中度损坏	比较严重损坏	严重损坏
弯剪控							
$\overline{n}$	m						
≤0.1	≤0.6	0.003	0.013	0.020	0.026	0.033	0.040
=0.6	≤0.6	0.003	0.009	0.011	0.014	0.016	0.018
≤0.1	≥1.0	0.003	0.011	0.016	0.021	0.026	0.028
=0.6	≥1.0	0.003	0.008	0.009	0.011	0.012	0.014

注：1. 表中可以采用线性插值方法得到相应的位移角限值；
2. 当构件具有多种可能的破坏形态时，则采用表中所列的较小值；
3. 轴压力系数$\overline{n}$大于0.6时，RC柱位移角限值为表中$\overline{n}$等于0.6的数值乘以2.5($1-\overline{n}$)。

剪力墙构件的变形限值见表1-4-4采用。

钢筋混凝土剪力墙的位移角限值 **表1-4-4**

构件参数		性能水准					
		无损坏	轻微损坏	轻度损坏	中度损坏	比较严重损坏	严重损坏
弯控							
$\overline{n}$	ρ_v						
≤0.1	≥0.025	0.003	0.011	0.016	0.022	0.025	0.028
=0.4	≥0.025	0.003	0.010	0.013	0.017	0.020	0.022
≤0.1	≤0.004	0.003	0.008	0.010	0.011	0.013	0.015
=0.4	≤0.004	0.003	0.007	0.008	0.009	0.010	0.011
弯剪控							
$\overline{n}$	m						
≤0.1	≤0.5	0.003	0.010	0.013	0.017	0.020	0.021
=0.3	≤0.5	0.003	0.008	0.011	0.013	0.015	0.016
≤0.1	=2.0	0.003	0.008	0.010	0.011	0.013	0.015
=0.3	=2.0	0.003	0.007	0.008	0.010	0.011	0.013

注：1. 表中可以采用线性插值方法得到相应的位移角限值；
2. 当构件具有多种可能的破坏形态时，则采用表中所列的较小值；
3. 弯控轴压力系数$\overline{n}$大于0.4时，RC剪力墙位移角限值为表中$\overline{n}$等于0.4的数值乘以1.7($1-\overline{n}$)，弯剪控轴压力系数$\overline{n}$大于0.3时，RC剪力墙位移角限值为表中$\overline{n}$等于0.3的数值乘以1.4($1-\overline{n}$)。

3. 结构变形限值

多遇地震作用下楼层层间位移角最大值不宜大于1/500，计算中以楼层最大的水平位移差计算，不扣除整体弯曲变形。计算地震作用下的层间位移时不考虑偶然偏心的影响。

罕遇地震作用下楼层最大有害层间位移角限值应符合表1-4-5的要求。

有害层间位移角限值　　表 1-4-5

结构类型	限值
框架	1/50
框架—剪力墙、框架—核心筒、板—柱—剪力墙、筒中筒、剪力墙、带加强层的巨型框架—核心筒	1/250
部分框支剪力墙结构的转换层	1/350

1.5　地震波的选取

规范反应谱是规范对结构抗震安全性的要求，所选地震波的平均地震影响系数曲线应与振型分解反应谱法所采用的地震影响系数曲线在统计意义上相符。

本书第 7 章通过对美国和日本强震记录地震波库的地震波进行统计回归，结合中国规范反应谱的取值，针对不同场地条件，建立了与中国规范反应谱一致的地震波库，进行结构弹性和弹塑性地震反应计算时可直接选用。

弹性时程分析时，每条时程曲线计算得到的结构底部剪力与振型分解反应谱法计算得到的底部剪力误差不应大于 15%，不少于七条时程曲线计算得到的结构底部剪力平均值与振型分解反应谱法计算得到的底部剪力误差不应大于 10%。

当输入地震加速度时程少于 7 条时，取地震作用效应最大值；当输入地震加速度时程不少于 7 条时，可取地震作用效应平均值；当输入地震加速度时程不少于 14 条，且来自同一次地震动的地震加速度时程不超过 2 条时，可排除 1 条（或 2 条同一次地震的不同场地加速度时程）地震作用效应特别大的结果，同时排除 1 条（或 2 条）地震作用效应最小的结果，取剩余地震作用效应平均值。

第2章 构件变形限值的理论研究

2.1 概 述

钢筋混凝土结构由钢筋混凝土构件组成，钢筋混凝土构件由钢筋和混凝土两种材料组成，材料特性（屈服强度、强度最大值、极限强度、屈服应变、极限应变等）决定了构件性能（承载力、延性、损坏程度等）。因此，可以通过钢筋混凝土弹塑性理论和计算力学原理建立构件的承载能力、变形能力、损坏程度与材料应变的对应关系，同时可以建立构件变形与构件损坏程度的对应关系，从而通过地震作用下的构件弹塑性变形预测构件的损坏程度和结构抗倒塌能力，这是基于性能的钢筋混凝土结构抗震设计的关键技术。

本章从理论研究的角度提出确定钢筋混凝土构件（梁、柱、“一”字剪力墙、“T”形剪力墙、“L”形剪力墙和工字形剪力墙）变形指标限值的方法。首先，阐述基于有限元模拟的研究方法，说明有限元分析模型的参数选取；接着，基于材料应变确定划分构件不同性能水准变形限值的原则。在此基础上，提出6种钢筋混凝土基本构件破坏形态的划分方法以及变形指标限值的确定方法。

2.1.1 钢筋混凝土构件有限元分析方法

理论研究采用有限元模拟的方法，其优点在于能较为准确地捕捉到构件受力、变形、破坏的主要特征点，反映构件的真实状况；同时，数值模拟能涵盖大量具有不同参数的试件，并且不需要高昂的时间和经济成本。本系列理论研究采用通用有限元软件ABAQUS，对各不同类型、不同参数的构件进行非线性有限元分析，得到每一个构件的破坏形态和变形指标限值；通过统计分析，提出每一类构件破坏形态的划分标准和变形指标限值的确定方法，为钢筋混凝土结构基于性能的抗震设计提供技术参考。

构件的模型采用细观有限元模拟方法，即构件混凝土部分采用细观立体单元，构件的钢筋部分采用桁架单元，两者的连接采用自由度耦合的方法，在ABAQUS中通过embedded约束实现。混凝土材料本构采用损伤塑性本构（Concrete Damaged Plasticity），能较好地描述混凝土在进入高度非线性后的行为；钢筋采用二折线模型，考虑了钢筋屈服后的强化。由于计算中加载方式为单调加载，材料滞回准则对加载的计算结果基本没有影响。混凝土塑性损伤本构模型的关键参数取值见表2-1-1。

材料参数取值 表2-1-1

参 数	取值	参 数	取值
Dilation Angle（膨胀角）	38°	K（影响屈服面形状的系数）	2/3
Eccentricity（偏心率）	0.1	Viscosity Parameter（黏性系数）	0.0001～0.0005
f_{b0}/f_{c0}（双轴强度与单轴强度比）	1.16		

在以上参数中，混凝土膨胀角的取值并未有统一的定论，大部分学者取值在 36°～40°之间[1]。Jankowiak[2]等通过对材料试验数据的最优化拟合，认为取 38°是最合理的。其他参数大部分是半实验半经验的取值，此处选取的数值均为最常用的。

加载方式采用单调推覆加载，首先在构件正上方以力加载的方式施加一轴力（梁除外），然后以位移加载的方式进行水平推覆加载，水平加载过程中轴力保持不变。采用单调加载的主要原因是其能较为可靠地反映构件的峰值承载能力以及变形能力，虽然相对于往复加载两者会有所偏差，但差别并不大；再者，为了进行大量的数值模拟，实现往复加载需要的计算成本非常巨大，因此，此处采用单调加载的方式进行。往复加载对构件变形性能的影响通过材料低周往复疲劳的应变限值折减得以间接考虑。

2.1.2　性能水准划分准则

构件性能水准指在给定地震地面运动下构件应该具有的承载能力或变形能力，最终将破坏程度与修复的费用相关联，实现对结构安全和经济损失的评价和控制。我国《抗规》[3]附录 M 中给出了实现抗震性能设计目标的参考方法，其中将性能目标（性能要求）分为 4 等，根据对破坏状态的描述将性能水准分为 6 级，分别为：完好、基本完好、轻微损坏、轻中等破坏、中等破坏和不严重破坏。其中，根据《抗规》[3]的描述，对于不严重破坏水准承载能力下降少于 10%。但试验证明水平承载能力的下降并不意味着结构的倒塌，对于延性较好的构件，水平承载能力在峰值后下降速度缓慢，对应的变形能力是可以利用的；美国 ASCE 41-13[4]中将弯曲控制的 RC 剪力墙防止倒塌性能点 CP 定义在图 2-1-1 中的 E 点，而 E 点水平承载能力 c 为等效屈服水平承载能力的 0.20～0.75 倍，具体值与构件参数有关。结合试验和美国规范，本研究将规范中的第 6 个性能水准不严重破坏划分为比较严重破坏和严重破坏，得到 RC 构件共 7 个性能水准以及 6 个划分性能水准的变形指标限值，见图 2-1-2。

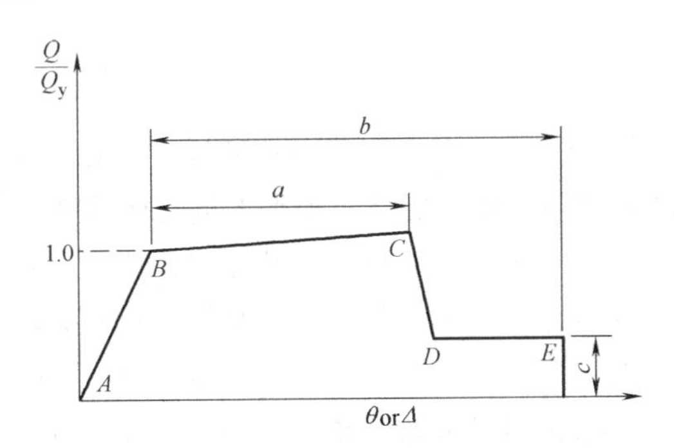

图 2-1-1　ASCE 41-13 弯曲控制剪力墙等效骨架曲线

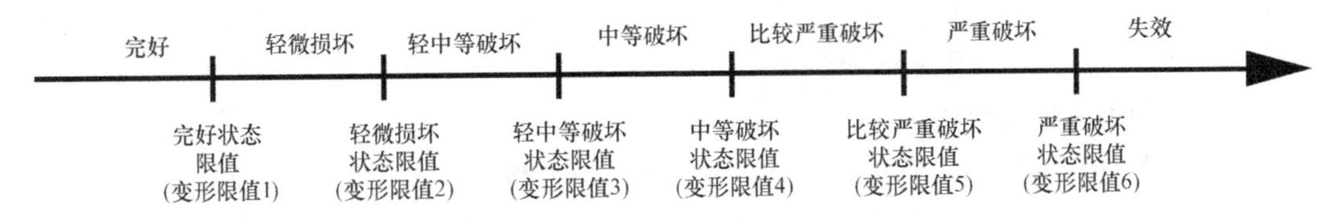

图 2-1-2　7 个性能水准和 6 个性能水准限值

不同学者、不同国家规范对划分性能水准的准则不尽相同，其中主要有两种方法：一种是根据构件的骨架曲线特征点直接划分，如美国 ASCE 41[4]；另一种是根据材料的应变进行划分，如土耳其的性能抗震规范 TSC-07。关于根据材料应变划分的方法，部分学者直接根据截面分析方法来计算构件塑性区变形限值，也有学者通过构件的有限元模拟来确定变形限值。本研究采用基于材料应变限值同时参考力-位移曲线特征的方法确定性能水准，其优势在于既能较为准确地将破坏程度（用材料应变表征）以至修复费用与性能水准相对应，又能从承载能力的角度保证构件的宏观安全性。基本思路是以材料应变限值为基础，定出对应的构件变形限值，但对于最后两个变形限值点，必须同时参考力-位移曲线下降段特征，以保证用应变得到的变形限值不能大于力-位移曲线下降到一定程度的变形限值，保证结构安全。下面针对延性破坏（弯曲和弯剪破坏）6 个性能指标限值以及脆性破坏（剪切破坏）的 2 个性能指标限值，分别确定对应的材料应变限值以及承载能力下降范围（对于最后 2 个限值）。

（1）弯曲和弯剪破坏

1）完好

“完好”对应于构件处于弹性状态，对应于“三水准”中的“小震不坏”，通过结构弹性内力计算、内力组合、配置钢筋实现，可为力控制也可为变形控制。“完好”状态的意义在于结构不需修复可继续使用，处于弹性状态，可能出现细微裂缝但不影响使用和弹性承载能力。针对完好状态的材料应变限值，钢筋为屈服点对应应变；对于受压混凝土，一般非约束混凝土峰值应力对应应变在 0.002 附近，混凝土应变到达峰值应力对应应变前内部几乎没有裂缝或仅产生非常细微的裂缝[5]，并且对于压弯构件，由于截面存在正应力梯度，最外层混凝土应变达 0.002 后泊松效应逐渐出现，其横向膨胀受内部低应变混凝土的约束，压弯构件混凝土应变达 0.002 一般处于完好状态。

因此，完好状态的材料应变限值为：a. 混凝土压应变不超过 0.002；b. 钢筋受拉或受压应变不超过屈服应变 ε_y。

2）轻微损坏

“轻微损坏”可认为对应于 FEMA273[6] 文件中定义的“Immediate Occupancy”，其状态描述为：结构的破坏非常有限，主要的竖向和水平抗力构件强度及刚度几乎与地震前相同，可能需要一些小的修复。FEMA356[7] 对 IO 状态描述为：结构没有残余变形，结构保持了原来的强度和刚度，结构构件出现轻微裂缝。因此，轻微损坏的主要特征为：钢筋已屈服但进入非线性程度不大，混凝土局部轻微开裂、无剥落。Priestley[8] 认为对应于 Vision 2000[9] 的 Fully Operational 性能水准，混凝土剥落压应变限值为 0.004，并认为此值偏保守；钢筋应变限值为 0.015，此时残余裂缝宽度在 0.5～1.0mm，可采用灌注环氧树脂或构件表面抹灰的方法进行修补。文献［10］认为在轴力作用下，对应混凝土表层剥落的应变为 0.004，但这是在单轴加载作用下得到的结论，对于 RC 受弯或压弯构件，应力梯度能使得剥落应变有所增大。

根据以上对轻微损坏的描述以及不同学者对相应材料应变限值的讨论，轻微损坏状态的材料限值为：a. 混凝土压应变不超过 0.004；b. 钢筋拉应变不超过 0.015。

3）轻中等破坏

“轻中等破坏”处于轻微损坏与中等破坏间，可认为相当于美国性能水准体系中，介于 IO 与 LS 之间的 Damage Control Range，但此处定义的是一个水准限值，而非一个区间。轻中等破坏的主要特征为：钢筋与混凝土应变相比轻微损坏状态进一步发展，受压混凝土保护层剥落，构件裂缝宽度一般控制小于 2mm。对应于这种破坏状态，可采用在构件表面加设钢板或粘贴纤维材料的方法进行加固。受弯构件混凝土剥落应变 ε_{spall} 一般在 0.003～0.006 范围内[10]，FEMA306[11] 推荐 0.004～0.005，ASCE 41-13[4] 及 ATC 40[12] 推荐 0.005。综上，认为受弯构件表层混凝土剥落应变取 0.005 是适合的，为控制裂缝宽度小于 2mm，受拉钢筋应变按轻微损坏中的限值同比放大，为 0.030。

因此，轻中等破坏的材料限值为：a. 混凝土压应变不超过 0.005；b. 钢筋拉应变不超过 0.030。

4）中等破坏

“中等破坏”可认为处于美国性能水准中的 Life Safety 前，构件表面混凝土保护层有较大范围剥落，裂缝宽度较大，核心区混凝土未严重压碎，需要及时修复才可继续安全使用。《抗规》[3] 从承载能力的角度认为中等破坏状态对应承载能力达到极限值后维持稳定，降低少于 5%。因此，中等破坏的特征为：受拉钢筋进一步进入非线性，约束混凝土开始局部出现压碎。对于约束混凝土极限应变 ε_{cu}，一个偏保守的值为[13]：

$$\varepsilon_{cu}=0.004+\frac{1.4\rho_v f_{yh}\varepsilon_{su}}{f'_{cc}} \tag{2-1-1}$$

式中　ρ_v——体积配箍率；

ε_{su}——箍筋极限拉应变；

f'_{cc}——约束混凝土峰值强度；

f_{yh}——箍筋屈服强度。

对于常用的配箍率，ε_{cu} 通常在 0.012～0.050 的范围内，考虑到实际工程与试验的区别，宜对 ε_{cu} 设置上限，一般认为 0.020 是合理的。钢筋受拉应变限值定为 0.038，此值是由“轻中等破坏”和“比较严重破坏”钢筋限值插值得到。

因此，中等破坏的材料限值为：a. 混凝土应变不超过极限应变 $\varepsilon_{cu}<0.020$；b. 钢筋受拉应变不超过 0.038。

5）比较严重破坏与严重破坏

“比较严重破坏”可认为与美国性能水准的 Limited Safety Range 相当，但此处为性能水准点，并非一个区间；而“严重破坏”可认为与 Collapse Prevention 相当。FEMA 273[6] 对 CP 的描述为：结构发生严重破坏，水平抗侧体系刚度和强度有显著下降，结构残余变形较大，但竖向承载能力退化较小，主要抵抗重力的体系继续发挥作用。比较严重破坏时，钢筋受拉达到极限应变 ε_{su}（即峰值应力对应的应变，非伸长率），注意到如此大应变作用下，钢筋的低周疲劳性能显得尤为重要，由于地震荷载是往复荷载，必须考虑疲劳问题。Priestly 推荐 ε_{su} 取值为钢筋单调加载极限应变的 0.6 倍，以充分考虑往复疲劳问题[14]，ASCE 41 推荐考虑了低周疲劳后的受拉纵筋极限应变为 0.050[4]。根据《钢筋混凝土用钢》[15] 的规定，HRB400 钢筋最大力下伸长率为 0.075，断后伸长率为 0.160。因此，ε_{su} 取值为 0.075 的 0.6 倍，为 0.045；而对于断后伸长率 ε_{sf}，同样按 0.6 倍考虑疲劳问题的影响，取值为 0.160 的 0.6 倍，近似取为 0.100。因此，对于比较严重破坏和严重破坏，钢筋受拉应变限值分别为 0.045 和 0.100，其对应物理含义为考虑低周疲劳荷载的极限应变（对应峰值应力）以及断裂应变；混凝土应变限值则分别定为 $1.5\varepsilon_{cu}$ 和 $1.8\varepsilon_{cu}$。

为了保证剪力墙的整体抗倒塌能力，对于比较严重破坏和严重破坏性能水准，必须同时参考力-位移曲线下降段特征，一般认为承载能力下降超过峰值的 15%达到极限状态，本研究将此定为比较严重破坏的承载力限值；而对于延性好的构件，有较好的变形能力而不会立刻倒塌，因此将承载能力下降 30%定为严重破坏的承载能力限值。

因此，比较严重破坏限值为：a. 混凝土应变不超过 $1.5\varepsilon_{cu}$；b. 钢筋应变不超过 $\varepsilon_{su}=0.045$；c. 承载能力下降不超过 15%。

严重破坏限值为：a. 混凝土应变不超过 $1.8\varepsilon_{cu}$；b. 钢筋应变不超过 $\varepsilon_{su}=0.100$；c. 承载能力下降不超过 30%。

（2）剪切破坏

剪切破坏相比于弯曲和弯剪破坏，延性很差，属于脆性破坏，其力-位移曲线超过峰值后下降非常突然；因此，对于剪切破坏本研究只定义两个性能水准，即完好与比较严重破坏。“完好”与上述延性破坏的定义相同，其限值即为弹性段的终结点，可认为处于完好状态的构件属于力控制范围；对于比较严重破坏，美国 ASCE41 对于剪切控制的剪力墙 LS 水准变形指标对应在简化骨架曲线下降段的中间[4]；有学者通过统计分析认为剪力墙剪切应变是造成剪力墙腹板区开裂的原因，发现剪切应变达到 0.015 时作为剪切破坏的极限状态是合适的[16]，此处选取混凝土剪切应变达 0.015 作为判断发生剪切破坏构件达到“比较严重破坏”的准则。

综上，RC 构件 6 个性能水准的划分准则见表 2-1-2。

RC 构件性能水准划分准则 **表 2-1-2**

性能水准	构件状态描述	混凝土压应变	钢筋拉应变	承载能力
完好	构件产生微小裂缝，卸载后无残余变形，基本处于弹性状态，不需修复	0.002	f_{yk}/E_s	—
轻微损坏	结构构件表面混凝土未剥落，裂缝处受拉钢筋屈服，卸载后残余裂缝宽度小于 1mm，可以采用灌注环氧树脂或构件表面抹灰修复	0.004	0.015	—
轻中等破坏	混凝土保护层开始脱落，但核心区混凝土完好，卸载后构件的残余裂缝宽度一般控制小于 2mm，采用表面加设钢板或粘贴纤维材料加固	0.005	0.030	—
中等破坏	构件表面的混凝土保护层剥落，裂缝宽度较大，核心区混凝土未压碎，卸载后残余裂缝宽度大于 2mm，修复费用经济合理	$\varepsilon_{cu}\leqslant 0.020$	0.038	—
比较严重破坏	受拉纵筋接近断裂，核心区混凝土被压碎，承载力下降至峰值的 85%	$1.5\varepsilon_{cu}$	0.045	下降<15%（剪切破坏为剪切应变控制）
严重破坏	受拉钢筋断裂，核心区混凝土被压碎，承载力下降至峰值的 70%	$1.8\varepsilon_{cu}$	0.100	下降<30%（剪切破坏无此状态）

以下分别对RC梁、柱、一字形剪力墙、T形剪力墙、L形剪力墙与工字形剪力墙的破坏模式划分以及性能指标限值做详细论述和分析；性能水准的划分准则均按表2-1-2。RC梁、柱和一字形剪力墙未定义第6个“严重破坏”性能水准，仅包含前5个性能水准。

2.2　RC梁变形指标限值的理论研究

2.2.1　RC梁构件设计

RC梁构件截面尺寸均为200mm×450mm，剪跨比包含2.0、3.0、4.0和6.0；受拉、受压纵筋配筋率变化范围分别为0.28%～3.06%和0.28%～2.96%，配筋形式包括对称和非对称配筋共39个；配置箍筋为Φ6@100、Φ8@100和Φ10@100，对应体积配箍率为0.52%、1.44%和2.07%。以上RC梁的关键参数变化涵盖了实际结构中一般梁构件的参数范围，因此是具有代表性的。依据以上参数的变化，共设计了468个RC梁构件（4种剪跨比×3种配箍率×39种配筋=468个）。

纵筋采用HRB400级，箍筋采用HPB300级，混凝土统一采用C30，所有材料强度均采用标准值。

2.2.2　RC梁破坏形态划分

大部分文献根据剪跨比来判断梁构件的破坏形态，普遍认为$\lambda\leqslant2$时为剪切破坏，$2<\lambda\leqslant4$时为弯剪破坏，$\lambda>4$时为弯曲破坏。这种判别方式只考虑了梁的几何尺寸，而忽视了构件具体的受力特性对破坏形态的影响。本研究在已有的梁构件试验数据及设计的468根梁构件有限元分析结果的基础上进行归纳整理，在考虑剪跨比的基础上，进一步考虑弯剪比、名义剪应力水平等因素的影响，这些因素在一定程度上反映了梁构件内部正应力、剪应力的相对大小，提出一种更加符合实际的梁构件破坏形态判定标准，如表2-2-1所示。在表2-2-1中，除满足表中特定条件的构件，大部分$\lambda\leqslant2$的构件是剪切破坏，大部分$2<\lambda\leqslant4$的构件为弯剪破坏，大部分$\lambda>4$的构件为弯曲破坏。剪切破坏的判断应尽可能不要漏判，少误判，这样可能少许弯剪破坏的类型被归类到剪切破坏，但判断的结果是相对安全保守的。弯曲破坏的判断应尽可能不要误判，少漏判，这样可能少许弯曲破坏的类型被归类到弯剪破坏，但判断结果也是相对安全保守的。

梁构件的破坏形态判断标准　　　　**表2-2-1**

判定标准	弯曲破坏	弯剪破坏	剪切破坏
$\lambda\leqslant2$	$m<0.5$且$m\cdot\nu<0.8$	$m<0.9$且$m\cdot\nu<2$	其他
$2<\lambda\leqslant4$	$m<0.5$且$\nu<1.2$	其他	$m>0.9$或$\nu>2.4$
$\lambda>4$	其他	$m>1$且$\nu>1.2$	$m>0.9$或$m\cdot\nu>1.5$

注：$\lambda=M/(V\cdot h)$为剪跨比，其中M为计算截面处弯矩，V为计算截面处剪力，h为计算截面高；$m=M_u/(V_u\cdot H)$为弯剪比，其中M_u为计算截面抗弯承载能力，V_u为计算截面抗剪承载能力，H为计算截面处离加载点的距离；$\nu=M_u/(bh_0\cdot H)$为剪应力水平，其中b为计算截面宽，h_0为截面有效高度。

2.2.3 RC梁变形指标限值

根据上一节的破坏形态划分方法以及表 2-1-2 的 RC 构件性能水准划分准则，得到表 2-2-2 所示的梁构件塑性位移角限值。

梁构件的塑性位移角限值 表 2-2-2

破坏形态与参数范围		塑性位移角限值(rad)				
		完好	轻微损坏	轻中等破坏	中等破坏	比较严重破坏
i. 弯曲破坏						
$\lambda\leq 2$	$m<0.5$ 且 $m\cdot\nu<0.8$	0.003	0.005	0.009	0.016	0.028
$2<\lambda\leq 4$	$m<0.5$ 且 $\nu<1.2$	0.004	0.003	0.007	0.012	0.020
$\lambda>4$	弯曲破坏	0.008	0.003	0.007	0.015	0.025
ii. 弯剪破坏						
$m\leq 0.5$	$\nu\leq 0.5$	0.003	0.010	0.015	0.020	0.025
$m\leq 0.5$	$\nu\geq 1$	0.003	0.005	0.010	0.015	0.020
$m\geq 0.8$	$\nu\leq 0.5$	0.003	0.005	0.010	0.015	0.020
$m\geq 0.8$	$\nu\geq 1$	0.003	0.003	0.005	0.010	0.015
iii. 剪切破坏						承载力控制
$m\leq 0.7$	$\lambda\leq 2$	—	—	—	—	0.005
$m\geq 1.0$		—	—	—	—	0.003
$m\leq 0.7$	$2<\lambda\leq 4$	—	—	—	—	0.007
$m\geq 1.0$		—	—	—	—	0.004
≤ 0.7	$\lambda>4$	—	—	—	—	0.008
≥ 1		—	—	—	—	0.005

注：1. 表中容许采用线性插值方法得到相应的位移角限值；

2. 表中弯曲、弯剪破坏下的完好状态对应的位移角及剪切破坏类型采用的位移角限值为总位移角，其余状态对应的位移角为塑性位移角（即减去屈服转角值）。

2.3 RC柱变形指标限值的理论研究

2.3.1 RC柱构件设计

RC柱构件截面尺寸为 350×350，剪跨比包含 2.0、4.0 和 6.0；设计轴压比变化范围从 0.1～0.8；纵筋配筋率包括 0.7%、1.0%、1.7%、2.1%、2.5%、3.2%和 4.0%；配置箍筋包括Φ8@100、Φ10@100、Φ12@100 和Φ14@100，对应体积配箍率分别为 0.78%、1.22%、1.76%和 2.39%。以上 RC 柱关键参数变化范围涵盖了实际结构中一般柱构件的参数范围，是具有代表性的。依据以上参数的变化，共设计了 380 个 RC 柱构件，设计和配筋示意图见图 2-3-1。

纵筋与箍筋均采用 HRB400 级，混凝土统一采用 C35，所有材料强度均采用标准值。

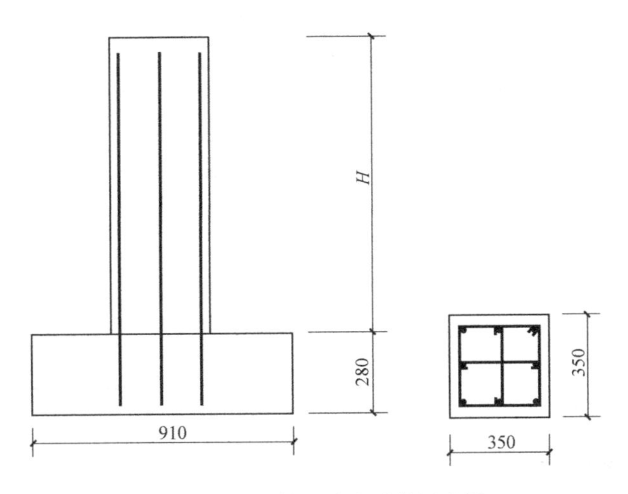

图 2-3-1　RC 柱尺寸和配筋示意图

2.3.2　RC 柱破坏形态划分

震害表明，部分柱子发生弯曲破坏，而部分柱子会发生剪切破坏，弯曲破坏的柱子和剪切破坏的柱子表现出完全不同的破坏形态。为了实施基于性能的抗震设计（PBSD），首先应该对柱子的破坏形态进行分类，然后针对不同的破坏形态给出不同的变形性能准则。柱子的破坏由两种原因造成：由于抗剪承载力不足造成了剪切破坏和由于变形能力不足造成了弯曲或弯剪破坏。在 ASCE/SEI 41-06[17] 和 FEMA356[7] 中，依据柱子的抗剪承载力、塑性铰区的剪力需求和箍筋形式给出了简单的破坏形态的划分标准。但是由于影响破坏形态的因素众多，若按照 ASCE/SEI 41-06[17] 和 FEMA356[7] 的简单方法，很多柱子的破坏形态会被错误的归类。

柱在轴力和侧向荷载的作用下，一般会出现如下破坏形式：(1) 弯曲破坏：纵向钢筋屈服后发生了抗侧能力的退化，最后由于变形能力不足导致了构件的破坏，破坏现象为混凝土剥落、纵筋屈曲、混凝土压碎等；(2) 剪切破坏：在纵向钢筋屈服前就发生了抗侧能力的退化，破坏现象为剪切斜裂缝的产生；(3) 弯剪破坏：纵向钢筋屈服后发生了抗侧能力的退化，构件的最终破坏形式表现为剪切破坏。

美国太平洋地震工程研究中心（PEER）收集并整理了大量的柱试验数据，在这个数据库中，柱子的破坏形态被分为：弯曲破坏、弯剪破坏和剪切破坏。如果试验中没有记录到剪切变形，破坏形态划分为弯曲破坏。如果有剪切变形产生，下列情况被认为是剪切破坏：将最大等效力（F_{eff}）与按混凝土最大压应变达到 0.004 时计算出的力（$F_{0.004}$）相比较，如果最大等效力小于 95%的 $F_{0.004}$，则认为破坏类型为剪切破坏；或者当荷载降低为峰值荷载的 80%时的位移延性 $\mu_{fail} \leqslant 2$，则认为破坏类型为剪切破坏。其余的情况被认为是弯剪破坏。

上述分类方法是在试验结束后，依据试验现象来分类。然而，为了实施基于性能的抗震设计，工程师必须在设计时就能预测柱子的破坏形态。因此，依据设计参数，预测柱子的破坏形态，是得出其抗震性能限值指标的第一步。本研究收集了 111 个来自 PEER 数据库的柱子试验数据，通过分析给出了具有较高可靠度的划分标准，见表2-3-1。

柱子破坏形态划分标准 **表2-3-1**

破坏类型	判断准则
剪切破坏	$\lambda \leqslant 2$ 且 $m > 0.8$
	$2 < \lambda \leqslant 4$ 且 $m \geqslant 1.5$
弯剪破坏	$\lambda \leqslant 2$ 且 $m < 0.8$
	$2 < \lambda \leqslant 4$ 且 $0.7 \leqslant m < 1.5$
弯曲破坏	$2 < \lambda \leqslant 4$ 且 $m < 0.7$
	$\lambda > 4$ 且 $m < 1.2$

注：λ 为剪跨比；m 为弯剪比。

2.3.3 RC柱变形指标限值

本研究在对柱构件的破坏形态、性能状态及变形性能指标研究的基础上，确定了在完好、轻微损坏、轻中等破坏、中等破坏、不严重破坏5个性能水准下不同配置参数的柱构件的变形性能指标限值，见表2-3-2。表2-3-2-iii中在剪切破坏的承载力控制项中给出了箍筋屈服点和混凝土剪应变达0.015点及峰值荷载下降至85%时中的较小值，即对于剪切破坏给出了更严格的控制指标，相对于其他性能状态由于剪切破坏属于脆性破坏，破坏前没有明显的裂缝发展过程，故未给出其值。

柱构件的塑性位移角限值 **表2-3-2**

破坏形态与参数范围		塑性位移角限值(rad)				
		完好	轻微损坏	轻中等破坏	中等破坏	比较严重破坏
i. 弯曲破坏						
$n \leqslant 0.1$	$m \leqslant 0.4$	0.004	0.010	0.020	0.030	0.040
$n \leqslant 0.1$	$m \geqslant 0.6$	0.004	0.006	0.015	0.025	0.030
$n \geqslant 0.6$	$m \leqslant 0.4$	0.004	0.004	0.008	0.010	0.015
$n \geqslant 0.6$	$m \geqslant 0.6$	0.004	0.002	0.005	0.008	0.010
ii. 弯剪破坏						
$n \leqslant 0.1$	$m \leqslant 0.4$	0.003	0.010	0.015	0.025	0.035
$n \leqslant 0.1$	$m \geqslant 0.6$	0.003	0.005	0.008	0.020	0.025
$n \geqslant 0.6$	$m \leqslant 0.4$	0.003	0.003	0.006	0.008	0.015
$n \geqslant 0.6$	$m \geqslant 0.6$	0.003	0.002	0.005	0.007	0.010
iii. 剪切破坏						
$n \leqslant 0.1$	$m \leqslant 0.4$	—	—	—	—	0.008
$n \leqslant 0.1$	$m \geqslant 0.6$	—	—	—	—	0.007
$n \geqslant 0.6$	$m \leqslant 0.4$	—	—	—	—	0.005
$n \geqslant 0.6$	$m \geqslant 0.6$	—	—	—	—	0.004

注：1. 表中容许采用线性插值方法得到相应的位移角限值；
2. 表中弯曲、弯剪破坏下的完好状态对应的位移角及剪切破坏类型采用的位移角限值为总位移角，其余状态对应的位移角为塑性位移角（即减去屈服转角值）。

2.4　一字形 RC 剪力墙变形指标限值的理论研究

2.4.1　一字形 RC 剪力墙构件设计

影响 RC 剪力墙变形性能的因素包括剪跨比、轴压比、弯剪比、约束边缘构件的设置、分布筋配筋率、混凝土强度等。本研究重点针对剪跨比、轴压比、约束边缘构件纵筋配筋率、约束边缘构件配箍率对剪力墙变形性能的影响。墙体厚度统一为 200mm，截面高度统一为 1600mm，暗柱长度（一端）为 400mm，墙体高度包括 2400mm、3200mm、4000mm 和 4800mm，对应剪跨比（高宽比）分别为 1.5、2.0、2.5、3.0；设计轴压比包含 0.1、0.2、0.3、0.4、0.5、0.6、0.7；暗柱纵筋配筋包括 6Φ10、6Φ14、6Φ20、6Φ25 和 6Φ28，对应纵筋配筋率分别为 0.59%、1.15%、2.36%、3.68%和 4.62%；水平分布筋配筋包括Φ14@100、Φ12@100、Φ10@100，对应水平分布筋配筋率分别为 0.79%、1.14%和 1.55%；暗柱配置箍筋包括Φ6@100、Φ8@100 和Φ10@100，对应暗柱配箍率特征值为 0.11、0.20 和 0.31；竖向分布筋配筋统一为Φ10@200。依据以上参数的变化，共设计了 524 个 RC 一字墙，尺寸和配筋示意图见图 2-4-1 和图 2-4-2。

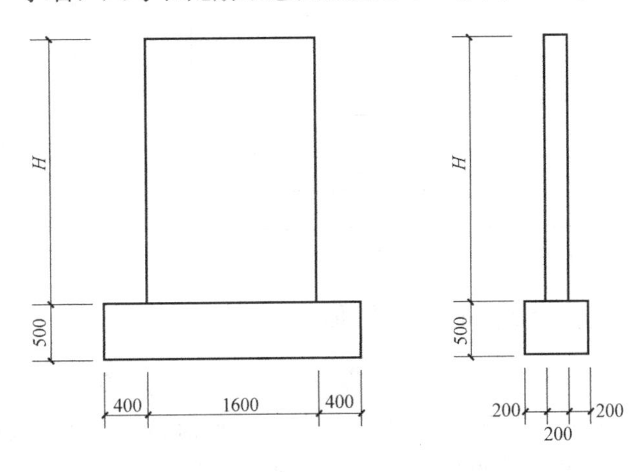

图 2-4-1　一字形剪力墙尺寸

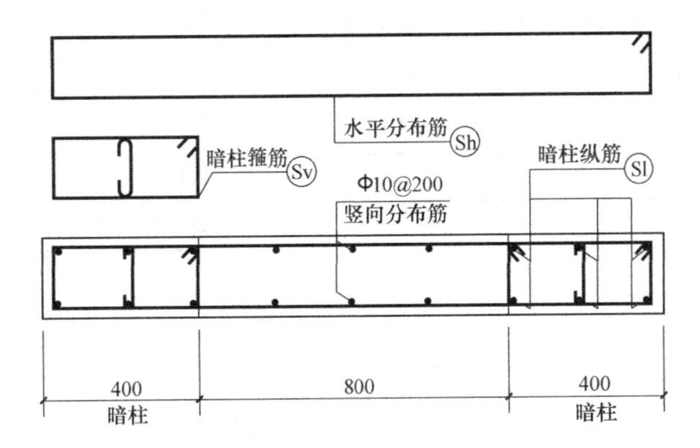

图 2-4-2　一字形剪力墙配筋示意图

直径≤10mm 的钢筋采用 HPB300 级，直径为 12mm 的钢筋采用 HRB335 级，直径>12mm 的钢筋采用 HRB400 级，混凝土统一采用 C30，所有材料强度均采用标准值。

2.4.2 一字形 RC 剪力墙破坏形态划分

剪力墙一般以剪跨比和弯剪比来预估构件的破坏形态。FEMA356[7] 认为剪跨比大于 3.0 时为细长墙，剪跨比小于 1.5 时为矮墙。细长墙通常为弯曲所控，矮墙为剪切所控。文献［18］以弯剪比为划分剪力墙破坏形态的标准，认为弯剪比小于 0.9 的剪力墙构件通常发生弯曲破坏，大于 1.1 的剪力墙构件通常发生剪切破坏，介于 0.9 和 1.1 之间的剪力墙通常发生弯剪破坏。文献［19］对 72 个剪力墙试验数据进行了整理，进一步考虑弯剪比、边缘构件纵向配筋率等因素的影响，提出一种较符合实际情况的剪力墙构件破坏形态的判定标准，如表 2-4-1 所示。

剪力墙构件破坏形态的划分标准 表 2-4-1

破坏类型	划分标准	
剪切破坏	$\lambda<1.5$	—
	$\lambda\geqslant1.5$	$m>0.9$
	$1.5\leqslant\lambda<2.0$	$m\leqslant0.9$ 且 $\rho>1\%$
弯剪破坏	$1.5\leqslant\lambda<2.0$	$m\leqslant0.9$ 且 $\rho\leqslant1\%$
	$2.0\leqslant\lambda<2.5$	$m\leqslant0.9$ 且 $1\%<\rho\leqslant4\%$
	$2.5\leqslant\lambda<3.5$	$0.7<m\leqslant0.9$ 且 $3\%<\rho\leqslant4\%$
弯曲破坏	$2.5\leqslant\lambda<3.5$	$m\leqslant0.9$ 且 $\rho\leqslant3\%$
	$2.5\leqslant\lambda<3.5$	$m\leqslant0.7$ 且 $3\%<\rho\leqslant4\%$
	$\lambda\geqslant3.5$	$m\leqslant0.9$ 且 $\rho\leqslant4\%$

注：λ 为剪跨比；m 为弯剪比；ρ 为剪力墙的边缘构件纵筋配筋率。

2.4.3 一字形 RC 剪力墙变形指标限值

本研究表明，屈服点位移角限值较为稳定，对各因素的变化相对不敏感。取屈服点限值对应于有限元模型中第一根纵筋屈服时的位移角，取值相对保守。故以屈服点位移角均值 0.0025 作为剪力墙构件的完好状态的变形限值。

在对剪力墙构件的破坏形态、性能状态及变形性能指标研究的基础上，根据剪力墙构件的有限元分析结果，确定了在完好、轻微损坏、轻中等破坏、中等破坏、比较严重破坏 5 个性能水准下不同配置参数的剪力墙构件的变形性能指标限值，见表 2-4-2。

一字形剪力墙构件的塑性位移角 表 2-4-2

破坏形态及参数范围		塑性位移角限值(rad)				
		完好	轻微损坏	轻中等破坏	中等破坏	比较严重破坏
i. 弯曲破坏						
$n\leqslant0.1$	$m\leqslant0.3$	0.0025	0.004	0.008	0.015	0.020
$n\leqslant0.1$	$m\geqslant0.6$	0.0025	0.003	0.007	0.012	0.018
$n\geqslant0.25$	$m\leqslant0.3$	0.0025	0.002	0.005	0.009	0.015
$n\geqslant0.25$	$m\geqslant0.6$	0.0025	0.001	0.004	0.007	0.010

续表

破坏形态及参数范围		塑性位移角限值(rad)				
		完好	轻微损坏	轻中等破坏	中等破坏	比较严重破坏
ii. 弯剪破坏						
$n\leqslant0.1$	$m\leqslant0.3$	0.0025	0.003	0.007	0.013	0.018
$n\leqslant0.1$	$m\geqslant0.6$	0.0025	0.002	0.005	0.012	0.015
$n\geqslant0.25$	$m\leqslant0.3$	0.0025	0.001	0.004	0.008	0.010
$n\geqslant0.25$	$m\geqslant0.6$	0.0025	0.001	0.003	0.006	0.008
iii. 剪切破坏						
总位移角		0.003	0.004	0.005	0.006	0.010

注：1. 表中容许采用线性插值方法得到相应的位移角限值；

2. 表中弯曲、弯剪破坏下的完好状态对应的位移角及剪切破坏类型采用的位移角限值为总位移角，其余状态对应的位移角为塑性位移角（即减去屈服转角值）。

2.5　L 形 RC 剪力墙变形指标限值的理论研究

2.5.1　L 形 RC 剪力墙构件设计

影响 L 形 RC 剪力墙变形性能的参数主要包括剪跨比、轴压比、暗柱纵筋配筋率、暗柱箍筋配箍率和水平分布筋配筋率；此处主要针对以上 5 个独立变量对 L 形剪力墙的变形性能进行研究。设计的 L 形剪力墙两肢长均为 1400mm，墙体厚度均为 200mm，墙体高度包含 2800mm、3500mm 和 4200mm，对应剪跨比分别为 2.0、2.5 和 3.0；设计轴压比包含 0.1、0.3、0.5 和 0.7；墙肢端部暗柱纵筋配筋包含 6Φ14、6Φ20 和 6Φ25，对应暗柱纵筋配筋率分别为 1.15%、2.36%和 3.68%，转角处暗柱纵筋配筋与端部暗柱直径相同，分别为 8Φ14、8Φ20 和 8Φ25；暗柱箍筋包含Φ8@200、Φ10@200 和Φ12@200，对应暗柱配箍率特征值分别为 0.2、0.31 和 0.45；水平分布筋配筋为Φ12@100 和Φ14@100，对应水平分布筋配筋率分别为 1.14%和 1.55%。依据以上参数的变化，共设计了 216 个 L 形 RC 剪力墙构件，设计和配筋示意图见图 2-5-1 和图 2-5-2。

2.5.2　L 形 RC 剪力墙破坏形态划分

（1）已有试验数据分析

本研究通过搜集大量文献获得了 51 个 L 形钢筋混凝土剪力墙的试验结果，试验数据见表 2-5-1。其破坏形态与剪跨比 λ 及弯剪比 m ［$m=M_u/(V_uH)$，其中 M_u、V_u 分别为抗弯承载力、抗剪承载力，其计算公式分别按照《高层建筑混凝土结构技术规程》JGJ 3—2010[20] 中相关规定进行计算，H 为试件高度］的关系如图 2-5-3 所示；破坏形态与剪跨比 λ 及暗柱配筋率 ρ 的关系如图 2-5-4 所示。可见，$\lambda<1.5$ 和 $m>0.9$ 的试件以剪切破坏为主；$\lambda>3.5$ 和 $m<0.5$ 的试件以弯曲破坏为主；弯剪比越大，试件越易发生剪切破坏，如图 2-5-3 所示。大剪跨比（$\lambda\geqslant3.5$）时，暗柱配筋率对 L 形 RC 剪力墙试件的破坏形态影响不大；中、小剪跨比（$\lambda<3$）时，随着暗柱配筋率增加，试件更易发生弯剪破坏，如

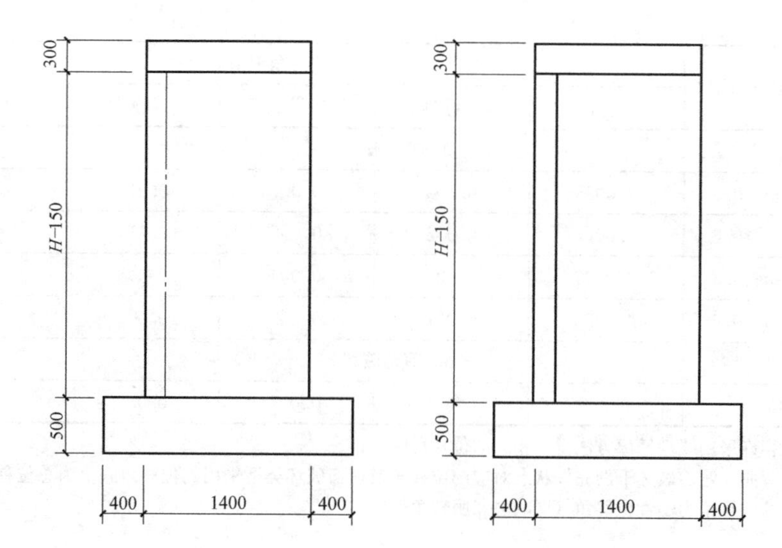

图 2-5-1　L 形剪力墙尺寸

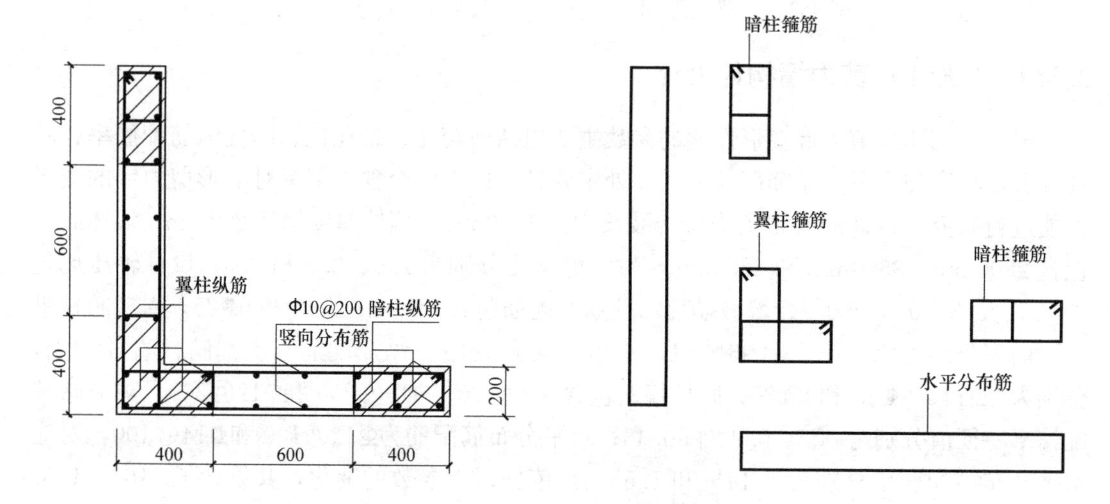

图 2-5-2　L 形剪力墙配筋示意图

图 2-5-4 所示。综上说明，剪跨比λ、弯剪比均值m、暗柱配筋率ρ是影响 L 形剪力墙试件破坏形态的主要因素。

L 形剪力墙试件参数及破坏形态　　表 2-5-1

试件名称	剪跨比 λ	轴压比 n	暗柱配筋率 ρ(%)	暗柱配箍率 ρ_v(%)	弯剪比均值 m	破坏形态
L500-1[21]	2.80	0.2	2.26	0.48	0.78	弯曲
L500-2[21]	2.80	0.4	2.26	0.97	0.70	弯剪
L650-3[21]	2.15	0.2	2.26	0.97	0.76	弯剪
L650-4[21]	2.15	0.1	2.26	0.97	0.60	弯剪
L800-5[21]	1.75	0.2	2.26	0.45	0.86	弯剪
L800-6[21]	1.75	0.1	2.26	0.90	0.81	弯剪

续表

试件名称	剪跨比 λ	轴压比 n	暗柱配筋率 ρ(%)	暗柱配箍率 ρ_v(%)	弯剪比均值 m	破坏形态
SWL-1[22]	1.50	0.3	0.46	0.47	0.83	弯剪
DZL-1[23]	1.75	0.73	2.18	0.16	0.57	弯剪
DZL-2[23]	1.75	0.73	3.58	0.16	0.66	弯剪
LSW-5[23]	3.00	0.2	1.13	0.60	0.28	弯曲
LSBW-5[23]	3.00	0.2	1.13	0.60	0.24	弯曲
LSW-6.5[23]	2.31	0.2	0.85	0.72	0.38	弯曲
LSBW-6.5[23]	2.31	0.2	0.85	0.72	0.32	弯曲
LSW-8[23]	1.88	0.2	0.85	0.66	0.46	弯曲
LSBW-8[23]	1.88	0.2	0.85	0.66	0.38	弯曲
ZL1-1[24]	3.90	0.328	2.26	0.32	0.73	弯曲
ZL2-2[24]	3.90	0.621	2.26	0.32	0.73	弯曲
ZL3-3[24]	3.09	0.357	3.05	0.32	0.89	弯剪
ZL4-4[24]	3.09	0.506	3.05	0.32	1.03	剪切
ZL5-5[24]	2.56	0.302	3.39	0.32	1.16	剪切
ZL6-6[24]	2.56	0.488	3.39	0.32	1.20	剪切
试件一[25]	2.36	0.248	4.8	1.65	0.58	弯曲
试件二[25]	2.36	0.248	6.1	1.65	0.49	弯曲
L1-3-A[26]	3.50	0.22	3.45	0.11	2.54	剪切
L2-1[26]	3.11	0.216	3.02	0.11	2.89	剪切
L2-1-A[26]	3.11	0.216	3.02	0.11	2.68	剪切
L1[27]	3.78	0.29	1.94	0.25	0.76	弯曲
L2[27]	3.78	0.25	1.94	0.50	0.45	弯曲
L3[27]	3.03	0.21	1.51	0.50	0.46	弯曲
L4[27]	3.03	0.2	2.05	0.13	1.37	剪切
L5[27]	2.52	0.2	2.19	0.13	2.00	剪切
L6[27]	2.52	0.2	2.19	0.17	1.70	剪切
L2-1[28]	3.44	0.6	3.02	0.11	3.06	剪切
L2-1-A[28]	3.44	0.6	3.02	0.11	2.85	剪切
L-SW-11[29]	2.13	0.17	2.01	0.61	0.62	弯曲
L-SW-12[29]	2.13	0.16	2.01	0.61	0.64	弯曲
L-SW-21[29]	2.13	0.16	2.01	1.75	0.64	弯曲
L-SW-22[29]	2.13	0.16	2.01	1.75	0.66	弯曲
LW-1[30]	1.62	0.1	0.85	0.50	0.74	弯剪
LW-2[30]	1.62	0.1	0.85	0.50	0.75	弯剪
ZLA-1[31]	3.50	0.123	2.3	2.00	0.65	弯曲
ZLA-2[31]	3.50	0.123	2.3	2.00	0.65	弯曲

续表

试件名称	剪跨比 λ	轴压比 n	暗柱配筋率 $\rho(\%)$	暗柱配箍率 $\rho_v(\%)$	弯剪比均值 m	破坏形态
ZLA-3[31]	3.50	0.123	2.3	2.00	0.33	弯曲
ZLA-4[31]	3.50	0.123	3.34	2.00	0.84	弯曲
ZLA-5[31]	3.50	0.123	2.01	2.00	0.62	弯曲
L-1[32]	1.20	0	1.4	2.23	0.32	剪切
L-2[32]	1.20	0	1.4	2.23	0.45	剪切
L-3[32]	1.20	0	1.4	2.23	0.59	剪切
L-4[32]	1.20	0	2.36	2.23	0.41	剪切
L-5[32]	1.20	0	1.4	2.23	0.57	剪切
L-6[32]	1.20	0	1.4	2.23	0.75	剪切

注：由于L形剪力墙的正、负向的抗弯承载力不同，导致正、负向弯剪比不同，考虑到构件是一个整体，本研究采用正、负向弯剪比的平均值来进行分析。

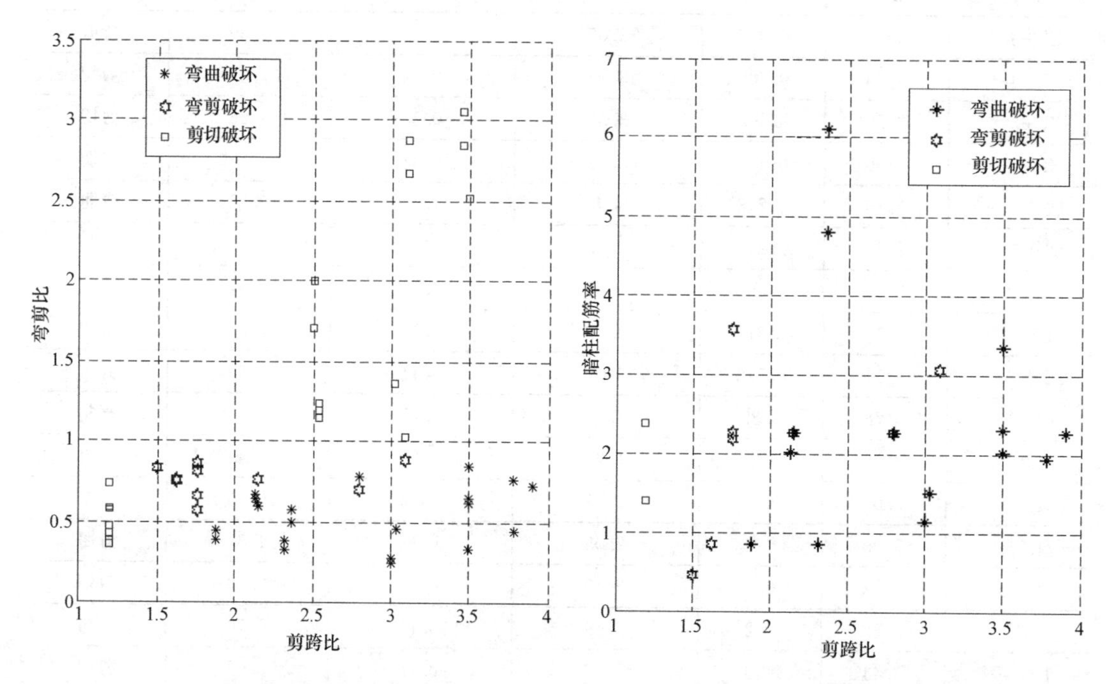

图 2-5-3　试件破坏形态与剪跨比、弯剪比的关系

图 2-5-4　试件破坏形态与剪跨比、暗柱配筋率的关系

(2) 基于有限元分析结果的L形RC剪力墙破坏形态划分

由于试验数据有限且具有一定的离散性，直接采用试验数据来定量划分其破坏形态不太合理。因此，本研究通过有限元分析来弥补试验数据的不足，进一步研究相关因素的影响及其与L形RC剪力墙破坏形态的具体量化关系。本研究提出基于有限元分析结果的L形RC剪力墙破坏形态划分方法，即先通过有限元分析结果得出正方向（翼缘受压）和负方向（翼缘受拉）各自的破坏类型，而后采用一定的规则（表2-5-2）划分出整体剪力墙的破坏类型。

L 形 RC 剪力墙整体破坏形态判断准则　　　　表 2-5-2

方向	+	−	整体破坏形态
构件单向破坏形态	弯曲	弯曲	弯曲
		弯剪	弯剪
		剪切	弯剪
	弯剪	弯曲	弯曲
		弯剪	弯剪
		剪切	剪切
	剪切	弯曲	弯剪
		弯剪	剪切
		剪切	剪切

采用以上标准对 216 个 L 形 RC 剪力墙有限元模型进行破坏形态判别，破坏形态关于剪跨比、弯剪比和暗柱纵筋配筋率的分布如图 2-5-5 所示。

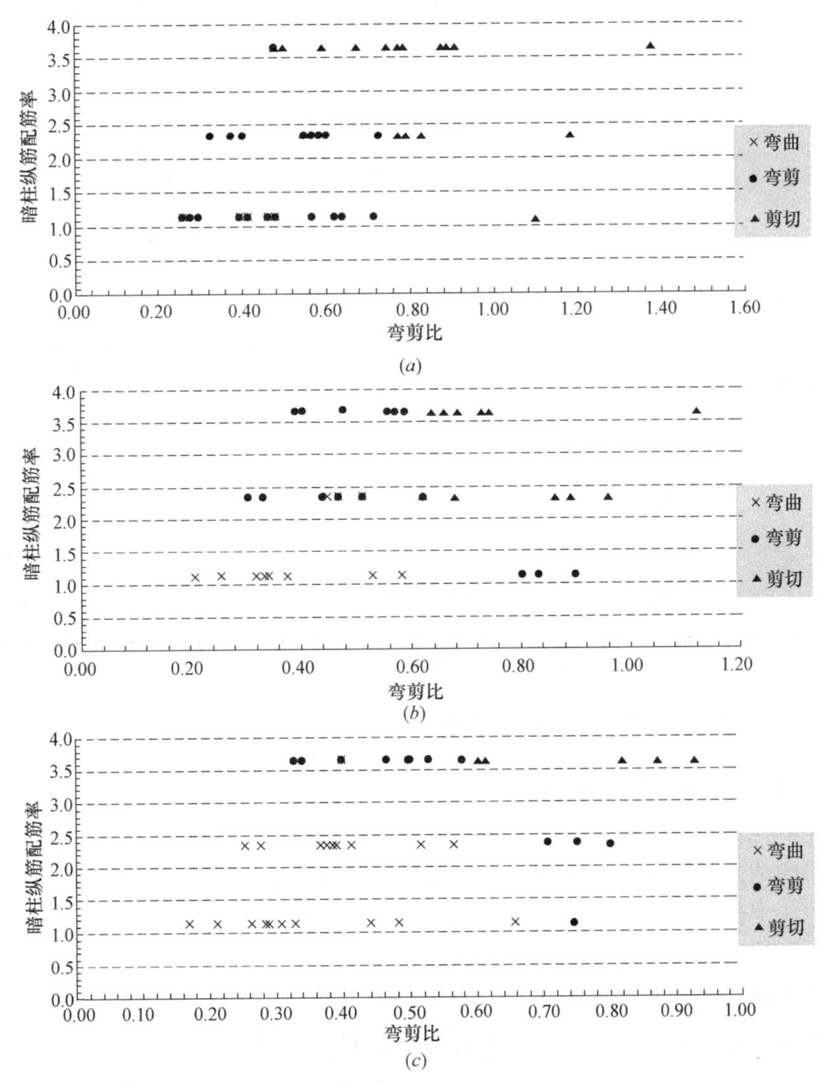

图 2-5-5　L 形 RC 剪力墙有限元模型破坏形态关于弯剪比和暗柱纵筋配筋率的分布

(*a*) 剪跨比 λ=2.0～2.5；(*b*) 剪跨比 λ=2.5～3.0；(*c*) 剪跨比 λ=3.0～3.5

（3）L形RC剪力墙破坏形态划分方法

目前大部分文献是针对一字形剪力墙进行破坏形态划分的，很少有对L形剪力墙进行判定的。ASCE/SEI 41-13[4]指出$\lambda \geqslant 3$时，为弯曲破坏；$\lambda < 1.5$时，为剪切破坏；剪跨比介于两者之间时为弯剪破坏。这种判别方法只考虑了剪力墙的几何尺寸，而忽视了具体受力特性对破坏形态的影响。在已有的L形RC剪力墙构件试验数据及设计的216个剪力墙构件有限元分析结果的基础上进行归纳整理，在考虑剪跨比的基础上，进一步考虑弯剪比、暗柱纵筋配筋率因素，提出一种更加符合L形RC剪力墙构件破坏形态的判定准则，见表2-5-3。

L形钢筋混凝土剪力墙破坏形态判定准则 **表2-5-3**

破坏类型	判定准则	
剪切破坏	$\lambda < 1.5$	
	$\lambda \geqslant 1.5$	$m > 0.9$
	$1.5 \leqslant \lambda < 2.0$	$m \leqslant 0.9$ 且 $\rho > 2.5\%$
	$2.0 \leqslant \lambda < 2.5$	$0.75 < m \leqslant 0.9$ 且 $\rho \leqslant 3\%$
		$m \leqslant 0.9$ 且 $\rho > 3\%$
	$2.5 \leqslant \lambda < 3.0$	$0.6 < m \leqslant 0.9$ 且 $\rho > 2\%$
	$3.0 \leqslant \lambda < 3.5$	$0.6 < m \leqslant 0.9$ 且 $\rho > 3\%$
弯剪破坏	$1.5 \leqslant \lambda < 2.0$	$m \leqslant 0.9$ 且 $\rho \leqslant 2.5\%$
	$2.0 \leqslant \lambda < 2.5$	$m \leqslant 0.75$ 且 $\rho \leqslant 3\%$
	$2.5 \leqslant \lambda < 3.0$	$0.6 < m \leqslant 0.9$ 且 $\rho \leqslant 2\%$
		$m \leqslant 0.6$ 且 $\rho > 2\%$
	$3.0 \leqslant \lambda < 3.5$	$m \leqslant 0.6$ 且 $\rho \geqslant 3\%$
		$0.6 < m \leqslant 0.9$ 且 $\rho \leqslant 3\%$
弯曲破坏	$2.5 \leqslant \lambda < 3.0$	$m \leqslant 0.6$ 且 $\rho \leqslant 2\%$
	$3.0 \leqslant \lambda < 3.5$	$m \leqslant 0.6$ 且 $\rho \leqslant 3\%$
	$\lambda \geqslant 3.5$	$m \leqslant 0.9$ 且 $\rho \leqslant 4\%$

注：λ为剪跨比；m为弯剪比；ρ为暗柱纵筋配筋率。

2.5.3 L形RC剪力墙变形指标限值

（1）变形指标限值单因素分析

通过变形性能指标限值的单因素分析，研究不同破坏类型下L形RC剪力墙6个性能水平的变形限值随剪跨比、轴压比、暗柱纵筋配筋率、暗柱配箍率特征值、弯剪比五个因素的变化规律。以弯曲破坏类型的构件为例，变形性能指标限值随着上述5个因素的变化规律如图2-5-6所示。

同理，本研究对于弯剪及剪切破坏类型的试件做了相同的工作，总结起来如表2-5-4所示。从表中可见：对于弯曲破坏和弯剪破坏类型，轴压比n、弯剪比m、暗柱纵筋配筋率ρ及暗柱配箍率特征值λ_v是影响L形RC剪力墙性能指标的主要因素，而剪切破坏类型对上述各因素均不敏感。

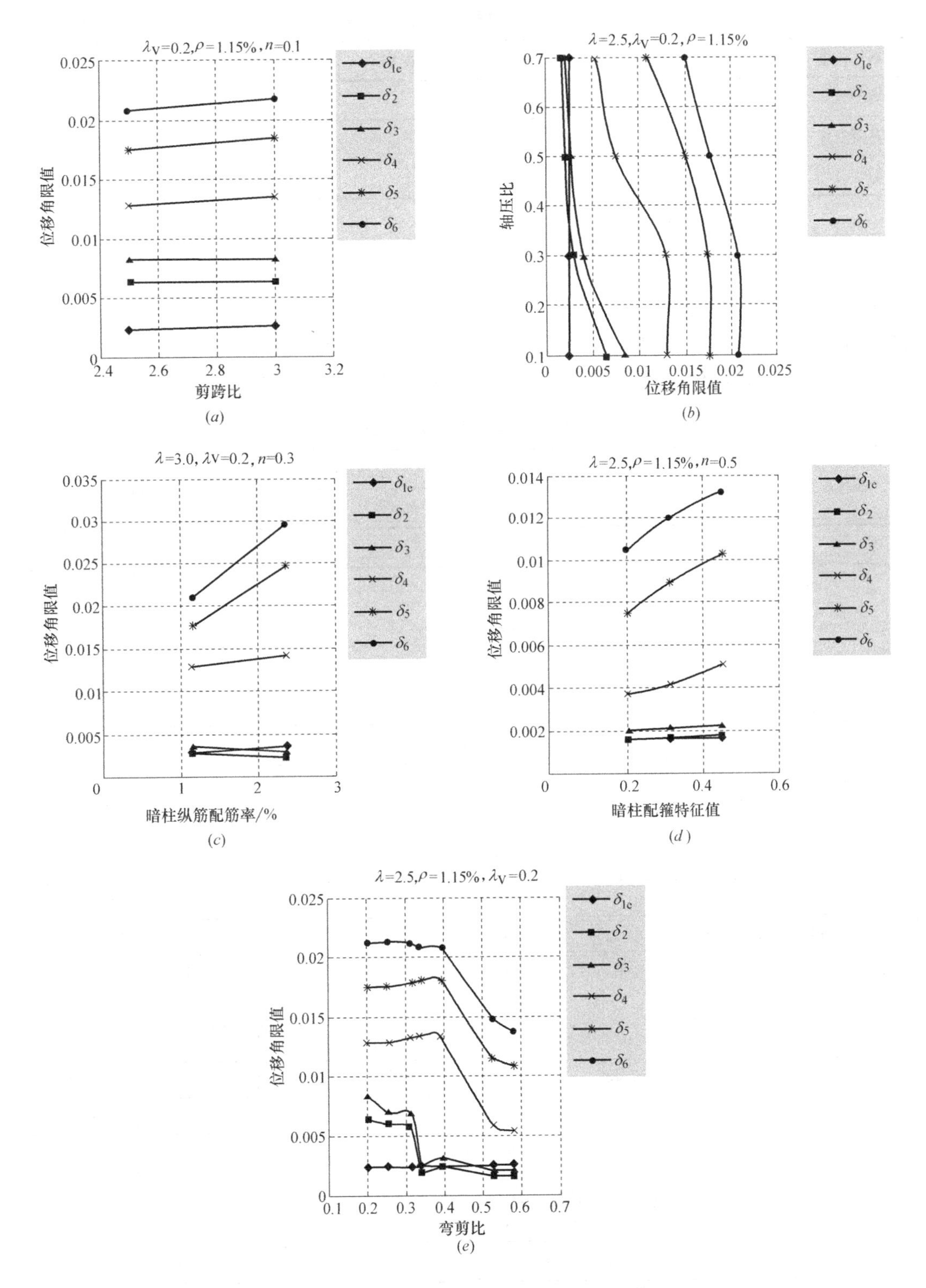

图 2-5-6　变形限值随关键参数的变化规律

(*a*) 变形限值随剪跨比的变化；(*b*) 变形限值随轴压比的变化；(*c*) 变形限值随暗柱纵筋配筋率的变化；(*d*) 变形限值随暗柱配箍特征值的变化；(*e*) 变形限值随弯剪比的变化

L 形 RC 剪力墙性能指标限值的单因素分析结果　　**表 2-5-4**

破坏类型	剪跨比	轴压比	暗柱纵筋配筋率	暗柱配箍特征值	弯剪比
弯曲破坏	略增大	减小	增大	增大	减小
弯剪破坏	略增大	减小	减小	增大	减小
剪切破坏	略增大	基本不变	略减小	基本不变	基本不变

(2) L 形 RC 剪力墙变形指标限值

由上述分析可知，弯曲破坏和弯剪破坏类型 L 形 RC 剪力墙的变形性能随轴压比、弯剪比的变化有较明显的波动，故弯曲破坏及弯剪破坏类型的变形限值应按轴压比、弯剪比进行细分。剪切破坏类型的 L 形 RC 剪力墙不考虑剪跨比及暗柱纵筋配筋率的影响而取一保守值作为其变形限值。表 2-5-5 给出了 L 形 RC 剪力墙位移角限值。

L 形 RC 剪力墙位移角限值指标　　**表 2-5-5**

破坏形态与参数范围			塑性位移角限值(rad)					
			完好	轻微损坏	轻中等破坏	中等破坏	比较严重破坏	严重破坏
i. 弯曲破坏								
翼缘受压	$n\leqslant0.1$	$m\leqslant0.3$	0.0025	0.009	0.015	0.018	0.023	0.026
	$n\leqslant0.1$	$m\geqslant0.5$	0.0025	0.008	0.014	0.017	0.020	0.023
	$n\geqslant0.3$	$m\leqslant0.3$	0.0025	0.007	0.013	0.016	0.018	0.021
	$n\geqslant0.3$	$m\geqslant0.5$	0.0025	0.006	0.012	0.015	0.016	0.019
翼缘受拉	$n\leqslant0.1$	$m\leqslant0.3$	0.002	0.0045	0.007	0.013	0.018	0.021
	$n\leqslant0.1$	$m\geqslant0.5$	0.002	0.003	0.005	0.010	0.015	0.018
	$n\geqslant0.3$	$m\leqslant0.3$	0.002	0.002	0.003	0.008	0.012	0.015
	$n\geqslant0.3$	$m\geqslant0.5$	0.002	0.0015	0.002	0.005	0.008	0.010
ii. 弯剪破坏								
翼缘受压	$n\leqslant0.1$	$m\leqslant0.3$	0.0025	0.007	0.014	0.016	0.021	0.024
	$n\leqslant0.1$	$m\geqslant0.5$	0.0025	0.006	0.012	0.014	0.018	0.021
	$n\geqslant0.3$	$m\leqslant0.3$	0.0025	0.004	0.010	0.012	0.016	0.018
	$n\geqslant0.3$	$m\geqslant0.5$	0.0025	0.003	0.008	0.010	0.012	0.015
翼缘受拉	$n\leqslant0.1$	$m\leqslant0.3$	0.002	0.003	0.005	0.010	0.015	0.018
	$n\leqslant0.1$	$m\geqslant0.5$	0.002	0.002	0.004	0.008	0.013	0.016
	$n\geqslant0.3$	$m\leqslant0.3$	0.002	0.001	0.003	0.006	0.008	0.010
	$n\geqslant0.3$	$m\geqslant0.5$	0.002	0.001	0.002	0.004	0.006	0.008
iii. 剪切破坏								
总位移角			0.0025				0.008	

注：1. 表中允许采用线性插值得到相应的位移角限值；

2. 表中弯曲破坏、弯剪破坏下的完好状态位移角限值及剪切破坏下的位移角限值为总位移角，其余状态对应的位移角限值为塑性位移角（即总位移角减去完好状态位移角）。

2.6　T 形 RC 剪力墙变形指标限值的理论研究

2.6.1　T 形 RC 剪力墙构件设计

影响 T 形 RC 剪力墙变形性能的参数主要包括剪跨比、轴压比、暗柱纵筋配筋率、暗柱箍筋配箍率和水平分布筋配筋率；此处主要针对以上 5 个独立变量对 T 形剪力墙的变形性能进行研究。设计的 T 形剪力墙翼缘和腹板截面长度均为 1400mm，墙体厚度均为 200mm，墙体高度包含 2800mm、3080mm、3360mm、3500mm、3640mm、3920mm、4200mm 和 4480mm，对应剪跨比分别为 2.0、2.2、2.4、2.5、2.6、2.8、3.0 和 3.2；设计轴压比包含 0.1、0.3、0.5 和 0.7；暗柱纵筋配筋包含 6Φ14、6Φ20 和 6Φ25，对应暗柱纵筋配筋率分别为 1.2%、2.4%和 3.7%；暗柱箍筋配筋包含Φ8@100、Φ10@100 和Φ12@100，对应暗柱配箍率特征值分别为 0.18、0.28 和 0.40；水平分布筋配筋包含Φ12@100 和Φ14@100，对应水平分布筋配筋率分别为 1.1%和 1.5%；竖向分布筋统一按Φ10@200 配置。依据以上参数的变化，共设计了 271 个 T 形 RC 剪力墙构件，设计和配筋示意图见图 2-6-1 和图 2-6-2。

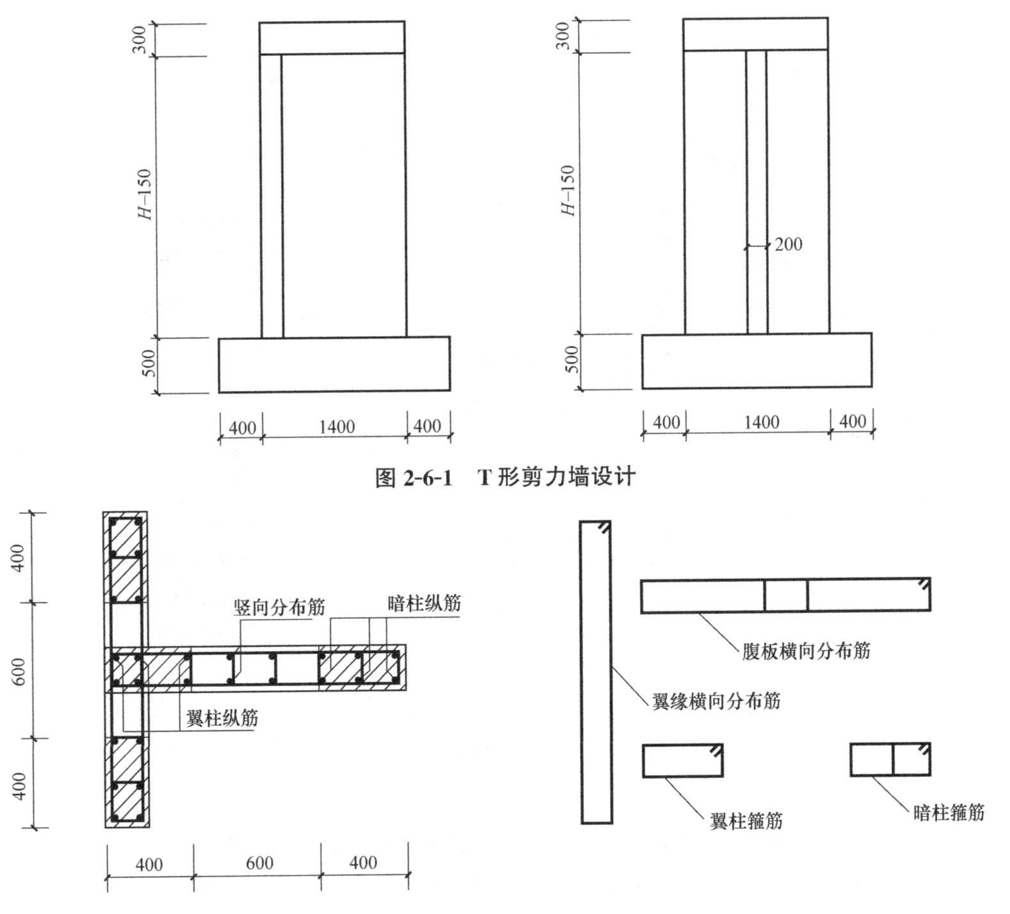

图 2-6-1　T 形剪力墙设计

图 2-6-2　T 形剪力墙配筋示意图

2.6.2 T形RC剪力墙破坏形态划分

（1）已有试验数据分析

对32组试验试件破坏形态的影响因素进行研究，如图2-6-3（*a*）～（*c*）所示。得到剪跨比、弯剪比和暗柱纵筋配筋率是影响T形RC剪力墙构件破坏形态的主要因素。但由于试件数量有限且试验数据具有离散型，本研究将构建模型对试验数据进行补充，进一步研究三种主要因素与T形RC剪力墙破坏形态的量化关系。

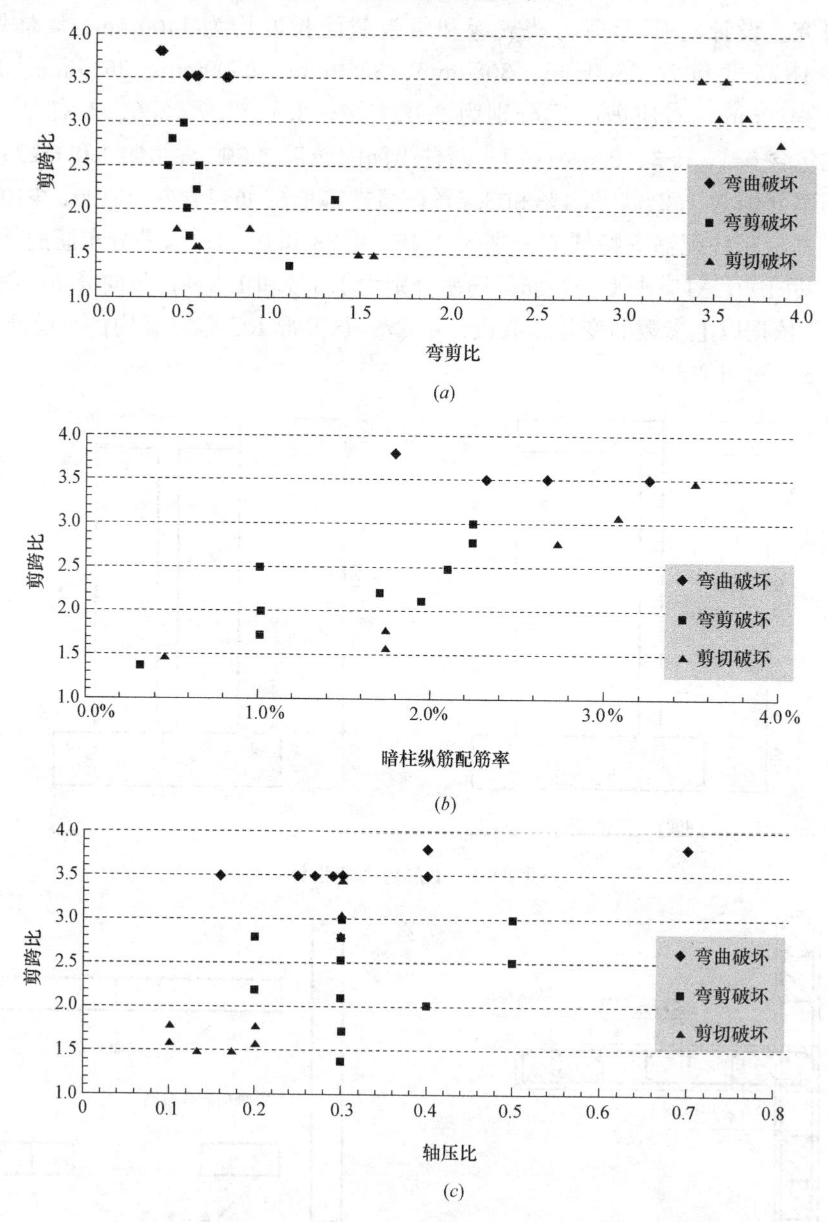

图2-6-3 试验T形RC剪力墙构件破坏形态与相关参数的关系

（*a*）破坏形态和弯剪比m与剪跨比λ的关系；（*b*）破坏形态和暗柱纵筋配筋率ρ与剪跨比λ的关系；（*c*）破坏形态和轴压比n与剪跨比λ的关系

（2）基于有限元模拟结果破坏形态划分方法

采用表 2-6-1 所示的判断规则确定 T 形 RC 剪力墙的整体破坏类型。用此规则对 10 组试验试件进行验证分析，低周往复加载试验试件的破坏形态与模拟得出的试件破坏形态对比统计如表 2-6-2 所示。可见，通过基于有限元模拟结果判断的破坏形态与低周往复加载的试验试件破坏形态基本一致，可以进一步证明基于有限元模拟结果破坏形态划分方法的正确性。

T 形 RC 剪力墙整体破坏形态判断规则　　　　**表 2-6-1**

正向破坏形态	负向破坏形态	整体破坏形态
弯曲破坏	弯曲破坏	弯曲破坏
	弯剪破坏 1	弯曲破坏
	弯剪破坏 2	弯剪破坏
	剪切破坏	弯剪破坏
弯剪破坏 1	弯曲破坏	弯曲破坏
	弯剪破坏 1	弯曲破坏
	弯剪破坏 2	弯剪破坏
	剪切破坏	剪切破坏
弯剪破坏 2	弯曲破坏	弯剪破坏
	弯剪破坏 1	弯剪破坏
	弯剪破坏 2	弯剪破坏
	剪切破坏	剪切破坏
剪切破坏	弯曲破坏	弯剪破坏
	弯剪破坏 1	剪切破坏
	弯剪破坏 2	剪切破坏
	剪切破坏	剪切破坏

T 形钢筋混凝土剪力墙破坏形态对比　　　　**表 2-6-2**

试件名称	有限元模拟破坏形态			试验破坏形态
	正向	负向	整体	
ZT1-1[24]	弯曲破坏	弯剪破坏 1	弯曲破坏	弯曲破坏
ZT3-3[24]	弯曲破坏	弯剪破坏 1	弯曲破坏	弯曲破坏
DT1[33]	弯曲破坏	弯剪破坏 1	弯曲破坏	弯曲破坏
ZT5-5[24]	弯剪破坏 1	弯剪破坏 2	弯剪破坏	弯剪破坏
ZT9-9[24]	弯剪破坏 1	剪切破坏	剪切破坏	弯剪破坏
SDT500-01[33]	弯剪破坏 1	弯剪破坏 2	弯剪破坏	弯剪破坏
SDT500-02[33]	弯剪破坏 1	弯剪破坏 2	弯剪破坏	弯剪破坏
SDT650-03[33]	弯剪破坏 1	弯剪破坏 2	弯剪破坏	弯剪破坏
W-3[34]	剪切破坏	弯剪破坏 2	剪切破坏	剪切破坏
W-4[34]	剪切破坏	剪切破坏	剪切破坏	剪切破坏

为量化影响参数与构件破坏形态的关系，将构件剪跨比分别在 $2.0 \leqslant \lambda < 2.5$、$2.5 \leqslant \lambda \leqslant 3.0$、$\lambda > 3.0$ 范围内时 T 形 RC 剪力墙破坏形态与弯剪比和暗柱纵筋配筋率的关系示于图 2-6-4（*a*）～（*c*）。

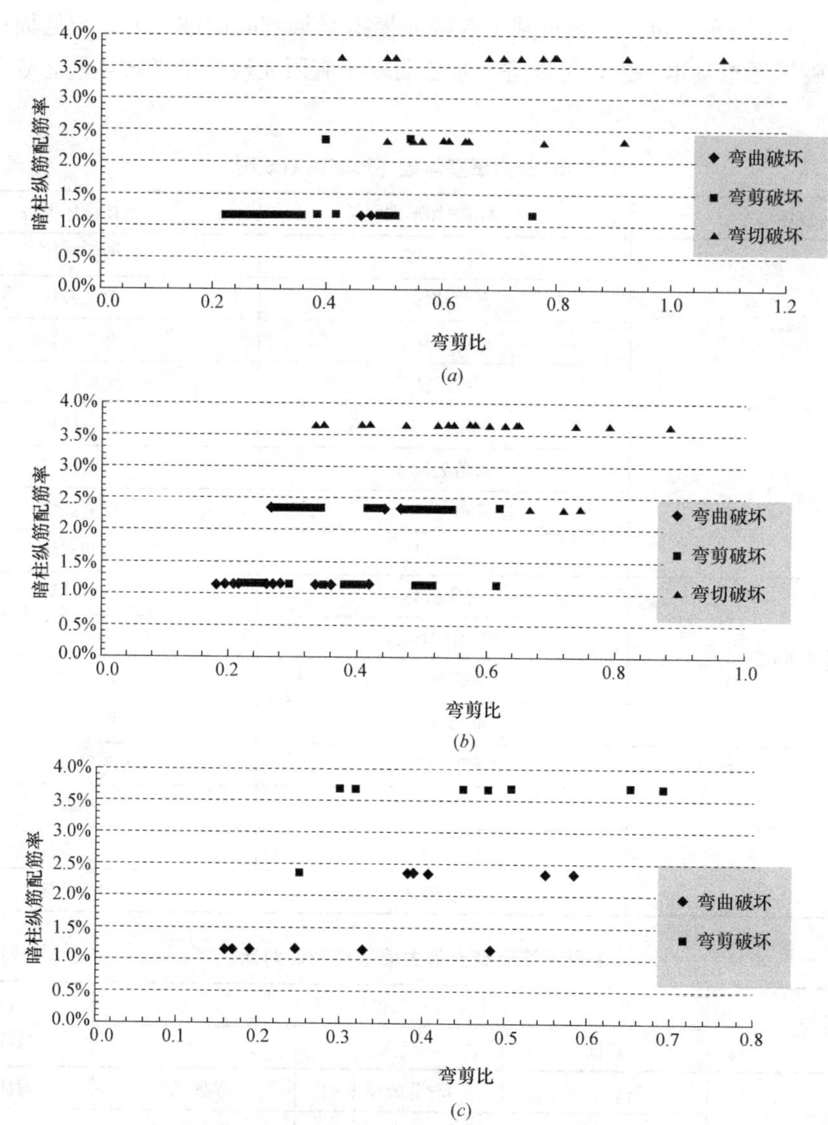

图 2-6-4　T 形 RC 剪力墙有限元模型破坏形态与关键参数的关系

（*a*）$2 \leqslant \lambda < 2.5$ 时破坏形态与弯剪比和暗柱纵筋配筋率关系；

（*b*）$2.5 \leqslant \lambda \leqslant 3.0$ 时破坏形态与弯剪比和暗柱纵筋配筋率关系；

（*c*）$\lambda > 3.0$ 时破坏形态与弯剪比和暗柱纵筋配筋率关系

（3）T 形 RC 剪力墙破坏形态划分方法

对剪力墙试验数据及设计构件的有限元分析结果进行归纳整理，在依据剪跨比划分的基础上，进一步考虑弯剪比与配筋率的影响，提出 T 形 RC 剪力墙构件破坏形态判定标准，如表 2-6-3 所示。此标准主要适用于暗柱纵筋配筋率 $\rho < 4\%$ 的构件。

T 形 RC 剪力墙构件破坏形态的判定标准　　　　表 2-6-3

破坏类型	判定标准	
剪切破坏	$\lambda<1.5$	
	$\lambda\geqslant1.5$	$m>0.9$
	$1.5\leqslant\lambda<2.5$	$m\leqslant0.9$ 且 $2\%\leqslant\rho\leqslant4\%$
	$2.5\leqslant\lambda\leqslant3.0$	$m\leqslant0.9$ 且 $3\%\leqslant\rho\leqslant4\%$
	$2.5\leqslant\lambda\leqslant3.0$	$0.6<m\leqslant0.9$ 且 $2\%<\rho<3\%$
弯剪破坏	$1.5\leqslant\lambda<2.5$	$m\leqslant0.9$ 且 $\rho<2\%$
	$2.5\leqslant\lambda\leqslant3.0$	$0.6<m\leqslant0.9$ 且 $\rho<2\%$
	$2.5\leqslant\lambda\leqslant3.0$	$m\leqslant0.6$ 且 $2\%<\rho<3\%$
	$\lambda>3.0$	$m\leqslant0.9$ 且 $3\%\leqslant\rho\leqslant4\%$
弯曲破坏	$2.5\leqslant\lambda\leqslant3.0$	$m\leqslant0.6$ 且 $\rho<2\%$
	$\lambda>3.0$	$m\leqslant0.9$ 且 $\rho<3\%$

注：λ 为剪跨比；m 为弯剪比；ρ 为暗柱纵筋配筋率。

2.6.3　T 形 RC 剪力墙变形指标限值

（1）单因素分析

由于 T 形 RC 剪力墙构件具有不对称截面，所以每个构件都包含两个有限元模型，即每个构件将得到两套分别针对正向加载和负向加载的变形性能指标限值。其中，荷载-位移曲线中正向位移表示翼缘受压状态下的位移，负向位移表示翼缘受拉状态下的位移。用 δ_{1e} 表示完好状态的屈服位移角，δ_2、δ_3、δ_4、δ_5、δ_6 分别表示轻微损坏、轻～中等破坏、中等破坏、比较严重破坏和严重破坏的塑性位移角限值（总位移角减去屈服位移角 δ_{1e}）。

为便于分析变量间的相关关系和出于安全考虑，本节将针对不同破坏形态，采用各性能水准中两套变形性能指标限值的较小值进行参数分析。以弯曲破坏类型的构件为例，构件变形性能指标限值随着轴压比、剪跨比、弯剪比、暗柱纵筋配筋率和暗柱配箍特征值变化规律如图 2-6-5 所示。

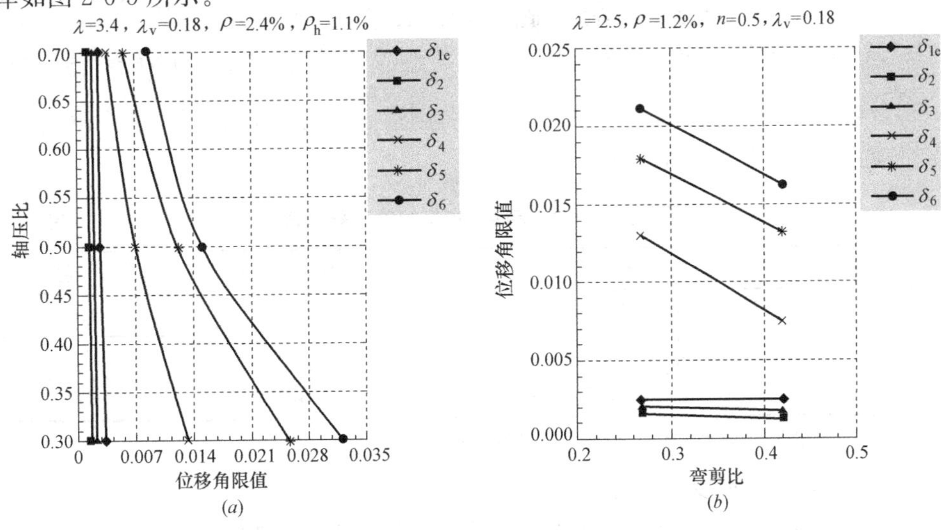

图 2-6-5　变形限值随关键参数的变化规律（一）

（a）变形限值随轴压比的变化；（b）变形限值随弯剪比的变化

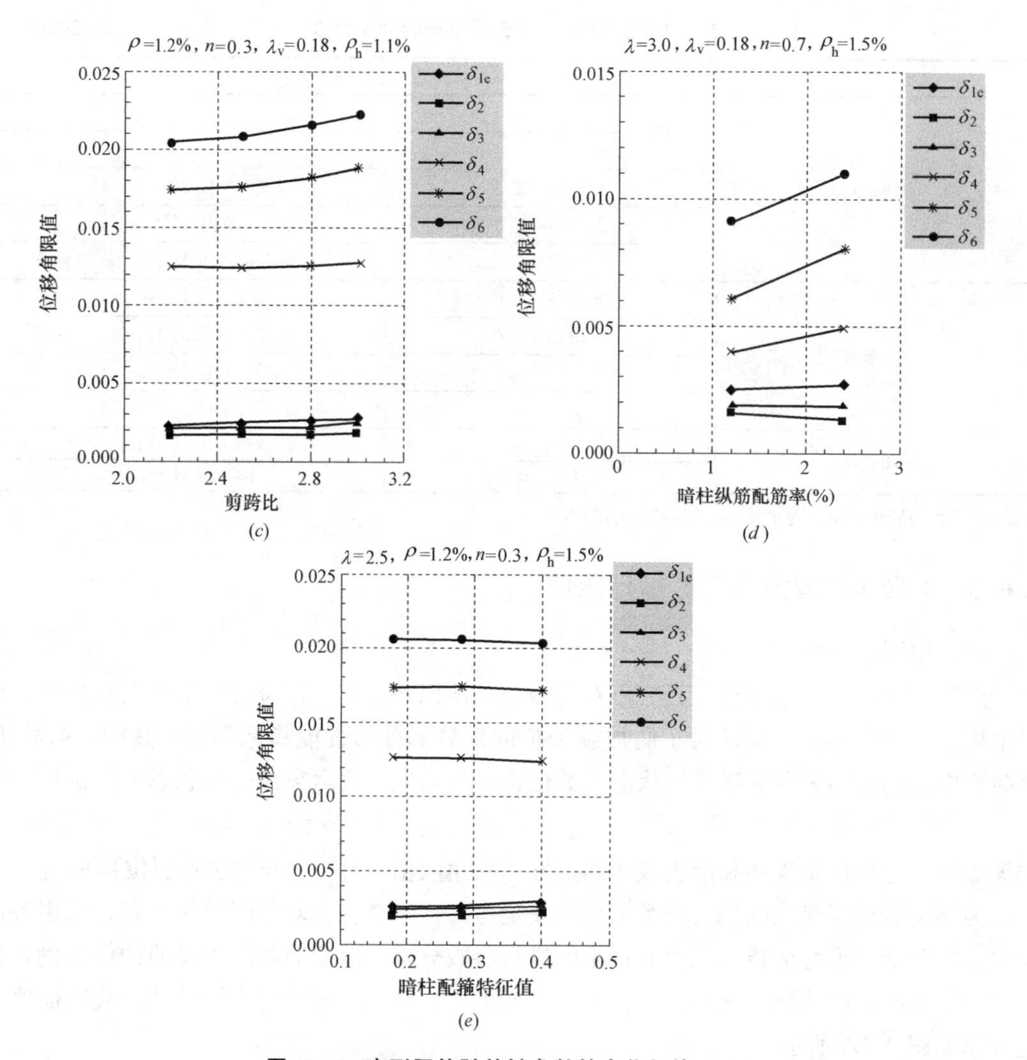

图 2-6-5 变形限值随关键参数的变化规律（二）

(c) 变性限值随剪跨比的变化；(d) 变形限值随暗柱纵筋配筋率的变化；(e) 变形限值随暗柱配箍率特征值的变化

对弯剪破坏和剪切破坏构件做相同分析，各因素对不同破坏形态的 T 形 RC 剪力墙性能指标限值影响规律如表 2-6-4 所示。

T 形 RC 剪力墙性能指标限值变化规律 **表 2-6-4**

破坏形态	轴压比	弯剪比	剪跨比	暗柱纵筋配筋率	暗柱配箍特征值
弯曲破坏	减小	减小	略增加	略增加	基本不变
弯剪破坏	减小	减小	略增加	略减小	基本不变
剪切破坏	略减小	基本不变	略增加	略减小	基本不变

注：表中规律为随影响参数增加而得到的指标限值变化规律。

(2) T 形 RC 剪力墙变形指标限值

由上述分析可知，轴压比和弯剪比对 T 形 RC 剪力墙变形性能的影响最为显著，按照不同的破坏形态以及轴压比和弯剪比划分构件，并分别对不同划分范围下的构件指标限值

δ_{1e}、δ_2、δ_3、δ_4、δ_5、δ_6进行统计分析，得到 T 形 RC 剪力墙正负向位移角指标限值，见表 2-6-5。

T 形 RC 剪力墙正负向位移角指标限值　　表 2-6-5

破坏形态与参数范围			塑性位移角限值(rad)					
			完好	轻微损坏	轻中等破坏	中等破坏	比较严重破坏	严重破坏
i. 弯曲破坏								
翼缘受压	$n\leqslant0.1$	$m\leqslant0.3$	0.0025	0.009	0.014	0.017	0.023	0.026
	$n\leqslant0.1$	$m\geqslant0.5$	0.0025	0.008	0.013	0.016	0.021	0.024
	$n\geqslant0.3$	$m\leqslant0.3$	0.0025	0.007	0.012	0.015	0.020	0.023
	$n\geqslant0.3$	$m\geqslant0.5$	0.0025	0.006	0.010	0.013	0.018	0.019
翼缘受拉	$n\leqslant0.1$	$m\leqslant0.3$	0.0024	0.005	0.006	0.012	0.017	0.021
	$n\leqslant0.1$	$m\geqslant0.5$	0.0024	0.003	0.005	0.010	0.015	0.018
	$n\geqslant0.3$	$m\leqslant0.3$	0.0024	0.002	0.003	0.008	0.012	0.016
	$n\geqslant0.3$	$m\geqslant0.5$	0.0024	0.001	0.002	0.006	0.010	0.013
ii. 弯剪破坏								
翼缘受压	$n\leqslant0.1$	$m\leqslant0.3$	0.0025	0.007	0.013	0.016	0.021	0.024
	$n\leqslant0.1$	$m\geqslant0.5$	0.0025	0.006	0.012	0.014	0.019	0.022
	$n\geqslant0.3$	$m\leqslant0.3$	0.0025	0.004	0.010	0.012	0.016	0.018
	$n\geqslant0.3$	$m\geqslant0.5$	0.0025	0.003	0.009	0.010	0.012	0.014
翼缘受拉	$n\leqslant0.1$	$m\leqslant0.3$	0.0020	0.003	0.005	0.011	0.016	0.020
	$n\leqslant0.1$	$m\geqslant0.5$	0.0020	0.003	0.004	0.009	0.013	0.016
	$n\geqslant0.3$	$m\leqslant0.3$	0.0020	0.001	0.002	0.006	0.009	0.011
	$n\geqslant0.3$	$m\geqslant0.5$	0.0020	0.001	0.002	0.004	0.005	0.007
iii. 剪切破坏								
	总位移角		0.0030				0.008	

注：1. 表中数据由平均值减去一倍标准差得到，允许采用线性插值方法得到相应性能指标限值。
2. 表中弯曲、弯剪破坏下完好状态和剪切破坏所有状态的性能指标限值均为总位移角，其余为塑性位移角。

2.7　工字形 RC 剪力墙变形指标限值的理论研究

2.7.1　工字形 RC 剪力墙构件设计

本研究主要针对剪跨比、轴压比、暗柱纵筋配筋率、暗柱箍筋配箍率和水平分布筋配筋率 5 个独立变量对工字形剪力墙的变形性能进行研究。设计的工字形剪力墙截面高度为 1400mm，翼缘宽为 700mm，腹板和翼缘厚度均为 100mm，墙体高度包含 2800mm、3500mm 和 4200mm，对应剪跨比分别为 2.0、2.5 和 3.0；设计轴压比包含 0.1、0.3、0.5 和 0.7；约束边缘构件纵筋配筋包含 10Φ6、10Φ8 和 10Φ10，对应配筋率分别为 1.1%、1.9%和 3.0%；约束边缘构件箍筋配筋包含Φ6@200、Φ8@200 及Φ10@200，对应配箍率特征值分别为 0.19、0.33 和 0.52；腹板水平和竖向分布筋配筋包含Φ6@200、Φ8@200 及Φ10@200，对应分布筋配筋率分别为 0.28%、0.50%和 0.79%。依据以上参数变化，共设计了 324 个工字形 RC 剪力墙构件，设计和配筋示意图见图 2-7-1 和图 2-7-2。

所有钢筋均采用 HRB400 级，混凝土采用 C30，材料强度均采用标准值。

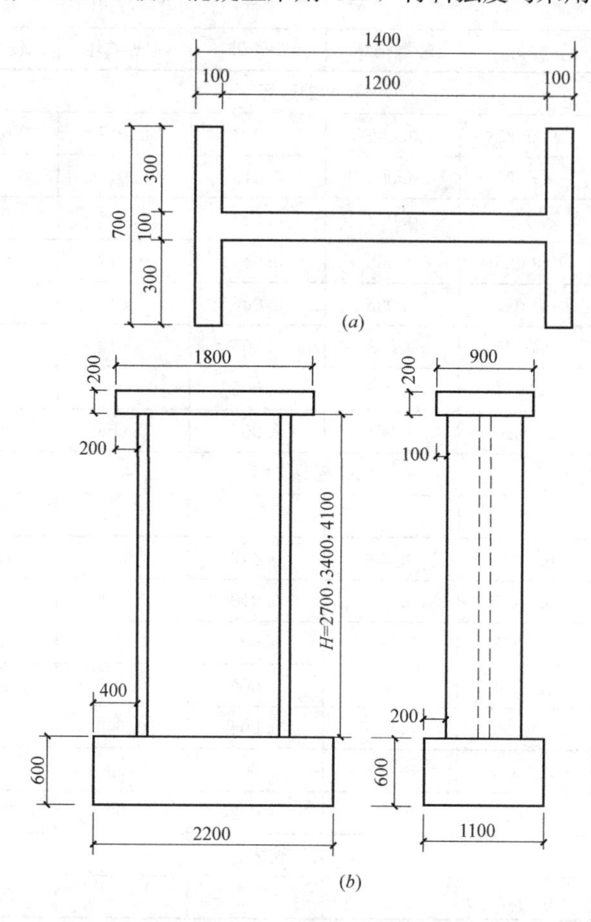

图 2-7-1　工字形剪力墙尺寸

(a) 横截面尺寸；(b) 立面尺寸

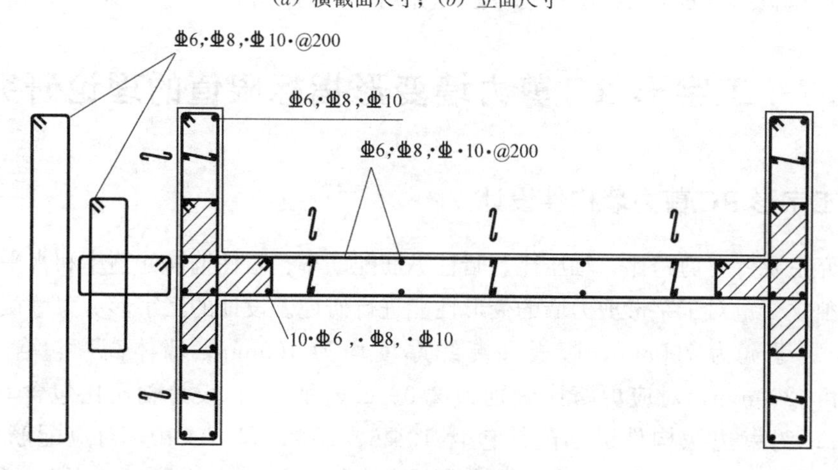

图 2-7-2　工字形剪力墙配筋示意图

2.7.2　工字形 RC 剪力墙破坏形态划分

（1）有限元模型破坏形态统计分析

影响工字形 RC 剪力墙破坏形态的主要因素包括剪跨比、弯剪比、剪应力水平等；其中，弯剪比和剪应力水平表征构件相似的性能参数，即剪力需求和抗剪能力之比，为了更贴近我国的使用习惯，采用弯剪比来表征。剪跨比和弯剪比能综合地反映构件的几何、受力特征，其为无量纲量，适合作为划分构件破坏形态的参数。324 个工字形 RC 剪力墙有限元模型的破坏形态随剪跨比和弯剪比的累计分布曲线见图 2-7-3。

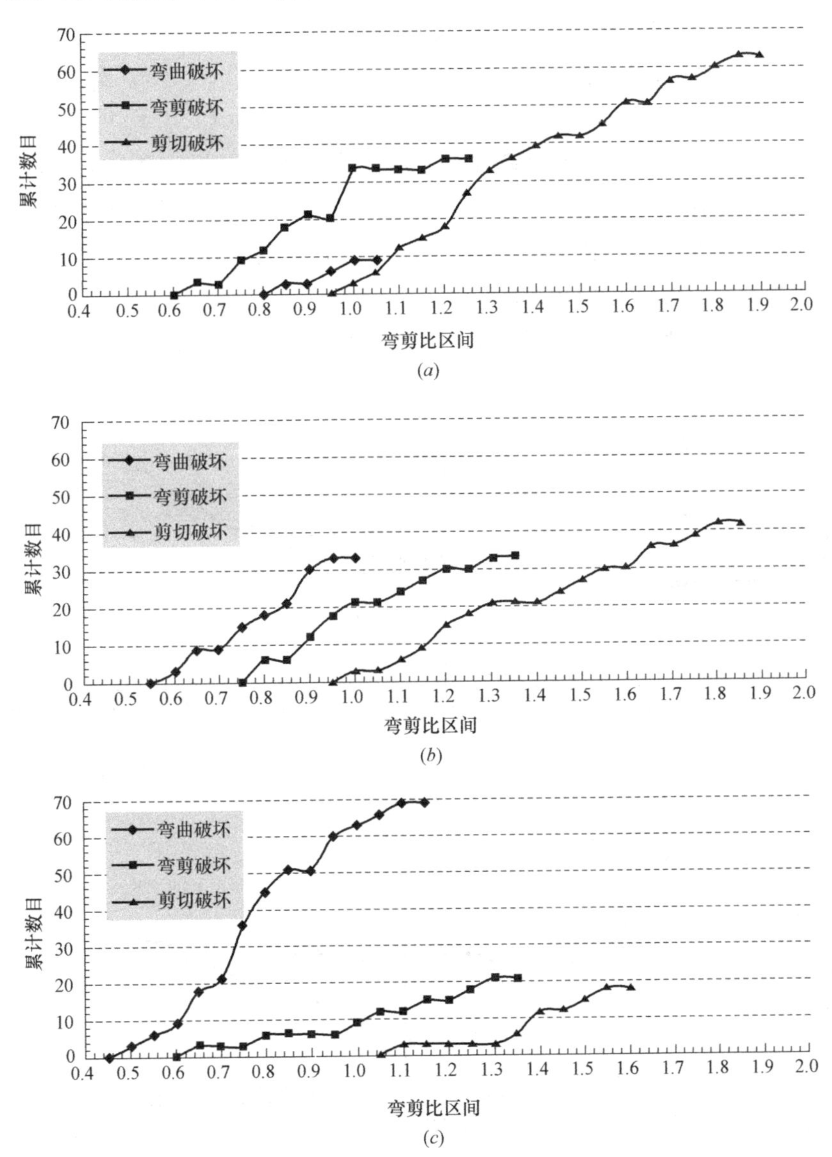

图 2-7-3　3 种剪跨比中 3 种破坏形态随弯剪比的累计分布

(*a*) 剪跨比 $\lambda=2.0$ 模型中 3 种破坏形态随弯剪比的累计数目曲线；
(*b*) 剪跨比 $\lambda=2.5$ 模型中 3 种破坏形态随弯剪比的累计数目曲线；
(*c*) 剪跨比 $\lambda=3.0$ 模型中 3 种破坏形态随弯剪比的累计数目曲线

由图 2-7-3 中的统计数据可得到以下结论：

1）对于相同的剪跨比，随着弯剪比的上升，构件的破坏形态逐渐从弯曲破坏向弯剪破坏、弯剪破坏向剪切破坏变化，证明了构件受力状态中剪应力水平（剪力需求与抗剪承载能力之比）越高，构件越容易发生剪切破坏。

2）对于相同的弯剪比，随着剪跨比的上升，构件破坏形态逐渐从剪切破坏向弯曲破坏过渡。从总数来看，剪跨比 $\lambda=2$ 的所有模型中，剪切破坏所占比重最大，为 58.3%，而只有 8.3%发生弯曲破坏；剪跨比 $\lambda=2.5$ 的模型中，3 种破坏形态数量相当，与弯剪比有关；剪跨比 $\lambda=3$ 的模型则主要发生弯曲破坏，所占比例高达 63.8%，剪切破坏与弯剪破坏所占比例均只有 18%。所占比例的巨大差异综合反映了剪跨比对破坏形态的影响。

3）相同的弯剪比和剪跨比无法唯一地确定构件的破坏形态，但 3 种破坏形态所占比例有较大区别。

通过统计分析证明了弯剪比与剪跨比是影响工字形 RC 剪力墙的主要因素，虽然相同的弯剪比与剪跨比无法唯一确定破坏形态，但其对应的 3 种破坏形态所占比例差别较大，3 种破坏形态构件的弯剪比集中分布区间重叠不显著，因此可按集中分布区间重叠区均分的方法划分控制破坏形态的弯剪比区间。

将划分破坏形态界限值 m_1m_1 和 m_2m_2 与模型破坏形态累计曲线画于同一图中，见图 2-7-4。

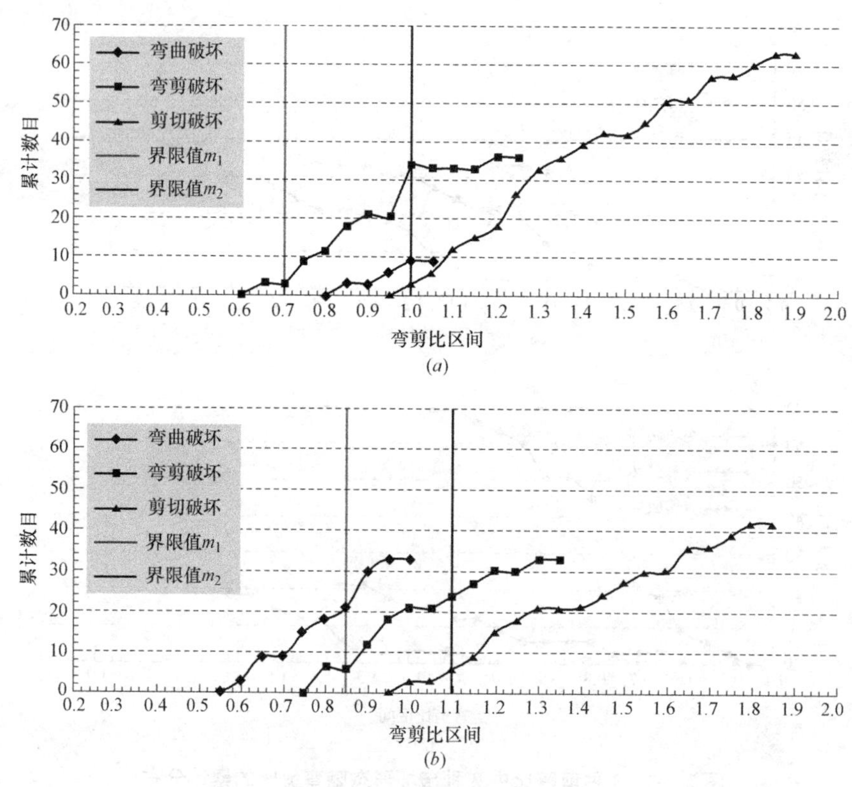

图 2-7-4　划分破坏形态的弯剪比界限值（一）

(*a*) 剪跨比 $\lambda=2.0$ 模型弯剪比界限值；(*b*) 剪跨比 $\lambda=2.5$ 模型弯剪比界限值

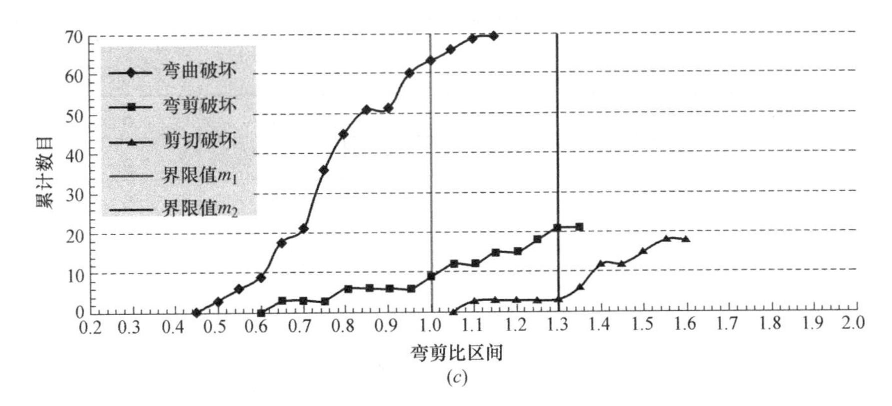

图 2-7-4　划分破坏形态的弯剪比界限值（二）

(c) 剪跨比 λ=3.0 模型弯剪比界限值

(2) 试验数据的修正

为进一步评价划分方法的可靠性，搜集了 53 个工字形或端柱 RC 剪力墙试验数据，搜集的剪力墙试件剪跨比在 0.8～3 范围内（除一个为 7.24），剪跨比小于 0.8 的未予搜集，主要考虑到其受力特性与中、高剪跨比相距甚远，并且在实际高层建筑结构中一般不会出现剪跨比小于 0.8 的剪力墙；搜集的构件涵盖了三种破坏形态，见表 2-7-1。

53 个工字形或端柱剪力墙试件实际破坏形态与预测破坏形态　　表 2-7-1

序号	构件	截面形状	剪跨比	弯剪比	实际破坏形态	修正前预测的破坏形态	修正后预测的破坏形态
1	B1[35][36]	端柱	2.39	0.69	F	**F**	**F**
2	B3[35][36]	端柱	2.39	0.63	F	**F**	**F**
3	B4[35][36]	端柱	2.39	0.61	F	**F**	**F**
4	B2[35][36]	端柱	2.39	0.95	FS	**FS**	**FS**
5	B5[35][36]	端柱	2.39	0.97	FS	**FS**	**FS**
6	B6[35][36]	端柱	2.39	1.05	FS	**FS**	**FS**
7	B7[35][36]	端柱	2.39	1.07	FS	**FS**	**FS**
8	B8[35][36]	端柱	2.39	0.59	FS	F	F
9	B9[35][36]	端柱	2.39	1.09	FS	**FS**	**FS**
10	B10[35][36]	端柱	2.39	0.57	FS	F	F
11	F1[35][36]	I	2.39	1.13	FS	S	**FS**
12	F2[35][36]	I	2.39	0.97	FS	**FS**	**FS**
13	M05C[37]	端柱	2.5	0.92	FS	**FS**	**FS**
14	M05M[37]	端柱	2.5	0.92	FS	**FS**	**FS**
15	M10C[37]	端柱	2.5	0.85	FS	**FS**	**FS**
16	M10M[37]	端柱	2.5	0.85	FS	**FS**	**FS**
17	HSCW2[38]	I	1.36	3.55	S	**S**	**S**
18	HSCW3[38]	I	1.36	3.63	S	**S**	**S**

续表

序号	构件	截面形状	剪跨比	弯剪比	实际破坏形态	修正前预测的破坏形态	修正后预测的破坏形态
19	HSCW4[38]	I	1.36	4.89	S	**S**	**S**
20	HSCW5[38]	I	1.36	3.12	S	**S**	**S**
21	HSCW6[38]	I	1.36	2.86	S	**S**	**S**
22	W2[39]	I	1.5	1.12	FS	S	**FS**
23	W1[40]	I	1.13	1.21	S	**S**	**S**
24	W2[40]	I	1.13	1.43	S	**S**	**S**
25	DHPCW-01[41]	端柱	2.1	0.48	F	**F**	**F**
26	DHPCW-02[41]	端柱	2.1	0.91	F	**FS**	**FS**
27	DHPCW-03[41]	端柱	1.5	0.67	FS	F	**FS**
28	DHPCW-04[41]	端柱	1.5	1.22	FS	**S**	**S**
29	DHPCW-05[41]	端柱	1	0.97	FS	**FS**	**FS**
30	DHPCW-06[41]	端柱	1	1.83	FS	**S**	**S**
31	HPCSW-08[42]	端柱	2.2	0.68	F	**F**	**F**
32	S-F1[43]	I	1.27	0.47	F	**F**	**F**
33	-[44]	I	7.24	0.32	F	**F**	**F**
34	W-I-2.71-1.55-0.2 *	I	2.71	0.65	F	**F**	**F**
35	W-I-2.71-2.42-0.2 *	I	2.71	0.71	F	**F**	**F**
36	W-I-2.71-1.55-0.5 *	I	2.71	0.82	F	**F**	**F**
37	W-I-2.71-2.42-0.5 *	I	2.71	0.86	F	**F**	**F**
38	W-I-2.12-1.55-0.2 *	I	2.12	0.82	F	**FS**	**FS**
39	W-I-2.12-2.42-0.2 *	I	2.12	0.89	F	**FS**	**FS**
40	W-I-2.12-1.55-0.5 *	I	2.12	1.03	FS	FS	FS
41	W-I-2.12-2.42-0.5 *	I	2.12	1.08	FS	S	**FS**
42	W-I-1.65-1.55-0.2 *	I	1.65	0.80	FS	**FS**	**FS**
43	W-I-1.65-1.55-0.5 *	I	1.65	1.15	FS	S	**FS**
44	W-I-1.65-2.42-0.2 *	I	1.65	1.03	FS	S	**FS**
45	W-I-1.65-2.42-0.5 *	I	1.65	1.38	FS	S	S
46	I1.2-8-0.2 *	I	1.20	1.38	S	S	S
47	I1.2-12-0.2 *	I	1.20	2.10	S	S	S
48	I1.2-8-0.5 *	I	1.20	1.99	S	S	S
49	I1.2-12-0.5 *	I	1.20	2.68	S	S	S
50	I0.8-8-0.2 *	I	0.80	1.81	S	S	S
51	I0.8-8-0.5 *	I	0.80	2.33	S	S	S
52	I0.8-12-0.2 *	I	0.80	2.63	S	S	S
53	I0.8-12-0.5 *	I	0.80	3.09	S	S	S

注：* 此类试验构件为本课题组完成的试验试件；粗体标出的为正确预测的破坏形态。

以剪跨比为横轴，弯剪比为竖轴，将所有试件（由于画幅原因，剪跨比为 7.24 的 33 号试件未画于图中），其按实际破坏形态分类画于图 2-7-5 中，破坏形态划分标准的界限值也同时画于同一图中。在 m_1 界限下方为预测为弯曲破坏的区域，在 m_2m_2 界限上方为预测为剪切破坏的区域，在 m_1m_1 和 m_2m_2 界限之间的区域为预测为弯剪破坏的区域。

由表 2-7-1 可知，在统计的 53 个工字形或端柱 RC 剪力墙中，按以上提出的划分标准正确预测的试件数为 39 个，正确率为 74%。由图 2-7-5（*a*）可见，有较多弯剪破坏的构件被错误地预测为剪切破坏，这是导致正确率偏低的主要原因。为进一步提高破坏形态划分标准的准确性，根据 53 个试验数据对划分标准的弯剪比界限值 m_1m_1 和 m_2m_2 进行修正。根据图 2-7-5（*a*）中弯剪破坏构件的分布特征，将剪跨比为 2、2.5 和 3 的 m_2m_2 弯剪比界限分别提高 0.2、0.15 和 0.1，将剪跨比为 2 和 2.5 对应的 m_1m_1 界限向下调整 0.05，修正后的界限与各构件剪跨比、弯剪比信息见图 2-7-5（*b*）。

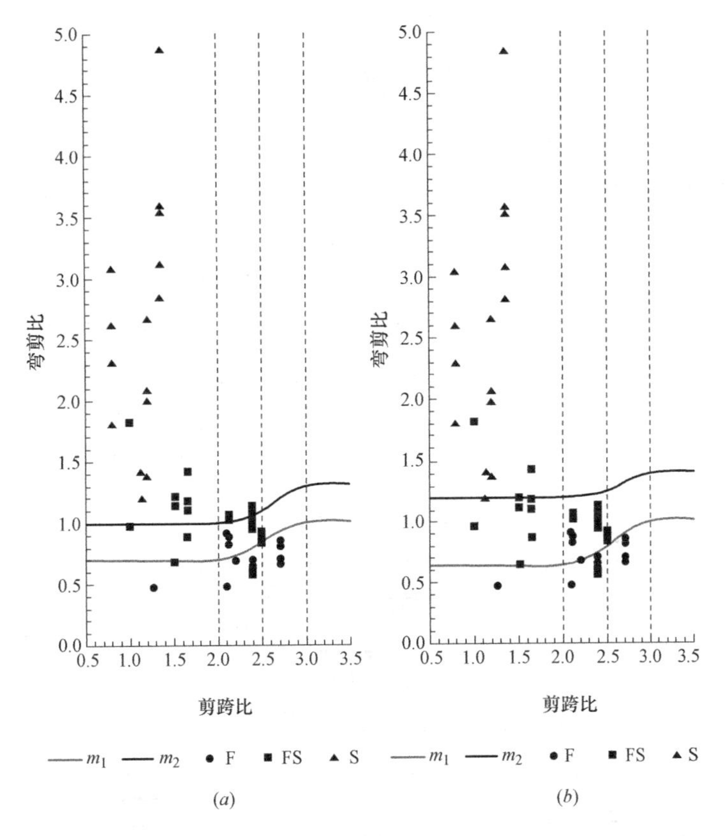

图 2-7-5　试验试件剪跨比、弯剪比分布以及修正前、后的弯剪比界限

（*a*）修正前；（*b*）修正后

由图 2-7-5 可见，修正后的弯剪比界限值对弯剪破坏的预测准确率大幅提升，准确预测个数为 45 个，准确率由修正前的 74%提升到修正后的 85%，可满足要求。被错误预测的破坏形态均为实际破坏形态的相邻形态，不存在弯曲破坏被预测为剪切破坏或剪切破坏被预测为弯曲破坏，并且所有脆性剪切破坏的试件均被正确预测。修正后的工字形 RC 剪力墙破坏形态划分标准见表 2-7-2。

修正后工字形 RC 剪力墙破坏形态划分标准 **表 2-7-2**

剪跨比	弯剪比	破坏形态
2	$m<0.65$	弯曲
	$0.65\leqslant m\leqslant 1.15$	弯剪
	$m>1.15$	剪切
2.5	$m<0.80$	弯曲
	$0.80\leqslant m\leqslant 1.25$	弯剪
	$m>1.25$	剪切
3	$m<1.00$	弯曲
	$1.00\leqslant m\leqslant 1.45$	弯剪
	$m>1.45$	剪切

注：λ 为剪跨比；m 为弯剪比。对于范围在（2，3）区间的任意剪跨比 λ，其对应弯剪比界限值可通过剪跨比线性插值得到；对于在此范围外的剪跨比，可按 $\lambda=2.0$ 或 $\lambda=3.0$ 的判断标准使用。

2.7.3 工字形 RC 剪力墙变形指标限值

（1）变形指标限值单因素分析

根据 2.2 节中性能水准的划分原则，得到所有工字形 RC 剪力墙的 6 个变形指标限值（位移角），对影响工字形剪力墙变形能力的参数进行分析，发现破坏形态、轴压比和弯剪比是最重要的参数；其中，破坏形态与剪跨比和弯剪比均有关。图 2-7-6 给出几个典型弯曲破坏工字形剪力墙 6 个变形指标限值随剪跨比、轴压比和弯剪比的变化规律。

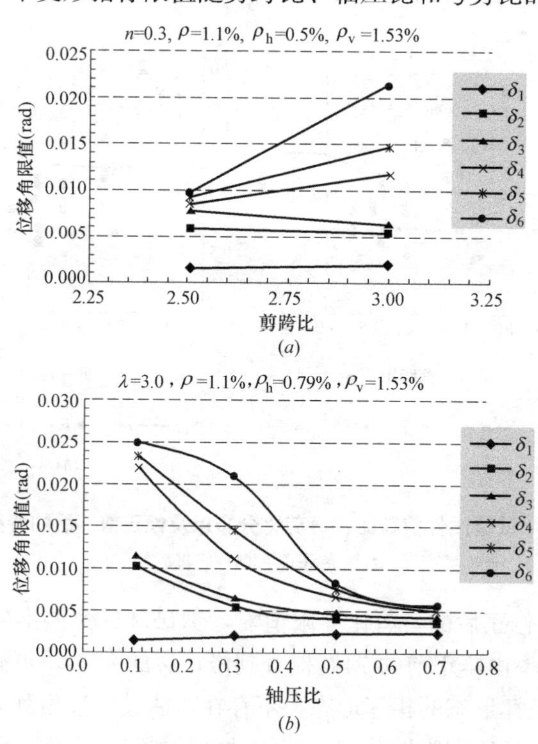

图 2-7-6 变形限值随关键参数的变化规律（一）

（*a*）变形限值随剪跨比的变化；（*b*）变形限值随轴压比的变化

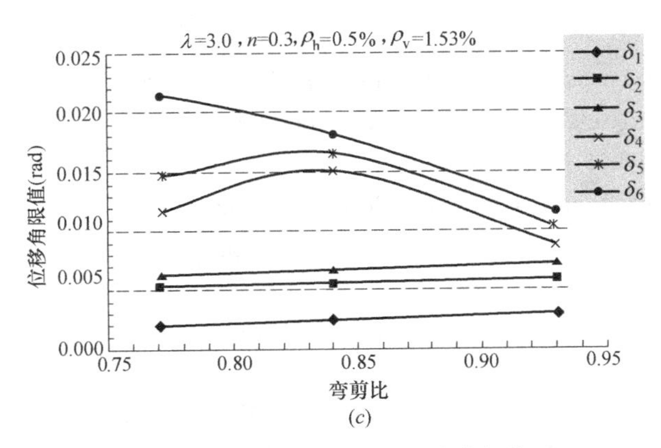

(c)

图 2-7-6　变形限值随关键参数的变化规律（二）

（c）变形限值随弯剪比的变化

相比于上述因素，约束边缘构件配箍率对变形限值的影响较小，边缘构件纵筋配筋率和腹板分布筋配筋率虽然对变形限值有一定影响，但其难以综合反映构件的几何和受力特点，不宜被采用为关键参数，其对变形能力的影响通过弯剪比间接考虑。

随着轴压比、剪跨比、弯剪比的变化，弯剪破坏限值的变化趋势与弯曲破坏类似，但弯剪比的影响更为显著。剪切破坏的变形能力则主要受剪跨比的影响，其对轴压比和弯剪比的敏感度较低。因此，对于弯曲破坏和弯剪破坏，采用轴压比和弯剪比作为关键参数区分变形限值，而对于剪切破坏则进行统一划分。

（2）工字形 RC 剪力墙变形指标限值

以破坏形态、轴压比和弯剪比为参数，分别统计 6 个变形指标限值，采用均值减去 1 倍标准差得到工字形 RC 剪力墙变形指标限值，见表 2-7-3。

工字形 RC 剪力墙变形指标限值　　　　**表 2-7-3**

破坏形态与参数范围		塑性位移角限值(rad)					
		完好	轻微损坏	轻中等破坏	中等破坏	比较严重破坏	严重破坏
i. 弯曲破坏							
$n \leqslant 0.3$	$m \leqslant 0.70$	0.0015	0.0050	0.0060	0.0100	0.0130	0.0200
$n \leqslant 0.3$	$m \geqslant 0.90$	0.0015	0.0040	0.0050	0.0060	0.0070	0.0080
$n \geqslant 0.5$	$m \leqslant 0.70$	0.0025	0.0020	0.0030	0.0040	0.0045	0.0050
$n \geqslant 0.5$	$m \geqslant 0.90$	0.0020	0.0010	0.0015	0.0020	0.0025	0.0050
ii. 弯剪破坏							
$n \leqslant 0.3$	$m \leqslant 0.90$	0.0010	0.0020	0.0030	0.0050	0.0070	0.0150
$n \leqslant 0.3$	$m \geqslant 1.10$	0.0020	0.0010	0.0020	0.0025	0.0035	0.0050
$n \geqslant 0.5$	$m \leqslant 0.90$	0.0030	0.0010	0.0025	0.0035	0.0050	0.0060
$n \geqslant 0.5$	$m \geqslant 1.10$	0.0025	0.0010	0.0015	0.0020	0.0030	0.0050
iii. 剪切破坏							
总位移角		0.002				0.005	

注：1. 表中允许采用线性插值得到相应位移角限值；
2. 表中弯曲破坏、弯剪破坏中的完好状态位移及剪切破坏所有位移角限值为总位移角，其余状态对应的位移角限值为塑性位移角。

参考文献

[1] P. Kmiecik, M. Kanminski. Modelling of Reinforced Concrete Structures and Composite Structures with Concrete Strength Degradation taken into consideration [J]. Archives of Civil and Mechanical Engineering, 2011, 11 (3): 623-635.

[2] Tomasz Jankowiak, Tomasz Lodygowski. Identification of Parameters of Concrete Damage Plasticity Constitutive Model [J]. Foundation of Civil and Environmental Engineering, 2005, 6: 53-69.

[3] GB 50011-2010, 建筑抗震设计规范 [S]. 北京: 中国建筑工业出版社, 2010.

[4] ASCE/SEI 41-13, Seismic Evaluation and Retrofit of Existing Buildings [S]. Reston, Virginia: American Society of Civil Engineers, 2014.

[5] R. Park, T. Paulay. Reinforced Concrete Structures [M]. John Wiley & Sons, Inc, 1975.

[6] FEMA-273, NEHRP Guidelines for the Seismic Rehabilitation of Buildings [S]. Washington DC: Federal Emergency Management Agency, 1997.

[7] FEMA-356, Prestandard and Commentary for the Seismic Rehabilitation of Buildings [S]. Washington DC: Federal Emergency Management Agency, 2000.

[8] M. J. N. Priestley. Performance Based Seismic Design [J]. 12th World Conference of Earthquake Engineering, 2000.

[9] SEAOCVision2000. AFramework for Performance-Based Engineering [S]. US: Structural Engineering Association of California, 1995.

[10] Jack Moehle. Seismic Design of Reinforced Concrete Buildings [M]. Columbus OH: Mc-Graw Hill Education, 2014.

[11] FEMA-306, Evaluation of Earthquake Damaged Concrete and Masonry Wall Buildings [S]. Washington DC: Federal Emergency Management Agency, 1998.

[12] ATC-40, Seismic Evaluation and Retrofit of Concrete Buildings [S]. Redwood City, CA: Applied Technology Council, 1996.

[13] T. Paulay, M. J. N. Priestley. Seismic Design of Reinforced and Masonry Structures [M]. John Wiley & Sons, Inc, 1992.

[14] M. J. N. Priestley. Performance Based Seismic Design [J]. 12th World Conference of Earthquake Engineering, 2000.

[15] GB 1499. 2—2007. 钢筋混凝土用钢带肋钢筋 [S]. 北京: 中国建筑工业出版社, 2007.

[16] 戚永乐. 基于材料应变的RC梁、柱及剪力墙构件抗震性能指标限值研究 [D]. 广州: 华南理工大学, 2012.

[17] ASCE/SEI 41-06, Seismic Evaluation and Retrofit of Existing Buildings [S]. Reston, Virginia: American Society of Civil Engineers, 2006.

[18] 刘伯权, 钱国芳, 童岳生. 高层剪力墙的强度及变形性能的研究 [J]. 西安建筑科技大学学报 (自然科学版), 1989, 1 (21): 10-17.

[19] 劳晓春. RC矩形截面剪力墙构件的抗震性能及其性能指标限值研究 [D]. 华南理工大学, 2010.

[20] JGJ 3-2010, 高层建筑混凝土结构技术规程 [S]. 北京: 中国建筑工业出版社, 2010.

[21] 李青宁, 李晓蕾, 闫艳伟, 等. 钢筋混凝土短肢剪力墙抗震性能试验研究 [J]. 建筑结构学报, 2011 (04): 53-62.

[22] 张彬彬, 曹万林, 张建伟, 等. 双向单排配筋L形剪力墙抗震性能试验研究 [J]. 工程抗震与加固改造, 2011 (05): 37-44.

[23] 黄选明. 带暗支撑短肢剪力墙及筒体结构抗震性能试验及理论研究 [D]. 北京工业大学, 2005.

[24] 郭棣. 宽肢异形柱的试验研究 [D]. 西安建筑科技大学，2001.
[25] 胡广良. 短肢剪力墙抗震试验研究 [J]. 工程建设与设计，2005（11）：21-23.
[26] 丁小艳，王铁成. 低周反复荷载作用下L形宽肢柱受剪性能试验 [J]. 工业建筑，2008（04）：36-40.
[27] 李杰，吴建营，周德源，等. L形和Z形宽肢异形柱低周反复荷载试验研究 [J]. 建筑结构学报，2002（01）：9-15.
[28] 杜琛，王铁成，陈向上. L形截面宽肢混凝土柱破坏形态研究 [J]. 沈阳理工大学学报，2007（02）：80-83.
[29] AmanKaramlou，Mohammad Zaman Kabir. Experimental study of L-shaped slender R-ICF shear walls under cyclic lateral loading [J]. Engineering Structures. 2012，36：134-146.
[30] 庞培培. L型叠合式剪力墙板抗震性能的试验研究及非线性分析 [D]. 安徽建筑工业学院，2011.
[31] 万林，王光远，吴建有，等. 不同方向周期反复荷载作用下L形柱的性能 [J]. 地震工程与工程振动，1995（01）：67-72.
[32] 贺明玄，李承铭. 钢筋混凝土L形剪力墙抗弯性能的试验研究 [Z]. 中国广西南宁：1997.
[33] 闫艳伟. 短肢剪力墙抗震性能试验与动力分析方法研究 [D]. 西安建筑科技大学，2008.
[34] 李青宁，李晓蕾，雷伟宁. T形截面短肢剪力墙刚度及延性研究 [J]. 地震工程与工程振动，2010（01）：104-111.
[35] R. G. Oesterle，A. E. Fiorato，et al. Earthquake Resistant Structural Walls - Tests of Isolated Walls [R]. Virginia：National Science Foundation，1976.
[36] R. G. Oesterle，A. E. Fiorato，et al. Earthquake Resistant Structural Walls - Tests of Isolated Walls - Phase II [R]. Virginia：National Science Foundation，1979.
[37] RigobertoBurgueno，Xuejian Liu，Eric M. Hines. Web Crushing Capacity of High-Strength Concrete Structural Walls：Experimental Study [J]. ACI Structural Journal，2014，111（1）：37-48.
[38] Firooz Emamy Farvashany，Stephen J. Foster，B. Vijaya Rangan. Strength and Deformation of High-Strength Concrete Shearwalls [J]. ACI Structural Journal，2008，105（1）：21-29.
[39] 汪锦林. 钢筋混凝土带翼缘剪力墙抗震抗剪性能试验研究 [D]. 重庆：重庆大学，2007.
[40] 吴雁江. 工字型截面钢筋混凝土剪力墙抗震抗剪性能试验研究 [D]. 重庆：重庆大学，2004.
[41] 梁兴文，杨鹏辉，崔晓玲，邓明科，张兴虎. 带端柱高强混凝土剪力墙抗震性能试验研究 [J]. 建筑结构学报，2010，31（1）：24-32.
[42] 方小丹，李照林，韦宏，江毅. 高配筋率边缘约束构件高强混凝土剪力墙抗震性能试验研究 [J]. 建筑结构学报，2011，32（12）：145-153.
[43] Mohammad Hassan，Sherif El-Tawil. Tension Flange Effective Width in Reinforced Concrete Shear Walls [J]. ACI Structural Journal，2003，100（3）：349-356.
[44] Perry Adebar，Ahmed M. M. Ibrahim，Michael Bryson. Test of High-Rise Core Wall：Effective Stiffness for Seismic Analysis [J]. ACI Structural Journal，2007，104（5）：549-559.

第3章　基于试验结果的构件变形限值统计分析研究

3.1　概　　述

第二章通过有限元计算分析方法建立了钢筋混凝土构件的破坏形态划分准则和变形限值确定方法，由于有限元的计算结果受许多参数的影响，虽然其反映的构件受力、变形、破坏程度的规律是正确的，但数值计算结果可能有较大误差。

本章收集了国内外学者完成并公开发表的103个RC梁、456个RC柱及236个RC剪力墙的低周往复荷载试验数据，提取各试件的关键参数建立数据库，对数据进行分析、统计、回归和验证，从试验的角度提出构件破坏形态划分准则和变形限值确定方法，建立梁、柱、剪力墙受力—变形—破坏程度的相关关系以及钢筋混凝土构件6个变形指标限值。

3.2　RC梁、柱及剪力墙试验数据整理

为了给RC构件的变形性能指标限值研究提供数据依据，本章收集了大量的RC构件低周往复荷载试验的数据资料，并尝试从试验数据中找出影响RC构件破坏形态的主要参数和RC构件破坏程度与变形指标限值的关系。

本节表格中所涉及的主要计算参数有：混凝土核心抗压强度标准值f_{ck}、剪跨比λ、构件试验轴压比n、弯剪比m、名义剪压比$V/f_{ck}bh_0$、约束区配箍特征值λ_v、有效约束系数α、加载方向面积配箍率ρ_t、水平分布筋配筋率ρ_h、竖向分布筋配筋率ρ_v以及约束区纵筋配筋率ρ。

3.2.1　RC梁数据库

RC梁试验数据库中包括了从公开发表的文献中收集的103个矩形截面RC梁试验数据[1~17]。数据库中各梁试件的数据来源及其主要参数的分布范围如表3-2-1所示。

RC梁的主要试验参数　　　　**表3-2-1**

构件数量	f_{ck}(MPa)	λ	ρ_t(%)	λ_v	m	$V/f_{ck}bh_0$
3	22.53～29.36	3.09	0.34～0.87	0.06～0.14	0.41～0.99	0.065～0.095
8	24.46～29.6	2.75～4.45	0.31～0.62	0.06～0.12	0.2～0.6	0.025～0.085
2	33.86～35.81	3.28	0.28～0.51	0.05～0.09	0.24～0.34	0.023～0.025
7	24.96～25.51	2.52～3.53	0.64～1.61	0.08～0.21	0.58～1.43	0.110～0.186

续表

构件数量	f_{ck}(MPa)	λ	ρ_t(%)	λ_v	m	$V/f_{ck}bh_0$
10	15.18	2.08	0.2	0.04	1.34～2.67	0.091
8	19.69～29.04	2	0.14～0.15	0.02～0.04	1.15～2.39	0.069～0.088
1	35.03	1.76	0.61	0.13	0.35	0.047
4	32.09～50.44	3.21	0.61～0.69	0.07～0.13	0.58～0.72	0.053～0.084
9	14.33～15.69	3.85	0.5	0.11～0.12	0.06～1.03	0.008～0.144
6	49.9	1.67～2.22	0.7～1.4	0.09～0.17	0.49～0.65	0.051～0.112
2	15.65～23.02	5.19	0.47	0.05～0.08	0.59～0.74	0.049～0.08
8	45.64～46.69	3	0.43～0.52	0.04～0.06	0.24～0.48	0.019～0.035
2	28.5	2.64～3.85	0.31	0.04	0.18～0.25	0.013～0.019
8	19.93～31.81	0.52～1.97	0.39～1.23	0.05～0.24	0.7～1.24	0.087～0.172
2	27.79～27.91	0.52～0.9	1.03	0.13～0.14	0.65～0.68	0.112～0.116
2	21.07～22.2	0.37～0.52	1.15～1.51	0.21～0.29	0.47～0.81	0.156～0.207
11	24.02	2.78～3.85	0.22～0.9	0.03～0.2	0.18～0.84	0.026～0.097

3.2.2　RC柱数据库

RC柱试验数据库中包括了从公开发表的文献中收集的469个矩形截面RC柱的试验数据[18~97]，数据库中各柱试件的数据来源及其主要参数的分布范围如表3-2-2所示。

RC柱的主要试验参数　　　　**表3-2-2**

构件数量	f_{ck}(MPa)	λ	ρ_t(%)	n	λ_v	$\alpha\lambda_v$	m	$V/f_{ck}bh_0$
2	19.98～21.16	4.33～4.35	0.87～1.13	0.25～0.45	0.26～0.41	0.18～0.27	0.25～0.31	0.055～0.063
4	32.75～37.81	4.22	0.3～0.64	0.12～0.37	0.04～0.12	0.03～0.08	0.4～0.63	0.034～0.051
2	23.96～32.83	4.22	0.67～0.85	0.26～0.48	0.26～0.28	0.17～0.18	0.28～0.3	0.053
5	32.01～34.32	4.22	0.29～2.17	0.61～0.86	0.07～0.39	0.04～0.3	0.17～0.57	0.043～0.053
8	21.67～27.12	3.3～4.57	0.75～1.06	0.12～0.36	0.21～0.41	0.14～0.26	0.27～0.41	0.053～0.071
1	22.77	3.16	1.06	0.12	0.3	0.21	0.36	0.068
1	17.44	1.7	0.89	0.39	0.41	0.22	0.55	0.141
2	17.78～18.29	1.65	0.68～1.19	0.2～0.41	0.29～0.52	0.13～0.25	0.54～0.65	0.137～0.175
3	21	4.46	0.32	0.04	0.12	0.05	0.35	0.033
2	25.31～27.05	2.21	0.48	0.17～0.18	0.13～0.14	0.05～0.06	0.85～1.03	0.1～0.123
1	22.94	1.83	0.32	0.09	0.1	0.05	1.11	0.111
3	23.62	3.59	0.45	0.12	0.27	0.12	0.38	0.057
8	26.9～75.37	1.37～2.71	0.22～1.62	0.22～0.9	0.04～0.47	0.02～0.36	0.27～2.07	0.069～0.107
2	21.84	1.7	0.81	0.3～0.73	0.39	0.22	0.65～0.68	0.157～0.165
7	67.53	2.27～2.38	0.51～0.79	0.52	0.08～0.22	0.05～0.17	0.83～1.41	0.082～0.116
6	24.89～27.99	6.4	0.37～0.61	0.21～0.33	0.13～0.24	0.04～0.1	0.26～0.36	0.038～0.041

续表

构件数量	f_{ck}(MPa)	λ	ρ_t(%)	n	λ_v	$\alpha\lambda_v$	m	$V/f_{ck}bh_0$
2	32.22～32.59	3.38～3.4	0.52～0.93	0.25～0.38	0.23～0.3	0.14～0.18	0.38～0.49	0.07～0.077
3	27.05～35.57	3.17	0.3～0.9	0～0.18	0.09～0.36	0.03～0.2	0.49～0.85	0.062～0.102
24	56.48	5.3～5.43	0.54～1.61	0.28～0.42	0.11～0.4	0.04～0.27	0.18～0.65	0.036～0.062
4	23.03～23.79	4.06～4.08	0.27～0.36	0.11～0.28	0.1～0.13	0.07～0.09	0.48～0.58	0.056～0.067
7	21.59～27.85	3.63～3.65	0.07～0.17	0.09～0.34	0.02～0.08	0～0.02	0.82～1.21	0.045～0.091
10	54.02～76.32	2.16～2.19	0.75～1.64	0.14～0.93	0.12～0.68	0.08～0.51	0.31～0.89	0.078～0.119
10	28.5	5.28～5.37	0.4～1.07	0.24～0.55	0.19～0.51	0.09～0.36	0.22～0.38	0.048～0.066
12	31.25～49.97	3.23	0.9～0.92	0～0.44	0.17～0.33	0.06～0.12	0.28～0.5	0.045～0.1
9	21.08～23.26	3.93	0.59～0.63	0.13～0.25	0.28～0.33	0.21～0.26	0.4～0.44	0.072～0.081
3	58.28	3.85	1.37	0～0.23	0.12	0.07	0.2～0.34	0.024～0.047
11	48.61～69.18	4.37	0.4～0.7	0～0.29	0.17～0.42	0.11～0.29	0.14～0.39	0.022～0.051
2	17.86～18.46	3.9	0.17	0.17～0.18	0.13	0.03	0.91	0.095～0.098
6	63.7～69.98	7.22	0.86～1.87	0.2～0.58	0.12～0.27	0.05～0.18	0.16～0.38	0.024～0.037
6	55.69～72.51	7.22	0.99～1.87	0.53～0.79	0.26～0.38	0.16～0.25	0.16～0.24	0.032～0.038
3	31.05～32.15	2.21～2.78	0.5～0.84	0.36～0.73	0.18～0.32	0.14～0.23	0.49～0.73	0.095～0.103
3	28.72～29.85	3.4	0.2	0.03	0.06	0.03	0.52	0.033～0.035
6	45.91～47.26	3.92	0.78～1.17	0.27～0.45	0.17～0.27	0.1～0.18	0.38～0.5	0.061～0.071
1	25.57	3.17	0.3	0.19	0.13	0.05	0.99	0.109
4	17.1～19.47	2.21	0.52～0.65	0.24～0.39	0.22～0.32	0.1～0.18	0.74～0.84	0.143～0.162
4	20.91	6.78	0.33～1.05	0.38	0.19～0.59	0.03～0.24	0.13～0.29	0.043
4	25.07～27.31	4.32	0.07～0.28	0.09～0.1	0.02～0.06	0～0.04	0.46～0.63	0.033～0.035
8	10.33～23.37	5.49	0.26～0.62	0.23～0.24	0.18～0.3	0.08～0.18	0.19～0.27	0.035～0.044
2	22.69～22.94	1.85～2.66	0.13～0.18	0.12～0.21	0.07	0.02～0.03	1.31～1.34	0.083～0.113
9	34.35～37.32	4.3～4.32	0.37～0.5	0.29～0.44	0.11～0.14	0.07～0.1	0.4～0.46	0.045～0.048
2	22.8～26.9	3.23	0.38	0.1～0.3	0.09～0.1	0.05～0.06	0.51～0.53	0.055～0.056
4	22.42～29.87	2.31～3.23	0.71	0.1～0.3	0.16～0.22	0.11～0.15	0.29～0.54	0.036～0.093
5	22.19～23.33	4.35	0.45～1.12	0.35	0.14～0.36	0.05～0.17	0.25～0.44	0.056～0.058
4	22.88～29.11	4.19	0.7～0.86	0～0.35	0.17～0.45	0.1～0.3	0.14～0.39	0.029～0.058
4	21.58～31.24	4.15～4.19	0.34～0.54	0～0.35	0.13～0.29	0.06～0.18	0.25～0.41	0.028～0.082
4	14.36	3.23～3.24	0.42～0.69	0.13～0.62	0.2～0.27	0.08～0.1	0.36～0.44	0.07～0.08
22	26.3～50.8	1.61～2.69	0.24～0.47	0.04～0.2	0.06～0.17	0.03～0.08	0.55～0.91	0.046～0.141
24	41.91	1.54～5.82	0.33～0.66	0.2～0.49	0.06～0.13	0.02～0.06	0.28～1.24	0.03～0.135
4	44.8～47.2	3.11	1.66～2.98	0.46～0.59	0.31～0.57	0.15～0.39	0.37～0.58	0.114～0.124
9	56.09～62.19	3.23～3.27	0.34～0.95	0.35～0.51	0.06～0.13	0.03～0.08	0.49～0.9	0.058～0.077
10	57.89～72.16	4.33	0.55～0.88	0.34～0.45	0.17～0.37	0.11～0.28	0.24～0.34	0.042～0.047
6	56.68～85.33	2.78	1.14～1.68	0.3～0.54	0.1～0.15	0.07～0.1	0.48～0.58	0.051～0.071

续表

构件数量	f_{ck}(MPa)	λ	ρ_t(%)	n	λ_v	$\alpha\lambda_v$	m	$V/f_{ck}bh_0$
11	50.98～56.38	3.07～3.4	0.25～0.9	0.32～0.55	0.03～0.11	0.01～0.06	0.68～1.18	0.058～0.08
11	23.71～46.44	1.6～7.55	0.47～1.35	0.25～0.63	0.08～0.3	0.02～0.14	0.2～1.03	0.028～0.143
10	57.51～73.8	1.67～2.23	0.39～1.06	0.43～0.65	0.14～0.43	0.1～0.34	0.47～0.9	0.088～0.117
6	46.14	1.67～4.46	0.75～1.34	0.47	0.18～0.34	0.11～0.23	0.28～0.82	0.047～0.124
4	67.57	4.31～4.36	1.68～2.68	0.15～0.23	0.25～0.4	0.12～0.25	0.16～0.3	0.032～0.044
5	53.91～68.61	4.08	0.68～1.35	0.22～0.53	0.12～0.72	0.08～0.44	0.12～0.41	0.039～0.047
12	51.17～69.62	3.76	0.48～1.65	0.24～0.52	0.05～0.24	0.02～0.14	0.26～0.51	0.035～0.043
4	19.99～22.5	4.3～4.35	0.29～0.59	0.35	0.17～0.38	0.06～0.26	0.26～0.4	0.057～0.065
2	44.27	5.01	0.67～0.84	0.17～0.43	0.11～0.14	0.07～0.09	0.36～0.38	0.036～0.043
1	31.16	1.63	1	0.42	0.3	0.2	0.81	0.17
6	30.48～31.31	3.45	1.42～2.15	0.18～0.5	0.37～0.64	0.24～0.42	0.24～0.36	0.067～0.078
6	32.07～42.53	3.54	0.67～1.75	0.1～0.24	0.17～0.38	0.03～0.11	0.3～0.5	0.056～0.077
2	40.63～41.65	1.62	0.6～0.8	0.46～0.47	0.19～0.24	0.11～0.16	0.63～0.73	0.118～0.119
6	27.44	3.57	0.38～0.75	0.12～0.49	0.16～0.32	0.07～0.21	0.34～0.51	0.059～0.072
2	28.88	3.91	0.88	0.4～0.6	0.31	0.23	0.25～0.27	0.051～0.055
1	29.64	2.49	0.88	0.61	0.25	0.19	0.42	0.079
4	31.16	5.2～5.22	0.4～0.54	0.3～0.41	0.15～0.21	0.05～0.08	0.33～0.42	0.043～0.055
10	32.6～48.15	4.68～4.69	0.43～0.79	0.06～0.08	0.12～0.26	0.09～0.19	0.15～0.25	0.02～0.04
15	21.96～24.78	3.41～3.42	0.11～0.32	0.24～0.48	0.04～0.12	0.01～0.04	0.36～0.67	0.045～0.057
1	56.19	2.38	0.76	0.42	0.11	0.07	0.7	0.075
2	35.64～42.53	4.36～4.37	0.65	0.03～0.04	0.12～0.15	0.1～0.12	0.27～0.37	0.025～0.039
1	26.48	2.73	0.9	0.24	0.42	0.3	0.34	0.085
1	26.48	1.91	0.9	0.24	0.42	0.3	0.46	0.121
1	37.08	4	0.67	0.15	0.17	0.08	0.28	0.035
2	30.93	3.28	0.34	0.01～0.17	0.07	0.01	0.53～0.72	0.04～0.063
1	31.31	4.43	0.34	0.32	0.09	0.05	0.6	0.062
10	42	4.69	0.95～1.56	0.38～0.47	0.23～0.38	0.12～0.27	0.48～0.7	0.104～0.109
1	55.02	2.13	0.5	0.15	0.07	0.03	1.16	0.081
1	22.95	2.55	0.19	0.58	0.16	0.09	1.05	0.117
22	27.25	2.52～3	0.6～1.1	0.35～0.45	0.17～0.37	0.07～0.2	0.39～0.82	0.083～0.111

3.2.3　RC剪力墙数据库

RC剪力墙试验数据库中包括了从公开发表的文献中收集的236个矩形截面RC剪力墙的试验数据[98～135]。数据库中各剪力墙试件的数据来源及其主要参数的分布范围如表3-2-3所示。

RC 剪力墙的主要试验参数 **表 3-2-3**

构件数量	f_{ck}(MPa)	λ	ρ_h(%)	ρ_v(%)	ρ(%)	λ_v	n	m	$V/f_{ck}bh_0$
7	22.8	1.23～2.31	0.37	0.4	4.52	0.065	0.06～0.19	0.85～1.19	0.057～0.091
7	32.12～73.21	2.33	0.83	0.57	1.14	0.049～0.14	0.14～0.29	0.36～0.55	0.035～0.061
4	52.51	2.3～2.51	0.66～1	0.25	2.32～3.05	0.122～0.245	0.14～0.19	0.61～0.76	0.051～0.063
5	57.58	1.11～1.71	1.18～1.96	0.66	2.33～3.26	0.283～0.36	0.17～0.28	0.61～0.87	0.093～0.141
4	62.91～68.98	1.11～2.33	1.26～2.62	0.66	2.76	0.222～0.289	0.17～0.24	0.47～1.3	0.072～0.101
5	19.61～35.1	2.4	0.21～0.56	0.5	1.51	0.074～0.132	0.17～0.31	0.74～1.19	0.055～0.097
5	45.46～59.16	1.62～2.55	0.74～0.99	0.83～0.99	3.42～4.31	0.06～0.224	0.15～0.25	0.67～0.94	0.049～0.078
1	17.4	2.25	0.57	0.38	2.36	0.21	0.2	0.5	0.088
18	19.64	1.02～2.15	0.16～0.25	0.16～0.25	0～1.06	0～0.045	0.15	0.33～0.81	0.042～0.096
2	32.45	1.2～1.73	0.33	0.33	1.33	0.062	0.04	0.41～0.53	0.029～0.042
3	34.59～45.13	1.26～2.37	0.51	0.51	2.87	0.151～0.197	0.1	0.57～0.83	0.05～0.109
13	22.84	1.79～2.32	0.15～0.33	0.15～0.33	2.73～4.52	0.069～0.195	0.06～0.09	0.53～0.68	0.034～0.065
4	25.35～28.82	2.36～2.42	0.28～0.42	0.28～0.84	1.26～1.34	0.155～0.176	0.17～0.23	0.54～0.91	0.055～0.077
2	30.08	2.9	0.84	0.7	3.72	0.136	0.1～0.2	0.55～0.6	0.063～0.073
4	29.44	2.7	0.72	0.6	2.06～2.2	0.18～0.468	0.39	0.55～0.75	0.074～0.101
6	21.43	1.93～2.16	0.57	0.33～1.26	0～3.01	0～0.331	0.11	0.48～0.57	0.067～0.07
1	28.01	2.7	0.72	0.6	2.2	0.214	0.39	0.63	0.073
3	36.3	2.88	0.47	0.47	1.26	0.154	0.29～0.4	0.62～0.7	0.046～0.052
3	59.7	2.88	0.67	0.38	1.36	0.068	0.29～0.4	0.82～0.96	0.046～0.054
1	26.87	2.33	1.18	0.32	1.63	0.063	0.33	0.44	0.074
1	16.59	1.02	0.39	0.39	2.91	0.293	0.18	0.68	0.193
1	27.62	1.62	0.5	0.54	0.89	0.043	0.14	0.52	0.065
4	21.81	2.13～2.32	0.31～0.47	0.51～1.33	1.46～2.26	0.024～0.186	0.11～0.17	0.47～0.98	0.059～0.079
11	26.69～34.4	1.85～2.38	0.38～0.67	0.38～0.67	4.52～6.15	0.063～0.095	0.05～0.1	0.71～1.04	0.049～0.084
1	53.2	1.71	0.51	0.51	6.15	0.068	0.07	0.74	0.039
4	20.26～27.27	1.27～2	0.5～0.71	0.54～0.71	1.18～2.01	0.044～0.073	0.2	0.53～0.72	0.07～0.137
1	21.67	2.4	0.28	0.85	3.01	0.048	0.1	0.94	0.057
1	24.34	4.01	0.56	0.42	5.22	0.119	0.15	0.48	0.047
3	47.74～55.62	2.31	0.79～1.26	0.43～0.57	1.63～5.48	0.021～0.15	0.26～0.32	0.63～0.69	0.054～0.082
1	51.01	1.11	0.45	0.29	2.26	0.052	0.1	1.31	0.067
1	20.26	1.94	0.39	0.39	1.13	0.204	0.1	0.55	0.067
6	10	3.11～3.73	0.07～0.14	0.14～0.19	0	0	0.2～0.32	0.3～0.47	0.026～0.04
1	26.8	1.18	0.33	0.77	4.19	0.048	0.06	1.54	0.075
1	27.45	2.35	0.39	0.53	1.25	0.033	0.06	0.43	0.045

续表

构件数量	f_{ck}(MPa)	λ	ρ_h(%)	ρ_v(%)	ρ(%)	λ_v	n	m	$V/f_{ck}bh_0$
3	33.66	1.1～2.21	0.34	0.22	1.73	0.35	0.23	0.83～1.27	0.069～0.108
1	28.65	1.62	0.5	0.54	1.34	0.035	0.29	0.77	0.093
3	20.78	2.27	0.57	0.39	0.75～2.09	0.166	0.1～0.3	0.39～0.76	0.049～0.103
1	31.87	2.44	0.52	0.5	2.01	0.073	0.08	0.41	0.041
1	25.75	2.44	0.63	0.63	2.51	0.202	0.18	0.55	0.06
1	24.08	3.12	0.98	0.98	2.53	0.146	0.1	0.28	0.04
5	29.36～31.67	2.38～2.48	0.25	0.24～0.57	0.87～1.97	0.034～0.183	0.07～0.16	0.5～0.75	0.034～0.055
2	23.96～38.2	2.21～2.23	0.59～0.66	0.59～0.66	4.6～5.22	0.175～0.223	0	0.26～0.5	0.044～0.065
3	17.02～39.03	0.69～0.77	0.26～0.28	0.34～0.39	0	0	0.03～0.11	0.61～0.73	0.056～0.129
4	39.96～47.1	1.25	0.53	0.53	2.14～3.8	0.411～0.484	0.28～0.36	1.52～2.12	0.1～0.118
1	35.45	1.19	0.93	0.81	6.78	0.167	0	1.27	0.136
4	27.7～30.07	2.11～2.17	0.23～0.39	0.29～0.36	0～1.77	0～0.131	0.12	0.59～0.87	0.045～0.046
1	23.11	1.64	0.81	0.81	2.57	0.268	0.08	0.9	0.134
2	26.75～28.5	3.35	0.33	0.33	2.46	0.141～0.15	0.08～0.12	0.4～0.43	0.031～0.036
5	35.36～41.72	1.62～2.16	0.27～0.74	0.27～0.74	3.75～8.49	0.196～0.438	0.02～0.1	0.84～1.21	0.068～0.115
11	18.48～41.14	2.53～2.61	0.27～1.36	0.24～0.61	1.09～3.9	0.005～0.32	0～0.19	0.25～1.6	0.015～0.116
8	23.7～32.75	2.27～2.33	0.67～1.51	0.67～1.51	1.51～3.22	0.073～0.21	0～0.1	0.23～0.59	0.047～0.071
1	27.62	3.85	0.17	0.57	0.95	0.367	0.04	0.45	0.025
3	23.2	2.65	0.44	0.72	0	0	0.18～0.41	0.53～0.63	0.078～0.094
6	23.2	2.02～2.65	0.44～0.46	0.56～1.44	0～3.93	0～0.2	0.18	0.43～0.61	0.066～0.093
3	49.58	1.94	0.55	0.55	1.94	0.135	0～0.3	0.5～1.22	0.03～0.077
2	23.37	1.59	0.31	0.36	1.61	0.061	0.12	0.66	0.064
2	29.78～30.35	1.56	0.39～0.52	0.52～0.79	2.29	0.054～0.055	0	0.68～0.8	0.077～0.08
4	35.1	1.27～1.44	0.52	1.51～1.56	0～3.15	0～0.245	0	0.74～1.14	0.09～0.108
1	28.86	3.22	0.27	0.27	3.29	0.132	0.09	0.41	0.048
6	29.72～34.65	1.05～1.1	0.35～0.6	0.75～0.86	6.85～12.73	0.048～0.199	0	1.59～2.12	0.089～0.119
2	37.81	1.07	0.27～0.53	0.37～0.55	2.01～9.62	0.634～0.667	0.09	1.09～2.56	0.09～0.12
2	36.66	0.88～1.23	0.55	0.55	0.92～1.05	0.099～0.109	0	0.37～0.48	0.035～0.047
2	25.99～26.07	2.57	0.42	0.42	0～5.06	0～0.131	0.12	0.74	0.072
5	31.25～38.12	1.26～1.59	0.5～0.7	0.5～0.7	5.54～11.35	0.07～0.09	0	0.57～0.94	0.087～0.129
3	24.61～28.53	2.31	1～1.34	0.67	4.52～12.56	0.167～0.291	0.24～0.35	0.68～0.83	0.1～0.142
2	27.85～50.63	3.41	0.31～0.37	0.29	3.14	0.115～0.209	0.05～0.09	0.46～0.51	0.024～0.04
1	32.15	2.5	0.63	0.21	0.5	0.12	0.09	0.23	0.023

3.3 RC 梁、柱及剪力墙的破坏形态划分方法

RC 构件的破坏形态不同，其变形性能和特性也存在较大差异。为此，在进行 RC 构件变形指标限值的研究之前，需先对 RC 构件的破坏形态划分方法进行研究。

3.3.1 RC 梁的破坏形态

RC 梁的破坏形态通常可分为弯曲破坏、弯剪破坏和剪切破坏。通过分析收集的 RC 梁试件的破坏形态与剪跨比 λ、弯剪比 m、名义剪压比 $V/f_{ck}bh_0$、配箍特征值 λ_v、加载方向箍筋配箍率 ρ_t 之间的关系，发现能够较好区分 RC 梁破坏形态的参数有剪跨比 λ 和弯剪比 m。总体上，剪跨比越大，构件越容易发生弯曲破坏；弯剪比越大，构件越容易发生剪切破坏。以剪跨比和弯剪比为参数，提出 RC 梁的破坏形态划分准则，见表 3-3-1。表 3-3-1 的划分准则与收集的 RC 梁试件破坏形态的关系如图 3-3-1 所示，详细统计结果见表 3-3-2。

RC 梁的破坏形态划分准则 **表 3-3-1**

破坏形态	剪跨比	弯剪比
弯控	$\lambda \geqslant 2.0$	$m \leqslant 1.0$
剪控	$\lambda \geqslant 2.0$	$m > 1.0$
	$\lambda < 2.0$	

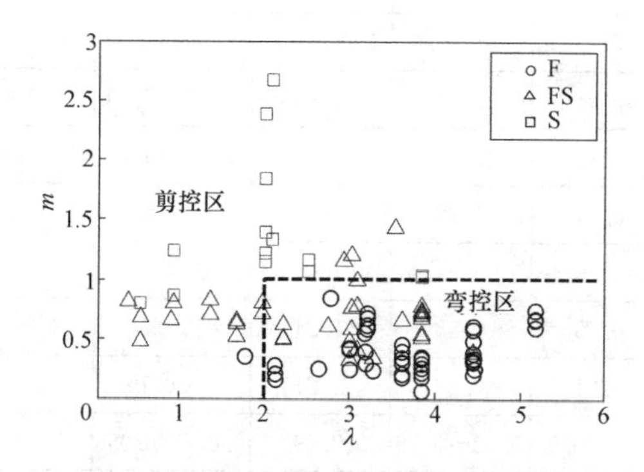

图 3-3-1 破坏形态与剪跨比、弯剪比的关系

RC 梁的破坏形态划分结果 **表 3-3-2**

试验破坏形态	数量	分类	数量	百分比
弯曲	37	弯控	36	97.30%
		剪控	1	2.70%
弯剪	40	弯控	25	62.50%
		剪控	15	37.50%
剪切	26	弯控	0	0.00%
		剪控	26	100.00%
总数	103		103	

如表 3-3-2 所示，试验发生弯曲破坏的试件 97.30%被划分为弯控，试验发生剪切破坏的试件 100.00%被划分为剪控，试验发生弯剪破坏的试件 62.50%被划分为弯控，37.50%被划分为剪控。由此可见，表 3-3-1 的 RC 梁破坏形态划分方法合理，对弯曲破坏及剪切破坏这两种破坏机制截然不同的破坏形态的判别具有较高的准确率。

3.3.2 RC 柱的破坏形态

RC 柱的破坏形态通常可分为弯曲破坏、弯剪破坏和剪切破坏[95]，通过分析收集的 RC 柱试件的破坏形态与剪跨比 λ、试验轴压比 n、弯剪比 m、名义剪压比 $V/f_{ck}bh_0$、配箍特征值 λ_v、加载方向箍筋配箍率 ρ_t 之间的关系，发现能够较好区分 RC 柱破坏形态的参数有剪跨比 λ 和弯剪比 m。总体上，剪跨比越大，构件越趋向于弯曲破坏；弯剪比越大，构件越趋向于剪切破坏。以剪跨比和弯剪比为参数，提出 RC 柱的破坏形态划分准则，见表 3-3-3。表 3-3-3 的划分准则与收集的 RC 柱试件破坏形态的关系如图 3-3-2 所示，详细统计结果见表 3-3-4。

RC 柱的破坏形态划分准则　　　**表 3-3-3**

破坏形态	剪跨比	弯剪比
弯控	$\lambda \geqslant 2.0$	$m \leqslant 0.6$
弯剪控	$\lambda \geqslant 2.0$	$0.6 < m \leqslant 1.0$
剪控	$\lambda \geqslant 2.0$	$m > 1.0$

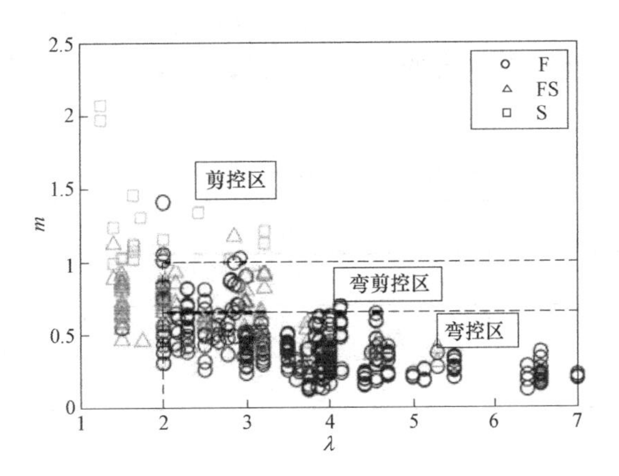

图 3-3-2　破坏形态与剪跨比、弯剪比的关系

RC 柱的破坏形态划分结果　　　**表 3-3-4**

试验破坏形态	数量	分类	数量	百分比
弯曲破坏	358	弯控	312	87.15%
		弯剪控	39	10.89%
		剪控	7	1.96%
弯剪破坏	85	弯控	30	35.29%
		弯剪控	32	37.65%
		剪控	23	27.06%

续表

试验破坏形态	数量	分类	数量	百分比
剪切破坏	26	弯控	0	0.00%
		弯剪控	4	15.38%
		剪控	22	84.62%
总数	469		469	

如表 3-3-4 所示，试验发生弯曲破坏的试件 87.15%被划分为弯控，试验发生剪切破坏的试件 84.62%被划分为剪控，试验发生弯剪破坏的试件 35.29%被划分为弯控，37.65%被划分为弯剪控，27.06%被划分为剪控。由此可见，表 3-3-3 的 RC 柱破坏形态划分方法合理，对弯曲破坏及剪切破坏这两种破坏机制截然不同的破坏形态具有较高的判别率。

3.3.3 RC 剪力墙的破坏形态

RC 剪力墙的破坏形态通常可分为弯曲破坏、弯剪破坏和剪切破坏。通过分析收集的 RC 剪力墙试件的破坏形态与剪跨比 λ、试验轴压比 n、弯剪比 m、名义剪压比 $V/f_{ck}bh_0$、水平分布筋配筋率 ρ_h、竖向分布筋配筋率 ρ_v、约束区体积配箍率 ρ_{volume} 以及约束区纵筋配筋率 ρ 之间的关系，发现能够较好区分 RC 剪力墙破坏形态的主要参数有剪跨比 λ 和弯剪比 m。总体上，剪跨比越大，构件越趋向于弯曲破坏；弯剪比越大，构件越趋向于剪切破坏。以剪跨比和弯剪比为参数，提出 RC 剪力墙的破坏形态划分准则，见表 3-3-5。表 3-3-5 的划分准则与收集的 RC 剪力墙试件破坏形态的关系如图 3-3-3 所示，详细统计结果见表 3-3-6。

RC 剪力墙的破坏形态划分准则 **表 3-3-5**

破坏形态	剪跨比	弯剪比
弯控	$\lambda \geqslant 1.5$	$m \leqslant 1.0$
剪控	$\lambda < 1.5$	
	$\lambda \geqslant 1.5$	$m > 1.0$

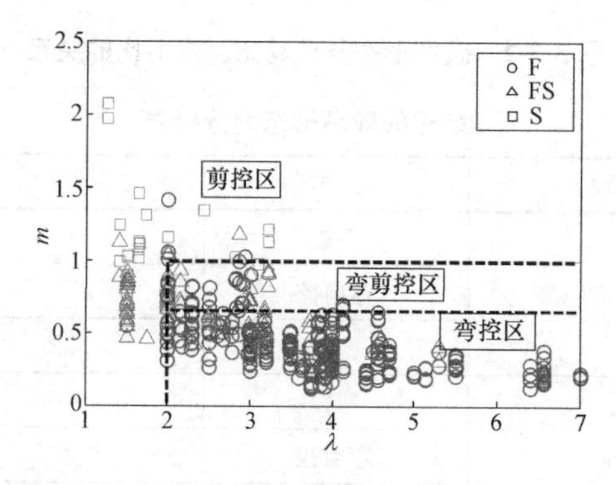

图 3-3-3 破坏形态与剪跨比、弯剪比的关系

RC 剪力墙的破坏形态划分结果　　表 3-3-6

试验破坏形态	数量	分类	数量	百分比
弯曲	145	弯控	121	83.45%
		剪控	24	16.55%
弯剪	79	弯控	31	39.24%
		剪控	48	60.76%
剪切	12	弯控	0	0.00%
		剪控	12	100.00%
总数	236		236	

如表 3-3-6 所示，试验发生弯曲破坏的试件 83.45%被划分为弯控，试验发生剪切破坏的试件 100%被划分为剪控，试验发生弯剪破坏的试件 39.24%被划分为弯控，60.76%被划分为剪控。由此可见，表 3-3-5 的破坏形态划分方法对 RC 剪力墙的弯曲破坏及剪切破坏这两种破坏机制截然不同的破坏形态具有较高的判别率。

3.4 RC 梁、柱及剪力墙变形性能指标限值的定义

前期研究发现，塑性位移角能较好地反映构件的破坏程度。为此，本文以塑性位移角为变形指标，将 RC 构件的抗震性能状态划分为“无损坏”、“轻微损坏”、“轻度损坏”、“中度损坏”、“比较严重损坏”、“严重损坏”及“倒塌”7 个等级，并基于构件的力-位移角骨架曲线确定各性能状态的变形限值，如图 3-4-1 所示。前 6 个性能状态的极限对应 6 个性能点，其中，“无损坏”、“比较严重损坏”及“严重损坏”是构件的 3 个关键性能状态。

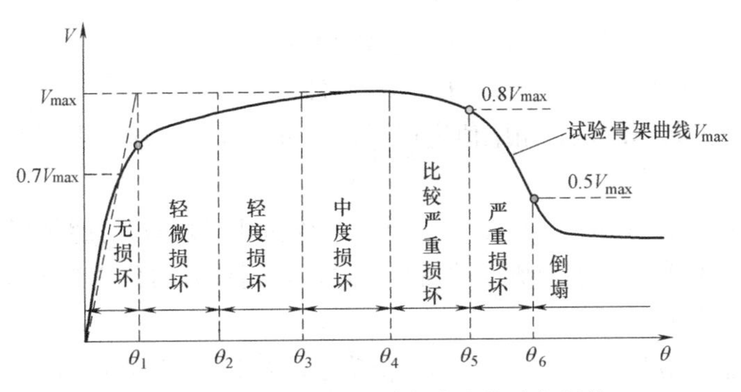

图 3-4-1　RC 构件的性能状态及位移角限值

图 3-4-1 中，横坐标为构件的位移角，纵坐标为构件的侧向力，V_{max}为峰值承载力，θ_1、θ_2、θ_3、θ_4、θ_5和θ_6分别表示“无损坏”、“轻微损坏”、“轻度损坏”、“中度损坏”、“比较严重损坏”、“严重损坏”状态的总位移角限值。“无损坏”状态的位移角限值定义为名义屈服位移角。

经过原点及 $0.7V_{max}$点的割线与过峰值承载力 V_{max}的水平直线相交于一点，从交点处做一竖直线，该竖直线与构件的力-位移角骨架曲线的交点即名义屈服点，名义屈服点的

位移角 θ_1 即为性能 1 的位移角限值。在该状态下，构件处于基本弹性，受拉纵筋未屈服，产生细微裂缝，裂缝宽度一般不大于 0.5 mm。

“比较严重损坏”状态的位移角限值 θ_{5p} 取为承载力下降 20%点的塑性位移角，在该状态下，部分构件纵筋压屈或拉断，箍筋脱钩失效，混凝土保护层压碎严重。

“严重损坏”状态的位移角限值 θ_{6p} 取侧向承载能力下降 50%点对应的塑性位移角。

“轻微损坏”、“轻度损坏”和“中度损坏”的塑性位移角限值分别取为“比较严重损坏”塑性位移角限值的 0.25、0.50 和 0.75 倍。

将本章 RC 构件性能状态的划分标准总结如表 3-4-1 所示。可知，只需根据梁的顶点力-位移角骨架曲线获得“无损坏”、“比较严重损坏”及“严重损坏”3 个关键性能状态的总位移角 θ_1、θ_5 和 θ_6，便可根据表 3-4-1 的方法获得 6 个性能状态的位移角限值。

RC 构件各性能状态的破坏现象及位移角限值 **表 3-4-1**

性能状态	破坏现象	位移角限值
无损坏	构件基本弹性，受拉纵筋未屈服	θ_1
轻微损坏	混凝土保护层未压碎，受拉纵筋屈服，残余裂缝宽度小于 1mm	$\theta_{2p}=0.25(\theta_5-\theta_1)$
轻度损坏	混凝土保护层未剥落，核心区混凝土完好，残余裂缝宽度 1～2mm	$\theta_{3p}=0.50(\theta_5-\theta_1)$
中度损坏	保护层混凝土剥落，未发生明显压曲，残余裂缝宽度超 2mm	$\theta_{4p}=0.75(\theta_5-\theta_1)$
比较严重损坏	纵筋压曲，核心区混凝土部分压碎，承载力退化不超过 20%	$\theta_{5p}=\theta_5-\theta_1$
严重损坏	侧向力严重退化但不倒塌，仍能承重，承载力退化不超过 50%	$\theta_{6p}=\theta_6-\theta_1$

3.5 RC 梁、柱及剪力墙关键性能点变形限值的回归分析

为建立系统的 RC 构件变形性能指标限值体系，采用以下具体步骤：

(1) 选定各性能点位移角限值的目标超越概率；

(2) 采用多组不同参数对弯控及剪控 RC 构件“无损坏”、“比较严重损坏”及“严重损坏”3 个关键性能状态的位移角限值进行回归分析，选取位移角限值的控制参数及回归公式；

(3) 采用易损性分析方法，评估第 (2) 步选定的回归公式的超越概率，并对回归公式进行调整，获得具有目标超越概率的回归公式，以调整后的公式初步建立 RC 构件各性能状态的位移角限值；

(4) 采用易损性分析方法，对第 (3) 步确定的位移角限值进行评估，若位移角限值的超越概率不大于第 (1) 步设定的目标超越概率，则位移角限值满足要求，否则对位移角限值再次进行调整，直到满足要求。

美国性能评估规范 ASCE/SEI 41-13[136] 给出的弯控 RC 梁、柱的变形指标体系中，塑性变形参数 a 的目标超越概率不大于 35%，塑性变形参数 b 的目标超越概率不大于 15%。由于塑性变形参数 a 与本章性能点 5 塑性变形的概念相似，塑性变形参数 b 与本章性能点 6 塑性变形的概念相似，为此，本章各 RC 构件位移角限值的超越概率统一按以下原则选取：

（1）对于性能1（“无损坏”状态）的位移角限值，超越概率不大于35%，即保证率不小于65%；

（2）对于性能5（“比较严重损坏”状态）的位移角限值，超越概率不大于35%，即保证率不小于65%；

（3）对于性能6（“严重损坏”状态）的位移角限值，超越概率不大于15%，即保证率不小于85%；

（4）性能2、性能3及性能4的塑性位移角限值按本章第3节的原则由性能5的塑性位移角限值三等分得到。

3.5.1 RC梁关键性能点变形限值的回归分析

根据获得103个RC梁试件“无损坏”、“比较严重损坏”及“严重损坏”3个关键性能状态的位移角限值θ_1、θ_{5p}和θ_{6p}。将103个梁试验数据按表3-3-1的划分准则分为弯控组及剪控组，以弯剪比m、名义剪压比$V/f_{ck}bh_0$、配箍特征值λ_v、配箍率ρ_t这4个参数的不同组合，分别建立弯控组及剪控组RC梁试件θ_1、θ_{5p}和θ_{6p}的回归公式，并从中选取相关性最强的回归公式，用于初步建立RC梁的位移角限值。对于弯控RC梁，以m、$V/f_{ck}bh_0$和λ_v为控制参数，对于剪控RC梁，以m和ρ_t为控制参数，最终弯控及剪控RC梁3个关键性能状态位移角限值的回归公式选取如式（3-5-1）～式（3-5-6）所示。

（1）弯控RC梁的位移角限值回归公式

$$\theta_1=-0.013+0.146\lambda_v+0.047m-0.295(V/f_{ck}bh_0) \tag{3-5-1}$$

$$\theta_{5p}=0.010+0.264\lambda_v+0.058m-0.482(V/f_{ck}bh_0) \tag{3-5-2}$$

$$\theta_{6p}=0.0203+0.2107\lambda_v+0.0395m-0.3434(V/f_{ck}bh_0) \tag{3-5-3}$$

（2）剪控RC梁的位移角限值回归公式

$$\theta_1=0.005 \tag{3-5-4}$$

$$\theta_{5p}=0.029-0.0077m+0.5953\rho_t \tag{3-5-5}$$

$$\theta_{6p}=0.037-0.0102m+0.5182\rho_t \tag{3-5-6}$$

采用ATC-58[137]建议的易损性分析方法，评估回归公式的超越概率，获得具有目标超越概率的回归公式。具体思路是，根据表3-4-1，确定收集的103个RC梁试件“无损坏”、“比较严重损坏”及“严重损坏”性能状态的试验位移角限值（试验值），并与按本节选取的各组位移角限值回归公式计算的变形限值（计算值）作比较，建立位移角限值的试验值与计算值比值的累积概率分布曲线，通过累积概率分布和拟合的对数正态分布曲线，可获得回归公式的超越概率。若超越概率与目标超越概率相差较大，则对回归公式进行调整，对调整后的公式进行同样的评估，获得具有目标超越概率的回归公式。图3-5-1为弯控RC梁“无损坏”状态位移角限值回归公式的易损性曲线，由图可见，按公式（3-5-1）计算的θ_1的超越概率为47.41%（图3-5-1*a*），调整为0.88倍后超越概率接近目标超越概率35%（图3-5-1*b*）。按同样的方法，可获得其余各组回归公式的超越概率及调整后具有目标超越概率的回归公式，如表3-5-1所示。

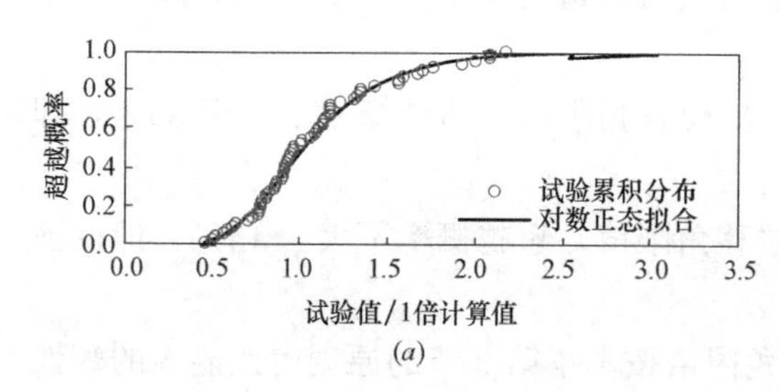

(a)

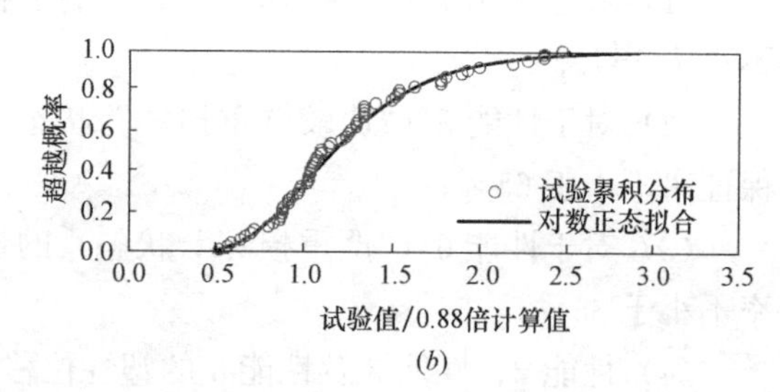

(b)

图 3-5-1 θ_1 易损性曲线

(a) 1 倍计算值；(b) 0.88 倍计算值

回归公式的超越概率 **表 3-5-1**

分组	性能状态	无损坏		比较严重损坏		严重损坏	
弯控组	计算公式	公式(3-5-1)	0.88 倍公式(3-5-1)	公式(3-5-2)	0.80 倍公式(3-5-2)	公式(3-5-3)	0.59 倍公式(3-5-3)
	超越概率	47.41%	35%	63.1%	35%	69.43%	15%
剪控组	计算公式	公式(3-5-4)	1.2 倍公式(3-5-4)	公式(3-5-5)	0.76 倍公式(3-5-5)	公式(3-5-6)	0.62 倍公式(3-5-6)
	超越概率	9.83%	35%	56.86%	35%	56.36%	15%

3.5.2 RC 柱关键性能点变形限值的回归分析

根据表 3-4-1 获得 469 个 RC 柱试件“无损坏”、“比较严重损坏”及“严重损坏”3 个关键性能状态的位移角限值 θ_1、θ_{5p} 和 θ_{6p}。将柱试验数据按表 3-3-3 的划分准则分为弯控组、弯剪控组及剪控组，以轴压比 n、弯剪比 m、名义剪压比 $V/f_{ck}bh_0$、配箍特征值 λ_v、有效配箍特征值 $\alpha\lambda_v$、配箍率 ρ_t 这 6 个参数的不同组合，分别建立弯控组、弯剪控组及剪控组 RC 柱试件 θ_1、θ_{5p} 和 θ_{6p} 的回归公式，并从中选取相关性最强的回归公式，用于初步建立 RC 柱的位移角限值。对于弯控 RC 柱，以 n、$V/f_{ck}bh_0$ 和 $\alpha\lambda_v$ 为控制参数，对于弯剪控 RC 柱，以 n、m 和 ρ_t 为控制参数，对于剪控 RC 柱，以 n 和 ρ_t 为控制参数，最终弯控、弯剪控及剪控 RC 柱的回归公式选取如式 (3-5-7)～式 (3-5-15) 所示。

(1) 弯控 RC 柱的位移角限值回归公式

$$\theta_1=0.0077-0.0059n+0.0265(V/f_{ck}bh_0)+0.0024\alpha\lambda_v \quad (3\text{-}5\text{-}7)$$

$$\theta_{5p}=0.0279-0.0477n+0.1948(V/f_{ck}bh_0)+0.0587\alpha\lambda_v \quad (3\text{-}5\text{-}8)$$

$$\theta_{6p}=0.0364-0.0515n+0.1529(V/f_{ck}bh_0)+0.0848\alpha\lambda_v \quad (3\text{-}5\text{-}9)$$

(2) 弯剪控 RC 柱的位移角限值回归公式

$$\theta_1=0.0083-0.0079n+0.1858\rho_t \quad (3\text{-}5\text{-}10)$$

$$\theta_{5p}=0.0396-0.0497n-0.0166m+2.8294\rho_t \quad (3\text{-}5\text{-}11)$$

$$\theta_{6p}=0.0484-0.0585n-0.0195m+3.1498\rho_t \quad (3\text{-}5\text{-}12)$$

(3) 剪控 RC 柱的位移角限值回归公式

$$\theta_1=0.0065-0.0056n+0.2463\rho_t \quad (3\text{-}5\text{-}13)$$

$$\theta_{5p}=0.0115-0.0224n+2.3885\rho_t \quad (3\text{-}5\text{-}14)$$

$$\theta_{6p}=0.0155-0.0266n+2.9782\rho_t \quad (3\text{-}5\text{-}15)$$

按小节3.5.1中的计算方法，最终可获得其余各组回归公式的超越概率及调整后具有目标超越概率的回归公式，如表3-5-2所示。

回归公式的超越概率　　表3-5-2

分组	性能状态	无损坏		比较严重损坏		严重损坏	
弯控组	计算公式	公式(3-5-7)	0.80倍公式(3-5-7)	公式(3-5-8)	0.84倍公式(3-5-8)	公式(3-5-9)	0.70倍公式(3-5-9)
	超越概率	57.64%	35%	52.44%	35%	55.55%	15%
弯剪控组	计算公式	公式(3-5-10)	0.83倍公式(3-5-10)	公式(3-5-11)	0.87倍公式(3-5-11)	公式(3-5-12)	0.71倍公式(3-5-12)
	超越概率	58.56%	35%	56.01%	35%	55.93%	15%
剪控组	计算公式	公式(3-5-13)	0.82倍公式(3-5-13)	公式(3-5-14)	0.55倍公式(3-5-14)	公式(3-5-15)	0.55倍公式(3-5-15)
	超越概率	58.56%	35%	56.01%	35%	55.93%	15%

3.5.3 RC剪力墙关键性能点变形限值的回归分析

根据表3-4-1获得236个RC剪力墙试件“无损坏”、“比较严重损坏”及“严重损坏”3个关键性能状态的位移角限值θ_1、θ_{5p}和θ_{6p}。将236个剪力墙试验数据按表3-3-5的划分准则分为弯控组和剪控组，以轴压比n、弯剪比m、名义剪压比$V/f_{ck}bh_0$、水平分布筋配箍率ρ_h、约束区纵筋配筋率ρ及约束区配箍特征值λ_v这6个参数的不同组合，分别建立弯控组及剪控组剪力墙试件θ_1、θ_{5p}和θ_{6p}的回归公式，并从中选取相关性最强的回归公式，用于初步建立RC剪力墙的变形指标限值。最终弯控及剪控剪力墙的回归公式选取如式(3-5-16)～式(3-5-21)所示。其中，对于弯控RC剪力墙构件，以n、$V/f_{ck}bh_0$和λ_v为控制参数，对于剪控RC剪力墙构件，以n、m和ρ为控制参数。

（1）弯控RC剪力墙的位移角限值回归公式

$$\theta_1=0.0032-0.0124n+0.0711(V/f_{ck}bh_0)-0.0030\lambda_v \tag{3-5-16}$$

$$\theta_{5p}=0.0195-0.0156n-0.0308(V/f_{ck}bh_0)+0.0142\lambda_v \tag{3-5-17}$$

$$\theta_{6p}=0.0218-0.0178n-0.0393(V/f_{ck}bh_0)+0.0150\lambda_v \tag{3-5-18}$$

（2）剪控RC剪力墙的位移角限值回归公式

$$\theta_1=0.0035-0.0004n+0.0001m+0.0425\rho \tag{3-5-19}$$

$$\theta_{5p}=0.0258-0.0106n-0.0048m-0.0515\rho \tag{3-5-20}$$

$$\theta_{6p}=0.0289-0.0122n-0.0050m-0.0690\rho \tag{3-5-21}$$

按小节3.5.1中的计算方法，最终可获得其余各组回归公式的超越概率及调整后具有目标超越概率的回归公式，如表3-5-3所示。

回归公式的超越概率　　表3-5-3

分组	性能状态	无损坏		比较严重损坏		严重损坏	
弯控组	计算公式	公式(3-5-16)	0.78倍公式(3-5-16)	公式(3-5-17)	0.88倍公式(3-5-17)	公式(3-5-18)	0.74倍公式(3-5-18)
	超越概率	57.64%	35%	52.44%	35%	55.55%	15%

续表

分组	性能状态	无损坏		比较严重损坏		严重损坏	
剪控组	计算公式	公式(3-5-19)	0.77倍公式(3-5-19)	公式(3-5-20)	0.85倍公式(3-5-20)	公式(3-5-21)	0.71倍公式(3-5-21)
	超越概率	58.56%	35%	56.01%	35%	55.93%	15%

3.6 RC梁、柱及剪力墙位移角指标限值表及其易损性验证

本章3.5节中根据收集到的试件试验数据进行统计分析，最终得到各类RC构件的位移角限值回归公式。但是由于使用的回归公式为线性回归公式，数据离散性较大，容易出现局部参数范围不合理的状况。因此，位移角限值指标的计算需要在回归公式的计算结果基础上做进一步的调整，以保证其协调性。

3.6.1 RC梁位移角限值

利用表3-5-1给出的调整后具有目标超越概率的回归公式建立RC梁的位移角限值，进一步调整后得到最终RC梁的位移角限值，如表3-6-1所示。表中“无损坏”性能状态的位移角限值为总位移角，其余性能状态的位移角限值为塑性位移角。在获得构件参数后，可通过插值获得相应的变形限值。

RC梁位移角限值 **表3-6-1**

构件参数			性能水准					
			无损坏	轻微损坏	轻度损坏	中度损坏	比较严重损坏	严重损坏
弯控								
m	λ_v	$V/f_{ck}bh_0$						
≤0.2	≥0.2	≤0.02	0.004	0.011	0.023	0.034	0.045	0.050
≤0.2	≥0.2	≥0.1	0.004	0.005	0.010	0.015	0.020	0.025
≥0.8	≥0.2	≤0.02	0.005	0.014	0.028	0.041	0.055	0.060
≥0.8	≥0.2	≥0.1	0.005	0.009	0.018	0.026	0.035	0.040
≤0.2	≤0.02	≤0.02	0.003	0.003	0.007	0.010	0.014	0.015
≤0.2	≤0.02	≥0.1	0.003	0.001	0.001	0.002	0.002	0.002
≥0.8	≤0.02	≤0.02	0.005	0.007	0.014	0.020	0.027	0.032
≥0.8	≤0.02	≥0.1	0.005	0.002	0.004	0.006	0.008	0.010
剪控								
m	ρ_t							
≤0.5	≥0.008		0.004	0.005	0.010	0.015	0.020	0.022
≥2.5	≥0.008		0.004	0.003	0.005	0.008	0.010	0.012
≤0.5	≤0.0005		0.004	0.003	0.005	0.008	0.010	0.012
≥2.5	≤0.0005		0.004	0.001	0.003	0.004	0.005	0.008

为验证表3-6-1的合理性，进行指标限值的分组易损性评估，将收集的103个RC梁试验数据按表3-3-1的破坏形态，考虑表3-6-1中控制参数（配箍特征值λ_v、名义剪压比$V/f_{ck}bh_0$、加载方向配箍率ρ_t和弯剪比m）的主要划分区间，划分为多个小组，如表3-6-2所示。

RC梁试件分组　　**表3-6-2**

大组	小组	参数范围	试件数量
弯控组	1	所有弯控试件	61
	2	$m\leqslant0.5,\lambda_v\geqslant0.1,V/f_{ck}bh_0\leqslant0.06$	15
	3	$m\leqslant0.5,\lambda_v\geqslant0.1,V/f_{ck}bh_0\geqslant0.06$	2
	4	$m\geqslant0.5,\lambda_v\geqslant0.1,V/f_{ck}bh_0\leqslant0.06$	0
	5	$m\geqslant0.5,\lambda_v\geqslant0.1,V/f_{ck}bh_0\geqslant0.06$	16
	6	$m\leqslant0.5,\lambda_v\leqslant0.1,V/f_{ck}bh_0\leqslant0.06$	15
	7	$m\leqslant0.5,\lambda_v\leqslant0.1,V/f_{ck}bh_0\geqslant0.06$	0
	8	$m\geqslant0.5,\lambda_v\leqslant0.1,V/f_{ck}bh_0\leqslant0.06$	9
	9	$m\geqslant0.5,\lambda_v\leqslant0.1,V/f_{ck}bh_0\geqslant0.06$	4
剪控组	1	所有剪控试件	42
	2	$m\leqslant1.5,\rho_t\geqslant0.004$	23
	3	$m\geqslant1.5,\rho_t\geqslant0.004$	0
	4	$m\leqslant1.5,\rho_t\leqslant0.004$	10
	5	$m\geqslant1.5,\rho_t\leqslant0.004$	9

由于本章RC梁“轻微损坏”、“轻度损坏”和“中度损坏”的位移角限值通过均分法得到，所以只对“无损坏”、“比较严重损坏”和“严重损坏”3个关键性能状态的位移角限值进行评估。将收集的103个RC梁试件3个关键性能状态（“无损坏”、“比较严重损坏”及“严重损坏”）的试验位移角限值与按表3-6-1计算的位移角限值相比，比值记作“位移角限值冗余度”。其中，位移角限值的准确性通过冗余度的平均值评估，冗余度的均值越接近1，指标限值越准确；位移角限值的离散性通过冗余度的标准差评估；位移角限值的超越概率通过易损性分析方法，建立冗余度的累积分布曲线及拟合的对数正态分布曲线进行评估。表3-6-2各组数据位移角限值的评估结果如表3-6-3所示。需要注意的是，由于部分分组的试件数量比较小，评估的超越概率可能不够合理。

RC梁关键性能点位移角限值评估结果　　**表3-6-3**

			超越概率（%）			冗余度平均值			冗余度标准差		
大组	小组	试件数量	性能1	性能5	性能6	性能1	性能5	性能6	性能1	性能5	性能6
弯控组	1	61	11	6	12	1.88	1.53	1.47	0.86	0.37	0.12
	2	15	17	13	15	1.84	1.47	1.42	0.85	0.37	0.38
	3	2	0	0	0	2.16	1.52	1.34	0.12	0.03	0.02
	4	0	—	—	—	—	—	—	—	—	—
	5	16	10	1	9	1.75	1.52	1.40	0.71	0.28	0.35

续表

			超越概率（%）			冗余度平均值			冗余度标准差		
大组	小组	试件数量	性能 1	性能 5	性能 6	性能 1	性能 5	性能 6	性能 1	性能 5	性能 6
弯控组	6	15	16	6	14	1.35	1.49	1.42	0.36	0.43	0.47
	7	0	—	—	—	—	—	—	—	—	—
	8	9	1	9	16	2.64	1.68	1.52	0.82	0.50	0.48
	9	4	3	6	16	2.89	1.58	1.35	1.40	0.44	0.37
剪控组	1	42	10	13	9	2.34	1.75	1.77	1.28	0.68	0.62
	2	23	11	13	9	2.53	1.80	1.93	1.54	0.68	0.69
	3	0	—	—	—	—	—	—	—	—	—
	4	10	18	21	11	1.80	1.45	1.45	0.79	0.55	0.44
	5	9	0%	5	6	2.45	1.98	1.73	0.78	0.73	0.53

由表 3-6-3 可见：

（1）弯控组及剪控组性能 1 位移角限值的超越概率不高于 35%，且均低于 20%，满足目标超越概率要求；弯控组及剪控组性能 5 的塑性位移角限值在全局参数范围内的超越概率分别为 6%和 13%，小于 35%，各小组的超越概率均不高于 25%，满足目标超越概率要求；弯控组及剪控组性能 6 的塑性位移角限值在全局参数范围内的超越概率分别为 12%和 9%，除个别小组的超越概率略大于 15%外，大部分小组的超越概率均低于 15%，总体上满足目标超越概率要求。

（2）弯控组和剪控组性能 1 的位移角限值冗余度平均值总体在分别在 1.8 和 2.3 左右，说明本章给出的 RC 梁的屈服位移角限值偏安全。弯控组和剪控组性能点 5 和 6 位移角限值冗余度平均值总体分别在 1.5 和 1.7 左右，即位移角限值的计算值与试验值的比值分别在 0.67 和 0.59 左右（1/1.5=0.67；1/1.7=0.59），说明本章给出的 RC 梁的塑性位移角限值比较接近试验值，准确性较高。

（3）弯控组和剪控组性能 5 和 6 位移角限值的冗余度标准差仅在 0.6 左右，表明本章给出的 RC 梁的塑性位移角限值离散性较小；弯控组和剪控组性能 1 位移角限值的冗余度标准差总体分别在 0.8 和 1.2 左右，相对较大，但考虑到 RC 梁性能 1 位移角限值的超越概率均不高于目标超越概率，因此，总体上认为本章提出的 RC 梁位移角限值的离散性在可接受范围内。

3.6.2 RC 柱位移角限值

利用表 3-5-2 给出的调整后具有目标超越概率的回归公式建立 RC 柱的位移角限值，进一步调整后得到最终 RC 柱的位移角限值，如表 3-6-4 所示。表中“无损坏”性能状态的位移角限值为总位移角，其余性能状态的位移角限值为塑性位移角。

为验证表 3-6-4 的合理性，进行指标限值的分组易损性评估，将收集的 469 个 RC 柱试验数据按表 3-3-3 的破坏形态，考虑表 3-6-4 中控制参数（配箍特征值 λ_v、名义剪压比 $V/f_{ck}bh_0$、加载方向配箍率 ρ_t 和弯剪比 m）的主要划分区间，划分为多个小组，如表 3-6-5 所示。

RC柱位移角限值 **表3-6-4**

构件参数			性能水准					
			无损坏	轻微损坏	轻度损坏	中度损坏	比较严重损坏	严重损坏
弯控								
n	$\alpha\lambda_v$	$V/f_{ck}bh_0$						
≤0.1	≥0.4	≤0.02	0.006	0.008	0.015	0.023	0.030	0.044
≤0.1	≥0.4	≥0.1	0.008	0.014	0.028	0.041	0.055	0.060
≥0.6	≥0.4	≤0.02	0.005	0.006	0.012	0.017	0.023	0.025
≥0.6	≥0.4	≥0.1	0.005	0.006	0.012	0.018	0.024	0.028
≤0.1	≤0.02	≤0.02	0.004	0.006	0.012	0.018	0.024	0.028
≤0.1	≤0.02	≥0.1	0.008	0.010	0.020	0.030	0.040	0.048
≥0.6	≤0.02	≤0.02	0.005	0.000	0.000	0.000	0.000	0.000
≥0.6	≤0.02	≥0.1	0.005	0.005	0.009	0.014	0.018	0.022
弯剪控								
n	ρ_t	m						
≤0.1	≥0.01	≤0.6	0.008	0.009	0.018	0.027	0.036	0.043
≤0.1	≥0.01	≥1.0	0.008	0.008	0.016	0.024	0.032	0.034
≥0.6	≥0.01	≤0.6	0.003	0.004	0.009	0.013	0.017	0.020
≥0.6	≥0.01	≥1.0	0.003	0.005	0.010	0.015	0.020	0.023
≤0.1	≤0.0005	≤0.6	0.006	0.006	0.013	0.019	0.025	0.031
≤0.1	≤0.0005	≥1.0	0.006	0.003	0.007	0.010	0.013	0.016
≥0.6	≤0.0005	≤0.6	0.002	0.001	0.001	0.002	0.002	0.002
≥0.6	≤0.0005	≥1.0	0.002	0.000	0.000	0.000	0.000	0.000
剪控								
n	ρ_t							
≤0.1	≥0.008		0.004	0.003	0.005	0.008	0.010	0.015
≥0.6	≥0.008		0.004	0.002	0.004	0.006	0.008	0.010
≤0.1	≤0.0005		0.003	0.001	0.002	0.003	0.004	0.004
≥0.6	≤0.0005		0.003	0.000	0.000	0.000	0.000	0.000

RC柱试件分组 **表3-6-5**

大组	小组	参数范围	试件数量
弯控组	1	所有弯曲破坏试件	342
	2	$n\leqslant0.35,\alpha\lambda_v\geqslant0.2,V/f_{ck}bh_0\leqslant0.06$	17
	3	$n\leqslant0.35,\alpha\lambda_v\geqslant0.2,V/f_{ck}bh_0\geqslant0.06$	19
	4	$n\geqslant0.35,\alpha\lambda_v\geqslant0.2,V/f_{ck}bh_0\leqslant0.06$	19
	5	$n\geqslant0.35,\alpha\lambda_v\geqslant0.2,V/f_{ck}bh_0\geqslant0.06$	26
	6	$n\leqslant0.35,\alpha\lambda_v\leqslant0.2,V/f_{ck}bh_0\leqslant0.06$	111
	7	$n\leqslant0.35,\alpha\lambda_v\leqslant0.2,V/f_{ck}bh_0\geqslant0.06$	29

续表

大组	小组	参数范围	试件数量
弯控组	8	$n\geqslant 0.35, \alpha\lambda_v\leqslant 0.2, V/f_{ck}bh_0\leqslant 0.06$	79
	9	$n\geqslant 0.35, \alpha\lambda_v\leqslant 0.2, V/f_{ck}bh_0\geqslant 0.06$	42
弯剪组	1	所有弯剪破坏构件	75
	2	$n\leqslant 0.35, \rho_t\geqslant 0.005, m\leqslant 0.8$	3
	3	$n\leqslant 0.35, \rho_t\geqslant 0.005, m\geqslant 0.8$	4
	4	$n\geqslant 0.35, \rho_t\geqslant 0.005, m\leqslant 0.8$	23
	5	$n\geqslant 0.35, \rho_t\geqslant 0.005, m\geqslant 0.8$	8
	6	$n\leqslant 0.35, \rho_t\leqslant 0.005, m\leqslant 0.8$	15
	7	$n\leqslant 0.35, \rho_t\leqslant 0.005, m\geqslant 0.8$	13
	8	$n\geqslant 0.35, \rho_t\leqslant 0.005, m\leqslant 0.8$	6
	9	$n\geqslant 0.35, \rho_t\leqslant 0.005, m\geqslant 0.8$	3
剪控组	1	所有剪切破坏试件	52
	2	$n\leqslant 0.35, \rho_t\geqslant 0.004$	7
	3	$n\geqslant 0.35, \rho_t\geqslant 0.004$	25
	4	$n\leqslant 0.35, \rho_t\leqslant 0.004$	14
	5	$n\geqslant 0.35, \rho_t\leqslant 0.004$	6

通过使用同3.6.1小节中的关键性能点位移角限值评估方法，可得到评估结果如表3-6-6所示。

RC柱关键性能点位移角限值评估结果 **表 3-6-6**

			超越概率（%）			冗余度平均值			冗余度标准差		
大组	小组	试件数量	性能1	性能5	性能6	性能1	性能5	性能6	性能1	性能5	性能6
弯控组	1	342	19.38	26.65	15.55	1.52	1.31	1.45	0.59	0.52	0.56
	2	17	16.51	36.35	14.06	1.49	1.21	1.42	0.58	0.45	0.36
	3	19	6.49	2.12	8.25	1.60	1.44	1.43	0.41	0.23	0.31
	4	19	12.51	30.35	14.14	1.58	1.55	1.89	0.55	1.19	1.13
	5	26	26.11	17.45	14.68	1.45	1.48	1.61	0.67	0.53	0.68
	6	111	22.11	25.50	12.16	1.50	1.28	1.37	0.63	0.38	0.34
	7	29	22.27	26.34	9.54	1.51	1.21	1.40	0.56	0.31	0.33
	8	79	25.03	34.05	21.34	1.41	1.24	1.44	0.58	0.56	0.68
	9	42	5.00	22.08	14.93	1.74	1.34	1.43	0.53	0.50	0.51
弯剪控组	1	75	17.41	16.80	13.70	1.47	1.37	1.41	0.56	0.40	0.40
	2	3	20.41	1.45	3.23	1.84	1.29	1.47	0.90	0.15	0.28
	3	4	10.24	18.36	18.66	1.27	1.29	1.26	0.22	0.36	0.31
	4	23	14.46	19.36	13.99	1.63	1.37	1.45	0.65	0.42	0.41
	5	8	17.52	5.47	12.69	1.35	1.73	1.67	0.37	0.51	0.61

续表

			超越概率（%）			冗余度平均值			冗余度标准差		
大组	小组	试件数量	性能 1	性能 5	性能 6	性能 1	性能 5	性能 6	性能 1	性能 5	性能 6
弯剪控组	6	15	16.31	8.43	10.62	1.14	1.40	1.32	0.14	0.32	0.28
	7	13	8.58	22.33	14.05	1.79	1.31	1.44	0.66	0.41	0.45
	8	6	22.89	43.39	25.78	1.19	1.05	1.14	0.26	0.19	0.19
	9	3	22.22	13.46	6.70	1.22	1.30	1.46	0.29	0.27	0.33
剪控组	1	52	6.05	14.47	10.51	1.93	1.93	1.96	0.80	1.15	0.99
	2	7	0.68	11.85	5.45	2.42	2.57	2.25	0.77	1.76	1.05
	3	25	6.55	12.82	10.50	1.90	2.02	2.12	0.88	1.23	1.19
	4	14	1.74	16.45	10.28	1.91	1.66	1.70	0.56	0.65	0.59
	5	6	26.44	20.68	17.79	1.49	1.44	1.51	0.80	0.57	0.62

由表 3-6-6 可知，各组的性能 1 和 5 的塑性位移角限值超越概率均不超过 35%，性能 6 除了小部分小组的塑性位移角限值超越概率略大于 15%外，其余都能满足要求。其冗余度也能稳定在可接受范围内，说明总体上表 3-6-4 中 RC 柱位移角限值准确性较高。

3.6.3　RC 剪力墙位移角限值

利用表 3-5-3 给出的调整后具有目标超越概率的回归公式建立 RC 剪力墙的位移角限值，进一步调整后得到最终 RC 剪力墙的位移角限值，如表 3-6-7 所示。表中“无损坏”性能状态的位移角限值为总位移角，其余性能状态的位移角限值为塑性位移角。

RC 剪力墙位移角限值　　**表 3-6-7**

构件参数			性能水准					
			无损坏	轻微损坏	轻度损坏	中度损坏	比较严重损坏	严重损坏
弯控								
n	λ_v	$V/f_{ck}bh_0$						
≤0.1	≥0.35	≤0.02	0.0020	0.006	0.011	0.017	0.021	0.025
≤0.1	≥0.35	≥0.1	0.0050	0.005	0.01	0.02	0.022	0.024
≥0.4	≥0.35	≤0.02	0.0010	0.004	0.009	0.013	0.016	0.019
≥0.4	≥0.35	≥0.1	0.0025	0.004	0.008	0.012	0.017	0.018
≤0.1	≤0.05	≤0.02	0.0020	0.003	0.006	0.009	0.012	0.014
≤0.1	≤0.05	≥0.1	0.0065	0.002	0.005	0.007	0.007	0.007
≥0.4	≤0.05	≤0.02	0.0010	0.002	0.004	0.006	0.008	0.008
≥0.4	≤0.05	≥0.1	0.0030	0.000	0.000	0.000	0.004	0.004
剪控								
n	m	ρ						
≤0.1	≥2.5	≤0.015	0.0025	0.003	0.005	0.008	0.010	0.012
≤0.1	≥2.5	≥0.1	0.0055	0.002	0.003	0.005	0.006	0.007

续表

构件参数			性能水准					
			无损坏	轻微损坏	轻度损坏	中度损坏	比较严重损坏	严重损坏
剪控								
n	m	ρ						
=0.3	≥2.5	≤0.015	0.0025	0.002	0.004	0.006	0.008	0.010
=0.3	≥2.5	≥0.1	0.0055	0.000	0.000	0.000	0.000	0.000
≤0.1	≤0.5	≤0.015	0.0025	0.004	0.009	0.013	0.017	0.018
≤0.1	≤0.5	≥0.1	0.0055	0.003	0.005	0.008	0.010	0.010
=0.3	≤0.5	≤0.015	0.0025	0.003	0.006	0.009	0.012	0.013
=0.3	≤0.5	≥0.1	0.0055	0.001	0.003	0.004	0.005	0.005

为验证表3-6-7的合理性，进行指标限值的分组易损性评估，将收集的236个RC剪力墙试验数据按表3-3-5的破坏形态，考虑表3-6-7中控制参数（轴压比n、配箍特征值λ_v、名义剪压比$V/f_{ck}bh_0$、弯剪比m和约束区纵筋配筋率ρ）的主要划分区间，划分为多个小组，如表3-6-8所示。

RC剪力墙试件分组　　表3-6-8

大组	小组	参数范围	试件数量
弯控组	1	所有判断为弯控的剪力墙试件	152
	2	$n\leqslant0.25,\lambda_v\geqslant0.2,V/f_{ck}bh_0\leqslant0.06$	10
	3	$n\leqslant0.25,\lambda_v\geqslant0.2,V/f_{ck}bh_0\geqslant0.06$	13
	4	$n\geqslant0.25,\lambda_v\geqslant0.2,V/f_{ck}bh_0\leqslant0.06$	0
	5	$n\geqslant0.25,\lambda_v\geqslant0.2,V/f_{ck}bh_0\geqslant0.06$	4
	6	$n\leqslant0.25,\lambda_v\leqslant0.2,V/f_{ck}bh_0\leqslant0.06$	65
	7	$n\leqslant0.25,\lambda_v\leqslant0.2,V/f_{ck}bh_0\geqslant0.06$	44
	8	$n\geqslant0.25,\lambda_v\leqslant0.2,V/f_{ck}bh_0\leqslant0.06$	8
	9	$n\geqslant0.25,\lambda_v\leqslant0.2,V/f_{ck}bh_0\geqslant0.06$	8
剪控组	1	所有判断为剪控的剪力墙试件	84
	2	$n\leqslant0.2,m\geqslant1.5$	13
	3	$n\geqslant0.2,m\geqslant1.5$	0
	4	$n\leqslant0.2,m\leqslant1.5,\rho\leqslant0.05$	54
	5	$n\leqslant0.2,m\leqslant1.5,\rho\geqslant0.05$	12
	6	$n\geqslant0.2,m\leqslant1.5$	5

通过使用同3.6.1小节中的关键性能点位移角限值评估方法，可得到评估结果如表3-6-9所示。

RC 剪力墙关键性能点位移角限值评估结果　　表 3-6-9

			超越概率			冗余度平均值			冗余度标准差		
大组	小组	试件数量	性能 1	性能 5	性能 6	性能 1	性能 5	性能 6	性能 1	性能 5	性能 6
弯控组	1	152	24.66%	13.81%	15.12%	1.50	1.48	1.46	0.62	0.50	0.50
	2	10	27.35%	2.33%	6.25%	1.58	1.69	1.60	0.79	0.44	0.46
	3	13	7.21%	6.38%	7.76%	1.53	1.45	1.45	0.38	0.32	0.33
	4	0	—	—	—	—	—	—	—	—	—
	5	4	27.74%	11.17%	16.881%	1.76	1.43	1.34	0.88	0.42	0.45
	6	65	26.16%	12.25%	14.66%	1.47	1.48	1.44	0.61	0.47	0.46
	7	44	27.32%	18.33%	18.49%	1.48	1.51	1.49	0.59	0.62	0.62
	8	8	29.36%	23.42%	17.47%	1.10	1.37	1.57	0.16	0.48	0.55
	9	8	6.85%	16.44%	18.43%	2.00	1.33	1.33	0.80	0.36	0.38
剪控组	1	84	20.69%	17.80%	13.74%	1.60	1.42	1.46	0.70	0.48	0.45
	2	13	11.15%	18.36%	7.30%	1.41	1.33	1.35	0.37	0.35	0.26
	3	0	—	—	—	—	—	—	—	—	—
	4	54	23.58%	17.93%	14.09%	1.63	1.42	1.47	0.78	0.45	0.45
	5	12	10.26%	17.28%	16.08%	1.68	1.51	1.51	0.55	0.66	0.61
	6	5	23.34%	21.33%	17.52%	1.60	1.45	1.47	0.77	0.67	0.58

由表 3-6-9 可知，各组的性能 1 和性能 5 塑性位移角限值的超越概率均不超过 35%，性能 6 塑性位移角限值的超越概率不超过 20%，且接近于目标值 15%。其冗余度也能稳定在可接受范围内，说明总体上表 3-6-7 中 RC 剪力墙位移角限值准确性较高。

参考文献

[1] Popov E P, Bertero V V, Krawinkler H. Cyclic behavior of three reinforced concrete flexural members with high shear [R]. EARTHQUAKE ENGINEERING RESEARCH CENTER, 1972.

[2] Bertero. V V, Popov. E P. Hysteretic behavior of ductile moment-resisting reinforced concrete frame components [R]. EERC, 1975.

[3] Panagiotou M, Visnjic T, Antonellis G, et al. Effect of hoop reinforcement spacing on the cyclic response of large reinforced concrete special moment frame beams [R]. Department of Civil and Environmental Engineering, University of California, Berkeley, 2013.

[4] 刘志强，吴波，林少书. 钢筋混凝土连梁的抗震性能研究 [J]. 地震工程与工程振动，2003，23 (05)：117-124.

[5] 冷巧娟，钱江，张熠，等. 既有钢筋混凝土梁抗震性能试验研究 [J]. 建筑结构，2011，41 (08)：26-28.

[6] 杜修力，袁健，周宏宇，等. 钢筋混凝土梁在低周反复荷载作用下受剪性能的尺寸效应试验研究 [J]. 地震工程与工程振动，2011，31 (05)：30-38.

[7] Naish D A B. Testing and Modeling of Reinforced Concrete Coupling Beams [D]. University of California, Los Angeles, 2010.

[8] Xiao Y, Rui M. Seismic Behavior of High Strength Concrete Beams [J]. Struct. Design Tall Build, 1999, 7 (01): 73-90.

[9] 朱志达，沈参璜. 在低周反复循环荷载作用下钢筋混凝土框架梁端抗震性能的试验研究（1）[J]. 北京工业大学学报，1985，11 (1)：17-38.

[10] Xiao Y, Esmaeily-Ghasemabadi A, Wu H. High-Strength Concrete Short Beams Subjected to Cyclic Shear [J]. ACI Structural Journal, 1999, 96 (3): 392-400.

[11] 周卫明. 不同屈服点钢筋混凝土结构耗能铰的试验研究 [D]. 扬州大学，2008.

[12] 车轶，王金金，郑新丰，等. 反复荷载作用下高强混凝土梁受弯性能尺寸效应试验研究 [J]. 建筑结构学报，2013，34 (08)：100-106.

[13] Cooper M, Davidson B J, Ingham J M. The Influence of Axial Compression on the Elogation of Plastic Hinges in Reinforced Concrete Beams [Z]. Auckland: 2005.

[14] 杨彦芳. 低周反复荷载作用下联肢剪力墙中连梁的强度及抗震性能的试验研究 [D]. 重庆建筑大学重庆大学，1998.

[15] Tassios T P, Moretti M, Bezas A. On the behavior and ductility of reinforced concrete coupling beams of shear walls [J]. Aci Structural Journal. 1996, 93 (6): 711-720.

[16] 刘光伟. 小跨高比剪力墙洞口连梁抗震性能试验研究 [D]. 重庆大学，2006.

[17] 杨程. CRB550 级箍筋混凝土梁的抗震性能对比试验研究 [D]. 华南理工大学，2010.

[18] Berry M, Parrish M, Eberhard M. PEER Structural Performance Database User's Manual [R]. Pacific Earthquake Engineering Research Center, Univ. of California, Berkeley, 2004.

[19] Ang B G. Ductility of reinforced concrete bridge piers under seismic loading [D]. University of Canterbury, 1981.

[20] Soesianawati M T. Limited ductility design of reinforced concrete columns [D]. University of Canterbury, 1986.

[21] Zahn F A. Design of reinforced concrete bridge columns for strength and ductility [D]. University of Canterbury, 1986.

[22] Watson S. Design of reinforced concrete frames of limited ductility [D]. University of Canterbury, 1989.

[23] Tanaka H. Effect of lateral confining reinforcement on the ductile behaviour of reinforced concrete columns [J]. Applied Optics. 1990, 15 (15): 609-610.

[24] Park R, Paulay T. Use of Interlocking Spirals for Transverse Reinforcement in Bridge Columns [J]. Strength and Ductility of Concrete Substructures of Bridges, RRU (Road Research Unit) Bulletin 84. 1990, 1: 77-92.

[25] Arakawa T, Arai Y, Egashira K, et al. Effects of the Rate of Cyclic Loading on the Load-Carrying Capacity and Inelastic Behavior of Reinforced Concrete Columns [C]. Japan Concrete Institute Conference, 1982.

[26] Nagasaka T. Effectiveness of Steel Fiber as Web Reinforcement in Reinforced Concrete Columns [J]. Transactions of the Japan Concrete Institute. 1982, 4: 493-500.

[27] Ohno T, Nishioka T. An experimental study on energy absorption capacity of columns in reinforced concrete structures. [J]. Proceedings of the Japan Society of Civil Engineers. 1984, (350): 23-33.

[28] Ohue M, Morimoto H, Fujii S, et al. Behavior of R. C. Short Columns Failing in Splitting Bond-Shear Under Dynamic Lateral Loading [J]. Transactions of the Japan Concrete Institute. 1985, 7: 293-300.

[29] Imai H, Yamamoto Y. A study on causes of earthquake damage of Izumi high school due to Miyagi-Ken-Oki Earthquake in 1978 [J]. Transactions of the Japan Concrete Institute. 1986, 8: 405-418.

[30] Kanda M, Shirai N, Adachi H, et al. Analytical Study on Elasto-Plastic Hysteretic Behaviors of Reinforced Concrete Members [J]. Transactions of the Japan Concrete Institute. 1988, 10: 257-264.

[31] Arakawa T, Arai Y, Mizoguchi M, et al. Shear Resisting Behavior of Short Reinforced Concrete Columns Under Biaxial Bending-Shear [J]. Transactions of the Japan Concrete Institute. 1989, 11: 317-324.

[32] Ono A, Shirai N, Adachi H, et al. Elasto-Plastic Behavior of Reinforced Concrete Column with Fluctuating Axial Force [J]. Proceedings of the Japan Concrete Institute. 1989, 11: 495-500.

[33] Sakai Y, Hibi J, Otani S, et al. Experimental Study on Flexural Behavior of Reinforced Concrete Columns Using High Strength Concrete [J]. Proceedings of the Japan Concrete Institute. 1990, 12: 445-450.

[34] Atalay M B, Penzien J. The seismic behavior of critical regions of reinforced concrete components as influenced by moment, shear and axial force [R]. Earthquake Engineering Research Center, University of California, Berkeley, 1975.

[35] Azizinamini A, Corley W G, Johal L S P. Effects of transverse reinforcement on seismic performance of columns [J]. Aci Structural Journal. 1992, 89 (4): 442-450.

[36] Saatcioglu M, Ozcebe G. Response of reinforced concrete columns to simulated seismic loading [J]. Aci Structural Journal. 1989, 86 (1): 3-12.

[37] Galeota D, Giammatteo M M, Marino R. Seismic Resistance of High Strength Concrete Columns [C]. Procedings of the Eleventh World Conference on Earthquake Engineering, 1996.

[38] Wehbe N. Confinement of Rectangular Bridge Columns in Moderate Seismic Areas [J]. Earthquake Spectra. 1998, 14 (02): 397-406.

[39] 万海涛. 钢筋混凝土梁、柱构件抗震性能试验及其基于变形性能的参数研究 [D]. 华南理工大学, 2010.

[40] Xiao Y, Martirossyan A. Seismic Performance of High-Strength Concrete Columns [J]. Journal of Structural Engineering. 1998, 124 (3): 241-251.

[41] Saatcioglu M, Grira M. Confinement of Reinforced Concrete Columns with Welded Reinforcement Grids [J]. ACI Struct Journal. 1999, 96 (1): 29-39.

[42] Matamoros A B. Study of Drift Limits for High-Strength Concrete Columns [D]. University of Illinois at Urbana-Champaign, 1999.

[43] Mo Y L, Wang S J. Seismic Behavior of RC Columns with Various Tie Configurations [J]. Journal of Structural Engineering. 2000, 126 (10): 1122-1130.

[44] Aboutaha R S, Machado R I. Seismic Resistance of Steel-Tubed High-Strength Reinforced-Concrete Columns [J]. Journal of Structural Engineering. 1999, 125 (5): 485-494.

[45] Thomsen J H I, Wallace J W. Lateral load behavior of reinforced concrete columns constructed using high-strength materials [J]. Aci Structural Journal. 1994, 91 (5): 605-615.

[46] Legeron F, Paultre P. Behavior of High-Strength Concrete Columns Under Cyclic Flexure and Constant Axial Load [J]. Aci Structural Journal. 2000, 97 (4): 591-601.

[47] Kono S, And Watanabe F. Damage Evaluation of Reinforced Concrete Columns Under Multiaxial Cyclic Loadings [Z]. Sapporo, Japan: 2000.

[48] Takemura H，Kawashima K. Effect of loading hysteresis on ductility capacity of reinforced concrete bridge piers [J]. Journal of Structural Engineering. 1996，43A：849-858.

[49] Xiao Y，Yun H W. Experimental studies on full-scale high-strength concrete columns [J]. Aci Structural Journal. 2002，99 (2)：199-207.

[50] Saatcioglu M，Ozcebe G. Response of reinforced concrete columns to simulated seismic loading [J]. Aci Structural Journal. 1989，86 (1)：3-12.

[51] Esaki F. Reinforcing Effect of Steel Plate Hoops on Ductility of R/C Square Column [Z]. 1996.

[52] Kostantakopoulos G，Bousias S. Experimental Study of the Effect OF Reinforcement Stability on the Capacity of Reinforced Concrete Columns [Z]. Vancouver，B. C.，Canada：2004.

[53] Ongsupankul S，Kanchanalai T，Kawashima K. Behavior of Reinforced Concrete Bridge Pier Columns Subjected to Moderate Seismic Load [J]. ScienceAsia. 2007，33 (2)：175.

[54] Acun B. Energy Based Seismic Performance Assessment of Reinforced Concrete Columns [D]. Middle East Technical University，2010.

[55] Li B，Pham T P. Seismic Behaviour of RC Columns with Light Transverse Reinforcement Under Different Loading Directions [J]. Aci Structural Journal. 2013，110 (5)：833-843.

[56] 张和平. 钢筋混凝土柱抗震性能试验及优化模拟分析 [D]. 重庆大学，2012.

[57] 李杨. 钢筋混凝土柱非线性变形分解试验及模拟 [D]. 重庆大学，2010.

[58] 刘承文. 箍筋约束对钢筋混凝土柱抗震性能影响的试验研究 [D]. 重庆大学，2010.

[59] 姚雷. 钢筋延性对柱抗震性能影响的试验研究 [D]. 重庆大学，2011.

[60] 黄扬. 钢筋屈曲对柱抗震性能影响的试验研究 [D]. 重庆大学，2012.

[61] 舒平. 钢筋混凝土框架柱抗震性能试验研究及数值模拟分析 [D]. 合肥工业大学，2010.

[62] 孙治国，司炳君，王东升，等. 高强箍筋高强混凝土柱抗震性能研究 [J]. 工程力学，2010，27 (05)：128-136.

[63] 马颖. 钢筋混凝土柱地震破坏方式及性能研究 [D]. 大连理工大学，2012.

[64] 李远瑛，张德生. 高轴压比高强混凝土柱抗震性能试验研究 [J]. 地震工程与工程振动，2014，34 (01)：172-179.

[65] 王晓锋. 配置高强钢筋混凝土框架柱抗震性能研究 [D]. 中国建筑科学研究院，2013.

[66] 史庆轩，杨坤，白力更，等. 高强箍筋约束高强混凝土柱抗震性能试验研究 [J]. 土木工程学报，2011，44 (12)：9-17.

[67] 吕西林，张国军，陈绍林. 高轴压比高强混凝土足尺框架柱抗震性能研究 [J]. 建筑结构学报，2009，30 (03)：20-26.

[68] 叶列平，丁大钧，程文瀼. 高强砼框架柱抗震性能的试验研究 [J]. 建筑结构学报，1992，13 (04)：41-48.

[69] 张国军. 大型火力发电厂高强混凝土框架柱的抗震性能研究 [D]. 西安建筑科技大学，2003.

[70] 史庆轩，杨文星，王秋维，等. 高强箍筋高强混凝土短柱抗震性能试验研究 [J]. 建筑结构学报，2012，33 (09)：49-58.

[71] 史庆轩，王朋，田园，等. 高强箍筋约束高强混凝土短柱抗震性能试验研究 [J]. 土木工程学报，2014，47 (08)：1-8.

[72] 窦志明. 高强混凝土柱的抗震性能研究 [D]. 广州大学，2012.

[73] 陈鑫. 配有高强钢筋高强混凝土框架结构抗震性能试验研究 [D]. 大连理工大学，2012.

[74] 张志远，蔡绍怀，顾维平. 高强混凝土柱抗震性能与配箍率关系的试验研究 [J]. 建筑科学，1993 (01)：12-18.

[75]　邓艳青. HRB500 钢筋混凝土柱的抗震性能试验研究 [D]. 重庆大学，2010.
[76]　王建. 套筒浆锚连接钢筋混凝土柱抗震性能试验研究 [D]. 西安建筑科技大学，2013.
[77]　尹齐. 低周往复荷载作用下混凝土短柱抗剪性能试验研究 [D]. 湘潭大学，2014.
[78]　郭子雄，吕西林. 低周反复荷载下高轴压比 RC 框架柱的研究 [J]. 建筑结构，1999 (04)：19-22.
[79]　刘金升，苏小卒，赵勇. 配 500MPa 细晶钢筋混凝土柱低周反复荷载试验 [J]. 结构工程师，2009，25 (03)：135-140.
[80]　刘伟. 钢筋混凝土构造配筋短柱抗震性能研究 [D]. 重庆大学，2013.
[81]　梁书亭，丁大钧，陆勤. 钢筋混凝土复合配箍柱铰的延性和抗震耗能试验研究 [J]. 工业建筑，1994 (11)：16-20.
[82]　解咏平，贾磊. 高轴压比钢筋混凝土柱受力性能试验研究 [J]. 建筑结构，2014，44 (15)：61-65.
[83]　解咏平，李振宝，杜修力，等. 高轴压比足尺钢筋混凝土短柱抗震性能研究 [J]. 世界地震工程，2014，30 (02)：148-154.
[84]　葛文杰，张继文，曹大富，等. HRBF500 级钢筋混凝土柱抗震性能研究 [J]. 工程抗震与加固改造，2014，36 (02)：112-118.
[85]　苏俊省，王君杰，王文彪，等. 配置高强钢筋的混凝土矩形截面柱抗震性能试验研究 [J]. 建筑结构学报，2014，35 (11)：20-27.
[86]　白雪霜，王亚勇，戴国莹. 不同构造条件下钢筋混凝土框架柱抗震性能试验研究 [J]. 工程抗震与加固改造，2012，34 (03)：76-81.
[87]　李惠，王震宇，吴波. 钢管高强混凝土叠合柱抗震性能与受力机理的试验研究 [J]. 地震工程与工程振动，1999，19 (03)：27-33.
[88]　何世钦，安雪晖，小原孝之，等. 配置夹式钢筋的钢筋混凝土柱抗震性能试验 [J]. 中国公路学报，2008，21 (4)：43-49.
[89]　尹海鹏，曹万林，张亚齐，等. 不同配筋率的再生混凝土柱抗震性能试验研究 [J]. 震灾防御技术，2010，5 (01)：99-107.
[90]　张亚齐. 不同配箍率再生混凝土短柱抗震性能试验研究 [J]. 建筑结构，2011，41 (S1)：272-276.
[91]　白国良，刘超，赵洪金，等. 再生混凝土框架柱抗震性能试验研究 [J]. 地震工程与工程震动，2011，31 (1)：61-66.
[92]　卢锦. 再生混凝土受压构件滞回性能试验研究 [D]. 哈尔滨工业大学，2009.
[93]　彭有开，吴徽，高全臣. 再生混凝土长柱的抗震性能试验研究 [J]. 东南大学学报（自然科学版），2013 (03)：576-581.
[94]　张诚紫. 高轴压比下 BCCHSS 高强混凝土柱抗震性能试验研究 [D]. 华侨大学，2014.
[95]　邓明科，张辉，梁兴文，等. 高延性纤维混凝土短柱抗震性能试验研究 [J]. 建筑结构学报，2015，36 (12)：62-69.
[96]　安康. 内藏预制高强钢管混凝土芯柱组合柱抗震性能试验研究 [D]. 西安建筑科技大学，2012.
[97]　关柱良. CRB550 级钢筋约束混凝土柱抗震性能研究 [D]. 华南理工大学，2011.
[98]　李宏男，李兵. 钢筋混凝土剪力墙抗震恢复力模型及试验研究 [J]. 建筑结构学报，2004，25 (05)：35-42.
[99]　王坤. 基于损伤的钢筋混凝土剪力墙恢复力模型试验研究 [D]. 西安建筑科技大学，2011.
[100]　梁兴文，邓明科，张兴虎，等. 高性能混凝土剪力墙性能设计理论的试验研究 [J]. 建筑结构学

报，2007，28（5）：80-88.

[101] 辛力. 高性能混凝土剪力墙直接基于位移的抗震设计方法研究[D]. 西安建筑科技大学，2009.

[102] 梁兴文，杨鹏辉，崔晓玲，等. 带端柱高强混凝土剪力墙抗震性能试验研究[J]. 建筑结构学报，2010，31（01）：23-32.

[103] 刘自力. 短肢剪力墙抗震性能试验[D]. 广州大学，2010.

[104] 张隆飞. 配有高强钢筋的高强混凝土剪力墙抗震性能研究[D]. 沈阳建筑大学，2007.

[105] 陈勤，李耕勤，钱稼茹，等. HRB400级钢筋焊接网剪力墙试验研究[J]. 混凝土，2002（07）：18-22.

[106] 殷伟帅. 双向单排配筋混凝土中高剪力墙抗震性能试验及分析[D]. 北京工业大学，2008.

[107] 王立长，李凡磷，朱维平，等. 设置暗支撑钢筋混凝土剪力墙的抗震性能试验研究[J]. 建筑结构学报，2007，28（S1）：145-154.

[108] 张展，周克荣. 变高宽比高性能混凝土剪力墙抗震性能的试验研究[J]. 结构工程师，2004，20（02）：62-68.

[109] 张殿惠，崔熙光，张绍武，等. 冷轧带肋钢筋混凝土剪力墙抗震性能试验研究[C]. 辽宁省暨沈阳市工程结构学术会，2000.

[110] 袁宇. 高延性冷轧带肋钢筋焊接网片剪力墙抗震性能试验研究[D]. 重庆大学，2012.

[111] 周广强. 高层建筑钢筋混凝土剪力墙滞回关系及性能研究[D]. 同济大学，2004.

[112] 李振宝，宋优优，张辉明，等. 暗柱配置1000MPa级高强钢筋混凝土剪力墙抗震性能研究[J]. 工业建筑，2014，44（12）：57-62.

[113] 韦宏，龚正为，方小丹，等. 一字形短肢剪力墙结构抗震性能试验研究[J]. 建筑结构，2010，40（03）：71-74.

[114] 钱稼茹，魏勇，赵作周，等. 高轴压比钢骨混凝土剪力墙抗震性能试验研究[J]. 建筑结构学报，2008，29（02）：43-50.

[115] 陈涛，肖从真，田春雨，等. 高轴压比钢-混凝土组合剪力墙压弯性能试验研究[J]. 土木工程学报，2011，44（06）：1-7.

[116] 蒋东启，肖从真，陈涛，等. 高强混凝土钢板组合剪力墙压弯性能试验研究[D]. 中国建筑科学研究院，2012.

[117] 钱稼茹，江枣，纪晓东. 高轴压比钢管混凝土剪力墙抗震性能试验研究[J]. 建筑结构学报，2010，31（7）：40-48.

[118] 董宏英. 带暗支撑双肢剪力墙抗震性能试验及设计理论研究[D]. 北京工业大学，2002.

[119] 曹万林，杨兴民，黄选明，等. 带钢筋及钢骨暗支撑剪力墙抗震性能试验研究[J]. 世界地震工程，2005，21（1）：1-6.

[120] 戴金华. 既有钢筋混凝土剪力墙结构改造抗震性能研究[D]. 华南理工大学，2010.

[121] 许宁. 快速加载下钢筋混凝土剪力墙性能试验及数值模拟研究[D]. 湖南大学，2012.

[122] 郑万仁，张展，刘志伟，等. 轴压比对高性能混凝土剪力墙性能影响的试验研究[D]. 同济大学：2003.

[123] 杨兴民. 带钢筋-型钢暗支撑组合剪力墙抗震性能试验及理论分析[D]. 北京工业大学，2005.

[124] 陶鹤进，于庆荣，史新亚. 钢筋粉煤灰陶粒砼剪力墙受力性能的试验研究[J]. 建筑结构学报，1994，15（04）：20-30.

[125] 刘翠兰，祁学仁. 陶粒砼剪力墙的试验研究[J]. 建筑结构学报，1991，12（06）：62-71.

[126] 杨光. 高轴压比钢管混凝土组合剪力墙抗震性能研究[D]. 清华大学，2013.

[127] 刘藏. 带暗支撑高强混凝土低矮剪力墙抗震性能试验研究[D]. 重庆大学，2010.

[128] 任军. 不同轴压比下叠合板式剪力墙的抗震性能研究 [D]. 合肥工业大学，2010.

[129] 潘鹏，邓开来，石苑苑，等. 低配筋剪力墙单边抗震加固试验研究 [J]. 工程抗震与加固改造，2013，35 (02)：68-74.

[130] 赵军，邱计划，高丹盈. 钢纤维部分增强混凝土剪力墙延性及耗能性能试验研究 [J]. 应用基础与工程科学学报，2010，18 (06)：940-949.

[131] 刘家彬，陈云钢，郭正兴，等. 螺旋箍筋约束波纹管浆锚装配式剪力墙的抗震性能 [J]. 华南理工大学学报（自然科学版），2014，42 (11)：92-98.

[132] 杨亚彬. 圆钢管混凝土边框内藏钢桁架剪力墙抗震试验与理论研究 [D]. 北京工业大学，2011.

[133] 范燕飞，曹万林，张建伟，等. 高轴压比下内藏钢桁架混凝土组合高剪力墙抗震试验研究 [J]. 世界地震工程，2007，23 (03)：18-22.

[134] 郃晓峰. 预制混凝土剪力墙抗震性能试验及约束浆锚搭接极限研究 [D]. 哈尔滨工业大学，2012.

[135] 彭媛媛. 预制钢筋混凝土剪力墙抗震性能试验研究 [D]. 清华大学，2010.

[136] Engineers A S O C. ASCE/SEI 41-13 Seismic evaluation and retrofit of existing buildings [S]. Reston，Virginia，Engineers A S O C，2014.

[137] Hamburger R. FEMA P58 Seismic Performance Assessment of Buildings，Volume 1 Methodology; and Volume 2- Implementation Guide [Z]. 2014.

第4章　典型构件的拟静力试验研究

4.1 概　　况

结构试验可以真实反映钢筋混凝土结构受力性能，尽管组成结构的材料、施工过程及试验过程等存在离散性，当试验数量足够多时，可以从统计的意义上反映钢筋混凝土结构的真实性能。同时通过合理的试验参数设计，可以验证影响构件变形限值的主要因素。

本章从试验的角度研究钢筋混凝土梁、柱及剪力墙的变形指标限值，并通过试验结果验证理论研究成果，设计了85个典型的钢筋混凝土构件，包括9个梁构件、12个柱构件、20个一字形剪力墙构件、12个T形剪力墙构件、12个L形剪力墙构件和20个工字形剪力墙构件。通过拟静力试验，得到构件的滞回曲线和骨架曲线、破坏形态、破坏程度及钢筋应变等，从而可以确定每个构件的破坏形态和不同性能水准下的变形限值、破坏程度，可作为验证和校正构件变形指标限值理论成果的依据。

4.1.1　试验目的

建立钢筋混凝土构件（梁、柱、剪力墙）承载能力—变形能力—破坏程度的对应关系，确定不同性能水准下的构件变形限值。

4.1.2　试件设计

4.1.2.1　梁试件设计

对于RC梁而言，剪跨比、配箍率是决定破坏形态和影响抗震性能的主要参数。本研究根据剪跨比、配箍率的变化设计9个RC梁构件，详细的构件参数见表4-1-1，构件大样如图4-1-1所示。

RC梁试件参数　　　　表4-1-1

组别	试件编号 [梁-剪跨比-配箍率(%)-配筋率(%)]	截面尺寸 (mm)	构件高度 (mm)	剪跨比	纵筋	箍筋
B1	B-2-0.28-0.4	200×500	1000	2	4Φ16	Φ6@100
	B-2-0.50-0.4	200×500	1000	2	4Φ16	Φ8@100
	B-2-0.78-0.4	200×500	1000	2	4Φ16	Φ10@100
B2	B-3-0.28-0.98	200×500	1500	3	4Φ25	Φ6@100
	B-3-0.50-0.98	200×500	1500	3	4Φ25	Φ8@100
	B-3-0.78-0.98	200×500	1500	3	4Φ25	Φ10@100

续表

组别	试件编号 [梁-剪跨比-配箍率(%)-配筋率(%)]	截面尺寸 (mm)	构件高度 (mm)	剪跨比	纵筋	箍筋
B3	B-4.2-0.28-1.14	200×500	2100	4.2	6 Φ 22	Φ 6@100
	B-4.2-0.50-1.14	200×500	2100	4.2	6 Φ 22	Φ 8@100
	B-4.2-0.78-1.14	200×500	2100	4.2	6 Φ 22	Φ 10@100

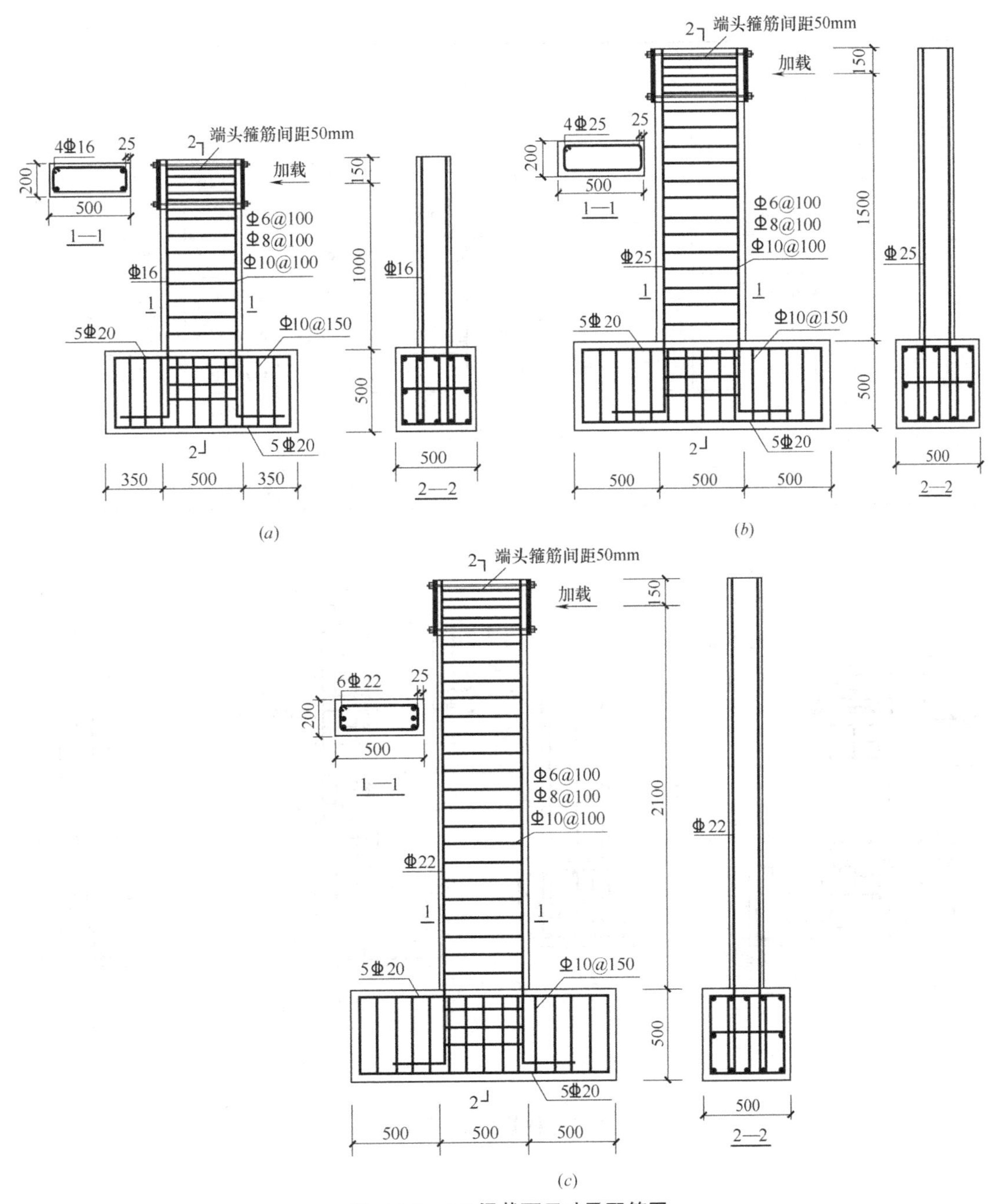

图 4-1-1　RC 梁截面尺寸及配筋图

(*a*) B1 组；(*b*) B2 组；(*c*) B3 组

4.1.2.2 柱试件设计

对 RC 柱而言，剪跨比、轴压比、配箍率是决定破坏形态和影响抗震性能的主要参数。本研究根据剪跨比、轴压比和配箍率的变化设计 12 个柱构件，详细的构件参数见表 4-1-2，构件大样如图 4-1-2 所示。

RC 柱试件参数 **表 4-1-2**

组别	编号(柱-剪跨比-配箍率(%)-轴压比)	剪跨比	截面尺寸(mm)	构件高度(mm)	纵筋	箍筋	轴压力(kN)	轴压比
C1	C-2.5-0.14-0.3	2.5	400	1000	8Φ20	Φ6@100	737	0.3
	C-2.5-0.39-0.3	2.5	400	1000	8Φ20	Φ10@100	1474	0.3
	C-2.5-0.14-0.6	2.5	400	1000	8Φ20	Φ6@100	2211	0.6
	C-2.5-0.39-0.6	2.5	400	1000	8Φ20	Φ10@100	737	0.6
	C-2.5-0.14-0.9	2.5	400	1000	8Φ20	Φ6@100	1474	0.9
	C-2.5-0.39-0.9	2.5	400	1000	8Φ20	Φ10@100	2211	0.9
C2	C-4-0.28-0.3	4	400	1600	12Φ20	Φ6@100	737	0.3
	C-4-0.78-0.3	4	400	1600	12Φ20	Φ10@100	1474	0.3
	C-4-0.28-0.6	4	400	1600	12Φ20	Φ6@100	2211	0.6
	C-4-0.78-0.6	4	400	1600	12Φ20	Φ10@100	737	0.6
	C-4-0.28-0.9	4	400	1600	12Φ20	Φ6@100	1474	0.9
	C-4-0.78-0.9	4	400	1600	12Φ20	Φ10@100	2211	0.9

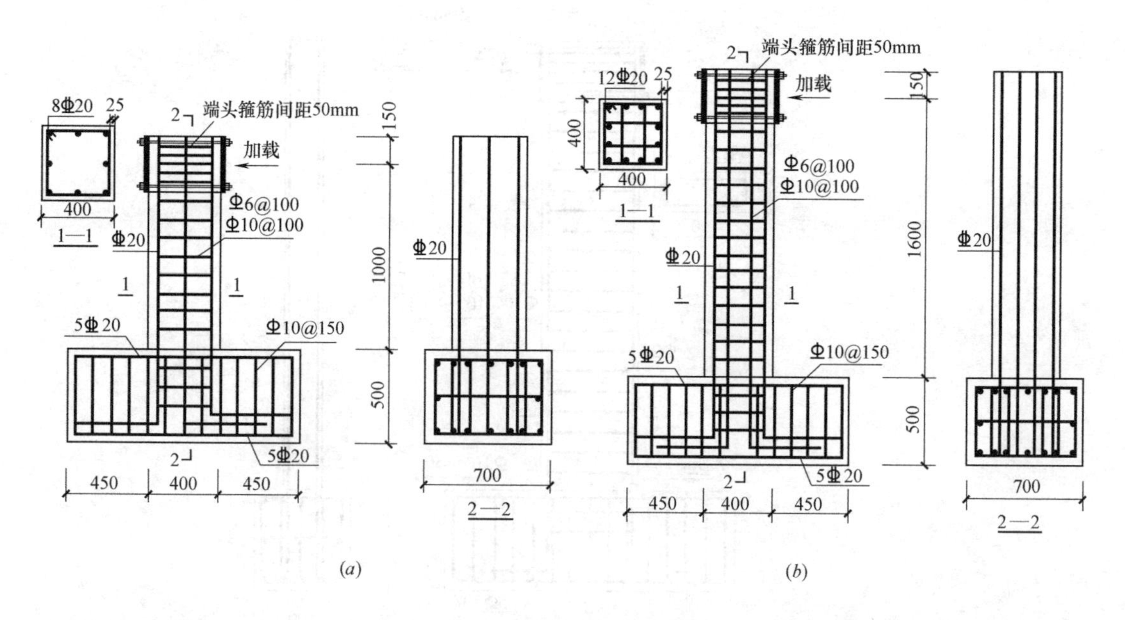

图 4-1-2 RC 柱截面尺寸及配筋图

(*a*) C1 组；(*b*) C2 组

RC 梁、柱构件的材料性能见表 4-1-3、表 4-1-4。

混凝土强度　　表 4-1-3

组号	构件	$f_{cu,m}$(MPa)	$f_{cu,k}$(MPa)	f_{ck}(MPa)	f_c(MPa)	f_t(MPa)	龄期
1	梁	35.53	30.15	20.16	14.40	1.44	30d
2	梁	39.98	39.24	26.24	18.74	1.87	70d
3	柱	42.88	40.21	26.89	19.21	1.92	90d

注：$f_{cu,m}$为立方体抗压强度均值，$f_{cu,k}$为立方体抗压强度标准值，f_{ck}为轴心抗压强度标准值，f_c为轴心抗压强度设计值，f_t为抗拉强度设计值。表中，混凝土立方体强度标准值 $f_{cu,k}=f_{cu,m}(1-1.645\delta)$，$\delta$ 为变异系数，第一组取 0.09，第二组取 0.011。$f_{ck}=0.88\alpha_{c1}\alpha_{c2}f_{cu,k}$，$\alpha_{c1}=0.76$，$\alpha_{c2}=1$，其余值均参考《混规》换算得到。

钢筋强度及伸长率特性　　表 4-1-4

钢筋直径(mm)	屈服强度(MPa)	极限强度(MPa)	屈服应变	最大力总延伸率/A_{gt}	断后伸长率/A
6	371.5	643.7	—	—	—
8	373.4	457.4	—	—	—
10	367.0	507.9	—	—	—
16	318.3	470.0	0.00191	0.094	0.173
20	413.8	575.08	0.00235	0.112	0.193
22	375.3	573.5	0.00206	0.130	0.272
25	389.1	537.8	0.00219	0.141	0.252

4.1.2.3　一字形剪力墙试件设计

对于一字形 RC 剪力墙而言，剪跨比、暗柱纵筋配筋率、轴压比是决定破坏形态和影响抗震性能的主要参数，本研究根据剪跨比、暗柱纵筋配筋率、轴压比的变化设计了 20 个一字形 RC 剪力墙构件，详细的构件参数见表 4-1-5，材料性能见表 4-1-6，构件大样如图 4-1-3 所示。

一字形 RC 剪力墙试件参数　　表 4-1-5

试件编号(剪力墙-剪跨比-暗柱纵筋配筋率(%)-设计轴压比)	墙厚(mm)	约束区长度(mm)	截面宽(mm)	墙肢高 H(mm)	轴力实际值(kN)	水平分布筋	竖向分布筋	约束区纵筋(配筋率)	约束区箍筋
W-0.80-1.36-0.2	130	170	850	580	270	Φ6@125	Φ6@127	6Φ8(1.36%)	Φ8@80+Φ6@80
W-0.80-3.07-0.2	130	170	850	580	270	Φ6@125	Φ6@127	6Φ12(3.07%)	Φ8@80+Φ6@80
W-0.80-1.36-0.5	130	170	850	580	675	Φ6@125	Φ6@127	6Φ8(1.36%)	Φ8@80+Φ6@80
W-0.80-3.07-0.5	130	170	850	580	675	Φ6@125	Φ6@127	6Φ12(3.07%)	Φ8@80+Φ6@80
W-1.20-1.36-0.2	130	170	850	920	276	Φ6@125	Φ6@127	6Φ8(1.36%)	Φ8@80+Φ6@80
W-1.20-3.07-0.2	130	170	850	920	276	Φ6@125	Φ6@127	6Φ12(3.07%)	Φ8@80+Φ6@80
W-1.20-1.36-0.5	130	170	850	920	690	Φ6@125	Φ6@127	6Φ8(1.36%)	Φ8@80+Φ6@80
W-1.20-3.07-0.5	130	170	850	920	690	Φ6@125	Φ6@127	6Φ12(3.07%)	Φ8@80+Φ6@80
W-1.65-1.36-0.2	130	170	850	1300	295	Φ6@125	Φ6@127	6Φ8(1.36%)	Φ8@80+Φ6@80
W-1.65-3.07-0.2	130	170	850	1300	295	Φ6@125	Φ6@127	6Φ12(3.07%)	Φ8@80+Φ6@80
W-1.65-1.36-0.5	130	170	850	1300	736	Φ6@125	Φ6@127	6Φ8(1.36%)	Φ8@80+Φ6@80

续表

试件编号（剪力墙-剪跨比-暗柱纵筋配筋率（%）-设计轴压比）	墙厚（mm）	约束区长度（mm）	截面宽（mm）	墙肢高 H（mm）	轴力实际值（kN）	水平分布筋	竖向分布筋	约束区纵筋（配筋率）	约束区箍筋
W-1.65-3.07-0.5	130	170	850	1300	736	Φ6@125	Φ6@127	6Φ12(3.07%)	Φ8@80+Φ6@80
W-2.12-1.36-0.2	130	170	850	1700	295	Φ6@125	Φ6@127	6Φ8(1.36%)	Φ8@80+Φ6@80
W-2.12-3.07-0.2	130	170	850	1700	295	Φ6@125	Φ6@127	6Φ12(3.07%)	Φ8@80+Φ6@80
W-2.12-1.36-0.5	130	170	850	1700	736	Φ6@125	Φ6@127	6Φ8(1.36%)	Φ8@80+Φ6@80
W-2.12-3.07-0.5	130	170	850	1700	770	Φ6@125	Φ6@127	6Φ12(3.07%)	Φ8@80+Φ6@80
W-2.71-1.36-0.2	130	170	850	2200	295	Φ6@125	Φ6@127	6Φ8(1.36%)	Φ8@80+Φ6@80
W-2.71-3.07-0.2	130	170	850	2200	295	Φ6@125	Φ6@127	6Φ12(3.07%)	Φ8@80+Φ6@80
W-2.71-1.36-0.5	130	170	850	2200	736	Φ6@125	Φ6@127	6Φ8(1.36%)	Φ8@80+Φ6@80
W-2.71-3.07-0.5	130	170	850	2200	770	Φ6@125	Φ6@127	6Φ12(3.07%)	Φ8@80+Φ6@80

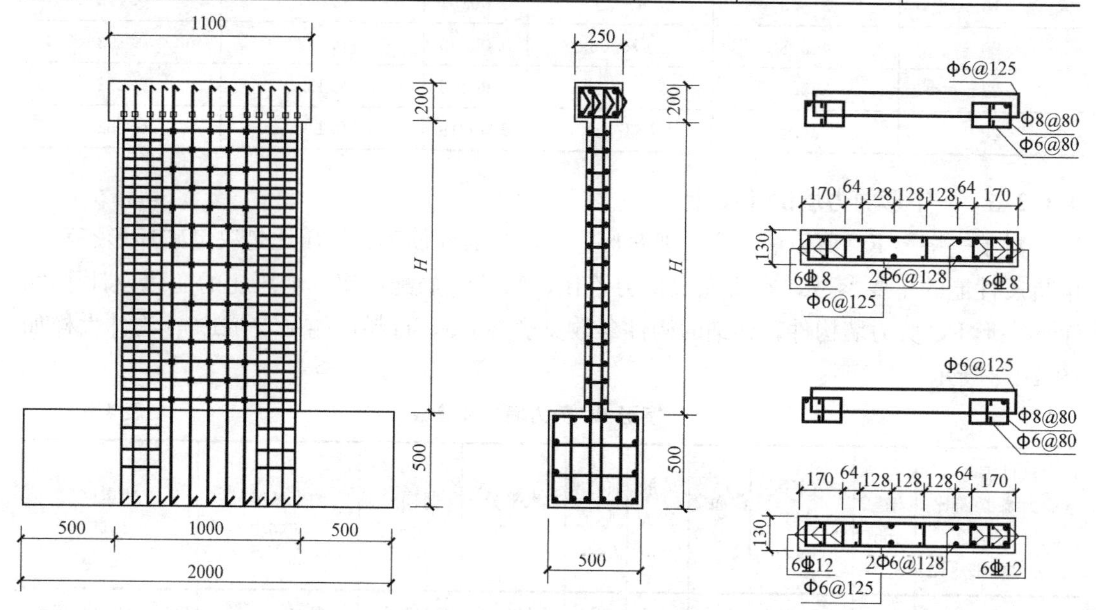

图 4-1-3　一字形 RC 剪力墙试件截面尺寸及配筋图

材料力学性能　　表 4-1-6

钢筋直径（mm）	钢筋型号	屈服强度（MPa）	极限强度（MPa）	混凝土立方体抗压强度实测平均值（MPa）
6	HPB300	446	656	34.92
8	HPB300	366	560	
8	HRB400	462	677	
12	HRB400	475	614	

4.1.2.4　T 形截面剪力墙试件设计

对于 T 形 RC 剪力墙而言，剪跨比、暗柱纵筋配筋率、轴压比是决定破坏形态和影响抗震性能的主要参数，本研究根据剪跨比、暗柱纵筋配筋率、轴压比的变化设计了 12 个 T 形 RC 剪力墙构件，详细的构件参数见表 4-1-7，材料性能见表 4-1-8，构件大样如图 4-1-4 所示。

T 形 RC 剪力墙试件参数　　　　**表 4-1-7**

试件编号（剪力墙-剪跨比-暗柱纵筋配筋率（%）-设计轴压比）	墙厚（mm）	约束区长度（mm）	截面宽（mm）	墙肢高 H（mm）	轴力实际值（kN）	水平分布筋	竖向分布筋	约束区纵筋（配筋率）	约束区箍筋
T-1.65-1.36-0.2	130	170	850	1700	384	Φ 8@125	Φ 6@127	6 Φ 8(1.36%)	Φ 8@80+Φ 6@80
T-1.65-2.13-0.2	130	170	850	1700	960	Φ 8@125	Φ 6@127	6 Φ 10(2.13%)	Φ 8@80+Φ 6@80
T-1.65-1.36-0.5	130	170	850	1700	384	Φ 8@125	Φ 6@127	6 Φ 8(1.36%)	Φ 8@80+Φ 6@80
T-1.65-2.13-0.5	130	170	850	1700	960	Φ 8@125	Φ 6@127	6 Φ 10(2.13%)	Φ 8@80+Φ 6@80
T-2.1-1.36-0.2	130	170	850	1700	384	Φ 8@125	Φ 6@127	6 Φ 8(1.36%)	Φ 8@80+Φ 6@80
T-2.1-2.13-0.2	130	170	850	1700	960	Φ 8@125	Φ 6@127	6 Φ 10(2.13%)	Φ 8@80+Φ 6@80
T-2.1-1.36-0.5	130	170	850	1700	384	Φ 8@125	Φ 6@127	6 Φ 8(1.36%)	Φ 8@80+Φ 6@80
T-2.1-2.13-0.5	130	170	850	1700	960	Φ 8@125	Φ 6@127	6 Φ 10(2.13%)	Φ 8@80+Φ 6@80
T-2.7-1.36-0.2	130	170	850	2200	384	Φ 8@125	Φ 6@127	6 Φ 8(1.36%)	Φ 8@80+Φ 6@80
T-2.7-2.13-0.2	130	170	850	2200	960	Φ 8@125	Φ 6@127	6 Φ 10(2.13%)	Φ 8@80+Φ 6@80
T-2.7-1.36-0.5	130	170	850	2200	384	Φ 8@125	Φ 6@127	6 Φ 8(1.36%)	Φ 8@80+Φ 6@80
T-2.7-2.13-0.5	130	170	850	2200	960	Φ 8@125	Φ 6@127	6 Φ 10(2.13%)	Φ 8@80+Φ 6@80

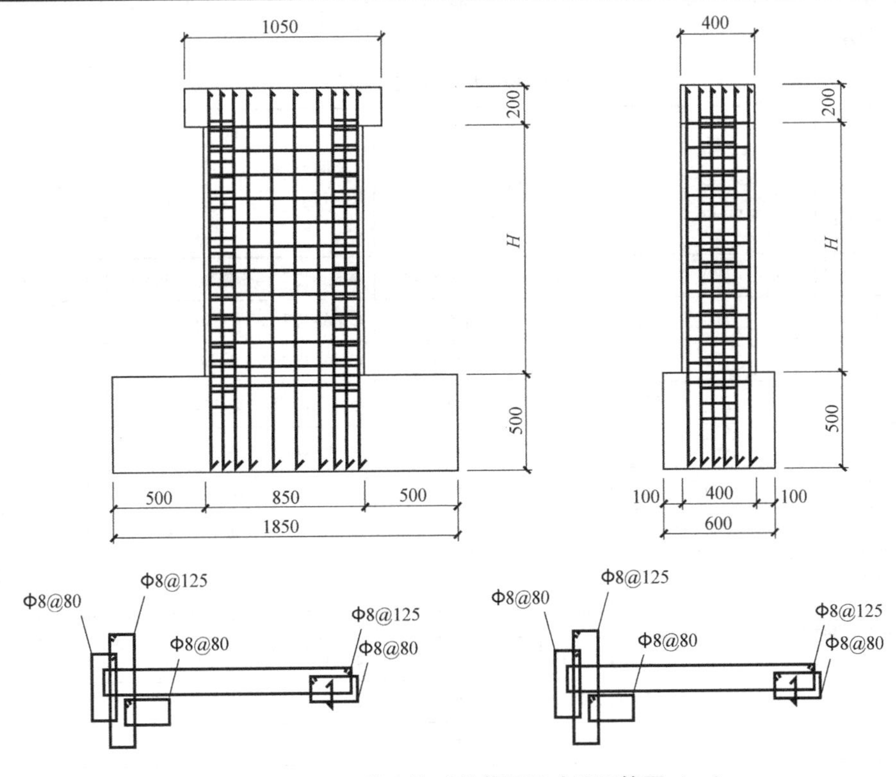

图 4-1-4　T 形 RC 剪力墙试件截面尺寸及配筋图（一）

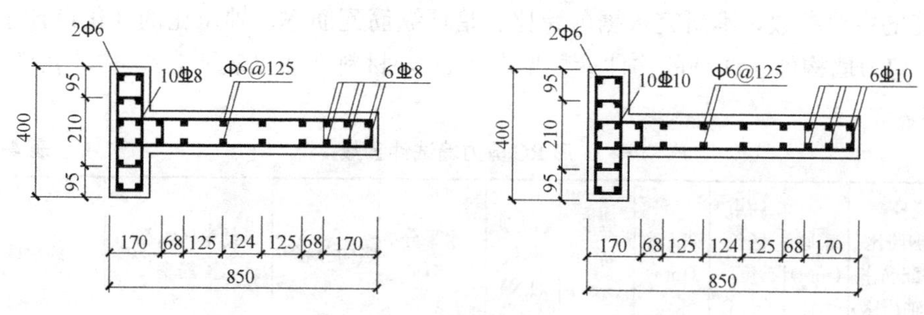

图 4-1-4　T 形 RC 剪力墙试件截面尺寸及配筋图（二）

材料力学性能　　　　**表 4-1-8**

钢筋直径(mm)	钢筋型号	屈服强度(MPa)	极限强度(MPa)	混凝土立方体抗压强度实测平均值(MPa)
6	HPB300	430	575	34.18
8	HPB300	424	654	
8	HRB400	497	696	
12	HRB400	439	636	

4.1.2.5　L 形截面剪力墙试件设计

对于 L 形 RC 剪力墙而言，剪跨比、暗柱纵筋配筋率、轴压比是决定破坏形态和影响抗震性能的主要参数，本研究根据剪跨比、暗柱纵筋配筋率、轴压比的变化设计了 12 个 L 形 RC 剪力墙构件，详细的构件参数见表 4-1-9，材料性能见表 4-1-10，构件大样如图 4-1-5所示。

L 形 RC 剪力墙试件参数　　　　**表 4-1-9**

试件编号（剪力墙-剪跨比-暗柱纵筋配筋率(%)-设计轴压比）	墙厚(mm)	约束区长度(mm)	截面宽(mm)	墙肢高 H(mm)	轴力实际值(kN)	水平分布筋	竖向分布筋	约束区纵筋（配筋率）	约束区箍筋
L-1.65-1.36-0.2	130	170	650	2070	325	Φ 8@125	Φ 6@127	6 Φ 8(1.36%)	Φ 8@80+Φ 6@80
L-1.65-2.13-0.2	130	170	650	2070	810	Φ 8@125	Φ 6@127	6 Φ 10(2.13%)	Φ 8@80+Φ 6@80
L-1.65-1.36-0.5	130	170	650	2070	325	Φ 8@125	Φ 6@127	6 Φ 8(1.36%)	Φ 8@80+Φ 6@80
L-1.65-2.13-0.5	130	170	650	2070	810	Φ 8@125	Φ 6@127	6 Φ 10(2.13%)	Φ 8@80+Φ 6@80
L-2.88-1.36-0.2	130	170	650	1670	325	Φ 8@125	Φ 6@127	6 Φ 8(1.36%)	Φ 8@80+Φ 6@80
L-2.88-2.13-0.2	130	170	650	1670	810	Φ 8@125	Φ 6@127	6 Φ 10(2.13%)	Φ 8@80+Φ 6@80
L-2.88-1.36-0.5	130	170	650	1670	325	Φ 8@125	Φ 6@127	6 Φ 8(1.36%)	Φ 8@80+Φ 6@80
L-2.88-2.13-0.5	130	170	650	1670	810	Φ 8@125	Φ 6@127	6 Φ 10(2.13%)	Φ 8@80+Φ 6@80
L-3.5-1.36-0.2	130	170	650	2070	325	Φ 8@125	Φ 6@127	6 Φ 8(1.36%)	Φ 8@80+Φ 6@80
L-3.5-2.13-0.2	130	170	650	2070	810	Φ 8@125	Φ 6@127	6 Φ 10(2.13%)	Φ 8@80+Φ 6@80
L-3.5-1.36-0.5	130	170	650	2070	325	Φ 8@125	Φ 6@127	6 Φ 8(1.36%)	Φ 8@80+Φ 6@80
L-3.5-2.13-0.5	130	170	650	2070	810	Φ 8@125	Φ 6@127	6 Φ 10(2.13%)	Φ 8@80+Φ 6@80

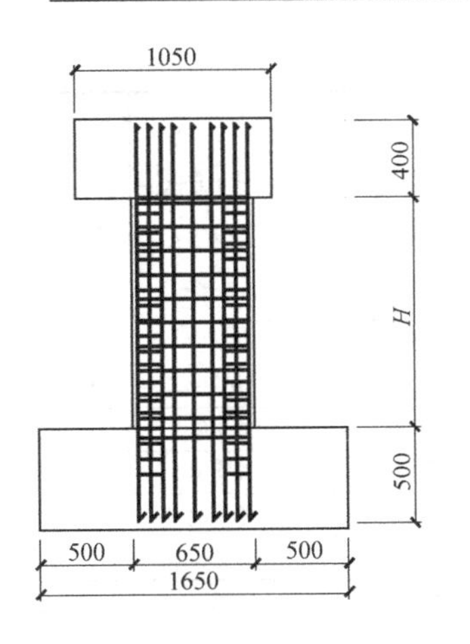
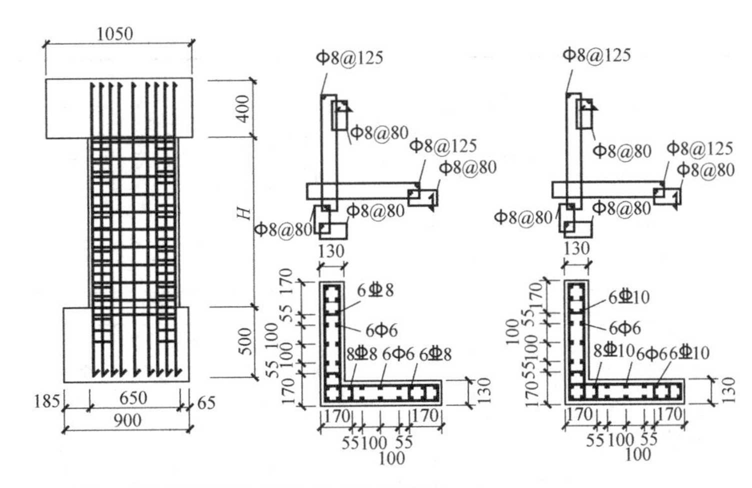

图 4-1-5　L形RC剪力墙试件截面尺寸及配筋图

材料力学性能　　表 4-1-10

钢筋直径(mm)	钢筋型号	屈服强度(MPa)	极限强度(MPa)	混凝土立方体抗压强度实测平均值(MPa)
6	HPB300	460	707	26.69
8	HPB300	338	497	
8	HRB400	398	637	
12	HRB400	484	586	

4.1.2.6　工字形截面剪力墙试件设计

对于工字形RC剪力墙而言，剪跨比、暗柱纵筋配筋率、轴压比是决定破坏形态和影响抗震性能的主要参数，本研究根据剪跨比、暗柱纵筋配筋率、轴压比的变化设计了20个工字形RC剪力墙构件，详细的构件参数见表4-1-11，材料性能见表4-1-12，构件大样如图4-1-6所示。

工字形RC剪力墙试件参数　　表 4-1-11

试件编号(剪力墙-剪跨比-暗柱纵筋配筋率(%)-设计轴压比)	墙厚(mm)	约束区长度(mm)	截面宽(mm)	墙肢高 H (mm)	轴力实际值(kN)	水平分布筋	竖向分布筋	约束区纵筋(配筋率)	约束区箍筋	截面形式
I-0.8-1.36-0.2	130	170	850	680	462	Φ8@125	Φ6@127	6Φ8(1.36%)	Φ8@80	2
I-0.8-3.07-0.2	130	170	850	680	462	Φ8@125	Φ6@127	6Φ12(3.07%)	Φ8@80	2
I-0.8-1.36-0.5	130	170	850	680	1155	Φ8@125	Φ6@127	6Φ8(1.36%)	Φ8@80	2
I-0.8-3.07-0.5	130	170	850	680	1155	Φ8@125	Φ6@127	6Φ12(3.07%)	Φ8@80	2
I-1.2-1.36-0.2	130	170	850	1020	462	Φ8@125	Φ6@127	6Φ8(1.36%)	Φ8@80	2
I-1.2-3.07-0.2	130	170	850	1020	462	Φ8@125	Φ6@127	6Φ12(3.07%)	Φ8@80	2
I-1.2-1.36-0.5	130	170	850	1020	1155	Φ8@125	Φ6@127	6Φ8(1.36%)	Φ8@80	2
I-1.2-3.07-0.5	130	170	850	1020	1155	Φ8@125	Φ6@127	6Φ12(3.07%)	Φ8@80	2
I-1.65-1.55-0.2	130	170	850	1800	484	Φ8@125	Φ6@127	10Φ8(1.55%)	Φ8@80	1
I-1.65-2.42-0.2	130	170	850	1800	484	Φ8@125	Φ6@127	10Φ10(2.42%)	Φ8@80	1
I-1.65-1.55-0.5	130	170	850	1800	1211	Φ8@125	Φ6@127	10Φ8(1.55%)	Φ8@80	1

续表

试件编号（剪力墙-剪跨比-暗柱纵筋配筋率（%）-设计轴压比）	墙厚（mm）	约束区长度（mm）	截面宽（mm）	墙肢高 H（mm）	轴力实际值（kN）	水平分布筋	竖向分布筋	约束区纵筋（配筋率）	约束区箍筋	截面形式
I-1.65-2.42-0.5	130	170	850	1800	1211	Φ8@125	Φ6@127	10Φ10(2.42%)	Φ8@80	1
I-2.12-1.55-0.2	130	170	850	1800	484	Φ8@125	Φ6@127	10Φ8(1.55%)	Φ8@80	1
I-2.12-2.42-0.2	130	170	850	1800	484	Φ8@125	Φ6@127	10Φ10(2.42%)	Φ8@80	1
I-2.12-1.55-0.5	130	170	850	1800	1211	Φ8@125	Φ6@127	10Φ8(1.55%)	Φ8@80	1
I-2.12-2.42-0.5	130	170	850	1800	1211	Φ8@125	Φ6@127	10Φ10(2.42%)	Φ8@80	1
I-2.71-1.55-0.2	130	170	850	2300	484	Φ8@125	Φ6@127	10Φ8(1.55%)	Φ8@80	1
I-2.71-2.42-0.2	130	170	850	2300	484	Φ8@125	Φ6@127	10Φ10(2.42%)	Φ8@80	1
I-2.71-1.55-0.5	130	170	850	2300	1211	Φ8@125	Φ6@127	10Φ8(1.55%)	Φ8@80	1
I-2.71-2.42-0.5	130	170	850	2300	1211	Φ8@125	Φ6@127	10Φ10(2.42%)	Φ8@80	1

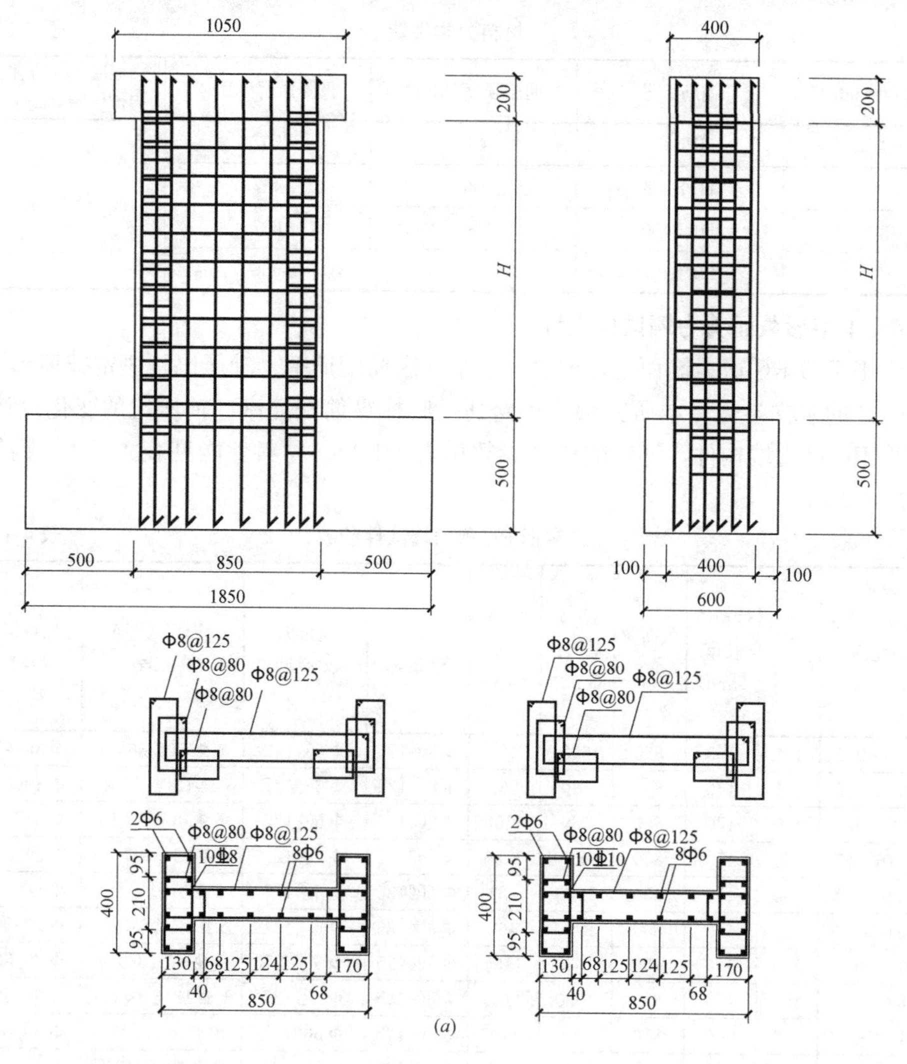

图 4-1-6　工字形 RC 剪力墙试件截面尺寸及配筋图（一）

(a) 截面形式 1

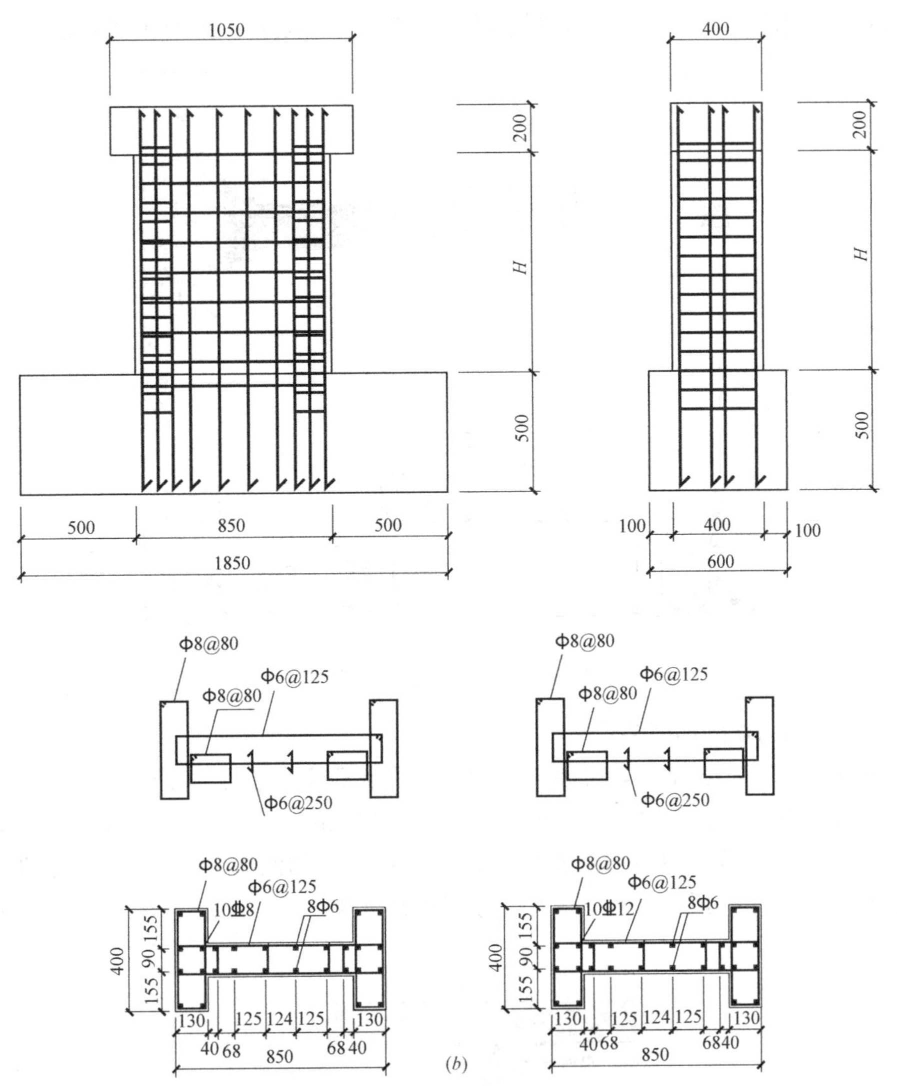

图 4-1-6　工字形 RC 剪力墙试件截面尺寸及配筋图（二）

(b) 截面形式 2

材料力学性能　　　　**表 4-1-12**

钢筋直径(mm)	钢筋型号	屈服强度(MPa)	极限强度(MPa)	混凝土立方体抗压强度实测平均值(MPa)
6	HPB300	414	650	35.72
8	HPB300	383	557	
8	HRB400	584	812	
10	HRB400	462	678	

4.1.3　加载装置

4.1.3.1　梁的加载装置

本试验在华南理工大学亚热带建筑科学国家重点实验室进行，加载装置如图 4-1-7 所示。采用拟静力试验方式对试件进行加载，由作动筒提供往复荷载，加载位置距试件顶部150mm处。

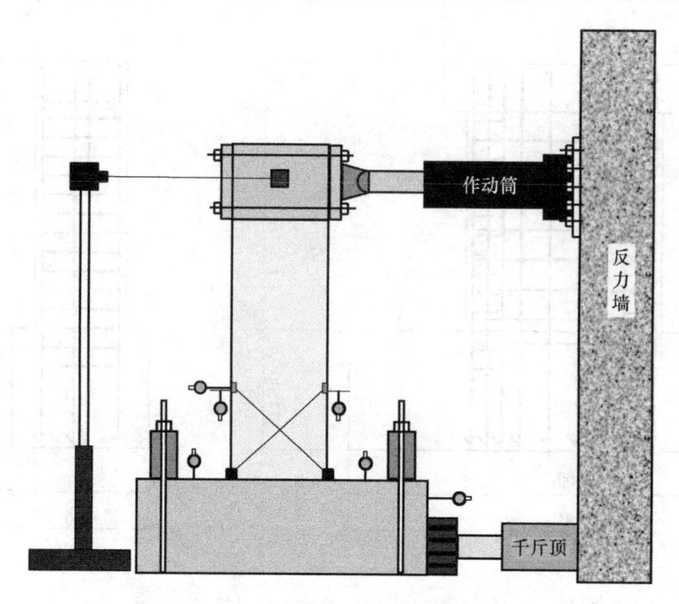

图 4-1-7　梁加载装置示意图

4.1.3.2　柱、剪力墙的加载装置

本试验在华南理工大学亚热带建筑科学国家重点实验室进行，加载装置如图4-1-8所示。采用拟静力试验方式对试件进行加载，由美国MTS公司生产的作动筒提供往复荷载，加载位置位于顶部加载梁的中心。竖向荷载由一个250t的液压千斤顶施加，在加载梁上设置刚性垫梁，使千斤顶产生的压力均匀分布在剪力墙上。

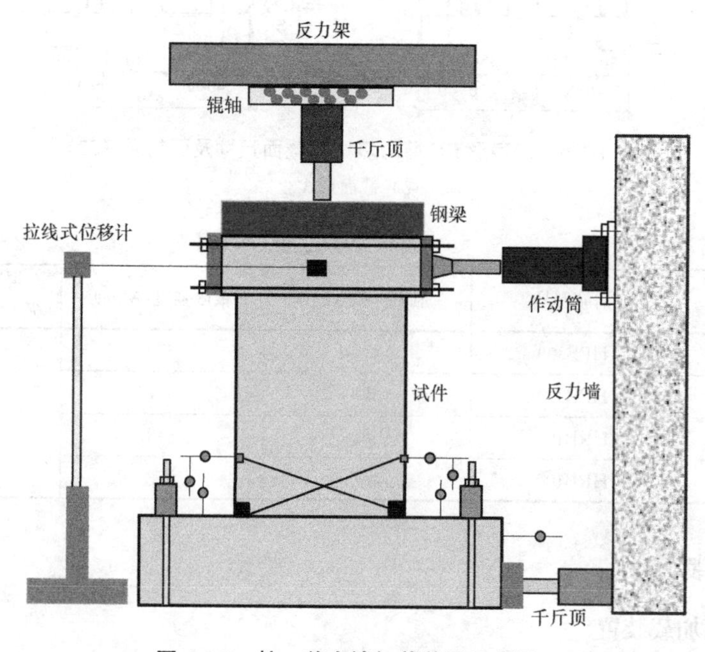

图 4-1-8　柱、剪力墙加载装置示意图

4.1.4 加载方法

试验采用低周往复加载方法，首先由设计轴压比换算得试验轴压比，然后根据混凝土抗压强度实测值，换算得到实际轴压力，施加在试件顶部，最后，控制作动筒进行低周往复试验。试件屈服前，采用荷载控制加载；试件屈服后，采用位移控制加载，以试件屈服位移或屈服位移的倍数作为每级循环位移增加量，每级控制位移循环三次，直至试件承载力下降 50%或竖向承载力不稳定，试验停止，水平加载控制方案如图 4-1-9 所示。

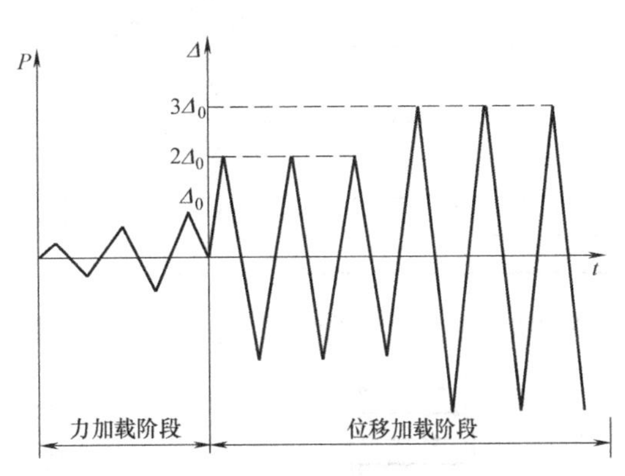

图 4-1-9 试件加载控制方案

4.1.5 测试方法

试验过程中测试的主要内容有：

(1) 观察试件的裂缝分布及测量裂缝宽度，观察混凝土保护层的剥落情况等破坏特征。

(2) 测定试件的水平荷载及水平位移。

(3) 测定塑性区的弯曲转角、剪切角及总转角。

(4) 测定底座的水平位移及转角。

(5) 测定钢筋应变的变化过程。

位移计布置如图 4-1-10 所示，各位移计的具体位置及测量内容见表 4-1-13。

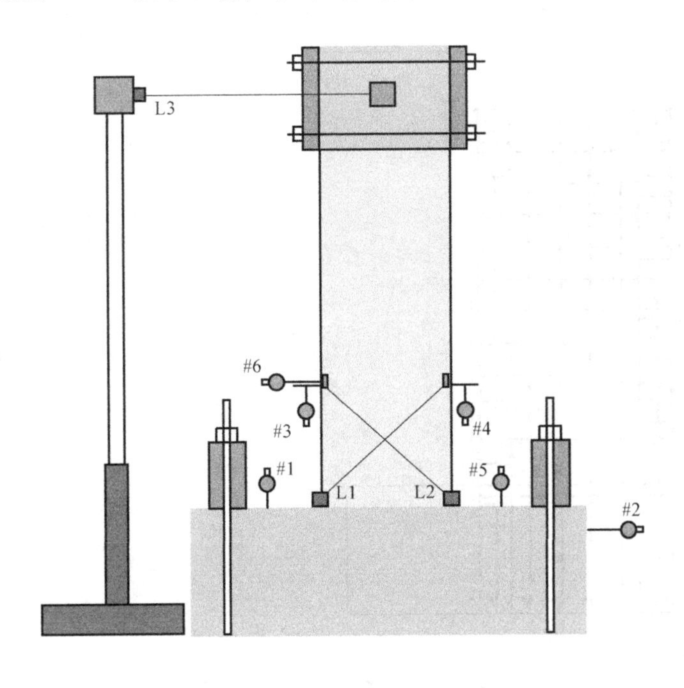

图 4-1-10 位移计布置示意图

位移计信息 表 4-1-13

编号	位置	测量内容
L1	一倍截面高度对角线	斜对角线伸缩位移
L2	一倍截面高度对角线	斜对角线伸缩位移
L3	构件顶部加载点	构件顶部水平位移
♯1	构件底座左端顶部	底座左侧竖向位移
♯2	构件底座水平部	底座水平位移
♯3	一倍截面高度左侧边缘	构件左侧边缘一倍截面高度处竖向位移
♯4	一倍截面高度右侧边缘	构件右侧边缘一倍截面高度处竖向位移
♯5	构件底座右端顶部	底座右侧竖向位移
♯6	一倍截面高度处	构件一倍截面高度处水平位移

采用电阻应变片监测纵筋及箍筋的应变状态。梁、柱及剪力墙应变片的布置如图 4-1-11 所示。

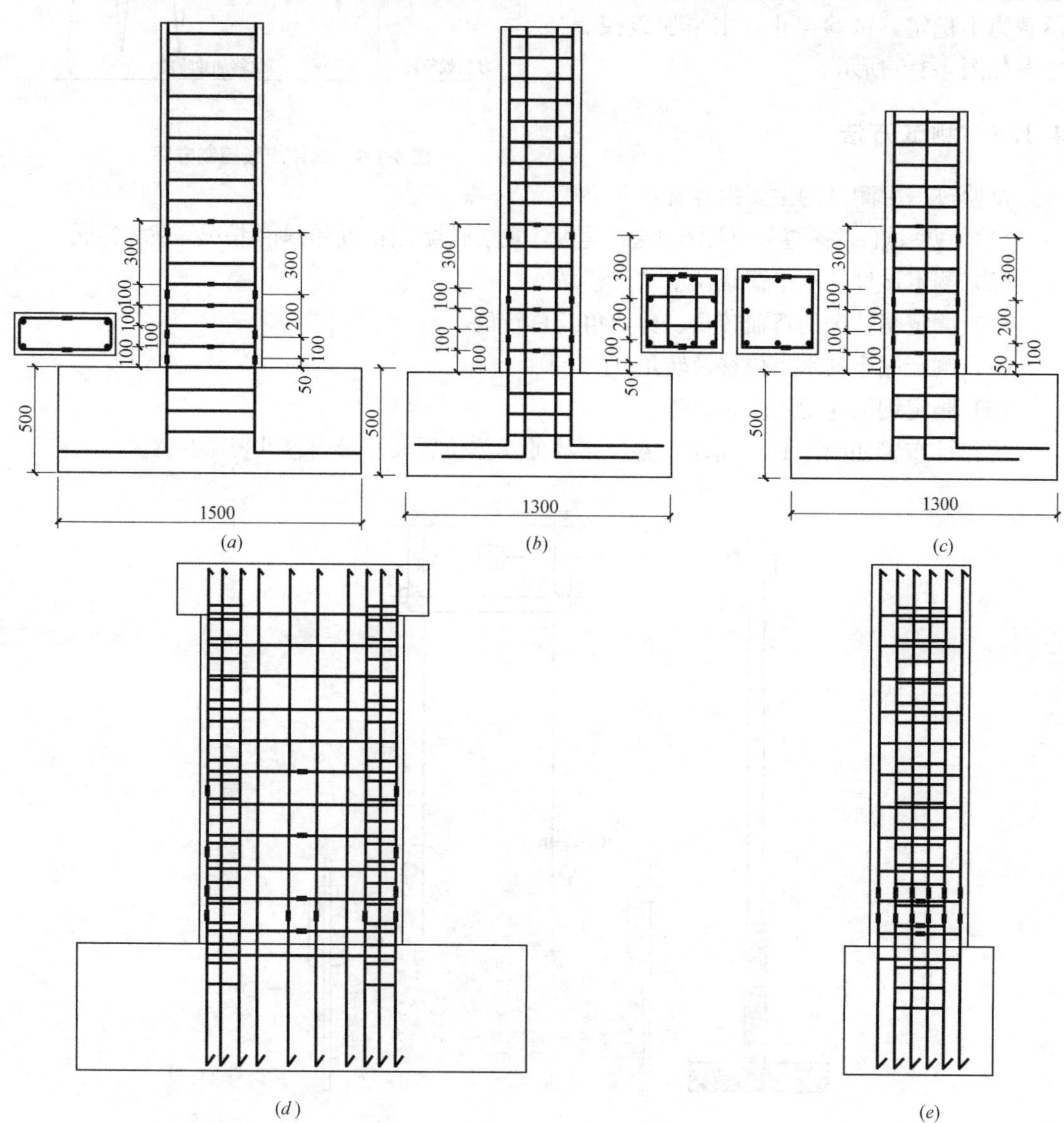

图 4-1-11 钢筋应变片布置图

(*a*) 梁；(*b*) C2 组柱；(*c*) C1 组柱；(*d*) 剪力墙腹板；(*e*) 剪力墙翼缘

4.1.6　构件变形限值确定方法

结合国内外相关研究成果及规范关于结构性能状态划分标准的相关规定，将钢筋混凝土构件划分为 6 个性能状态，分别为完好、轻微损坏、轻中等破坏、中等破坏、比较严重破坏、严重破坏。超过严重破坏状态的构件将发生倒塌。对于各性能状态的变形限值，本研究采用两种方法给出各构件的性能状态变形限值。

4.1.6.1　骨架曲线定义方法（方法 1）

对于各个性能状态变形限值的确定方法如下：根据试验得到的骨架曲线，采用 R. Park[1] 提出的方法确定的等效屈服位移角作为完好状态的变形限值 θ_1；根据骨架曲线得到试件水平承载力下降 20%对应的位移角作为试件的比较严重破坏的变形限值 θ_5；严重破坏状态的变形限值 θ_6 则采用试验过程发生轴压破坏时的位移角，对于低轴压比试件，虽然未能加载至试件发生轴压破坏的状态，但水平承载力下降严重，故采用试件水平承载力下降 50%的位移角作为试件轴压破坏的位移角。而轻微损坏、轻中等破坏、中等破坏的变形限值 θ_2、θ_3、θ_4，则根据完好状态及比较严重破坏状态的变形限值，采用等分形式得到相应于各个性能状态的变形限值，如图 4-1-12 所示，计算公式如式（4-1-1）～式（4-1-3）所示。

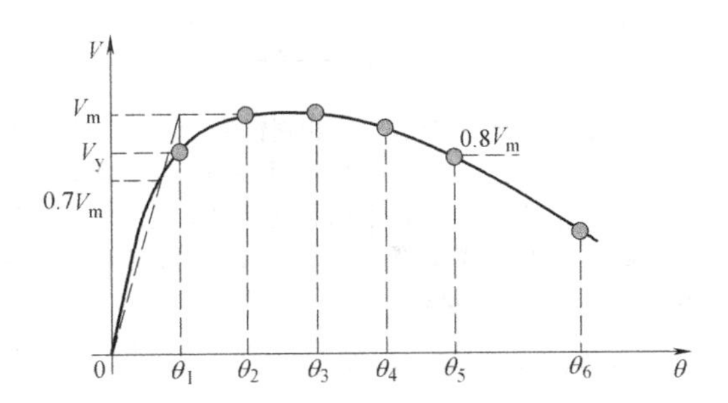

图 4-1-12　骨架曲线上各性能点示意图

$$\theta_2=\theta_1+0.25(\theta_5-\theta_1) \tag{4-1-1}$$

$$\theta_3=\theta_1+0.50(\theta_5-\theta_1) \tag{4-1-2}$$

$$\theta_4=\theta_1+0.75(\theta_5-\theta_1) \tag{4-1-3}$$

4.1.6.2　试验现象定义方法（方法 2）

根据试验过程中记录得到的如开裂、纵筋屈服、混凝土保护层剥落等特征现象及相应位移角，得到各个性能状态的试验破坏现象及变形值，表 4-1-14～表 4-1-16 分别给出了梁、柱、剪力墙各个性能状态的试验现象。

钢筋混凝土梁构件性能状态描述　　表 4-1-14

完好（性能 1）	轻微损坏（性能 2）	轻中等破坏（性能 3）	中等破坏（性能 4）	比较严重破坏（性能 5）	严重破坏（性能 6）
构件处于弹性状态，纵筋未屈服，裂缝宽度小于 1mm	纵筋屈服，裂缝延伸至截面核心区，裂缝宽度 1～2mm	裂缝宽度超过 2mm，并有较多的裂缝延伸至截面核心区，混凝土保护层出现少量竖向裂缝	出现贯穿截面的裂缝或显著的主斜裂缝，端部混凝土开始轻微剥落	保护层混凝土剥落，纵筋外露，压屈、拉断，核心区混凝土破坏	侧向承载力下降严重，水平裂缝或主斜裂缝贯穿梁身，核心区混凝土大块剥落，箍筋脱钩或断裂

以下将分别详细介绍各类构件的试验过程及相关的试验结果，绘制各个试件的滞回曲线及骨架曲线，并在曲线上标示出特征点及现象点。对于所有试件，各特征点代号如下：(*a*) 等效屈服点、(*b*) 峰值点、(*c*) 承载力下降 20%的点、(*d*) 发生轴压破坏或承载力下

降50%的点；对于梁柱试件，各现象点代号如下：1. 开裂、2. 纵筋受拉屈服、3. 裂缝宽度达到1mm、4. 裂缝进入截面核心区、5. 裂缝宽度1～2mm、6. 裂缝宽度大于2mm、7. 斜裂缝出现、8. 保护层混凝土压碎、9. 保护层混凝土剥落、10. 水平/主斜裂缝贯穿截面、11. 箍筋失效、12. 纵筋拉断/压屈、13. 核心区混凝土破坏、14. 丧失承载力破坏；对于剪力墙试件，各现象点代号如下：1. 开裂、2. 拉筋屈服、3. 裂缝宽度达到1mm、4. 裂缝宽度达到2mm、5. 混凝土保护层开始剥落、6. 混凝土保护层剥落严重、7. 纵筋外露、8. 纵筋压屈、9. 纵筋拉断。图中未出现序号的则表示在试验过程中未观察到相应现象。

钢筋混凝土柱构件性能状态描述 　　**表 4-1-15**

完好（性能1）	轻微损坏（性能2）	轻中等破坏（性能3）	中等破坏（性能4）	比较严重破坏（性能5）	严重破坏（性能6）
构件处于弹性状态，纵筋未屈服，裂缝宽度小于1mm	纵筋屈服，少量裂缝延伸至截面核心区，裂缝宽度约1mm	出现较多裂缝，裂缝宽度超过1mm，并有较多的裂缝延伸至截面核心区，混凝土保护层出现少量竖向裂缝	出现贯穿截面的裂缝或显著的主斜裂缝，最大裂缝超过2mm，端部混凝土开始轻微剥落	保护层混凝土剥落，纵筋外露，压屈或拉断，核心区混凝土破坏	构件无法稳定承担竖向轴力，侧向承载力下降严重，核心区混凝土大块剥落，箍筋脱钩或断裂

钢筋混凝土剪力墙构件性能状态描述 　　**表 4-1-16**

完好（性能1）	轻微损坏（性能2）	轻中等破坏（性能3）	中等破坏（性能4）	比较严重破坏（性能5）	严重破坏（性能6）
构件处于弹性状态，钢筋未达到屈服，裂缝宽度小于0.4mm	纵筋屈服，墙面上最大裂缝宽度达到1mm	墙面上最大裂缝宽度达到2mm；或出现较大块的混凝土保护层剥离墙体，但未剥落；或混凝土保护层开始出现剥落，但未出现纵筋外露	裂缝宽度超过2mm，纵筋外露，或纵筋虽未露出，但混凝土保护层严重剥落	暗柱纵筋压屈或拉断，暗柱核心区混凝土压碎脱落	构件无法稳定承担竖向轴力，塑性铰区腹板混凝土压溃，竖向分布筋压屈，或约束区混凝土几乎全部压溃，约束区纵筋几乎全部拉断

4.2 梁构件变形限值的试验研究

4.2.1 B1组构件

4.2.1.1 B-2-0.28-0.4

加载至50kN，根部出现水平裂缝；加载至65kN，构件屈服，Δ_y 取5mm；$2\Delta_y$ 加载，裂缝进入构件核心区，达峰值承载力；$3\Delta_y$ 加载，最大裂缝宽度约1.2mm；$4\Delta_y$ 加载，最大裂缝宽度约2mm；$5\Delta_y$ 加载，右侧根部保护层混凝土沿裂缝劈裂开，露出纵筋；$8\Delta_y$ 加载，纵筋拉断，构件弯曲滑移破坏。滞回曲线及骨架曲线如图4-2-1所示，各性能点位移角限值见表4-2-1，各性能状态对应的破坏程度如图4-2-2所示。

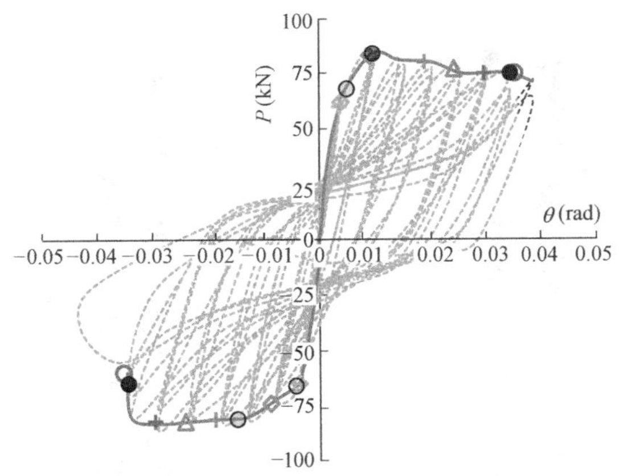

图 4-2-1　试件 B-2-0. 28-0. 4 滞回曲线及骨架曲线

试件 B-2-0. 28-0. 4 性能点位移角限值　　**表 4-2-1**

θ_{m1}（方法 1）	完好		轻微损坏		轻中等破坏	中等破坏		比较严重破坏		严重破坏
	1/215		1/83		1/51	1/37		1/29		1/26
θ_{m2}（方法 2）	开裂	纵筋屈服	裂缝宽度约 1mm	裂缝进入核心区	裂缝宽度约 1～2mm	裂缝宽大于 2mm	混凝土保护层压碎	裂缝贯穿截面	纵筋压屈/拉断	丧失承载力
	1/282	1/260	—	1/112	—	1/53	1/41	—	1/28	1/26
$(\theta_{m1}-\theta_{m2})/\theta_{m2}$	31.41%	21.15%	—	35.66%	—	43.21%	0.23%	—	−2.43%	0

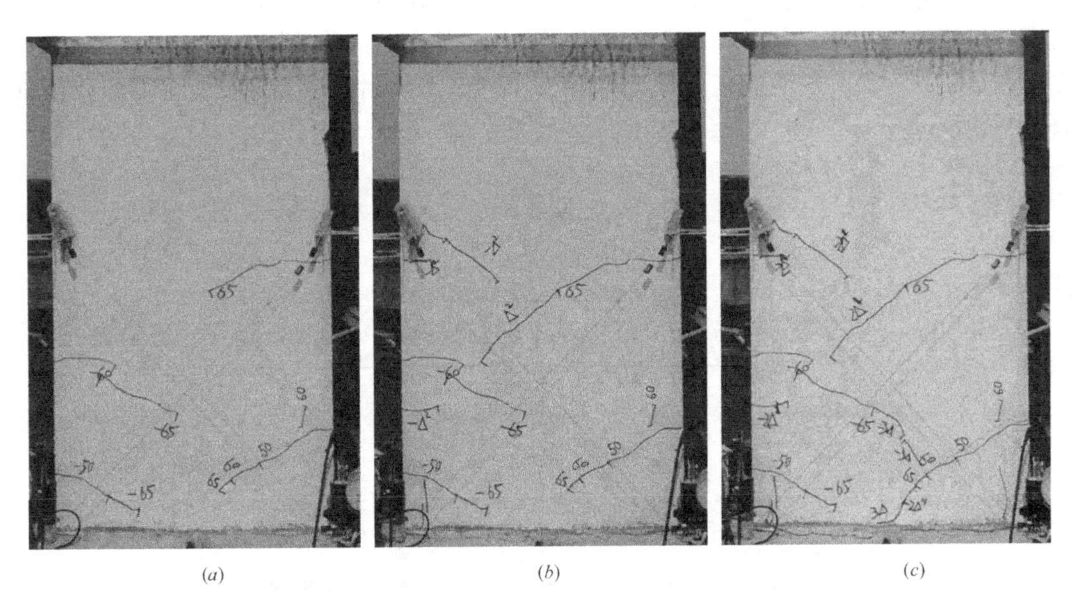

(*a*)　　(*b*)　　(*c*)

图 4-2-2　试件 B-2-0. 28-0. 4 各性能状态的破坏程度（一）

(*a*) 完好；(*b*) 轻微损坏；(*c*) 轻中等破坏

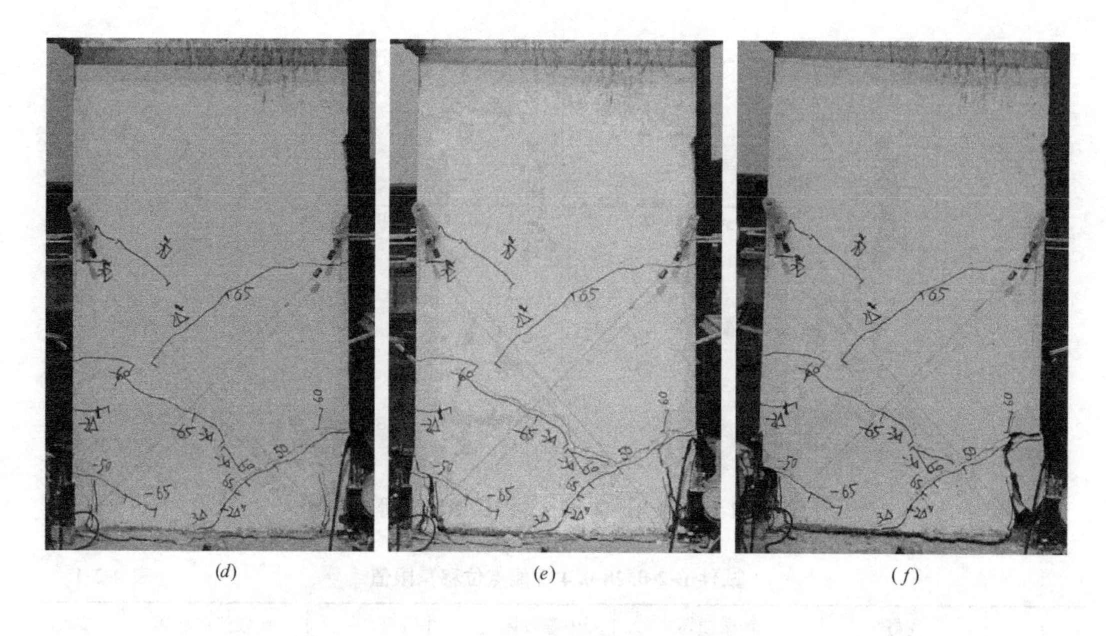

图 4-2-2　试件 B-2-0. 28-0. 4 各性能状态的破坏程度（二）

（d）中等破坏；（e）比较严重破坏；（f）严重破坏

4. 2. 1. 2　B-2-0. 5-0. 4

加载至 60kN，构件根部出现两条水平裂缝；加载至 70kN，构件屈服，Δ_y 取 4mm；$2\Delta_y$ 加载，水平裂缝进入截面核心区，并达承载力峰值；$3\Delta_y$ 加载，最大裂缝宽度约 0. 6mm，构件根部保护层区域出现竖向裂缝；$5\Delta_y$ 加载，水平裂缝最大宽度约 1mm；$8\Delta_y$ 加载，纵筋拉断；$10\Delta_y$ 加载，承载力严重下降，构件弯曲滑移破坏。滞回曲线及骨架曲线如图 4-2-3 所示，各性能点位移角限值见表 4-2-2，各性能状态对应的破坏程度如图 4-2-4所示。

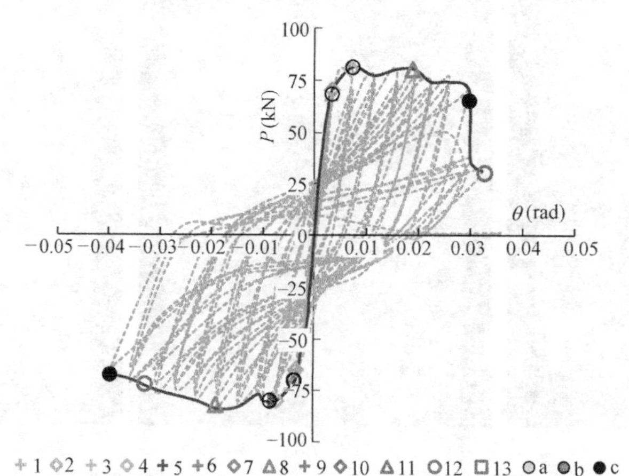

图 4-2-3　试件 B-2-0. 5-0. 4 滞回曲线及骨架曲线

试件 B-2-0.5-0.4 性能点位移角限值　　表 4-2-2

θ_{m1}（方法 1）	完好		轻微损坏		轻中等破坏	中等破坏		比较严重破坏		严重破坏
	1/286		1/99		1/60	1/43		1/34		1/31
θ_{m2}（方法 2）	开裂	纵筋屈服	裂缝宽度约 1mm	裂缝进入核心区	裂缝宽度约 1～2mm	裂缝宽大于 2mm	混凝土保护层压碎	裂缝贯穿截面	纵筋压屈/拉断	丧失承载力
	1/309	1/292	—	1/140	—	—	1/53	—	1/31	1/31
$(\theta_{m1}-\theta_{m2})/\theta_{m2}$	8.02%	2.22%	—	41.75%	—	—	22.11%	—	−9.04%	0

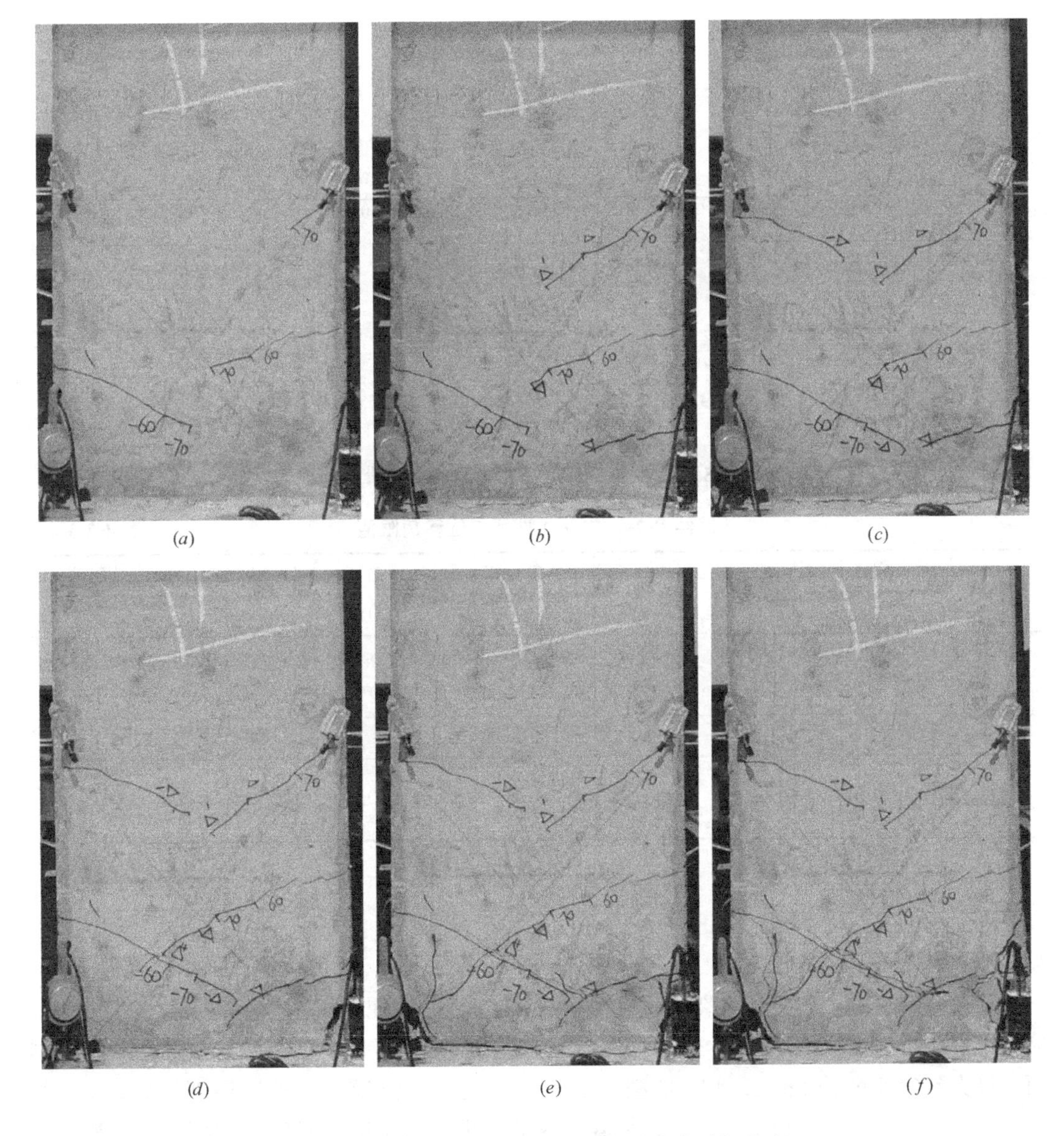

(*a*)　(*b*)　(*c*)　(*d*)　(*e*)　(*f*)

图 4-2-4　试件 B-2-0.5-0.4 各性能状态的破坏程度

(*a*) 完好；(*b*) 轻微损坏；(*c*) 轻中等破坏；(*d*) 中等破坏；(*e*) 比较严重破坏；(*f*) 严重破坏

4.2.1.3 B-2-0.78-0.4

加载至 60kN，构件左侧根部出现两条水平裂缝；加载至 65kN，构件屈服，Δ_y 取 5mm；$2\Delta_y$ 加载，达到承载力峰值点；$3\Delta_y$ 加载，水平裂缝进入截面核心区；$5\Delta_y$ 加载，裂缝最大宽度约 1mm；$7\Delta_y$ 加载，左右两侧根部混凝土开裂剥离；$8\Delta_y$ 加载，构件根部两侧混凝土大块剥落，纵筋箍筋外露；$9\Delta_y$ 加载，箍筋绷断，纵筋压弯，承载力下降超 20%；$10\Delta_y$ 加载，核心区混凝土破坏，构件弯曲滑移破坏。滞回曲线及骨架曲线如图 4-2-5所示，各性能点位移角限值见表 4-2-3，各性能状态对应的破坏程度如图 4-2-6 所示。

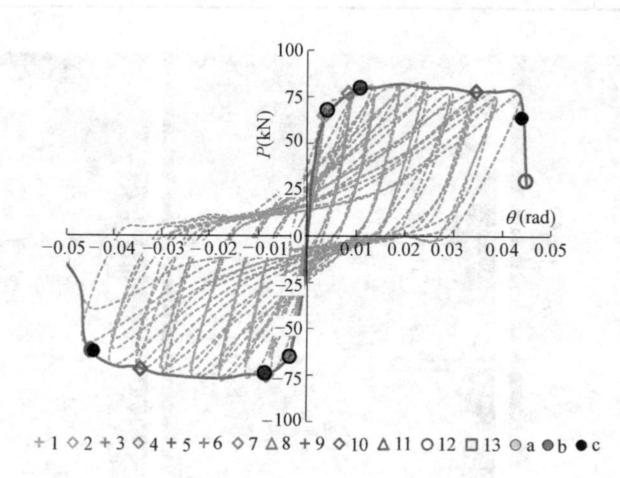

图 4-2-5 试件 B-2-0.78-0.4 滞回曲线及骨架曲线

试件 B-2-0.78-0.4 性能点位移角限值 表 4-2-3

θ_{m1}（方法 1）	完好		轻微损坏		轻中等破坏	中等破坏		比较严重破坏		严重破坏
	1/143		1/65		1/42	1/31		1/25		1/24
θ_{m2}（方法 2）	开裂	纵筋屈服	裂缝宽度约 1mm	裂缝进入核心区	裂缝宽度约 1～2mm	裂缝宽大于 2mm	混凝土保护层压碎	裂缝贯穿截面	纵筋压屈/拉断	丧失承载力
	1/364	1/205	1/93	1/61	1/61	—	1/34	—	1/25	1/24
$(\theta_{m1}-\theta_{m2})/\theta_{m2}$	154.5%	43.7%	43.9%	−5.52%	45.4%	—	8.81%	—	0	0

4.2.2 B2 组试件

4.2.2.1 B-3-0.28-0.98

加载至 60kN，出现水平裂缝；加载至 110kN，构件屈服，Δ_y 取 10mm；$2\Delta_y$ 加载，最大水平裂缝宽度约 0.7mm，达到峰值承载力；$3\Delta_y$ 加载，明显的斜裂缝贯穿整个构件斜面，最大裂缝宽度约 2mm；$4\Delta_y$ 加载，形成主斜裂缝，混凝土保护层局部压碎；$5\Delta_y$ 加载，多条裂缝贯穿截面核心区；$7\Delta_y$ 加载，纵筋严重压屈，根部混凝土破坏严重，构件弯剪破坏。滞回曲线及骨架曲线如图 4-2-7 所示，各性能点位移角限值见表 4-2-4，各性能状态对应的破坏程度如图 4-2-8 所示。

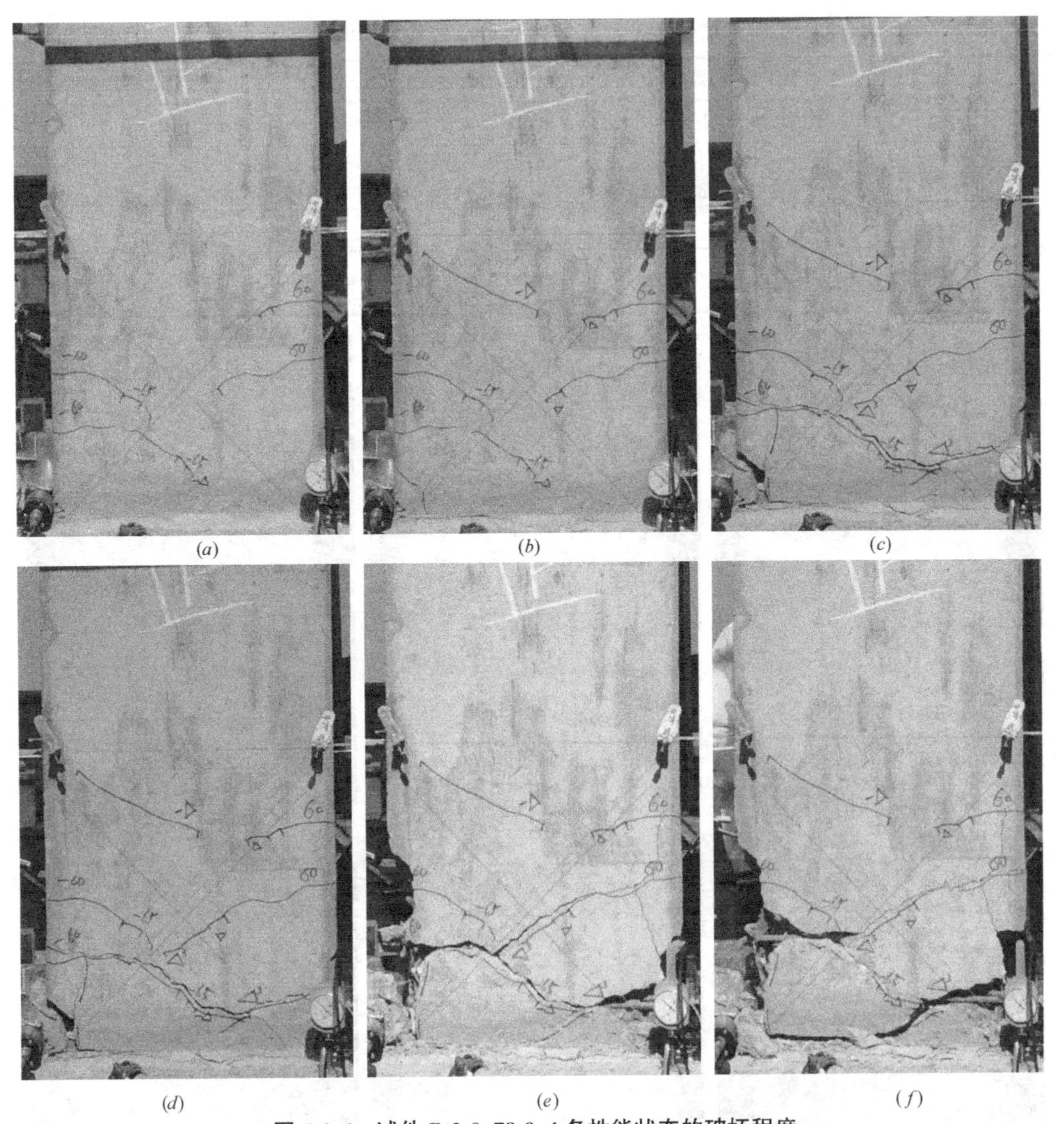

图 4-2-6　试件 B-2-0. 78-0. 4 各性能状态的破坏程度
(*a*) 完好；(*b*) 轻微损坏；(*c*) 轻中等破坏；(*d*) 中等破坏；(*e*) 比较严重破坏；(*f*) 严重破坏

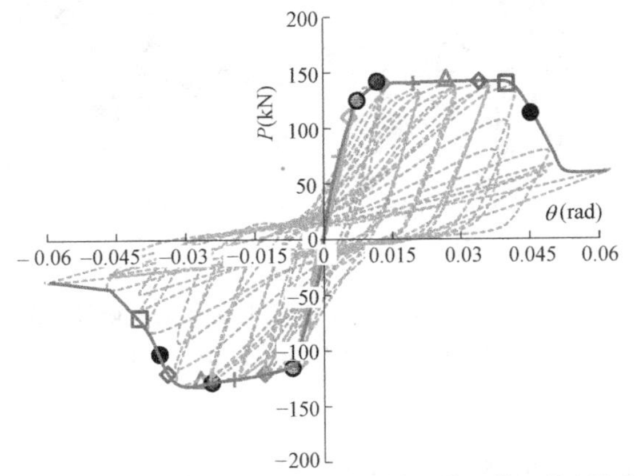

图 4-2-7　试件 B-3-0. 28-0. 98 滞回曲线及骨架曲线

试件 B-3-0.28-0.98 性能点位移角限值 表 4-2-4

θ_{m1}（方法 1）	完好		轻微损坏		轻中等破坏	中等破坏		比较严重破坏		严重破坏
	1/139		1/70		1/47	1/35		1/28		1/17
θ_{m2}（方法 2）	开裂	纵筋屈服	裂缝宽度约 1mm	裂缝进入核心区	裂缝宽度约 1～2mm	裂缝宽大于 2mm	混凝土保护层压碎	裂缝贯穿截面	纵筋压屈/拉断	丧失承载力
	1/303	1/180	1/77	1/77	—	1/51	1/37	1/29	1/25	1/24
$(\theta_{m1}-\theta_{m2})/\theta_{m2}$	118.18%	29.50%	10.0%	10.0%	—	45.4%	6.36%	5.0%	—	0

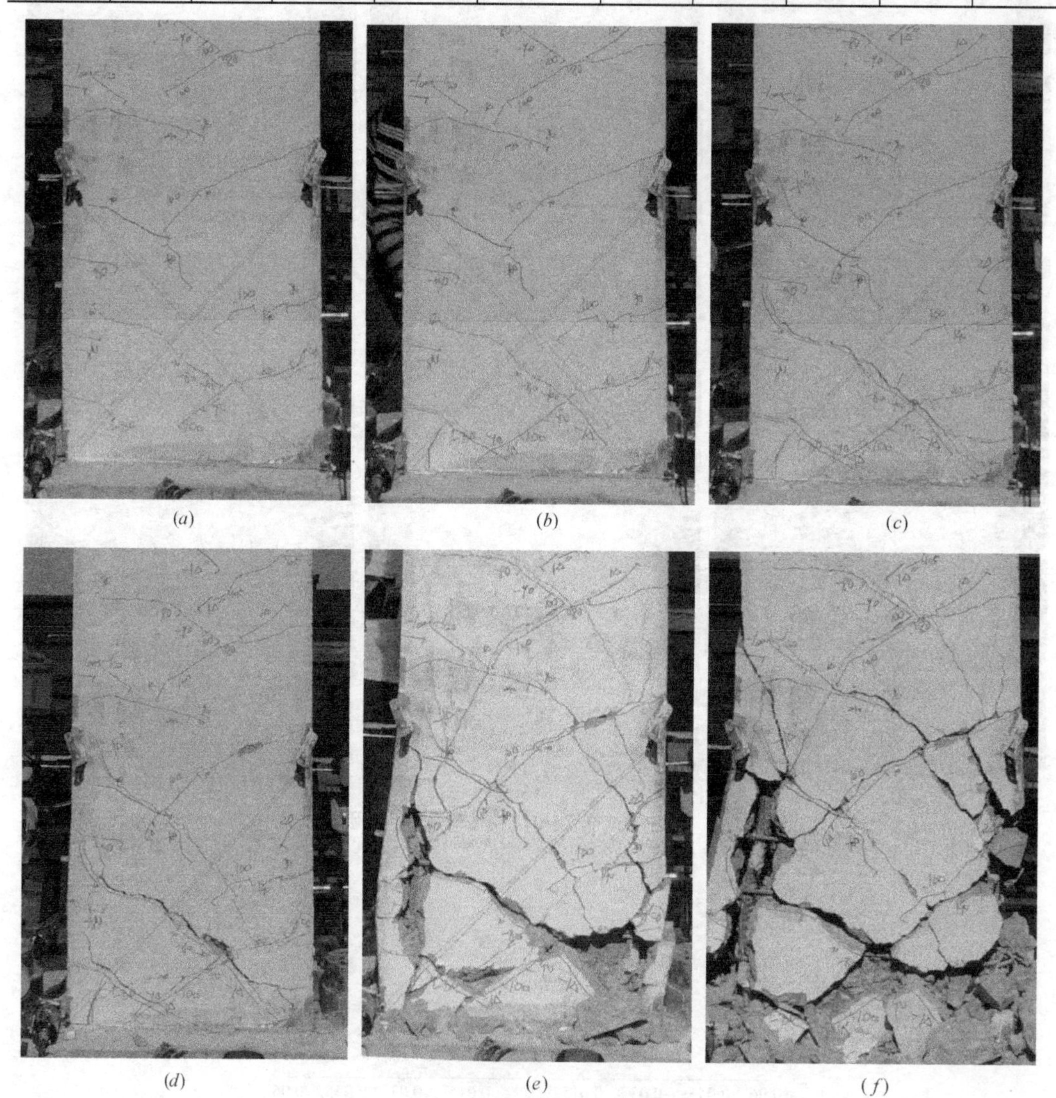

图 4-2-8 试件 B-3-0.28-0.98 各性能状态的破坏程度

(*a*) 完好；(*b*) 轻微损坏；(*c*) 轻中等破坏；(*d*) 中等破坏；(*e*) 比较严重破坏；(*f*) 严重破坏

4.2.2.2 B-3-0.5-0.98

加载至 70kN，构件根部出现四条水平裂缝；加载至 100kN，构件屈服，Δ_y 取 10mm；$2\Delta_y$ 加载，最大裂缝宽度约 1mm，达到承载力峰值；$3\Delta_y$ 加载，出现较明显的斜向裂缝，最大裂缝宽度约 2mm；$5\Delta_y$ 加载，构件根部多条裂缝贯穿截面核心区，保护层混凝土压碎；$7\Delta_y$ 加载，保护层混凝土大块剥落，箍筋断裂，纵筋压屈，核心区混凝土破坏严重；$8\Delta_y$ 加载时，核心区混凝土大块剥落，箍筋大量绷断，构件弯曲破坏。滞回曲线及骨架曲线如图 4-2-9所示，各性能点位移角限值见表 4-2-5，各性能状态对应的破坏程度如图 4-2-10 所示。

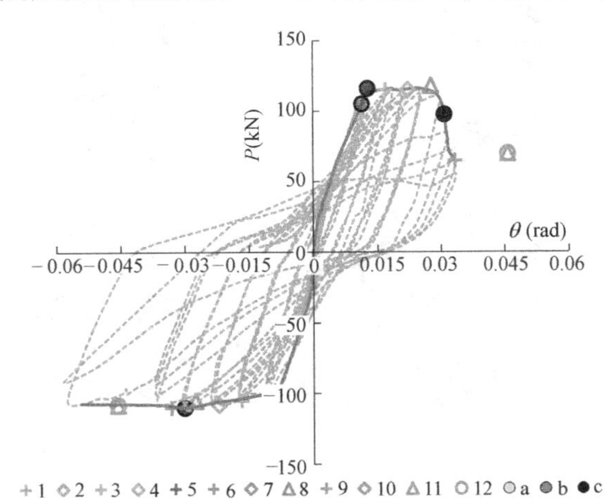

图 4-2-9　试件 B-3-0.5-0.98 滞回曲线及骨架曲线

试件 B-3-0.5-0.98 性能点位移角限值　　**表 4-2-5**

θ_{m1}（方法 1）	完好		轻微损坏		轻中等破坏	中等破坏		比较严重破坏		严重破坏
	1/112		1/56		1/38	1/28		1/23		1/21
θ_{m2}（方法 2）	开裂	纵筋屈服	裂缝宽度约 1mm	裂缝进入核心区	裂缝宽度约 1～2mm	裂缝宽大于 2mm	混凝土保护层压碎	裂缝贯穿截面	纵筋压曲/拉断	丧失承载力
	1/286	1/152	1/78	1/78	1/48	1/38	1/38	1/25	1/21	1/21
$(\theta_{m1}-\theta_{m2})/\theta_{m2}$	152.12%	33.67%	37.96%	37.96%	25.71%	35%	35%	8.15%	−6.55%	0

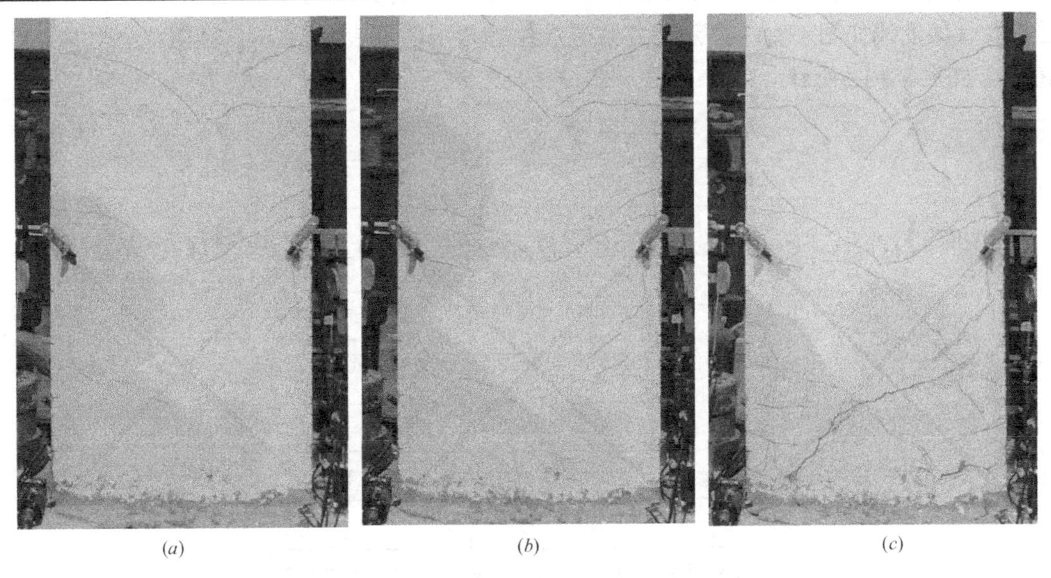

图 4-2-10　试件 B-3-0.5-0.98 各性能状态的破坏程度（一）

(*a*) 完好；(*b*) 轻微损坏；(*c*) 轻中等破坏

(*d*) (*e*) (*f*)

图 4-2-10 试件 B-3-0.5-0.98 各性能状态的破坏程度（二）

（*d*）中等破坏；（*e*）比较严重破坏；（*f*）严重破坏

4.2.2.3 B-3-0.78-0.98

加载至 100kN，构件屈服，Δ_y 取 10mm；$2\Delta_y$ 加载，正负向承载力均达到峰值；$3\Delta_y$ 加载，最大裂缝宽度约 1.5mm；$5\Delta_y$ 加载，构件根部多条裂缝贯穿截面核心区，最大裂缝宽度 5mm，构件根部混凝土局部压碎并轻微剥落；$6\Delta_y$ 加载，保护层混凝土外鼓，箍筋脱钩，纵筋外鼓，右侧混凝土保护层剥落；$7\Delta_y$ 加载，两侧保护层混凝土大块剥落，箍筋断裂，纵筋压屈；$8\Delta_y$ 加载，核心区混凝土大块剥落，箍筋大量绷断，构件弯曲破坏。滞回曲线及骨架曲线如图 4-2-11 所示，各性能点位移角限值见表 4-2-6，各性能状态对应的破坏程度如图 4-2-12 所示。

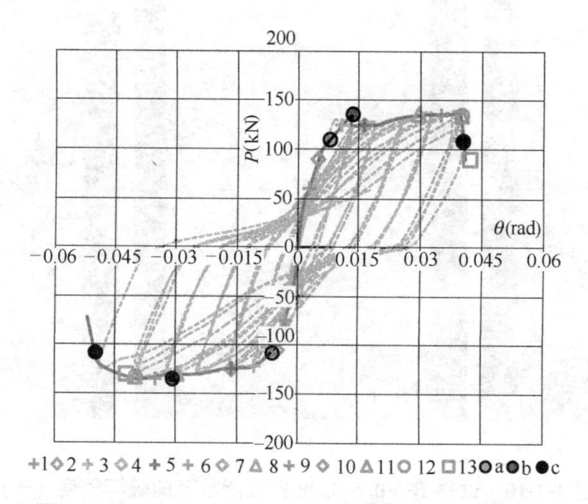

图 4-2-11 试件 B-3-0.78-0.98 滞回曲线及骨架曲线

试件 B-3-0.78-0.98 性能点位移角限值　　　　**表 4-2-6**

θ_{m1}（方法 1）	完好		轻微损坏		轻中等破坏	中等破坏		比较严重破坏		严重破坏
	1/143		1/65		1/42	1/31		1/25		1/24
θ_{m2}（方法 2）	开裂	纵筋屈服	裂缝宽度约 1mm	裂缝进入核心区	裂缝宽度约 1～2mm	裂缝宽大于 2mm	混凝土保护层压碎	裂缝贯穿截面	纵筋压屈/拉断	丧失承载力
	1/364	1/205	1/91	1/61	1/61	—	1/34	—	1/25	1/24
$(\theta_{m1}-\theta_{m2})/\theta_{m2}$	154.55%	43.74%	43.93%	−5.52%	45.40%	—	8.81%	—	1.0%	0

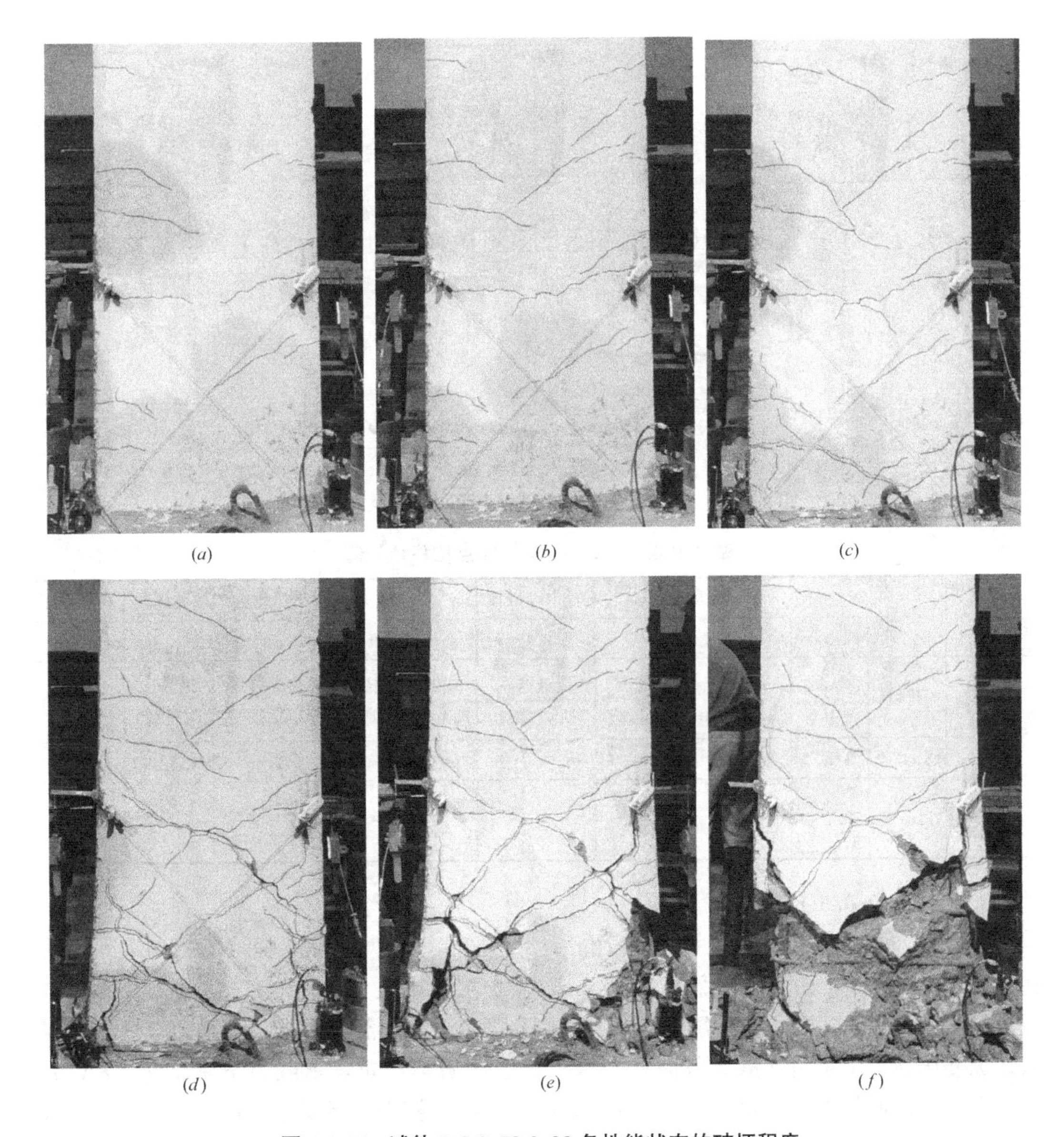

图 4-2-12　试件 B-3-0.78-0.98 各性能状态的破坏程度

(*a*) 完好；(*b*) 轻微损坏；(*c*) 轻中等破坏；(*d*) 中等破坏；(*e*) 比较严重破坏；(*f*) 严重破坏

4.2.3 B3 组构件

4.2.3.1 B-4.2-0.28-1.14

加载至 65kN，构件屈服，Δ_y 取 10mm；$2\Delta_y$ 加载，正负向承载力均到达峰值；$3\Delta_y$ 加载，最大裂缝宽度约 1mm；$5\Delta_y$ 加载，裂缝贯穿截面核心区，混凝土局部压碎；$6\Delta_y$ 加载，正负向承载力下降超 20%；$7\Delta_y$ 加载，左侧混凝土大块剥落，箍筋断裂，纵筋压屈，构件弯曲破坏。滞回曲线及骨架曲线如图 4-2-13 所示，各性能点位移角限值见表 4-2-7，各性能状态对应的破坏程度如图 4-2-14 所示。

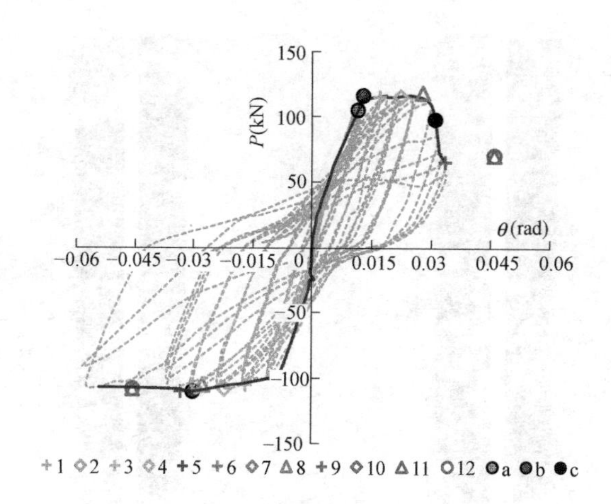

图 4-2-13 试件 B-4.2-0.28-1.14 滞回曲线及骨架曲线

试件 B-4.2-0.28-1.14 性能点位移角限值 **表 4-2-7**

θ_{m1}（方法 1）	完好		轻微损坏		轻中等破坏	中等破坏		比较严重破坏		严重破坏
	1/102		1/66		1/49	1/39		1/32		1/30
θ_{m2}（方法 2）	开裂	纵筋屈服	裂缝宽度约 1mm	裂缝进入核心区	裂缝宽度约 1～2mm	裂缝宽大于 2mm	混凝土保护层压碎	裂缝贯穿截面	纵筋压屈/拉断	丧失承载力
	1/420	1/202	1/59	1/45	—	—	1/36	—	1/22	1/30
$(\theta_{m1}-\theta_{m2})/\theta_{m2}$	311.76%	98.18%	−10.65%	−31.9%	—	—	−7.58%	—	−32.75%	0

4.2.3.2 B-4.2-0.5-1.14

加载至 80kN，构件屈服，Δ_y 取 12mm；$3\Delta_y$ 加载，最大裂缝宽度约 1.8mm，承载力达峰值；$5\Delta_y$ 加载，最大裂缝宽度为 10mm，保护层混凝土少量剥落；$6\Delta_y$ 加载，构件左侧箍筋张开，纵筋压曲，保护层混凝土外鼓、剥落；$7\Delta_y$ 加载，混凝土大块剥落，箍筋断裂，纵筋压屈，多条裂缝贯穿截面核心区，核心区破坏严重，承载力下降严重；$8\Delta_y$ 加载，右侧根部混凝土大块剥落，箍筋断裂，纵筋拉断，核心区混凝土破坏严重，构件弯曲破坏。滞回曲线及骨架曲线如图 4-2-15 所示，各性能点位移角限值见表 4-2-8，各性能状态对应的破坏程度如图 4-2-16 所示。

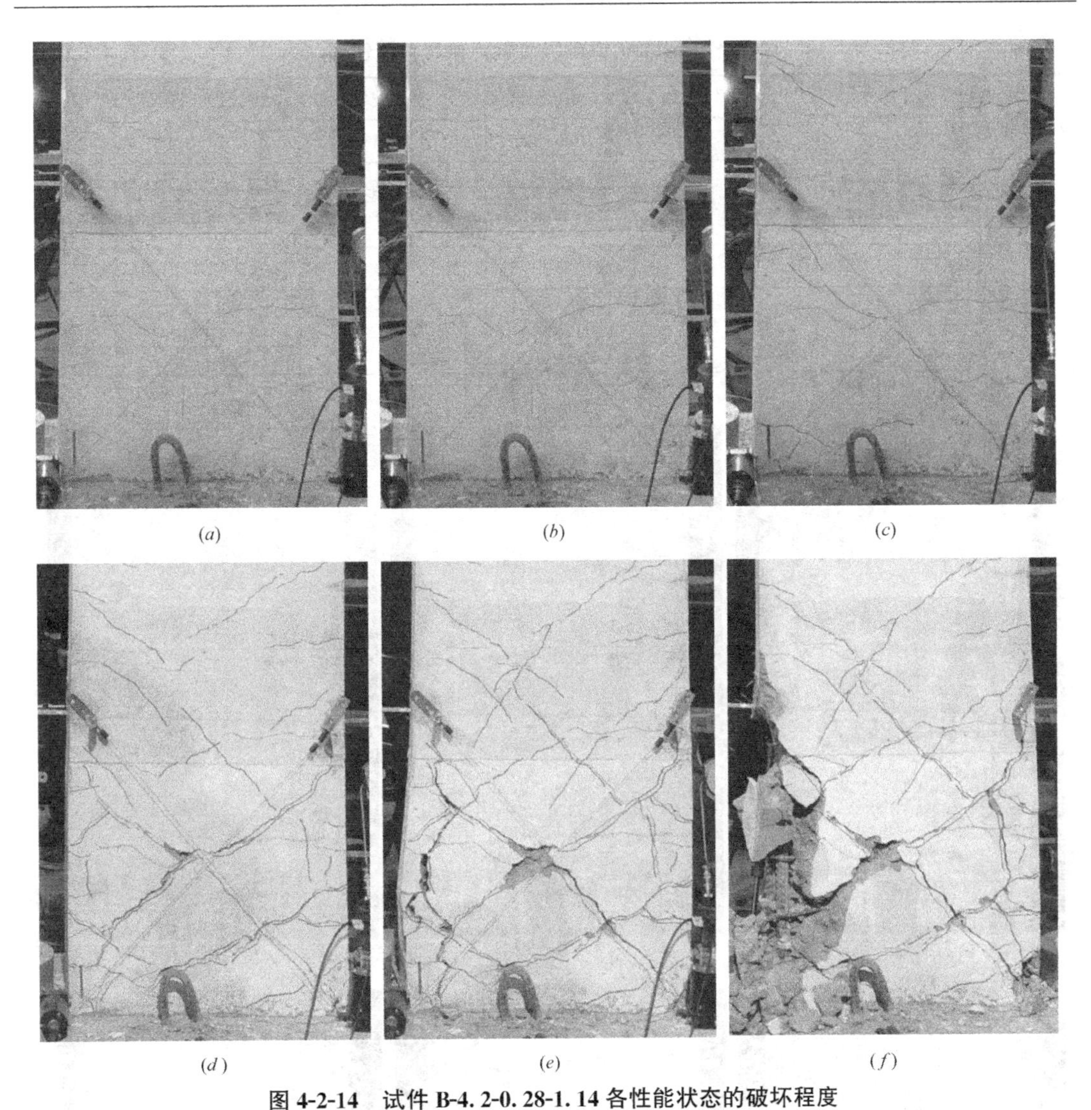

图 4-2-14　试件 B-4. 2-0. 28-1. 14 各性能状态的破坏程度

(a) 完好；(b) 轻微损坏；(c) 轻中等破坏；(d) 中等破坏；(e) 比较严重破坏；(f) 严重破坏

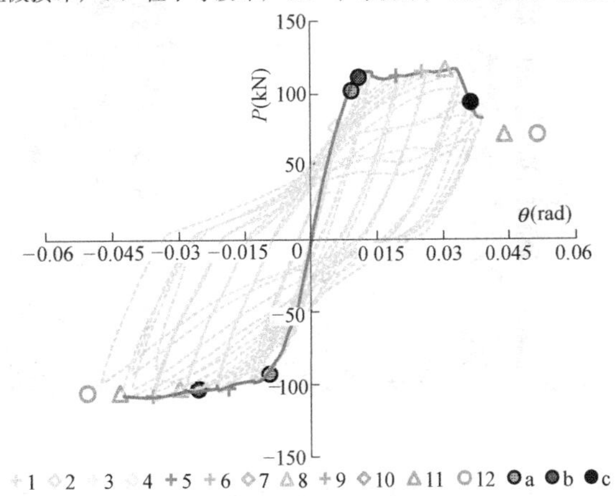

图 4-2-15　试件 B-4. 2-0. 5-1. 14 的滞回曲线及骨架曲线

试件 B-4. 2-0. 5-1. 14 性能点位移角限值 **表 4-2-8**

θ_{m1}（方法 1）	完好		轻微损坏		轻中等破坏	中等破坏		比较严重破坏		严重破坏
	1/105		1/62		1/44	1/34		1/28		1/26
θ_{m2}（方法 2）	开裂	纵筋屈服	裂缝宽度约 1mm	裂缝进入核心区	裂缝宽度约 1～2mm	裂缝宽大于 2mm	混凝土保护层压碎	裂缝贯穿截面	纵筋压屈/拉断	丧失承载力
	1/391	1/183	—	—	1/52	1/40	1/33	—	1/20	1/26
$(\theta_{m1}-\theta_{m2})/\theta_{m2}$	271.53%	73.99%	—	—	17.92%	17.6%	−2.97%	—	29.69%	0%

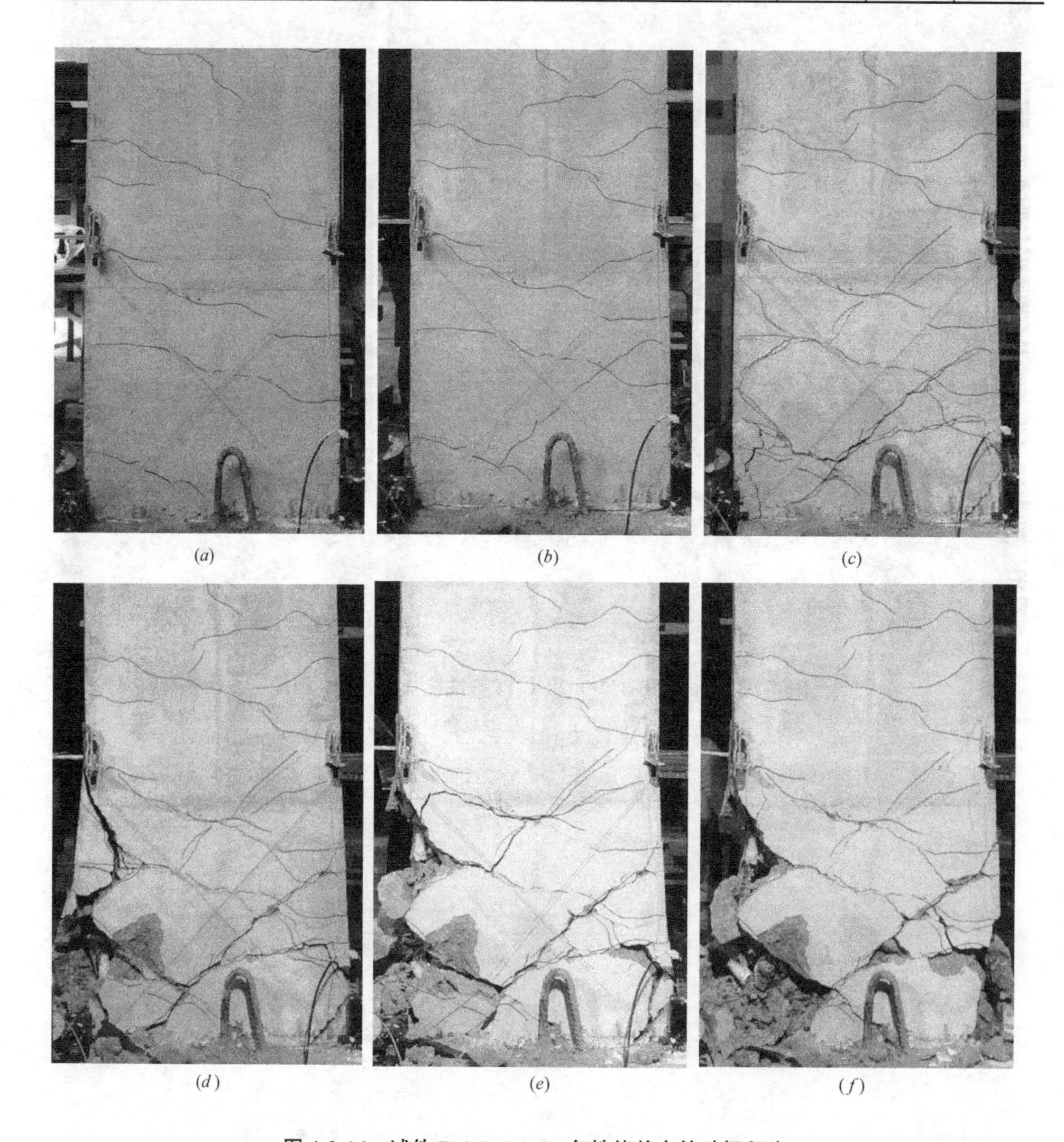

(*a*) (*b*) (*c*) (*d*) (*e*) (*f*)

图 4-2-16 试件 B-4-0. 5-1. 14 各性能状态的破坏程度

(*a*) 完好；(*b*) 轻微损坏；(*c*) 轻中等破坏；(*d*) 中等破坏；(*e*) 比较严重破坏；(*f*) 严重破坏

4.2.3.3　B-4.2-0.78-1.14

加载至 80kN，构件屈服，Δ_y 取 14mm；$2\Delta_y$ 加载，最大水平裂缝宽度约 0.5mm，承载力达峰值；$3\Delta_y$ 加载，最大裂缝宽度约 1.7mm；$5\Delta_y$ 加载，最大裂缝宽度为 10mm，保护层混凝土少量剥落；$6\Delta_y$ 加载，左侧箍筋张开，纵筋压屈，保护层混凝土外鼓、剥落；$7\Delta_y$ 加载，核心区混凝土大块剥落，箍筋断裂，纵筋压曲，核心区破坏严重，承载力下降超 30%，构件弯曲破坏。滞回曲线及骨架曲线如图 4-2-17 所示，各性能点位移角限值见表 4-2-9，各性能状态对应的破坏程度如图 4-2-18 所示。

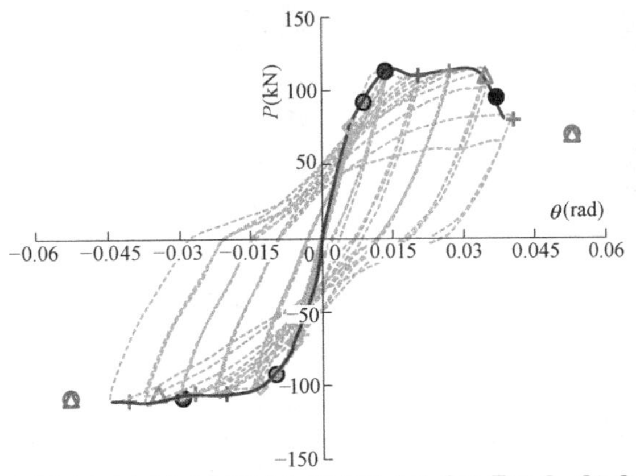

图 4-2-17　试件 B-4.2-0.78-1.14 的滞回曲线及骨架曲线

试件 B-4.2-0.78-1.14 性能点位移角限值　　表 4-2-9

θ_{m1}（方法 1）	完好		轻微损坏		轻中等破坏	中等破坏		比较严重破坏		严重破坏
	1/106		1/61		1/43	1/33		1/27		1/26
θ_{m2}（方法 2）	开裂	纵筋屈服	裂缝宽度约 1mm	裂缝进入核心区	裂缝宽度约 1～2mm	裂缝宽大于 2mm	混凝土保护层压碎	裂缝贯穿截面	纵筋压屈/拉断	丧失承载力
	1/222	1/168	—	1/75	1/49	1/37	1/29	—	1/19	1/26
$(\theta_{m1}-\theta_{m2})/\theta_{m2}$	108.89%	57.45%	—	21.64%	13.17%	11.48%	−13.26%	—	30.19%	0%

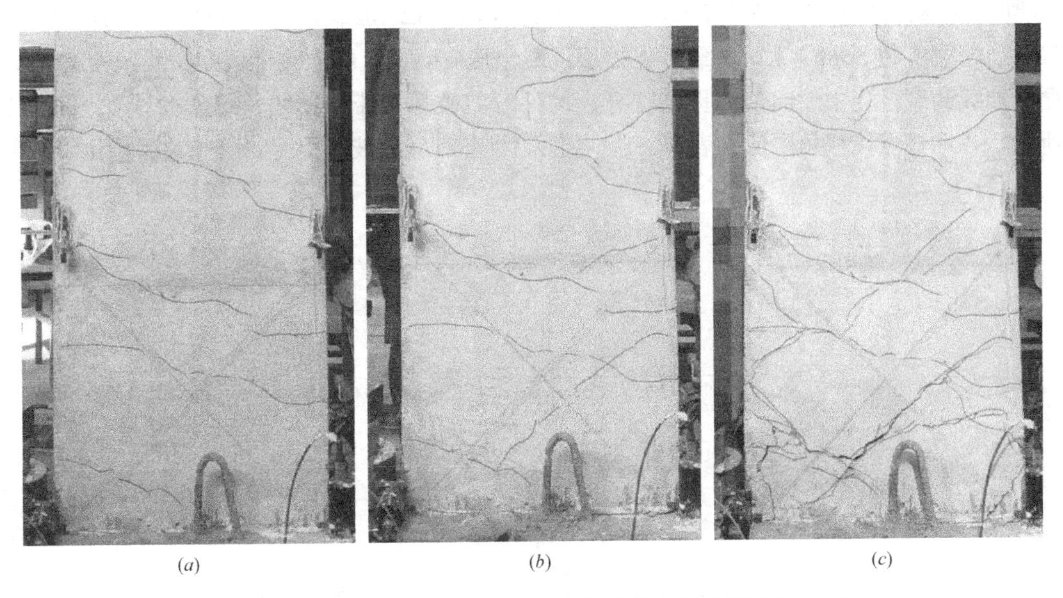

(a)　　(b)　　(c)

图 4-2-18　试件 B-4.2-0.78-1.14 各性能状态的破坏程度（一）

(a) 完好；(b) 轻微损坏；(c) 轻中等破坏

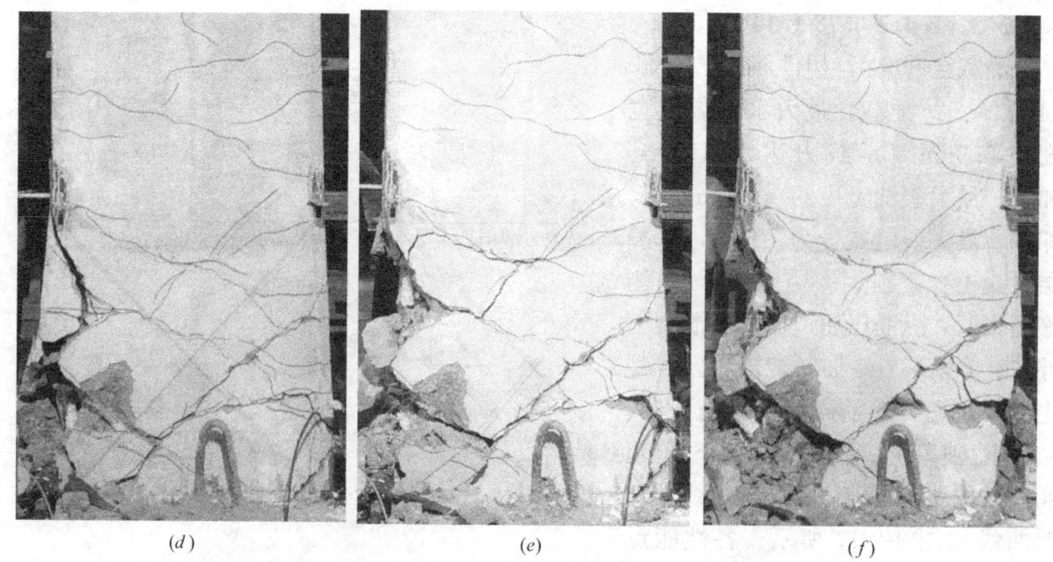

图 4-2-18　试件 B-4. 2-0. 78-1. 14 各性能状态的破坏程度（二）

（d）中等破坏；（e）比较严重破坏；（f）严重破坏

4.3　柱构件变形限值的试验研究

4.3.1　C1 组构件

4.3.1.1　C-2. 5-0. 14-0. 3

加载至 180kN 加载，根部出现水平裂缝；加载至 270kN，构件屈服，Δ_y 取 9mm；$2\Delta_y$ 加载，最大裂缝宽度达 1.5mm，承载力达峰值；$3\Delta_y$ 加载，出现较明显的斜向裂缝，最大裂缝宽度超 2mm；$4\Delta_y$ 加载，保护层混凝土压碎剥落，斜向裂缝贯穿核心区，第二次循环加载卸载过程中斜向裂缝贯穿柱身，构件弯剪破坏。滞回曲线及骨架曲线如图 4-3-1 所示，各性能点位移角限值见表 4-3-1，各性能状态对应的破坏程度如图 4-3-2 所示。

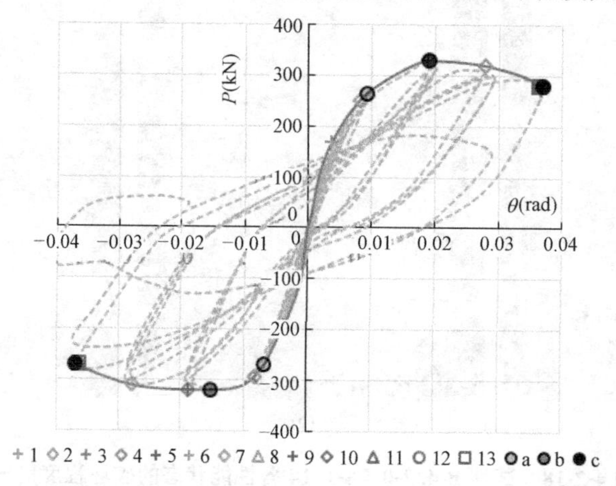

图 4-3-1　试件 C-2. 5-0. 14-0. 3 的滞回曲线及骨架曲线

试件 C-2.5-0.14-0.3 性能点位移角限值 **表 4-3-1**

	完好		轻微损坏		轻中等破坏	中等破坏		比较严重破坏		严重破坏
θ_{m1}（方法 1）	1/125		1/65		1/44	1/34		1/27		1/26
θ_{m2}（方法 2）	开裂	纵筋屈服	裂缝宽度约 1mm	裂缝进入核心区	裂缝宽度约 1～2mm	裂缝宽大于 2mm	混凝土保护层压碎	裂缝贯穿截面	纵筋压屈/拉断	丧失承载力
	1/271	1/123	—	1/53	1/53	—	1/28	—	1/28	1/26
$(\theta_{m1}-\theta_{m2})/\theta_{m2}$	117.1%	−1.45%	—	−18.62%	19.62%	—	−17.91%	—	1.93%	0%

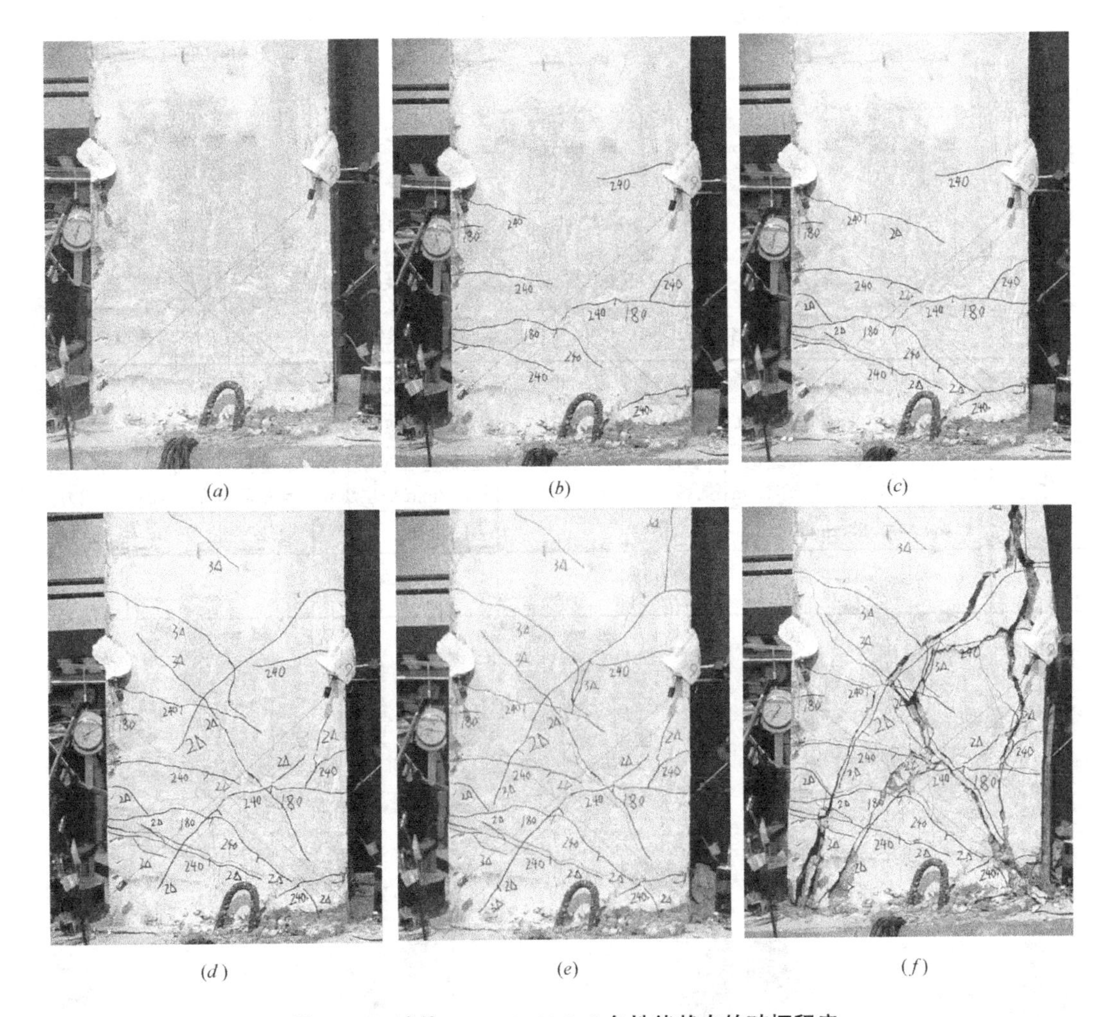

(*a*) (*b*) (*c*) (*d*) (*e*) (*f*)

图 4-3-2 试件 C-2.5-0.14-0.3 各性能状态的破坏程度

(*a*) 完好；(*b*) 轻微损坏；(*c*) 轻中等破坏；(*d*) 中等破坏；(*e*) 比较严重破坏；(*f*) 严重破坏

4.3.1.2 C-2.5-0.39-0.3

加载至 200kN，构件开裂；加载至 280kN，构件屈服，Δ_y 取 10mm；$2\Delta_y$ 加载，斜裂缝 1mm 左右，承载力达到峰值；$3\Delta_y$ 加载，裂缝贯穿截面，承载力下降 10%；$4\Delta_y$ 加载，保护层混凝土压碎剥落，最大裂缝宽度超过 2mm，承载力下降 20%；$5\Delta_y$ 加载，两侧根部混凝土剥落加剧，承载力下降超25%；$6\Delta_y$加载，混凝土大块剥落，主斜裂缝贯穿劈裂柱身，构件弯剪破坏。滞回曲线及骨架曲线如图4-3-3所示，各性能点位移角限值见表4-3-2，各性能状态对应的破坏程度如图4-3-4所示。

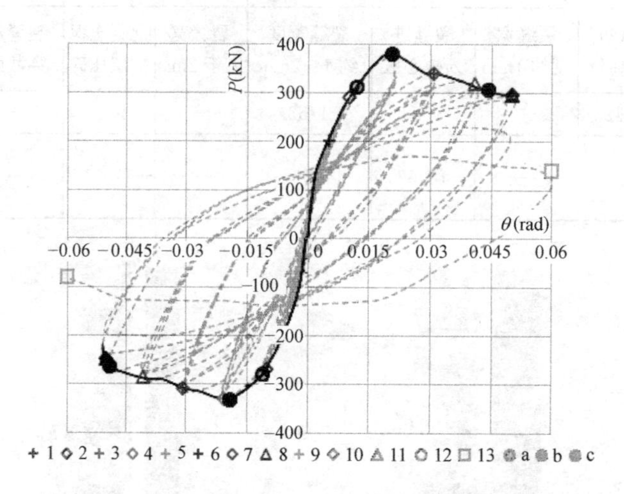

图4-3-3 试件C-2.5-0.39-0.3的滞回曲线及骨架曲线

试件C-2.5-0.39-0.3性能点位移角限值 **表4-3-2**

θ_{m1}（方法1）	完好		轻微损坏		轻中等破坏	中等破坏		比较严重破坏		严重破坏
	1/86		1/51		1/36	1/28		1/23		1/17
θ_{m2}（方法2）	开裂	纵筋屈服	裂缝宽度约1mm	裂缝进入核心区	裂缝宽度约1～2mm	裂缝宽大于2mm	混凝土保护层压碎	裂缝贯穿截面	纵筋压屈/拉断	丧失承载力
	1/189	1/98	1/48	1/48	—	1/32	1/24	1/20	1/20	1/17
$(\theta_{m1}-\theta_{m2})/\theta_{m2}$	119.7%	13.76%	−4.74%	−4.74%	—	16.88%	−12.02%	−12.07	−12.07%	0%

(*a*) (*b*) (*c*)

图4-3-4 试件C-2.5-0.39-0.3各性能状态的破坏程度（一）

(*a*) 完好；(*b*) 轻微损坏；(*c*) 轻中等破坏

(d)　(e)　(f)

图 4-3-4　试件 C-2.5-0.39-0.3 各性能状态的破坏程度（二）

(d) 中等破坏；(e) 比较严重破坏；(f) 严重破坏

4.3.1.3　C-2.5-0.14-0.6

加载至 180kN，构件开裂；加载至 360kN，水平裂缝贯穿截面，最大裂缝宽度约 0.9mm，Δ_y 取 10mm；$2\Delta_y$ 加载，出现主斜裂缝，最大裂缝宽度超 1mm；$3\Delta_y$ 加载，形成明显交叉裂缝；第二次循环时，卸载的过程中主斜裂缝突然加宽，沿柱身劈裂，构件丧失轴向承载力，为弯剪破坏。滞回曲线及骨架曲线如图 4-3-5 所示，各性能点位移角限值见表 4-3-3，各性能状态对应的破坏程度如图 4-3-6 所示。

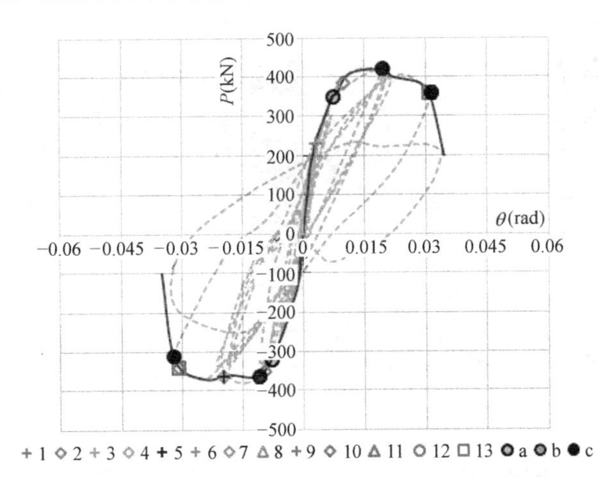

图 4-3-5　试件 C-2.5-0.14-0.6 的滞回曲线及骨架曲线

试件 C-2.5-0.14-0.6 性能点位移角限值　　表 4-3-3

θ_{m1} (方法 1)	完好	轻微损坏	轻中等破坏	中等破坏	比较严重破坏	严重破坏
	1/130	1/74	1/52	1/40	1/32	1/29

续表

θ_{m2}（方法 2）	开裂	纵筋屈服	裂缝宽度约 1mm	裂缝进入核心区	裂缝宽度约 1～2mm	裂缝宽大于 2mm	混凝土保护层压碎	裂缝贯穿截面	纵筋压屈/拉断	丧失承载力
	1/301	1/102	—	1/51	1/51	—	—	1/32	1/32	1/29
$(\theta_{m1}-\theta_{m2})/\theta_{m2}$	131.79%	−21.79%	—	−31.44%	−1.47%	—	—	0.97%	0.97%	0%

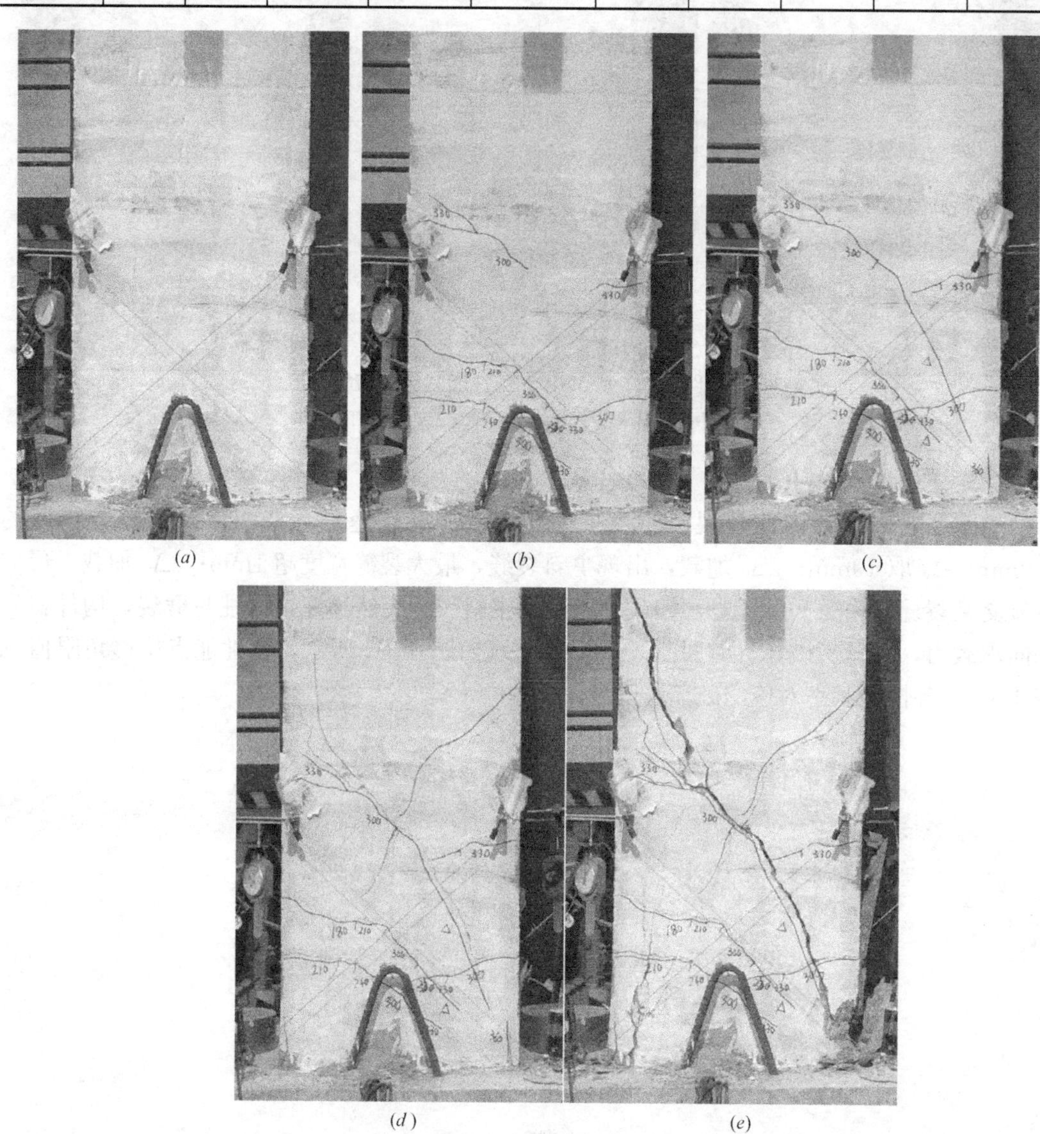

图 4-3-6　试件 C-2.5-0.14-0.6 各性能状态的破坏程度

(*a*) 完好；(*b*) 轻微损坏；(*c*) 轻中等破坏；(*d*) 中等破坏；(*e*) 比较严重破坏

4.3.1.4　C-2.5-0.39-0.6

加载至 210kN，构件开裂；加载至 360kN，构件屈服，Δ_y 取 9.5mm；$2\Delta_y$ 加载，最大裂缝宽度约 1.5mm，承载力达到峰值；$3\Delta_y$ 加载，保护层混凝土压碎；$4\Delta_y$ 加载，混凝土大块剥落，卸载中，主斜裂缝竖向开展，构件突然丧失轴向承载力，为弯剪破坏。滞回曲线及骨架曲线如图4-3-7所示，各性能点位移角限值见表4-3-4，各性能状态对应的破坏程度如图4-3-8所示。

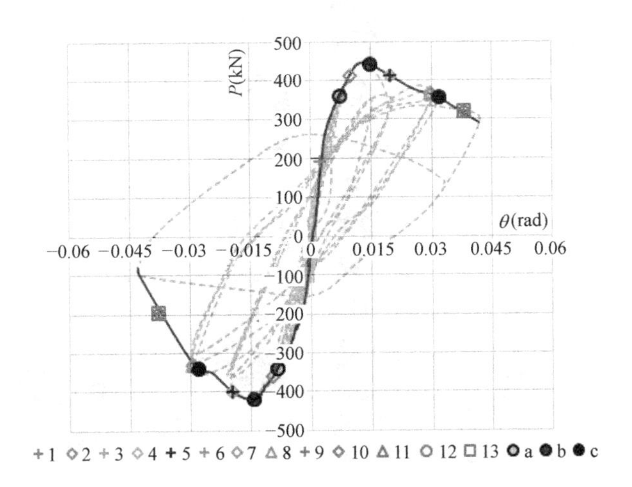

图4-3-7　试件C-2.5-0.39-0.6的滞回曲线及骨架曲线

试件C-2.5-0.39-0.6性能点位移角限值　　　　**表4-3-4**

θ_{m1}（方法1）	完好		轻微损坏		轻中等破坏	中等破坏		比较严重破坏		严重破坏
	1/127		1/78		1/56	1/44		1/36		1/24
θ_{m2}（方法2）	开裂	纵筋屈服	裂缝宽度约1mm	裂缝进入核心区	裂缝宽度约1～2mm	裂缝宽大于2mm	混凝土保护层压碎	裂缝贯穿截面	纵筋压屈/拉断	丧失承载力
	1/413	1/103	—	1/51	1/51	—	1/34	1/26	—	1/24
$(\theta_{m1}-\theta_{m2})/\theta_{m2}$	226.4%	−18.39%	—	−34.8%	−9.6%	—	−22.3%	−26.22%	—	0%

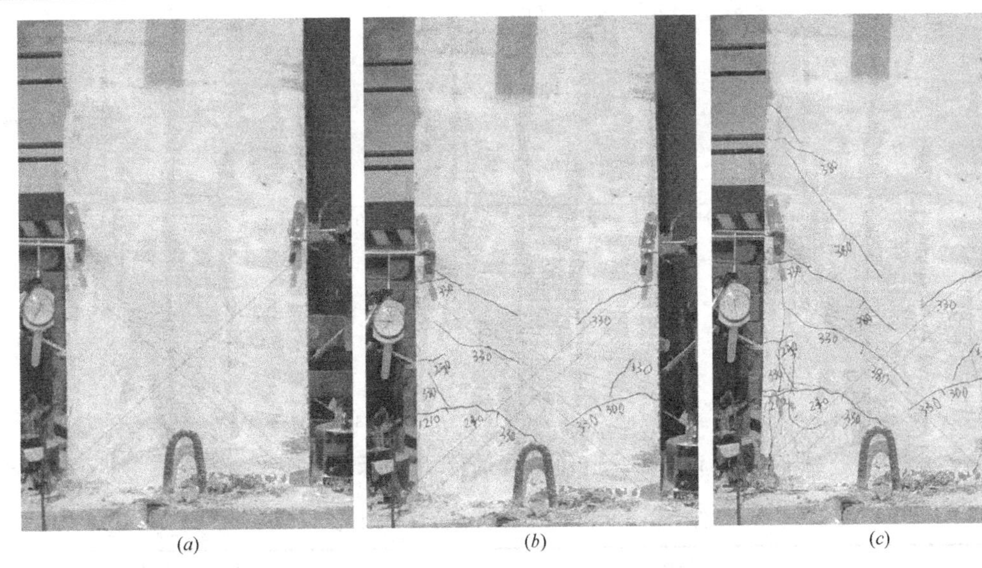

(*a*)　(*b*)　(*c*)

图4-3-8　试件C-2.5-0.39-0.6各性能状态的破坏程度（一）

(*a*) 完好；(*b*) 轻微损坏；(*c*) 轻中等破坏

(*d*)

(*e*)

图 4-3-8　试件 C-2. 5-0. 39-0. 6 各性能状态的破坏程度（二）

（*d*）中等破坏；（*e*）比较严重破坏

4. 3. 1. 5　C-2. 5-0. 39-0. 9

加载至 300kN，构件开裂；加载至 390kN，构件屈服，Δ_y 取 10mm；$2\Delta_y$ 加载，承载力达到峰值；$3\Delta_y$ 加载，保护层混凝土压碎并有少量剥落，逐渐出现混凝土大块剥离，最后在轴压作用下，箍筋失效，为弯剪破坏。滞回曲线及骨架曲线如图 4-3-9 所示，各性能点位移角限值见表 4-3-5，各性能状态对应的破坏程度如图 4-3-10 所示。

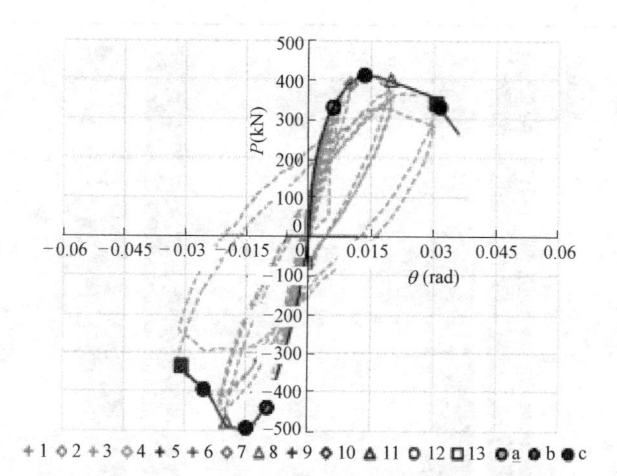

图 4-3-9　试件 C-2. 5-0. 39-0. 9 的滞回曲线及骨架曲线

试件 C-2. 5-0. 39-0. 9 性能点位移角限值　　**表 4-3-5**

θ_{m1} (方法 1)	完好	轻微损坏	轻中等破坏	中等破坏	比较严重破坏	严重破坏
	1/128	1/82	1/60	1/48	1/39	1/31

续表

θ_{m2}（方法 2）	开裂	纵筋屈服	裂缝宽度约 1mm	裂缝进入核心区	裂缝宽度约 1～2mm	裂缝宽大于 2mm	混凝土保护层压碎	裂缝贯穿截面	纵筋压屈/拉断	丧失承载力
	—	1/100	—	—	—	—	1/51	1/32	—	1/31
$(\theta_{m1}-\theta_{m2})/\theta_{m2}$	—	−21.99%	—	—	—	—	6.06%	−17.53%	—	0%

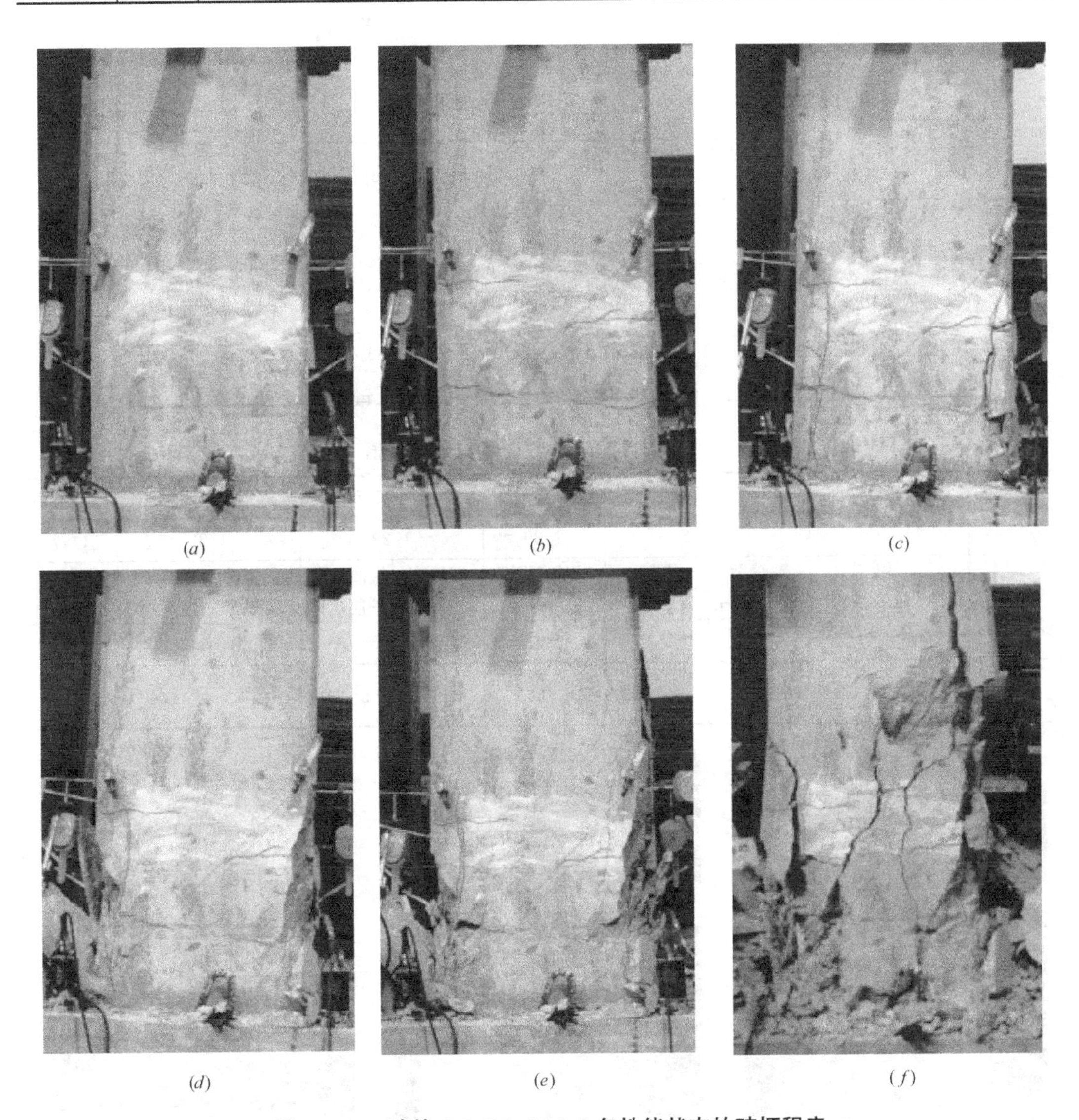

图 4-3-10　试件 C-2.5-0.39-0.9 各性能状态的破坏程度

(*a*) 完好；(*b*) 轻微损坏；(*c*) 轻中等破坏；(*d*) 中等破坏；(*e*) 比较严重破坏；(*f*) 严重破坏

4.3.2　C2 组构件

4.3.2.1　C-4-0.28-0.3

加载至 180kN，构件屈服，Δ_y 取 12.5mm；$3\Delta_y$ 加载，承载力达到峰值；$4\Delta_y$ 加载，

出现斜向裂缝；$5\Delta_y$ 加载，根部左侧表层混凝土压碎；$6\Delta_y$ 加载，根部保护层混凝土压碎脱落；$7\Delta_y$ 加载，混凝土大块脱落，钢筋压屈，承载力下降超 20％，构件弯曲破坏。滞回曲线及骨架曲线如图 4-3-11 所示，各性能点位移角限值见表 4-3-6，各性能状态对应的破坏程度如图 4-3-12 所示。

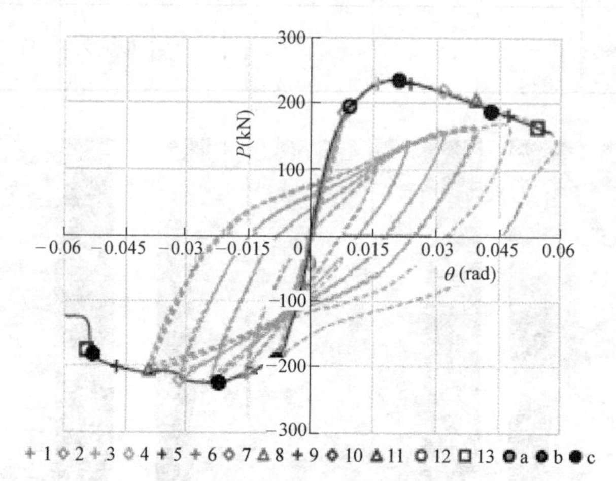

图 4-3-11 试件 C-4-0.28-0.3 的滞回曲线及骨架曲线

试件 C-4-0.28-0.3 性能点位移角限值 表 4-3-6

θ_{m1}（方法 1）	完好		轻微损坏		轻中等破坏	中等破坏		比较严重破坏		严重破坏
	1/115		1/58		1/39	1/29		1/23		1/17
θ_{m2}（方法 2）	开裂	纵筋屈服	裂缝宽度约 1mm	裂缝进入核心区	裂缝宽度约 1～2mm	裂缝宽大于 2mm	混凝土保护层压碎	裂缝贯穿截面	纵筋压屈/拉断	丧失承载力
	1/654	1/130	1/164	1/32	1/43	—	1/25	1/21	1/18	1/17
$(\theta_{m1}-\theta_{m2})/\theta_{m2}$	468.63％	13.28％	10.9％	−45.08％	9.79％	—	−12.58％	−8.9％	−21.10％	0％

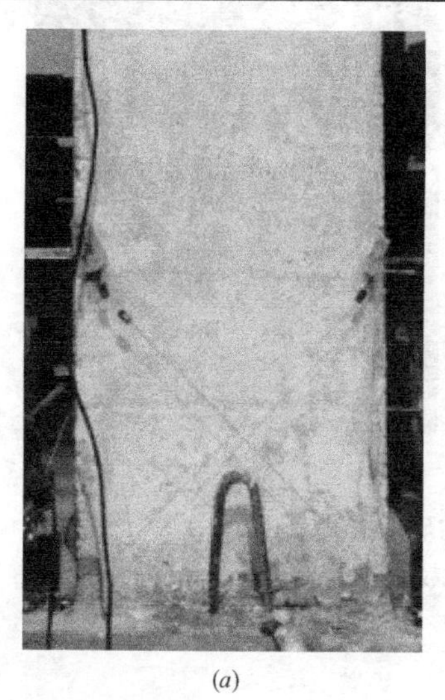

(a)

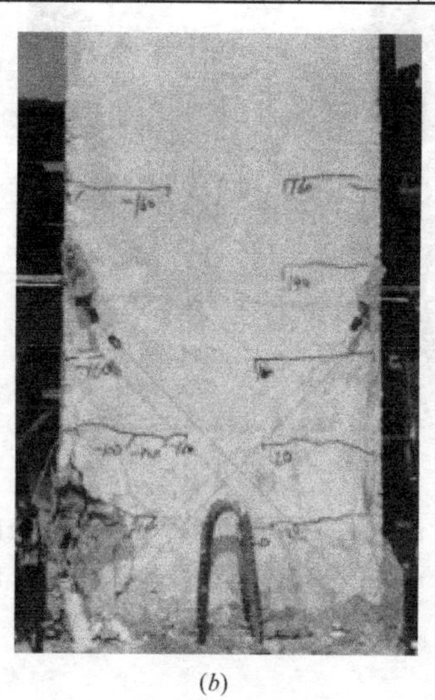

(b)

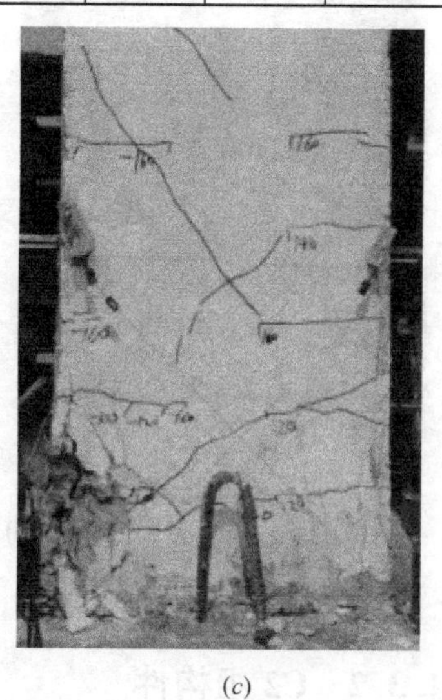

(c)

图 4-3-12 试件 C-4-0.28-0.3 各性能状态的破坏程度（一）

(a) 完好；(b) 轻微损坏；(c) 轻中等破坏

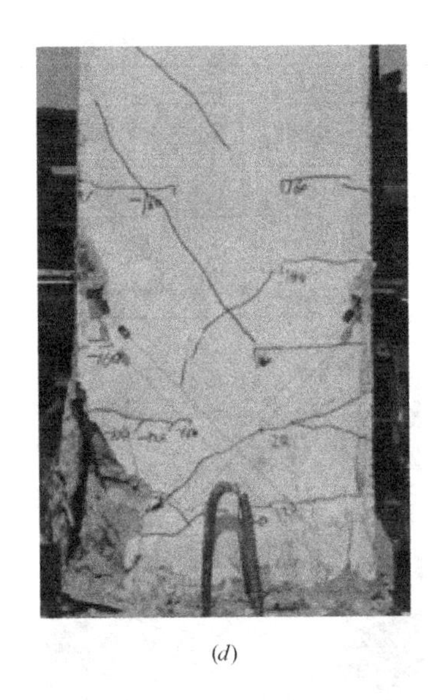

(d)

(e)

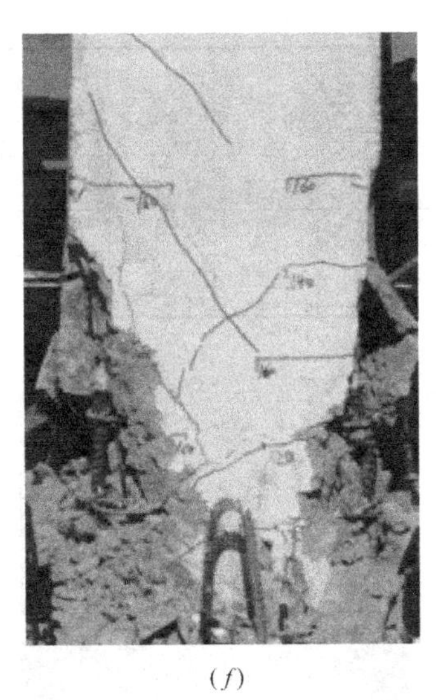

(f)

图 4-3-12　试件 C-4-0.28-0.3 各性能状态的破坏程度（二）

(d) 中等破坏；(e) 比较严重破坏；(f) 严重破坏

4.3.2.2　C-4-0.78-0.3

加载至 230kN，构件屈服，Δ_y 取 16mm；$2\Delta_y$ 加载，最大裂缝宽度约 1mm，承载力达峰值；$3\Delta_y$ 加载，大量裂缝进入构件核心区，最大裂缝宽度达 2mm；$4\Delta_y$ 加载，构件根部混凝土剥离，承载力下降 35%；$5\Delta_y$ 加载，保护层混凝土剥落；$6\Delta_y$ 加载，根部两侧混凝土大块剥落，构件弯曲破坏。滞回曲线及骨架曲线如图 4-3-13 所示，各性能点位移角限值见表 4-3-7，各性能状态对应的破坏程度如图 4-3-14 所示。

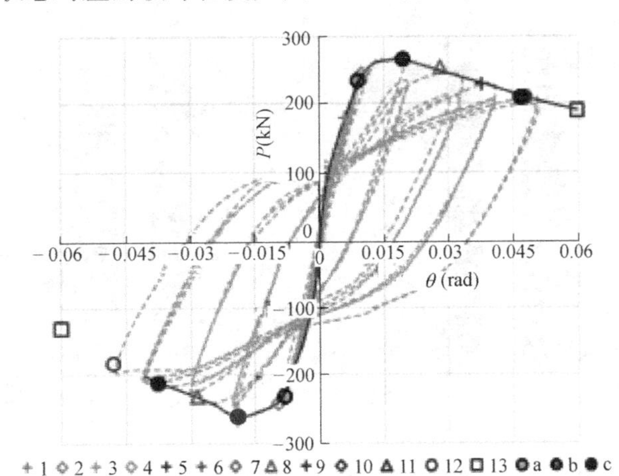

图 4-3-13　试件 C-4-0.78-0.3 的滞回曲线及骨架曲线

试件 C-4-0.78-0.3 性能点位移角限值　　表 4-3-7

θ_{ml}（方法 1）	完好	轻微损坏	轻中等破坏	中等破坏	比较严重破坏	严重破坏
	1/115	1/63	1/43	1/33	1/27	1/25

续表

θ_{m2}（方法 2）	开裂	纵筋屈服	裂缝宽度约 1mm	裂缝进入核心区	裂缝宽度约 1～2mm	裂缝宽大于 2mm	混凝土保护层压碎	裂缝贯穿截面	纵筋压屈/拉断	丧失承载力
	1/171	1/102	1/52	—	—	—	1/35	1/26	1/21	1/25
$(\theta_{m1}-\theta_{m2})/\theta_{m2}$	48.97%	−11.04%	−16.67%	—	—	—	7.04%	−0.26%	−21.46%	0%

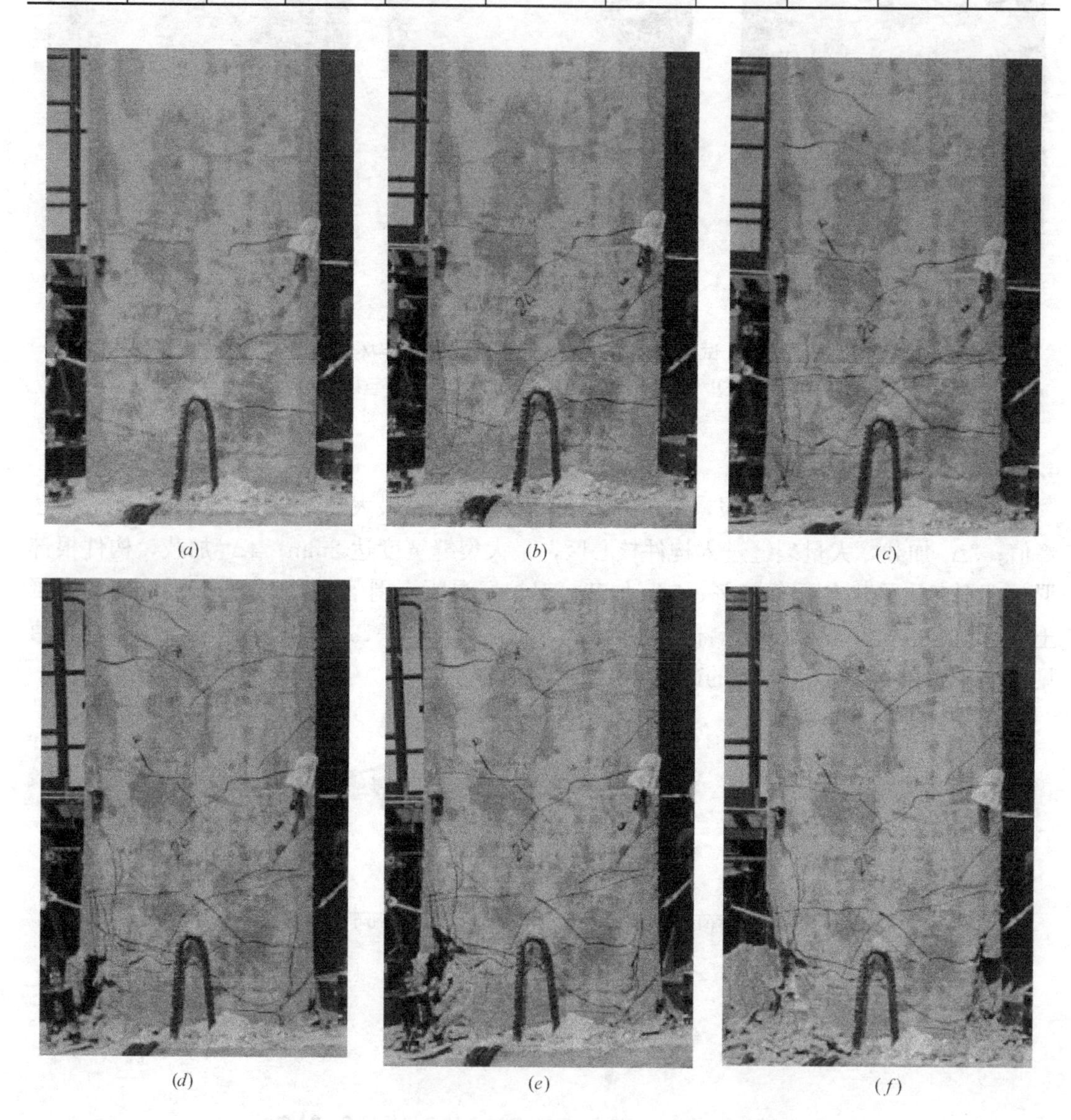

图 4-3-14　试件 C-4-0.78-0.3 各性能状态的破坏程度

(*a*) 完好；(*b*) 轻微损坏；(*c*) 轻中等破坏；(*d*) 中等破坏；(*e*) 比较严重破坏；(*f*) 严重破坏

4.3.2.3　C-4-0.28-0.6

加载至 240kN，构件屈服，Δ_y 取 15mm；$2\Delta_y$ 加载，承载力达峰值；$3\Delta_y$ 加载，左侧保护层混凝土大块剥落，右侧保护层混凝土压碎；$4\Delta_y$ 加载，保护层混凝土剥落，承载力下降 20%；5Δ_y 加载，根部两侧混凝土压碎剥落，纵筋、箍筋外露，承载力下降严重，构件弯剪破坏。滞回曲线及骨架曲线如图 4-3-15 所示，各性能点位移角限值见表 4-3-8，各性能状态对应的破坏程度如图 4-3-16 所示。

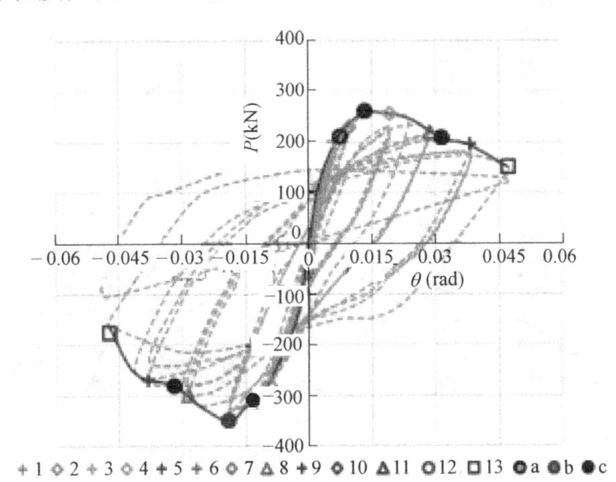

图 4-3-15　试件 C-4-0.28-0.6 的滞回曲线及骨架曲线

试件 C-4-0.28-0.6 性能点位移角限值　　表 4-3-8

θ_{m1}（方法 1）	完好		轻微损坏		轻中等破坏	中等破坏		比较严重破坏		严重破坏
	1/106		1/68		1/49	1/39		1/32		1/21
θ_{m2}（方法 2）	开裂	纵筋屈服	裂缝宽度约 1mm	裂缝进入核心区	裂缝宽度约 1～2mm	裂缝宽大于 2mm	混凝土保护层压碎	裂缝贯穿截面	纵筋压屈/拉断	丧失承载力
	1/175	1/106	—	1/53	—	—	1/35	1/26	1/21	1/21
$(\theta_{m1}-\theta_{m2})/\theta_{m2}$	64.91%	−0.32%	—	−22.11%	—	—	−9.79%	−18.32%	−34.18%	0%

(*a*)

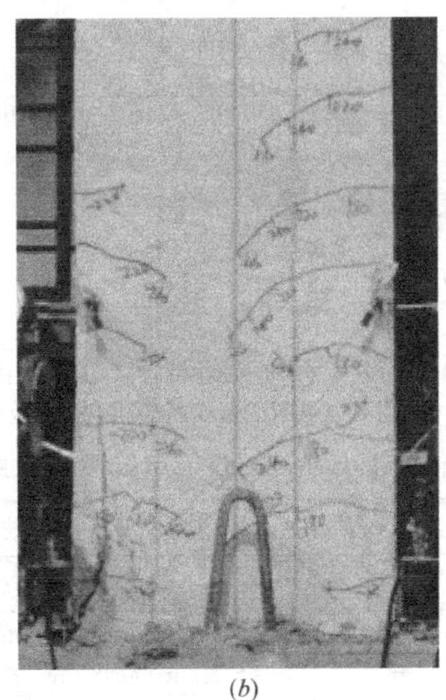

(*b*)

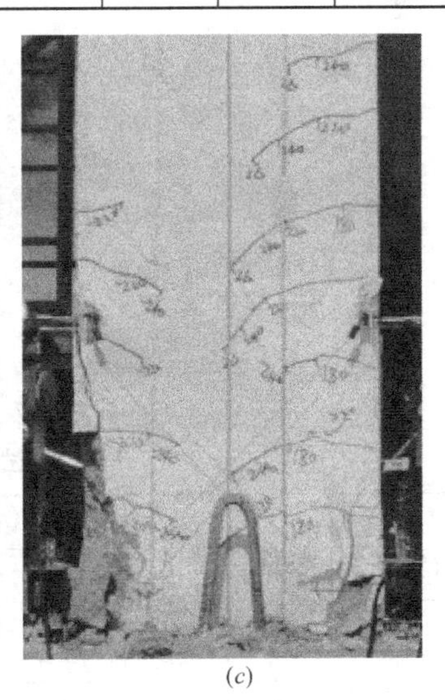

(*c*)

图 4-3-16　试件 C-4-0.28-0.6 各性能状态的破坏程度（一）

(*a*) 完好；(*b*) 轻微损坏；(*c*) 轻中等破坏

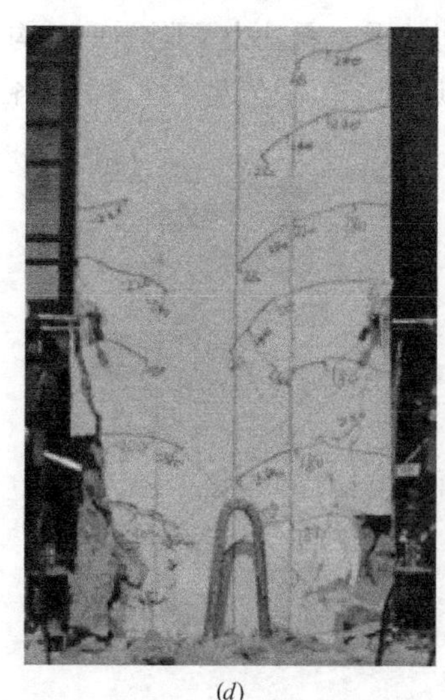

(*d*)

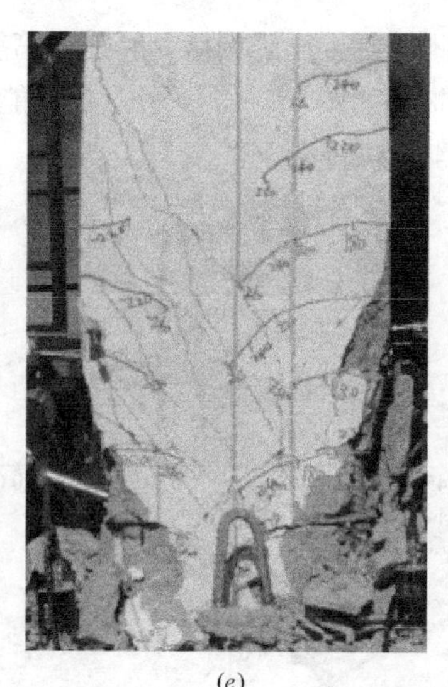

(*e*)

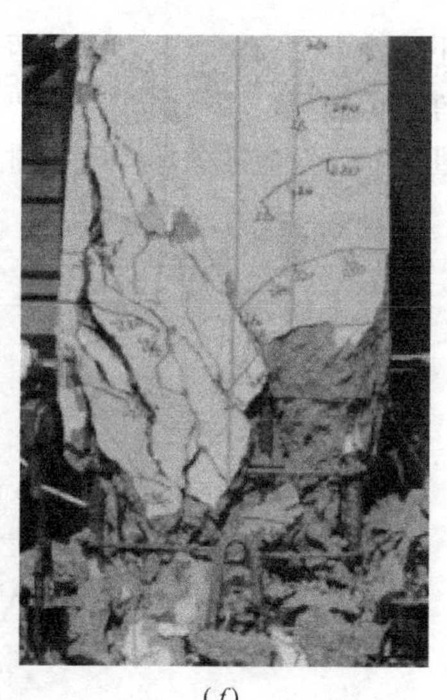

(*f*)

图 4-3-16 试件 C-4-0.28-0.6 各性能状态的破坏程度（二）

（*d*）中等破坏；（*e*）比较严重破坏；（*f*）严重破坏

4.3.2.4 C-4-0.78-0.6

加载至 250kN，构件屈服，Δ_y 取 16mm；$2\Delta_y$ 加载，最大裂缝宽度约 1mm，承载力达到峰值；$3\Delta_y$ 加载，保护层混凝土剥落；$4\Delta_y$ 加载，混凝土大片剥落，承载力下降超 20%；$5\Delta_y$ 加载，承载力下降超 40%；$6\Delta_y$ 加载时，核心区混凝土破坏，构件弯曲破坏。滞回曲线及骨架曲线如图 4-3-17 所示，各性能点位移角限值见表 4-3-9，各性能状态对应的破坏程度如图 4-3-18 所示。

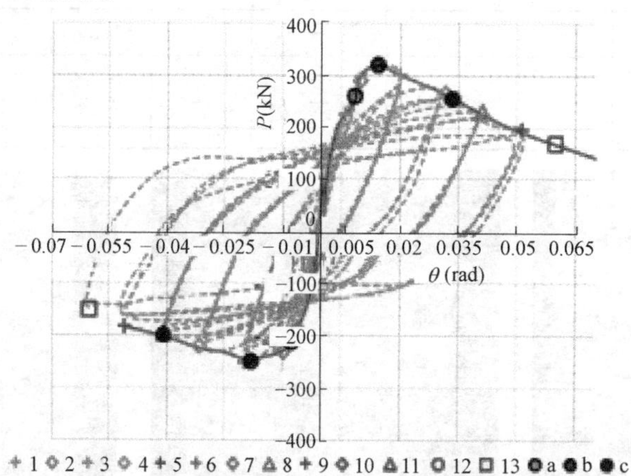

图 4-3-17 试件 C-4-0.78-0.6 的滞回曲线及骨架曲线

试件 C-4-0.78-0.6 性能点位移角限值 **表 4-3-9**

θ_{m1}（方法 1）	完好		轻微损坏		轻中等破坏	中等破坏		比较严重破坏		严重破坏
	1/127		1/70		1/48	1/37		1/30		1/19
θ_{m2}（方法 2）	开裂	纵筋屈服	裂缝宽度约 1mm	裂缝进入核心区	裂缝宽度约 1～2mm	裂缝宽大于 2mm	混凝土保护层压碎	裂缝贯穿截面	纵筋压屈/拉断	丧失承载力
	1/170	1/102	1/50	1/32	—	—	—	1/24	1/20	1/17
$(\theta_{m1}-\theta_{m2})/\theta_{m2}$	34.58%	−19.72%	−28.50%	−54.75%	—	—	−34.15%	−34.51%	−44.33%	0%

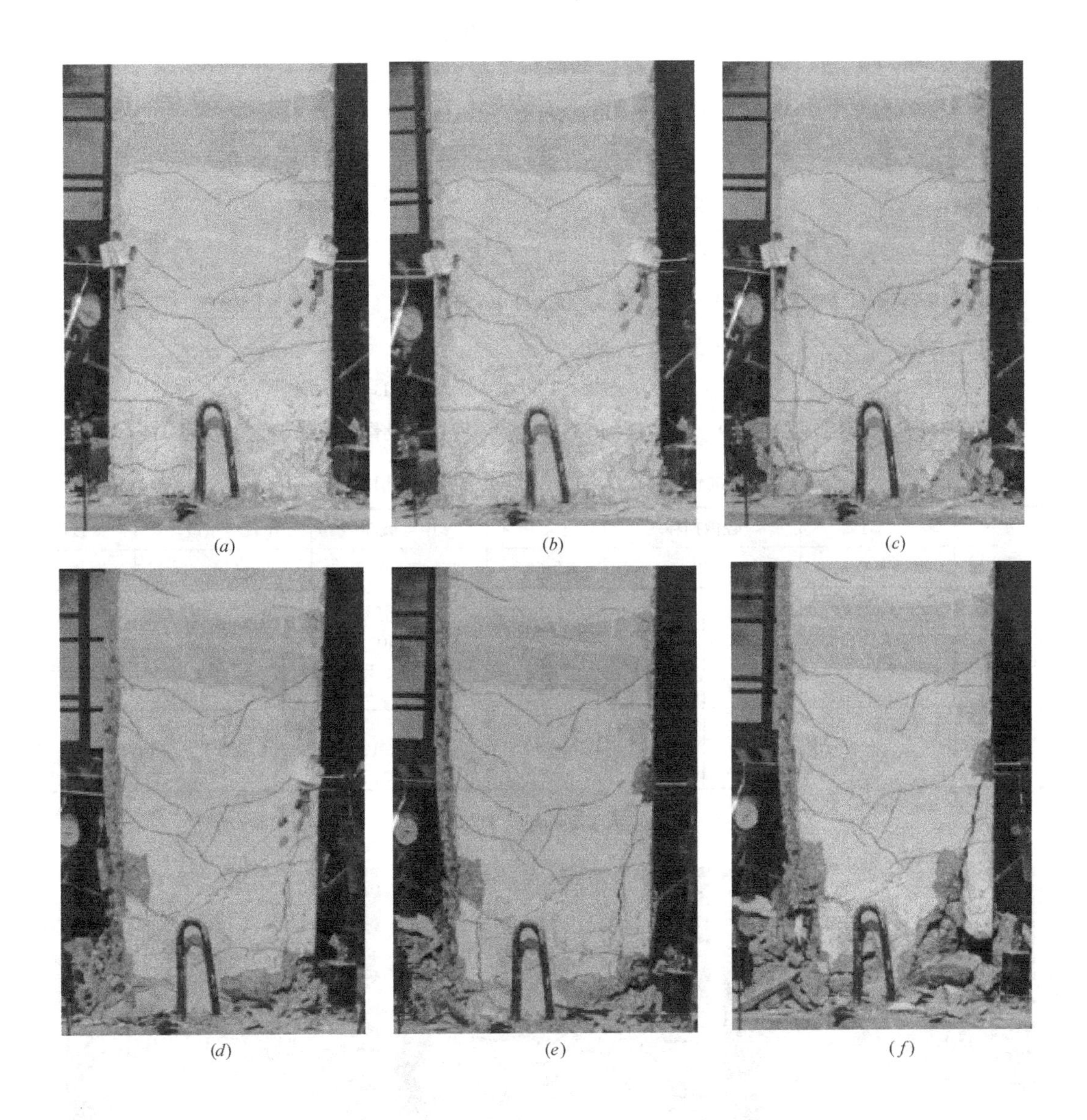

(a)　(b)　(c)　(d)　(e)　(f)

图 4-3-18　试件 C-4-0.78-0.6 各性能状态的破坏程度

(a) 完好；(b) 轻微损坏；(c) 轻中等破坏；(d) 中等破坏；(e) 比较严重破坏；(f) 严重破坏

4.3.2.5　C-4-0.28-0.9

加载至 290kN，构件屈服，Δ_y 取 13mm；$2\Delta_y$ 加载，最大裂缝宽度约 1mm，承载力达到峰值；$3\Delta_y$ 加载，保护层混凝土压碎；$4\Delta_y$ 加载时，保护层混凝土大块剥落，裂缝大量进入截面核心区，第三次循环卸载中，构件突然丧失轴向承载力而破坏，核心区混凝土压碎，纵筋压弯，箍筋绷断，构件弯剪破坏。滞回曲线及骨架曲线如图 4-3-19 所示，各性能点位移角限值见表 4-3-10，各性能状态对应的破坏程度如图 4-3-20 所示。

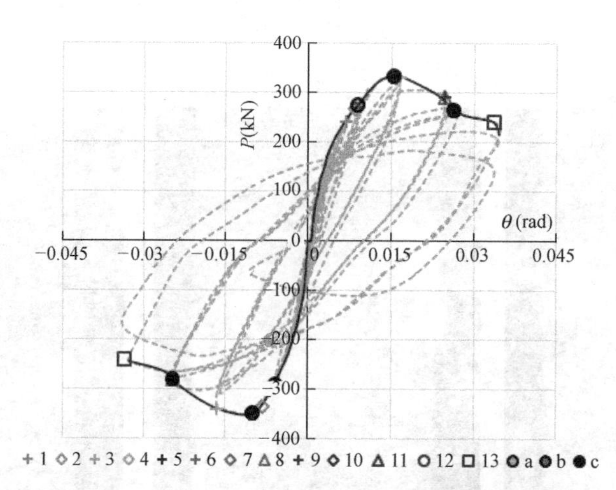

图 4-3-19 试件 C-4-0. 28-0. 9 的滞回曲线及骨架曲线

试件 C-4-0. 28-0. 9 性能点位移角限值 **表 4-3-10**

θ_{m1}（方法 1）	完好		轻微损坏		轻中等破坏	中等破坏		比较严重破坏		严重破坏
	1/137		1/85		1/63	1/49		1/40		1/30
θ_{m2}（方法 2）	开裂	纵筋屈服	裂缝宽度约 1mm	裂缝进入核心区	裂缝宽度约 1～2mm	裂缝宽大于 2mm	混凝土保护层压碎	裂缝贯穿截面	纵筋压屈/拉断	丧失承载力
	1/146	1/121	1/61	—	—	—	1/41	1/41	1/30	1/30
$(\theta_{m1}-\theta_{m2})/\theta_{m2}$	6.26%	−12.94%	−28.62%	—	—	—	−17.48%	0.41%	−26.49%	0%

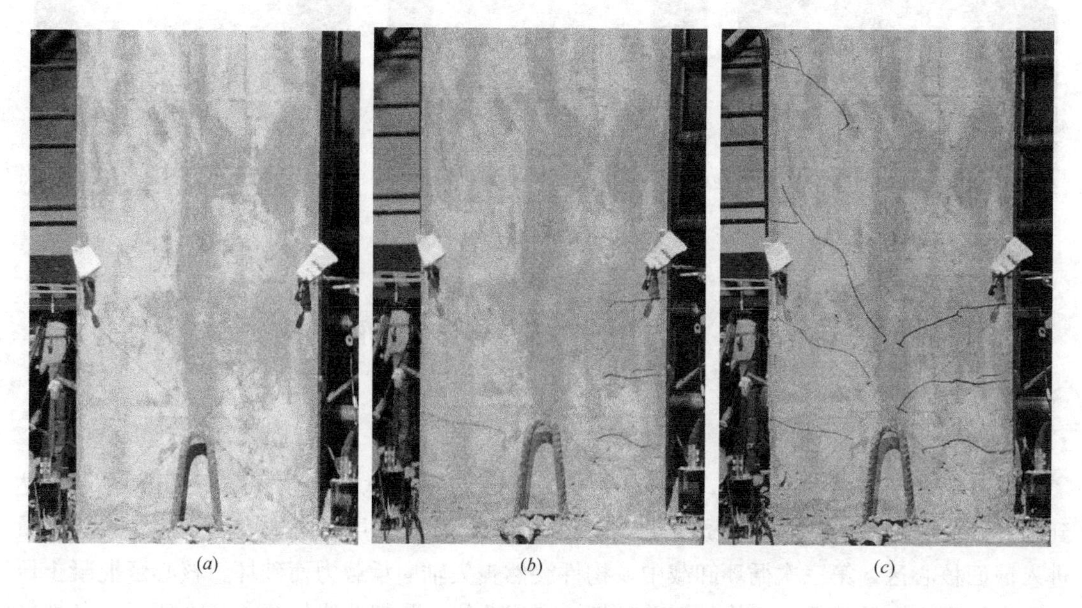

(*a*) (*b*) (*c*)

图 4-3-20 试件 C-4-0. 28-0. 9 各性能状态的破坏程度（一）

(*a*) 完好；(*b*) 轻微损坏；(*c*) 轻中等破坏

(d)　　(e)　　(f)

图 4-3-20　试件 C-4-0.28-0.9 各性能状态的破坏程度（二）

(d) 中等破坏；(e) 比较严重破坏；(f) 严重破坏

4.3.2.6　C-4-0.78-0.9

加载至 300kN，构件屈服，Δ_y 取 15mm；2Δ_y 加载，最大裂缝宽度约 1mm，承载力达峰值；3Δ_y 加载，保护层混凝土压碎剥落；4Δ_y 加载，保护层混凝土剥落，承载力下降超 20%；5Δ_y 加载，混凝土大块剥落，钢筋裸露；6Δ_y 加载，核心区混凝土大块剥落，构件弯曲破坏。滞回曲线及骨架曲线如图 4-3-21 所示，各性能点位移角限值见表 4-3-11，各性能状态对应的破坏程度如图 4-3-22 所示。

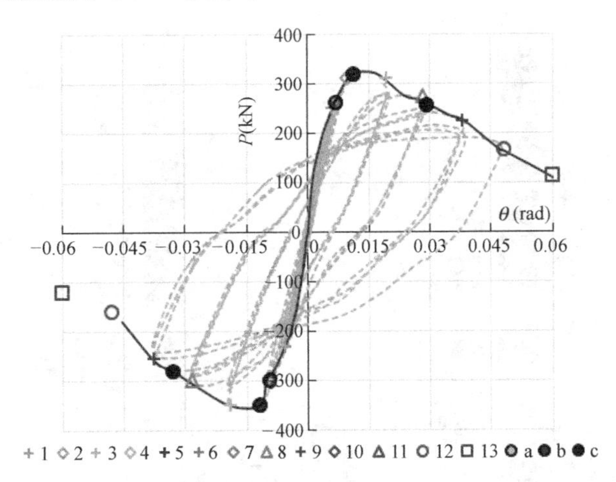

图 4-3-21　试件 C-4-0.78-0.9 的滞回曲线及骨架曲线

试件 C-4-0.78-0.9 性能点位移角限值　　**表 4-3-11**

θ_{ml}	完好	轻微损坏	轻中等破坏	中等破坏	比较严重破坏	严重破坏
(方法 1)	1/122	1/74	1/52	1/41	1/33	1/22

续表

θ_{m2}（方法 2）	开裂	纵筋屈服	裂缝宽度约 1mm	裂缝进入核心区	裂缝宽度约 1～2mm	裂缝宽大于 2mm	混凝土保护层压碎	裂缝贯穿截面	纵筋压屈/拉断	丧失承载力
	1/171	1/102	1/52	—	—	—	1/35	1/26	1/17	1/22
$(\theta_{m1}-\theta_{m2})/\theta_{m2}$	40.41%	−16.16%	−29.17%	—	—	—	−13.73%	−20.9%	−50.17%	0%

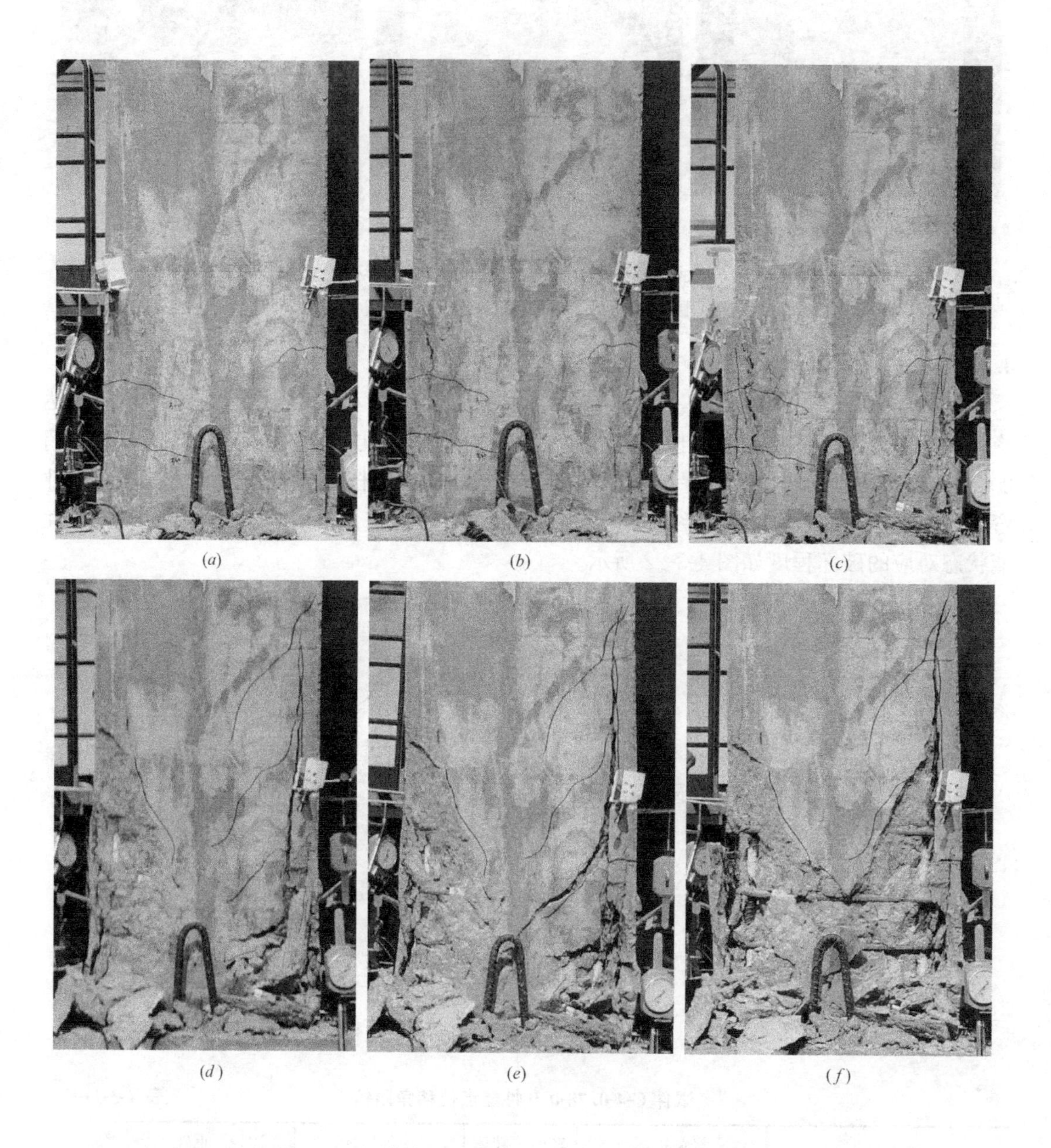

(*a*)　(*b*)　(*c*)　(*d*)　(*e*)　(*f*)

图 4-3-22　试件 C-4-0.78-0.9 各性能状态的破坏程度

(*a*) 完好；(*b*) 轻微损坏；(*c*) 轻中等破坏；(*d*) 中等破坏；(*e*) 比较严重破坏；(*f*) 严重破坏

4.4　一字形剪力墙构件变形限值的试验研究

4.4.1　W-0.8-1.36-0.2

当加载至 240kN 时，试件两侧均开裂；加载至 360kN 时，纵筋屈服，最大裂缝宽度为 0.25mm，取 Δ=1.5mm；2Δ 加载时，正向主特征斜裂缝出现；3Δ 加载时，最大裂缝宽度为 1.0mm；4Δ 加载时，负向主特征斜裂缝出现；5Δ 加载时，最大裂缝宽度为 2.1mm，两角部保护层混凝土轻微鼓起；6Δ 加载时，角部混凝土出现竖向裂缝，墙身出现陡斜裂缝，最大裂缝宽度为 3.0mm；7Δ 加载时，沿斜裂缝上的混凝土轻微受损，最大裂缝宽度为 4.0mm；8Δ 加载时，保护层混凝土掉落，负向主特征斜裂缝突然性张大，裂缝宽度从 4mm 增至 8mm，主特征斜裂缝上的混凝土大块掉落，承载力下降至峰值的 60%；9Δ 加载时，角部露出纵筋和箍筋；主特征斜裂缝交汇处露出分布筋；10Δ 加载时，两角部混凝土大块掉落，右前第一排钢筋被拉断；11Δ 加载时，承载力下降严重，试验终止。该试件裂缝相对较少且多为弯剪裂缝和斜裂缝，构件破坏主要集中在主特征斜裂缝上，角部混凝土在主特征斜裂缝出现后保持完好。最终破坏形态表现为加载过程中，主特征斜裂缝突然性张大，承载力迅速下降，混凝土大块掉落，中间交汇处露出分布筋，角部露出纵筋和箍筋；最终约束区第一排钢筋被拉断，试件发生弯剪破坏。滞回曲线及骨架曲线如图 4-4-1 所示，各性能点位移角限值见表 4-4-1，各性能状态对应的破坏程度如图 4-4-2 所示。

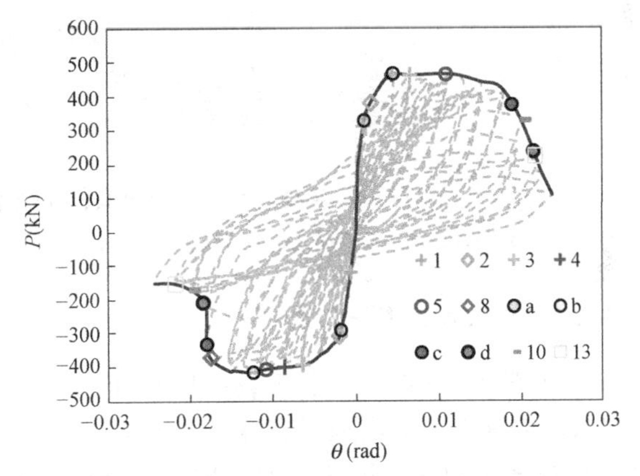

图 4-4-1　试件 W-0.8-1.36-0.2 的滞回曲线及骨架曲线

试件 W-0.8-1.36-0.2 性能点位移角限值　　表 4-4-1

θ_{m1}（方法 1）	完好		轻微损坏			轻中等破坏	中等破坏		比较严重破坏		严重破坏
	1/474		1/161			1/97	1/70		1/54		1/42
θ_{m2}（方法 2）	开裂	纵筋屈服	正向主特征斜裂缝出现	裂缝宽度 1mm	负向主特征斜裂缝出现	裂缝宽度 2mm，两侧混凝土轻微鼓起	裂缝宽度 3mm，角部出现竖向裂缝	裂缝宽度 4mm，斜裂缝上混凝土轻微受损	主特征斜裂缝突然性张大	两侧及中部混凝土剥落，分布筋、箍筋、纵筋露出	墙身成五点式的交叉状破坏
	1/1083	1/500	1/229	1/153	1/115	1/92	1/76	1/66	1/57	1/57	1/42
$(\theta_{m1}-\theta_{m2})/\theta_{m2}$	128.4%	5.5%	42.2%	−5.0%	−28.6%	−5.2%	8.6%	−5.7%	5.6%	5.6%	0%

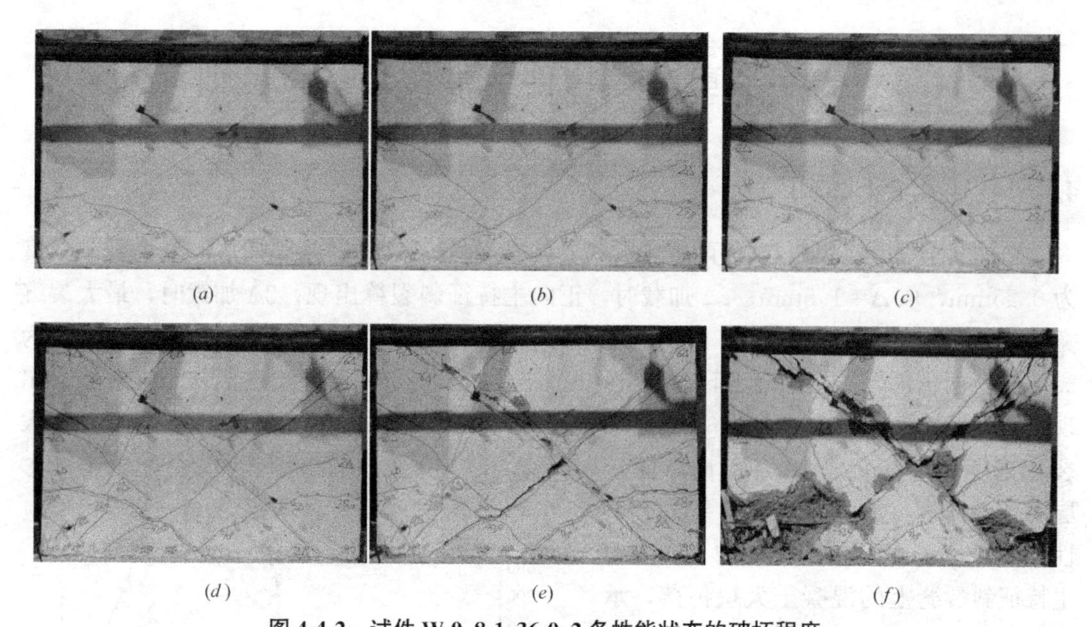

(a) (b) (c) (d) (e) (f)

图 4-4-2 试件 W-0.8-1.36-0.2 各性能状态的破坏程度

(a) 完好；(b) 轻微损坏；(c) 轻中等破坏；(d) 中等破坏；(e) 比较严重破坏；(f) 严重破坏

4.4.2 W-0.8-3.07-0.2

加载至 240kN，构件开裂；加载至 320kN，墙身中下部出现弯剪裂缝；加载至 360kN，墙身中上部出现斜裂缝；加载至 400kN，最大裂缝宽度 0.3mm，原有裂缝稍微延伸；加载至 440kN，纵筋屈服，取 $\Delta=2$mm；2Δ 加载时，主特征斜裂缝基本完全出现；3Δ 加载时，角部混凝土轻微压碎，沿着主特征斜裂缝出现一些小斜裂缝；4Δ 加载时，墙身右侧前后各新增几条陡斜裂缝，主特征斜裂缝张开较严重，斜裂缝下角部混凝土压碎，开始掉落；5Δ 加载时，大斜裂缝张开非常严重，上下角部不断新增小裂缝，斜裂缝角部和中间交汇处的混凝土掉落较为严重；6Δ 加载时，大斜裂缝贯穿墙厚，大斜裂缝上下角部及中间交汇处大块混凝土掉落，多处分布钢筋露出，纵筋露出且发生错动但无压曲现象；7Δ 加载时，混凝土的破坏已经非常严重，试验终止。该试件开始时多为弯剪裂缝和斜裂缝，在主特征斜裂缝出现前，角部混凝土保持完好；中后期的破坏形态表现为主特征斜裂缝不断张大，加载过程中墙体沿该裂缝滑动，沿该裂缝上的混凝土不断损坏掉落，最终主特征斜裂缝宽度大且裂得深，裂缝上两角部和中部交汇处的混凝土损坏严重，露出纵筋和分布筋，纵筋没压屈但发生了错动，试件发生弯剪破坏。滞回曲线及骨架曲线如图 4-4-3 所示，各性能点位移角限值见表 4-4-2，各性能状态对应的破坏程度如图 4-4-4 所示。

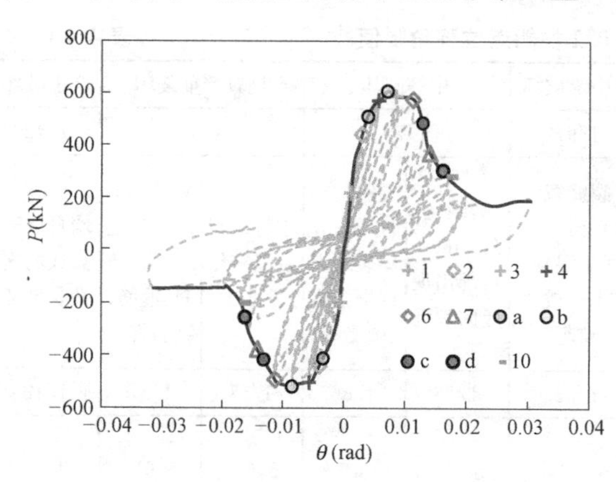

图 4-4-3 试件 W-0.8-3.07-0.2 的滞回曲线及骨架曲线

试件 W-0.8-3.07-0.2 性能点位移角限值　　表 4-4-2

<table>
<tr><td rowspan="2">θ_{m1}
（方法 1）</td><td colspan="2">完好</td><td colspan="2">轻微损坏</td><td colspan="2">轻中等破坏</td><td colspan="2">中等破坏</td><td colspan="2">比较严重破坏</td><td>严重破坏</td></tr>
<tr><td colspan="2">1/278</td><td colspan="2">1/168</td><td colspan="2">1/121</td><td colspan="2">1/94</td><td colspan="2">1/77</td><td>1/32</td></tr>
<tr><td rowspan="2">θ_{m2}
（方法 2）</td><td>开裂</td><td>纵筋屈服</td><td>主特征斜裂缝基本出现</td><td>裂缝宽度 0.5mm</td><td>裂缝宽度 1mm</td><td>两角混凝土轻微压碎，沿主斜裂缝出现伴生小裂缝</td><td>主斜裂缝张开较严重</td><td>下角部混凝土压碎掉落</td><td>主斜裂缝较突然性增大</td><td>两角和中间的混凝土掉落较为严重</td><td>墙身成五点式的交叉状破坏</td></tr>
<tr><td>1/1125</td><td>1/292</td><td>1/177</td><td>1/177</td><td>1/118</td><td>1/118</td><td>1/89</td><td>1/89</td><td>1/71</td><td>1/71</td><td>1/32</td></tr>
<tr><td>$(\theta_{m1}-\theta_{m2})/\theta_{m2}$</td><td>304.7%</td><td>5.0%</td><td>5.4%</td><td>5.4%</td><td>−2.5%</td><td>−2.5%</td><td>−5.3%</td><td>−5.3%</td><td>−7.8%</td><td>−7.8%</td><td>0</td></tr>
</table>

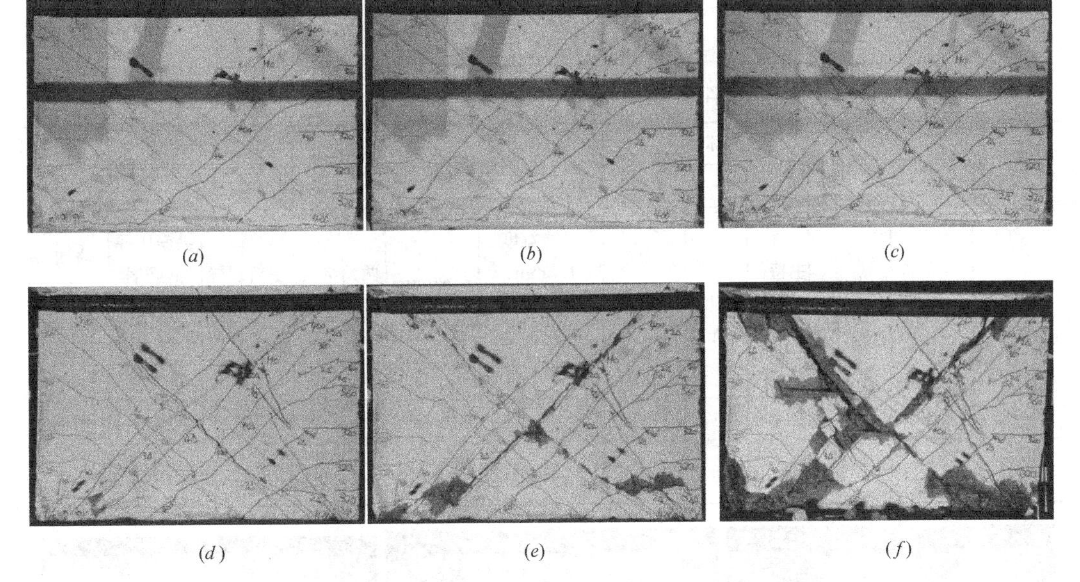

图 4-4-4　试件 W-0.8-3.07-0.2 各性能状态的破坏程度

(*a*) 完好；(*b*) 轻微损坏；(*c*) 轻中等破坏；(*d*) 中等破坏；(*e*) 比较严重破坏；(*f*) 严重破坏

4.4.3　W-0.8-1.36-0.5

加载至 360kN 时，构件开裂；加载至 440～480kN 时，构件处于裂缝开展和延伸阶段，最大裂缝宽度为 0.2mm；加载至 500kN 时，纵筋屈服，取 $\Delta=2$mm；2Δ 加载时，主斜裂缝出现；3Δ 加载时，角部混凝土轻微压碎，沿大斜裂缝上的混凝土轻微鼓起；4Δ 加载时，大斜裂缝下角部区域新增一些小斜裂缝，角部保护层混凝土开始脱落；5Δ 加载时，两角部混凝土破坏严重；6Δ 加载时，角部混凝土大块掉落露出纵筋和箍筋，主斜裂缝突然张开至 5.0mm，承载力大幅下降，纵筋压屈箍筋崩开，墙身混凝土大块鼓起，最终试验丧失轴向承载力，试验终止。该试件在主斜裂缝出现前角部混凝土几乎没有损坏，破坏过程主要为主斜裂缝出现后，角部区域混凝土逐渐损伤至露出纵筋和箍筋，主斜裂缝开始时慢慢增大后期突然性张开，构件承载力急剧下降，纵筋压屈箍筋崩开，墙身被斜裂缝切割成多个小斜柱，墙身混凝土大块鼓起，最终构件丧失轴向承载能力，试件发生弯剪破坏。滞回曲线及骨架曲线如图 4-4-5 所示，各性能点位移角限值见表 4-4-3，各性能状态对应的破坏程度如图 4-4-6 所示。

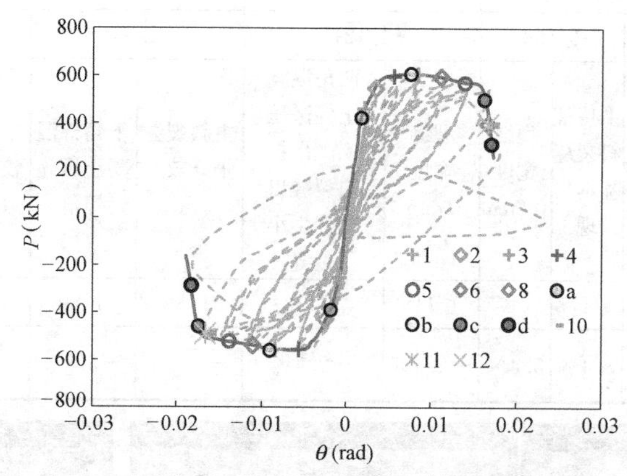

图 4-4-5 试件 W-0.8-1.36-0.5 的滞回曲线及骨架曲线

试件 W-0.8-1.36-0.5 性能点位移角限值 **表 4-4-3**

θ_{m1}（方法 1）	完好		轻微损坏		轻中等破坏		中等破坏		比较严重破坏		严重破坏
	1/390		1/163		1/103		1/75		1/59		1/55
θ_{m2}（方法 2）	开裂	纵筋屈服	主特征斜裂缝出现	裂缝宽度 0.7mm	裂缝宽度 1.2mm；角部混凝土轻微压碎	裂缝宽度 1.5mm，角部保护层混凝土开始脱落	裂缝宽度 2.2mm	两角部混凝土破坏严重	主斜裂缝较突然性增大	纵筋压屈箍筋崩开，墙身混凝土大块鼓起	墙身被裂缝切成多个小斜柱，混凝土鼓起严重
	1/688	1/340	1/179	1/179	1/119	1/90	1/72	1/72	1/60	1/60	1/56
$(\theta_{m1}-\theta_{m2})/\theta_{m2}$	76.4%	−12.8%	9.8%	9.8%	15.5%	−12.6%	−4.0%	−4.0%	1.7%	1.7%	1.8%

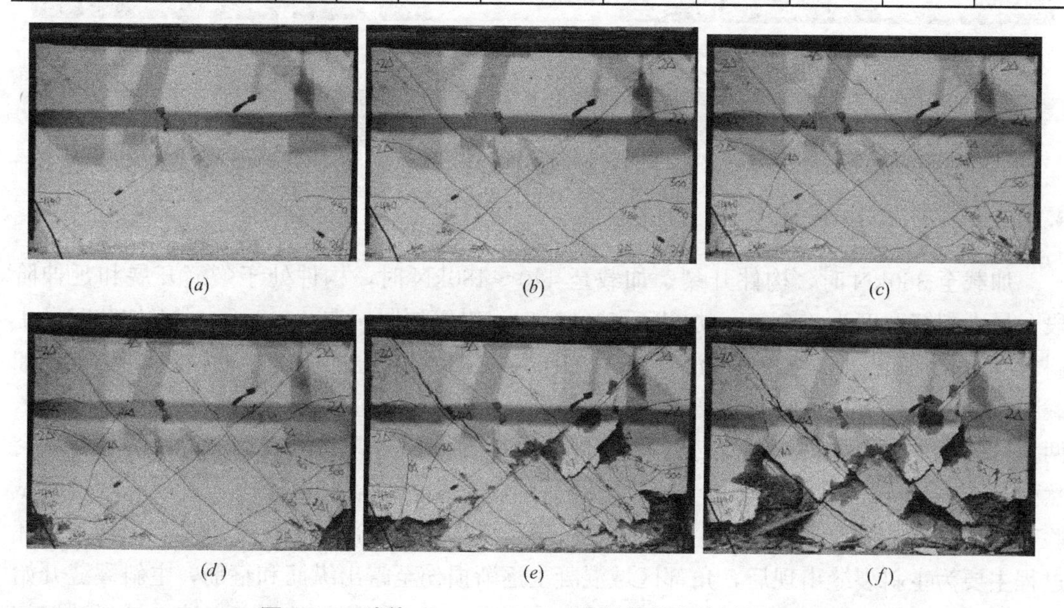

(*a*) (*b*) (*c*) (*d*) (*e*) (*f*)

图 4-4-6 试件 W-0.8-1.36-0.5 各性能状态的破坏程度

(*a*) 完好；(*b*) 轻微损坏；(*c*) 轻中等破坏；(*d*) 中等破坏；(*e*) 比较严重破坏；(*f*) 严重破坏

4.4.4　W-0.8-3.07-0.5

加载至 320kN 时，构件开裂；加载至 400～480kN 时，构件处于裂缝新增和发展阶段，并出现一条负向的劈拉裂缝；加载至 520kN 时，主斜裂缝开始出现；加载至 600kN 时，出现正向的劈拉裂缝；加载至 640kN 时，钢筋屈服，取 $\Delta=2$mm；2Δ 加载时，角部出现小竖裂缝，角部混凝土轻微压碎；3Δ 加载时，角部混凝土细碎地鼓起并轻微掉落；4Δ 加载时，左下部混凝土先鼓起后开始掉落，负向加载时墙身突然沿主斜裂缝向下滑动，主斜裂缝突然张大至 7.0mm，水平承载力和竖向承载力均大幅下降，第二次正向循环时墙身下部混凝土破坏严重、分布钢筋露出，构件丧失轴向承载力，试验终止。该试件在纵筋屈服前大部分裂缝已经出现和基本发展完毕，水平筋几乎和纵筋同时屈服，纵筋屈服后至主斜裂缝突然张开期间，墙身混凝土仅角部被轻微压碎鼓起掉落，主斜裂缝突然性张大后，墙身下部混凝土迅速压碎掉落，露出分布筋，构件失去承载力，试件发生弯剪破坏。滞回曲线及骨架曲线如图 4-4-7 所示，各性能点位移角限值见表 4-4-4，各性能状态对应的破坏程度如图 4-4-8 所示。

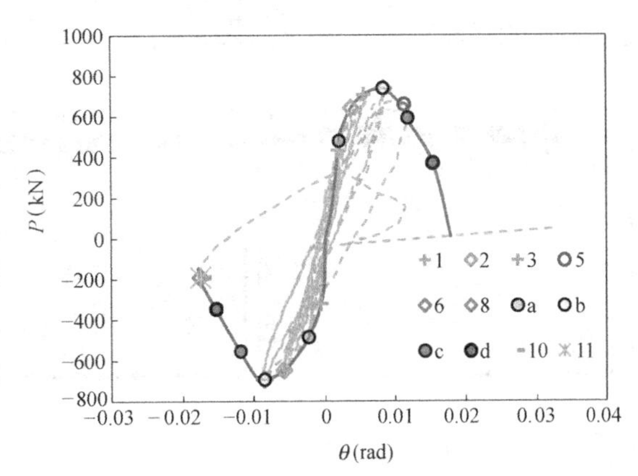

图 4-4-7　试件 W-0.8-3.07-0.5 的滞回曲线及骨架曲线

试件 W-0.8-3.07-0.5 性能点位移角限值　　表 4-4-4

θ_{m1}（方法 1）	完好		轻微损坏		轻中等破坏		中等破坏		比较严重破坏		严重破坏
	1/321		1/189		1/134		1/103		1/84		1/67
θ_{m2}（方法 2）	开裂	纵筋屈服	角部出现小竖裂缝，角部混凝土轻微压碎	裂缝宽度 0.8mm	角部混凝土细碎地鼓起并轻微掉落	裂缝宽度 1.5mm	角部混凝土细碎地鼓起并轻微掉落	裂缝宽度 1.5mm	下部混凝土先鼓起后掉落	主斜裂缝突然张大，承载力急剧掉落	墙身下部混凝土压碎掉落严重
	1/802	1/210	1/177	1/177	1/118	1/118	1/118	1/118	1/88	1/88	1/57
$(\theta_{m1}-\theta_{m2})/\theta_{m2}$	149.8%	−34.6%	−6.3%	−6.3%	−11.9%	−11.9%	14.6%	14.6%	4.8%	4.8%	−14.9%

4.4.5　W-1.2-1.36-0.2

当加载至 120～140kN 时，试件两侧先后开裂；加载至 180kN 时，最外侧纵筋屈服，取 $\Delta=2$mm；2Δ 加载时，两侧出现多条裂缝，多为先水平后斜向下延伸的弯剪裂缝，最大裂缝宽度 0.4mm；3Δ～4Δ 加载时，新增裂缝位置逐渐向上发展，裂缝形态逐渐由弯剪裂缝发展成纯剪裂缝，弯剪裂缝延伸至底部；5Δ 加载时，荷载达到峰值，最大裂缝宽度

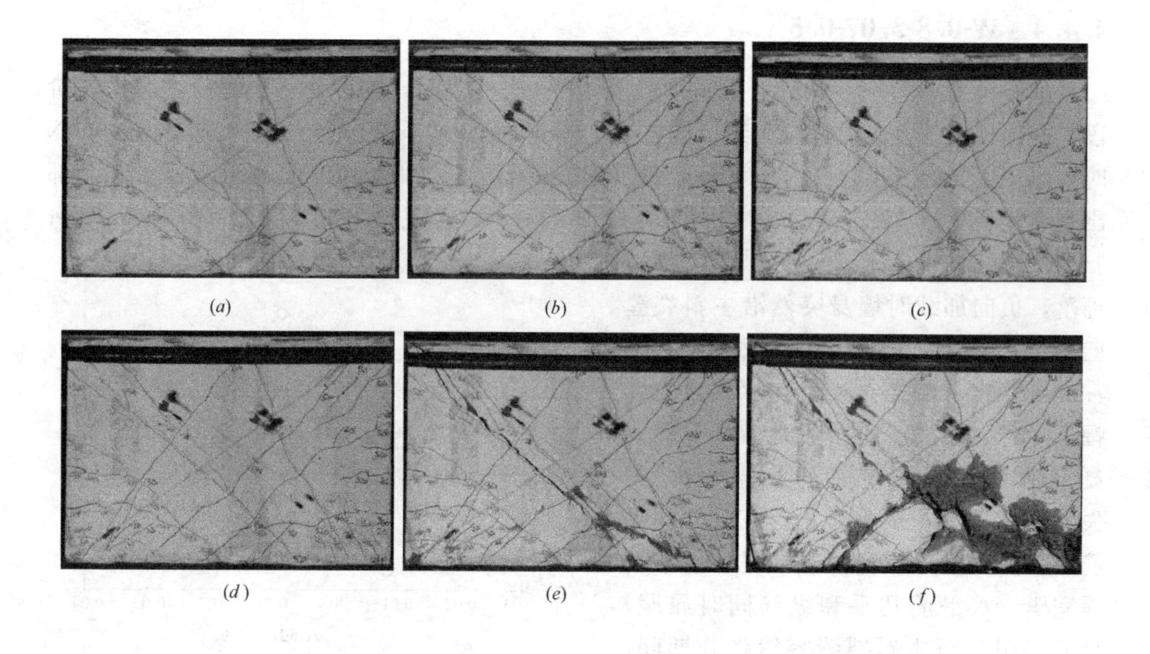

图 4-4-8 试件 W-0.8-3.07-0.5 各性能状态的破坏程度

(a) 完好；(b) 轻微损坏；(c) 轻中等破坏；(d) 中等破坏；(e) 比较严重破坏；(f) 严重破坏

为 1.0mm；7Δ 加载时，角部出现竖向裂缝，最大裂缝宽度为 2mm；8Δ～10Δ 加载时，斜裂缝继续延伸，角部竖缝不断新增，最终角部混凝土被压碎掉落，左侧混凝土大块脱开；11Δ 加载时，两对角的斜裂缝于中部贯通，右后暗柱区第一排钢筋露出后拉断；12Δ～14Δ 加载时，暗柱区三排纵筋依次露出并相继拉断，暗柱区混凝土几乎全被压溃，腹板混凝土损伤轻微，试验终止。该试件早期裂缝多为弯裂缝，逐渐发展为弯剪裂缝，破坏过程为两侧下角部混凝土逐渐被压碎掉落，约束区纵筋先后露出被拉断，整个过程具有很好的延性，试件发生弯剪破坏。滞回曲线及骨架曲线如图 4-4-9 所示，各性能点位移角限值见表 4-4-5，各性能状态对应的破坏程度如图 4-4-10 所示。

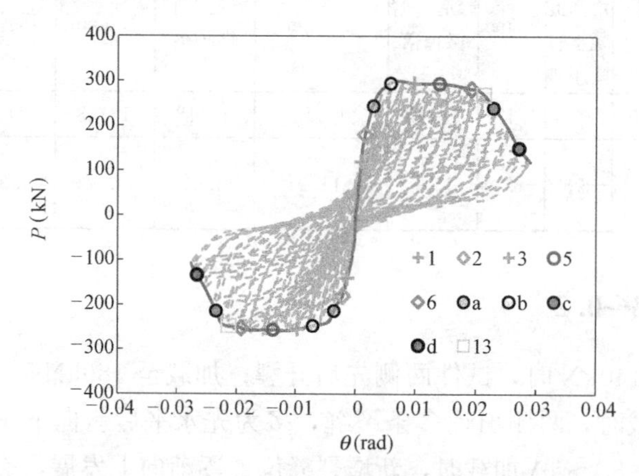

图 4-4-9 试件 W-1.2-1.36-0.2 的滞回曲线及骨架曲线

试件 W-1.2-1.36-0.2 性能点位移角限值　　　　**表 4-4-5**

θ_{m1}（方法 1）	完好		轻微损坏	轻中等破坏		中等破坏		比较严重破坏		严重破坏
	1/306		1/121	1/76		1/55		1/43		1/35
θ_{m2}（方法 2）	开裂	纵筋屈服	裂缝宽度超过 1mm	裂缝宽度超过 2mm	混凝土保护层出现竖缝	角部大量出现竖缝	混凝土保护层剥落严重	纵筋露出	纵筋拉断	约束区混凝土几乎全部压溃
	1/881	1/540	1/104	1/74	1/74	1/52	1/52	1/47	1/47	1/37
$(\theta_{m1}-\theta_{m2})/\theta_{m2}$	287.9%	76.5%	−14.0%	−2.6%	−2.6%	−5.5%	−5.5%	9.3%	9.3%	5.7%

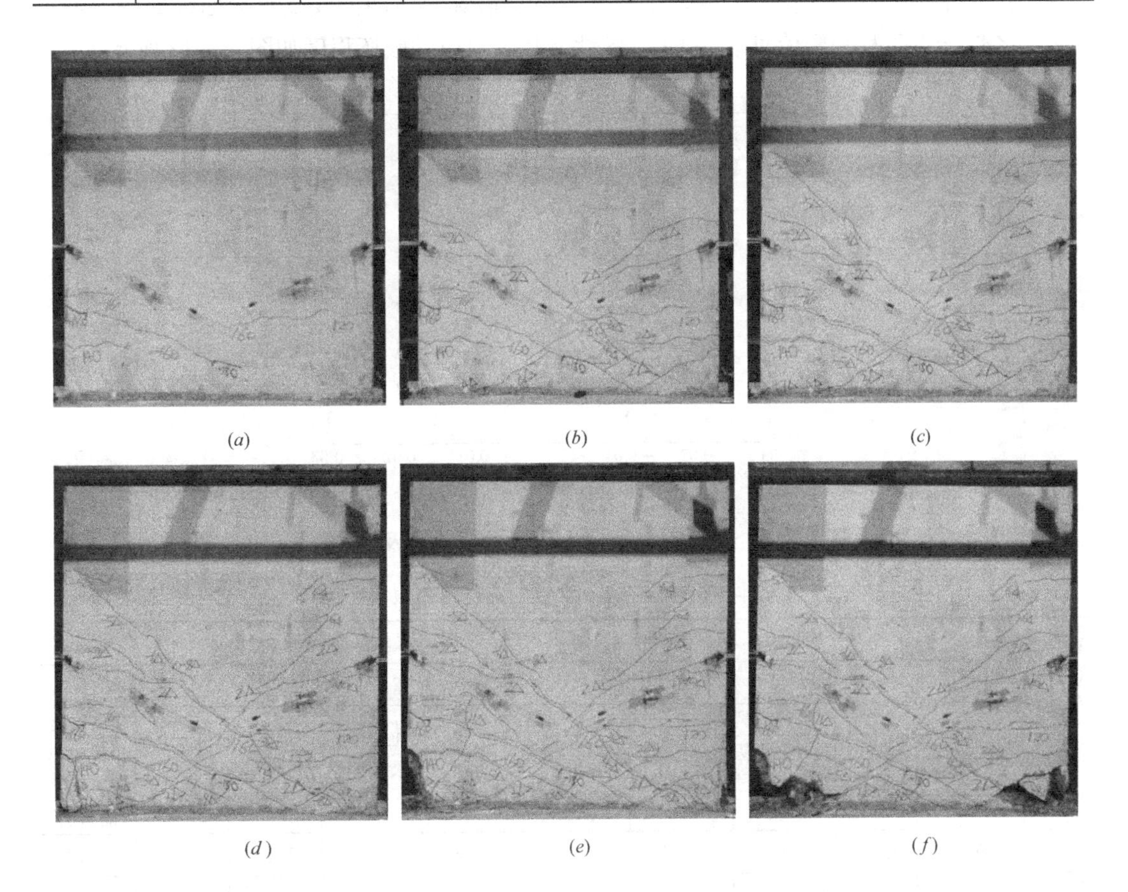

图 4-4-10　试件 W-1.2-1.36-0.2 各性能状态的破坏程度

(*a*) 完好；(*b*) 轻微损坏；(*c*) 轻中等破坏；(*d*) 中等破坏；(*e*) 比较严重破坏；(*f*) 严重破坏

4.4.6　W-1.2-3.07-0.2

加载至 160kN 时，试件开裂，两侧分别出现 2～3 条水平裂缝，裂缝宽度为 0.1mm；加载至 200～260kN 时，沿墙身向上不断出现新裂缝，裂缝不断斜向下发展，接近 45°斜裂缝；加载至 280kN 时，纵筋屈服，墙身上角部出现斜裂缝，取 Δ=3.5mm；2Δ 加载时，主特征斜裂缝完全出现，斜裂缝宽度 1.0mm；3Δ 加载时，承载力达到峰值，角部混凝土出现竖向裂缝进而开始掉落，斜裂缝宽度 1.5mm；4Δ 加载时，主特征斜裂缝相交处有小块混凝土掉落，斜裂缝宽度 2.1mm；5Δ 加载时，角部混凝土开始剪坏，主特征斜裂缝突然张大，裂缝宽度 5.0mm，承载力下降 15%；6Δ 加载时，四角部混凝土或鼓起或被压碎掉落，左下角约束区混凝土几乎完全被压溃，露出纵筋，斜裂缝宽度为 8mm，承载力下降 25%；7Δ 加载时，墙身混凝土大块掉落，分布钢筋露出，承载力下降 50%，试验终止。该试件早期裂缝多为弯剪裂缝逐渐出现剪切裂缝，最后出现主特征斜裂缝（即对角裂缝）且裂缝宽度在随后加载中均为最大值；角部混凝土在主特征裂缝出现前仍然保持完好，后期混凝土掉落露出纵筋，纵筋表现为错动且没被压屈；试件主要沿对角裂缝混凝土滑动，沿对角裂缝混凝土保持较好，试件发生弯剪破坏。滞回曲线及骨架曲线如图 4-4-11 所示，各性能点位移角限值见表 4-4-6，各性能状态对应的破坏程度如图 4-4-12 所示。

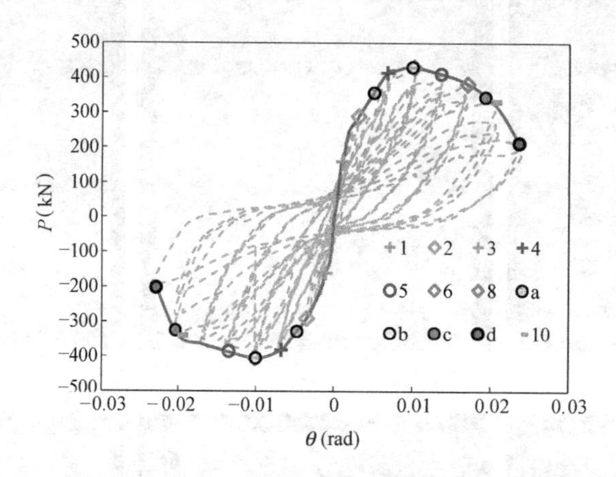

图 4-4-11　试件 W-1.2-3.07-0.2 的滞回曲线及骨架曲线

试件 W-1.2-3.07-0.2 性能点位移角限值　　**表 4-4-6**

<table>
<tr><td rowspan="2">θ_{m1}
（方法 1）</td><td colspan="2">完好</td><td>轻微损坏</td><td colspan="2">轻中等破坏</td><td colspan="2">中等破坏</td><td colspan="2">比较严重破坏</td><td>严重破坏</td></tr>
<tr><td colspan="2">1/206</td><td>1/116</td><td colspan="2">1/81</td><td colspan="2">1/62</td><td colspan="2">1/50</td><td>1/42</td></tr>
<tr><td rowspan="2">θ_{m2}
（方法 2）</td><td>开裂</td><td>纵筋屈服</td><td>主特征斜裂缝出现，裂缝宽度超过1mm</td><td>裂缝宽度超过2mm</td><td>混凝土保护层出现竖缝并开始掉落</td><td>角部混凝土剪坏</td><td>主特征斜裂缝突然张开</td><td>角部混凝土几乎被完全压碎</td><td>纵筋露出</td><td>墙身混凝土大块掉落，分布筋露出</td></tr>
<tr><td>1/928</td><td>1/307</td><td>1/149</td><td>1/74</td><td>1/99</td><td>1/59</td><td>1/59</td><td>1/50</td><td>1/50</td><td>1/42</td></tr>
<tr><td>$(\theta_{m1}-\theta_{m2})/\theta_{m2}$</td><td>350.4%</td><td>49.0%</td><td>28.4%</td><td>−8.6%</td><td>22.2%</td><td>4.4%</td><td>4.8%</td><td>0%</td><td>0%</td><td>0%</td></tr>
</table>

4.4.7　W-1.2-1.36-0.5

加载至 240kN 时，试件开裂；加载至 260～300kN 时，裂缝处于延伸和新增阶段，裂缝多为弯剪裂缝；加载至 320kN 时，纵筋屈服，取 Δ=2.5mm；2Δ 加载时，次特征斜裂缝出现，裂缝宽度为 0.5mm；3Δ 加载时，最大裂缝宽度为 1.0mm，承载力达到峰值，角部出现竖向裂缝，保护层混凝土鼓起；4Δ 加载时，最大裂缝宽度为 2.0mm，角部竖向裂缝不断发展和新增，保护层混凝土即将掉落；5Δ 加载时，角部混凝土被压碎，纵筋裸露，右侧中下

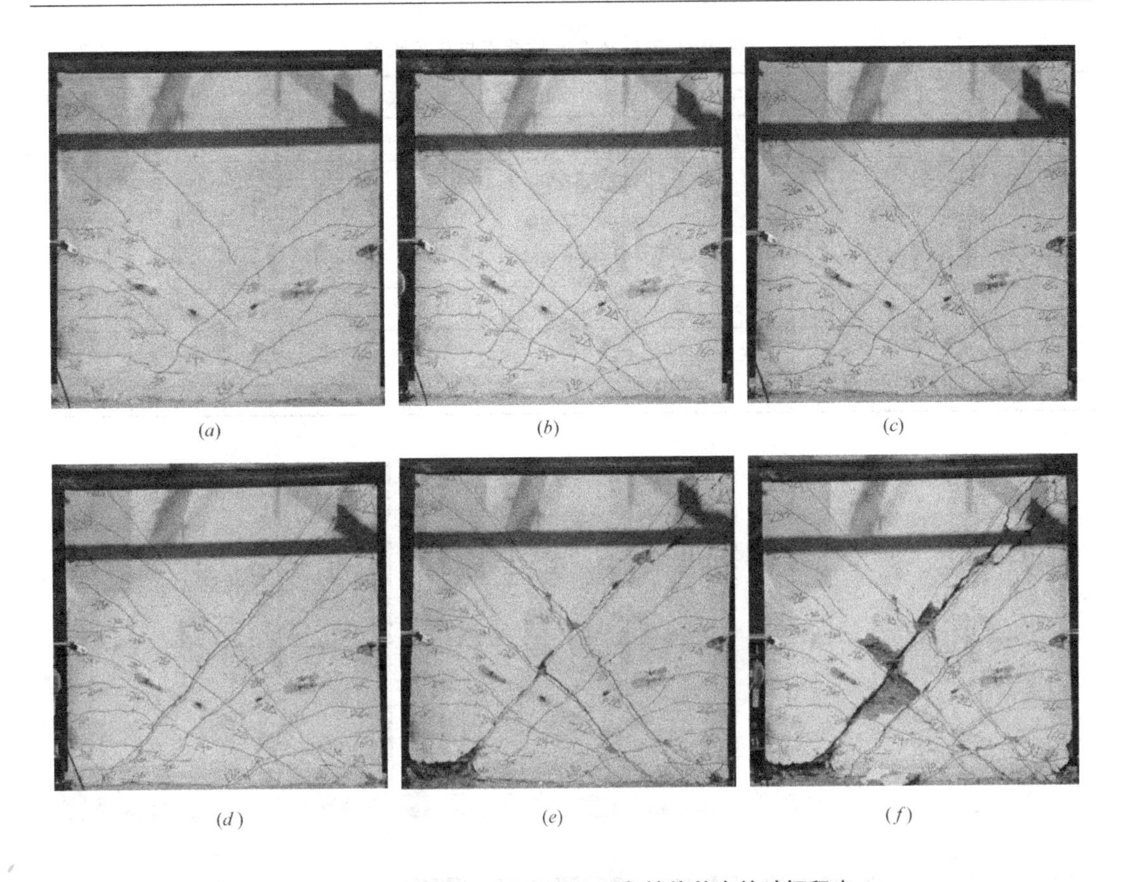

图 4-4-12　试件 W-1.2-3.07-0.2 各性能状态的破坏程度

(a) 完好；(b) 轻微损坏；(c) 轻中等破坏；(d) 中等破坏；(e) 比较严重破坏；(f) 严重破坏

新增竖向裂缝；6Δ 加载时，纵筋被压屈；7Δ 加载时，纵筋拉断，承载力突然下降到峰值的 25%；改单推后，丧失轴向承载力，试验终止。该试件裂缝开展较少，多为弯裂缝和弯剪裂缝，后期试件两角部混凝土损坏严重，两侧纵筋被拉断，最终破坏时腹板混凝土出现竖向裂缝后承载力突然下降，试件发生弯剪破坏。滞回曲线及骨架曲线如图 4-4-13 所示，各性能点位移角限值见表 4-4-7，各性能状态对应的破坏程度如图 4-4-14 所示。

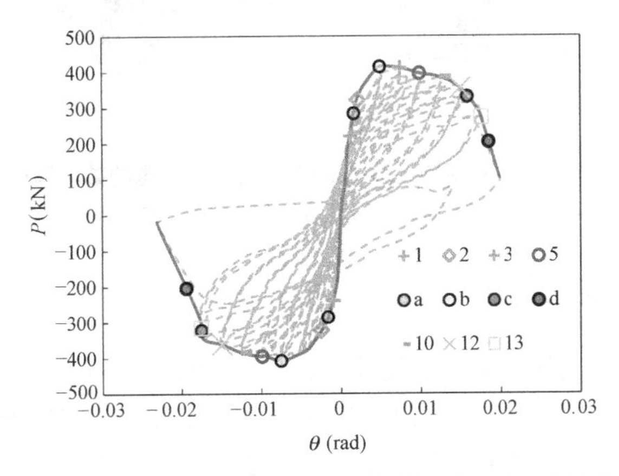

图 4-4-13　试件 W-1.2-1.36-0.5 的滞回曲线及骨架曲线

试件 W-1.2-1.36-0.5 性能点位移角限值 **表 4-4-7**

θ_{m1}（方法 1）	完好		轻微损坏		轻中等破坏	中等破坏		比较严重破坏		严重破坏
	1/425		1/169		1/105	1/76		1/60		1/47
θ_{m2}（方法 2）	开裂	纵筋屈服	裂缝宽度超过1mm	混凝土保护层出现竖缝	裂缝宽度超过2mm	角部混凝土被压碎	钢筋露出	钢筋被压屈	钢筋被拉断	腹板混凝土出现竖向裂缝
	1/898	1/434	1/134	1/134	1/101	1/80	1/80	1/67	1/57	1/50
$(\theta_{m1}-\theta_{m2})/\theta_{m2}$	111.3%	2.1%	−20.7%	−20.7%	−3.8%	5.3%	5.3%	11.7%	−5.0%	6.4%

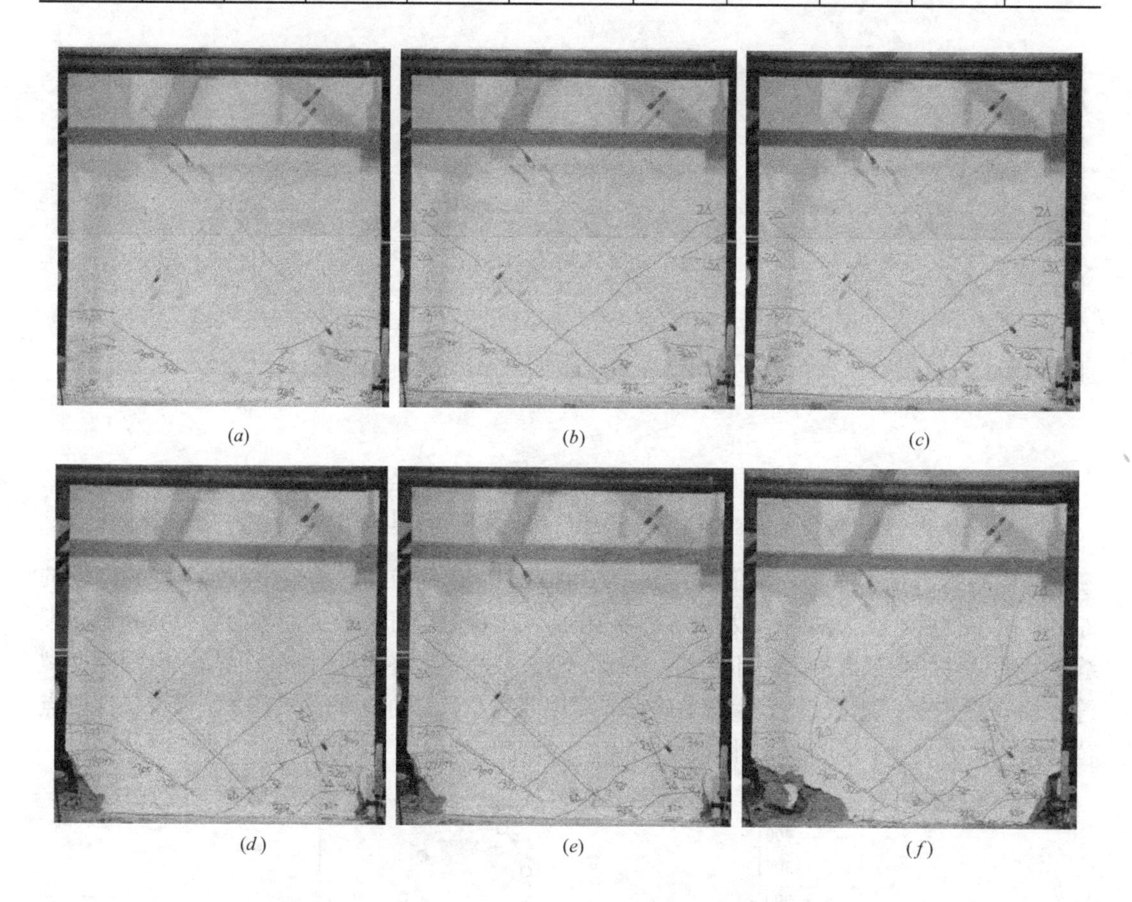

(*a*) (*b*) (*c*) (*d*) (*e*) (*f*)

图 4-4-14 试件 W-1.2-1.36-0.5 各性能状态的破坏程度

(*a*) 完好；(*b*) 轻微损坏；(*c*) 轻中等破坏；(*d*) 中等破坏；(*e*) 比较严重破坏；(*f*) 严重破坏

4.4.8 W-1.2-3.07-0.5

加载至 240kN 时，试件开裂；加载至 280～400kN 时，试件处于裂缝不断延伸和新增阶段，裂缝在边缘约束区多为水平裂缝，进入墙身后发展为 45°斜裂缝，新增裂缝位置逐渐向上发展，且越来越偏向纯剪裂缝，最大裂缝宽度为 0.3mm；正向加载至 440kN、负向加载至−420kN 时，纵筋屈服，负向的主特征斜裂缝出现，最大裂缝宽度为 0.5mm，

取 Δ=4.5mm；2Δ 加载时，承载力达到峰值，主特征斜裂缝完全出现，角部先出现竖向裂缝接着保护层混凝土掉落，沿斜裂缝上的混凝土有小块脱落，右侧墙身出现竖向裂缝，最大裂缝宽度为 1.2mm；3Δ 加载时，对角裂缝下角部开始出现平行斜裂缝（混凝土被压碎成小斜柱的前兆），沿斜裂缝上的混凝土鼓起，出现轴压裂缝，最大裂缝宽度为 1.8mm；4Δ 加载时，第一次循环后，大斜裂缝下角部混凝土破坏严重，纵筋外露，第三次循环后，承载力下降至峰值的 33%，大斜裂缝下角部混凝土脱落区域呈倒 V 形，分布钢筋露出，最大裂缝宽度为 4.5mm，试验终止。该试件裂缝遍布整个墙身，且主要为斜裂缝；后期破坏主要集中在主特征斜裂缝上，在破坏前主特征斜裂缝的宽度均没超过 2mm，沿斜裂缝上的混凝土被压鼓起，最终破坏时表现为左下角部混凝土被压溃，主特征斜裂缝下角部的混凝土被压碎掉落，试件发生弯剪破坏。滞回曲线及骨架曲线如图 4-4-15 所示，各性能点位移角限值见表 4-4-8，各性能状态对应的破坏程度如图 4-4-16 所示。

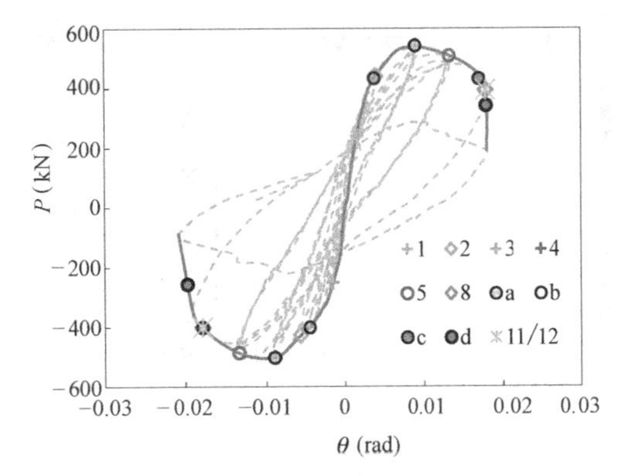

图 4-4-15　试件 W-1.2-3.07-0.5 的滞回曲线及骨架曲线

试件 W-1.2-3.07-0.5 性能点位移角限值　　表 4-4-8

θ_{m1}	完好		轻微损坏		轻中等破坏	中等破坏		比较严重破坏		严重破坏
（方法 1）	1/241		1/134		1/93	1/71		1/57		1/51
θ_{m2}（方法 2）	开裂	纵筋屈服	裂缝宽度 1mm，且主特征斜裂缝完全出现	混凝土保护层出现竖缝且脱落	—	对角裂缝下角部开始出现斜裂缝	出现轴压裂缝	大斜裂缝下角部混凝土破坏严重	纵筋外露	大斜裂缝下角部混凝土脱落成倒 V 形，纵筋压屈
	1/639	1/208	1/112	1/112	—	1/75	1/75	1/56	1/56	1/49
$(\theta_{m1}-\theta_{m2})/\theta_{m2}$	165.1%	−13.7%	−16.4%	−16.4%	—	5.6%	5.6%	−1.8%	−1.8%	−3.9%

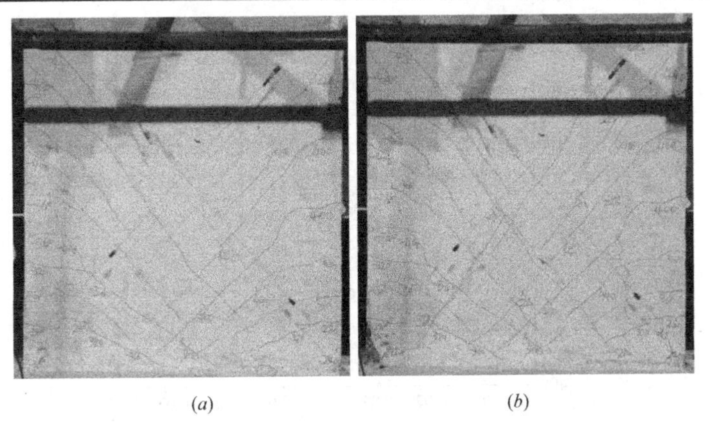

(*a*)　　(*b*)

图 4-4-16　试件 W-1.2-3.07-0.5 各性能状态的破坏程度（一）

(*a*) 完好；(*b*) 轻微损坏

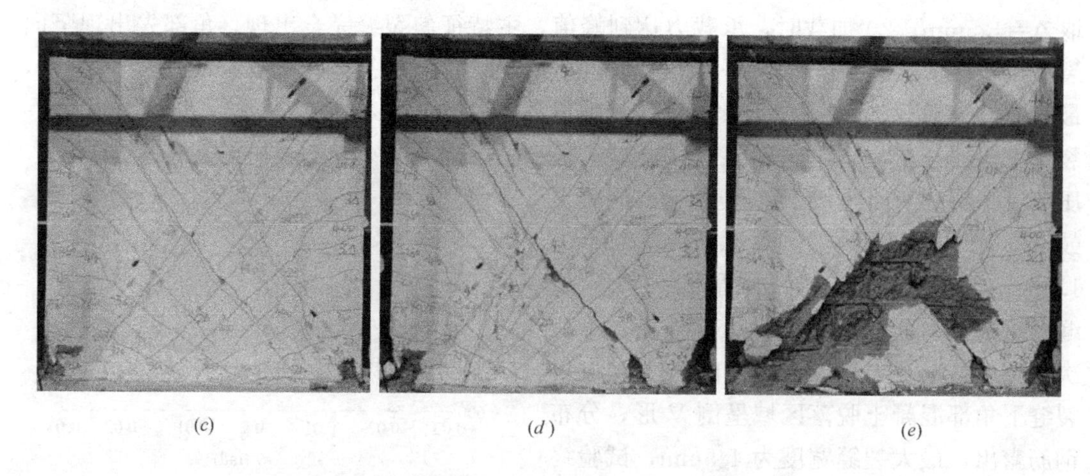

图 4-4-16 试件 W-1.2-3.07-0.5 各性能状态的破坏程度（二）

（c）中等破坏；（d）比较严重破坏；（e）严重破坏

4.4.9 W-1.65-1.36-0.2

当加载至 160kN 时，暗柱纵筋屈服，此时屈服位移 Δ_y 约为 3mm，墙面上还未出现裂缝；当加载至 $2\Delta_y$ 时，试件开裂；加载至 $4\Delta_y$ 时，墙面最大裂缝宽度达到 1mm；加载至 $6\Delta_y$ 时，墙面的最大裂缝宽度达到 2mm；当加载至 $7\Delta_y$ 时，墙底角部的混凝土保护层开始出现剥落；加载至 $8\Delta_y$ 时，试件的水平承载力达到峰值，同时混凝土保护层剥落范围扩大，墙角底部的暗柱纵筋外露；当加载至 $10\Delta_y$ 时，可观察到暗柱外露纵筋明显压屈，此时承载力下降达到 20%左右；当加载至 $11\Delta_y$ 时，出现外露的纵筋拉断的现象；加载至 $15\Delta_y$ 时，暗柱内核心区混凝土保护层几乎全部压溃，暗柱纵筋几乎全部拉断，承载力下降超过 45%，试验停止。试件墙面主要为水平裂缝，且破坏集中在两侧墙底角部，试件发生弯曲破坏。滞回曲线及骨架曲线如图 4-4-17 所示，各性能点位移角限值见表 4-4-9，各性能状态对应的破坏程度如图 4-4-18 所示。

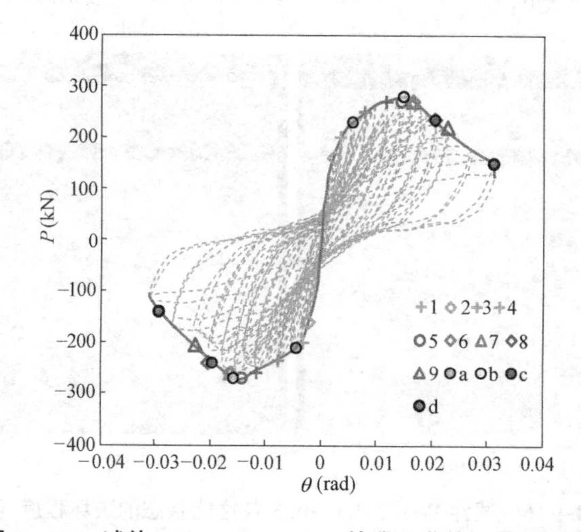

图 4-4-17 试件 W-1.65-1.36-0.2 的滞回曲线及骨架曲线

试件 W-1.65-1.36-0.2 性能点位移角限值 **表 4-4-9**

<table>
<tr><td rowspan="2">θ_{m1}
（方法 1）</td><td colspan="2">完好</td><td>轻微损坏</td><td colspan="2">轻中等破坏</td><td colspan="2">中等破坏</td><td colspan="2">比较严重破坏</td><td>严重破坏</td></tr>
<tr><td colspan="2">1/200</td><td>1/114</td><td colspan="2">1/80</td><td colspan="2">1/61</td><td colspan="2">1/50</td><td>1/33</td></tr>
<tr><td rowspan="2">θ_{m2}
（方法 2）</td><td>开裂</td><td>纵筋屈服</td><td>裂缝宽度超过 1mm</td><td>裂缝宽度超过 2mm</td><td>混凝土保护层开始剥落</td><td>混凝土保护层剥落严重</td><td>纵筋露出</td><td>纵筋压屈</td><td>纵筋拉断</td><td>轴压破坏</td></tr>
<tr><td>1/303</td><td>1/455</td><td>1/130</td><td>1/86</td><td>1/70</td><td>1/61</td><td>1/61</td><td>1/49</td><td>1/44</td><td>1/32</td></tr>
<tr><td>$(\theta_{m1}-\theta_{m2})/\theta_{m2}$</td><td>51.5%</td><td>129.1%</td><td>14.9%</td><td>8.19%</td><td>−11.59%</td><td>0.23%</td><td>0.23%</td><td>−1.95%</td><td>−11.06%</td><td>−3.03%</td></tr>
</table>

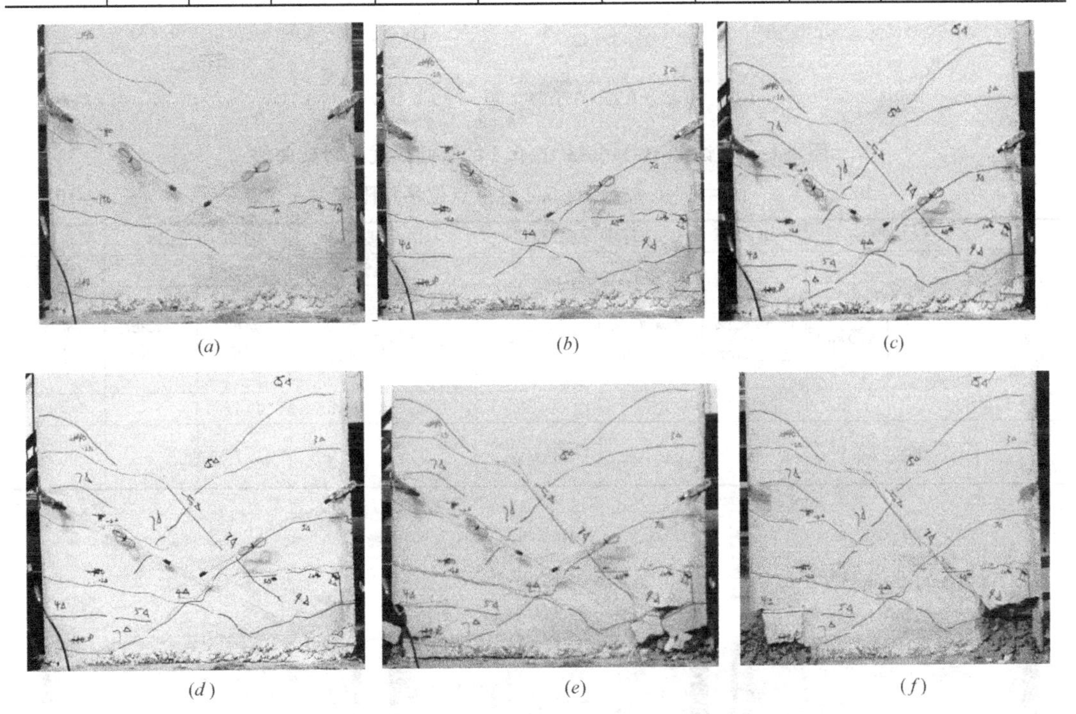

(*a*) (*b*) (*c*) (*d*) (*e*) (*f*)

图 4-4-18 试件 W-1.65-1.36-0.2 各性能状态的破坏程度

(*a*) 完好；(*b*) 轻微损坏；(*c*) 轻中等破坏；(*d*) 中等破坏；(*e*) 比较严重破坏；(*f*) 严重破坏

4.4.10 W-1.65-3.07-0.2

当加载至 180kN 时，墙面开始出现水平裂缝；当加载至 240kN，暗柱纵筋屈服，此时屈服 Δ_y 位移约为 6mm；当加载至 $2\Delta_y$ 时，试件的水平承载力达到峰值，同时裂缝宽度达到 1mm；当加载至 $3\Delta_y$ 时，混凝土保护层开始剥落，裂缝宽度达到 2mm；当加载至 $4\Delta_y$ 时，混凝土保护层的剥落范围扩大，暗柱纵筋开始外露；当加载至 $5\Delta_y$ 时，外露纵筋出现轻微的压屈现象；加载至 $6\Delta_y$ 时，墙面上的斜裂缝迅速扩张，暗柱纵筋严重压屈，底部混凝土破坏剥落严重，承载力下降超过 40%，试验停止。试件最开始出现的裂缝为水平裂缝，后期墙面上的斜裂缝迅速开展，斜裂缝开裂严重，试件发生弯剪破坏。滞回曲线及骨架曲线如图 4-4-19 所示，各性能点位移角限值见表 4-4-10，各性能状态对应的破坏程度如图 4-4-20 所示。

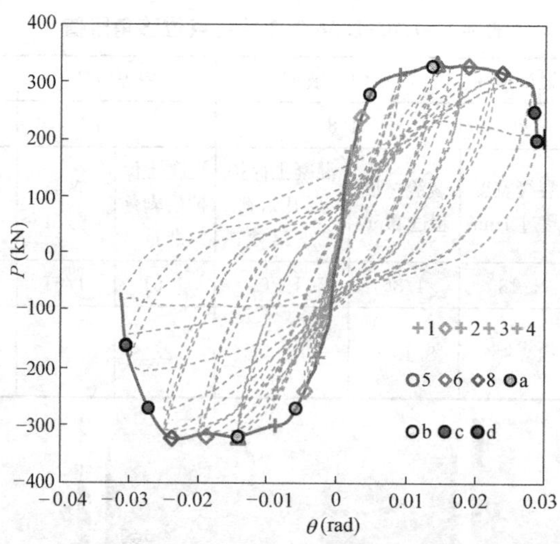

图 4-4-19　试件 W-1.65-3.07-0.2 的滞回曲线及骨架曲线

试件 W-1.65-3.07-0.2 性能点位移角限值　　表 4-4-10

θ_{m1}（方法 1）	完好		轻微损坏	轻中等破坏		中等破坏		比较严重破坏		严重破坏
	1/192		1/92	1/60		1/45		1/36		1/34
θ_{m2}（方法 2）	开裂	纵筋屈服	裂缝宽度超过 1mm	裂缝宽度超过 2mm	混凝土保护层开始剥落	混凝土保护层剥落严重	纵筋露出	纵筋压屈	纵筋拉断	轴压破坏
	1/357	1/250	1/112	1/70	1/70	1/53	1/53	1/42	—	1/33
$(\theta_{m1}-\theta_{m2})/\theta_{m2}$	85.9%	30.9%	23.4%	16.3%	16.3%	16.9%	16.9%	16.7%	—	−8.8%

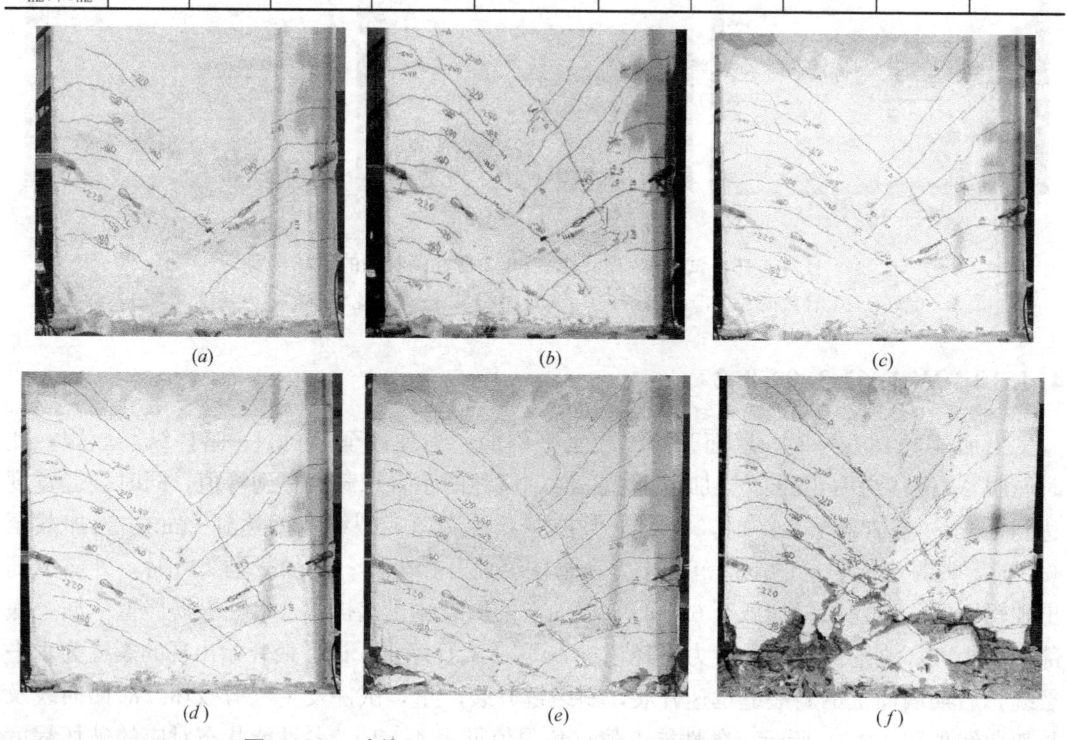

图 4-4-20　试件 W-1.65-3.07-0.2 各性能状态的破坏程度

(*a*) 完好；(*b*) 轻微损坏；(*c*) 轻中等破坏；(*d*) 中等破坏；(*e*) 比较严重破坏；(*f*) 严重破坏

4.4.11　W-1.65-1.36-0.5

加载至 140kN 时，开始出现水平裂缝；加载至 260kN 时，暗柱纵筋屈服，此时屈服位移 Δ_y 约为 4.5mm；当加载至 $2\Delta_y$ 时，墙面上的裂缝宽度达到 1mm；加载至 $3\Delta_y$ 时，承载力达到峰值，此时墙面上的裂缝宽度也同时达到了 2mm；进行 $4\Delta_y$ 加载时，墙底角部开始出现混凝土保护层剥落，此时承载力未下降；加载至 $5\Delta_y$ 时，在第一次循环加载后可见暗柱纵筋外露，进行第三次循环加载后，原先外露的纵筋出现了压屈现象；进行 $6\Delta_y$ 加载时，暗柱纵筋拉断，进行第二次循环加载时，试件突然被压溃，无法继续承载竖向轴力，发生轴压破坏，试验停止。试件前期破坏以弯曲破坏为主，后期发生轴压破坏。滞回曲线及骨架曲线如图 4-4-21 所示，各性能点位移角限值见表 4-4-11，各性能状态对应的破坏程度如图 4-4-22 所示。

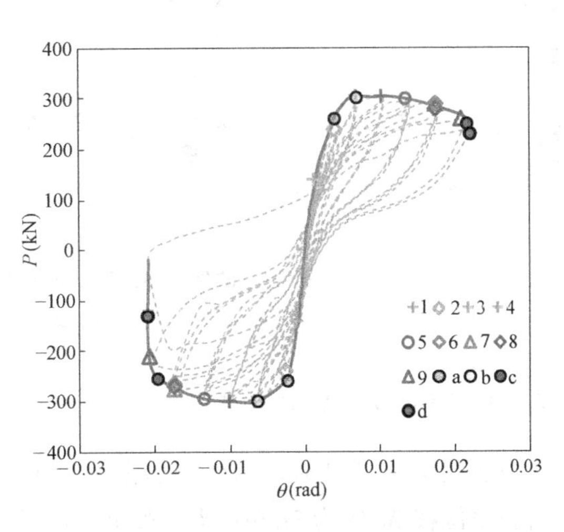

图 4-4-21　试件 W-1.65-1.36-0.5 的滞回曲线及骨架曲线

试件 W-1.65-1.36-0.5 性能点位移角限值　　表 4-4-11

θ_{m1}（方法 1）	完好		轻微损坏	轻中等破坏		中等破坏		比较严重破坏		严重破坏
	1/312		1/132	1/84		1/61		1/48		1/47
θ_{m2}（方法 2）	开裂	纵筋屈服	裂缝宽度超过 1mm	裂缝宽度超过 2mm	混凝土保护层开始剥落	混凝土保护层剥落严重	纵筋露出	纵筋压屈	纵筋拉断	轴压破坏
	1/833	1/303	1/147	1/98	1/74	1/57	1/57	1/57	1/47	1/47
$(\theta_{m1}-\theta_{m2})/\theta_{m2}$	167.0%	−2.1%	12.4%	16.8%	−12.4%	−6.6%	−6.6%	19.0%	1.9%	0%

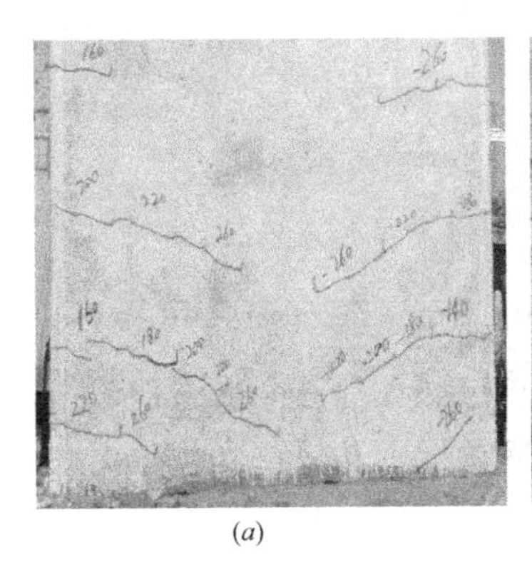

(*a*)

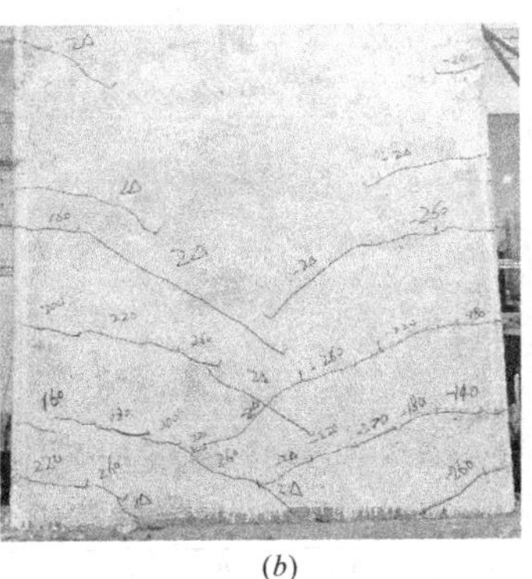

(*b*)

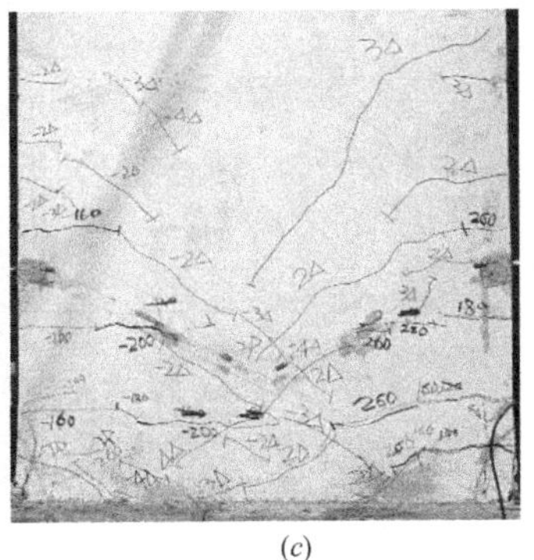

(*c*)

图 4-4-22　试件 W-1.65-1.36-0.5 各性能状态的破坏程度（一）

(*a*) 完好；(*b*) 轻微损坏；(*c*) 轻中等破坏

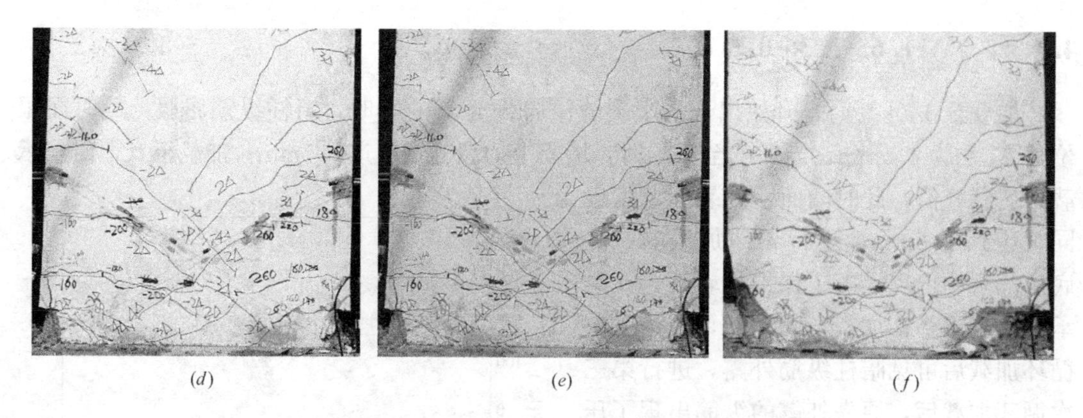

(*d*)　　(*e*)　　(*f*)

图 4-4-22　试件 W-1.65-1.36-0.5 各性能状态的破坏程度（二）

（*d*）中等破坏；（*e*）比较严重破坏；（*f*）严重破坏

4.4.12　W-1.65-3.07-0.5

当加载至 200kN 时，墙面开始出现水平裂缝；当加载至 320kN 时，暗柱纵筋屈服，此时屈服位移 Δ_y 约为 5mm；当加载至 $2\Delta_y$ 时，墙面上新增较多裂缝，最大的裂缝宽度达到 1mm；当加载至 $3\Delta_y$ 时，水平承载力达到峰值，同时混凝土保护层开始出现剥落；当加载至 $4\Delta_y$ 时，混凝土保护层严重剥落，但未观察到纵筋外露现象，墙面上的最大裂缝宽度达到 2mm；当加载至 $5\Delta_y$ 时，当进行第一次循环加载时，承载力未下降，未出现明显现象，第二次循环加载时，承载力仍未下降，但墙面上的斜裂缝迅速扩张、变宽，当进行第三次循环加载时，试件突然被压溃，无法继续承受轴压力，试验停止。墙面上最初开展的为水平裂缝，以弯曲变形为主，后面斜裂缝迅速发展，在墙面上形成交叉的主斜裂缝，墙面上出现因斜裂缝开展而导致混凝土保护层剥落，试件发生弯剪破坏。滞回曲线及骨架曲线如图 4-2-23 所示，各性能点位移角限值见表 4-4-12，各性能状态对应的破坏程度如图 4-2-24 所示。

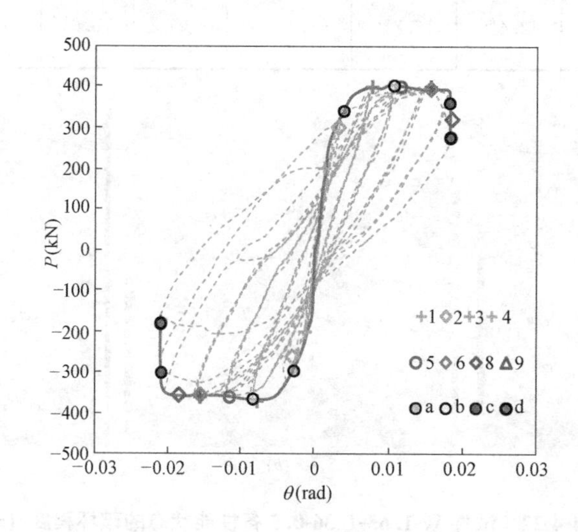

图 4-4-23　试件 W-1.65-3.07-0.5 的滞回曲线及骨架曲线

试件 W-1.65-3.07-0.5 性能点位移角限值 **表 4-4-12**

θ_{m1}（方法1）	完好		轻微损坏	轻中等破坏		中等破坏		比较严重破坏		严重破坏
	1/294		1/134	1/87		1/64		1/51		1/51
θ_{m2}（方法2）	开裂	纵筋屈服	裂缝宽度超过1mm	裂缝宽度超过2mm	混凝土保护层开始剥落	混凝土保护层剥落严重	纵筋露出	纵筋压屈	纵筋拉断	轴压破坏
	1/769	1/286	1/128	1/64	1/86	1/64	—	1/52	—	1/50
$(\theta_{m1}-\theta_{m2})/\theta_{m2}$	161.6%	−3.0%	−4.5%	−26.5%	−1.2%	−0.6%	—	1.6%	—	0%

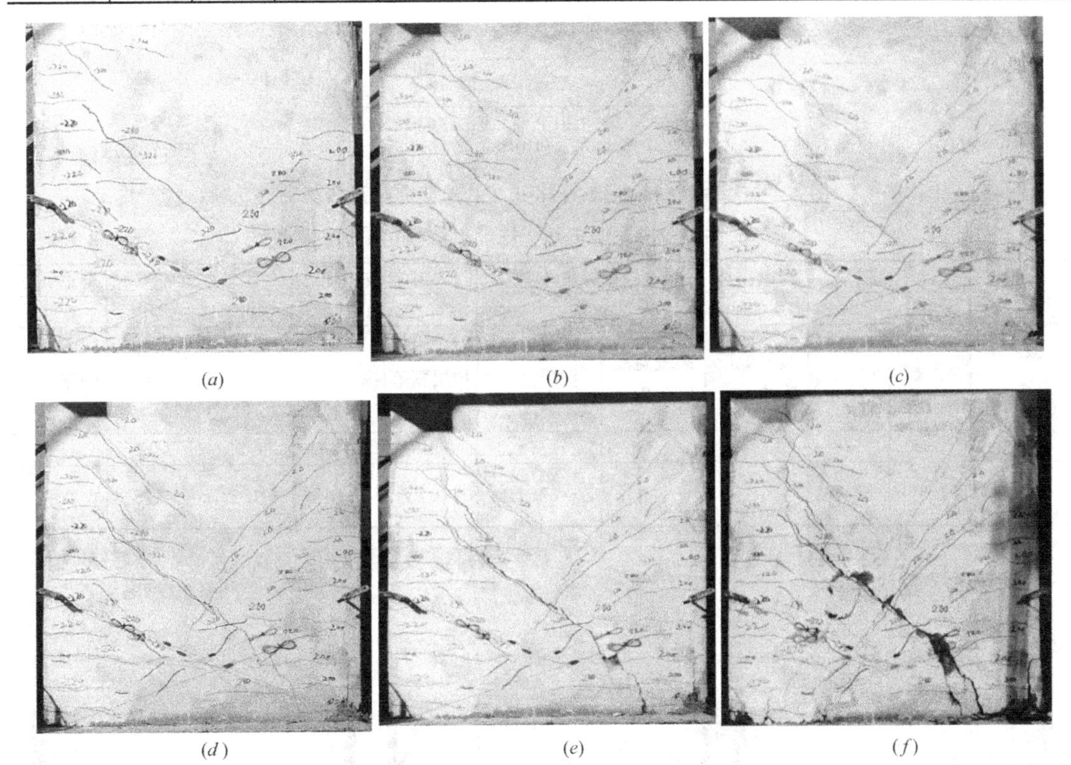

图 4-4-24 试件 W-1.65-3.07-0.5 各性能状态的破坏程度

(*a*) 完好；(*b*) 轻微损坏；(*c*) 轻中等破坏；(*d*) 中等破坏；(*e*) 比较严重破坏；(*f*) 严重破坏

4.4.13 W-2.12-1.36-0.2

加载至120kN时，墙面上开始出现水平裂缝；加载至160kN时，暗柱纵筋屈服，此时屈服位移Δ_y约为7mm；当加载至$2\Delta_y$时，承载力达到峰值，此时裂缝宽度达到1mm；当加载至$4\Delta_y$时，墙面最大裂缝宽度达到2mm，墙角底部的混凝土保护层开始出现轻微的剥落；当加载至$5\Delta_y$时，开始出现大块的混凝土保护层剥落，承载力开始出现轻微的下降；当加载至$6\Delta_y$时，混凝土剥落严重，暗柱纵筋外露；加载至$7\Delta_y$时，裂缝暗柱纵筋被压屈，水平承载力下降超过20%；当加载至$7\Delta_y$时，暗柱纵筋被拉断，承载力下降超过40%，试验停止。墙面上的裂缝主要为水平裂缝，且破坏集中在墙体两侧角部区域，试件发生弯曲破坏。滞回曲线及骨架曲线如图4-4-25所示，各性能点位移角限值见表4-4-13，各性能状态对应的破坏程度如图4-4-26所示。

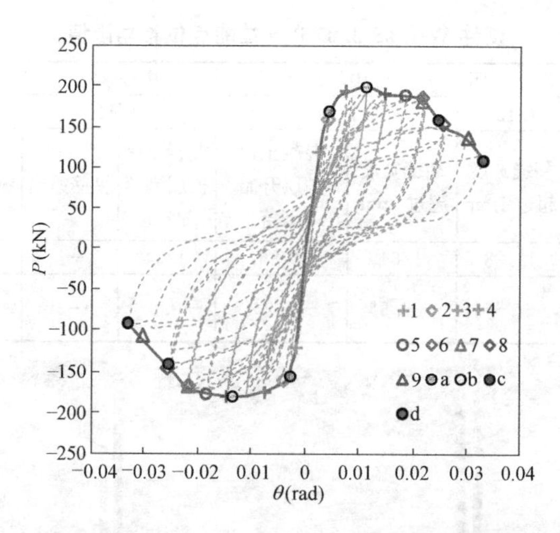

图 4-4-25　试件 W-2. 12-1. 36-0. 2 的滞回曲线及骨架曲线

试件 W-2. 12-1. 36-0. 2 性能点位移角限值　　　　**表 4-4-13**

θ_{m1}（方法 1）	完好		轻微损坏	轻中等破坏		中等破坏		比较严重破坏		严重破坏
	1/286		1/112	1/70		1/51		1/40		1/30
θ_{m2}（方法 2）	开裂	纵筋屈服	裂缝宽度超过 1mm	裂缝宽度超过 2mm	混凝土保护层开始剥落	混凝土保护层剥落严重	纵筋露出	纵筋压屈	纵筋拉断	轴压破坏
	1/500	1/256	1/135	1/68	1/54	1/46	1/46	1/39	1/33	1/30
$(\theta_{m1}-\theta_{m2})/\theta_{m2}$	74.8%	−9.4%	20.0%	−2.8%	−22.3%	−9.6%	−9.6%	−1.2%	−15.8%	0%

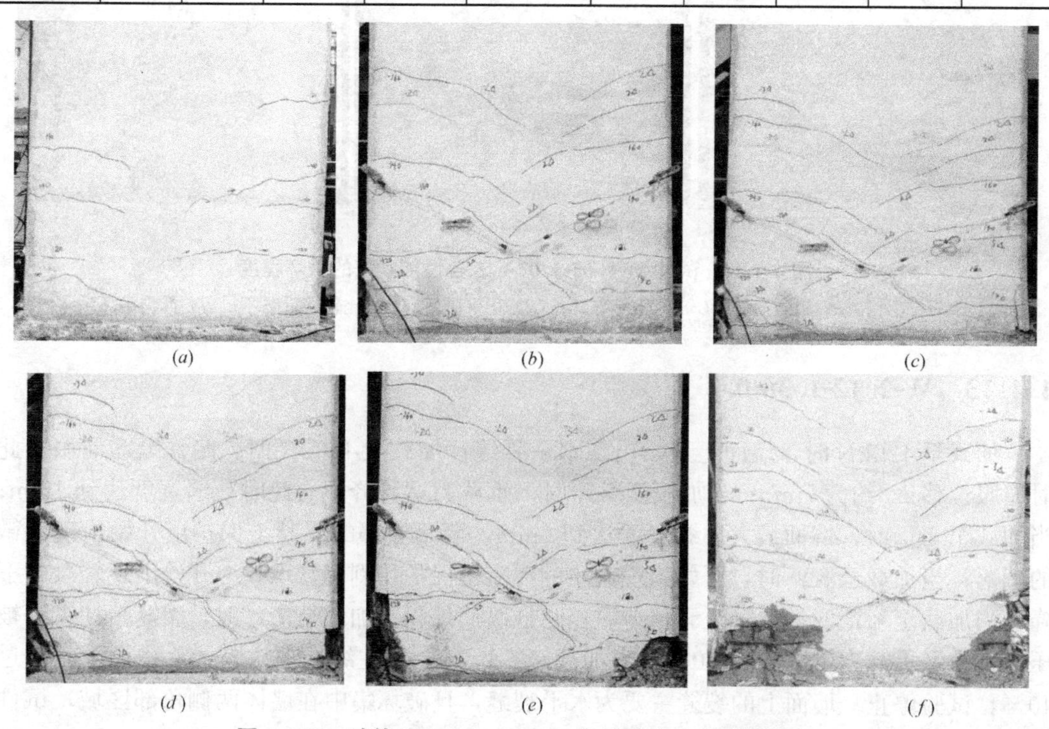

图 4-4-26　试件 W-2. 12-1. 36-0. 2 各性能状态的破坏程度

(*a*) 完好；(*b*) 轻微损坏；(*c*) 轻中等破坏；(*d*) 中等破坏；(*e*) 比较严重破坏；(*f*) 严重破坏

4.4.14　W-2.12-3.07-0.2

当加载至 100kN 时，墙面开始出现水平裂缝；加载至 220kN 时，暗柱纵筋屈服，此时屈服位移 Δ_y 约为 9mm；当加载至 $2\Delta_y$ 时，承载力达到峰值，墙面最大裂缝宽度达到 1mm；当加载至 $4\Delta_y$ 时，裂缝宽度达到 2mm，墙角底部的混凝土保护层出现剥落；当加载至 $7\Delta_y$ 时，混凝土保护层剥落严重，墙角底部的暗柱纵筋外露，墙面上的斜裂缝迅速变宽，并伴有轻微的混凝土剥落；当加载至 $8\Delta_y$ 时，外露的纵筋压屈，箍筋被拉脱，墙面分布的斜裂缝密集而且较宽，承载力下降超过 50%，试验停止。墙面上斜裂缝开展严重，但混凝土剥落集中在两侧墙角底部，试件发生弯曲破坏。滞回曲线及骨架曲线如图 4-4-27 所示，各性能点位移角限值见表 4-4-14，各性能状态对应的破坏程度如图 4-4-28 所示。

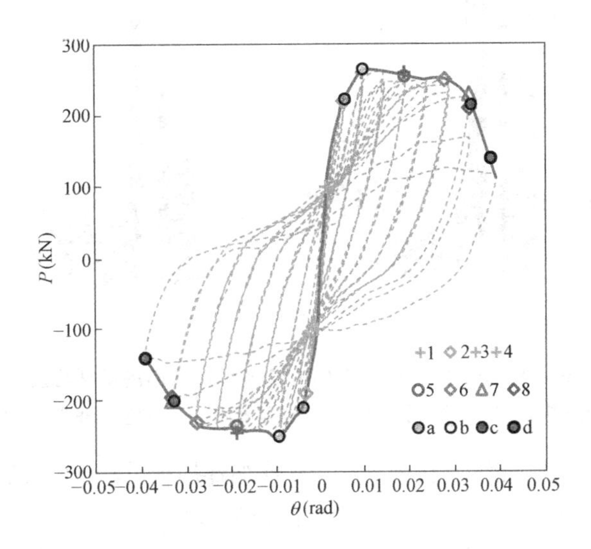

图 4-4-27　试件 W-2.12-3.07-0.2 的滞回曲线及骨架曲线

试件 W-2.12-3.07-0.2 性能点位移角限值　　表 4-4-14

<table>
<tr><td rowspan="2">θ_{m1}（方法 1）</td><td colspan="2">完好</td><td>轻微损坏</td><td colspan="2">轻中等破坏</td><td colspan="2">中等破坏</td><td colspan="2">比较严重破坏</td><td>严重破坏</td></tr>
<tr><td colspan="2">1/208</td><td>1/84</td><td colspan="2">1/52</td><td colspan="2">1/38</td><td colspan="2">1/30</td><td>1/26</td></tr>
<tr><td rowspan="2">θ_{m2}（方法 2）</td><td>开裂</td><td>纵筋屈服</td><td>裂缝宽度超过 1mm</td><td>裂缝宽度超过 2mm</td><td>混凝土保护层开始剥落</td><td>混凝土保护层剥落严重</td><td>纵筋露出</td><td>纵筋压屈</td><td>纵筋拉断</td><td>轴压破坏</td></tr>
<tr><td>1/1000</td><td>1/189</td><td>1/106</td><td>1/53</td><td>1/53</td><td>1/36</td><td>1/30</td><td>1/30</td><td>—</td><td>1/25</td></tr>
<tr><td>$(\theta_{m1}-\theta_{m2})/\theta_{m2}$</td><td>308.8%</td><td>−10.2%</td><td>26.1%</td><td>0.7%</td><td>0.7%</td><td>−7.0%</td><td>−21.2%</td><td>0%</td><td>—</td><td>−1.8%</td></tr>
</table>

4.4.15　W-2.12-1.36-0.5

当加载至 130kN 时，墙面开始出现水平裂缝；当加载至 220kN 时，暗柱纵筋屈服，此时屈服位移 Δ_y 约为 5.5mm；当加载至 $2\Delta_y$ 时，承载力达到峰值，墙面上最大的裂缝宽度达到 1mm；当加载至 $4\Delta_y$ 时，墙体角部有的混凝土保护层剥落，墙面上的最大裂缝宽度达到 2mm；当加载至 $6\Delta_y$ 时，混凝土保护层剥落严重，暗柱纵筋外露，承载力出现轻

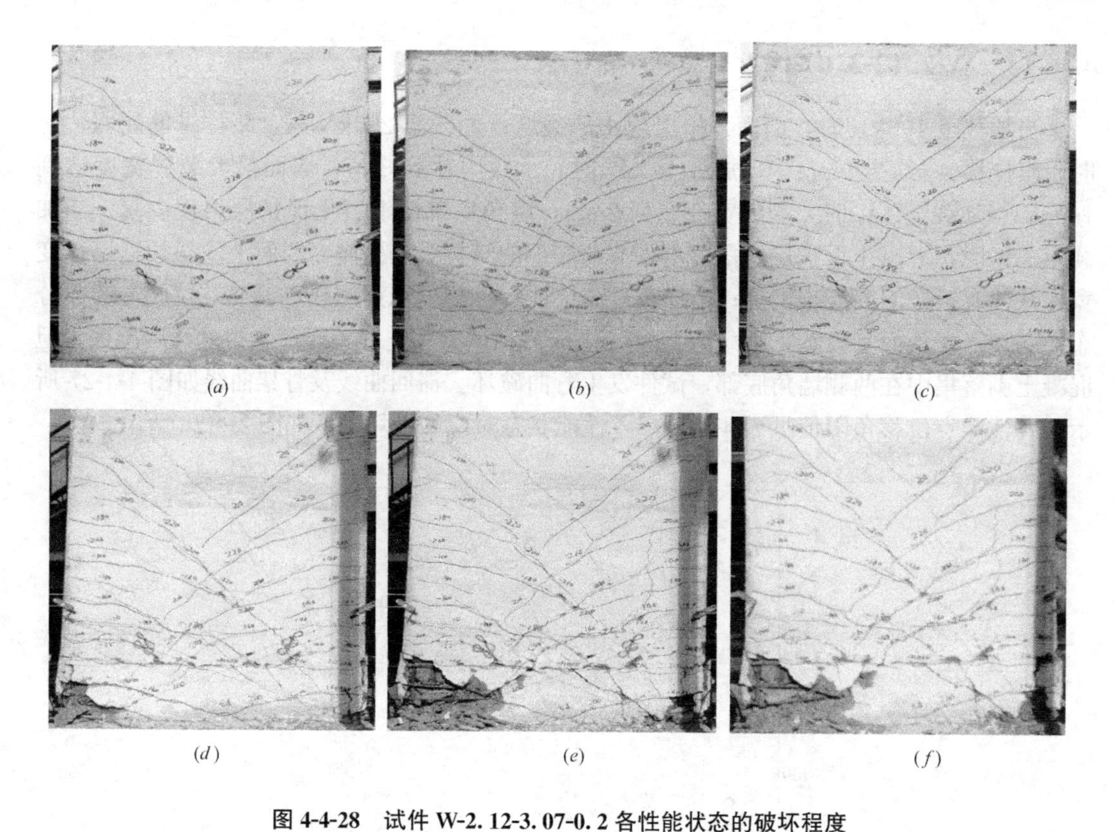

图 4-4-28　试件 W-2. 12-3. 07-0. 2 各性能状态的破坏程度

(*a*) 完好；(*b*) 轻微损坏；(*c*) 轻中等破坏；(*d*) 中等破坏；(*e*) 比较严重破坏；(*f*) 严重破坏

微下降；加载至 $7\Delta_y$ 时，暗柱纵筋拉断，在第一次循环加载后，试件突然被压溃，无法继续承受轴压力，发生轴压破坏，试验停止。在发生轴压破坏之前，试件墙面上的裂缝以水平裂缝为主，混凝土保护层剥落及破坏集中在墙体两侧角部区域，直至发生轴压破坏时，墙面腹板区域才出现大块的混凝土压溃现象，试件发生弯曲破坏。滞回曲线及骨架曲线如图 4-4-29 所示，各性能点位移角限值见表 4-4-15，各性能状态对应的破坏程度如图 4-4-30 所示。

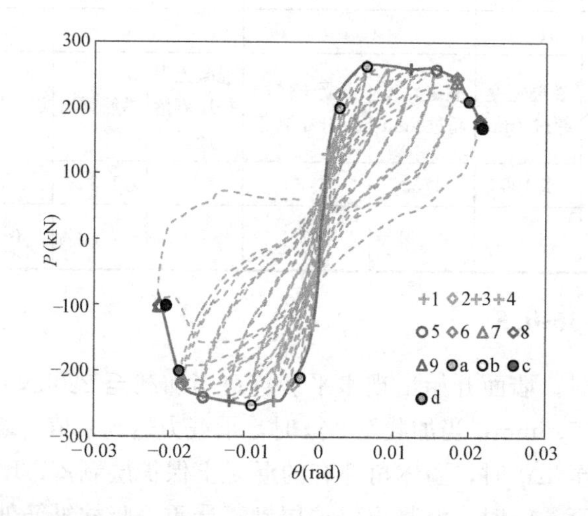

图 4-4-29　试件 W-2. 12-1. 36-0. 5 的滞回曲线及骨架曲线

试件 W-2.12-1.36-0.5 性能点位移角限值　　表 4-4-15

θ_{m1}（方法 1）	完好		轻微损坏	轻中等破坏		中等破坏		比较严重破坏		严重破坏
	1/384		1/149	1/92		1/66		1/52		1/47
θ_{m2}（方法 2）	开裂	纵筋屈服	裂缝宽度超过 1mm	裂缝宽度超过 2mm	混凝土保护层开始剥落	混凝土保护层剥落严重	纵筋露出	纵筋压屈	纵筋拉断	轴压破坏
	1/1111	1/333	1/164	1/83	1/65	1/55	1/55	1/47	1/47	1/47
$(\theta_{m1}-\theta_{m2})/\theta_{m2}$	189.3%	−15.3%	9.9%	−9.9%	−29.2%	−17.2%	−17.2%	−10.3%	−10.3%	0%

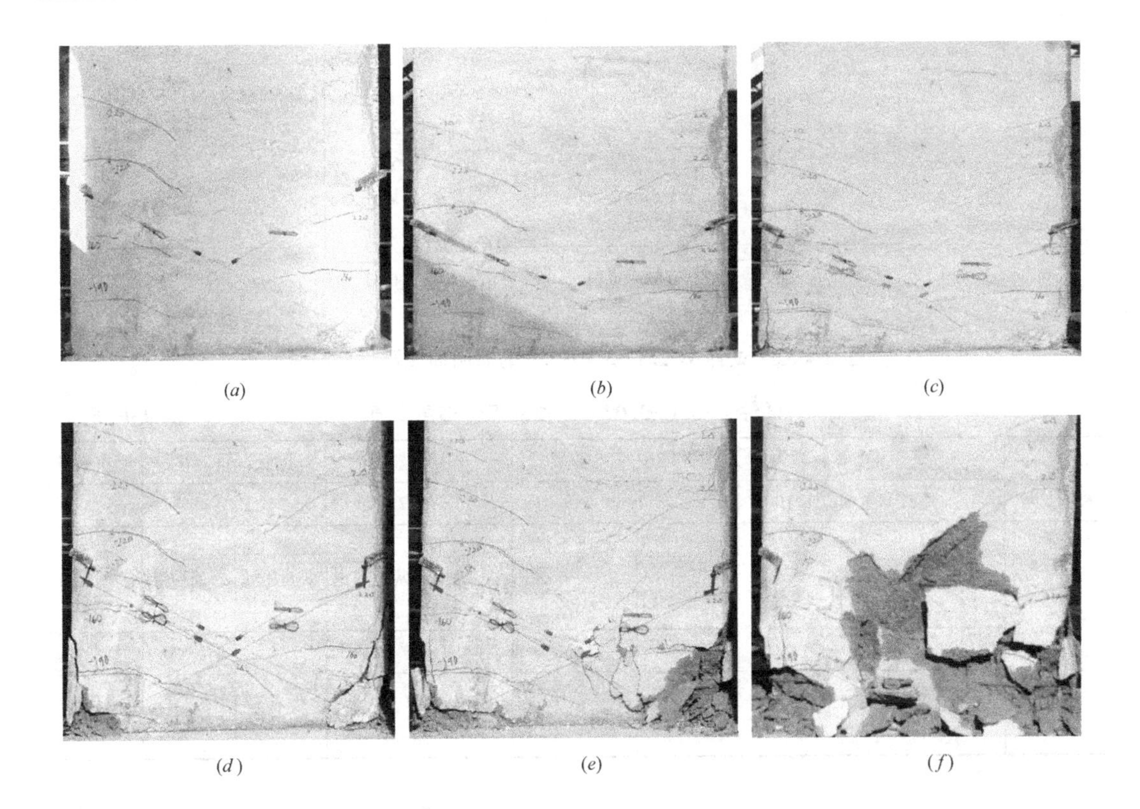

图 4-4-30　试件 W-2.12-1.36-0.5 各性能状态的破坏程度

(*a*) 完好；(*b*) 轻微损坏；(*c*) 轻中等破坏；(*d*) 中等破坏；(*e*) 比较严重破坏；(*f*) 严重破坏

4.4.16　W-2.12-3.07-0.5

当加载至 120kN 时，墙面开始出现水平裂缝；当加载至 240kN 时，暗柱纵筋开始屈服，屈服位移 Δ_y 约为 7.5mm；当加载至 $3\Delta_y$ 时，试件的水平承载力达到峰值，裂缝宽度达到 1mm；当加载至 $4\Delta_y$ 时，保护层开始剥落，裂缝宽度达到 2mm；进行 $5\Delta_y$ 加载时，混凝土保护层剥落范围扩大，在第三次循环加载后暗柱纵筋外露；进行 $6\Delta_y$ 加载时，第一、二次循环加载后墙面上出现大块的混凝土保护层剥离，进行第三次循环加载时，可见原先外露纵筋明显压屈；进行 $7\Delta_y$ 加载时，暗柱纵筋被拉断，箍筋拉脱，并在进行第三次循环加载过程中，突然丧失轴向承载力，无法继续承担轴压力，剪力墙被压溃，试验停止。试件最开始开裂为水平裂缝，到后期斜裂缝开展迅速，斜裂缝宽度较宽，试件发生弯剪破坏。滞回曲线及骨架曲线如图 4-4-31 所示，各性能点位移角限值见表 4-4-16，各性能状态对应的破坏程度如图 4-4-32 所示。

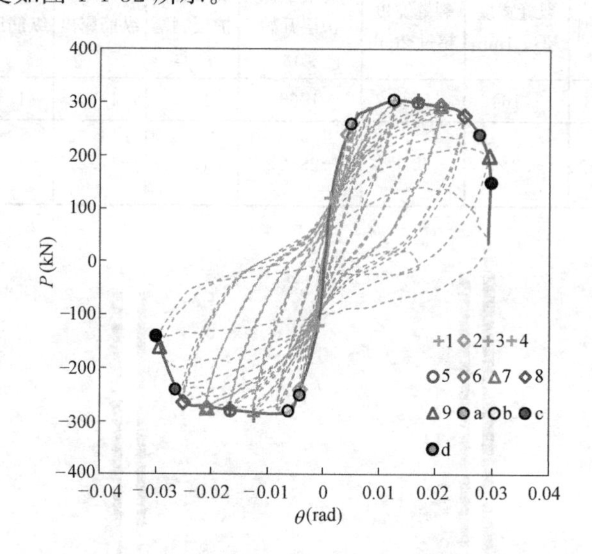

图 4-4-31 试件 W-2.12-3.07-0.5 的滞回曲线及骨架曲线

试件 W-2.12-3.07-0.5 性能点位移角限值　　表 4-4-16

θ_{m1}（方法 1）	完好		轻微损坏	轻中等破坏		中等破坏		比较严重破坏		严重破坏
	1/227		1/100	1/64		1/47		1/37		1/34
θ_{m2}（方法 2）	开裂	纵筋屈服	裂缝宽度超过 1mm	裂缝宽度超过 2mm	混凝土保护层开始剥落	混凝土保护层剥落严重	纵筋露出	纵筋压屈	纵筋拉断	轴压破坏
	1/833	1/238	1/80	1/60	1/60	1/48	1/48	1/40	1/34	1/34
$(\theta_{m1}-\theta_{m2})/\theta_{m2}$	267.0%	4.1%	−20.6%	−7.2%	−7.2%	1.2%	1.2%	6.4%	−8.9%	0%

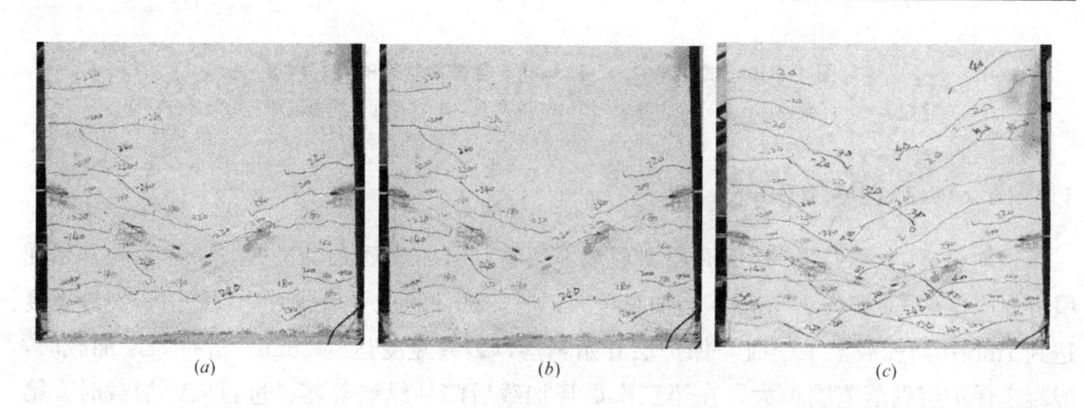

(a)　(b)　(c)

图 4-4-32 试件 W-2.12-3.07-0.5 各性能状态的破坏程度（一）

(a) 完好；(b) 轻微损坏；(c) 轻中等破坏

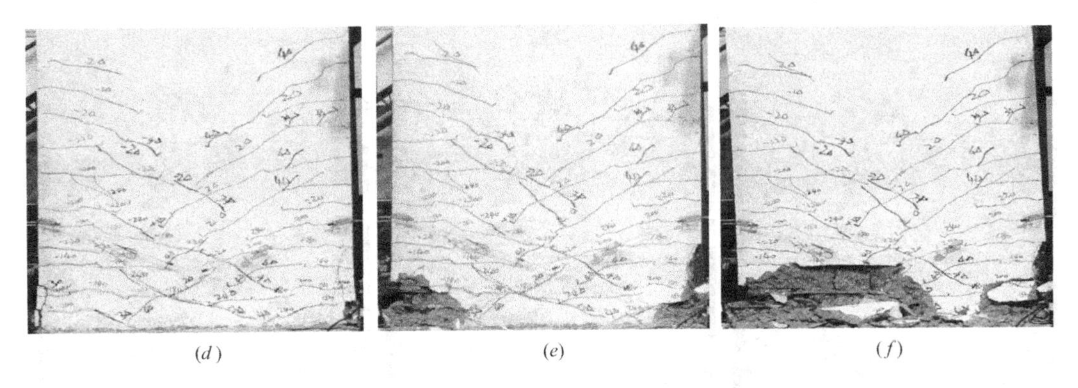

(d)　　(e)　　(f)

图 4-4-32　试件 W-2.12-3.07-0.5 各性能状态的破坏程度（二）

(d) 中等破坏；(e) 比较严重破坏；(f) 严重破坏

4.4.17　W-2.71-1.36-0.2

当加载至 80kN 时，剪力墙墙面开始出现裂缝；当加载至 110kN 时，暗柱纵筋屈服，此时屈服位移 Δ_y 约为 7mm；当加载至 $3\Delta_y$ 时，试件的水平承载力达到峰值，裂缝宽度达到 1mm；当加载至 $5\Delta_y$ 时，混凝土保护层开始剥落，墙面上的最大裂缝宽度达到 2mm；当加载至 $6\Delta_y$ 时，混凝土保护层剥落范围扩大，纵筋外露，水平承载力出现轻微下降；当加载至 $7\Delta_y$ 时，纵筋明显压屈，当进行第二次循环加载时，右下角的暗柱纵筋被拉断；当加载至 $8\Delta_y$ 时，右侧最外边的两根纵筋被拉断，左侧靠近端部的四根纵筋均被拉断；当加载至 $9\Delta_y$ 时，承载力下降超过 40%，底部塑性铰区严重破坏，试验停止。墙面主要以水平裂缝为主，破坏集中在墙体两侧角部，试件发生弯曲破坏。滞回曲线及骨架曲线如 4-4-33 所示，各性能点位移角限值见表 4-4-17，各性能状态对应的破坏程度如图 4-4-34 所示。

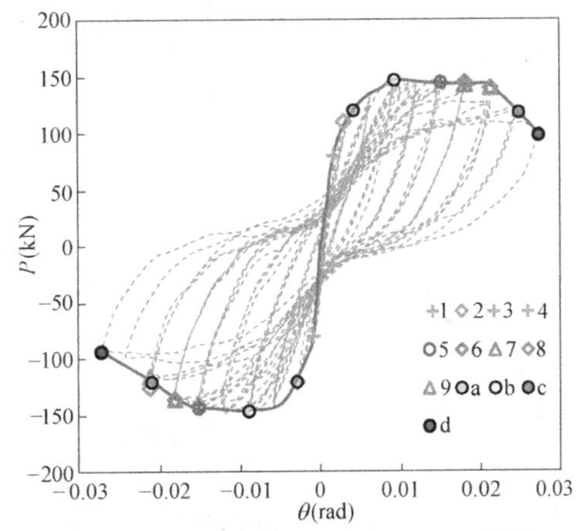

图 4-4-33　试件 W-2.71-1.36-0.2 的滞回曲线及骨架曲线

试件 W-2.71-1.36-0.2 性能点位移角限值　　表 4-4-17

θ_{m1}（方法 1）	完好		轻微损坏	轻中等破坏		中等破坏		比较严重破坏		严重破坏
	1/278		1/119	1/75		1/55		1/43		1/37
θ_{m2}（方法 2）	开裂	纵筋屈服	裂缝宽度超过 1mm	裂缝宽度超过 2mm	混凝土保护层开始剥落	混凝土保护层剥落严重	纵筋露出	纵筋压屈	纵筋拉断	轴压破坏
	1/769	1/333	1/110	1/66	1/66	1/55	1/55	1/47	1/47	1/37
$(\theta_{m1}-\theta_{m2})/\theta_{m2}$	176.6%	20.3%	−7.8%	−12.2%	−12.2%	0%	0%	9.0%	9.0%	0%

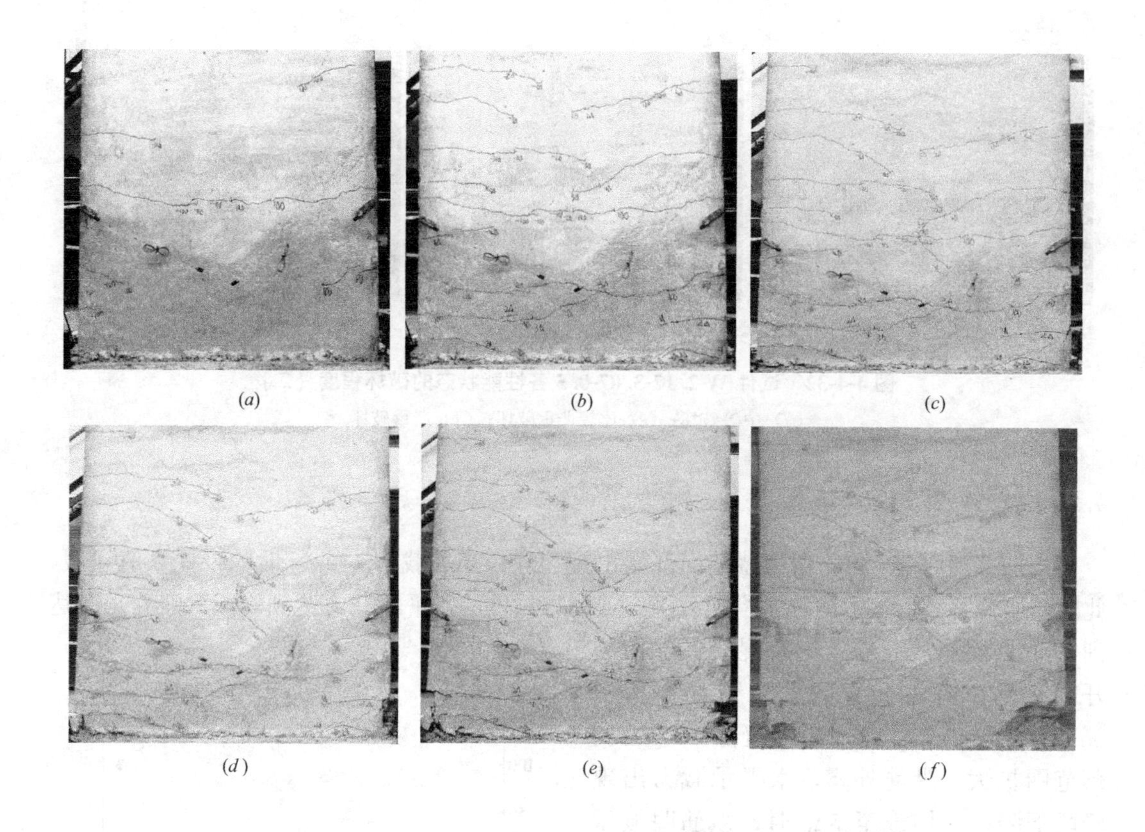

图 4-4-34　试件 W-2. 71-1. 36-0. 2 各性能状态的破坏程度

(*a*) 完好；(*b*) 轻微损坏；(*c*) 轻中等破坏；(*d*) 中等破坏；(*e*) 比较严重破坏；(*f*) 严重破坏

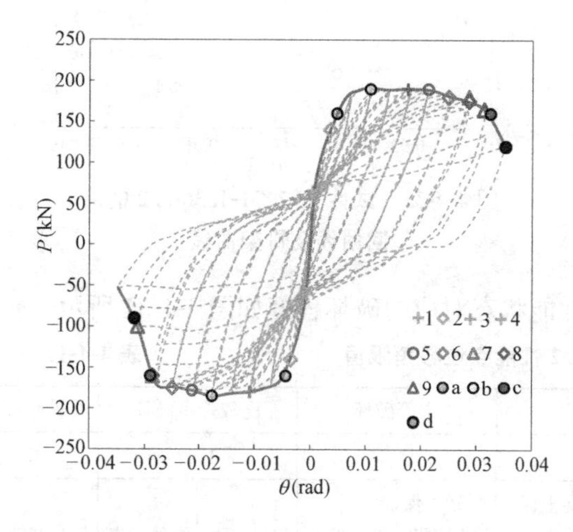

图 4-4-35　试件 W-2. 71-3. 07-0. 2 的滞回曲线及骨架曲线

4. 4. 18　W-2. 71-3. 07-0. 2

当加载至 60kN 时，试件开始出现裂缝；当加载至 140kN，暗柱纵筋屈服，屈服位移 Δ_y 约为 8mm；当加载至 $3\Delta_y$ 时，墙面的最大裂缝宽度达到 1mm，承载力达到峰值；当加载至 $4\Delta_y$ 时，墙面上的裂缝宽度达到 2mm；当加载至 $6\Delta_y$ 时，混凝土保护层开始出现剥落；当加载至 $8\Delta_y$ 时，混凝土保护层剥落严重，纵筋外露，且观察到外露纵筋出现屈服；当加载至 $9\Delta_y$ 时，左下角出现纵筋拉断，其余纵筋严重压屈；当加载至 $10\Delta_y$ 时，继续出现纵筋拉断，此时承载力下降超过 50%，试验停止。墙面上主要为水平裂缝，破坏集中在墙底两侧角部，试件发生弯曲破坏。滞回曲线及骨架曲线如图 4-4-35 所示，各性能点位移角限值见表 4-4-18，各性能状态对应的破坏程度如图 4-4-36 所示。

试件 W-2.71-3.07-0.2 性能点位移角限值　　表 4-4-18

<table>
<tr><td rowspan="2">θ_{m1}（方法 1）</td><td colspan="2">完好</td><td>轻微损坏</td><td colspan="2">轻中等破坏</td><td colspan="2">中等破坏</td><td colspan="2">比较严重破坏</td><td>严重破坏</td></tr>
<tr><td colspan="2">1/217</td><td>1/90</td><td colspan="2">1/56</td><td colspan="2">1/41</td><td colspan="2">1/32</td><td>1/30</td></tr>
<tr><td rowspan="2">θ_{m2}（方法 2）</td><td>开裂</td><td>纵筋屈服</td><td>裂缝宽度超过 1mm</td><td>裂缝宽度超过 2mm</td><td>混凝土保护层开始剥落</td><td>混凝土保护层剥落严重</td><td>纵筋露出</td><td>纵筋压屈</td><td>纵筋拉断</td><td>轴压破坏</td></tr>
<tr><td>1/1365</td><td>1/278</td><td>1/93</td><td>1/57</td><td>1/47</td><td>1/40</td><td>1/35</td><td>1/35</td><td>1/32</td><td>1/28</td></tr>
<tr><td>$(\theta_{m1}-\theta_{m2})/\theta_{m2}$</td><td>529.0%</td><td>25.8%</td><td>4.7%</td><td>0.7%</td><td>−16.2%</td><td>−3.2%</td><td>−14.1%</td><td>8.9%</td><td>0%</td><td>5.7%</td></tr>
</table>

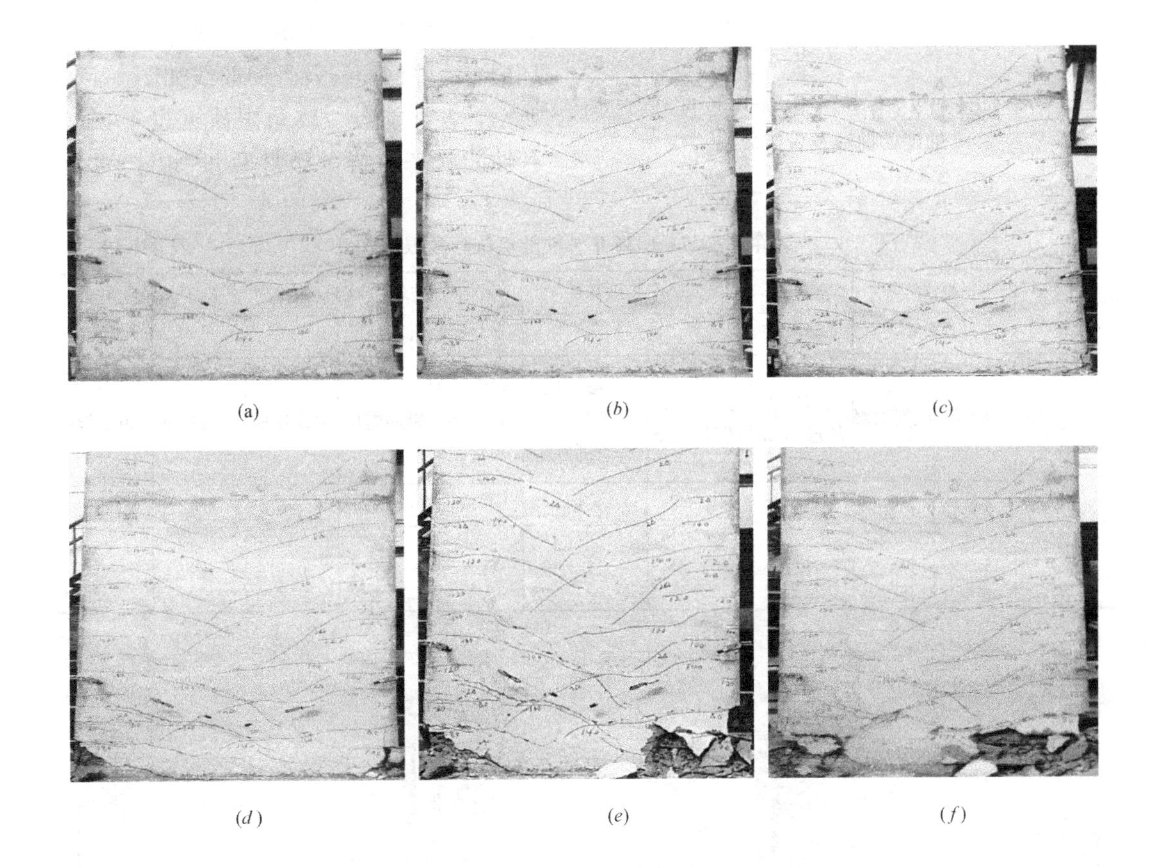

图 4-4-36　试件 W-2.71-3.07-0.2 各性能状态的破坏程度

(a) 完好；(b) 轻微损坏；(c) 轻中等破坏；(d) 中等破坏；(e) 比较严重破坏；(f) 严重破坏

4.4.19　W-2.71-1.36-0.5

当加载至 120kN 时，墙面开始出现水平裂缝；当加载至 160kN 时，暗柱纵筋开始屈服，此时屈服位移 Δ_y 约为 9mm；当加载至 $2\Delta_y$ 时，试件的水平承载力达到峰值，此时裂缝宽度为 0.5mm 左右；当加载至 $3\Delta_y$ 时，裂缝宽度达到 1mm；当加载至 $4\Delta_y$ 时，开始出

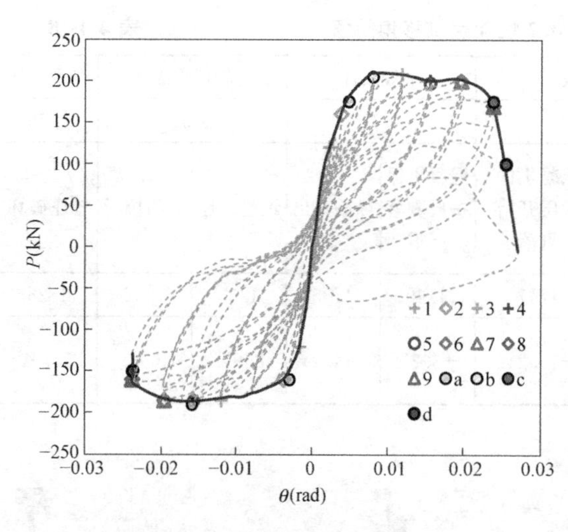

图 4-4-37　试件 W-2.71-1.36-0.5 的滞回曲线及骨架曲线

现混凝土保护层的剥落，此时墙面上的最大裂缝宽度达到 2mm；当加载至 5Δ_y 时，保护层剥落严重，暗柱纵筋外露；加载至 6Δ_y 时，当进行第一次循环加载时，外露纵筋明显压屈，进行第三次循环加载时，左下角出现两根纵筋被拉断；加载至 7Δ_y 时，在第一次正向循环加载时；当加载至 46.77mm 时，试件突然丧失轴向承载能力，无法继续承担轴压力，发生轴压破坏，试验停止。墙面上主要为水平裂缝，破坏集中在墙底两侧角部，试件为弯曲破坏形态。滞回曲线及骨架曲线如图 4-4-37 所示，各性能点位移角限值见表 4-4-19，各性能状态对应的破坏程度如图 4-4-38 所示。

试件 W-2.71-1.36-0.5 性能点位移角限值　　表 4-4-19

θ_{m1}（方法 1）	完好		轻微损坏	轻中等破坏		中等破坏		比较严重破坏		严重破坏
	1/256		1/113	1/72		1/53		1/42		1/41
θ_{m2}（方法 2）	开裂	纵筋屈服	裂缝宽度超过 1mm	裂缝宽度超过 2mm	混凝土保护层开始剥落	混凝土保护层剥落严重	纵筋露出	纵筋压屈	纵筋拉断	轴压破坏
	1/500	1/263	1/84	1/64	1/64	1/51	1/51	1/42	1/42	1/39
$(\theta_{m1}-\theta_{m2})/\theta_{m2}$	95.3%	1.4%	−25.6%	−12.0%	−12.0%	−4.6%	−4.6%	0%	0%	−3.9%

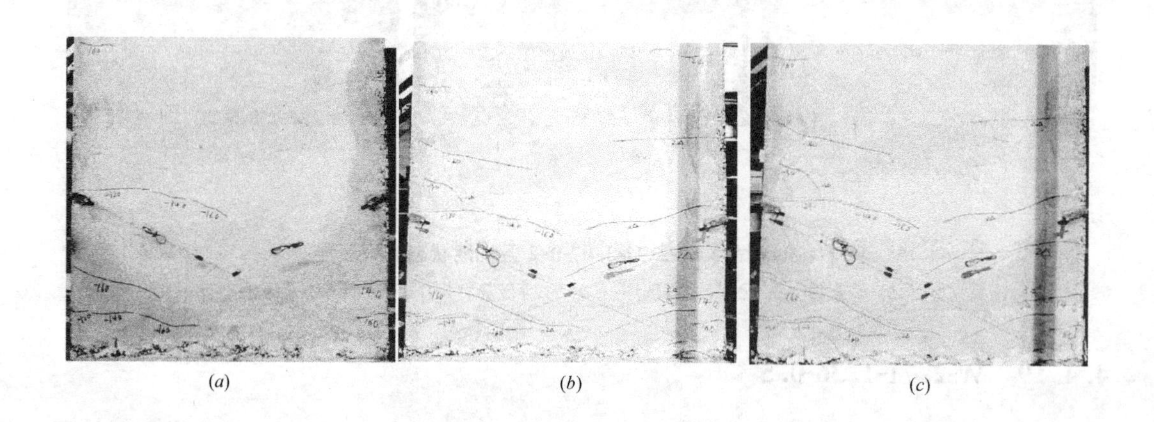

图 4-4-38　试件 W-2.71-1.36-0.5 各性能状态的破坏程度（一）

(*a*) 完好；(*b*) 轻微损坏；(*c*) 轻中等破坏

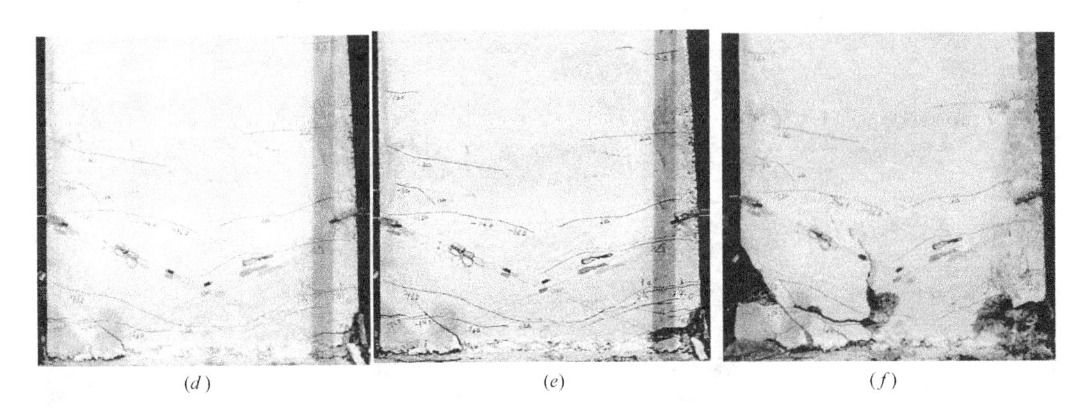

(d)　　(e)　　(f)

图 4-4-38　试件 W-2.71-1.36-0.5 各性能状态的破坏程度（二）

(d) 中等破坏；(e) 比较严重破坏；(f) 严重破坏

4.4.20　W-2.71-3.07-0.5

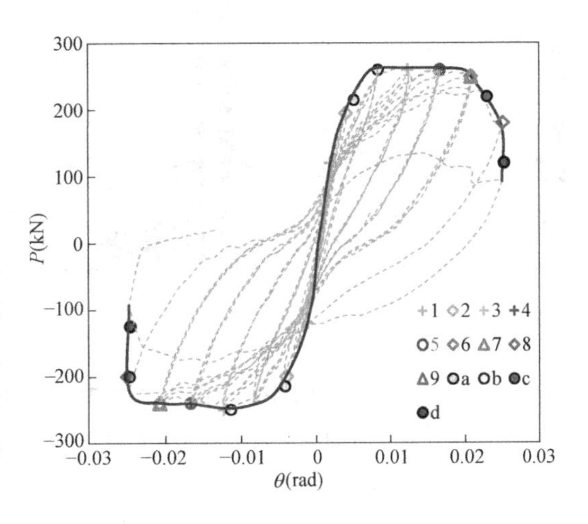

图 4-4-39　试件 W-2.71-3.07-0.5 的滞回曲线及骨架曲线

当加载至 60kN 时，试件开始出现裂缝，当加载至 140kN，暗柱纵筋屈服，屈服位移 Δ_y 约为 8mm，当加载至 $3\Delta_y$ 时，墙面的最大裂缝宽度达到 1mm，承载力达到峰值，当加载至 $4\Delta_y$ 时，墙面上的裂缝宽度达到 2mm，当加载至 $6\Delta_y$ 时，混凝土保护层开始出现剥落，当加载至 $8\Delta_y$ 时，混凝土保护层剥落严重，纵筋外露，且观察到外露纵筋出现屈服，当加载至 $9\Delta_y$ 时，左下角出现纵筋拉断，其余纵筋严重压屈，当加载至 $10\Delta_y$ 时，继续出现纵筋拉断，此时承载力下降超过 50%，试验停止。墙面上主要为水平裂缝，破坏集中在墙底两侧角部，试件为弯曲破坏形态。滞回曲线及骨架曲线如图 4-4-39 所示，各性能点位移角限值见表 4-4-20，各性能状态对应的破坏程度如图 4-4-40所示。

试件 W-2.71-3.07-0.5 性能点位移角限值　　表 4-4-20

θ_{m1}（方法 1）	完好		轻微损坏	轻中等破坏		中等破坏		比较严重破坏		严重破坏
	1/213		1/106	1/70		1/53		1/42		1/40
θ_{m2}（方法 2）	开裂	纵筋屈服	裂缝宽度超过 1mm	裂缝宽度超过 2mm	混凝土保护层开始剥落	混凝土保护层剥落严重	纵筋露出	纵筋压屈	纵筋拉断	轴压破坏
	1/625	1/244	1/81	1/60	1/60	1/48	1/48	1/41	—	1/40
$(\theta_{m1}-\theta_{m2})/\theta_{m2}$	193.4%	−24.0%	−25.6%	−14.5%	−14.5%	−8.4%	−8.4%	−4.0%	—	0%

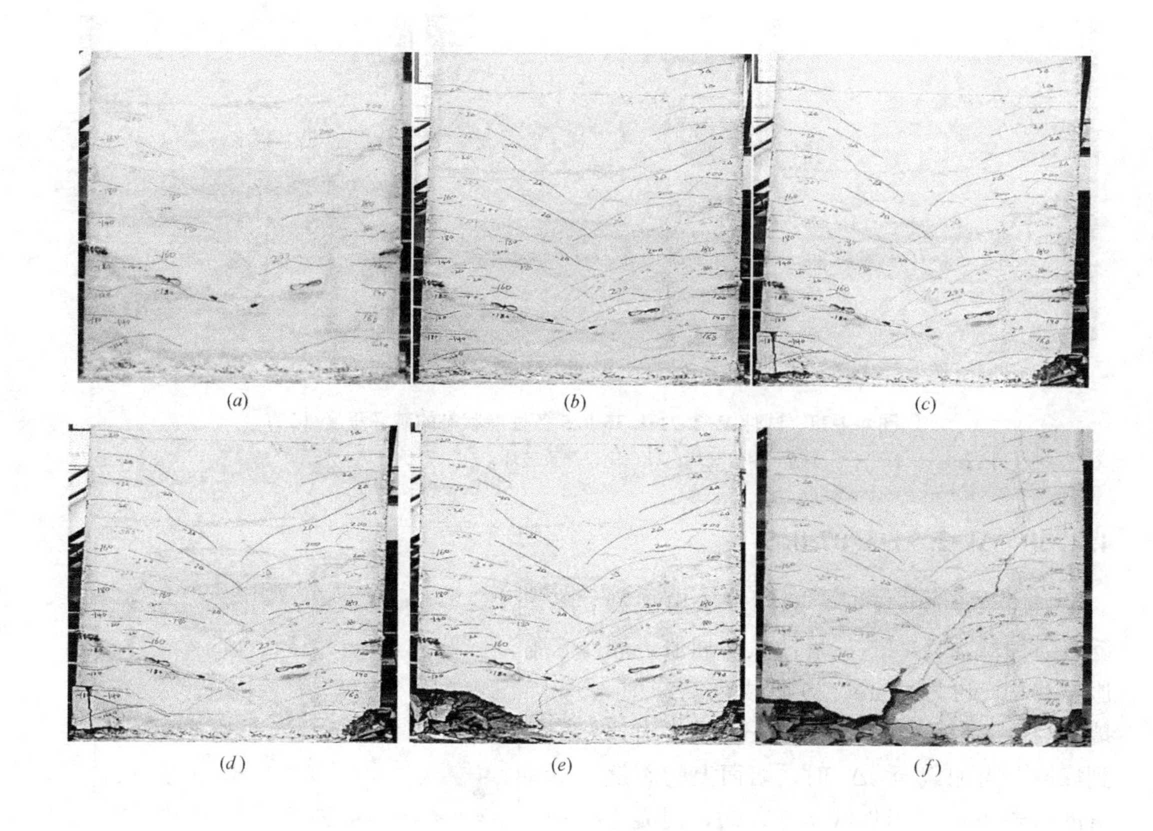

图 4-4-40 试件 W-2.71-3.07-0.5 各性能状态的破坏程度

(*a*) 完好；(*b*) 轻微损坏；(*c*) 轻中等破坏；(*d*) 中等破坏；(*e*) 比较严重破坏；(*f*) 严重破坏

4.5 T 形剪力墙构件变形限值的试验研究

4.5.1 T-1.65-1.36-0.2

加载至 120kN 时，正面右侧前后各出现一条水平裂缝；加载至－140kN 时，裂缝在墙侧边缘为水平延伸，至中间腹板斜向发展，裂缝宽度增至 0.15mm，暗柱纵筋屈服，正向最大裂缝宽度增大至 1.25mm；$-3\Delta_y$ 加载时，构件负向承载力达到峰值；$4\Delta_y$ 加载时，正向承载力达到峰值，混凝土保护层开始剥落；$-4\Delta_y$ 加载时，负向裂缝宽度达到 2.5mm；$5\Delta_y$ 加载时，正面右侧角部混凝土出现鼓胀，混凝土保护层剥落严重，但未露出钢筋；$6\Delta_y$ 第三次循环加载时，正面右侧角部混凝土脱落，露出纵筋及箍筋，随后纵筋压曲，正面右侧一根钢筋拉断；$7\Delta_y$ 加载时，正面右侧前后角部各有一根纵筋拉断，核心区混凝土压碎，正向承载力下降 14.54%，负向承载力下降 16.06%；$9\Delta_y$ 加载时，正向承载力下降 36.56%，负向承载力下降 72.96%；$10\Delta_y$ 加载时，核心区混凝土破坏相当严重，正向承载力下降 40.53%，试验停止。试件发生弯剪破坏。滞回曲线及骨架曲线如图 4-5-1 所示，各性能点位移角限值见表 4-5-1、表 4-5-2，各性能状态对应的破坏程度如图 4-5-2 所示。

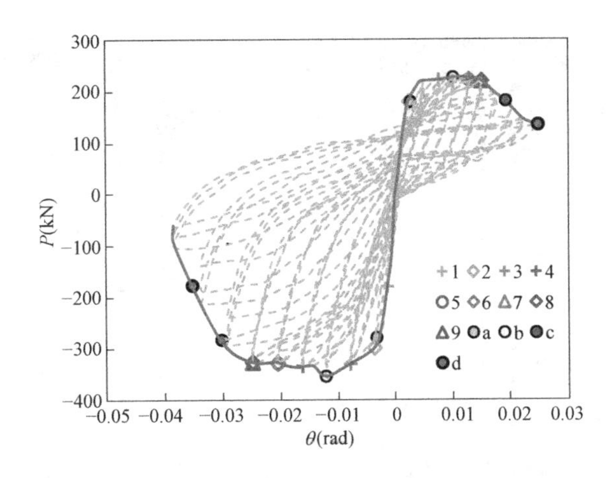

图 4-5-1　试件 T-1.65-1.36-0.2 的滞回曲线及骨架曲线

试件 T-1.65-1.36-0.2 翼缘受压方向性能点位移角限值　　表 4-5-1

θ_{m1}（方法 1）	完好		轻微损坏	轻中等破坏		中等破坏		比较严重破坏		严重破坏
	1/352		1/143	1/89		1/65		1/51		1/40
θ_{m2}（方法 2）	开裂	纵筋屈服	裂缝宽度超过 1mm	裂缝宽度超过 2mm	混凝土保护层开始剥落	混凝土保护层剥落严重	纵筋露出	纵筋压屈	纵筋拉断	轴压破坏
	1/691	1/380	1/128	1/77	1/97	1/77	1/65	1/65	1/65	1/40
$(\theta_{m1}-\theta_{m2})/\theta_{m2}$	96.43%	8.00%	−9.99%	−14.32%	8.75%	17.58%	0.17%	27.35%	27.35%	0%

试件 T-1.65-1.36-0.2 翼缘受拉方向性能点位移角限值　　表 4-5-2

θ_{m1}（方法 1）	完好		轻微损坏	轻中等破坏		中等破坏		比较严重破坏		严重破坏
	1/306		1/101	1/60		1/43		1/34		1/29
θ_{m2}（方法 2）	开裂	纵筋屈服	裂缝宽度超过 1mm	裂缝宽度超过 2mm	混凝土保护层开始剥落	混凝土保护层剥落严重	纵筋露出	纵筋压屈	纵筋拉断	轴压破坏
	1/740	1/272	1/127	1/62	1/62	1/49	1/41	1/41	1/41	1/27
$(\theta_{m1}-\theta_{m2})/\theta_{m2}$	141.7%	−11.2%	26.68%	3.11%	3.11%	14.11%	−5.72%	21.33%	21.33%	−8.30%

4.5.2　T-1.65-2.13-0.2

加载至−210kN 时，背面右侧塑性区出现一条裂缝；加载至 220kN 时，裂缝在墙侧翼缘为水平延伸，至中间腹板斜向发展，裂缝宽度增至 0.2mm，暗柱纵筋屈服；$-2\Delta_y$ 加载时，构件负向最大裂缝宽度增大至 1mm；$3\Delta_y$ 加载时，构件正向承载力达到峰值，正向缝宽度达到 1mm；$-3\Delta_y$ 加载时，构件负向承载力达到峰值，裂缝宽度达到 1.5mm；$4\Delta_y$ 加载时，正面右侧角部混凝土保护层剥落，正向裂缝宽度达到 2mm；$-4\Delta_y$ 加载时，负向

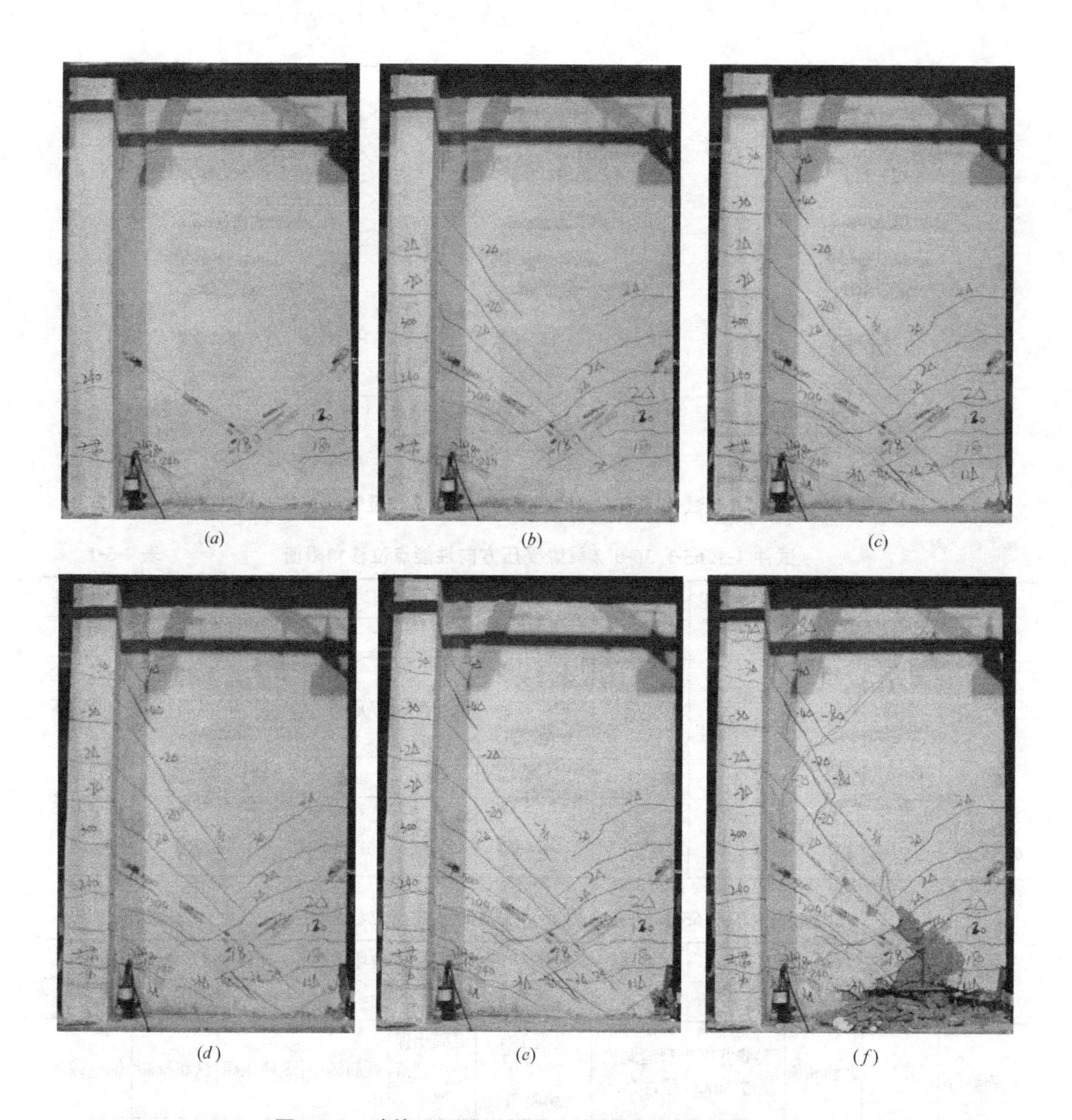

图 4-5-2　试件 T-1.65-1.36-0.2 各性能状态的破坏程度

(*a*) 完好；(*b*) 轻微损坏；(*c*) 轻中等破坏；(*d*) 中等破坏；(*e*) 比较严重破坏；(*f*) 严重破坏

裂缝宽度达到 2.1mm；$5\Delta_y$ 加载时，正面右侧角部混凝土保护层剥落严重，但未见钢筋露出；$6\Delta_y$ 第二次循环加载时，正面右侧角部有大块混凝土脱落，露出纵筋，随后纵筋压曲，有两根钢筋拉断；$7\Delta_y$ 加载时，正面右侧前后角部有一大块混凝土脱落，露出分布筋。正向承载力为下降 20.71%，负向承载力为下降 55.31%；$8\Delta_y$ 加载时，核心区混凝土破坏相当严重，正向承载力下降 47.50%，负向承载力下降 88.65%；$10\Delta_y$ 正向加载时，构件破坏相当严重，正向承载力下降 47.86%，试验停止。试件发生弯剪破坏。滞回曲线及骨架曲线如图 4-5-3 所示，各性能点位移角限值见表 4-5-3、表 4-5-4，各性能状态对应的破坏程度如图 4-5-4 所示。

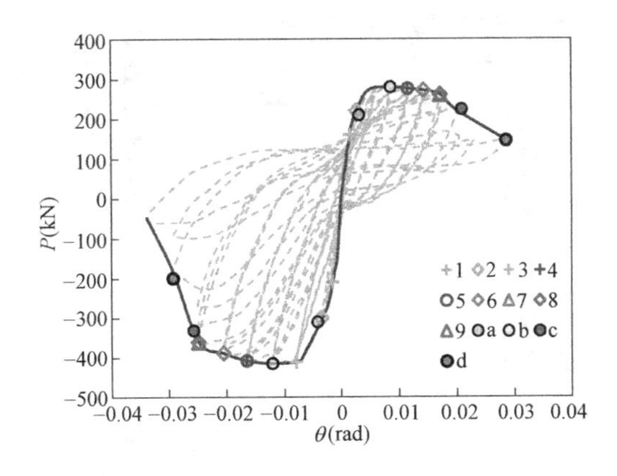

图 4-5-3　试件 T-1.65-2.13-0.2 的滞回曲线及骨架曲线

试件 T-1.65-2.13-0.2 翼缘受压方向性能点位移角限值　　表 4-5-3

θ_{m1}（方法 1）	完好		轻微损坏	轻中等破坏		中等破坏		比较严重破坏		严重破坏
	1/316		1/131	1/83		1/60		1/47		1/34
θ_{m2}（方法 2）	开裂	纵筋屈服	裂缝宽度超过 1mm	裂缝宽度超过 2mm	混凝土保护层开始剥落	混凝土保护层剥落严重	纵筋露出	纵筋压屈	纵筋拉断	轴压破坏
	1/643	1/367	1/115	1/86	1/86	1/69	1/58	1/58	1/58	1/34
$(\theta_{m1}-\theta_{m2})/\theta_{m2}$	102.97%	16.06%	−12.05%	3.66%	3.66%	14.90%	−4.34%	21.43%	21.43%	0%

试件 T-1.65-2.13-0.2 翼缘受拉方向性能点位移角限值　　表 4-5-4

θ_{m1}（方法 1）	完好		轻微损坏	轻中等破坏		中等破坏		比较严重破坏		严重破坏
	1/245		1/106	1/68		1/50		1/39		1/35
θ_{m2}（方法 2）	开裂	纵筋屈服	裂缝宽度超过 1mm	裂缝宽度超过 2mm	混凝土保护层开始剥落	混凝土保护层剥落严重	纵筋露出	纵筋压屈	纵筋拉断	轴压破坏
	1/689	1/293	1/128	1/61	1/61	1/49	1/41	1/41	1/41	1/30
$(\theta_{m1}-\theta_{m2})/\theta_{m2}$	181.03%	19.54%	20.92%	−9.58%	−9.58%	−1.00%	−18.39%	3.33%	3.33%	−13.59%

4.5.3　T-1.65-1.36-0.5

加载至 200kN 时，墙身正面右侧角部与底座相连处前后均出现一条裂缝；加载至 320kN 时，裂缝在墙侧翼缘为水平延伸，至中间腹板斜向发展，裂缝宽度增至 0.25mm，暗柱纵筋屈服；$2\Delta_y$ 加载时，构件正面右侧角部小块混凝土保护层开始剥落，正向承载力近似达到峰值，正向裂缝宽度达到 1mm；$-2\Delta_y$ 加载时，负向承载力达到峰值，裂缝宽度达到 1.3mm；$3\Delta_y$ 第一次循环加载时，构件正向承载力达到峰值，正向裂缝宽度达到 1mm，负向裂缝宽度达到 2mm，第三次循环加载时，正面右侧角部有大块混凝土拱起及脱落，露出角部纵筋，随后纵筋被压曲，正向承载力几乎不下降，负向承载力下降 86.24%；

(*a*) (*b*) (*c*)

(*d*) (*e*) (*f*)

图 4-5-4 试件 T-1.65-2.13-0.2 各性能状态的破坏程度

(*a*) 完好；(*b*) 轻微损坏；(*c*) 轻中等破坏；(*d*) 中等破坏；(*e*) 比较严重破坏；(*f*) 严重破坏

$4\Delta_y$ 正向加载时，正面右侧角部有两根纵筋拉断，核心区混凝土破坏严重，正向承载力下降 7.30%；$5\Delta_y$ 加载时，正面右侧前后腹板均有大块混凝土脱落，正面右侧角部第一排及第二排各有一根钢筋断裂。腹板混凝土破坏相当严重，正向承载力下降 21.91%，试验停止。试件发生弯剪破坏。滞回曲线及骨架曲线如图 4-5-5 所示，各性能点位移角限值见表 4-5-5、表 4-5-6，各性能状态对应的破坏程度如图 4-5-6 所示。

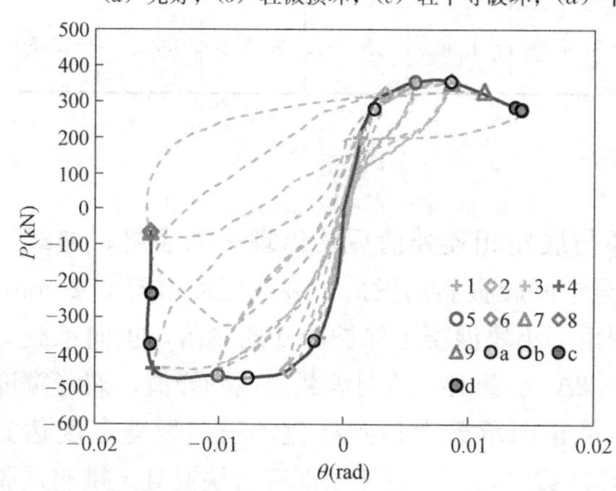

图 4-5-5 试件 T-1.65-1.36-0.5 的滞回曲线及骨架曲线

试件 T-1.65-1.36-0.5 翼缘受压方向性能点位移角限值　　　　表 4-5-5

θ_{m1}（方法 1）	完好		轻微损坏	轻中等破坏		中等破坏		比较严重破坏		严重破坏
	1/416		1/191	1/124		1/91		1/72		1/70
θ_{m2}（方法 2）	开裂	纵筋屈服	裂缝宽度超过 1mm	裂缝宽度超过 2mm	混凝土保护层开始剥落	混凝土保护层剥落严重	纵筋露出	纵筋压屈	纵筋拉断	轴压破坏
	1/780	1/307	1/175	—	1/175	1/115	1/115	1/115	1/88	1/70
$(\theta_{m1}-\theta_{m2})/\theta_{m2}$	87.39%	−26.30%	−8.41%	—	41.15%	25.81%	25.81%	58.50%	21.75%	0%

试件 T-1.65-1.36-0.5 翼缘受拉方向性能点位移角限值　　　　表 4-5-6

θ_{m1}（方法 1）	完好		轻微损坏	轻中等破坏		中等破坏		比较严重破坏		严重破坏
	1/420		1/178	1/113		1/83		1/65		1/65
θ_{m2}（方法 2）	开裂	纵筋屈服	裂缝宽度超过 1mm	裂缝宽度超过 2mm	混凝土保护层开始剥落	混凝土保护层剥落严重	纵筋露出	纵筋压屈	纵筋拉断	轴压破坏
	1/499	1/223	1/100	1/66	1/100	1/65	1/65	1/65	1/65	1/65
$(\theta_{m1}-\theta_{m2})/\theta_{m2}$	18.78%	−47.00%	−43.94%	−42.13%	−11.56%	−21.94%	−21.94%	−1.03%	−1.03%	0%

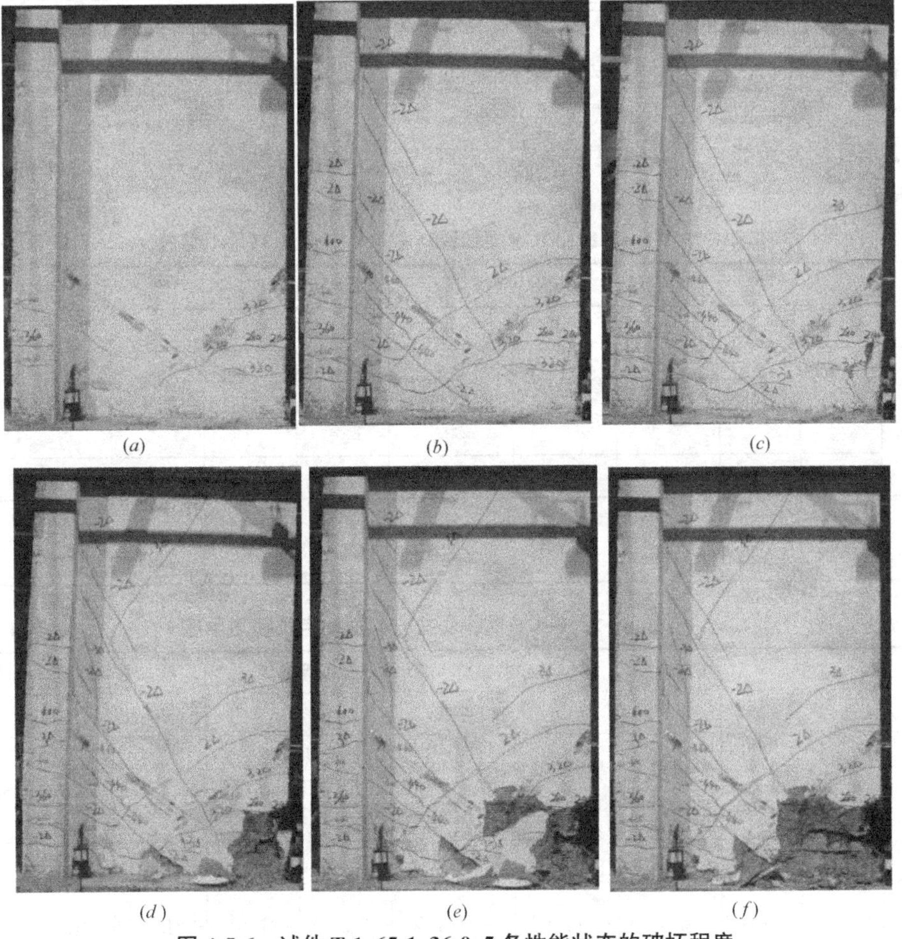

(*a*)　(*b*)　(*c*)　(*d*)　(*e*)　(*f*)

图 4-5-6　试件 T-1.65-1.36-0.5 各性能状态的破坏程度

(*a*) 完好；(*b*) 轻微损坏；(*c*) 轻中等破坏；(*d*) 中等破坏；(*e*) 比较严重破坏；(*f*) 严重破坏

4.5.4 T-1.65-2.13-0.5

加载至－300kN 时，墙身正面右侧角部与底座相连处前后均出现一条裂缝；加载至360kN 时，裂缝在墙侧翼缘为水平延伸，至中间腹板斜向发展，裂缝宽度增至 0.25mm，正向暗柱纵筋屈服；加载至－360kN 时，负向暗柱纵筋屈服，负向裂缝宽度达到 1mm；$2\Delta_y$ 加载时，正向裂缝宽度达到 1mm；$-2\Delta_y$ 加载时，背面左侧角部混凝土保护层开始剥落，负向承载力达到峰值，负向裂缝宽度达到 2.5mm；$3\Delta_y$ 第一次循环加载时，腹板有大块混凝土拱起及脱落，露出角部纵筋及箍筋，随后纵筋被压屈，箍筋崩开，正向承载力达到峰值，正向缝宽度达到 1.5mm，负向承载力下降 50.28%，第二次循环加载时，正面右侧最外排两根纵筋及第二排前后两根纵筋断裂，最终构件轴压力无法保持，发生轴向破坏，试验停止。试件发生弯剪破坏。滞回曲线及骨架曲线如图 4-5-7所示，各性能点位移角限值见表 4-5-7、表 4-5-8，各性能状态对应的破坏程度如图 4-5-8 所示。

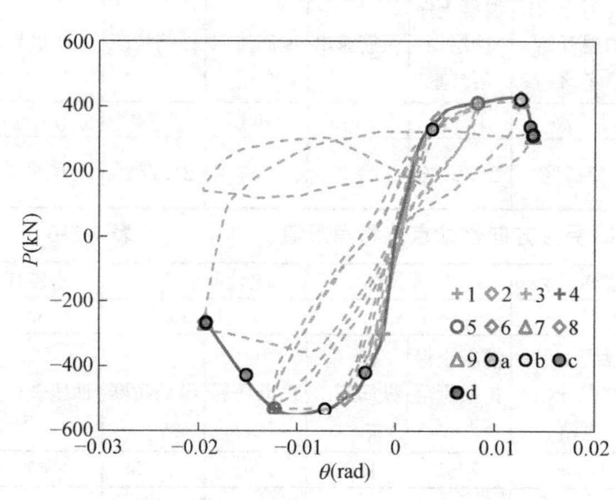

图 4-5-7 试件 T-1.65-2.13-0.5 的滞回曲线及骨架曲线

试件 T-1.65-2.13-0.5 翼缘受压方向性能点位移角限值　　表 4-5-7

θ_{m1}（方法 1）	完好		轻微损坏	轻中等破坏		中等破坏		比较严重破坏		严重破坏
	1/265		1/160	1/115		1/90		1/73		1/72
θ_{m2}（方法 2）	开裂	纵筋屈服	裂缝宽度超过 1mm	裂缝宽度超过 2mm	混凝土保护层开始剥落	混凝土保护层剥落严重	纵筋露出	纵筋压屈	纵筋拉断	轴压破坏
	1/492	1/228	1/120	—	1/120	1/79	1/79	1/79	1/72	1/72
$(\theta_{m1}-\theta_{m2})/\theta_{m2}$	85.83%	−13.90%	−25.24%	—	4.18%	−11.88%	−11.88%	7.52%	−2.08%	0%

试件 T-1.65-2.13-0.5 翼缘受拉方向性能点位移角限值　　表 4-5-8

θ_{m1}（方法 1）	完好		轻微损坏	轻中等破坏		中等破坏		比较严重破坏		严重破坏
	1/333		1/167	1/111		1/84		1/67		1/53
θ_{m2}（方法 2）	开裂	纵筋屈服	裂缝宽度超过 1mm	裂缝宽度超过 2mm	混凝土保护层开始剥落	混凝土保护层剥落严重	纵筋露出	纵筋压屈	纵筋拉断	轴压破坏
	1/844	1/198	1/198	1/82	1/82	1/52	1/52	1/52	1/52	1/52
$(\theta_{m1}-\theta_{m2})/\theta_{m2}$	153.25%	−40.82%	18.56%	−26.39%	−26.39%	−37.51%	−37.51%	−21.87%	−21.87%	−0.34%

(a)　(b)　(c)

(d)　(e)　(f)

图 4-5-8　试件 T-1.65-2.13-0.5 各性能状态的破坏程度

(a) 完好；(b) 轻微损坏；(c) 轻中等破坏；(d) 中等破坏；(e) 比较严重破坏；(f) 严重破坏

4.5.5　T-2.1-1.36-0.2

加载至−80kN 时，左侧从翼缘开始出现两条水平裂缝；加载至 100kN 时，正面右侧出现一条水平裂缝；加载至 160kN 时，暗柱纵筋屈服；$2\Delta_y$ 加载时，裂缝数量继续增多，裂缝分布高度进一步增加，原有水平裂缝继续向墙体中部斜向下延伸，$-2\Delta_y$ 加载时，正面左侧新增大量裂缝，从翼缘向腹板方向延伸，并在腹板向墙体中部斜向下延伸，裂缝分布高度大大增加，裂缝宽度增大至 1.5mm；$4\Delta_y$ 加载时，正向承载力达到峰值，$-4\Delta_y$ 加载时，右侧腹板角部混凝土有轻微剥落，构件负向承载力达到峰值；$5\Delta_y$ 加载时，右侧混凝土保护层开始剥落，右侧纵向钢筋露出，可见钢筋压屈；$6\Delta_y$ 加载时，右侧最外层两根钢筋拉断；$7\Delta_y$ 加载时，右侧背面混凝土大块剥落，水平分布筋明显屈曲，右侧第二排两根钢筋拉断，此时，正向承载力下降 15.3%，负向承载力下降 13.8%；$9\Delta_y$ 加载时，正向承载力下降 42.1%，负向承载力下降 58.7%，右侧六根暗柱纵筋全部拉断，水平分布筋崩开，暗柱区域混凝土压碎，构件承载力严重下降，试验停止。试件发生弯曲破坏。滞回曲线及骨架曲线如图 4-5-9 所示，各性能点位移角限值见表 4-5-9、表 4-5-10，各性能状态对应的破坏程度如图 4-5-10 所示。

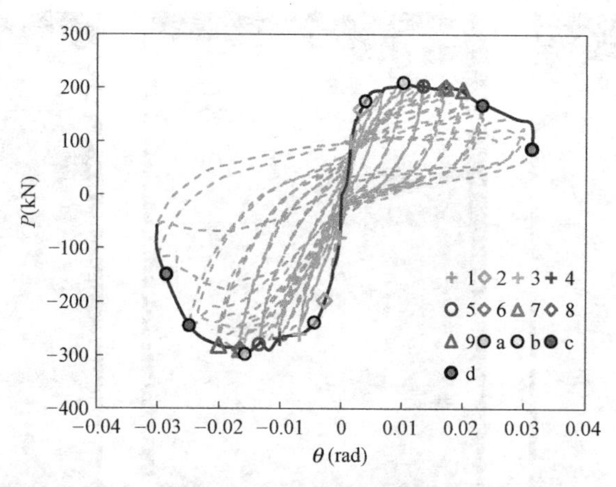

图 4-5-9　试件 T-2.1-1.36-0.2 的滞回曲线及骨架曲线

试件 T-2.1-1.36-0.2 翼缘受压方向性能点位移角限值　　表 4-5-9

θ_{m1}(方法 1)	完好		轻微损坏	轻中等破坏		中等破坏		比较严重破坏		严重破坏
	1/256		1/115	1/74		1/55		1/43		1/32
θ_{m2}(方法 2)	开裂	纵筋屈服	裂缝宽度超过 1mm	裂缝宽度超过 2mm	混凝土保护层开始剥落	混凝土保护层剥落严重	纵筋露出	纵筋压屈	纵筋拉断	轴压破坏
	1/662	1/318	1/99	1/75	1/75	1/59	1/59	1/59	1/50	1/32
$(\theta_{m1}-\theta_{m2})/\theta_{m2}$	158.59%	24.22%	−13.91%	1.35%	1.35%	7.27%	7.27%	37.21%	16.28%	0%

试件 T-2.1-1.36-0.2 翼缘受拉方向性能点位移角限值　　表 4-5-10

θ_{m1}(方法 1)	完好		轻微损坏	轻中等破坏		中等破坏		比较严重破坏		严重破坏
	1/233		1/105	1/68		1/51		1/40		1/35
θ_{m2}(方法 2)	开裂	纵筋屈服	裂缝宽度超过 1mm	裂缝宽度超过 2mm	混凝土保护层开始剥落	混凝土保护层剥落严重	纵筋露出	纵筋压屈	纵筋拉断	轴压破坏
	1/4218	1/371	1/149	1/100	1/74	1/60	1/60	1/60	1/50	1/35
$(\theta_{m1}-\theta_{m2})/\theta_{m2}$	1710.3%	59.23%	41.90%	47.06%	8.82%	17.65%	17.65%	50.00%	25.00%	0%

4.5.6　T-2.1-2.13-0.2

加载至 120kN 时，正面右侧开始出现一条水平裂缝，加载至−120kN 时，左侧从翼缘开始出现两条水平裂缝；加载至 200kN 时，暗柱纵筋屈服；$2\Delta_y$ 加载时，正向裂缝宽度增大至 1.2mm，$-2\Delta_y$ 加载时，负向裂缝宽度增大至 1mm；$-4\Delta_y$ 加载时翼缘角部以及右侧腹板角部混凝土均有轻微剥落；$5\Delta_y$ 加载时，在第三次循环加载之后，右侧混凝土保护层开始剥落，正向承载力达到峰值；$6\Delta_y$ 加载时，右侧纵向钢筋露出，在第三次循环加载之后，右侧水平分布筋露出，右侧混凝土进一步剥落，构件负向承载力达到峰值；$7\Delta_y$ 加

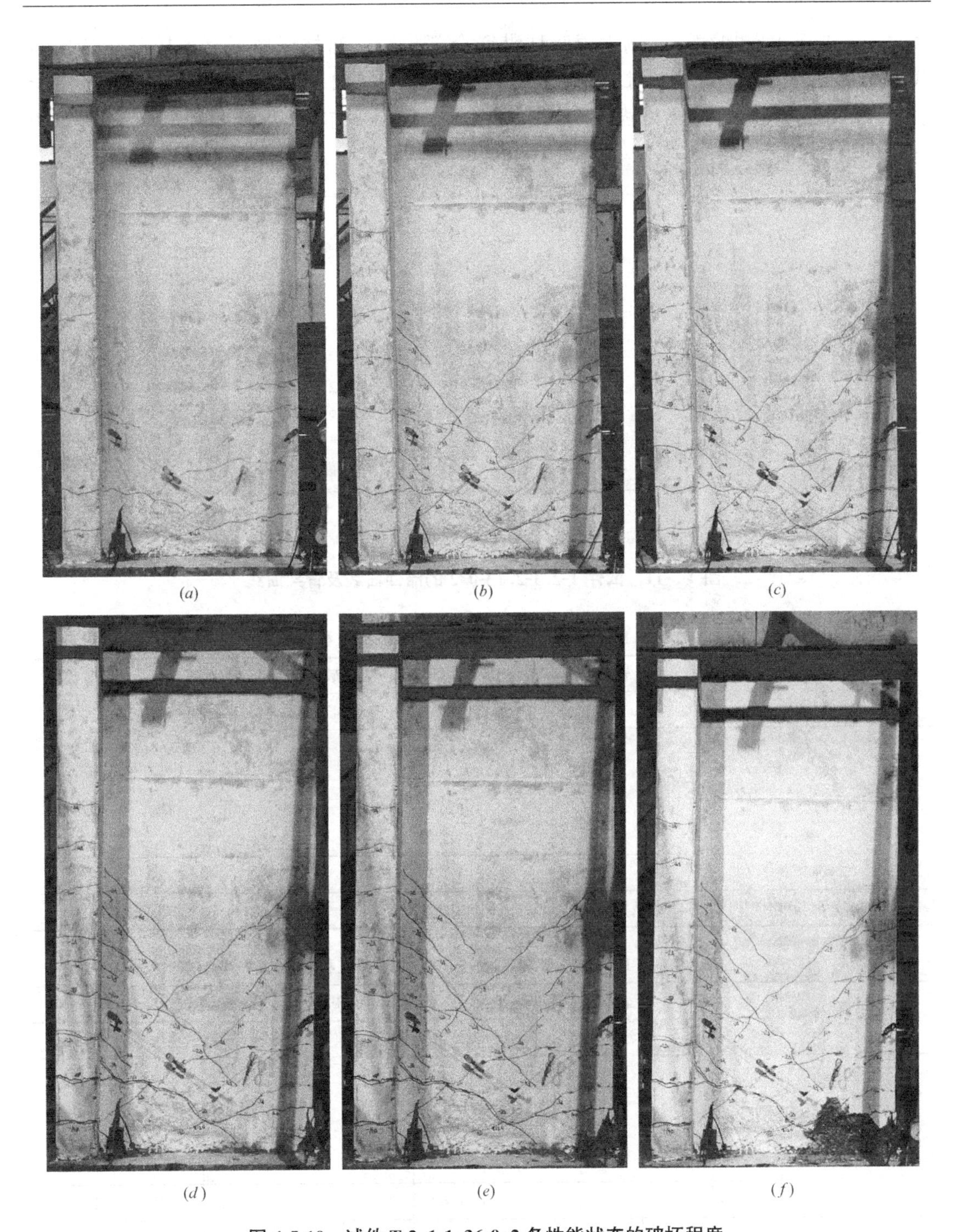

(a)　(b)　(c)

(d)　(e)　(f)

图 4-5-10　试件 T-2.1-1.36-0.2 各性能状态的破坏程度

(a) 完好；(b) 轻微损坏；(c) 轻中等破坏；(d) 中等破坏；(e) 比较严重破坏；(f) 严重破坏

载时，右侧背面最外层一排纵向钢筋断开，在第三次循环加载之后，右侧水平分布筋崩开，腹板混凝土大块剥落，正向承载力下降 5.8%，负向承载力下降 7.1%，三次循环之后，构件承载能力迅速下降，正向承载能力下降 22.8%，负向承载力下降 54.4%；$8\Delta_y$ 加载时，仅进行正向加载，右侧六根暗柱纵筋全部拉断，暗柱区域混凝土压碎，负向承载力严重下降，试验停止。试件发生弯曲破坏。滞回曲线及骨架曲线如图4-5-11所示，各性能点位移角限值见表 4-5-11、表 4-5-12，各性能状态对应的破坏程度如图4-5-12所示。

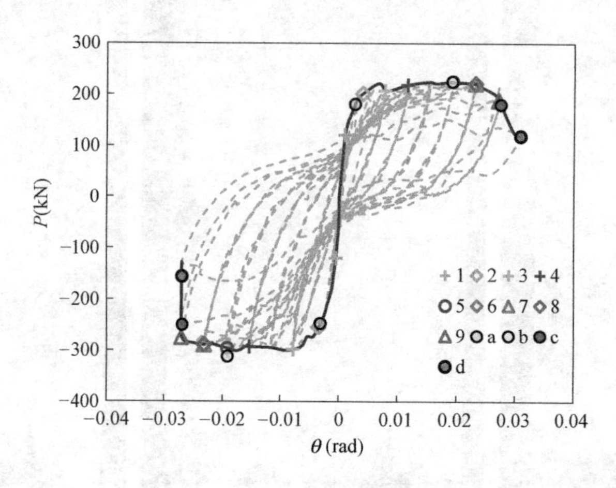

图 4-5-11　试件 T-2. 1-2. 13-0. 2 的滞回曲线及骨架曲线

试件 T-2. 1-2. 13-0. 2 翼缘受压方向性能点位移角限值　　表 4-5-11

θ_{m1}(方法 1)	完好		轻微损坏	轻中等破坏		中等破坏		比较严重破坏		严重破坏
	1/370		1/112	1/66		1/47		1/36		1/32
θ_{m2}(方法 2)	开裂	纵筋屈服	裂缝宽度超过1mm	裂缝宽度超过2mm	混凝土保护层开始剥落	混凝土保护层剥落严重	纵筋露出	纵筋压屈	纵筋拉断	轴压破坏
	1/1055	1/252	1/128	1/85	1/52	1/43	1/43	1/43	1/37	1/32
$(\theta_{m1}-\theta_{m2})/\theta_{m2}$	185.14%	−31.89%	14.29%	28.79%	−21.21%	−8.51%	−8.51%	19.44%	2.78%	0%

试件 T-2. 1-2. 13-0. 2 翼缘受拉方向性能点位移角限值　　表 4-5-12

θ_{m1}(方法 1)	完好		轻微损坏	轻中等破坏		中等破坏		比较严重破坏		严重破坏
	1/313		1/109	1/66		1/47		1/37		1/37
θ_{m2}(方法 2)	开裂	纵筋屈服	裂缝宽度超过1mm	裂缝宽度超过2mm	混凝土保护层开始剥落	混凝土保护层剥落严重	纵筋露出	纵筋压屈	纵筋拉断	轴压破坏
	1/1875	1/286	1/128	1/64	1/52	1/43	1/43	1/42	1/37	1/37
$(\theta_{m1}-\theta_{m2})/\theta_{m2}$	499.04%	−8.63%	17.43%	−3.03%	−21.21%	−8.51%	−8.51%	13.51%	0%	0%

4. 5. 7　T-2. 1-1. 36-0. 5

加载至 210kN 时，正面右侧出现第一条裂缝，加载至－210kN 时，左侧从翼缘开始出现一条水平裂缝；加载至 270kN 时，暗柱纵筋屈服；$3\Delta_y$ 加载时，正向裂缝宽度达到

(*a*)　(*b*)　(*c*)

(*d*)　(*e*)　(*f*)

图 4-5-12　试件 T-2. 1-2. 13-0. 2 各性能状态的破坏程度

(*a*) 完好；(*b*) 轻微损坏；(*c*) 轻中等破坏；(*d*) 中等破坏；(*e*) 比较严重破坏；(*f*) 严重破坏

1. 1mm，右侧底部混凝土开始有轻微剥落，$-3\Delta_y$加载时，负向裂缝宽度达到 1. 3mm，构件负向承载力达到峰值；$4\Delta_y$加载时，正向裂缝宽度达到 2mm，$5\Delta_y$加载时，右侧角部混凝土保护层进一步剥落，右侧暗柱纵筋开始露出，正向承载力达到峰值，$-5\Delta_y$加载时，负向裂缝宽度达到 2mm。

$6\Delta_y$加载时，右侧底部混凝土大块剥落，右侧暗柱背面一根钢筋拉断，构件进一步破坏，构件承载力突然严重下降，正向承载力下降 5.2%，负向承载力下降 80.7%；$7\Delta_y$加载时，腹板混凝土严重剥落，水平分布筋崩开，右侧暗柱最外排钢筋拉断，背面第二排钢筋同样拉断，构件破坏已经相当严重，正向承载力下降 20.6%，已经丧失负向承载力；$8\Delta_y$加载时，仅进行正向加载，右侧六根暗柱纵筋全部拉断，暗柱区域混凝土压碎，构件承载力严重下降，正向承载力下降 24.8%，试验停止。试件发生弯曲破坏。滞回曲线及骨架曲线如图 4-5-13 所示，各性能点位移角限值见表 4-5-13、表 4-5-14，各性能状态对应的破坏程度如图 4-5-14 所示。

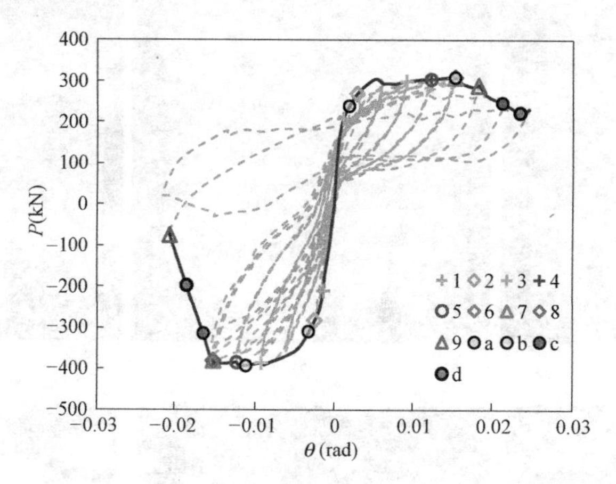

图 4-5-13　试件 T-2.1-1.36-0.5 的滞回曲线及骨架曲线

试件 T-2.1-1.36-0.5 翼缘受压方向性能点位移角限值　　表 4-5-13

θ_{m1}(方法 1)	完好		轻微损坏	轻中等破坏		中等破坏		比较严重破坏		严重破坏
	1/556		1/149	1/87		1/61		1/47		1/43
θ_{m2}(方法 2)	开裂	纵筋屈服	裂缝宽度超过1mm	裂缝宽度超过2mm	混凝土保护层开始剥落	混凝土保护层剥落严重	纵筋露出	纵筋压屈	纵筋拉断	轴压破坏
	1/888	1/348	1/110	1/82	1/82	1/66	1/66	1/66	1/55	1/43
$(\theta_{m1}-\theta_{m2})/\theta_{m2}$	59.71%	−37.41%	−26.17%	−5.75%	−5.75%	8.20%	8.20%	40.43%	17.02%	0%

试件 T-2.1-1.36-0.5 翼缘受拉方向性能点位移角限值　　表 4-5-14

θ_{m1}(方法 1)	完好		轻微损坏	轻中等破坏		中等破坏		比较严重破坏		严重破坏
	1/303		1/154	1/102		1/76		1/61		1/54
θ_{m2}(方法 2)	开裂	纵筋屈服	裂缝宽度超过1mm	裂缝宽度超过2mm	混凝土保护层开始剥落	混凝土保护层剥落严重	纵筋露出	纵筋压屈	纵筋拉断	轴压破坏
	1/734	1/402	1/109	1/66	1/81	1/66	1/66	1/66	1/48	1/54
$(\theta_{m1}-\theta_{m2})/\theta_{m2}$	142.24%	32.67%	−29.22%	−35.29%	−20.59%	−13.16%	−13.16%	8.20%	−21.31%	0%

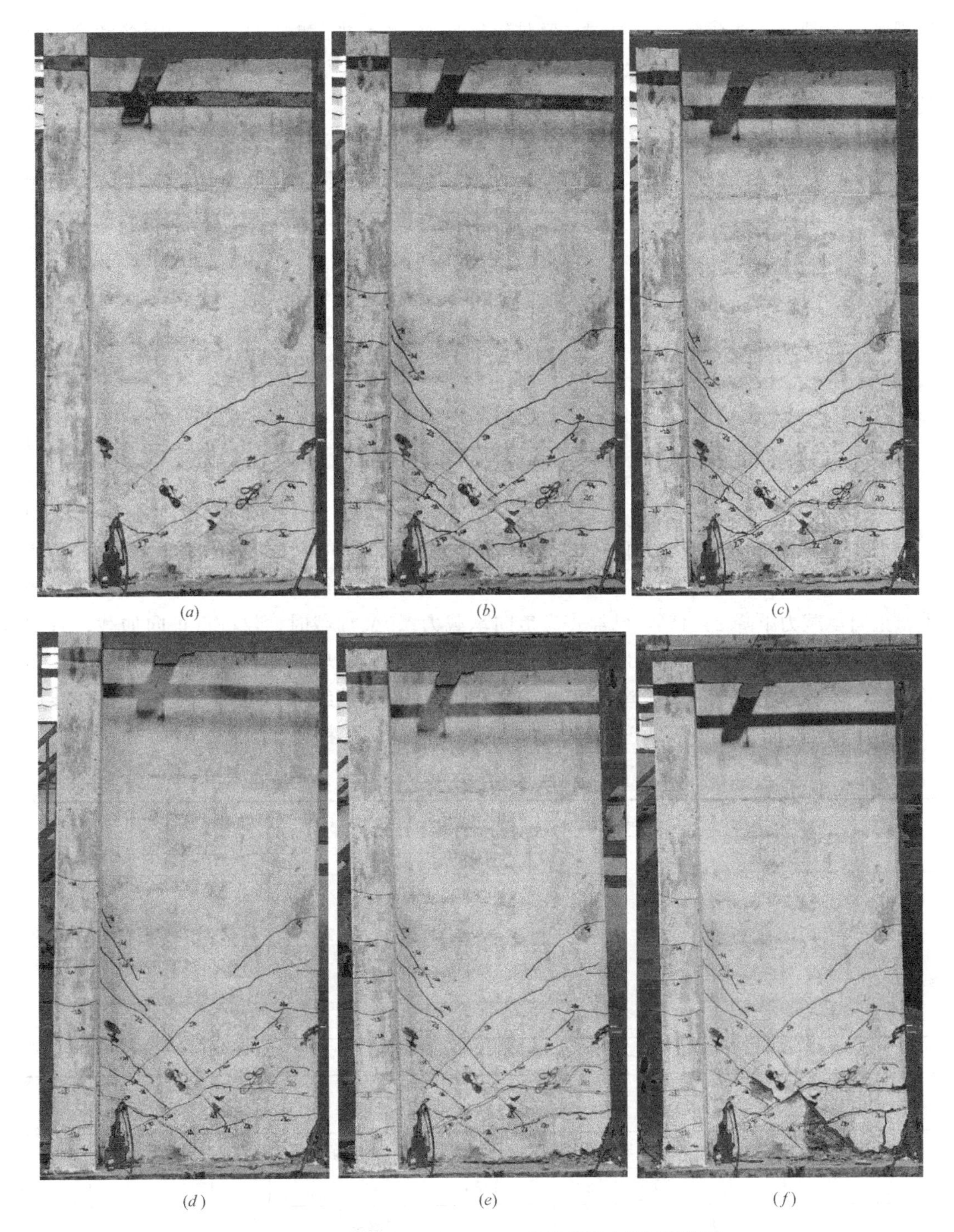

图 4-5-14　试件 T-2. 1-1. 36-0. 5 各性能状态的破坏程度

(a) 完好；(b) 轻微损坏；(c) 轻中等破坏；(d) 中等破坏；(e) 比较严重破坏；(f) 严重破坏

4. 5. 8　T-2. 1-2. 13-0. 5

加载至－80kN 时，左侧从翼缘开始出现两条水平裂缝；加载至 140kN 时，正面右侧出现第一条裂缝；加载至 240kN 时，暗柱纵筋屈服；$3\Delta_y$加载时，正向最大裂缝宽度达到 1.2mm，$-3\Delta_y$加载时，负向最大裂缝宽度达到 1mm；$4\Delta_y$加载时，正面最大裂缝宽度达到 2mm，$-4\Delta_y$加载时，构件负向承载力达到峰值，三次循环加载之后，右侧腹板角部混凝土有轻微剥落，纵向钢筋外露；$5\Delta_y$加载时，右侧背面角部混凝土保护层开始剥落，$-5\Delta_y$加载时，最大裂缝宽度接近 2mm，正向承载力达到峰值；$6\Delta_y$加载时，右侧混凝土进一步剥落，混凝土保护层剥落范围扩大，背面腹板大块混凝土保护层剥落，纵筋明显压屈，正向承载力下降 4.6%，负向承载力下降 34.3%，两次循环之后，构件承载能力迅速下降，构件负向承载能力几乎已经丧失；$7\Delta_y$加载时，腹板混凝土大块剥落，水平分布筋明显屈曲，右侧暗柱背面一根钢筋拉断，构件破坏已经相当严重，正向承载力下降 24.4%，已经丧失负向承载力；$9\Delta_y$加载时，仅进行正向加载，右侧六根暗柱纵筋全部拉断，暗柱区域混凝土压碎，构件承载力严重下降，正向承载力下降 32.7%，试验停止。试件发生弯曲破坏。滞回曲线及骨架曲线如图 4-5-15 所示，各性能点位移角限值见表 4-5-15、表 4-5-16，各性能状态对应的破坏程度如图 4-5-16 所示。

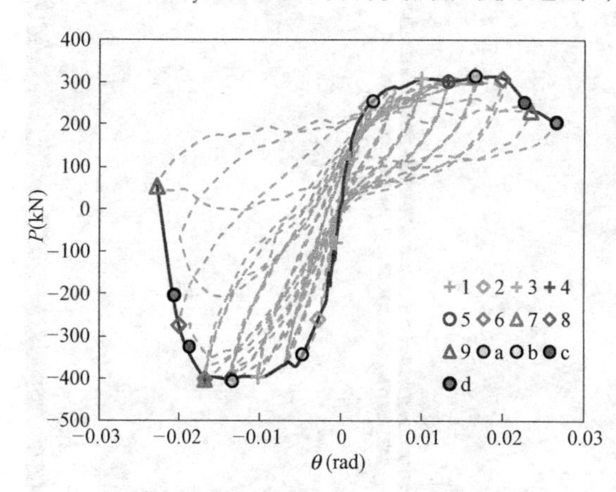

图 4-5-15 试件 T-2.1-2.13-0.5 的滞回曲线及骨架曲线

试件 T-2.1-2.13-0.5 翼缘受压方向性能点位移角限值　　表 4-5-15

θ_{m1}(方法 1)	完好		轻微损坏	轻中等破坏		中等破坏		比较严重破坏		严重破坏
	1/244		1/115	1/75		1/56		1/44		1/38
θ_{m2}(方法 2)	开裂	纵筋屈服	裂缝宽度超过 1mm	裂缝宽度超过 2mm	混凝土保护层开始剥落	混凝土保护层剥落严重	纵筋露出	纵筋压屈	纵筋拉断	轴压破坏
	1/804	1/307	1/100	1/75	1/75	1/60	1/60	1/50	1/43	1/38
$(\theta_{m1}-\theta_{m2})/\theta_{m2}$	229.51%	25.82%	−13.04%	0%	0%	7.14%	7.14%	13.64%	−2.27%	0%

试件 T-2.1-2.13-0.5 翼缘受拉方向性能点位移角限值　　表 4-5-16

θ_{m1}(方法 1)	完好		轻微损坏	轻中等破坏		中等破坏		比较严重破坏		严重破坏
	1/213		1/122	1/85		1/66		1/54		1/49
θ_{m2}(方法 2)	开裂	纵筋屈服	裂缝宽度超过 1mm	裂缝宽度超过 2mm	混凝土保护层开始剥落	混凝土保护层剥落严重	纵筋露出	纵筋压屈	纵筋拉断	轴压破坏
	1/2250	1/371	1/100	1/60	1/75	1/60	1/60	1/50	1/44	1/49
$(\theta_{m1}-\theta_{m2})/\theta_{m2}$	956.34%	74.18%	−18.03%	−29.41%	−11.76%	−9.09%	−9.09%	−7.41%	−18.52%	0%

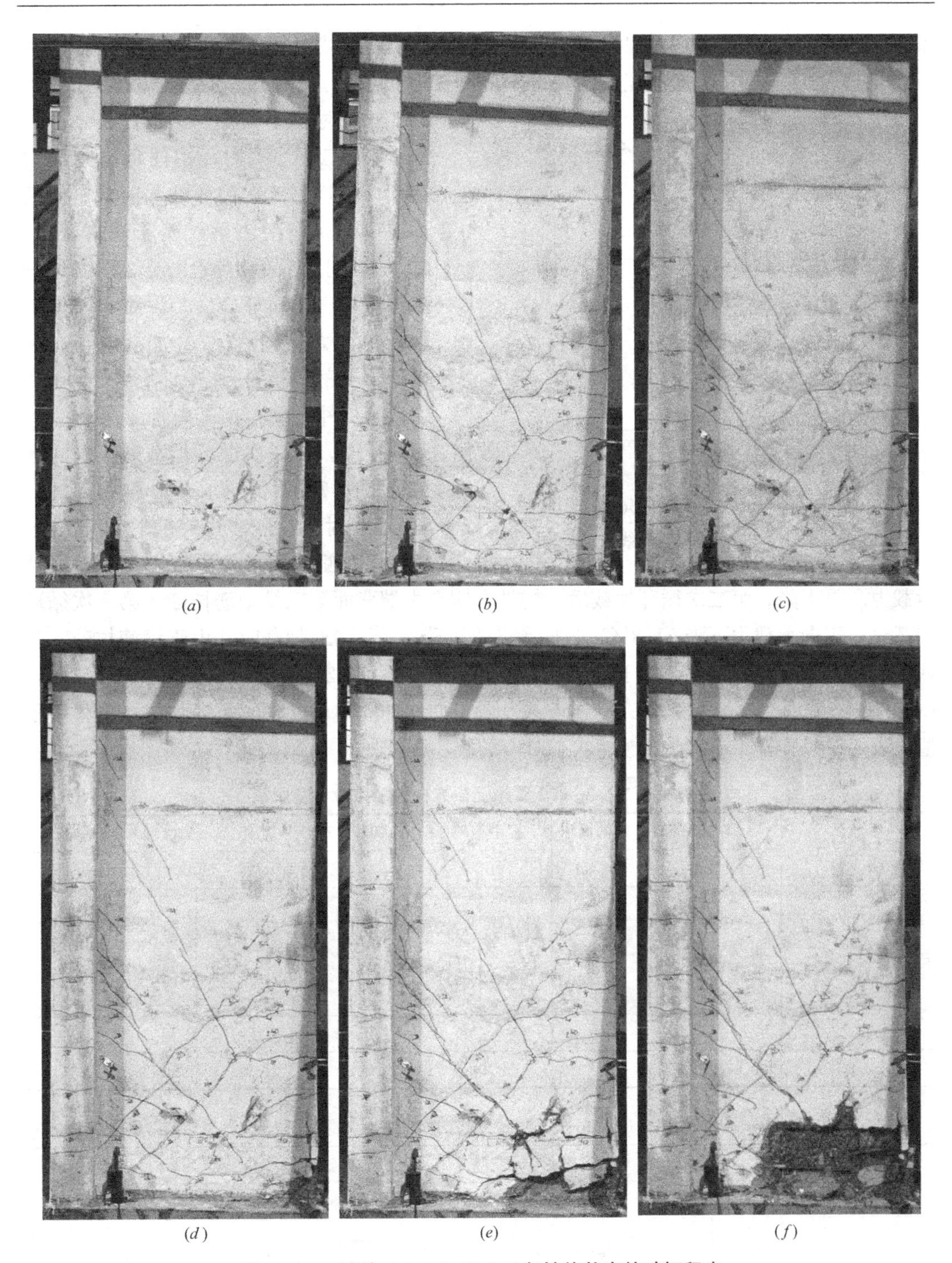

图 4-5-16　试件 T-2. 1-2. 13-0. 5 各性能状态的破坏程度

(a) 完好；(b) 轻微损坏；(c) 轻中等破坏；(d) 中等破坏；(e) 比较严重破坏；(f) 严重破坏

4. 5. 9　T-2. 7-1. 36-0. 2

加载至 80kN 时，正面右侧出现一条水平裂缝，加载至－80kN 时，正面左侧出现三条水平裂缝；加载至 120kN 时，暗柱纵筋屈服；$2\Delta_y$ 加载时，正向承载力达到峰值，$-2\Delta_y$ 加载时，负向最大裂缝宽度达到 1mm；$-3\Delta_y$ 加载时，负向最大裂缝宽度达到 2mm；$5\Delta_y$ 加载时，正向最大裂缝宽度达到 2mm，$-5\Delta_y$ 加载时，构件负向承载力达到峰值，第二次循环加载时，右侧角部混凝土保护层剥落，纵筋外露压屈；$6\Delta_y$ 加载时，右侧混凝土剥落程度进一步加深，三次循环之后，混凝土开始向腹板中部方向剥落；$7\Delta_y$ 加载时，右侧混凝土剥落程度进一步加深，三次循环之后，构件右侧自由端背面最外侧一排钢筋拉断，第一次循环加载时，正向承载力下降 7%，负向承载力下降 7.2%；$8\Delta_y$ 加载时，右侧自由端暗柱区混凝土压碎，右侧前面最外层钢筋拉断，构件承载力严重下降，第二次循环加载后，构件右侧自由端背面第二排钢筋拉断，第一次循环加载时，正向承载力下降 21.8%，负向承载力下降 25%；$9\Delta_y$ 加载时，由于钢筋拉断，暗柱区混凝土压碎，构件承载力下降严重，正向承载力下降 32%，负向承载力下降 81.7%，试验停止。试件发生弯曲破坏。滞回曲线及骨架曲线如图 4-5-17 所示，各性能点位移角限值见表 4-5-17、表 4-5-18，各性能状态对应的破坏程度如图 4-5-18 所示。

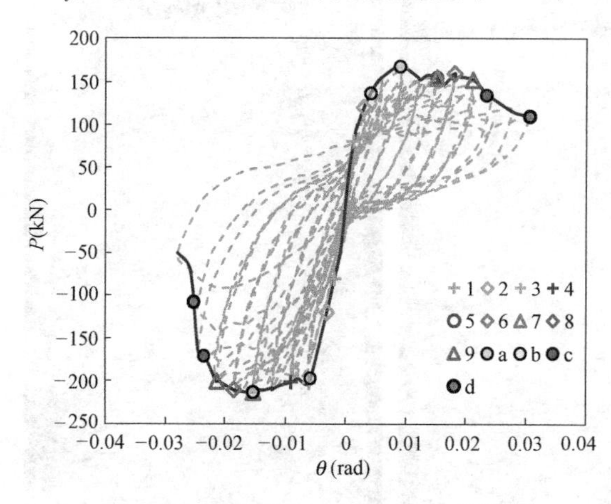

图 4-5-17 试件 T-2.7-1.36-0.2 的滞回曲线及骨架曲线

试件 T-2.7-1.36-0.2 翼缘受压方向性能点位移角限值　　表 4-5-17

θ_{m1}(方法 1)	完好		轻微损坏	轻中等破坏		中等破坏		比较严重破坏		严重破坏
	1/238		1/111	1/72		1/54		1/43		1/33
θ_{m2}(方法 2)	开裂	纵筋屈服	裂缝宽度超过1mm	裂缝宽度超过2mm	混凝土保护层开始剥落	混凝土保护层剥落严重	纵筋露出	纵筋压屈	纵筋拉断	轴压破坏
	1/731	1/329	1/109	1/65	1/65	1/55	1/65	—	1/47	1/33
$(\theta_{m1}-\theta_{m2})/\theta_{m2}$	207.14%	38.24%	−1.80%	−9.72%	−9.72%	1.85%	20.37%	—	9.30%	—

试件 T-2.7-1.36-0.2 翼缘受拉方向性能点位移角限值　　表 4-5-18

θ_{m1}(方法 1)	完好		轻微损坏	轻中等破坏		中等破坏		比较严重破坏		严重破坏
	1/172		1/98	1/68		1/53		1/43		1/40
θ_{m2}(方法 2)	开裂	纵筋屈服	裂缝宽度超过1mm	裂缝宽度超过2mm	混凝土保护层开始剥落	混凝土保护层剥落严重	纵筋露出	纵筋压屈	纵筋拉断	轴压破坏
	1/575	1/332	1/165	1/110	1/66	1/54	1/66	—	1/47	1/40
$(\theta_{m1}-\theta_{m2})/\theta_{m2}$	234.30%	93.02%	68.37%	61.76%	−2.94%	1.89%	24.53%	—	9.30%	—

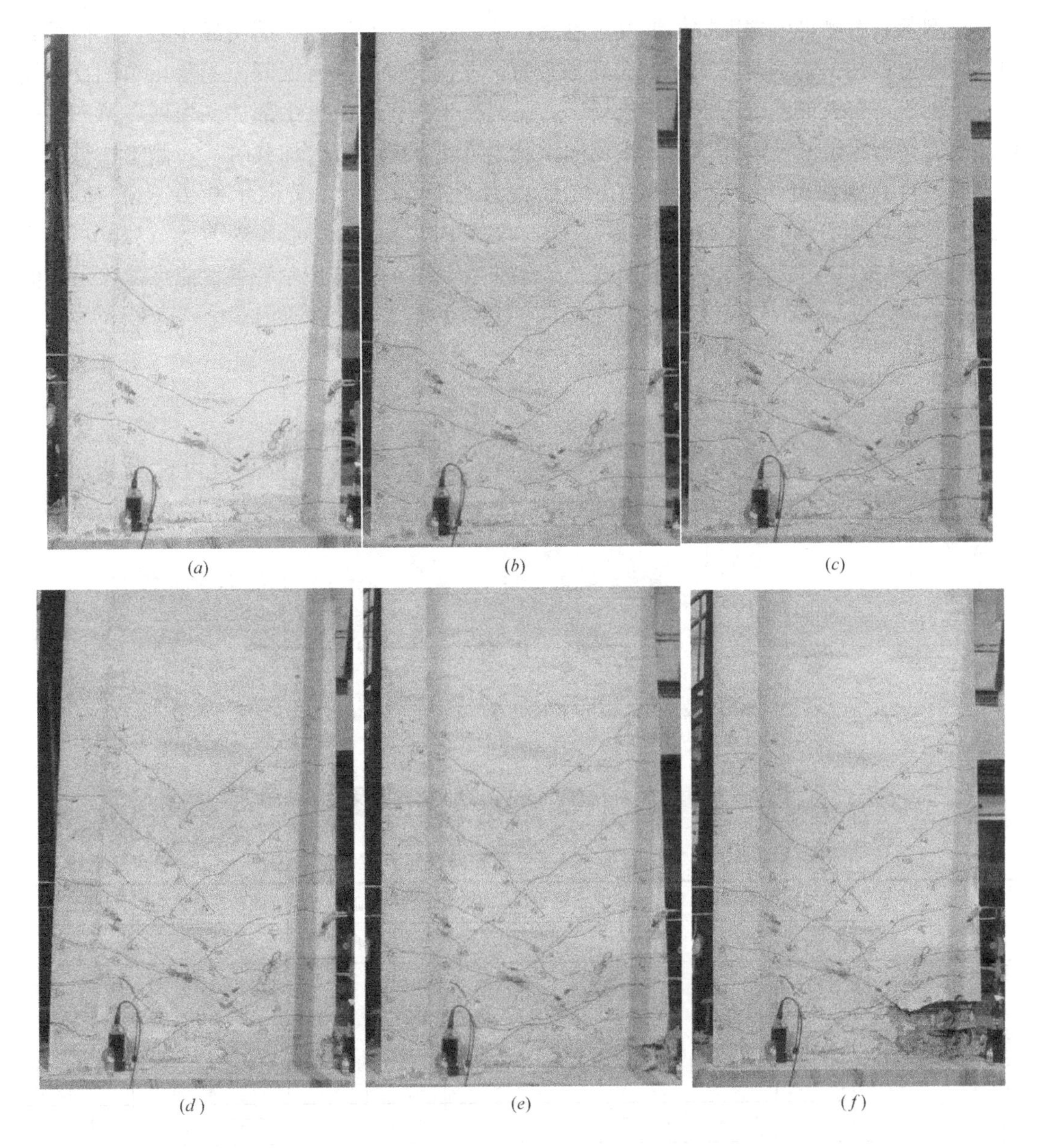

(*a*)　(*b*)　(*c*)

(*d*)　(*e*)　(*f*)

图 4-5-18　试件 T-2.7-1.36-0.2 各性能状态的破坏程度

(*a*) 完好；(*b*) 轻微损坏；(*c*) 轻中等破坏；(*d*) 中等破坏；(*e*) 比较严重破坏；(*f*) 严重破坏

4.5.10　T-2.7-2.13-0.2

加载至 100kN 时，正面右侧开始出现三条水平裂缝，加载至－100kN 时，背面从翼缘开始出现水平裂缝；加载至 130kN 时，暗柱纵筋屈服；$3\Delta_y$加载时，正向最大裂缝宽度达到 1mm，$-3\Delta_y$加载时，负向最大裂缝宽度达到 1mm；$-4\Delta_y$加载时，构件负向承载力达到峰值；$5\Delta_y$加载时，裂缝几乎不再发展，第三次循环之后，观察到右侧角部混凝土有轻微剥落；$7\Delta_y$加载时，裂缝宽度增加，正向加载时，裂缝宽度达到 2.25mm，负向加载时，裂缝宽度达到 2.2mm，右侧角部的混凝土进一步剥落；$9\Delta_y$加载时，左侧翼缘角部有混凝土剥落，右侧自由端保护层混凝土剥落，钢筋露出，观察到纵筋明显压屈，正向承载力达到峰值；$10\Delta_y$加载时，第一次循环加载时，左侧翼缘角部有混凝土剥落，右侧自由端进一步剥落，右侧最外层两根钢筋拉断，右侧混凝土破坏向腹板中部加剧发展，第三次循环加载后，右侧第二排钢筋拉断，正负向承载力迅速下降；$11\Delta_y$加载时，右侧暗柱纵筋全部拉断，核心区混凝土完全破坏，正向承载力下降 32.7%，负向承载力下降 49.6%；$12\Delta_y$加载时，由于负向承载力严重下降，仅正向加载，正向承载力为 83kN，下降 49.7%。试件发生弯曲破坏。滞回曲线及骨架曲线如图 4-5-19 所示，各性能点位移角限值见表 4-5-19、表 4-9-20，各性能状态对应的破坏程度如图 4-5-20 所示。

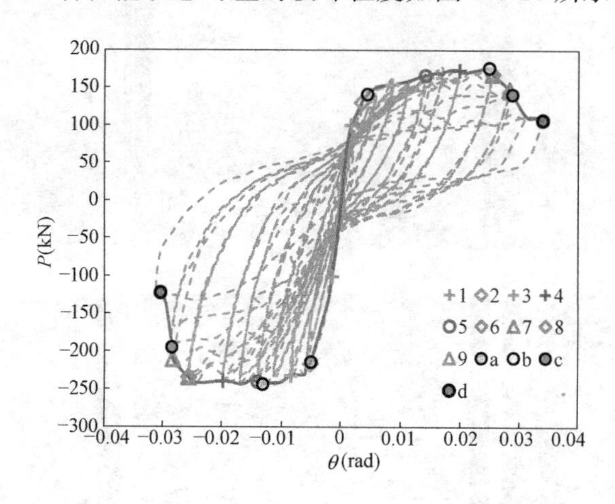

图 4-5-19　试件 T-2.7-2.13-0.2 的滞回曲线及骨架曲线

试件 T-2.7-2.13-0.2 翼缘受压方向性能点位移角限值　　表 4-5-19

θ_{m1}(方法 1)	完好		轻微损坏	轻中等破坏		中等破坏		比较严重破坏		严重破坏
	1/233		1/96	1/61		1/44		1/35		1/29
θ_{m2}(方法 2)	开裂	纵筋屈服	裂缝宽度超过 1mm	裂缝宽度超过 2mm	混凝土保护层开始剥落	混凝土保护层剥落严重	纵筋露出	纵筋压屈	纵筋拉断	轴压破坏
	1/634	1/300	1/119	1/51	1/71	1/39	1/39	1/39	1/35	1/29
$(\theta_{m1}-\theta_{m2})/\theta_{m2}$	172.10%	28.76%	23.96%	−16.39%	16.39%	−11.36%	−11.36%	11.43%	0%	—

试件 T-2.7-2.13-0.2 翼缘受拉方向性能点位移角限值　　表 4-5-20

θ_{m1}(方法 1)	完好		轻微损坏	轻中等破坏		中等破坏		比较严重破坏		严重破坏
	1/196		1/92	1/60		1/44		1/35		1/33
θ_{m2}(方法 2)	开裂	纵筋屈服	裂缝宽度超过 1mm	裂缝宽度超过 2mm	混凝土保护层开始剥落	混凝土保护层剥落严重	纵筋露出	纵筋压屈	纵筋拉断	轴压破坏
	1/634	1/193	1/119	1/50	1/71	1/39	1/39	1/39	1/35	1/33
$(\theta_{m1}-\theta_{m2})/\theta_{m2}$	223.47%	−1.53%	29.35%	−16.67%	18.33%	−11.36%	−11.36%	11.43%	0%	—

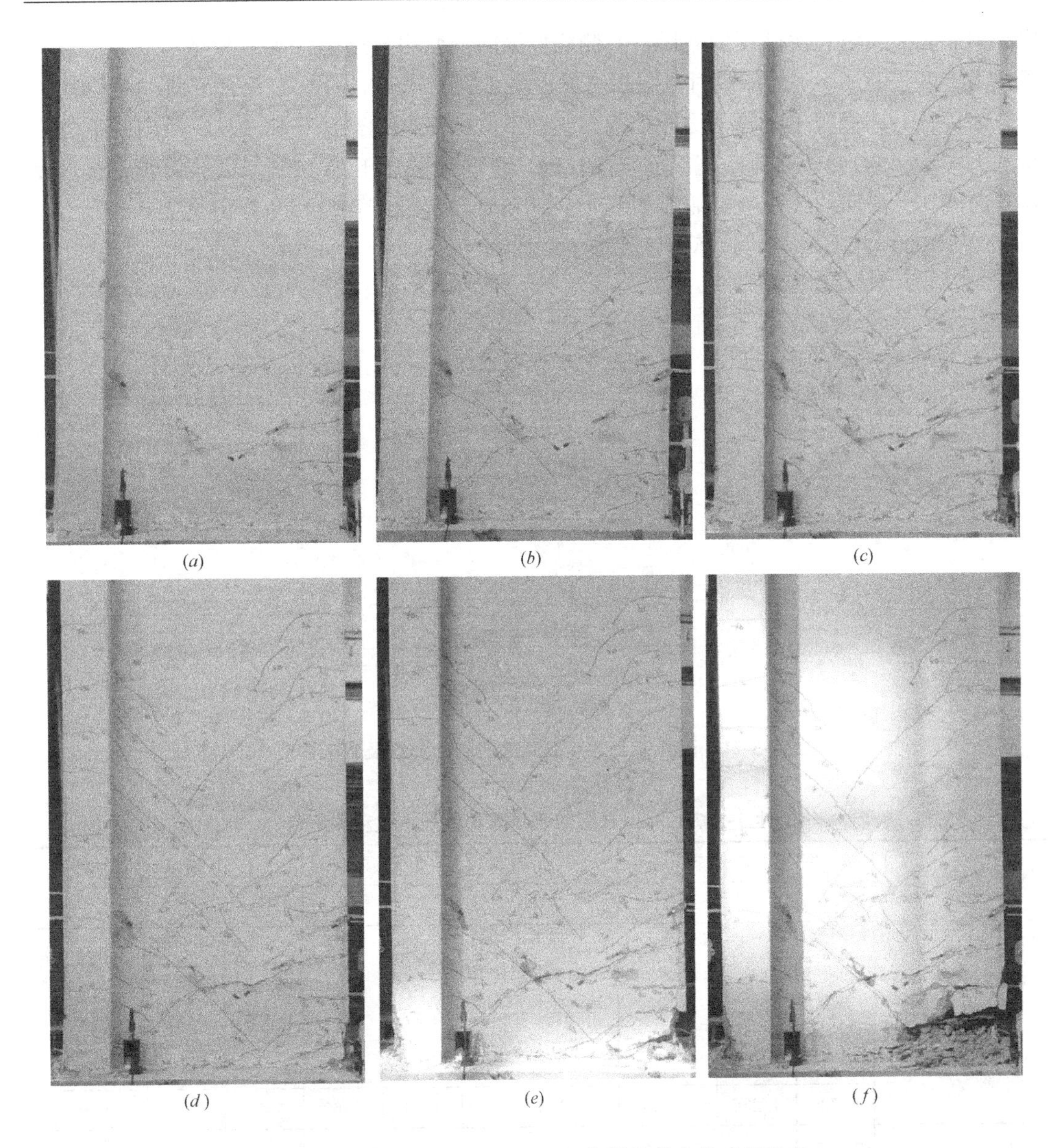

(*a*)　(*b*)　(*c*)

(*d*)　(*e*)　(*f*)

图 4-5-20　试件 T-2. 7-2. 13-0. 2 各性能状态的破坏程度

(*a*) 完好；(*b*) 轻微损坏；(*c*) 轻中等破坏；(*d*) 中等破坏；(*e*) 比较严重破坏；(*f*) 严重破坏

4. 5. 11　T-2. 7-1. 36-0. 5

加载至−80kN 时，正面左侧从翼缘开始出现一条水平裂缝；加载至 120kN 时，正面右侧出现一条水平裂缝；加载至 200kN 时，暗柱纵筋屈服；$2\Delta_y$加载时，最大裂缝宽度增大至 1mm；$3\Delta_y$加载时，构件右下角有混凝土轻微剥落，$-3\Delta_y$加载时，负向承载力达到峰值；$4\Delta_y$加载时，最大裂缝宽度达到 2mm，$-4\Delta_y$加载时，右下角混凝土进一步剥落，纵向钢筋露出；$5\Delta_y$加载时，右下角混凝土有较大块剥落，正向承载力达到峰值，负向承载力在本级加载后急剧下降，翼缘角部混凝土有轻微剥落，构件背面腹板大块混凝土保护层与钢筋脱离，第三次循环加载后，右侧构件纵向钢筋明显压屈，水平分布筋崩开，负向承载力下降了60%；$6\Delta_y$加载时，腹板右侧混凝土完全剥落，可见右侧最外排两根钢筋拉断，暗柱核心区混凝土压碎，构件承载力急剧下降，正向承载力下降9%，负向几乎失去承载力；$7\Delta_y$加载时，右侧暗柱钢筋全部拉断，正向承载力下降17%，试验停止。试件发生弯曲破坏。滞回曲线及骨架曲线如图4-5-21所示，各性能点位移角限值见表4-5-21、表4-5-22，各性能状态对应的破坏程度如图4-5-22所示。

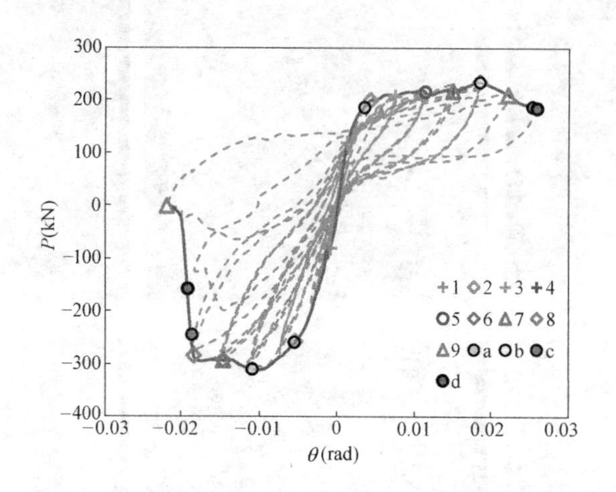

图4-5-21 试件T-2.7-1.36-0.5的滞回曲线及骨架曲线

试件T-2.7-1.36-0.5翼缘受压方向性能点位移角限值 **表4-5-21**

θ_{m1}(方法1)	完好		轻微损坏	轻中等破坏		中等破坏		比较严重破坏		严重破坏
	1/294		1/112	1/70		1/51		1/40		1/39
θ_{m2}(方法2)	开裂	纵筋屈服	裂缝宽度超过1mm	裂缝宽度超过2mm	混凝土保护层开始剥落	混凝土保护层剥落严重	纵筋露出	纵筋压屈	纵筋拉断	轴压破坏
	1/799	1/238	1/135	1/67	1/89	1/54	1/67	1/54	1/45	1/39
$(\theta_{m1}-\theta_{m2})/\theta_{m2}$	171.77%	−19.05%	20.54%	−4.29%	27.14%	5.88%	31.37%	35.00%	12.50%	0%

试件T-2.7-1.36-0.5翼缘受拉方向性能点位移角限值 **表4-5-22**

θ_{m1}(方法1)	完好		轻微损坏	轻中等破坏		中等破坏		比较严重破坏		严重破坏
	1/179		1/112	1/82		1/65		1/53		1/52
θ_{m2}(方法2)	开裂	纵筋屈服	裂缝宽度超过1mm	裂缝宽度超过2mm	混凝土保护层开始剥落	混凝土保护层剥落严重	纵筋露出	纵筋压屈	纵筋拉断	轴压破坏
	1/1027	1/183	1/91	—	1/91	1/68	1/68	1/54	1/45	1/52
$(\theta_{m1}-\theta_{m2})/\theta_{m2}$	473.74%	2.23%	−18.75%	—	10.98%	4.62%	4.62%	1.89%	−15.09%	0%

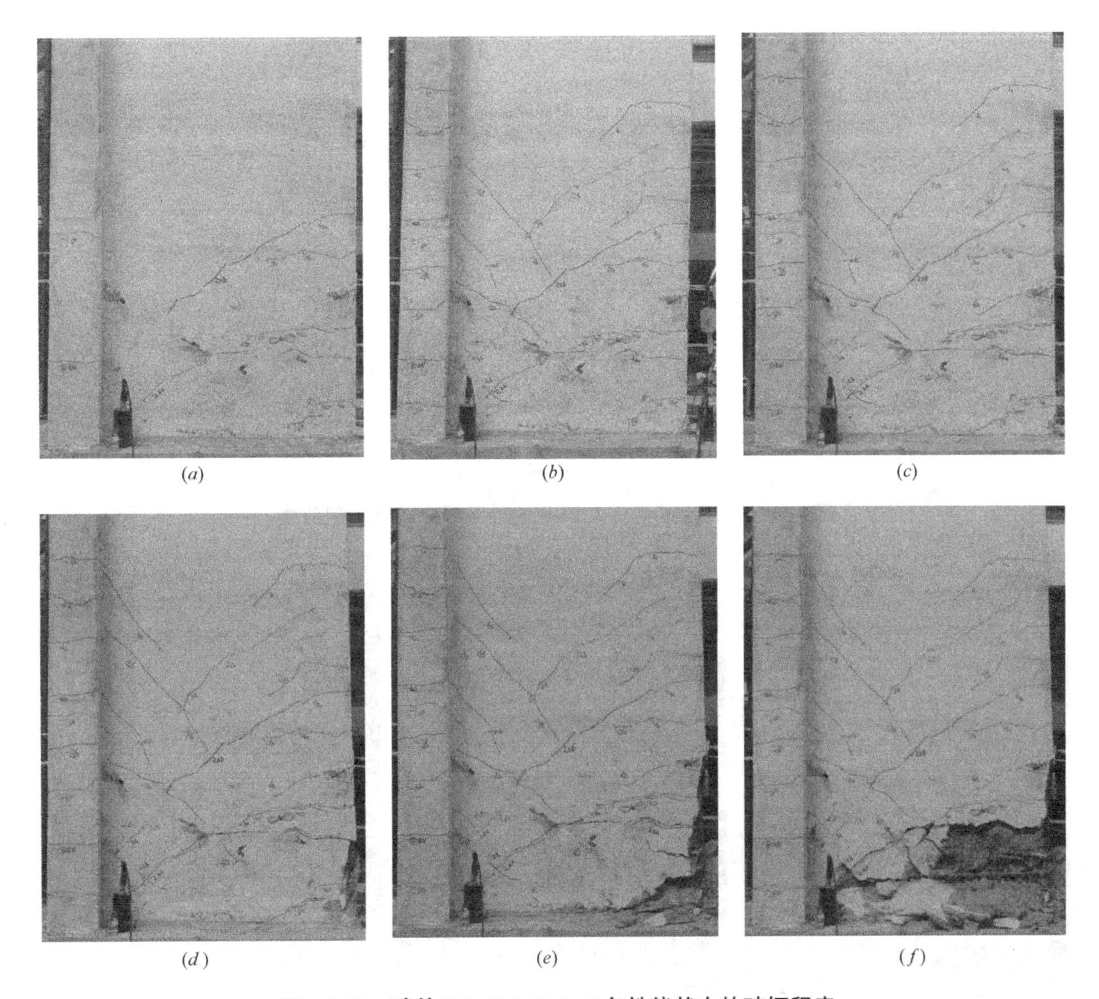

图 4-5-22　试件 T-2.7-1.36-0.5 各性能状态的破坏程度

(*a*) 完好；(*b*) 轻微损坏；(*c*) 轻中等破坏；(*d*) 中等破坏；(*e*) 比较严重破坏；(*f*) 严重破坏

4.5.12　T-2.7-2.13-0.5

加载至 120kN 时，正面右侧出现一条水平裂缝，加载至 −120kN 时，正面左侧从翼缘开始出现两条水平裂缝；加载至 190kN 时，暗柱纵筋屈服；$3\Delta_y$ 加载时，正向最大裂缝宽度达到 1mm，$-3\Delta_y$ 加载时，负向最大裂缝宽度达到 1mm；$-4\Delta_y$ 加载时，构件负向承载力达到峰值；$5\Delta_y$ 加载时，正向最大裂缝宽度达到 2mm，$-5\Delta_y$ 加载时，右侧角部混凝土开始出现轻微剥落；$7\Delta_y$ 加载时，右侧混凝土保护层向腹板中部方向剥落，正向承载力达到峰值，负向承载力下降 3%；$8\Delta_y$ 加载时，构件腹板混凝土保护层脱离，经过三次循环加载后，腹板保护层大块剥落，最外侧两根纵向钢筋拉断，负向承载力下降 16.4%，第三次循环加载后，负向承载力下降 68.8%；$9\Delta_y$ 加载时，构件腹板已经受到严重破坏，腹板混凝土大块剥落，右侧又有一根纵向钢筋拉断，负向已经丧失承载力，仅进行一次循环加载，此时，正向承载力下降 9%；$10\Delta_y$ 加载时，仅进行一次正向加载，右侧六根暗柱纵筋全部拉断，正向承载力下降 26.5%，试验停止。试件发生弯曲破坏。滞回曲线及骨架曲线如图 4-5-23 所示，各性能点位移角限值见表 4-5-23、表 4-5-24，各性能状态对应的破坏程度如图 4-5-24 所示。

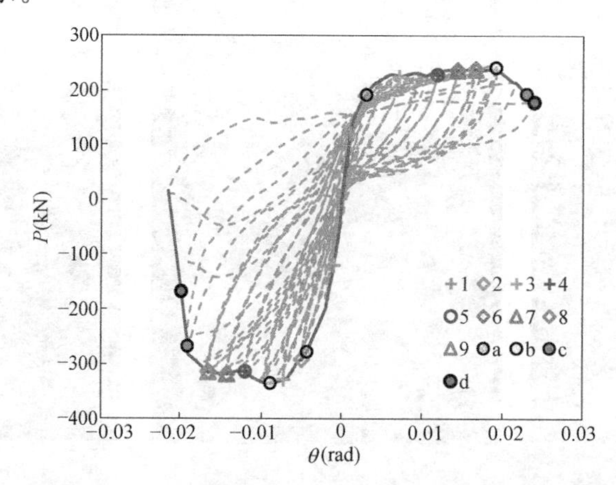

图 4-5-23　试件 T-2. 7-2. 13-0. 5 的滞回曲线及骨架曲线

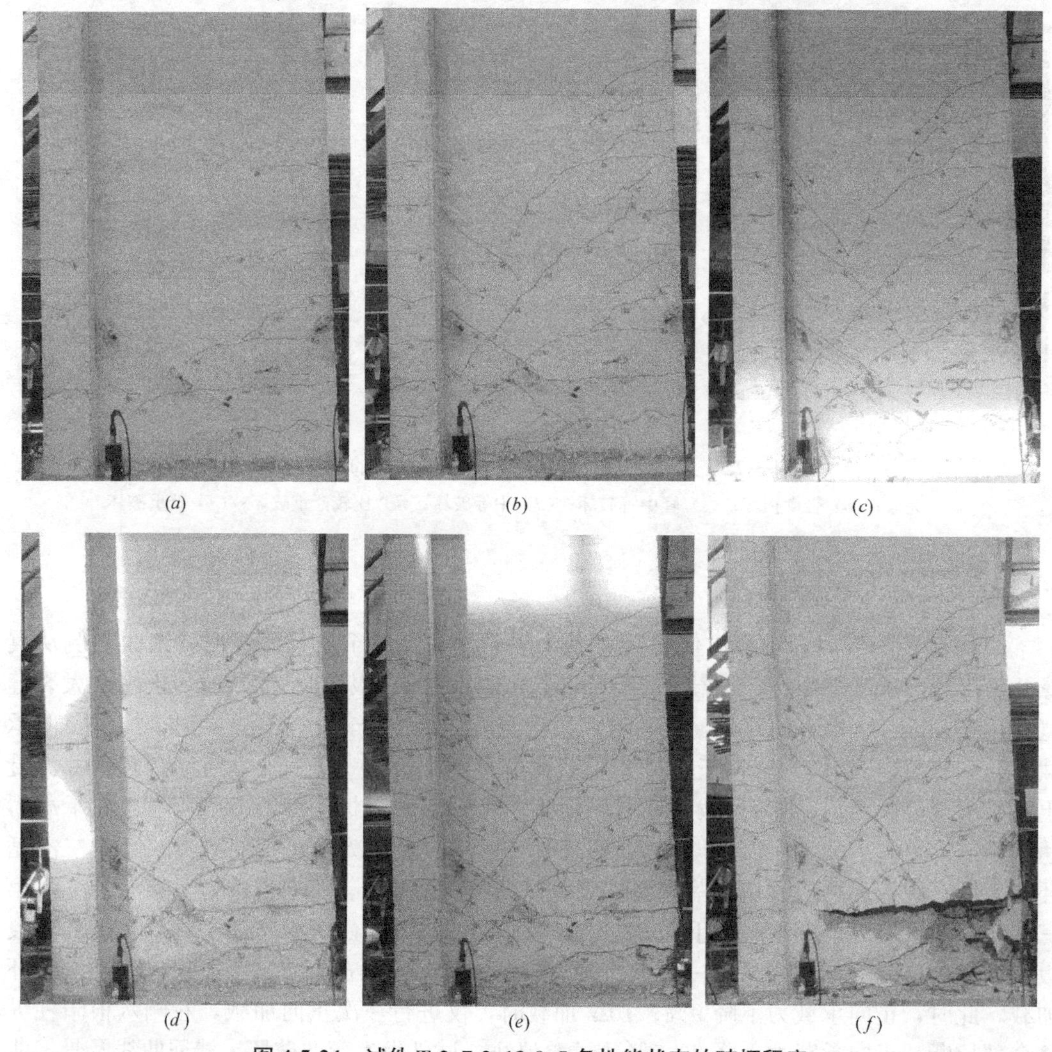

图 4-5-24　试件 T-2. 7-2. 13-0. 5 各性能状态的破坏程度

(a) 完好；(b) 轻微损坏；(c) 轻中等破坏；(d) 中等破坏；(e) 比较严重破坏；(f) 严重破坏

试件 T-2.7-2.13-0.5 翼缘受压方向性能点位移角限值　　表 4-5-23

θ_{m1}(方法1)	完好		轻微损坏	轻中等破坏		中等破坏		比较严重破坏		严重破坏
	1/323		1/125	1/77		1/56		1/44		1/42
θ_{m2}(方法2)	开裂	纵筋屈服	裂缝宽度超过1mm	裂缝宽度超过2mm	混凝土保护层开始剥落	混凝土保护层剥落严重	纵筋露出	纵筋压屈	纵筋拉断	轴压破坏
	1/938	1/332	1/139	1/84	1/84	1/69	1/69	1/60	1/60	1/42
$(\theta_{m1}-\theta_{m2})/\theta_{m2}$	190.40%	2.79%	11.20%	9.09%	9.09%	23.21%	23.21%	36.36%	36.36%	0%

试件 T-2.7-2.13-0.5 翼缘受拉方向性能点位移角限值　　表 4-5-24

θ_{m1}(方法1)	完好		轻微损坏	轻中等破坏		中等破坏		比较严重破坏		严重破坏
	1/238		1/125	1/85		1/65		1/52		1/50
θ_{m2}(方法2)	开裂	纵筋屈服	裂缝宽度超过1mm	裂缝宽度超过2mm	混凝土保护层开始剥落	混凝土保护层剥落严重	纵筋露出	纵筋压屈	纵筋拉断	轴压破坏
	1/1027	1/205	1/140	1/83	1/83	1/70	1/70	1/61	1/61	1/50
$(\theta_{m1}-\theta_{m2})/\theta_{m2}$	331.51%	−13.87%	12.00%	−2.35%	−2.35%	7.69%	7.69%	17.31%	17.31%	0%

4.6 L形剪力墙构件变形限值的试验研究

4.6.1 L-2.28-1.36-0.2

加载至−90kN时，正面左侧前后各出现一条水平裂缝；加载至−140kN时，裂缝在墙侧边缘为水平延伸，至中间腹板斜向发展，裂缝分布高度变，大约占构件3/5，暗柱纵筋屈服；$-2\Delta_y$加载时，负向最大裂缝宽度增大至1.2mm；$3\Delta_y$加载时，正向最大裂缝宽度增大至1.5mm。$-3\Delta y$加载时，构件负向承载力达到峰值。$4\Delta_y$加载时，正向裂缝宽度达到2.5mm；$-4\Delta_y$加载时，正面左侧角部有小块混凝土剥落，负向承载力达到峰值，负向裂缝宽度达到2.5mm；$5\Delta_y$加载时，正向承载力达到峰值，负向承载力仍保持峰值水平，保护层混凝土有较大块脱落，暗柱纵筋露出；$6\Delta_y$加载时，正面左侧角部有大块混凝土剥落，露出纵筋及箍筋，随后左侧角部纵筋压屈，正面左侧角部最外排两根纵筋被拉断；$7\Delta_y$加载时，正面

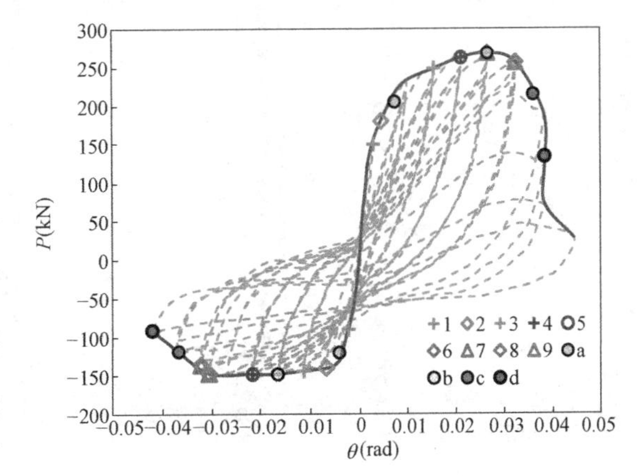

图4-6-1　试件L-2.28-1.36-0.2的滞回曲线及骨架曲线

左侧角部两根纵筋拉断，暗柱区域混凝土压碎，正向承载力下降 29.48%，负向承载力下降 21.62%；$8\Delta_y$加载时，左后第二排一根钢筋拉断，腹板竖向分布筋严重压曲，正向承载力下降 72.37%，负向承载力下降 52.17%，构件破坏相当严重，试验停止。试件发生弯剪破坏。滞回曲线及骨架曲线如图 4-6-1 所示，各性能点位移角限值见表 4-6-1、表 4-6-2，各性能状态对应的破坏程度如图 4-6-2 所示。

试件 L-2.28-1.36-0.2 翼缘受压方向性能点位移角限值　　表 4-6-1

θ_{m1}(方法 1)	完好		轻微损坏	轻中等破坏		中等破坏		比较严重破坏		严重破坏
	1/135		1/68	1/45		1/34		1/27		1/24
θ_{m2}(方法 2)	开裂	纵筋屈服	裂缝宽度超过1mm	裂缝宽度超过2mm	混凝土保护层开始剥落	混凝土保护层剥落严重	纵筋露出	纵筋压屈	纵筋拉断	轴压破坏
	1/335	1/216	1/64	1/47	1/47	1/37	1/37	1/30	1/30	1/22
$(\theta_{m1}-\theta_{m2})/\theta_{m2}$	148.02%	60.09%	−5.98%	3.14%	3.14%	8.40%	8.40%	11.14%	11.14%	−8.96%

试件 L-2.28-1.36-0.2 翼缘受拉方向性能点位移角限值　　表 4-6-2

θ_{m1}(方法 1)	完好		轻微损坏	轻中等破坏		中等破坏		比较严重破坏		严重破坏
	1/239		1/82	1/50		1/36		1/28		1/24
θ_{m2}(方法 2)	开裂	纵筋屈服	裂缝宽度超过1mm	裂缝宽度超过2mm	混凝土保护层开始剥落	混凝土保护层剥落严重	纵筋露出	纵筋压屈	纵筋拉断	轴压破坏
	1/430	1/147	1/89	1/47	1/47	1/33	1/33	1/32	1/32	1/24
$(\theta_{m1}-\theta_{m2})/\theta_{m2}$	79.92%	−38.60%	8.84%	−5.76%	−5.76%	−6.48%	−6.48%	14.06%	14.06%	0%

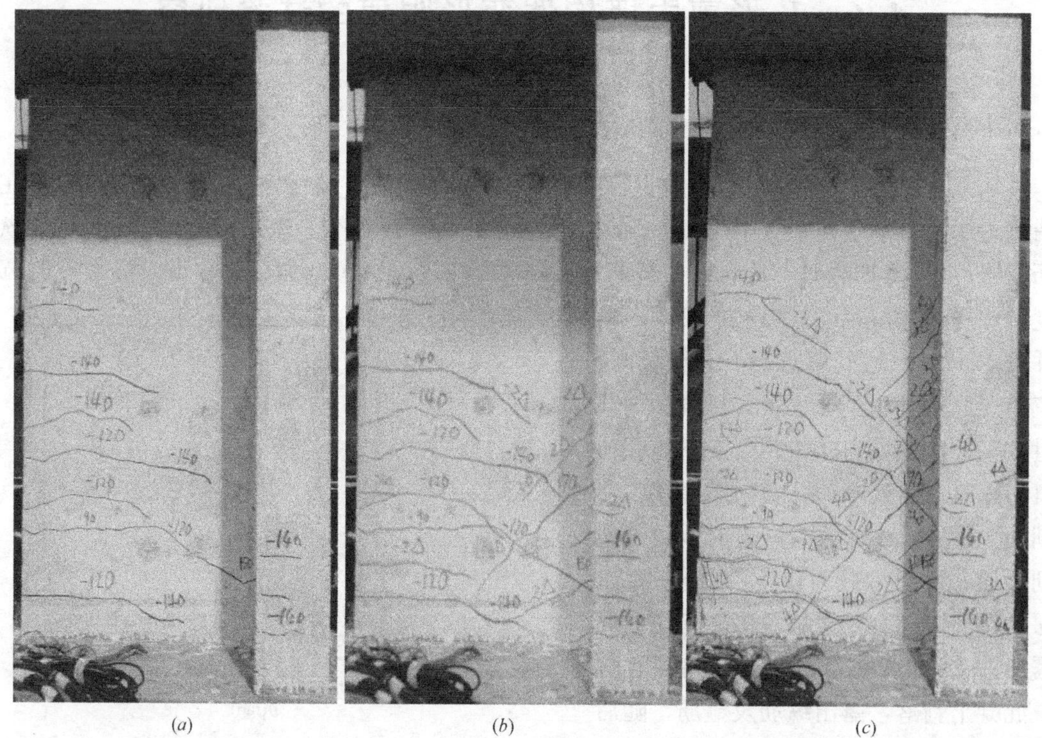

(*a*)　　(*b*)　　(*c*)

图 4-6-2　试件 L-2.28-1.36-0.2 各性能状态的破坏程度（一）

(*a*) 完好；(*b*) 轻微损坏；(*c*) 轻中等破坏

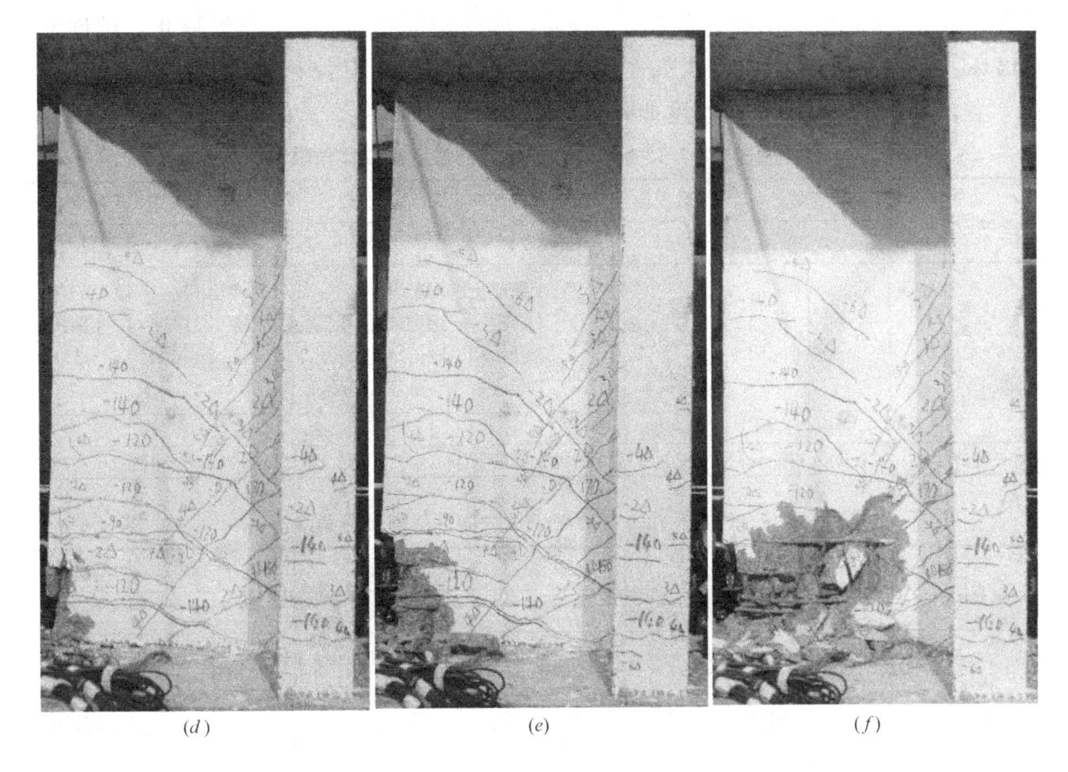

图 4-6-2　试件 L-2.28-1.36-0.2 各性能状态的破坏程度（二）
（*d*）中等破坏；（*e*）比较严重破坏；（*f*）严重破坏

4.6.2　L-2.28-2.13-0.2

加载至 120kN 时，构件背面左侧出现一条水平裂缝；加载至 180kN 时，背面左侧有两条斜裂缝新增，暗柱纵筋屈服；$-2\Delta_y$ 加载时，负向最大裂缝宽度增大至 1.75mm；$3\Delta_y$ 加载时，正向最大裂缝宽度增大至 1.80mm，$-3\Delta_y$ 加载时，负向最大裂缝宽度增大至 2mm；$4\Delta_y$ 加载时，正向裂缝宽度达到 2.80mm，$-4\Delta_y$ 加载时，背面右侧混凝土保护层小块剥落，构件负向承载力达到峰值；$5\Delta_y$ 加载时，正向承载力达到峰值，$-5\Delta_y$ 加载时，保护层有较大块混凝土剥落，未见钢筋外露；$6\Delta_y$ 加载时，正面左侧角部有大块混凝土剥落，露出纵筋及箍筋，随后左侧角部纵筋压屈；$7\Delta_y$ 加载时，正面左侧最外排三根纵筋拉断，背面右侧最外排两根纵筋拉断，有拉筋崩开，正向承载力下降 35.74%，负向承载力下降 25.00%；$8\Delta_y$ 加载时，左侧前面第三排纵向钢筋拉断，核心区混凝土破坏严重，正向承

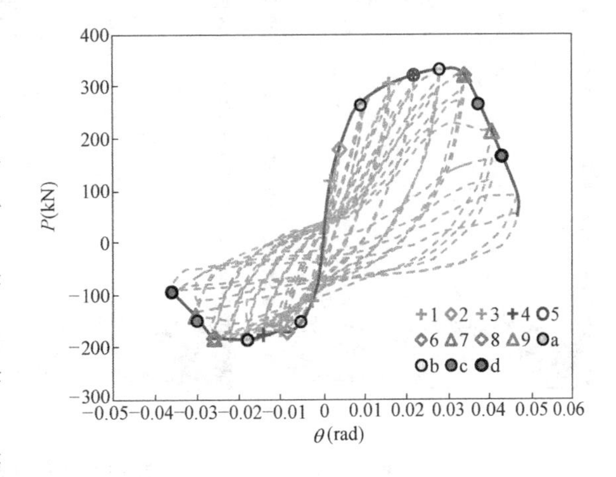

图 4-6-3　试件 L-2.28-2.13-0.2 的滞回曲线及骨架曲线

载力下降 72.37%，负向承载力下降 52.17%，构件破坏相当严重，试验停止。试件发生弯剪破坏。滞回曲线及骨架曲线如图 4-6-3 所示，各性能点位移角限值见表 4-6-3、表 4-6-4，各性能状态对应的破坏程度如图 4-6-4 所示。

试件 L-2.28-2.13-0.2 翼缘受压方向性能点位移角限值　　表 4-6-3

θ_{m1}(方法 1)	完好		轻微损坏	轻中等破坏		中等破坏		比较严重破坏		严重破坏
	1/108		1/61	1/42		1/32		1/26		1/23
θ_{m2}(方法 2)	开裂	纵筋屈服	裂缝宽度超过1mm	裂缝宽度超过2mm	混凝土保护层开始剥落	混凝土保护层剥落严重	纵筋露出	纵筋压屈	纵筋拉断	轴压破坏
	1/570	1/245	1/62	1/45	1/45	1/29	1/29	1/29	1/24	1/21
$(\theta_{m1}-\theta_{m2})/\theta_{m2}$	424.09%	125.51%	2.20%	6.69%	6.69%	−11.12%	−11.12%	9.54%	−7.59%	−7.87%

试件 L-2.28-2.13-0.2 翼缘受拉方向性能点位移角限值　　表 4-6-4

θ_{m1}(方法 1)	完好		轻微损坏	轻中等破坏		中等破坏		比较严重破坏		严重破坏
	1/192		1/88	1/57		1/43		1/34		1/28
θ_{m2}(方法 2)	开裂	纵筋屈服	裂缝宽度超过1mm	裂缝宽度超过2mm	混凝土保护层开始剥落	混凝土保护层剥落严重	纵筋露出	纵筋压屈	纵筋拉断	轴压破坏
	1/390	1/119	1/100	1/71	1/56	1/39	1/39	1/39	1/33	1/28
$(\theta_{m1}-\theta_{m2})/\theta_{m2}$	103.91%	−38.07%	13.75%	24.74%	−2.81%	−8.20%	−8.20%	15.68%	−1.14%	−1.35%

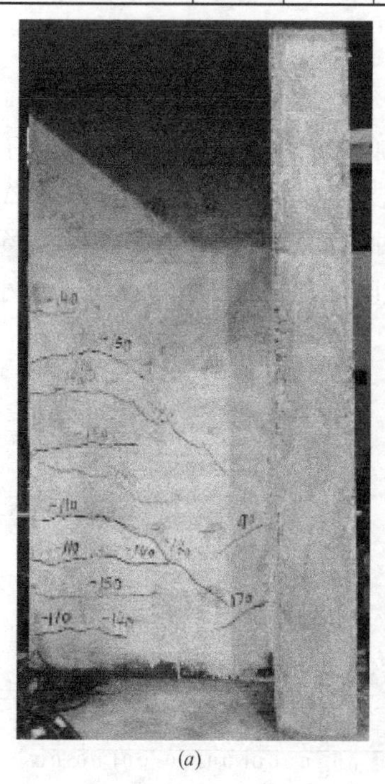
(*a*)

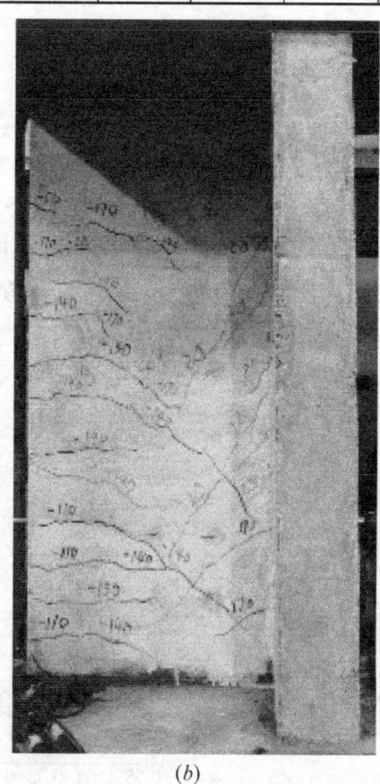
(*b*)

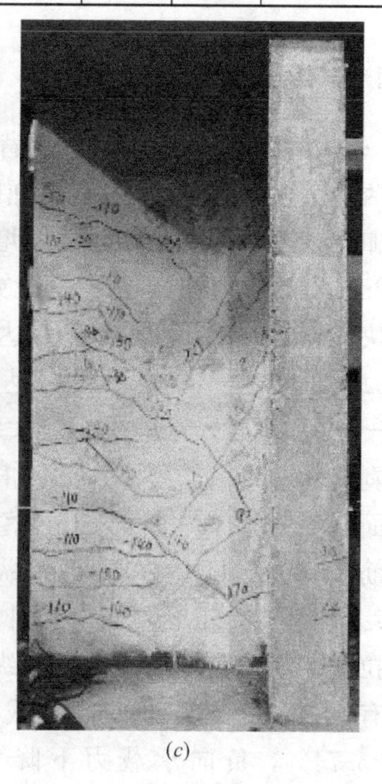
(*c*)

图 4-6-4　试件 L-2.28-2.13-0.2 各性能状态的破坏程度（一）

(*a*) 完好；(*b*) 轻微损坏；(*c*) 轻中等破坏

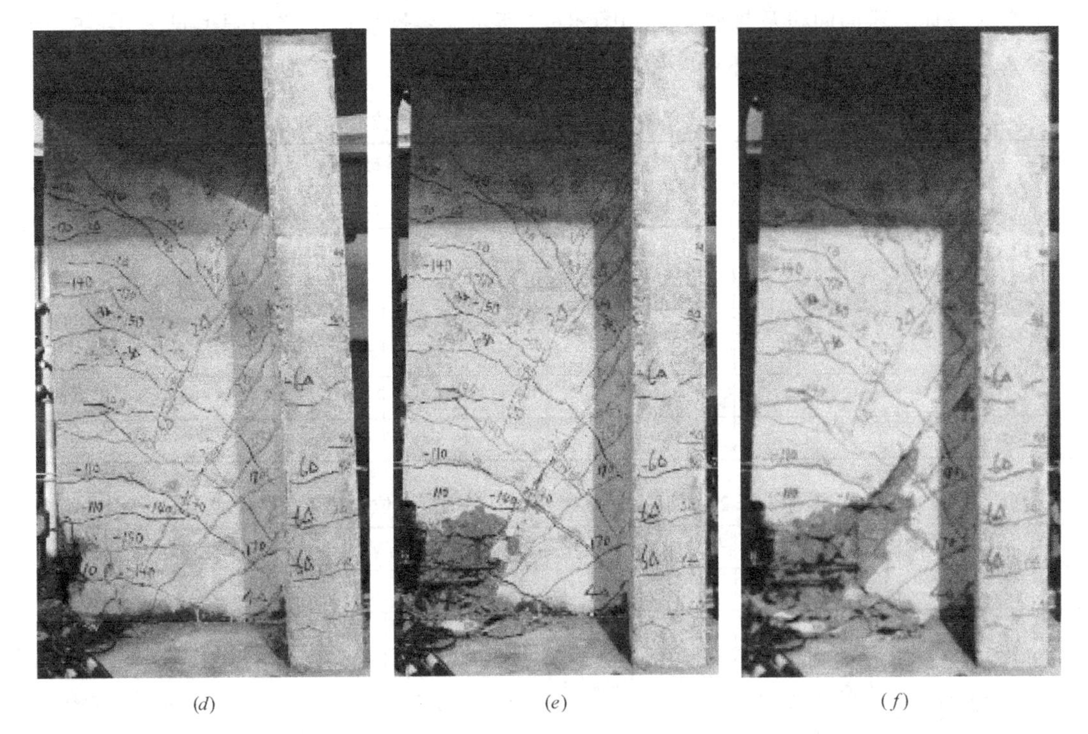

(*d*)　(*e*)　(*f*)

图 4-6-4　试件 L-2. 28-2. 13-0. 2 各性能状态的破坏程度（二）

（*d*）中等破坏；（*e*）比较严重破坏；（*f*）严重破坏

4. 6. 3　L-2. 28-1. 36-0. 5

加载至 170kN 时，构件背面右侧角部出现一条水平裂缝；加载至 260kN 时，正面左侧前后腹板各有三条斜裂缝产生，裂缝宽度达到 0. 4mm，暗柱纵筋屈服；$2\Delta_y$ 加载时，正向裂缝宽度达到 1mm，$-2\Delta_y$ 加载时，负向裂缝宽度达到 1. 25mm；$3\Delta_y$ 加载时，背面左侧混凝土保护层开始有小块剥落，构件正向承载力均达到峰值；$4\Delta_y$ 加载时，正面右侧角部混凝土保护层破坏较严重，但未露出纵筋，正向裂缝宽度均达到 2mm，$-4\Delta_y$ 加载时，构件负向承载力均达到峰值，负向裂缝宽度均达到 2mm；$5\Delta_y$ 加载时，正面右侧角部前后有大块混凝土脱落，露出纵筋及箍筋，随后纵筋被压曲，正向承载力下降 63. 22%，负向承载力与峰值一致，第二次循环加载时，正面右侧角部有三根纵筋拉断，箍筋及分布筋严重压曲，正向已丧失承载能力，负向承载力下降 12. 03%；$6\Delta_y$ 负向加载时，正面右侧暗柱区有两根纵筋拉断，核心区混凝土破坏严重，继续负向加载，加载至位移角 1/17 时，负向承载力下降 53. 11%，试验停止。试件的

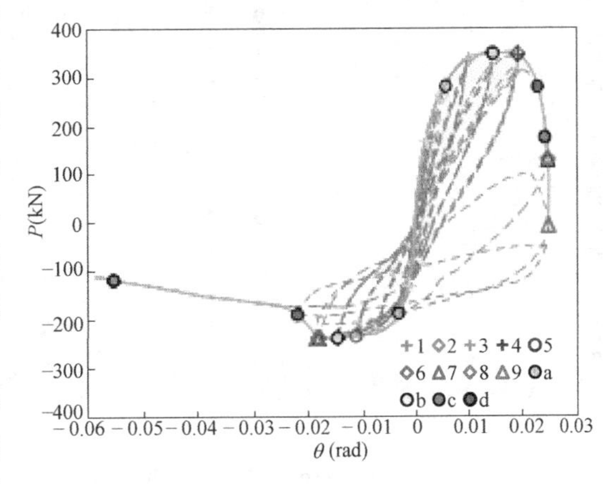

图 4-6-5　试件 L-2. 28-1. 36-0. 5 的滞回曲线及骨架曲线

发生弯剪破坏。滞回曲线及骨架曲线如图 4-6-5 所示，各性能点位移角限值见表 4-6-5、表 4-6-6，各性能状态对应的破坏程度如图 4-6-6 所示。

试件 L-2.28-1.36-0.5 翼缘受压方向性能点位移角限值 **表 4-6-5**

θ_{m1}(方法 1)	完好		轻微损坏	轻中等破坏		中等破坏		比较严重破坏		严重破坏
	1/167		1/98	1/69		1/53		1/43		1/41
θ_{m2}(方法 2)	开裂	纵筋屈服	裂缝宽度超过1mm	裂缝宽度超过2mm	混凝土保护层开始剥落	混凝土保护层剥落严重	纵筋露出	纵筋压屈	纵筋拉断	轴压破坏
	1/486	1/192	1/99	1/52	1/68	1/52	1/40	1/40	1/40	1/40
$(\theta_{m1}-\theta_{m2})/\theta_{m2}$	190.66%	14.89%	1.85%	−24.97%	−2.08%	−3.02%	−24.81%	−7.79%	−8.02%	−2.38%

试件 L-2.28-1.36-0.5 翼缘受拉方向性能点位移角限值 **表 4-6-6**

θ_{m1}(方法 1)	完好		轻微损坏	轻中等破坏		中等破坏		比较严重破坏		严重破坏
	1/337		1/131	1/81		1/59		1/46		1/46
θ_{m2}(方法 2)	开裂	纵筋屈服	裂缝宽度超过1mm	裂缝宽度超过2mm	混凝土保护层开始剥落	混凝土保护层剥落严重	纵筋露出	纵筋压屈	纵筋拉断	轴压破坏
	1/937	1/338	1/145	—	1/93	1/70	1/56	1/56	1/55	1/46
$(\theta_{m1}-\theta_{m2})/\theta_{m2}$	178.64%	0.43%	10.85%	—	14.38%	19.05%	−4.57%	21.72%	19.36%	0%

(a)

(b)

(c)

图 4-6-6 试件 L-2.28-1.36-0.5 各性能状态的破坏程度（一）
(a) 完好；(b) 轻微损坏；(c) 轻中等破坏

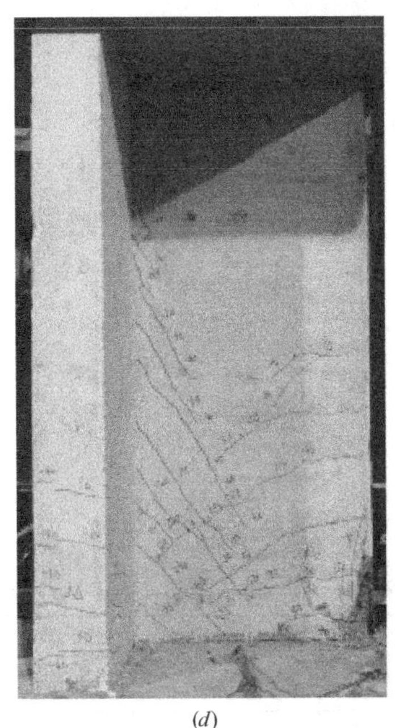

(*d*)

(*e*)

(*f*)

图 4-6-6　试件 L-2.28-1.36-0.5 各性能状态的破坏程度（二）

(*d*) 中等破坏；(*e*) 比较严重破坏；(*f*) 严重破坏

4.6.4　L-2.28-2.13-0.5

加载至 150kN 时，正面右侧有两条水平裂缝产生，背面有一条水平裂缝产生；加载至－190kN 时，正面右侧前后各有三条裂缝产生，裂缝在墙翼缘水平延伸，至腹板区斜向发展，裂缝宽度 0.2mm，暗柱纵筋屈服；$3\Delta_y$ 加载时，构件负向裂缝宽度达到 1.75mm，正面右侧角部混凝土保护层脱落，$-3\Delta_y$ 加载时，构件正向裂缝宽度达到 1.25mm；$4\Delta_y$ 加载时，正负向裂缝宽度均达到 2mm，正负向承载力均达到峰值，混凝土保护层脱落严重，露出纵筋及箍筋；$5\Delta_y$ 加载时，正面右侧角部纵筋压屈，随后纵筋拉断一根，正向承载力下降 46.52%，负向承载力下降 5.12%，第二次循环加载时，正面腹板中部及背面左侧角部有大片混凝土脱落，正向承载力下降 89.30%，负向承载力下降 8.27%；$6\Delta_y$ 负向加载时，核心区混凝土破坏严重，构件正向丧失承载能力，负向承载力下降 21.26%，试验停止。试件发生弯剪破坏。滞回曲线及骨架曲线如图 4-6-7 所示，各性能点位移角限值见表 4-6-7、表 4-6-8，各性能状态对应的破坏程度如图 4-6-8 所示。

试件 L-2.28-2.13-0.5 翼缘受压方向性能点位移角限值　　表 4-6-7

θ_{m1}(方法 1)	完好		轻微损坏	轻中等破坏		中等破坏		比较严重破坏		严重破坏
	1/166		1/100	1/72		1/56		1/46		1/40
θ_{m2}(方法 2)	开裂	纵筋屈服	裂缝宽度超过1mm	裂缝宽度超过2mm	混凝土保护层开始剥落	混凝土保护层剥落严重	纵筋露出	纵筋压屈	纵筋拉断	轴压破坏
	1/485	1/212	1/68	1/51	1/68	1/51	1/51	1/40	1/40	1/40
$(\theta_{m1}-\theta_{m2})/\theta_{m2}$	192.24%	28.12%	−31.81%	−29.10%	−5.01%	−9.09%	−9.09%	−12.40%	−12.40%	−0.25%

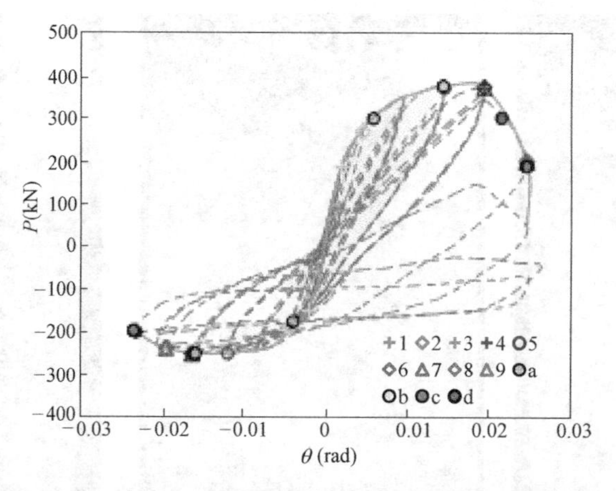

图 4-6-7　试件 L-2. 28-2. 13-0. 5 的滞回曲线及骨架曲线

试件 L-2. 28-2. 13-0. 5 翼缘受拉方向性能点位移角限值　　　表 4-6-8

θ_{m1}(方法 1)	完好		轻微损坏	轻中等破坏		中等破坏		比较严重破坏		严重破坏
	1/268		1/117	1/75		1/55		1/44		1/43
θ_{m2}(方法 2)	开裂	纵筋屈服	裂缝宽度超过1mm	裂缝宽度超过2mm	混凝土保护层开始剥落	混凝土保护层剥落严重	纵筋露出	纵筋压屈	纵筋拉断	轴压破坏
	1/505	1/243	1/85	1/62	1/85	1/62	1/62	1/52	1/52	1/43
$(\theta_{m1}-\theta_{m2})/\theta_{m2}$	88.76%	−9.24%	−27.43%	−16.95%	13.60%	13.05%	13.05%	19.43%	19.43%	0%

(*a*)

(*b*)

(*c*)

图 4-6-8　试件 L-2. 28-2. 13-0. 5 各性能状态的破坏程度（一）

（*a*）完好；（*b*）轻微损坏；（*c*）轻中等破坏

(*d*)

(*e*)

(*f*)

图 4-6-8　试件 L-2. 28-2. 13-0. 5 各性能状态的破坏程度（二）

（*d*）中等破坏；（*e*）比较严重破坏；（*f*）严重破坏

4. 6. 5　L-2. 88-1. 36-0. 2

加载至−60kN 时，正面左侧出现三条水平裂缝；加载至 160kN 时，正面右侧出现两条裂缝，暗柱纵筋屈服；$-2\Delta_y$ 加载时，负向最大裂缝宽度增大至 1mm，$2\Delta_y$ 加载时，正向最大裂缝宽度增大至 1mm；$-3\Delta_y$ 加载时，负向最大裂缝宽度达到 2. 25mm，$3\Delta_y$ 加载时，正面右侧翼缘裂缝延伸到翼缘端部，正面左侧混凝土保护层开始轻微剥落；$-4\Delta_y$ 加载时，构件负向承载力达到峰值，$4\Delta_y$ 加载时，正向最大裂缝宽度达到 1. 8mm，正向承载力达到峰值；$-5\Delta_y$ 加载时，左侧混凝土进一步剥落，纵向钢筋露出，$5\Delta_y$ 加载时，正向最大裂缝宽度达到 2. 5mm；$6\Delta_y$ 加载时，左侧底部混凝土保护层向墙体中部方向继续剥落；$7\Delta_y$ 加载时，左侧混凝土保护层严重剥落，左侧暗柱最外排两根钢筋拉断，构件进一步破坏，正向承载力下降 14. 3%；$8\Delta_y$ 加载时，混凝土破坏严重，水平分布筋明显屈曲，左侧纵向钢筋严重压屈，构件破坏严重，正向承载力下降 42. 3%，负向承载力下降 23%；$9\Delta_y$ 加载时，暗柱区域混凝土压碎，左侧前面第二排纵向钢筋拉断，构件破坏已经相当严重，正向承载力下降 67. 7%，负

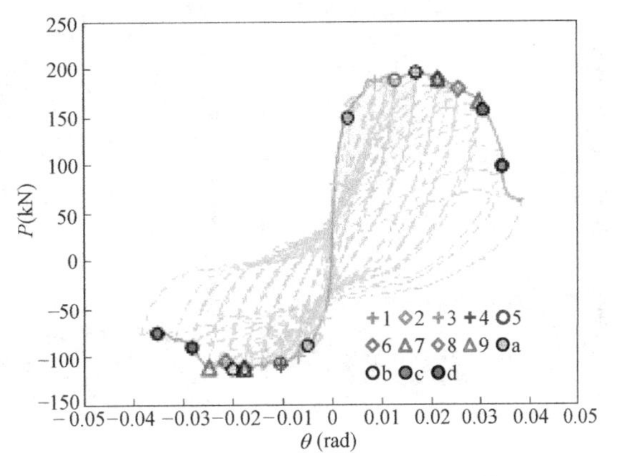

图 4-6-9　试件 L-2. 88-1. 36-0. 2 的滞回曲线及骨架曲线

向承载力下降 27.4%，试验停止。试件发生弯曲破坏。滞回曲线及骨架曲线如图 4-6-9 所示，各性能点位移角限值见表 4-6-9、表 4-6-10，各性能状态对应的破坏程度如图 4-6-10 所示。

试件 L-2.88-1.36-0.2 翼缘受压方向性能点位移角限值　　表 4-6-9

θ_{m1}(方法 1)	完好		轻微损坏	轻中等破坏		中等破坏		比较严重破坏		严重破坏
	1/204		1/93	1/61		1/45		1/36		1/29
θ_{m2}(方法 2)	开裂	纵筋屈服	裂缝宽度超过1mm	裂缝宽度超过2mm	混凝土保护层开始剥落	混凝土保护层剥落严重	纵筋露出	纵筋压屈	纵筋拉断	轴压破坏
	1/566	1/290	1/141	1/97	1/97	1/58	1/58	1/47	1/41	1/29
$(\theta_{m1}-\theta_{m2})/\theta_{m2}$	177.45%	42.16%	51.61%	59.02%	59.02%	28.89%	28.89%	30.56%	13.89%	0%

试件 L-2.88-1.36-0.2 翼缘受拉方向性能点位移角限值　　表 4-6-10

θ_{m1}(方法 1)	完好		轻微损坏	轻中等破坏		中等破坏		比较严重破坏		严重破坏
	1/294		1/98	1/59		1/42		1/33		1/29
θ_{m2}(方法 2)	开裂	纵筋屈服	裂缝宽度超过1mm	裂缝宽度超过2mm	混凝土保护层开始剥落	混凝土保护层剥落严重	纵筋露出	纵筋压屈	纵筋拉断	轴压破坏
	1/1402	1/228	1/114	1/59	1/78	1/47	1/47	1/39	1/33	1/29
$(\theta_{m1}-\theta_{m2})/\theta_{m2}$	376.87%	−22.45%	16.33%	0	32.20%	11.90%	11.90%	18.18%	0%	0%

(*a*)

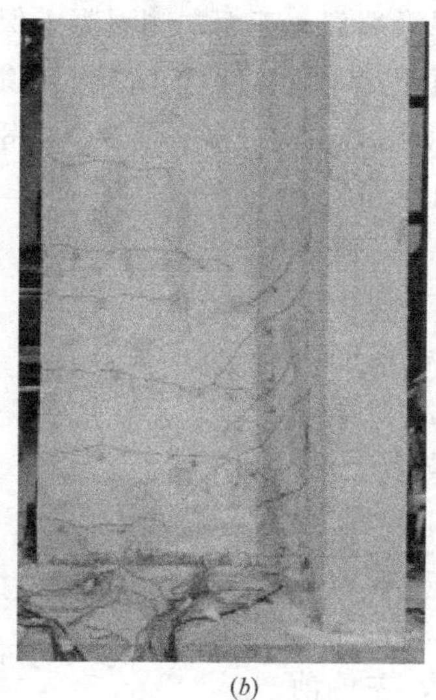
(*b*)

(*c*)

图 4-6-10　试件 L-2.88-1.36-0.2 各性能状态的破坏程度（一）

(*a*) 完好；(*b*) 轻微损坏；(*c*) 轻中等破坏

(*d*)

(*e*)

(*f*)

图 4-6-10　试件 L-2.88-1.36-0.2 各性能状态的破坏程度（二）

（*d*）中等破坏；（*e*）比较严重破坏；（*f*）严重破坏

4.6.6　L-2.88-2.13-0.2

加载至－50kN 时，正面左侧出现一条水平裂缝；加载至 120kN 时，背面右侧出现裂缝；加载至 160kN 时，正面右侧出现多条裂缝，暗柱纵筋屈服；$3\Delta_y$加载时，正向最大裂缝宽度达到 0.8mm，正面左侧混凝土保护层开始轻微剥落，正向承载力达到峰值；$4\Delta_y$加载时，正向最大裂缝宽度达到 1.8mm，左侧混凝土继续剥落；$5\Delta_y$加载时，正向最大裂缝宽度达到 2.3mm，$-5\Delta_y$加载时，构件负向承载力达到峰值；$6\Delta_y$加载时，左侧混凝土保护层严重剥落，左侧前面暗柱最外排一根钢筋拉断，构件进一步破坏，正向承载力下降 8.6%，负向承载力下降 13.3%；$7\Delta_y$加载时，左侧混凝土保护层严重剥落，左侧暗柱最外排两根钢筋拉断，第三次循环加载时，左侧前面三根暗柱纵筋全部拉断，背面两根暗柱纵筋拉断，腹板混凝土大块脱落，构件承载力严重下降，构件严重破坏，正向承载力下降 17.2%，负向承载力下降 23.4%，三次循环加载后，正向承载力下降 51.5%；$-8\Delta_y$加载时，暗柱区域混凝土压碎，左侧暗柱纵向钢筋拉断，构件破坏已经相当严重，负向承载力下降 48.4%，试验停止。试件发生弯曲破坏。滞回曲线及骨架曲线如图 4-6-11 所示，各性能点位移角限值见表 4-6-11、表 4-6-12，各性能状态对应的破坏程度如图 4-6-12 所示。

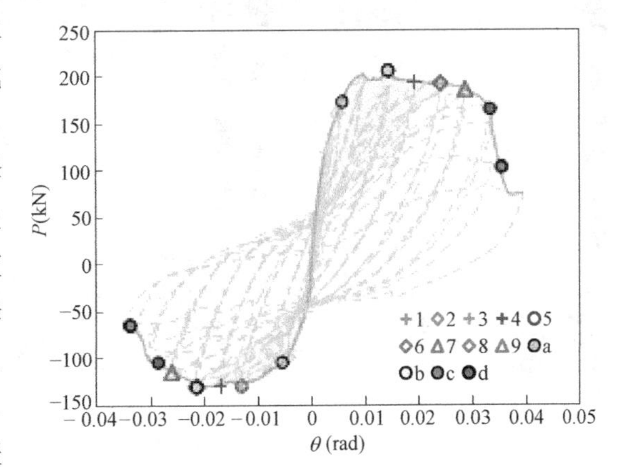

图 4-6-11　试件 L-2.88-2.13-0.2 的滞回曲线及骨架曲线

试件 L-2.88-2.13-0.2 翼缘受压方向性能点位移角限值　　　表 4-6-11

θ_{m1}（方法 1）	完好		轻微损坏	轻中等破坏		中等破坏		比较严重破坏		严重破坏
	1/185		1/90	1/59		1/44		1/35		1/30
θ_{m2}（方法 2）	开裂	纵筋屈服	裂缝宽度超过1mm	裂缝宽度超过2mm	混凝土保护层开始剥落	混凝土保护层剥落严重	纵筋露出	纵筋压屈	纵筋拉断	轴压破坏
	1/923	1/232	1/77	1/58	1/77	1/47	—	1/47	1/39	1/30
$(\theta_{m1}-\theta_{m2})/\theta_{m2}$	398.92%	25.41%	−14.44%	−1.69%	30.51%	6.82%	—	34.29%	11.43%	0%

试件 L-2.88-2.13-0.2 翼缘受拉方向性能点位移角限值　　　表 4-6-12

θ_{m1}（方法 1）	完好		轻微损坏	轻中等破坏		中等破坏		比较严重破坏		严重破坏
	1/169		1/78	1/51		1/38		1/30		1/28
θ_{m2}（方法 2）	开裂	纵筋屈服	裂缝宽度超过1mm	裂缝宽度超过2mm	混凝土保护层开始剥落	混凝土保护层剥落严重	纵筋露出	纵筋压屈	纵筋拉断	轴压破坏
	1/377	1/203	1/69	1/52	1/69	1/41	—	1/41	1/35	1/28
$(\theta_{m1}-\theta_{m2})/\theta_{m2}$	123.08%	20.12%	−11.54%	1.96%	35.29%	7.89%	—	36.67%	16.67%	0%

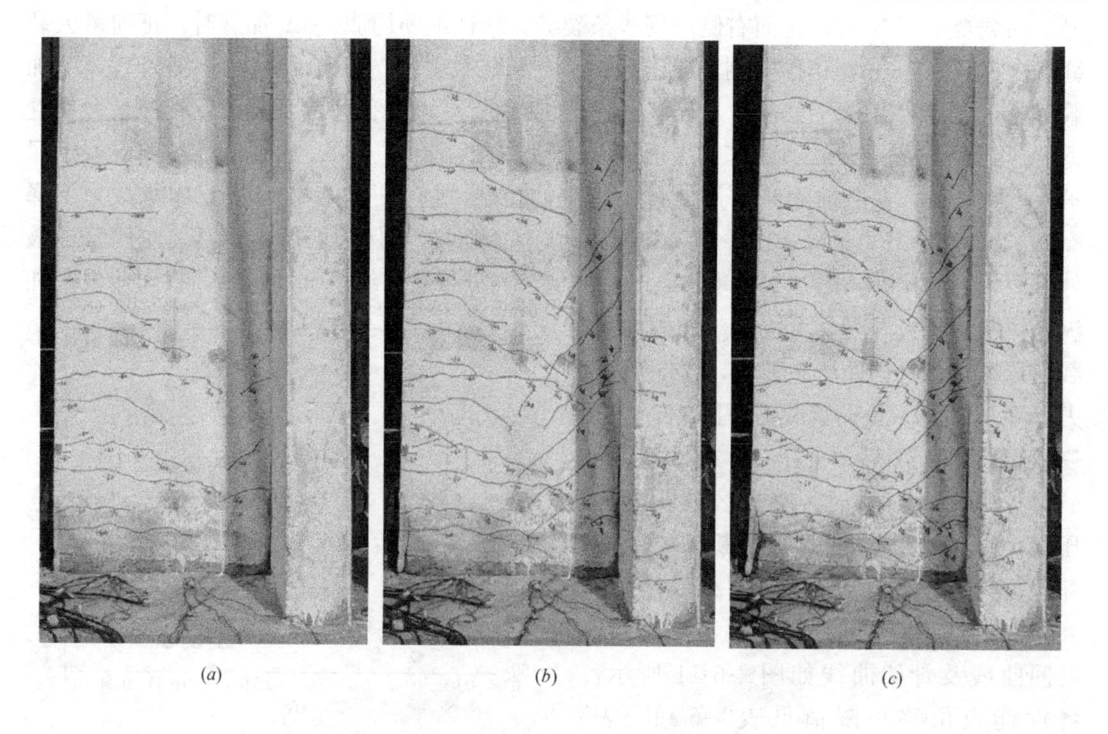

(*a*)　(*b*)　(*c*)

图 4-6-12　试件 L-2.88-2.13-0.2 各性能状态的破坏程度（一）

(*a*) 完好；(*b*) 轻微损坏；(*c*) 轻中等破坏

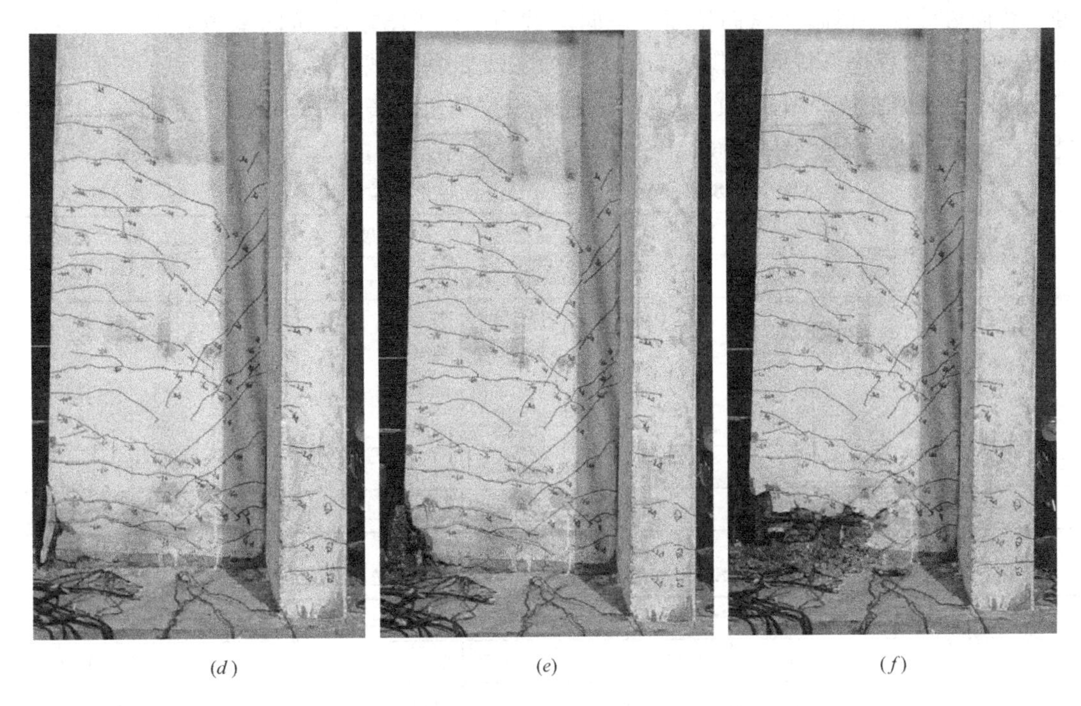

图 4-6-12　试件 L-2.88-2.13-0.2 各性能状态的破坏程度（二）

（*d*）中等破坏；（*e*）比较严重破坏；（*f*）严重破坏

4.6.7　L-2.88-1.36-0.5

加载至 160kN 时，背面右侧出现少量裂缝，正面尚未出现裂缝，正向达到屈服状态；加载至−120kN 时，正面左侧出现多条水平裂缝，负向达到屈服状态；$3\Delta_y$加载时，正向最大裂缝宽度达到 1.5mm，$-3\Delta_y$加载时，负向最大裂缝宽度达到 1mm；$4\Delta_y$加载时，正向最大裂缝宽度达到 2mm，左侧混凝土开始轻微剥落，正向承载力达到峰值，$-4\Delta_y$加载时，负向最大裂缝宽度达到 2.25mm，左侧混凝土进一步剥落，构件负向承载力达到峰值；$6\Delta_y$加载时，左侧混凝土保护层严重剥落，暗柱纵向钢筋露出，可以观察到纵筋的明显压屈，腹板混凝土保护层开始向墙体中部方向大块剥落，正向承载力下降 6.1%；$7\Delta_y$加载时，左侧混凝土进一步压碎，左侧暗柱前面最外排一根钢筋拉断，右侧背面有小块的混凝土剥落，三次循环加载后，正向承载力下降 46.4%，负向承载力下降 16.1%；$8\Delta_y$加载时，水平分布筋严重屈曲，左侧暗柱区域混凝土严重压碎，腹板混凝土大块剥落，左侧暗柱前面最外排两根钢筋拉

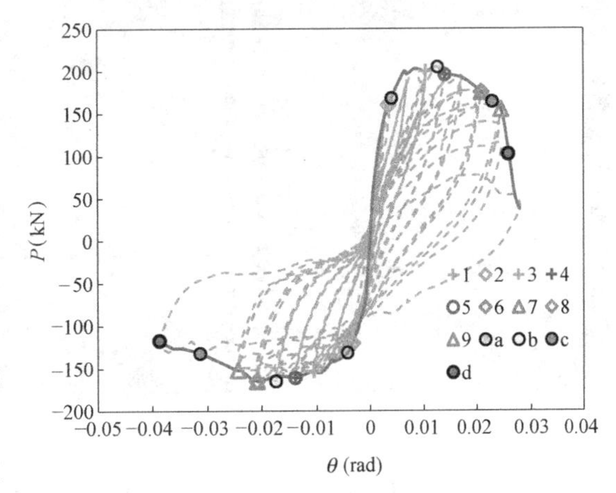

图 4-6-13　试件 L-2.88-1.36-0.5 的滞回曲线及骨架曲线

断，背面最外排一根暗柱纵筋拉断，正向承载力下降 81.6%，负向承载力下降 24.2%；$-9\Delta_y$ 加载时，仅进行负向加载，负向承载力下降 28%，试验停止。试件发生弯曲破坏。滞回曲线及骨架曲线如图 4-6-13 所示，各性能点位移角限值见表 4-6-13、表 4-6-14，各性能状态对应的破坏程度如图 4-6-14 所示。

试件 L-2.88-1.36-0.5 翼缘受压方向性能点位移角限值　　表 4-6-13

θ_{m1}(方法 1)	完好		轻微损坏	轻中等破坏		中等破坏		比较严重破坏		严重破坏
	1/233		1/90	1/56		1/41		1/32		1/26
θ_{m2}(方法 2)	开裂	纵筋屈服	裂缝宽度超过1mm	裂缝宽度超过2mm	混凝土保护层开始剥落	混凝土保护层剥落严重	纵筋露出	纵筋压屈	纵筋拉断	轴压破坏
	1/308	1/308	1/94	1/72	1/72	1/48	1/48	1/48	1/41	1/26
$(\theta_{m1}-\theta_{m2})/\theta_{m2}$	32.19%	32.19%	4.44%	28.57%	28.57%	17.07%	17.07%	50.00%	28.13%	0%

试件 L-2.88-1.36-0.5 翼缘受拉方向性能点位移角限值　　表 4-6-14

θ_{m1}(方法 1)	完好		轻微损坏	轻中等破坏		中等破坏		比较严重破坏		严重破坏
	1/244		1/114	1/74		1/55		1/44		1/39
θ_{m2}(方法 2)	开裂	纵筋屈服	裂缝宽度超过1mm	裂缝宽度超过2mm	混凝土保护层开始剥落	混凝土保护层剥落严重	纵筋露出	纵筋压屈	纵筋拉断	轴压破坏
	1/290	1/290	1/96	1/72	1/72	1/48	1/48	1/48	1/41	1/39
$(\theta_{m1}-\theta_{m2})/\theta_{m2}$	18.85%	18.85%	−15.79%	−2.70%	−2.70%	−12.73%	−12.73%	9.09%	−6.82%	0%

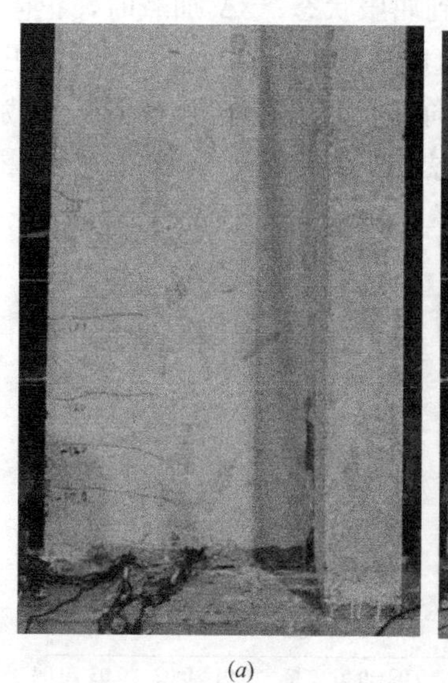
(a)

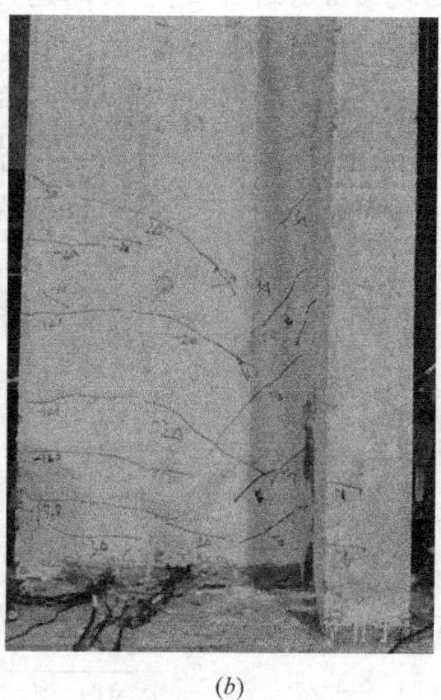
(b)

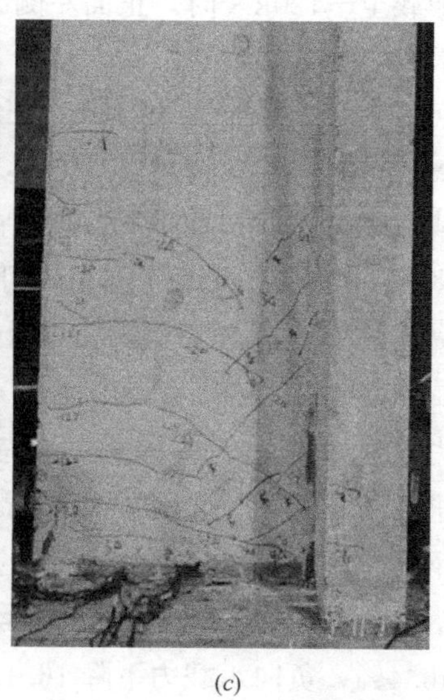
(c)

图 4-6-14　试件 L-2.88-1.36-0.5 各性能状态的破坏程度（一）

(a) 完好；(b) 轻微损坏；(c) 轻中等破坏

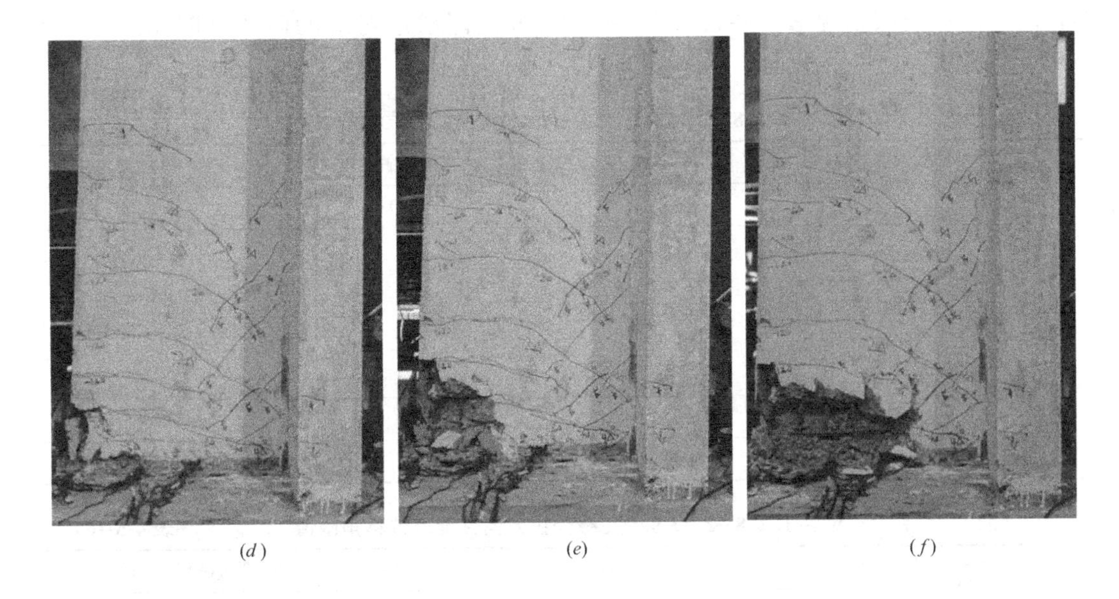

图 4-6-14 试件 L-2.88-1.36-0.5 各性能状态的破坏程度（二）

（*d*）中等破坏；（*e*）比较严重破坏；（*f*）严重破坏

4.6.8 L-2.88-2.13-0.5

加载至−80kN 时，正面左侧出现一条水平裂缝；加载至 160kN 时，背面右侧出现裂缝；加载至−140kN 时，暗柱纵筋屈服；$-2\Delta_y$ 加载时，负向最大裂缝宽度增大至 1.5mm；$-3\Delta_y$ 加载时，构件负向承载力达到峰值，负向最大裂缝宽度增大至 2mm，$3\Delta_y$ 加载时，正向最大裂缝宽度达到 1.5mm，正面左侧底部混凝土开始轻微剥落；$-4\Delta_y$ 加载时，左侧混凝土保护层已有较大剥落，$4\Delta_y$ 加载时，构件正向承载力达到峰值；$5\Delta_y$ 加载时，左侧混凝土保护层严重剥落，翼缘角部有混凝土轻微剥落，第二次循环加载后，腹板处混凝土已有较大块剥落，正向承载力下降 7.2%，负向承载力下降 8.2%，三次循环加载后，正向承载力迅速下降 25.9%；$6\Delta_y$ 加载时，左侧暗柱区混凝土压碎，纵筋严重压屈，水平分布筋严重屈曲，第二次循环加载后，左侧暗柱最外排前面一根钢筋拉断，腹板混凝土大块脱落，构件承载力突然严重下降，构件严重破坏，正向承载力下降 75.7%，负向承载力下降 13.7%；$-7\Delta_y$ 加载时，仅进行负向加载，暗柱区域混凝土压碎，左侧最外排两根暗柱纵向钢筋拉断，构件破坏已经相当严重，负向承载力下降 38.5%，试验停止。试件发生弯曲破坏。滞回曲线及骨架曲线如图 4-6-15 所示，

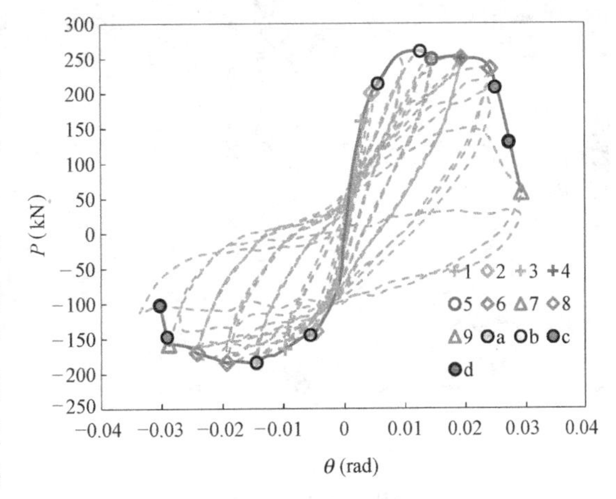

图 4-6-15 试件 L-2.88-2.13-0.5 的滞回曲线及骨架曲线

各性能点位移角限值见表 4-6-15、表 4-6-16，各性能状态对应的破坏程度如图 4-6-16 所示。

试件 L-2.88-2.13-0.5 翼缘受压方向性能点位移角限值　　表 4-6-15

θ_{m1}(方法 1)	完好		轻微损坏	轻中等破坏		中等破坏		比较严重破坏		严重破坏
	1/175		1/87	1/57		1/43		1/34		1/33
θ_{m2}(方法 2)	开裂	纵筋屈服	裂缝宽度超过1mm	裂缝宽度超过2mm	混凝土保护层开始剥落	混凝土保护层剥落严重	纵筋露出	纵筋压屈	纵筋拉断	轴压破坏
	1/855	1/210	1/103	1/69	1/69	1/52	—	1/41	1/35	1/33
$(\theta_{m1}-\theta_{m2})/\theta_{m2}$	388.57%	20.00%	18.39%	21.05%	21.05%	20.93%	—	20.59%	2.94%	0%

试件 L-2.88-2.13-0.5 翼缘受拉方向性能点位移角限值　　表 4-6-16

θ_{m1}(方法 1)	完好		轻微损坏	轻中等破坏		中等破坏		比较严重破坏		严重破坏
	1/179		1/95	1/65		1/50		1/40		1/37
θ_{m2}(方法 2)	开裂	纵筋屈服	裂缝宽度超过1mm	裂缝宽度超过2mm	混凝土保护层开始剥落	混凝土保护层剥落严重	纵筋露出	纵筋压屈	纵筋拉断	轴压破坏
	1/334	1/216	1/69	1/52	1/69	1/52	—	1/41	1/34	1/37
$(\theta_{m1}-\theta_{m2})/\theta_{m2}$	86.59%	20.67%	−27.37%	−20.00%	6.15%	4.00%	—	2.50%	−15.00%	0%

(*a*)

(*b*)

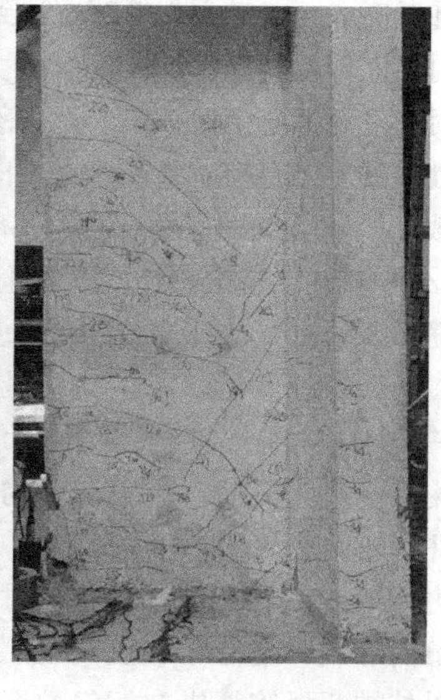

(*c*)

图 4-6-16　试件 L-2.88-2.13-0.5 各性能状态的破坏程度（一）

(*a*) 完好；(*b*) 轻微损坏；(*c*) 轻中等破坏

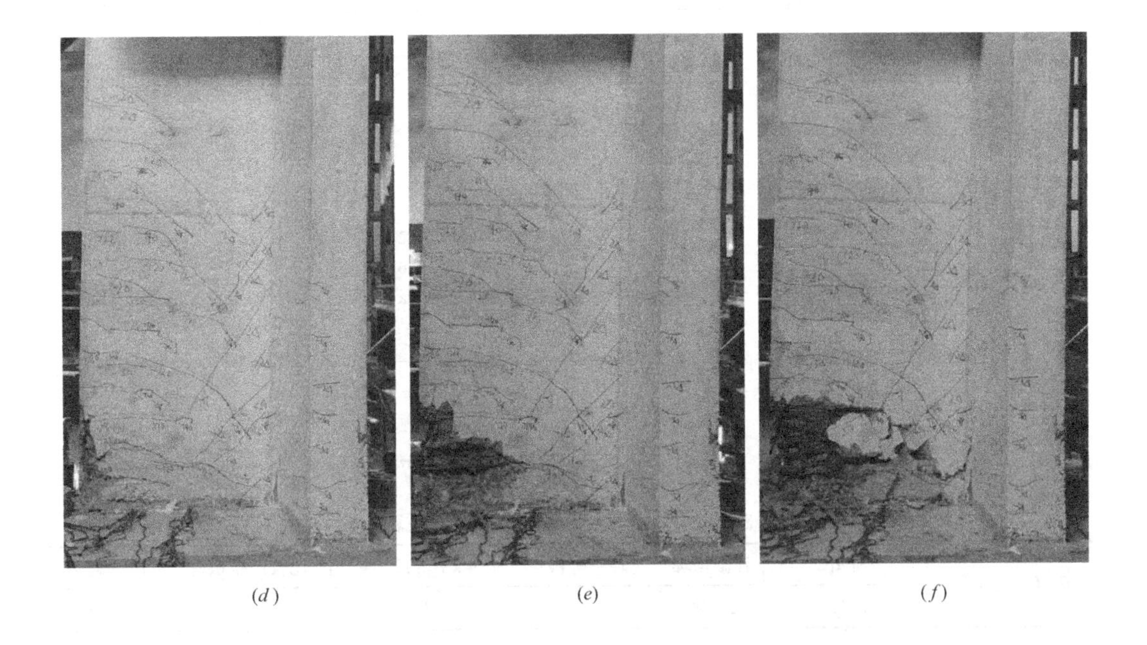

(*d*)　　(*e*)　　(*f*)

图 4-6-16　试件 L-2.88-2.13-0.5 各性能状态的破坏程度（二）

(*d*) 中等破坏；(*e*) 比较严重破坏；(*f*) 严重破坏

4.6.9　L-3.5-1.36-0.2

加载至－60kN 时，正面左侧出现多条水平裂缝；加载至 80kN 时，正面右侧尚未出现裂缝，背面右侧开始出现裂缝；加载至－70kN 时，负向纵筋屈服；加载至 120kN 时，正向纵筋屈服；$-3\Delta_y$加载时，负向最大裂缝宽度增大至 0.8mm，构件负向承载力达到峰值，$3\Delta_y$加载时，正向最大裂缝宽度达到 0.75mm，正面左侧底部混凝土开始轻微剥落，构件正向承载力达到峰值；$-4\Delta_y$加载时，负向最大裂缝宽度达到 1mm，$4\Delta_y$加载时，正向最大裂缝宽度达到 1mm；$-5\Delta_y$加载时，左侧混凝土保护层开始剥落；$6\Delta_y$加载时，左侧混凝土保护层严重剥落，左侧纵向钢筋露出，左侧裂缝宽度达到 2mm，右侧裂缝宽度达到 1.75mm；$7\Delta_y$加载时，腹板混凝土保护层开始剥落，混凝土剥落面积不断扩大，右侧裂缝宽度达到 2mm；$8\Delta_y$加载时，构件进一步破坏；$9\Delta_y$加载时，左侧暗柱区混凝土压碎，纵筋严重压屈，水平分布筋严重屈曲，左侧暗柱最外排背面一根钢筋拉断，腹板混凝土大块脱落，构件承载力迅速下降，正向承载力下降 19.6%，负向承载力下降 11.4%，两次循环加载后，正向承载力下降 53.8%，负向承载力下降 11.4%；$10\Delta_y$加载时，左侧暗柱区混凝土压碎，纵筋严重压屈，水平分布筋严重屈曲，左侧暗柱最外排前面一根钢筋拉断，背面第二排一根钢筋拉断，腹板混凝土严重脱落，构件严重破坏，正向承载力下降 67.7%，负向承载下降 21.6%，试验停止。试件发生弯曲破坏。滞回曲线及骨架曲线如图 4-6-17 所示，各性能点位移角限值见表 4-6-17、表 4-6-18，各性能状态对应的破坏程度如图 4-6-18 所示。

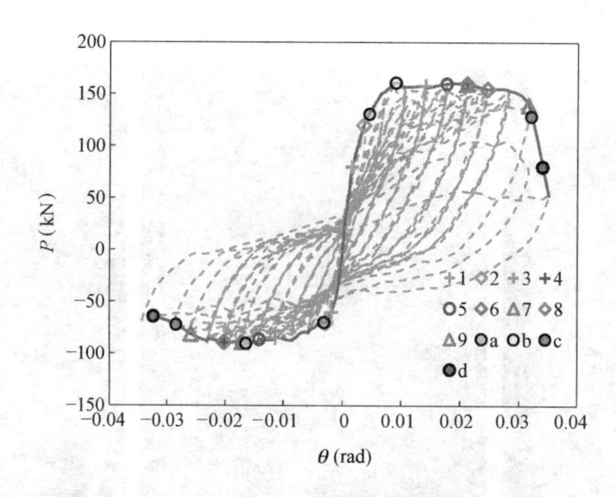

图 4-6-17 试验 L-3. 5-1. 36-0. 2 的滞回曲线及骨架曲线

试件 L-3. 5-1. 36-0. 2 翼缘受压方向性能点位移角限值 表 4-6-17

θ_{m1}(方法 1)	完好		轻微损坏	轻中等破坏		中等破坏		比较严重破坏		严重破坏
	1/313		1/105	1/63		1/45		1/35		1/31
θ_{m2}(方法 2)	开裂	纵筋屈服	裂缝宽度超过1mm	裂缝宽度超过2mm	混凝土保护层开始剥落	混凝土保护层剥落严重	纵筋露出	纵筋压屈	纵筋拉断	轴压破坏
	1/519	1/349	1/88	1/49	1/70	1/58	1/58	1/49	1/39	1/31
$(\theta_{m1}-\theta_{m2})/\theta_{m2}$	65.81%	11.50%	−16.19%	−22.22%	11.11%	28.89%	28.89%	40.00%	11.43%	0%

试件 L-3. 5-1. 36-0. 2 翼缘受拉方向性能点位移角限值 表 4-6-18

θ_{m1}(方法 1)	完好		轻微损坏	轻中等破坏		中等破坏		比较严重破坏		严重破坏
	1/222		1/88	1/55		1/40		1/31		1/29
θ_{m2}(方法 2)	开裂	纵筋屈服	裂缝宽度超过1mm	裂缝宽度超过2mm	混凝土保护层开始剥落	混凝土保护层剥落严重	纵筋露出	纵筋压屈	纵筋拉断	轴压破坏
	1/626	1/282	1/71	1/48	1/57	1/48	1/48	1/41	1/32	1/29
$(\theta_{m1}-\theta_{m2})/\theta_{m2}$	181.98%	27.03%	−19.32%	−12.73%	3.64%	20.00%	20.00%	32.26%	3.23%	0%

4.6.10 L-3.5-2.13-0.2

加载至−40kN 时，正面左侧出现两条水平裂缝；加载至 100kN 时，正面右侧尚未出现裂缝，背面右侧开始出现裂缝；加载至−90kN 时，暗柱纵筋屈服；3Δ_y加载时，正面左侧底部混凝土开始轻微剥落，构件正向承载力达到峰值，−3Δ_y加载时，构件负向承载力达到峰值；4Δ_y加载时，左侧底部混凝土开始轻微剥落；5Δ_y加载时，左侧底部混凝土保护层进一步剥落，−5Δ_y加载时，左侧纵向钢筋露出；6Δ_y加载时，左侧混凝土保护层严重剥落；7Δ_y加载时，左侧暗柱区混凝土开始压碎，纵筋严重压屈，水平分布筋严重屈曲，左

(a)　(b)　(c)

(d)　(e)　(f)

图 4-6-18　试件 L-3.5-1.36-0.2 各性能状态的破坏程度

(a) 完好；(b) 轻微损坏；(c) 轻中等破坏；(d) 中等破坏；(e) 比较严重破坏；(f) 严重破坏

侧暗柱最外排前面两根钢筋拉断，构件承载力严重下降，构件进一步破坏；$8\Delta_y$ 加载时，左侧暗柱区混凝土压碎，纵筋严重压屈，水平分布筋严重屈曲，腹板混凝土大面积剥落，第三次循环加载后，左侧暗柱前面三根钢筋拉断，背面第一排和第三排钢筋拉断，构件严重破坏，试验停止。试件发生弯曲破坏。滞回曲线及骨架曲线如图 4-6-19 所示，各性能点位移角限值见表 4-6-19、表 4-6-20，各性能状态对应的破坏程度如图 4-6-20 所示。

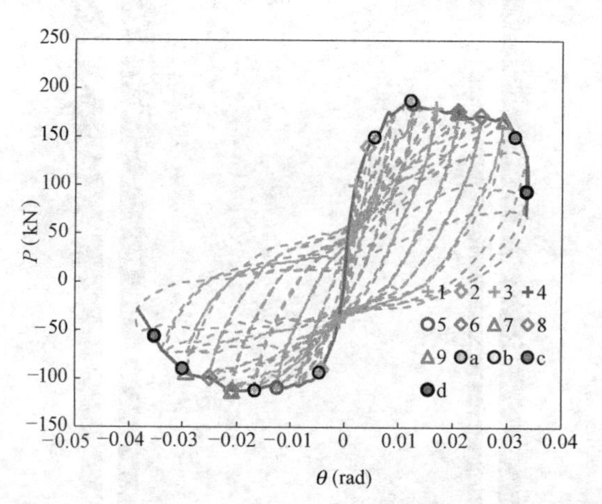

图 4-6-19　试件 L-3.5-2.13-0.2 的滞回曲线及骨架曲线

试件 L-3.5-2.13-0.2 翼缘受压方向性能点位移角限值　　　　**表 4-6-19**

θ_{m1}(方法 1)	完好		轻微损坏	轻中等破坏		中等破坏		比较严重破坏		严重破坏
	1/213		1/90	1/57		1/42		1/33		1/28
θ_{m2}(方法 2)	开裂	纵筋屈服	裂缝宽度超过1mm	裂缝宽度超过2mm	混凝土保护层开始剥落	混凝土保护层剥落严重	纵筋露出	纵筋压屈	纵筋拉断	轴压破坏
	1/1013	1/233	1/80	1/60	1/80	1/48	1/48	1/40	1/34	1/28
$(\theta_{m1}-\theta_{m2})/\theta_{m2}$	375.59%	9.39%	−11.11%	5.26%	40.35%	14.29%	14.29%	21.21%	3.03%	0%

试件 L-3.5-2.13-0.2 翼缘受拉方向性能点位移角限值　　　　**表 4-6-20**

θ_{m1}(方法 1)	完好		轻微损坏	轻中等破坏		中等破坏		比较严重破坏		严重破坏
	1/185		1/84	1/55		1/40		1/32		1/30
θ_{m2}(方法 2)	开裂	纵筋屈服	裂缝宽度超过1mm	裂缝宽度超过2mm	混凝土保护层开始剥落	混凝土保护层剥落严重	纵筋露出	纵筋压屈	纵筋拉断	轴压破坏
	1/525	1/235	1/60	1/48	1/80	1/48	1/48	1/40	1/34	1/30
$(\theta_{m1}-\theta_{m2})/\theta_{m2}$	183.78%	27.03%	−28.57%	−12.73%	45.45%	20.00%	20.00%	25.00%	6.25%	0%

4.6.11　L-3.5-1.36-0.5

加载至−60kN 时，正面左侧出现一条水平裂缝；加载至−90kN 时，暗柱纵筋屈服；$-3\Delta_y$加载时，负向最大裂缝宽度增大至 1.1mm；$5\Delta_y$加载时，正向最大裂缝宽度达到 1mm，左侧底部混凝土保护层开始剥落，构件正向承载力达到峰值，$-5\Delta_y$加载时，负向最大裂缝宽度达到 2mm，左侧混凝土保护层进一步剥落，左侧纵向钢筋露出，构件负向承载力达到峰值；$6\Delta_y$加载时，左侧底部混凝土剥落面积逐渐扩大；$7\Delta_y$加载时，纵向钢筋

图 4-6-20　试件 L-3. 5-2. 13-0. 2 各性能状态的破坏程度

(a) 完好；(b) 轻微损坏；(c) 轻中等破坏；(d) 中等破坏；(e) 比较严重破坏；(f) 严重破坏

明显压屈；$8\Delta_y$ 加载时，左侧暗柱区混凝土压碎，左侧混凝土继续向墙体中部方向剥落，水平分布筋严重屈曲，第三次循环加载后，左侧暗柱最外排两根钢筋拉断，混凝土已经严重剥落，构件进一步破坏，三次循环加载后，正向承载力下降 28.5%，负向承载力下降 20%；9Δ_y加载时，左侧暗柱区混凝土压碎，纵筋严重压屈，水平分布筋严重屈曲，腹板混凝土大面积剥落，正向承载力下降 48.7%，负向承载力下降 16.8%，二次循环加载后，正向承载力下降 78.2%，负向承载力下降 19.2%；10Δ_y加载时，左侧暗柱第二排两根钢筋拉断，构件严重破坏，正向承载力下降 93.3%，负向承载力下降 28%，试验停止。试件发生弯曲破坏。滞回曲线及骨架曲线如图 4-6-21 所示，各性能点位移角限值见表 4-6-21、表 4-6-22，各性能状态对应的破坏程度如图 4-6-22 所示。

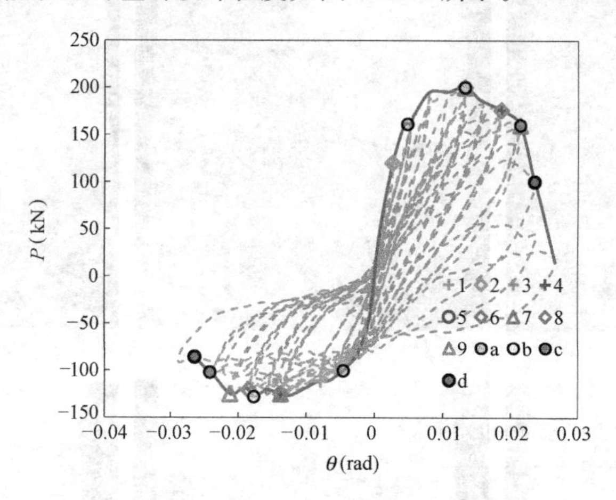

图 4-6-21 试件 L-3.5-1.36-0.5 的滞回曲线及骨架曲线

试件 L-3.5-1.36-0.5 翼缘受压方向性能点位移角限值 **表 4-6-21**

θ_{m1}(方法 1)	完好		轻微损坏	轻中等破坏		中等破坏		比较严重破坏		严重破坏
	1/217		1/105	1/69		1/52		1/41		1/38
θ_{m2}(方法 2)	开裂	纵筋屈服	裂缝宽度超过1mm	裂缝宽度超过2mm	混凝土保护层开始剥落	混凝土保护层剥落严重	纵筋露出	纵筋压屈	纵筋拉断	轴压破坏
	1/774	1/421	1/126	1/73	1/73	1/73	1/73	1/54	1/47	1/38
$(\theta_{m1}-\theta_{m2})/\theta_{m2}$	256.68%	94.01%	20.00%	5.80%	5.80%	40.38%	40.38%	31.71%	14.63%	0%

试件 L-3.5-1.36-0.5 翼缘受拉方向性能点位移角限值 **表 4-6-22**

θ_{m1}(方法 1)	完好		轻微损坏	轻中等破坏		中等破坏		比较严重破坏		严重破坏
	1/213		1/112	1/77		1/58		1/47		1/43
θ_{m2}(方法 2)	开裂	纵筋屈服	裂缝宽度超过1mm	裂缝宽度超过2mm	混凝土保护层开始剥落	混凝土保护层剥落严重	纵筋露出	纵筋压屈	纵筋拉断	轴压破坏
	1/390	1/390	1/76	1/54	1/76	1/76	1/76	1/54	1/47	1/43
$(\theta_{m1}-\theta_{m2})/\theta_{m2}$	83.10%	83.10%	−32.14%	−29.87%	−1.30%	31.03%	31.03%	14.89%	0%	0%

图 4-6-22　试件 L-3.5-1.36-0.5 各性能状态的破坏程度

(a) 完好；(b) 轻微损坏；(c) 轻中等破坏；(d) 中等破坏；(e) 比较严重破坏；(f) 严重破坏

4.6.12　L-3.5-2.13-0.5

加载至－70kN 时，正面左侧出现三条水平裂缝；加载至 140kN 时，正面右侧尚未出现裂缝，背面右侧开始出现裂缝；加载至 170kN 时，暗柱纵筋屈服；$-2\Delta_y$加载时，负向最大裂缝宽度增大至 0.8mm；$-3\Delta_y$加载时，负向最大裂缝宽度增大至 2mm；$3\Delta_y$加载时，正向最大裂缝宽度增大至 1.5mm，构件正向承载力达到峰值；$-4\Delta_y$加载时，左侧混凝土保护层进一步剥落，左侧纵向钢筋露出，构件负向承载力达到峰值；$4\Delta_y$加载时，正向最大裂缝宽度达到 2.5mm，左侧底部混凝土进一步剥落；$5\Delta_y$加载时，左侧暗柱区混凝土压碎，纵筋明显严重压屈，左侧混凝土继续向墙体中部方向剥落，第二次循环加载后，腹板混凝土大面积脱落，水平分布筋严重屈曲，第三次循环加载后，左侧暗柱最外排背面一根钢筋拉断，混凝土已经严重剥落，构件承载力严重下降，构件进一步破坏，正向承载力下降 15.4%，负向承载力下降 7.7%，三次循环加载后，正向承载力下降 67.1%，负向承载力下降 19.6%；$6\Delta_y$加载时，左侧暗柱区混凝土压碎，左侧暗柱前面最外面一排钢筋拉断，构件正向承载能力已经丧失，正向承载力下降 96.6%，负向承载力下降 25.2%；$-7\Delta_y$加载时，由于构件正向承载能力已经丧失，仅进行负向加载，左侧暗柱前面最外面两排钢筋拉断，背面三根钢筋全部拉断，负向承载力下降 46%，试验停止。试件发生弯曲破坏。滞回曲线及骨架曲线如图 4-6-23 所示，各性能点位移角限值见表 4-6-23、表 4-6-24，各性能状态对应的破坏程度如图 4-6-24 所示。

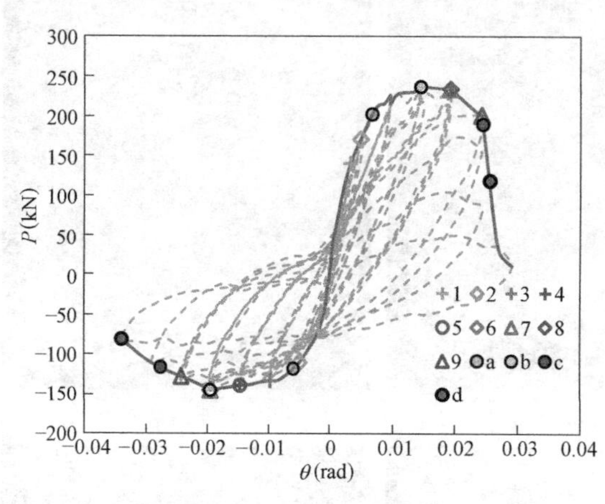

图 4-6-23　试件 L-3.5-2.13-0.5 的滞回曲线及骨架曲线

试件 L-3.5-2.13-0.5 翼缘受压方向性能点位移角限值　　表 4-6-23

θ_{m1}(方法 1)	完好		轻微损坏	轻中等破坏		中等破坏		比较严重破坏		严重破坏
	1/169		1/88	1/60		1/45		1/36		1/30
θ_{m2}(方法 2)	开裂	纵筋屈服	裂缝宽度超过1mm	裂缝宽度超过2mm	混凝土保护层开始剥落	混凝土保护层剥落严重	纵筋露出	纵筋压屈	纵筋拉断	轴压破坏
	1/575	1/204	1/103	1/69	1/69	1/52	1/52	1/52	1/41	1/30
$(\theta_{m1}-\theta_{m2})/\theta_{m2}$	240.24%	20.71%	17.05%	15.00%	15.00%	15.56%	15.56%	44.44%	13.89%	0%

试件 L-3.5-2.13-0.5 翼缘受拉方向性能点位移角限值　　表 4-6-24

θ_{m1}(方法 1)	完好		轻微损坏	轻中等破坏		中等破坏		比较严重破坏		严重破坏
	1/149		1/90	1/64		1/50		1/41		1/39
θ_{m2}(方法 2)	开裂	纵筋屈服	裂缝宽度超过1mm	裂缝宽度超过2mm	混凝土保护层开始剥落	混凝土保护层剥落严重	纵筋露出	纵筋压屈	纵筋拉断	轴压破坏
	1/304	1/205	1/69	1/52	1/69	1/52	1/52	1/52	1/41	1/39
$(\theta_{m1}-\theta_{m2})/\theta_{m2}$	104.03%	37.58%	−23.33%	−18.75%	7.81%	4.00%	4.00%	26.83%	0%	0%

图 4-6-24　试件 L-3. 5-2. 13-0. 5 各性能状态的破坏程度

(*a*) 完好；(*b*) 轻微损坏；(*c*) 轻中等破坏；(*d*) 中等破坏；
(*e*) 比较严重破坏；(*f*) 严重破坏

4.7 工字形剪力墙构件变形限值的试验研究

4.7.1 I-0.8-1.36-0.2

加载至560kN时，纵筋屈服，左右翼缘已出现多条水平裂缝并向腹板延伸成斜裂缝，腹板出现对角斜裂缝，取加载位移$\Delta=0.8\Delta_y=2$mm；4Δ加载时，左翼缘底部出现斜裂缝，最大裂缝宽度1.8mm左右，正负向承载力达到峰值；6Δ加载时，右翼缘底部出现斜裂缝，左翼缘斜裂缝向上延伸，腹板两侧底部混凝土表层开始剥落，最大裂缝宽度2.2mm左右，正向承载力下降8%，负向承载力下降5%；7Δ第一次加载时，左翼缘斜裂缝张开，角部混凝土保护层剥落，正向承载力下降17%，负向承载力下降8%，第三次加载时，右翼缘斜裂缝张开，混凝土保护层剥落，腹板左侧底部混凝土保护层剥落加剧，正向承载力下降32%，负向承载力下降9%；8Δ第一次加载时，对角斜裂缝突然张开，左翼缘及腹板混凝土保护层剥落严重，露出纵筋和箍筋，第三次加载时，试件沿主斜裂缝错动，腹板中部混凝土在剪力和轴力作用下大块剥落，露出分布筋，竖向分布筋轻微压屈，正向承载力下降61%，负向承载力下降50%；10Δ加载时，腹板中下部混凝土已基本全部被压碎、剥落，纵筋严重压屈、错动，试件在轴力作用下明显下沉，正向承载力下降71%，负向承载力下降67%，试验停止。试件发生弯剪破坏。滞回曲线及骨架曲线如图4-7-1所示，各性能点位移角限值见表4-7-1，各性能状态对应的破坏程度如图4-7-2所示。

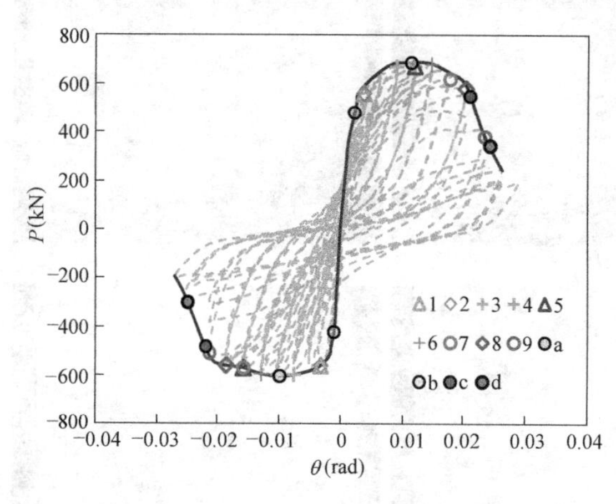

图4-7-1 试件I-0.8-1.36-0.2的滞回曲线及骨架曲线

试件I-0.8-1.36-0.2性能点位移角限值　　表4-7-1

θ_{m1}(方法1)	完好		轻微损坏	轻中等破坏		中等破坏		比较严重破坏		严重破坏	
	1/308		1/128	1/81		1/59		1/47		1/41	
θ_{m2}(方法2)	出现对角斜裂缝	纵筋屈服	裂缝宽度1～1.5mm	裂缝宽度1.5～2mm	翼缘底部出现斜裂缝	裂缝宽度大于2mm	混凝土保护层开始剥落	混凝土保护层剥落加剧	纵筋露出	轴压破坏	试件沿对角斜裂缝错动
	1/287	1/287	1/120	1/90	1/90	1/72	1/60	1/51	1/45	—	1/45
$(\theta_{m1}-\theta_{m2})/\theta_{m2}$	−6.8%	−6.8%	−6.3%	11.1%	11.1%	22.0%	1.7%	8.5%	−4.3%	—	9.8%

4.7.2 I-0.8-3.07-0.2

加载至720kN时，纵筋屈服，左右翼缘已出现多条水平裂缝并向腹板延伸成斜裂缝，

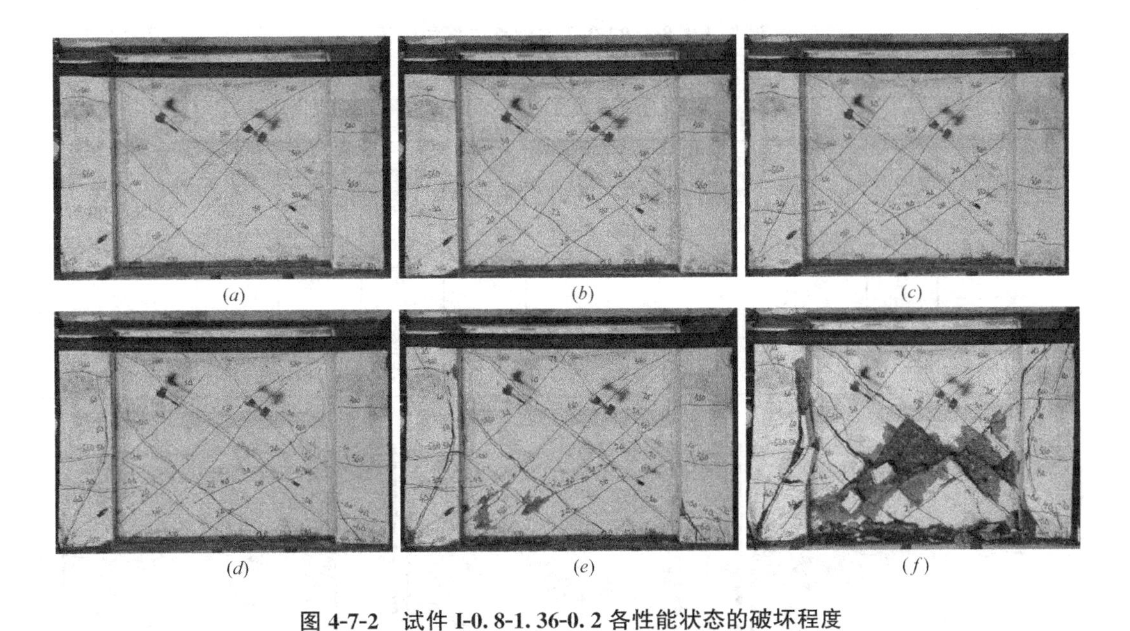

图 4-7-2　试件 I-0. 8-1. 36-0. 2 各性能状态的破坏程度

(*a*) 完好；(*b*) 轻微损坏；(*c*) 轻中等破坏；(*d*) 中等破坏；(*e*) 比较严重破坏；(*f*) 严重破坏

腹板已出现对角斜裂缝，取加载位移 $\Delta=0.7\Delta_y=2.5$mm；3Δ 加载时，左翼缘底部出现斜裂缝，腹板混凝土表层开始剥落，最大裂缝宽度 1.7mm 左右，正负向承载力均达到峰值；4Δ 第一次加载时，腹板中部与左侧底部混凝土保护层大块剥落，露出分布钢筋，左翼缘斜裂缝向上延伸，右翼缘底部出现斜裂缝，正向承载力下降 42%，负向承载力下降 22%，第三次加载时，腹板混凝土剥落加剧；5Δ 第三次加载时，腹板中部混凝土在剪力和轴力作用下几乎完全剥落，竖向分布筋稍微压屈，正向承载力下降 70%，负向承载力下降 58%；7Δ 加载时，腹板混凝土进一步剥落，试件仅靠翼缘及腹板钢筋承受轴力与水平力，正向承载力下降 78%，负向承载力下降 75%，试验结束。试件发生弯剪破坏。滞回曲线及骨架曲线如图 4-7-3 所示，各性能点位移角限值见表 4-7-2，各性能状态对应的破坏程度如图 4-7-4 所示。

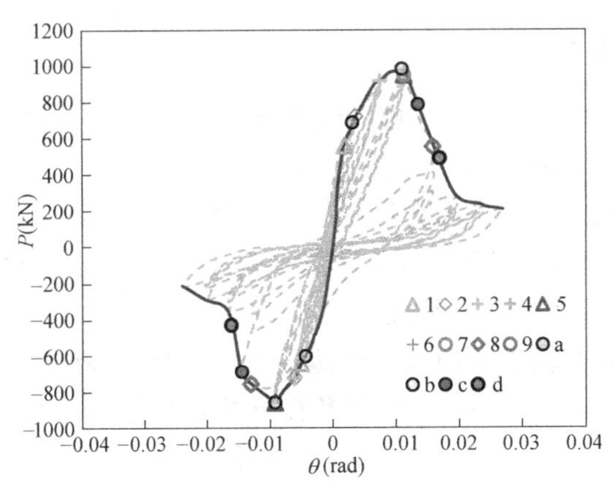

图 4-7-3　试件 I-0. 8-3. 07-0. 2 的滞回曲线及骨架曲线

试件 I-0.8-3.07-0.2 性能点位移角限值　　表 4-7-2

θ_{m1}(方法 1)	完好		轻微损坏	轻中等破坏		中等破坏		比较严重破坏		严重破坏	
	1/187		1/133	1/103		1/84		1/71		1/61	
θ_{m2}(方法 2)	出现对角斜裂缝	纵筋屈服	裂缝宽度 1～1.5mm	裂缝宽度 1.5～2mm	翼缘底部出现斜裂缝	裂缝宽度大于 2mm	混凝土保护层开始剥落	混凝土保护层剥落加剧	纵筋露出	轴压破坏	试件沿对角斜裂缝错动
	1/257	1/207	1/146	1/97	1/97	—	1/97	1/69	1/69	—	—
$(\theta_{m1}-\theta_{m2})/\theta_{m2}$	37.4%	10.7%	9.8%	−5.8%	−5.8%	—	15.5%	−2.8%	−2.8%	—	—

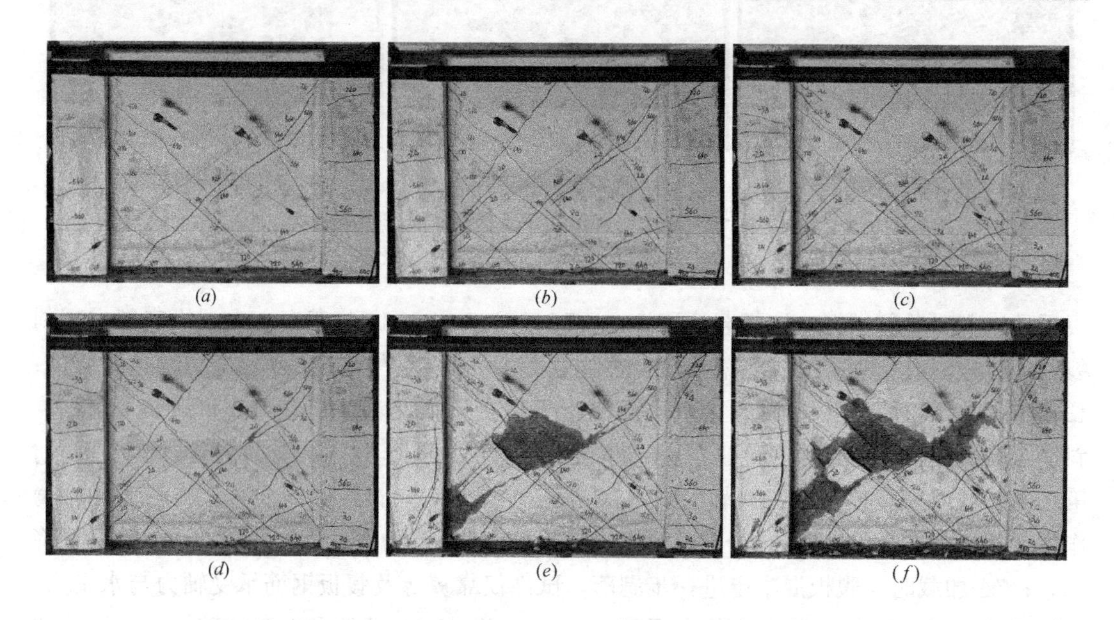

图 4-7-4　试件 I-0.8-3.07-0.2 各性能状态的破坏程度

(*a*) 完好；(*b*) 轻微损坏；(*c*) 轻中等破坏；(*d*) 中等破坏；(*e*) 比较严重破坏；(*f*) 严重破坏

4.7.3　I-0.8-1.36-0.5

加载至 820kN 时，纵筋屈服，腹板出现多条斜裂缝，左右翼缘出现少量的水平裂缝，取加载位移 $\Delta=0.6\Delta_y=2$mm；3Δ 加载时，腹板出现对角斜裂缝，左右翼缘出现斜裂缝；4Δ 正向加载时，腹板混凝土表层开始剥落，最大裂缝宽度 1.2mm 左右，正向承载力达到峰值；由于作动筒拉力不足，故进行单向加载（正向），正向位移角加载至 1/56 时，腹板左侧底部混凝土保护层剥落，最大裂缝宽度 2mm 左右，正向承载力基本维持峰值；正向位移角加载至 1/43 时，左翼缘竖向裂缝突然张开，混凝土保护层剥落，正向承载力下降 50%；正向位移角加载至 1/34 时，左翼缘及腹板混凝土大块剥落，露出钢筋，轴向力突然下降，试件丧失竖向承载力，试验结束。试件发生弯剪破坏。滞回曲线及骨架曲线如图 4-7-5 所示，各性能点位移角限值见表 4-7-3，各性能状态对应的破坏程度如图 4-7-6 所示。

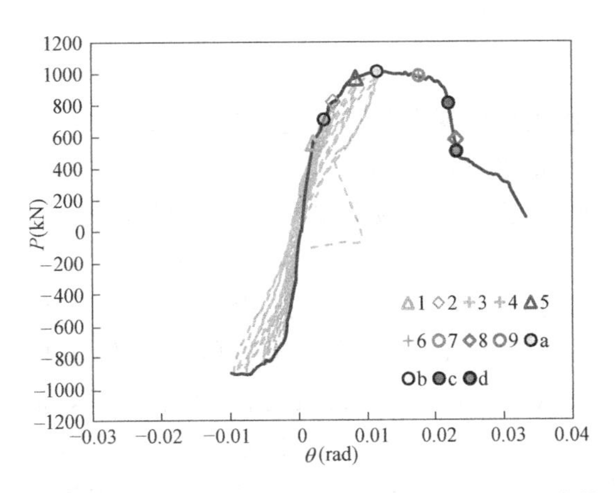

图 4-7-5　试件 I-0.8-1.36-0.5 的滞回曲线及骨架曲线

试件 I-0.8-1.36-0.5 性能点位移角限值　　　　**表 4-7-3**

θ_{m1}(方法 1)	完好		轻微损坏	轻中等破坏		中等破坏		比较严重破坏		严重破坏	
	1/183		1/104	1/73		1/56		1/45		1/43	
θ_{m2}(方法 2)	出现对角斜裂缝	纵筋屈服	裂缝宽度 1～1.5mm	裂缝宽度 1.5～2mm	翼缘底部出现斜裂缝	裂缝宽度大于 2mm	混凝土保护层开始剥落	混凝土保护层剥落加剧	纵筋露出	轴压破坏	试件沿对角斜裂缝错动
	1/125	1/214	1/86	—	1/86	1/56	1/86	1/43	1/34	1/34	—
$(\theta_{m1}-\theta_{m2})/\theta_{m2}$	−31.7%	16.9%	−17.3%	—	17.8%	0%	53.6%	−4.4%	−24.4%	−20.9%	—

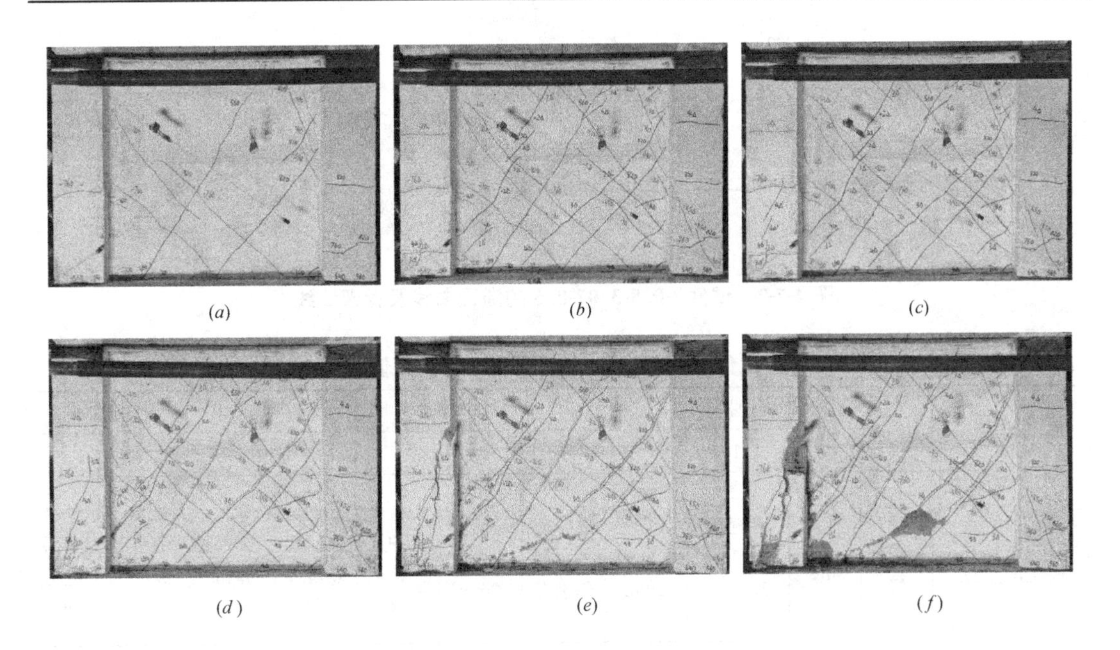

图 4-7-6　试件 I-0.8-1.36-0.5 各性能状态的破坏程度

(*a*) 完好；(*b*) 轻微损坏；(*c*) 轻中等破坏；(*d*) 中等破坏；(*e*) 比较严重破坏；(*f*) 严重破坏

4.7.4 I-0.8-3.07-0.5

加载至880kN时，腹板已出现多条斜裂缝，左右翼缘出现少量的水平裂缝。由于作动筒拉力不足，故按以下加载制度进行加载：侧向承载力下降之前，每次正向加载至目标水平力（位移），负向则加载至作动筒极限拉力（-908kN），侧向承载力下降后，两个方向都按目标位移加载，每级循环三次。加载至1120kN时，纵筋屈服，腹板出现从右上角延伸至左下角的对角斜裂缝，左翼缘底部出现斜裂缝，腹板混凝土表层开始剥落，正向承载力达到峰值，屈服位移$\Delta_y=3.9$mm，每级加载位移在屈服位移的基础上依次增加2mm；第一级加载时（正向位移角1/111），腹板混凝土表层轻微剥落，最大裂缝宽度1.2mm左右，正向承载力基本维持峰值；第二级第一次正向加载时（正向位移角1/76），对角斜裂缝突然张开，试件沿斜裂缝错动，左翼缘、腹板左下角与右上角混凝土保护层剥落加剧，正向承载力下降48%，第二次负向加载时（负向位移角1/55），负向承载力突然下降，对角斜裂缝张开，试件沿斜裂缝错动，腹板混凝土剥落严重；第三级第一次正向加载时（正向位移角1/61），腹板混凝土大块剥落，露出分布筋，分布筋明显压屈，正向承载力下降83%，试验结束。试件发生弯剪破坏。滞回曲线及骨架曲线如图4-7-7所示，各性能点位移角限值见表4-7-4，各性能状态对应的破坏程度如图4-7-8所示。

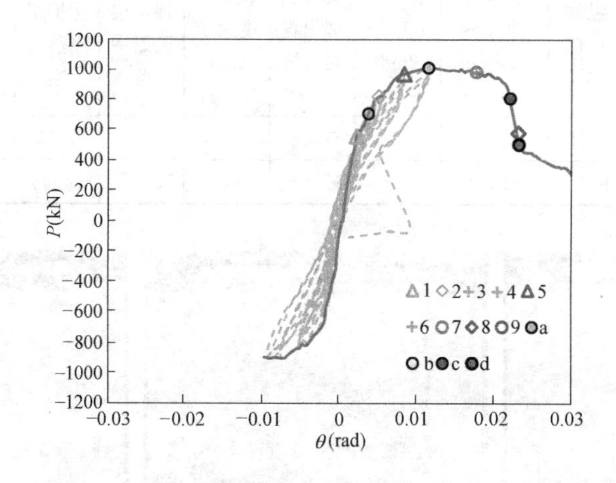

图4-7-7 试件I-0.8-3.07-0.5的滞回曲线及骨架曲线

试件I-0.8-3.07-0.5性能点位移角限值 表4-7-4

θ_{m1}(方法1)	完好		轻微损坏	轻中等破坏		中等破坏		比较严重破坏		严重破坏	
	1/260		1/180	1/138		1/112		1/94		1/76	
θ_{m2}(方法2)	出现对角斜裂缝	纵筋屈服	裂缝宽度1～1.5mm	裂缝宽度1.5～2mm	翼缘底部出现斜裂缝	裂缝宽度大于2mm	混凝土保护层开始剥落	混凝土保护层剥落加剧	纵筋露出	轴压破坏	试件沿对角斜裂缝错动
	1/143	1/188	1/146	—	1/146	—	1/146	1/76	—	—	1/76
$(\theta_{m1}-\theta_{m2})/\theta_{m2}$	−45.0%	−27.7%	−18.9%	—	5.8%	—	30.4%	−19.2%	—	—	0%

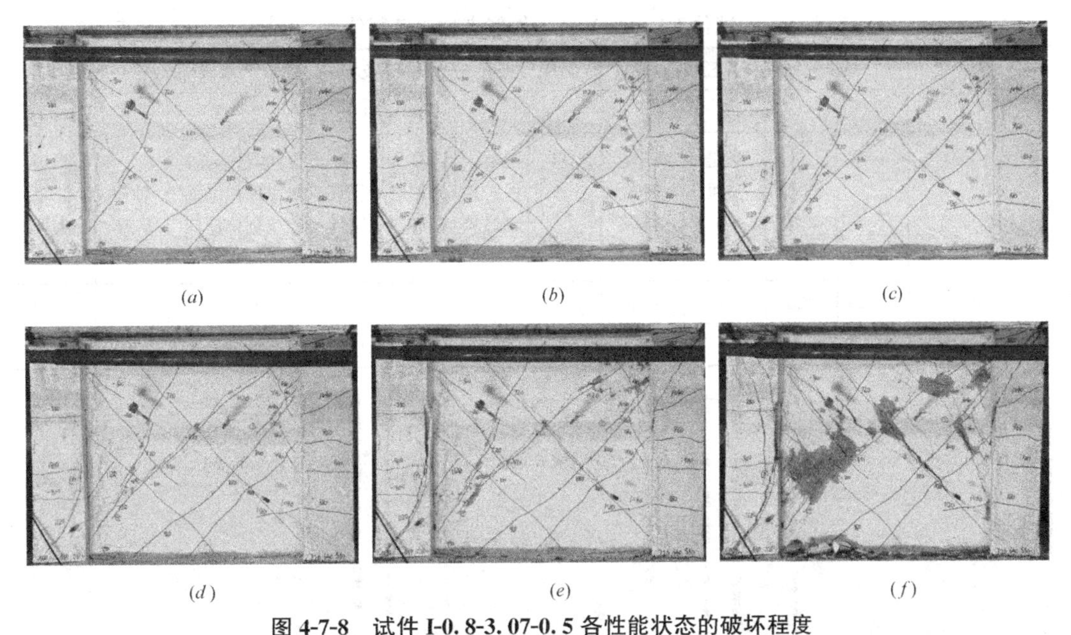

图 4-7-8　试件 I-0.8-3.07-0.5 各性能状态的破坏程度

(a) 完好；(b) 轻微损坏；(c) 轻中等破坏；(d) 中等破坏；(e) 比较严重破坏；(f) 严重破坏

4.7.5　I-1.2-1.36-0.2

加载至 360kN 时，纵筋屈服，取屈服位移 $\Delta_y=4.5$mm；$2\Delta_y$ 加载时，左右翼缘水平裂缝增加，并向腹板斜向延伸，最大裂缝宽度达到 1.2mm 左右；$3\Delta_y$ 加载时，腹板出现对角斜裂缝，最大裂缝宽度达到 2mm 左右；$4\Delta_y$ 加载时，左右翼缘底部混凝土表层脱落，正向承载力达到峰值；$5\Delta_y$ 加载时，左右翼缘混凝土保护层剥落，钢筋露出，负向承载力达到峰值；$6\Delta_y$ 加载时，左右翼缘混凝土保护层大块剥落，纵筋压屈，腹板混凝土表层脱落，正向承载力下降 21%，负向基本维持峰值；$7\Delta_y$ 加载时，腹板对角斜裂缝突然张开，腹板中部混凝土保护层大块剥落，腹板分布筋露出，纵筋明显压屈、剪切错动，正向承载力下降 64%，负向承载力下降 36%。试验停止。试件发生弯剪破坏。滞回曲线及骨架曲线如图4-7-9 所示，各性能点位移角限值见表 4-7-5，各性能状态对应的破坏程度如图 4-7-10 所示。

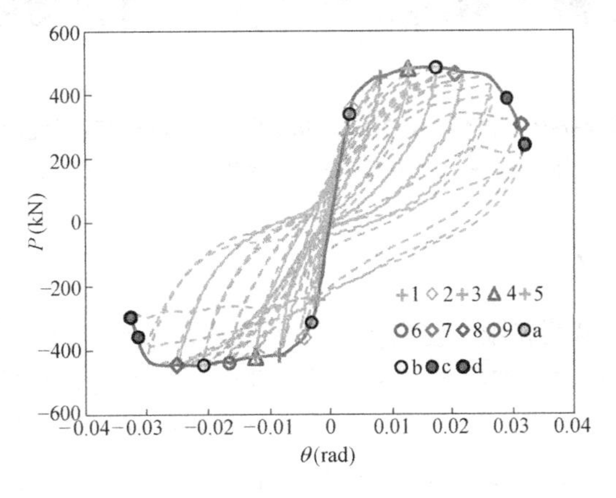

图 4-7-9　试件 I-1.2-1.36-0.2 的滞回曲线及骨架曲线

试件 I-1.2-1.36-0.2 性能点位移角限值　　表 4-7-5

θ_{m1}（方法 1）	完好		轻微损坏		轻中等破坏		中等破坏		比较严重破坏		严重破坏	
	1/278		1/168		1/121		1/94		1/77		1/32	
θ_{m2}（方法 2）	开裂	纵筋屈服	裂缝宽度1～2mm	出现对角斜裂缝	裂缝宽度大于2mm	混凝土保护层轻微剥落	混凝土保护层剥落加剧	纵筋露出	翼缘混凝土保护层剥落严重	纵筋压屈	轴压破坏	腹板混凝土压溃
	1/423	1/256	1/80	1/80	1/59	1/59	1/48	1/48	1/39	1/39	—	1/32
$(\theta_{m1}-\theta_{m2})/\theta_{m2}$	94.0%	17.4%	−13.0%	−13.0%	1.7%	1.7%	11.6%	11.6%	14.7%	14.7%	—	0%

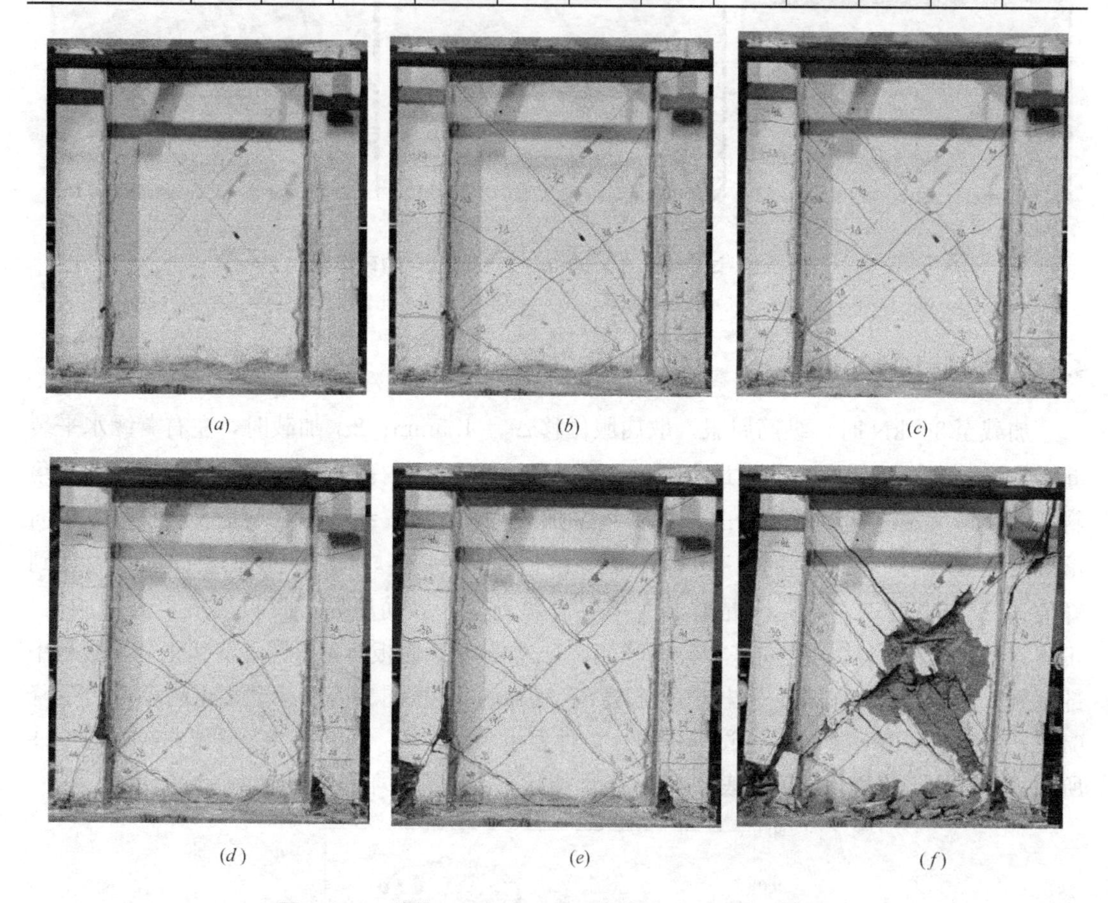

(*a*)　(*b*)　(*c*)　(*d*)　(*e*)　(*f*)

图 4-7-10　试件 I-1.2-1.36-0.2 各性能状态的破坏程度

(*a*) 完好；(*b*) 轻微损坏；(*c*) 轻中等破坏；(*d*) 中等破坏；(*e*) 比较严重破坏；(*f*) 严重破坏

4.7.6　I-1.2-3.07-0.2

加载至 510kN 时，纵筋屈服，左右翼缘已出现多条水平裂缝并向腹板延伸成斜裂缝，取屈服位移 Δ_y=4.5mm；2Δ_y加载时，左翼缘底部出现斜裂缝，腹板斜裂缝增多，交叉的斜裂缝将腹板分割成一些棱形小块，形成几个明显的斜压杆，最大裂缝宽度 1.1mm 左右，正负向承载力达到峰值；3Δ_y加载时，右翼缘底部出现斜裂缝，腹板两侧底部混凝土表层脱落，最大裂缝宽度 2.8mm 左右，正负向承载力基本维持峰值；4Δ_y第一次加载时，左翼缘及腹板左下角混凝土保护层严重剥落，正向承载力下降 29%，负向承载力下降 13%，第三次加载时，左右翼缘及腹板中部混凝土大块剥落，钢筋露出，约束区纵筋及腹板竖向分布筋均压屈且有明显的剪切错动；$5\Delta_y$ 加载时，腹板斜压杆底部混凝土几乎全部剥落，正向承载力下降 79%，负向承载力下降 83%。试验停止。试件发生弯剪破坏。滞回曲线及骨架曲线如图 4-7-11 所示，各性能点位移角限值见表 4-7-6，各性能状态对应的破坏程度如图 4-7-12 所示。

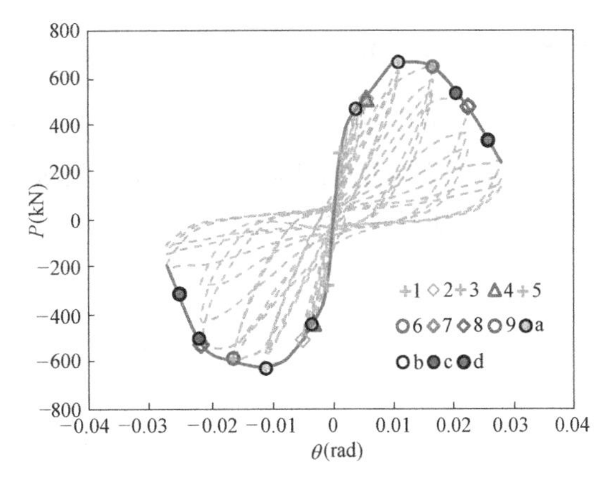

图 4-7-11　试件 I-1.2-3.07-0.2 的滞回曲线及骨架曲线

试件 I-1.2-3.07-0.2 性能点位移角限值　　**表 4-7-6**

θ_{m1}(方法 1)	完好		轻微损坏		轻中等破坏		中等破坏		比较严重破坏		严重破坏	
	1/278		1/168		1/121		1/94		1/77		1/32	
θ_{m2}(方法 2)	开裂	纵筋屈服	裂缝宽度 1～2mm	出现对角斜裂缝	裂缝宽度大于 2mm	混凝土保护层轻微剥落	混凝土保护层剥落加剧	纵筋露出	翼缘混凝土保护层剥落严重	纵筋压屈	轴压破坏	腹板混凝土压溃
	1/875	1/187	1/90	1/187	1/60	1/60	1/45	1/45	1/45	1/45	—	1/36
$(\theta_{m1}-\theta_{m2})/\theta_{m2}$	367.9%	0%	−15.9%	74.8%	−20.0%	−20.0%	−22.4%	−22.4%	−4.26%	−4.26%	—	−7.69%

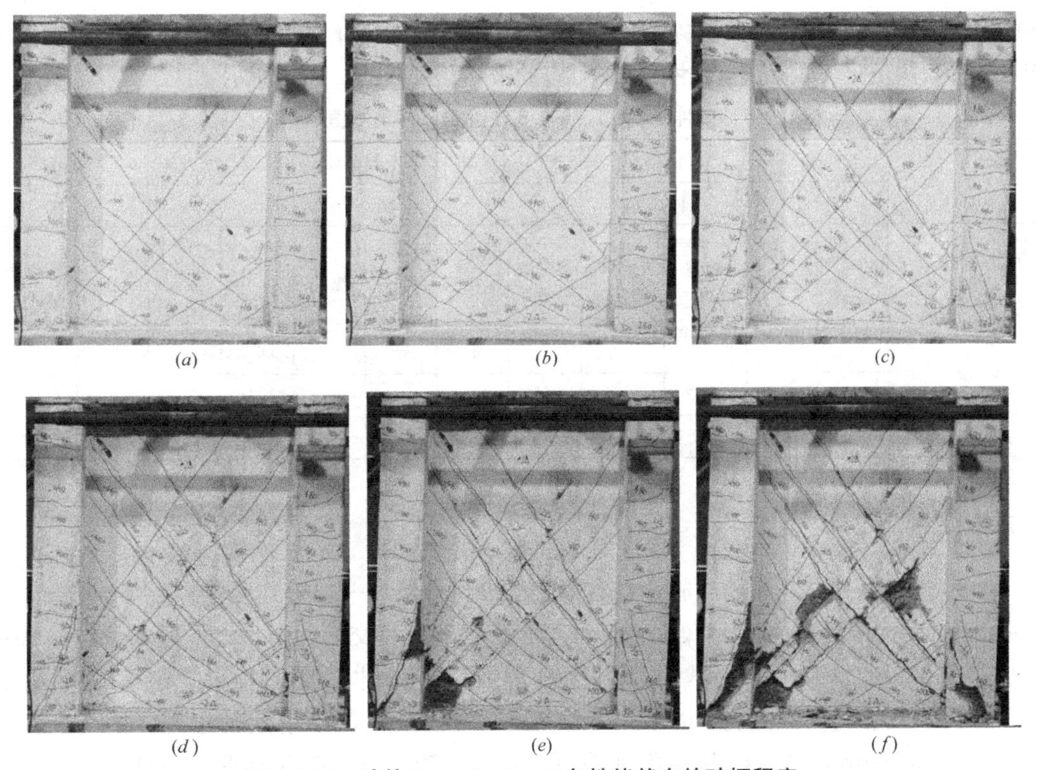

(a)　(b)　(c)　(d)　(e)　(f)

图 4-7-12　试件 I-1.2-3.07-0.2 各性能状态的破坏程度

(a) 完好；(b) 轻微损坏；(c) 轻中等破坏；(d) 中等破坏；(e) 比较严重破坏；(f) 严重破坏

4.7.7 I-1.2-1.36-0.5

加载至600kN时，纵筋屈服，左右翼缘中下部已出现多条水平裂缝并向腹板延伸成斜裂缝，腹板出现从加载梁底部延伸至腹板与翼缘相交处的斜裂缝，取屈服位移Δ_y＝5.5mm；$2\Delta_y$加载时，腹板斜裂缝增多，出现对角斜裂缝，最大裂缝宽度0.9mm左右，正向承载力接近峰值，负向承载力达到峰值；$3\Delta_y$加载时，左右翼缘底部出现竖向裂缝，腹板混凝土表层轻微剥落，最大裂缝宽度1.8mm左右，正向承载力达到峰值，负向承载力基本维持峰值；$4\Delta_y$第一次负加载时，试件突然沿对角斜裂缝错动，沿对角斜裂缝附近混凝土被剪碎、剥落，负向承载力下降57%，第二次正向加载时，试件沿对角斜裂缝错动，腹板中部两对角斜裂缝相交处混凝土大块剥落，露出分布筋，左右翼缘底部混凝土剥落严重，露出钢筋，正向承载力下降47%，第三次正向加载时，外露的约束区纵筋及腹板竖向分布筋均压屈且有明显的剪切错动。试验结束。试件发生弯剪破坏。滞回曲线及骨架曲线如图4-7-13所示，各性能点位移角限值见表4-7-7，各性能状态对应的破坏程度如图4-7-14所示。

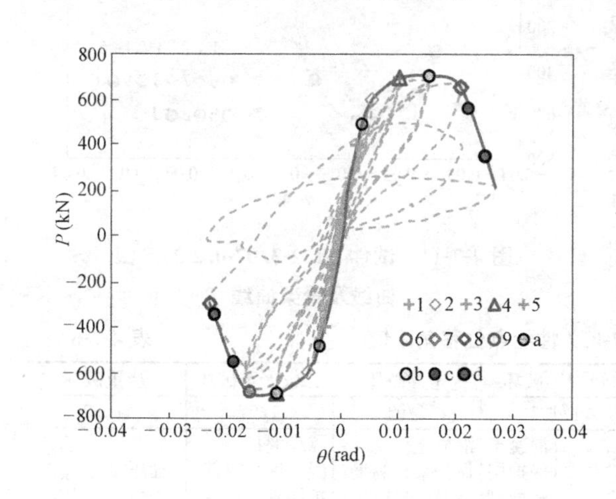

图 4-7-13 试件 I-1.2-1.36-0.5 的滞回曲线及骨架曲线

试件 I-1.2-1.36-0.5 性能点位移角限值 **表 4-7-7**

θ_{m1}(方法1)	完好		轻微损坏		轻中等破坏		中等破坏		比较严重破坏		严重破坏	
	1/190		1/110		1/78		1/60		1/49		1/42	
θ_{m2}(方法2)	开裂	纵筋屈服	裂缝宽度1～2mm	出现对角斜裂缝	裂缝宽度大于2mm	混凝土保护层轻微剥落	混凝土保护层剥落加剧	纵筋露出	翼缘混凝土保护层剥落严重	纵筋压屈	轴压破坏	腹板混凝土压溃
	1/359	1/180	1/93	1/93	1/64	1/64	1/48	1/48	1/48	1/48	—	1/48
$(\theta_{m1}-\theta_{m2})/\theta_{m2}$	89.0%	−5.3%	−15.5%	−15.5%	−18.0%	−18.0%	−20.0%	−20.0%	−2.0%	−2.0%	—	14.3%

4.7.8 I-1.2-3.07-0.5

加载至720kN时，纵筋屈服，左右翼缘已出现多条水平裂缝并向腹板延伸成斜裂缝，腹板出现对角斜裂缝和从加载梁底部延伸至腹板与翼缘相交处的斜裂缝，取加载位移Δ＝$0.8\Delta_y$＝6mm；2Δ第一次加载时，腹板对角斜裂缝延伸至翼缘顶部，最大裂缝宽度1.6mm左右，正负向承载力均达到峰值，第三次加载时，右翼缘底部出现竖向裂缝，腹板混凝土表层轻微剥落；3Δ第一次加载时，对角斜裂缝突然张开且贯穿墙身，混凝土保护层剥落加剧，左翼缘底部出现竖向裂缝且混凝土保护层剥落，露出钢筋，正向承载力下

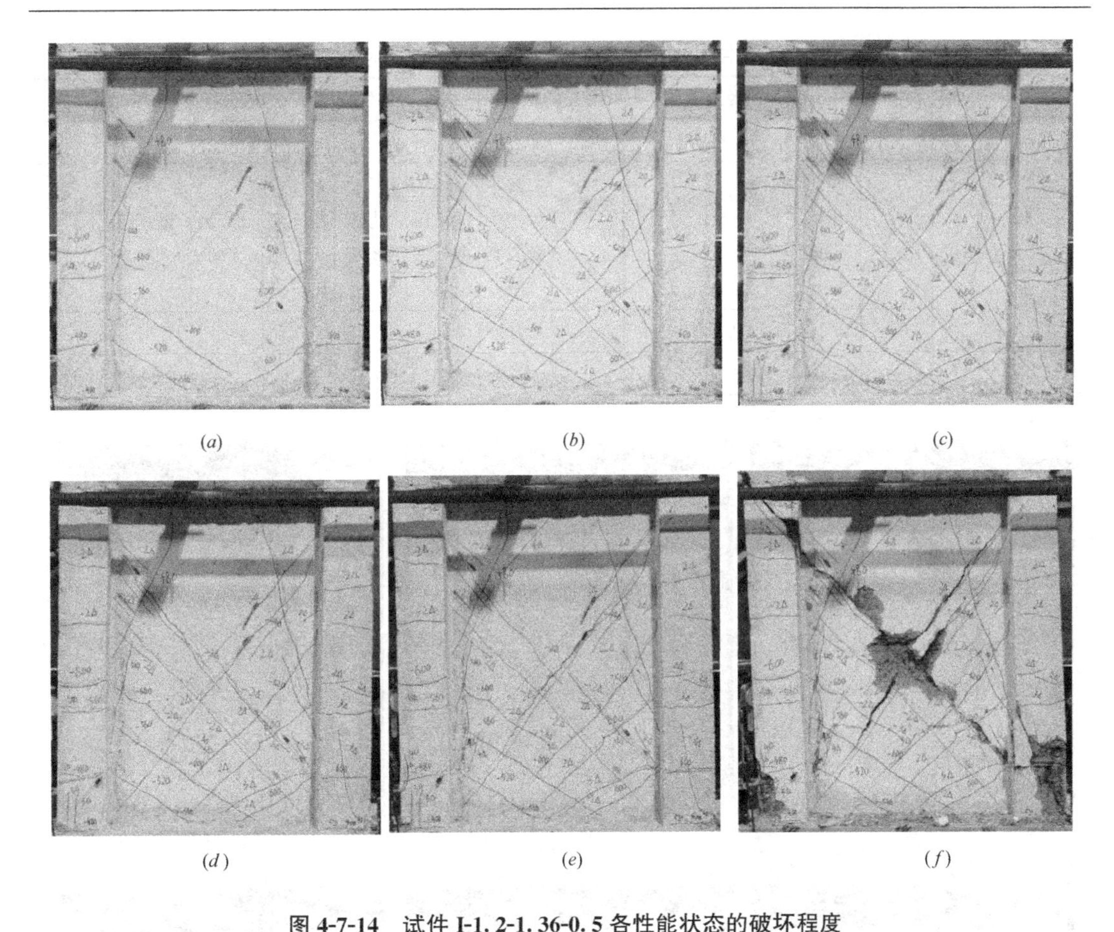

(a)　(b)　(c)

(d)　(e)　(f)

图 4-7-14　试件 I-1. 2-1. 36-0. 5 各性能状态的破坏程度

(a) 完好；(b) 轻微损坏；(c) 轻中等破坏；(d) 中等破坏；(e) 比较严重破坏；(f) 严重破坏

降 46%，负向承载力下降 31%，第二次加载时，左翼缘底部及腹板中部混凝土大块剥落，露出分布钢筋，外露的约束区纵筋及腹板竖向分布筋均压屈，第三次加载时，轴力突然下降且无法维持稳定，构件丧失竖向承载力，试验结束。试件发生弯剪破坏。滞回曲线及骨架曲线如图 4-7-15 所示，各性能点位移角限值见表 4-7-8，各性能状态对应的破坏程度如图 4-7-16 所示。

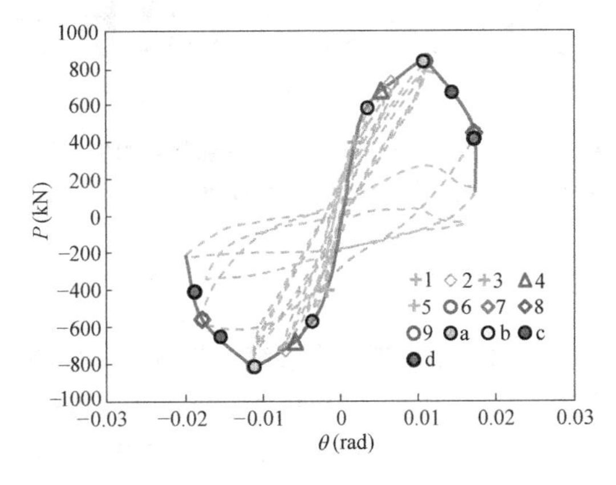

图 4-7-15　试件 I-1. 2-3. 07-0. 5 的滞回曲线及骨架曲线

试件 I-1. 2-3. 07-0. 5 性能点位移角限值　　表 4-7-8

θ_{m1}（方法 1）	完好		轻微损坏		轻中等破坏		中等破坏		比较严重破坏		严重破坏	
	1/194		1/132		1/100		1/80		1/67		1/55	
θ_{m2}（方法 2）	开裂	纵筋屈服	裂缝宽度 1～2mm	出现对角斜裂缝	裂缝宽度大于 2mm	混凝土保护层轻微剥落	混凝土保护层剥落加剧	纵筋露出	翼缘混凝土保护层剥落严重	纵筋压屈	轴压破坏	腹板混凝土压溃
	1/549	1/145	1/89	1/179	—	1/89	1/57	1/57	1/57	1/57	1/57	1/57
$(\theta_{m1}-\theta_{m2})/\theta_{m2}$	183.0%	−25.3%	−32.6%	35.6%	—	−11.0%	−28.8%	−28.8%	−14.9%	−14.9%	3.6%	3.6%

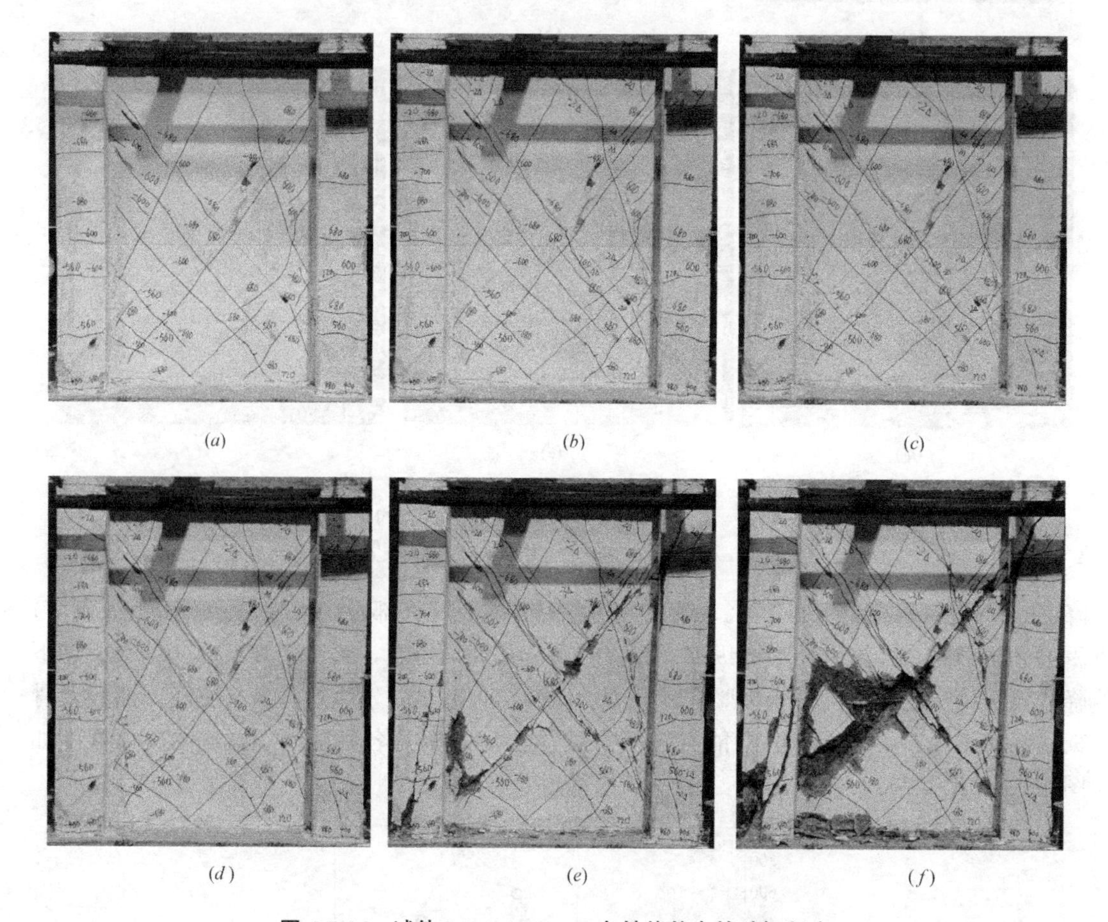

图 4-7-16　试件 I-1. 2-3. 07-0. 5 各性能状态的破坏程度

(*a*) 完好；(*b*) 轻微损坏；(*c*) 轻中等破坏；(*d*) 中等破坏；(*e*) 较严重破坏；(*f*) 严重破坏

4. 7. 9　I-1. 65-1. 55-0. 2

加载至 240kN 时，翼缘墙面开始出现水平裂缝；加载至 320kN 时，纵筋屈服；$2\Delta_y$ 加载时，右侧和左侧翼缘裂缝迅速沿着试件高度方向发展，并向腹板斜向延伸，两边裂缝相交叉，最大裂缝宽度达到 1. 8mm；$3\Delta_y$ 加载时，正负向承载力均达到峰值；$4\Delta_y$ 加载时，正面右侧翼缘角部混凝土保护层小块剥落，裂缝宽度达到 2mm；$6\Delta_y$ 加载时，混凝土保护层的剥落范围扩大，暗柱纵筋开始外露；$7\Delta_y$加载时，正面右侧翼缘角部出现一条较大竖线斜裂缝，背面右侧角部纵筋被压曲；$8\Delta_y$加载时，各个角部破坏较严重，露出箍筋；$9\Delta_y$加载时，左侧翼缘有六根纵筋断裂，正向承载力下降 30.16%，负向承载力下降 36.16%；$10\Delta_y$加载时，核心区混凝土破坏严重，正向承载力下降 51.90%，试验停止。试件发生弯剪破坏。滞回曲线及骨架曲线如图 4-7-17 所示，各性能点位移角限值见表 4-7-9，各性能状态对应的破坏程度如图 4-7-18 所示。

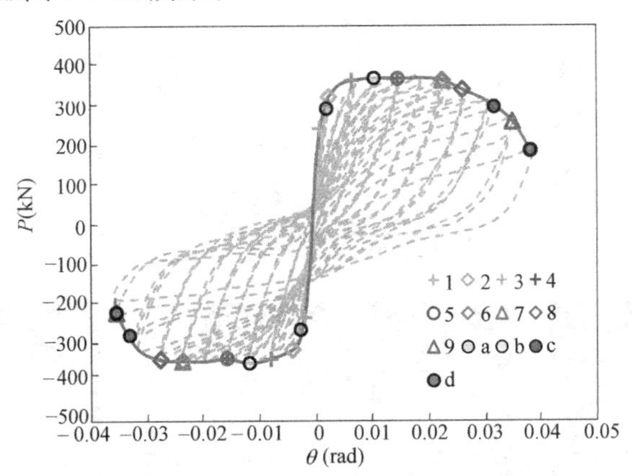

图 4-7-17　试件 I-1.65-1.55-0.2 的滞回曲线及骨架曲线

试件 I-1.65-1.55-0.2 性能点位移角限值　　表 4-7-9

θ_{m1}(方法 1)	完好		轻微损坏	轻中等破坏		中等破坏		比较严重破坏		严重破坏
	1/424		1/101	1/57		1/40		1/30		1/25
θ_{m2}(方法 2)	开裂	纵筋屈服	裂缝宽度超过1mm	裂缝宽度超过2mm	混凝土保护层开始剥落	混凝土保护层剥落严重	纵筋露出	纵筋压屈	纵筋拉断	轴压破坏
	1/736	1/303	1/137	1/65	1/65	1/43	1/43	1/37	1/28	1/25
$(\theta_{m1}-\theta_{m2})/\theta_{m2}$	73.42%	−28.53%	36.13%	14.41%	14.41%	7.83%	7.83%	20.72%	−8.12%	0%

4.7.10　I-1.65-2.42-0.2

当加载至 280kN 时，翼缘墙面开始出现水平裂缝；当水平力达到 360kN 时，纵筋屈服；$2\Delta_y$加载时，裂缝在墙两侧翼缘为水平延伸，至腹板区域发展为斜向延伸，裂缝分布高度发展至整个墙身，最大裂缝宽度达到 1.5mm，正负向承载力均达到峰值；$4\Delta_y$加载时，背面左侧翼缘角部混凝土破坏严重，露出钢筋，裂缝宽度达到 2mm；$5\Delta_y$加载时，背面右侧翼缘角部钢筋压曲，背面左侧翼缘角部及侧面角部有大块混凝土脱落，侧面角部露出三排钢筋；$6\Delta_y$第三次加载时，背面两侧侧面翼缘角部最外排各有三根钢筋断裂；$7\Delta_y$加载时，正面两侧翼缘角部最外排各有一根钢筋拉断，核心区混凝土破坏严重，此时正向承载力下降 40.45%，负向承载力下降 41.57%；$8\Delta_y$加载时，构件破坏相当严重，正向承载力下降 70.91%，负向承载力下降 72.98%，试验停止。试件发生弯剪破坏。滞回曲线及骨架曲线如图 4-7-19 所示，各性能点位移角限值见表 4-7-10，各性能状态对应的破坏程度如图 4-7-20 所示。

(*a*) (*b*) (*c*)

(*d*) (*e*) (*f*)

图 4-7-18　试件 I-1. 65-1. 55-0. 2 各性能状态的破坏程度

(*a*) 完好；(*b*) 轻微损坏；(*c*) 轻中等破坏；(*d*) 中等破坏；(*e*) 比较严重破坏；(*f*) 严重破坏

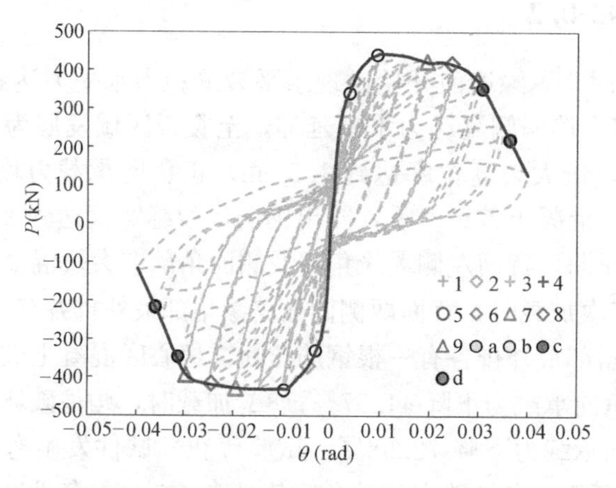

图 4-7-19　试件 I-1. 65-2. 42-0. 2 的滞回曲线及骨架曲线

试件 I-1.65-2.42-0.2 性能点位移角限值　　表 4-7-10

<table>
<tr><td rowspan="2">θ_{m1}（方法 1）</td><td colspan="2">完好</td><td>轻微损坏</td><td colspan="2">轻中等破坏</td><td colspan="2">中等破坏</td><td colspan="2">比较严重破坏</td><td>严重破坏</td></tr>
<tr><td colspan="2">1/294</td><td>1/97</td><td colspan="2">1/58</td><td colspan="2">1/41</td><td colspan="2">1/32</td><td>1/27</td></tr>
<tr><td rowspan="2">θ_{m2}（方法 2）</td><td>开裂</td><td>纵筋屈服</td><td>裂缝宽度超过 1mm</td><td>裂缝宽度超过 2mm</td><td>混凝土保护层开始剥落</td><td>混凝土保护层剥落严重</td><td>纵筋露出</td><td>纵筋压屈</td><td>纵筋拉断</td><td>轴压破坏</td></tr>
<tr><td>1/517</td><td>1/216</td><td>1/107</td><td>1/51</td><td>1/51</td><td>1/51</td><td>1/51</td><td>1/41</td><td>1/33</td><td>1/25</td></tr>
<tr><td>$(\theta_{m1}-\theta_{m2})/\theta_{m2}$</td><td>75.76%</td><td>−26.53%</td><td>10.00%</td><td>−11.30%</td><td>−11.30%</td><td>24.28%</td><td>24.28%</td><td>27.00%</td><td>4.67%</td><td>−9.35%</td></tr>
</table>

图 4-7-20　试件 I-1.65-2.42-0.2 各性能状态的破坏程度

(*a*) 完好；(*b*) 轻微损坏；(*c*) 轻中等破坏；(*d*) 中等破坏；(*e*) 比较严重破坏；(*f*) 严重破坏

4.7.11 I-1.65-1.55-0.5

加载至 440kN 时，翼缘墙面开始出现水平裂缝；加载至 500kN 时，纵筋屈服；$2\Delta_y$加载时，裂缝在墙两侧翼缘为水平延伸，至腹板区域发展为斜向延伸，裂缝分布高度发展至整个墙身，最大裂缝宽度达到 1.5mm，正负向承载力均达到峰值；$3\Delta_y$加载时，左侧翼缘裂缝宽度达到 2mm；$4\Delta_y$加载时，混凝土保护层有大块混凝土剥落，角部破坏严重，露出暗柱纵筋；$5\Delta_y$加载时，正面右侧翼缘角部有一大块混凝土受压剥落，暗柱纵筋压屈；$6\Delta_y$第二次循环加载时，各个角部破坏较严重，暗柱纵筋拉断一根，第三次循环加载，正向承载力下降 34.40%，负向承载力下降 31.12%；$7\Delta_y$正向加载时，在正向加载至峰值后进行卸载时，剪力墙底部发生大范围的混凝土剥落，轴压力无法保持稳定，试件发生轴压破坏，试验停止。试件发生弯剪破坏。滞回曲线及骨架曲线如图 4-7-21 所示，各性能点位移角限值见表 4-7-11，各性能状态对应的破坏程度如图 4-7-22 所示。

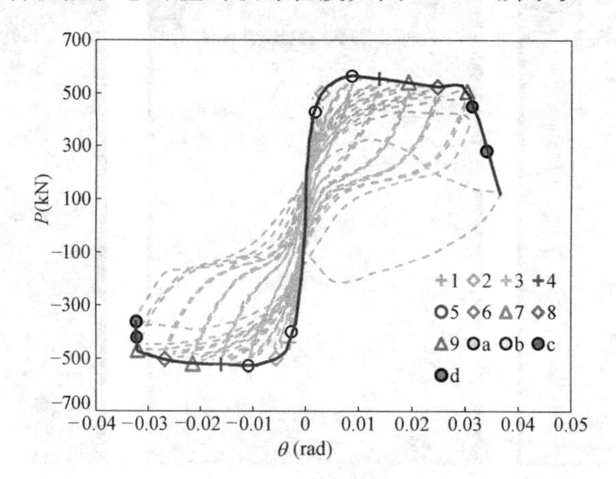

图 4-7-21 试件 I-1.65-1.55-0.5 的滞回曲线及骨架曲线

试件 I-1.65-1.55-0.5 性能点位移角限值 **表 4-7-11**

θ_{m1}（方法 1）	完好		轻微损坏	轻中等破坏		中等破坏		比较严重破坏		严重破坏
	1/457		1/104	1/58		1/41		1/31		1/29
θ_{m2}（方法 2）	开裂	纵筋屈服	裂缝宽度超过 1mm	裂缝宽度超过 2mm	混凝土保护层开始剥落	混凝土保护层剥落严重	纵筋露出	纵筋压屈	纵筋拉断	轴压破坏
	1/371	1/234	1/102	1/66	1/49	1/49	1/49	1/38	1/32	1/27
$(\theta_{m1}-\theta_{m2})/\theta_{m2}$	−18.69%	−48.72%	−1.96%	13.48%	−16.49%	19.87%	19.87%	23.31%	1.77%	−7.20%

4.7.12 I-1.65-2.42-0.5

加载 420kN 时，翼缘墙面开始出现水平裂缝；加载至 520kN 时，纵筋屈服；$2\Delta_y$加载时，裂缝在墙两侧翼缘为水平延伸，至腹板区域发展为斜向延伸，裂缝分布高度发展至整个墙身，最大裂缝宽度达到 1mm，正负向承载力均达到峰值；$3\Delta_y$加载时，左侧翼缘裂缝

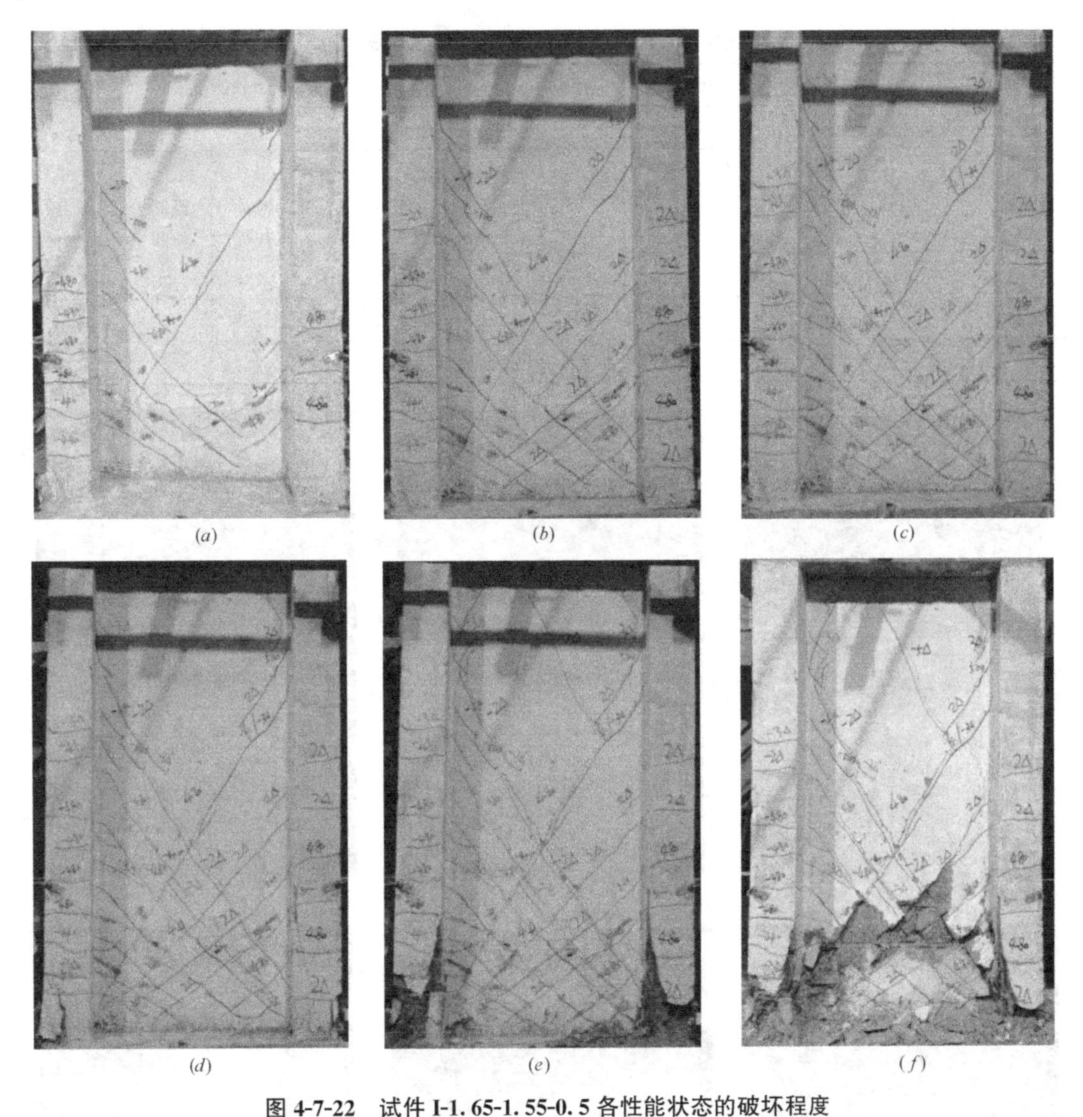

图 4-7-22　试件 I-1.65-1.55-0.5 各性能状态的破坏程度

(*a*) 完好；(*b*) 轻微损坏；(*c*) 轻中等破坏；(*d*) 中等破坏；(*e*) 比较严重破坏；(*f*) 严重破坏

宽度达到 2mm，背面两侧翼缘角部均有混凝土保护层剥落，第三次循环加载时，背面两侧均露出暗柱纵筋；$4\Delta_y$ 加载时，右侧面翼缘角部混凝土较严重脱落，暗柱纵筋压曲；$5\Delta_y$ 加载时，核心区混凝土破坏严重，正向承载力下降 51.90%，负向承载力下降 65.51%，试件发生轴向破坏，试验停止。试件发生弯剪破坏。滞回曲线及骨架曲线如图 4-7-23 所示，各性能点位移角限值见表 4-7-12，各性能状态对应的破坏程度如图 4-7-24 所示。

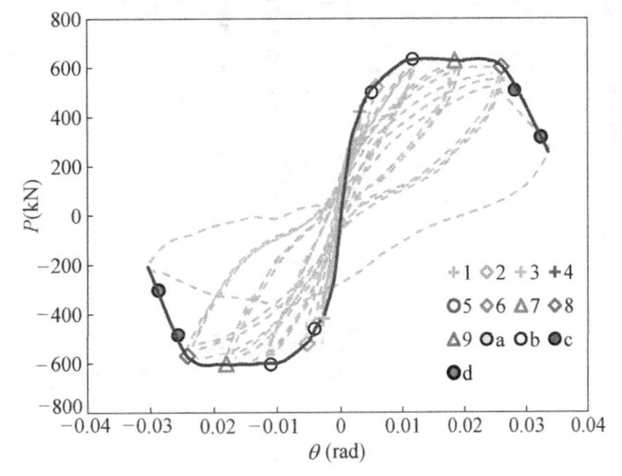

图 4-7-23　试件 I-1.65-2.42-0.5 的滞回曲线及骨架曲线

试件 I-1.65-2.42-0.5 性能点位移角限值 **表 4-7-12**

θ_{m1}(方法 1)	完好		轻微损坏	轻中等破坏		中等破坏		比较严重破坏		严重破坏
	1/215		1/97	1/63		1/46		1/37		1/32
θ_{m2}(方法 2)	开裂	纵筋屈服	裂缝宽度超过1mm	裂缝宽度超过2mm	混凝土保护层开始剥落	混凝土保护层剥落严重	纵筋露出	纵筋压屈	纵筋拉断	轴压破坏
	1/330	1/180	1/84	1/54	1/54	1/54	1/54	1/39	—	1/31
$(\theta_{m1}-\theta_{m2})/\theta_{m2}$	53.74%	−16.27%	−13.43%	−13.53%	−13.53%	16.96%	16.96%	7.17%	—	−4.35%

(*a*)

(*b*)

(*c*)

(*d*)

(*e*)

(*f*)

图 4-7-24 试件 I-1.65-2.42-0.5 各性能状态的破坏程度

(*a*) 完好；(*b*) 轻微损坏；(*c*) 轻中等破坏；(*d*) 中等破坏；(*e*) 比较严重破坏；(*f*) 严重破坏

4.7.13 I-2.12-1.55-0.2

加载至 240kN 时，纵筋屈服，取屈服位移 $\Delta_y=6$mm；$2\Delta_y$ 加载时，左右翼缘和腹板新增大量裂缝，最大裂缝宽度为 1mm；$4\Delta_y$ 加载时，裂缝继续向腹板延伸，裂缝宽度达到 2mm；$6\Delta_y$ 加载时，左翼缘背面角部混凝土保护层剥落，钢筋露出；$7\Delta_y$ 加载时，右翼缘背面角部混凝土保护层剥落，钢筋露出，侧面混凝土矩形块即将剥落；$8\Delta_y$ 加载时，左右翼缘正面角部混凝土保护层剥落；$9\Delta_y$ 加载时，左右翼缘底部混凝土保护层进一步大块剥落，钢筋拉断，此时正向承载力下降 25%，负向承载力下降 64%；$10\Delta_y$ 加载时，左右腹板角部混凝土剥落，翼缘钢筋拉断。此时正向承载力下降 44%，负向承载力下降 78%；$11\Delta_y$ 加载时，左右翼缘混凝土剥落严重，此时正向承载力下降 47%，试验停止。试件发生弯曲破坏。滞回曲线及骨架曲线如图 4-7-25 所示，各性能点位移角限值见表 4-7-13，各性能状态对应的破坏程度如图 4-7-26 所示。

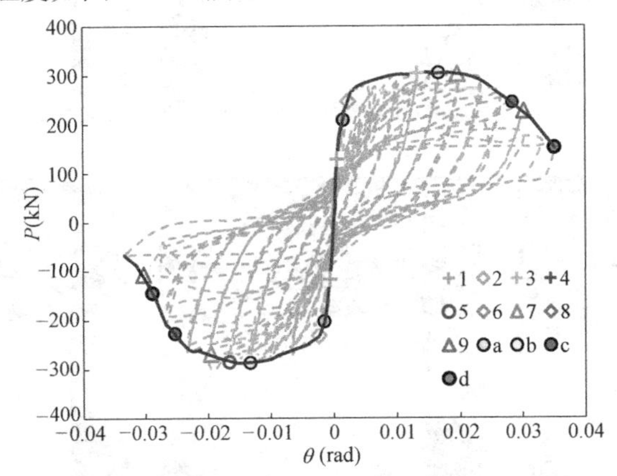

图 4-7-25　试件 I-2. 12-1. 55-0. 2 的滞回曲线及骨架曲线

试件 I-2. 12-1. 55-0. 2 性能点位移角限值　　表 4-7-13

θ_{m1}（方法 1）	完好		轻微损坏	轻中等破坏		中等破坏		比较严重破坏		严重破坏
	1/461		1/120	1/69		1/48		1/37		1/28
θ_{m2}（方法 2）	开裂	纵筋屈服	裂缝宽度超过 1mm	裂缝宽度超过 2mm	混凝土保护层开始剥落	混凝土保护层剥落严重	纵筋露出	纵筋压屈	纵筋拉断	轴压破坏
	1/1786	1/433	1/75	1/60	1/60	1/51	1/51	—	1/33	1/31
$(\theta_{m1}-\theta_{m2})/\theta_{m2}$	287.42%	−6.07%	−37.5%	−13.04%	−13.04%	6.25%	6.25%	—	−10.81%	10.71%

4. 7. 14　I-2. 12-2. 42-0. 2

加载至 280kN 时，试件纵筋屈服，取屈服位移 $\Delta_y=8$mm；$2\Delta_y$ 加载时，最大裂缝宽度达到 1mm 左右；$5\Delta_y$ 加载时，墙体右边翼缘正面角部混凝土保护层小块剥落；$6\Delta_y$ 加载时，左边翼缘混凝土剥落；$7\Delta_y$ 加载时，左边翼缘正面角部混凝土剥落，纵筋露出，右边翼缘正面角部混凝土剥落，钢筋露出；$8\Delta_y$ 加载时，左边翼缘底部混凝土大块剥落，右边翼缘正面混凝土进一步剥落，箍筋露出，右边翼缘侧面的保护层剥落，四根钢筋拉断；$9\Delta_y$ 加载时，左边翼缘和腹板底部混凝土剥落严重，腹板纵筋露出，正向承载力下降 57%，负向承载力下降 49%，试验停止。试件发生弯曲破坏。滞回曲线及骨架曲线如图 4-7-27 所示，各性能点位移角限值见表 4-7-14，各性能状态对应的破坏程度如图 4-7-28 所示。

图 4-7-26　试件 I-2. 12-1. 55-0. 2 各性能状态的破坏程度

(*a*) 完好；(*b*) 轻微损坏；(*c*) 轻中等破坏；(*d*) 中等破坏；(*e*) 比较严重破坏；(*f*) 严重破坏

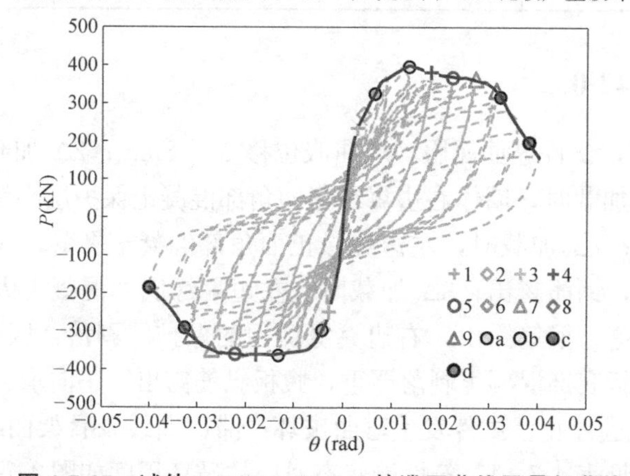

图 4-7-27　试件 I-2. 12-2. 42-0. 2 的滞回曲线及骨架曲线

试件 I-2. 12-2. 42-0. 2 性能点位移角限值　　　　表 4-7-14

θ_{m1}(方法 1)	完好		轻微损坏	轻中等破坏		中等破坏		比较严重破坏		严重破坏
	1/188		1/83	1/53		1/40		1/31		1/25
θ_{m2}(方法 2)	开裂	纵筋屈服	裂缝宽度超过1mm	裂缝宽度超过2mm	混凝土保护层开始剥落	混凝土保护层剥落严重	纵筋露出	纵筋压屈	纵筋拉断	轴压破坏
	1/347	1/238	1/77	1/56	1/45	1/37	1/37	—	1/32	1/26
$(\theta_{m1}-\theta_{m2})/\theta_{m2}$	84.57%	26.60%	−7.23%	5.66%	−15.09%	−7.5%	−7.5%	—	3.23%	4%

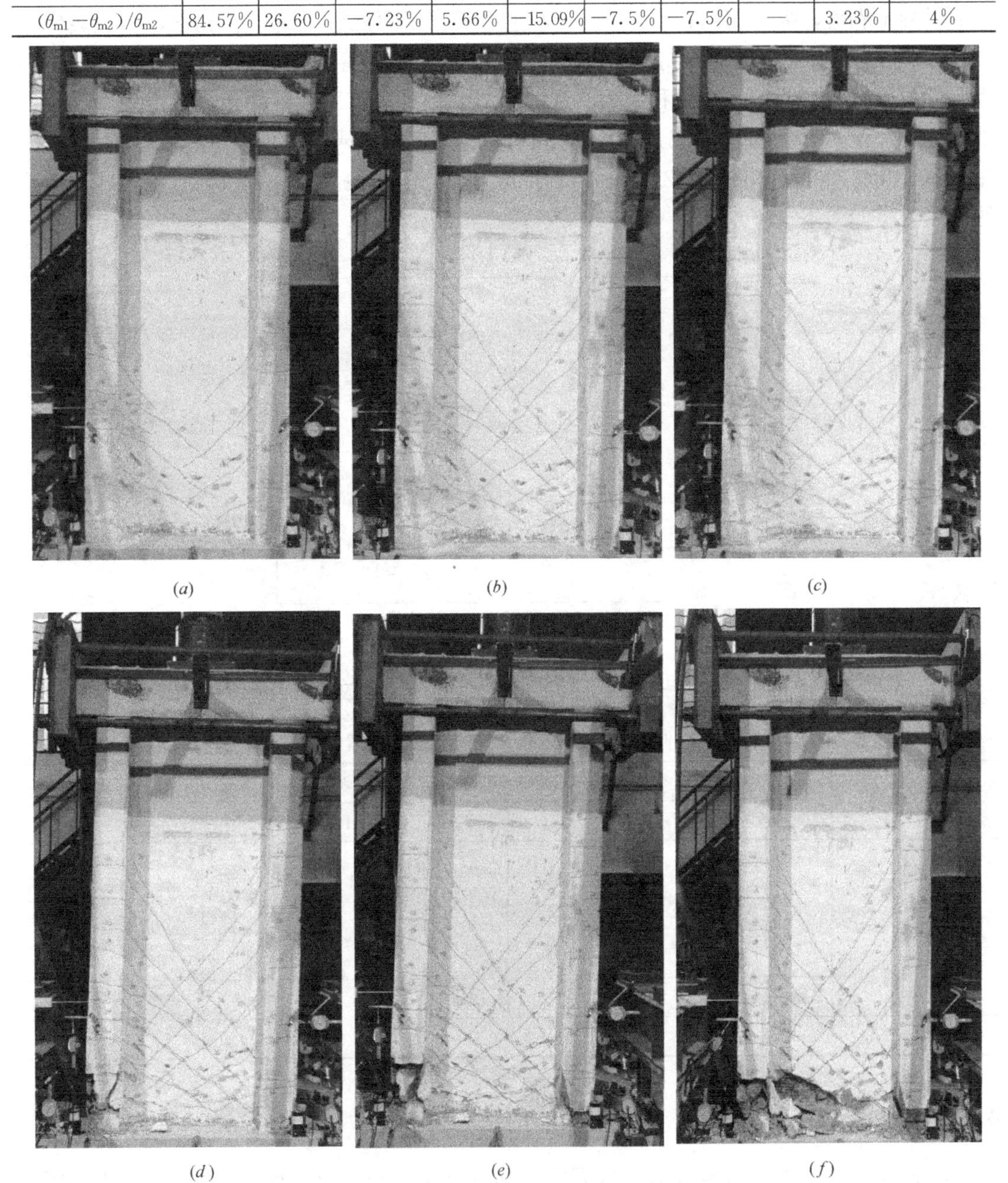

(*a*)　(*b*)　(*c*)　(*d*)　(*e*)　(*f*)

图 4-7-28　试件 I-2. 12-2. 42-0. 2 各性能状态的破坏程度

(*a*) 完好；(*b*) 轻微损坏；(*c*) 轻中等破坏；(*d*) 中等破坏；(*e*) 比较严重破坏；(*f*) 严重破坏

4.7.15 I-2.12-1.55-0.5

加载至 360kN 时，纵筋屈服，取屈服位移 $\Delta_y=7.5$mm；3Δ_y加载时，左右翼缘新增少量裂缝，裂缝宽度达到 2mm；4Δ_y加载时，墙体新增少许裂缝，右翼缘背面角部混凝土轻微剥落；5Δ_y加载时，墙体右边翼缘前面角部混凝土保护层轻微剥落，右翼缘背面混凝土进一步剥落，钢筋露出，左翼缘背面混凝土保护层开始剥落；7Δ_y加载时，左边翼缘正面角部混凝土剥落，纵筋露出；8Δ_y加载时，左边翼缘正面混凝土进一步剥落，右边翼缘侧面的保护层剥落，腹板混凝土沿着两条竖向裂缝的方向剥落（这是由于加载梁刚度过小，竖向荷载没有均匀分布到翼缘和腹板引起的）；9Δ_y加载时，腹板混凝土剥落严重，钢筋露出。此时，正向承载力下降 86%，负向承载力下降 85%，试验停止。试件发生弯剪破坏。滞回曲线及骨架曲线如图 4-7-29 所示，各性能点位移角限值见表 4-7-15，各性能状态对应的破坏程度如图 4-7-30 所示。

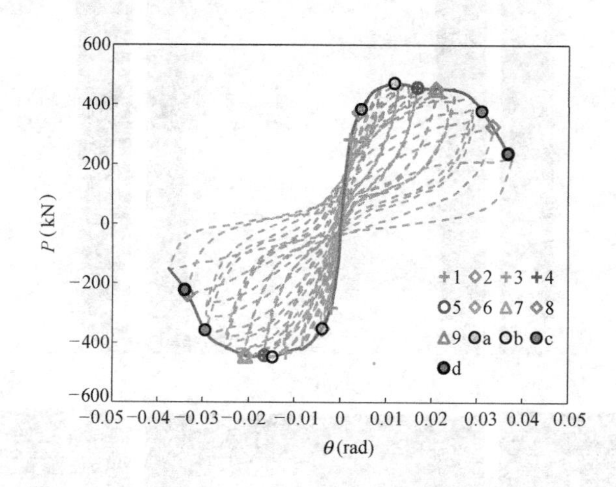

图 4-7-29 试件 I-2.12-1.55-0.5 的滞回曲线及骨架曲线

试件 I-2.12-1.55-0.5 性能点位移角限值 表 4-7-15

θ_{m1}(方法 1)	完好		轻微损坏	轻中等破坏		中等破坏		比较严重破坏		严重破坏
	1/237		1/96	1/60		1/44		1/35		1/27
θ_{m2}(方法 2)	开裂	纵筋屈服	裂缝宽度超过1mm	裂缝宽度超过2mm	混凝土保护层开始剥落	混凝土保护层剥落严重	纵筋露出	纵筋压屈	纵筋拉断	轴压破坏
	1/481	1/250	1/84	1/60	1/60	1/48	1/48	1/30	—	1/27
$(\theta_{m1}-\theta_{m2})/\theta_{m2}$	102.95%	5.49%	−12.5%	0%	0%	9.09%	9.09%	−14.29%	—	0%

4.7.16 I-2.12-2.42-0.5

加载至 430kN 时，纵筋屈服，取屈服位移 $\Delta_y=9.5$mm；2Δ_y加载时，裂缝宽度加大，最大裂缝宽度达到 1mm 左右；4Δ_y加载时，左翼缘背面角部混凝土剥落，钢筋外露；5Δ_y加载时，墙体右边翼缘正面和背面角部混凝土保护层剥落；6Δ_y加载时，右翼缘正面混凝

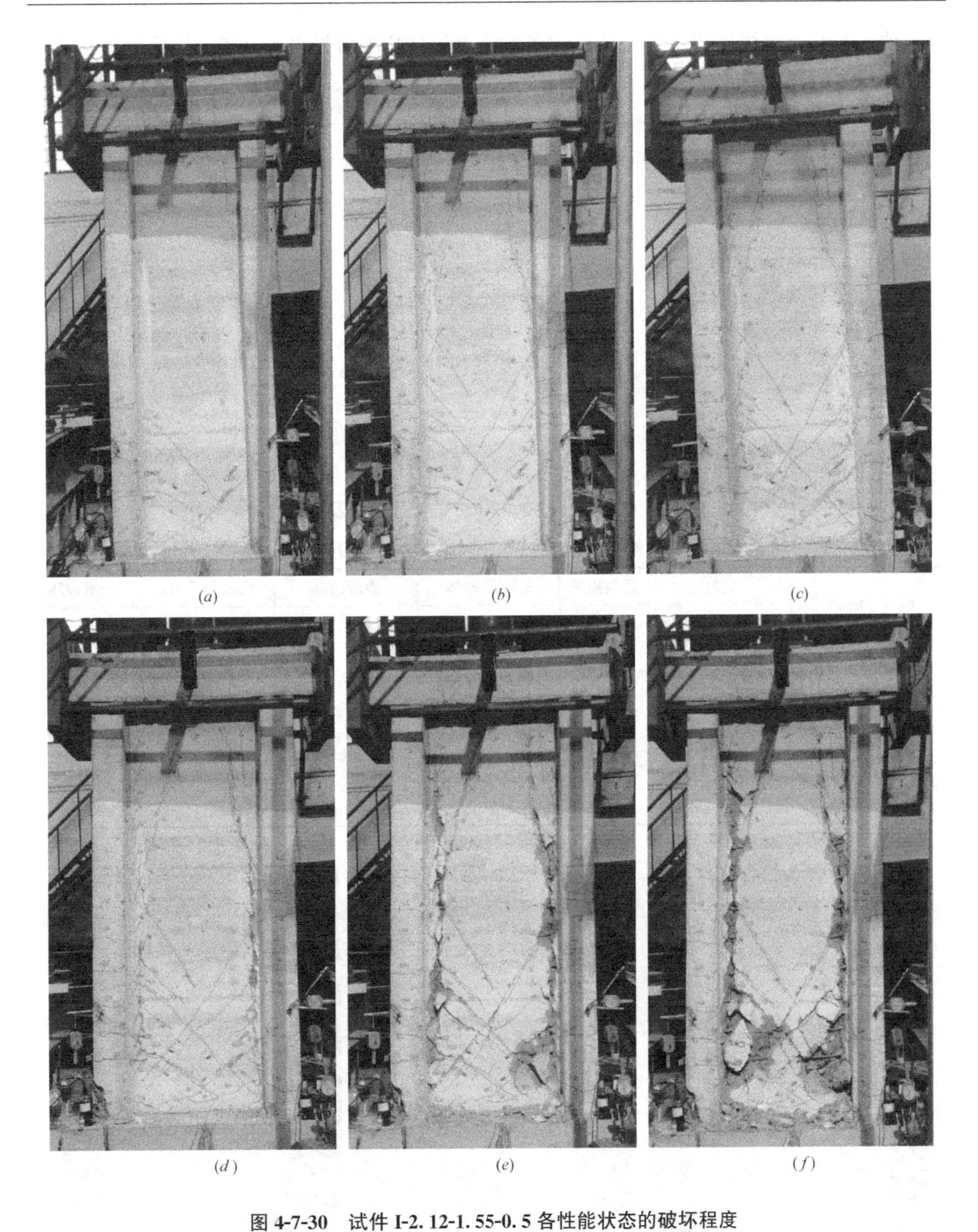

(a)　(b)　(c)

(d)　(e)　(f)

图 4-7-30　试件 I-2. 12-1. 55-0. 5 各性能状态的破坏程度

(a) 完好；(b) 轻微损坏；(c) 轻中等破坏；(d) 中等破坏；(e) 比较严重破坏；(f) 严重破坏

土进一步剥落，钢筋露出，左翼缘正面混凝土保护层剥落；$7\Delta_y$第一次加载时，腹板斜裂缝加大，少量混凝土剥落，左边和右边翼缘正面角部混凝土进一步剥落，左边纵筋露出，背面纵筋。第二次加载时，左右翼缘底部混凝土大块剥落，腹板中部混凝土剥落，钢筋露出，此时正向承载力下降 49%，负向承载力下降 41%，试验停止。试件发生弯剪破坏。

滞回曲线及骨架曲线如图 4-7-31 所示，各性能点位移角限值见表 4-7-16，各性能状态对应的破坏程度如图 4-7-32 所示。

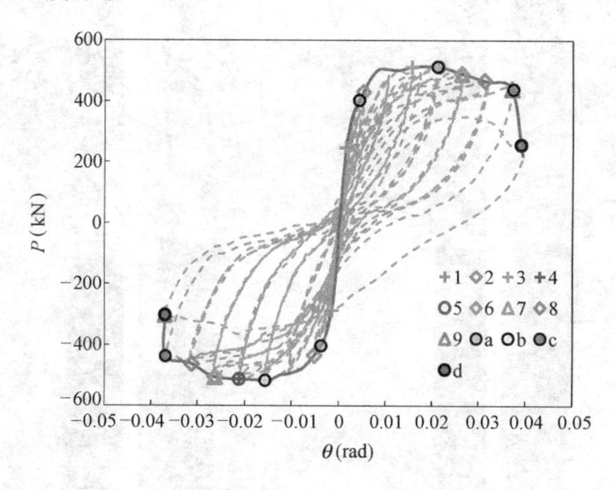

图 4-7-31　试件 I-2. 12-2. 42-0. 5 的滞回曲线及骨架曲线

试件 I-2. 12-2. 42-0. 5 性能点位移角限值　　表 4-7-16

θ_{m1}(方法 1)	完好		轻微损坏	轻中等破坏		中等破坏		比较严重破坏		严重破坏
	1/249		1/82	1/49		1/35		1/27		1/27
θ_{m2}(方法 2)	开裂	纵筋屈服	裂缝宽度超过1mm	裂缝宽度超过2mm	混凝土保护层开始剥落	混凝土保护层剥落严重	纵筋露出	纵筋压屈	纵筋拉断	轴压破坏
	1/676	1/193	1/64	1/47	1/47	1/38	1/38	1/32	1/27	1/27
$(\theta_{m1}-\theta_{m2})/\theta_{m2}$	171.49%	−22.49%	−21.95%	−4.08%	−4.08%	8.57%	8.57%	18.52%	0%	0%

图 4-7-32　试件 I-2. 12-2. 42-0. 5 各性能状态的破坏程度（一）

(a) 完好；(b) 轻微损坏；(c) 轻中等破坏

图 4-7-32 试件 I-2.12-2.42-0.5 各性能状态的破坏程度（二）

(*d*) 中等破坏；(*e*) 比较严重破坏；(*f*) 严重破坏

4.7.17 I-2.71-1.55-0.2

加载至185kN时，纵筋屈服，取屈服位移$\Delta_y=8$mm；2Δ_y加载时，水平裂缝增加，并向腹板中部延伸，左右裂缝相交叉，最大裂缝宽度达到1mm左右；5Δ_y加载时，墙体右边翼缘前面角部混凝土保护层小块剥落；6Δ_y加载时，右边翼缘最外层纵筋压屈，左边翼缘混凝土表层脱落；7Δ_y加载时，左边翼缘背面角部混凝土剥落，最外层纵筋露出；8Δ_y加载时，右边翼缘背面混凝土大块剥落，剥落高度为21cm，箍筋露出，右边翼缘侧面的保护层剥落，钢筋压断；9Δ_y加载时，右边翼缘最外层第二根纵筋拉断，左边翼缘第二、三、四、五根纵筋拉断；10Δ_y加载时，右边翼缘暗柱钢筋拉断，正向承载力下降达41%，负向承载力下降达54%，试验停止。试件发生弯曲破坏。滞回曲线及骨架曲线如图4-7-33所示，各性能点位移角限值见表4-7-17，各性能状态对应的破坏程度如图4-7-34所示。

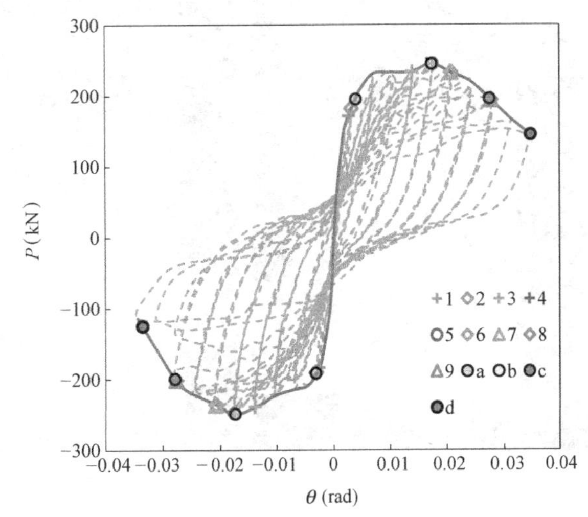

图 4-7-33 试件 I-2.71-1.55-0.2 的滞回曲线及骨架曲线

(*a*) (*b*) (*c*)

(*d*) (*e*) (*f*)

图 4-7-34　试件 I-2. 71-1. 55-0. 2 各性能状态的破坏程度

(*a*) 完好；(*b*) 轻微损坏；(*c*) 轻中等破坏；(*d*) 中等破坏；(*e*) 比较严重破坏；(*f*) 严重破坏

试件 I-2. 71-1. 55-0. 2 性能点位移角限值　　　　表 4-7-17

θ_{m1}(方法 1)	完好		轻微损坏	轻中等破坏		中等破坏		比较严重破坏		严重破坏
	1/263		1/102	1/63		1/46		1/36		1/29
θ_{m2}(方法 2)	开裂	纵筋屈服	裂缝宽度超过 1mm	裂缝宽度超过 2mm	混凝土保护层开始剥落	混凝土保护层剥落严重	纵筋露出	纵筋压屈	纵筋拉断	轴压破坏
	1/365	1/314	1/72	1/57	1/57	1/48	1/48	1/36	1/36	1/29
$(\theta_{m1}-\theta_{m2})/\theta_{m2}$	38.78%	19.39%	−29.41%	−9.52%	−9.52%	4.35%	4.35%	0%	0%	0%

4.7.18　I-2. 71-2. 42-0. 2

加载至−210kN 时，纵筋屈服，取屈服位移 Δ_y=7.5mm；$2\Delta_y$加载时，右侧和左侧翼缘裂缝迅速沿着试件高度方向发展，并向腹板斜向延伸，两边裂缝相交叉，裂缝宽度加大；$3\Delta_y$至 $6\Delta_y$加载时，原有裂缝延伸至墙体底部，混凝土保护层完好；$7\Delta_y$加载时，右侧翼缘背面角部混凝土保护层少量轻微掉落；$8\Delta_y$加载时，右侧翼缘正背面角部混凝土保护层剥落，钢筋外露压屈；$9\Delta_y$加载时，左侧翼缘背面混凝土保护层剥落，钢筋露出；$10\Delta_y$加载时，左侧翼缘正面角部混凝土保护层剥落，右侧翼缘角部混凝土进一步大块剥落，纵筋拉断；$11\Delta_y$加载时，右侧翼缘四根纵筋拉断；$12\Delta_y$加载时，正向承载力下降 35%，负向承载力下降 47%，试验停止。试件发生弯曲破坏。滞回曲线及骨架曲线如图 4-7-35 所示，各性能点位移角限值见表 4-7-18，各性能状态对应的破坏程度如图 4-7-36 所示。

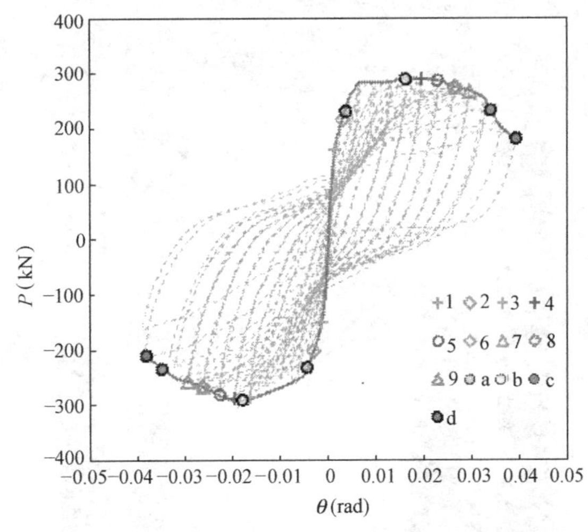

图 4-7-35　试件 I-2. 71-2. 42-0. 2 的滞回曲线及骨架曲线

试件 I-2. 71-2. 42-0. 2 性能点位移角限值　　　　表 4-7-18

θ_{m1}(方法 1)	完好		轻微损坏	轻中等破坏		中等破坏		比较严重破坏		严重破坏
	1/249		1/86	1/52		1/37		1/29		1/26
θ_{m2}(方法 2)	开裂	纵筋屈服	裂缝宽度超过 1mm	裂缝宽度超过 2mm	混凝土保护层开始剥落	混凝土保护层剥落严重	纵筋露出	纵筋压屈	纵筋拉断	轴压破坏
	1/735	1/333	1/61	1/51	1/44	1/38	1/38	1/38	1/34	1/26
$(\theta_{m1}-\theta_{m2})/\theta_{m2}$	195.18%	33.73%	−29.07%	−1.92%	−15.38%	2.70%	2.70%	31.03%	17.24%	0%

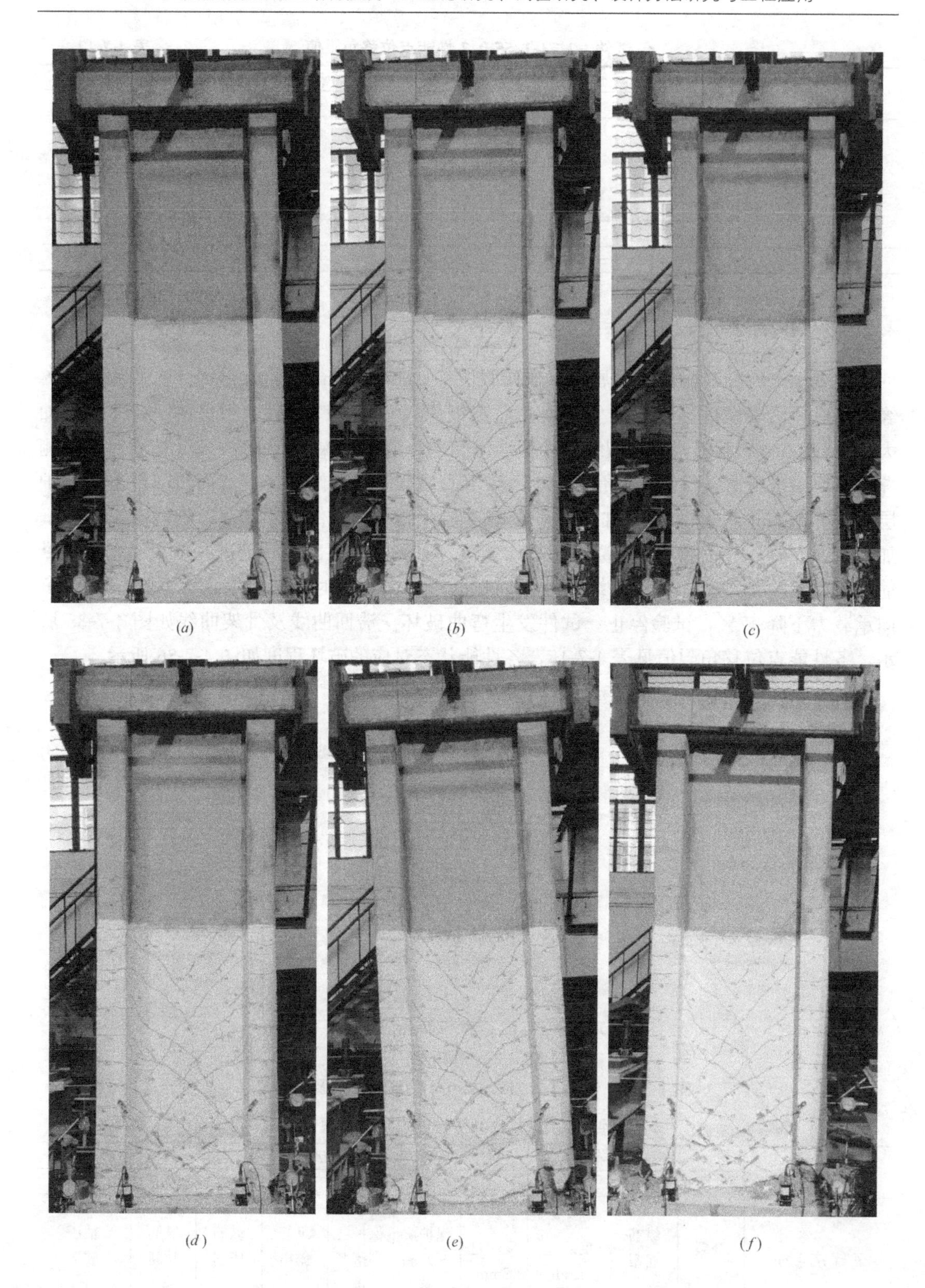

(*a*) (*b*) (*c*)

(*d*) (*e*) (*f*)

图 4-7-36 试件 I-2.71-2.42-0.2 各性能状态的破坏程度

(*a*) 完好；(*b*) 轻微损坏；(*c*) 轻中等破坏；(*d*) 中等破坏；(*e*) 比较严重破坏；(*f*) 严重破坏

4.7.19　I-2.71-1.55-0.5

加载至 265kN 时，纵筋屈服，取屈服位移 Δ_y=8mm；3Δ_y加载时，右边和左边翼缘新增多条裂缝，并向腹板延伸成斜裂缝，左右腹板的裂缝相交最大裂缝宽度为 2mm；6Δ_y第二次加载时，右侧翼缘背面混凝土即将剥落，第三次加载时，右侧翼缘背面混凝土保护层剥落，钢筋露出压屈；9Δ_y第一次加载时，右边翼缘有一根纵筋拉断，第二次加载时，右边翼缘前方混凝土大块剥落，且有一根纵筋拉断，左边翼缘纵筋拉断，第三次加载时，右边翼缘两根暗柱纵筋拉断，左边翼缘三根纵筋拉断；10Δ_y加载时，左右翼缘正面角部混凝土进一步剥落；11Δ_y加载时，左右翼缘混凝土进一步剥落，钢筋拉断。此时正向承载力下降 29%，负向承载力下降 56%，试验停止。试件发生弯曲破坏。滞回曲线及骨架曲线如图 4-7-37 所示，各性能点位移角限值见表 4-7-19，各性能状态对应的破坏程度如图 4-7-38 所示。

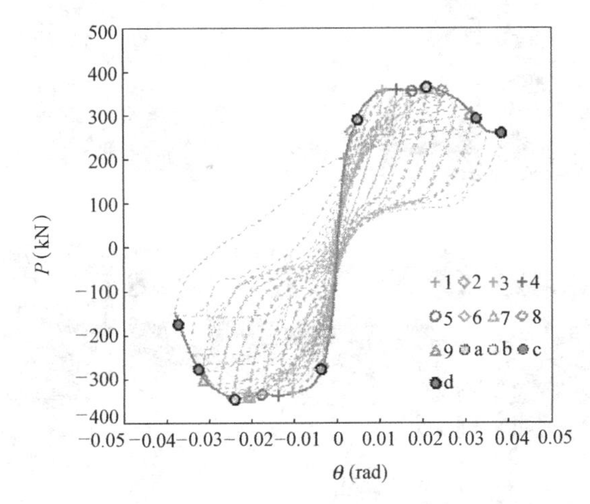

图 4-7-37　试件 I-2.71-1.55-0.5 的滞回曲线及骨架曲线

试件 I-2.71-1.55-0.5 性能点位移角限值　　表 4-7-19

θ_{m1}(方法 1)	完好		轻微损坏	轻中等破坏		中等破坏		比较严重破坏		严重破坏
	1/238		1/89	1/54		1/39		1/31		1/26
θ_{m2}(方法 2)	开裂	纵筋屈服	裂缝宽度超过 1mm	裂缝宽度超过 2mm	混凝土保护层开始剥落	混凝土保护层剥落严重	纵筋露出	纵筋压屈	纵筋拉断	轴压破坏
	1/539	1/287	1/95	1/72	1/57	1/48	1/48	1/41	1/32	1/26
$(\theta_{m1}-\theta_{m2})/\theta_{m2}$	126.47%	20.59%	6.74%	33.33%	5.56%	23.08%	23.08%	32.26%	3.23%	0%

4.7.20　I-2.71-2.42-0.5

加载至 300kN 时，试件纵筋屈服，取屈服位移 Δ_y=9mm；2Δ_y加载时裂缝宽度达到 1mm；3Δ_y加载时，左边翼缘背面角部少量混凝土轻微剥落；4Δ_y加载时，原有裂缝继续加宽，裂缝宽度为 2.5mm，右边翼缘背面角部混凝土保护层剥落；5Δ_y加载时，左翼缘正

图 4-7-38　试件 I-2. 71-1. 55-0. 5 各性能状态的破坏程度

(*a*) 完好；(*b*) 轻微损坏；(*c*) 轻中等破坏；(*d*) 中等破坏；(*e*) 比较严重破坏；(*f*) 严重破坏

面和背面角部混凝土保护层剥落，钢筋露出，右翼缘正面角部混凝土轻微剥落，背面角部混凝土剥落；$6\Delta_y$ 加载时，右翼缘正面角部混凝土进一步剥落，背面角部大块混凝土剥落，钢筋露出，左翼缘正面混凝土进一步剥落，钢筋露出压屈，侧面底部混凝土矩形块剥落，整排钢筋外露；$7\Delta_y$ 加载时，左翼缘和腹板角部混凝土压碎并大块剥落，腹板钢筋露出；$8\Delta_y$ 加载时，左右翼缘底部混凝土进一步压碎剥落，左下角腹板混凝土严重剥落，此时承载力严重下降，正向承载力下降 64%，试验停止。试件发生弯曲破坏。滞回曲线及骨架曲线如图 4-7-39 所示，各性能点位移角限值见表 4-7-20，各性能状态对应的破坏程度如图 4-7-40 所示。

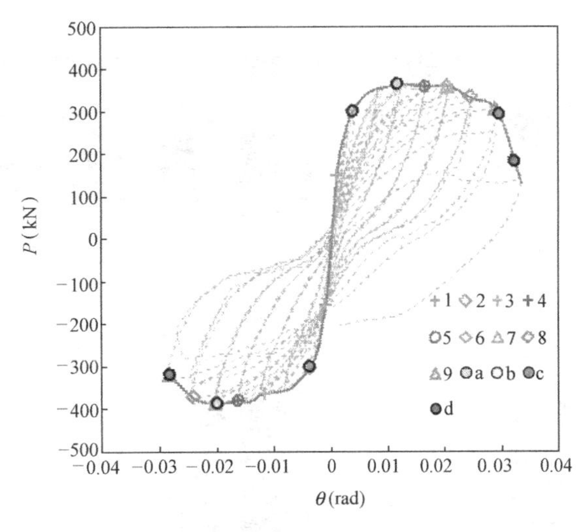

图 4-7-39　试件 I-2.71-2.42-0.5 的滞回曲线及骨架曲线

试件 I-2.71-2.42-0.5 性能点位移角限值　　表 4-7-20

	完好		轻微损坏	轻中等破坏		中等破坏		比较严重破坏		严重破坏
θ_{m1}（方法 1）	1/254		1/97	1/60		1/44		1/34		1/30
θ_{m2}（方法 2）	开裂	纵筋屈服	裂缝宽度超过 1mm	裂缝宽度超过 2mm	混凝土保护层开始剥落	混凝土保护层剥落严重	纵筋露出	纵筋压屈	纵筋拉断	轴压破坏
	1/1020	1/259	1/86	1/61	1/61	1/49	1/49	1/41	1/34	1/33
$(\theta_{m1}-\theta_{m2})/\theta_{m2}$	301.57%	1.97%	−11.34%	1.67%	1.67%	11.36%	11.36%	20.59%	0%	10%

(a)　　(b)　　(c)

图 4-7-40　试件 I-2.71-2.42-0.5 各性能状态的破坏程度（一）

(a) 完好；(b) 轻微损坏；(c) 轻中等破坏

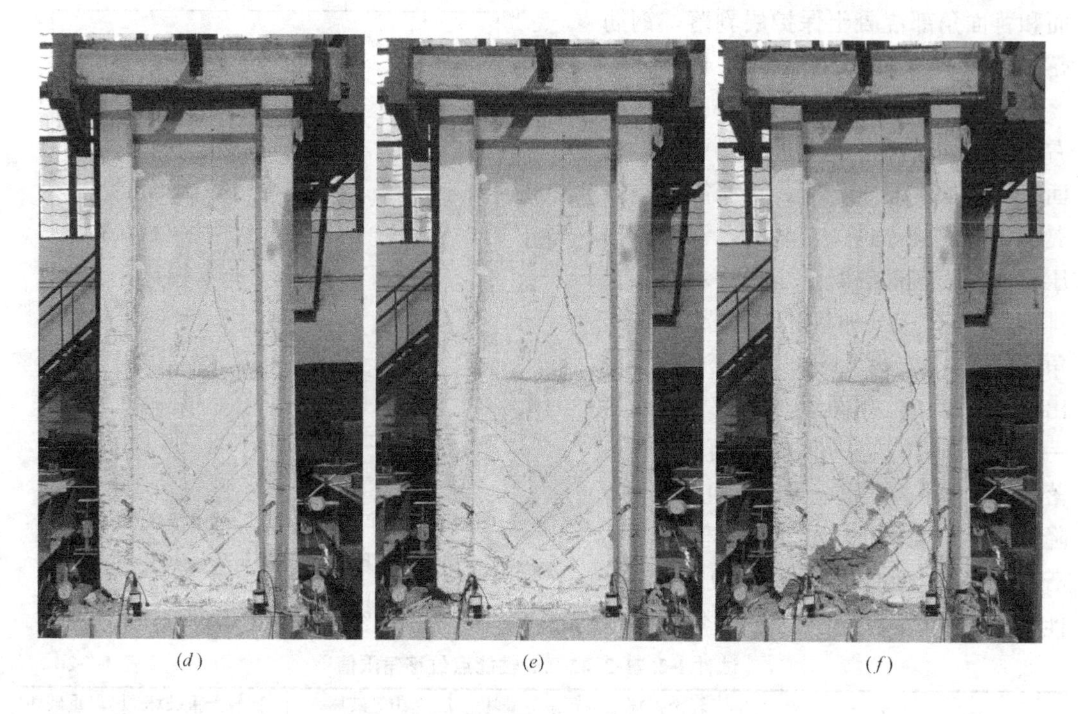

图 4-7-40 试件 I-2. 71-2. 42-0. 5 各性能状态的破坏程度（二）

（*d*）中等破坏；（*e*）比较严重破坏；（*f*）严重破坏

参考文献

［1］ PARK R. Evaluation of ductility of structures and structural assemblages from laboratory testing［J］. Bulletin of the New Zealand National Society for Earthquake Engineering. 1989，3（2）：155-166.

第5章　RC构件变形限值的验证与修正

5.1　概　　述

第三章通过对国内外学者的试验结果进行分析、统计、回归，得到构件破坏形态划分方法和构件变形指标限值。由于不同学者的研究角度不同，故试验参数不够连续，个别参数跳跃性很大，且不同国家的材料、施工水平也有差别，导致试验结果有一定的离散性。

为了验证第三章统计回归结果的正确性，第四章完成了9个RC梁、12个RC柱、64个RC剪力墙低周往复试验，采用国内常用的材料和施工工艺，并采用标准的试验方法，得到每个构件的破坏形态和变形指标限值。

本章将采用第四章的试验结果验证第三章的统计回归结果，并结合结构概念修正第二、三章的研究成果，提出适合工程应用的构件破坏形态划分方法和构件变形指标限值。

5.2　RC构件变形限值的验证

5.2.1　RC梁变形限值的验证

为进一步验证第三章提出的RC梁位移角限值的合理性，考虑表3-6-1的主要参数，按不同的剪跨比、配箍率和纵筋配筋率设计了9个对称配筋的矩形截面RC梁试件，并对其进行低周往复加载试验研究。按表3-6-1计算9个RC梁3个关键性能状态（性能1、性能5及性能6）的位移限值（计算值），与根据试验结果按表3-4-1获得的位移角限值（试验值）进行对比，结果如图5-2-1所示，详细统计结果如表5-2-1所示。图5-2-1中，横坐

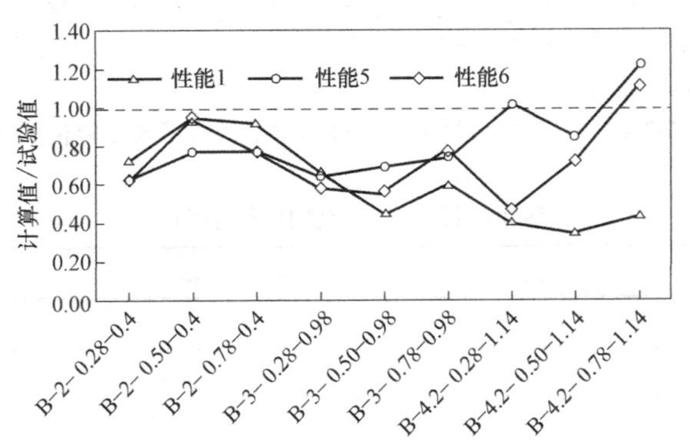

图5-2-1　RC梁关键性能点位移角限值计算值与试验值的比值

标为试件编号，试件编号包含试件剪跨比、配箍率及单边纵筋配筋率信息，如 B-2-0.28-0.4 表示剪跨比为 2，配箍率为 0.28%，纵筋配筋率为 0.4%。表 5-2-1 中下标“test”表示位移角限值的试验值，下标“table”表示位移角限值的计算值。

位移角计算值与试验值比值的统计参数　　表 5-2-1

参数	$\theta_{1\text{-table}}/\theta_{1\text{-test}}$	$\theta_{5\_\text{table}}/\theta_{5\_\text{test}}$	$\theta_{6\_\text{table}}/\theta_{6\_\text{test}}$
最大值	0.94	1.23	1.11
最小值	0.34	0.63	0.46
平均值	0.61	0.81	0.73
标准差	0.22	0.19	0.20

由图 5-2-1 和表 5-2-1 可见，$\theta_{1\text{-table}}/\theta_{1\text{-test}}$、$\theta_{5\text{-table}}/\theta_{5\text{-test}}$ 及 $\theta_{6\text{-table}}/\theta_{6\text{-test}}$ 的平均值接近于 1 且小于 1，且其标准差较小，这说明本章给出的 RC 梁的位移角限值合理，较接近于试验值、离散性较小且偏于安全。

5.2.2 RC 柱变形限值的验证

为进一步验证第三章提出的 RC 柱位移角限值的合理性，考虑表 3-6-4 的主要参数，按不同的剪跨比、配箍率和轴压比设计了 11 个 RC 柱试件，并对其进行低周往复加载试验研究。按表 3-6-4 计算 11 个 RC 柱 3 个关键性能状态（性能 1、性能 5 及性能 6）的位移限值（计算值）并与根据试验结果按表 3-4-1 获得的位移角限值（试验值）进行对比，结果如图 5-2-2 所示，详细统计结果如表 5-2-2 所示。图 5-2-2 中，横坐标为构件编号，试件编号包含试件剪跨比、配箍率及轴压比信息，如 C-2.5-0.14-0.3 表示剪跨比为 2.5，配箍率为 0.14%，设计轴压比为 0.3。

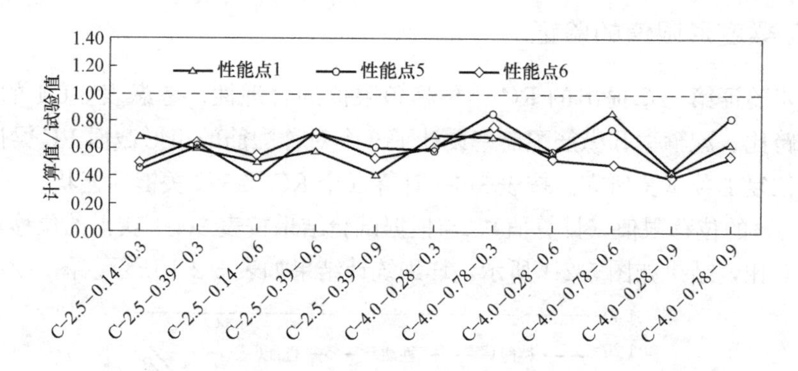

图 5-2-2　RC 柱关键性能点位移角限值计算值与试验值的比值

位移角计算值与试验值比值的统计参数　　表 5-2-2

参数	$\theta_{1\text{-table}}/\theta_{1\text{-test}}$	$\theta_{5\text{-table}}/\theta_{5\text{-test}}$	$\theta_{6\text{-table}}/\theta_{6\text{-test}}$
最大值	0.87	0.86	0.76
最小值	0.41	0.38	0.39
平均值	0.60	0.62	0.57
标准差	0.13	0.16	0.11

由图 5-2-2 和表 5-2-2 可见，$\theta_{1\text{-table}}/\theta_{1\text{-test}}$、$\theta_{5\text{-table}}/\theta_{5\text{-test}}$ 及 $\theta_{6\text{-table}}/\theta_{6\text{-test}}$ 的平均值均接近于 1 且小于 1，且其标准差较小，即本章给出的 RC 柱 3 个关键性能状态的位移角限值较接近于真实值、离散性较小且偏于安全。

5.2.3　RC 剪力墙变形限值的验证

为进一步验证第三章提出的 RC 剪力墙位移角限值的合理性，考虑表 3-6-7 的主要参数，按不同的剪跨比、约束区纵筋配筋率和轴压比设计了 20 个 RC 剪力墙试件，并对其进行低周往复加载试验研究。按表 3-6-7 计算 20 个 RC 剪力墙 3 个关键性能状态（性能 1、性能 5 及性能 6）的位移限值（计算值）并与根据试验结果按表 3-4-1 获得的位移角限值（试验值）进行对比，结果如图 5-2-3 所示，详细统计结果如表 5-2-3 所示。图 5-2-3 中，横坐标为构件编号，试件编号包含试件剪跨比、配箍率及轴压比信息，如 W-1. 65-1. 36-0. 12 表示剪跨比为 1. 65，约束区纵筋配筋率为 1. 36%，设计轴压比为 0. 12。

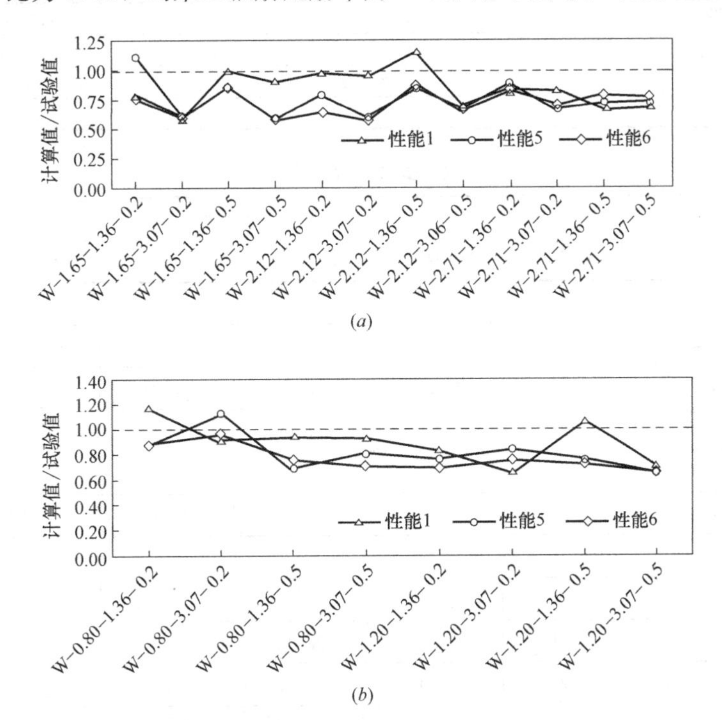

图 5-2-3　RC 剪力墙关键性能点位移角限值计算值与试验值的比值

（*a*）弯控组；（*b*）剪控组

位移角计算值与试验值比值的统计参数　　　　**表 5-2-3**

参数	弯控组			剪控组		
	$\theta_{1\text{-table}}/\theta_{1\text{-test}}$	$\theta_{5\text{-table}}/\theta_{5\text{-test}}$	$\theta_{6\text{-table}}/\theta_{6\text{-test}}$	$\theta_{1\text{-table}}/\theta_{1\text{-test}}$	$\theta_{5\text{-table}}/\theta_{5\text{-test}}$	$\theta_{6\text{-table}}/\theta_{6\text{-test}}$
最大值	1. 17	1. 13	0. 88	1. 17	1. 13	0. 96
最小值	0. 58	0. 57	0. 57	0. 57	0. 17	0. 16
平均值	0. 84	0. 75	0. 71	0. 81	0. 75	0. 73
标准差	0. 17	0. 16	0. 11	0. 17	0. 15	0. 10

由图 5-2-3 和表 5-2-3 可见 $\theta_{1\text{-table}}/\theta_{1\text{-test}}$、$\theta_{5\text{-table}}/\theta_{5\text{-test}}$ 及 $\theta_{6\text{-table}}/\theta_{6\text{-test}}$ 的平均值均接近于 1 且小于 1，且其标准差较小，即本章给出的 RC 剪力墙 3 个关键性能状态的位移角限值较接近于真实值、离散性较小且偏于安全。

5.3 RC 构件变形限值的修正

通过理论研究和试验研究，进一步修正得到的适合工程应用的构件破坏形态划分标准和构件变形指标限值如表 5-3-1～表 5-3-6 所示。

5.3.1 RC 梁破坏形态划分及位移角限值修正

RC 梁破坏形态划分准则 **表 5-3-1**

破坏形态	剪跨比	弯剪比
弯控	$\lambda \geqslant 2.0$	$m \leqslant 1.0$
弯剪控	$1.0 \leqslant \lambda < 2.0$	$m \leqslant 0.5\lambda$
	$\lambda \geqslant 2.0$	$1.0 < m \leqslant 0.5\lambda$
剪控	其他	

RC 梁位移角限值 **表 5-3-2**

构件参数		性能水准					
		无损坏	轻微损坏	轻度损坏	中度损坏	比较严重损坏	严重损坏
弯控							
m	ρ_v						
≤0.2	≥0.012	0.004	0.016	0.024	0.031	0.039	0.044
≥0.8	≥0.012	0.004	0.018	0.029	0.039	0.049	0.054
≤0.2	≤0.001	0.004	0.010	0.011	0.013	0.014	0.017
≥0.8	≤0.001	0.004	0.012	0.016	0.020	0.024	0.029
弯剪控							
m	ρ_{sv}						
≤0.5	≥0.008	0.004	0.009	0.014	0.019	0.024	0.026
≥2.5	≥0.008	0.004	0.007	0.009	0.012	0.014	0.016
≤0.5	≤0.0005	0.004	0.007	0.009	0.012	0.014	0.016
≥2.5	≤0.0005	0.004	0.005	0.007	0.008	0.009	0.012

注：1. 表中可以采用线性插值方法得到相应的位移角限值；
　　2. 当构件具有多种可能的破坏形态时，则采用表中所列的较小值。

5.3.2 RC 柱破坏形态划分及位移角限值修正

RC 柱破坏形态划分准则 **表 5-3-3**

破坏形态	剪跨比	弯剪比
弯控	$\lambda \geqslant 2.0$	$m \leqslant 0.6$
弯剪控	$\lambda \geqslant 2.0$	$0.6 < m \leqslant 1.0$
剪控	其他	

RC 柱位移角限值　　表 5-3-4

构件参数		性能水准					
		无损坏	轻微损坏	轻度损坏	中度损坏	比较严重损坏	严重损坏
弯控							
$\bar{n}$	ρ_v						
≤0.1	≥0.021	0.004	0.018	0.027	0.037	0.046	0.056
=0.6	≥0.021	0.004	0.013	0.018	0.022	0.027	0.030
≤0.1	≤0.001	0.004	0.015	0.022	0.029	0.036	0.042
=0.6	≤0.001	0.004	0.009	0.011	0.012	0.013	0.014
弯剪控							
$\bar{n}$	m						
≤0.1	≤0.6	0.003	0.013	0.020	0.026	0.033	0.040
=0.6	≤0.6	0.003	0.009	0.011	0.014	0.016	0.018
≤0.1	≥1.0	0.003	0.011	0.016	0.021	0.026	0.028
=0.6	≥1.0	0.003	0.008	0.009	0.011	0.012	0.014

注：1. 表中可以采用线性插值方法得到相应的位移角限值；
2. 当构件具有多种可能的破坏形态，则采用表中所列的较小值；
3. 轴压力系数 n 大于 0.6 时，RC 柱位移角限值为表中 n 等于 0.6 的数值乘以 $2.5(1-n)$。

RC 剪力墙破坏形态划分准则　　表 5-3-5

破坏形态	剪跨比	弯剪比
弯控	$\lambda \geqslant 1.5$	$m \leqslant 1.0$
弯剪控	$1.2 \leqslant \lambda < 1.5$	$m \leqslant 3.3\lambda - 3$
	$\lambda \geqslant 1.5$	$1.0 < m \leqslant 2.0$
剪控	其他	

RC 剪力墙位移角限值　　表 5-3-6

构件参数		性能水准					
		无损坏	轻微损坏	轻度损坏	中度损坏	比较严重损坏	严重损坏
弯控							
$\bar{n}$	ρ_v						
≤0.1	≥0.025	0.003	0.011	0.016	0.022	0.025	0.028
=0.4	≥0.025	0.003	0.010	0.013	0.017	0.020	0.022
≤0.1	≤0.004	0.003	0.008	0.010	0.011	0.013	0.015
=0.4	≤0.004	0.003	0.007	0.008	0.009	0.010	0.011
弯剪控							
$\bar{n}$	m						
≤0.1	≤0.5	0.003	0.010	0.013	0.017	0.020	0.021

续表

构件参数		性能水准					
		无损坏	轻微损坏	轻度损坏	中度损坏	比较严重损坏	严重损坏
弯剪控							
=0.3	≤0.5	0.003	0.008	0.011	0.013	0.015	0.016
≤0.1	=2.0	0.003	0.008	0.010	0.011	0.013	0.015
=0.3	=2.0	0.003	0.007	0.008	0.010	0.011	0.013

注：1. 表中可以采用线性插值方法得到相应的位移角限值；

2. 当构件具有多种可能的破坏形态时，则采用表中所列的较小值；

3. 弯控轴压力系数 n 大于 0.4 时，RC 剪力墙位移角限值为表中 n 等于 0.4 的数值乘以 1.7（$1-n$），弯剪控轴压力系数 n 大于 0.3 时，RC 剪力墙位移角限值为表中 n 等于 0.3 的数值乘以 1.4（$1-n$）。

第6章　强震作用下结构弹塑性分析

6.1　概　　述

30年前（20世纪80年代末）有限元法与计算机相结合，结构弹性计算逐步在工程中得到应用，具有代表性的分析软件有ETABS、SPS、FRAME、TBSA、BSCW等，当时许多专家、学者及工程技术人员对计算结果的正确性持谨慎保守态度，甚至怀疑，需要经过反复分析、认证才可以用于实际工程。然后经过30年的不断努力与实践，今天，工程师对计算机的结构弹性分析结果的正确性，已经十分有信心。

由于钢筋混凝土结构弹塑性分析理论的复杂性，一般工程技术人员很难全面掌握其关键技术；由于钢筋、混凝土材料的离散性和本构的复杂性，弹塑性分析结果与试验结果的误差较大。近年来，许多专家、学者和工程技术人员经过艰苦的理论研究和试验研究，不断提高计算结果的精度。

钢筋混凝土结构弹塑性分析可以分为三个层次：结构层次、构件层次和材料层次。基于构件塑性铰假设的结构层次分析，由于计算简单，20世纪80～90年代就有工程应用，但由于计算结果误差特别大，近年工程上不再应用；基于应力-应变关系的材料层次分析，理论上来看可以从根本上解决钢筋混凝土结构的弹塑性分析问题，但由于钢筋和混凝土材料的离散性以及施工过程的影响，可能导致计算结果无法与试验结果对比，通常两个独立完成的计算结果相差很大，且无法证明自己计算结果的正确和别人计算结果的不正确；基于试验的构件层次分析，虽然计算结果与试验结果有误差，但由于构件模型是通过试验校正的，从工程应用的角度来看，结构分析结果的误差通常是可以接受的。本研究采用基于构件层次的纤维模型，它概念清晰、计算简单，纤维可以根据工程需要细分，可以考虑钢筋对混凝土的约束，可以划分弹性区和弹塑性区。10年前，计算结构与振动台足尺模型试验结果的误差在35%～45%，经过不断努力，2018年计算结果与振动台大比例模型试验结果的误差缩小到10%～15%，工程上完全可以接受这样的误差。

本章首先阐述改进的钢筋及混凝土材料本构模型、改进的构件宏观纤维模型以及钢筋混凝土结构弹塑性分析等基本原理；接着通过第四章典型的梁、柱和剪力墙试验结果，验证纤维模型的正确性，并总结纤维模型的纤维划分和参数选取；最后通过四个足尺模型的振动台试验结果，验证纤维模型计算结果的合理性和正确性。

6.2　钢筋、混凝土材料本构

6.2.1　钢筋材料本构

（1）钢筋单调加载的应力-应变本构关系曲线分为有屈服点（图6-2-1）和无屈服点

（图 6-2-2）两种情况，按以下规定确定：

1）有屈服点钢筋

$$\sigma_s=\begin{cases}E_s\varepsilon_s & \varepsilon_s\leqslant\varepsilon_y\\ f_{ym} & \varepsilon_y<\varepsilon_s\leqslant\varepsilon_{uy}\\ f_{ym}+k_1(\varepsilon_s-\varepsilon_{uy}) & \varepsilon_{uy}<\varepsilon_s\leqslant\varepsilon_u\\ f_{stm}-k_2(\varepsilon_s-\varepsilon_u) & \varepsilon_u<\varepsilon_s\leqslant 0.100\\ 0 & \varepsilon_s>0.100\end{cases}$$

2)无屈服点钢筋

$$\sigma_s=\begin{cases}E_s\varepsilon_s & \varepsilon_s\leqslant\varepsilon_y\\ f_{ym}+k_1(\varepsilon_s-\varepsilon_y) & \varepsilon_y<\varepsilon_s\leqslant\varepsilon_u\\ f_{stm}-k_2(\varepsilon_s-\varepsilon_u) & \varepsilon_u<\varepsilon_s\leqslant 0.100\\ 0 & \varepsilon_s>0.100\end{cases}$$

式中 E_s——钢筋弹性模量；

σ_s——钢筋应力；

ε_s——钢筋应变；

f_{ym}——钢筋屈服强度平均值；

f_{stm}——钢筋极限强度平均值；

ε_y——与 f_{ym} 相应的钢筋屈服应变，可取 f_{ym}/E_s；

ε_{uy}——钢筋硬化起点应变；

ε_u——与 f_{stm} 相应的钢筋峰值应变；

k_1——钢筋硬化段斜率，对于有屈服点钢筋，$k_1=\dfrac{(f_{stm}-f_{ym})}{(\varepsilon_u-\varepsilon_{uy})}$，对于无屈服点钢筋，$k_1=\dfrac{(f_{stm}-f_{ym})}{(\varepsilon_u-\varepsilon_y)}$；

k_2——钢筋软化段斜率，$k_2=\dfrac{(f_{stm}-f_{ym})}{(0.100-\varepsilon_u)}$。

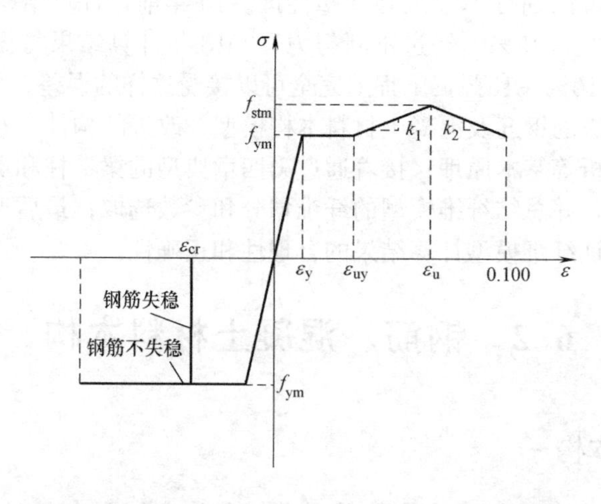

图 6-2-1 有屈服点钢筋单调加载应力-应变曲线

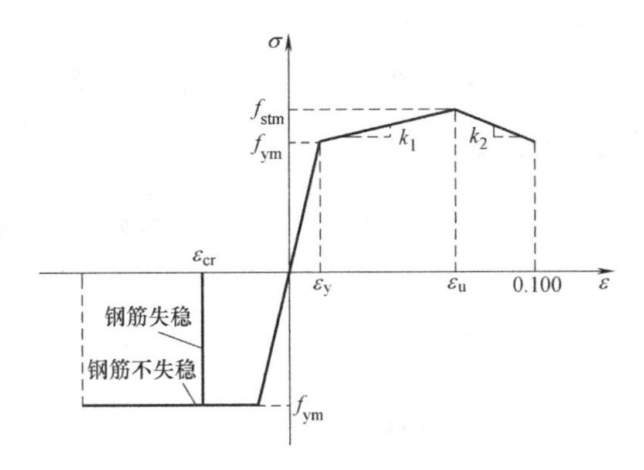

图 6-2-2　无屈服点钢筋单调加载应力-应变曲线

（2）钢筋受压失稳应变可按以下公式计算：

$$\varepsilon_{cr}=\frac{1.26\,d^2}{S_h^2}$$

式中　ε_{cr}——钢筋失稳应变；

d——钢筋直径；

S_h——箍筋间距。

（3）钢筋反复加载的应力-应变本构曲线（图 6-2-3）宜按下列公式确定，也可采用简化的折线形式表达。

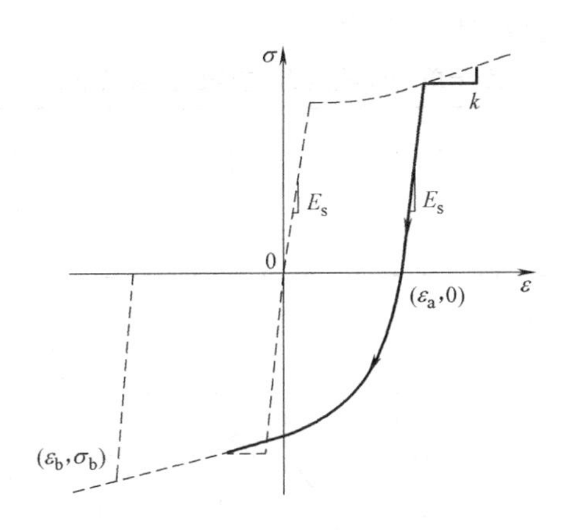

图 6-2-3　钢筋反复加载应力-应变曲线

$$\sigma_s=E_s(\varepsilon_s-\varepsilon_a)-\left(\frac{\varepsilon_s-\varepsilon_a}{\varepsilon_b-\varepsilon_a}\right)^p[E_s(\varepsilon_b-\varepsilon_a)-\sigma_b]$$

$$p=\frac{(E_s-k)(\varepsilon_b-\varepsilon_a)}{E_s(\varepsilon_b-\varepsilon_a)-\sigma_b}$$

式中　ε_a——再加载路径起点对应的应变；

σ_b、ε_b——再加载路径终点对应的应力和应变，如加载方向钢筋未曾屈服过，则 σ_b、ε_b 取钢筋初始屈服点的应力和应变。如再加载方向钢筋已经屈服过，取该方向钢筋历史最大应力和应变。

（4）钢筋周围混凝土压应变大于ε_{cu}后，不应考虑周围混凝土对钢筋的约束作用，而应考虑钢筋受压稳定性。钢筋受压失稳后再受拉，当平均拉应变小于等于零时，钢筋弹性模量取为零；当平均拉应变大于零时，钢筋弹性模量可近似取为 E_s。

6.2.2 非约束混凝土材料本构

（1）混凝土单轴受拉应力-应变曲线（图 6-2-4）可按下列公式确定：

$$\sigma=(1-d_t)E_c\varepsilon$$

$$d_t=\begin{cases}1-\rho_t(1.2-0.2x^5) & x\leqslant 1\\ 1-\dfrac{\rho_t}{\alpha_t(x-1)^{1.7}+x} & x>1\end{cases}$$

$$x=\frac{\varepsilon}{\varepsilon_{tm}}$$

$$\rho_t=\frac{f_{tm}}{E_c\varepsilon_{tm}}$$

式中 E_c——混凝土弹性模量；

σ——混凝土应力；

ε——混凝土应变；

α_t——混凝土单轴受拉应力-应变曲线下降段的参数值，按表 6-2-1 取用；

f_{tm}——混凝土单轴抗拉强度平均值；

ε_{tm}——与单轴抗拉强度平均值 f_{tm} 相应的混凝土峰值拉应变，按表 6-2-1 取用；

d_t——混凝土单轴受拉损伤演化参数。

混凝土单轴受拉应力-应变曲线参数取值 **表 6-2-1**

$f_{tm}\left(\frac{N}{mm^2}\right)$	1.0	1.5	2.0	2.5	3.0	3.5	4.0
$\varepsilon_{tm}(\times10^{-6})$	65	81	95	107	118	128	137
α_t	0.31	0.70	1.25	1.95	2.81	3.82	5.00

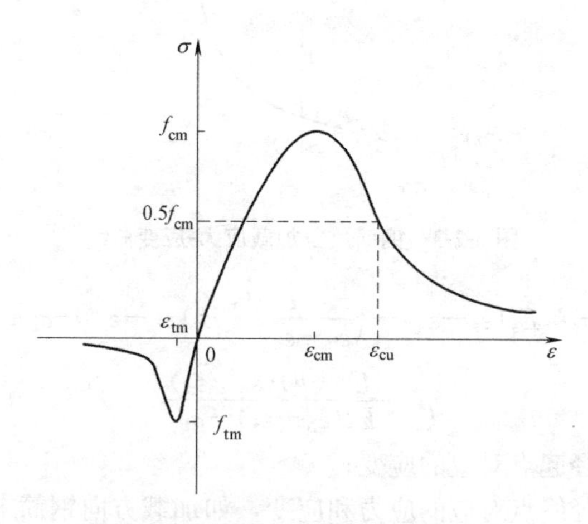

图 6-2-4 混凝土单轴应力-应变曲线

注：混凝土受拉、受压的应力-应变曲线示意图绘于同一坐标系中，但取不同的比例。符号取“受拉为负、受压为正”。

（2）混凝土单轴受压应力-应变曲线（图 6-2-4）可按下列公式确定：

$$\sigma=(1-d_c)E_c\varepsilon$$

$$d_c=\begin{cases}1-\dfrac{\rho_c n}{n-1+x^n} & x\leqslant 1\\ 1-\dfrac{\rho_c}{\alpha_c(x-1)^2+x} & x>1\end{cases}$$

$$\rho_c=\frac{f_{cm}}{E_c\varepsilon_{cm}}$$

$$n=\frac{E_c\varepsilon_{cm}}{E_c\varepsilon_{cm}-f_{cm}}$$

$$x=\frac{\varepsilon}{\varepsilon_{cm}}$$

式中　α_c——混凝土单轴受压应力-应变曲线下降段的参数值，按表 6-2-2 取用；

f_{cm}——混凝土单轴抗压强度平均值；

ε_{cm}——与单轴抗压强度平均值 f_{cm} 相应的混凝土峰值压应变，按表 6-2-2 取用；

d_c——混凝土单轴受压损伤演化参数。

混凝土单轴受压应力-应变曲线参数取值　　　　**表 6-2-2**

$f_{cm}\left(\frac{N}{mm^2}\right)$	20	25	30	35	40	45	50	55	60	65	70	75	80
$\varepsilon_{cm}(\times10^{-6})$	1470	1560	1640	1720	1790	1850	1920	1980	2030	2080	2130	2190	2240
α_c	0.74	1.06	1.36	1.65	1.94	2.21	2.48	2.74	3.00	3.25	3.50	3.75	3.99
$\frac{\varepsilon_{cu}}{\varepsilon_{cm}}$	3.0	2.6	2.3	2.1	2.0	1.9	1.9	1.8	1.8	1.7	1.7	1.7	1.6

注：ε_{cu}为应力应变曲线下降段应力等于 0.5 f_{cm}时的混凝土压应变。

（3）在重复荷载作用下，受压混凝土卸载及再加载应力路径（图 6-2-5）可按下列公式确定：

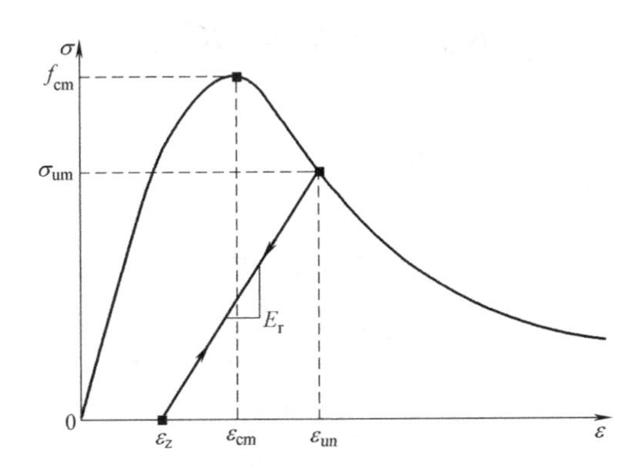

图 6-2-5　重复荷载作用下混凝土应力-应变曲线

$$\sigma=E_r(\varepsilon-\varepsilon_z)$$

$$E_r=\frac{\sigma_{un}}{\varepsilon_{un}-\varepsilon_z}$$

$$\varepsilon_z=\varepsilon_{un}-\left[\frac{(\varepsilon_{un}+\varepsilon_{ca})\sigma_{un}}{\sigma_{un}+E_c\varepsilon_{ca}}\right]$$

$$\varepsilon_{ca}=\max\left(\frac{\varepsilon_{cm}}{\varepsilon_{cm}+\varepsilon_{un}},\frac{0.09\varepsilon_{un}}{\varepsilon_{cm}}\right)\sqrt{\varepsilon_{cm}\varepsilon_{un}}$$

式中　ε_z——受压混凝土卸载至零应力点时的残余应变；

E_r——受压混凝土卸载/再加载的变形模量；

σ_{un}、ε_{un}——分别为受压混凝土从骨架线开始卸载时的应力和应变；

ε_{ca}——附加应变。

6.2.3　约束混凝土材料本构（Kent-Scott-Park 本构）

箍筋的约束作用使混凝土抗压强度和变形能力均有所提高，Kent-Scott-Park 模型给出了约束混凝土应力-应变关系，分为上升段和下降段两部分（图 6-2-6），按以下规定确定。

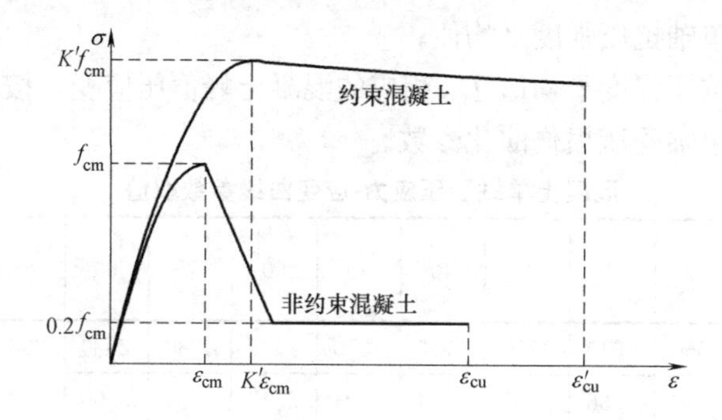

图 6-2-6　约束混凝土应力-应变曲线

上升段：

$$\sigma_c'=K'f_{cm}\left[\frac{2\varepsilon_c'}{K'\varepsilon_{cm}}-\left(\frac{\varepsilon_c'}{K'\varepsilon_{cm}}\right)^2\right]$$

下降段：

$$\sigma_c'=K'f_{cm}[1-Z_m(\varepsilon_c'-K'\varepsilon_{cm})]$$

同时：

$$K'=1+\frac{\rho_s f_{yh}}{f_{cm}}$$

$$Z_m=\frac{0.5}{\varepsilon_{50u}+\varepsilon_{50h}-K'\varepsilon_{cm}}$$

$$\varepsilon_{50u}=\frac{3+0.29f_{cm}}{145f_{cm}-1000}$$

$$\varepsilon_{50h}=\frac{3}{4}\rho_s\sqrt{\frac{b'}{s_h}}$$

式中　σ_c'，ε_c'——分别为约束混凝土单轴压应力和压应变；

ρ_s——体积配箍率；

f_{yh}——箍筋屈服强度标准值；

b'——箍筋约束核心区混凝土宽度；

s_h——箍筋间距；

K'——强化系数，一般取 1.2～1.6。对于非约束混凝土，强化系数 K'取为 1.0。

约束混凝土的极限压应变 $\varepsilon'_{cu}=0.004+1.4\rho_s f_{yh}\varepsilon_{su}/(kf_{cm})$，其中 $k=2.254\sqrt{1+3.97k_e\lambda_v}-k_e\lambda_v-1.245$，$k$ 称为约束混凝土强度提高系数，λ_v 为配箍特征值，ε_{su}为箍筋极限拉应变（通常处于 0.10～0.15 之间），对于矩形截面有效约束系数 $k_e=0.75$。ε'_{cu}通常可以超过无约束混凝土极限压应变 ε_{cu}的 4～16 倍，对于常见的配箍率，一般取值在 0.012～0.050。

6.3　钢筋混凝土结构弹塑性分析

钢筋混凝土结构体系包括框架结构、剪力墙结构、框架-剪力墙结构、框架-筒体结构和框支剪力墙结构等，其主要受力构件由梁、柱、剪力墙和楼板组成。

(1) 构件非线性单元

梁属于受弯构件，宜采用塑性铰单元或纤维单元。

柱存在压弯耦合 PMM 效应，不宜采用单向塑性铰单元，可采用二维纤维单元。

剪力墙存在压弯剪耦合 PMV 效应，同样不宜采用塑性铰单元，应采用纤维单元+剪切线性（非线性）单元，或采用分层壳非线性单元。

楼板根据受力状态可采用刚性楼板、弹性楼板或分块刚性、分块弹性楼板模型。

(2) 整体结构分析

弹塑性分析方法可分为静力弹塑性分析法（PUSH-OVER）及动力弹塑性分析法（时程分析法）。静力弹塑性分析法一般适用于以平动第一振型为主且高度小于 200m 的高层建筑。动力弹塑性分析法适用于层刚度突变、层承载力突变、层质量突变、鞭梢效应、结构扭转以及楼板变形等效应显著的结构。

(3) 荷载取值

在进行静力及动力弹塑性分析之前，应进行重力荷载作用下的结构非线性分析，作为结构弹塑性分析初始状态，重力荷载组合采用 1.0 恒载+0.5 活载。

(4) P-Δ 效应

结构整体弹塑性分析时，应考虑结构 P-Δ 效应；对于构件长细比较大的情况，应在构件层次考虑 P-Δ 效应。

(5) 结构阻尼比

钢筋混凝土结构初始阻尼比可取 0.050，混合结构初始阻尼比可取 0.035～0.040。由于大震后结构刚度变化，不宜采用模态阻尼，宜采用瑞利阻尼。

(6) 材料取值

混凝土、钢筋及钢材强度应取材料强度平均值，材料的初始刚度、弹性模量由本构模型确定。

6.4　钢筋混凝土构件宏观纤维模型

建筑结构中的主要受力构件包括梁、柱和剪力墙，通常可利用纤维模型进行模拟，将杆件截面划分为若干纤维，每个纤维为拉压杆，纤维之间不传递剪力，仅通过平截面假定考虑杆件的拉压变形协调。梁、柱构件可采用刚度法纤维模型或柔度法纤维模型；剪力墙构件可采用多竖向纤维模型（MVLEM）。

6.4.1 梁单元划分

（1）梁为单向受弯杆件，可沿梁截面高度方向均匀划分为4～8个约束混凝土单元和相应的钢筋单元。

（2）采用刚度法纤维模型，宜沿梁长度方向划分为3个单元。两端单元长度即为假定的塑性铰区长度，可取0.5倍梁高；中部单元为非塑性铰区，可采用弹性纤维进行模拟，也可采用弹性梁单元进行模拟。

（3）采用柔度法纤维模型，不宜沿梁长度方向划分单元。为避免梁截面曲率集中对计算收敛的不利影响，宜对单元采用Gauss-Radau积分，端部积分点权重可取为0.5倍梁高。

6.4.2 柱单元划分

（1）柱为双向压（拉）弯构件，可沿柱截面两个主轴方向均匀划分为4～8个约束混凝土单元和相应的钢筋单元。

（2）采用刚度法纤维模型，宜沿柱长度方向划分为3个单元。两端单元长度即为假定的塑性铰区长度，可取0.5倍柱截面长边长度；中部单元为非塑性铰区，可采用弹性纤维进行模拟，也可采用弹性柱单元进行模拟。

（3）采用柔度法纤维模型，不宜对柱长度方向划分单元。为避免柱截面曲率集中对计算收敛的不利影响，宜对单元采用Gauss-Radau积分，端部积分点权重可取为0.5倍柱截面长边长度。

6.4.3 剪力墙单元划分

（1）沿剪力墙截面转折点，将剪力墙划分为若干“一”字形墙肢，仅考虑其平面内刚度，假设其平面外刚度为零（也可赋予一个弹性的面外刚度）。

（2）对每个“一”字形墙肢，端部约束构件划分为约束混凝土单元和钢筋单元，约束单元之间的墙体均匀划分为4～6个非约束混凝土单元和4～6个钢筋单元。

（3）重要楼层（底层、截面变化的楼层、承载力突变的楼层以及重点关注的楼层等）的剪力墙沿高度划分为2～3个单元，一般楼层的剪力墙沿高度划分为1个单元。

（4）根据剪力墙杆件截面的弯矩与剪力比，得到杆件剪跨长度，计算该剪跨长度的位移角。

6.4.4 柱（剪力墙）抗剪刚度计算

柱（剪力墙）抗剪刚度可按以下公式简化计算：

$$\text{抗剪刚度}=\begin{cases} K_{\mathrm{h}} & N\geqslant 0 \\ K_{\mathrm{h}}\left(1+\dfrac{N}{f_{\mathrm{tm}}A}\right) & -f_{\mathrm{tm}}A\leqslant N<0 \\ 0 & N<-f_{\mathrm{tm}}A \end{cases}$$

式中　K_h——柱（剪力墙）弹性抗剪刚度；

N——柱（剪力墙）轴力（受压为正，受拉为负）；

A——柱（剪力墙）截面面积。

6.5　梁、柱、剪力墙构件计算模拟

基于宏观纤维模型对第四章完成的 9 个梁试件、12 个柱试件、20 个一字形剪力墙试件、12 个 T 形剪力墙试件、12 个 L 形剪力墙试件和 20 个工字形剪力墙试件进行计算模拟，并与拟静力试验结构对比，可见，骨架曲线计算结果与试验结果误差在 15% 以内。

6.5.1　梁计算结果与试验结果对比

梁计算结果与试验结果的对比如图 6-5-1 所示。

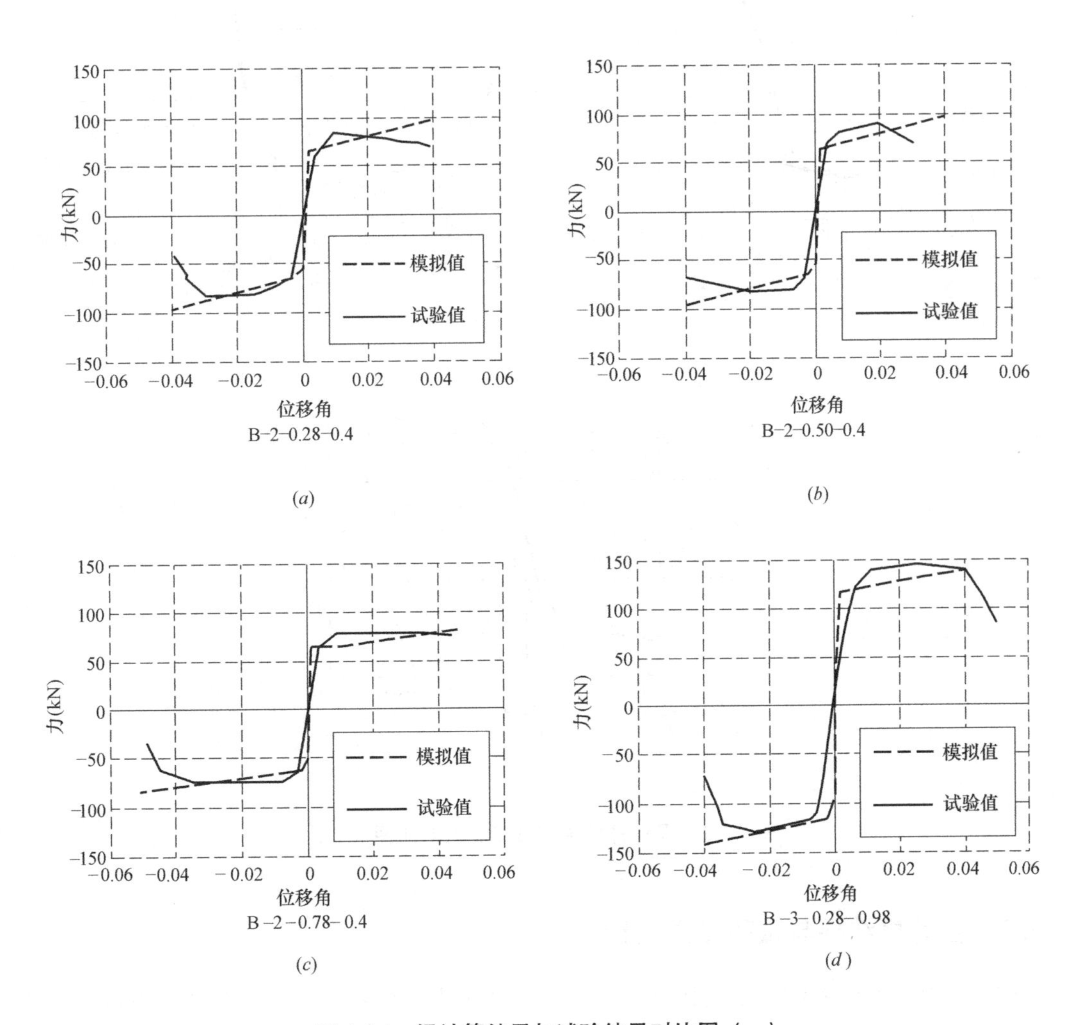

图 6-5-1　梁计算结果与试验结果对比图（一）

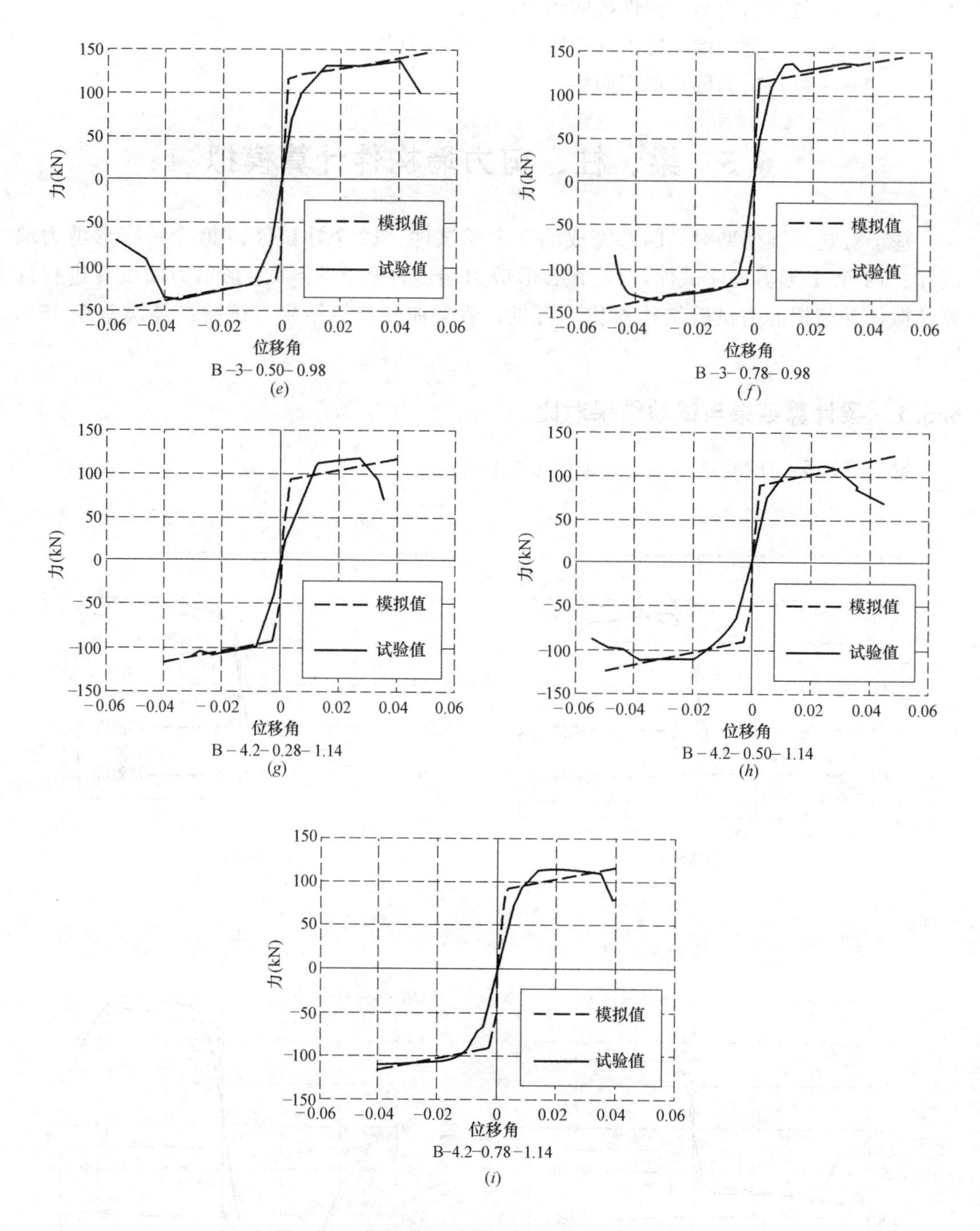

B-3-0.50-0.98 (e)　B-3-0.78-0.98 (f)　B-4.2-0.28-1.14 (g)　B-4.2-0.50-1.14 (h)　B-4.2-0.78-1.14 (i)

图 6-5-1　梁计算结果与试验结果对比图（二）

6.5.2　柱计算结果与试验结果对比

柱计算结果与试验结果的对比如图 6-5-2 所示（试件 C-2.5-0.14-0.9 试验不成功，故无对比结果）。

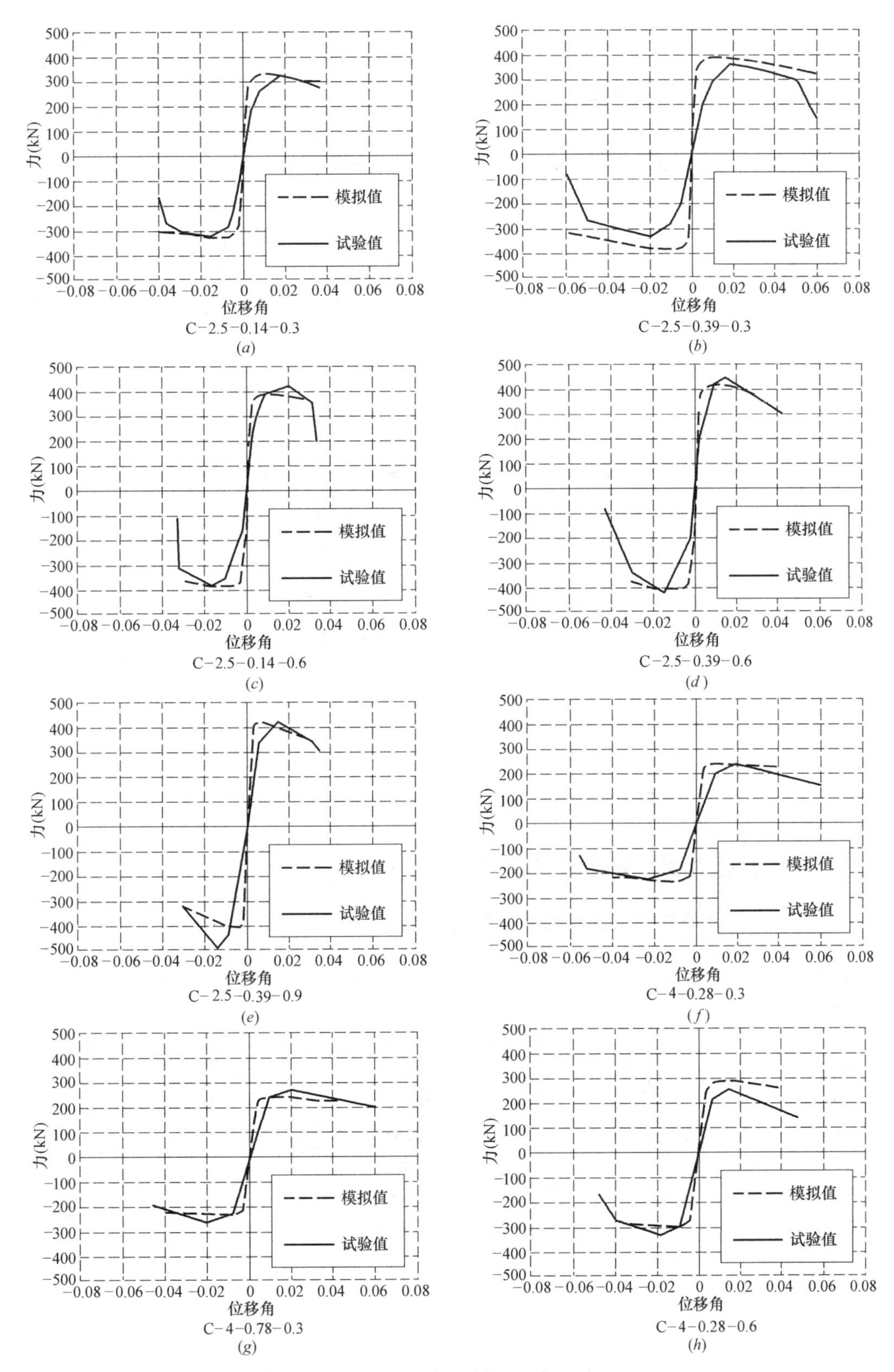

图 6-5-2　柱计算结果与试验结果对比图（一）

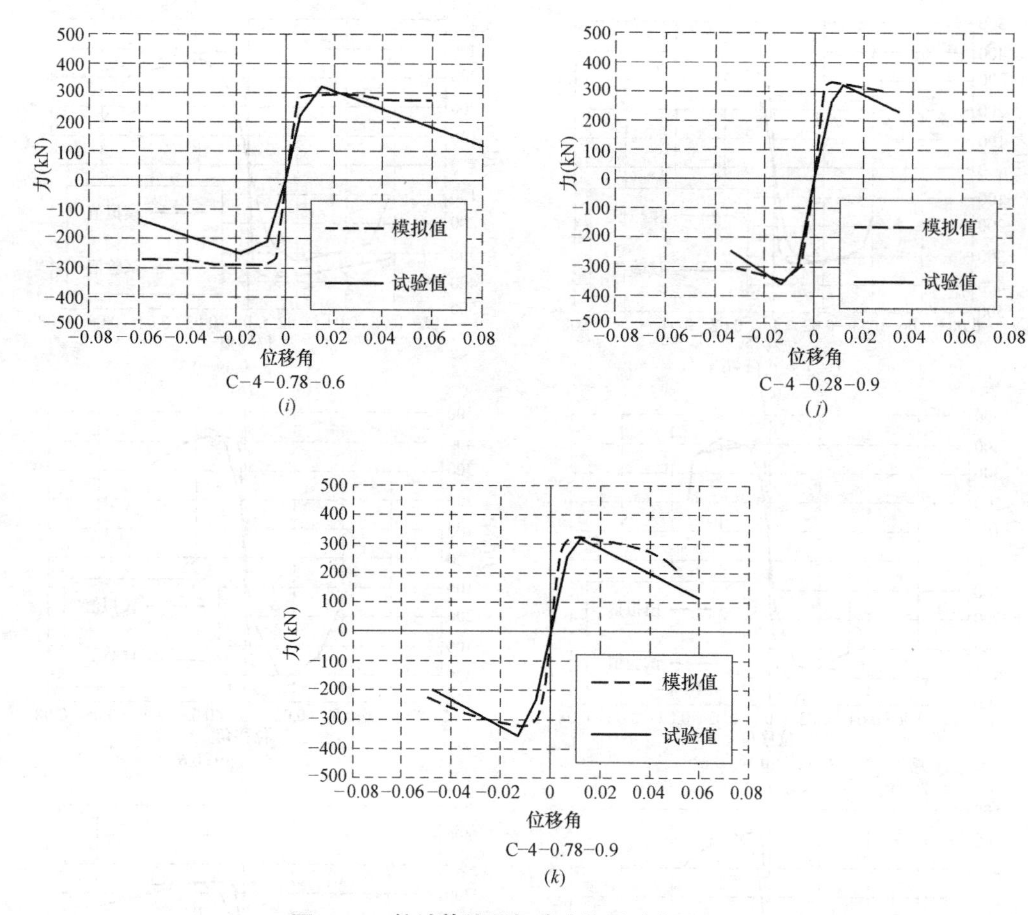

图 6-5-2　柱计算结果与试验结果对比图（二）

6.5.3　一字形剪力墙计算结果与试验结果对比

一字形剪力墙计算结果与试验结果的对比如图 6-5-3 所示。

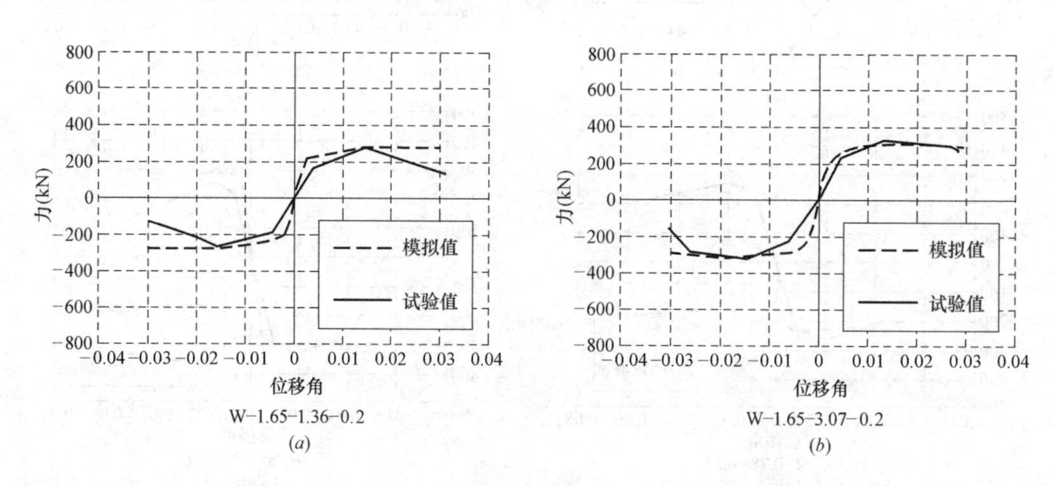

图 6-5-3　一字形剪力墙计算结果与试验结果对比图（一）

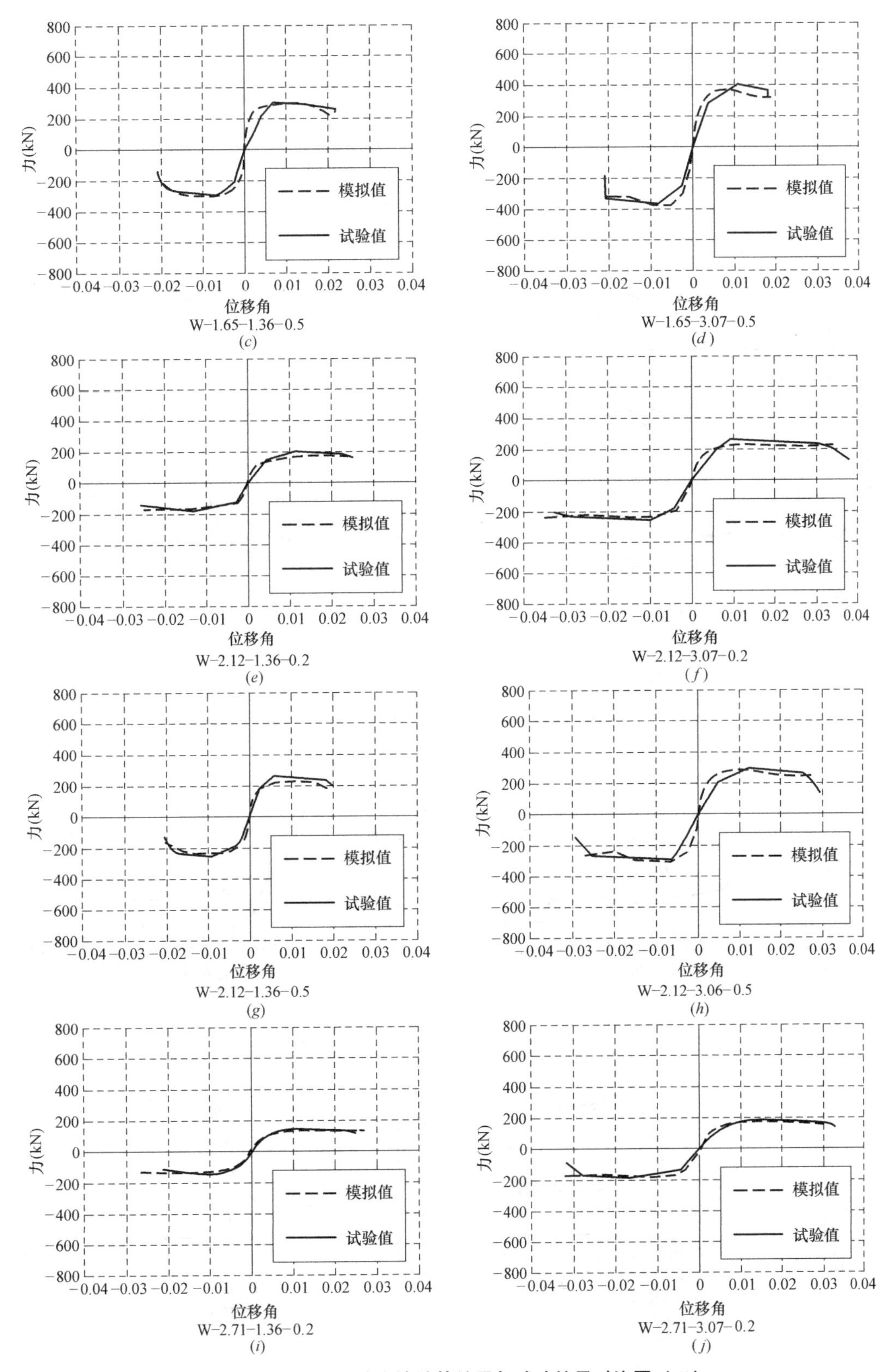

图 6-5-3　一字形剪力墙计算结果与试验结果对比图（二）

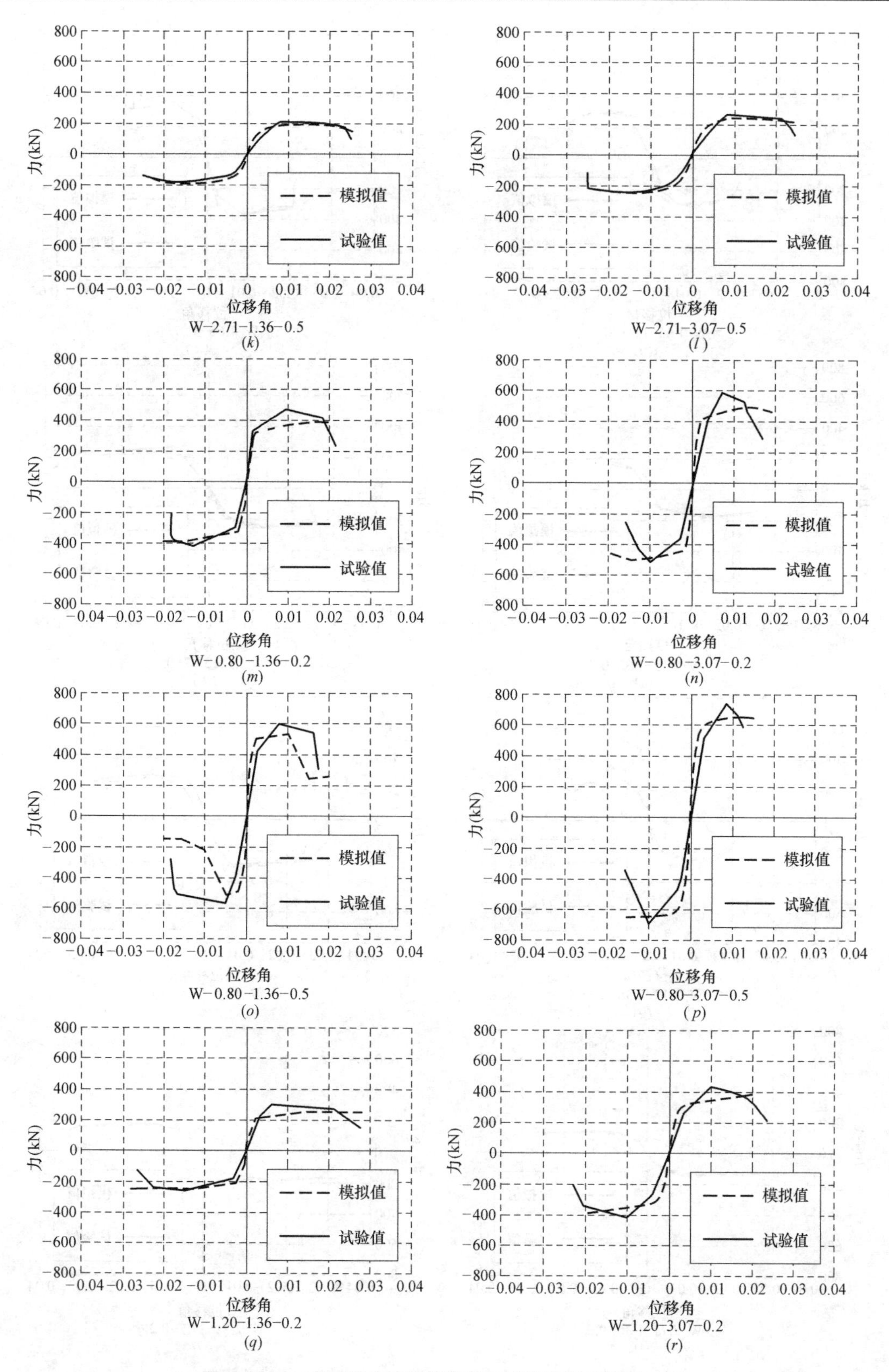

图 6-5-3 一字形剪力墙计算结果与试验结果对比图（三）

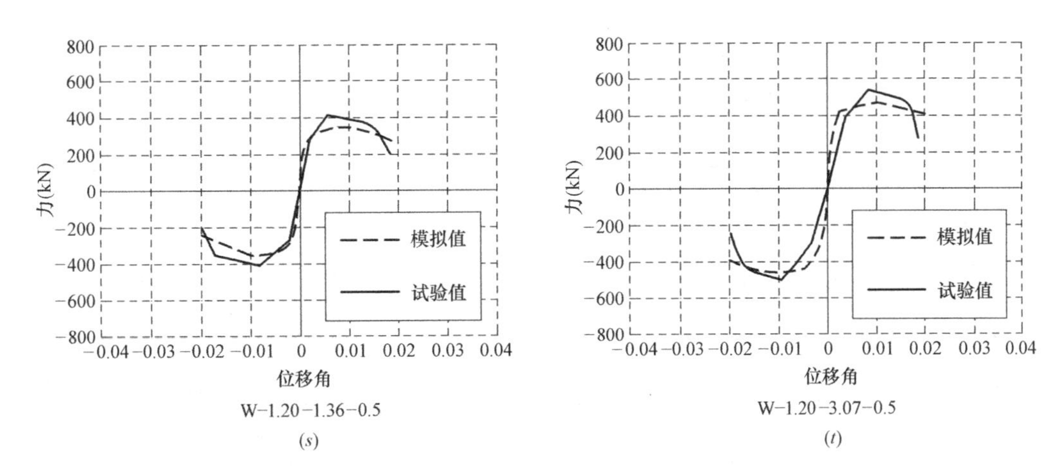

图 6-5-3　一字形剪力墙计算结果与试验结果对比图（四）

6.5.4　T 形剪力墙计算结果与试验结果对比

T 形剪力墙计算结果与试验结果的对比如图 6-5-4 所示。

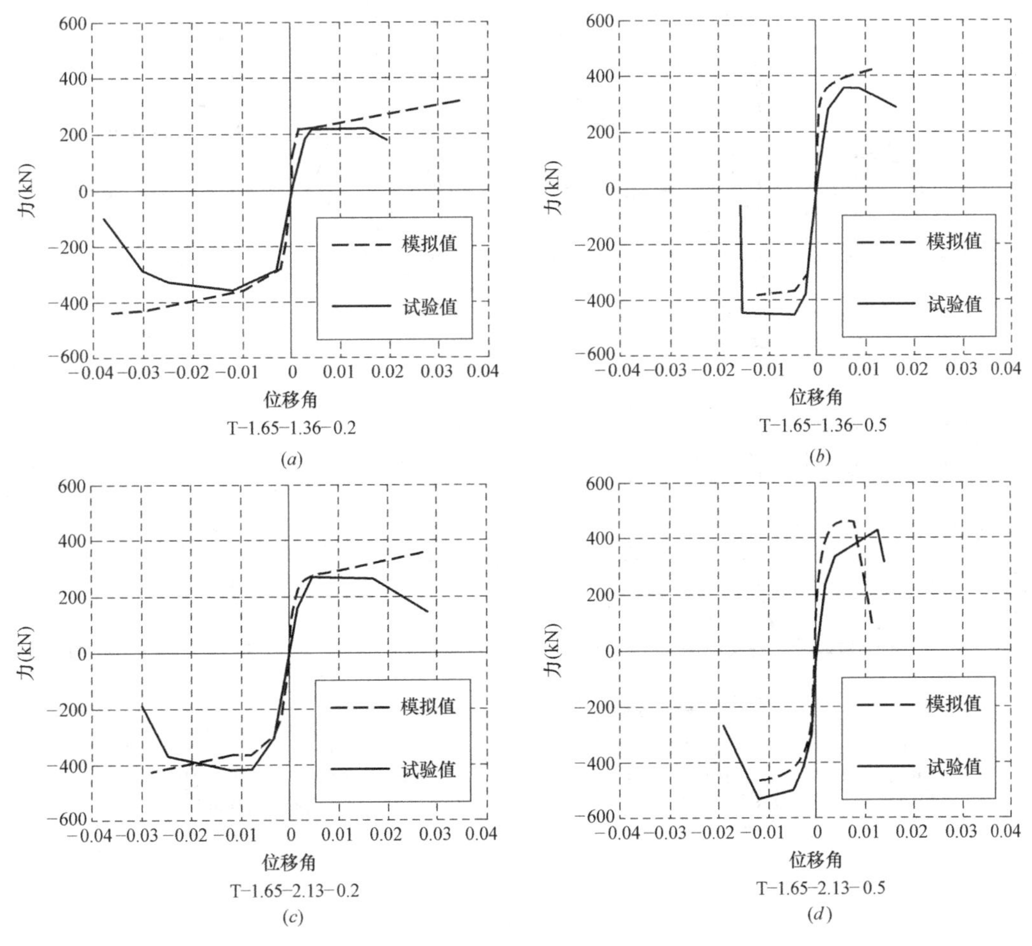

图 6-5-4　T 形剪力墙计算结果与试验结果对比图（一）

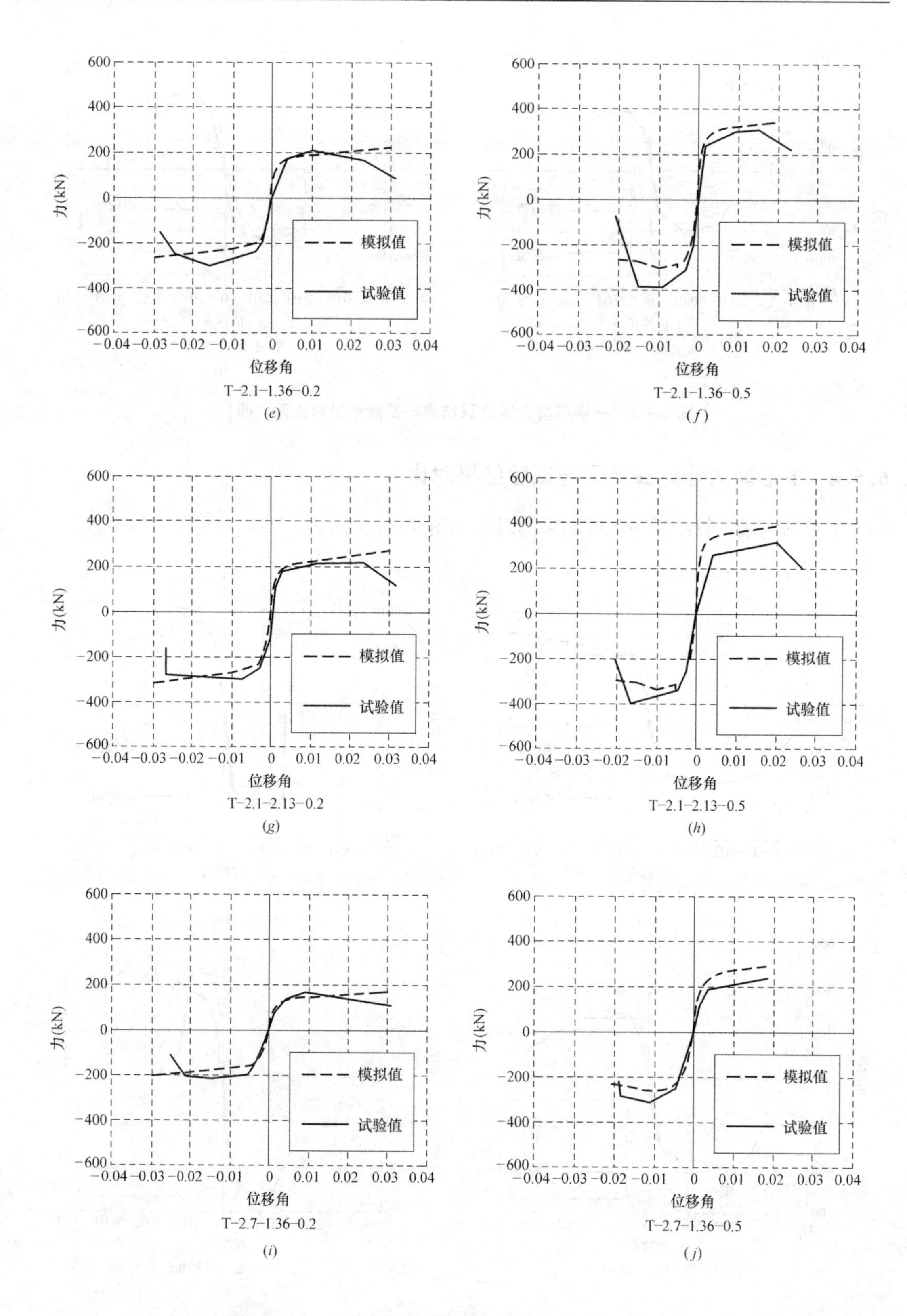

图 6-5-4　T 形剪力墙计算结果与试验结果对比图（二）

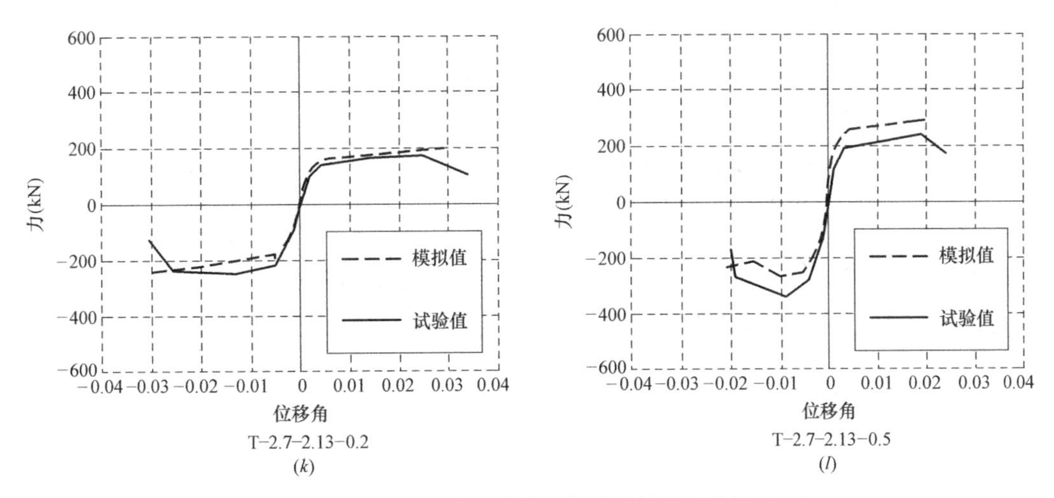

图 6-5-4　T 形剪力墙计算结果与试验结果对比图（三）

6.5.5　L 形剪力墙计算结果与试验结果对比

L 形剪力墙计算结果与试验结果的对比如图 6-5-5 所示。

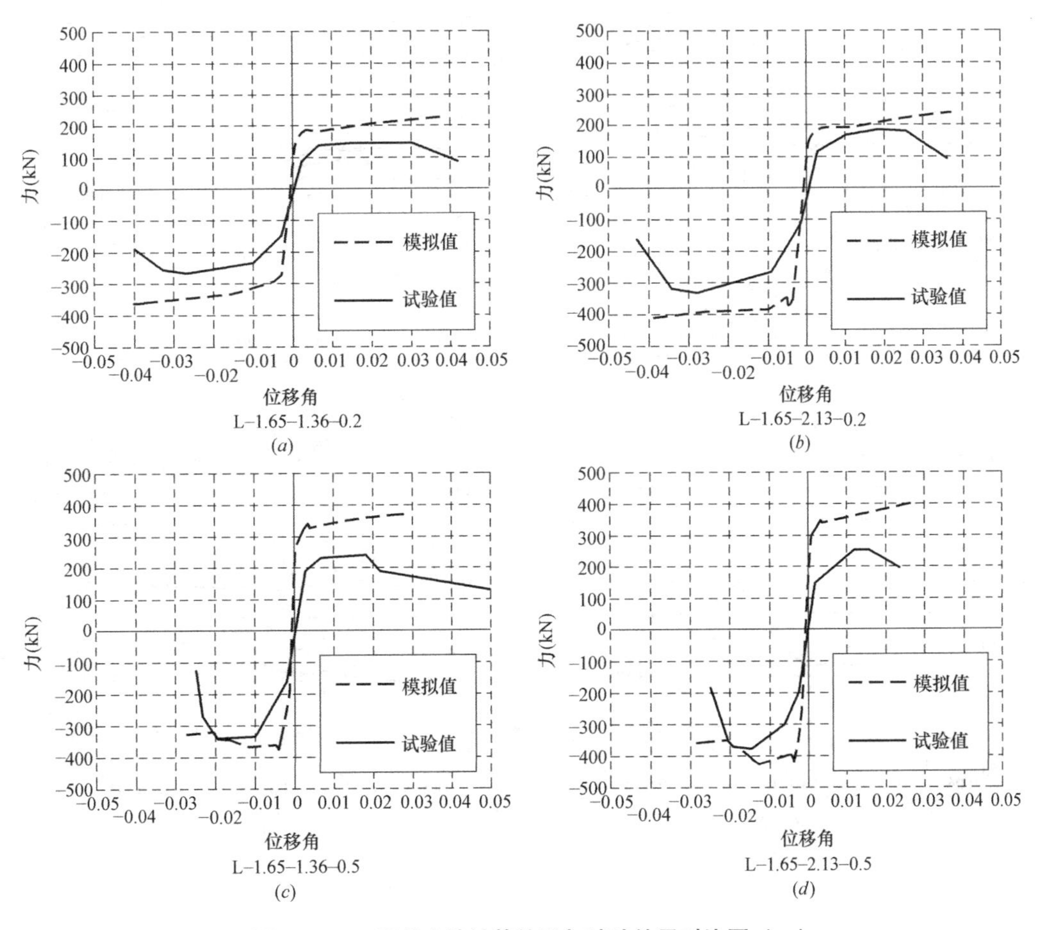

图 6-5-5　L 形剪力墙计算结果与试验结果对比图（一）

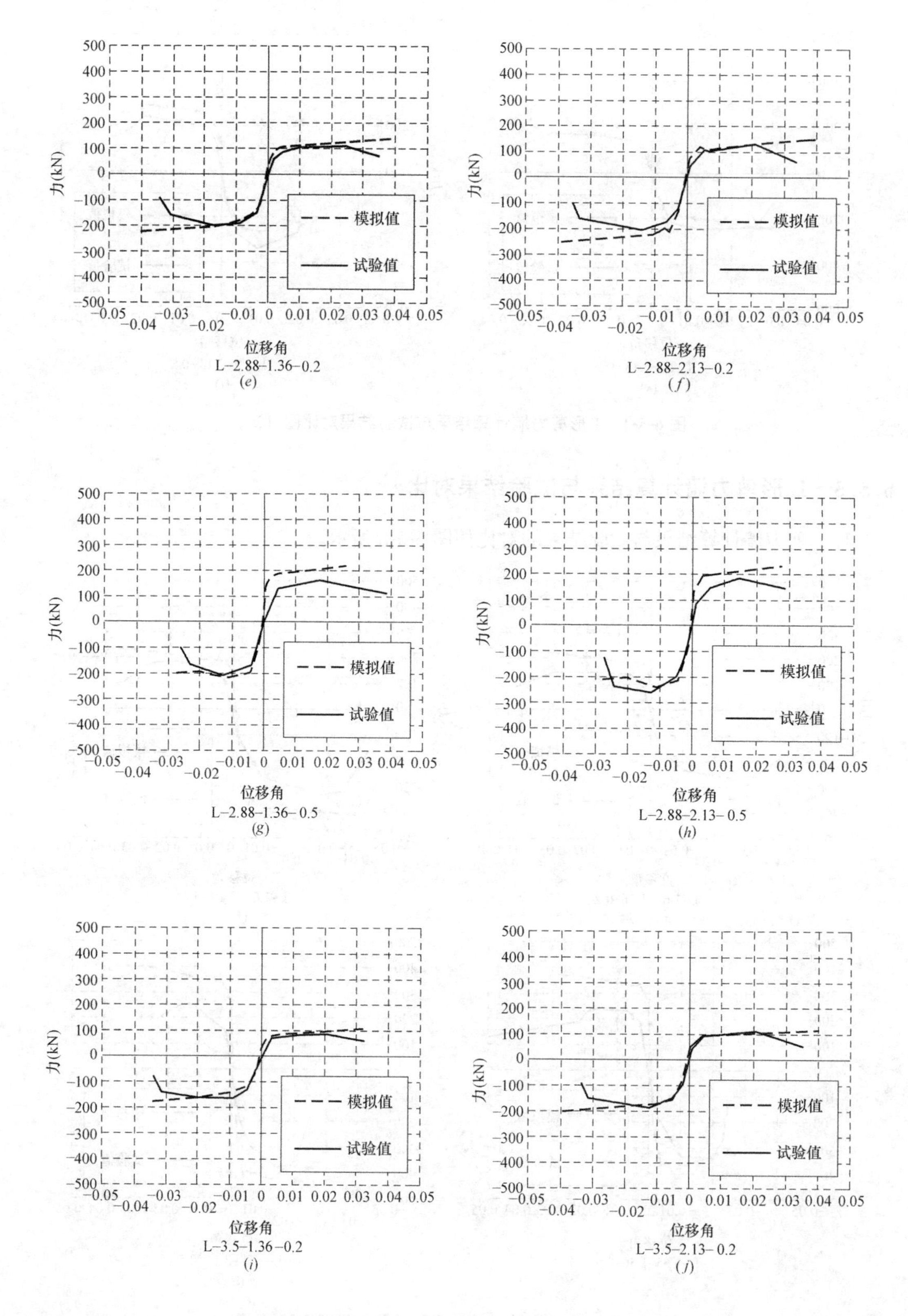

图 6-5-5　L 形剪力墙计算结果与试验结果对比图（二）

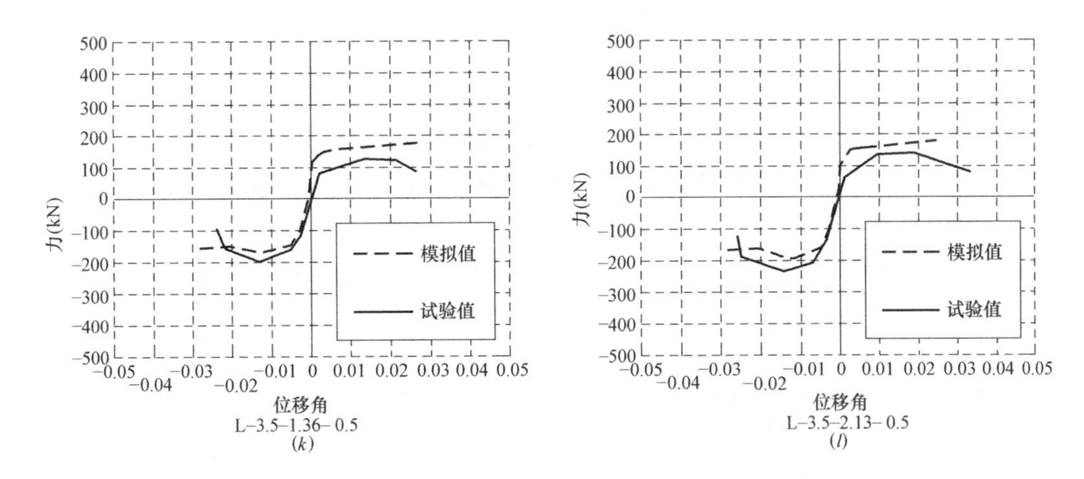

图 6-5-5　L 形剪力墙计算结果与试验结果对比图（三）

6.5.6　工字形剪力墙计算结果与试验结果对比

工字形剪力墙计算结果与试验结果的对比如图 6-5-6 所示。

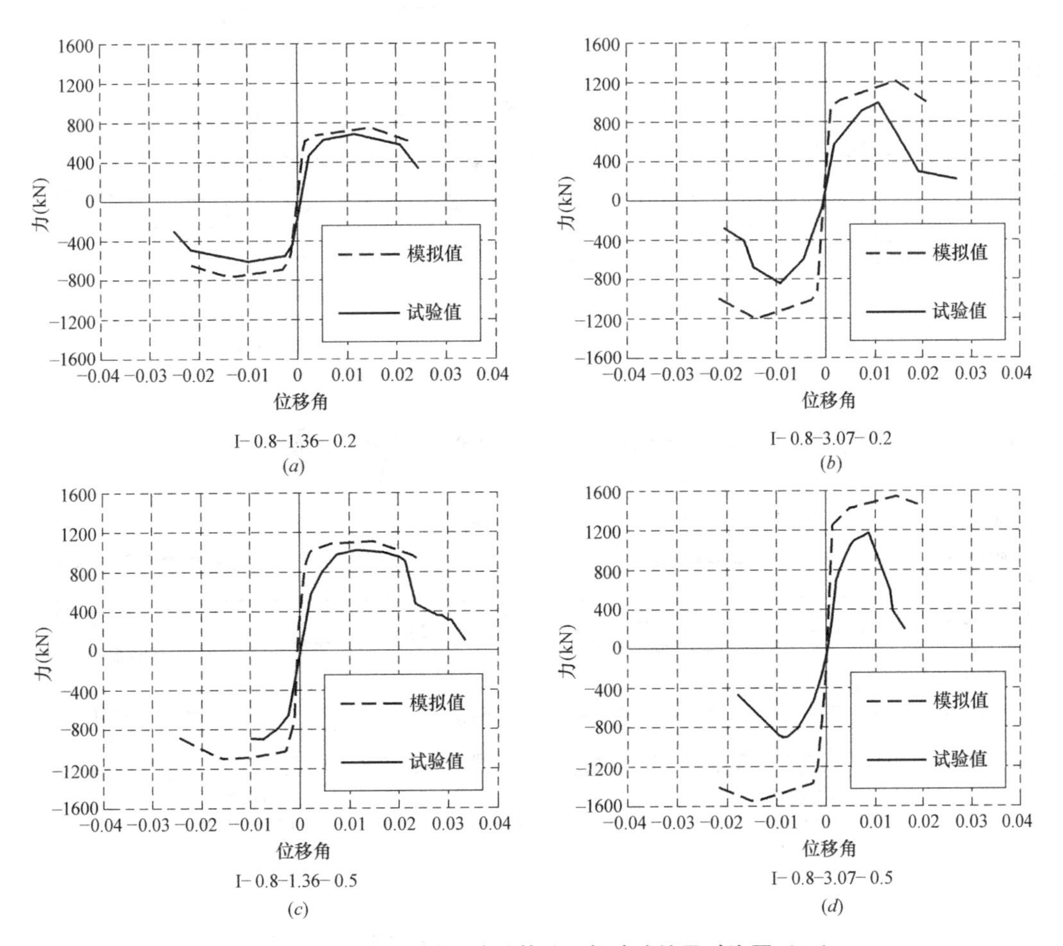

图 6-5-6　工字形剪力墙计算结果与试验结果对比图（一）

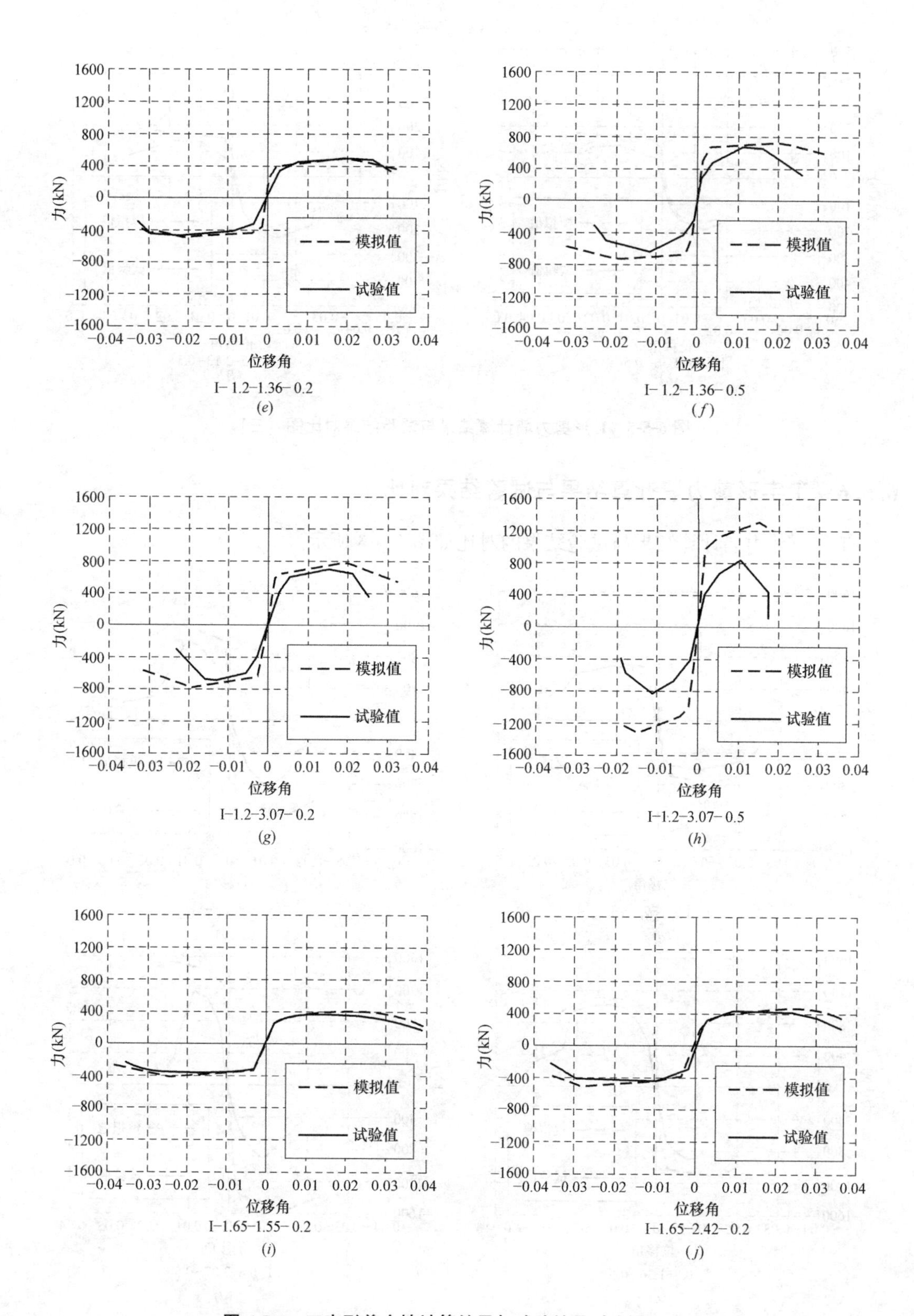

图 6-5-6 工字形剪力墙计算结果与试验结果对比图（二）

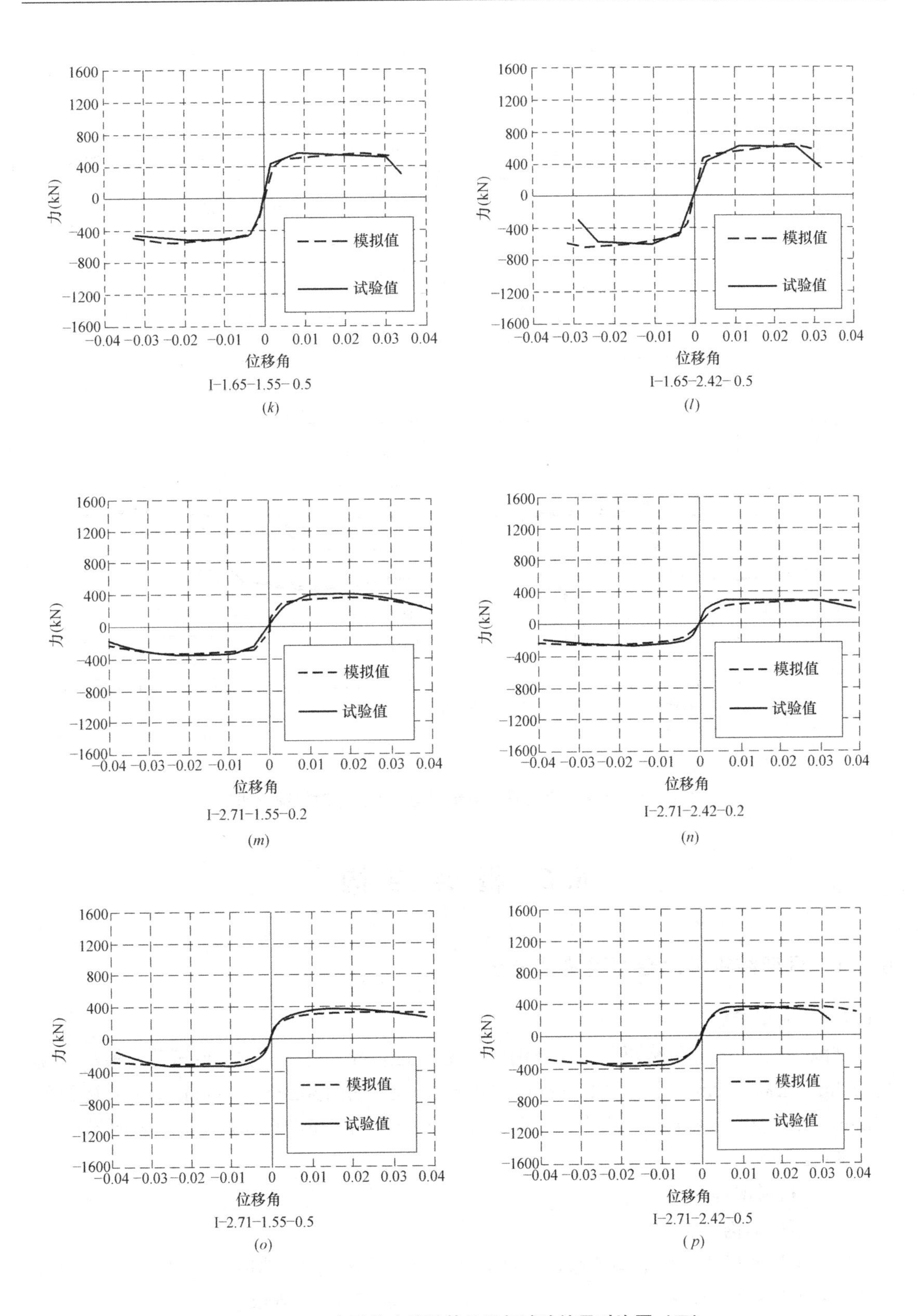

图6-5-6　工字形剪力墙计算结果与试验结果对比图（三）

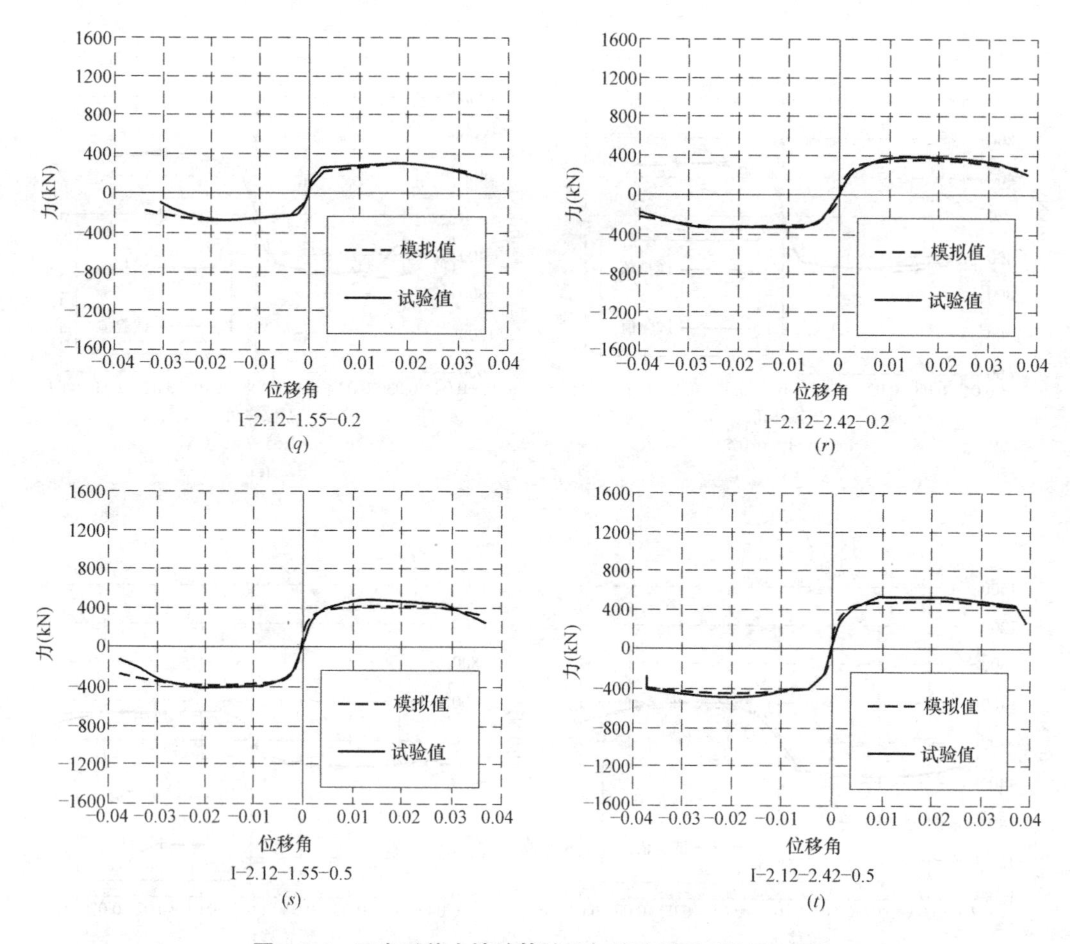

图 6-5-6　工字形剪力墙计算结果与试验结果对比图（四）

6.6　框架结构

6.6.1　框架结构振动台试验模拟分析

6.6.1.1　模型参数

文献［1］对一栋单跨两层的现浇钢筋混凝土框架结构进行了振动台试验。模型长宽均为 3m，层高为 2m，柱尺寸 200mm×200mm，梁尺寸 150mm×200mm，一层楼板厚 55mm，二层楼板厚 85mm，基础梁尺寸 300mm×300mm，模型尺寸及配筋详图如图 6-6-1 和图 6-6-2 所示。

6.6.1.2　材料本构

（1）钢筋本构

钢筋采用非屈曲钢材本构关系，本试验受力钢筋主要为 HRB400，采用三折线本构，强化段刚度取初始弹性模量的 1/100，钢筋本构关系如图 6-6-3 所示。

（2）混凝土本构

目前在宏观模型中最为常用的约束混凝土单轴受压应力-应变关系是 Mander 应力-应变关系。该模型的应力应变关系由 5 个参数确定，与截面形状和箍筋的配置有关。根据 Mander 模型的公式，可计算得到本试验箍筋约束情况下的混凝土材料本构曲线，如图 6-6-4 所示。

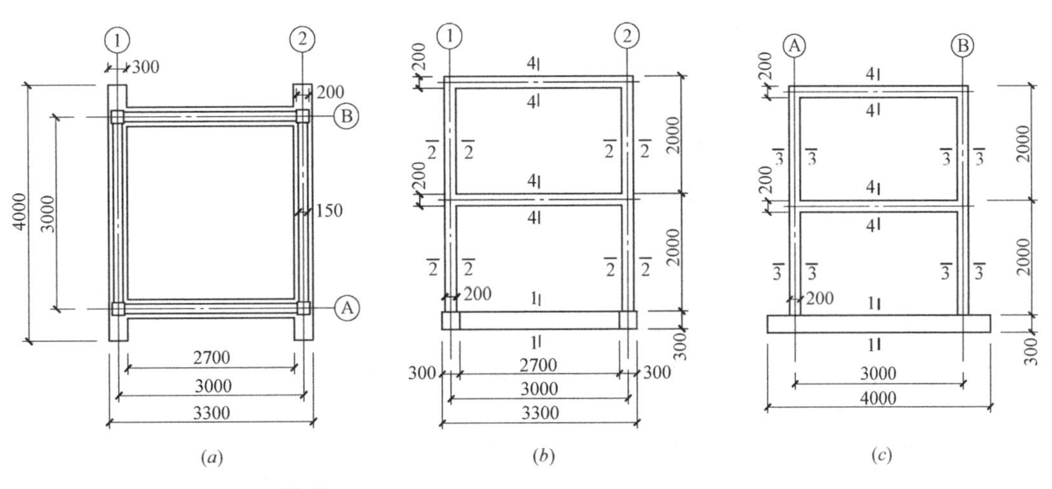

图 6-6-1　框架模型示意图

(a) 框架平面图；(b) 框架正立面图；(c) 框架侧立面图

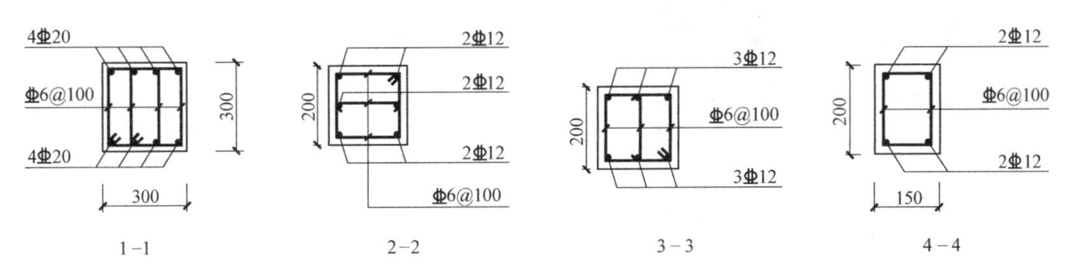

图 6-6-2　模型尺寸和配筋（单位：mm）

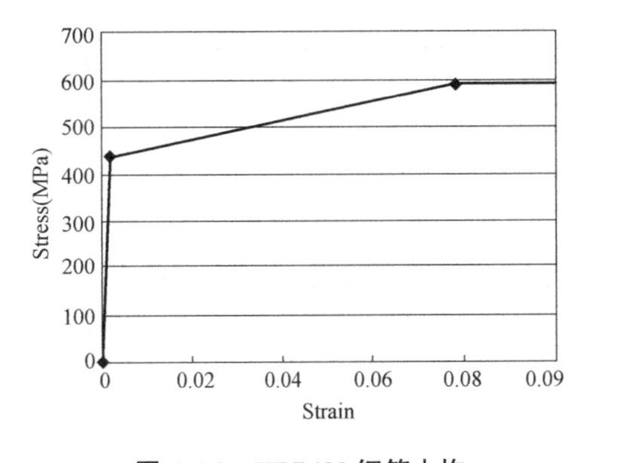

图 6-6-3　HRB400 钢筋本构

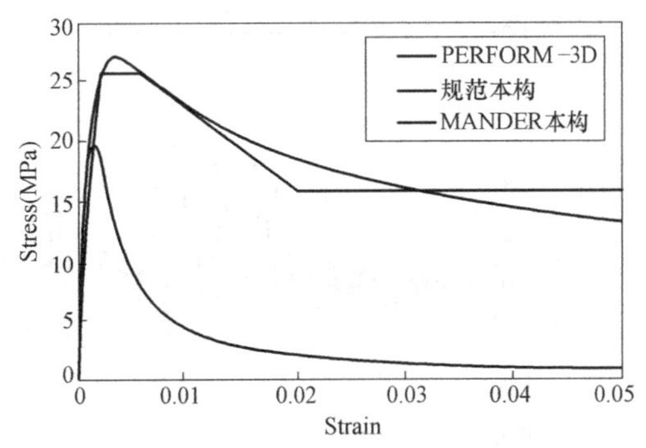

图 6-6-4　约束混凝土本构

6.6.1.3　振动台试验模拟

(1) 整体指标对比

在 PERFORM-3D 输入振动台试验的 Loma Prieta 波（0.7g），将模拟得到的结果与试验进行对比。如图 6-6-5～图 6-6-8、表 6-6-1 所示。

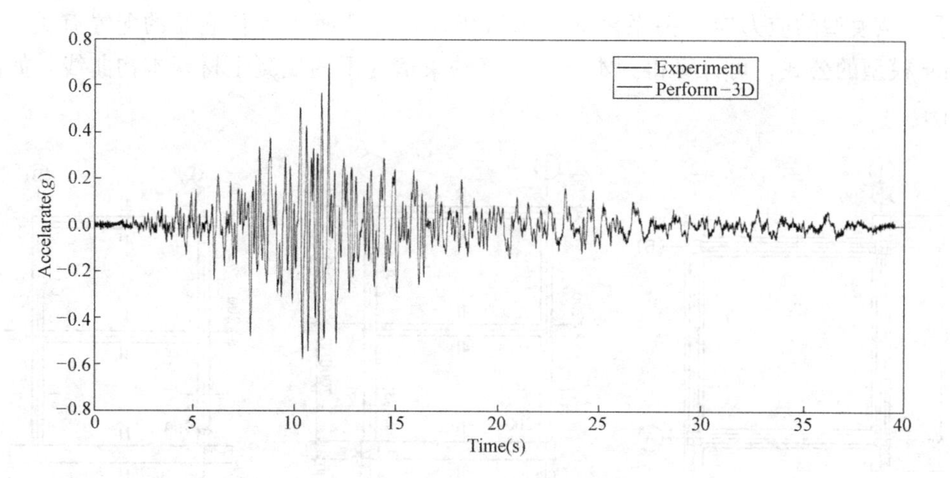

图 6-6-5　基底加速度时程对比

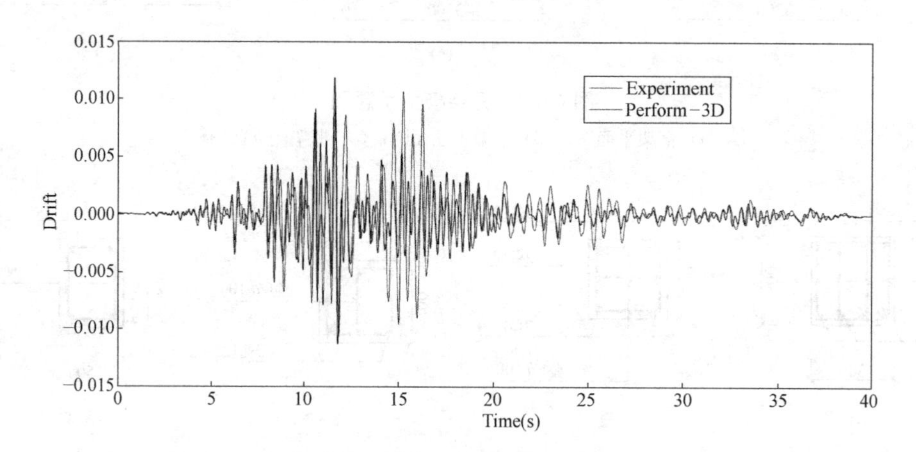

图 6-6-6　首层层间位移角时程对比

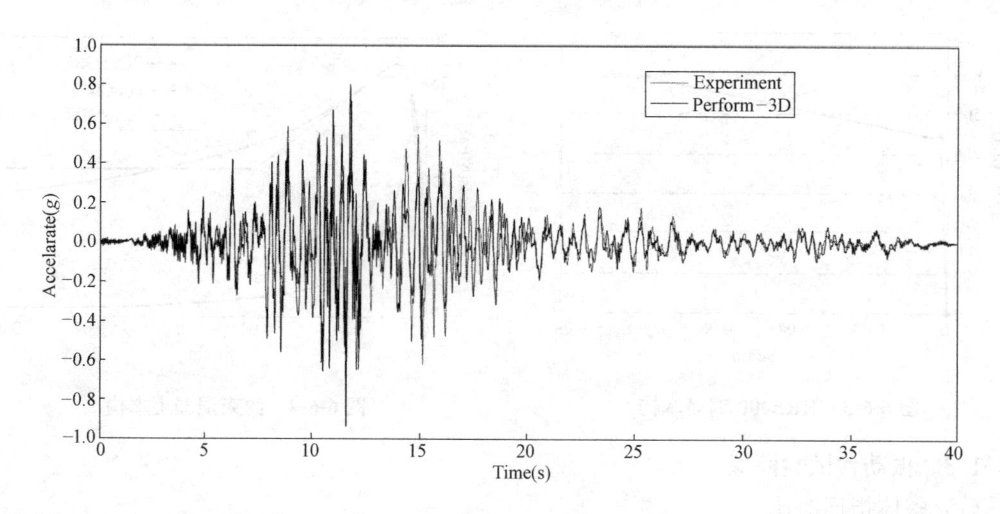

图 6-6-7　首层加速度时程对比

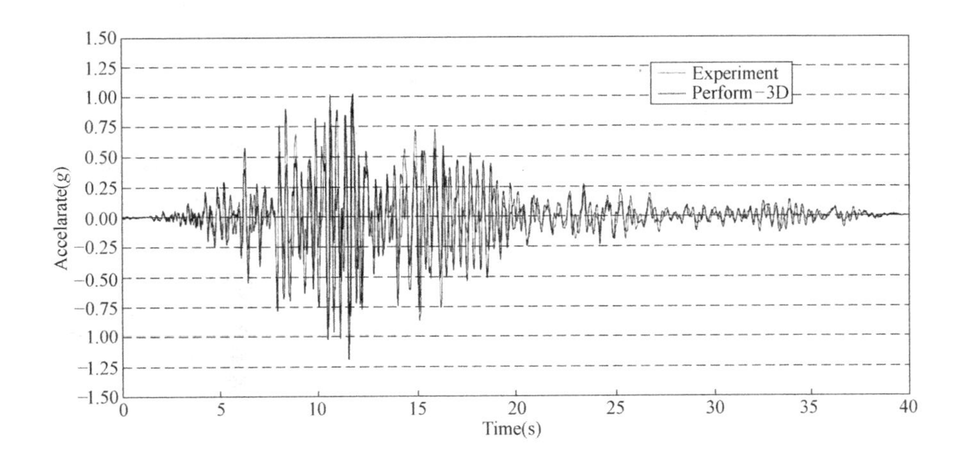

图 6-6-8　二层加速度时程对比

时程结果对比　　表 6-6-1

层数	最大层间位移角		误差	最大加速度(g)		误差
	试验值	PERFORM3D		试验值	PERFORM3D	
1	0.01065	0.01185	11.3%	0.75323	0.98783	31.1%
2	—	—		0.99903	1.18855	19.0%

（2）梁端及柱端转角时程

提取 PERFORM-3D 计算得到的梁、柱转角时程，并与《建筑工程混凝土结构抗震性能设计规程》给出的梁、柱构件塑性转角限值进行比较。在经历了振动台的地震加载后，框架首层柱底端出现部分水平裂缝，梁端出现较多竖向裂缝，构件已有一定程度的损坏，梁、柱构件的转角及裂缝开展情况如图 6-6-9～图 6-6-14 所示。

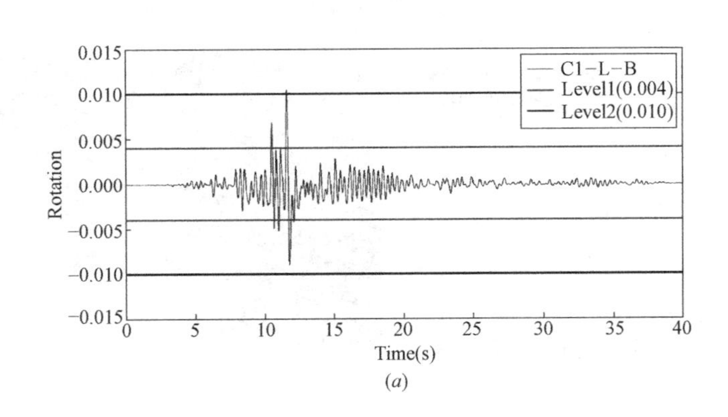

(*a*)

(*b*)

图 6-6-9　1 层柱底破坏状态

(*a*) 1 层柱底转角时程；(*b*) 1 层柱底裂缝开展情况

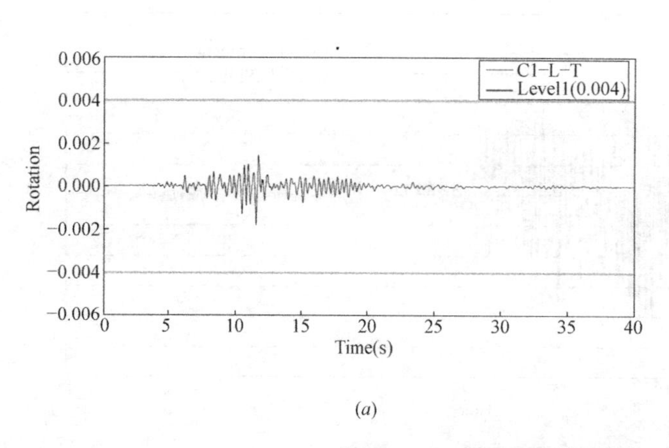

(*a*)

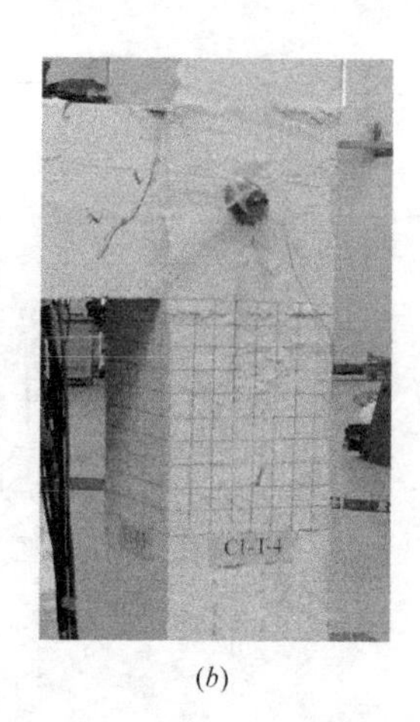

(*b*)

图 6-6-10　1 层柱顶破坏状态

(*a*) 1 层柱顶转角时程；(*b*) 1 层柱顶裂缝开展情况

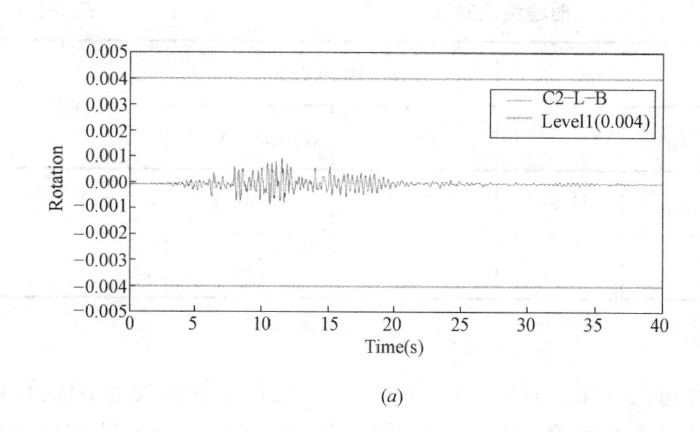

(*a*)

(*b*)

图 6-6-11　2 层柱底破坏状态

(*a*) 2 层柱底转角时程；(*b*) 2 层柱底裂缝开展情况

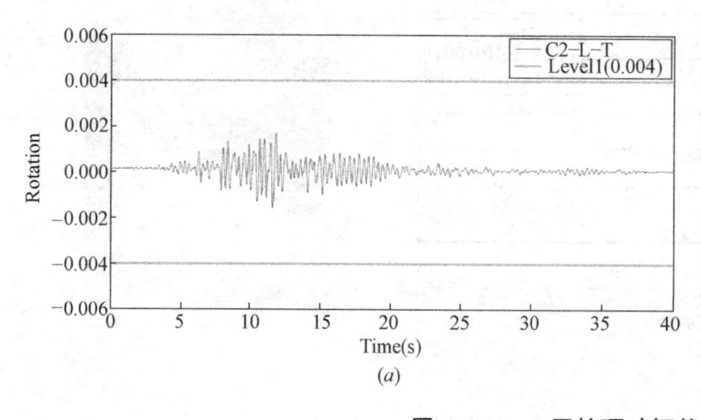

(*a*)

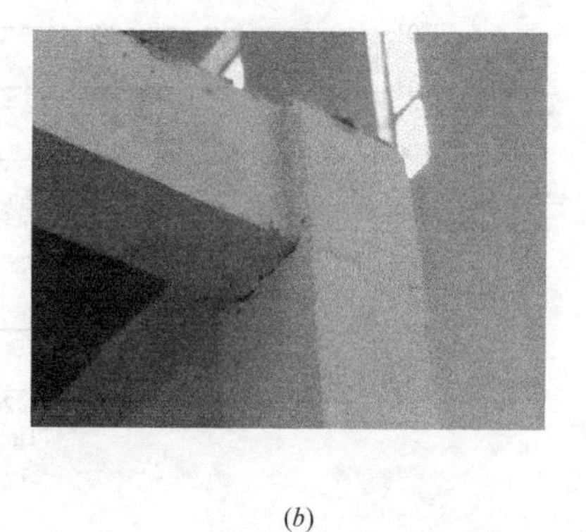

(*b*)

图 6-6-12　2 层柱顶破坏状态

(*a*) 2 层柱顶转角时程；(*b*) 2 层柱顶裂缝开展情况

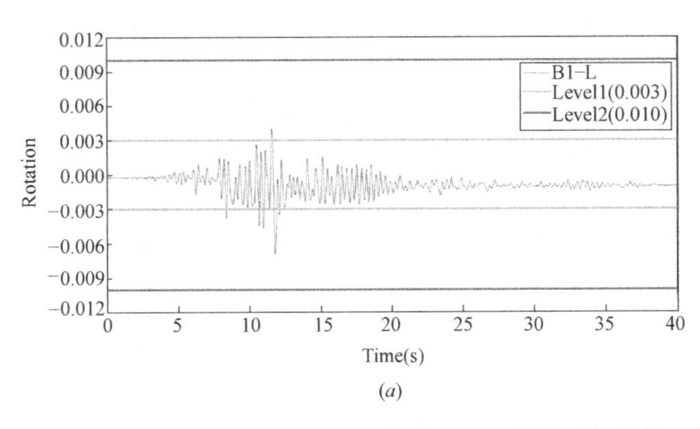

(a)

(b)

图 6-6-13　1 层梁端破坏状态

(a) 1 层梁端转角时程；(b) 1 层梁端裂缝开展情况

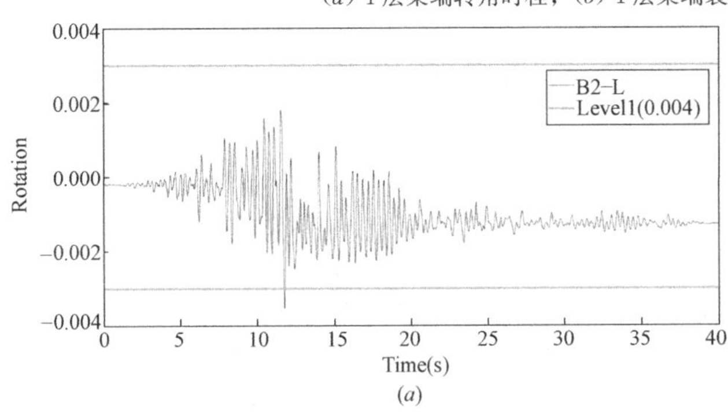

(a)

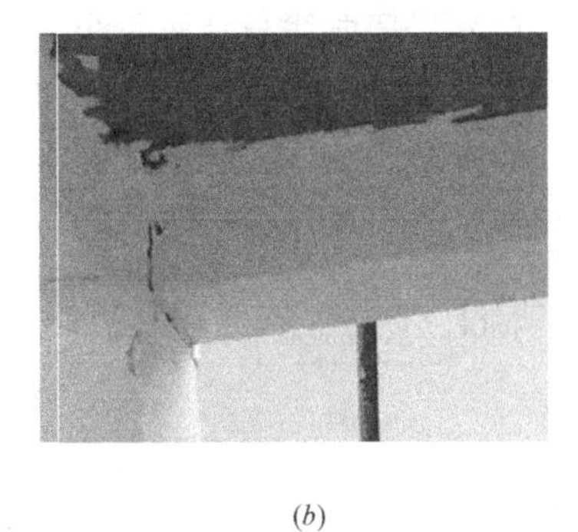
(b)

图 6-6-14　2 层梁端破坏状态

(a) 2 层梁端转角时程；(b) 2 层梁端裂缝开展情况

6.6.1.4　低周往复试验模拟

(1) 加载制度

对经历了振动台加载的模型进行低周往复加载。本次试验采用拟静力加载试验方案，为防止模型发生平面外扭转，采用两个油压作动筒在框架二层柱顶同步施加水平低周反复荷载。试验加载如图 6-6-15、图 6-6-16 所示。试件底部通过千斤顶及钢梁进行固定，加载

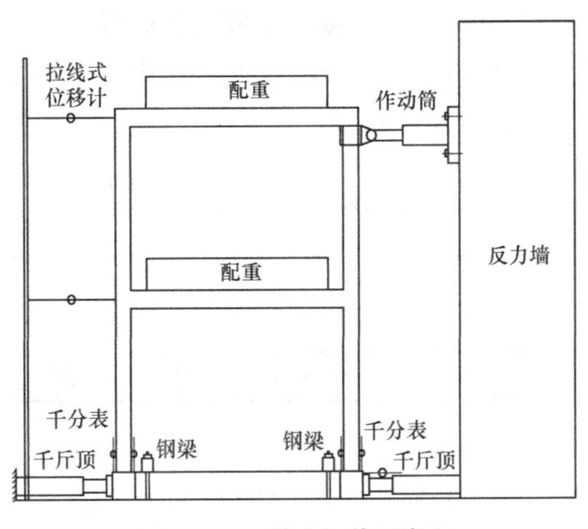

图 6-6-15　模型加载示意图

图 6-6-16　模型加载装置

位置通过夹具夹住柱顶并与作动筒连接进行加载，竖向荷载通过在楼面堆载的方式施加。

试验采用位移控制加载，位移的控制以一层的位移和层间位移角为准，正式试验前采用±2mm（0.1%层间位移角）预加载，以测试应变片等仪器是否正常工作。正式试验时位移加载方式为：±2mm(0.1%)→±4mm(0.2%)→±6mm(0.3%)→±8mm(0.4%)→±10mm(0.5%)→±12mm(0.6%)→±14mm(0.7%)→±16mm(0.8%)→±18mm(0.9%)→±20mm(1.0%)→±22mm(1.1%)→±24mm(1.2%)→±26mm(1.3%)→±28mm(1.4%)→±30mm(1.5%)→±32mm(1.6%)→±34mm(1.7%)→±36mm(1.8%)→±38mm(1.9%)→±40mm(2.0%)→±44mm(2.2%)→±48mm(2.4%)→±52mm(2.6%)→±56mm(2.8%)→±60mm(3.0%)→±64mm(3.2%)→±68mm(3.4%)→±72mm(3.6%)→±76mm(3.8%)→±80mm(4.0%)，每级位移仅循环1次。试验过程中加载速度保持均匀。

（2）滞回曲线与骨架曲线

将PERFORM-3D模拟得到的滞回曲线和骨架曲线与试验进行对比，如图6-6-17、图6-6-18所示。

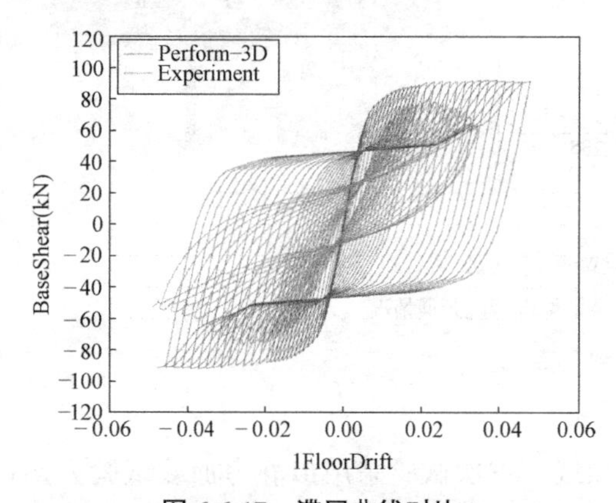

图 6-6-17 滞回曲线对比

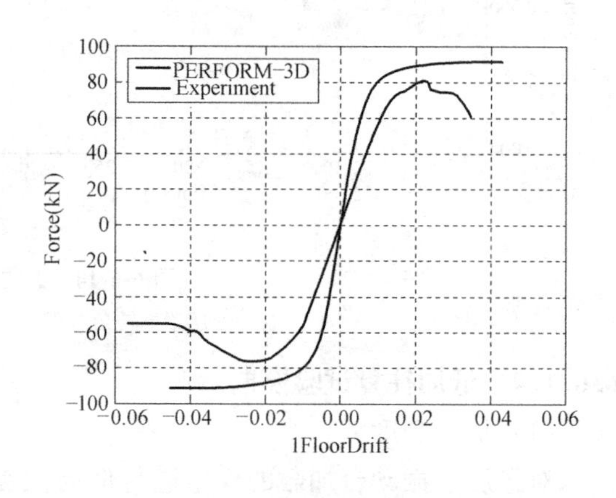

图 6-6-18 骨架曲线对比

（3）破坏模式

提取PERFORM-3D在整个低周往复模拟过程中的转角，根据《建筑工程混凝土结构抗震性能设计规程》，将梁、柱构件所处的性能状态按颜色区分，由此观察框架在低周往复加载的破坏模式（图6-6-19）。梁、柱性能划分标准如表6-6-2所示。

梁柱构件的总转角限值　　表 6-6-2

	Z1	Z2	Z3	Z4	Z5	Z6
柱	0.004	0.014	0.024	0.034	0.044	0.049
梁	0.003	0.013	0.018	0.023	0.028	0.053
对应颜色						

6.6.1.5 总结

（1）从动力时程的对比分析中可以看到，首层层间位移角、绝对加速度以及二层绝对加速度，PERFORM-3D的模拟结果与试验都比较吻合。但通过考察梁、柱构件塑性区的

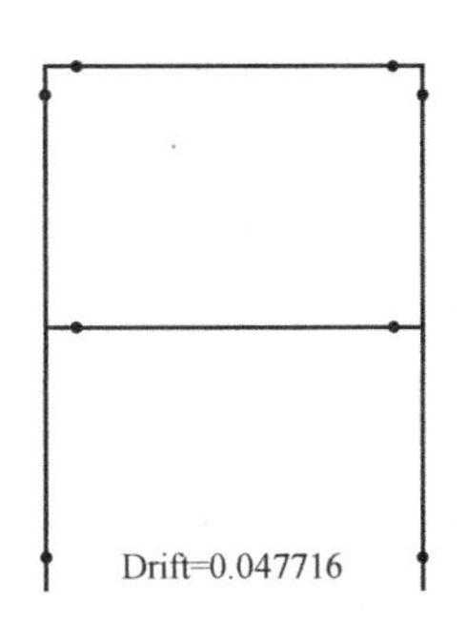

图 6-6-19 模拟最终破坏模式

转角时程发现，大部分梁、柱构件处于性能水准1，而只有框架底部柱子进入了性能水准2，所以即使施加的地震波为大震（0.70g），由于配重不足等原因，整个结构仍处于低应力状态，模拟结果反映了试验的真实情况。PERFORM-3D对于"真正"处于大震下结构的模拟情况，还有待验证。

（2）由于结构在进行低周往复试验前已经历了振动台试验，结构必然会产生累积损伤，结构的初始刚度、强度以及耗能能力等必然会降低，而通过将滞回曲线和骨架曲线对比分析可以看到，由于PERFORM-3D是对完好结构的模拟，模拟得到的初始刚度、强度和耗能能力都比试验高，这是符合结构概念的。

（3）由PERFORM-3D得到骨架曲线可以看到，结构后期并没有出现如试验的下降段，这是因为钢筋的本构选取时并没有考虑压屈与疲劳，如何选取合理的钢筋本构，从而更加准确地模拟结构在后期强度的退化，还有待研究。

6.6.2 框架结构低周往复试验模拟分析

6.6.2.1 试验概况

模拟对象来自《Role of cast-in situ slabs in RC frames under low frequency cyclic load》[2]中代号为RC1与RC2的1×2跨二层钢筋混凝土框架，其中RC1为无楼板的空框架，RC2为带现浇楼板的框架，现浇楼板厚度为50mm，框架具体的几何尺寸与配筋情况如图6-6-20～图6-6-22所示，混凝土与钢筋材料参数如表6-6-3和表6-6-4所示。

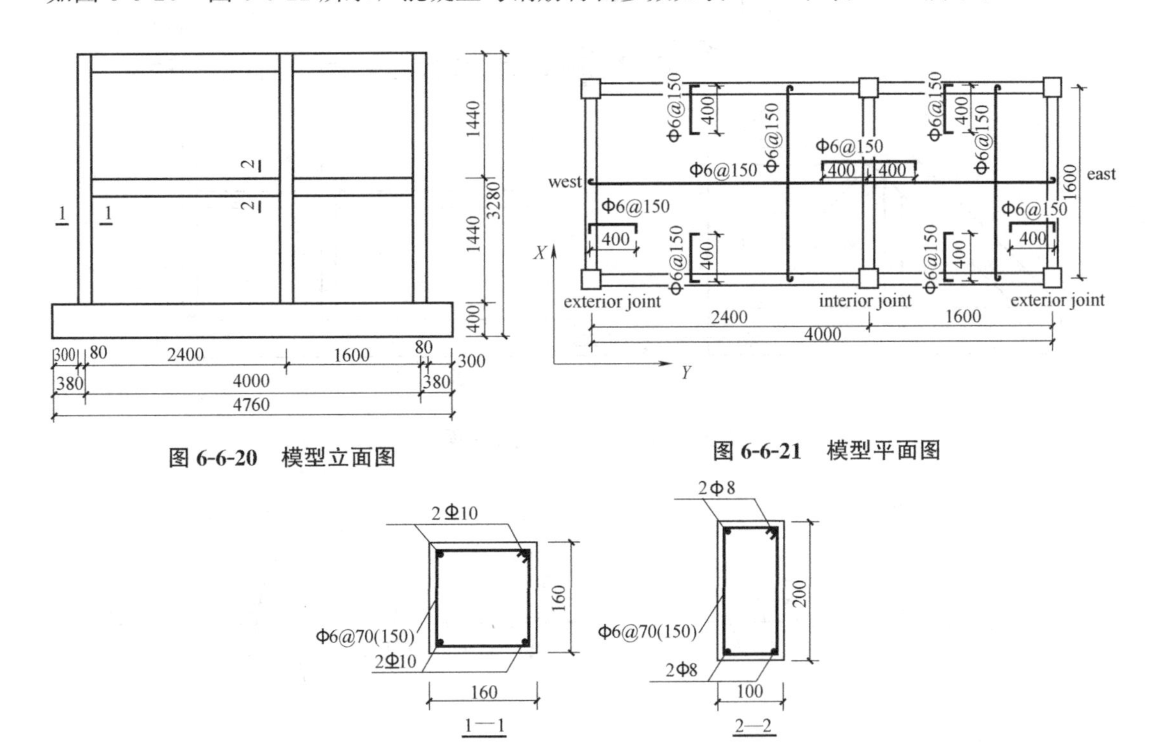

图 6-6-20 模型立面图

图 6-6-21 模型平面图

图 6-6-22 梁柱截面配筋图

混凝土材料参数　　表 6-6-3

	棱柱体抗压强度(MPa)	弹性模量(MPa)
一层	28.4	2.85×10^4
二层	25.1	2.64×10^4

钢筋材料参数　　表 6-6-4

	直径(mm)	屈服强度(MPa)	极限强度(MPa)	弹性模量(10^5MPa)
箍筋	6	294	401	1.51
板分布筋	6	294	401	1.51
梁纵筋	8	304	423	1.68
柱纵筋	10	384	508	1.56

利用液压千斤顶对模型二层梁柱节点沿 Y 向进行两点同步加载，加载装置如图 6-6-23 所示，在 RC1 每层的梁上均匀放置总重量为 14.2kN 的配重来代替现浇楼板对框架梁的荷载。整个加载过程采用位移控制，每一级循环 3 次。首先以 0.1%（顶点位移 3mm）为增量进行加载，在层间位移达到 0.4%（12mm）后，以 0.2%（6mm）为增量进行加载，在层间位移达到 1%（29mm）后，按照 1.25%（36mm），1.5%（43mm），2%（58mm），2.5%（72mm），3%（86mm），3.5%（101mm），4%（110mm）和 4.2%（120mm）的层间位移进行加载，如图 6-6-24 所示。

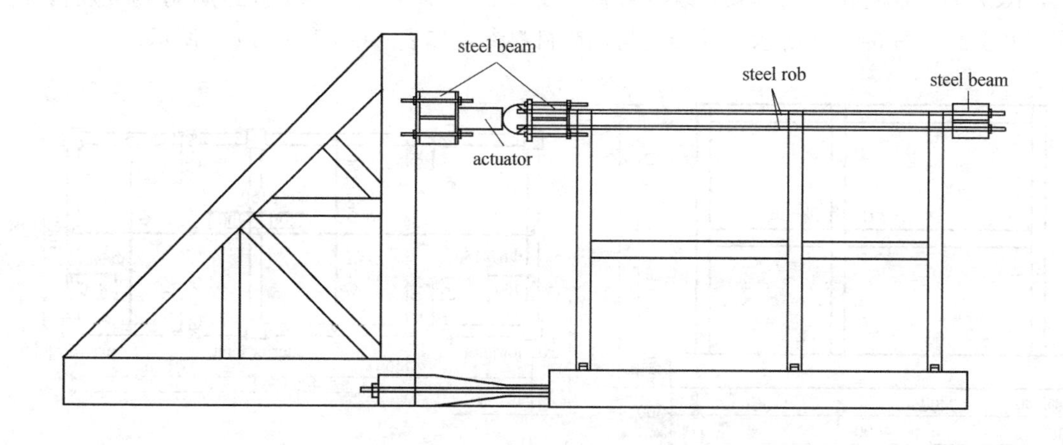

图 6-6-23　加载装置示意图

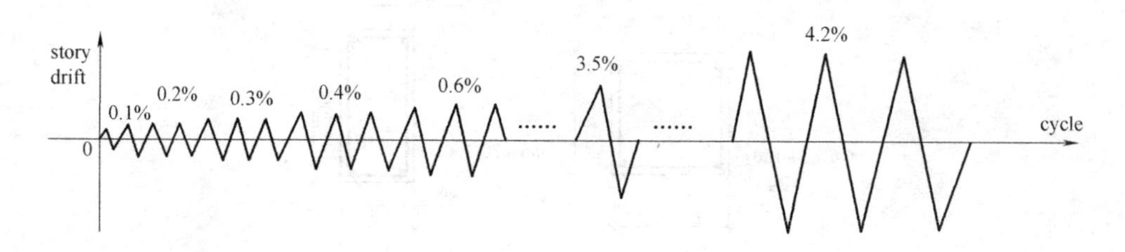

图 6-6-24　试验加载制度

6.6.2.2　模型建立

（1）钢筋本构

钢筋采用考虑强化的三折线模型，屈服前弹性模量采用试验值，屈服后弹性模量取屈服前弹性模量的 1/100，屈服强度和极限强度取试验值，如图 6-6-25 所示。

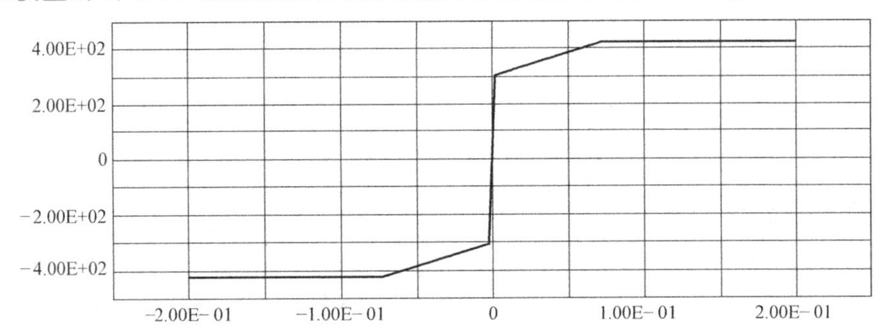

图 6-6-25　PERFROM-3D 钢筋应力-应变关系

（2）混凝土本构

采用 Mander 约束混凝土模型，通过将箍筋的约束作用等效为侧向约束力，进而确定约束混凝土本构的峰值强度和峰值强度对应的应变。按本算例的配筋情况与棱柱体抗压强度试验值计算可得，约束混凝土抗压强度峰值为 32.88MPa，对应的峰值应变为 0.003，极限压应变为 0.050，如图 6-6-26 所示。

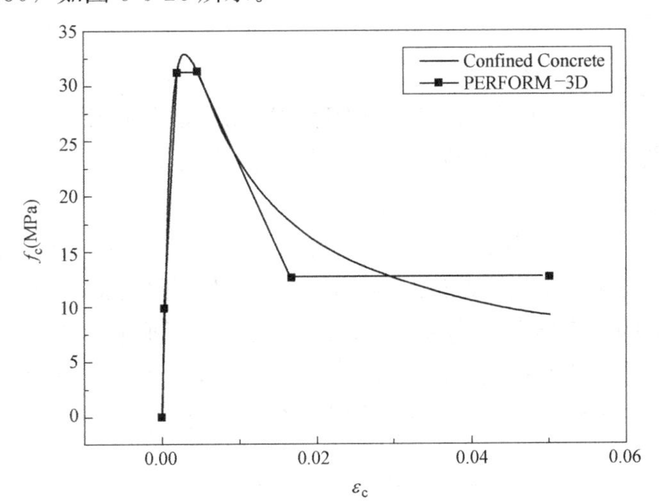

图 6-6-26　Mander 混凝土本构曲线

（3）荷载施加

采用 PERFROM-3D 中的“Dynamic Force”加载模式模拟低周往复荷载，Dynamic Force 模式是指在结构或构件上施加随时间变化的力 $F(t)$，进而求得整个时域内的结构或构件的响应。

由于试验中是位移加载的，框架的顶点位移是已知的，所以在模拟过程中必须把位移转换成力，即要将 $d(t)$ 转换成输入模型中的 $F(t)$。

不考虑质量和阻尼比的动力方程为：$kd(t)=F(t)$。在框架的两个加载点处分别设置两个刚度 K 很大的弹簧。动力方程中的 k 应由所设置的弹簧 K 以及结构本身的刚度 K_b 组成，即 $k=K+K_{\mathrm{b}}$。但是 $K>>K_{\mathrm{b}}$，故 $k\approx K$，可以用 $Kd(t)=F(t)$ 推算出 $F(t)$。图 6-6-27 为计算输入的力时程曲线。

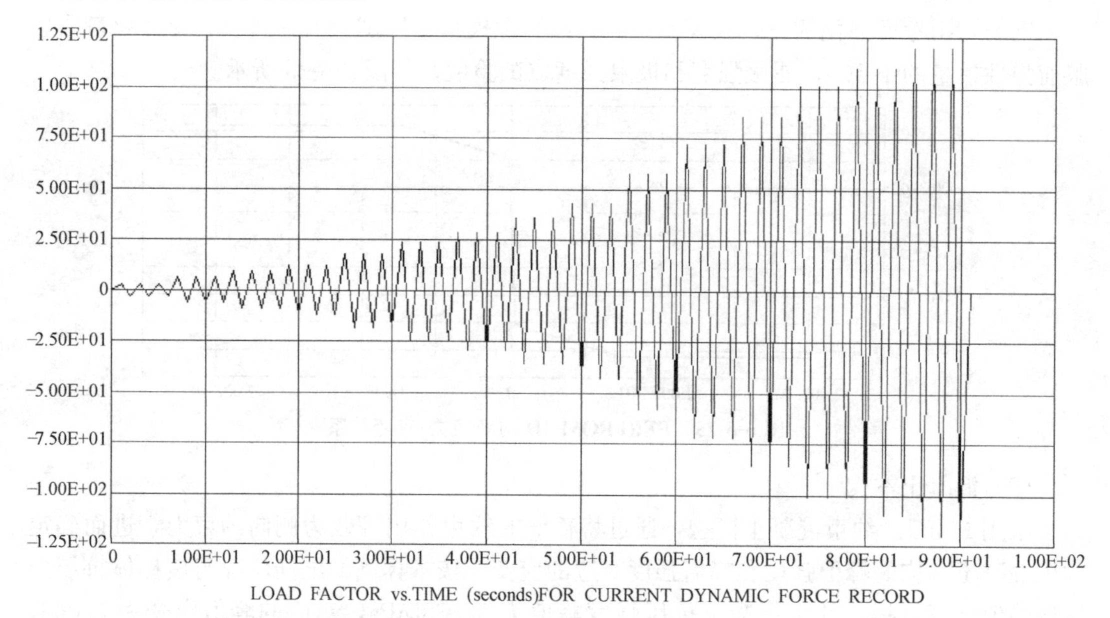

图 6-6-27 PERFORM-3D 加载时程曲线

6.6.2.3 模拟结果

（1）滞回曲线及骨架曲线

从图 6-6-28 及图 6-6-29 可以看出，PERFORM-3D 模拟的滞回曲线与试验结果总体上基本吻合，RC1 与 RC2 的峰值承载力的试验结果均略高于模拟结果，对 RC1 偏差在 25%以内，对 RC2 偏差在 8%以内，原因可能为钢筋的实际强度高于计算采用的值，以及混凝土本构中对钢筋的约束作用考虑不足。在结构屈服前计算模型的刚度与试验结果较为接近，计算模型的刚度略大于实际试件的刚度，这可能是由于实际试件中柱子的塑性铰长度比计算模型中所取的 0.5 倍截面高度大。纤维单元可以模拟混凝土截面开裂后的刚度下降，而构件中间的弹性单元在整个计算过程中刚度不变，不能模拟混凝土开裂和钢筋屈服后的截面刚度下降，导致随着加载位移的增大，实际试件的加载刚度逐渐下降，而计算模

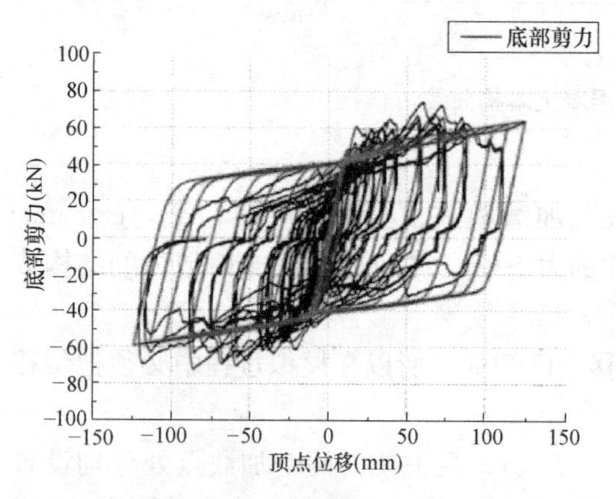

图 6-6-28 RC1 滞回曲线对比

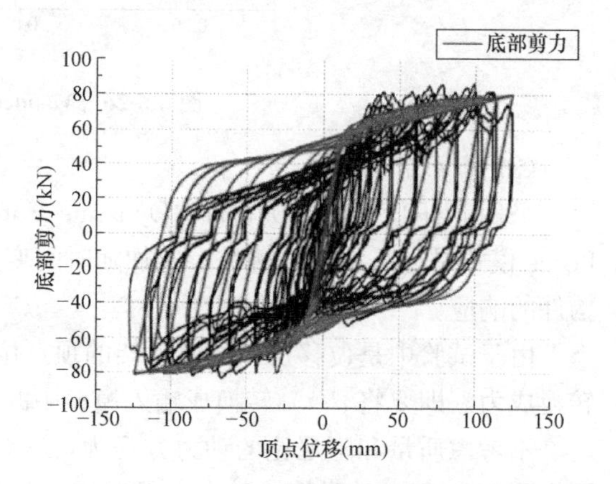

图 6-6-29 RC2 滞回曲线对比

型的加载刚度一直维持在较大的水平。对于往复加载对框架产生损伤累积效应，PERFORM-3D 中通过定义一个"能量退化系数"来进行考虑，该系数为滞回曲线中刚度退化后曲线所包围的面积与刚度未退化前曲线所包围的面积之比，这个系数从能量的角度考虑混凝土损伤累积所造成的刚度退化，并没有定义具体的曲线，因此只能从宏观的角度体现结构内部损伤的影响，不能很好地模拟实际试件的卸载刚度变化，而且钢筋的粘接滑移造成的捏缩现象。

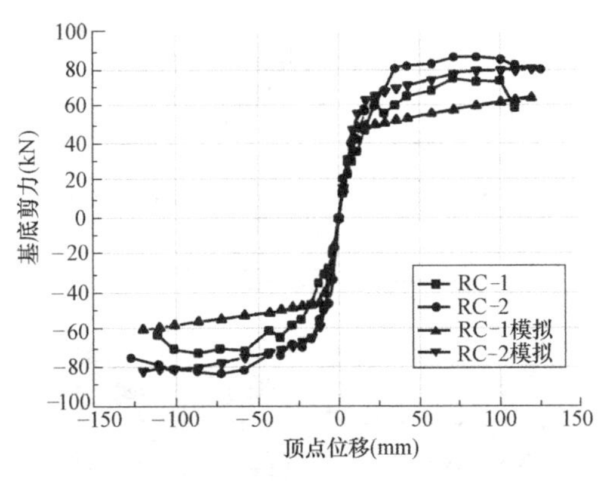

图 6-6-30　骨架曲线对比

从图 6-6-30 骨架曲线对比可以看出，在结构弹性阶段，模拟所得的结构响应与实际试件较为一致，屈服位移也较为接近，均在 0.5%的层间位移角附近。而且从试验结果与模拟结果都可以看出，现浇楼板对结构整体的承载力有增强作用。试验得出的骨架曲线在后期加载阶段呈现出强度退化现象，承载力均有不同程度的下降，而通过模拟得出的骨架曲线则在屈服后承载力持续增加，没有出现下降段，原因可能为试验中柱子的纵筋屈曲后结构承载力明显下降，而计算模型采用的是无屈曲钢筋本构，因此得不到结构承载力明显下降的结果。

（2）刚度退化

由图 6-6-31 可以看出，实际试件的初始刚度较大，在加载初期经历了一个刚度急剧下降的阶段，在这个阶段中混凝土截面发生开裂，钢筋发生屈服，导致结构刚度有较大损失，在此之后刚度退化速度渐趋平缓。从图 6-6-32 可以看到，RC1 刚度退化的模拟结果与实际模型较为接近，初始刚度均处于 5000N/mm 附近，对带现浇楼板的 RC2 采用两种方式进行模拟，第一种是采用刚性楼板假定，即约束每一层节点的两个水平方向的平动自由度与水平面内的转动自由度，使每一层在水平面内成为一个刚体，由图可见这种方法计算得出的初始刚度与实际结构有较大差别，仅为 5500N/mm；第二种方法是按照实际楼板厚度在每一层设置弹性壳单元，该壳单元具有平面内与平面外的刚度，由图可见此方法的模拟初始刚度较接近实际试验结果，约为 10000N/mm，加载初期刚度急剧下降段也能较好地体现。两种方法的初始刚度出现较大差别的原因应该为：采用刚性楼板假定时，并没有对节点在竖直面内的旋转自由度进行约束，因此节点在竖直面内可自由转动，并不能体现现浇楼板对柱端转角的约束影响，导致整体结构刚度偏低，当采用弹性壳单元模拟现浇楼板时，由于壳单元具有平面外的弯曲刚度，可以对节点在竖直面内的转动提供一定的刚度，因此模拟的初始刚度更接近实际结构。在实际试验现象的观察中，与加载方向垂直的直交梁出现了明显的受扭裂缝，如图 6-6-33、图 6-6-34 所示，证明现浇楼板随着框架侧向位移的增大而对框架柱端转角的约束刚度逐渐减少，柱端与现浇楼板的转角位移不协调，导致整体结构刚度逐渐下降。

（3）柱底剪力分配

由图 6-6-35～图 6-6-38 可以看出，各柱柱底剪力模拟结果与试验结果总体趋势吻合，

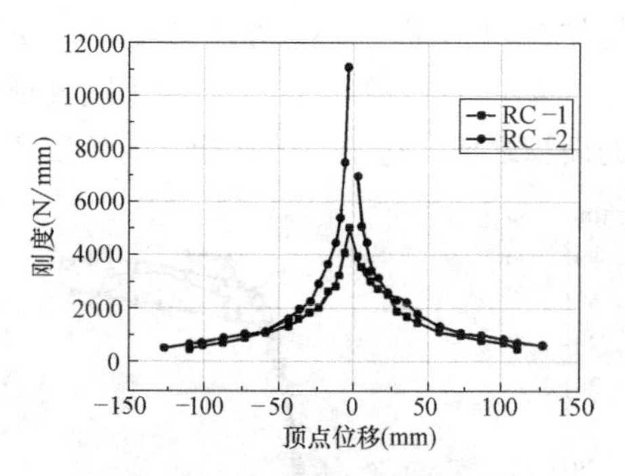

图 6-6-31　试验刚度退化

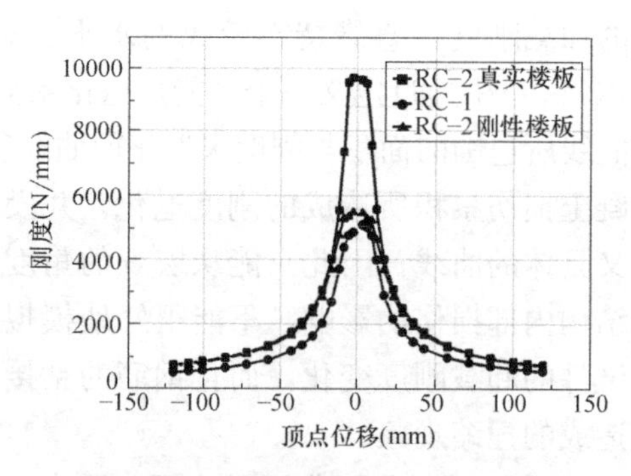

图 6-6-32　PERFORM-3D 刚度退化

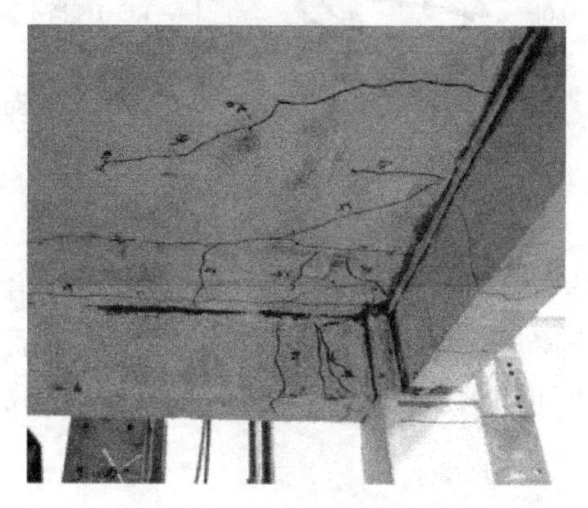

图 6-6-33　框架节点破坏形态

图 6-6-34　直交梁受扭裂缝

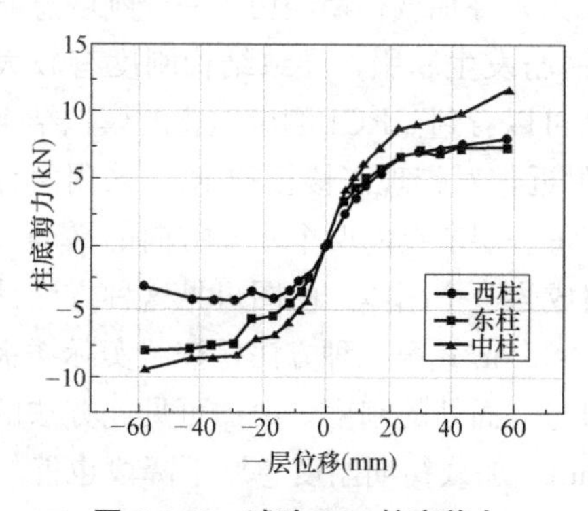

图 6-6-35　试验 RC1 柱底剪力

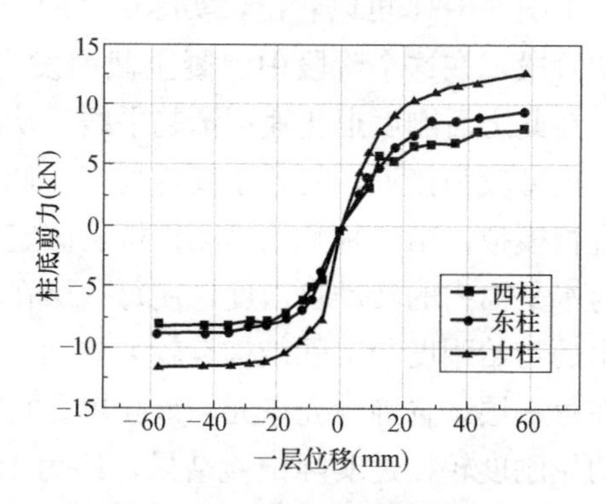

图 6-6-36　试验 RC2 柱底剪力

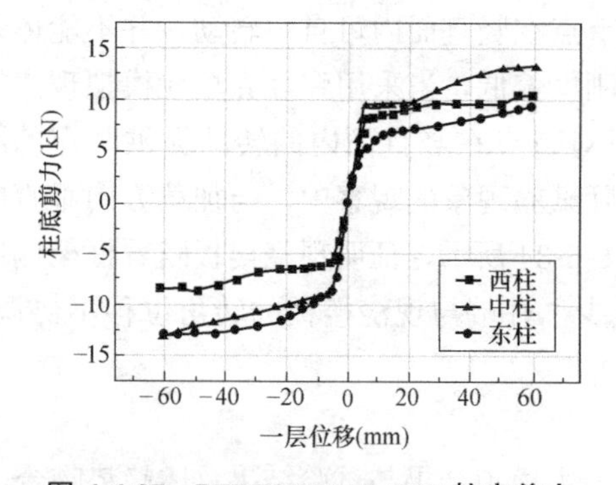

图 6-6-37　PERFORM-3D RC1 柱底剪力

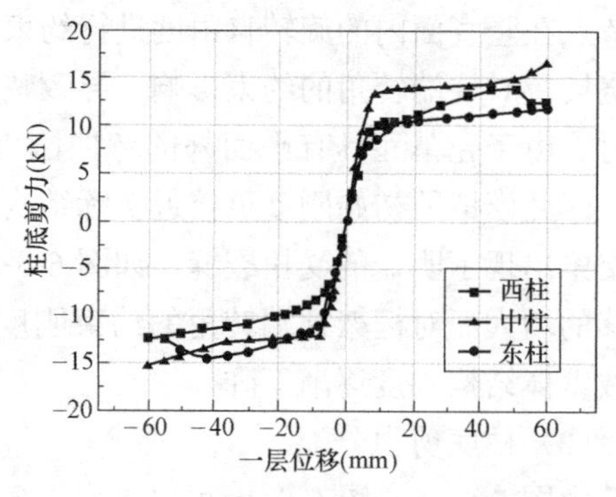

图 6-6-38　PERFORM-3D RC2 柱底剪力

模拟结果略大于试验结果，而且模拟的框架柱初始刚度均比试验结果大。模拟结果与试验结果均体现出中柱所分配到的剪力最大这一规律，原因为中柱柱端受到两边框架梁的约束，支座刚度较大，在发生相同位移的情况下所分配到的剪力就比较大。

（4）破坏模式

框架梁柱位移角在低周往复加载中的发展情况如图 6-6-39 与图 6-6-40 所示，该模型考虑了刚性隔板的作用，位移角较大处大部分出现在柱端，其中以中柱破坏最为严重，梁端转角较小，仅二层梁端达到位移角限值“1”及一层两侧节点的梁端达到位移角限值“5”，为梁柱混合铰破坏模式（表 6-6-5）。

梁柱构件位移角限值　　**表 6-6-5**

位移角限值	1	2	3	4	5	6
柱	0.004	0.014	0.024	0.034	0.044	0.049
梁	0.003	0.013	0.018	0.023	0.028	0.053
对应颜色						

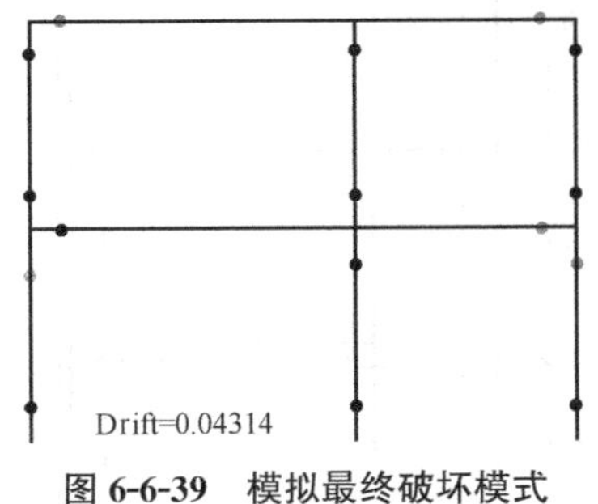

图 6-6-39　模拟最终破坏模式

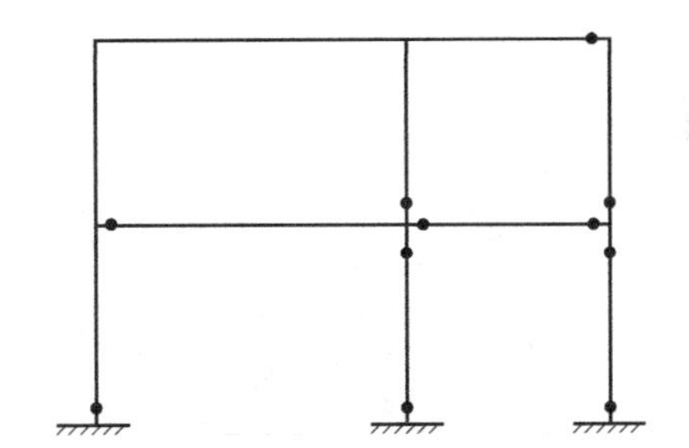

图 6-6-40　试验最终破坏模式

6.6.2.4　总结

（1）对于结构层次，PERFORM-3D 对该框架模型在低周往复荷载下的整体性能模拟较好，初始刚度与峰值承载力均与试验结果较为接近，然而由于 PERFORM-3D 通过能量耗散系数来考虑结构的损伤与能量耗散，因此对卸载刚度的模拟不够准确。

（2）对于构件层次，模拟各柱的剪力分配情况总体与试验结果相近。由于宏观单元难以模拟现浇楼板对梁变形的约束，柱底部转角的模拟结果均比试验大，试验中各柱脚转角最大值约为 0.017，模拟结果达到 0.040。可见，现浇楼板在结构产生较大变形的情况下起到明显的调节内力与限制变形的作用，对构件变形影响显著。

（3）对于整体破坏模式，模拟与试验结果均呈现为梁柱混合铰的破坏模式，试验中构件损坏较严重的部位在模拟结果中均有体现，而且由于模拟结果为结构理想条件下的破坏模式，没有考虑结构初始的局部缺陷，所以显得更为对称、均匀。

6.7　剪力墙结构

6.7.1　试验概况

2005 年 10 月至 2006 年 6 月间在加利福尼亚大学圣地亚哥分校的户外高性能振动台

(LHPOST) 进行了钢筋混凝土剪力墙振动台试验[3]。采用了足尺模型，模型主体是一片7层高的足尺钢筋混凝土剪力墙，高 19.204m，长 3.048m，厚度在首层和第 7 层是203mm，其余层为 152mm。模型的平面图以及立面图分别如图 6-7-1 和图 6-7-2 所示，图中的腹板剪力墙就是试验的主要研究对象。为了模拟单片剪力墙在真实结构中的边界条件，试验模型中设置了翼缘剪力墙、楼板、钢柱以及钢支撑。其中，翼缘剪力墙和带端柱剪力墙提供与振动主方向垂直的水平刚度和扭转刚度。楼板厚度为 203mm，钢柱是外径101.6mm、壁厚 8.6mm 的圆钢管，钢柱与楼板之间的连接为铰接。钢支撑为角钢∟101.6×101.6×9.525。模型中各剪力墙的配筋率如表 6-7-1 所示。

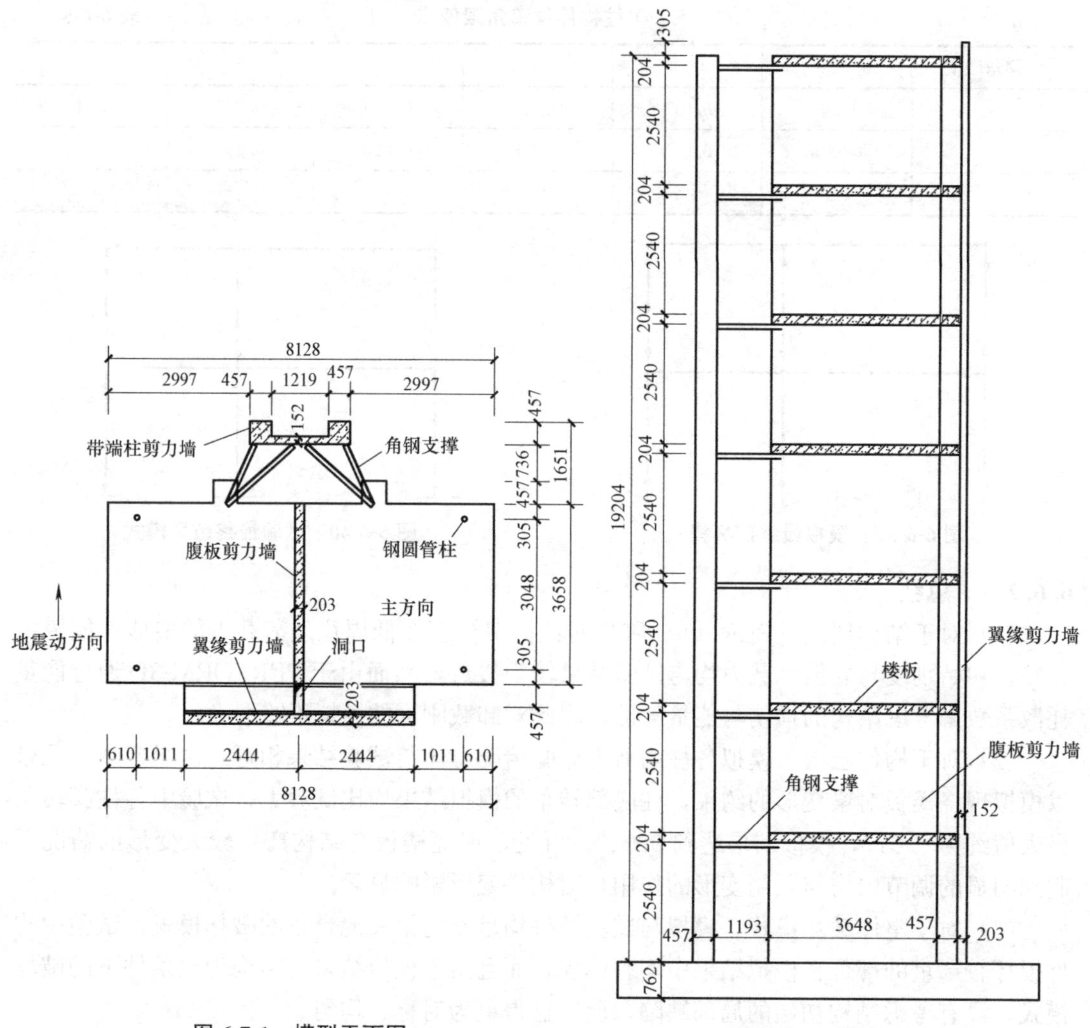

图 6-7-1 模型平面图

图 6-7-2 模型立面图

模型中各剪力墙的配筋率 表 6-7-1

钢筋位置	层数	腹板剪力墙	翼缘剪力墙	带端柱剪力墙
竖直分布筋配筋率	1、7	0.66%	0.25%	0.33%
	2~6	0.81%	0.33%	0.33%

续表

钢筋位置	层数	腹板剪力墙	翼缘剪力墙	带端柱剪力墙
端部竖直分布筋配筋率	1、7	1.91%	1.23%	0.38%
	2～6	2.51%	0.94%	0.38%
水平分布筋配筋率	1、7	0.31%	0.20%	0.27%
	2～6	0.41%	0.27%	0.27%

振动台试验中，在模型主方向施加 4 条地震波激励 EQ1～EQ4。4 条地震波详细信息如表 6-7-2 所示。地震动施加的方向如图 6-7-1 所示平行于腹板剪力墙的长度方向，该方向为模型的主方向。

4 条地震波详细信息　　　　**表 6-7-2**

编号	地震波名字	最大加速度	持时	对应的抗震设防目标
EQ1	1971 Mw6.6 San Fernando earthquake 纵向分量	0.15g	137.48s	小震
EQ2	1971 Mw6.6 San Fernando earthquake 横向分量	0.27g	135.98s	中震
EQ3	1994 Mw6.7Northridge earthquake 纵向分量	0.35g	125.48s	中震
EQ4	1994 Mw6.7Northridge earthquake 横向分量	0.91g	104.98s	大震

6.7.2 模型建立

振动台试验所采用的混凝土抗压强度标准值是 27.5MPa，钢筋采用 ASTM A615 Grade60。在试验前进行了材性试验，所测出的混凝土的平均抗压强度是 37.9MPa，钢筋平均屈服强度是 455MPa。我国最新规范中给出的混凝土本构关系上升段采用 Mander 模型，下降段采用过镇海建议的公式，将我国规范的混凝土本构拟合成 PERFORM-3D 的混凝土本构。PERFORM-3D 的钢筋本构采用二折线本构。图 6-7-3 和图 6-7-4 是 PERFORM-3D的混凝土和钢筋的本构关系。

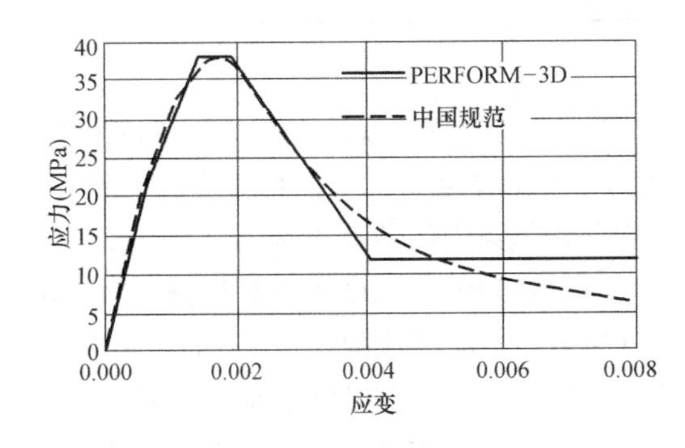

图 6-7-3　PERFORM-3D 混凝土本构关系

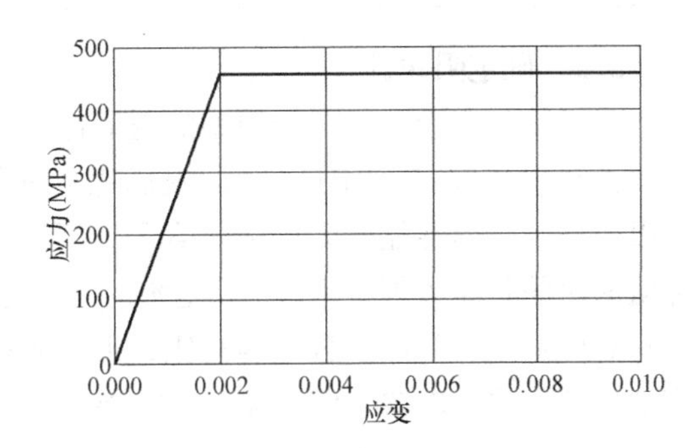

图 6-7-4　PERFORM-3D 钢筋本构关系

6.7.3 弹性分析

6.7.3.1 模态分析

为验证 PERFORM-3D 模型建立的正确性，先进行结构的模态分析。将 PERFORM-3D 模态分析的结果与振动台试验数据以及 ETABS 分析结果进行对比。ETABS 模型和 PERFORM-3D 模型的质量均来自模型各构件的质量，模型均没有施加附加荷载。表 6-7-3 是振动台试验模型、ETABS 模型以及 Perfom-3D 模型的楼层质量对比。由表 6-7-3 可知，ETABS 和 PERFORM-3D 的质量模拟结果与振动台试验结果基本吻合。

分别用 ETABS 和 PERFORM-3D 对结构进行模态分析，其模态分析结果如表 6-7-4 所示。从表中可看出用 ETABS 模型和 PERFORM-3D 模型计算出的周期基本相等。尤其是模型主方向的平动周期，即一阶振型对应的周期与试验结果非常吻合，证明 ETABS 模型和 PERFORM-3D 模型是正确的。

模型质量与试验数据对比　　表 6-7-3

楼层	试验质量(t)	ETABS 质量(t)	PERFORM-3D 质量(t)	ETABS 绝对误差	PERFORM-3D 绝对误差
1	31.61	34.57	33.35	9.36%	3.53%
2	29.07	32.04	31.83	10.22%	0.66%
3	29.02	32.04	31.83	10.41%	0.66%
4	28.99	32.04	31.83	10.52%	0.66%
5	28.99	32.04	31.83	10.52%	0.66%
6	29.71	32.54	33.35	9.53%	2.49%
7	23.95	31.22	26.45	30.35%	15.28%
总和	201.34	226.49	220.47	12.49%	2.66%

模型前三阶周期与试验数据对比　　表 6-7-4

振型阶数	试验模型(s)	ETABSs 模型(s)	PERFORM-3D 模型(s)	ETABS 与 PERFORM-3D 误差
一阶	0.51	0.52	0.50	3.85%
二阶	—	0.46	0.48	4.35%
三阶	—	0.27	0.27	0.00%

6.7.3.2 确定阻尼比

为了确定振动台试验中模型的阻尼比，采用 ETABS 模型进行第一条地震波 EQ1 的弹性动力时程分析，分别在不同的阻尼比下进行试算。由于在基于性能的抗震设计方法中，是以构件的变形性能作为指标限值[5]，所以将时程分析结果中的顶点相对位移响应作为试算阻尼比的判断依据。表 6-7-5 是不同阻尼比下 ETABS 模型对 EQ1 动力时程分析后的顶点相对位移响应与试验数据的对比结果。从表中可知道，当阻尼比取为 1.0%时，ETABS 模拟的结果较为准确，因此用 PERFORM-3D 数值模拟时取模型的阻尼比为 1.0%。

在 ETABS 和 PERFORM-3D 进行动力时程分析中，为考虑高阶振型的影响，在 PERFORM-3D 模型中采用 PERFORM-3D 用户指南建议的模态阻尼和较小的瑞利阻尼相结合的方法，模态阻尼设置为 1%，瑞利阻尼设置为在结构周期 0.13～0.45s 范围内基本等于 0.2%，如图 6-7-5 所示。

不同阻尼比下 ETABS 模型顶点相对位移与试验的误差　　表 6-7-5

对比项	ETABS 模型的阻尼比					
	0.5%	1.0%	1.5%	2.0%	2.5%	3.0%
ETABS 顶点相对位移(mm)	65.00	54.63	48.15	44.61	41.88	39.59
与试验数据的误差	24.7%	4.8%	−7.6%	−14.4%	−19.7%	−24.1%

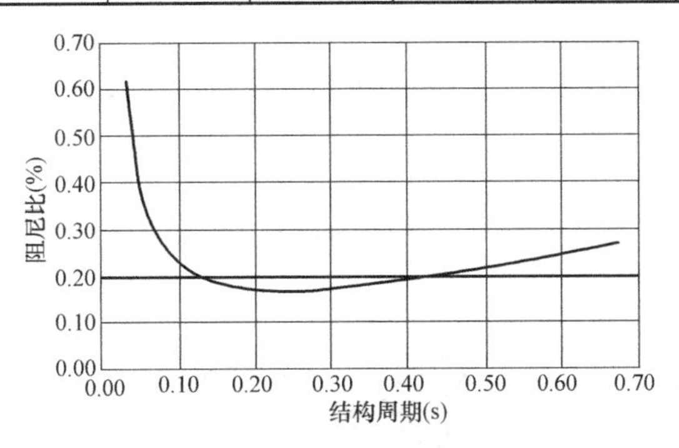

图 6-7-5　PERFORM-3D 瑞利阻尼与结构周期的关系

6.7.4　弹塑性时程分析

在 PERFORM-3D 中进行 EQ1～EQ4 的动力弹塑性时程分析，并将分析得出的结构响应时程以及响应幅值与试验数据进行对比。进行对比的结构响应包括顶点相对加速度、顶点相对位移、基底弯矩、基底剪力。图 6-7-6 所示是其中一条地震波 EQ3 作用下结构响应时程的对比结果，表 6-7-6 所示是 4 条地震波 EQ1～EQ4 作用下结构响应幅值的对比结果。

地震波 EQ1～EQ4 作用下结构响应幅值的对比　　表 6-7-6

地震波		顶点相对加速度(m/s^2)	顶点相对位移(mm)	基底弯矩(kN·m)	基底剪力(kN)
EQ1	试验结果	4.12	52.14	5607.05	425.42
	模拟结果	5.15	127.84	5470.91	428.22
	模拟结果误差	25.0%	145.2%	2.4%	0.7%
EQ2	试验结果	5.81	145.96	8094.91	628.17
	模拟结果	7.79	207.45	6216.07	524.19
	模拟结果误差	34.2%	42.1%	23.2%	16.6%
EQ3	试验结果	7.14	159.83	8491.87	703.94
	模拟结果	10.19	189.50	6198.70	760.55
	模拟结果误差	42.8%	18.6%	27.0%	8.0%
EQ4	试验结果	10.57	394.99	11842.06	1184.71
	模拟结果	18.24	455.77	7712.81	968.46
	模拟结果误差	72.6%	15.4%	34.9%	18.3%

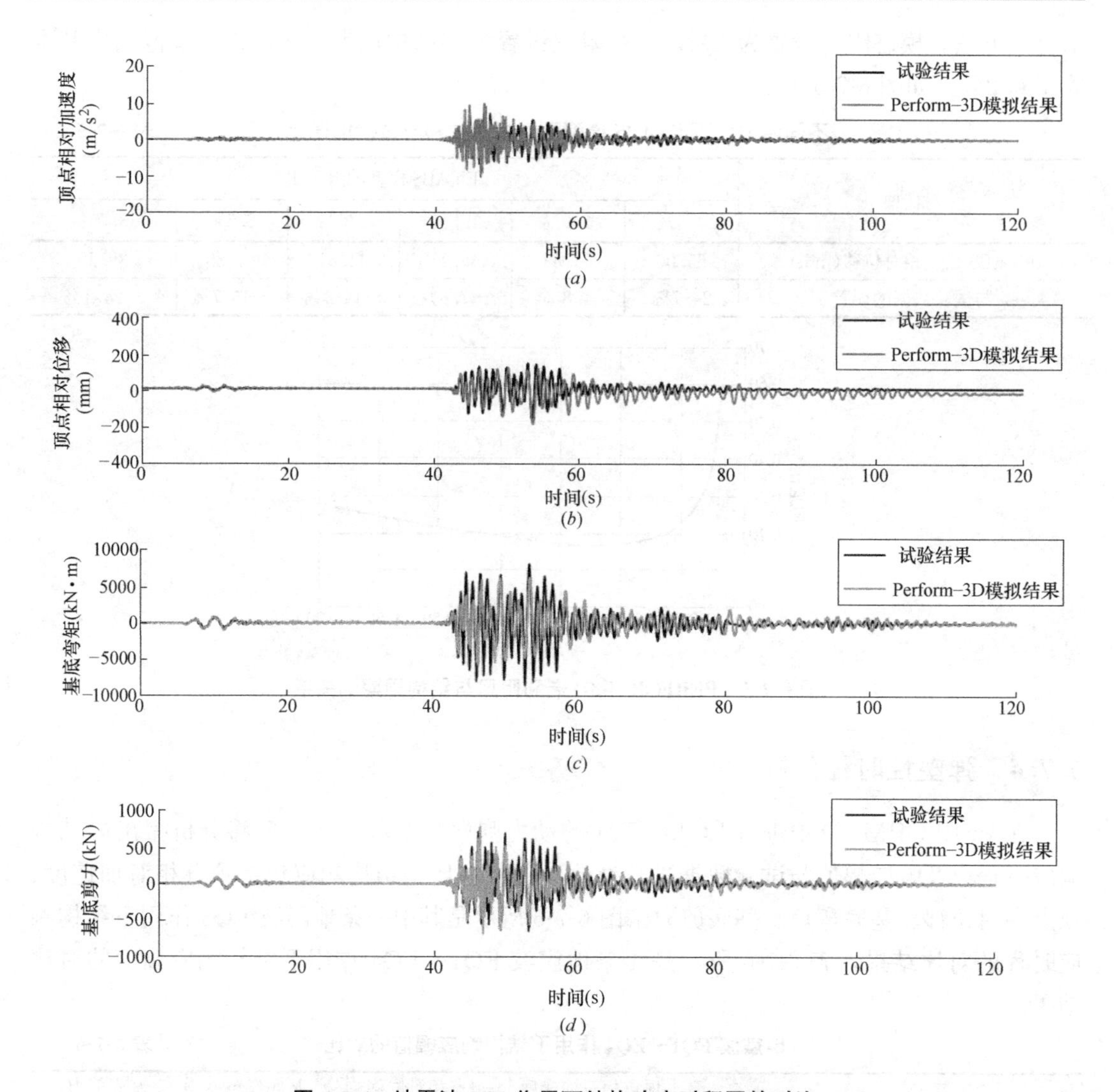

图 6-7-6　地震波 EQ3 作用下结构响应时程图的对比

(*a*) 地震波 EQ3 作用下顶点相对加速度时程图；(*b*) 地震波 EQ3 作用下顶点相对位移时程图；
(*c*) 地震波 EQ3 作用下基底弯矩时程图；(*d*) 地震波 EQ3 作用下基底剪力时程图

由表 6-7-5 可见，EQ1～EQ4 弹塑性时程分析得到的基底弯矩和基底剪力与试验数据非常吻合。在小震 EQ1 作用下，顶点相对位移响应模拟结果较差，但在中震以及大震（EQ2～EQ4）作用下，模拟结果误差逐渐降低。顶点相对加速度响应的模拟结果与位移结果相反，在大震 EQ4 作用下顶点相对加速度响应模拟结果较差，但在小震以及中震（EQ1～EQ3）作用下，模拟结果误差较小。顶点相对位移在小震作用下比试验结果大很多，是因为 PERFORM-3D 在 EQ1 作用过程中塑性变形较大，且不断累积，但实际试验中并没有出现较大的塑性变形。而顶点相对加速度在大震作用下比试验结果大很多，是因为在实际试验中，对试验模型施加了 EQ～EQ3 后再施加 EQ4，此时结构已存在一定的损坏，结构刚度会相应地下降，但 PERFORM-3D 中进行 EQ4 时程分析时是基于结构未受到任何损坏的。

图 6-7-7 是 4 条地震波作用下各楼层最大层间位移角。PERFORM-3D 模拟出的结果与试验数据基本吻合，且均比试验结果稍大。用 PERFORM-3D 进行基于性能的抗震设计，在层间位移角分析存在一定的保守性，满足设计所需要的安全富余要求。

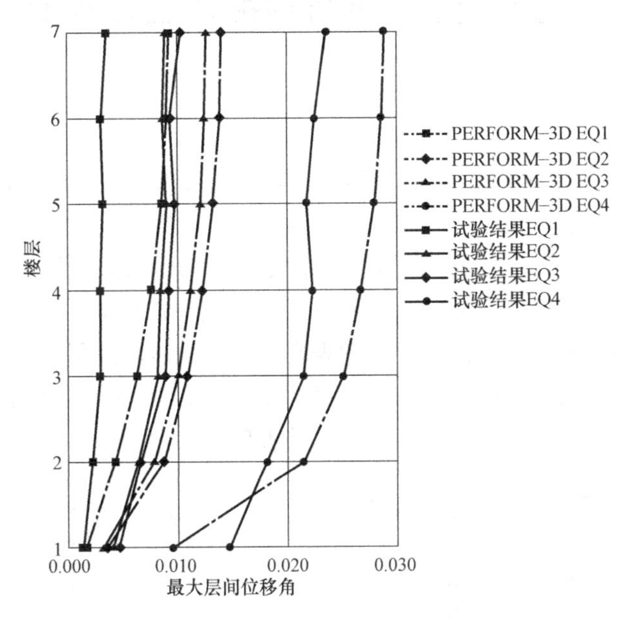

图 6-7-7　4 条地震波作用下各楼层最大层间位移角

在分析整体指标模拟结果的同时，从构件层次对模拟结果进行统计。剪力墙的曲率与墙长的乘积为剪力墙的转角。表 6-7-7 是 4 条地震波下首层剪力墙最大转角的模拟误差。从表中可看出小震作用下 PERFORM-3D 模拟的结果较差，但在中震和大震时，首层剪力墙最大转角与试验数据基本吻合。基于性能的抗震设计需要根据构件的破坏形态划分性能指标限值，PERFORM-3D 在构件层次上模拟结果的合理性，验证了 PERFORM-3D 应用于基于性能的抗震设计方法是可行的。

4 条地震波下首层剪力墙最大转角的模拟误差　　　　**表 6-7-7**

项目	EQ1	EQ2	EQ3	EQ4
试验结果	0.0042	0.0096	0.0087	0.0249
PERFORM-3D	0.0020	0.0107	0.0114	0.0282
模拟误差	108.98%	9.97%	23.60%	11.59%

6.7.5　结论

采用 PERFORM-3D 软件对一片 7 层足尺钢筋混凝土剪力墙进行弹性分析以及弹塑性时程分析，将分析结果与振动台试验数据进行对比，并统计误差。对于整体结构层次的模拟结果，PERFORM-3D 弹塑性时程分析下得到的整体指标与试验基本吻合，这些整体指标包括顶点相对加速度、顶点相对位移、基底弯矩、基底剪力以及最大层间位移角。对于构件层次的模拟结果，PERFORM-3D 在中震和大震下弹塑性时程分析得到的首层剪力墙转角与试验的误差较小。因此，采用 PERFORM-3D 能准确地反映剪力墙的弹塑性行为，能合理地应用于基于性能的抗震设计方法中。

6.8 足尺框架-剪力墙结构振动台试验模拟分析

6.8.1 试验概况

2012 年 4 月至 5 月间在美国加利福尼亚大学圣地亚哥分校的户外高性能振动台（LH-POST）进行了五层现浇钢筋混凝土框架-剪力墙结构足尺振动台试验[4]。数据及报告全文均无偿向公众开放。结构共五层，层高 14 英尺（约 4.267m），屋面标高 70 英尺（约 21.335m）。此次试验的主要目的是为了观测非结构构件在地震作用下的响应，以及面对震后极有可能发生的火灾时建筑消防设备的表现。然而在试验过程中，对于结构的响应及破坏状况也有详尽的记录。试验共采用了 500 多个模拟传感器、GPS 系统以及超过 80 个电子摄像机来记录结构及非结构构件在地震下的表现。

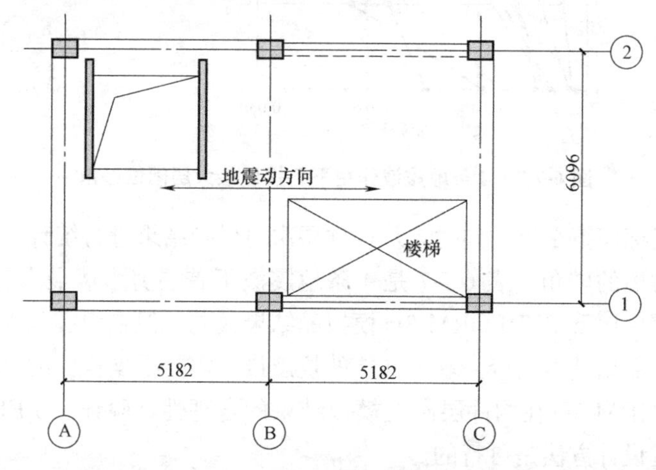

图 6-8-1 试件典型标准层平面图

试件典型标准层平面图如图 6-8-1 所示。围护结构及内部装修均按照建筑图纸及实际情况设计和布置。为了尽可能考察不同类型的框架梁在地震下的表现，设计时各层的框架梁都不尽相同，具体布置见图 6-8-2。各构件截面尺寸及材料等级如表 6-8-1 所示，更具体的配筋信息可查询设计图纸。

各构件截面尺寸及材料等级 表 6-8-1

构件	截面尺寸(mm×mm)	设计混凝土强度(MPa)	纵筋钢筋等级	箍筋钢筋等级
首层柱	660.4×457.2	41.4	Grade 75	f_y= 80ksi
二层及以上柱			Grade 60	
MMFX 框架梁	241.5×647.5	38.0	Grade 100	Grade 100
特殊混合框架梁			Grade 150	Grade 60
DDC 框架梁			Grade 75	
普通框架梁			Grade 60	

试验过程分为两个部分：基础隔震试验和固定底座试验。基础隔震试验（BI）向试件的基础加装了高阻尼橡胶隔震垫，隔震试验结束后，将橡胶隔震垫去除并将基础固定在振动台面上进行固定底座试验（FI）。BI 试验结束后并没有检测到结构损伤。本研究模拟固定底座试验。

FI 试验结构共经历了 6 次地震动，见表 6-8-2。

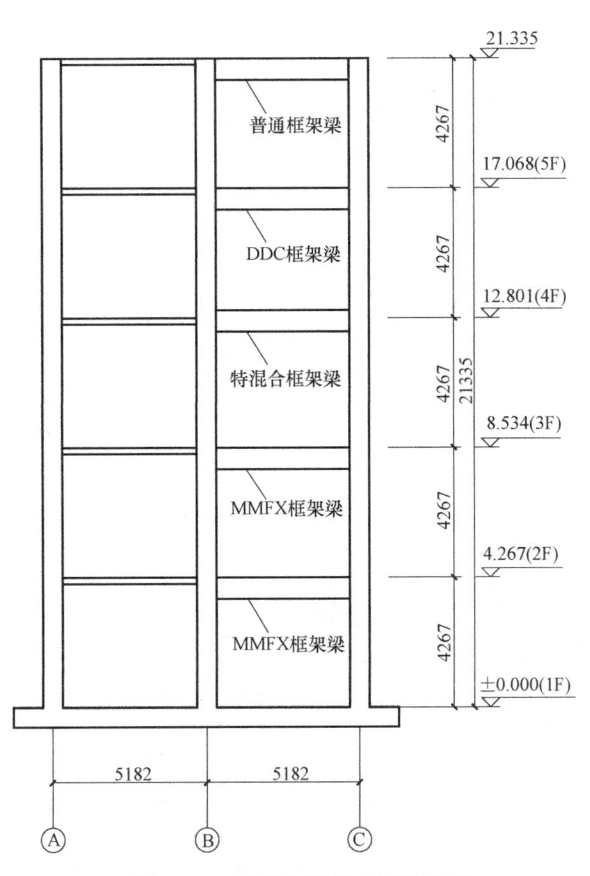

图 6-8-2　试件各层梁布置示意图

各地震动参数　　**表 6-8-2**

地震动	输入时加速度时程峰值(g)	输入速度时程峰值(cm/s)	输入位移时程峰值(cm)
FB:1-CNP100	0.21	23.50	8.78
FB:2-LAC100	0.18	23.05	9.31
FB:3-ICA50	0.21	26.22	5.83
FB:4- ICA100	0.26	28.49	7.32
FB:5-DEN67	0.64	63.74	20.06
FB:6-DEN100	0.80	93.57	33.62

6.8.2　模型建立

6.8.2.1　材料本构

振动台试验报告提供了材料强度实测值。试验开始前，竖向构件的混凝土强度测得的平均值为 8.0ksi（55.2MPa），梁板的混凝土强度平均值为 7.5ksi（51.75MPa）。值得注意的是，首层竖向构件的 28d 混凝土强度只达到了 93%的设计强度，56d 混凝土强度达到了 105%的设计强度，即 6.3ksi（43.47MPa）。因此首层墙柱混凝土强度在模拟中设为 6.3ksi（43.47MPa）。由于梁柱均有箍筋约束混凝土，因此采用 Mander 约束本构[3]并用五折线拟合[4]。钢筋本构采用实测的拉伸曲线拟合三折线。材料本构曲线如图 6-8-3 所示。

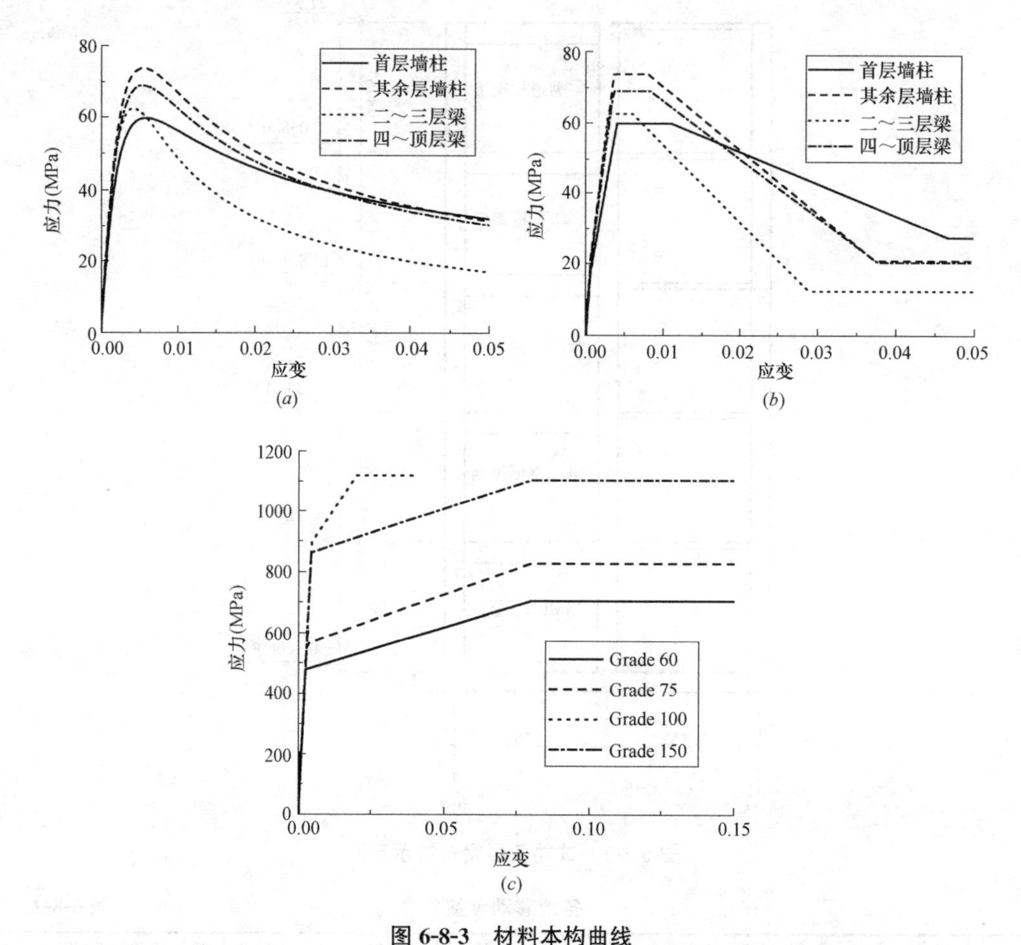

图 6-8-3　材料本构曲线

（a）Mander 约束混凝土本构；（b）经五折线拟合的混凝土本构；（c）三折线拟合的钢筋本构

6.8.2.2　质量及荷载输入

试验报告附有各层的质量信息，可将各层的非结构构件质量化作均布荷载作用于每层的楼板上，并根据构件的从属面积传导到构件上，再根据各构件传导到节点的荷载转化为质量加在各节点上。各层质量信息对比见表 6-8-3。

各层质量信息对比（kN）　　表 6-8-3

楼层	非结构构件质量	总质量	模型输入质量	模型质量/实际质量
屋顶	65.8	593.3	602.9	1.02
5 层	484.5	1078.1	1122.2	1.04

续表

楼层	非结构构件质量	总质量	模型输入质量	模型质量/实际质量
4 层	442.5	1036.3	1080.3	1.04
3 层	122.8	703.8	731.3	1.04
2 层	93	674.0	701.2	1.04

6.8.2.3　阻尼比输入

试验在 FB：1 地震动之前、FB：4 地震动之后和 FB：5 地震动之后均检测了结构的周期和阻尼比，见表 6-8-4。

试验实测阻尼比　　表 6-8-4

周期(s)			阻尼比(%)		
FB:1 之前	FB:4 之后	FB-5 之后	FB:1 之前	FB:4 之后	FB-5 之后
0.741	1.190	1.563	9.05	7.53	7.5
0.592	0.649	0.725	3.44	3.37	5.16
0.439	0.575	0.571	3.38	3.21	6.5
0.173	0.227	0.313	3.66	4.98	10.39
0.158	0.207	0.275	2.35	2.29	2.14
0.107	—	0.196	4.43	—	1.32
0.096	0.116	0.156	4.13	4.61	6.72
0.087	0.116	0.122	0.85	1.4	0.73
0.054	0.078	0.086	4.84	3.39	3.13
0.044	0.054	0.066	3.1	3.91	2.75

由于在每个分析步迭代完成后都进行一次结构模态分析过于耗费计算能力与时间，PERFORM-3D 中并没有提供这样的功能，因此程序无法在各个分析步完成后重新分析结构模态并根据周期改变阻尼比。有文献表明，采用瑞利阻尼的数值分析模型能较好地模拟实验结果[5]。综合考虑后，将测得的阻尼比拟合成瑞利阻尼进行模拟计算。采用第一与第二或者第一与第三周期的阻尼比拟合瑞利阻尼会导致负阻尼的出现，因此采用第二与第三周期的阻尼比拟合瑞利阻尼。拟合的瑞利阻尼如图 6-8-4 所示。

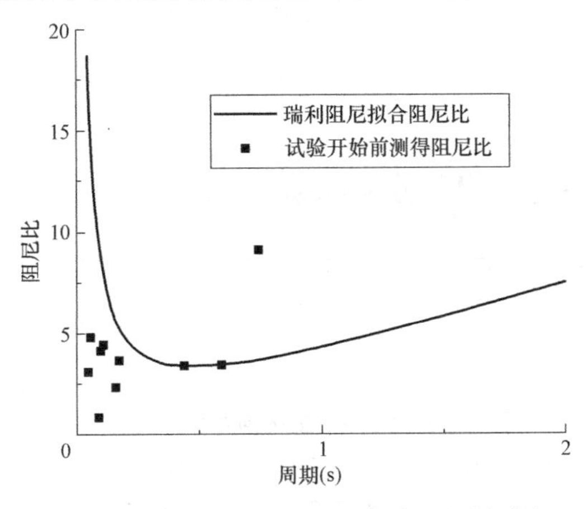

图 6-8-4　拟合 Rayleigh 阻尼与实际阻尼对比

6.8.3 弹塑性时程分析

分别对各层的绝对加速度和相对位移、基底剪力和倾覆弯矩的模拟结果与试验结果进行对比。图 6-8-5～图 6-8-8 为地震动 DEN67 下的时程曲线对比。

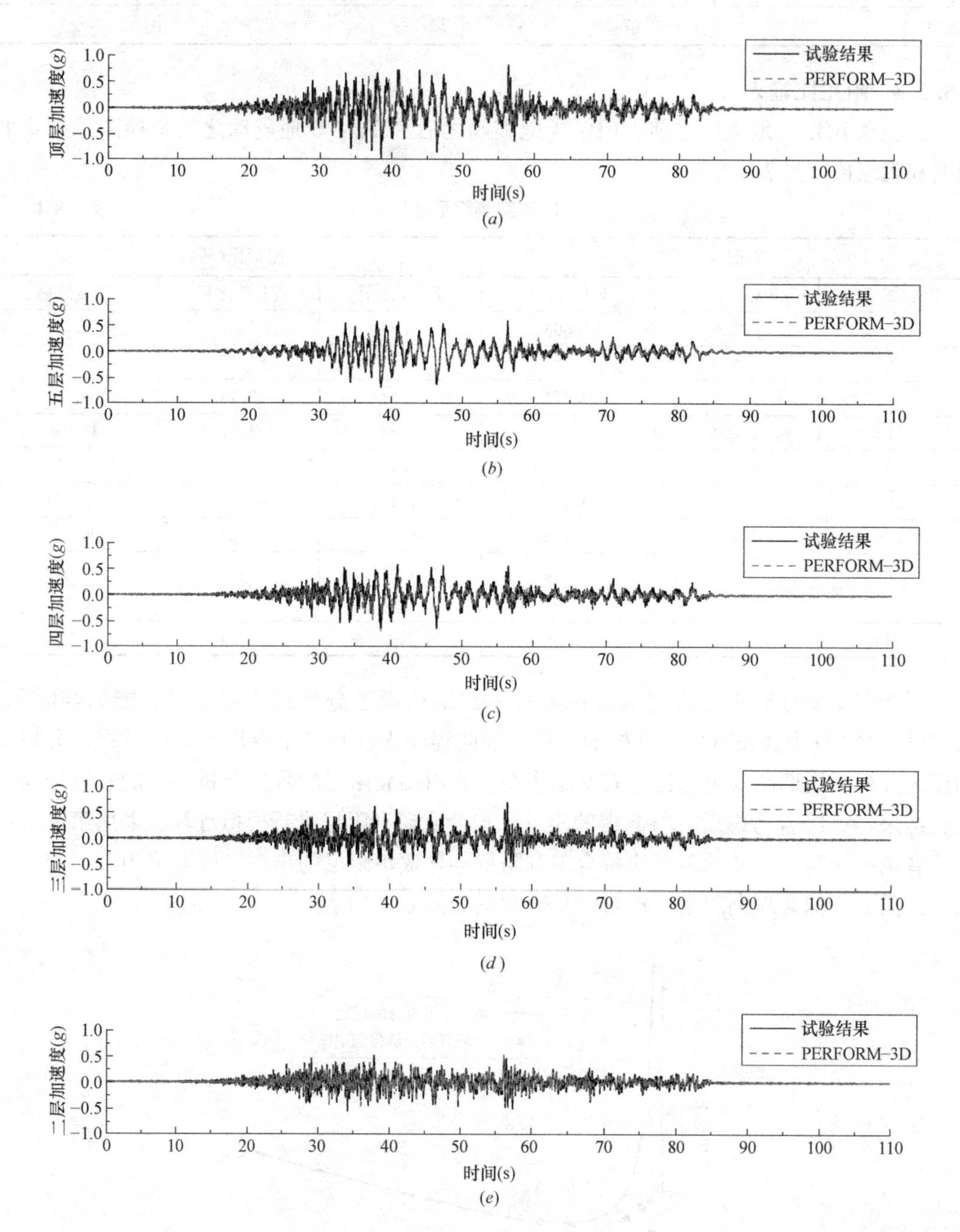

图 6-8-5 DEN67 工况绝对加速度对比

(*a*) DEN67 工况顶层绝对加速度对比；(*b*) DEN67 工况五层绝对加速度对比；(*c*) DEN67 工况四层绝对加速度对比；(*d*) DEN67 工况三层绝对加速度对比；(*e*) DEN67 工况二层绝对加速度对比

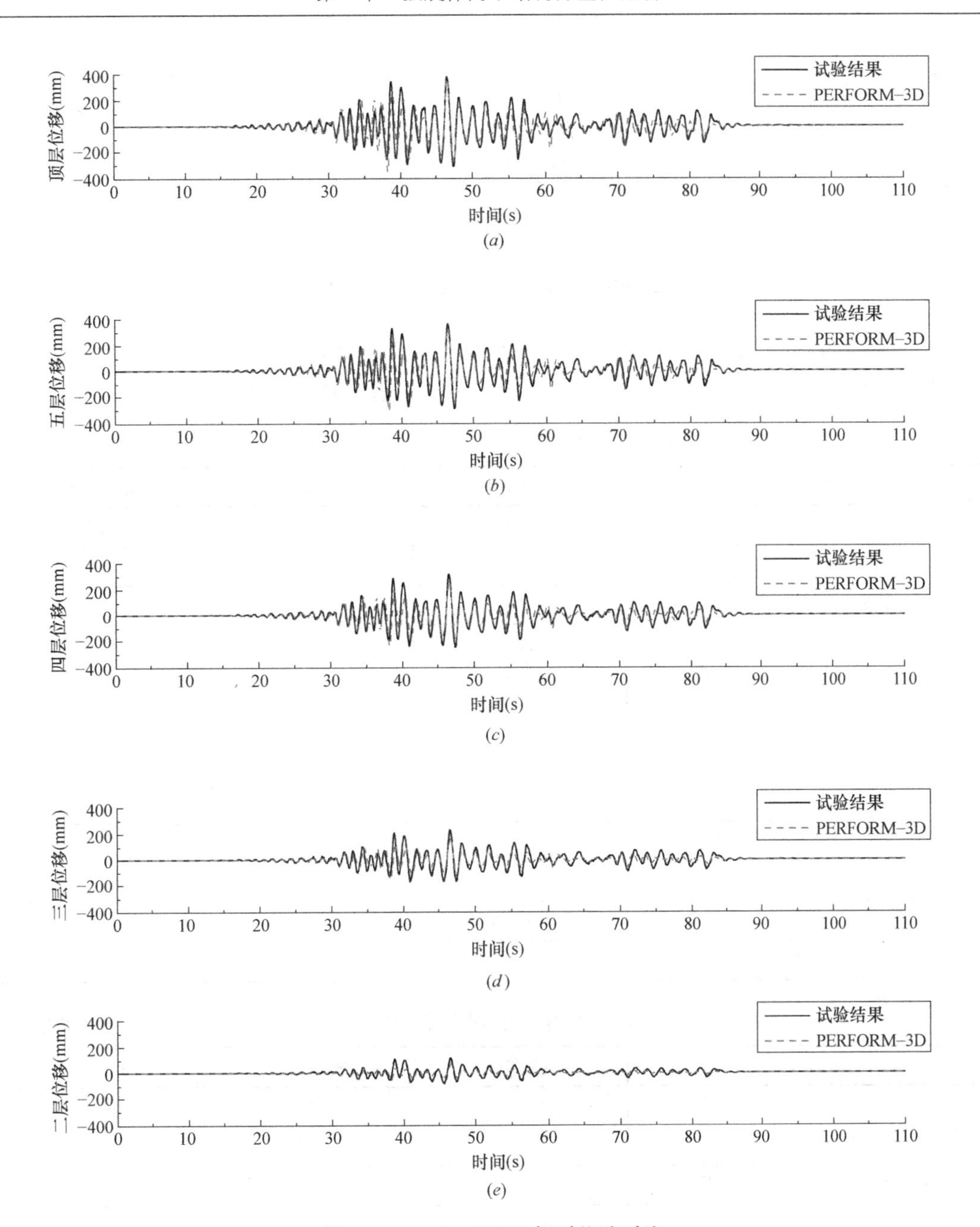

图 6-8-6　DEN67 工况相对位移对比

(*a*) DEN67 工况顶层相对位移对比；(*b*) DEN67 工况五层相对位移对比；(*c*) DEN67 工况四层相对位移对比；(*d*) DEN67 工况三层相对位移对比；(*e*) DEN67 工况二层相对位移对比

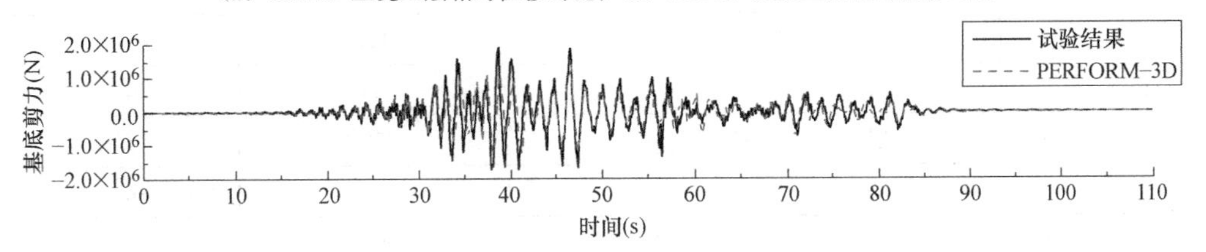

图 6-8-7　DEN67 工况基底剪力对比

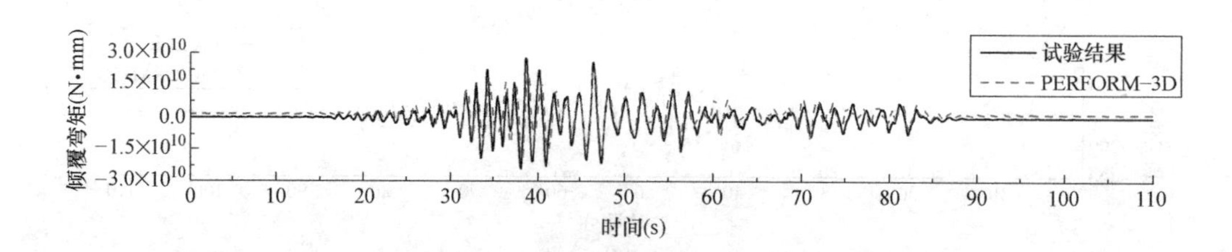

图 6-8-8　DEN67 工况倾覆弯矩对比

从时程对比图可以看出，模拟结果与试验结果吻合良好，曲线变化趋势相近，峰值几乎同时出现。表 6-8-5～表 6-8-10 为各地震波加载下的各层结果对比。

CNP100 弹塑性模拟时程峰值结果对比　　　表 6-8-5

对比项目		试验结果	模拟结果	相对误差
加速度(g)	顶层	0.438	0.236	−46.16%
	五层	0.350	0.199	−43.02%
	四层	0.311	0.149	−51.89%
	三层	0.321	0.169	−47.50%
	二层	0.271	0.193	−28.74%
位移(mm)	顶层	69	93	34.75%
	五层	64	81	26.86%
	四层	53	61	14.42%
	三层	37	37	−1.32%
	二层	18	14	−23.38%
基底剪力(N)		1.07×10^{6}	5.18×10^{5}	−51.47%
倾覆弯矩(N·mm)		1.52×10^{10}	7.76×10^{9}	−48.98%

LAC100 弹塑性模拟时程峰值结果对比　　　表 6-8-6

对比项目		试验结果	模拟结果	相对误差
加速度(g)	顶层	0.390	0.279	−28.36%
	五层	0.347	0.211	−39.22%
	四层	0.320	0.214	−33.07%
	三层	0.306	0.201	−34.19%
	二层	0.261	0.184	−29.61%
位移(mm)	顶层	75	129	71.06%
	五层	69	112	61.04%
	四层	58	86	46.86%
	三层	42	53	26.82%
	二层	18	20	6.42%
基底剪力(N)		1.10×10^{6}	7.14×10^{5}	−35.02%
倾覆弯矩(N·mm)		1.54×10^{10}	1.16×10^{10}	−24.94%

ICA50 弹塑性模拟时程峰值结果对比 **表 6-8-7**

对比项目		试验结果	模拟结果	相对误差
加速度(g)	顶层	0.576	0.282	−50.99%
	五层	0.466	0.235	−49.49%
	四层	0.435	0.156	−64.23%
	三层	0.353	0.136	−61.39%
	二层	0.236	0.157	−33.56%
位移(mm)	顶层	128	99	−22.90%
	五层	119	84	−28.87%
	四层	101	64	−36.92%
	三层	72	39	−46.49%
	二层	32	14	−55.67%
基底剪力(N)		1.48×10^{6}	5.18×10^{5}	−65.08%
倾覆弯矩(N·mm)		2.05×10^{10}	1.05×10^{10}	−48.77%

ICA100 弹塑性模拟时程峰值结果对比 **表 6-8-8**

对比项目		试验结果	模拟结果	相对误差
加速度(g)	顶层	0.643	0.332	−48.45%
	五层	0.565	0.226	−60.06%
	四层	0.497	0.164	−66.95%
	三层	0.373	0.175	−53.14%
	二层	0.284	0.215	−24.33%
位移(mm)	顶层	201	101	−49.93%
	五层	187	87	−53.48%
	四层	155	66	−57.50%
	三层	109	41	−62.66%
	二层	49	15	−68.96%
基底剪力(N)		1.64×10^{6}	5.66×10^{5}	−65.36%
倾覆弯矩(N·mm)		2.42×10^{10}	1.07×10^{10}	−55.80%

DEN67 弹塑性模拟时程峰值结果对比 **表 6-8-9**

对比项目		试验结果	模拟结果	相对误差
加速度(g)	顶层	0.990	0.710	−28.31%
	五层	0.685	0.480	−29.82%
	四层	0.696	0.493	−29.10%
	三层	0.704	0.458	−34.92%
	二层	0.561	0.544	−2.98%

续表

对比项目		试验结果	模拟结果	相对误差
位移(mm)	顶层	379	362	−4.45%
	五层	360	320	−11.09%
	四层	316	252	−20.37%
	三层	229	166	−27.46%
	二层	112	69	−38.73%
基底剪力(N)		1.94×10^{6}	1.43×10^{6}	−26.40%
倾覆弯矩(N·mm)		2.82×10^{10}	2.35×10^{10}	−16.78%

DEN100 弹塑性模拟时程峰值结果对比 **表 6-8-10**

对比项目		试验结果	模拟结果	相对误差
加速度(g)	顶层	0.900	0.953	5.94%
	五层	0.654	0.568	−13.13%
	四层	0.646	0.497	−23.05%
	三层	0.757	0.538	−28.91%
	二层	0.672	0.663	−1.37%
位移(mm)	顶层	647	603	−6.76%
	五层	627	568	−9.49%
	四层	586	492	−16.02%
	三层	479	334	−30.18%
	二层	225	142	−36.53%
基底剪力(N)		1.91×10^{6}	1.45×10^{6}	−24.07%
倾覆弯矩(N·mm)		2.55×10^{10}	2.61×10^{10}	2.27%

6.8.4 误差分析

结构的弹塑性模拟结果与结构在真实地震作用下的响应完全吻合是不可能实现的，主要原因有以下几点：

（1）结构材料的属性有天然的离散性，真实结构的材料强度、弹性模量以及滞回属性是无法得知的，模拟时只能考虑材料的平均值，与真实情况不符。

（2）振动台试验中，输出的加速度与输入的加速度不可能完全一致，会有功率误差，同时试验中振动台面会发生无可避免的倾斜，这些因素在模拟中也难以一一考虑。

6.8.5 结论

弹塑性模拟的结果与试验测得的结果拟合程度较高，PERFORM-3D 具有准确模拟真实结构在地震作用下弹塑性行为的能力，反映了弹塑性模拟的可行性及其结果的准确性。

参考文献

[1] 张海滨. 钢筋混凝土结构地震损伤的压电骨料应力监测与模型修正 [D]. 大连理工大学，2016.

[2] Ning Ning，Wenjun Qu，Peng Zhu. Role of cast-in situ slabs in RC frames under low frequency cyclic load [J]. Engineering Structure，2014，59：28-38.

[3] Marios Panagiotou，Jose I. Restrepo，Joel P. Conte. Shake-Table Test of a Full-Scale 7-Story Building Slice. Phase Ⅰ：Rectangular Wall [J]. Journal of Structure Engineer，2011，137（6）：691-704.

[4] Chen M；Pantoli E；Wang X，*et al*. Full-scale structural and nonstructural building system PERFORMance during earthquakes and post-earthquake fire-specimen design，construction and test protocol（BNCS Report ＃1）[DB/OL]. https：//nees. org/resources/12940，2016-07-29/2016-10-09.

[5] 韩小雷，季静. 基于性能的超限高层建筑结构抗震设计 [M]. 北京：中国建筑工业出版社，2013.

第7章　地震波的选取方法

7.1　概　　述

规范反应谱是规范对结构抗震安全性的要求，所选地震波的平均地震影响系数曲线应与振型分解反应谱法所采用的地震影响系数曲线在统计意义上相符。

本研究从日本K-KET强震观测台网搜集了1146次震级大于5的地震共23万余条，进行分析统计回归，补充完善了我国规范反应谱未给出的6～10s地震影响系数曲线。另外，通过太平洋地震工程研究中心的地震波库，搜集了9313条强震记录，从中剔除竖向地震记录，对剩下的6290条水平地震记录进行统计分析，考虑中国规范对罕遇地震作用下特征周期增加0.05s的要求，对阻尼比为0.05，特征周期分别为0.25s、0.3s、0.35s、0.4s、0.45s、0.5s、0.6s、0.7s、0.8s和0.95s的各类场地，选出与规范反应谱在统计意义上相符的强震记录，组成弹塑性时程分析的地震波库，可根据建筑所处场地类别进行选取。

7.2　结构周期 $0<T<6$s

7.2.1　选波过程及原理介绍

罕遇地震作用下，结构将进入弹塑性状态，传统的底部剪力法和振型分解反应谱法已不再适用，通常采用弹塑性时程分析方法对结构进行动力全过程分析，因而地震波的选取十分重要。规范给出的地震影响系数曲线（反应谱）是通过统计回归得到的，是规范对结构抗震安全度的表现，时程分析所采用的地震波必须与规范反应谱一致，才能体现规范所采用的安全度。作者提出反应谱标准拟合系数 φ_{pos} 和 φ_{neg}，分别描述地震波反应谱在指定周期段内位于规范谱上方部分和下方部分与规范谱的拟合程度，并将 φ_{pos} 和 φ_{neg} 的较大值 $\varphi_{\max}$ 作为该周期段内地震波反应谱拟合规范谱的控制参数将地震波反应谱和规范反应谱在指定周期段内按一定周期间隔离散成一系列的点（T_i，$\alpha_{\mathrm{GM},i}$），（T_i，$\alpha_{\mathrm{T},i}$），如图7-2-1所示。

根据离散点，反应谱标准拟合系数的计算公式如下：

$$\varphi_{\mathrm{pos}}=\sqrt{\frac{\sum_{i=1}^{n}\left(\frac{\alpha_{\mathrm{GM},i}-\alpha_{\mathrm{T},i}}{\alpha_{\mathrm{T},i}}\right)^2}{n}},\alpha_{\mathrm{GM},i}>\alpha_{\mathrm{T},i} \tag{7-2-1}$$

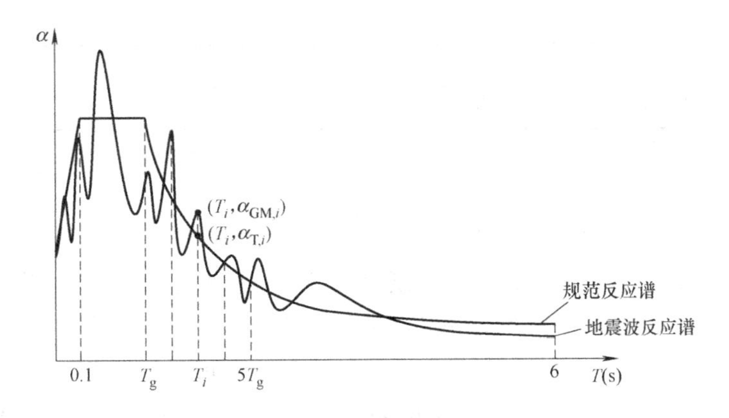

图 7-2-1　反应谱离散点示意图

$$\varphi_{neg} = \sqrt{\frac{\sum_{i=1}^{m}\left(\frac{\alpha_{T,i} - \alpha_{GM,i}}{\alpha_{T,i}}\right)^2}{m}}, \alpha_{T,i} > \alpha_{GM,i} \tag{7-2-2}$$

式中　T_i——第 i 个离散点对应的周期值；

n——地震波反应谱地震影响系数大于规范谱的离散点个数；

m——地震波反应谱地震影响系数小于规范谱的离散点个数；

$\alpha_{GM,i}$——周期为 T_i 对应的地震波反应谱地震影响系数；

$\alpha_{T,i}$——周期为 T_i 对应的规范谱地震影响系数。

由反应谱标准拟合系数的计算式（7-2-1）、（7-2-2）可知，φ_{pos}表示的是地震波反应谱位于规范谱上方部分对规范谱的平均偏离程度，φ_{neg}表示的是地震波反应谱位于规范谱下方部分对规范谱的平均偏离程度。φ_{pos}和 φ_{neg}越小，表示在该周期段内地震波反应谱与规范谱的拟合程度越好。同时，为了保证地震波反应谱位于规范谱上方和下方部分与规范谱均有较好的拟合，将 φ_{pos}和 φ_{neg}的较大值 φ_{max}作为该周期段内选波的控制参数，φ_{max}越小，表示在该周期段内地震波反应谱与规范谱拟合程度越高，该地震波越理想。选波时即根据地震波的 φ_{max}进行排序，选择 φ_{max}较小的组成符合要求的地震波库。

为了使选出的地震波在 T_g～6s 内每一个周期点处都能较好地拟合规范谱，选波区间不宜过大，同时考虑到大震下结构刚度退化、周期延长，若结构基本周期在选波区间交界处，采用结构基本周期所在区间内选出的地震波进行分析，当结构周期变长至超出该选波区间范围时可能导致分析结果离散性较大，甚至偏于不安全，无法达到规范的设计水准，因此将 T_g～6s 划分成三个选波区间，使每两个相邻区间有一定的重叠，并对每一个选波区间划分对应的参考区间，以保证当结构基本周期处于任何区间时选出的地震波都能符合要求，各场地特征周期对应的选波区间及参考区间如表 7-2-1 所示。

各类场地特征周期对应的选波区间及参考区间　　　　**表 7-2-1**

序号	$T_g \leqslant 0.4$s		$T_g > 0.4$s	
	选波区间(s)	参考区间(s)	选波区间(s)	参考区间(s)
①	T_g～$5T_g$	T_g～$(5T_g-0.5)$	T_g～2	T_g～1.5

续表

序号	$T_g \leqslant 0.4$s		$T_g > 0.4$s	
	选波区间(s)	参考区间(s)	选波区间(s)	参考区间(s)
②	$(5T_g-0.5)$～3.5	$(5T_g-0.5)$～3	1.5～3.5	1.5～3
③	3～6	3～6	3～6	3～6

注：参考区间即若结构基本周期在该区间内，则选用该参考区间对应的选波区间选出的地震波。

由规范规定的时程分析所用地震加速度时程最大值和规范谱水平地震影响系数最大值之间的关系可知，对于相同阻尼比、相同场地类别和相同地震分组条件下，设防烈度不同时同一条地震波与规范谱计算出的标准拟合系数相同，因此，本章通过从太平洋地震工程研究中心地震波库（http：//peer.berkeley.edu/peer_ground_motion_database）搜集的9313条强震记录，从中剔除竖向地震记录，对剩下的6290条水平地震记录进行计算分析，考虑规范对罕遇地震作用下特征周期增加0.05s的要求，对阻尼比为0.05，特征周期分别为0.25s、0.3s、0.35s、0.4s、0.45s、0.5s、0.6s、0.7s、0.8s和0.95s的各类场地选出可用于弹塑性时程分析的地震波库。各类场地及地震分组的选波过程如图7-2-2所示。

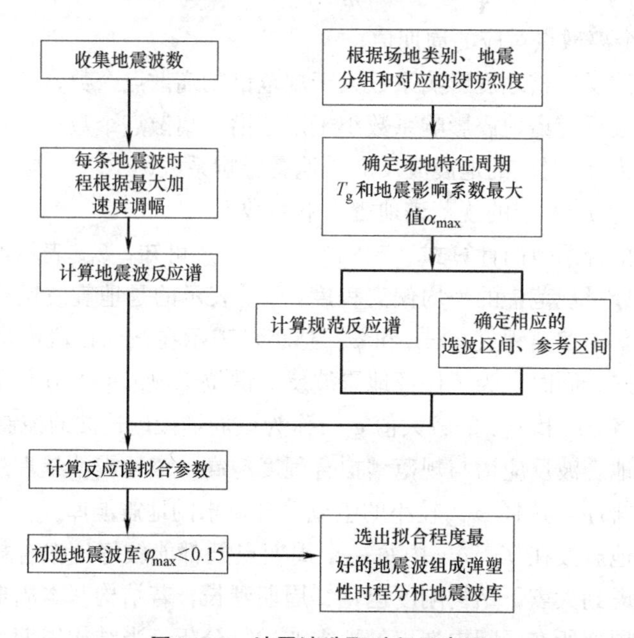

图7-2-2　地震波选取过程示意图

场地特征周期为0.5s的地震波反应谱标准拟合系数分布如表7-2-2所示。

特征周期为0.5s的反应谱标准拟合系数分布范围　　表7-2-2

选波区间(s)	0.5～2			1.5～3.5			3～6		
分布区间 \ 条数 \ 标准拟合系数	φ_{pos}	φ_{neg}	φ_{max}	φ_{pos}	φ_{neg}	φ_{max}	φ_{pos}	φ_{neg}	φ_{max}
—	1594	733	0	2886	1194	0	4384	550	0
(0,0.1]	883	1920	3	620	571	7	483	297	10

续表

选波区间(s)	0.5～2			1.5～3.5			3～6		
标准拟合系数 / 条数 / 分布区间	φ_{pos}	φ_{neg}	φ_{max}	φ_{pos}	φ_{neg}	φ_{max}	φ_{pos}	φ_{neg}	φ_{max}
(0.1,0.15]	319	376	114	207	197	57	138	106	46
(0.15,0.2]	252	302	270	192	236	147	107	123	88
(0.2,0.5]	1081	1333	2120	667	1326	1595	406	750	910
(0.5,1]	1133	1626	2755	720	2766	3486	380	4464	4844
(1,+∞)	1028	0	1028	998	0	998	392	0	392
总计	6290	6290	6290	6290	6290	6290	6290	6290	6290

注：表中“—”的一行表示对应的 φ_{pos} 或 φ_{neg} 的值为 0，即对于 $\varphi_{pos}=0$，说明在该周期段内地震波的反应谱曲线全在规范反应谱下方，对于 $\varphi_{neg}=0$，说明该周期段内地震波的反应谱曲线全在规范反应谱上方。其余表格中的数字代表标准拟合系数在该行所在区间内的地震波数。

场地特征周期为 0.5s 对应的地震波库见表 7-2-3～表 7-2-5，其反应谱曲线见图 7-2-3～图 7-2-5。

场地特征周期为 0.5s 的地震波库 1　　　　**表 7-2-3**

序号	选波区间(s):0.5～2		参考区间(s):0.5～1.5			
	记录名称	记录编号	发生地点	年/月/日	震级	φ_{max}
1	TAP026-E	2319	Chi-Chi Taiwan-02	1999/9/20	5.9	0.083037
2	CHY058-N	2722	Chi-Chi Taiwan-04	1999/9/20	6.2	0.090791
3	HWA028-N	2776	Chi-Chi Taiwan-04	1999/9/20	6.2	0.094744
4	ERZ-EW	821	Erzican Turkey	1992/3/13	6.69	0.104917
5	LAU005	914	Big Bear-01	1992/6/28	6.46	0.10822
6	TCU042-E	1484	Chi-Chi Taiwan	1999/9/20	7.62	0.108443
7	BVC310	746	Loma Prieta	1989/10/18	6.93	0.11084
8	TCU089-E	1521	Chi-Chi Taiwan	1999/9/20	7.62	0.112499
9	CHY102-E	3318	Chi-Chi Taiwan-06	1999/9/25	6.3	0.112645
10	TCU045-E	2367	Chi-Chi Taiwan-02	1999/9/20	5.9	0.113025
11	CCN090	988	Northridge-01	1994/1/17	6.69	0.11333
12	ILA041-N	3060	Chi-Chi Taiwan-05	1999/9/22	6.2	0.11437
13	TCU032-N	2592	Chi-Chi Taiwan-03	1999/9/20	6.2	0.116848
14	TCU073-N	2624	Chi-Chi Taiwan-03	1999/9/20	6.2	0.117849
15	CHY100-N	2988	Chi-Chi Taiwan-05	1999/9/22	6.2	0.119642

注：表中地震记录的序号按该选波区间内地震波反应谱与规范谱的拟合程度排列，序号越小，拟合程度越好。地震记录的记录编号对应的是太平洋地震工程研究中心地震波库（PEER Ground Motion Database）中地震记录的序号，下表同。

场地特征周期为 0.5s 的地震波库 2 **表 7-2-4**

序号	选波区间(s):1.5～3.5			参考区间(s):1.5～3		
	记录名称	记录编号	发生地点	年/月/日	震级	φ_{max}
1	ILA063-W	1347	Chi-Chi Taiwan	1999/9/20	7.62	0.04896
2	SSF115	804	Loma Prieta	1989/10/18	6.93	0.056674
3	ERG180	1159	Kocaeli Turkey	1999/8/17	7.51	0.065973
4	HWA009-N	3327	Chi-Chi Taiwan-06	1999/9/25	6.3	0.076904
5	H-E11140	174	Imperial Valley-06	1979/10/15	6.53	0.094241
6	WIL090	978	Northridge-01	1994/1/17	6.69	0.095819
7	ANA090	945	Northridge-01	1994/1/17	6.69	0.096465
8	B-POE360	725	Superstition Hills-02	1987/11/24	6.54	0.100646
9	12630090	1833	Hector Mine	1999/10/16	7.13	0.10544
10	ILA015-N	3374	Chi-Chi Taiwan-06	1999/9/25	6.3	0.107677
11	TCU092-N	2400	Chi-Chi Taiwan-02	1999/9/20	5.9	0.107681
12	TCU136-N	3508	Chi-Chi Taiwan-06	1999/9/25	6.3	0.108956
13	CHY006-N	1182	Chi-Chi Taiwan	1999/9/20	7.62	0.109144
14	CHY065-E	2728	Chi-Chi Taiwan-04	1999/9/20	6.2	0.109824
15	B-PTS315	723	Superstition Hills-02	1987/11/24	6.54	0.109898

场地特征周期为 0.5s 的地震波库 3 **表 7-2-5**

序号	选波区间(s):3～6			参考区间(s):3～6		
	记录名称	记录编号	发生地点	年/月/日	震级	φ_{max}
1	TCU076-N	1511	Chi-Chi Taiwan	1999/9/20	7.62	0.024347
2	ERG180	1159	Kocaeli Turkey	1999/8/17	7.51	0.063367
3	TCU067-E	1504	Chi-Chi Taiwan	1999/9/20	7.62	0.076595
4	TAP090-E	1409	Chi-Chi Taiwan	1999/9/20	7.62	0.082426
5	TAP090-E	1454	Chi-Chi Taiwan	1999/9/20	7.62	0.082426
6	CHY029-E	1198	Chi-Chi Taiwan	1999/9/20	7.62	0.083347
7	13172090	1835	Hector Mine	1999/10/16	7.13	0.090043
8	CHY101-E	2752	Chi-Chi Taiwan-04	1999/9/20	6.2	0.093797
9	CNA180	1604	Duzce Turkey	1999/11/12	7.14	0.094161
10	SSF115	804	Loma Prieta	1989/10/18	6.93	0.09433
11	CHY061-N	1218	Chi-Chi Taiwan	1999/9/20	7.62	0.100318
12	TAP090-N	1409	Chi-Chi Taiwan	1999/9/20	7.62	0.103024
13	TAP090-N	1454	Chi-Chi Taiwan	1999/9/20	7.62	0.103024
14	C12050	28	Parkfield	1966/6/28	6.19	0.107295
15	HWA026-N	1275	Chi-Chi Taiwan	1999/9/20	7.62	0.108041
16	BTS090	1153	Kocaeli Turkey	1999/8/17	7.51	0.108211
17	HSP000	776	Loma Prieta	1989/10/18	6.93	0.109579

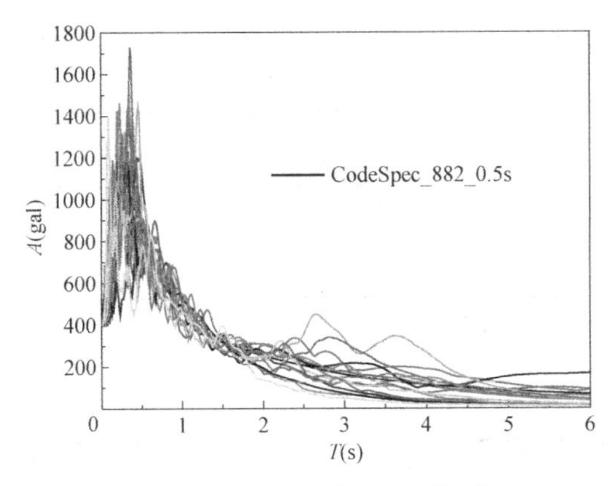

图 7-2-3　特征周期为 0.5s 时区间 1 选出的地震波反应谱

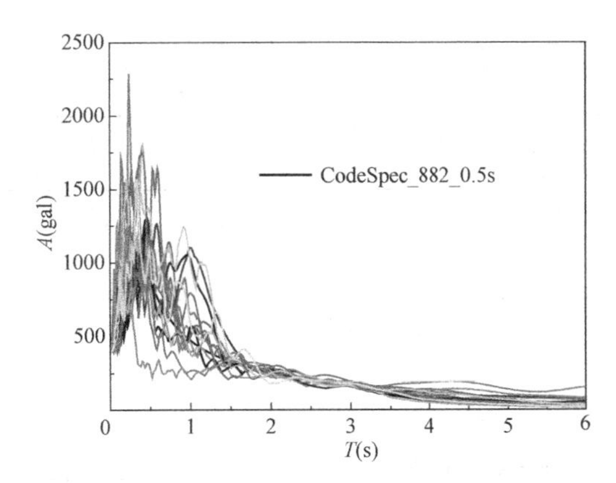

图 7-2-4　特征周期为 0.5s 时区间 2 选出的地震波反应谱

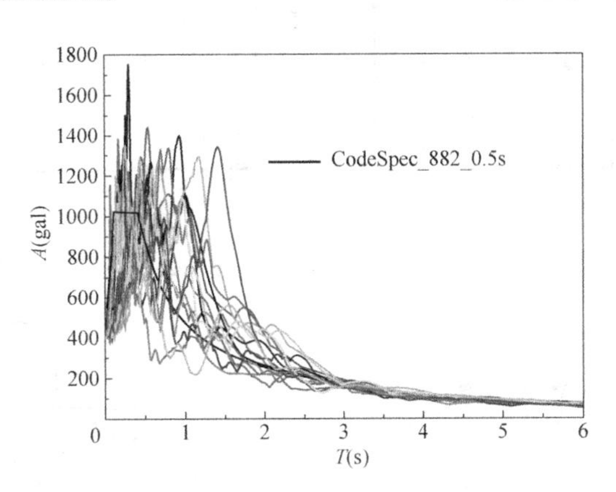

图 7-2-5　特征周期为 0.5s 时区间 3 选出的地震波反应谱

7.2.2　算例验证

为了验证选出的地震波库对于不同形式的结构具有普适性，设计了框架、框架—剪力墙、纯剪力墙、框架—筒体四种形式的典型结构共 9 个，均符合高层建筑的基本设计原则，竖向无质量刚度突变，前两阶振型为平动，第三阶振型为扭转，具有一定的代表性，并以结构高度作为控制变量，使结构主振型周期分布于各个区间内。表 7-2-6 所示为 9 个典型结构的基本信息，限于篇幅，梁截面尺寸、材料和荷载等信息不予详述，图 7-2-6～图 7-2-9 所示为四种典型结构的平面布置。表 7-2-7 所示为振型分解反应谱法得到的 9 个结构前三阶振型周期及对应的振型质量参与系数。

9 个典型结构的基本信息　　　　表 7-2-6

结构编号	高度(m)	层数	底层层高(m)	楼板厚(mm)	剪力墙/筒体厚(mm)	首层柱截面尺寸	变截面层	柱每次变化尺寸(mm)
K1	31	13	4	120	—	550	5/8	100
K2	49	16	4	120	—	650	6/11	100
KJ1	68	19	5	120	250	650	7/14	50
KJ2	96	27	5	120	300	800	10/19	50

续表

结构编号	高度(m)	层数	底层层高(m)	楼板厚(mm)	剪力墙/筒体厚(mm)	首层柱截面尺寸	变截面层	柱每次变化尺寸(mm)
KJ3	120.5	34	5	120	300	950	13/25	50
JLQ1	96	27	5	120	300	—	—	—
JLQ2	120.5	34	5	120	300	—	—	—
KT1	96	27	5	120	300	1050	10/19	100
KT2	120.5	34	5	120	300	1150	13/25	50

注：表中 K—框架，KJ—框架-剪力墙，JLQ—剪力墙，KT—框架-筒体。

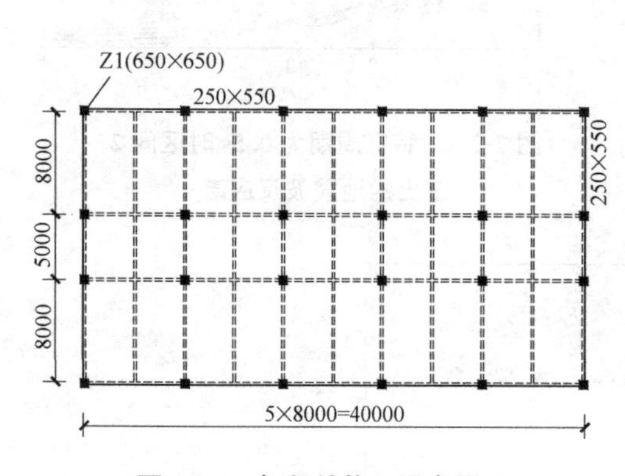

图 7-2-6　框架结构平面布置图

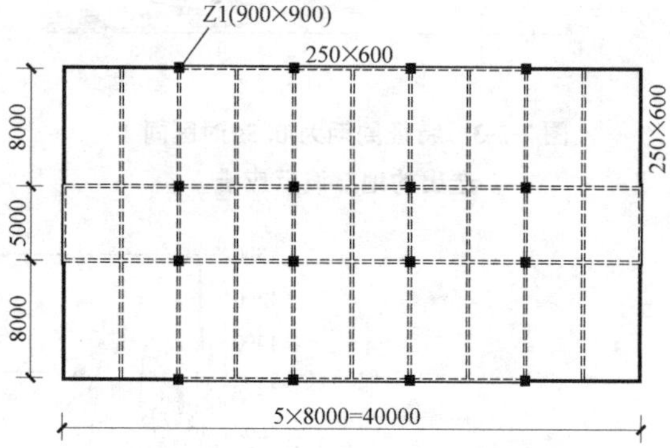

图 7-2-7　框架—剪力墙结构平面布置图

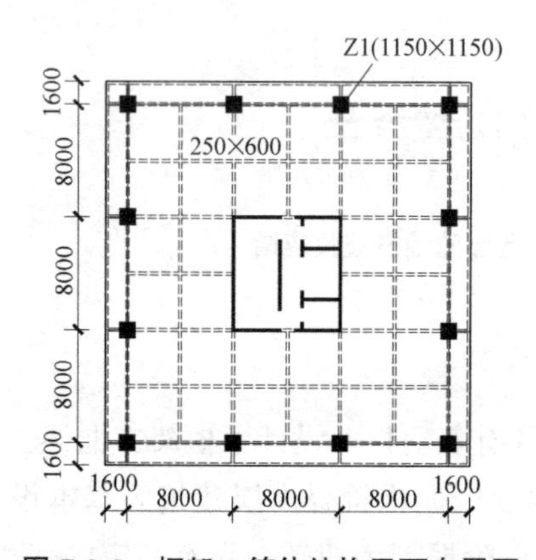

图 7-2-8　框架—筒体结构平面布置图

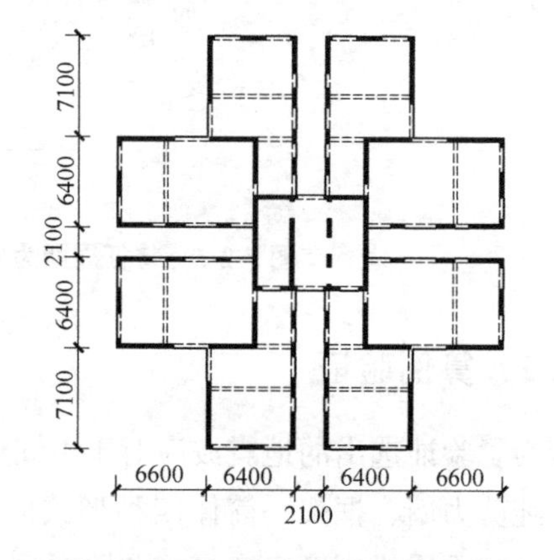

图 7-2-9　剪力墙结构平面布置图

结构振型周期及质量参与系数　　表 7-2-7

结构编号	第一振型周期(s)	第二振型周期(s)	第三振型周期(s)	γ_{U1}(%)	γ_{U2}(%)	γ_{R3}(%)	是否为平扭
K1	1.953	1.921	1.735	79.7	80	79.8	是
K2	2.882	2.823	2.544	78.4	79	78.7	是
KJ1	1.899	1.500	1.03	66.4	66.3	66.1	是
KJ2	3.273	2.642	1.795	67.4	65.8	66.1	是
KJ3	4.521	3.711	2.499	67.9	65.7	66.2	是
JLQ1	1.874	1.789	1.302	63.1	71.2	63.1	是
JLQ2	2.530	2.378	1.829	68.3	69.9	68.6	是
KT1	3.451	3.417	1.983	67.9	65.8	80.2	是
KT2	4.772	4.754	2.464	66.9	65.9	79.8	是

由表7-2-7可知：9个结构前两阶振型均为平动，第三阶振型为扭转振型，前两阶平动振型的质量参与系数达到了63.1%～80.2%，质量参与系数反映了各阶振型对基底剪力贡献的大小，因此先确定前两振型的自振周期所对应表7-2-1中的参考区间，再用该参考区间对应的选波区间内选出的地震波作为时程分析的地震动输入。本章采用ETABS程序进行弹性时程分析计算，两个水平方向的地震波调幅后按1：0.85输入，对场地特征周期为0.35s，0.45s和0.65s的情况分别验证选出的地震波是否满足规范对结构底部剪力的要求。

《抗规》对时程分析时结构底部剪力的要求为：输入的地震波在结构主方向的平均底部剪力不小于振型分解反应谱法计算结果的80%且不大于120%，单条地震波的计算结果不小于65%且不大于135%，故以此作为判断地震波对结构是否适用的依据。表7-2-8所示为9个结构在不同场地特征周期情况下对应的地震波库号（即对应的选波区间号）以及满足要求的地震波数，表7-2-9所示为满足要求的地震波对结构产生的平均底部剪力与振型分解反应谱法计算结果的比值。

地震波库选择及满足要求的地震波数　　表7-2-8

结构编号	0.35s		0.45s		0.65s	
	地震波库号	S/T	地震波库号	S/T	地震波库号	S/T
K1	Ⅱ	15/16	Ⅱ	16/16	Ⅱ	14/16
K2	Ⅱ	16/16	Ⅱ	16/16	Ⅱ	15/16
KJ1	Ⅱ	12/16	Ⅱ	15/16	Ⅱ	14/16
KJ2	Ⅲ	13/15	Ⅲ	13/15	Ⅲ	13/17
KJ3	Ⅲ	12/15	Ⅲ	12/15	Ⅲ	14/17
JLQ1	Ⅱ	13/16	Ⅱ	12/16	Ⅱ	16/16
JLQ2	Ⅱ	13/16	Ⅱ	15/16	Ⅱ	14/16
KT1	Ⅲ	13/15	Ⅲ	14/15	Ⅲ	15/17
KT2	Ⅲ	14/15	Ⅲ	12/15	Ⅲ	15/17

注：S/T表示对应的地震波库中对结构满足规范要求的地震波数/该地震波库总的地震波数。

满足要求的地震波对结构的平均底部剪力与振型分解反应谱法结果的比值　　表7-2-9

结构编号	0.35s		0.45s		0.65s	
	$\overline{V}_x/V_{x,M}$	$\overline{V}_y/V_{y,M}$	$\overline{V}_x/V_{x,M}$	$\overline{V}_y/V_{y,M}$	$\overline{V}_x/V_{x,M}$	$\overline{V}_y/V_{y,M}$
K1	0.903	1.071	0.829	0.965	0.806	0.955
K2	0.897	1.069	1.031	1.044	0.903	1.078
KJ1	0.885	1.024	0.952	1.043	0.897	1.041
KJ2	0.957	1.107	0.932	1.084	0.885	1.063
KJ3	1.011	1.131	0.939	1.024	0.902	0.994
JLQ1	0.879	1.055	0.875	1.078	0.900	1.089
JLQ2	1.015	0.958	1.051	0.914	1.012	0.917
KT1	1.016	1.105	0.894	1.080	0.915	0.975
KT2	1.002	1.152	0.869	1.008	0.901	0.981

由表7-2-8、表7-2-9可知：根据表7-2-1的拟合区间选出的地震波库对不同结构类型均能选出足够数量（10条以上）满足《抗规》对单条地震波要求的地震波，且选出的地震波对结构产生的平均底部剪力均满足不小于振型分解反应谱法结果的80%且不大于

120%的要求。注意到框架结构 K1、K2，其前两阶平动振型的质量参与系数较其他结构大，对应地震波库中满足要求的地震波数量也最多，表明当结构前两振型为平动时，前两阶振型质量参与系数越大，本章给出的地震波库保证率越高。此外，由于表 7-2-1 给出的参考区间和选波区间考虑了结构在大震下周期变长的特点，因此选出地震波的反应谱在超出结构基本周期一定范围内仍能与规范设计谱有较好的拟合度，对大震下的弹塑性时程分析也满足规范的安全度要求。

7.2.3 地震波库

其余场地特征周期对应的地震波库见表 7-2-10～表 7-2-36。

场地特征周期为 0.25s 的地震波库 1 **表 7-2-10**

序号	选波区间(s)：0.25～1.25			参考区间(s)：0.25～0.75		
	记录名称	记录编号	发生地点	年/月/日	震级	φ_{max}
1	CHY111-N	2210	Chi-Chi Taiwan-02	1999/9/20	5.9	0.085007
2	A-DVD246	212	Livermore-01	1980/1/24	5.8	0.097084
3	TCU078-E	2390	Chi-Chi Taiwan-02	1999/9/20	5.9	0.102001
4	11023090	1959	Anza-02	2001/10/31	4.92	0.114975
5	TCU118-N	3500	Chi-Chi Taiwan-06	1999/9/25	6.3	0.11697
6	13066115	2047	Yorba Linda	2002/9/3	4.27	0.117877
7	B-CAL315	720	Superstition Hills-02	1987/11/24	6.54	0.119609
8	L04201	72	San Fernando	1971/2/9	6.61	0.12243
9	D-SKH360	413	Coalinga-05	1983/7/22	5.77	0.126311
10	B-116360	711	Whittier Narrows-02	1987/10/4	5.27	0.128316
11	MCD090	1170	Kocaeli Turkey	1999/8/17	7.51	0.13283
12	TCU115-N	3211	Chi-Chi Taiwan-05	1999/9/22	6.2	0.133745
13	TCU112-E	3209	Chi-Chi Taiwan-05	1999/9/22	6.2	0.135901
14	F-CSU000	419	Coalinga-07	1983/7/25	5.21	0.139434
15	HWA056-E	3359	Chi-Chi Taiwan-06	1999/9/25	6.3	0.139525

场地特征周期为 0.25s 的地震波库 2 **表 7-2-11**

序号	选波区间(s)：0.75～3.5			参考区间(s)：0.75～3		
	记录名称	记录编号	发生地点	年/月/日	震级	φ_{max}
1	TAP052-E	3130	Chi-Chi Taiwan-05	1999/9/22	6.2	0.076848
2	TCU039-N	3168	Chi-Chi Taiwan-05	1999/9/22	6.2	0.111421
3	TCU036-E	3166	Chi-Chi Taiwan-05	1999/9/22	6.2	0.127112
4	CHY026-N	2944	Chi-Chi Taiwan-05	1999/9/22	6.2	0.127856
5	D-PVP270	411	Coalinga-05	1983/7/22	5.77	0.130677
6	H-SC3000	357	Coalinga-01	1983/5/2	6.36	0.1313
7	SER000	1093	Northridge-01	1994/1/17	6.69	0.134543

续表

序号	选波区间(s):0.75～3.5			参考区间(s):0.75～3		
	记录名称	记录编号	发生地点	年/月/日	震级	φ_{max}
8	A-LVD090	237	Mammoth Lakes-03	1980/5/25	5.91	0.142861
9	BVU310	745	Loma Prieta	1989/10/18	6.93	0.147853
10	H-E11230	174	Imperial Valley-06	1979/10/15	6.53	0.148499
11	CHY035-E	2950	Chi-Chi Taiwan-05	1999/9/22	6.2	0.14898
12	A-WBA000	591	Whittier Narrows-01	1987/10/1	5.99	0.149561

场地特征周期为0.25s的地震波库3　　**表7-2-12**

序号	选波区间(s):3～6			参考区间(s):3～6		
	记录名称	记录编号	发生地点	年/月/日	震级	φ_{max}
1	LGP090	779	Loma Prieta	1989/10/18	6.93	0.068053
2	CLD195	754	Loma Prieta	1989/10/18	6.93	0.075714
3	SJC303	85	San Fernando	1971/2/9	6.61	0.076423
4	HWA005-N	1258	Chi-Chi Taiwan	1999/9/20	7.62	0.085848
5	HWA046-N	1293	Chi-Chi Taiwan	1999/9/20	7.62	0.086946
6	TAP035-N	1409	Chi-Chi Taiwan	1999/9/20	7.62	0.097396
7	TAP035-N	1427	Chi-Chi Taiwan	1999/9/20	7.62	0.097396
8	CHY080-N	1231	Chi-Chi Taiwan	1999/9/20	7.62	0.097521
9	TCU059-E	3463	Chi-Chi Taiwan-06	1999/9/25	6.3	0.098797
10	LKS270	780	Loma Prieta	1989/10/18	6.93	0.098971
11	GLE260	1083	Northridge-01	1994/1/17	6.69	0.098978
12	FAT000	1606	Duzce Turkey	1999/11/12	7.14	0.100822
13	HWA032-N	1281	Chi-Chi Taiwan	1999/9/20	7.62	0.105722
14	PHP000	1053	Northridge-01	1994/1/17	6.69	0.108528

场地特征周期为0.3s的地震波库1　　**表7-2-13**

序号	选波区间(s):0.3～1.5			参考区间(s):0.3～1		
	记录名称	记录编号	发生地点	年/月/日	震级	φ_{max}
1	CHY055-N	2959	Chi-Chi Taiwan-05	1999/9/22	6.2	0.097473
2	B-WLF225	726	Superstition Hills-02	1987/11/24	6.54	0.097605
3	TCU083-N	3193	Chi-Chi Taiwan-05	1999/9/22	6.2	0.101355
4	CHY019-N	2940	Chi-Chi Taiwan-05	1999/9/22	6.2	0.1039
5	PWR090	923	Big Bear-01	1992/6/28	6.46	0.109101
6	HWA003-N	2996	Chi-Chi Taiwan-05	1999/9/22	6.2	0.109232
7	CHY039-E	2951	Chi-Chi Taiwan-05	1999/9/22	6.2	0.111084
8	ps09103	2113	Denali Alaska	2002/11/3	7.9	0.111218
9	HWA006-N	2761	Chi-Chi Taiwan-04	1999/9/20	6.2	0.112342

续表

序号	选波区间(s):0.3～1.5		参考区间(s):0.3～1			
	记录名称	记录编号	发生地点	年/月/日	震级	φ_{max}
10	HWA044-N	2790	Chi-Chi Taiwan-04	1999/9/20	6.2	0.113854
11	CAS270	964	Northridge-01	1994/1/17	6.69	0.114193
12	CHY079-E	2977	Chi-Chi Taiwan-05	1999/9/22	6.2	0.117888
13	BAK050	836	Landers	1992/6/28	7.28	0.12354
14	TCU033-N	3165	Chi-Chi Taiwan-05	1999/9/22	6.2	0.124447
15	CHY039-E	2170	Chi-Chi Taiwan-02	1999/9/20	5.9	0.125583
16	lacty180	1643	Sierra Madre	1991/6/28	5.61	0.126367
17	BRA225	314	Westmorland	1981/4/26	5.9	0.127336
18	TCU073-E	2624	Chi-Chi Taiwan-03	1999/9/20	6.2	0.127699

场地特征周期为 0.3s 的地震波库 2 **表 7-2-14**

序号	选波区间(s):1～3.5		参考区间(s):1～3			
	记录名称	记录编号	发生地点	年/月/日	震级	φ_{max}
1	A-LVL090	238	Mammoth Lakes-03	1980/5/25	5.91	0.088556
2	BOL000	1602	Duzce Turkey	1999/11/12	7.14	0.09743
3	TCU038-E	3167	Chi-Chi Taiwan-05	1999/9/22	6.2	0.105607
4	CHY044-N	2953	Chi-Chi Taiwan-05	1999/9/22	6.2	0.108771
5	A-LVD090	237	Mammoth Lakes-03	1980/5/25	5.91	0.117546
6	A-LAD180	549	Chalfant Valley-02	1986/7/21	6.19	0.127062
7	TCU122-N	2655	Chi-Chi Taiwan-03	1999/9/20	6.2	0.128886
8	TCU083-N	3193	Chi-Chi Taiwan-05	1999/9/22	6.2	0.129748
9	A-WBA000	591	Whittier Narrows-01	1987/10/1	5.99	0.1313
10	MZH090	1109	Kobe Japan	1995/1/16	6.9	0.134833
11	CHY088-E	2982	Chi-Chi Taiwan-05	1999/9/22	6.2	0.135384
12	TTN050-N	1593	Chi-Chi Taiwan	1999/9/20	7.62	0.140697
13	CHY081-N	2978	Chi-Chi Taiwan-05	1999/9/22	6.2	0.141511
14	G03000	457	Morgan Hill	1984/4/24	6.19	0.143721
15	ps09013	2093	Nenana Mountain Alaska	2002/10/23	6.7	0.146058
16	CSM185	59	San Fernando	1971/2/9	6.61	0.149031

场地特征周期为 0.3s 的地震波库 3 **表 7-2-15**

序号	选波区间(s):3～6		参考区间(s):3～6			
	记录名称	记录编号	发生地点	年/月/日	震级	φ_{max}
1	HWA056-E	1301	Chi-Chi Taiwan	1999/9/20	7.62	0.063206
2	H-E08140	183	Imperial Valley-06	1979/10/15	6.53	0.075741
3	SHI090	1116	Kobe Japan	1995/1/16	6.9	0.091162

续表

序号	选波区间(s):3～6			参考区间(s):3～6		
	记录名称	记录编号	发生地点	年/月/日	震级	φ_{max}
4	ILA032-E	1326	Chi-Chi Taiwan	1999/9/20	7.62	0.091496
5	CYC195	755	Loma Prieta	1989/10/18	6.93	0.097874
6	ILA031-E	1325	Chi-Chi Taiwan	1999/9/20	7.62	0.100702
7	CHY076-E	2975	Chi-Chi Taiwan-05	1999/9/22	6.2	0.111876
8	HWA025-N	1274	Chi-Chi Taiwan	1999/9/20	7.62	0.112605
9	ILA007-W	1313	Chi-Chi Taiwan	1999/9/20	7.62	0.115966
10	GRA074	965	Northridge-01	1994/1/17	6.69	0.116172
11	212V5090	1626	Sitka Alaska	1972/7/30	7.68	0.116345
12	EUR000	826	Cape Mendocino	1992/4/25	7.01	0.116776
13	ILA061-W	1345	Chi-Chi Taiwan	1999/9/20	7.62	0.118427
14	1062-N	1613	Duzce Turkey	1999/11/12	7.14	0.119478
15	1062-N	1614	Duzce Turkey	1999/11/12	7.14	0.119478
16	1062-N	1615	Duzce Turkey	1999/11/12	7.14	0.119478
17	SUF090	807	Loma Prieta	1989/10/18	6.93	0.119942

场地特征周期为 0.35s 的地震波库 1　　**表 7-2-16**

序号	选波区间(s):0.35～1.75			参考区间(s):0.35～1.25		
	记录名称	记录编号	发生地点	年/月/日	震级	φ_{max}
1	TCU083-N	3193	Chi-Chi Taiwan-05	1999/9/22	6.2	0.099737
2	A-CVK090	551	Chalfant Valley-02	1986/7/21	6.19	0.104018
3	CHY032-E	2948	Chi-Chi Taiwan-05	1999/9/22	6.2	0.10408
4	H-E05140	180	Imperial Valley-06	#####	6.53	0.106607
5	SAL090	1095	Northridge-01	1994/1/17	6.69	0.109574
6	KAU077-N	2832	Chi-Chi Taiwan-04	1999/9/20	6.2	0.11832
7	ps09103	2113	Denali Alaska	2002/11/3	7.9	0.119167
8	TCU046-N	3454	Chi-Chi Taiwan-06	1999/9/25	6.3	0.119901
9	TTN014-N	3235	Chi-Chi Taiwan-05	1999/9/22	6.2	0.121675
10	B-WLF225	726	Superstition Hills-02	#####	6.54	0.122215
11	H-VC6090	366	Coalinga-01	1983/5/2	6.36	0.123339
12	CHY061-N	2965	Chi-Chi Taiwan-05	1999/9/22	6.2	0.12566
13	HWA031-E	2238	Chi-Chi Taiwan-02	1999/9/20	5.9	0.125722
14	CHY079-E	2977	Chi-Chi Taiwan-05	1999/9/22	6.2	0.127334
15	D-LAD270	562	Chalfant Valley-04	1986/7/31	5.44	0.128128

场地特征周期为 0.35s 的地震波库 2 **表 7-2-17**

序号	选波区间(s):1.25～3.5		参考区间(s):1.25～3			
	记录名称	记录编号	发生地点	年/月/日	震级	φ_{max}
1	TTN014-N	3235	Chi-Chi Taiwan-05	1999/9/22	6.2	0.081023
2	ILA063-N	1347	Chi-Chi Taiwan	1999/9/20	7.62	0.086428
3	HWA039-E	2246	Chi-Chi Taiwan-02	1999/9/20	5.9	0.086429
4	BLD090	985	Northridge-01	1994/1/17	6.69	0.096099
5	CHY086-N	2980	Chi-Chi Taiwan-05	1999/9/22	6.2	0.100152
6	CHY057-N	2721	Chi-Chi Taiwan-04	1999/9/20	6.2	0.100816
7	TTN050-N	1593	Chi-Chi Taiwan	1999/9/20	7.62	0.104852
8	1060-E	1613	Duzce Turkey	1999/11/12	7.14	0.106375
9	1060-E	1614	Duzce Turkey	1999/11/12	7.14	0.106375
10	1060-E	1615	Duzce Turkey	1999/11/12	7.14	0.106375
11	TCU047-E	2603	Chi-Chi Taiwan-03	1999/9/20	6.2	0.108079
12	TCU095-E	3485	Chi-Chi Taiwan-06	1999/9/25	6.3	0.111958
13	HWA006-W	1259	Chi-Chi Taiwan	1999/9/20	7.62	0.115063
14	ALH360	942	Northridge-01	1994/1/17	6.69	0.115261
15	TCU034-E	2594	Chi-Chi Taiwan-03	1999/9/20	6.2	0.116445
16	CHY010-W	1184	Chi-Chi Taiwan	1999/9/20	7.62	0.118652
17	SER270	1093	Northridge-01	1994/1/17	6.69	0.119888

场地特征周期为 0.35s 的地震波库 3 **表 7-2-18**

序号	选波区间(s):3～6		参考区间(s):3～6			
	记录名称	记录编号	发生地点	年/月/日	震级	φ_{max}
1	H-PTS315	187	Imperial Valley-06	1979/10/15	6.53	0.067615
2	CHY047-N	2715	Chi-Chi Taiwan-04	1999/9/20	6.2	0.084548
3	HWA027-N	1276	Chi-Chi Taiwan	1999/9/20	7.62	0.089053
4	SG3261	791	Loma Prieta	1989/10/18	6.93	0.091726
5	H-VC6000	366	Coalinga-01	1983/5/2	6.36	0.106084
6	PEL180	68	San Fernando	1971/2/9	6.61	0.106224
7	CHY035-N	1202	Chi-Chi Taiwan	1999/9/20	7.62	0.109359
8	12618090	1831	Hector Mine	1999/10/16	7.13	0.109523
9	HWA022-N	1271	Chi-Chi Taiwan	1999/9/20	7.62	0.109636
10	12149360	1776	Hector Mine	1999/10/16	7.13	0.110147
11	ILA010-W	1315	Chi-Chi Taiwan	1999/9/20	7.62	0.111144
12	HWA050-N	1296	Chi-Chi Taiwan	1999/9/20	7.62	0.115632
13	GUK000	730	Spitak Armenia	1988/12/7	6.77	0.119978
14	HWA006-N	1259	Chi-Chi Taiwan	1999/9/20	7.62	0.120289
15	TAP095-E	1409	Chi-Chi Taiwan	1999/9/20	7.62	0.121085
16	TAP095-E	1456	Chi-Chi Taiwan	1999/9/20	7.62	0.121085
17	A-SON033	40	Borrego Mtn	1968/4/9	6.63	0.122213
18	22791106	1770	Hector Mine	1999/10/16	7.13	0.123676

场地特征周期为 0.4s 的地震波库 1　　表 7-2-19

序号	选波区间(s):0.4～2			参考区间(s):0.4～1.5		
	记录名称	记录编号	发生地点	年/月/日	震级	φ_{max}
1	H-VC6090	366	Coalinga-01	1983/5/2	6.36	0.072597
2	TCU119-E	2418	Chi-Chi Taiwan-02	1999/9/20	5.9	0.093186
3	A-EUC292	618	Whittier Narrows-01	1987/10/1	5.99	0.097695
4	CHY024-N	3264	Chi-Chi Taiwan-06	1999/9/25	6.3	0.116319
5	H-NIL360	186	Imperial Valley-06	1979/10/15	6.53	0.118189
6	B-POE360	725	Superstition Hills-02	1987/11/24	6.54	0.120951
7	0655-292	983	Northridge-01	1994/1/17	6.69	0.126207
8	DSP000	517	N. Palm Springs	1986/7/8	6.06	0.126368
9	A-SON033	40	Borrego Mtn	1968/4/9	6.63	0.127254
10	TTN018-N	2914	Chi-Chi Taiwan-04	1999/9/20	6.2	0.130178
11	TCU046-N	3454	Chi-Chi Taiwan-06	1999/9/25	6.3	0.130706
12	CHY075-E	3301	Chi-Chi Taiwan-06	1999/9/25	6.3	0.131146
13	CHY057-N	2721	Chi-Chi Taiwan-04	1999/9/20	6.2	0.132161

场地特征周期为 0.4s 的地震波库 2　　表 7-2-20

序号	选波区间(s):1.5～3.5			参考区间(s):1.5～3		
	记录名称	记录编号	发生地点	年/月/日	震级	φ_{max}
1	SAN090	1074	Northridge-01	1994/1/17	6.69	0.052132
2	TCU039-E	3168	Chi-Chi Taiwan-05	1999/9/22	6.2	0.069719
3	BVW310	744	Loma Prieta	1989/10/18	6.93	0.073192
4	CHY019-N	2697	Chi-Chi Taiwan-04	1999/9/20	6.2	0.079915
5	HWA035-E	1284	Chi-Chi Taiwan	1999/9/20	7.62	0.080058
6	TCU089-E	1521	Chi-Chi Taiwan	1999/9/20	7.62	0.085857
7	ILA063-N	1347	Chi-Chi Taiwan	1999/9/20	7.62	0.08963
8	CHY052-W	2717	Chi-Chi Taiwan-04	1999/9/20	6.2	0.098683
9	TAR000	895	Landers	1992/6/28	7.28	0.101487
10	H-E01140	172	Imperial Valley-06	1979/10/15	6.53	0.104926
11	TCU087-N	2397	Chi-Chi Taiwan-02	1999/9/20	5.9	0.107263
12	TTN014-N	3235	Chi-Chi Taiwan-05	1999/9/22	6.2	0.107912
13	ps11336	2115	Denali Alaska	2002/11/3	7.9	0.108443
14	TCU131-E	3218	Chi-Chi Taiwan-05	1999/9/22	6.2	0.108518
15	KAU001-N	3075	Chi-Chi Taiwan-05	1999/9/22	6.2	0.108789
16	SER270	1093	Northridge-01	1994/1/17	6.69	0.109008

场地特征周期为 0.4s 的地震波库 3　　　　表 7-2-21

序号	选波区间(s):3～6		参考区间(s):3～6			
	记录名称	记录编号	发生地点	年/月/日	震级	φ_{max}
1	GUK000	730	Spitak Armenia	1988/12/7	6.77	0.056856
2	CHY041-E	2469	Chi-Chi Taiwan-03	1999/9/20	6.2	0.059153
3	13172090	1835	Hector Mine	1999/10/16	7.13	0.067089
4	CHY029-E	1198	Chi-Chi Taiwan	1999/9/20	7.62	0.067971
5	H-VC6000	366	Coalinga-01	1983/5/2	6.36	0.073711
6	HWA017-E	1268	Chi-Chi Taiwan	1999/9/20	7.62	0.078797
7	A-COD000	122	Friuli Italy-01	1976/5/6	6.5	0.081139
8	CHY046-N	2714	Chi-Chi Taiwan-04	1999/9/20	6.2	0.086626
9	ZYT090	1177	Kocaeli Turkey	1999/8/17	7.51	0.090924
10	A-SON033	40	Borrego Mtn	1968/4/9	6.63	0.101042
11	A-AUL000	284	Irpinia Italy-01	1980/11/23	6.9	0.104024
12	DSP090	850	Landers	1992/6/28	7.28	0.107276
13	TRI000	808	Loma Prieta	1989/10/18	6.93	0.111557
14	TAP053-N	1409	Chi-Chi Taiwan	1999/9/20	7.62	0.112133
15	TAP053-N	1437	Chi-Chi Taiwan	1999/9/20	7.62	0.112133
16	SSF115	804	Loma Prieta	1989/10/18	6.93	0.112687
17	HWA016-E	1267	Chi-Chi Taiwan	1999/9/20	7.62	0.114306

场地特征周期为 0.45s 的地震波库 1　　　　表 7-2-22

序号	选波区间(s):0.45～2		参考区间(s):0.45～1.5			
	记录名称	记录编号	发生地点	年/月/日	震级	φ_{max}
1	B-POE360	725	Superstition Hills-02	1987/11/24	6.54	0.102469
2	KAU001-N	2804	Chi-Chi Taiwan-04	1999/9/20	6.2	0.107302
3	CHY100-N	2988	Chi-Chi Taiwan-05	1999/9/22	6.2	0.10885
4	KAU054-E	2574	Chi-Chi Taiwan-03	1999/9/20	6.2	0.108976
5	H-E04140	179	Imperial Valley-06	1979/10/15	6.53	0.111094
6	CAD250	135	Santa Barbara	1978/8/13	5.92	0.111966
7	TAP052-N	2331	Chi-Chi Taiwan-02	1999/9/20	5.9	0.113844
8	H-VC6090	366	Coalinga-01	1983/5/2	6.36	0.11396
9	HWA035-E	1284	Chi-Chi Taiwan	1999/9/20	7.62	0.114924
10	B-CHP090	392	Coalinga-03	1983/6/11	5.38	0.115544
11	TCU006-N	2351	Chi-Chi Taiwan-02	1999/9/20	5.9	0.11567
12	CHY099-N	2204	Chi-Chi Taiwan-02	1999/9/20	5.9	0.116254
13	TCU119-E	2418	Chi-Chi Taiwan-02	1999/9/20	5.9	0.116556
14	HWA028-N	2776	Chi-Chi Taiwan-04	1999/9/20	6.2	0.11722
15	DSP000	850	Landers	1992/6/28	7.28	0.118458
16	TCU042-E	1484	Chi-Chi Taiwan	1999/9/20	7.62	0.119838

场地特征周期为 0.45s 的地震波库 2 **表 7-2-23**

序号	选波区间(s):1.5～3.5			参考区间(s):1.5～3		
	记录名称	记录编号	发生地点	年/月/日	震级	φ_{max}
1	H-E01140	172	Imperial Valley-06	1979/10/15	6.53	0.044082
2	TCU039-E	3168	Chi-Chi Taiwan-05	1999/9/22	6.2	0.071378
3	CLR090	751	Loma Prieta	1989/10/18	6.93	0.07139
4	PET090	828	Cape Mendocino	1992/4/25	7.01	0.078586
5	TCU084-E	2632	Chi-Chi Taiwan-03	1999/9/20	6.2	0.090168
6	ps11336	2115	Denali Alaska	2002/11/3	7.9	0.092498
7	WIL090	978	Northridge-01	1994/1/17	6.69	0.095968
8	SAN090	1074	Northridge-01	1994/1/17	6.69	0.096282
9	TTN002-W	3225	Chi-Chi Taiwan-05	1999/9/22	6.2	0.097167
10	LBC360	1014	Northridge-01	1994/1/17	6.69	0.100133
11	CHY006-N	1182	Chi-Chi Taiwan	1999/9/20	7.62	0.100627
12	TAP078-N	2337	Chi-Chi Taiwan-02	1999/9/20	5.9	0.100821
13	HWA035-E	1284	Chi-Chi Taiwan	1999/9/20	7.62	0.101367
14	CHY029-E	1198	Chi-Chi Taiwan	1999/9/20	7.62	0.101743
15	SAR000	1057	Northridge-01	1994/1/17	6.69	0.103995
16	HWA009-N	3327	Chi-Chi Taiwan-06	1999/9/25	6.3	0.105258
17	ILA063-W	1347	Chi-Chi Taiwan	1999/9/20	7.62	0.106197
18	B-BRZ270	299	Irpinia Italy-02	1980/11/23	6.2	0.111495
19	CHY116-N	2994	Chi-Chi Taiwan-05	1999/9/22	6.2	0.113323

场地特征周期为 0.45s 的地震波库 3 **表 7-2-24**

序号	选波区间(s):3～6			参考区间(s):3～6		
	记录名称	记录编号	发生地点	年/月/日	震级	φ_{max}
1	GUK000	730	Spitak Armenia	1988/12/7	6.77	0.059607
2	CHY046-N	2714	Chi-Chi Taiwan-04	1999/9/20	6.2	0.060855
3	CHY029-E	1198	Chi-Chi Taiwan	1999/9/20	7.62	0.064912
4	H-VC6000	366	Coalinga-01	1983/5/2	6.36	0.072986
5	SFS270	792	Loma Prieta	1989/10/18	6.93	0.075754
6	CHY041-E	2469	Chi-Chi Taiwan-03	1999/9/20	6.2	0.077462
7	A-SON033	40	Borrego Mtn	1968/4/9	6.63	0.080635
8	A-COD000	122	Friuli Italy-01	1976/5/6	6.5	0.084947
9	13172090	1835	Hector Mine	1999/10/16	7.13	0.088285
10	ZYT090	1177	Kocaeli Turkey	1999/8/17	7.51	0.090881
11	TRI000	808	Loma Prieta	1989/10/18	6.93	0.092819
12	TCU084-N	1517	Chi-Chi Taiwan	1999/9/20	7.62	0.096489
13	C12050	28	Parkfield	1966/6/28	6.19	0.106479
14	TTN015-E	2913	Chi-Chi Taiwan-04	1999/9/20	6.2	0.10745
15	HWA016-N	1267	Chi-Chi Taiwan	1999/9/20	7.62	0.112774
16	SSF115	804	Loma Prieta	1989/10/18	6.93	0.113445

场地特征周期为 0.6s 的地震波库 1 **表 7-2-25**

序号	选波区间(s):0.6～2			参考区间(s):0.6～1.5		
	记录名称	记录编号	发生地点	年/月/日	震级	φ_{max}
1	TTN018-N	3527	Chi-Chi Taiwan-06	1999/9/25	6.3	0.073521
2	TCU007-N	3441	Chi-Chi Taiwan-06	1999/9/25	6.3	0.075392
3	184327	1634	Manjil Iran	1990/6/20	7.37	0.076155
4	TAZ000	1119	Kobe Japan	1995/1/16	6.9	0.079664
5	H-BRA315	161	Imperial Valley-06	1979/10/15	6.53	0.082989
6	TCU098-E	2402	Chi-Chi Taiwan-02	1999/9/20	5.9	0.090585
7	LAN360	1025	Northridge-01	1994/1/17	6.69	0.090808
8	CHY025-N	2700	Chi-Chi Taiwan-04	1999/9/20	6.2	0.094016
9	CHY058-N	2962	Chi-Chi Taiwan-05	1999/9/22	6.2	0.096557
10	CHY090-N	2983	Chi-Chi Taiwan-05	1999/9/22	6.2	0.097104
11	LDM334	1013	Northridge-01	1994/1/17	6.69	0.099429
12	KAU047-N	1375	Chi-Chi Taiwan	1999/9/20	7.62	0.09951
13	TCU122-E	2655	Chi-Chi Taiwan-03	1999/9/20	6.2	0.100828
14	H-E03140	178	Imperial Valley-06	1979/10/15	6.53	0.103773
15	CHY081-N	2196	Chi-Chi Taiwan-02	1999/9/20	5.9	0.10563
16	TCU026-E	2843	Chi-Chi Taiwan-04	1999/9/20	6.2	0.108308
17	HWA036-E	2784	Chi-Chi Taiwan-04	1999/9/20	6.2	0.109468
18	CHY050-N	2474	Chi-Chi Taiwan-03	1999/9/20	6.2	0.109952

场地特征周期为 0.6s 的地震波库 2 **表 7-2-26**

序号	选波区间(s):1.5～3.5			参考区间(s):1.5～3		
	记录名称	记录编号	发生地点	年/月/日	震级	φ_{max}
1	TCU042-E	2600	Chi-Chi Taiwan-03	1999/9/20	6.2	0.074927
2	LGP000	779	Loma Prieta	1989/10/18	6.93	0.076
3	TAP075-W	1409	Chi-Chi Taiwan	1999/9/20	7.62	0.077783
4	TAP075-W	1445	Chi-Chi Taiwan	1999/9/20	7.62	0.077783
5	MCF090	880	Landers	1992/6/28	7.28	0.080418
6	CHY046-N	1208	Chi-Chi Taiwan	1999/9/20	7.62	0.081724
7	TCU032-N	2592	Chi-Chi Taiwan-03	1999/9/20	6.2	0.087172
8	TCF090	937	Big Bear-01	1992/6/28	6.46	0.092166
9	MA1220	74	San Fernando	1971/2/9	6.61	0.092698
10	H-E07140	182	Imperial Valley-06	1979/10/15	6.53	0.093583
11	DZC270	1605	Duzce Turkey	1999/11/12	7.14	0.10015
12	TCU109-N	3495	Chi-Chi Taiwan-06	1999/9/25	6.3	0.100974
13	CHY004-N	1181	Chi-Chi Taiwan	1999/9/20	7.62	0.103219
14	ISD284	67	San Fernando	1971/2/9	6.61	0.106228
15	HWA048-N	1294	Chi-Chi Taiwan	1999/9/20	7.62	0.10652
16	TAP006-E	1409	Chi-Chi Taiwan	1999/9/20	7.62	0.107167
17	TAP006-E	1412	Chi-Chi Taiwan	1999/9/20	7.62	0.107167
18	TAP103-E	1409	Chi-Chi Taiwan	1999/9/20	7.62	0.109355

场地特征周期为 0.6s 的地震波库 3　　表 7-2-27

序号	选波区间(s):3～6			参考区间(s):3～6		
	记录名称	记录编号	发生地点	年/月/日	震级	φ_{max}
1	ADL340	740	Loma Prieta	1989/10/18	6.93	0.051833
2	CHY080-N	2739	Chi-Chi Taiwan-04	1999/9/20	6.2	0.070593
3	H-E07140	182	Imperial Valley-06	1979/10/15	6.53	0.078797
4	CHY101-E	2752	Chi-Chi Taiwan-04	1999/9/20	6.2	0.079786
5	TTN014-N	1569	Chi-Chi Taiwan	1999/9/20	7.62	0.080484
6	CNA180	1604	Duzce Turkey	1999/11/12	7.14	0.080974
7	TAP090-E	1409	Chi-Chi Taiwan	1999/9/20	7.62	0.091461
8	TAP090-E	1454	Chi-Chi Taiwan	1999/9/20	7.62	0.091461
9	LGP000	779	Loma Prieta	1989/10/18	6.93	0.093339
10	CHY050-E	2716	Chi-Chi Taiwan-04	1999/9/20	6.2	0.093538
11	CHY006-W	1182	Chi-Chi Taiwan	1999/9/20	7.62	0.093913
12	CHY015-W	1187	Chi-Chi Taiwan	1999/9/20	7.62	0.099934
13	TTN023-N	1575	Chi-Chi Taiwan	1999/9/20	7.62	0.101876
14	H-E12140	175	Imperial Valley-06	1979/10/15	6.53	0.104231
15	H-ECC002	170	Imperial Valley-06	1979/10/15	6.53	0.104966

场地特征周期为 0.7s 的地震波库 1　　表 7-2-28

序号	选波区间(s):0.7～2			参考区间(s):0.7～1.5		
	记录名称	记录编号	发生地点	年/月/日	震级	φ_{max}
1	KAU077-E	3107	Chi-Chi Taiwan-05	1999/9/22	6.2	0.064905
2	HWA017-N	1268	Chi-Chi Taiwan	1999/9/20	7.62	0.088123
3	TCU026-E	2843	Chi-Chi Taiwan-04	1999/9/20	6.2	0.089107
4	TCU049-N	3456	Chi-Chi Taiwan-06	1999/9/25	6.3	0.089766
5	24612360	1800	Hector Mine	1999/10/16	7.13	0.092068
6	TAP069-E	3136	Chi-Chi Taiwan-05	1999/9/22	6.2	0.09251
7	CHY008-N	1183	Chi-Chi Taiwan	1999/9/20	7.62	0.098477
8	CMR180	958	Northridge-01	1994/1/17	6.69	0.098739
9	TTN042-N	3542	Chi-Chi Taiwan-06	1999/9/25	6.3	0.100368
10	TCU042-N	1484	Chi-Chi Taiwan	1999/9/20	7.62	0.101525
11	TCU014-E	2355	Chi-Chi Taiwan-02	1999/9/20	5.9	0.102525
12	TAP017-E	2315	Chi-Chi Taiwan-02	1999/9/20	5.9	0.103374
13	187178	1638	Manjil Iran	1990/6/20	7.37	0.103564
14	CHY096-W	2986	Chi-Chi Taiwan-05	1999/9/22	6.2	0.103718
15	NBI360	918	Big Bear-01	1992/6/28	6.46	0.104245

场地特征周期为 0.7s 的地震波库 2 表 7-2-29

序号	选波区间(s):1.5～3.5		参考区间(s):1.5～3			
	记录名称	记录编号	发生地点	年/月/日	震级	φ_{max}
1	IZT090	1165	Kocaeli Turkey	1999/8/17	7.51	0.041448
2	187178	1638	Manjil Iran	1990/6/20	7.37	0.047859
3	TAP032-E	1409	Chi-Chi Taiwan	1999/9/20	7.62	0.067696
4	TAP032-E	1425	Chi-Chi Taiwan	1999/9/20	7.62	0.067696
5	CHY023-W	1192	Chi-Chi Taiwan	1999/9/20	7.62	0.079214
6	ILA002-W	1308	Chi-Chi Taiwan	1999/9/20	7.62	0.08478
7	HSP090	776	Loma Prieta	1989/10/18	6.93	0.087808
8	TCU055-E	1495	Chi-Chi Taiwan	1999/9/20	7.62	0.092475
9	KAU018-N	2812	Chi-Chi Taiwan-04	1999/9/20	6.2	0.095917
10	H-E12230	175	Imperial Valley-06	1979/10/15	6.53	0.097094
11	TCU098-N	2875	Chi-Chi Taiwan-04	1999/9/20	6.2	0.097347
12	CHY027-E	3267	Chi-Chi Taiwan-06	1999/9/25	6.3	0.098725
13	SLC270	787	Loma Prieta	1989/10/18	6.93	0.099856
14	H-WSM180	192	Imperial Valley-06	1979/10/15	6.53	0.09992
15	TCU145-W	3513	Chi-Chi Taiwan-06	1999/9/25	6.3	0.100406
16	CHY074-N	1227	Chi-Chi Taiwan	1999/9/20	7.62	0.101095
17	TCF090	937	Big Bear-01	1992/6/28	6.46	0.101443
18	KAU055-E	2822	Chi-Chi Taiwan-04	1999/9/20	6.2	0.101597

场地特征周期为 0.7s 的地震波库 3 表 7-2-30

序号	选波区间(s):3～6		参考区间(s):3～6			
	记录名称	记录编号	发生地点	年/月/日	震级	φ_{max}
1	BUR090	1603	Duzce Turkey	1999/11/12	7.14	0.06725
2	ILA024-W	1322	Chi-Chi Taiwan	1999/9/20	7.62	0.069835
3	YER360	900	Landers	1992/6/28	7.28	0.077506
4	11625090	1810	Hector Mine	1999/10/16	7.13	0.086343
5	13122360	1780	Hector Mine	1999/10/16	7.13	0.101378
6	K217090	2077	Nenana Mountain Alaska	2002/10/23	6.7	0.101613
7	ILA015-W	1319	Chi-Chi Taiwan	1999/9/20	7.62	0.106882
8	ILA015-N	1319	Chi-Chi Taiwan	1999/9/20	7.62	0.108595
9	CHY039-E	1204	Chi-Chi Taiwan	1999/9/20	7.62	0.110369
10	TAP028-E	1409	Chi-Chi Taiwan	1999/9/20	7.62	0.110442
11	TAP028-E	1424	Chi-Chi Taiwan	1999/9/20	7.62	0.110442
12	CHY090-N	2501	Chi-Chi Taiwan-03	1999/9/20	6.2	0.111569
13	IST180	1164	Kocaeli Turkey	1999/8/17	7.51	0.113644
14	TAP060-N	1409	Chi-Chi Taiwan	1999/9/20	7.62	0.115367
15	TAP060-N	1439	Chi-Chi Taiwan	1999/9/20	7.62	0.115367
16	13123360	1822	Hector Mine	1999/10/16	7.13	0.115754
17	21081360	1762	Hector Mine	1999/10/16	7.13	0.117052
18	WVC270	803	Loma Prieta	1989/10/18	6.93	0.117625

场地特征周期为 0.8s 的地震波库 1　　　　**表 7-2-31**

序号	选波区间(s):0.8～2		参考区间(s):0.8～1.5			
	记录名称	记录编号	发生地点	年/月/日	震级	φ_{max}
1	HWA013-N	2765	Chi-Chi Taiwan-04	1999/9/20	6.2	0.08579
2	TAP069-E	3136	Chi-Chi Taiwan-05	1999/9/22	6.2	0.087011
3	CHY028-N	2461	Chi-Chi Taiwan-03	1999/9/20	6.2	0.088667
4	CHY107-W	1247	Chi-Chi Taiwan	1999/9/20	7.62	0.089776
5	TTN042-N	3542	Chi-Chi Taiwan-06	1999/9/25	6.3	0.094298
6	WDS090	812	Loma Prieta	1989/10/18	6.93	0.096848
7	CHY034-W	2465	Chi-Chi Taiwan-03	1999/9/20	6.2	0.097638
8	TCU040-N	2851	Chi-Chi Taiwan-04	1999/9/20	6.2	0.099004
9	TAP051-E	2330	Chi-Chi Taiwan-02	1999/9/20	5.9	0.099423
10	KAU012-N	3077	Chi-Chi Taiwan-05	1999/9/22	6.2	0.09995
11	TCU051-E	3458	Chi-Chi Taiwan-06	1999/9/25	6.3	0.101426
12	TTN012-N	3233	Chi-Chi Taiwan-05	1999/9/22	6.2	0.102679
13	TCU014-E	2355	Chi-Chi Taiwan-02	1999/9/20	5.9	0.10551
14	KAU077-E	3107	Chi-Chi Taiwan-05	1999/9/22	6.2	0.10561
15	A-SRM340	215	Livermore-01	1980/1/24	5.8	0.107401
16	24612360	1800	Hector Mine	1999/10/16	7.13	0.108935
17	SCE288	1085	Northridge-01	1994/1/17	6.69	0.109272

场地特征周期为 0.8s 的地震波库 2　　　　**表 7-2-32**

序号	选波区间(s):1.5～3.5		参考区间(s):1.5～3			
	记录名称	记录编号	发生地点	年/月/日	震级	φ_{max}
1	TAP050-N	3427	Chi-Chi Taiwan-06	1999/9/25	6.3	0.057706
2	H-EMO000	171	Imperial Valley-06	1979/10/15	6.53	0.060582
3	EUR090	826	Cape Mendocino	1992/4/25	7.01	0.066161
4	PTS315	316	Westmorland	1981/4/26	5.9	0.066554
5	TTN033-N	3247	Chi-Chi Taiwan-05	1999/9/22	6.2	0.075126
6	CHY044-N	2713	Chi-Chi Taiwan-04	1999/9/20	6.2	0.077193
7	TCU033-E	1478	Chi-Chi Taiwan	1999/9/20	7.62	0.079813
8	ILA015-W	1319	Chi-Chi Taiwan	1999/9/20	7.62	0.087914
9	CHY076-N	1228	Chi-Chi Taiwan	1999/9/20	7.62	0.090741
10	KAU018-N	2812	Chi-Chi Taiwan-04	1999/9/20	6.2	0.091065
11	CHY039-N	3277	Chi-Chi Taiwan-06	1999/9/25	6.3	0.096796
12	TCU050-E	1490	Chi-Chi Taiwan	1999/9/20	7.62	0.102935
13	TCU040-E	2851	Chi-Chi Taiwan-04	1999/9/20	6.2	0.104422
14	H-E03140	178	Imperial Valley-06	1979/10/15	6.53	0.104863
15	USK180	1175	Kocaeli Turkey	1999/8/17	7.51	0.10637
16	CHY078-E	2976	Chi-Chi Taiwan-05	1999/9/22	6.2	0.108948
17	CHY102-E	2508	Chi-Chi Taiwan-03	1999/9/20	6.2	0.109132

场地特征周期为 0.8s 的地震波库 3 表 7-2-33

序号	选波区间(s):3～6		参考区间(s):3～6			
	记录名称	记录编号	发生地点	年/月/日	震级	φ_{max}
1	11625090	1810	Hector Mine	1999/10/16	7.13	0.065239
2	ILA024-W	1322	Chi-Chi Taiwan	1999/9/20	7.62	0.077309
3	13122360	1780	Hector Mine	1999/10/16	7.13	0.079264
4	TAP028-E	1409	Chi-Chi Taiwan	1999/9/20	7.62	0.088883
5	TAP028-E	1424	Chi-Chi Taiwan	1999/9/20	7.62	0.088883
6	CHY039-E	1204	Chi-Chi Taiwan	1999/9/20	7.62	0.090581
7	CHY055-N	2477	Chi-Chi Taiwan-03	1999/9/20	6.2	0.094382
8	NEE090	1043	Northridge-01	1994/1/17	6.69	0.097703
9	BUR090	1603	Duzce Turkey	1999/11/12	7.14	0.099647
10	K217090	2077	Nenana Mountain Alaska	2002/10/23	6.7	0.100424
11	TTN051-E	1594	Chi-Chi Taiwan	1999/9/20	7.62	0.100765
12	ILA015-N	1319	Chi-Chi Taiwan	1999/9/20	7.62	0.108251
13	ps07039	2091	Nenana Mountain Alaska	2002/10/23	6.7	0.108848
14	TCU049-N	1489	Chi-Chi Taiwan	1999/9/20	7.62	0.109696
15	HWA049-N	2549	Chi-Chi Taiwan-03	1999/9/20	6.2	0.113177
16	HWA038-E	1287	Chi-Chi Taiwan	1999/9/20	7.62	0.113289
17	CHY036-E	2467	Chi-Chi Taiwan-03	1999/9/20	6.2	0.114939

场地特征周期为 0.95s 的地震波库 1 表 7-2-34

序号	选波区间(s):0.95～2		参考区间(s):0.95～1.5			
	记录名称	记录编号	发生地点	年/月/日	震级	φ_{max}
1	CHY100-W	3316	Chi-Chi Taiwan-06	1999/9/25	6.3	0.062306
2	TAP047-E	3426	Chi-Chi Taiwan-06	1999/9/25	6.3	0.066007
3	1744090	2106	Denali Alaska	2002/11/3	7.9	0.069694
4	K206090	2101	Denali Alaska	2002/11/3	7.9	0.070462
5	TCU084-E	1517	Chi-Chi Taiwan	1999/9/20	7.62	0.070886
6	TCU147-N	1555	Chi-Chi Taiwan	1999/9/20	7.62	0.080067
7	WVC000	803	Loma Prieta	1989/10/18	6.93	0.0816
8	CHY028-N	2461	Chi-Chi Taiwan-03	1999/9/20	6.2	0.087584
9	CHY107-N	3319	Chi-Chi Taiwan-06	1999/9/25	6.3	0.087666
10	KAU085-W	2836	Chi-Chi Taiwan-04	1999/9/20	6.2	0.09071
11	CHY070-E	2972	Chi-Chi Taiwan-05	1999/9/22	6.2	0.091732
12	TAP077-W	3139	Chi-Chi Taiwan-05	1999/9/22	6.2	0.092679
13	CHY054-N	3285	Chi-Chi Taiwan-06	1999/9/25	6.3	0.094378
14	CHY034-W	2465	Chi-Chi Taiwan-03	1999/9/20	6.2	0.095004
15	TCU145-W	2664	Chi-Chi Taiwan-03	1999/9/20	6.2	0.095559
16	TAP090-N	1409	Chi-Chi Taiwan	1999/9/20	7.62	0.095726
17	TAP090-N	1454	Chi-Chi Taiwan	1999/9/20	7.62	0.095726

场地特征周期为 0.95s 的地震波库 2　　**表 7-2-35**

序号	选波区间(s)：1.5～3.5		参考区间(s)：1.5～3			
	记录名称	记录编号	发生地点	年/月/日	震级	φ_{max}
1	TAP005-E	1409	Chi-Chi Taiwan	1999/9/20	7.62	0.082558
2	TAP005-E	1411	Chi-Chi Taiwan	1999/9/20	7.62	0.082558
3	CHY102-E	2508	Chi-Chi Taiwan-03	1999/9/20	6.2	0.084363
4	TCU036-N	3448	Chi-Chi Taiwan-06	1999/9/25	6.3	0.084656
5	K202090	2062	Nenana Mountain Alaska	2002/10/23	6.7	0.08686
6	1737360	2103	Denali Alaska	2002/11/3	7.9	0.089559
7	11625090	1810	Hector Mine	1999/10/16	7.13	0.096016
8	HWA023-N	1272	Chi-Chi Taiwan	1999/9/20	7.62	0.097564
9	HWA029-N	1278	Chi-Chi Taiwan	1999/9/20	7.62	0.097838
10	HWA013-N	2520	Chi-Chi Taiwan-03	1999/9/20	6.2	0.097938
11	TTN002-W	1558	Chi-Chi Taiwan	1999/9/20	7.62	0.100708
12	PTS225	316	Westmorland	1981/4/26	5.9	0.102274
13	KAU012-N	3397	Chi-Chi Taiwan-06	1999/9/25	6.3	0.104105
14	TCU050-E	1490	Chi-Chi Taiwan	1999/9/20	7.62	0.104856
15	TTN001-W	3515	Chi-Chi Taiwan-06	1999/9/25	6.3	0.108005
16	TCU039-E	3450	Chi-Chi Taiwan-06	1999/9/25	6.3	0.10816
17	CHY047-W	2473	Chi-Chi Taiwan-03	1999/9/20	6.2	0.109059
18	CHY059-E	2723	Chi-Chi Taiwan-04	1999/9/20	6.2	0.109225
19	TAP020-W	1409	Chi-Chi Taiwan	1999/9/20	7.62	0.109445

场地特征周期为 0.95s 的地震波库 3　　**表 7-2-36**

序号	选波区间(s)：3～6		参考区间(s)：3～6			
	记录名称	记录编号	发生地点	年/月/日	震级	φ_{max}
1	HWA038-E	1287	Chi-Chi Taiwan	1999/9/20	7.62	0.06588
2	TCU049-N	1489	Chi-Chi Taiwan	1999/9/20	7.62	0.070097
3	NEE090	1043	Northridge-01	1994/1/17	6.69	0.078492
4	TTN051-E	1594	Chi-Chi Taiwan	1999/9/20	7.62	0.079679
5	TTN002-N	1558	Chi-Chi Taiwan	1999/9/20	7.62	0.080338
6	TCU054-N	1494	Chi-Chi Taiwan	1999/9/20	7.62	0.083218
7	CHY101-N	2507	Chi-Chi Taiwan-03	1999/9/20	6.2	0.084126
8	ILA056-W	3386	Chi-Chi Taiwan-06	1999/9/25	6.3	0.097368
9	24087090	1765	Hector Mine	1999/10/16	7.13	0.099678
10	ps07039	2091	Nenana Mountain Alaska	2002/10/23	6.7	0.100525
11	TCU082-E	1515	Chi-Chi Taiwan	1999/9/20	7.62	0.100751
12	CHY055-N	2477	Chi-Chi Taiwan-03	1999/9/20	6.2	0.103035
13	TAP024-W	1409	Chi-Chi Taiwan	1999/9/20	7.62	0.106582
14	CHY029-E	2704	Chi-Chi Taiwan-04	1999/9/20	6.2	0.107073
15	ILA001-W	1307	Chi-Chi Taiwan	1999/9/20	7.62	0.109047

7.3 结构周期 6s<T<10s

我国《抗规》给出的加速度反应谱在周期大于 $5T_g$ 时按直线下降，下降斜率为 $\eta_1=0.02$，欧美规范对反应谱的位移控制段则是按二次曲线的规律下降。可见，《抗规》实际上提高了地震作用，一是因为我国缺乏真实有效的长周期地震记录；二是出于结构抗震安全的考虑，避免加速度反应谱在长周期段下降过大，从而导致长周期结构的地震反应太小，对结构的抗震设计不起控制作用。

对于《抗规》未给出的 6s 以后的反应谱如何取值才能反映地震动在各类场地的真实特性，本团队从日本 K-KET 强震观测台网搜集了 1146 次震级大于 5 的地震，各测站所有地震记录共 23 万余条，去掉峰值加速度 $PGA<20$gal 的记录，并对所有记录进行频谱分析最终筛选得到具有可靠长周期分量的地震记录 7274 条。根据《抗规》采用的场地分类标准分为Ⅰ、Ⅱ、Ⅲ、Ⅳ类，设计地震分组则根据《中国地震动参数区划图》中定义的地震动特征周期进行分类，由于Ⅳ类场地获得的地震记录较少，本团队只对Ⅰ、Ⅱ、Ⅲ类场地上的地震记录进行研究，最终分类得到的地震记录数量如表 7-3-1 所示。

各组地震记录数目及平均特征周期 表 7-3-1

设计地震分组	场地类别					
	Ⅰ类		Ⅱ类		Ⅲ类	
	数目	T_g(s)	数目	T_g(s)	数目	T_g(s)
第一组	353	0.242	3002	0.345	375	0.447
第二组	110	0.324	944	0.423	420	0.568
第三组	165	0.424	1612	0.516	293	0.739

根据 Fourier 幅值谱、功率谱密度函数以及设计反应谱之间的相互转换关系，可以得到统计意义上的地震动能量密度分布和加速度反应谱。为研究加速度反应谱在长周期段的下降规律，参考美国 ASCE 7-10 和欧洲 Eurocode 8 规范反应谱的长周期下降形式，提出长周期段按 $T^{-\varepsilon}$ 下降，各组地震动统计意义上转换得到的加速度反应谱长周期段下降速率系数 ε 如表 7-3-2 所示。

各组回归得到的下降速率系数 ε 表 7-3-2

设计地震分组	场地类别		
	Ⅰ类	Ⅱ类	Ⅲ类
第一组	1.262	1.443	1.527
第二组	1.142	1.401	1.771
第三组	1.220	1.437	1.720

为偏于安全，本团队建议对Ⅰ类、Ⅱ类和Ⅲ类场地，ε 分别取 1.1、1.3 和 1.5，反应谱在长周期段能够真实地反映地震动的统计特征，对于Ⅳ类场地的长周期加速度反应谱有以下两种取值方法：(1) 为偏于安全，$5T_g$ 后可按《抗规》设计反应谱长周期段以直线形式下降并延长至 6s 以后；(2) 对于较重要的或可能发生严重次生灾害的建筑结构，应采用地震安全性评价报告提供的“安评”反应谱。

因此，对于周期 6～10s 的地震动选取，按本团队研究成果，Ⅰ类、Ⅱ类和Ⅲ类场地的设计反应谱按 $T^{-1.1}$、$T^{-1.3}$ 和 $T^{-1.5}$ 下降，Ⅳ类场地则按《抗规》地震影响系数曲线长周期段直线下降，如图 7-3-1 所示，长周期段取值如每类场地选出 15～20 条作为时程分析的地震动选波库，如表 7-3-3～表 7-3-11 所示，每类场地选出的地震波库反应谱曲线见图 7-3-2～图 7-3-11。

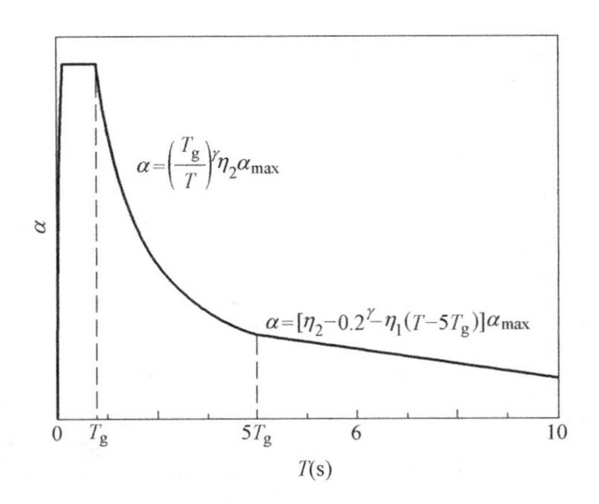

图 7-3-1　Ⅳ类场地反应谱长周期段取值方法

场地特征周期为 0.25s 的地震波库（ε=1.1）　　　　**表 7-3-3**

序号	周期区间(s)：6～10					
	记录名称	记录编号	发生地点	年/月/日	震级	φ_{max}
1	TAP021-N	1409	Chi-Chi Taiwan	1999/9/20	7.62	0.052538
2	TAP021-N	1421	Chi-Chi Taiwan	1999/9/20	7.62	0.052538
3	SLC270	787	Loma Prieta	1989/10/18	6.93	0.060328
4	HWA045-N	1292	Chi-Chi Taiwan	1999/9/20	7.62	0.065827
5	11684360	1784	Hector Mine	1999/10/16	7.13	0.073415
6	24271360	1805	Hector Mine	1999/10/16	7.13	0.078192
7	L01000	1019	Northridge-01	1994/1/17	6.69	0.083311
8	TTN041-N	1586	Chi-Chi Taiwan	1999/9/20	7.62	0.085746
9	DSP000	850	Landers	1992/6/28	7.28	0.091146
10	AGW090	737	Loma Prieta	1989/10/18	6.93	0.093144
11	HWA005-W	1258	Chi-Chi Taiwan	1999/9/20	7.62	0.096529
12	TOT090	1117	Kobe Japan	1995/1/16	6.9	0.10306
13	CHY088-E	2500	Chi-Chi Taiwan-03	1999/9/20	6.2	0.104281
14	JOS090	864	Landers	1992/6/28	7.28	0.107001
15	TCU049-N	2855	Chi-Chi Taiwan-04	1999/9/20	6.2	0.115245
16	TAP103-N	1409	Chi-Chi Taiwan	1999/9/20	7.62	0.118819

场地特征周期为 0.3s 的地震波库（ε=1.1） 表 7-3-4

序号	周期区间(s)：6～10					
	记录名称	记录编号	发生地点	年/月/日	震级	φ_{max}
1	TTN025-N	1577	Chi-Chi Taiwan	1999/9/20	7.62	0.048747
2	ATB000	946	Northridge-01	1994/1/17	6.69	0.049131
3	KAU069-E	1387	Chi-Chi Taiwan	1999/9/20	7.62	0.049773
4	FAT270	1606	Duzce Turkey	1999/11/12	7.14	0.061136
5	CHY010-N	1184	Chi-Chi Taiwan	1999/9/20	7.62	0.085651
6	HWA016-N	1267	Chi-Chi Taiwan	1999/9/20	7.62	0.091219
7	531-N	1618	Duzce Turkey	1999/11/12	7.14	0.092252
8	HWA050-N	1296	Chi-Chi Taiwan	1999/9/20	7.62	0.09346
9	22791016	1770	Hector Mine	1999/10/16	7.13	0.094938
10	ARC000	1148	Kocaeli Turkey	1999/8/17	7.51	0.095138
11	HWA006-N	1259	Chi-Chi Taiwan	1999/9/20	7.62	0.095938
12	SJTE225	801	Loma Prieta	1989/10/18	6.93	0.096182
13	TTN046-W	1590	Chi-Chi Taiwan	1999/9/20	7.62	0.099323
14	CHY046-N	1208	Chi-Chi Taiwan	1999/9/20	7.62	0.102495
15	TAP090-N	1409	Chi-Chi Taiwan	1999/9/20	7.62	0.102661
16	TAP090-N	1454	Chi-Chi Taiwan	1999/9/20	7.62	0.102661

场地特征周期为 0.35s 的地震波库（ε=1.1） 表 7-3-5

序号	周期区间(s)：6～10					
	记录名称	记录编号	发生地点	年/月/日	震级	φ_{max}
1	HEC000	1787	Hector Mine	1999/10/16	7.13	0.041262
2	HWA050-W	1296	Chi-Chi Taiwan	1999/9/20	7.62	0.041601
3	HWA056-E	1301	Chi-Chi Taiwan	1999/9/20	7.62	0.058017
4	FMS180	761	Loma Prieta	1989/10/18	6.93	0.061551
5	ABY090	832	Landers	1992/6/28	7.28	0.069818
6	FAT000	1606	Duzce Turkey	1999/11/12	7.14	0.070376
7	FAT000	1160	Kocaeli Turkey	1999/8/17	7.51	0.071424
8	12149090	1776	Hector Mine	1999/10/16	7.13	0.074682
9	24278360	1775	Hector Mine	1999/10/16	7.13	0.081752
10	TAP103-E	1409	Chi-Chi Taiwan	1999/9/20	7.62	0.086117
11	ARC000	1148	Kocaeli Turkey	1999/8/17	7.51	0.086616
12	KMP090	1609	Duzce Turkey	1999/11/12	7.14	0.088168
13	HWA020-N	1270	Chi-Chi Taiwan	1999/9/20	7.62	0.088723
14	SG3261	791	Loma Prieta	1989/10/18	6.93	0.091074
15	TCU051-E	2857	Chi-Chi Taiwan-04	1999/9/20	6.2	0.097147
16	HWA015-E	1266	Chi-Chi Taiwan	1999/9/20	7.62	0.100718

场地特征周期为 0.45s 的地震波库（$\varepsilon=1.1$）　　**表 7-3-6**

序号	周期区间(s)：6～10					
	记录名称	记录编号	发生地点	年/月/日	震级	φ_{max}
1	SSF115	804	Loma Prieta	1989/10/18	6.93	0.037448
2	TAP013-N	1409	Chi-Chi Taiwan	1999/9/20	7.62	0.042339
3	TAP013-N	1417	Chi-Chi Taiwan	1999/9/20	7.62	0.042339
4	TAP014-N	1409	Chi-Chi Taiwan	1999/9/20	7.62	0.04588
5	TAP014-N	1418	Chi-Chi Taiwan	1999/9/20	7.62	0.04588
6	BVC220	746	Loma Prieta	1989/10/18	6.93	0.046774
7	CNA000	1157	Kocaeli Turkey	1999/8/17	7.51	0.050527
8	MEN270	760	Loma Prieta	1989/10/18	6.93	0.056471
9	ps08049	2112	Denali Alaska	2002/11/3	7.9	0.057656
10	ILA013-N	1317	Chi-Chi Taiwan	1999/9/20	7.62	0.061793
11	FOR090	827	Cape Mendocino	1992/4/25	7.01	0.068557
12	HWA020-E	1270	Chi-Chi Taiwan	1999/9/20	7.62	0.080445
13	TAP010-N	1409	Chi-Chi Taiwan	1999/9/20	7.62	0.082181
14	TAP010-N	1415	Chi-Chi Taiwan	1999/9/20	7.62	0.082181
15	TTN025-E	1577	Chi-Chi Taiwan	1999/9/20	7.62	0.082993
16	HWA006-W	1259	Chi-Chi Taiwan	1999/9/20	7.62	0.091161
17	TAP046-E	1409	Chi-Chi Taiwan	1999/9/20	7.62	0.093374
18	TAP046-E	1432	Chi-Chi Taiwan	1999/9/20	7.62	0.093374
19	TAP097-N	1409	Chi-Chi Taiwan	1999/9/20	7.62	0.096254
20	TAP097-N	1457	Chi-Chi Taiwan	1999/9/20	7.62	0.096254

场地特征周期为 0.5s 的地震波库（$\varepsilon=1.3$）　　**表 7-3-7**

序号	周期区间(s)：6～10					
	记录名称	记录编号	发生地点	年/月/日	震级	φ_{max}
1	SSF115	804	Loma Prieta	1989/10/18	6.93	0.03772
2	ps08049	2112	Denali Alaska	2002/11/3	7.9	0.04398
3	TAP014-N	1409	Chi-Chi Taiwan	1999/9/20	7.62	0.05435
4	TAP014-N	1418	Chi-Chi Taiwan	1999/9/20	7.62	0.05435
5	MEN270	760	Loma Prieta	1989/10/18	6.93	0.05682
6	HWA020-E	1270	Chi-Chi Taiwan	1999/9/20	7.62	0.056911
7	TAP013-N	1409	Chi-Chi Taiwan	1999/9/20	7.62	0.061313
8	TAP013-N	1417	Chi-Chi Taiwan	1999/9/20	7.62	0.061313
9	TAP097-N	1409	Chi-Chi Taiwan	1999/9/20	7.62	0.061536
10	TAP097-N	1457	Chi-Chi Taiwan	1999/9/20	7.62	0.061536
11	BVC220	746	Loma Prieta	1989/10/18	6.93	0.064176

续表

序号	周期区间(s):6～10					
	记录名称	记录编号	发生地点	年/月/日	震级	φ_{max}
12	CNA000	1157	Kocaeli Turkey	1999/8/17	7.51	0.06864
13	ILA013-N	1317	Chi-Chi Taiwan	1999/9/20	7.62	0.070377
14	TAP010-N	1409	Chi-Chi Taiwan	1999/9/20	7.62	0.070759
15	TAP010-N	1415	Chi-Chi Taiwan	1999/9/20	7.62	0.070759
16	FOR090	827	Cape Mendocino	1992/4/25	7.01	0.074431
17	HWA006-W	1259	Chi-Chi Taiwan	1999/9/20	7.62	0.07887
18	HWA030-E	1279	Chi-Chi Taiwan	1999/9/20	7.62	0.094181

场地特征周期为 0.6s 的地震波库（ε=1.3） **表 7-3-8**

序号	周期区间(s):6～10					
	记录名称	记录编号	发生地点	年/月/日	震级	φ_{max}
1	SSF115	804	Loma Prieta	1989/10/18	6.93	0.063696
2	HWA020-E	1270	Chi-Chi Taiwan	1999/9/20	7.62	0.064498
3	TAP094-N	1409	Chi-Chi Taiwan	1999/9/20	7.62	0.066636
4	TAP094-N	1455	Chi-Chi Taiwan	1999/9/20	7.62	0.066636
5	TAP010-N	1409	Chi-Chi Taiwan	1999/9/20	7.62	0.068451
6	TAP010-N	1415	Chi-Chi Taiwan	1999/9/20	7.62	0.068451
7	HWA030-E	1279	Chi-Chi Taiwan	1999/9/20	7.62	0.070282
8	IZN180	1166	Kocaeli Turkey	1999/8/17	7.51	0.076009
9	TAP097-N	1409	Chi-Chi Taiwan	1999/9/20	7.62	0.076132
10	TAP097-N	1457	Chi-Chi Taiwan	1999/9/20	7.62	0.076132
11	TAP014-N	1409	Chi-Chi Taiwan	1999/9/20	7.62	0.077482
12	TAP014-N	1418	Chi-Chi Taiwan	1999/9/20	7.62	0.077482
13	TTN032-N	1582	Chi-Chi Taiwan	1999/9/20	7.62	0.081788
14	TAP005-N	1409	Chi-Chi Taiwan	1999/9/20	7.62	0.081802
15	TAP005-N	1411	Chi-Chi Taiwan	1999/9/20	7.62	0.081802
16	531-E	1618	Duzce Turkey	1999/11/12	7.14	0.082951
17	ps08049	2112	Denali Alaska	2002/11/3	7.9	0.08406

场地特征周期为 0.7s 的地震波库（ε=1.5） **表 7-3-9**

序号	周期区间(s):6～10					
	记录名称	记录编号	发生地点	年/月/日	震级	φ_{max}
1	K217090	2077	Nenana Mountain Alaska	2002/10/23	6.7	0.033393
2	K202090	2062	Nenana Mountain Alaska	2002/10/23	6.7	0.040635
3	TAP043-E	1409	Chi-Chi Taiwan	1999/9/20	7.62	0.054386
4	TAP043-E	1431	Chi-Chi Taiwan	1999/9/20	7.62	0.054386

续表

序号	周期区间(s):6～10					
	记录名称	记录编号	发生地点	年/月/日	震级	φ_{max}
5	11625090	1810	Hector Mine	1999/10/16	7.13	0.060685
6	TTN048-W	1592	Chi-Chi Taiwan	1999/9/20	7.62	0.065133
7	TAP051-N	1409	Chi-Chi Taiwan	1999/9/20	7.62	0.065349
8	TAP051-N	1435	Chi-Chi Taiwan	1999/9/20	7.62	0.065349
9	KAU046-E	1374	Chi-Chi Taiwan	1999/9/20	7.62	0.072474
10	ILA008-W	1314	Chi-Chi Taiwan	1999/9/20	7.62	0.072899
11	K218090	2078	Nenana Mountain Alaska	2002/10/23	6.7	0.072914
12	TTN028-N	1580	Chi-Chi Taiwan	1999/9/20	7.62	0.073182
13	K214090	2074	Nenana Mountain Alaska	2002/10/23	6.7	0.074106
14	1731090	2060	Nenana Mountain Alaska	2002/10/23	6.7	0.075152
15	ps07309	2091	Nenana Mountain Alaska	2002/10/23	6.7	0.077033
16	K213090	2073	Nenana Mountain Alaska	2002/10/23	6.7	0.077469
17	K221090	2081	Nenana Mountain Alaska	2002/10/23	6.7	0.077953
18	TCU014-N	1470	Chi-Chi Taiwan	1999/9/20	7.62	0.081144

场地特征周期为 0.8s 的地震波库（按直线下降）　　表 7-3-10

序号	周期区间(s):6～10					
	记录名称	记录编号	发生地点	年/月/日	震级	φ_{max}
1	ILA008-W	1314	Chi-Chi Taiwan	1999/9/20	7.62	0.021739
2	K213090	2073	Nenana Mountain Alaska	2002/10/23	6.7	0.023618
3	K222090	2082	Nenana Mountain Alaska	2002/10/23	6.7	0.047035
4	TCU051-E	1491	Chi-Chi Taiwan	1999/9/20	7.62	0.050117
5	TAP043-E	1409	Chi-Chi Taiwan	1999/9/20	7.62	0.051119
6	TAP043-E	1431	Chi-Chi Taiwan	1999/9/20	7.62	0.051119
7	K202090	2062	Nenana Mountain Alaska	2002/10/23	6.7	0.053617
8	13123090	1822	Hector Mine	1999/10/16	7.13	0.057779
9	TAP051-N	1409	Chi-Chi Taiwan	1999/9/20	7.62	0.061145
10	TAP051-N	1435	Chi-Chi Taiwan	1999/9/20	7.62	0.061145
11	TCU042-E	1484	Chi-Chi Taiwan	1999/9/20	7.62	0.068215
12	K217090	2077	Nenana Mountain Alaska	2002/10/23	6.7	0.071906
13	TTN051-E	1594	Chi-Chi Taiwan	1999/9/20	7.62	0.077671
14	13122360	1780	Hector Mine	1999/10/16	7.13	0.0781
15	TTN036-N	1584	Chi-Chi Taiwan	1999/9/20	7.62	0.083033
16	TCU014-N	1470	Chi-Chi Taiwan	1999/9/20	7.62	0.084995

场地特征周期为 0.9s 的地震波库（按直线下降） **表 7-3-11**

序号	周期区间(s)：6～10					
	记录名称	记录编号	发生地点	年/月/日	震级	φ_{max}
1	K210090	2070	Nenana Mountain Alaska	2002/10/23	6.7	0.038872
2	K219090	2079	Nenana Mountain Alaska	2002/10/23	6.7	0.050328
3	TCU051-E	1491	Chi-Chi Taiwan	1999/9/20	7.62	0.051344
4	TCU042-E	1484	Chi-Chi Taiwan	1999/9/20	7.62	0.065485
5	TCU034-N	1479	Chi-Chi Taiwan	1999/9/20	7.62	0.077115
6	TCU082-E	1515	Chi-Chi Taiwan	1999/9/20	7.62	0.077609
7	12630090	1833	Hector Mine	1999/10/16	7.13	0.077838
8	K216120	2076	Nenana Mountain Alaska	2002/10/23	6.7	0.079828
9	TCU092-N	1522	Chi-Chi Taiwan	1999/9/20	7.62	0.081559
10	ILA051-N	1339	Chi-Chi Taiwan	1999/9/20	7.62	0.081807
11	CHY056-N	2478	Chi-Chi Taiwan-03	1999/9/20	6.2	0.082514
12	MA3130	76	San Fernando	1971/2/9	6.61	0.084175
13	K222090	2082	Nenana Mountain Alaska	2002/10/23	6.7	0.084631
14	TCU102-E	1529	Chi-Chi Taiwan	1999/9/20	7.62	0.084993
15	K213090	2073	Nenana Mountain Alaska	2002/10/23	6.7	0.08809
16	TCU057-E	1497	Chi-Chi Taiwan	1999/9/20	7.62	0.088712
17	MA3220	76	San Fernando	1971/2/9	6.61	0.088728
18	CHY017-W	1189	Chi-Chi Taiwan	1999/9/20	7.62	0.088837
19	ILA005-W	1311	Chi-Chi Taiwan	1999/9/20	7.62	0.089385
20	ILA024-N	1322	Chi-Chi Taiwan	1999/9/20	7.62	0.089595

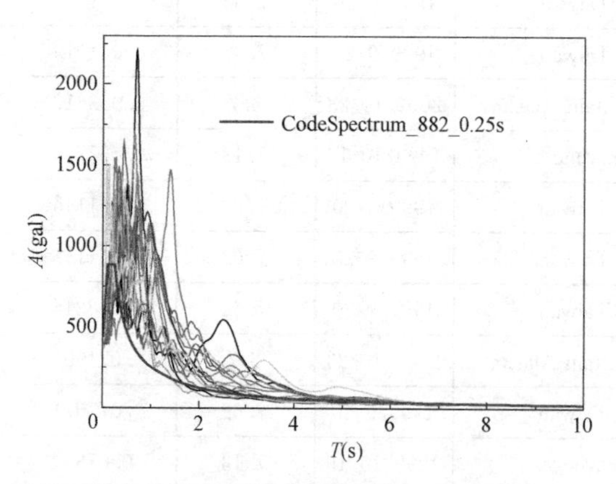

图 7-3-2 场地特征周期为 0.25s 时选出的地震波反应谱示意图

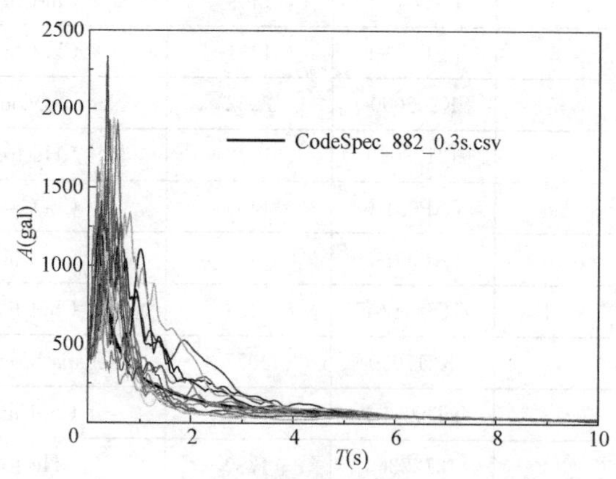

图 7-3-3 场地特征周期为 0.3s 时选出的地震波反应谱示意图

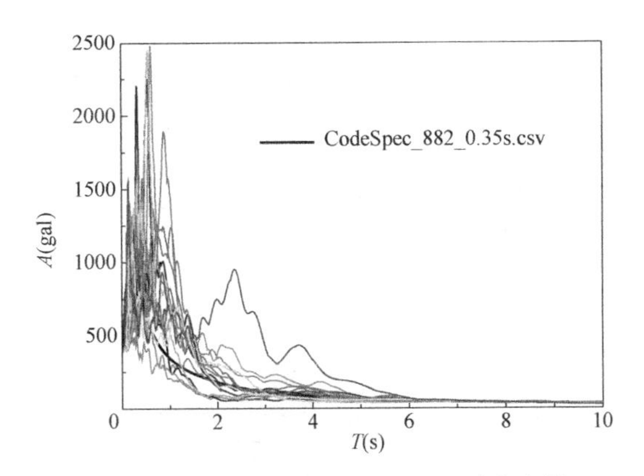

图 7-3-4　场地特征周期为 0.35s 时选出的地震波反应谱示意图

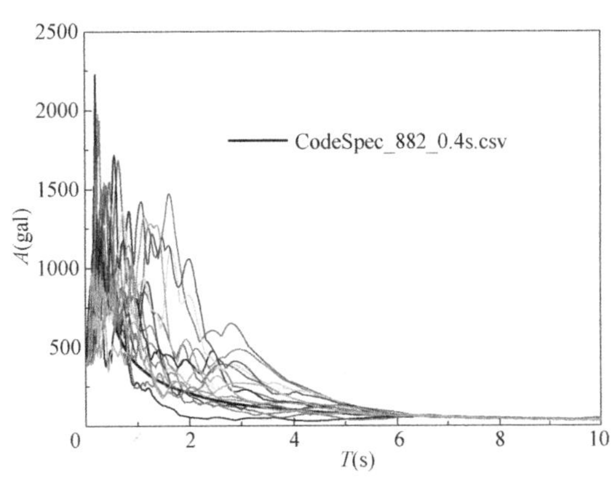

图 7-3-5　场地特征周期为 0.4s 时选出的地震波反应谱示意图

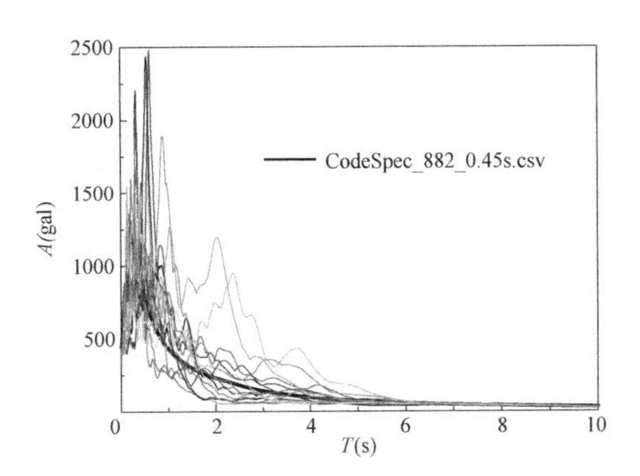

图 7-3-6　场地特征周期为 0.45s 时选出的地震波反应谱示意图

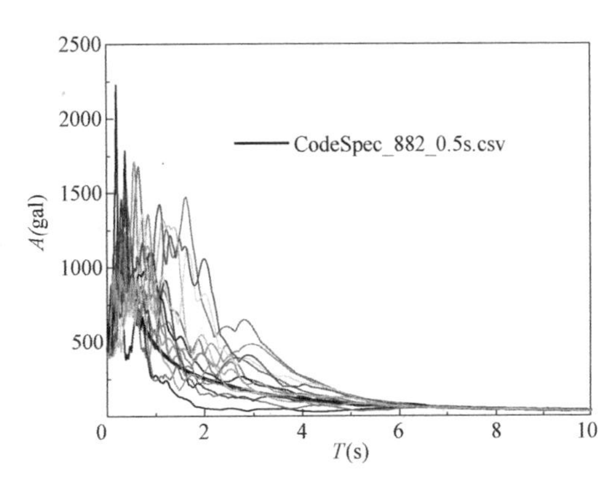

图 7-3-7　场地特征周期为 0.5s 时选出的地震波反应谱示意图

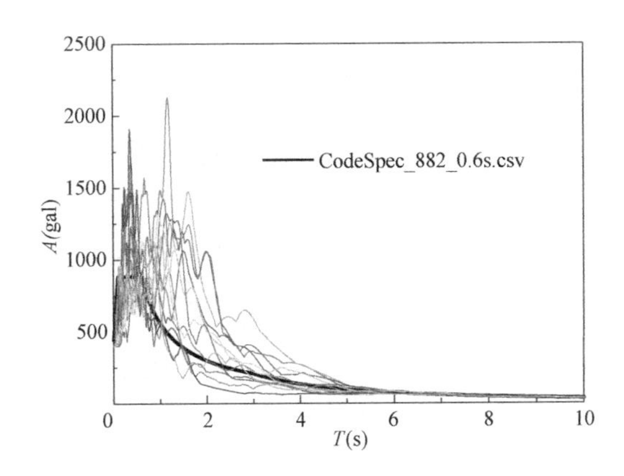

图 7-3-8　场地特征周期为 0.6s 时选出的地震波反应谱示意图

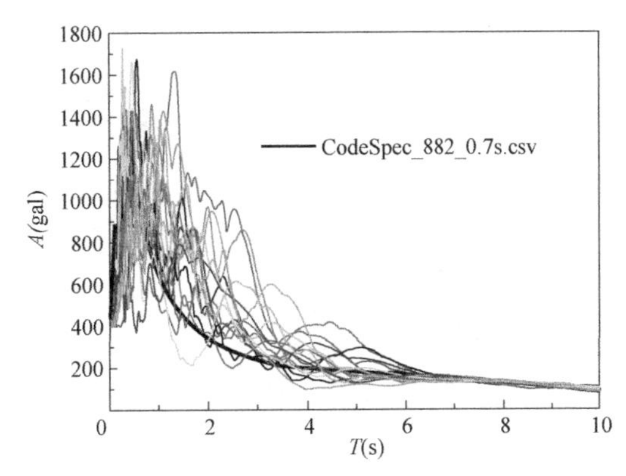

图 7-3-9　场地特征周期为 0.7s 时选出的地震波反应谱示意图

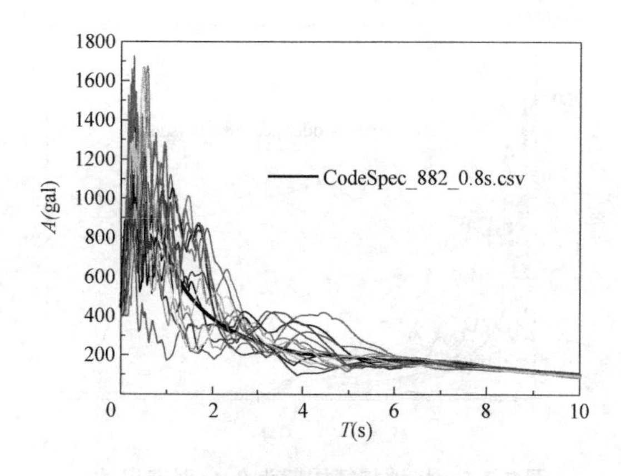

图 7-3-10　场地特征周期为 0.8s 时选出的地震波反应谱示意图

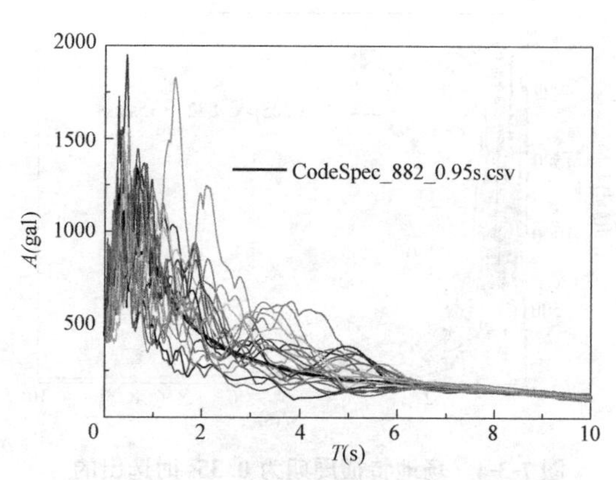

图 7-3-11　场地特征周期为 0.95s 时选出的地震波反应谱示意图

第 8 章　设计方法在各类典型结构中的应用

8.1　概　　述

基于性能的抗震设计方法与目前规范使用的“三水准、两阶段”的设计方法在小震设计阶段是相同的，但对“大震不倒”的设计方法是不同的。基于性能的抗震设计方法是通过控制延性破坏构件变形、脆性破坏构件承载力以及结构有害层间位移角，保证结构“大震不倒”；“三水准、两阶段”设计方法是通过构造措施提高结构延性和控制结构层间位移角来保证结构“大震不倒”。

本章通过典型的框架结构、框架-剪力墙结构、剪力墙结构、框支剪力墙结构、框架-核心筒结构抗震设计，对比两种设计方法各自的优点和不足。

8.2　设计方法在框架结构中的应用

8.2.1　引言

依据我国规范，设计了 27 栋不同烈度、不同场地土类别以及不同高度的规则框架结构，对结构进行弹塑性动力时程分析，并结合基于构件变形的性能评估方法，对结构的抗震性能进行探讨。通过大量的数据支持，对框架结构的抗震性能进行规律性的深入研究。

8.2.2　框架结构模型设计

(1) 模型设计

根据规范要求建立了 27 栋框架结构，为了模拟结构所在地区的设防烈度、特征周期的差异，把地震烈度分为七度（0.1g）、七度半（0.15g）以及八度（0.2g）三种，特征周期分为 0.35s、0.45s 和 0.65s 三类。同时，为了全面地考虑常规框架结构的情况，选用了三种常见框架结构层数，即 3 层、6 层及 9 层。采用地震烈度、特征周期以及结构高度三个因素组合成 27 栋框架结构，详细见表 8-2-1。

27 栋框架结构排列表　　　　表 8-2-1

设防烈度 / 层数(总高度) / 场地土类别		烈度		
		七度(0.1g)	七度半(0.15g)	八度(0.2g)
特征周期	0.35s (Ⅱ类)	3 层(13m)	3 层(13m)	3 层(13m)
		6 层(25m)	6 层(25m)	6 层(25m)
		9 层(37m)	9 层(37m)	9 层(37m)

续表

层数(总高度) / 场地土类别 \ 设防烈度		烈度		
		七度(0.1g)	七度半(0.15g)	八度(0.2g)
特征周期	0.45s (Ⅲ类)	3 层(13m)	3 层(13m)	3 层(13m)
		6 层(25m)	6 层(25m)	6 层(25m)
		9 层(37m)	9 层(37m)	9 层(37m)
	0.65s (Ⅳ类)	3 层(13m)	3 层(13m)	3 层(13m)
		6 层(25m)	6 层(25m)	6 层(25m)
		9 层(37m)	9 层(37m)	9 层(37m)

统一首层层高为 5m，标准层层高为 4m，总高度分别为 13m、25m、37m，满足规范对框架结构的最大适用高度要求。

为了使设计的结构具有普遍性和代表性，所选取的结构模型考虑如下条件：

1）为了节省弹塑性分析的计算时间，对模型进行简化处理，忽略结构次梁对结构刚度的作用，结构平面布置见图 8-2-1。

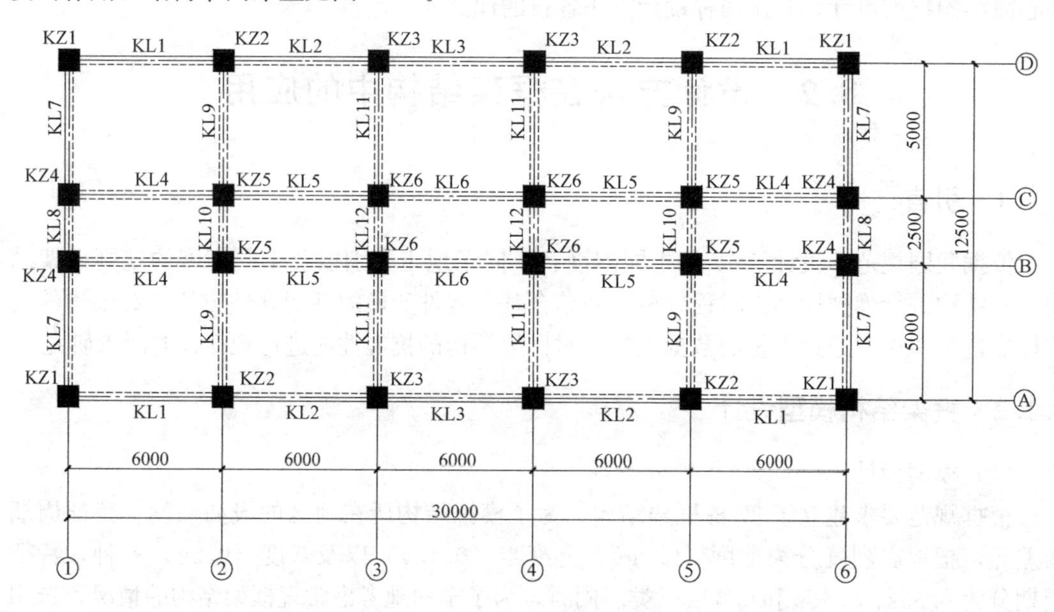

图 8-2-1　结构标准层平面布置图

2）施加的荷载如下：考虑建筑隔墙以及次梁的作用，楼面恒载取 2kN/m^2；楼面活载取 2kN/m^2；顶板恒载取 3.5kN/m^2；顶板活载取 2kN/m^2；外墙采用砖墙，线荷载取 11kN/m；内墙采用轻质砖墙，线荷载取 5kN/m；楼顶女儿墙线荷载取 4kN/m。荷载施加情况见图 8-2-2。

3）框架结构除了施加恒载和活载外，还承受风荷载和地震作用。由于主要研究框架结构的抗震性能，为了避免风荷载带来的干扰，结构所在地区的风压取 0.35kN/m^2。

4）由于框架结构层数不多，为了便于分析，所有框架结构沿层高只变截面不变材料。

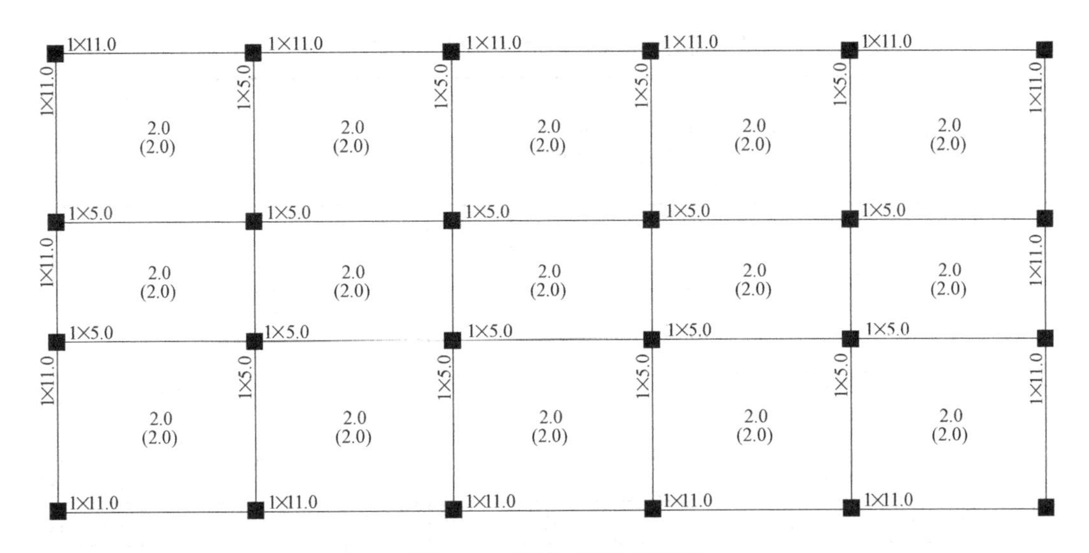

图 8-2-2　标准层荷载示意图

框架柱采用 C35 混凝土，框架梁及楼板采用 C30 混凝土。结构纵筋采用 HRB400 钢筋，箍筋采用 HPB300 钢筋。

5）钢筋混凝土框架结构必须满足规范要求，弹性分析时层间位移角以及轴压比满足《建筑抗震设计规范》要求，且接近限值。所设计的结构弹性层间位移角控制在 1/550～1/800 之间。除此以外，结构构件应满足最小配筋率等构造要求。

（2）弹性计算结果

采用 PKPM 进行弹性计算，表 8-2-2～表 8-2-4 分别是特征周期为 0.35s、0.45s 和 0.65s 时的弹性计算结果。结果表明，所设计的 27 栋钢筋混凝土框架结构均满足规范要求，其层间位移角等弹性指标均符合设计要求。

特征周期为 0.35s（Ⅱ类）弹性计算结果　　表 8-2-2

层数（总高）	烈度	编号	框架抗震等级	轴压比限值	周期			位移角	
					第一周期(s)	第二周期(s)	扭转周期(s)	X 方向（楼层）	Y 方向（楼层）
三层(13m)	七度	S7-3-0.35	三	0.85	0.8296	0.825	0.7591	1/845(f1)	1/749(f1)
	七度半	S7.5-3-0.35	三	0.85	0.7988	0.7214	0.6726	1/597(f1)	1/593(f1)
	八度	S8-3-0.35	二	0.75	0.6256	0.6104	0.5629	1/643(f1)	1/574(f1)
六层(25m)	七度	S7-6-0.35	二	0.75	1.5005	1.4986	1.3698	1/710(f1)	1/634(f1)
	七度半	S7.5-6-0.35	二	0.75	1.1899	1.1784	1.067	1/696(f4)	1/610(f4)
	八度	S8-6-0.35	一	0.65	1.0259	1.0045	0.9019	1/642(f2)	1/598(f2)
九层(37m)	七度	S7-9-0.35	二	0.75	1.7728	1.7489	1.5877	1/1041(f4)	1/918(f4)
	七度半	S7.5-9-0.35	二	0.75	1.7728	1.7489	1.5877	1/694(f4)	1/612(f4)
	八度	S8-9-0.35	一	0.65	1.4368	1.4324	1.2873	1/615(f4)	1/569(f4)

特征周期为 0.45s（Ⅲ类）弹性计算结果 **表 8-2-3**

层数（总高）	烈度	编号	框架抗震等级	轴压比限值	周期			位移角	
					第一周期(s)	第二周期(s)	扭转周期(s)	X方向（楼层）	Y方向（楼层）
三层(13m)	七度	S7-3-0.45	三	0.85	0.8296	0.825	0.7591	1/674(f1)	1/598(f1)
	七度半	S7.5-3-0.45	二	0.75	0.6871	0.6281	0.5853	1/593(f1)	1/594(f1)
	八度	S8-3-0.45	二	0.75	0.5677	0.5513	0.5088	1/678(f1)	1/622(f1)
六层(25m)	七度	S7-6-0.45	二	0.75	1.4593	1.3863	1.2819	1/621(f1)	1/644(f1)
	七度半	S7.5-6-0.45	一	0.65	1.0713	1.0618	0.9584	1/669(f4)	1/586(f4)
	八度	S8-6-0.45	一	0.65	0.9231	0.8079	0.7606	1/575(f2)	1/572(f4)
九层(37m)	七度	S7-9-0.45	二	0.75	1.9269	1.8956	1.7052	1/697(f4)	1/605(f4)
	七度半	S7.5-9-0.45	一	0.65	1.5218	1.5157	1.3632	1/616(f4)	1/577(f4)
	八度	S8-9-0.45	一	0.65	1.2175	1.1909	1.0942	1/604(f4)	1/571(f4)

特征周期为 0.65s（Ⅳ类）弹性计算结果 **表 8-2-4**

层数（总高）	烈度	编号	框架抗震等级	轴压比限值	周期			位移角	
					第一周期(s)	第二周期(s)	扭转周期(s)	X方向（楼层）	Y方向（楼层）
三层(13m)	七度	S7-3-0.65	三	0.85	0.7069	0.701	0.6487	1/778(f1)	1/695(f1)
	七度半	S7.5-3-0.65	二	0.75	0.6871	0.6281	0.5853	1/559(f1)	1/594(f1)
	八度	S8-3-0.65	二	0.75	0.5677	0.5513	0.5088	1/643(f1)	1/574(f1)
六层(25m)	七度	S7-6-0.65	二	0.75	1.2024	1.1948	1.1039	1/620(f3)	1/553(f3)
	七度半	S7.5-6-0.65	一	0.65	0.8958	0.8492	0.7879	1/592(f2)	1/596(f2)
	八度	S8-6-0.65	一	0.65	0.7652	0.7103	0.6633	1/620(f2)	1/657(f2)
九层(37m)	七度	S7-9-0.65	二	0.75	1.7099	1.6606	1.4996	1/621(f4)	1/581(f4)
	七度半	S7.5-9-0.65	一	0.65	1.2051	1.124	1.0374	1/591(f2)	1/590(f4)
	八度	S8-9-0.65	一	0.65	0.9343	0.8739	0.8035	1/613(f2)	1/615(f5)

（3）地震波的选取

为了让结构的弹塑性分析结果更准确、更有说服性和代表性，针对每一个结构选择 20 条合适的地震动时程进行弹塑性分析。根据我国《建筑抗震设计规范》对地震动时程数量的相关描述，规定实际强震时程的数量不应少于时程总数的 2/3，即 20 条地震时程中，实际强震时程数量应大于等于 14 条。因此，弹塑性计算采用 14 条实际强震时程，6 条人工模拟时程。

根据选波原则进行地震时程的筛选，每个结构选取独立的 20 条地震时程。由于篇幅有限，仅列出 S8-6-0.35 结构的地震时程选取结果，见表 8-2-5。

结构 S8-6-0.35 选用的 20 条地震时程　　　　**表 8-2-5**

编号	名称(地点)	时程加速度谱曲线	反应谱曲线
GM1	8-(2)	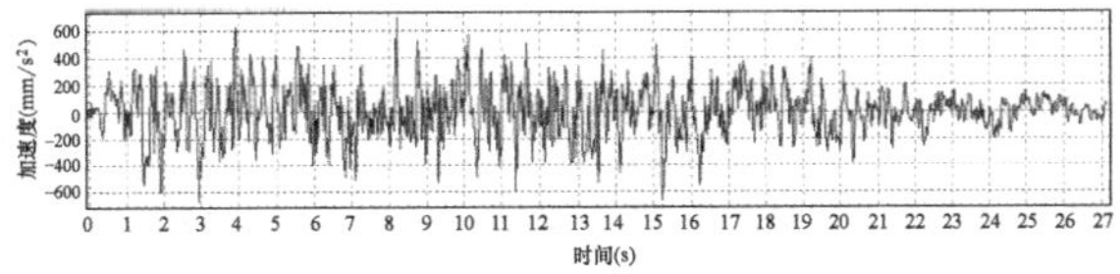	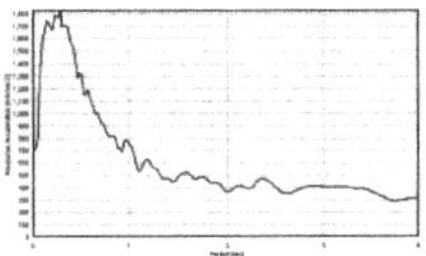
GM2	8-(11)	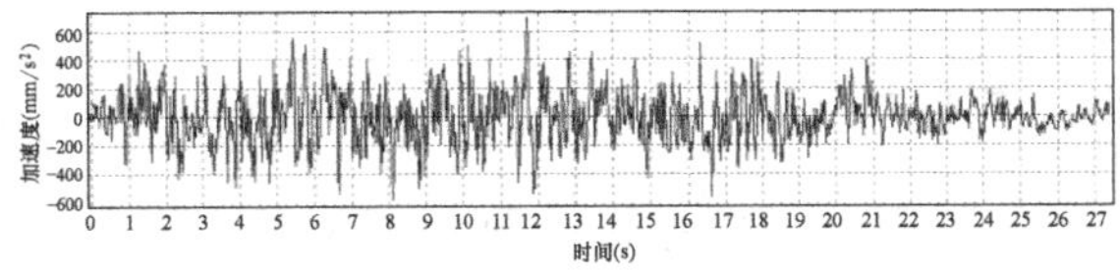	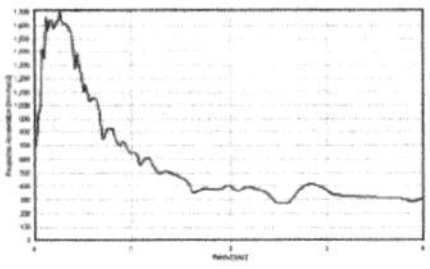
GM3	8-(22)	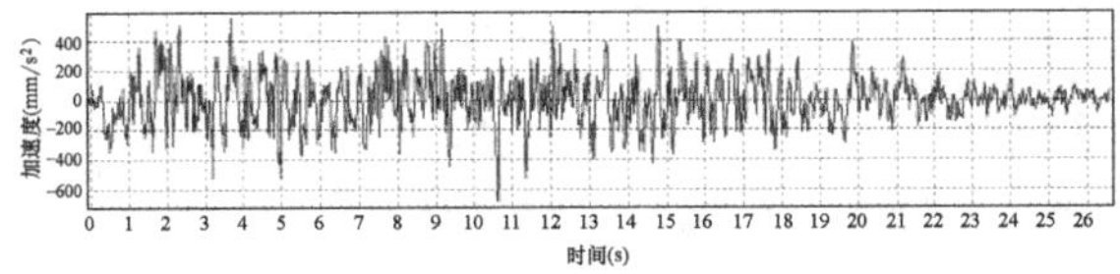	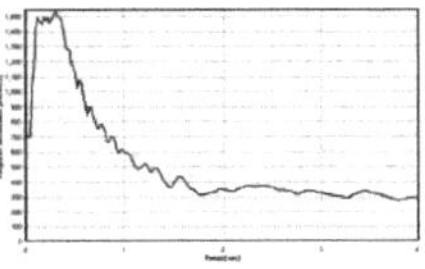
GM4	8-(24)	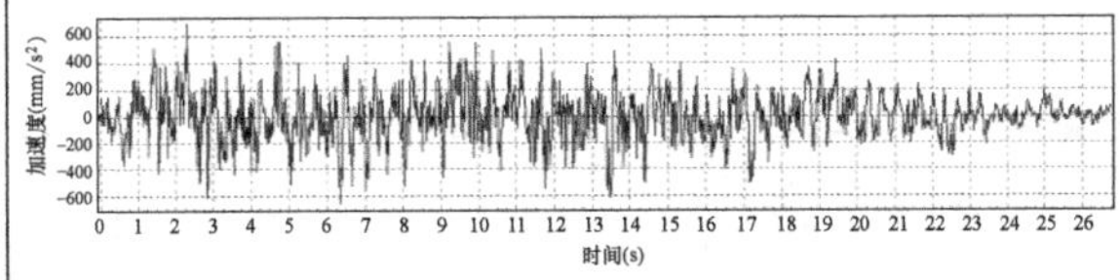	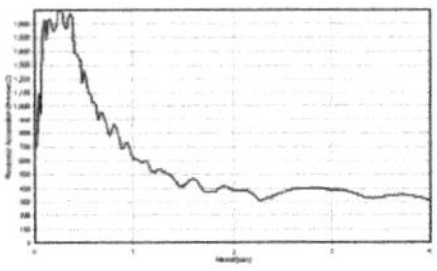
GM5	8-(18)	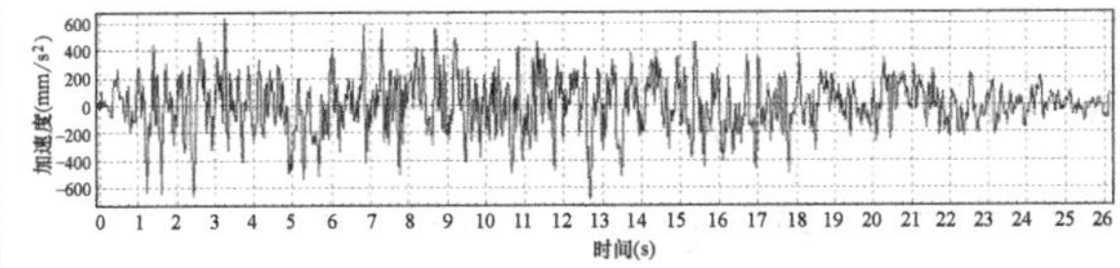	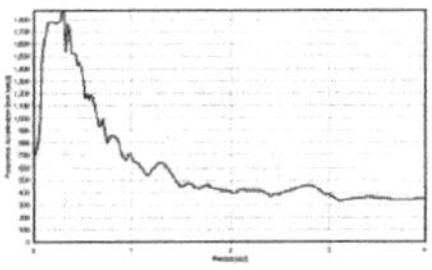
GM6	8-(21)	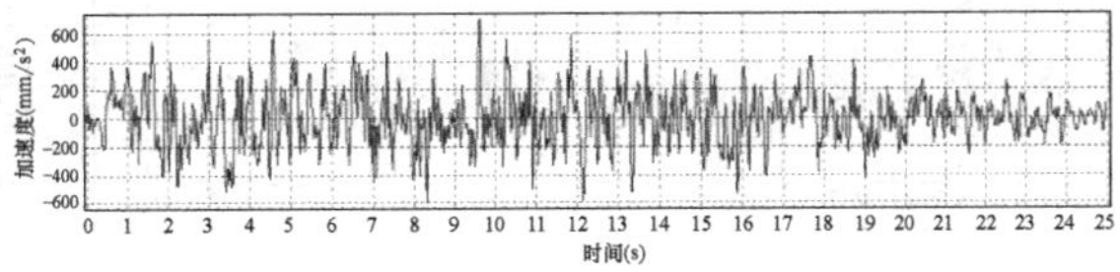	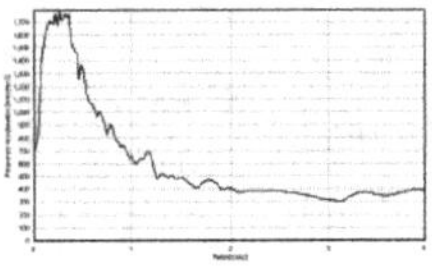
GM7	GM-2112 DENALI	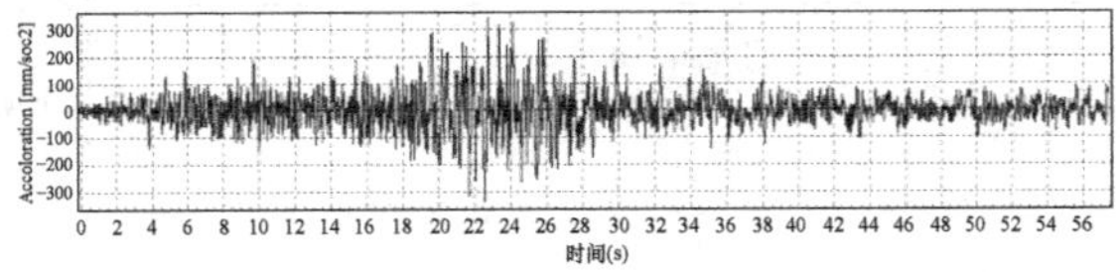	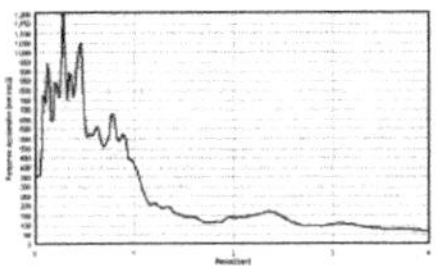
GM8	GM-1164 KOCAELI	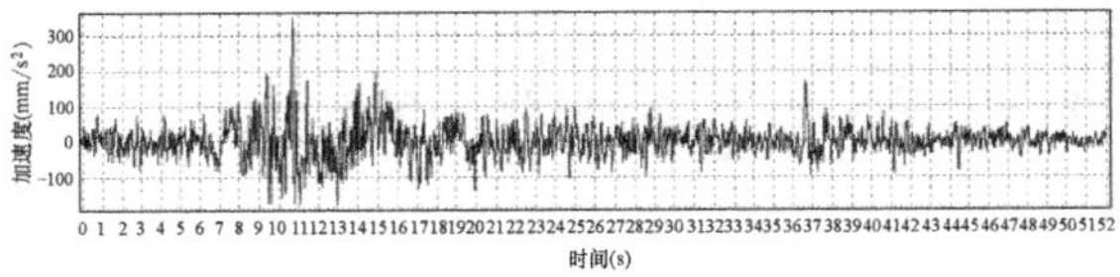	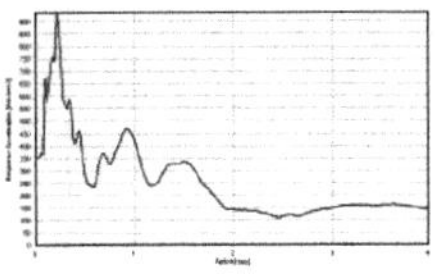

续表

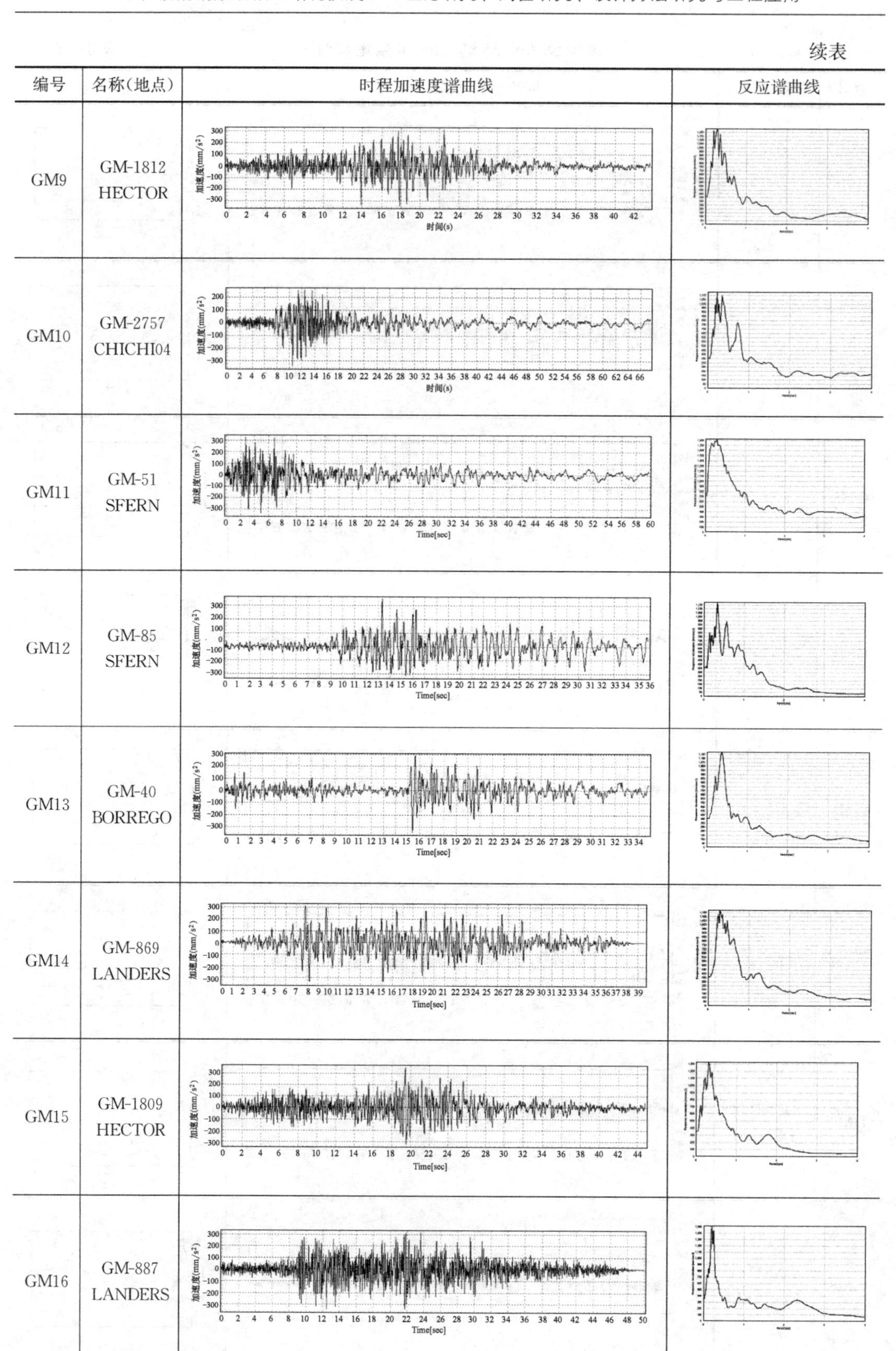

编号	名称(地点)	时程加速度谱曲线	反应谱曲线
GM9	GM-1812 HECTOR		
GM10	GM-2757 CHICHI04		
GM11	GM-51 SFERN		
GM12	GM-85 SFERN		
GM13	GM-40 BORREGO		
GM14	GM-869 LANDERS		
GM15	GM-1809 HECTOR		
GM16	GM-887 LANDERS		

续表

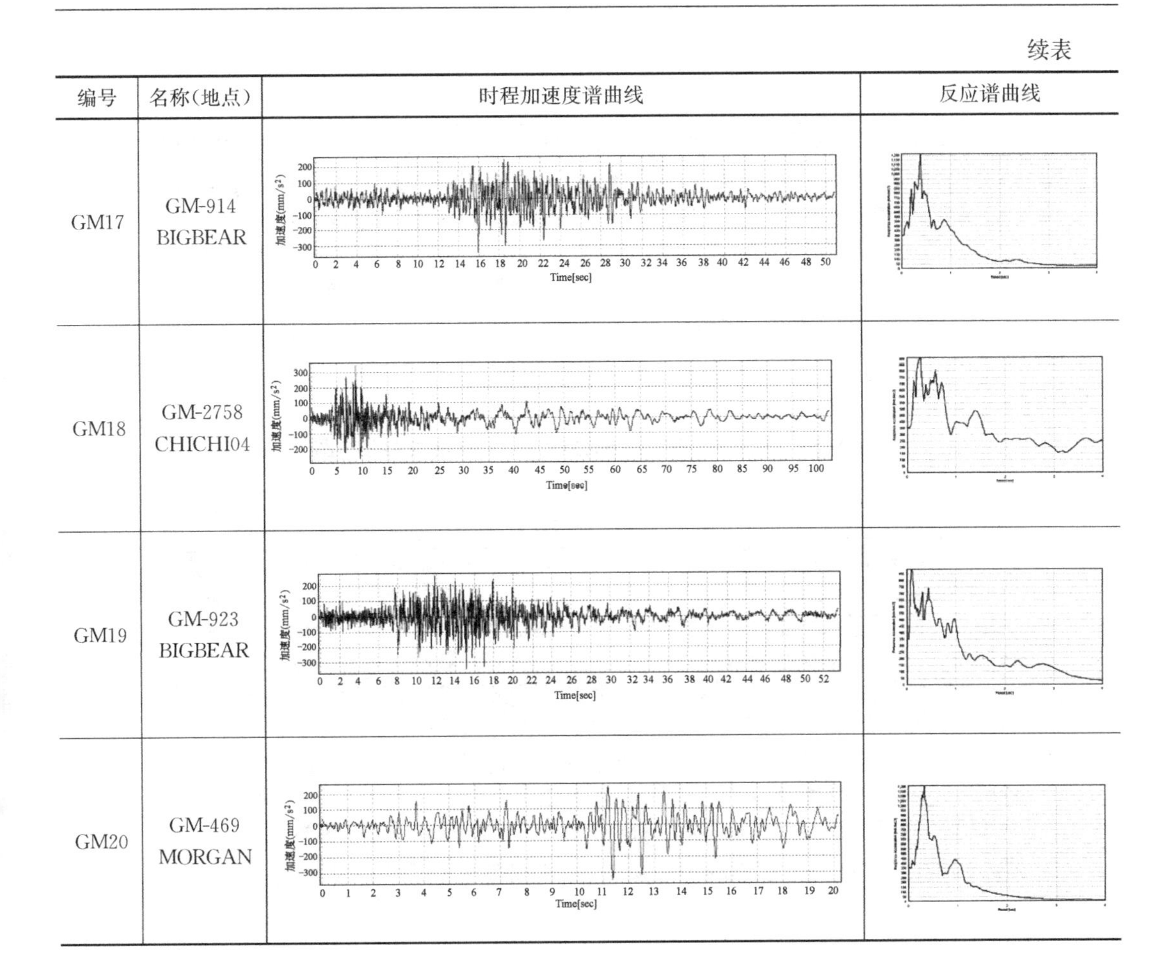

编号	名称(地点)	时程加速度谱曲线	反应谱曲线
GM17	GM-914 BIGBEAR		
GM18	GM-2758 CHICHI04		
GM19	GM-923 BIGBEAR		
GM20	GM-469 MORGAN		

8.2.3　基于构件变形的结构安全性评估

（1）构件安全性评估

从构件性能分析可知，结构构件均满足最小抗剪截面要求。几乎所有结构的框架梁破坏未超过性能 5，大部分结构的框架柱破坏处于性能 4 以内，有小部分结构的框架柱出现性能 6 的情况。由于文章篇幅有限，仅列出框架柱出现性能 6 的结构性能分布图（见图 8-2-3～图 8-2-9），图中横坐标为柱构件某一性能占全楼层的百分比，纵坐标为楼层。另外，通过同一层梁、柱构件性能对比，可比较梁柱构件破坏的程度，体现规范“强柱弱梁”的抗震思想。

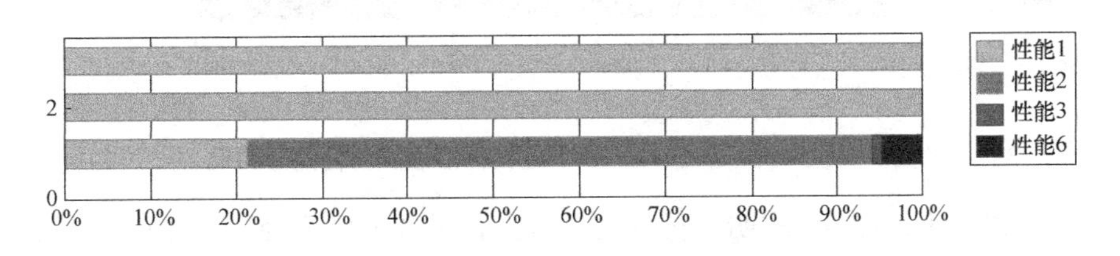

图 8-2-3　结构 S7-3-0.35 的柱构件沿楼层的性能分布图

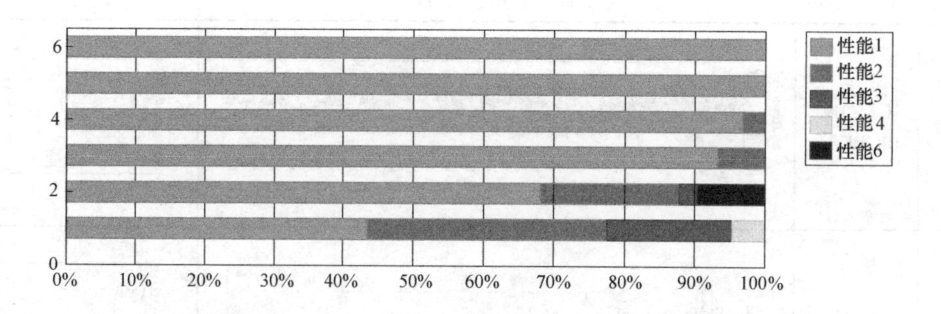

图 8-2-4 结构 S7-6-0.35 的柱构件沿楼层的性能分布图

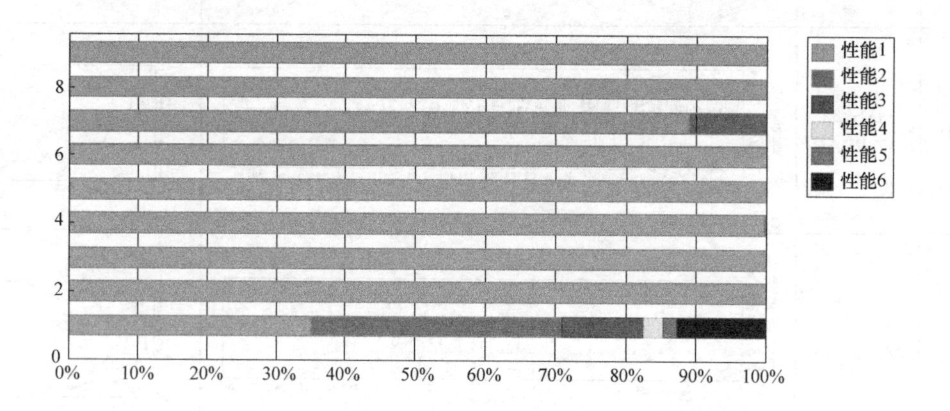

图 8-2-5 结构 S7-9-0.35 的柱构件沿楼层的性能分布图

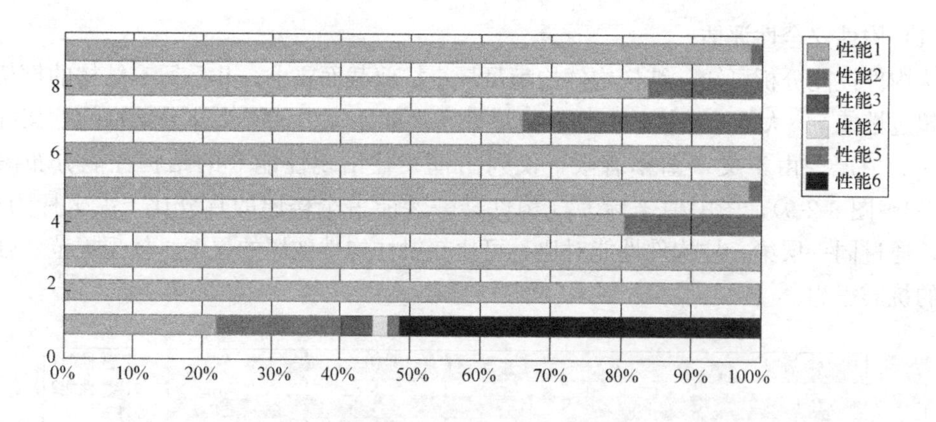

图 8-2-6 结构 S7.5-9-0.35 的柱构件沿楼层的性能分布图

当竖向构件出现性能 6，表明该构件变形过大，承载力已下降超过 20%，构件严重破坏，结构在对应地震时程作用下由于局部破坏严重而超越抗倒塌极限状态 3 的要求。当出现多于一条地震时程或同一地震事件的两条时程作用下存在以上状况，则认为结构倒塌，为不安全结构。因此，对出现性能 6 的结构进行分析（见表 8-2-6），列出导致柱构件出现性能 6 的工况、对应的楼层以及出现性能 6 的柱构件数量占楼层的百分比。发现结构 S7-9-0.35、S7.5-9-0.35、S7-9-0.45 和 S7-9-0.65 存在多于 5%的地震时程使结构倒塌。根据安全性判定原则的要求，从构件变形层次分析，结构 S7-9-0.35、S7.5-9-0.35、S7-9-0.45 和 S7-9-0.65 为不安全结构。

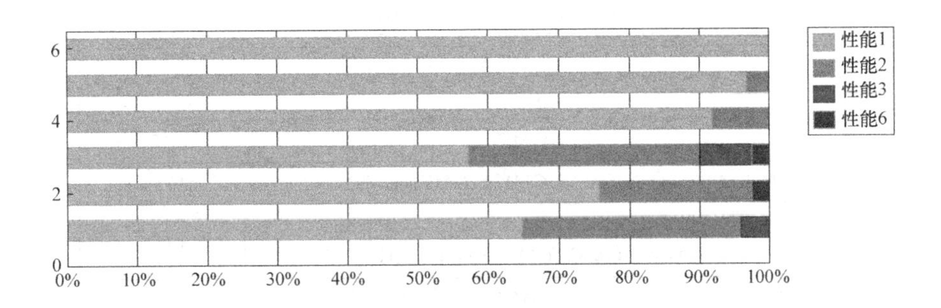

图 8-2-7　结构 S7-6-0.45 的柱构件沿楼层的性能分布图

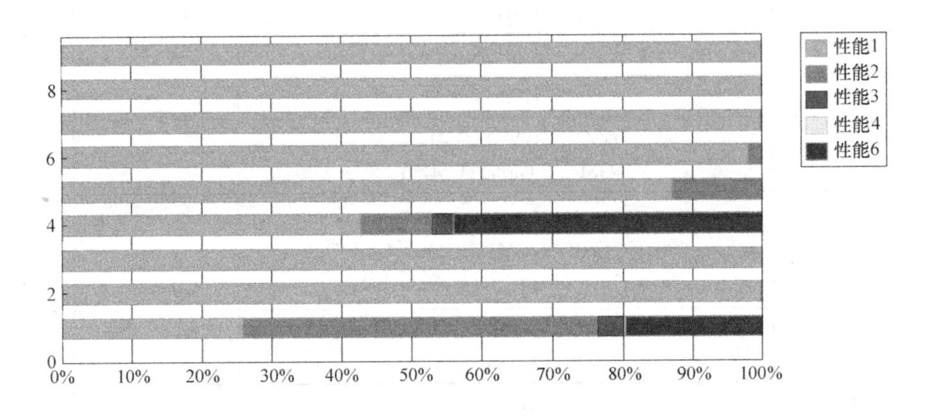

图 8-2-8　结构 S7-9-0.45 的柱构件沿楼层的性能分布图

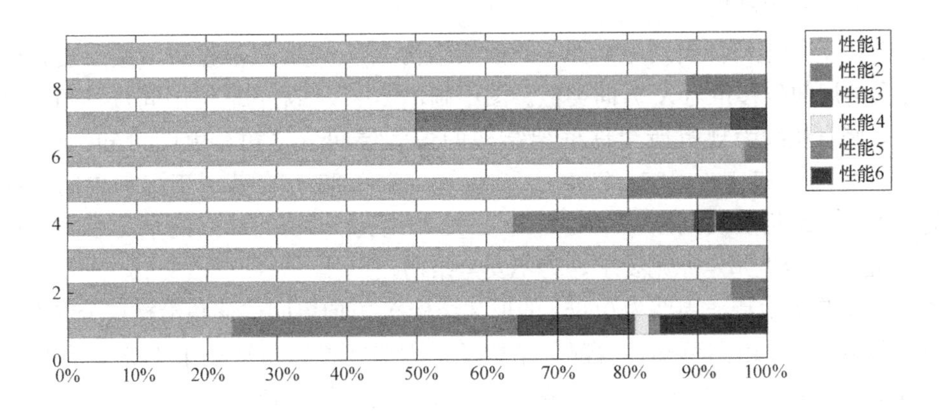

图 8-2-9　结构 S7-9-0.65 的柱构件沿楼层的性能分布图

不安全工况性能分析表　　表 8-2-6

结构	柱构件出现性能 6 的工况分析			不安全地震波数量
	楼层	工况	柱构件在该层破坏比例	
S7-3-0.35	1	GM10X、GM10Y	100%	1
S7-6-0.35	2	GM9X～GM10X、GM9Y～GM10Y	100%	2
S7-9-0.35	1	GM3X	4.17%	4
		GM3Y	9.09%	
		GM13Y	4.17%	
		GM6X、GM9X、GM13X、GM6Y、GM9Y	100%	
S7.5-9-0.35	1	GM1X～GM6X、GM9X～GM11X、GM16X、GM1Y～GM6Y、GM9Y～GM11Y、GM16Y	100%	12
		GM15X	27.27%	
		GM15Y	19.05%	
		GM19X	13.04%	
		GM19Y	13.64%	
S7-6-0.45	2	GM15X	100%	1
	3	GM15Y		
S7-9-0.45	1	GM4X～GM6X、GM15X、GM4Y～GM6Y、GM15Y	100%	13
	4	GM1X、GM3X、GM9X、GM11X～GM14X、GM16X、GM19X、GM1Y、GM3Y、GM9Y、GM11Y～GM14Y、GM16Y、GM19Y	100%	
S7-9-0.65	1	GM9X、GM13X～GM14X、GM9Y、GM13Y～GM14Y	100%	6
		GM7Y	4.35%	
	4	GM10X～GM11X、GM10Y	100%	

（2）层间位移角结果

图 8-2-10 为场地特征周期为 0.35s 的框架结构 X 方向层间位移角沿楼层变化的示意图，Y 方向的层间位移角与 X 方向类似。图中画出 20 个工况下结构层间位移角沿高度变化的情况，竖直粗线为规范所允许框架结构的最大层间位移角。由图可知，结构 S7-3-0.35、S7-6-0.35、S7.5-6-0.35、S7-9-0.35 和 S7.5-9-0.35 存在若干工况的层间位移角超出规范要求。从结构层次判断，结构 S7-9-0.35 和结构 S7.5-9-0.35 的平均层间位移角大于 1/50，超出安全性判定原则要求，为不安全结构。

图 8-2-11 是场地特征周期为 0.65s 的框架结构 X 方向层间位移角沿楼层分布图，Y 方向层间位移角类似。由图可知，大部分结构的最大层间位移角远小于 1/50，有足够的富余。只有结构 S8-3-0.65 和 S7-9-0.65 存在若干工况使其层间位移角大于 1/50。从结构层次分析，只有结构 S7-9-0.65 的平均层间位移角大于 1/50，为不安全结构。

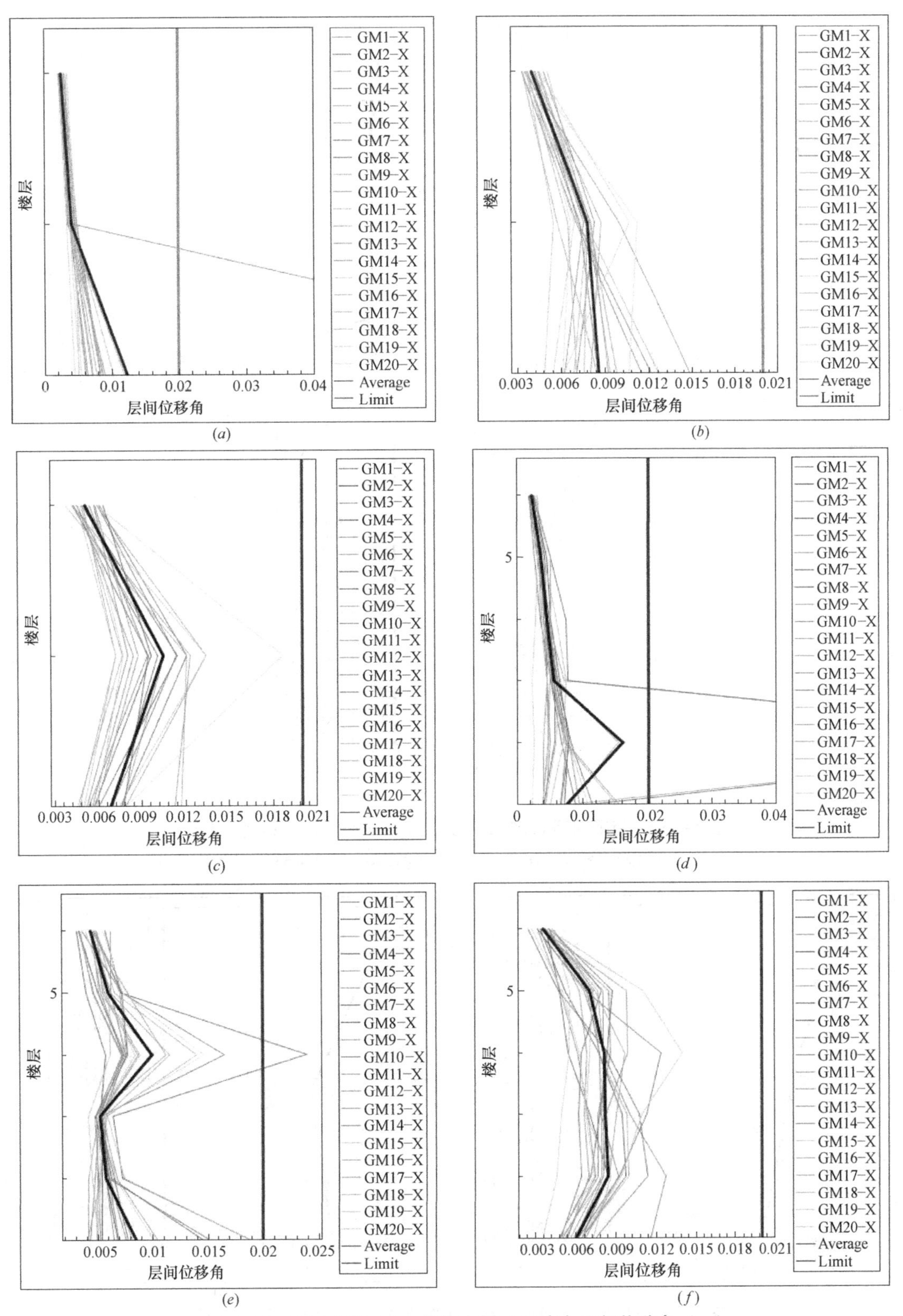

图 8-2-10　特征周期 0.35s 结构大震下 *X* 方向层间位移角（一）

(*a*) S7-3-0.35；(*b*) S7.5-3-0.35；(*c*) S8-3-0.35；(*d*) S7-6-0.35；(*e*) S7.5-6-0.35；(*f*) S8-6-0.35

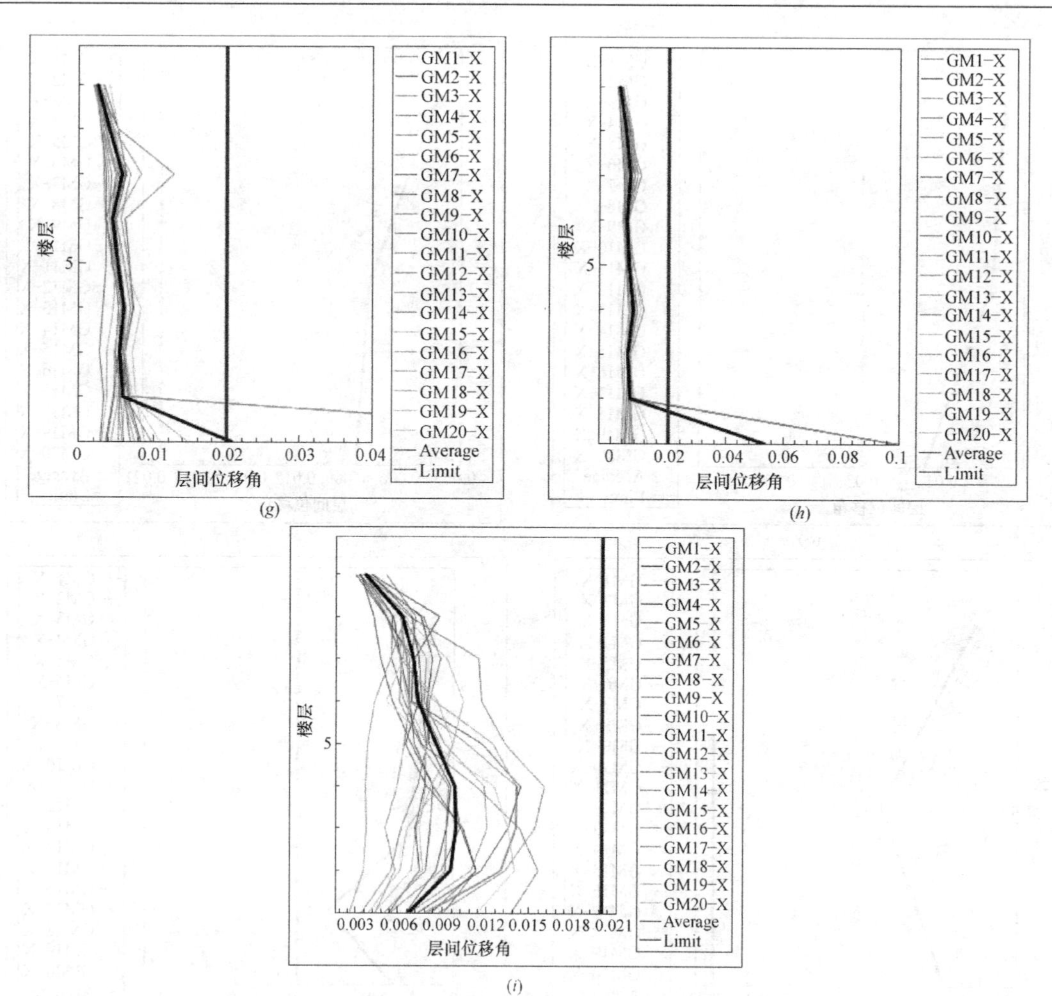

图 8-2-10　特征周期 0.35s 结构大震下 X 方向层间位移角（二）

(g) S7-9-0.35；(h) S7.5-9-0.35；(i) S8-9-0.35

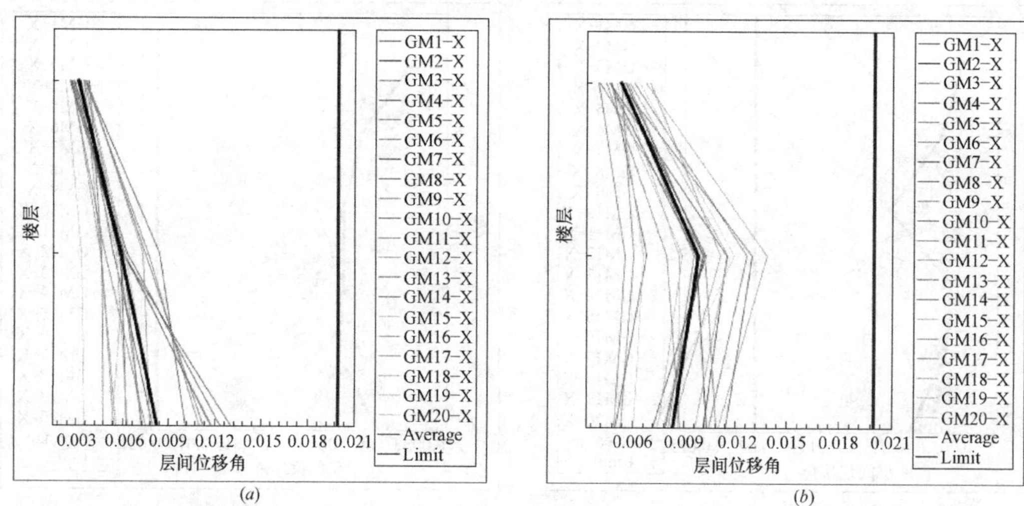

图 8-2-11　特征周期 0.65s 结构大震下 X 方向层间位移角（一）

(a) S7-3-0.65；(b) S7.5-3-0.65

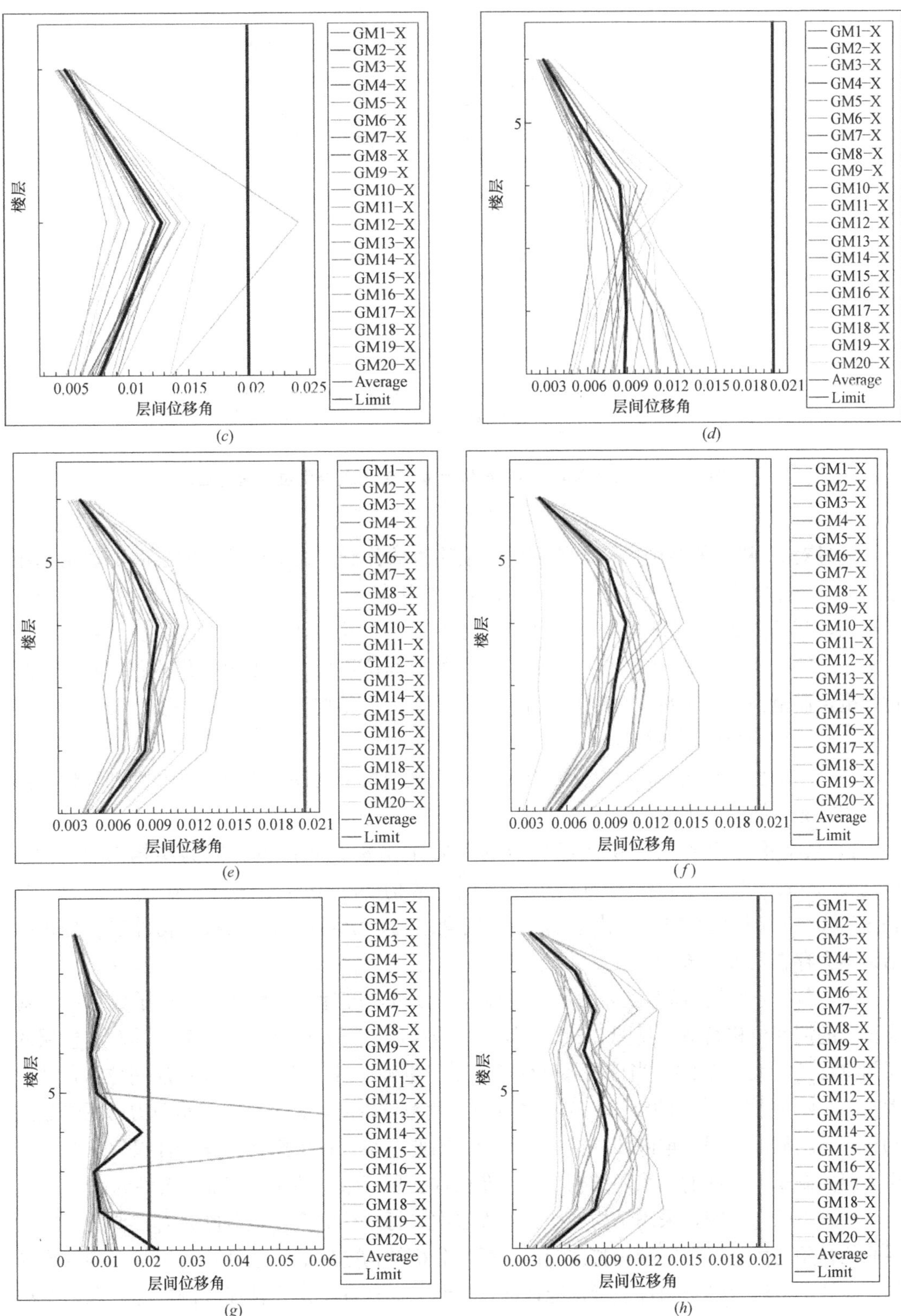

图 8-2-11　特征周期 0.65s 结构大震下 *X* 方向层间位移角（二）

(*c*) S8-3-0.65；(*d*) S7-6-0.65；(*e*) S7.5-6-0.65；(*f*) S8-6-0.65；(*g*) S7-9-0.65；(*h*) S7.5-9-0.65

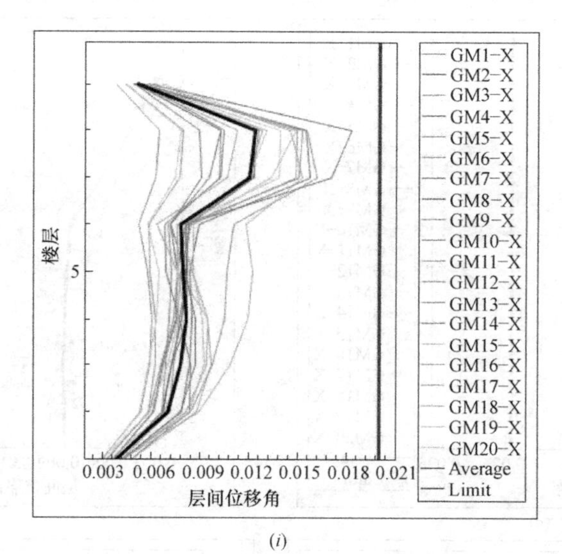

(*i*)

图 8-2-11 特征周期 0.65s 结构大震下 *X* 方向层间位移角（三）

(*i*) S8-9-0.65

通过对 27 栋框架结构进行大震下层间位移角的分析，大部分结构的层间位移角远小于 1/50，结构整体破坏不严重；仅存在小部分结构某些工况的层间位移角超过规范 1/50 的要求，甚至达到 1/10。根据安全性判定原则，从结构变形层次分析发现，结构 S7-9-0.35、S7.5-9-0.35、S7-9-0.45、S7-9-0.65 平均层间位移角大于 1/50，结构整体破坏已超过规范控制范围，不满足安全性判定原则，故为不安全结构。

（3）结构安全性评估结果

结合结构变形层次和构件变形层次分析，发现两层次的评估结果存在共性和异性，两者互相补充，缺一不可。

1）从结构层次和构件层次所判定的不安全结构是相同的，同为结构 S7-9-0.35、S7.5-9-0.35、S7-9-0.45 和 S7-9-0.65。因此，结构 S7-9-0.35、S7.5-9-0.35、S7-9-0.45 和 S7-9-0.65 超越抗倒塌极限状态 3，为不安全结构。说明从结构层次与构件层次分析的结果不会存在很大矛盾。

2）提取造成结构局部破坏的地震时程进行分析，统计出现性能 6 的柱子数量以及对应楼层的层间位移角值，见图 8-2-12。发现当全楼层柱子发生严重破坏时，其对应楼层的层间位移角已大于 1/20；当楼层部分柱子发生严重破坏时，其对应楼层的层间位移角并未大于 1/50。说明当结构的整体变形仍在规范控制范围内时，部分柱子的承载力已下降超过 20%，结构局部出现严重破坏，结构不安全。因此，结构在大震下的安全性仅仅从结构变形方面控制是不全面的。采用结构变形以及构件变形双条件控制是存在必要性的。

从以上两点说明，采用结构层次和构件层次进行结构的安全性判断是有必要的。结构层间位移角的大小可控制结构整体变形情况，分析结构整体的安全性；运用基于构件变形的性能评估方法对结构构件进行性能评估，控制竖向构件不出现性能 6 的情况，保证结构不出现局部破坏。

分别对三层、六层、九层、框架结构的层间位移角以及构件变形性能进行详细分析，

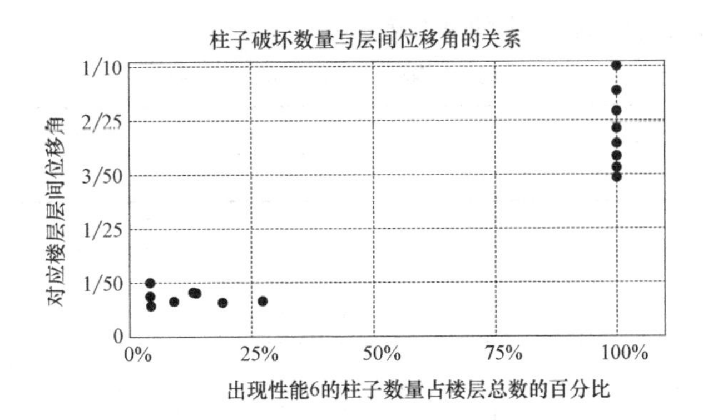

图 8-2-12　柱构件出现性能 6 的数量与楼层层间位移角关系图

结合结构安全性判定原则，对按规范设计的三层、六层、九层框架结构作出以下的安全评估。

三层框架结构罕遇地震下的安全评估　　　表 8-2-7

结构编号	抗震等级	安全保证率	塑性位移角(楼层)		性能评估(楼层)		
			X 方向	*Y* 方向	梁最严重破坏	柱最严重破坏	是否强柱弱梁
S7-3-0.35	三	95%	1/129 (f1)	1/138 (f1)	1(-)	3(f1)	否
S7.5-3-0.35	三	100%	1/116 (f1)	1/149 (f1)	2(f1)	3(f1)	否
S8-3-0.35	二	100%	1/96 (f2)	1/102 (f2)	4(f1)	3(f2)	部分
S7-3-0.45	三	100%	1/104 (f1)	1/109 (f1)	2(f1)	4(f1)	否
S7.5-3-0.45	二	100%	1/112 (f2)	1/131 (f2)	3(f1)	2(f2)	部分
S8-3-0.45	二	100%	1/95 (f2)	1/105 (f2)	4(f1)	2(f2)	部分
S7-3-0.65	三	100%	1/121 (f1)	1/133 (f1)	2(f1)	3(f1)	否
S7.5-3-0.65	二	100%	1/102 (f2)	1/121 (f2)	3(f1)	2(f1)	部分
S8-3-0.65	二	100%	1/78 (f2)	1/83 (f2)	5(f1)	3(f2)	部分

根据表 8-2-7 可归纳出以下规律：

(1) 由于三层框架结构未作变截面处理，框架结构的层间位移存在明显规律：规范规定为三级抗震等级的框架结构最大塑性位移角位于首层；规范规定为二级抗震等级的框架结构最大塑性位移角则出现在二层。

(2) 根据结构安全性判定原则的要求，三层框架结构在罕遇地震作用下均安全。从构件的性能分析发现，三层框架结构梁构件破坏几乎未超过性能 4，柱构件的破坏程度只达到性能 4，表明按规范设计的三层框架结构在大震下破坏程度不大，构件仍有一定的富余度。

(3) 对比梁柱构件的破坏程度发现，三层框架结构出现柱破坏比梁破坏严重的情况。其中规范规定为三级抗震等级的框架结构出现强梁弱柱情况相对严重，未能满足规范强柱弱梁的要求。

根据表 8-2-8 可归纳出以下规律：

(1) 六层框架结构在罕遇地震作用下均为安全结构。从构件的性能分析发现，六层框架结构大部分梁柱构件破坏程度只达到性能 4，表明按规范设计的六层框架结构在大震作用下破坏程度不大，构件仍有一定的富余度。

六层框架结构罕遇地震下的安全评估　　表 8-2-8

结构编号	抗震等级	安全保证率	塑性位移角(楼层)		性能评估(楼层)		
			X 方向	Y 方向	梁最严重破坏	柱最严重破坏	是否强柱弱梁
S7-6-0.35	二	95%	1/136 (f1)	1/140 (f1)	2(f1)	4(f1)	否
S7.5-6-0.35	二	100%	1/101 (f4)	1/101 (f4)	2(f1)	4(f1、f4)	否
S8-6-0.35	一	100%	1/119 (f2)	1/120 (f4)	4(f1)	3(f2、f5)	是
S7-6-0.45	二	95%	1/123 (f3)	1/133 (f3)	3(f2)	3(f3)	否
S7.5-6-0.45	一	100%	1/119 (f5)	1/117 (f5)	6(f1)	5(f1)	部分
S8-6-0.45	一	100%	1/93 (f4)	1/103 (f5)	4(f3)	3(f5)	是
S7-6-0.65	二	100%	1/112 (f2)	1/130 (f1、f3)	4(f1)	3(f1)	是
S7.5-6-0.65	一	100%	1/107 (f4)	1/121 (f4)	4(f3)	2(f5)	是
S8-6-0.65	一	100%	1/96 (f4)	1/105 (f4)	4(f1～f4)	2(f5)	是

(2) 对比结构梁柱构件的破坏程度发现，部分规范规定为二级抗震等级的六层框架结构出现柱比梁破坏严重的情况，未能满足规范强柱弱梁的要求。

九层框架结构罕遇地震下的安全评估　　表 8-2-9

结构编号	抗震等级	安全保证率	塑性位移角(楼层)		性能评估(楼层)		
			X 方向	Y 方向	梁最严重破坏	柱最严重破坏	是否强柱弱梁
S7-9-0.35	二	80%	不安全结构				
S7.5-9-0.35	二	40%	不安全结构				
S8-9-0.35	一	100%	1/101 (f3、f4)	1/113 (f2～f4)	4(f2、f3)	3(f1)	是
S7-9-0.45	二	35%	不安全结构				
S7.5-9-0.45	一	100%	1/111 (f2)	1/123 (f2)	5(f1)	4(f1)	是
S8-9-0.45	一	100%	1/107 (f7)	1/104 (f7、f8)	5(f1～f3)	4(f1)	是
S7-9-0.65	二	70%	不安全结构				
S7.5-9-0.65	一	100%	1/108 (f4)	1/112 (f7)	4(f4)	3(f1)	是
S8-9-0.65	一	100%	1/81 (f8)	1/104 (f4)	5(f7)	2(f8)	是

根据表 8-2-9 可归纳出以下规律：

(1) 按规范设计的九层框架结构中，抗震等级为二级的结构在底层或变截面层出现薄弱层，在大震作用下层间位移角过大，柱构件几乎全部达到性能 6，即柱子严重破坏，结构出现层侧移破坏。因此，规范规定为二级抗震等级的九层框架结构在罕遇地震作用下可能倒塌，为不安全结构，说明其抗震措施有待提高。

(2) 针对大震下倒塌的结构进行分析，发现构件破坏严重的楼层其层间位移角发生突变，并且位移角的增长速度很快。

(3) 规范规定为一级抗震等级的九层框架结构在罕遇地震作用下为安全结构。从构件的性能分析发现，所有梁构件破坏未超过性能 5，柱构件破坏未超过性能 4。表明按规范设计的抗震等级为一级的九层框架结构在大震作用下破坏程度不大，构件仍有一定的富余度，为安全结构。

（4）规范规定为一级抗震等级的九层框架结构，梁柱的破坏满足强柱弱梁要求。

从以上规律分析发现，结构的安全性与该结构的抗震措施有关。对于同一高度结构，抗震措施强，结构在大震作用下偏安全，有相当的安全储备；抗震措施弱，结构在大震作用下安全保证偏低。而抗震措施的强弱与结构所在地区的设防烈度、场地类别等有关。当该地区设防烈度越高，场地土越差，所采用的抗震措施越强，在罕遇地震作用下按规范设计的结构反而安全；当该地区设防烈度较低，场地土较好，所采用的抗震措施相应较弱，在罕遇地震作用下结构安全的保证率却很低。因此，结构在大震下的安全性与结构的抗震措施直接相关，而与结构所在地区的地震烈度、场地类别无直接关系。对于按规范设计的在大震下安全的结构，其竖向构件的破坏程度多在性能 4 以内，即构件处于中等破坏，有一定的安全储备。

对 27 栋框架结构输入逐渐加大强度的地震时程，根据结构抗倒塌分析的流程，分别对其进行抗倒塌能力分析。完成抗倒塌分析计算后，计算所有结构的安全储备系数 R，表 8-2-10～表 8-2-12 分别为三层、六层、九层框架结构的安全储备系数 R 的计算结果。

三层框架结构的安全储备量　　表 8-2-10

结构编号	抗震等级	IM_{MCE}(cm/s^2)	IM_c(cm/s^2)	R
S7-3-0.35	三	220	310	1.4
S7.5-3-0.35	三	310	470	1.5
S8-3-0.35	二	400	640	1.6
S7-3-0.45	三	220	240	1.1
S7.5-3-0.45	二	310	660	2.1
S8-3-0.45	二	400	680	1.7
S7-3-0.65	三	220	350	1.6
S7.5-3-0.65	二	310	530	1.7
S8-3-0.65	二	400	560	1.4

六层框架结构的安全储备量　　表 8-2-11

结构编号	抗震等级	IM_{MCE}(cm/s^2)	IM_c(cm/s^2)	R
S7-6-0.35	二	220	220	1
S7.5-6-0.35	二	310	310	1
S8-6-0.35	一	400	720	1.8
S7-6-0.45	二	220	220	1
S7.5-6-0.45	一	310	470	1.5
S8-6-0.45	一	400	680	1.7
S7-6-0.65	二	220	260	1.2
S7.5-6-0.65	一	310	590	1.9
S8-6-0.65	一	400	680	1.7

从表中可发现，抗震等级的差异对安全储备系数 R 存在一定的影响。图 8-2-13 给出

所有按规范设计的结构其抗震等级与 R 取值的分布图。

九层框架结构的安全储备量　　表 8-2-12

结构编号	抗震等级	IM_{MCE}(cm/s^2)	IM_c(cm/s^2)	R
S7-9-0.35	二	220	180	0.8
S7.5-9-0.35	二	310	220	0.7
S8-9-0.35	一	400	560	1.4
S7-9-0.45	二	220	110	0.5
S7.5-9-0.45	一	310	370	1.2
S8-9-0.45	一	400	560	1.4
S7-9-0.65	二	220	150	0.7
S7.5-9-0.65	一	310	430	1.4
S8-9-0.65	一	400	640	1.6

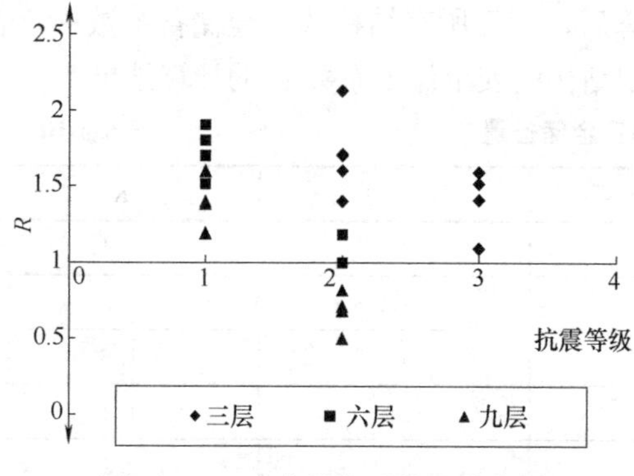

图 8-2-13　安全储备系数 R 分布图

从总体趋势分析，针对同一高度的结构，抗震等级越高，安全储备系数 R 越大，抗倒塌能力越强。针对相同的抗震等级，结构高度越高，安全储备系数 R 越小，抗倒塌能力越差。详细结论如下：

(1) 三层框架结构，R 均大于 1，表明按规范设计的三层框架结构在大震下均安全，且有一定的安全储备。当结构按规范规定为三级抗震等级设计时，R 取值在 1.1～1.6 的范围，结构能承受比罕遇地震强度高半度的地震动作用；当规范规定为二级抗震等级时，R 取值在 1.4～2 以内，结构能承受比罕遇地震强度高一度的地震动作用。总体来说，二级抗震的框架结构安全储备系数大于三级抗震的安全储备系数，说明无论结构的设防烈度、场地土类型如何，采用二级抗震措施的结构抗倒塌能力比采用三级抗震措施的结构要强。

(2) 六层框架结构，$R \geqslant 1$，表明按规范设计的六层框架结构在罕遇地震作用下仍安全。当按规范设计为二级抗震等级时，大部分结构 $R=1$，表明在罕遇地震作用下结构刚好达到抗倒塌极限状态，结构无安全储备；当按规范设计为一级抗震等级时，R 取值在 1.5～1.9 之间，结构能承受比罕遇地震强度高一度的地震作用。因此，采用一级抗震措施的六层框架结构抗倒塌能力比采用二级抗震措施的结构强很多。按规范设计为二级抗震措施的结构几乎无安全储备。

(3) 九层框架结构，当按规范设计为二级抗震等级时，$R<1$，表明结构在罕遇地震作用下已倒塌，为不安全结构，其安全储备系数 R 在 0.5～0.8 之间，应提高结构的抗震措施以抵抗规范罕遇地震作用。当按规范设计为一级抗震等级时，R 取值在 1.2～1.5 之内，即 $R>1$，表明结构在规范大震下仍安全，具有一定的抗倒塌能力，能承受比规范罕遇地震强度高半度的地震作用。

(4) 针对中、高层框架结构分析，当按规范设计为二级抗震等级时，六层框架结构 $R=1$，无安全储备；九层框架结构 $R<1$，表明结构在罕遇地震下已倒塌。当抗震等级为一级时，结构安全储备系数 R 均大于 1，表示有一定的安全储备。说明对比其他抗震等级的抗震措施，二级

抗震措施的安全储备最小，抗倒塌能力最差，应适当提高二级抗震措施的要求。

8.2.4　结论

（1）在罕遇地震作用下，层数不多（三层、六层）框架结构层间位移角以及构件的变形均满足安全性要求，且具有一定的富余程度；对于层数较多（九层）框架结构，规范规定为一级抗震等级的结构满足安全性要求，而抗震等级为二级时结构层间位移角以及部分构件变形可能不满足安全性要求。

（2）对结构抗倒塌能力进行研究，采用抗倒塌安全储备系数 R 作为量化指标。低层框架结构（三层）至少能承受比罕遇地震高半度的地震作用。对于中层框架结构（六层），当规范规定为二级抗震等级时，结构能承受的最大地震作用为罕遇地震作用；当规范规定为一级抗震等级时，结构能承受比罕遇地震高一度的地震作用。对于高层框架结构（九层），当按规范设计为二级抗震等级时，结果只能承受的地震强度仅为罕遇地震强度的 0.5～0.8 倍，抗倒塌能力较差；当抗震等级为一级时，结构能承受比罕遇地震高半度的地震作用。

（3）结构的抗倒塌能力与结构的高度、柱轴压比以及柱配筋率有关。结构越高，安全储备系数较小，抗倒塌能力较差；对于同一高度的结构，柱的轴压比对结构的抗倒塌能力影响最大，轴压比越小，配筋较多，结构抗倒塌能力越强。其中，按规范设计的抗震等级为二级的高层框架结构抗倒塌能力最弱。

（4）针对结构的破坏机制研究，抗震等级的不同，结构构件的破坏顺序也不一样。抗震等级越高，抗震措施越强，结构强柱弱梁的破坏趋势越明显。随着抗震措施的加强，结构的破坏机制由层侧移破坏到整体破坏机制发展。当规范规定为三级抗震等级时，结构出现层间位移角突变情况，形成薄弱层，结构发生层侧移破坏。

（5）提取结构层间位移角进行分析，发现构件出现严重破坏的楼层不一定是结构层间位移角最大的楼层。当结构发生层侧移破坏时，两者所在楼层一致；当结构发生非层侧移破坏时，两者所在楼层不一致。因此，结构层间位移角和构件的破坏不存在直接对应关系。

（6）针对罕遇地震下可能倒塌的结构，即按规范设计的二级抗震等级的九层框架结构进行优化，建议该类结构应满足一级抗震等级的抗震措施要求。

8.3　设计方法在剪力墙结构中的应用

8.3.1　引言

依据我国规范，考虑不同设防烈度、场地类别及结构高度设计了 27 个有代表性的剪力墙结构，对结构进行罕遇地震下弹塑性时程分析，并利用基于构件变形的结构抗震性能评估方法对该批结构进行安全性评估，得出按场地周期 0.35s 和 0.45s 设计的结构都能满足所提出的结构性能要求，场地周期为 0.65s 的结构抗震性能不足。

8.3.2　剪力墙结构模型设计

（1）模型设计

研究按现行规范设计的剪力墙结构的抗震性能，检验现行规范抗震措施的合理性，所参与分析的结构必须覆盖足够多的分析和设计参数。由于现实中没有如此全面的震害数据，因此采用弹塑性数值模拟的方法，分不同场地、不同设防烈度、不同高度，设计一批严格按照规范设计的剪力墙结构，对其进行弹塑性时程分析。为保证所建立分析模型具有代表性，且符合工程实际，所建模型应能体现剪力墙结构的布置原则和主要受力特点。按照《建筑抗震设计规范》及《高层建筑混凝土结构技术规程》等规范规程的要求建模：

1）模型在贴近实际结构的前提下作一定简化，力求不失剪力墙结构一般性，结构平面布置规则，竖向刚度变化均匀；结构首层层高 5.0m，其余楼层层高 4.0m，结构总高度满足规范最大适用高度要求。

2）模型中不考虑次梁，将其自重和梁上荷载等效为楼面均布荷载，等效后的楼面恒载为 3.0kN/m²，活载 2.0kN/m²，主梁上线荷载按实际输入，保证楼层单位面积质量在 1.3～1.6t/m²之间。

3）从设计角度出发，沿高度方向变换混凝土等级、构件截面等信息，力求与工程实际相符合；混凝土等级采用 C30～C50，受力钢筋采用 HRB400，箍筋采用 HRB335。

4）模型在小震作用下结构反应值（层间位移角、扭转位移比、剪重比、刚重比等）尽量贴近规范下限，以便得到一个相对不太保守但又满足规范要求的结构，这也是体现工程实际的需要。

5）模型设计结果中，周期比、位移比、最小剪重比、层间位移角、构件轴压比等参数满足规范要求。

所用剪力墙结构分析模型平面布置如图 8-3-1 所示。为使所用模型覆盖更多的分析和设计因素，分不同场地、不同设防烈度、不同高度等，建立了 27 个分析模型。7 度 0.1g 和 7 度 0.15g 的模型涵盖 20 层、25 层、30 层三个高度，8 度 0.2g 的模型涵盖 15 层、20 层、25 层三个高度。具体如表 8-3-1 所示。

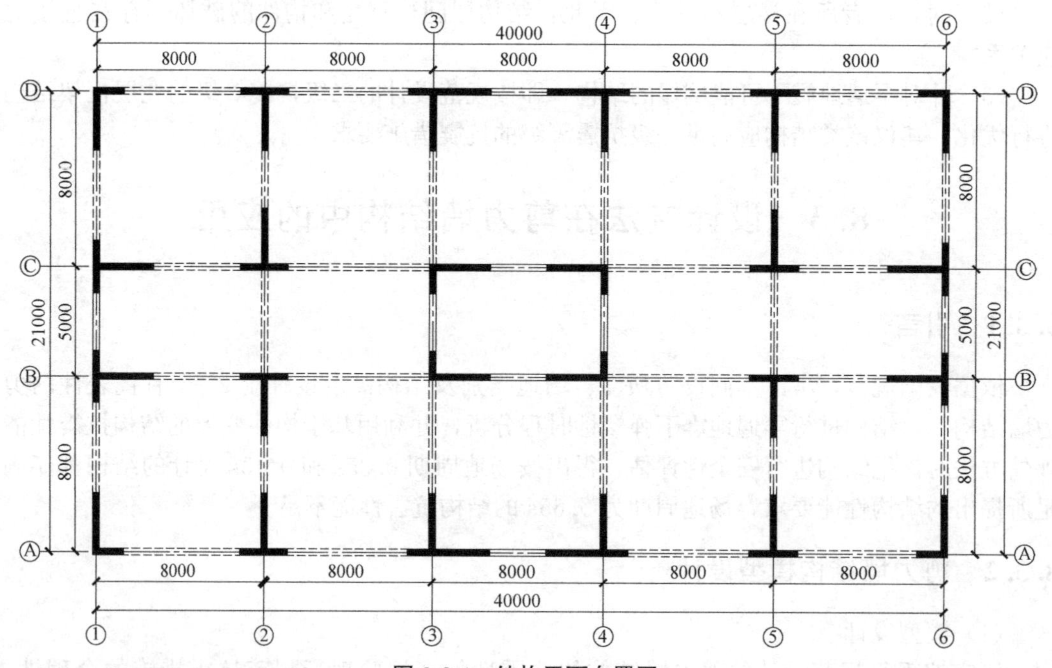

图 8-3-1　结构平面布置图

分析模型列表　　　**表 8-3-1**

设防烈度	场地特征周期								
	0.35s			0.45s			0.65s		
7 度 0.10g	20 层 (81m)	25 层 (101m)	30 层 (121m)	20 层 (81m)	25 层 (101m)	30 层 (121m)	20 层 (81m)	25 层 (101m)	30 层 (121m)
7 度 0.15g	20 层 (81m)	25 层 (101m)	30 层 (121m)	20 层 (81m)	25 层 (101m)	30 层 (121m)	20 层 (81m)	25 层 (101m)	30 层 (121m)
8 度 0.20g	15 层 (61m)	20 层 (81m)	25 层 (101m)	15 层 (61m)	20 层 (81m)	25 层 (101m)	15 层 (61m)	20 层 (81m)	25 层 (101m)

注：为方便表述，将模型按“a-b-c”的方式编号，其中 a 表示场地特征周期，b 表示设防烈度，c 表示楼层数量；其中 7 度 0.15*g* 简称 7.5 度。

以模型 0.35-7-30 为例，结构设计信息如表 8-3-2 所示。

模型 0.35-7-30 设计信息　　　**表 8-3-2**

楼层	混凝土等级		墙肢厚度	标准层
	墙肢	梁		
1～4	C45	C30	300	1
5～10	C40	C30	300	2
11～15	C40	C30	250～300	3
16～20	C35	C30	250～300	4
21～25	C35	C30	250	5
26～30	C30	C30	250	6

(2) 弹性计算结果

建立分析模型时主要分场地类别、设防烈度、结构高度等因素，进而需按规范要求考虑结构抗震等级、底部加强区范围等；对于设计结果，考虑竖向构件轴压比、小震下最大层间位移角、扭转周期比等主要参数。所设计的 27 个剪力墙结构模型，其各种设计参数及主要计算结构如表 8-3-3 所示。可以看出各结构最大层间位移角略小于规范规定的限值(1/1000)，说明结构设计既满足规范要求，富余又不过大，符合建模原则。各结构前两阶振型皆为平动，且周期差别不大，说明结构在两个主方向刚度接近；第三振型为整体扭转，扭转周期比均满足规范要求。

模型小震分析参数及计算结果　　　**表 8-3-3**

结构编号	高度 (m)	加强区楼层	抗震等级	轴压比		最大层间位移角		周期(s)		
				最大值	限值	*X* 方向	*Y* 方向	1	2	3
0.35-7-20	81	1～2	二	0.58	0.6	1/1070	1/1084	2.97	2.96	2.51
0.35-7-25	101	1～3	二	0.56	0.6	1/1058	1/1033	3.34	3.26	2.72
0.35-7-30	121	1～3	二	0.59	0.6	1/1077	1/1036	3.7	3.56	3.03
0.35-7.5-20	81	1～2	二	0.57	0.6	1/1094	1/1065	2.45	2.39	2.02
0.35-7.5-25	101	1～3	二	0.57	0.6	1/1064	1/1069	2.7	2.68	2.16
0.35-7.5-30	121	1～3	二	0.60	0.6	1/1078	1/1062	2.97	2.91	2.29
0.35-8-15	61	1～2	二	0.57	0.6	1/1054	1/1019	1.82	1.75	1.52
0.35-8-20	81	1～2	一	0.50	0.5	1/1100	1/1108	2.08	2.06	1.69
0.35-8-25	101	1～3	一	0.50	0.5	1/1069	1/1053	2.37	2.33	1.9

续表

结构编号	高度(m)	加强区楼层	抗震等级	轴压比		最大层间位移角		周期(s)		
				最大值	限值	X 方向	Y 方向	1	2	3
0.45-7-20	81	1～2	二	0.58	0.6	1/1080	1/1095	2.97	2.96	2.51
0.45-7-25	101	1～3	二	0.57	0.6	1/1079	1/1073	3.28	3.26	2.74
0.45-7-30	121	1～3	二	0.56	0.6	1/1103	1/1063	3.73	3.55	3
0.45-7.5-20	81	1～2	二	0.50	0.5	1/1070	1/1040	2.43	2.36	2.03
0.45-7.5-25	101	1～3	二	0.50	0.5	1/1060	1/1056	2.73	2.69	2.19
0.45-7.5-30	121	1～3	二	0.50	0.5	1/1099	1/1045	3	2.89	2.32
0.45-8-15	61	1～2	二	0.50	0.6	1/1030	1/1040	1.45	1.44	1.21
0.45-8-20	81	1～2	一	0.49	0.5	1/1095	1/1137	1.79	1.75	1.42
0.45-8-25	101	1～3	一	0.46	0.5	1/1095	1/1051	2.21	2.16	1.78
0.65-7-20	81	1～2	二	0.57	0.6	1/1059	1/1071	2.55	2.54	2.13
0.65-7-25	101	1～3	二	0.55	0.6	1/1073	1/1077	3.02	3.01	2.49
0.65-7-30	121	1～3	二	0.58	0.6	1/1059	1/1029	3.69	3.59	3.03
0.65-7.5-20	81	1～2	二	0.44	0.5	1/1011	1/1066	1.85	1.8	1.48
0.65-7.5-25	101	1～3	二	0.47	0.5	1/1070	1/1046	2.19	2.14	1.75
0.65-7.5-30	121	1～3	二	0.50	0.5	1/1052	1/1033	2.61	2.48	2.0
0.65-8-15	61	1～2	二	0.30	0.6	1/1067	1/1083	1.05	1.04	0.86
0.65-8-20	81	1～2	一	0.37	0.5	1/1036	1/1098	1.39	1.35	1.04
0.65-8-25	101	1～3	一	0.42	0.5	1/1069	1/1006	1.77	1.66	1.23

(3) 地震波的选取

弹塑性时程分析同时考虑了地震动的要素——强度、频谱和持时，能够更加真实地反映结构在地震作用下的非线性反应。但由于地震是随机运动，不同地震波的参数指标离散较大，造成弹塑性分析结果差别较大。因此有必要选取足够多的地震波对结构进行弹塑性分析，以减小分析结果的随机性。规范从工程设计的角度建议选取三条地震波（结果取包络值）或七条地震波（结果取平均值）进行弹塑性时程分析。为保证分析结果的合理性和可靠性，ATC-63 建议采用足够数量的地震记录参与计算，如不少于 20 条，并推荐了相应的通用地震记录数据库。因此将选取 20 条地震波（4 条人工波，16 条天然波，天然波数量不少于总地震记录的 2/3）进行结构弹塑性时程分析，且考虑地震动的差异性，同一次地震动的地震记录不多于 2 条。

模型 0.35-7-20 所选地震波如表 8-3-4 所示。

模型 0.35-7-20 选取地震波信息 **表 8-3-4**

工况编号	地震事件	年份	地震台	震级
GM1	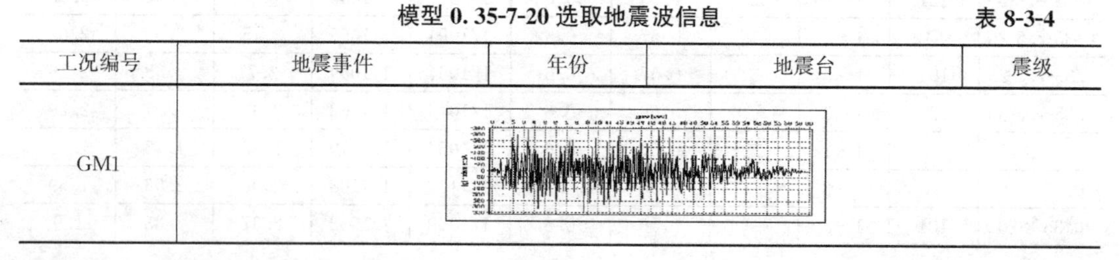			

续表

工况编号	地震事件	年份	地震台	震级
GM2	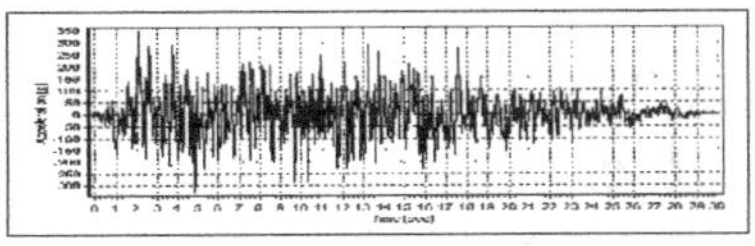			
GM3	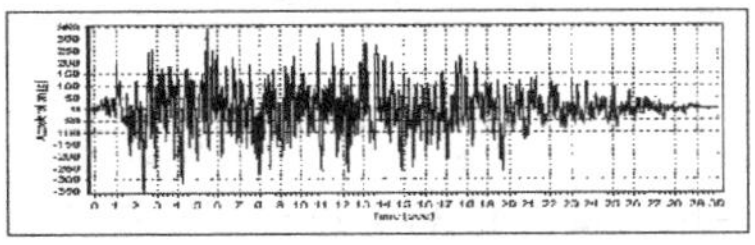			
GM4	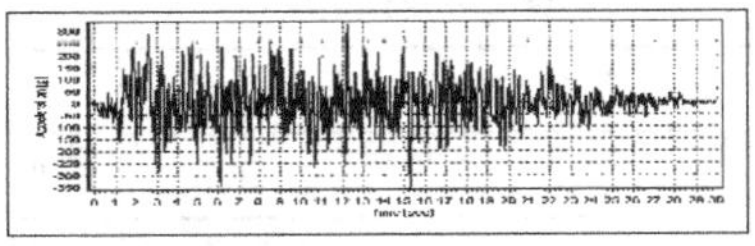			
GM5	San Fernando	1971	Whittier Narrows Dam	6.61
GM6	Friuli, Italy-02	1976	Codroipo	5.91
GM7	Imperial Valley-06	1979	Calipatria Fire Station	6.53
GM8	Imperial Valley-06	1979	Niland Fire Station	6.53
GM9	Morgan Hill	1984	San Justo Dam(L Abut)	6.19
GM10	Loma Prieta	1989	Bear Valley #5, Callens Ranch	6.93
GM11	Loma Prieta	1989	Sunol-Forest Fire Station	6.93
GM12	Landers	1992	Silent Valley-Poppet Flat	7.28
GM13	Kocaeli, Turkey	1999	Istanbul	7.51
GM14	Kocaeli, Turkey	1999	Maslak	7.51
GM15	Chi-Chi, Taiwan	1999	ILA052	7.62
GM16	Chi-Chi, Taiwan	1999	TTN051	7.62
GM17	Hector Mine	1999	LA-MLK Hospital Grounds	7.13
GM18	Hector Mine	1999	LA-Obregon Park	7.13
GM19	Denali, Alaska	2002	Fairbanks-Ester Fire Station	7.90
GM20	Denali, Alaska	2002	TAPS Pump Station #8	7.90

为保证地震波选取的合理性，对各条地震波弹性时程分析结果与反应谱法计算结果进行对比。如图 8-3-2 所示是上述 20 条地震波的地震影响系数曲线与规范地震影响系数曲线的对比图。可以看出，所选地震波的平均地震影响系数曲线与规范反应谱的地震影响系数曲线符合较好，在结构前三振型对应的周期点（$T_1=2.97$，$T_2=2.96$，$T_3=2.51$）上，差别分别是 7.95%，7.95%和 2.05%，满足规范要求。

表 8-3-5 是模型 0.35-7-20 弹性时程分析和反应谱法计算的基底剪力对比。可以看出各工况下层间剪力平均值与反应谱法计算结果差别不大，基底剪力差值不超过±35%，平均基底剪力相差不超过±20%，满足规范要求。

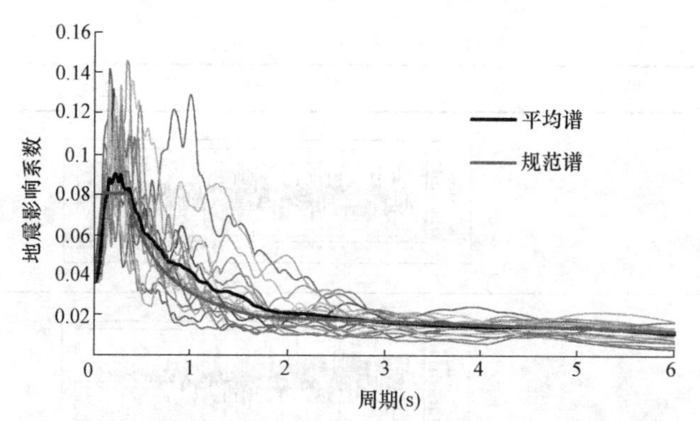

图 8-3-2 模型 0.35-7-20 选取地震波的地震影响系数曲线

各工况基底剪力与 CQC 结果对比 表 8-3-5

时程工况	X 向			Y 向		
	时程分析	*CQC*	差值	时程分析	*CQC*	差值
GM1	3658.239	3126.7	17%	3661.679	3129.64	17%
GM2	2688.962		−14%	2660.194		−15%
GM3	3283.035		5%	3286.122		5%
GM4	3595.705		15%	3442.604		10%
GM5	3032.899		−3%	3035.751		−3%
GM6	3314.302		6%	3286.122		5%
GM7	2063.622		−34%	2034.266		−35%
GM8	3845.841		23%	3912.05		25%
GM9	2939.098		−6%	2910.565		−7%
GM10	3939.642		26%	3880.754		24%
GM11	3001.632		−4%	3004.454		−4%
GM12	3439.37		10%	3505.197		12%
GM13	3157.967		1%	3223.529		3%
GM14	2751.496		−12%	2754.083		−12%
GM15	3345.569		7%	3411.308		9%
GM16	3470.637		11%	3380.011		8%
GM17	2845.297		−9%	2816.676		−10%
GM18	3470.637		11%	3505.197		12%
GM19	2501.36		−20%	2378.526		−24%
GM20	2563.894		−18%	2628.898		−16%
平均	3145.46		0.6%	3135.899		0.2%

其余模型地震波选取方法及原则与此相同，不再赘述。

8.3.3 基于构件变形的结构安全性评估

（1）剪力墙构件安全性评估结果

图 8-3-3 是典型墙肢性能分布图，经统计弹塑性分析结果，所有模型墙肢性能分布规律类似。由图可以看出，墙肢的损伤基本集中在底层，其余楼层基本上处于性能 1，即完好状态；各工况下个别墙肢（主要是底层）发生了破坏，其余绝大部分墙肢仍处于性能 1，即完好状态。

底层墙肢与其余上部楼层墙肢破坏状态迥异，因此有必要将底层与其余上部楼层分开统计与评估。由于上部楼层绝大部分处于性能 1，因此以下章节着重对底部墙肢进行分析。

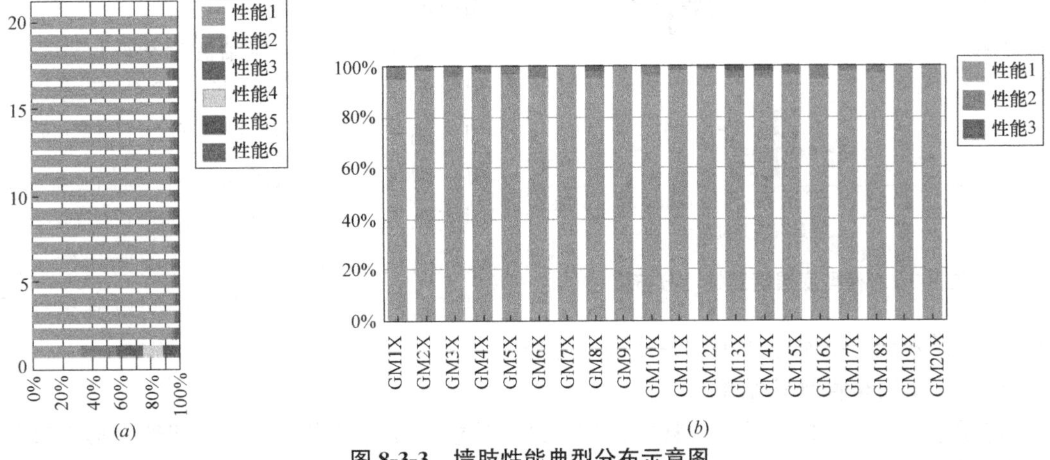

图 8-3-3　墙肢性能典型分布示意图

(*a*) 按楼层分布；(*b*) 按工况分布

由于计算模型底层固支，故底层层间位移角就是使得结构发生破坏的有害位移角，且由于墙肢破坏集中于底层，因此分析底层墙肢破坏及其层间变形十分必要。

根据判定准则，性能 6 是构件的最不利性能状态，有竖向构件达到性能 6 则认为结构性能不满足要求，因此统计底层墙肢出现性能 6 的所有模型和其工况，以及性能 6 的墙肢所占比例，如表 8-3-6 所示。

使得底部墙肢出现性能 6 的工况统计　　　　表 8-3-6

模型	工况	比例	层间位移角	模型	工况	比例	层间位移角
0.35-7.5-20	GM18X	1.60%	1/233	0.65-7-20	GM19Y	4.70%	1/214
0.35-7.5-20	GM18Y	1.60%	1/249	0.65-7-25	GM17X	42.20%	1/174
0.35-8-15	GM8X	37.50%	1/190	0.65-7-25	GM16X	1.60%	1/250
0.45-7.5-20	GM18X	3.10%	1/206	0.65-7-25	GM17Y	34.40%	1/189
0.45-7.5-20	GM18Y	3.10%	1/222	0.65-7-30	GM20X	9.40%	1/207
0.45-7-20	GM16X	40.60%	1/149	0.65-7-30	GM19X	1.60%	1/211
0.45-7-20	GM16Y	39.10%	1/174	0.65-7-30	GM19Y	12.50%	1/247
0.65-7.5-20	GM18X	18.80%	1/212	0.65-7-30	GM20Y	7.80%	1/265
0.65-7.5-20	GM9X	10.90%	1/261	0.65-8-15	GM20X	9.40%	1/359
0.65-7.5-20	GM9Y	7.80%	1/341	0.65-8-15	GM19X	1.60%	1/617
0.65-7.5-20	GM18Y	4.70%	1/342	0.65-8-15	GM20Y	7.80%	1/371
0.65-7.5-25	GM18X	7.80%	1/230	0.65-8-15	GM19Y	12.50%	1/624
0.65-7.5-25	GM18Y	10.90%	1/273	0.65-8-20	GM8X	40.60%	1/113
0.65-7-20	GM16X	34.40%	1/155	0.65-8-20	GM19X	20.30%	1/172
0.65-7-20	GM19X	4.70%	1/209	0.65-8-20	GM8Y	37.50%	1/181
0.65-7-20	GM16Y	42.20%	1/172	0.65-8-25	GM19X	12.50%	1/199

将表中数据绘制成散点图，如图 8-3-4 所示。可以看出，性能 6 的墙肢所占比例与相应层间位移角有着正相关的关系，底层层间位移角较大的结构和工况，处于性能 6 的墙肢所占比例也较大。而且图中有两片区域数据比较集中，即层间位移角为 0.004（1/250）左

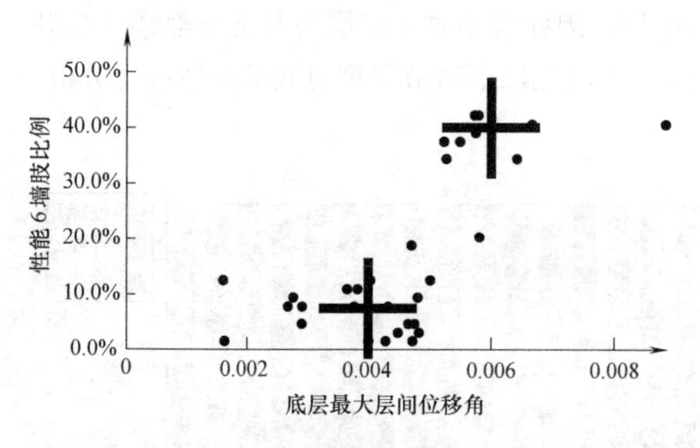

图 8-3-4 模型底层墙肢性能分布图

右时，性能 6 的墙肢所占比例约为 10%，层间位移角为 0.006（1/167）左右时，相应的比例约为 40%。

规范规定剪力墙结构弹塑性层间位移角限值为 1/120，根据上述分析结果可知，如若结构有害层间位移角达到了此限值，则该楼层墙肢严重破坏（性能 6）比例应在 50%以上，已经达到了结构严重破坏的状态。因此建议规范用层间位移角判定结构性能时，须明确层间位移角计算方法，这样才能更准确地对结构性能进行把握。

(2) 连梁安全性评估结果

连梁是剪力墙结构中的主要耗能构件，结构抗震时允许其发生较大弹塑性变形以吸收地震能量，进而保护墙肢。

如图 8-3-5 是典型的连梁性能分布图，经统计弹塑性分析结果，所有模型连梁性能分

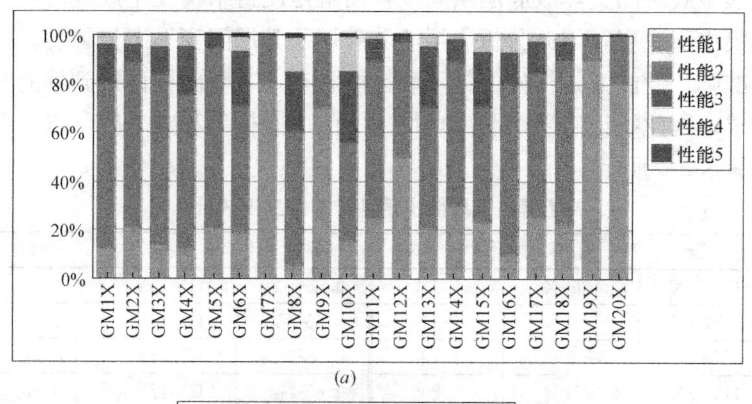

(*a*)

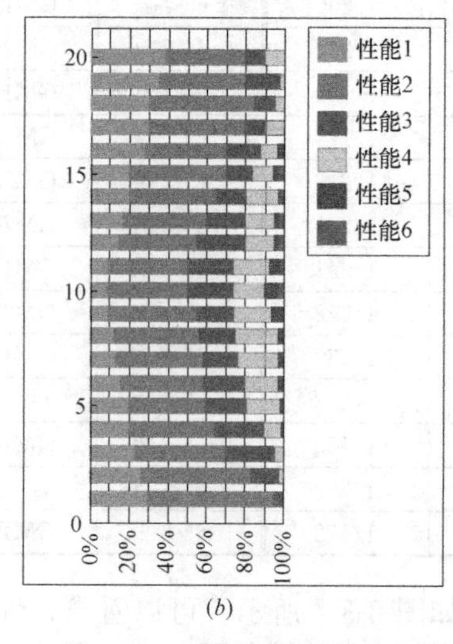

(*b*)

图 8-3-5 典型梁性能分布示意图

(*a*) 按工况分布；(*b*) 按楼层分布

布规律类似。由图可以看出，中部楼层连梁损伤较为严重，且有部分连梁性能达到性能 6，即严重破坏状态。

弹塑性分析结果显示，连梁沿楼层性能分布逐渐变化，中部楼层的连梁破坏较为严重，与概念相符。连梁作为水平构件，受力变化沿楼层分布不如墙肢明显，因此对连梁进行所有工况下的全楼统计。连梁性能分布如表 8-3-7 所示。

梁性能分布表　　　　**表 8-3-7**

模型编号	性能 1	性能 2	性能 3	性能 4	性能 5	性能 6	剪切未屈服	剪切屈服	不满足最小截面
0.35-7-20	26.45%	37.72%	7.49%	2.11%	0.08%	0	19.12%	0.09%	6.94%
0.35-7-25	25.33%	29.81%	9.31%	6.03%	1.93%	1.23%	21.07%	0.12%	5.18%
0.3-7-30	31.41%	27.68%	5.32%	3.07%	0.59%	0.25%	31.38%	0.16%	0.16%
0.35-7.5-20	23.36%	28.02%	5.83%	3.05%	2.03%	2.41%	34.86%	0.13%	0.32%
0.35-7.5-25	27.47%	24.61%	4.56%	4.15%	1.71%	2.09%	35.29%	0.1%	0
0.35-7.5-30	29.60%	20.76%	3.28%	2.87%	1.45%	1.78%	40.18%	0.08%	0
0.35-8-15	20.09%	27.18%	9.83%	5.40%	1.41%	0.80%	26.56%	0.12%	8.62%
0.35-8-20	18.57%	31.70%	10.69%	6.09%	0.54%	0.07%	32.16%	0.04%	0.14%
0.35-8-25	31.66%	20.84%	5.85%	5.67%	1.69%	0.68%	33.24%	0.07%	0.31%
0.45-7-20	19.10%	34.33%	11.74%	5.10%	1.78%	2.89%	17.86%	0.09%	7.12%
0.45-7-25	26.41%	28.71%	6.59%	4.02%	1.35%	1.13%	31.67%	0.13%	0
0.45-7-30	32.89%	25.34%	6.13%	3.99%	1.01%	0.21%	30.34%	0.1%	0
0.45-7.5-20	16.04%	24.77%	9.52%	6.61%	3.02%	6.11%	32.69%	0.1%	1.14%
0.45-7.5-25	16.23%	24.81%	8.33%	8.87%	4.16%	3.59%	33.68%	0.08%	0.26%
0.45-7.5-30	22.14%	21.32%	5.77%	7.52%	3.54%	2.44%	37.20%	0.07%	0
0.45-8-15	18.63%	23.74%	5.87%	4.23%	0.18%	0.01%	44.06%	0.09%	3.18%
0.45-8-20	23.83%	21.10%	6.31%	5.04%	1.32%	0.24%	41.96%	0.05%	0.15%
0.45-8-25	30.13%	20.04%	6.71%	5.69%	1.40%	0.33%	35.12%	0.06%	0.09%
0.65-7-20	24.31%	30.44%	6.74%	3.19%	2.86%	2.40%	28.88%	0.13%	1.06%
0.65-7-25	27.87%	23.17%	4.38%	3.69%	2.38%	1.66%	36.77%	0.09%	0
0.65-7-30	25.35%	22.48%	5.34%	4.05%	2.45%	2.59%	37.60%	0.14%	0
0.65-7.5-20	26.10%	25.53%	6.89%	6.74%	3.22%	2.18%	29.04%	0.07%	0.23%
0.65-7.5-25	32.21%	13.00%	4.05%	5.07%	1.77%	0.80%	42.94%	0.03%	0.11%
0.65-7.5-30	35.80%	9.53%	1.69%	2.99%	0.78%	0.03%	49.06%	0.12%	0
0.65-8-20	30.41%	15.46%	5.58%	5.51%	1.16%	0.31%	41.57%	0	0
0.65-8-25	35.24%	12.20%	5.63%	5.88%	1.77%	1.88%	37.39%	0.01%	0
0.65-8-30	33.22%	10.11%	3.51%	6.16%	3.32%	0.64%	43.02%	0.03%	0

此处将表中数据分为两组考虑，一组是弯曲和弯剪状态的梁，一组是剪切状态的梁。弯曲和弯剪状态的梁在性能 1～性能 6 皆有分布，且大多处于性能 1～性能 3 之间，经统计，约占弯曲和弯剪破坏梁数目的 80%以上，说明弯曲和弯剪状态的梁大部分处于轻～中

等破坏以下。

各个模型中，大约有20%～40%的梁被判定为剪切受力状态，符合剪力墙结构中连梁的受力特征；也有模型构件不满足大震下最小抗剪截面要求，但数量较少，考虑到模型的人为因素和离散性，可以忽略不计。经搜索统计，发生剪切破坏的梁基本上都是跨高比较小的连梁，这与一般概念相符。如图 8-3-6 所示是模型 0.35-7-20 部分楼层的梁破坏类型分布，其中点画线代表弯曲受力状态，粗实线代表弯剪受力状态，虚线代表剪切受力状态，可见剪切受力状态的连梁，跨高比一般较小。

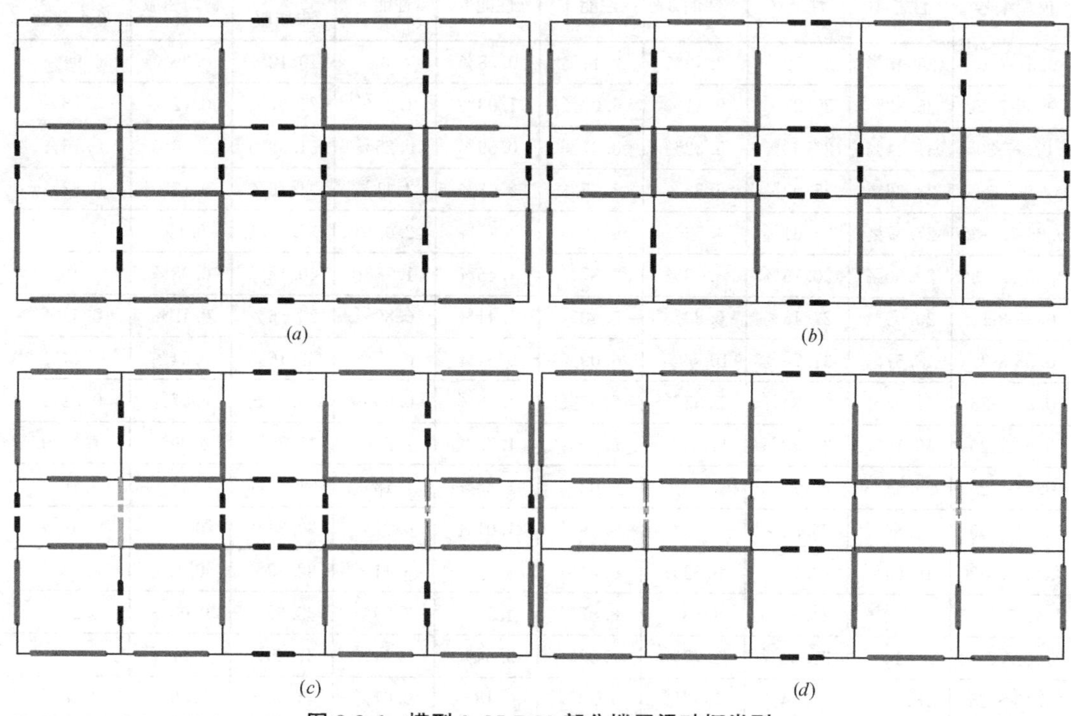

图 8-3-6 模型 0.35-7-20 部分楼层梁破坏类型

(*a*) 第5层；(*b*) 第10层；(*c*) 第15层；(*d*) 第20层

剪力墙结构的连梁是耗能构件，地震中允许其破坏耗能。由于连梁跨高比一般较小(小于等于 5)，按判断标准，连梁很容易发生剪切破坏。然而剪切破坏属于脆性破坏，延性小，耗能能力差，于结构抗震不利。由表 8-3-7 亦可知，一般布置的剪力墙结构，将有相当比例的连梁处于剪切状态，甚至剪切破坏。同时影响连梁破坏状态的因素有些是可以人为干预的，因此合理布置结构，能够控制连梁的破坏类型，使得原本应该剪切破坏的构件转变为弯剪或弯曲破坏，能够提高构件的延性和耗能能力，进而提高结构整体的抗震性能。

(3) 层间位移角结果

结构弹塑性时程分析时，输入地震动考虑双向地震作用，分析考虑 $P\text{-}\Delta$ 效应，所有模态阻尼比取定值5%，并用较小的 Rayleigh 阻尼考虑高阶振型振动的影响。

图 8-3-7 和图 8-3-8 分别是模型 0.35-7-20 和 0.35-7-30 各个工况下的层间位移角。由图可知，个别工况下的结构最大层间位移角超过了规范限值，但 20 条地震波作用下的结构最大层间位移角平均值未超过规范限值。

其余模型层间位移角结果规律与此相似。

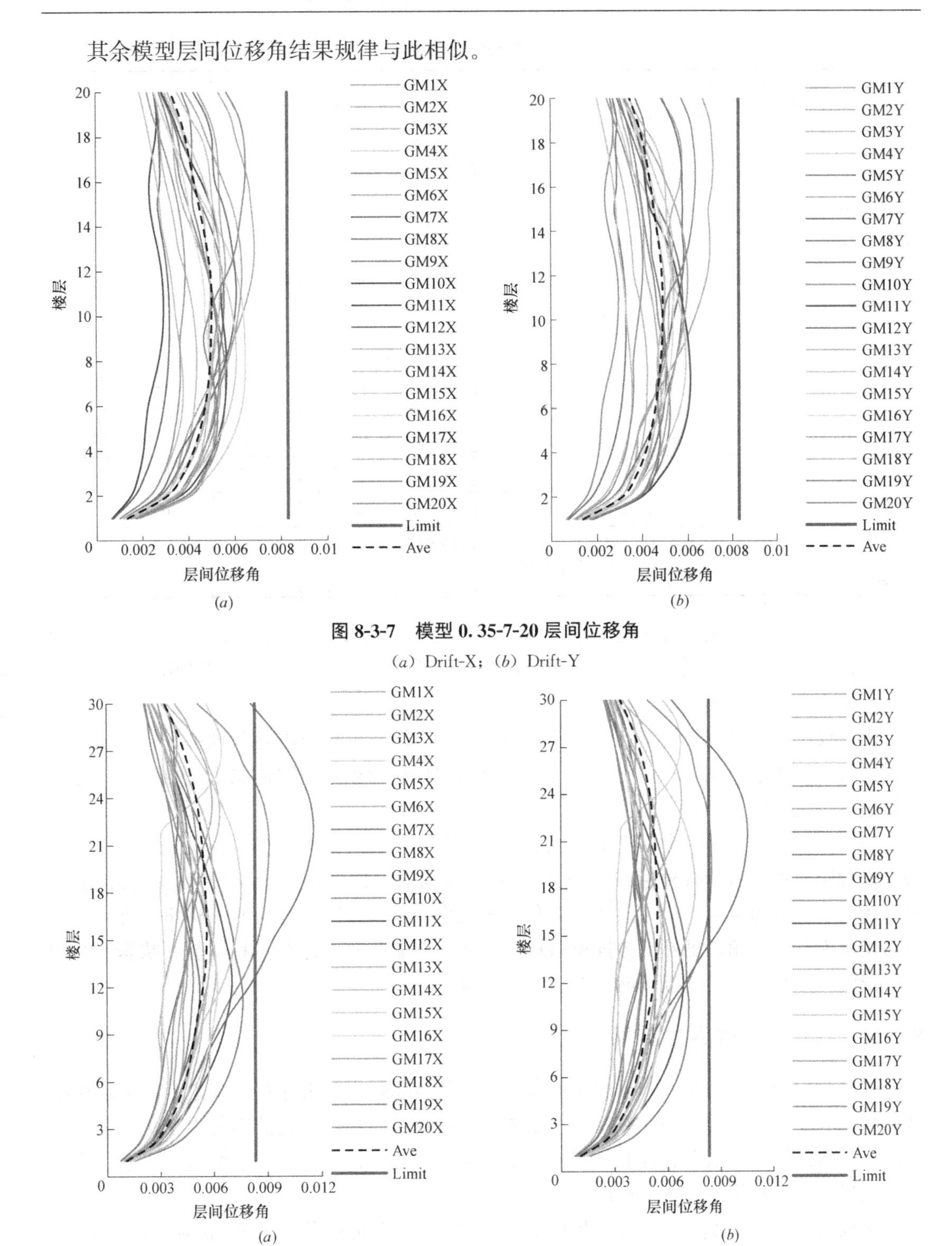

图 8-3-7　模型 0.35-7-20 层间位移角

(*a*) Drift-X；(*b*) Drift-Y

图 8-3-8　模型 0.35-7-30 层间位移角

(*a*) Drift-X；(*b*) Drift-Y

为此，统计各个模型 20 条地震波作用下最大层间位移角平均值结果，如表 8-3-8 所示。

最大层间平均位移角统计 **表 8-3-8**

模型	X 向	楼层	Y 向	楼层	模型	X 向	楼层	Y 向	楼层
35-75-20	1/156	11/20	1/168	12/20	45-7-30	1/161	13/30	1/156	13/30
35-75-25	1/149	9/25	1/167	10/25	45-8-15	1/176	7/15	1/175	7/15
35-75-30	1/168	12/30	1/196	15/30	45-8-20	1/179	12/20	1/215	12/20
35-7-20	1/199	11/20	1/204	11/20	45-8-25	1/176	17/25	1/162	16/25
35-7-25	1/160	12/25	1/168	11/25	65-7-20	1/157	13/20	1/164	12/20
35-7-30	1/178	16/30	1/184	16/30	65-7-25	1/142	13/25	1/144	13/25
35-8-15	1/163	10/15	1/165	10/15	65-7-30	1/131	13/30	1/139	13/30
35-8-20	1/167	7/20	1/164	7/20	65-75-20	1/166	12/20	1/156	12/20
35-8-25	1/180	13/25	1/163	16/25	65-75-25	1/168	11/25	1/171	14/25
45-75-20	1/129	13/20	1/134	13/20	65-75-30	1/180	9/30	1/193	17/30
45-75-25	1/129	13/25	1/130	13/20	65-8-15	1/158	6/15	1/128	8/15
45-75-30	1/149	17/30	1/137	17/30	65-8-20	1/151	6/20	1/141	12/20
45-7-20	1/153	12/20	1/160	11/20	65-8-25	1/153	7/25	1/120	17/25
45-7-25	1/158	14/25	1/184	14/25	—	—	—	—	—

由表可知，即使在贴近规范下限设计时，27 个模型在 20 条地震波作用下的最大平均层间位移角均未超过规范限值，且有一定富余度，说明按规范小震设计的结构，在大震下能够满足规范层间变形要求。

由于模型是严格按照规范设计和配筋的，大震下层间位移角也是与规范进行对比，其结果满足规范要求也在预料之中。而各个模型层间位移角较规范限值偏小，也说明规范所定限值有一定保守，结构安全度有一定富余。

如表 8-3-8 所示，27 个模型的最大层间位移角均未超过规范限值，按规范层间位移角限值来判定，可以将所有模型归类为“安全”。然而层间位移角不能作为判定结构性能的唯一标准，且剪力墙结构最大层间位移角一般发生在中部楼层，此处的位移角包含了有害位移角和无害位移角，虽然此处连梁破坏较严重，但墙肢处于性能 1 和性能 2 状态。结构底部层间位移角很小，此处墙肢相对破坏较严重。

8.3.4 结构安全性评估结果

根据弹塑性分析结果，连梁属于耗能构件，其破坏较为严重亦在情理之中；上部楼层墙肢大多处于性能 1 的完好状态；底部墙肢属于重要竖向构件，且破坏集中于此，因此对普通剪力墙结构性能状态起控制作用的应是底部墙肢，因此可通过各个结构底层墙肢性能统计结果，判定结构整体抗震性能。

根据结构性能判定方法，统计了 27 个模型中不满足性能要求的结构，如表 8-3-9 所示。

以上是各个模型不满足“性能极限状态”的工况统计。由于地震波选取具有很大的离散性，因此若要对多条地震波作用下结构性能进行判定，需要考虑保证率。此处选取了 20 条地震波，考虑 95％的保证率，则只允许一条地震波作用下结构超过性能极限状态；如果有两条地震波作用下结构超过了性能极限状态，且这两条波属于同一次地震的不同测站记录，则仍然认为不满足性能极限状态的地震波只有一条。

不满足要求的模型及其工况　　表 8-3-9

模型	工况	性能 6	模型	工况	性能 6
0.35-7.5-20	GM18X	1.60%	0.65-7-25	GM16X	1.60%
0.35-8-15	GM8X	37.50%	0.65-7-25	GM17X	42.20%
0.45-7.5-20	GM18X	3.10%	0.65-7-30	GM19Y	12.50%
0.45-7-20	GM16X	40.60%	0.65-7-30	GM20X	9.40%
0.65-7.5-20	GM9X	10.90%	0.65-8-15	GM19Y	12.50%
0.65-7.5-20	GM18X	18.80%	0.65-8-15	GM20X	9.40%
0.65-7.5-25	GM18X	7.80%	0.65-8-20	GM8X	40.60%
0.65-7-20	GM16Y	42.20%	0.65-8-20	GM19X	20.30%
0.65-7-20	GM19Y	4.70%	0.65-8-25	GM19X	12.50%

上述同一个模型最多有两条波不满足极限状态要求，经分析，有些不满足要求的地震波属于同一次地震的不同测站记录，考虑这种情况，20 条波作用下具有 95%保证率的判定结果如表 8-3-10 所示。

95%保证率下超过性能极限状态的模型及其工况　　表 8-3-10

模型	工况	性能 6	模型	工况	性能 6
0.65-7.5-20	GM9X	10.90%	0.65-7-30	GM20X	9.40%
0.65-7.5-20	GM18X	18.80%	0.65-8-15	GM19Y	12.50%
0.65-7-20	GM16Y	42.20%	0.65-8-15	GM20X	9.40%
0.65-7-20	GM19Y	4.70%	0.65-8-20	GM8X	40.60%
0.65-7-30	GM19Y	12.50%	0.65-8-20	GM19X	20.30%

总结上述分析，得出 27 个模型最终性能判定结果如表 8-3-11 所示，其中√表示结构满足规定的性能要求，×表示结构不满足规定的性能要求。由表可以看出，按场地特征周期为 0.35s 和 0.45s 设计的 18 个结构均能满足规定的性能要求，而场地特征周期为 0.65s 的结构只有部分满足性能要求。由于场地特征周期为 0.65s 的结构性能判定结果规律不明显，且模型数量有限，因而无法给出肯定的结论，但 0.35s 和 0.45s 的结构性能均满足要求，因此可以认为当场地特征周期为 0.35s 和 0.45s 时，按现行规范设计的剪力墙结构安全性较好，能够满足基于构件的结构抗震性能要求。

性能评估结果　　表 8-3-11

高度(层)	场地周期(s)			烈度
	0.35	0.45	0.65	
20	√	√	×	7 度 0.1g
25	√	√	√	
30	√	√	×	

续表

高度(层)	场地周期(s)			烈度
	0.35	0.45	0.65	
20	√	√	×	7 度 0.15g
25	√	√	√	
30	√	√	√	
15	√	√	×	8 度 0.2g
20	√	√	×	
25	√	√	√	

对比表 8-3-8 中的各个结构模型最大层间位移角，可知以层间位移角作为判定指标对结构性能进行评估时，各结构均能满足规范要求；然而利用基于构件变形的结构性能评估方法对结构构件的破坏情况进行深入分析，则发现 0.65s 场地特征周期的结构构件破坏更为严重。由此可见，单用宏观变形对结构性能评估还较为粗略，不能反映结构的实际破坏状况，因而对结构性能的评估结果也只是定性的，不符合基于性能的结构抗震设计思想的基本要求。

根据判定标准，统计了 6 个剪力墙模型的增量动力分析结果，如表 8-3-12～表 8-3-14 所示。

模型 0.35-7-20 计算结果统计 **表 8-3-12**

地震动强度 (cm/s²)	工况	性能 6 构件比例	性能不满足的工况数量	性能不满足的地震波数量	结构性能
220	—	0	0	0	满足要求
260	—	0	0	0	满足要求
310	—	0	0	0	满足要求
350	GM13X-350	1.60%	3	2	不满足要求
	GM14Y-350	3.10%			
	GM15X-350	6.20%			

由表 8-3-12 可知，在加速度峰值为 310cm/s^2 时，结构满足规定的抗震性能要求，且抗大震能力储备系数应在 310/220＝1.41 以上；当加速度峰值为 350 时，结构在 2 条地震波作用下不满足规定的抗震性能要求，因此结构的抗大震能力储备系数在 350/220＝1.59 之下：综合两点可知该结构的抗大震能力储备系数在 1.41～1.59 之间。

由表 8-3-13 可知，在加速度峰值为 370cm/s^2 时，结构仅在一条地震波作用下不满足规定的抗震性能要求，考虑 20 条地震波 95%的保证率，则认为结构在该地震强度下仍能满足抗震性能要求，因此其抗大震能力储备系数应在 370/310＝1.19 以上；当加速度峰值为 430cm/s^2 时，结构在 5 条地震波作用下都不满足规定的抗震性能要求，则可以判定结构已处于危险状态，因此结构的抗大震能力储备系数在 430/310＝1.39 之下：综合两点可知该结构的抗大震能力储备系数在 1.19～1.39 之间。

模型 0.35-7.5-20 计算结果统计　　**表 8-3-13**

地震动强度（cm/s^2）	工况	性能 6 构件比例	性能不满足的工况数量	性能不满足的地震波数量	结构性能
310	—	0	0	0	满足要求
370	GM18X-370	39.10%	2	1	满足要求
	GM18Y-370	29.70%			
430	GM18Y-430	67.20%	7	5	不满足要求
	GM1X-430	4.70%			
	GM1Y-430	7.80%			
	GM3X-430	3.10%			
	GM5Y-430	1.60%			
	GM12X-430	3.10%			
	GM18X-430	64.10%			

模型 0.35-8-15 计算结果统计　　**表 8-3-14**

地震动强度（cm/s^2）	工况	性能 6 构件比例	性能不满足的工况数量	性能不满足的地震波数量	结构性能
400	GM8X-400	37.50%	1	1	满足要求
480	GM8X-480	50%	2	1	满足要求
	GM8Y-480	56.20%			
560	GM1X-560	42.20%	7	4	不满足要求
	GM1Y-560	28.10%			
	GM3Y-560	1.60%			
	GM4X-560	3.10%			
	GM4Y-560	1.60%			
	GM8X-560	54.70%			
	GM8Y-560	59.40%			

由表 8-3-14 可知，在加速度峰值为 $480cm/s^2$ 时，结构仅在一条地震波作用下不满足规定的抗震性能要求，考虑 20 条地震波 95%的保证率，则认为结构在该地震强度下仍能满足抗震性能要求，因此其抗大震能力储备系数应在 480/400＝1.2 以上；当加速度峰值为 560 时，结构在 4 条地震波作用下都不满足规定的抗震性能要求，则可以判定结构已处于危险状态，因此结构的抗大震能力储备系数在 560/400＝1.4 之下：综合两点可知该结构的抗大震能力储备系数在 1.2～1.4 之间。

统计 6 个模型的增量动力分析结果，得到各模型的抗大震能力储备系数，如表 8-3-15 所示。

共选取Ⅱ类场地和Ⅲ类场地共 6 个剪力墙模型进行增量动力分析，得出模型 0.35s7d20f 的抗大震能力储备系数约为 1.4～1.6，其余 5 个模型的抗大震能力储备系数约为 1.2～1.4，说明相对于定义的结构性能状态，按现行规范设计的结构约有 1.2～1.4 的安全储备系数。

结构抗大震能力储备系数统计表　　表 8-3-15

模型	SSCMR	模型	SSCMR
0.35-7-20	1.41～1.59	0.45-7-20	1.18～1.41
0.35-7-25	1.41～1.59	0.45-7-25	1.41～1.59
0.35-7-30	1.41～1.59	0.45-7-30	1.41～1.59
0.35-7.5-20	1.19～1.39	0.45-7.5-20	1.19～1.39
0.35-75-25	1.00～1.19	0.45-75-25	1.19～1.39
0.35-75-30	1.19～1.39	0.45-75-30	1.19～1.39
0.35-8-15	1.20～1.40	0.45-8-15	1.20～1.40
0.35-8-20	1.00～1.20	0.45-8-20	1.20～1.40
0.35-8-25	1.20～1.40	0.45-8-25	1.20～1.40

8.3.5 结论

(1) 通过对不同场地类别、不同设防烈度和不同高度的 27 个剪力墙结构进行大震作用下弹塑性动力分析，证明了现行规范用最大层间位移角判定结构罕遇地震作用下的结构性能存在不足之处，既不能准确评估结构的破坏状况，也不能给出结构的真实破坏部位，因此需要更准确的结构性能评估方法。

(2) 采用基于构件变形的结构抗震性能评估方法对 27 个剪力墙结构破坏状况进行统计，发现剪力墙结构的破坏主要是连梁的破坏，且有相当数量的连梁剪切破坏；墙肢的破坏则主要集中在底层，且大多处于轻中等破坏（性能 3）以下，其余上部楼层墙肢则基本完好（性能 1）；墙肢受剪截面满足规范最小抗剪截面要求。

(3) 采用基于构件变形的结构抗震性能评估方法对 27 个结构进行性能判定，得出按 0.35s 场地特征周期和 0.45s 场地特征周期设计的剪力墙结构都能够满足规定的性能要求，按 0.65s 场地特征周期设计的结构大多数不能满足规定的性能要求。

8.4 设计方法在框-剪结构中的应用

8.4.1 引言

选取 20 条相匹配的地震波进行大震弹塑性时程分析，采用基于构件变形的研究方法进行结构的抗震性能研究，从构件的破坏程度、层间位移角、底层层间位移角三个方面分析结构的抗震性能，明确了结构安全评估标准，并有效获得结构的安全性能。

8.4.2 框-剪结构模型设计

(1) 模型设计

模型必须符合抗震规范要求，并具备框架-剪力墙结构的一般特性，同时为满足结构的通用性，建立不同抗震等级、不同建筑高度、不同场地类别的框架-剪力墙结构模型。

按照《建筑抗震设计规范》和《高层建筑混凝土结构技术规程》的规定并兼顾实际工程经验，建立了 27 个模型，要求满足以下条件：

1）对于常规的框架-剪力墙结构，剪力墙分散布置时，一般适用于 20～30 层的结构。楼层数按照 20 层、25 层、30 层变化，其中首层 5m，其他楼层 4m，并根据场地类别、设防烈度的不同，建立 27 个不同的模型。

模型分组如表 8-4-1 所示，平面布置见图 8-4-1。楼层每 5 层变化一次混凝土强度等级或竖向构件尺寸，尽量避免竖向承载力和抗侧刚度突变，模型采用最低混凝土强度等级为 C30。

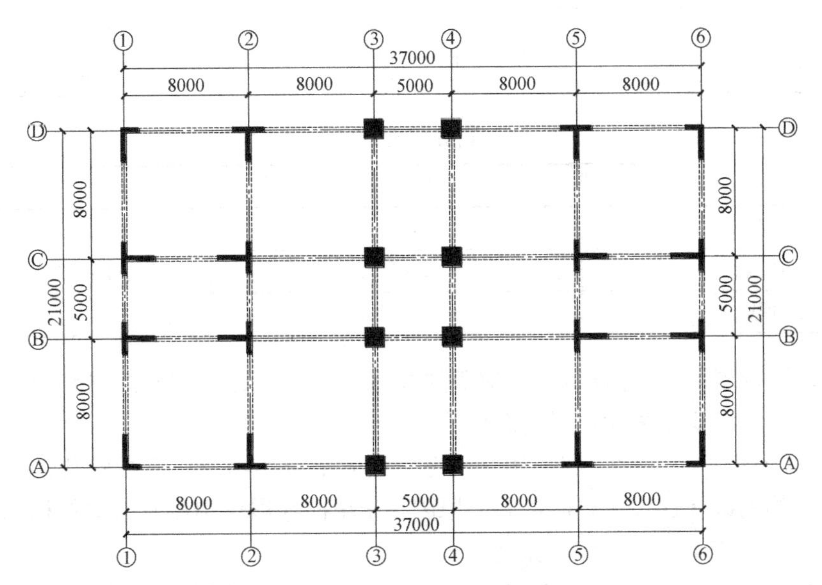

图 8-4-1　结构平面布置图

27 栋框架-剪力墙模型分组　　表 8-4-1

丙类框架-剪力墙结构			场地特征周期								
地震影响	基本地震加速度	楼层高度	0.35s			0.45s			0.65s		
7 度	1.0g	层数(f)	20	25	30	20	25	30	20	25	30
		总高(m)	81	101	121	81	101	121	81	101	121
	0.15g	层数(f)	20	25	30	20	25	30	20	25	30
		总高(m)	81	101	121	81	101	121	81	101	121
8 度	2.0g	层数(f)	20	25	30	20	25	30	20	25	30
		总高(m)	81	101	121	81	101	121	81	101	121

2）按照高层建筑结构类别、最大适用高度、设防烈度确定框架及剪力墙的抗震等级、轴压比、结构周期比限值，具体详见表 8-4-2。连梁刚度折减系数取值：7 度取 0.7；8 度取 0.5。

3）满足实际工程荷载要求，常规框架-剪力墙结构的单位面积荷载一般控制在 1.2～1.5t/m^2。对实际结构进行简化后，模型将不考虑次梁的影响，不考虑活荷载折减，适当提高楼面板的附加恒载以考虑实际结构中次梁自重，板厚取值 150mm，板与主梁自重按实际计算。荷载取值见表 8-4-3。

结构轴压比、周期比限值表 **表 8-4-2**

抗震等级	7 度			8 度		
楼层数(f)	20	25	30	20	25	30
高度等级	A	A	A	A	A	B
混凝土框架抗震等级	二	二	二	一	一	一
剪力墙抗震等级	二	二	二	一	一	特一
柱轴压比限值	0.85	0.85	0.85	0.75	0.75	0.75
剪力墙轴压比限值	0.6	0.6	0.6	0.5	0.5	0.5
周期比限值	0.9	0.9	0.85	0.9	0.9	0.85

荷载取值表 **表 8-4-3**

楼面恒载附加	$2kN/m^2$	备　注
活载	$3kN/m^2$	均考虑 45%门窗折减
内圈梁	7 kN/m	
外圈梁	7 kN/m	

4）主要研究结构的抗震性能，为避免风荷载成为高层建筑结构的主要控制因素而干扰研究结果，因此，文中采用的风荷载标准值为 $0.35kN/m^2$。

5）考虑偶然偏心及双向地震作用，不考虑竖向地震作用。在进行弹塑性分析考虑双向地震时，结构的破坏远大于单向地震。原因在于单向地震作用没有考虑结构的扭转效应而导致结构偏于不安全。结构计算振型数取 15。

6）模型满足在水平作用力下底部框架结构承受的地震倾覆弯矩与结构总倾覆弯矩比值的要求，即只有当结构满足倾覆弯矩比为 10%～50%时，结构按照框架-剪力墙设计。

7）小震弹性设计时要求层间位移角、轴压比尽量贴近规范限值。一方面满足设计要求，另一方面使得结构相对不保守。小震作用下，框架-剪力墙结构层间位移角不应大于 1/800。

（2）弹性计算结果

采用 PKPM 建模，并进行小震作用下的弹性计算。其中，楼层最大层间位移与平均层间位移的比值见表 8-4-4，避免了扭转不规则；振型参与质量计算结果见表 8-4-5，满足规范规定参与质量不小于总质量 90%的要求；层间位移角、周期比、轴压比计算结果见表 8-4-6；模型的倾覆弯矩比计算结果见表 8-4-7。

（3）地震波的选取

按照 FEMA P695 建议，进行大震计算时的地震波数量应足够多，结合抗震规范要求的天然波数量不少于总数的 2/3，因此，选取 20 条地震波进行大震时程分析，包含 14 条天然波与 6 条人工波。其中，天然波的选取来自美国太平洋抗震中心数据库 PGMD，为保证地震波更具有代表性，所有的天然波均为不同事件；人工波通过程序 SIMOKE 自动转换生成。所有的地震波均要求满足规范要求。

楼层最大层间位移与平均层间位移比值表　　　　**表 8-4-4**

最大层间位移与平均层间位移的比值			场地特征周期								
			0.35s			0.45s			0.65s		
抗震等级		地震方向	20	25	30	20	25	30	20	25	30
7 度	1.0g	X 向	1.04	1.04	1.05	1.04	1.04	1.05	1.05	1.04	1.04
		Y 向	1.17	1.15	1.13	1.17	1.15	1.13	1.14	1.13	1.13
	0.15g	X 向	1.05	1.04	1.04	1.04	1.04	1.04	1.04	1.04	1.04
		Y 向	1.14	1.13	1.13	1.14	1.13	1.13	1.14	1.14	1.14
8 度	2.0g	X 向	1.04	1.04	1.04	1.04	1.04	1.04	1.04	1.04	1.04
		Y 向	1.14	1.13	1.14	1.14	1.13	1.14	1.14	1.14	1.13

振型参与质量系数计算结果　　　　**表 8-4-5**

振型参与质量系数(%)			场地特征周期								
			0.35s			0.45s			0.65s		
抗震等级		方向	20	25	30	20	25	30	20	25	30
7 度	1.0g	X 向	95.62	95.03	94.60	95.56	95.03	94.60	95.89	95.39	94.86
		Y 向	95.76	95.17	94.57	95.76	95.17	94.57	95.88	95.40	94.90
	0.15g	X 向	95.89	95.47	95.02	95.90	95.21	94.91	96.14	95.51	95.40
		Y 向	95.88	95.51	95.01	95.89	95.22	94.94	96.13	95.54	95.39
8 度	2.0g	X 向	95.96	95.30	95.07	96.02	95.56	95.28	96.38	95.96	95.73
		Y 向	95.98	95.32	95.15	96.08	95.63	95.28	96.39	95.90	95.72

层间位移角、周期比、轴压比计算结果　　　　**表 8-4-6**

编号	轴压比		周期(s)				位移角	
	柱	剪力墙	第一周期	第二周期	第三周期	周期比	X 向	Y 向
m-0.35-7-20	0.84	0.57	3.222	2.840	2.571	0.80	1/907	1/1199
m-0.35-7-25	0.84	0.58	3.762	3.488	2.981	0.79	1/823	1/942
m-0.35-7-30	0.85	0.59	4.145	4.004	3.343	0.81	1/920	1/875
m-0.45-7-20	0.84	0.57	3.328	2.824	2.548	0.77	1/856	1/1144
m-0.45-7-25	0.84	0.58	3.762	3.488	2.981	0.79	1/843	1/968
m-0.45-7-30	0.85	0.59	4.145	4.004	3.343	0.81	1/931	1/867
m-0.65-7-20	0.85	0.57	2.662	2.587	2.206	0.83	1/899	1/882
m-0.65-7-25	0.85	0.58	3.115	3.063	2.449	0.79	1/907	1/897
m-0.65-7-30	0.85	0.59	3.474	3.369	2.683	0.77	1/928	1/912
m-0.35-7.5-20	0.85	0.57	2.677	2.601	2.227	0.83	1/945	1/905
m-0.35-7.5-25	0.82	0.57	3.048	2.996	2.406	0.79	1/862	1/855
m-0.35-7.5-30	0.84	0.59	3.293	3.129	2.487	0.76	1/933	1/851
m-0.45-7.5-20	0.75	0.46	2.302	2.259	1.873	0.81	1/894	1/972

续表

编号	轴压比		周期(s)				位移角	
	柱	剪力墙	第一周期	第二周期	第三周期	周期比	X向	Y向
m-0.45-7.5-25	0.75	0.47	2.834	2.820	2.300	0.81	1/928	1/940
m-0.45-7.5-30	0.73	0.47	3.202	3.083	2.501	0.78	1/954	1/927
m-0.65-7.5-20	0.75	0.46	1.968	1.958	1.603	0.81	1/821	1/833
m-0.65-7.5-25	0.73	0.47	2.431	2.409	1.928	0.79	1/811	1/806
m-0.65-7.5-30	0.73	0.47	2.670	2.606	2.018	0.76	1/835	1/799
m-0.35-8-20	0.75	0.46	2.099	2.044	1.678	0.80	1/992	1/984
m-0.35-8-25	0.75	0.47	2.673	2.651	2.144	0.80	1/831	1/819
m-0.35-8-30	0.73	0.47	2.900	2.781	2.215	0.76	1/923	1/847
m-0.45-8-20	0.75	0.46	2.023	1.951	1.614	0.80	1/825	1/827
m-0.45-8-25	0.74	0.47	2.362	2.310	1.833	0.78	1/876	1/871
m-0.45-8-30	0.72	0.47	2.747	2.696	2.102	0.77	1/836	1/800
m-0.65-8-20	0.68	0.40	1.529	1.526	1.234	0.81	1/831	1/834
m-0.65-8-25	0.63	0.41	1.877	1.791	1.453	0.77	1/848	1/800
m-0.65-8-30	0.76	0.46	2.283	2.073	1.559	0.68	1/809	1/695

注：为方便描述，采用m-a-b-c进行编号，其中m表示model，a表示场地特征周期值，b表示抗震设防烈度，c表示楼层数。

模型倾覆弯矩比 **表 8-4-7**

倾覆弯矩比(%)			场地特征周期								
			0.35s			0.45s			0.65s		
抗震等级		方向	20	25	30	20	25	30	20	25	30
7度	1.0g	X向	24.89	29.87	31.67	26.37	29.88	31.67	29.25	32.13	36.61
		Y向	19.78	19.80	22.24	19.78	19.79	22.23	19.32	20.50	23.38
	0.15g	X向	29.26	32.61	34.47	31.08	33.01	33.50	31.68	33.83	32.25
		Y向	19.33	21.01	22.09	20.96	22.13	21.71	20.75	21.90	19.27
8度	2.0g	X向	31.38	34.02	34.62	30.91	33.59	32.74	30.7	33.3	33.7
		Y向	20.48	22.63	22.30	20.21	20.67	19.82	19.8	24.9	18.9

为较高效选取符合要求的地震波，采用权重法进行初选。通过不同周期段的重要性确定不同的权重。主要周期段所占权重较大，第4～6周期段权重相对较小，同时，考虑大震分析时，结构进入塑性状态，刚度降低，周期变长，为使得长周期段有较高的吻合度，应适当考虑在[T_1，T_1+0.5s]段的权重比例。采用的结构周期权重见表8-4-8。按照该方法可以较为高效选取符合规范要求的地震波。

结构周期权重表 **表 8-4-8**

周期段	$T_1 \sim T_1+0.5$	$T_1 \sim T_3$	$T_3 \sim T_4$	$T_4 \sim T_6$
权重	2	5	1.5	2

8.4.3 基于构件性能的结构安全性评估

（1）构件安全性评估结果

采用PERFORM-3D进行大震弹塑性时程计算。考虑双向地震作用，采用层间位移角作为极限状态进行终止计算控制，在非线性时程分析中考虑包括静力荷载在内的 $P\text{-}\Delta$ 效应，模态阻尼取5%，从构件的破坏情况、层间位移角、底层层间位移角进行分析。

对27个模型进行梁柱墙构件沿楼层、地震工况上的统计，如图8-4-2～图8-4-4所示。可以发现其性能特点如下：

1）破坏的墙肢均集中在首层，其他楼层基本处于性能1。首层呈现从性能1～6的不同程度的破坏；但均未发生剪切破坏，即结构破坏类型以弯曲破坏和弯剪破坏为主。

2）柱构件在大震下保持较好的工作性能，均未发生严重损伤。

3）连梁构件损伤的分布情况与层间位移角相关，集中发生在楼层的中部。接近20%的连梁被判定为可能出现剪切破坏，在工程设计中应尽量避免构件出现该判定，以保证结构具有较高的延性。

注：弯曲破坏和弯剪破坏可划分为性能1～6，性能7表示满足最小抗剪截面要求，性能8表示不满足最小抗剪截面要求。

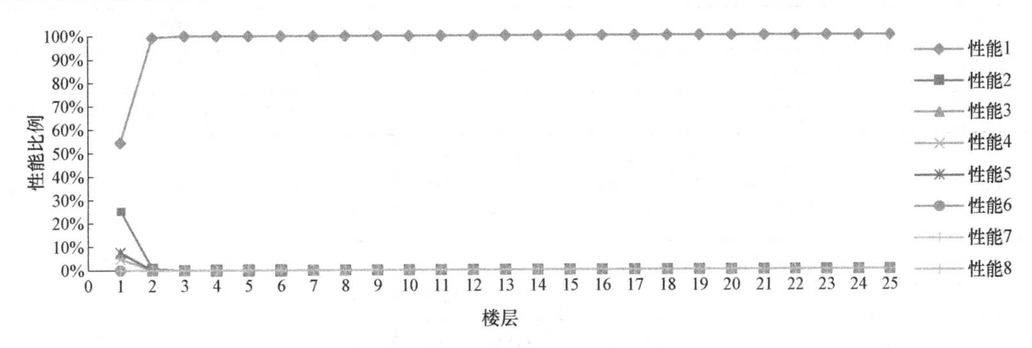

图8-4-2　墙肢的性能状态分布

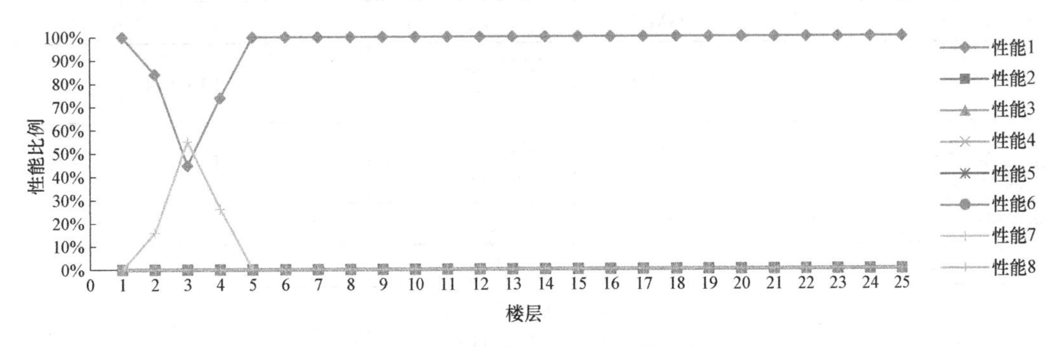

图8-4-3　柱构件的性能状态分布

规范规定，大震时程分析时，框架-剪力墙结构的层间位移角不应超过1/100，但所有模型在个别地震作用下均出现层间位移角超限现象。层间位移角超限集中在楼层中部，与连梁的破坏楼层存在较为一致的关系，而与竖向构件破坏的楼层（首层）并不存在对应关系。

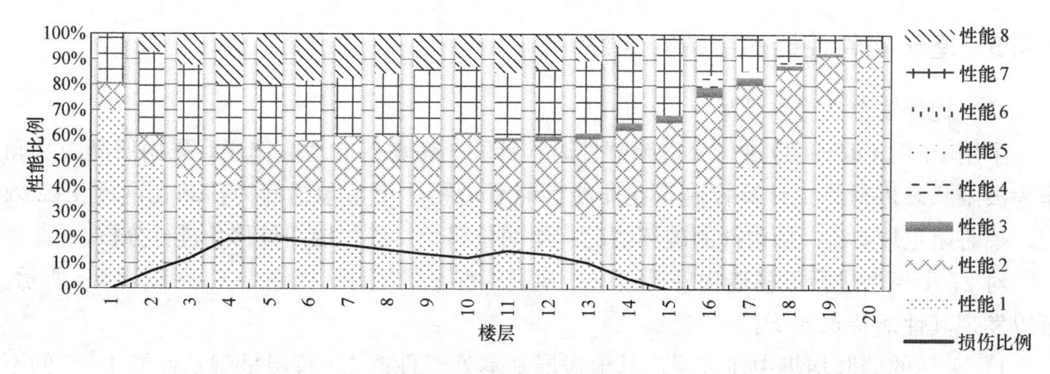

图 8-4-4 连梁性能状态分布

以 7.5 度区的结构模型为例，如表 8-4-9 所示。层间位移角超限的结构，其相应的重要竖向构件并未出现破坏的状态，如 m-0.35-7.5-30、m-0.45-7.5-25、m-0.45-7.5-30 等模型所示；反之，重要竖向构件出现破坏的结构，其对应的层间位移角可能并未超过规范要求，如 m-0.65-7.5-20 所示。因此，规范采用层间位移角作为结构大震下安全评估的唯一标准，是不合理的。

7.5 度区层间位移角与结构构件破坏状况分析表 表 8-4-9

编号	地震工况				破坏楼层			
	竖向构件		连梁	层间位移角	竖向构件		连梁	
	柱	剪力墙			柱	剪力墙	破坏楼层	最严重楼层
m-0.35-7.5-20	√	GM7/GM9/GM20	GM7/GM9/GM18/GM19/GM20	GM7/GM9/GM18/GM19/GM20	√	F1	F1～F20	F3～F10
m-0.35-7.5-25	√	GM2/GM4/GM7	GM2/GM4/GM7	GM2/GM4/GM7/GM12	√	F1	F1～F25	—
m-0.35-7.5-30	√	√	GM6/GM13	GM3/GM6/GM13	√	√	F5～F14	F10
m-0.45-7.5-20	√	√	GM14	GM14	√	√	F9～F11	—
m-0.45-7.5-25	√	√	GM3/GM20	GM3/GM6/GM20	√	√	F10、F14	—
m-0.45-7.5-30	√	√	GM3/GM7/GM14/GM18	GM3/GM7/GM14/GM18	√	√	F5～F17	F11
m-0.65-7.5-20	√	GM11	√	√	√	F1	√	√
m-0.65-7.5-25	√	√	√	GM19	√	√	√	√
m-0.65-7.5-30	√	GM6	GM6/GM11/GM13/GM19	GM6/GM11/GM13/GM19	√	F1	F1～F13	F5～F9

计算模型底部为嵌固端，首层层间位移角即为有害层间位移角，结构破坏集中为首层剪力墙，即首层为薄弱层，因此有必要研究首层层间位移角和墙肢性能状态之间的关系。将场地类别、设防类别、楼层数作为主要影响因素进行分析。如图 8-4-5～图 8-4-10 所示。

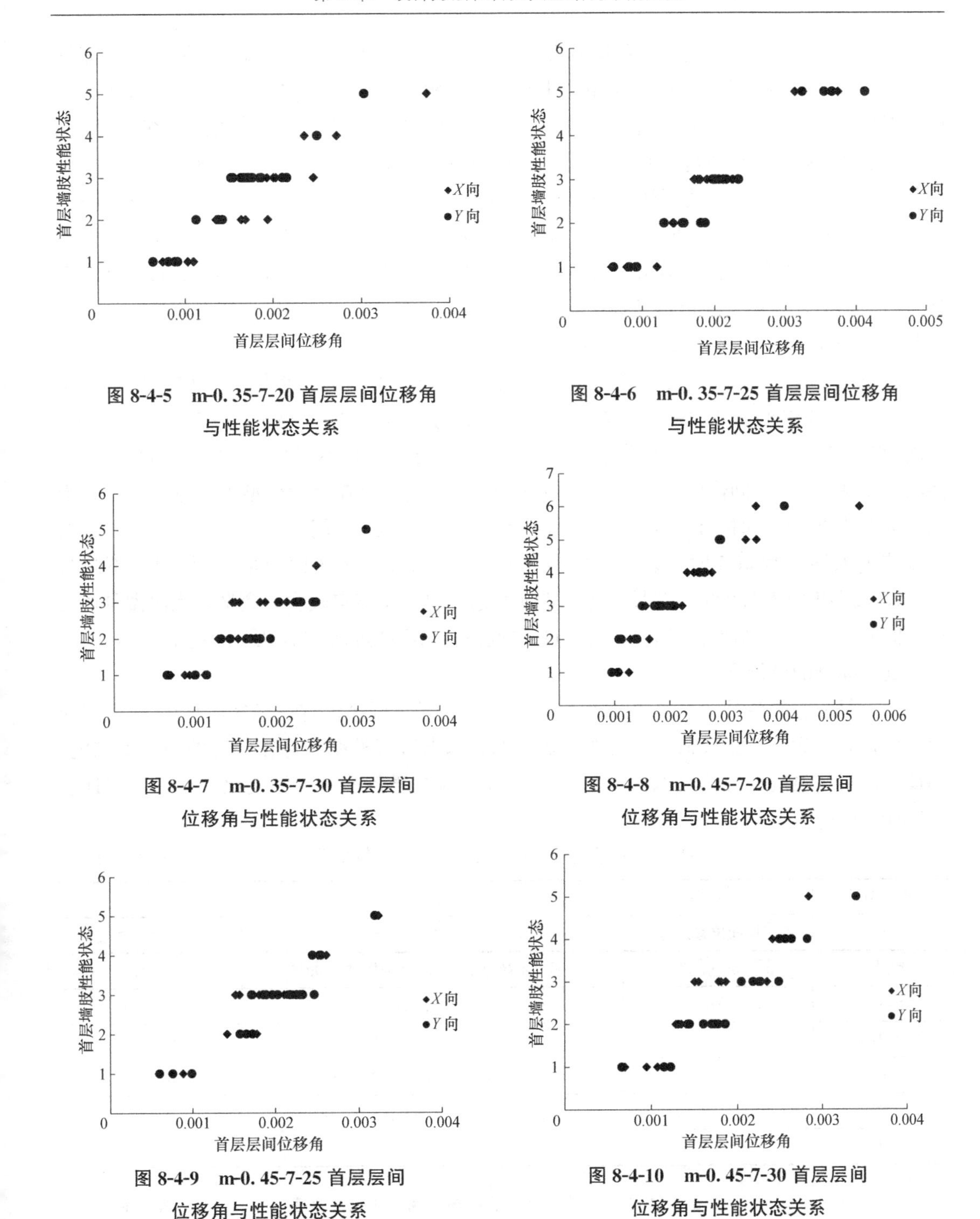

图 8-4-5　m-0.35-7-20 首层层间位移角与性能状态关系

图 8-4-6　m-0.35-7-25 首层层间位移角与性能状态关系

图 8-4-7　m-0.35-7-30 首层层间位移角与性能状态关系

图 8-4-8　m-0.45-7-20 首层层间位移角与性能状态关系

图 8-4-9　m-0.45-7-25 首层层间位移角与性能状态关系

图 8-4-10　m-0.45-7-30 首层层间位移角与性能状态关系

可见，各模型首层破坏程度相似，与层数关系不大。以下讨论场地类别和设防烈度对结构破坏程度的影响。

采用 m-A-B 表示场地特征周期为 A/s，设防烈度为 B 度的模型，如 m-0.35-7 为场地类别为Ⅱ类，抗震设防为 7 度的模型。受边幅限制，只对 m-0.35-7 和 m-0.45-7 进行具体分析如下：

1）对于m-0.35-7，当结构首层所有墙肢均处于性能状态1，即墙肢变形不超过完好对应的限值时，结构首层层间位移角集中在0.001附近，少数超过0.001；当墙肢进入性能状态处于性能2，即变形不超过轻微损坏对应限值时，首层层间位移角集中在0.001～0.002之间，只有个别超过0.002；当墙肢进入性能状态处于性能3时，即变形不超过轻中等破坏对应限值时，首层层间位移角集中在0.0015～0.0025之间，个别超过0.0025；当墙肢进入性能状态4，即变形不超过中等破坏对应限值时，首层层间位移角集中在0.0025～0.003之间，且均不超过0.003；当墙肢进入性能状态5，即变形不超过不严重破坏对应限值时，首层层间位移角集中在0.003～0.045之间，且均不超过0.0045，只有个别超过0.004；无进入性能状态6的模型。

2）对于m-0.45-7，当结构首层墙肢均处于性能状态1时，首层层间位移角分布于0.005～0.0015之间，并以0.001为集中点，少数超过0.001，明显小于0.015；当墙肢进入性能状态2时，首层层间位移角分布在0.001～0.002之间，均不超过0.002；当墙肢进入性能状态3时，首层层间位移角处于0.0015～0.0025之间，存在个别模型点超过0.0025；当墙肢进入性能状态4时，首层层间位移角处于0.002～0.003之间，且均明显不超过0.003；当墙肢进入性能状态5时，首层层间位移角处于0.003～0.004之间，且均明显不超过0.004，较多集中于0.0035；当墙肢进入性能状态6时，模型点较少且离散，无法做具体分析，但可以看出，当墙肢破坏较少时，首层层间位移角不超过0.005，反之将超过0.005。

其他模型的分析类同。

由于每个模型在对应不同的性能状态时，首层层间位移角均在一定范围内，呈现规律性变化，并且除了性能状态6的其他性能状态，基本所有模型点都在一定的限值范围内，因此可以对该限值进行建议取值。具体的取值范围参照各模型点的变化规律，见统计表8-4-10～表8-4-18。

m-0.35-7首层墙肢性能等级与层间位移角关系表　　表8-4-10

模型编号	m-0.35-7		
性能等级	首层层间位移角范围	说明	建议取值
性能1	0.005～0.0015	明显不超过0.0015,个别超过0.001	0.0015
性能2	0.001～0.002	个别超过0.002	0.0020
性能3	0.0015～0.0025	个别超过0.0025	0.0025
性能4	0.0025～0.003	均不超过0.003,统计数较少	0.0030
性能5	0.003～0.045	均不超过0.0045,个别超过0.004	0.0040
性能6	—		

m-0.35-7.5首层墙肢性能等级与层间位移角关系表　　表8-4-11

模型编号	m-0.35-7		
性能等级	首层层间位移角范围	说明	建议取值
性能1	0.0005～0.0015	基本不超过0.0015	0.0015
性能2	0.001～0.002	基本不超过0.002	0.0020
性能3	0.002～0.0025	基本不超过0.0025,个别小于0.002	0.0025

续表

模型编号	m-0.35-7		
性能等级	首层层间位移角范围	说明	建议取值
性能 4	0.002～0.003	基本不超过 0.003，存在比较接近的模型点	0.0030
性能 5	0.002～0.005	离散性较大，但均不超过 0.005， 大部分集中于 0.004 左右	0.0040
性能 6	离散性极大，与破坏的墙肢数量相关		

m-0.35-8 首层墙肢性能等级与层间位移角关系表　　表 8-4-12

模型编号	m-0.35-8		
性能等级	首层层间位移角范围	说明	建议取值
性能 1	0.001～0.0015	基本不超过 0.0015	0.0015
性能 2	0.001～0.002	基本不超过 0.002，存在极其接近 0.002 的模型点	0.0020
性能 3	0.002～0.0025	个别超过 0.0025	0.0025
性能 4	0.002～0.003	均小于 0.003	0.0030
性能 5	0.0025～0.004	均小于 0.005，以 0.0025～0.004 为主， 只有个别超过 0.004	0.0040
性能 6	离散型较大，但均不超过 0.01，同时可以确定当只有一片墙发生破坏时， 首层层间位移角并没有发生实质性的突破，与性能 5 差不多		

m-0.45-7 首层墙肢性能等级与层间位移角关系表　　表 8-4-13

模型编号	m-0.45-7		
性能等级	首层层间位移角范围	说明	建议取值
性能 1	0.005～0.0015	以 0.001 为集中点，均明显小于 0.015	0.0015
性能 2	0.001～0.002	均不超过 0.002	0.0020
性能 3	0.0015～0.0025	个别超过 0.0025	0.0025
性能 4	0.002～0.003	均明显不超过 0.003	0.0030
性能 5	0.003～0.004	均明显不超过 0.004，集中于 0.0035 较多	0.0035
性能 6	当墙肢较多破坏时，突破 0.005		

m-0.45-7.5 首层墙肢性能等级与层间位移角关系表　　表 8-4-14

模型编号	m-0.45-7		
性能等级	首层层间位移角范围	说明	建议取值
性能 1	0.005～0.0015	不超过 0.0015，均超过 0.005，以大于 0.001 为主	0.0015
性能 2	0.0010～0.002	均不超过 0.002，超过 0.001	0.0020
性能 3	0.0015～0.0025	个别超过 0.0025，均超过 0.0015	0.0025
性能 4	0.002～0.0035	一般不超过 0.003， 一般在 0.0025～0.003 之间	0.0030
性能 5	0.0025～0.0035	统计数量较少，均不超过 0.0035	0.0035
性能 6	—		

m-0.45-8 首层墙肢性能等级与层间位移角关系表　　表 8-4-15

模型编号	m-0.45-8		
性能等级	首层层间位移角范围	说明	建议取值
性能 1	0.001～0.002	均不超过 0.002,以 0.0015 为集中点	0.0015
性能 2	0.0015～0.0025	均不超过 0.0025,个别超过 0.002	0.0020
性能 3	0.0015～0.003	均不超过 0.003,个别超过 0.0025	0.0025
性能 4	0.002～0.003	个别超过 0.003	0.0030
性能 5	0.0025～0.004	个别超过 0.004	0.0040
性能 6	不超过 0.01,与性能 5 有重合部分		

m-0.65-7 首层墙肢性能等级与层间位移角关系表　　表 8-4-16

模型编号	m-0.65-7		
性能等级	首层层间位移角范围	说明	建议取值
性能 1	0.0005～0.0015	均不超过 0.0015	0.0015
性能 2	0.001～0.002	均不超过 0.002	0.0020
性能 3	0.0015～0.0025	个别超过 0.0025	0.0025
性能 4	0.002～0.003	个别超过 0.003	0.0030
性能 5	0.003～0.0035	均不超过 0.0035,但数量不足,统计意义不强	0.0035
性能 6	—		

m-0.65-7.5 首层墙肢性能等级与层间位移角关系表　　表 8-4-17

模型编号	m-0.65-7.5		
性能等级	首层层间位移角范围	说明	建议取值
性能 1	0.001～0.002	均不超过 0.002,以 0.0015 为集中点	0.0015
性能 2	0.001～0.002	个别超过 0.002	0.0020
性能 3	0.0015～0.0025	个别超过 0.0025	0.0025
性能 4	0.002～0.003	个别超过 0.003	0.0030
性能 5	0.0025～0.0035	均不超过 0.004 个别超过 0.0035	0.0035
性能 6	离散性较大,但均未超过 0.01		

m-0.65-8 首层墙肢性能等级与层间位移角关系表　　表 8-4-18

模型编号	m-0.65-7.5		
性能等级	首层层间位移角范围	说明	建议取值
性能 1	—	无该范围的取值,参照其他模型	0.0015
性能 2	0.001～0.002	集中于 0.002,个别超过 0.002	0.0020
性能 3	0.0015～0.003	集中于 0.002～0.0025 之间,均不超过 0.003	0.0025
性能 4	0.002～0.003	个别超过 0.003	0.0030
性能 5	0.0025～0.004	集中于 0.003～0.004 之间,个别超过 0.0040	0.0040
性能 6	离散性较大,但均未超过 0.01		

以上表格显示，不同抗震设防与场地类别的模型在首层层间位移角建议取值上大体一致。按照以下 3 点进行说明：

1）首层墙肢处于性能状态 1 至性能 4 时，不同抗震设防、场地类别的首层层间位移角取值相同，并随着性能水准等级的提高以 0.0005 的增量进行递增。

2）场地类别为Ⅱ类的模型进入性能 5 时，首层层间位移角取值为 0.0040；m-0.45-7.5 进入性能 5 的模型点较少，统计意义不强。但由于模型点均未超过 0.0035 且结合 m-0.45-7 及 m-0.45-8 相应的取值，取较为保守的较小值 0.0035。

3）Ⅳ类场地，对于 7 度及 7.5 度设防的结构进入性能 5 时，首层层间位移角取值为 0.0035；8 度设防的结构进入性能 5 时，首层层间位移角取值为 0.0040。

总结不同设防烈度及场地类别下首层层间位移角的参考限值如表 8-4-19 所示。

首层层间位移角参考限值汇总表（mm）　　　　**表 8-4-19**

首层层间位移角		性能等级				
场地类别	设防烈度	1	2	3	4	5
Ⅱ类	7	0.0015	0.0020	0.0025	0.0030	0.0040
	7.5	0.0015	0.0020	0.0025	0.0030	0.0040
	8	0.0015	0.0020	0.0025	0.0030	0.0040
Ⅲ类	7	0.0015	0.0020	0.0025	0.0030	0.0035
	7.5	0.0015	0.0020	0.0025	0.0030	0.0035
	8	0.0015	0.0020	0.0025	0.0030	0.0040
Ⅳ类	7	0.0015	0.0002	0.0025	0.0030	0.0035
	7.5	0.0015	0.0020	0.0025	0.0030	0.0035
	8	0.0015	0.0020	0.0025	0.0030	0.0040

对于框架-剪力墙结构，首层为最易发生破坏的薄弱层，可以采用首层层间位移角进行辅助评估。表 8-4-21 显示，当判定结构进入性能 6，即发生破坏前，其取值最大为 0.0040（1/250），远小于目前规范所设定的 1/100。

值得注意的是，底部墙肢进入性能状态 6 后，应根据墙肢破坏数量进行分析，当墙肢破坏较少，或不超过一定的范围时，首层层间位移角也会相对应取较小值，甚至与性能状态 5 出现相互重合的部分。统计底部墙肢的破坏比例与底部层间位移角的关系如表 8-4-20 所示。

出现性能 6 墙肢的工况统计　　　　**表 8-4-20**

模型编号	工况	首层层间位移角		性能 6 墙肢比例	
		X 向	*Y* 向	*X* 向	*Y* 向
m-0.45-7-20	GM7	1/281	1/343	4.55%	0.00%
	GM13	1/183	1/245	34.09%	2.27%
m-0.35-7.5-20	GM7	1/123	1/103	61.36%	65.91%
	GM9	1/187	1/198	34.09%	18.18%
	GM20	1/318	1/317	2.27%	0.00%

续表

模型编号	工况	首层层间位移角		性能 6 墙肢比例	
		X 向	Y 向	X 向	Y 向
m-0.35-7.5-25	GM2	1/95	1/20	70.45%	90.91%
	GM4	1/169	1/163	29.55%	38.64%
	GM7	1/30	1/20	100%	100%
m-0.65-7.5-20	GM11	1/294	1/277	2.27%	0.00%
m-0.65-7.5-30	GM6	1/143	1/193	27.27%	38.64%
m-0.35-8-20	GM19	1/280	1/304	0.00%	2.27%
m-0.35-8-25	GM5	1/153	1/224	25.00%	29.55%
	GM14	1/283	1/314	2.27%	0.00%
	GM19	1/276	1/309	2.27%	2.27%
	GM12	1/208	1/281	2.27%	0.00%
m-0.45-8-20	GM12	1/280	1/235	2.27%	0.00%
	GM16	1/187	1/264	36.36%	2.27%
m-0.45-8-30	GM18	1/338	1/396	2.27%	0.00%
	GM20	1/225	1/337	2.27%	2.27%
	GM7	1/140	1/230	29.55%	4.55%
	GM3	1/111	1/202	27.27%	40.91%
m-0.65-8-25	GM13	1/282	1/254	29.55%	0%
m-0.65-8-30	GM13	1/171	1/230	50%	38.6%

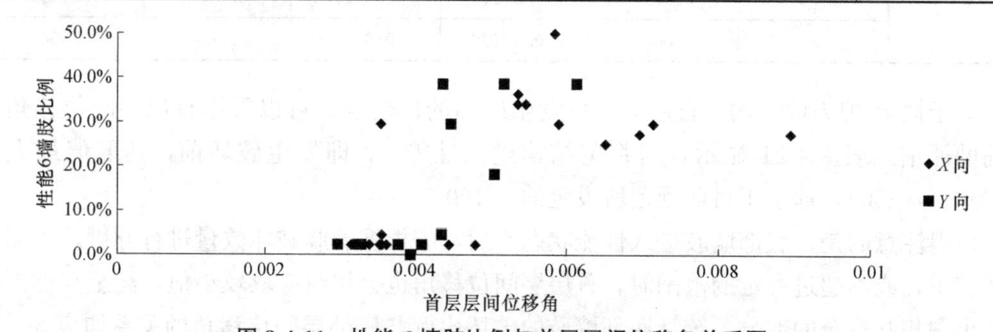

图 8-4-11　性能 6 墙肢比例与首层层间位移角关系图

对造成首层墙肢破坏不超过 50%的地震波做统计，可以得到相应的统计图 8-4-11。可以看出，首层层间位移角为 0.004～0.005 区域数据比较集中，此时的性能 6 墙肢比例小于 5%，即当 1～2 片墙肢破坏时，并不影响结构首层层间位移角发生数值改变。此时的首层层间位移角不超过 0.005（1/200）。

按照安全判定准则，当结构达到严重破坏的水平时，墙肢将发生超过 50%以上的破坏，此时的首层层间位移角绝大部分不超过 0.008（1/125），因此在大震作用下，建议采用 1/125 作为首层层间位移角限值，即薄弱层的安全评估参考值。

（2）结构安全性评估结果

造成结构较多竖向构件进入性能 6 的绝大部分地震波存在着“翘尾”现象，即地震波对应的反应谱在长周期段严重偏离规范反应谱并远远高于规范反应谱。我国抗震采用弹性反应谱理论作为结构抗震设计的标准，其反应谱曲线为通过大量的实际地震数据并结合工程经验得到，是结构安全设计的衡量标准，也是选波的衡量标准。因此需考虑选取的地震波对应的反应谱与规范反应谱具有一定的拟合度，使得时程计算结果与反应谱法的设计结果具有可比性。因此应对出现“翘尾”现象的地震波进行有效的筛除。

对造成重要竖向构件破坏的地震波进行数据的有效统计，可以得到统计表如表 8-4-21 所示。

破坏工况表　　表 8-4-21

模型编号	地震工况	地震编号	破坏比例	
			X 向	Y 向
m-0.35-7.5-20	GM20	—	2.27%	0.00%
m-0.35-8-20	GM19	—	0.00%	2.27%
m-0.35-8-25	GM14	no_2793_HWA048-N	2.27%	0.00%
	GM19	—	2.27%	2.27%
	GM12	no_879_LCN260	2.27%	0.00%
m-0.45-7-20	GM7	no_879_LCN260	4.55%	0.00%
m-0.45-8-20	GM12	no_737_AGW000	2.27%	0.00%
	GM16	—	36.36%	2.27%
m-0.45-8-30	GM18	—	2.27%	0.00%
	GM20	—	2.27%	2.27%
m-0.65-7.5-20	GM11	no_1165_IZT090	2.27%	0.00%
m-0.65-8-25	GM13	no_1449_TAP081-W	29.50%	0.00%
m-0.65-7.5-30	GM13	no_1449_TAP081-W	50%	38.60%
	GM17	no_2501_CHY090-N	0%	9.09%

按照判别标准，结构重要竖向构件出现性能 8（剪切破坏）或同一楼层 50%的重要竖向构件进入性能 6 即判定结构破坏，因此按照规范设计的框架-剪力墙模型的安全性能评估结果如表 8-4-22 所示。

结构安全评估结果　　表 8-4-22

模型编号	保证率	评估结果	模型编号	保证率	评估结果
m-0.35-7-20	100%	安全	m-0.45-7.5-30	100%	安全
m-0.35-7-25	100%	安全	m-0.45-8-20	100%	安全
m-0.35-7-30	100%	安全	m-0.45-8-25	100%	安全
m-0.35-7.5-20	100%	安全	m-0.45-8-30	100%	安全
m-0.35-7.5-25	100%	安全	m-0.65-7-20	100%	安全
m-0.35-7.5-30	100%	安全	m-0.65-7-25	100%	安全
m-0.35-8-20	100%	安全	m-0.65-7-30	100%	安全
m-0.35-8-25	100%	安全	m-0.65-7.5-20	100%	安全
m-0.35-8-30	100%	安全	m-0.65-7.5-25	100%	安全

续表

模型编号	保证率	评估结果	模型编号	保证率	评估结果
m-0.45-7-20	100%	安全	m-0.65-7.5-30	100%	安全
m-0.45-7-25	100%	安全	m-0.65-7.5-20	100%	安全
m-0.45-7-30	100%	安全	m-0.65-7.5-25	100%	安全
m-0.45-7.5-20	100%	安全	m-0.65-7.5-30	95%	安全
m-0.45-7.5-25	100%	安全			

可知，按照规范设计的结构均满足抗震要求。

8.4.4 结论

(1) 剪力墙的破坏均出现在底层，并以弯曲破坏或弯剪破坏为主，其他楼层的剪力墙基本处于完好的状态。结构薄弱层为底层，其性能状态与最大层间位移角无关，但与首层层间位移角最大值存在相关关系，根据设防烈度和场地类别的不同，确定在不同的性能状态下的首层层间位移角的参考限值，并建议采用 1/125 作为框架-剪力墙结构破坏时首层层间位移角的参考限值。

(2) 连梁构件损伤的分布情况与层间位移角相关，集中发生在楼层的中部。接近 20% 的连梁被判定为可能出现剪切破坏，在工程设计中应尽量避免构件出现该判定，以保证结构具有较高的延性。

(3) 柱构件在大震下保持较好的工作性能，均未发生严重损伤。

(4) 层间位移角作为规范评估结构在大震下性能状态的唯一标准，不能准确反映结构的内力和变形状态。层间位移角超限主要发生在结构的中部，与重要竖向构件是否破坏并无较为一致的对应关系，因此单纯采用层间位移角这一参数进行大震损伤性能判断存在不妥之处。

(5) 根据安全判定标准，按照规范设计的框架-剪力墙结构满足抗震要求。

8.5 设计方法在框支剪力墙结构中的应用

8.5.1 引言

依据我国规范，设计 31 栋不同烈度、不同场地土类别以及不同高度的规则框支剪力墙结构，对结构进行弹塑性分析，并结合基于构件变形的性能评估方法，对结构的抗震性能进行探讨。通过大量的数据支持，对框支剪力墙结构的抗震性能进行规律性的深入研究。

8.5.2 框支剪力墙结构模型设计

(1) 模型设计

采用带落地剪力墙的框支剪力墙结构，结构平面长 48m，宽 24m，首层及转换层层高为 5.5m，其他层层高为 4.0m，结构平面布置见图 8-5-1、图 8-5-2。

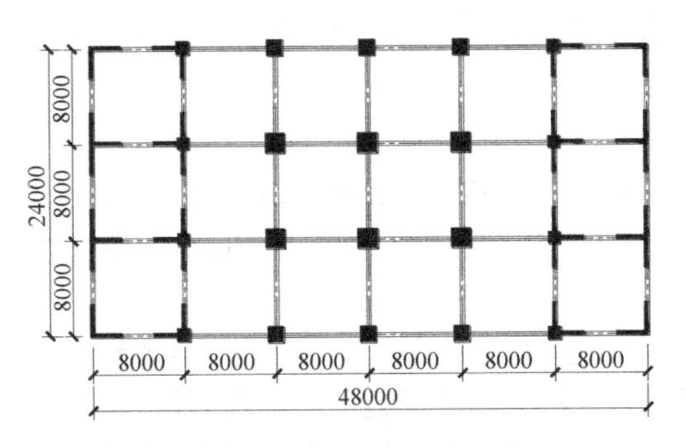

图 8-5-1　底部框支结构平面布置示意图

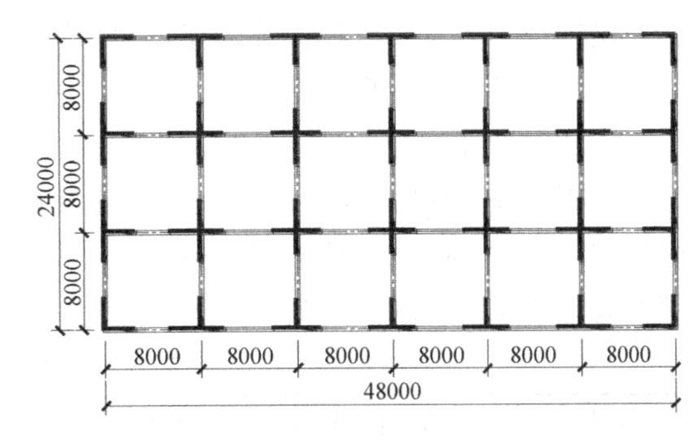

图 8-5-2　上部剪力墙结构平面布置示意图

为了得到更全面的框支剪力墙抗震性能信息，以场地特征周期、设防烈度、楼层数以及转换层位置，共设计出 31 栋框支剪力墙结构。为了方便统计，将结构模型分成两组：以设防烈度、场地特征周期和楼层数为变量的 27 个模型设为 A 组，见表 8-5-1；不同转换层位置的 4 个结构模型设为 B 组，见表 8-5-2。

A 组分析模型列表　　　　表 8-5-1

楼层数(高度)	设防烈度/场地特征周期								
	7 度 0.10g			7 度 0.15g			8 度 0.20g		
25(103m)	0.35s	0.45s	0.65s	0.35s	0.45s	0.65s	0.35s	0.45s	0.65s
30(123m)	0.35s	0.45s	0.65s	0.35s	0.45s	0.65s	0.35s	0.45s	0.65s
35(143m)	0.35s	0.45s	0.65s	0.35s	0.45s	0.65s	0.35s	0.45s	0.65s

注：该列表的模型按“Ma-b-c”的方式进行编号，其中 M 表示模型，a 表示楼层数，b 表示设防烈度，其中 7 度 0.15g 简称为 7.5 度，c 表示场地特征周期。

B 组分析模型列表　　　　表 8-5-2

模型编号	楼层数	高度(m)	设防烈度	场地特征周期	转换层所在层数
M30-7-0.35-3	30	123	7 度(0.1g)	0.35s	3
M30-7-0.35-4	30	123	7 度(0.1g)	0.35s	4
M30-7-0.35-5	30	123	7 度(0.1g)	0.35s	5
M30-7-0.35-6	30	123	7 度(0.1g)	0.35s	6

注：将该列表的模型按“Ma-b-c-d”的方式进行编号。其中 d 表示转换层所在的层数。

为了使分析模型具有代表性，且符合工程实际，按照《高规》《抗规》等规范规程的要求进行设计、建模，并且考虑了如下的原则：

1）为了提高分析模型的弹塑性计算效率，在保证模型准确性的基础上，对模型进行一定的简化，保证模型具有框支剪力墙结构一般性的前提，尽可能使模型简单、规则。

2）为了使模型贴近实际结构，模型施加的荷载主要参考《建筑结构荷载规范》GB 50009—2012。

3）主要研究的是框支剪力墙的抗震性能，因此为了降低风荷载的影响，保证地震作用起主要的控制作用，所有模型的基本风压统一取值为 0.35kN/m^2。

4）对每个模型设置多个标准层，竖向构件的截面以及混凝土等级在符合规范设计要求的基础上随着楼层的高度增加而逐渐减小。构件的尺寸主要根据弹性分析结果进行调整，保证结构的层间位移角和轴压比尽量贴近规范的限值，力求得到一个既满足规范又不是十分保守的结构模型，贴近工程实际。

（2）弹性计算结果

采用YJK对结构进行弹性计算，结果见表8-5-3、表8-5-4。由弹性结果可知，A、B组模型的最大层间位移角均满足规范要求，并贴近规范限值（1/1000）。说明结构设计在满足规范要求的同时，富裕度不大。

模型A组最大层间位移角结果 **表8-5-3**

模型编号	X向	Y向	模型编号	X方向	Y方向	模型编号	X方向	Y方向
M25-7-0.35	1/1059	1/1048	M30-7-0.35	1/1011	1/1066	M35-7-0.35	1/1063	1/1071
M25-7-0.45	1/1080	1/1072	M30-7-0.45	1/1021	1/1005	M35-7-0.45	1/1084	1/1094
M25-7-0.65	1/1030	1/1042	M30-7-0.65	1/1033	1/1021	M35-7-0.65	1/1037	1/1034
M25-7.5-0.35	1/1043	1/1073	M30-7.5-0.35	1/1092	1/1091	M35-7.5-0.35	1/1013	1/1004
M25-7.5-0.45	1/1062	1/1094	M30-7.5-0.45	1/1016	1/1048	M35-7.5-0.45	1/1104	1/1077
M25-7.5-0.65	1/1041	1/1013	M30-7.5-0.65	1/1024	1/1009	M35-7.5-0.65	1/1010	1/1001
M25-8-0.35	1/1019	1/1009	M30-8-0.35	1/1000	1/1064	M35-8-0.35	1/1113	1/1082
M25-8-0.45	1/1008	1/1022	M30-8-0.45	1/1051	1/1068	M35-8-0.45	1/1126	1/1086
M25-8-0.65	1/1007	1/1097	M30-8-0.65	1/1054	1/1008	M35-8-6.45	1/1074	1/1017

模型B组最大层间位移角 **表8-5-4**

模型编号	X方向	Y方向	模型编号	X方向	Y方向
M30-7-0.35-3	1/1022	1/1005	M30-7-0.35-5	1/1079	1/1069
M30-7-0.35-4	1/1061	1/1037	M30-7-0.35-6	1/1092	1/1091

（3）地震波的选取

采用PERFORM-3D对框支剪力墙结构进行弹塑性时程分析，并考虑P-Δ效应的影响。对于每个结构模型，按规范的要求，选取20条地震波，其中包括6条人工波和14条天然波。分析模型中，钢筋混凝土梁、柱采用塑性区模型单元，而塑性区则采用纤维截面单元进行模拟，其长度为截面高度的一半。钢筋混凝土剪力墙采用基于纤维模型的剪力墙单元（Shear Wall Element）来模拟剪力墙平面内的竖向压弯，其剪切属性则采用弹性剪切铰来模拟。通过在剪力墙单元上布置内嵌梁来模拟剪力墙与连梁的连接刚度。通过模态分析和能量误差分析来保证弹塑性分析模型的合理、可靠。

8.5.3 基于构件性能的结构安全性评估

（1）构件安全性评估结果

所采用的是框支剪力墙结构，因此需要进行性能评估的构件主要包括连梁、转换梁、框支柱以及剪力墙。通过对结构模型结果的统计，转换梁和框支柱的性能状态均分布在性能1（完好）和剪切未破坏这两种性能，即表示转换梁和框支柱均未损伤。说明按照规范的要求进行设计、配筋的转换梁、框支柱在罕遇地震作用下仍能保持完好，具有较高的安全度。因此重点关注连梁和剪力墙的性能分布情况。

（2）A 组模型的结果

对 27 个模型的连梁在所有工况下全楼的性能分布进行统计，见图 8-5-3。图中“未损伤”包括性能 1 和剪切未破坏这两种性能状态。

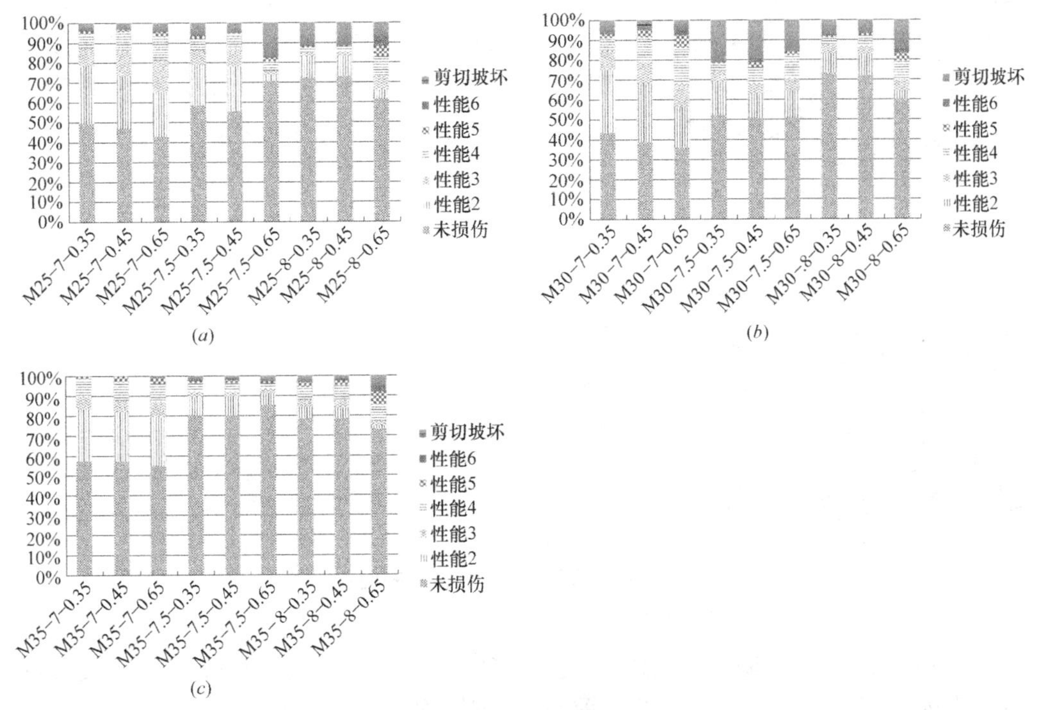

图 8-5-3　连梁性能分布图

（*a*）25 层模型；（*b*）30 层模型；（*c*）35 层模型

由图可得，各个模型的连梁在未损伤、性能 2～性能 6 以及剪切破坏均有分布，并且对于不同的结构模型，其连梁的性能状态分布规律不尽相同。经统计，性能状态为未损伤、性能 2～3 的连梁比例在 68.9%～93.4%的范围内；其中性能状态为未损伤的分布比例相对较大，在 36.0%～85.1%的范围内；性能状态为剪切破坏和性能 6（严重破坏）的比例相对较小，在 0.2%～21.6%的范围内。可见完全破坏的连梁仅占小部分，而完好状态的连梁仍占较大比例，在轻～中等破坏状态以下的连梁占了大部分，说明各模型的连梁仍有较大的耗能潜能。

通过对 27 个结构模型弹塑性分析结果的统计可得到，出现损伤，甚至发生破坏的墙肢均集中在第三层，即转换层以上一层，而其他楼层的墙肢基本保持完好，因此主要对第三层的墙肢性能进行分析与评估。对 27 个结构模型第三层墙肢在不同工况下总的性能分布情况进行统计，见图 8-5-4。

由图可看出，第三层墙肢性能状态分布以性能 1（完好状态）为主，性能 2～5 以及剪切破坏均有分布，没有出现性能 6（弯曲或弯剪严重破坏）。对于设防烈度为 7 度（0.1g）的模型，墙肢性能分布在剪切破坏的比例为 0～0.8%；对于设防烈度为 7 度（0.15g）的模型，墙肢性能分布在剪切破坏的比例为 2%～12%；对于设防烈度为 8 度（0.2g）的模型，墙肢性能分布在剪切破坏的比例为 8.7%～19.1%。由图可得到的总体趋势是：对于

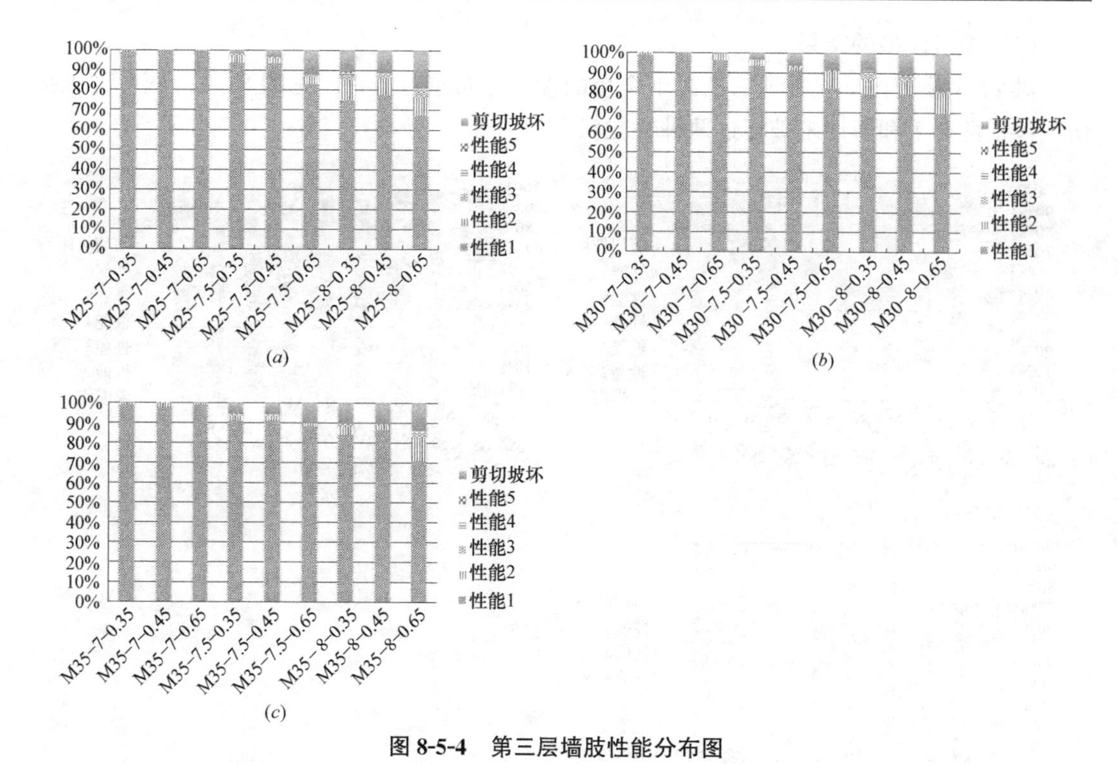

图 8-5-4 第三层墙肢性能分布图

(*a*) 25 层模型；(*b*) 30 层模型；(*c*) 35 层模型

特征周期相同的模型，设防烈度越高，墙肢可能发生剪切破坏的比例越大；对于设防烈度相同的模型，特征周期越大，墙肢发生剪切破坏所占的比例也越大。

在第三层有两种类型的墙肢：落地剪力墙与非落地剪力墙。经分析发现，出现损伤，甚至发生剪切破坏的墙肢基本上为非落地剪力墙，绝大部分的落地剪力墙处于性能 1（完好状态）。通过分析可知，转换层以上一层为结构模型的薄弱层，而该层的非落地剪力墙则是最容易发生破坏的构件，因此需要通过提高非落地剪力墙的抗剪承载力来保证结构的安全性。

（3）B 组模型的结果

对 B 组 4 个结构模型的分析结果进行统计分析，并对结构主要构件进行性能评估，主要是分析转换层位置对结构抗震性能的影响。

统计各个模型连梁沿高度的性能分布结果，见图 8-5-5～图 8-5-8。

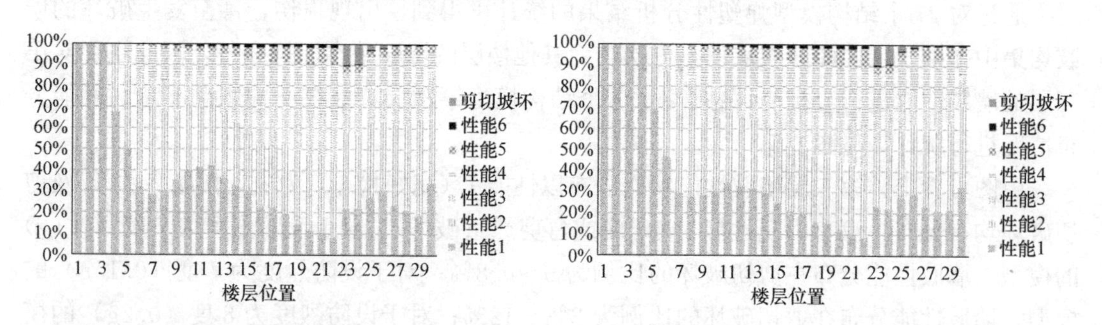

图 8-5-5 M30-7-0. 35-3 连梁性能分布图　　**图 8-5-6 M30-7-0. 35-4 连梁性能分布图**

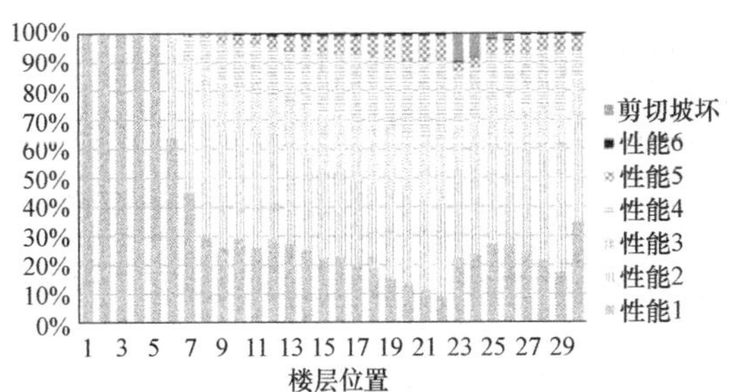

图 8-5-7　M30-7-0.35-5 连梁性能分布图

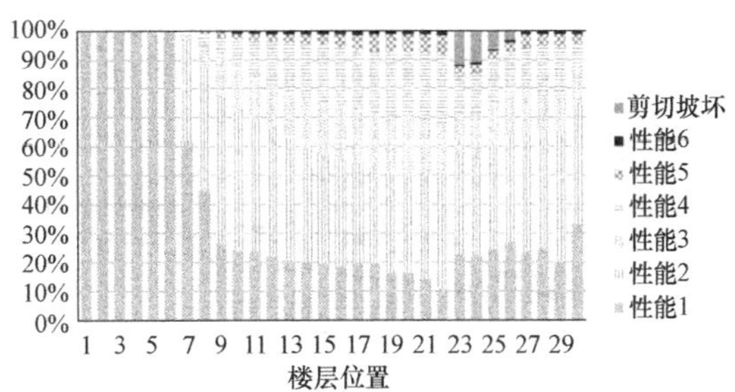

图 8-5-8　M30-7-0.35-6 连梁性能分布图

由图可看出，四个模型的连梁性能沿高度的分布情况基本一致：转换层以上的连梁开始有较大比例的损伤；楼层中上部的连梁破坏比较严重，甚至出现性能 6 以及剪切破坏，转换层位置的变化对连梁性能沿高度的分布规律影响不大。

经统计分析，B 组模型剪力墙性能沿高度的分布规律与 A 组模型一致：仅转换层以上一层的非落地剪力墙出现损伤，甚至发生剪切破坏，而其余楼层的剪力墙均保持性能 1（完好状态）。故仅对转换层以上一层（薄弱层）的剪力墙性能情况进行统计，统计结果如表 8-5-5 所示。

薄弱层剪力墙性能分布　　表 8-5-5

模型编号	性能 1	性能 2	性能 3	性能 4	性能 5	性能 6	剪切破坏
M30-7-0.35-3	99.17%	0.57%	0.00%	0.00%	0.00%	0.00%	0.26%
M30-7-0.35-4	98.46%	0.54%	0.00%	0.00%	0.00%	0.00%	0.99%
M30-7-0.35-5	96.85%	0.93%	0.00%	0.00%	0.00%	0.00%	2.22%
M30-7-0.35-6	95.12%	1.21%	0.00%	0.00%	0.00%	0.00%	3.68%

由表可看出，四个模型薄弱层处剪力墙均只在性能 1、性能 2 以及剪切破坏这三个性能状态上分布；性能状态为性能 1 的剪力墙数量占了绝大部分，比例在 95%以上。随着转换层位置的升高，性能状态为剪切破坏的剪力墙比例变大，说明转换层位置的变化对转换层以上一层的剪力墙内力及其性能状态有较大的影响，转换层位置越高，其上一层的剪力墙越容易发生剪切破坏，结构的抗震性能越差。

（4）层间位移角结果

由竖向构件的性能分布结果可知，转换层以上一层为结构的薄弱层。根据现行《高规》和《抗规》要求，在罕遇地震作用下，框支剪力结构需要满足薄弱层层间位移角限值要求。统计 A、B 组 31 个模型在 20 条地震波作用下薄弱层层间位移角最大值及平均值，并与规范限值对比，见图 8-5-9。

由图可得，在罕遇地震工况下 A、B 组所有模型薄弱层层间位移角最大值在 1/709～1/252 范围内，平均值在 1/792～1/342 范围内，均小于规范要求的薄弱层层间位移角限值 1/120。从规范层间位移角限值的角度看，A、B 组 31 个结构模型均满足规范的要求，则可认为所有模型均能达到“大震不倒”的设防要求，是“安全的”。但从构件性能的分析结果上看，罕遇地震作用下仍有不少模型薄弱层的剪力墙发生剪切破坏。而对于剪力墙结构，层剪力与层间位移角的相关性较差，因此层间位移角无法准确地反映剪力墙的剪切破

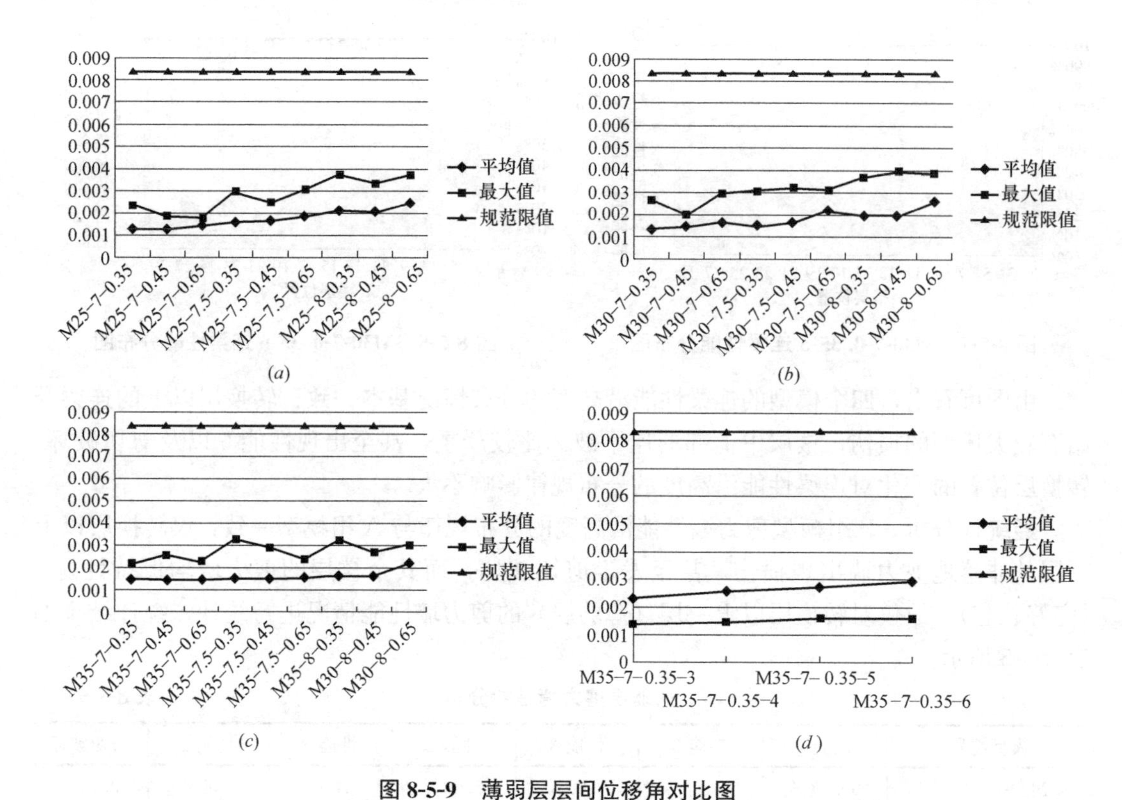

图 8-5-9 薄弱层层间位移角对比图

(*a*) A 组 25 层模型；(*b*) A 组 30 层模型；(*c*) A 组 35 层模型；(*d*) B组模型

坏情况。仅根据规范要求的薄弱层层间位移角限值来判断框支剪力墙结构的安全性是不合适的。

(5) 结构安全性评估结果

采用构件层次的极限状态，通过保证关键构件或重要构件不发生严重破坏，来避免结构发生整体倒塌，满足结构的安全性；由于地震波的随机性、离散性，为了确保结构的安全，并使分析结果可接受，在概率论统计基础上，对分析结果提出保证率的要求。具体结构安全性判定原则如下：

1) 所采用的是框支剪力墙结构，该结构的重要构件包括转换梁以及所有竖向承重构件。因此在某一地震作用下，在任意楼层的竖向承重构件或转换梁达到性能 6（严重破坏）或剪切破坏时，则认为结构在该地震时程作用下超过安全极限状态，判定为不安全。

2) 对每个结构选取 20 条地震时程记录（4 条人工波，16 条地震波）进行弹塑性时程分析。考虑 95%的安全保证率，在 20 条地震波的分析结果中，若有两条及以上的地震波的分析结果判定结构不安全，则认为结构不满足安全性要求。

$$P=n/N\geqslant[P] \tag{8-5-1}$$

式中 P——在 N 条地震波作用下结构安全的保证率；

n——使分析结果满足结构安全的地震记录的数量；

N——参与计算的地震记录的总数量；

$[P]$——结构保证率限值。

通过分析罕遇地震作用下各构件的性能状况，对 A 组的 27 个结构模型和 B 组的 4 个结构模型进行安全性评估，得到各模型的安全保证率 P，见表 8-5-6、表 8-5-7。

A 组结构安全性的评估结果　　　　**表 8-5-6**

设防烈度	场地特征周期	楼层数					
		25		30		35	
		P	安全评估	P	安全评估	P	安全评估
7 度(0.1g)	0.35s	100%	√	100%	√	100%	√
	0.45s	100%	√	95%	√	100%	√
	0.65s	100%	√	90%	×	100%	√
7 度(0.15g)	0.35s	65%	×	40%	×	20%	×
	0.45s	55%	×	20%	×	35%	×
	0.65s	5%	×	5%	×	10%	×
8 度(0.2g)	0.35s	10%	×	15%	×	0%	×
	0.45s	10%	×	10%	×	5%	×
	0.65s	0%	×	0%	×	0%	×

注：表中“√”表示结构满足抗震性能要求，判定为安全；“×”表示结构不满足抗震性能要求，判定为不安全。

B 组结构安全性的评估结果　　　　**表 8-5-7**

编号	P	安全评估
M30-7-0.35-3	95%	√
M30-7-0.35-4	95%	√
M30-7-0.35-5	40%	×
M30-7-0.35-6	25%	×

由表可得，安全保证率的分布规律如下：对于楼层数和场地特征周期相同的模型，设防烈度越高，其保证率就越低；对于楼层数和特征周期相同的结构，转换层位置越高，其保证率就越低；对于不同层数，其安全保证率的分布规律没有明显规律。说明设防烈度以及转换层位置对结构的安全保证率影响较大。

在 31 个结构模型中，只有 10 个模型满足安全性要求，具有较好的抗震性能，其他模型均未能满足 95%安全保证率的安全性要求。分析不满足安全性要求的原因如下：

（1）高度超限。除了设防烈度为 7 度（0.1g）、7 度（0.15g）的 25 层模型的高度类别为 B 级高度外，其他模型的高度均超过 B 级高度，而结构的抗震等级均按 B 级高度来确定；

（2）薄弱层的存在。由于转换层上下层刚度突变，转换层其上一层形成了薄弱层。在薄弱层中，非落地剪力墙与转换梁整体受力，出现应力集中，导致非落地剪力墙的剪力偏大，使其更容易发生剪切破坏。因此对于薄弱层的非落地剪力墙应采取进一步的加强措施。

（3）地震波的离散性。同一个模型在不同的地震工况下的弹塑性时程分析结果有较大的差异。仅按照规范要求选择出来的地震波仍无法完全规避弹塑性时程分析结果的离散性。

8.5.4 结论

根据基于构件变形限值的性能评估方法，对框支剪力墙的抗震性能进行研究和分析，可得到以下结论：

（1）在罕遇地震作用下，转换梁和框支柱的性能状态只分布在性能1（完好）和剪切未破坏这两种性能，即未损伤。说明按照中国规范设计、配筋的转换梁、框支柱在大震作用下能保持完好，具有较高的安全度。

（2）经统计，完全破坏的连梁仅占小部分，而完好状态的连梁仍占较大比例，在轻～中等破坏状态以下的连梁占了大部分，说明各模型的连梁仍有较大的耗能潜能。

（3）经对31个模型的剪力墙性能统计，发现剪力墙出现损伤、甚至发生剪切破坏的位置集中在转换层以上一层，且均为非落地剪力墙。对于转换层位置不同的结构，转换层位置越高，其非落地剪力墙破坏越严重，抗震性能越差。说明转换层以上一层为薄弱层，其中的非落地剪力墙最容易发生破坏，需进一步加强。

（4）对于框支剪力墙结构，剪力墙破坏程度与层间位移角的相关性不大，仅根据规范要求的薄弱层层间位移角限值来判断框支剪力墙结构的安全性是不合适的。

（5）通过对31个结构模型的安全性评估，不同设防烈度、转换层位置的结构安全保证率相差较大。对于楼层数和场地特征周期相同的模型，设防烈度越高，其保证率就越低；对于楼层数和特征周期相同的结构，转换层位置越高，其保证率就越低。对于不同楼层高度，其安全保证率的分布规律没有明显规律。

8.6 设计方法在框-筒结构中的应用

8.6.1 引言

钢筋混凝土框架-核心筒结构是目前我国超高层建筑中广泛采用的一种结构体系，但由于超高层建筑的结构高度在不同程度上超过现行规范的适用范围，导致结构工程师在运用传统设计方法对其进行抗震设计时，缺少具体的设防目标和明确的设计依据，并且难以准确把握结构在大震作用下的损伤情况和整体性能。针对上述问题，建立了18个具有代表性的、典型的钢筋混凝土框架-核心筒结构，采用基于构件变形的结构安全性评估方法，直观地掌握结构在大震作用下的损伤程度并判别结构整体的性能，以此检验按现行规范设计的结构能否满足抗震设防目标，为工程实践提供理论依据和参考建议。

8.6.2 框-筒结构模型设计

（1）模型设计

从不同的楼层高度、抗震设防烈度、场地类别进行考虑，而设计地震分组均为第一组。其中，楼层高度分为150m和200m，抗震设防烈度分为7度（0.1g）、7.5度（0.15g）、8度（0.2g），场地类别分为Ⅱ类（0.35s）、Ⅲ类（0.45s）、Ⅳ类（0.65s）。依照结构高度、抗震设防烈度、场地类别三个因素组合成18个模型，详见表8-6-1，并采用

“设防烈度-场地特征周期-结构高度”形式对模型进行编号。例如：“7d0.35s150”表示设防烈度为 7 度，场地特征周期为 0.35s，结构高度为 150m，其余模型以此类推。

框架-核心筒结构模型信息列表　　**表 8-6-1**

丙类框架-核心筒结构		首层层高	5m	其他标准层层高	4m
结构高度		高度 150m			
抗震设防烈度		7 度(0.1g)	7.5 度(0.15g)	8 度(0.2g)	
场地类别	0.35s (Ⅱ类)	37 层(149m)	37 层(149m)	37 层(149m)	
	0.45s (Ⅲ类)	37 层(149m)	37 层(149m)	37 层(149m)	
	0.65s (Ⅳ类)	37 层(149m)	37 层(149m)	37 层(149m)	
结构高度		高度 200m			
抗震设防烈度		7 度(0.1g)	7.5 度(0.15g)	8 度(0.2g)	
场地类别	0.35s (Ⅱ类)	50 层(201m)	50 层(201m)	50 层(201m)	
	0.45s (Ⅲ类)	50 层(201m)	50 层(201m)	50 层(201m)	
	0.65s (Ⅳ类)	50 层(201m)	50 层(201m)	50 层(201m)	

所有模型遵循的设计原则是在满足规范要求的基础上，最大程度使得结构各项指标均贴近规范的限值。为了使本文模型具有代表性和普遍性，主要从以下几个方面考虑：

1）对于框架-核心筒结构，核心筒的平面面积过大会导致建筑的使用面积相对减小，影响其商业价值，而核心筒太小则会出现结构抗侧刚度不足的情况，需要加大剪力墙的配筋率和厚度，同时外框架所承担剪力和倾覆弯矩增加，二道防线安全度降低，既不安全又不经济。为了使模型更贴近实际项目并兼顾建模与分析效率，在借鉴实际项目和相关文献的基础上，分析模型的结构平面布置如图 8-6-1 所示。由于不同分析模型所受地震作用不同，导致结构的地震响应存在差异，为了使结构各项指标接近规范的限值，结构平面布置根据弹性计算结果进行相应调整。

2）核心筒宽度在 17～18.5m 范围内，满足《高规》JGJ 3—2010 第 9.2.1 条的要求：“核心筒宜贯通建筑物全高。核心筒的宽度不宜小于筒体总高的 1/12”。建筑平面均为正方形，边长 45m。当楼层高度为 150m 时，高宽比为 3.33；当楼层高度为 200m 时，高宽比为 4.44，均满足规范要求。

3）所有模型的高度都超过了 A 级高度的限值。并且除了设防烈度为 7 度和 7.5 度、楼层高度为 150m 的 6 个模型外，其他模型的均超过了 B 级高度的限值，故所有模型的抗震等级均按照 B 级高度丙类建筑确定。

4）为了提高时程分析的计算效率，采用忽略结构次梁的方法对模型进行简化。为了模拟真实结构，考虑到次梁、隔墙自重与楼面装修荷载的影响，标准层楼面附加恒载统一取值 4.5kN/m^2；核心筒外部区域楼面活载取 2.0kN/m^2；核心筒内部区域楼面活载取 3.5kN/m^2；边梁的梁上线荷载取值 15.0kN/m。顶层楼面附加恒载取 3.5kN/m^2；楼面活载取 2.0kN/m^2；女儿墙线荷载取 5.0kN/m。

5）高层建筑特别是超高层建筑的结构设计中，风荷载是不容忽视的重要因素。研究

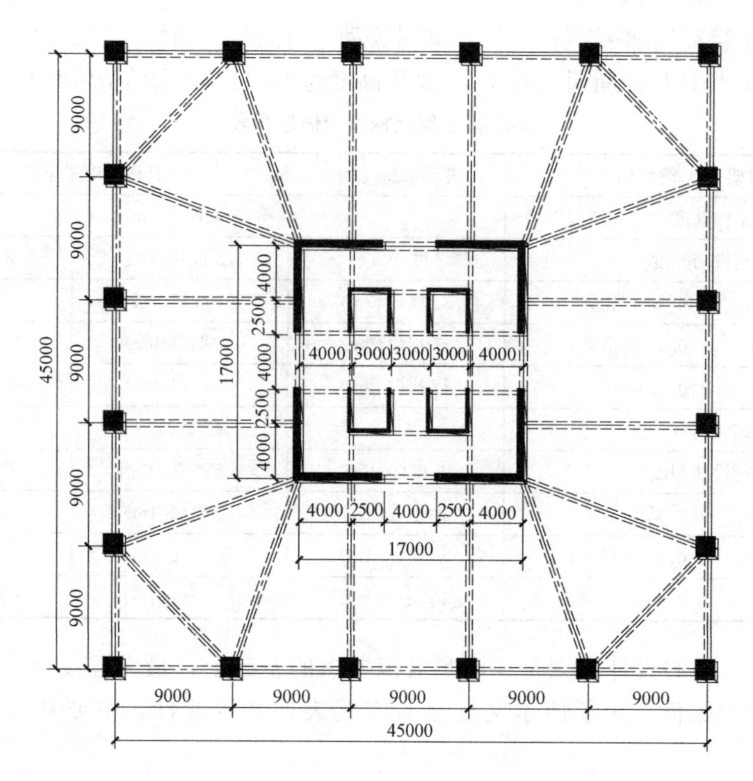

图 8-6-1　结构标准层平面布置图

重点是结构抗震性能，所以为了使地震作用起到控制作用，降低风荷载的影响，模型的基本风压统一取值为 0.35kN/m^2。

6）所有框架-核心筒模型必须满足规范的相关要求。弹性模型的计算结果主要考察层间位移角和轴压比两个指标，使其满足且尽量贴近《抗规》与《高规》规定的限值。此外，结构还应满足与抗震等级对应的构造要求，如最小配筋率、约束边缘构件沿墙肢的长度等。

7）每个模型共设 5 个标准层，结构构件截面尺寸、混凝土等级均符合实际项目的要求，且随着楼层增加逐渐减小。由于篇幅有限，仅列出 7d0.35s150 模型的构件截面尺寸及混凝土等级，如表 8-6-2 和表 8-6-3 所示。同时，构件尺寸根据结构弹性模型计算结果进行相应调整，使其层间位移角及轴压比尽量贴近规范限值。

7d0.35s150 模型结构构件截面尺寸　　　　表 8-6-2

标准层号	层号	框架柱	筒体厚度		框架梁	连梁
			外筒	内筒		
1	1～7	1600×1600	600	300	400×800 (400×900)	墙宽×900
2	8～14	1500×1500	550	250		墙宽×900
3	15～21	1400×1400	500	250		墙宽×900
4	22～28	1300×1300	450	200		墙宽×900
5	29～37	1200×1200	400	200		墙宽×900

注：括号内为边梁截面尺寸，单位：mm。

7d0.35s150 模型结构混凝土等级　　　　表 8-6-3

层号	框架梁、楼板	核心筒	框架柱
1～5	C30	C60	C60
6～17		C55	C55
18～25		C50	C50
26～37		C45	C45

(2) 弹性计算结果

模型采用 SATWE 进行小震弹性计算，计算结果详见表 8-6-4。

结构弹性计算结果　　　　表 8-6-4

模型编号	最大轴压比		最大层间位移角		基底剪力		框架倾覆弯矩百分比	
	柱	剪力墙	X 向	Y 向	X 向	Y 向	X 向	Y 向
7d0.35s150	0.65	0.50/0.48	1/1169	1/1334	14320	14842	40.23%	35.51%
7d0.45s150	0.65	0.50/0.48	1/1187	1/1364	15439	16166	40.30%	35.59%
7d0.65s150	0.65	0.50/0.48	1/1162	1/1316	17598	18631	40.38%	35.65%
7.5d0.35s 150	0.65	0.50/0.41	1/878	1/857	23193	23039	43.44%	44.42%
7.5d.45s 150	0.65	0.50/0.41	1/893	1/870	25085	24862	43.52%	44.49%
7.5d0.65s 150	0.65	0.50/0.41	1/882	1/861	28673	28312	43.61%	44.58%
8d0.35s 150	0.64	0.45/0.42	1/828	1/824	38647	38578	45.93%	45.86%
8d.45s 150	0.64	0.45/0.42	1/845	1/840	41770	41681	46.00%	45.93%
8d0.65s 150	0.64	0.42/0.38	1/842	1/826	56394	55148	38.59%	39.51%
7d0.35s 200	0.65	0.48/0.49	1/943	1/1090	16462	17133	38.82%	35.28%
7d.45s 200	0.65	0.48/0.49	1/954	1/1098	17870	18708	38.90%	35.37%
7d0.65s 200	0.65	0.48/0.49	1/885	1/984	20691	21800	38.89%	35.36%
7.5d0.35s 200	0.65	0.46/0.47	1/879	1/879	29011	28985	41.38%	41.07%
7.5d.45s 200	0.65	0.46/0.47	1/893	1/893	31488	31458	41.46%	41.16%
7.5d0.65s 200	0.65	0.46/0.47	1/840	1/841	36337	36300	41.52%	41.22%
8d0.35s 200	0.63	0.40/0.39	1/846	1/862	46401	46580	38.18%	37.09%
8d.45s 200	0.63	0.40/0.39	1/865	1/882	50665	50907	38.28%	37.16%
8d0.65s 200	0.63	0.40/0.39	1/831	1/851	59997	60338	37.50%	36.24%

注："/"前后的数值分别为外筒与内筒的轴压比，剪力单位为 kN。

由计算结果可知：所有结构弹性计算结果均满足规范要求；当结构设防烈度为 7 度时，轴压比接近限值，而结构层间位移角有一定富余；当结构设防烈度为 7.5 度时，结构层间位移角和轴压比接近规范限值；当结构设防烈度为 8 度时，结构层间位移角接近规范限值，而轴压比有一定富余。

(3) 地震波的选取

在选取地震波过程中，结合模型的实际情况与规范要求的基础上，主要从以下几个方面进行考虑：

1) 为了保证时程分析的准确性，通过加大地震波的样本数量，来提高计算结果的保证率，降低由于输入地震波不同而导致的离散性。根据我国规范的规定，实际地震记录的数量不应少于总数量的2/3。针对每个模型选取20条合适的地震波进行弹塑性时程分析，采用14条天然波和6条人工波的组合方式。其中，实际地震动数据均来自美国太平洋地震工程研究中心PEER的地震波数据库，人工波数据由SIMQKE _ GR软件生成。同时，为了减小弹塑性时程分析结果对于地震事件的依赖性，规定来自同一事件的天然波数量不超过2条。

2）规范要求采用地震波的地震影响系数曲线来表征频谱特性，即20条地震波的平均地震影响系数曲线应与设计反应谱曲线尽量吻合，且结构主要振型周期点在两条曲线上所对应的地震影响系数的差值不应大于20%。在选取地震波过程中，主要对比前六周期的地震影响系数。同时要求周期点之间区域内，也应与设计反应谱曲线接近，避免出现突变的情况。

3）每条地震波的弹性时程分析的基底剪力不应小于振型分解反应谱法的65%；20条地震波的平均基底剪力不应小于振型分解反应谱法的80%。通过大量弹性时程分析计算，发现当地震波反应谱与设计反应谱曲线越吻合，结构弹性时程分析的基底剪力与CQC法的基底剪力越接近。

4）地震波加速度时程的有效峰值依据规范确定并且地震波的持续时间满足规范要求。

由于篇幅有限，仅列出7d0.35s150模型的天然地震波信息，详见表8-6-5，图8-6-2与图8-6-3分别显示了20条地震波反应谱和平均反应谱与规范反应谱的对比情况。

7d0.35s150模型14条天然地震波信息 表8-6-5

编号	地震事件名称	年份	站台名称	所选分量
GM1	Chi Chi Taiwan 05	1999	CHY032	CHY032-E
GM2	Imperial Valley 06	1979	ElCentro Array #8	H-E08230
GM3	Chi Chi Taiwan 06	1999	TCU140	TCU140-N
GM4	Denali Alaska	2002	TAPS Pump Station #11	ps11066
GM5	Kocaeli Turkey	1999	Istanbul	IST180
GM6	Chi Chi Taiwan	1999	HWA025	HWA025-E
GM7	Chi Chi Taiwan	1999	CHY088	CHY088-N
GM8	LomaPrieta	1989	Lower Crystal Springs Damdwnst	CH09090
GM9	Chi Chi Taiwan 03	1999	CHY090	CHY090-N
GM10	Chi Chi Taiwan05	1999	CHY033	CHY033-E
GM11	Loma Prieta	1989	Agnews State Hospital	AGW000
GM12	Kocaeli Turkey	1999	Maslak	MSK000
GM13	Chi Chi Taiwan 03	1999	CHY024	CHY024-N
GM14	San Fernando	1971	Maricopa Array #2	MA2220

所选地震波时程均采用SATWE结构计算软件进行小震弹性动力时程分析，并且计算结果与CQC法进行对比，7d0.35s150模型计算结果如表8-6-6所示。从表格数据可以看出，弹性时程分析结果存在一定的离散型，但单条地震波与20条地震波的平均值都能满足规范要求。其余模型选取地震波的原则与方法均与此相同。

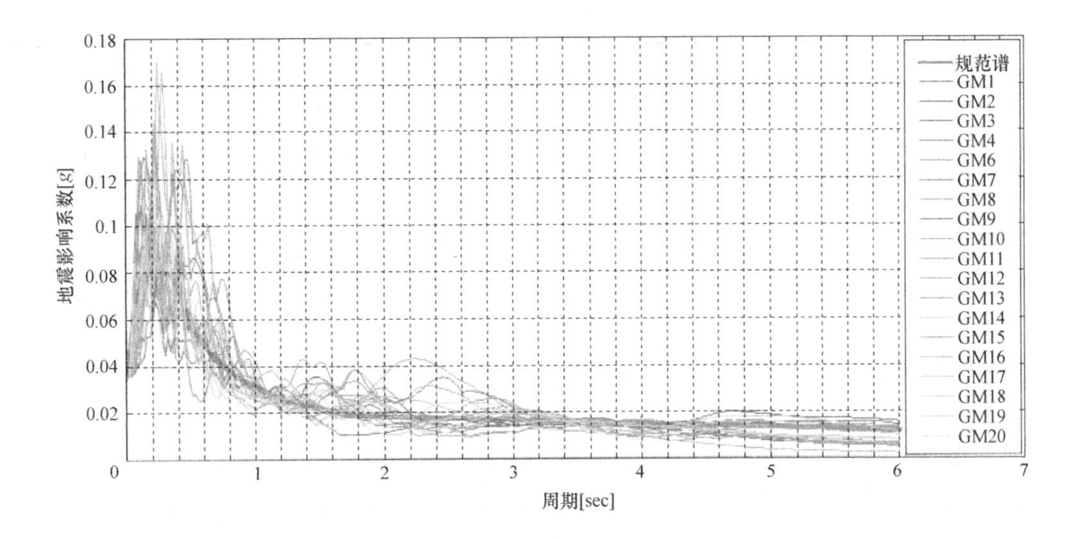

图 8-6-2　7d0.35s150 模型 20 条地震波反应谱与规范谱

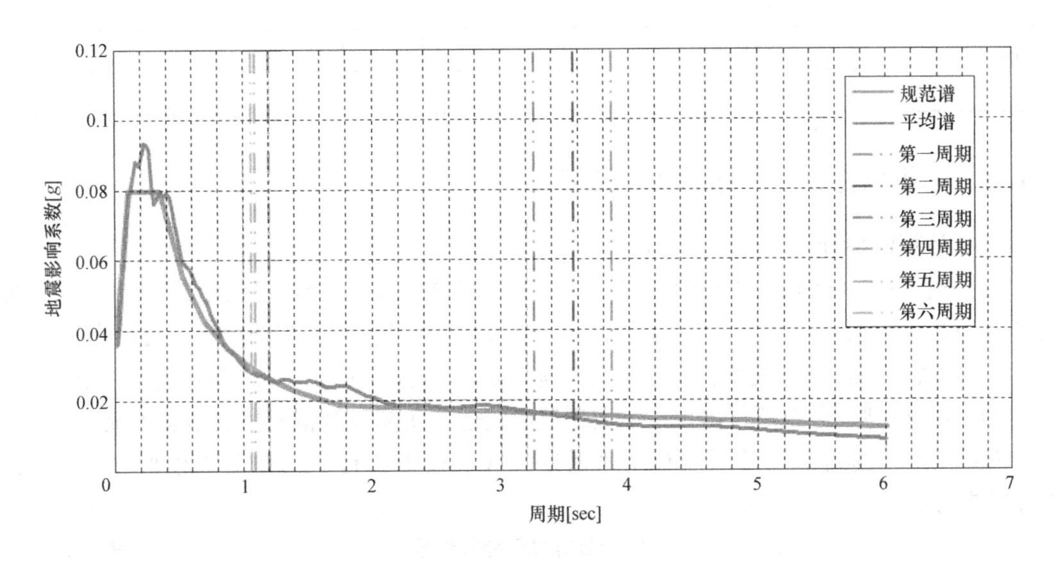

图 8-6-3　7d0.35s150 模型 20 条地震波平均谱与规范谱对比

7d0.35s150 模型弹性时程分析基底剪力计算结果　　　　**表 8-6-6**

	V_X(kN)	X-Ratio(%)	V_Y(kN)	Y-Ratio(%)
CQC	14319.94	100%	14841.74	100%
GM1	12090.9	84.43%	13576.6	91.48%
GM2	14032.5	97.99%	14868.3	100.18%
GM3	13796.5	96.34%	14131.4	95.21%
GM4	15983	111.61%	11962.2	80.60%
GM5	12532.7	87.52%	14931.9	100.61%
GM6	12051.3	84.16%	11997.1	80.83%

续表

	V_X(kN)	X-Ratio(%)	V_Y(kN)	Y-Ratio(%)
GM7	11987	83.71%	13386.2	90.19%
GM8	10281	71.79%	12017	80.97%
GM9	13672.6	95.48%	12620	85.03%
GM10	10879.6	75.98%	10699.1	72.09%
GM11	12012.8	83.89%	13555.3	91.33%
GM12	11689.2	81.63%	12299.7	82.87%
GM13	11881.8	82.97%	12917.7	87.04%
GM14	11324.2	79.08%	13255.8	89.31%
GM15	11587	80.92%	12847.8	86.57%
GM16	12517.1	87.41%	15068.8	101.53%
GM17	12021.1	83.95%	12586.9	84.81%
GM18	12646.2	88.31%	13351.2	89.96%
GM19	9809.4	68.50%	11132	75.00%
GM20	13491.4	94.21%	13323.6	89.77%
平均值	12164.37	84.95%	13026.43	87.77%

8.6.3 基于构件变形的结构安全性评估

(1) 计算模型分类

为了更好地讨论框架-核心筒结构在大震作用下的抗震性能，以楼层最大层间位移角是否超过规范限值（1/100）作为衡量标准，将18个计算模型分为两大类进行研究：

1）A类模型，分析模型在每个地震工况下最大楼层层间位移角未超过规范限值；

2）B类模型，分析模型出现了最大楼层层间位移角超过规范限值的地震工况。

根据此划分标准，18个计算模型可划分为A类模型共有11个，B类模型有7个，如表8-6-7所示。

18个计算模型分类结果 **表8-6-7**

设防烈度 / 场地类别	7度	7.5度	8度
150m			
Ⅱ类场地	A	B(2)	B(2)
Ⅲ类场地	A	B(1)	B(3)
Ⅳ类场地	A	B(2)	B(1)
200m			
Ⅱ类场地	A	A	A
Ⅲ类场地	A	A	B(1)
Ⅳ类场地	A	A	A

注：括号内为最大层间位移角超过规范限值的地震工况数量。

结合上述所述的构件性能指标，针对 18 个模型在大震作用下的构件性能进行评估，并分别对剪力墙、框架柱进行分类讨论。

（2）A 类模型层间位移角

A 类模型层间位移角计结果如表 8-6-8 所示。

A 类模型结构层间位移角统计　　　　**表 8-6-8**

模型编号	20 个地震工况的平均值				20 个地震工况的最大值			
	底层层间位移角		最大层间位移角		底层层间位移角		最大层间位移角	
	X 向	Y 向	X 向	Y 向	X 向	Y 向	X 向	Y 向
7d0.35s150	1/1394	1/1656	1/212 (22/37)	1/221 (20/37)	1/861	1/937	1/132 (15/37)	1/126 (19/37)
7d0.45s150	1/1150	1/1332	1/183 (20/37)	1/185 (20/37)	1/605	1/719	1/101 (19/37)	1/104 (18/37)
7d0.65s150	1/1164	1/1296	1/182 (23/37)	1/190 (23/37)	1/650	1/639	1/108 (19/37)	1/106 (18/37)
7d0.35s200	1/1776	1/2074	1/199 (29/50)	1/211 (26/50)	1/1012	1/1186	1/101 (23/50)	1/108 (20/50)
7d0.45s200	1/1709	1/2050	1/195 (32/50)	1/203 (27/50)	1/869	1/1239	1/109 (26/50)	1/105 (25/50)
7d0.65s200	1/1608	1/2040	1/174 (33/50)	1/186 (28/50)	1/1138	1/1439	1/112 (33/50)	1/128 (31/50)
7.5d0.35s200	1/1103	1/1143	1/174 (25/50)	1/177 (25/50)	1/694	1/707	1/101 (23/50)	1/104 (23/50)
7.5d0.45s200	1/1029	1/1070	1/161 (26/50)	1/165 (26/50)	1/719	1/721	1/101 (23/50)	1/103 (22/50)
7.5d0.65s200	1/1139	1/1190	1/177 (38/50)	1/177 (38/50)	1/653	1/679	1/106 (21/50)	1/114 (22/50)
8d0.35s200	1/1020	1/1142	1/164 (27/50)	1/169 (25/50)	1/355	1/416	1/104 (19/50)	1/104 (19/50)
8d0.65s200	1/1104	1/1224	1/175 (33/50)	1/182 (28/50)	1/768	1/901	1/127 (22/50)	1/128 (21/50)

注：括号内数值分别表示最大楼层层间位移角所在楼层号与结构总楼层数。

从表中数据可以看出：（1）平均值与最大值之间的差值不大，说明采用的选波方法所选出的地震波离散性较小，弹塑性分析结果合理可靠。（2）就最大值而言，11 个 A 类模型的最大楼层层间位移角已经贴近规范限值，且基本出现在结构的中部楼层。而不同模型之间的底层层间位移角差别较大，变化范围在 1/355～1/1439 之间。（3）就平均值而言，各个模型的最大楼层层间位移角的数值较为接近，均在 1/160～1/230 之间。而底层层间位移角较小，数值均小于 1/1000。

7d0.35s150 模型的层间位移角曲线如图 8-6-4 所示，其余 A 类模型的层间位移角曲线具有相似的规律。

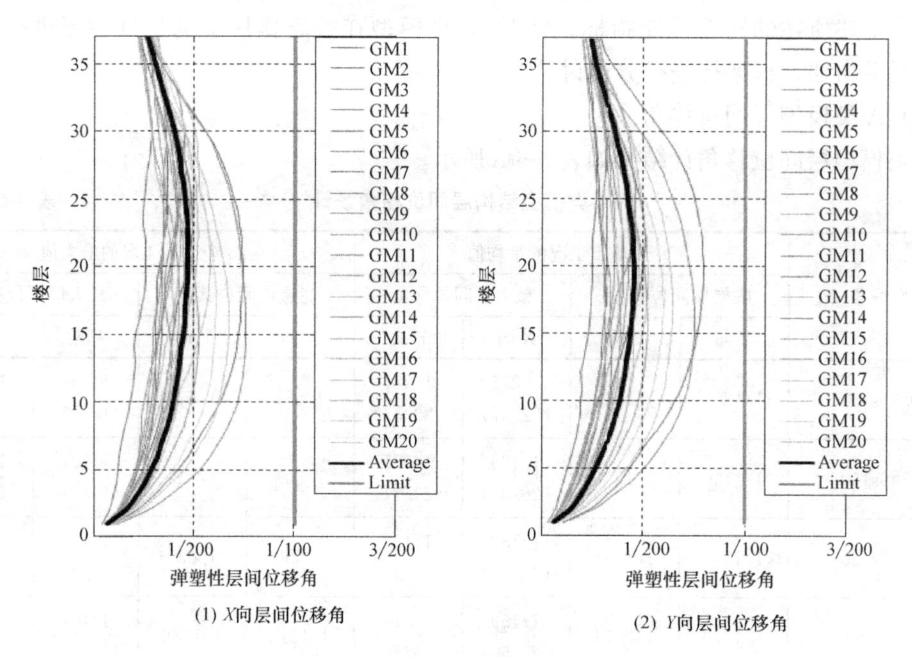

(1) X向层间位移角　(2) Y向层间位移角

图 8-6-4　7d0.35s150 模型层间位移角

（3）A 类模型剪力墙性能状态

通过对剪力墙的性能水准统计后发现：结构底层以上的剪力墙性能基本保持在“完好”状态，而首层的剪力墙出现了多个性能水准。由于结构刚度沿楼层均匀变化且不存在刚度突变，所以作为结构的嵌固端，首层的竖向构件在地震作用下会首先出现损坏。统计A 类模型首层剪力墙在全部地震工况下的性能水准，如表 8-6-9 所示。

A 类模型底层剪力墙性能评估统计　表 8-6-9

模型编号	性能 1	性能 2	性能 3	性能 4	性能 5	性能 6
7d0.35s150	100.00%	0.00%	0.00%	0.00%	0.00%	0.00%
7d0.45s150	99.09%	0.61%	0.30%	0.00%	0.00%	0.00%
7d0.65s150	98.47%	1.22%	0.31%	0.00%	0.00%	0.00%
7d0.35s200	100.00%	0.00%	0.00%	0.00%	0.00%	0.00%
7d0.45s200	100.00%	0.00%	0.00%	0.00%	0.00%	0.00%
7d0.65s200	100.00%	0.00%	0.00%	0.00%	0.00%	0.00%
7.5d0.35s200	99.48%	0.52%	0.00%	0.00%	0.00%	0.00%
7.5d0.45s200	99.82%	0.18%	0.00%	0.00%	0.00%	0.00%
7.5d0.65s200	99.82%	0.18%	0.00%	0.00%	0.00%	0.00%
8d0.35s200	91.13%	2.48%	3.72%	2.30%	0.35%	0.00%
8d0.65s200	100.00%	0.00%	0.00%	0.00%	0.00%	0.00%

从表中可以看出：全部模型的剪力墙均未达到性能 6，即剪力墙的性能水准都在“完好”～“不严重破坏”范围内。不同模型的性能水准比例存在较小差别，性能 1 所占比例最大且均超过了 90%，仅 8d0.35s200 模型出现了性能 4 和性能 5。由此说明 A 类模型的

核心筒在大震作用下仍然保持可靠状态，并未发生严重破坏。

（4）A 类模型框架柱性能状态

汇总 A 类模型首层框架柱在全部地震工况下的性能水准，如表 8-6-10 所示。

A 类模型底层框架柱性能评估统计　　表 8-6-10

模型编号	性能 1	性能 2	性能 3	性能 4	性能 5	性能 6
7d0.35s150	100.00%	0.00%	0.00%	0.00%	0.00%	0.00%
7d0.45s150	100.00%	0.00%	0.00%	0.00%	0.00%	0.00%
7d0.65s150	100.00%	0.00%	0.00%	0.00%	0.00%	0.00%
7d0.35s200	100.00%	0.00%	0.00%	0.00%	0.00%	0.00%
7d0.45s200	100.00%	0.00%	0.00%	0.00%	0.00%	0.00%
7d0.65s200	100.00%	0.00%	0.00%	0.00%	0.00%	0.00%
7.5d0.35s200	100.00%	0.00%	0.00%	0.00%	0.00%	0.00%
7.5d0.45s200	100.00%	0.00%	0.00%	0.00%	0.00%	0.00%
7.5d0.65s200	100.00%	0.00%	0.00%	0.00%	0.00%	0.00%
8d0.35s200	100.00%	0.00%	0.00%	0.00%	0.00%	0.00%
8d0.65s200	100.00%	0.00%	0.00%	0.00%	0.00%	0.00%

由表 8-6-10 可知，A 类模型框架柱全部为处于“完好”状态。根据剪力墙的性能评估结果可以得出，A 类模型在强震作用下底层剪力墙并未出现大幅度的刚度退化，核心筒依然保持了较好的工作性能。而框架柱的刚度小于核心筒，在框架-核心筒结构体系中主要充当第二道防线的作用。所以，A 类模型的框架柱在大震作用下的性能状态均处在“完好”状态。

（5）B 类模型层间位移角

由于 B 类模型中最大层间位移角未超过规范限值（1/100）的地震工况与 A 类模型的地震响应具有相似的规律，故仅针对 B 类模型中最大楼层层间位移角超限的地震工况进行讨论。

统计结构在位移角超限工况下的底层层间位移角和最大楼层层间位移角，如表 8-6-11 所示，楼层层间位移角曲线如图 8-6-5 所示。

超限工况下结构层间位移角统计表　　表 8-6-11

模型编号	地震工况	底层层间位移角		最大层间位移角	
		X 向	Y 向	X 向	Y 向
7.5d0.35s150	GM1	1/176	1/176	1/88(7/37)	1/85(7/37)
	GM20	1/330	1/320	1/93(16/37)	1/93(16/37)
7.5d0.45s150	GM20	1/111	1/126	1/55(18/37)	1/63(20/37)
7.5d0.65s150	GM14	1/106	1/106	1/52(10/37)	1/52(9/37)
	GM19	1/135	1/142	1/68(5/37)	1/71(5/37)
8d0.35s150	GM13	1/133	1/133	1/66(8/37)	1/66(8/37)
	GM14	1/136	1/132	1/65(12/37)	1/63(13/37)

续表

模型编号	地震工况	底层层间位移角		最大层间位移角	
		X 向	Y 向	X 向	Y 向
8d0.45s150	GM2	1/133	1/122	1/64(12/37)	1/60(7/37)
	GM8	1/198	1/197	1/85(8/37)	1/81(8/37)
	GM13	1/158	1/153	1/73(9/37)	1/73(8/37)
8d0.65s150	GM9	1/300	1/213	1/91(14/37)	1/83(12/37)
8d0.45s200	GM10	1/302	1/262	1/85(26/50)	1/86(27/50)

注：括号内数值为最大层间位移角所在楼层。

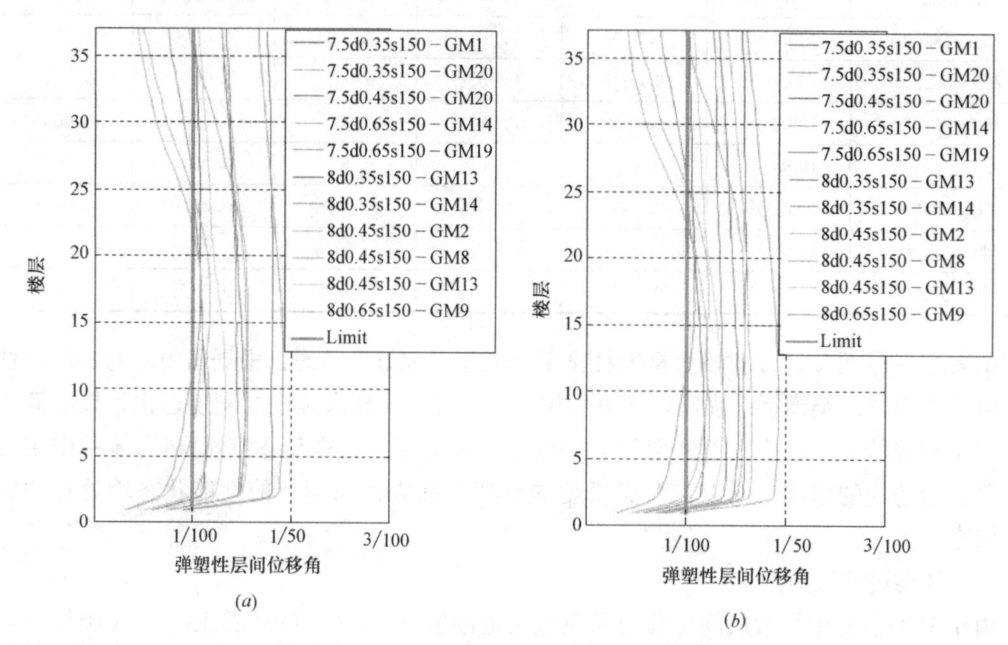

图 8-6-5　位移角超限地震工况层间位移角曲线

(a) X 向；(b) Y 向

从表中数据可以得到：结构的最大层间位移角已经超过规范限值，数值在 1/52～1/93 范围内。与 A 类模型不同的是，B 类模型超限工况下的结构最大层间位移角集中出现在结构的下部楼层，并且底层层间位移角也远大于 A 类模型，数值在 1/106～1/330 范围内。

从图中可以看出超限工况的层间位移角曲线与 A 类模型的层间位移角曲线存在明显区别，主要是在底部区域楼层存在层间位移角突变。大多数工况下层间位移角在 1～3 层之间快速增加，3 层以上数值变化较小，部分模型的层间位移角在结构上部楼层有所减小，呈现出剪切型变形的特点。由此说明，结构底部的剪力墙构件损伤较为严重，从而导致结构底部楼层发生较大变形。

(6) B 类模型剪力墙性能状态

对位移角超限工况的剪力墙性能进行评估后发现，损伤破坏的剪力墙均位于首层，而其余楼层的核心筒基本处于"完好"状态，这一损伤特性与 A 类模型相似。B 类模型位移角超限工况首层剪力墙的性能水准统计结果如表 8-6-12 所示。

位移角超限工况底层剪力墙性能统计表　　表 8-6-12

模型编号	工况	性能 1	性能 2	性能 3	性能 4	性能 5	性能 6
7.5d0.35s150	GM1X	0%	0%	0%	0%	57%	43%
	GM1Y	0%	0%	0%	0%	41%	59%
	GM20X	0%	20%	20%	60%	0%	0%
	GM20Y	0%	0%	67%	17%	17%	0%
7.5d0.45s150	GM20X	0%	0%	0%	0%	0%	100%
	GM20Y	0%	0%	0%	0%	0%	100%
7.5d0.65s150	GM14X	0%	0%	0%	0%	57%	43%
	GM14Y	0%	0%	0%	0%	41%	59%
	GM19X	0%	0%	0%	0%	0%	100%
	GM19Y	0%	0%	0%	0%	4%	96%
8d0.35s150	GM13X	0%	0%	0%	0%	0%	100%
	GM13Y	0%	0%	0%	0%	0%	100%
	GM14X	0%	0%	0%	0%	4%	96%
	GM14Y	0%	0%	0%	0%	0%	100%
8d0.45s150	GM2X	0%	0%	0%	0%	4%	96%
	GM2Y	0%	0%	0%	0%	0%	100%
	GM8X	0%	0%	0%	0%	87%	13%
	GM8Y	0%	0%	0%	0%	65%	35%
	GM13X	0%	0%	0%	0%	29%	71%
	GM13Y	0%	0%	0%	0%	38%	62%
8d0.65s150	GM9X	0%	0%	0%	12%	88%	0%
	GM9Y	0%	0%	0%	10%	71%	19%
8d0.45s200	GM10X	0%	0%	10%	48%	29%	14%
	GM10Y	0%	0%	0%	32%	55%	14%

从表中数据可以看出：大部分地震工况均出现“严重破坏”状态的剪力墙。不同工况之间剪力墙的性能水准差异较大。甚至在部分工况下，底层所有剪力墙均达到性能 6。依照判定原则，性能 6 为构件性能失效的状态，若结构中有竖向构件出现性能 6 则认为结构性能不能满足要求。通过以上数据可以很好地证明底层核心筒在强震作用下发生了严重破坏是导致结构底部区域变形过大的直接原因。汇总出现性能 6 工况下的底层层间位移角与性能 6 所占的比例，并将数据绘制成散点图，如图 8-6-6 所示。

从图中可以看出，底层层间位移角与性能 6 剪力墙的比例呈正相关性，即底层层间位移角越大，底层剪力墙破坏程度越严重。当层间位移角在 1/300～1/200 之间时，性能 6 剪力墙所占比例在 10%～20%范围内；当层间位移角达到 1/140 时，已经有超 95%的剪力墙进入性能 6。

由此可见，若采用薄弱层（底层）的层间位移角作为控制指标来评价结构的安全性则评价结果偏于不安全。根据统计结果，底层层间位移角未达到 1/100 时，核心筒已经发生

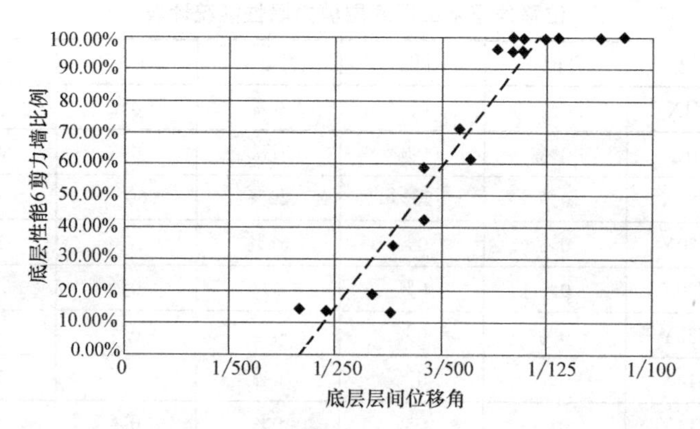

图 8-6-6 底层剪力墙性能水准与层间位移角关系图

严重破坏。但如果采用规范的弹塑性层间位移角限值去控制结构最大层间位移角，则会导致评价结果偏于保守。

(7) B类模型框架柱性能状态

根据柱构件性能指标，展开对外框架的性能评估，并汇总了超限工况下首层框架柱的性能水准，如表 8-6-13 所示。

超限工况底层框架柱性能评估统计 **表 8-6-13**

模型编号	工况	性能 1	性能 2	性能 3	性能 4	性能 5	性能 6	性能 7
7.5d0.35s150	GM1X	10%	15%	0%	0%	0%	0%	75%
	GM1Y	10%	15%	0%	0%	0%	0%	75%
	GM20X	75%	25%	0%	0%	0%	0%	0%
	GM20Y	70%	30%	0%	0%	0%	0%	0%
7.5d0.45s150	GM20X	0%	15%	5%	0%	0%	0%	80%
	GM20Y	0%	20%	0%	0%	0%	0%	80%
7.5d0.65s150	GM14X	0%	5%	0%	0%	0%	0%	95%
	GM14Y	0%	5%	5%	0%	0%	0%	90%
	GM19X	0%	5%	0%	0%	0%	0%	95%
	GM19Y	0%	5%	0%	0%	0%	0%	95%
8d0.35s150	GM13X	0%	25%	5%	0%	0%	0%	70%
	GM13Y	0%	25%	0%	0%	0%	0%	75%
	GM14X	0%	40%	5%	0%	0%	0%	55%
	GM14Y	0%	40%	5%	0%	0%	0%	55%
8d0.45s150	GM2X	0%	35%	5%	0%	0%	0%	60%
	GM2Y	0%	35%	10%	0%	0%	0%	55%
	GM8X	80%	15%	0%	0%	0%	0%	5%
	GM8Y	85%	10%	0%	0%	0%	0%	5%
	GM13X	5%	40%	0%	0%	0%	0%	55%
	GM13Y	5%	35%	5%	0%	0%	0%	55%

续表

模型编号	工况	性能 1	性能 2	性能 3	性能 4	性能 5	性能 6	性能 7
8d0.65s150	GM9X	100%	0%	0%	0%	0%	0%	0%
	GM9Y	65%	15%	0%	0%	0%	0%	20%
8d0.45s200	GM10X	100%	0%	0%	0%	0%	0%	0%
	GM10Y	90%	5%	0%	0%	0%	0%	5%

注：性能 7 表示“构件破坏类型为剪切破坏，但剪力满足规范最小抗剪截面的要求”。

从表中数据可以看出，与 A 类模型不同的是，部分框架柱的性能处于性能 7，即构件的破坏类型为剪切破坏，但所受剪力满足最小抗剪截面要求。虽然不同工况下的框架柱性能水准存在一定差异，但当框架柱的破坏类型为弯曲或弯剪破坏时，其性能水准均在性能 1～性能 3 范围内，所有底层框架柱均未达到“严重破坏”状态，受损程度较轻。此外，性能 7 所占比例与底层层间位移角呈正相关性，即底层层间位移角越大，性能 7 的框架柱数量越多，如图 8-6-7 所示。

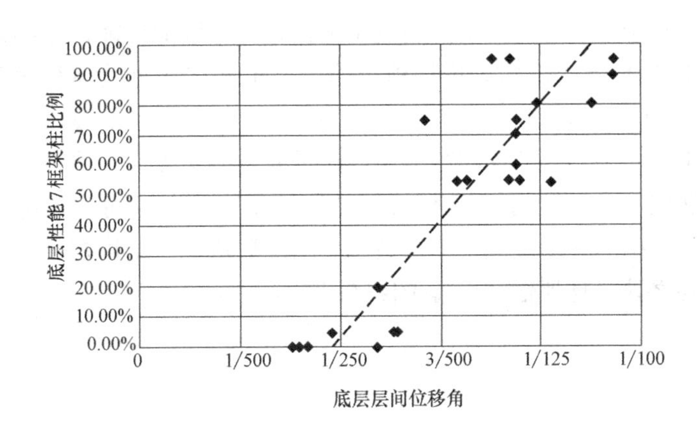

图 8-6-7　底层框架性能水准与底层层间位移角关系

由此说明，在 B 类模型位移角超限工况中，由于底层核心筒发生了严重的破坏，导致外框架承担的倾覆弯矩和基底剪力显著增加，并且破坏类型被判定为剪切破坏的框架柱数量有所增加。但值得注意的是，柱构件所受地震剪力能够满足规范最小抗剪截面的要求，因此其仍在安全范围内。

(8) 结构安全性评估结果

通过对造成结构发生严重破坏的地震波研究后发现，该类地震波的反应谱曲线在长周期段明显高于规范谱。地震波的“翘尾”特性使得结构在弹塑性阶段承担的地震作用高于规范的设防标准，所以该类地震波作用下的分析结果不应作为结构安全性评估的依据。

根据上述结构安全性评定标准与评估流程，针对 18 个框架-核心筒结构模型进行安全性评估，结果如表 8-6-14 所示。其中，括号内数值为结构安全保证率。

8.6.4　结论

(1) 基于构件变形的结构安全性评估结果表明：18 个模型均为安全，说明依照现行规范设计的结构能够满足大震作用下的设防目标。

（2）作为竖向构件的核心筒和框架柱，其破坏均集中出现在结构底层，并且性能状态仅与底层层间位移角有关，而与最大层间位移角无关。

基于构件变形的结构安全性评估结果 **表 8-6-14**

场地类别＼设防烈度	7度	7.5度	8度
150m			
Ⅱ类场地	安全(100%)	安全(100%)	安全(100%)
Ⅲ类场地	安全(100%)	安全(100%)	安全(100%)
Ⅳ类场地	安全(100%)	安全(100%)	安全(100%)
200m			
Ⅱ类场地	安全(100%)	安全(100%)	安全(100%)
Ⅲ类场地	安全(100%)	安全(100%)	安全(100%)
Ⅳ类场地	安全(100%)	安全(100%)	安全(100%)

（3）现行规范对于薄弱层的变形控制过于宽松，剪力墙的性能评估结果表明，当底层层间位移角达到1/300～1/200时，底层剪力墙开始出现“严重破坏”状态；当底层层间位移角达到1/170～1/160时，50%的底层剪力墙开始出现“严重破坏”状态；当底层层间位移角达到1/140时，95%的底层剪力墙已经进入“严重破坏”状态。

（4）对于弯剪型变形为主的框架-核心筒结构体系，最大层间位移角无法准确地反映构件的损伤程度与结构的整体性能，依据最大层间位移角评估结构在罕遇地震作用下的整体性能尚存在不妥之处，且评估结果偏于保守。

第9章　结构变形限值研究

9.1　概　　述

水平荷载作用下，随着高层建筑结构高度的增加，侧向位移增加很快，通常采用层间位移角（δ/h）限值或结构顶点位移角（Δ/H）限值来控制高层建筑结构侧向刚度。

风荷载作用下结构处于弹性状态，结构所受内力由构件承载力抵抗，与结构侧向位移关系不大，控制结构层间位移角或结构顶点位移角的目的通常是考虑以下四个因素：

1. 结构舒适度的要求；
2. 避免产生过大的二阶效应；
3. 内隔墙、幕墙等非结构构件不受损；
4. 机电设备可以正常运作。

前两个因素可以通过结构整体计算来控制，后两个因素可以通过世界各国使用中的高层建筑实地调查取得。

世界各国根据各自的规范设计建造了大量的高层建筑，每年都经历台风的检验，证明其对刚度的控制准则都是可以接受的。本研究将中国大陆规范与欧洲、美国、澳新、日本、中国台湾、中国香港等国家和地区规范在风荷载作用下的结构刚度控制进行对比，计算的前提条件是相同重现期和相同时间段的平均风速、相同地面粗糙度，同时，考虑各自规范对风荷载大小、风荷载高度变化参数、材料弹性模量等的不同取值。

对于小震作用下的结构刚度控制，本章将中国大陆规范与美国规范进行对比分析，探讨小震作用下侧向变形的合理控制准则。

9.2　风荷载作用下结构变形控制

针对典型的框架结构、框-剪结构、剪力墙结构和框-筒结构，本节从两方面展开研究工作。

第一，假设在相同风速和相同场地环境条件下，按各国及地区规范计算结构最大层间位移角（或顶点位移与结构高度比），并与各规范给出的层间位移角限值（或顶点位移与结构高度比限值）进行比较，研究各国及地区规范对结构刚度控制的严格程度。

第二，由于香港与深圳毗邻的特殊地理位置，中国大陆规范对香港风荷载计算亦有明确的规定，故对香港的典型结构分别采用中国大陆和香港规范进行计算，对比层间位移角（或顶点位移与结构高度比）及其限值，可以更清晰地看到哪一套规范要求更严格。

9.2.1 风荷载计算方法

9.2.1.1 基本风速测量及计算条件

各国及地区对基本风速进行统计的方法不完全相同，但相互之间在数值上可以进行转换。根据各国及地区的相关规范，基本风速的统计方法见表 9-2-1。

各国及地区规范的基本风速统计　　表 9-2-1

	中国大陆	欧洲	美国	澳新	日本	中国台湾	中国香港
平均风速时距	10min	10min	3s	3s	10min	10min	3s/1h
标准高度	10m	10m	10m	10m	10m	10m	90m
重现期	50 年	50 年	50 年	可选	100 年	50 年	50 年
场地类别	A、B、C、D 四类	0、Ⅰ、Ⅱ、Ⅲ、Ⅳ五类	B、C、D 三类	1、2、3、4 四类	Ⅰ、Ⅱ、Ⅲ、Ⅳ、Ⅴ五类	A、B、C 三类	无分类

可以看出，大部分国家及地区的基本风速满足标准高度 10m，重现期 50 年，统计时距为 10min，其场地类别也基本以地势平坦开阔且少建筑物的地形为主。不同的是，美国和澳新以 3s 阵风为基础对观测资料进行统计整理；同时中国香港由于地形狭小，地理位置近海，故仅有一种场地类别，其观测的风速高度也因统计测得的风速时间而不同，3s 阵风风速和 1h 时均风速均对应 90m 基本高度，其中 3s 阵风风速用于计算不考虑动力效应的风荷载，主要针对 100m 以下的建筑结构，而 1h 时均风速用于计算考虑动力效应的风荷载，主要针对 100m 以上的建筑结构。

9.2.1.2 风荷载计算方法

根据风荷载计算方法的不同，各国及地区规范大致可以分为两类：1）以基本风压为计算基础，在此基础上再考虑结构体型、结构高度和风振效应的影响，该类主要有中国大陆规范和中国香港规范；2）以基本风速为计算基础，在此基础上考虑风向、地形、结构高度等对风速的影响，进行风速修正，再考虑结构体型和风振效应的影响，该类主要有欧洲规范、美国规范、澳新规范、日本规范和中国台湾规范。各国及地区风荷载计算方法详见表 9-2-2[1]~[7]。

各国及地区规范的风荷载计算公式　　表 9-2-2

	风荷载计算公式	符号说明
中国大陆	$w_k=\beta_z\mu_s\mu_z w_0$	w_k——风荷载标准值； β_z——高度 z 处的风振系数； μ_s——风荷载体型系数； μ_z——风压高度变化系数； w_0——基本风压
欧洲	$F_w=q_p(z_e)\cdot c_s c_d\cdot c_f\cdot A_{ref}$	F_w——风力； $q_p(z_e)$——高度 z_e处的峰值风速压； $c_s c_d$——结构系数； c_f——结构力系数； A_{ref}——结构参考面积

续表

	风荷载计算公式	符号说明
美国	$p=qGC_p-q_i(GC_{pi})$ 或 $p=qG_fC_p-q_i(GC_{pi})$	p——风压； q——迎风面和背风面风压总和； G/G_f——刚/柔性结构的阵风系数； C_p——外压系数； q_i——内压正值； GC_{pi}——内压系数
澳新	$p=(0.5\rho_{air})[V_{des,\theta}]^2C_{fig}C_{dyn}$	p——风压； ρ_{air}——空气密度； $V_{des,\theta}$——设计风速； C_{fig}——气动力体型系数； C_{dyn}——动力响应系数
日本	$W_D=q_HC_DG_DA$	W_D——风力； q_H——风速压； C_D——风力系数； G_D——阵风因子； A——高度 z 处的受荷面积
中国台湾	$p=qGC_p-q_i(GC_{pi})$ 或 $p=qG_fC_p-q_i(GC_{pi})$	p——风压； q——迎风面和背风面风压总和； G/G_f——刚/柔性结构的阵风反应因子； C_p——外压系数； q_i——内风速压； GC_{pi}——内风压力系数
中国香港	$F=C_f\sum q_zA_z$ 或 $F=GC_f\sum \bar{q}_zA_z$	F——风力； C_f——建筑物力系数； q_z——高度 z 处的风压； $\bar{q}_z$——高度 z 处的时均风压； G——动力放大因数； A_z——与 q_z 或 $\bar{q}_z$ 对应的建筑物部分的有效投影面积

从风荷载计算公式上可以看出，各国及地区规范风荷载计算基本上包括风压计算、体型系数计算和动力效应计算三部分。

9.2.1.3　基本风压计算方法

风压计算是风荷载计算中的主要部分。欧洲、美国、澳新、日本和中国台湾对基本风速进行了地形、结构高度等影响的修正，然后根据修正后的设计风速得出修正风压。不同于这些国家和地区，我国大陆和香港不需要根据各地区风速来进行计算。我国大陆荷载规范中已给出根据气象台观测数据求得的基本风压，故可直接查表得到。该风压为基本风压，以标准条件下的基本风速计算得到，没有考虑风向的影响，同样也不用考虑结构高度和地形的影响，在后续的修正风压计算中才会考虑地形和结构高度的影响。而香港则占地面积较小，地形单一，故其没有地形的影响，不存在不同地区会出现不同的风压，故为计算简便，其风压表给出了风压随结构高度的变化，该风压为修正风压，以香港规范规定的标准条件测得的风速考虑高度影响而计算得到。表 9-2-3 给出了各国及地区基本风压或修正风压的计算公式。

各国及地区的基本风压　　表 9-2-3

	基本风压或修正风压计算公式	符号说明
中国大陆	$\mu_z w_0$	μ_z——风压高度变化系数； w_0——基本风压，查表可得
欧洲	$q_p(z)=[1+7\cdot I_v(z)]\cdot\frac{1}{2}\cdot\rho\cdot v_m^2(z)$ 其中， $v_m(z)=c_r(z)\cdot c_o(z)\cdot v_b$ $v_b=c_{dir}\cdot c_{season}\cdot v_{b,0}$	$q_p(z)$——高度 z 处的风压； $I_v(z)$——湍流强度； ρ——空气密度； $v_m(z)$——平均风速； $c_r(z)$——粗糙系数； $c_o(z)$——地形影响因素； v_b——基本风速； c_{dir}——方向影响因子； c_{season}——季节影响因子； $v_{b,0}$——基础风速，查表可得
美国	$q_z=0.613K_zK_{zt}K_dV^2$	q_z——高度 z 处的风压； K_z——风压暴露系数； K_{zt}——地形影响因子； K_d——方向影响因子； V——基本风速，查表可得
澳新	$(0.5\rho_{air})[V_{des,\theta}]^2=(0.5\rho_{air})[\max(V_{des,\beta})]^2$ 其中， $V_{des,\beta}=V_R\cdot M_d(M_{z,cat}M_sM_t)$	ρ_{air}——空气密度； $V_{des,\theta}$——设计风速； $V_{des,\beta}$——场地风速； V_R——基本风速，查表可得； M_d——方向影响因子； $M_{z,cat}$——地势/高度系数； M_s——遮挡系数； M_t——地形系数
日本	$q_H=\frac{1}{2}\rho U_H^2$ 其中， $U_H=U_0K_DE_Hk_{rW}$	q_H——风压； ρ——空气密度； U_H——设计风速； U_0——基本风速，查表可得； K_D——风向影响因素； E_H——高度 H 处的风剖面系数； k_{rW}——重现期换算因素
中国台湾	$q(z)=0.06K(z)K_{zt}[IV_{10}(C)]^2$	$q(z)$——z 高度下的风压； $K(z)$——风速压地况系数； K_{zt}——地形系数； I——用途系数； $V_{10}(C)$——地况 C 高度 10m 处的风速
中国香港	$q_z=\frac{1}{2}\rho v_z^2$或$\bar{q}_z=\frac{1}{2}\rho\bar{v}_z^2$ 其中，$v_z=1.05\bar{v}_g\left(\frac{z}{z_g}\right)^\alpha\left[1+g_vI_g\left(\frac{z}{z_g}\right)^{-\alpha}\right]$ $\bar{v}_z=1.05\bar{v}_g\left(\frac{z}{z_g}\right)^\alpha$	$q_z/\bar{q}_z$——风压/时均风压； ρ——空气密度； $v_z/\bar{v}_z$——在 z 高度处的 3s 阵风风速/时均风速； z_g——梯度高度； g_v——峰值因数； I_g——在梯度高度处的湍流强度； α——平均风速的幂律指数

9.2.2 弹性模量计算方法

各国及地区根据混凝土强度求得的混凝土弹性模量略有差异[8]~[15]，如表 9-2-4 所示。除中国大陆及香港地区外，其余各地区的混凝土强度试验均采用圆柱体试件。

各国及地区规范的混凝土弹性模量计算公式　　表 9-2-4

	弹性模量计算公式	符号说明
中国大陆	$E_c=\dfrac{10^5}{2.2+\dfrac{34.7}{f_{cu,k}}}$(N/mm²)	E_c——混凝土弹性模量； $f_{cu,k}$——强度等级值即立方体抗压强度代表值
欧洲	$E_{cm}=22\left(\dfrac{f_{cm}}{10}\right)^{0.3}$(GPa)	E_{cm}——混凝土弹性模量； f_{cm}——圆柱体平均抗压强度，单位 MPa
美国	$E_c=4700\sqrt{f'_c}$(MPa)	E_c——混凝土弹性模量； f'_c——混凝土指定抗压强度
澳新	$E_c=3320\sqrt{f'_c}+6900$(MPa)	E_c——混凝土弹性模量； f'_c——混凝土指定抗压强度
日本	$E_c=3.35\times10^4\times\left(\dfrac{\gamma}{24}\right)^2\times\left(\dfrac{F_c}{60}\right)^{1/3}$(MPa)	E_c——混凝土弹性模量； γ——混凝土单位体积重量； F_c——混凝土设计基准强度
中国台湾	$E_c=w_c^{1.5}\times4270\sqrt{f'_c}$(kgf/cm²)	E_c——混凝土弹性模量； w_c——混凝土单位重，单位 tf/m³； f'_c——混凝土规定抗压强度标准值，单位 kgf/cm²
中国香港	$E_c=3.46\sqrt{f_{cu}}+3.21$(kN/mm²)	E_c——混凝土短期静力弹性模量； f_{cu}——混凝土立方体抗压强度，单位 N/mm²

由于各国及地区混凝土强度保证率并不一致，为使分析模型所用混凝土相同，故假设混凝土的平均抗压强度一致，根据各国及地区保证率和相关要求得到其弹性模量计算时所使用的强度值。从而根据表 9-2-4 公式和强度值可得各国及地区规范对不同强度的混凝土弹性模量数值及对比如表 9-2-5 及图 9-2-1 所示。

各国及地区混凝土弹性模量取值对比（N/mm²）　　表 9-2-5

强度等级	C30	C35	C40	C45	C50	C55	C60
中国大陆	29791	31334	32600	33657	34554	35324	35993
欧洲	31187	32308	33346	34313	35220	36076	36887
美国	22235	24140	25905	27558	28730	30229	31657
澳新	23165	24468	25681	26820	27898	28922	29902
日本	24683	25984	27167	28255	29265	30210	31099
中国台湾	23801	25718	27501	29175	30749	32255	33694
中国香港	23147	24745	26231	27628	28949	30205	31405

可以看出各国及地区规范混凝土弹性模量的变化趋势基本相同，同等级混凝土强度下以欧洲规范弹性模量取值最大，澳新规范弹性模量取值最小。

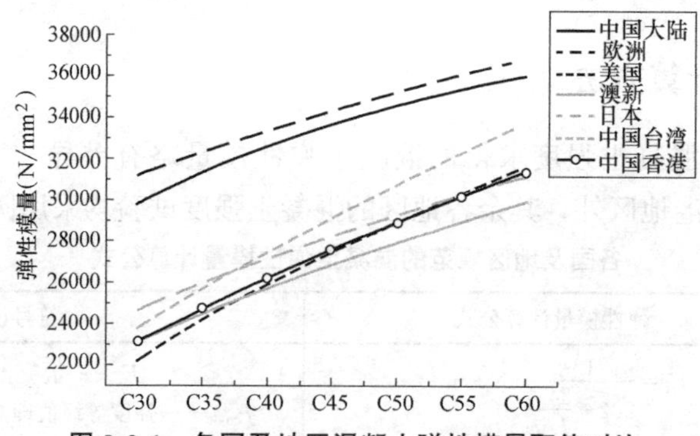

图 9-2-1　各国及地区混凝土弹性模量取值对比

9.2.3　计算模型及计算参数取值

9.2.3.1　计算模型设计

本研究共选取 4 种结构，分别是框架结构、框-剪结构、框-筒结构和剪力墙结构。各结构形式均设计 4 个模型，同种结构类型的模型其平面布置保持一致，仅在高度上有所变化。各模型首层均为 5m，其余各层 3.5m。其具体高度、长宽值详见表 9-2-6 和表 9-2-7。平面布置图分别见图 9-2-2。

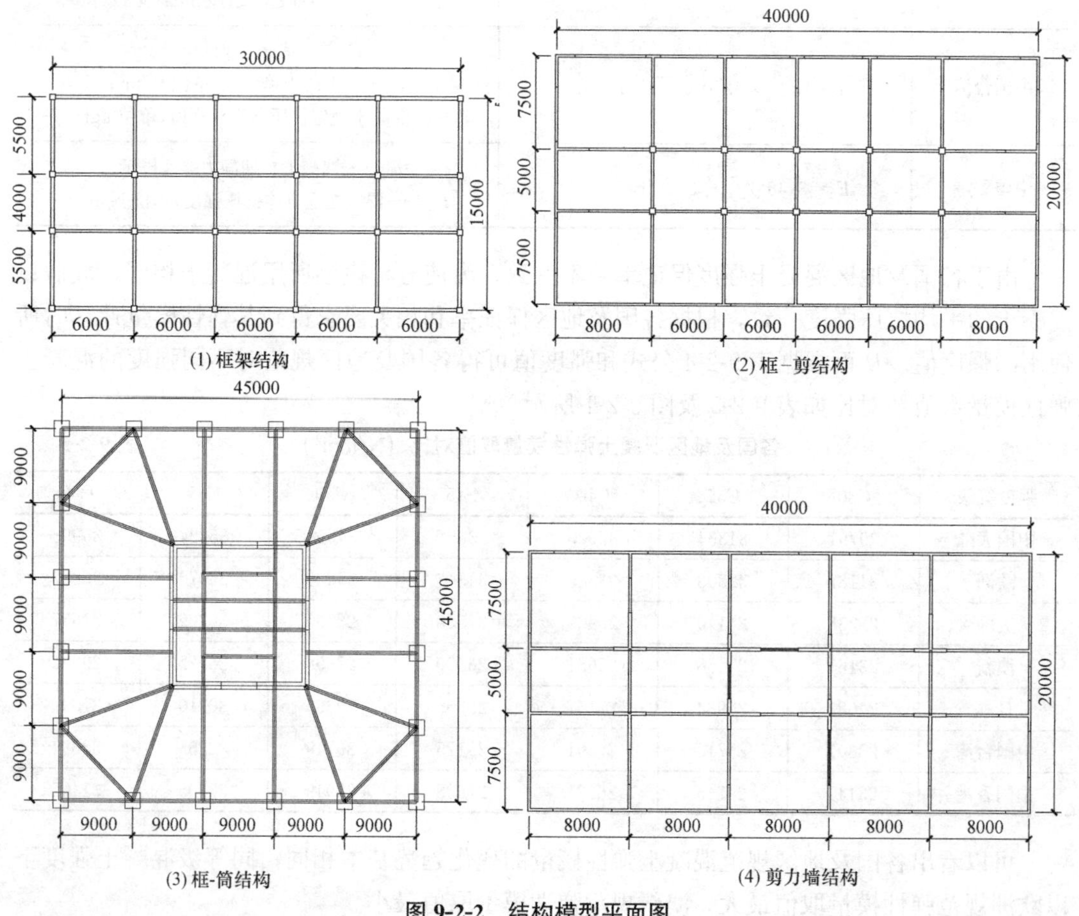

图 9-2-2　结构模型平面图

各结构类型计算模型高度信息　　　　表 9-2-6

框架结构		框-剪结构		框-筒结构		剪力墙结构	
层数	高度	层数	高度	层数	高度	层数	高度
5层	19.0m	10层	36.5m	20层	71.5m	15层	54.0m
10层	36.5m	20层	71.5m	40层	141.5m	30层	106.5m
15层	54.0m	30层	106.5m	60层	211.5m	45层	159.0m
20层	71.5m	40层	141.5m	80层	281.5m	60层	211.5m

各结构类型计算模型长宽信息　　　　表 9-2-7

结构类型	框架结构		框-剪结构		框-筒结构		剪力墙结构	
	长	宽	长	宽	长	宽	长	宽
尺寸(m)	30	15	40	20	45	45	40	20
跨数	5	3	6	3	5	5	5	3

9.2.3.2　场地类别取值

为使结果具有可比性，选取各国及地区相同场地类别进行比较。由于香港仅有一类场地，即开阔海洋状况，对比各国及地区规范，均存在该类型场地（见表 9-2-8）。同时由于开阔海洋状况的场地地势平坦开阔、无植被影响且鲜有障碍物，故其风速与其他场地类别的风速相比较大，施加在结构上的风荷载相应较大，对结构产生的影响更为接近规范限值，以此作为比较条件较为合理。

各国及地区规范的场地类别选取　　　　表 9-2-8

	中国大陆	欧洲	美国	澳新	日本	中国台湾	中国香港
场地类别	地面粗糙度类别A	场地类别0	暴露类别D	场地类别1	场地类别Ⅰ	地况C	—
场地描述	近海海面和海岛、海岸、湖岸及沙漠地区	海面或海岸	平坦无障碍物的区域、水面、盐滩、冰面等地区，迎风面方向的距离大于1524m或20倍建筑高度	有少量或没有障碍物的开阔地面、舒适度风速范围内的水面	开阔，没有重要的障碍物，海洋，湖泊	平坦开阔的地面或草原或海岸或湖岸地区，其零星坐落的障碍物高度小于10m	开阔海洋状况

9.2.3.3　基本风速取值

选取以中国广州A类场地为设计条件，由于各国及地区对基本风速的定义不同，故须将按广州A类场地得出的基本风速根据各国及地区规范进行转换。

根据我国大陆荷载规范附录E可得，广州海拔高度为6.6m，重现期50年的基本风压$w_0=0.5kN/m^2$。根据规范计算公式可得基本风速$v_0\approx28.29m/s$。

根据风速时距转换公式、重现期转换公式及基本高度转换公式可以得到各国及地区定义的基本风速，以中国大陆广州A类场地高度10m风时距10min重现期50年的基本风压求得的基本风速为基准，将其按各转换系数转换成各国及地区基本观测条件及计算条件下的基本风速，见表 9-2-9。

各国及地区基本风速计算条件转换 表 9-2-9

	中国大陆	欧洲	美国	澳新	日本	中国台湾	中国香港
时距	10min	10min	3s	3s	10min	10min	3s/1h
重现期	50 年	50 年	50 年	50 年	100 年	50 年	50 年
基本高度	10m	10m	10m	10m	10m	10m	90m
风速值(m/s)	28.29	28.29	41.58	41.58	29.99	28.29	50.03/36.02

9.2.4 计算结果分析

9.2.4.1 各国及地区规范风荷载作用下层间位移角限值

按照中国大陆规范，结构形式不同、高度不同，其风荷载作用下弹性层间位移角限值也有所差异。当结构高度小于 150m 时，框架结构为 1/550，以剪力墙为主的结构为 1/1000～1/800；当结构高度大于 150m 小于 250m 时，根据各结构形式限值和 1/500 进行内插取得；当结构高度大于 250m 时，所有结构形式均取 1/500。

除中国大陆外，其他各国及地区并没有依据结构高度或结构形式来对限值进行划分。部分考虑非结构构件的延性来进行限值的划分及取值，例如美国；部分则不论非结构构件延性和结构高度、形式取统一的限值，如澳新、中国台湾等。还有部分根据顶点位移除以结构总高度而非层间位移角来判断，例如中国香港。各国及地区的限值如表 9-2-10所示。

各国及地区规范的层间位移角限值 表 9-2-10

中国大陆[16]		欧洲[17]	美国[3]	澳新[18]	日本[12]	中国台湾[6]	中国香港[14]
框架	以剪力墙为主的结构						
1/550	1/1000～1/800	1/500	1/400	1/500	1/200	1/200	1/500

其中香港限值考虑的是顶点位移除以结构高度，以下计算结果中的层间位移角对香港规范均采用顶点位移除以结构高度表示。

9.2.4.2 风荷载作用下侧向变形对比分析

根据前面的假设及计算参数取值，可以得到框架结构、框-剪结构、框-筒结构和剪力墙结构在风荷载作用下的侧向变形，通过该侧向变形与相应规范限值的比值对比，可以得出各国及地区规范限值控制的严格程度。

分别计算各个模型 X、Y 两个方向的风荷载及其作用下的变形，统计整理后得到相应结果分析。将各结构类型下的计算模型计算得出的风荷载及其作用下层间位移计算结果统计见图 9-2-3 至图 9-2-10。

框架结构随着结构高度的增高，各国及地区的风荷载大小逐渐接近，相互间的差距逐渐减小，总体呈现出日本＞欧洲＞美国＞澳新＞中国台湾＞中国大陆＞中国香港的趋势。

框-剪结构结果和框架结构类似，随着结构高度的增高，各国及地区的风荷载大小逐渐接近，相互间的差距逐渐减小，总体呈现出日本＞欧洲＞美国＞澳新＞中国台湾＞中国大陆＞中国香港的趋势。但是出现欧洲和美国地区结构风荷载随着高度进一步增加，逐渐超过日本地区的结构所受风荷载。

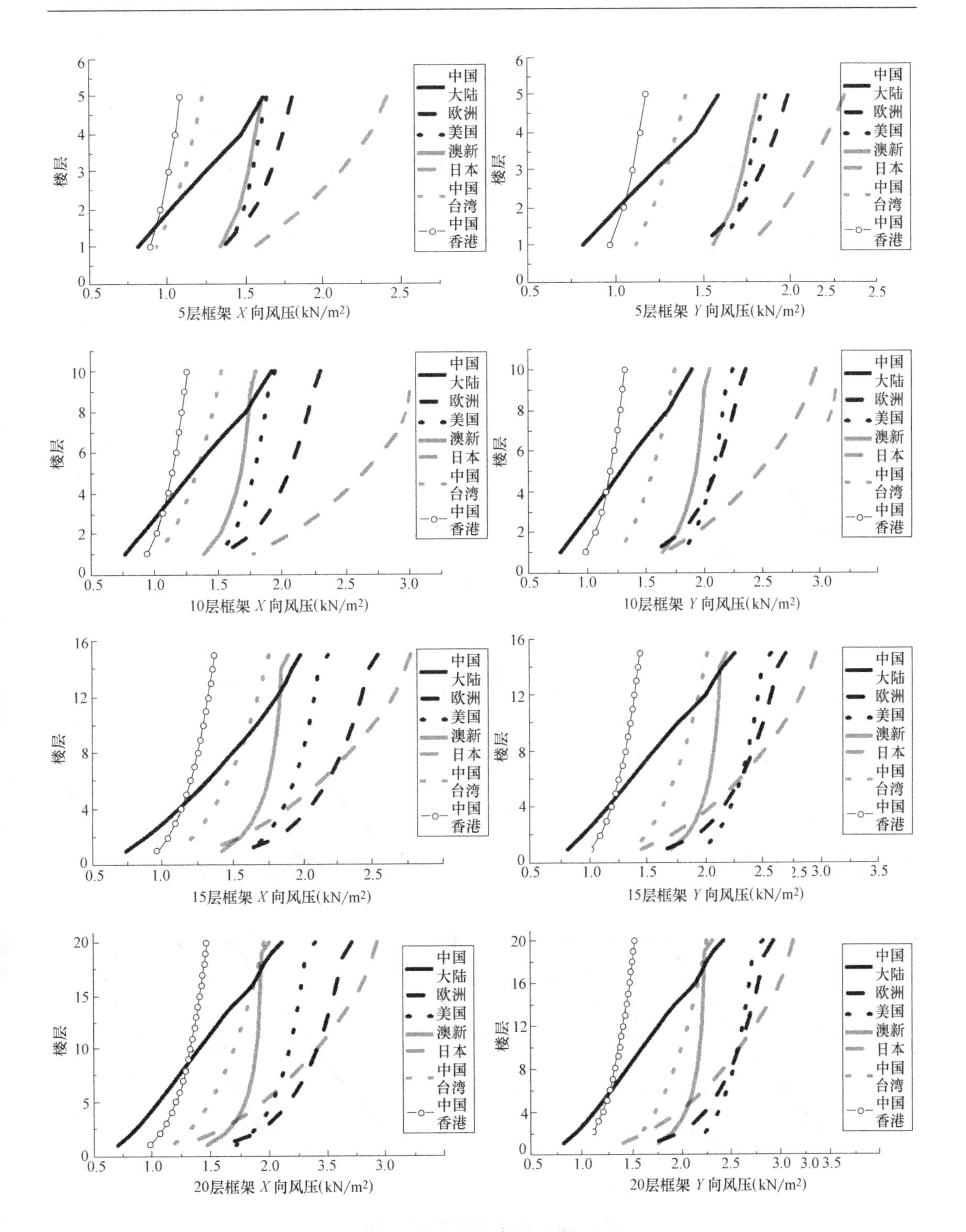

图 9-2-3　框架结构风荷载对比

框-筒结构的结构高度普遍比较高，整体的风荷载变化趋势和框架的相比稍有差异，总体呈现出美国＞欧洲＞中国台湾＞日本＞澳新＞中国大陆＞中国香港的趋势。

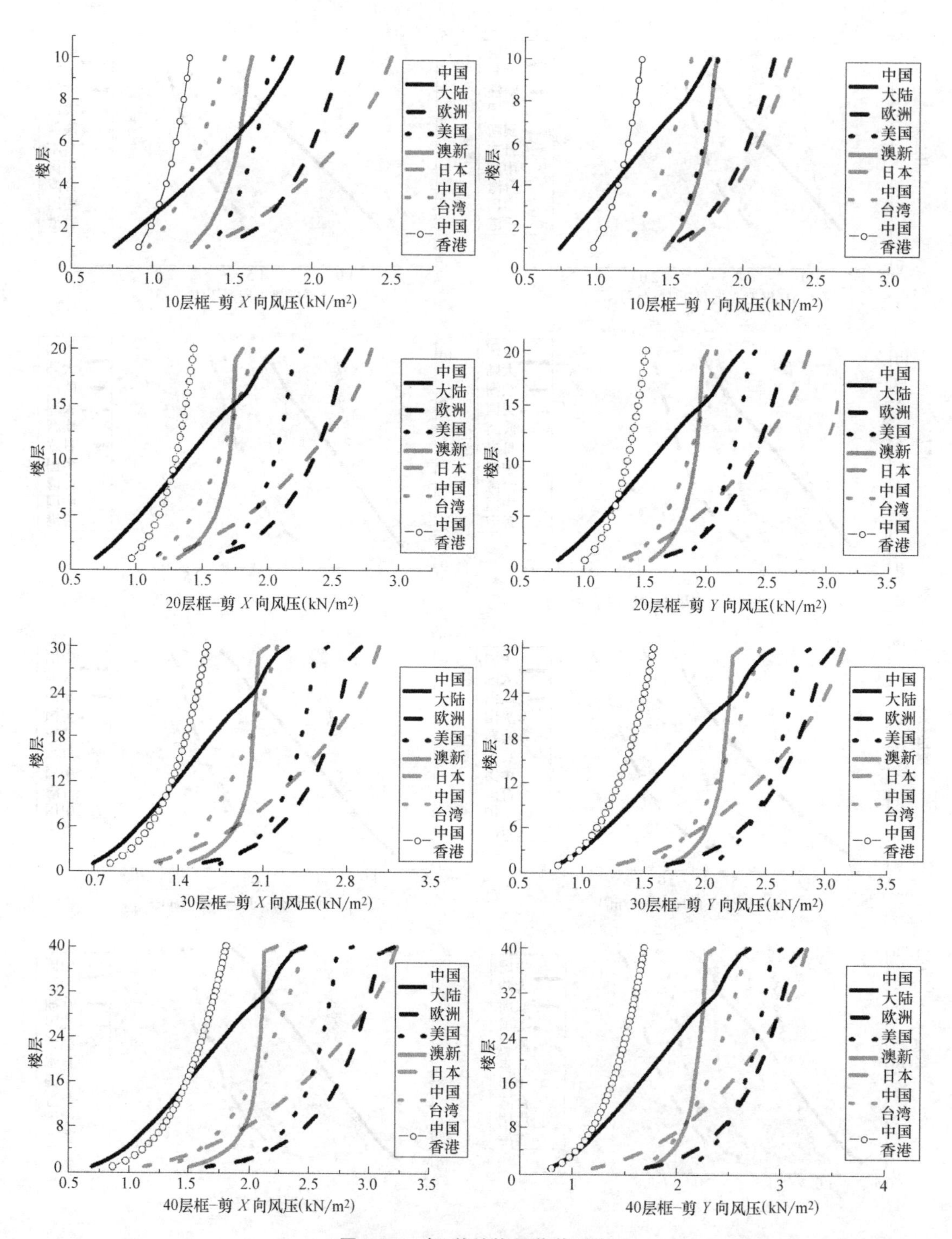

图 9-2-4 框-剪结构风荷载对比

剪力墙结构 X、Y 向风荷载的变化差异和前述三个结构相比比较明显，模型高度总体介于框-剪结构和框-筒结构之间，但是也基本满足随着结构高度的增高，各国及地区的风荷载大小逐渐接近，相互间的差距逐渐减小，总体呈现出欧洲＞美国＞日本＞中国台湾＞

澳新＞中国大陆＞中国香港的趋势。

虽然单从风荷载值看，我国大陆处于计算值偏小的位置，但是由于各国及地区对弹性模量的计算方法差异，故不可直接将此看做层间位移角的相对大小。结合各国及地区的弹性模量及计算得出的风荷载值，可以求得各国及地区风荷载作用下的各层位移。

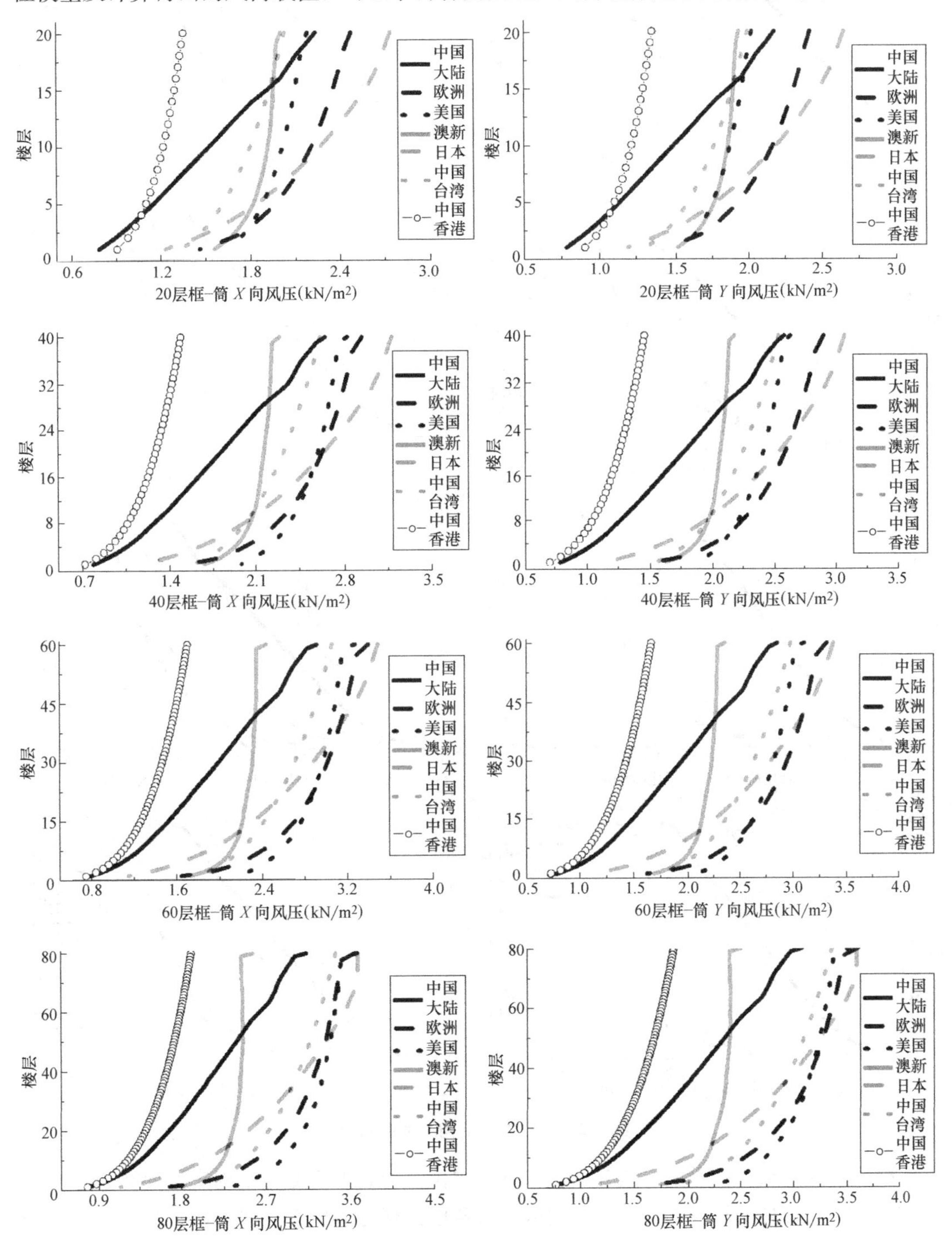

图 9-2-5　框-筒结构风荷载对比

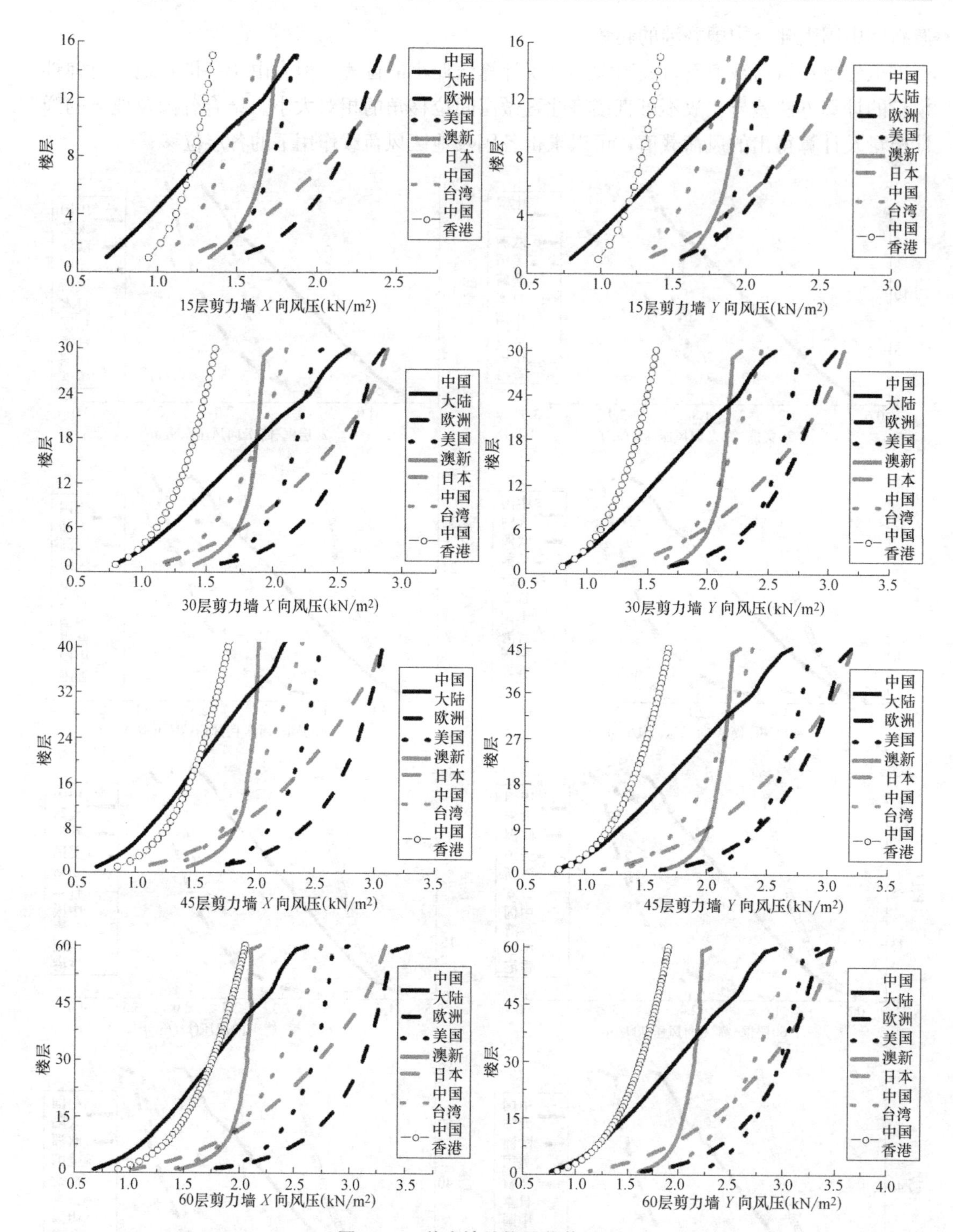

图 9-2-6 剪力墙结构风荷载对比

根据计算结果可以看出，风荷载作用下各层位移的大小情况各结构类型变化趋势基本一致，同样随着高度的增加，各国及地区间的各层位移逐渐接近，但总体上是日本>美国>中国台湾>欧洲>澳新>中国大陆>中国香港。

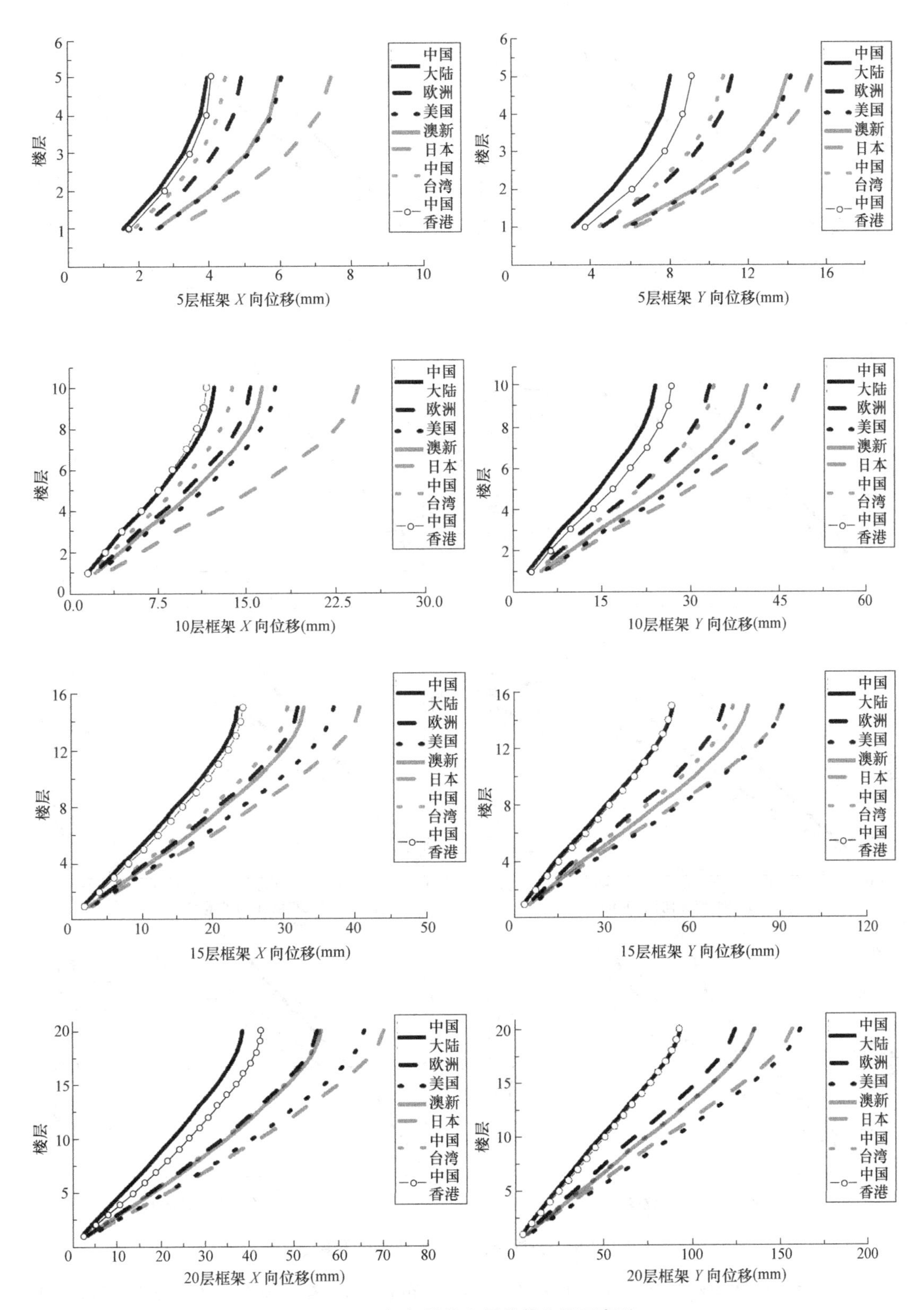

图 9-2-7　框架结构在风荷载作用下变形

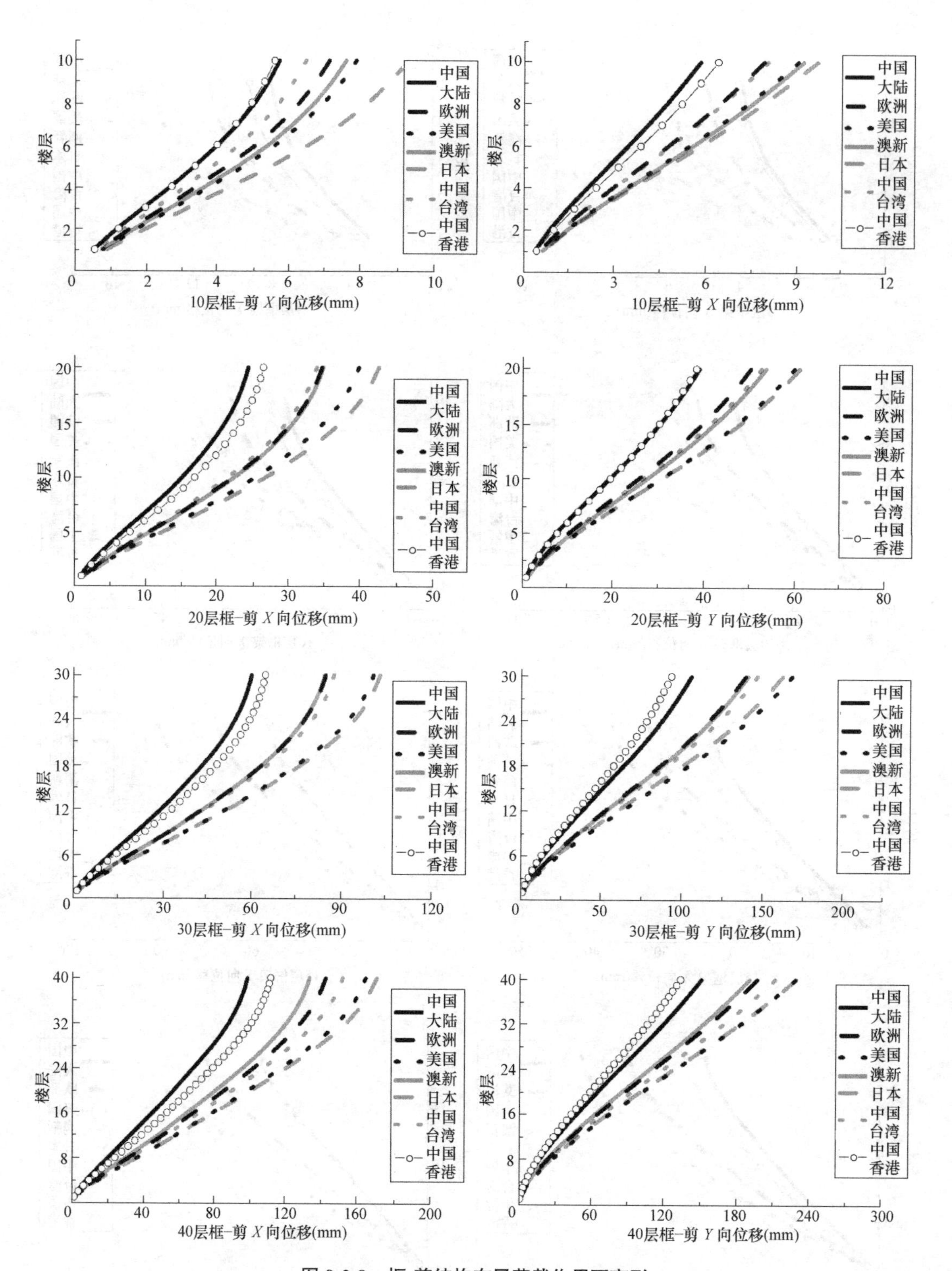

图 9-2-8　框-剪结构在风荷载作用下变形

层间位移角结果统计见图 9-2-11～图 9-2-14。可以看出各结构类型中最大层间位移角基本均出现在结构底部和中下部，上部的层间位移角较小。

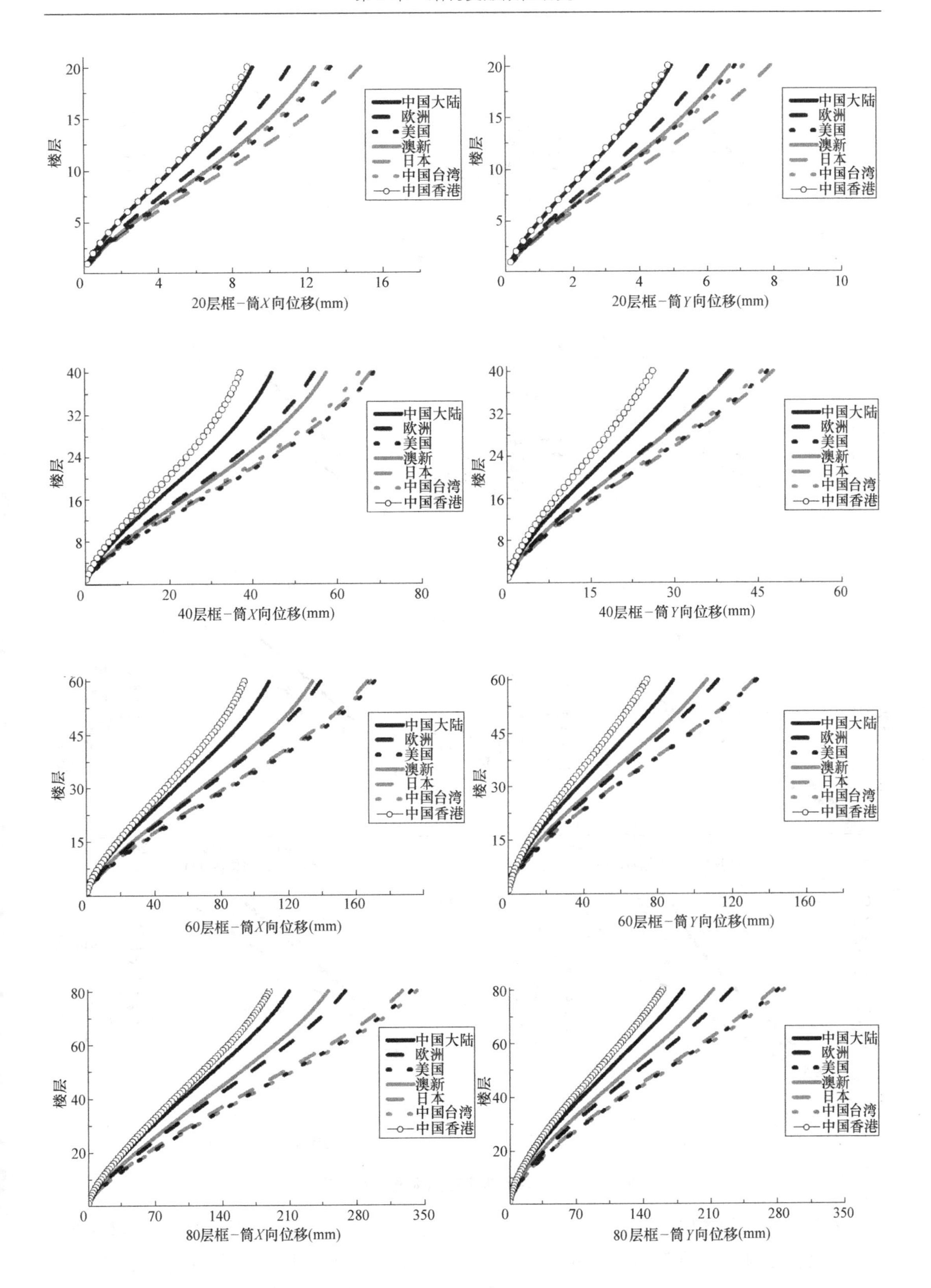

图 9-2-9　框-筒结构在风荷载作用下变形

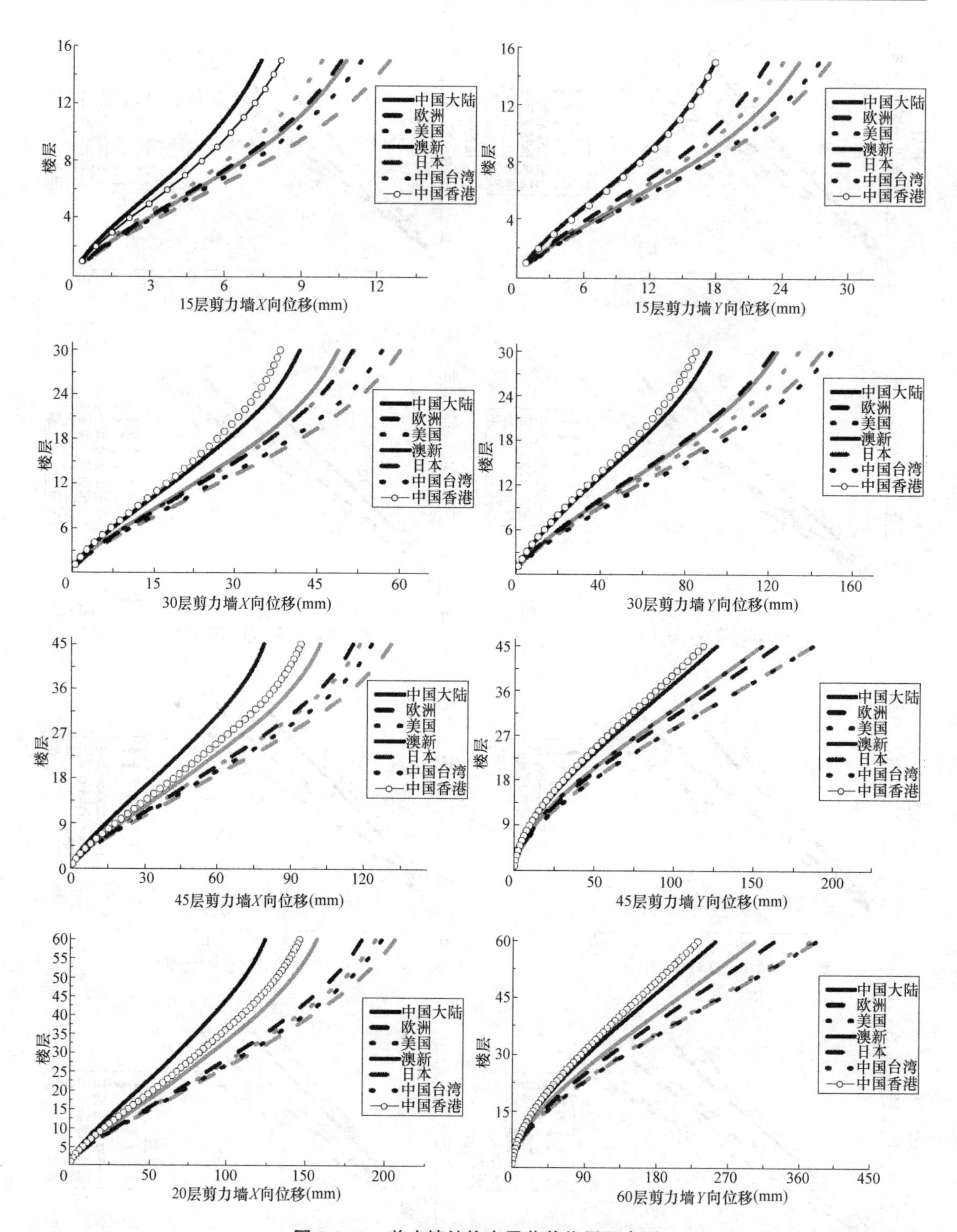

图 9-2-10 剪力墙结构在风荷载作用下变形

各国及地区的各层位移有所差异，但是该值大小情况并不能反映限值控制松紧程度情况。将各国及地区风荷载作用下的层间位移角（或顶点位移）限值与各自的限值进行比较，得出的结果再相互对比，可以直观地反映出我国大陆限值控制的松紧程度。根据所有

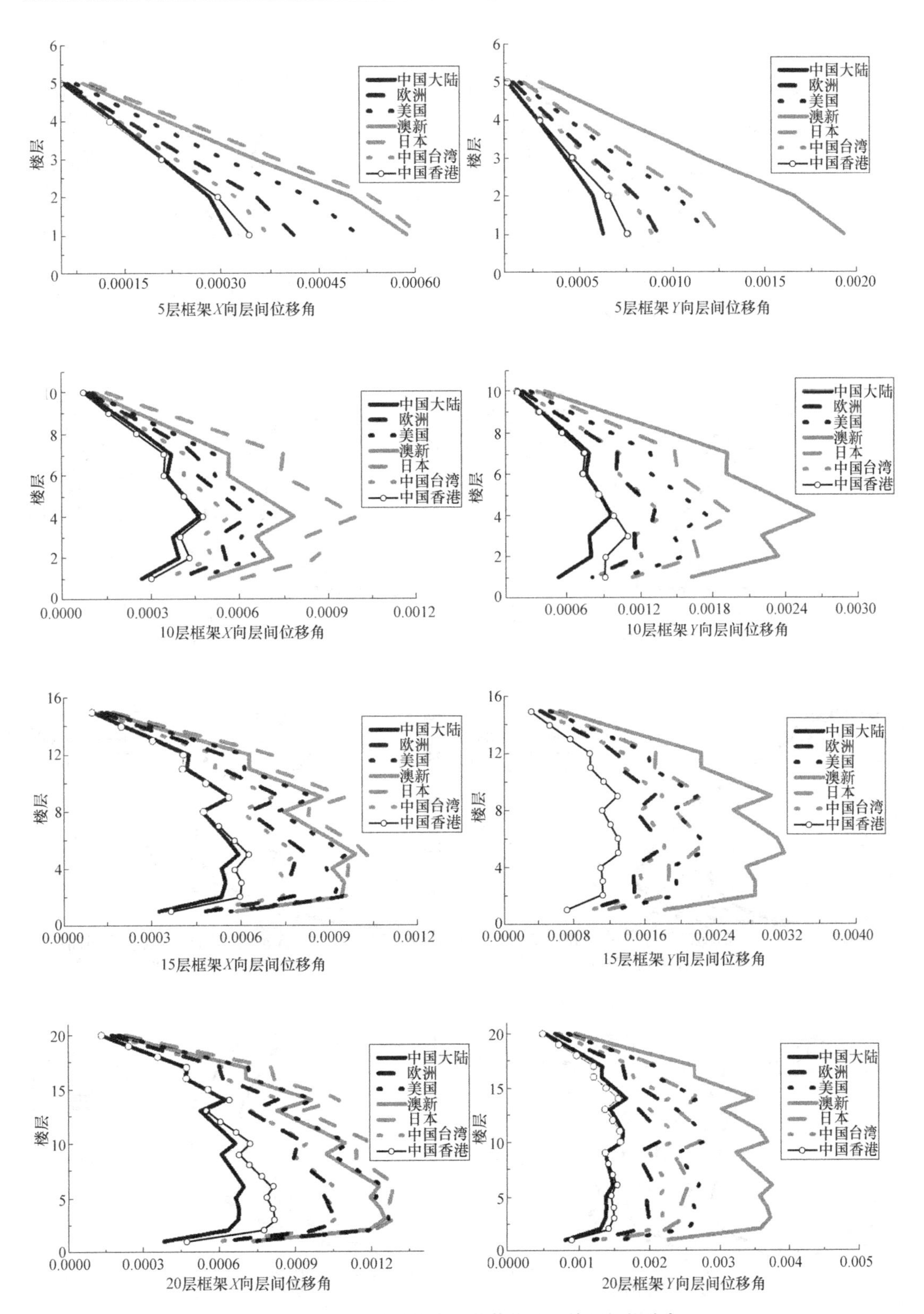

图 9-2-11　框架结构在风荷载作用下的层间位移角

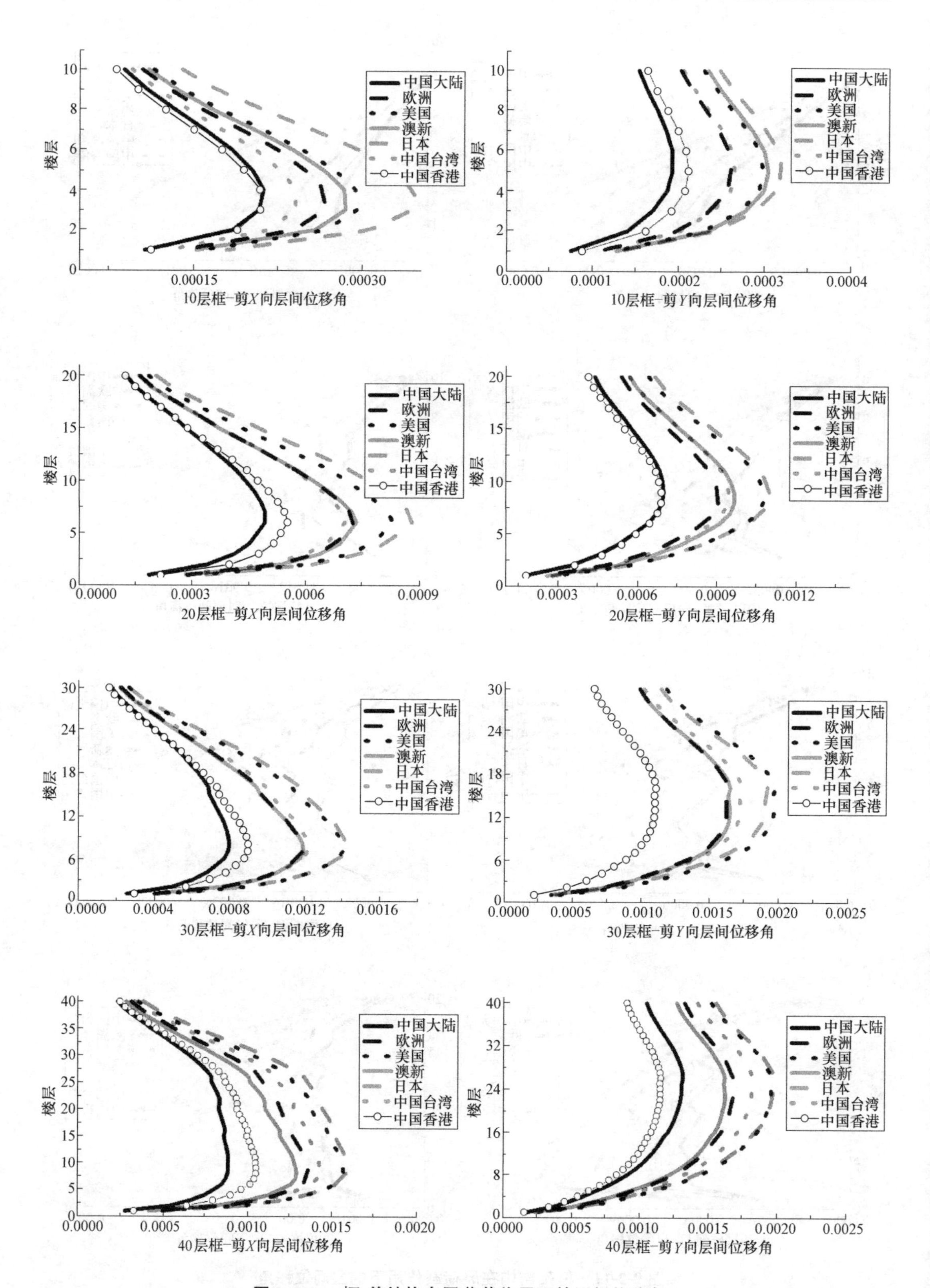

图 9-2-12 框-剪结构在风荷载作用下的层间位移角

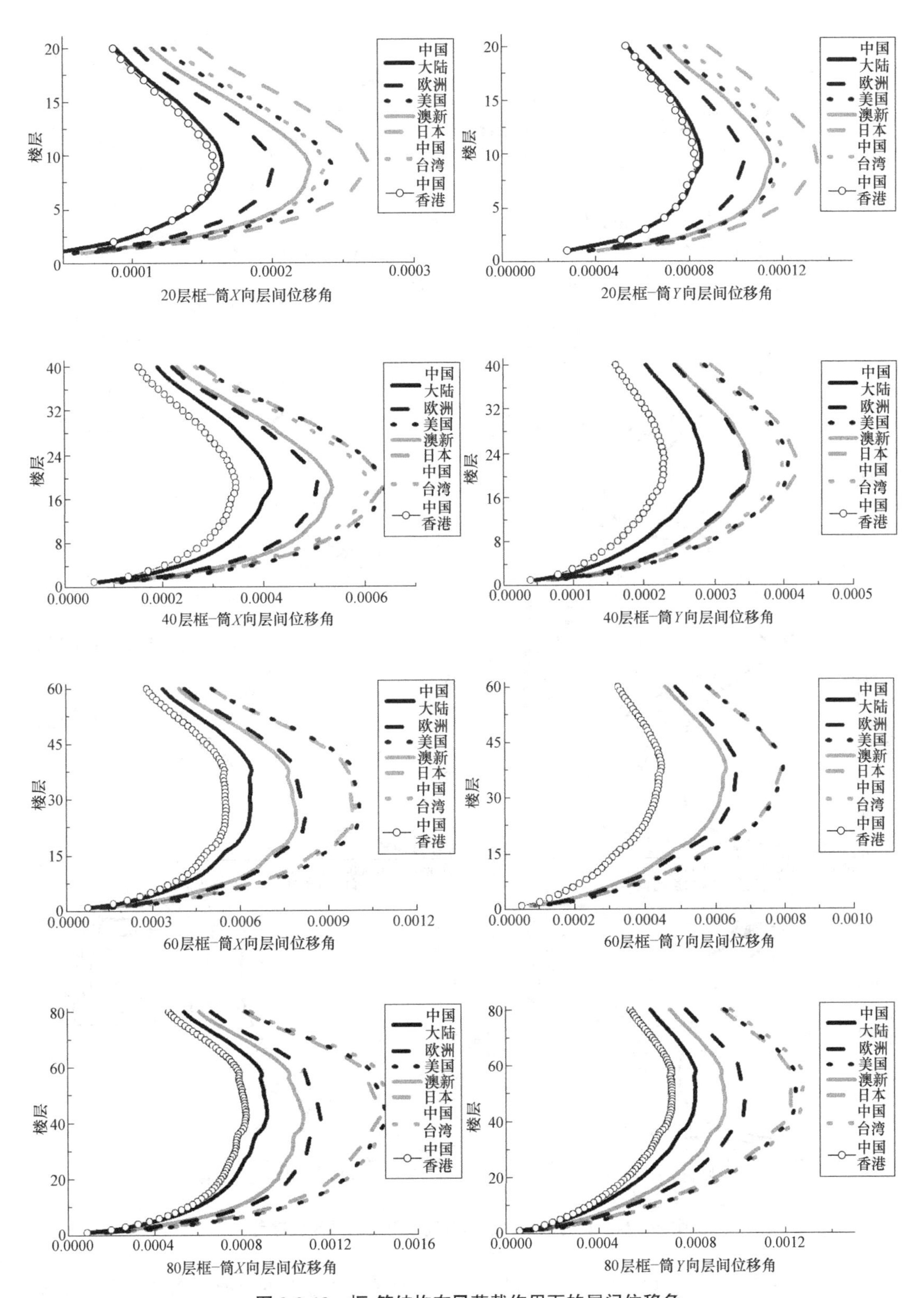

图 9-2-13　框-筒结构在风荷载作用下的层间位移角

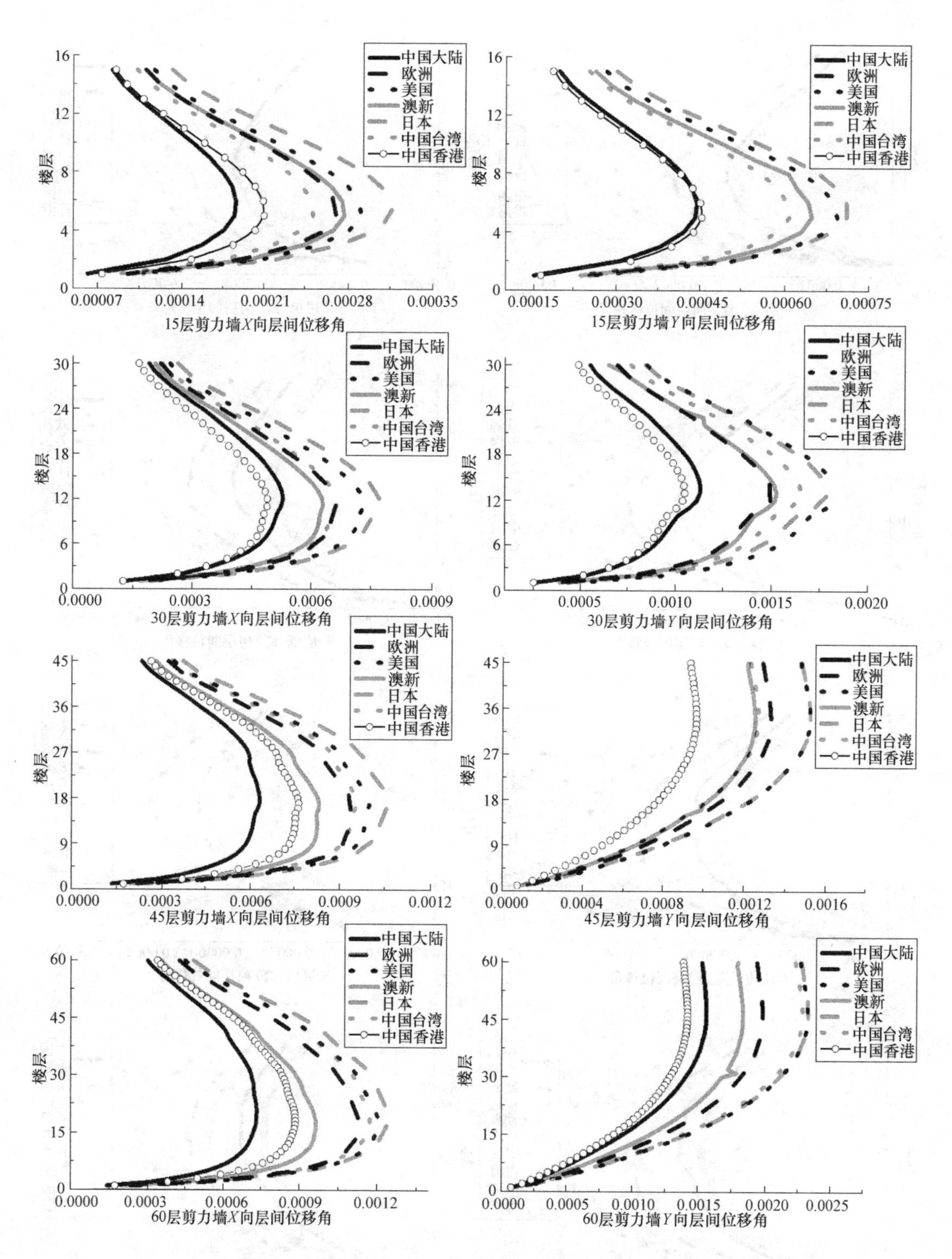

图 9-2-14　剪力墙结构在风荷载作用下的层间位移角

模型计算结果统计后，可以由图 9-2-15 得出各国及地区限值控制的情况。图中的限值比表示各规范限值除以相应计算结果，以中国大陆规范的限值比为单位。

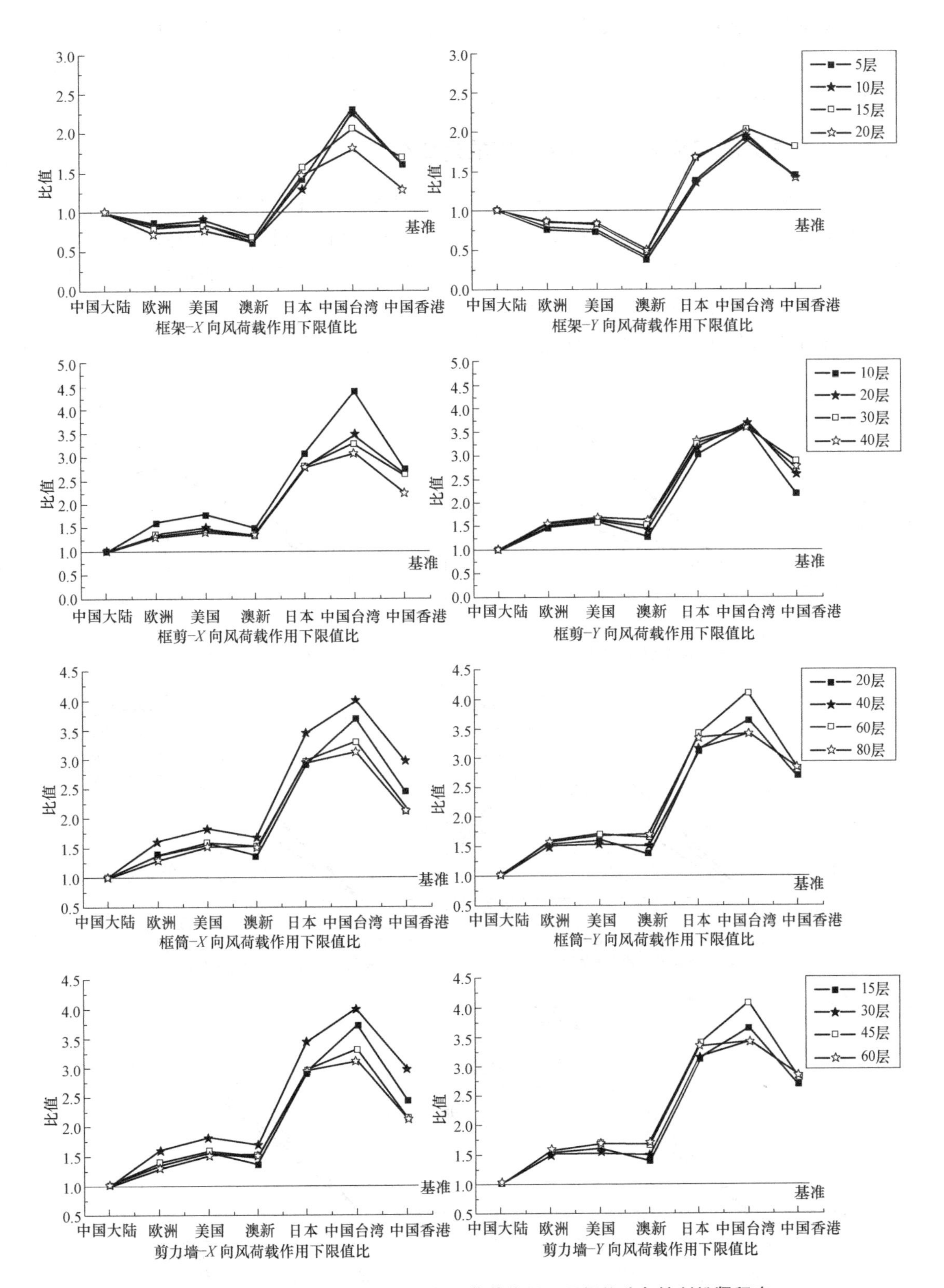

图 9-2-15　各结构类型 X 及 Y 向风荷载作用下层间位移角控制松紧程度

框架结构的限值取 1/500 基本上处在中间水平，既不过分保守也不会过于放松；而对含有剪力墙的结构取 1/800-1/1000 的限值，虽然和欧洲、美国及澳新相比松紧程度接近，但仍然偏小，可以说是这些国家及地区中最保守的、控制最严格的。

9.2.5 中国大陆规范与中国香港规范的对比分析

根据中国大陆规范规定的中国香港基本风压换算的设计风速为 38.04m/s，根据中国香港风荷载计算参数换算的设计风速为 38.74m/s，说明中国大陆规范和中国香港规范计算风荷载大小的基本参数是一致的，下面分别采用中国大陆规范和中国香港规范对上述四类典型结构在风荷载作用下的变形进行计算对比。

计算方法同上节所述。最终统计整理结果如图 9-2-16 所示。

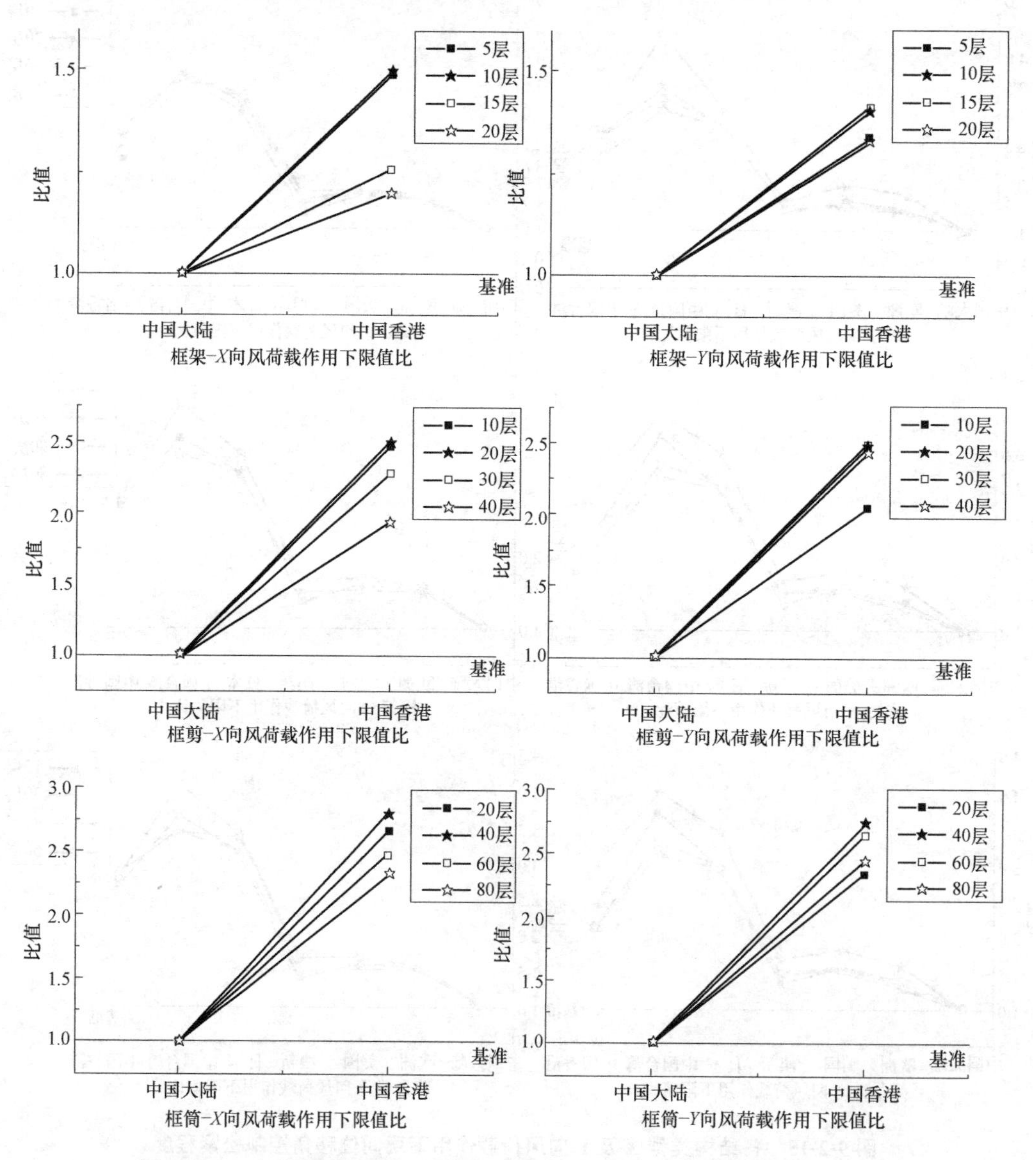

图 9-2-16 各结构类型 X 及 Y 向风荷载作用下层间位移角控制对比（一）

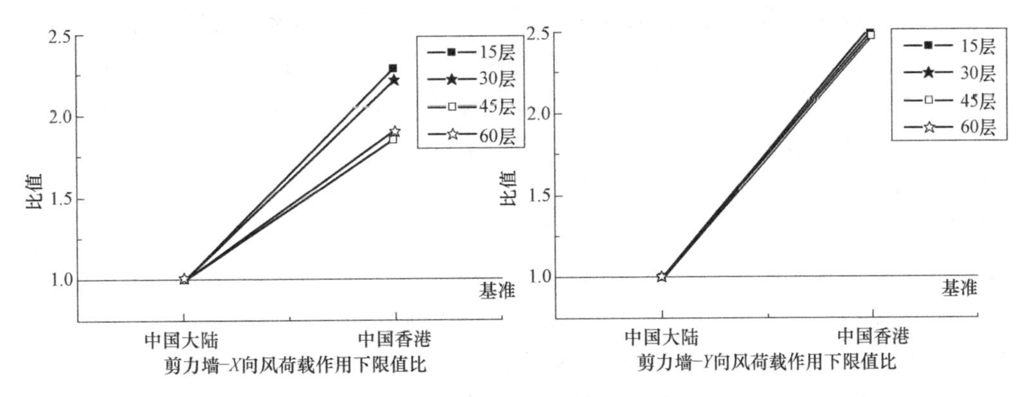

图 9-2-16　各结构类型 X 及 Y 向风荷载作用下层间位移角控制对比（二）

针对中国大陆规范计算中国香港风荷载及其作用下的层间位移角与按中国香港当地规范计算得出的对比，可以看出虽然是同一个地方，但是二者的控制情况却存在较大差异。中国大陆规范控制仍然偏于保守。

9.2.6　结论

通过各国及地区规范的分析对比可见：

1. 对于框架结构，中国大陆、欧洲、美国和澳新规范的要求较严格，日本、中国香港和中国台湾规范的要求较宽松，欧洲、美国和澳新规范的要求比中国大陆规范的要求更严格；

2. 对于以剪力墙为主要抗侧力构件的结构（剪力墙结构、框-剪结构、框-筒结构），中国大陆、欧洲、美国和澳新规范的要求较严格，其中中国大陆规范要求最严格，日本、中国香港和中国台湾规范要求较宽松；

3. 通过中国大陆规范和中国香港规范分别对处于香港的建筑分析对比可见，无论是什么结构形式，中国大陆规范的要求均比中国香港规范的要求严格；

4. 中国大陆规范与其他规范相比，建筑高度越低要求越严格，不存在随建筑高度增加中国大陆规范要求更加严格的情况，所以不应该根据建筑高度确定结构层间位移角限值。

通过以上分析对比，建议中国规范不区分结构形式和结构高度，将风荷载作用下结构层间位移角限值定为 1/500。

9.3　小震作用下结构变形控制

9.3.1　绪论

世界各国规范通过高层建筑层间位移角限值，保证结构具有足够的刚度以及在地震作用下的安全性。近年来许多学者提出，现行中国规范层间位移角限值过于严格，导致结构材料用量增加，结构刚度增大，地震反应增大，对结构产生不利影响。2013 年颁布的广东省《高规》对高层建筑的层间位移角限值做出新规定，相对国家《高规》有较大幅度的放松，其依据是结构概念分析以及大量工程经验。国内许多学者试图借鉴国外抗震规范的相关规定，通过中外抗震规范的对比，考察是否有可能继续放松弹性层间位移角限值。但由于中外规范存在许多差异，目前还没有一致的结论。

美国是地震多发的国家，尤其是西部地区，地震频率与强度都很高，因此其抗震规范发展较早，在国际上具有很强的代表性。美国规范 IBC2000（International Building Code 2000）规定：在设计地震地面运动（其超越概率相当于我国的设防地震）作用下结构损伤是可修的；在超过设计等级的地面运动作用下，结构倒塌的可能性尽可能低。美国规范的抗震设防思想与中国规范“中震可修、大震不倒”的抗震设防思想基本吻合，因此美国规范的层间位移角限值对于本研究有重要的参考价值。

美国荷载规范 ASCE7-10（Minimum Design Loads for Building and other Structure）[19]针对结构的层间变形验算提出了要求，见表 9-3-1。

ASCE7-10 层间位移角限值 **表 9-3-1**

结构体系	建筑重要性类别		
	Ⅰ或Ⅱ类	Ⅲ类	Ⅳ类
除砌体剪力墙外 4 层或 4 层以下的体系	0.025	0.02	0.015
砌体悬臂剪力墙结构	0.01	0.01	0.01
其他砌体剪力墙结构	0.007	0.007	0.007
其他结构	0.02	0.015	0.01

从表中可以看到，美国规范与中国规范的位移限值大小存在较大差异，原因是两国规范在设防水准以及地震作用计算方法上存在不同。因此，要实现两国规范地震作用下层间位移角限值的对比，首先需要对两国规范的相应规定进行统一，从而建立逻辑上合理、计算条件统一的对比方法。

本研究以中美抗震规范为基础，着眼于两国规范的抗震设计规定，对两国规范地震作用下层间位移角限值进行对比；根据两国规范的对比结果，对中国规范的弹性层间位移角限值提出修改建议；基于构件的变性指标限值，通过罕遇地震作用下的弹塑性分析，对修改限值后的结构进行抗震性能评估，论证修改后层间位移角限值的合理性。

9.3.2 中美抗震规范层间位移角限值对比关系的建立

9.3.2.1 规范体系简介

1995 年，美国成立了国际规范委员会（International Code Council，ICC），致力于制定统一的建筑规范，1997 年 ICC 与其他机构合作编制了 NEHRP1997，2000 年 ICC 出版了基于 NEHRP1997 的 IBC2000，初步实现了美国建筑规范的统一。IBC 可以被理解为是众多规范的整理与归纳，在使用时，IBC 会引用各专门规范的条款。其中，抗震设计方面，IBC 主要引用的是由美国土木工程协会（American Society of Civil Engineers，ASCE）出版的《建筑与其他结构最小设计荷载标准》，即 ASCE7；混凝土结构设计与抗震措施部分则参考美国混凝土规范 ACI318。

本研究所采用的中国规范包括：《建筑抗震设计规范》《高层建筑混凝土结构技术规程》《混凝土结构设计规范》《建筑结构荷载规范》。

本研究所采用的美国规范包括：IBC2012、ASCE7-10、ACI318R-14。

9.3.2.2　抗震设防水准与目标

我国现行《抗规》采用“三水准抗震设防目标”，即“小震不坏，中震可修，大震不倒”。

美国规范 IBC 指出，抗震设计的目标是保证结构在地震作用下的倒塌风险最小，为结构抗震提供最低的标准。IBC 对于设防地震的规定，可以归纳为以下几点：

（1）采用 2/3 的最大考虑地震作用 MCE（Maximum Considered Earthquake）作为基准设防地震，从而保证各地区结构在最大考虑地震下，有着相近的倒塌风险。

（2）所考虑的最大地震作用，对应 50 年超越概率约为 2%的地震烈度，其基准重现期为 2500 年。

（3）基准设防地震作用，即设计地震作用（由最大考虑地震作用乘以 2/3 得到），在美国中部与东部地区对应 50 年超越概率约为 5%的地震烈度，在美国西部地区对应 50 年超越概率约为 10%的地震烈度。

美国西部地区地震多发，结构抗震设计非常重要，同时其设计地震基准重现期与我国规范的设计地震基准重现期相同，因此本研究涉及对比的地区为美国西部地区，基准重现期为 475 年。根据中美规范的描述，两国抗震设防水准与目标对比如图 9-3-1 所示。

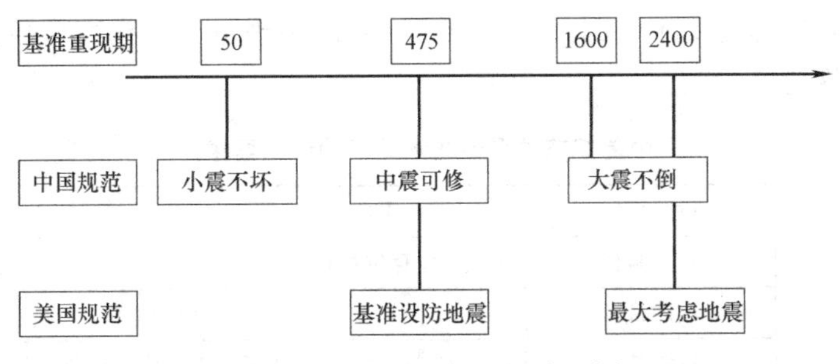

图 9-3-1　中美抗震设防目标对比

通过对比可以看到，两国规范对于设防水准目标主要有以下区别：

（1）中国规范采用三水准设防，而美国规范只给出了对应于中国规范的罕遇地震与设防地震下的设防目标，没有给出对应于多遇地震设防目标的要求。

（2）美国规范考虑了不同地区地震危险性的差异，将各地区最大考虑地震作用 MCE（2500 年一遇）的 2/3 作为设计地震作用，使不同地区的结构在最大考虑地震作用下的倒塌概率相同。而中国规范则是对所有地区，均采用 50 年超越概率 10%的地震作用作为设防地震作用，这将导致不同地区的结构在罕遇地震作用下的倒塌风险存在较大的差异。

尽管美国规范在制定抗震设防水准上相比中国规范更具合理性，但两国规范都是以一定期限内的地震作用超越概率来定义地震作用的，只需在相同的地震基准重现期下，控制地震的地面峰值加速度相同，即可建立两国规范之间的联系。

9.3.2.3　规范抗震设计方法

中国规范采用的是“两阶段设计方法”：第一阶段是多遇地震下的构件承载力设计和

结构弹性变形验算；第二阶段是罕遇地震下结构弹塑性变形验算以及抗震构造措施。中国规范没有针对设防地震进行专门的抗震验算，而是通过多遇地震下的弹性设计和构造，来保证结构在设防地震作用下的损坏控制在可修复的范围内。

美国规范采用对单一阶段的抗震设计和抗震构造来保证结构在地震作用下的安全性。抗震设计时，针对 2/3 的最大考虑地震作用，采用弹塑性反应谱的 R-μ 理论进行抗震验算，具体设计步骤如下：

（1）首先以最大考虑地震 MCE 为基准进行全国地震烈度的区划，得到地震烈度区划图；

（2）通过查找地震烈度区划图的参数并结合场地类别的影响，得到 5%阻尼比下的最大考虑地震加速度反应谱，并乘以 2/3 得到设计地震加速度反应谱，即设计反应谱；

（3）使用设计反应谱对结构进行弹性计算，得到设计地震作用下的结构响应后，采用与结构体系相对应的修正系数 R（Response Modification Coefficient）对弹性计算结果进行折减，最终得到结构的设计内力，并进行承载力验算；

（4）采用位移放大系数 C_d（Deflection Amplification Factor）对计算所得的位移结果进行放大，最终得到位移结果进行变形验算。以上计算过程允许结构产生开裂或是屈服。

表 9-3-2 为中美规范对于抗震设计的验算要求对比。由于本研究内容为中美抗震规范的位移限值对比，因此只关注两国规范对于地震作用下结构位移的要求。可以看到中国规范对多遇地震与罕遇地震下的结构均提出了位移验算的要求，而美国规范仅对设计地震下的结构提出了位移验算的要求。因此，若想要建立两国规范中结构变形限值的对比关系，需要进行一定的转化。

中美规范抗震设防水准下的设计要求　　表 9-3-2

中国规范	设防目标	小震不坏	中震可修	大震不倒
	抗震验算	承载力验算位移验算	—	位移验算抗震构造
美国规范	设防目标	—	设计地震	最大考虑地震
	抗震验算	—	承载力验算位移验算	—

9.3.2.4　规范地震作用下层间位移角限值的对比指标

（1）美国规范对于层间位移角限值的规定

ASCE7-10 表 12.12-1 对于层间位移角的规定：结构在设计地震作用下的层间位移角，不得超过表 1-1 的限值。根据表中内容，可以确定当建筑重要性类别为Ⅰ或Ⅱ类时，美国规范中框架、剪力墙、框架-剪力墙、框架-核心筒结构的层间位移角限值均为 0.02，即 1/50。

（2）中美规范层间位移角限值富裕度比值 β 的定义

对于某地区一栋结构，定义其在中国规范中的层间位移角富裕度 γ_C 如式（9-3-1）。

$$\gamma_C = \frac{\delta_{\text{中国中震}}}{\delta_{\text{中国中震限值}}} \tag{9-3-1}$$

$\delta_{\text{中国中震}}$ 代表结构在中国规范设防地震作用下的最大层间位移角，$\delta_{\text{中国中震限值}}$ 代表中国规范设防地震对应的层间位移角限值，中国规范中没有给出相关规定。

γ_C代表该结构在中国规范设防地震作用下的层间位移角相比于规范限值的富裕大小，γ_C越大，代表该结构层间位移角富裕空间越小。若 $\gamma_C>1$，代表结构位移角此时已经超过了规范的限值。

同理，定义结构在美国规范中的层间位移角富裕度 γ_A如式（9-3-2）。

$$\gamma_A=\frac{\delta_{美国设计地震}}{\delta_{美国设计地震限值}} \tag{9-3-2}$$

$\delta_{美国设计地震}$代表结构在美国规范设计地震作用下的最大层间位移角，$\delta_{美国设计地震限值}$代表美国规范设计地震对应的层间位移角限值。

此时两国的层间位移角富裕度 γ_C、γ_A均为 475 年一遇的地震作用下的计算结果，两者具有可比性。定义中美规范地震作用下层间位移角限值富裕度比值：

$$\beta=\frac{\gamma_C}{\gamma_A}=\frac{\delta_{中国中震}/\delta_{中国中震限值}}{\delta_{美国设计地震}/\delta_{美国设计地震限值}} \tag{9-3-3}$$

β即是中美抗震规范层间位移角限值的对比指标。当$\beta>1$，有 $\gamma_C>\gamma_A$，说明该结构按中国规范计算的层间位移角富裕空间小于按美国规范计算的层间位移角富裕空间，我国规范相对美国规范更为严格；当$\beta<1$，有 $\gamma_C<\gamma_A$，说明该结构按中国规范计算的层间位移角富裕空间大于按美国规范计算的层间位移角富裕空间，我国规范相较于美国规范更为宽松。

然而在中国抗震规范中，并未设定 475 年一遇设防地震作用下的层间位移角限值，此时β的计算还不具备可操作性，需要将 γ_C向 50 年一遇的多遇地震作用下的层间位移角富裕度进行转化。

（3）中国规范层间位移角限值富裕度 γ_C 的转化

1969 年 Newmark 和 Hall 提出：地震动作用下，低频结构的最大位移反应近似于常数，此时结构位移略大于地震动的位移，而对于频率特别低的结构体系，最大位移反应与地震动的位移相等，无论结构处于弹性或者是非弹性状态，其顶点的位移与地面运动的位移相等，这就是“等位移原则”。图9-3-2为等位移原则的弹塑性反应曲线。

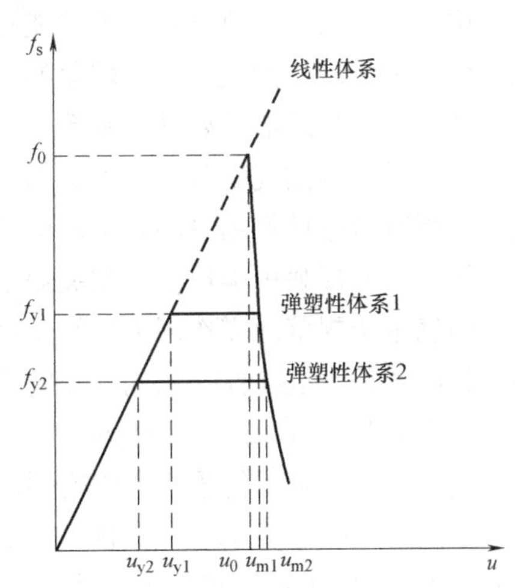

图 9-3-2 “等位移原则”下弹塑性体系极限变形—屈服内力关系

假设某一特定结构在进入弹塑性状态后，其非线性反应能够满足等位移原则，那么可以认为在中国规范的设防地震作用下，结构进入非线性状态后的最大层间位移角 $\delta_{中震弹塑性}$，与其在保持完全弹性状态下的最大层间位移角 $\delta_{中震弹性}$ 在统计意义上相等。于是有式（9-3-4）成立：

$$\frac{\delta_{中震弹塑性}}{\delta_{小震}}\approx\frac{\delta_{中震弹性}}{\delta_{小震}}=\frac{A_{中震}}{A_{小震}}=2.86 \tag{9-3-4}$$

$\delta_{小震}$代表结构在中国规范多遇地震作用下的最大层间位移角，$\delta_{中国小震限值}$代表结构对应的中国规范多遇地震下的弹性层间位移角限值，$A_{中震}$代表设防地震对应的地面运动峰值加速度，$A_{小震}$代表多遇地震对应的地面运动峰值加速度。

实际上，一般高层建筑结构并非长周期结构（基本周期大于6s），严格意义上并不属于等位移原则的适用范畴。许多学者的研究成果显示，结构在设防地震作用下虽然部分构件进入了屈服状态，但构件塑性变形并未充分发展，即结构在设防地震作用下处于弱非线性状态。假定其最大层间位移角$\delta_{中震弹塑性}$仍然能够满足式（9-3-4），此时该结构在475年一遇地震作用下的最大层间位移角与在50年一遇地震作用下的最大层间位移角在统计意义上存在固定的比例关系，约为2.86，在此基础上有：

$$\gamma_C=\frac{\delta_{中国中震}}{\delta_{中国中震限值}}=\frac{\delta_{中国小震}}{\delta_{中国小震限值}} \tag{9-3-5}$$

式（9-3-5）实现了γ_C由475年一遇的地震作用下层间位移角富裕度向50年一遇的地震作用下层间位移角富裕度的转化，从而将式（9-3-3）改写为式（9-3-6）：

$$\beta=\frac{\gamma_C}{\gamma_A}=\frac{\delta_{中国小震}/\delta_{中国小震限值}}{\delta_{美国设计地震}/\delta_{美国设计地震限值}} \tag{9-3-6}$$

因此只需证明本研究的对比模型在统计意义上能够满足式（9-3-4），即可通过式(9-3-6)计算中美抗震规范层间位移角限值富裕度比值β，对两国规范层间位移角限值严格程度的相对关系进行量化。

（4）中美规范地震作用下层间位移角限值对比的前提

中美抗震规范有许多规定存在差异，通过定义两国规范层间位移角限值富裕度比值β对两国层间位移角限值的严格程度进行量化，但量化的前提条件必须统一。影响两国规范对比结果的参数可分为两类：

第一类，两国规范规定相近并能够在兼顾真实性的基础上统一取值的，或通过设立一定的标准可实现两国规范互相转化的参数。例如重力荷载、场地土类型、地震区划、材料的弹性模量、建筑的重要性类别等；

第二类，两国规范差异较大需保留各自规定，在对比中完全反映的参数。例如地震反应谱、影响位移计算结果的各项调整系数等。

为了真实反映中美规范的相关规定并使对比过程具有可操作性，将第一类参数统一取值。明确中美规范地震作用下层间位移角限值对比的前提条件：同一结构在相同的场地条件、相同的地震危险性、相同的竖向荷载下，进行中美抗震规范层间位移角的计算，并且该结构需满足式（9-3-4）的要求。

同一结构是指所使用的结构模型均基于中国规范进行设计。清华大学李梦珂等人选取了一个典型RC框架-核心筒结构Building 2A（该结构由美国太平洋地震工程研究中心（PEER）于2011年发布）作为设计基础，在保持相同的结构布置、设计荷载、场地条件和地震危险性水平的前提下，根据中国规范重新设计了Building 2N，其三维立体图及平面布置如图9-3-3、图9-3-4所示。

文章统计了两栋结构的混凝土、钢筋的材料用量，如图9-3-5、图9-3-6所示。从对比结果可以看到，在保证地震危险性相近的前提下，按美国规范设计的框架-核心筒结构的梁、柱、墙构件的混凝土、钢筋用量均少于按中国规范设计的材料用量。在地震危险性相同的前提下，按中国规范反应谱计算的地震作用较大；此外中国规范对结构位移的限制也更为严格，导致按中国规范设计的材料用量更多。

综上，依据中国规范设计出的钢筋混凝土结构，其构件的尺寸通常能够满足美国规范的要求，并且中美规范位移对比的计算过程均为弹性，不考虑钢筋的作用，因此尽管两国规范在配筋上略有出入，但对计算结果并无影响。相同的场地条件是指在中美规范计算地震作用时，以等效剪切波速为标准将中美场地类别进行相应的转化。

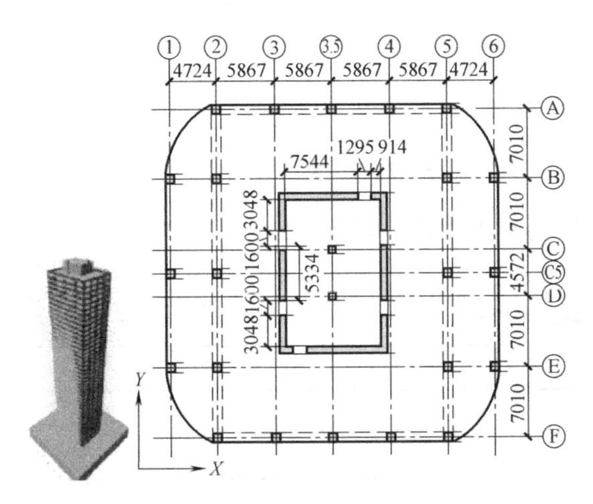

图 9-3-3　Building 2A 三维立体图及平面布置

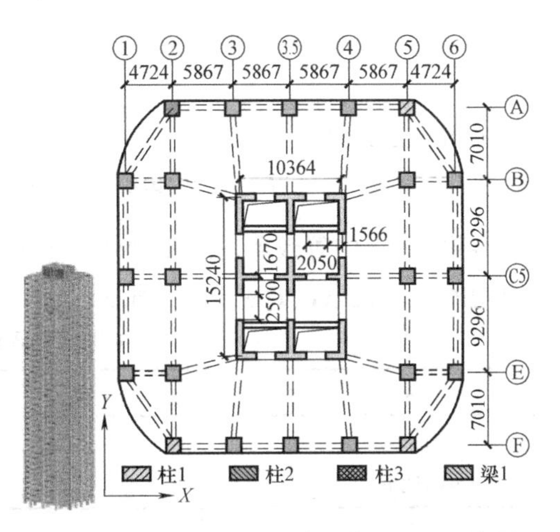

图 9-3-4　Building 2N 三维立体图及平面布置

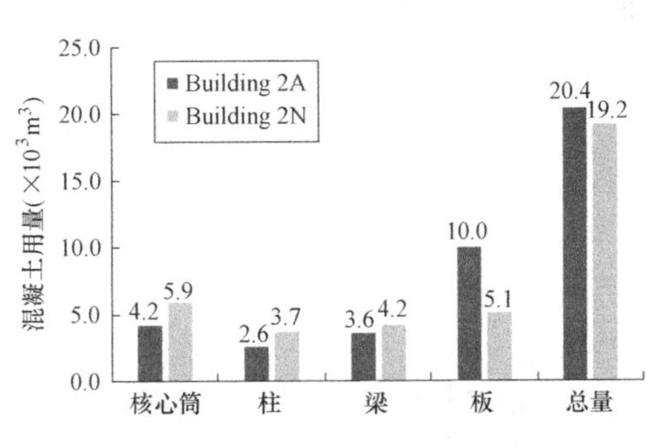

图 9-3-5　Building 2A 与 Building 2N 混凝土用量比较

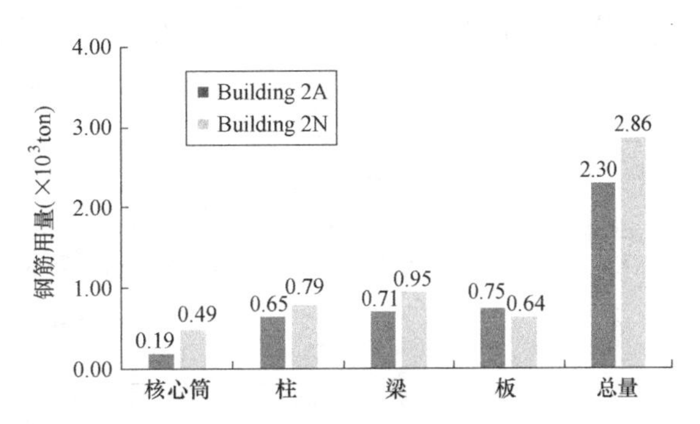

图 9-3-6　Building 2A 与 Building 2N 钢筋用量比较

相同的地震危险性是指在中美规范计算地震作用时，需要在相同的地震基准重现期前提下，控制地面运动峰值加速度相同，基于这一原则进行相应的地震动参数转化。

相同的竖向荷载是指对两国结构模型的重力荷载代表值进行统一取值。

在此前提下进行中美规范层间位移角的计算及层间位移角限值的对比。

9.3.3　中美规范地震作用下位移计算的对比与统一

9.3.3.1　场地类别

《抗规》根据土层的等效剪切波速，并综合考虑场地的覆盖层厚度，将中国场地划分为Ⅰ、Ⅱ、Ⅲ、Ⅳ四类。ASCE7-10 根据土层等效剪切波速、标准贯入次数和土的不排水剪切强度三个指标，将美国场地分为 A、B、C、D、E、F 六类。

综上，以等效剪切波速作为场地类别划分的主要依据，忽略其他相关划分指标的影响，建立两国场地类别与等效剪切波速的对应关系如图 9-3-7 所示。

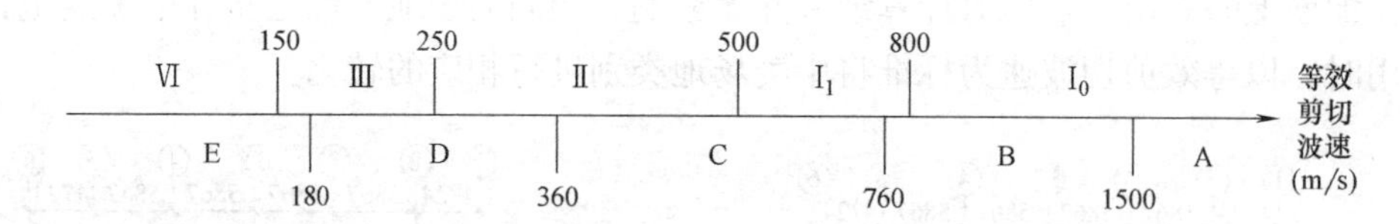

图 9-3-7　中美规范场地类别与等效剪切波速对应关系

将图 9-3-7 中等效剪切波速重合区域最大的场地类型建立联系，最终得到中美规范场地类别的对应关系，如表 9-3-3 所示。

中美规范场地类别对应关系　　表 9-3-3

规范	场地类别			
中国规范	I_0	Ⅱ	Ⅲ	Ⅳ
美国规范	B	C	D	E

9.3.3.2　设计反应谱

图 9-3-8 为《抗规》中建筑结构地震影响系数曲线，即中国规范的抗震设计反应谱：

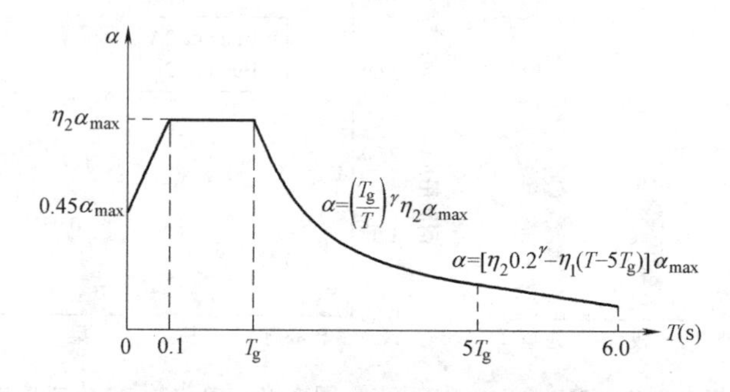

图 9-3-8　中国规范地震影响系数曲线

α—地震影响系数；α_{max}—地震影响系数最大值；T_g—特征周期；γ—衰减指数；
η_1—直线下降段的下降斜率调整系数；η_2—阻尼调整系数；T—结构自振同期

美国规范采用 2/3 的最大考虑地震作用作为基准设防地震（设计地震），其设计反应谱以基准设防地震谱加速度形式给出，如图 9-3-9 所示。

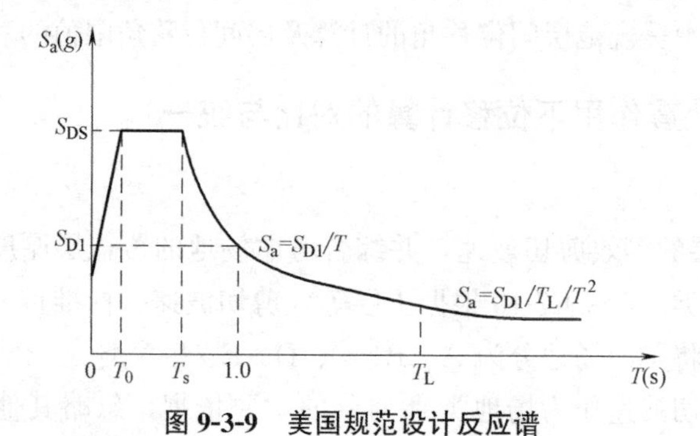

图 9-3-9　美国规范设计反应谱

图中：

$$\begin{cases} S_{DS}=\frac{2}{3}S_{MS}=\frac{2}{3}F_aS_s \\ S_{D1}=\frac{2}{3}S_{M1}=\frac{2}{3}F_vS_1 \end{cases} \quad (9\text{-}3\text{-}7)$$

$$\begin{cases} T_s=\frac{S_{D1}}{S_{DS}} \\ T_0=0.2\frac{S_{D1}}{S_{DS}} \end{cases} \quad (9\text{-}3\text{-}8)$$

式中　S_{DS}、S_{D1}——周期为 T_0 处和 1s 处的设计地震反应谱加速度（g）；

S_{MS}、S_{M1}——周期为 T_0 处和 1s 处的最大考虑地震反应谱加速度（g）；

S_s、S_1——周期为 T_0 处和 1s 处的 B 类场地土的最大考虑地震反应谱加速度（g），其取值通过查询 ASCE7-10 中的美国地震区划图 22-1～图 22-6 得到；

F_a、F_v——场地土影响系数，通过查询 ASCE7-10 表 11.4-1、表 11.4-2 得到；

T_0、T_s——分别为反应谱平台段起始周期与结束周期（s）；

T_L——长周期段过渡周期（s），通过查询 ASCE7-10 图 22-12～图 22-16 得到，本研究参考美国西部加州地区的取值，取 8s。

9.3.3.3　地震区划

我国于 2016 年颁布了最新的中国地震区划图，仍采用过去几版规范中概率分析的方法编制，地震基准重现期为 475 年，以Ⅱ类场地为标准场地类型。该区划图以反应谱特征周期与地震峰值加速度为参数，依据双参数确定各个地区的地震动参数。

对于设防烈度与设计基本地震（设防地震）峰值加速度之间的对应关系如表 9-3-4 所示。

抗震设防烈度和设计基本加速度值的对应关系　　**表 9-3-4**

抗震设防烈度	6	7	8	9
设计基本加速度	0.05g	0.10(0.15)g	0.20(0.30)g	0.40g

以 475 年为基准重现期的设防地震，其对应的地面运动峰值加速度已由地震区划图给出。若以设防地震对应的地震烈度 I 为基准，根据对我国城市地震危险性分析的平均结果，多遇地震对应的地震烈度为 I-1.55 度，罕遇地震对应的地震烈度为 $I+1$ 度。然而这仅仅是统计意义上的结果，对于不同的地区，罕遇地震对应的地震烈度以及基准重现期通常是不同的，其地震烈度通常不是 $I+1$ 度，而地震的基准重现期在 1642～2475 年之间，离散性较大。

美国规范采用最大考虑地震作用的 2/3 作为设计地震作用。最大考虑地震的 50 年超越概率为 2%，基准重现期为 2500 年；对于西部地区来说，2/3 的最大考虑地震 50 年超越概率为 10%，基准重现期为 475 年。美国最新的地震区划图为 2008 年版，该图的标准场地为 B 类场地，标定的是各个地区在反应谱短周期和周期为 1s 处 B 类场地土的最大考虑地震动谱加速度 S_s、S_1（g）。

为了实现中美规范地震动参数的转换，首先需要确定是将哪国规范向另一国规范转化。本研究采用的是由中国的 7 度 0.1g、8 度 0.2g 以及 8 度 0.3g 向美国规范转换的方式。采用罗开海、王亚勇[19]等人的研究成果实现转化：

首先通过计算确定中国规范在不同设防烈度下，不同重现期地面运动峰值加速度与 475 年基准重现期地面运动峰值加速度的比值 γ_{CN}，见表 9-3-5。

各重现期地面运动峰值加速度的比值 **表 9-3-5**

重现值(年)	7 度(0.10g)	7 度(0.15g)	8 度(0.20g)	8 度(0.30g)	9 度
50	0.35	0.37	0.35	0.37	0.35
475	1.00	1.00	1.00	1.00	1.00
1975	2.51	2.31	2.00	1.70	1.50
2500	2.97	2.69	2.25	1.84	1.58

从表中可以看到，随着设防烈度的增大，2500 年一遇、1975 年一遇的地震的比值 γ_{CN}逐渐降低。9 度设防时，2500 年一遇的地震的 γ_{CN}仅为 1.58，代表此时 2500 年一遇的地震地面峰值加速度仅为 475 年一遇的地震地面峰值加速度的 1.58 倍。

美国规范中的最大考虑地震，其基准重现期为 2500 年，于是反应谱短周期和周期为 1s 处的最大考虑地震动谱加速度（g）可通过式（9-3-9）、式（9-3-10）计算：

$$S_s = 2.5\gamma_{CN}A_{cc}/F_a \tag{9-3-9}$$

$$S_1 = 2.5\gamma_{CN}T_gA_{cc}/F_v \tag{9-3-10}$$

式中 γ_{CN}——统一取以重现期为 2500 年的取值；

A_{cc}——中国规范中与基本烈度相对应的地震地面运动峰值加速度；

F_a、F_v——分别为美国规范中与中国Ⅱ、Ⅲ类场地土相对应的 C 类、D 类场地土调整系数；

T_g——中国规范的设计土特征周期。

由于式（9-3-9），式（9-3-10）中 γ_{CN}、A_{cc}、T_g 为已知，S_s、S_1、F_a、F_v 均为未知，并且 F_a、F_v 的值是由 S_s、S_1 插值确定的，因此使用迭代计算：假定 F_a、F_v 初始值为 1.0，计算得到 S_s、S_1，再通过插值得到新的 F_a、F_v，与初始值比较，计算结果差值在 5%以内则停止计算，否则将计算结果继续代入，重复以上过程直至两次计算的 F_a、F_v 结果差值在 5%以内。最终确定 S_s、S_1 的值如表 9-3-6 所示。

对应中国规范Ⅱ类场地（第一组）美国规范地震动参数 **表 9-3-6**

设防烈度	C类场地			D类场地		
	7 度	8 度(0.2g)	8 度(0.3g)	7 度	8 度(0.2g)	8 度(0.3g)
S_s	0.65	1.13	1.38	0.54	1.04	1.38
S_1	0.16	0.25	0.33	0.15	0.27	0.38
F_a	1.14	1.00	1.00	1.37	1.09	1.00
F_v	1.64	1.55	1.48	2.19	1.86	1.64

9.3.3.4 建筑重要性类别

我国《建筑工程抗震设防分类标准》将建筑物的重要性类别划分为甲、乙、丙、丁四类，其中甲类建筑物的重要性最高，丁类建筑物的重要性最低。针对不同重要性的建筑物从抗震构造措施与设防烈度两个方面进行相应的调整。

美国规范针对不同的建筑重要性，还给出了重要性系数用于各项计算，见表 9-3-7。

美国规范建筑物重要性类别　　表 9-3-7

重要性类别	建筑描述	重要性系数
Ⅰ类	破坏时对人的生命安全影响很小的建筑	1
Ⅱ类	除Ⅰ类、Ⅲ类、Ⅳ类以外的一般性建筑	1
Ⅲ类	破坏时对人的生命安全影响较大或造成重大经济损失的建筑	1.25
Ⅳ类	地震来临时作为救灾防护设施的建筑	1.5

除此之外，美国规范还根据地震动参数及建筑物重要性类别规定了建筑设计类别，用于确定建筑物的结构体系、地震荷载组合系数等，见 ASCE7-10。基于一般性的考虑，本研究选取中国规范的丙类建筑进行研究；根据美国规范的描述，选取对应的Ⅱ类建筑进行研究，此时建筑物重要性系数 I_e取 1.0。

9.3.3.5　重力荷载代表值

在计算地震作用时，中美规范的重力荷载代表值均取永久荷载标准值和可变荷载组合值之和，尽管两国的重力荷载代表值中的荷载取值与组合值系数都有一定的区别，但在形式上十分相似，数值上也较为接近，因此可以进行统一。中国规范中一般建筑的楼面活荷载取值范围为 2.0～3.5kN/m^2，其组合值系数取 0.5；美国规范中一般建筑的楼面活荷载取值范围为 1.92～2.4kN/m^2，组合值系数未提及，但取值一般不小于 0.3。本研究为便于比较，统一重力荷载代表值 $W=1.0\times$恒载$+0.5\times$楼面活荷载，不考虑其他的荷载作用；其中楼面活荷载按等效均布荷载计算，统一取 2.2kN/m^2。

9.3.3.6　材料弹性模量与重度

在本研究的中美规范地震作用计算过程中结构刚度的计算不涉及钢筋及混凝土材料强度的取值，因此本节仅讨论中美规范混凝土弹性模量以及混凝土重度的取值。

（1）混凝土弹性模量

中国规范中，混凝土弹性模量 E_c是由立方体抗压强度标准值 $f_{cu,k}$计算得到的，其计算公式见式（9-3-11）：

$$E_c=\frac{10^5}{2.2+34.7f_{cu,k}}(\text{MPa}) \tag{9-3-11}$$

ACI318R-14 中规定，混凝土的受压弹性模量为混凝土受压应力-应变曲线从 0～0.45f'_c所连割线的斜率。对于普通砂石混凝土，可采用式（9-3-12）计算：

$$E_c=57000\sqrt{f'_c}(\text{psi})=4700\sqrt{f'_c}(\text{MPa}) \tag{9-3-12}$$

式中　f'_c——混凝土圆柱体抗压强度。

本研究依据两国规范混凝土圆柱体抗压强度 f'_c相等的原则，建立两国混凝土弹性模量的对应关系。中国规范中，对 C60 以下的混凝土，混凝土圆柱体抗压强度 f'_c由式（9-3-13）确定；C60 混凝土式(9-3-13)中的 0.79 改为 0.833：

$$f'_c=0.79f_{cu,k} \tag{9-3-13}$$

根据式（9-3-12）、式（9-3-13）建立中美混凝土弹性模量 E_c的对应关系，如表 9-3-8

所示。

中美规范混凝土弹性模量对比（N/mm^2）　　表 9-3-8

混凝土强度等级	C30	C35	C40	C45	C50	C55	C60
中国规范	30000	31500	32500	33500	34500	35500	36000
美国规范	22881	24714	26421	28023	29539	30981	33227

（2）钢筋混凝土重度

中国规范中普通混凝土的密度一般取 2400kg/m³；根据 ACI318R-14 的规定，普通混凝土密度取 2320～2400kg/m³。中美两国规范的规定相近，因此本研究统一取钢筋混凝土的密度为 2500kg/m³。

9.3.3.7　影响位移计算结果的各项调整系数

（1）中国规范中的调整系数

1）周期折减系数：考虑砌体墙对于结构刚度的影响，自振周期的折减系数根据《高规》条文 4.3.17 取值，框架结构取 0.7，剪力墙结构取 0.9，框架-剪力墙结构取 0.8，框架-核心筒结构取 0.9。

2）梁刚度放大系数：考虑楼板作为翼缘对梁刚度放大影响，其刚度取值按《混规》条文 5.2.4 取值，中梁刚度放大上限为 2.0，边梁刚度放大上限为 1.5。

3）连梁刚度折减系数：根据《高规》条文 5.2.1 的规定，对剪力墙的连梁刚度予以折减，折减系数取 0.5～0.7。

4）最小剪重比调整：根据《抗规》条文 5.2.5 的规定，结构各楼层对应于地震作用标准值的剪力 $V_{\mathrm{Ek}i}$ 应符合式（9-3-14）的要求。

$$V_{\mathrm{Ek}i} \geqslant \lambda \sum_{j=i}^{n} G_j \tag{9-3-14}$$

式中　G_j——第 j 层的重力荷载代表值，剪力系数 λ 的取值不应小于《抗规》表 5.2.5 的取值。

本研究在计算结构位移时，若最小剪重比的调整系数大于 1.2，则位移需要乘以与剪力调整系数相同的系数；若小于 1.2，则认为对位移计算结果的影响较小，无需调整。

（2）美国规范中的调整系数

1）反应谱计算的 R-C_d 调整

美国规范采用弹塑性反应谱 R-μ 理论，考虑不同结构体系的延性，将设计地震下的弹性反应谱计算结果除以相应的地震反应修正系数 R 进行折减，得到设计地震作用进行承载力验算；同时将结构的位移计算结果乘以相应的位移放大系数 C_d（Deflection amplification factor），得到最终的结构位移进行变形验算。

地震反应修正系数 R 不仅仅与结构体系相关，同时也和延性等级相关。美国规范将同一结构体系下的结构细分为不同的延性等级：一般延性、中等延性、特殊延性。通过延性等级的提高，实现延性系数 μ 的增大，地震反应修正系数 R 也依次增大。设计人员可根据不同实际情况选取不同的 R-μ 组合。表 9-3-9 给出了 ASCE7-10 中，四种结构体系使用的 R-C_d 系数值。

美国规范各结构体系下 R-C_d 系数取值 **表 9-3-9**

结构体系	延性水平	修正系数 R	位移放大系数 C_d
框架结构	特殊延性	8	5.5
	中等延性	5	4.5
	一般延性	3	2.5
剪力墙结构	特殊延性	5	5
	一般延性	4	4
框架-剪力墙结构	特殊延性	7	5.5
	一般延性	6	5
框架-核心筒结构	特殊延性	7	5.5
	一般延性	6	5

2）构件的刚度折减系数

美国规范在计算水平荷载作用时，由于允许结构构件的开裂，因此需要考虑构件刚度退化的影响，对梁柱墙构件的截面抗弯刚度需要乘以相应的刚度折减系数。

根据 ACI318-R14 的规定，取刚度折减系数如表 9-3-10，本研究取墙不开裂的系数值 0.7。

美国规范各构件截面抗弯刚度折减系数 **表 9-3-10**

构件	截面抗弯刚度折减系数
柱	0.7
墙(开裂)	0.35
墙(不开裂)	0.7
梁	0.35

3）最小基底剪力调整

ASCE7-10 中条文 12.9.4.1 规定，由反应谱法计算的基底剪力 V_t 须满足式（9-3-15）：

$$V_t \geqslant 0.85V \tag{9-3-15}$$

V 代表使用美国规范底部剪力法计算得到的基底剪力。若不满足式（9-3-15），则需要将基底剪力 V_t 乘以放大系数 $0.85V/V_t$。美国规范底部剪力法的计算过程如式（9-3-16）～（9-3-20）：

$$V = C_s W \tag{9-3-16}$$

$$C_s = \frac{S_{DS}}{\left(\dfrac{R}{I_e}\right)} \tag{9-3-17}$$

当 $T \leqslant T_L$，有：

$$C_s \leqslant \frac{S_{D1}}{T\left(\dfrac{R}{I_e}\right)} \tag{9-3-18}$$

当 $T > T_L$，有：

$$C_s \leqslant \frac{S_{D1} T_L}{T^2\left(\dfrac{R}{I_e}\right)} \tag{9-3-19}$$

同时，还需要满足：

$$C_s=0.044S_{DS}I_e\geqslant 0.01 \tag{9-3-20}$$

式中 C_s——基底剪力系数；

W——结构的重力荷载代表值；

I_e——结构的重要性系数。

式中的结构自振周期 T 应通过简化算法确定，计算公式如式（9-3-21）：

$$T=C_uT_a=C_uC_th_n^x \tag{9-3-21}$$

C_u的取值见 ASCE7-10 表 12.8-1；C_t、x 的取值根据 ASCE7-10 表 12.8.2 分别取 0.0488、0.75；h_n取结构总高度。根据 ASCE7-10 条文 12.9.4.2 规定，还需要对位移结果进行调整：若反应谱计算得到的基底剪力 $V_t<0.85C_sW$，则还需要将位移结果乘以放大系数 $0.85V/V_t$。此时基底剪力系数 C_s按式（9-3-22）取值：

$$C_s=0.5S_1/(R/I_e) \tag{9-3-22}$$

9.3.4 中美规范地震作用下的位移计算

根据 2.5 节所提出的对比前提，使用结构设计软件 YJK 设计了 40 个满足中国规范要求的 RC 结构模型，结构体系包括：框架结构、剪力墙结构、框架-剪力墙结构以及框架-核心筒结构。根据 9.3.2.4 节的要求，使用 Perform-3D 对模型进行了设防地震下的弹塑性分析，证明了设计模型在设防地震作用下处于弱非线性状态，在统计意义上能够满足式(9-3-10)。由于结构分析软件 Etabs2016 中内嵌了中美两国抗震规范，能够较为全面地反映中美两国的抗震设计过程，因此将 YJK 模型导入 Etabs2016，通过计算参数的调整得到两国规范对应的 Etabs 模型，并计算两国规范地震作用下的层间位移角，从而得到两国层间位移角限值富裕度比值 β。

9.3.4.1 结构模型设计概况

建立的模型必须满足《抗规》《高规》的要求，并具备相应结构的一般特征，在此基础上建立平面布置规则，侧向刚度均匀变化的结构模型。

（1）结构模型的设防烈度与结构高度

根据不同的设防烈度（7 度 0.1g，8 度 0.2g，8 度 0.3g）在Ⅲ类场地建立了 40 个结构模型，根据《高规》条文 3.3.1 对高层结构最大适用高度的要求确定模型的高度：要求对于框架结构，高度不超过《高规》表 3.3.1-1 中 A 级高度高层建筑的最大适用高度；对于剪力墙、框架-剪力墙、框架-核心筒结构，高度不超过《高规》表 3.3.1-2 中 B 级高度高层建筑的最大适用高度或超过不多。

根据上述要求，建立框架结构模型共计 10 个，层数为 3、6、9、12 层，其中 8 度 0.2g，8 度 0.3g 不考虑 12 层模型；剪力墙结构模型共计 11 个，层数为 10、20、35、50 层，其中 8 度 0.3g 不考虑 50 层模型；框架-剪力墙结构模型共计 11 个，层数为 10、20、30、50 层，其中 8 度 0.3g 不考虑 50 层模型；框架-核心筒结构模型共计 8 个，层数为 40、50、60 层，其中 8 度 0.3g 不考虑 60 层模型。

框架模型的首层层高为 5m，标准层层高为 4m；剪力墙、框架-剪力墙结构的首层层高为 4m，标准层层高为 3m；框架-核心筒结构的首层层高为 4m，标准层层高为 3.6m。将 40 个结构模型的设防烈度与相应的结构高度信息列出，见表 9-3-11。

结构模型设防烈度与结构高度　　　　表 9-3-11

设防烈度		7 度(0.1g)				8 度(0.2g)				8 度(0.3g)			
框架	层数(层)	3	6	9	12	3	6	9	—	3	6	9	—
	高度(m)	13	25	37	49	13	25	37	—	13	25	37	—
剪力墙	层数(层)	10	20	35	50	10	20	35	50	10	20	35	—
	高度(m)	31	61	106	151	31	61	106	151	31	61	106	—
框架-剪力墙	层数(层)	10	20	30	50	10	20	30	50	10	20	30	—
	高度(m)	31	61	91	151	31	61	91	151	31	61	91	—
框架-核心筒	层数(层)	40	50	60	—	40	50	60	—	40	50	—	—
	高度(m)	144.4	180.4	216.4	—	144.4	180.4	216.4	—	144.4	180.4	—	—

(2) 结构模型的平面布置

各结构模型的平面布置规则，平面布置图见图 9-3-10～图 9-3-13 所示。

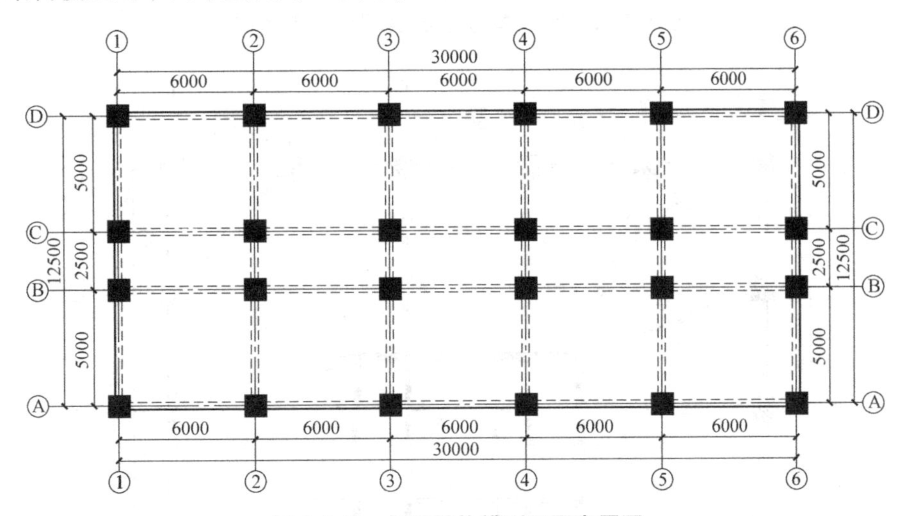

图 9-3-10　框架结构模型平面布置图

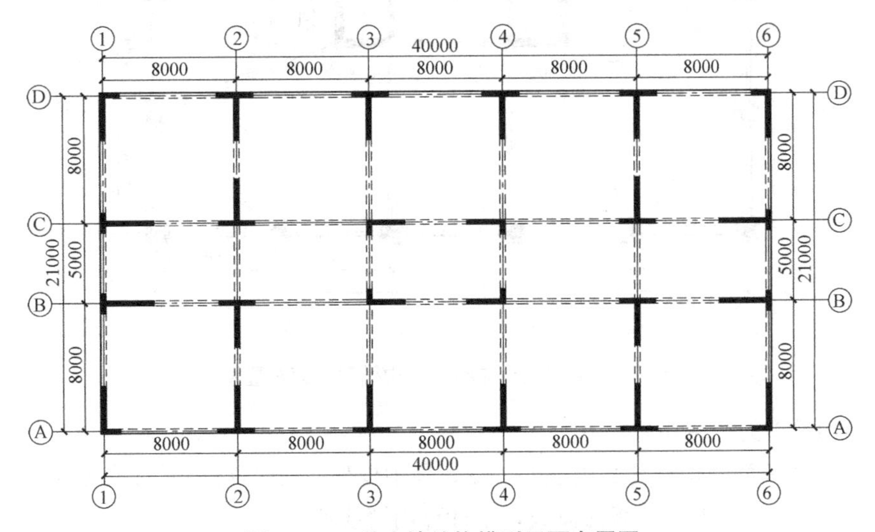

图 9-3-11　剪力墙结构模型平面布置图

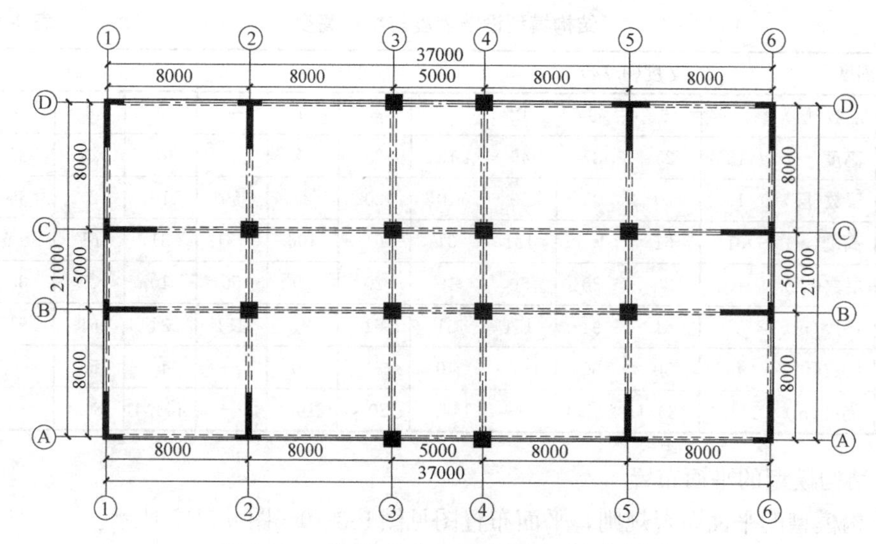

图 9-3-12　框架-剪力墙结构模型平面布置图

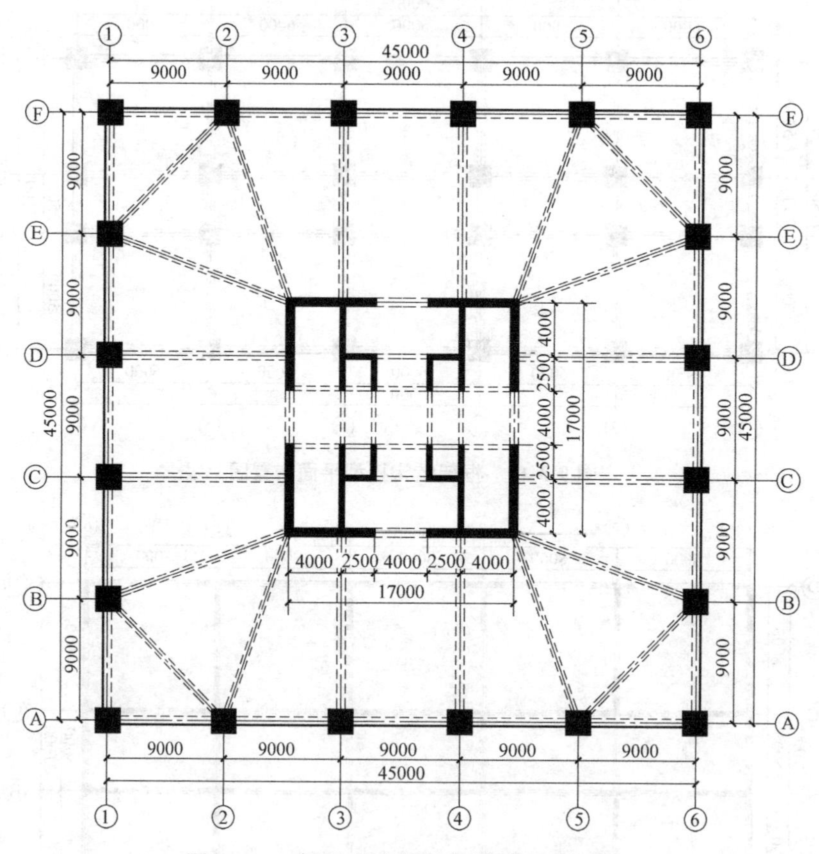

图 9-3-13　框架-核心筒结构模型平面布置图

(3) 结构模型的荷载布置

各结构体系模型的均布荷载见表 9-3-12。其中框架-核心筒模型通过取楼面附加恒载为 3.5kN/m^2来考虑内部固定隔墙的荷载，不计算内墙线荷载。

结构模型荷载布置　　表 9-3-12

设防烈度		楼面附加恒载(kN/m²)	楼面活荷载(kN/m²)	屋面附加恒载(kN/m²)	屋面活荷载(kN/m²)	内墙荷载(kN/m)	外墙荷载(kN/m)
框架		2.0	2.2	3.5	2.0	5.0	11.0
剪力墙		2.0	2.2	3.5	2.0	5.0	11.0
框架-剪力墙		2.0	2.2	3.5	2.0	5.0	11.0
框架-核心筒	核心筒内	3.5	3.0	3.5	2.0	—	11.0
	核心筒外	3.5	2.2	3.5	2.0	—	11.0

所有模型的标准层板厚取 120mm，屋面板厚取 150mm；由于本研究主要是结构在地震作用下的位移，因此为避免风荷载起控制作用，取所在地区地面粗糙度类别为 C 类，基本风压取 0.3kN/m^2。

(4) 结构模型的构件尺寸

各结构模型的构件尺寸及竖向构件混凝土等级见表 9-3-13～表 9-3-16。

框架结构模型构件尺寸及竖向构件混凝土等级　　表 9-3-13

设防烈度	层数	混凝土等级	柱截面尺寸(mm×mm)	梁截面尺寸(mm×mm)
7 度(0.1g)	3	C35	全高 400×400	均为 200×400
	6	C35	1～2 层 450×400 3～6 层 400×400	均为 200×600
	9	C35	1～3 层 450×400 4～9 层 400×400	外圈梁 250×600 其余 200×600
	12	C40	1～6 层 600×550 7～12 层 500×500	外圈梁 250×500 其余 200×400
8 度(0.2g)	3	C35	全高 550×550	均为 200×500
	6	C35	1～2 层 700×700 3～6 层 600×600	外圈梁 300×600 其余 250×600
	9	C35	1～3 层 700×700 4～6 层 650×600 7～9 层 550×550	外圈梁 350×600 其余 300×600
8 度(0.3g)	3	C35	全高 600×600	均为 300×600
	6	C35	1～2 层 800×800 3～6 层 750×750	外圈梁 400×800 其余 400×650
	9	C35	1～3 层 1000×1000 4～9 层 950×950	外圈梁 400×800 其余 400×700

剪力墙结构模型构件尺寸及竖向构件混凝土等级　　表 9-3-14

设防烈度	层数	混凝土等级	剪力墙厚(mm)	梁截面尺寸(mm×mm)
7 度(0.1g)	10	C30	全高 200	均为 200×400
	20	C30	1～5 层 200～300 6～20 层 200～250	均为 200×400

续表

设防烈度	层数	混凝土等级	剪力墙厚(mm)	梁截面尺寸(mm×mm)
7度(0.1g)	35	1～15层:C50 16～35层:C45	1～10层300～350 11～35层250～300	300×500 250×500
	50	1～30层:C60 31～50层:C55	1～15层450～500 16～50层400～450	350×550 300×550
8度(0.2g)	10	C30	全高300	均为200×500
	20	C30	1～5层300～350 6～20层250～300	250×500 250×600
	35	1～20层:C50 21～35层:C45	1～10层300 11～35层250	均为250×550
	50	1～30层:C60 31～50层:C55	1～10层350～500 11～35层300～400	均为350×650
8度(0.3g)	10	C30	全高500～700	均为300×550
	20	C40	1～5层400 6～20层350	400×600 350×600
	35	1～20层:C60 21～35层:C55	1～10层400～500 11～35层400	均为400×700

框架-剪力墙结构模型构件尺寸及竖向构件混凝土等级 **表9-3-15**

设防烈度	层数	混凝土等级	剪力墙厚(mm)	柱截面尺寸(mm×mm)	梁截面尺寸(mm×mm)
7度(0.1g)	10	C40	300	700×700～750×750	均为300×400
	20	1～10层:C45 11～20层:C40	1～5层300 6～20层250	1～5层700×700～750×750 6～20层600×600～700×700	均为250×450
	30	1～20层:C50 21～30层:C45	1～10层350 11～30层300	1～10层800×800～900×900 11～30层700×700～800×800	均为250×550
	50	1～30层:C60 31～50层:C55	1～10层600 11～50层500	1～10层1100×1100～1250×1250 11～50层1000×1000～1100×1100	均为300×600
8度(0.2g)	10	C40	350	850×850～900×900	均为300×600
	20	1～10层:C45 11～20层:C40	1～5层450 6～20层400	1～5层850×850～900×900 6～20层750×750～850×850	均为300×650
	30	1～20层:C50 21～30层:C45	1～10层500 11～30层400	1～10层900×900～1000×1000 11～30层800×800～900×900	均为300×700
	50	1～30层:C60 31～50层:C55	1～10层650 11～50层600	1～10层1450×1450 11～50层1400×1400	均为600×700
8度(0.3g)	10	C50	550	950×950～1000×1000	均为350×700
	20	1～10层:C50 11～20层:C45	1～5层600 6～20层550	1～5层1400×1400 6～20层1300×1300	600×700 550×700
	30	1～20层:C60 21～30层:C55	700	1～10层1500×1500 11～30层1400×1400	均为700×700

框架-核心筒结构模型构件尺寸及竖向构件混凝土等级　　表 9-3-16

设防烈度	层数	混凝土等级	剪力墙厚(mm)	柱截面尺寸(mm×mm)	梁截面尺寸(mm×mm)
7 度 (0.1g)	40	C60	1～10 层 450～500 11～20 层 400～450 21～30 层 350～400 31～40 层 350	1～10 层 2300×2300 11～20 层 2200×2200 21～30 层 2100×2100 31～40 层 2000×2000	框架梁 350×600,600×700 连梁 250×600,400×800
	50	C60	1～10 层 600～700 11～20 层 500～600 21～30 层 400～500 31～50 层 400	1～10 层 2400×2400 11～20 层 2200×2200 21～30 层 2000×2000 31～50 层 1800×1800	框架梁 300×700,450×800 连梁 400×700,550×700
	60	C60	1～10 层 600～750 11～20 层 500～600 21～30 层 400～500 31～60 层 400	1～10 层 2100×2100 11～20 层 2000×2000 21～30 层 1800×1800 31～60 层 1700×1700	框架梁 300×700,450×1000 连梁 400×700,700×1000
8 度 (0.2g)	40	C60	1～10 层 400、800 11～40 层 400、700	1～10 层 2000×2000 11～20 层 1800×1800 21～30 层 1600×1600 31～40 层 1400×1400	框架梁 400×800,600×900 连梁 400×1100,800×1100
	50	C60	1～10 层 500～1000 11～20 层 400～850 21～50 层 400～700	1～10 层 2300×2300 11～20 层 2100×2100 21～30 层 1900×1900 31～50 层 1700×1700	框架梁 400×900,700×1100 连梁 400×1100,700×1100
	60	C60	1～10 层 500～1000 11～20 层 400～850 21～60 层 400～700	1～10 层 2100×2100 11～20 层 2000×2000 21～30 层 1800×1800 31～60 层 1700×1700	框架梁 500×1000,1000×1400 连梁 400×1100,1000×1200
8 度 (0.3g)	40	C60	1～10 层 500～1250 11～20 层 400～1000 21～40 层 400～800	1～10 层 2100×2100 11～20 层 2000×2000 21～30 层 1900×1900 31～40 层 1800×1800	框架梁 700×1000,700×1200 连梁 400×1100,1000×1200
	50	C60	1～10 层 500～1250 11～20 层 400～1000 21～30 层 400～800 31～50 层 400～700	1～10 层 2600×2600 11～20 层 2400×2400 21～30 层 2200×2200 31～40 层 2000×2000	框架梁 700×1100,1000×1400 连梁 400×1100,1000×1200

（5）结构模型弹性计算结果

为了体现实际工程的经济性原则，控制各结构模型底层竖向构件的轴压比和层间位移角尽量贴近规范的限值。同时，为了考察场地类别对中美规范层间位移角限值对比结果的影响，对建立的 40 个模型做以下处理：仅将结构的场地类别改为Ⅱ类并重新计算结构在多遇地震作用下的地震反应。由于结构在Ⅱ类场地下的地震反应小于Ⅲ类场地下的地震反应，因此计算得到的层间位移角能够满足规范的限值。

最终得到各模型的基本周期及在Ⅱ类、Ⅲ类场地下的多遇地震最大层间位移角如表 9-3-17～表 9-3-20 所示。

框架结构模型基本周期及多遇地震最大层间位移角　　表 9-3-17

设防烈度	层数	基本周期(s)	最大层间位移角(Ⅱ类)		最大层间位移角(Ⅲ类)	
			X 向	Y 向	X 向	Y 向
7 度(0.1g)	3	0.96	1/824	1/833	1/662	1/664
	6	1.44	1/783	1/920	1/626	1/742
	9	1.98	1/864	1/843	1/690	1/676
	12	2.68	1/792	1/778	1/652	1/649
8 度(0.2g)	3	0.56	1/772	1/786	1/719	1/751
	6	0.87	1/741	1/917	1/586	1/712
	9	1.28	1/753	1/710	1/600	1/572
8 度(0.3g)	3	0.47	1/734	1/780	1/653	1/680
	6	0.64	1/711	1/683	1/607	1/564
	9	0.83	1/816	1/811	1/637	1/635

剪力墙结构模型基本周期及多遇地震最大层间位移角　　表 9-3-18

设防烈度	层数	基本周期(s)	最大层间位移角(Ⅱ类)		最大层间位移角(Ⅲ类)	
			X 向	Y 向	X 向	Y 向
7 度(0.1g)	10	1.27	1/1600	1/1548	1/1276	1/1242
	20	2.55	1/1121	1/1114	1/1074	1/1067
	35	3.44	1/1250	1/1164	1/1189	1/1106
	50	4.22	1/1161	1/1053	1/1103	1/995
8 度(0.2g)	10	0.79	1/1319	1/1304	1/1045	1/1033
	20	1.47	1/1206	1/1385	1/976	1/1122
	35	2.45	1/1541	1/1057	1/1244	1/997
8 度(0.3g)	50	2.91	1/1126	1/991	1/1073	1/940
	10	0.54	1/1326	1/1285	1/1087	1/1030
	20	1.10	1/1222	1/1159	1/977	1/924

框架-剪力墙结构模型基本周期及多遇地震最大层间位移角　　表 9-3-19

设防烈度	层数	基本周期(s)	最大层间位移角(Ⅱ类)		最大层间位移角(Ⅲ类)	
			X 向	Y 向	X 向	Y 向
7 度(0.1g)	10	1.19	1/1408	1/1346	1/1126	1/1081
	20	2.70	1/937	1/920	1/868	1/828
	30	3.43	1/903	1/863	1/861	1/823
	50	4.79	1/873	1/900	1/829	1/854
8 度(0.2g)	10	0.82	1/1125	1/990	1/890	1/793
	20	1.54	1/1005	1/958	1/799	1/763
	30	2.27	1/952	1/956	1/732	1/728

续表

设防烈度	层数	基本周期(s)	最大层间位移角(Ⅱ类)		最大层间位移角(Ⅲ类)	
			X 向	Y 向	X 向	Y 向
8 度(0.3g)	50	3.35	1/982	1/803	1/940	1/763
	10	0.62	1/960	1/914	1/761	1/737
	20	1.06	1/1081	1/977	1/858	1/775

框架-核心筒结构模型基本周期及多遇地震最大层间位移角　　表 9-3-20

设防烈度	层数	基本周期(s)	最大层间位移角(Ⅱ类)		最大层间位移角(Ⅲ类)	
			X 向	Y 向	X 向	Y 向
7 度(0.1g)	40	4.37	1/983	1/963	1/932	1/914
	50	4.93	1/1015	1/987	1/960	1/934
	60	5.69	1/1012	1/994	1/953	1/935
8 度(0.2g)	40	3.15	1/862	1/833	1/822	1/794
	50	3.55	1/904	1/862	1/859	1/819
	60	3.82	1/975	1/953	1/922	1/903
8 度(0.3g)	40	2.54	1/871	1/816	1/822	1/781
	50	2.89	1/873	1/845	1/833	1/805

9.3.4.2 设防地震及多遇地震下的时程分析

根据 9.3.2.4 节，需验证设计模型在设防地震作用下处于弱非线性状态，并在统计意义上能够满足式（9-3-10）的假设，方可通过中美抗震规范层间位移角富裕度比值 β 量化两国规范层间位移角限值严格程度的相对关系。使用弹塑性分析软件 Perform-3D 对 40 个设计模型进行设防地震下的弹塑性时程分析与多遇地震下的弹性时程分析，并提取相应的最大层间位移角进行分析。

（1）结构模型编号

为方便表述，所有设计模型均采用制式编号，编号形式为 A-a-b-c，将Ⅱ类、Ⅲ类场地下的结构模型看作是两个不同的模型，因此共计 80 个模型编号。其中 A 代表结构体系（框架结构为 f，剪力墙结构为 s，框架-剪力墙结构为 fs，框架-核心筒结构为 ft），a 代表场地类型，b 代表设防烈度（8 度 0.2g 取 8，8 度 0.3g 取 8.5），c 代表结构层数。如Ⅱ类场地下 8 度 0.3g 设防的 9 层框架结构，其编号为 f-Ⅱ-8.5-9。

（2）地震波的选取

根据《高规》条文 4.3.5 的要求，进行弹性时程分析时，每条时程曲线计算所得结构底部剪力不应小于振型分解反应谱法计算结果的 65%，多条时程曲线计算所得结构底部剪力的平均值不应小于振型分解反应谱法计算结果的 80%。

使用本课题组的选波软件 SeismoSelection，根据每个模型的周期信息，选取 5 条天然地震波进行时程分析，输入地震波为双向，其中 Y 向地震波的峰值加速度为 X 向地震波的 85%。

（3）时程分析及结果提取

多遇地震及设防地震的时程分析采用的地面运动加速度峰值如表 9-3-21 所示。

地面运动加速度峰值 (gal) **表 9-3-21**

设防烈度	7 度 0.1g	8 度 0.2g	8 度 0.3g
多遇地震	35	70	110
设防地震	100	200	300

以模型 fs-Ⅲ-8-50 为例，表 9-3-22 给出了该结构在多遇地震作用下 X 向基底剪力的 CQC 法和弹性时程分析法的结果，五条地震波的基底剪力满足《高规》条文 4.3.5 的要求。

模型 fs-Ⅲ-8-50 多遇地震基底剪力 **表 9-3-22**

地震波	GM1	GM2	GM3	GM4	GM5	平均值	CQC
基底剪力(kN)	16261.8	17474.2	17579.9	23070.3	19500.5	18777.4	20680.0
与 CQC 的比值	0.79	0.84	0.85	1.12	0.94	0.91	1.00

表 9-3-23 给出了该模型在多遇地震与设防地震作用下 X 向基底剪力时程分析结果的对比，五条地震波下设防地震与多遇地震的基底剪力比值在 2.18～2.86 之间，均小于等于 2.86。说明该结构在设防地震五条地震波作用下，均发生了屈服进入了非线性状态，但刚度退化程度并不严重。

模型 fs-Ⅲ-8-50 多遇地震及设防地震基底剪力 **表 9-3-23**

地震波	GM1	GM2	GM3	GM4	GM5	平均值
设防地震(kN)	35403.4	49979.0	42346.3	54325.3	47968.5	46004.5
多遇地震(kN)	16261.8	17474.2	17579.9	23070.3	19500.5	18777.4
比值	2.18	2.86	2.41	2.35	2.46	2.45

其中，设防地震与多遇地震的基底剪力比值最小的工况是 GM1 与 GM4，图 9-3-14 为 GM1 与 GM4 作用下模型的总耗能图，其中横坐标代表地震波作用的时间，纵坐标代表不同类型能量耗散占总耗能的百分比。其中红色区域代表模型的非弹性耗能，GM1 作用下模型的最大非弹性耗能约占总耗能的 7%，GM4 作用下模型的最大非弹性耗能约占总耗能的 18%，其余工况下模型的最大非弹性耗能均小于 18%，这说明该模型在 5 条地震波的作用下虽然进入了非线性状态，但处于弱非线性状态。

将模型 fs-Ⅲ-8-50 在多遇地震及设防地震五条地震波作用下的层间位移角曲线绘制在图 9-3-15 中，可以看到在多遇地震与设防地震作用下模型的变形曲线趋势相似，但两者的最大平均层间位移角并不一定出现在同一层。模型在多遇地震作用下的最大平均层间位移角 $\delta_{小震}=1/761$，在设防地震作用下的最大平均层间位移角 $\delta_{中震}=1/265$，计算两者的比值 $\alpha=\delta_{中震}/\delta_{小震}=2.87$，接近于 2.86。分析结果表明该结构在五条地震波作用下处于弱非线性状态，并且在统计意义上能够满足式 (9-3-4)。

其余模型的验证过程与该模型相同。表 9-3-24 给出了 40 个模型在多遇地震及设防地震作用下的时程分析及两者比值 α 的计算结果。

由于地震波的计算结果存在着离散性，有部分模型的多遇地震作用下层间位移角超过

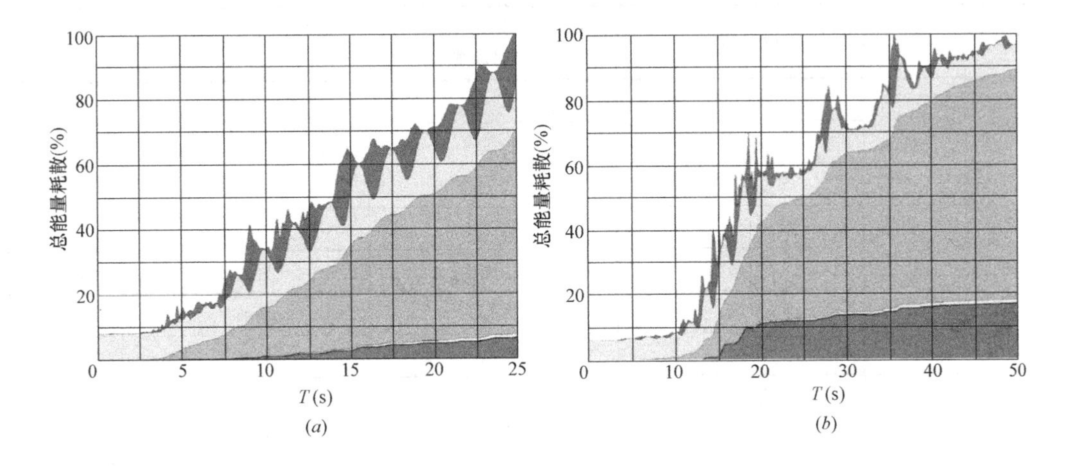

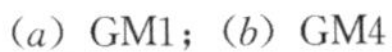

图 9-3-14　模型 fs-Ⅲ-8-50 总耗能图

（a）GM1；（b）GM4

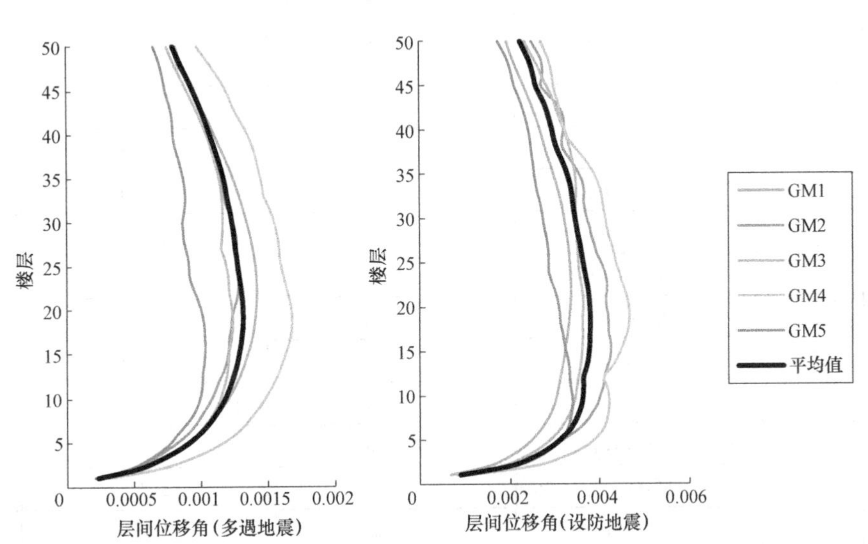

图 9-3-15　模型 fs-Ⅲ-8-50 各层层间位移角

了规范的限值，但除了模型 fs-Ⅲ-8-50 外，其余模型的层间位移角超限均在可接受范围内。设防地震与多遇地震作用下的最大平均层间位移角比值 α 的范围在 2.54～3.41 之间，但由于 3 层框架结构模型严格意义上不属于高层结构，不具有代表意义，因此将其剔除后再次统计，所有模型 α 的范围在 2.54～3.18 之间，这与式（9-3-6）相吻合，在统计意义上接近 2.86。

各结构模型时程分析及 α 计算结果　　表 9-3-24

结构体系	层数	设防烈度	最大平均层间位移角（多遇地震）	最大平均层间位移角（设防地震）	α
框架	3	7 度(0.1g)	1/806	1/236	3.41
		8 度(0.2g)	1/574	1/198	2.90
		8 度(0.3g)	1/742	1/291	2.55

续表

结构体系	层数	设防烈度	最大平均层间位移角（多遇地震）	最大平均层间位移角（设防地震）	α
框架	6	7度(0.1g)	1/586	1/200	2.93
		8度(0.2g)	1/604	1/201	3.01
		8度(0.3g)	1/541	1/193	2.81
	9	7度(0.1g)	1/552	1/180	3.07
		8度(0.2g)	1/616	1/202	3.05
		8度(0.3g)	1/532	1/191	2.79
	12	7度(0.1g)	1/612	1/197	3.11
剪力墙	10	7度(0.1g)	1/1040	1/373	2.79
		8度(0.2g)	1/956	1/339	2.82
		8度(0.3g)	1/1099	1/397	2.77
	20	7度(0.1g)	1/1103	1/412	2.68
		8度(0.2g)	1/987	1/375	2.63
		8度(0.3g)	1/1088	1/376	2.89
	35	7度(0.1g)	1/1217	1/456	2.67
		8度(0.2g)	1/1227	1/408	3.01
		8度(0.3g)	1/1009	1/344	2.93
	50	7度(0.1g)	1/992	1/353	2.81
		8度(0.2g)	1/974	1/349	2.79
框架-剪力墙	10	7度(0.1g)	1/1006	1/381	2.64
		8度(0.2g)	1/844	1/281	3.00
		8度(0.3g)	1/914	1/287	3.18
	20	7度(0.1g)	1/769	1/264	2.91
		8度(0.2g)	1/739	1/236	3.13
		8度(0.3g)	1/809	1/277	2.92
	30	7度(0.1g)	1/784	1/268	2.93
		8度(0.2g)	1/785	1/260	3.02
		8度(0.3g)	1/894	1/320	2.79
	50	7度(0.1g)	1/818	1/283	2.89
		8度(0.2g)	1/761	1/265	2.87
框架-核心筒	40	7度(0.1g)	1/1012	1/360	2.81
		8度(0.2g)	1/757	1/275	2.75
		8度(0.3g)	1/730	1/271	2.69
	50	7度(0.1g)	1/966	1/349	2.77
		8度(0.2g)	1/794	1/279	2.85
		8度(0.3g)	1/605	1/238	2.54
	60	7度(0.1g)	1/852	1/311	2.74
		8度(0.2g)	1/935	1/349	2.68

分析结果表明，本研究所设计的结构模型在设防地震作用下进入弱非线性状态后，其非线性位移与保持完全弹性状态下的结构位移大致相近，此时结构在设防地震作用下的层间位移角限值的富裕度可以用多遇地震作用下的层间位移角限值的富裕度来代替。因此中国规范设防地震与美国规范设计地震层间位移角限值富裕度的对比，可以转化为中国规范多遇地震与美国规范设计地震层间位移角限值富裕度的对比。

至此便可以通过式（9-3-6）计算各模型中美抗震规范层间位移角富裕度比值 β，实现对两国规范层间位移角限值严格程度的量化。

9.3.4.3　中美规范地震作用下层间位移角限值的对比

本节将设计出的 40 个结构模型导入结构计算软件 Etabs2016，计算地震作用下的层间位移角。根据第三节梳理的两国规范的对应关系，通过调整中国规范模型的计算参数，得到对应的美国规范计算模型，相对应的两个中美模型为同一组对比模型。由于考虑了不同场地类别的影响，每一个模型编号对应于一组中美规范的对比模型，因此共得到 80 组中美规范的对比模型。

（1）中美规范层间位移角计算结果

根据第三节给出的位移计算过程，分别计算中国规范模型在多遇地震下以及美国规范模型在设计地震下的结构反应，并分别提取模型的最大层间位移角。根据式（9-3-5）计算中国规范位移角富裕度 $\gamma_C=\delta_{中国小震}/\delta_{中国小震限值}$，根据式（9-3-2）计算美国规范位移角富裕度 $\gamma_A=\delta_{美国设计地震}/\delta_{美国设计地震限值}$，其中 $\delta_{美国设计地震限值}=1/50$。根据 3.7.2 节所述，对 3 层框架、10 层剪力墙、10 层框架-剪力墙结构模型选用“中等延性”的 R-C_d系数，对其余所有结构模型选用“高等延性”的 R-C_d系数。根据式（9-3-6），计算中美地震作用下层间位移角限值富裕度比值 $\beta=\gamma_C/\gamma_A$。

所有结构模型的计算结果统一见表 9-3-25～表 9-3-28。

框架结构模型位移计算结果及位移角限值富裕度比值结果　　表 9-3-25

模型编号	$\delta_{中国小震}$		$\delta_{美国设计地震}$		γ_C		γ_A		β	
	X 向	Y 向	X 向	Y 向	X 向	Y 向	X 向	Y 向	X 向	Y 向
f-Ⅱ-7-3	1/824	1/833	1/111	1/118	0.67	0.66	0.45	0.42	1.48	1.56
f-Ⅱ-7-6	1/783	1/920	1/170	1/185	0.70	0.60	0.29	0.27	2.39	2.21
f-Ⅱ-7-9	1/864	1/843	1/160	1/166	0.64	0.65	0.31	0.30	2.04	2.17
f-Ⅱ-7-12	1/792	1/778	1/101	1/100	0.69	0.70	0.50	0.50	1.40	1.42
f-Ⅱ-8-3	1/772	1/786	1/131	1/140	0.71	0.70	0.38	0.36	1.86	1.96
f-Ⅱ-8-6	1/741	1/917	1/170	1/205	0.74	0.60	0.29	0.24	2.52	2.45
f-Ⅱ-8-9	1/753	1/710	1/181	1/164	0.73	0.77	0.28	0.31	2.64	2.53
f-Ⅱ-8.5-3	1/734	1/780	1/126	1/135	0.75	0.71	0.40	0.37	1.88	1.92
f-Ⅱ-8.5-6	1/711	1/683	1/204	1/198	0.77	0.80	0.25	0.25	3.15	3.19
f-Ⅱ-8.5-9	1/816	1/811	1/214	1/215	0.67	0.68	0.23	0.23	2.88	2.92
f-Ⅲ-7-3	1/662	1/664	1/88	1/94	0.83	0.83	0.57	0.53	1.46	1.56
f-Ⅲ-7-6	1/626	1/742	1/135	1/148	0.88	0.74	0.37	0.34	2.37	2.19

续表

模型编号	$\delta_{中国小震}$		$\delta_{美国设计地震}$		γ_C		γ_A		β	
	X向	Y向	X向	Y向	X向	Y向	X向	Y向	X向	Y向
f-Ⅲ-7-9	1/690	1/676	1/127	1/132	0.80	0.81	0.39	0.38	2.03	2.15
f-Ⅲ-7-12	1/652	1/649	1/106	1/105	0.84	0.85	0.47	0.48	1.78	1.78
f-Ⅲ-8-3	1/719	1/751	1/101	1/109	0.76	0.73	0.49	0.46	1.55	1.59
f-Ⅲ-8-6	1/586	1/712	1/132	1/159	0.94	0.77	0.38	0.31	2.47	2.45
f-Ⅲ-8-9	1/600	1/572	1/140	1/126	0.92	0.96	0.36	0.40	2.56	2.43
f-Ⅲ-8.5-3	1/653	1/680	1/98	1/105	0.84	0.81	0.51	0.48	1.65	1.70
f-Ⅲ-8.5-6	1/607	1/564	1/160	1/155	0.91	0.97	0.31	0.32	2.89	3.03
f-Ⅲ-8.5-9	1/637	1/635	1/167	1/169	0.86	0.87	0.30	0.30	2.88	2.92

剪力墙结构模型位移计算结果及位移角限值富裕度比值结果　　表 9-3-26

模型编号	$\delta_{中国小震}$		$\delta_{美国设计地震}$		γ_C		γ_A		β	
	X向	Y向	X向	Y向	X向	Y向	X向	Y向	X向	Y向
s-Ⅱ-7-10	1/1600	1/1548	1/156	1/151	0.63	0.65	0.32	0.33	1.95	1.96
s-Ⅱ-7-20	1/1121	1/1114	1/103	1/126	0.89	0.90	0.48	0.40	1.84	2.27
s-Ⅱ-7-35	1/1250	1/1164	1/119	1/118	0.80	0.86	0.42	0.42	1.91	2.03
s-Ⅱ-7-50	1/1161	1/1053	1/105	1/132	0.86	0.95	0.47	0.38	1.81	2.51
s-Ⅱ-8-10	1/1319	1/1304	1/177	1/180	0.76	0.77	0.28	0.28	2.69	2.76
s-Ⅱ-8-20	1/1206	1/1385	1/169	1/215	0.83	0.72	0.30	0.23	2.81	3.10
s-Ⅱ-8-35	1/1541	1/1057	1/249	1/210	0.65	0.95	0.20	0.24	3.23	3.97
s-Ⅱ-8-50	1/1126	1/991	1/248	1/246	0.89	1.01	0.20	0.20	4.40	4.97
s-Ⅱ-8.5-10	1/1326	1/1285	1/249	1/272	0.75	0.78	0.20	0.18	3.75	4.22
s-Ⅱ-8.5-20	1/1222	1/1159	1/275	1/240	0.82	0.86	0.18	0.21	4.50	4.13
s-Ⅱ-8.5-35	1/1272	1/1271	1/317	1/276	0.79	0.79	0.16	0.18	4.98	4.34
s-Ⅲ-7-10	1/1276	1/1242	1/125	1/121	0.78	0.81	0.40	0.41	1.96	1.95
s-Ⅲ-7-20	1/1074	1/1067	1/111	1/112	0.93	0.94	0.45	0.44	2.07	2.11
s-Ⅲ-7-35	1/1189	1/1106	1/121	1/121	0.84	0.90	0.41	0.41	2.04	2.18
s-Ⅲ-7-50	1/1103	1/995	1/111	1/137	0.91	1.01	0.45	0.36	2.01	2.76
s-Ⅲ-8-10	1/1045	1/1033	1/139	1/141	0.96	0.97	0.36	0.36	2.67	2.73
s-Ⅲ-8-20	1/976	1/1122	1/131	1/169	1.03	0.89	0.38	0.30	2.68	3.00
s-Ⅲ-8-35	1/1244	1/997	1/201	1/178	0.80	1.00	0.25	0.28	3.23	3.58
s-Ⅲ-8-50	1/1073	1/940	1/224	1/197	0.93	1.06	0.22	0.25	4.18	4.20
s-Ⅲ-8.5-10	1/1087	1/1030	1/195	1/212	0.92	0.97	0.26	0.24	3.58	4.12
s-Ⅲ-8.5-20	1/977	1/924	1/215	1/188	1.02	1.08	0.23	0.27	4.40	4.06
s-Ⅲ-8.5-35	1/1014	1/1024	1/247	1/216	0.99	0.98	0.20	0.23	4.87	4.22

框架-剪力墙结构模型位移计算结果及位移角限值富裕度比值结果　　表 9-3-27

模型编号	$\delta_{\text{中国小震}}$		$\delta_{\text{美国设计地震}}$		γ_C		γ_A		β	
	X 向	*Y* 向	*X* 向	*Y* 向	*X* 向	*Y* 向	*X* 向	*Y* 向	*X* 向	*Y* 向
fs-Ⅱ-7-10	1/1408	1/1346	1/187	1/178	0.57	0.59	0.27	0.28	2.12	2.11
fs-Ⅱ-7-20	1/937	1/920	1/102	1/100	0.85	0.87	0.46	0.50	1.85	1.74
fs-Ⅱ-7-30	1/903	1/863	1/80	1/80	0.89	0.93	0.59	0.63	1.50	1.47
fs-Ⅱ-7-50	1/873	1/900	1/75	1/89	0.92	0.89	0.62	0.56	1.47	1.58
fs-Ⅱ-8-10	1/1125	1/990	1/211	1/185	0.71	0.81	0.24	0.27	3.00	2.99
fs-Ⅱ-8-20	1/1005	1/958	1/184	1/194	0.80	0.84	0.26	0.26	3.11	3.25
fs-Ⅱ-8-30	1/952	1/956	1/122	1/152	0.84	0.84	0.39	0.33	2.17	2.54
fs-Ⅱ-8-50	1/982	1/803	1/162	1/154	0.81	1.00	0.29	0.32	2.80	3.07
fs-Ⅱ-8.5-10	1/960	1/914	1/226	1/224	0.83	0.88	0.22	0.22	3.77	3.93
fs-Ⅱ-8.5-20	1/1081	1/977	1/300	1/278	0.74	0.82	0.16	0.18	4.70	4.55
fs-Ⅱ-8.5-30	1/997	1/1034	1/278	1/318	0.80	0.77	0.17	0.16	4.73	4.92
fs-Ⅲ-7-10	1/1126	1/1081	1/151	1/145	0.71	0.74	0.33	0.35	2.14	2.14
fs-Ⅲ-7-20	1/868	1/828	1/104	1/103	0.92	0.97	0.45	0.49	2.04	1.98
fs-Ⅲ-7-30	1/861	1/823	1/83	1/83	0.93	0.97	0.57	0.60	1.64	1.61
fs-Ⅲ-7-50	1/829	1/854	1/80	1/94	0.97	0.94	0.59	0.53	1.63	1.76
fs-Ⅲ-8-10	1/890	1/793	1/165	1/146	0.90	1.01	0.30	0.34	2.97	2.95
fs-Ⅲ-8-20	1/799	1/763	1/154	1/153	1.00	1.05	0.31	0.33	3.28	3.20
fs-Ⅲ-8-30	1/732	1/728	1/109	1/136	1.09	1.10	0.43	0.37	2.53	2.98
fs-Ⅲ-8-50	1/940	1/763	1/147	1/140	0.85	1.05	0.32	0.36	2.65	2.94
fs-Ⅲ-8.5-10	1/761	1/737	1/177	1/177	1.05	1.08	0.28	0.28	3.73	3.83
fs-Ⅲ-8.5-20	1/858	1/775	1/235	1/218	0.93	1.03	0.20	0.23	4.64	4.50
fs-Ⅲ-8.5-30	1/795	1/827	1/226	1/249	1.01	0.97	0.21	0.20	4.83	4.82

框架-核心筒结构模型位移计算结果及位移角限值富裕度比值结果　　表 9-3-28

模型编号	$\delta_{\text{中国小震}}$		$\delta_{\text{美国设计地震}}$		γ_C		γ_A		β	
	X 向	*Y* 向	*X* 向	*Y* 向	*X* 向	*Y* 向	*X* 向	*Y* 向	*X* 向	*Y* 向
ft-Ⅱ-7-40	1/983	1/963	1/139	1/135	0.81	0.83	0.36	0.37	2.26	2.24
ft-Ⅱ-7-50	1/1015	1/987	1/121	1/116	0.79	0.81	0.41	0.43	1.91	1.88
ft-Ⅱ-7-60	1/1012	1/994	1/111	1/106	0.79	0.80	0.45	0.47	1.75	1.71
ft-Ⅱ-8-40	1/862	1/833	1/170	1/163	0.93	0.96	0.29	0.31	3.15	3.12
ft-Ⅱ-8-50	1/904	1/862	1/165	1/151	0.88	0.93	0.30	0.33	2.91	2.80
ft-Ⅱ-8-60	1/975	1/953	1/155	1/145	0.82	0.84	0.32	0.35	2.54	2.43
ft-Ⅱ-8.5-40	1/871	1/816	1/189	1/174	0.92	0.98	0.26	0.29	3.47	3.41
ft-Ⅱ-8.5-50	1/873	1/845	1/171	1/159	0.92	0.95	0.29	0.31	3.14	3.01
ft-Ⅲ-7-40	1/932	1/914	1/144	1/140	0.86	0.88	0.35	0.36	2.47	2.44
ft-Ⅲ-7-50	1/960	1/934	1/128	1/123	0.83	0.86	0.39	0.41	2.13	2.10

续表

模型编号	$\delta_{中国小震}$		$\delta_{美国设计地震}$		γ_C		γ_A		β	
	X向	Y向	X向	Y向	X向	Y向	X向	Y向	X向	Y向
ft-Ⅲ-7-60	1/953	1/935	1/118	1/113	0.84	0.86	0.42	0.44	1.98	1.93
ft-Ⅲ-8-40	1/822	1/794	1/152	1/146	0.97	1.01	0.33	0.34	2.96	2.93
ft-Ⅲ-8-50	1/859	1/819	1/149	1/136	0.93	0.98	0.34	0.37	2.77	2.66
ft-Ⅲ-8-60	1/922	1/903	1/142	1/133	0.87	0.89	0.35	0.38	2.46	2.35
ft-Ⅲ-8.5-40	1/822	1/781	1/159	1/146	0.97	1.02	0.32	0.34	3.09	2.98
ft-Ⅲ-8.5-50	1/833	1/805	1/146	1/135	0.96	0.99	0.34	0.37	2.80	2.69

(2) 中美规范层间位移角限值富裕度比值β

表9-3-25～表9-3-28显示，X、Y向的层间位移角限值富裕度β的结果差别很小，这是由于本研究设计的结构模型平面布置规则并且X、Y向的结构刚度相近，对结果的影响可以忽略不计。

将所有结构模型的层间位移角限值富裕度β的范围列在表9-3-29中，框架结构与框架-核心筒结构的结果离散性较小，变化范围较小；而剪力墙结构与框架-剪力墙结构的结果离散性偏大，变化范围较大。

中美规范层间位移角限值富裕度比值β范围　　表9-3-29

结构体系	β范围
框架结构	1.40～3.19
剪力墙结构	1.81～4.98
框架-剪力墙结构	1.47～4.83
框架-核心筒结构	1.71～3.47

根据9.3.2.4节中美规范层间位移角限值富裕度β的定义，所有结构模型的β值均大于1，说明对于框架、剪力墙、框架-剪力墙、框架-核心筒四种结构体系而言，中国规范的层间位移角限值比美国规范更为严格。这也说明了中国规范的弹性层间位移角限值有继续放松的空间，与多数学者的研究成果相吻合。

(3) 中美规范层间位移角限值富裕度比值β的变化规律

观察表9-3-25～表9-3-28，可以得到以下结论：

1) 当控制结构的设防烈度相同、高度相同时，不同的场地类别对中美规范层间位移角限值富裕度比值β的影响很小。

2) 当控制结构的设防烈度相同、场地类别相同时，结构周期对于β值的影响受两国规范设计反应谱的特性与美国规范的位移调整系数两个主要因素共同控制。在两者的共同影响下，β值曲线最终呈现出较为平稳的变化趋势，结构周期对β值的影响不大。

3) 当控制结构的高度相同、场地类别相同时，β值随设防烈度的增大而增大，这是两国规范的设计反应谱特性与结构的周期同时作用的结果，中美两国规范设计反应谱最大值的比值对β的变化趋势起到了主要的影响作用。

9.3.4.4　中国规范弹性层间位移角限值的调整

如 9.3.2.4 节所述，对于本研究计算所得到的中美规范层间位移角限值富裕度比值 β，有：

当 $\beta>1$，说明我国规范的层间位移角限值相对于美国规范更为严格；

当 $\beta<1$，认为我国规范的层间位移角限值相对于美国规范更为宽松。

所有结构体系的中美规范层间位移角限值富裕度比值 β 均大于 1，因此可以认为我国现行的弹性层间位移角限值较美国规范更为严格。本研究认为当 $\beta=1$ 时，两国规范对于层间位移角限值的规定严格程度相同，因此本节以美国规范为基准，将两国国规范的位移角限值富裕度调整至相同，对中国规范的弹性位移角限值提出修改建议。

（1）框架结构的层间位移角限值调整

我国现行规范中，框架结构的弹性层间位移角限值为 1/550。本研究所设计出的框架结构模型中，模型 f-Ⅱ-7-12 的 β 值最小，为 1.40，可以认为 1.40 已经达到了一般框架结构的 β 值的下限，此时中国规范层间位移角限值的富裕度相比美国规范而言最小。理由如下：

1）当结构高度不变时，7 度 0.1g 设防的结构的 β 值最小，因此 β 值的下限值理论上出现在 7 度 0.1g 设防的模型中；

2）在设防烈度相同的框架结构中，β 值随结构高度变化的规律较复杂。《高规》表 3.3.1-1 规定，7 度 0.1g 设防下，A 级高度的框架结构的最大适用高度为 50m，超过此高度的结构应有可靠依据，而本研究设计的框架结构最大高度为 49m，能够较好地反映 β 值的下限值。

综上，将 1.40 作为放松限值的依据是合理的。此时 $1/550\times1.40=1/393$，框架结构层间位移角限值可取 1/400。

（2）剪力墙结构的层间位移角限值调整

我国现行规范中，剪力墙结构层间位移角限值为 1/1000。本研究所设计的剪力墙结构模型中，模型 s-Ⅱ-7-50 的 β 值最小，为 1.81，可以认为 1.81 已经达到了一般剪力墙结构的 β 值的下限，此时中国规范层间位移角限值的富裕度相比美国规范而言最小。理由如下：

1）与框架结构的第一条理由相同；

2）在设防烈度相同的剪力墙结构中，β 值随高度变化的趋势较为平稳，变化幅度较小。而根据《高规》表 3.3.1-2，7 度 0.1g 设防下，B 级高度的剪力墙结构的最大适用高度为 150m，超过此高度的结构应有可靠依据；而本研究设计的剪力墙结构的最大高度为 151m，能够较好地反映 β 值的下限值。

综上，将 1.81 作为放松限值的依据是合理的。此时 $1/1000\times1.81=1/552$，因此，剪力墙结构层间位移角限值可取 1/500。

（3）框架-剪力墙结构的层间位移角限值调整

我国现行规范中，框架-剪力墙结构层间位移角限值为 1/800。本研究所设计的框架-剪力墙结构中，模型 fs-Ⅱ-7-30 的 β 值最小，为 1.47，可以认为 1.47 已经达到了一般框架-剪力墙结构的 β 值的下限，此时中国规范层间位移角限值的富裕度相比美国规范而言最小。理由如下：

1）与框架结构的第一条理由相同；

2）在设防烈度相同的框架-剪力墙结构中，β值随高度变化的趋势较为平稳，变化幅度较小。而根据《高规》表3.3.1-2，7度0.1g设防下，B级高度的框架-剪力墙结构的最大适用高度为140m，超过此高度的结构应有可靠依据；而本研究设计的框架-剪力墙结构的最大高度为151m，能够较好地反映β值的下限值。

综上，将1.47作为放松限值的依据是合理的。此时1/800×1.47=1/544，框架-剪力墙结构层间位移角限值可取1/500。

（4）框架-核心筒结构的层间位移角限值调整

我国现行规范中，框架-核心筒结构层间位移角限值为1/800。本研究所设计的框架-核心筒结构中，模型fs-Ⅱ-7-60的β值最小，为1.71，可以认为1.71已经达到了一般框架-核心筒结构的β值的下限，此时中国规范层间位移角限值的富裕度相比美国规范而言最小。理由如下：

1）与框架结构的第一条理由相同；

2）根据9.3.5.2节的分析，在设防烈度相同的框架-核心筒结构中，β值随高度变化的趋势较为平稳，变化幅度较小。而根据《高规》表3.3.1-2，7度0.1g设防下，B级高度的框架-核心筒结构的最大适用高度为180m，超过此高度的结构应有可靠依据；而本研究设计的框架-核心筒结构的最大高度为216.4m，能够较好地反映β值的下限值。

综上，将1.71作为放松限值的依据是合理的。此时1/800×1.71=1/468，框架-核心筒结构层间位移角限值可取1/500。

9.3.5 刚度放松后的RC结构罕遇地震下的抗震性能评估

通过以上研究可见，按中国规范设计的结构层间位移角限值在小震作用下可以放松至1/500，以下通过一批典型的框架结构、剪力墙结构、框架-剪力墙结构和框架-核心筒结构在大震作用下的性能评估，证明放松结构层间位移角限值的可行性。

9.3.5.1 RC结构抗震性能评估准则

将构件的破坏形态划分为弯曲破坏、弯剪破坏以及剪切破坏三种类型。对破坏类型为弯曲破坏（简称弯曲控制）、弯剪破坏（简称弯剪控制）的构件，采用6个性能状态进行评估；对于破坏形态为剪切破坏（简称剪切控制）的构件进行承载力控制，采用2种性能状态进行评估，各性能状态与具体划分见表9-3-30。

构件性能状态的划分 **表9-3-30**

性能状态	破坏类型	性能描述
性能1	弯曲破坏、弯剪破坏或未能判断破坏类型	构件变形不超过完好状态对应的限值
性能2		构件变形不超过轻微损坏状态对应的限值
性能3		构件变形不超过轻中等破坏状态对应的限值
性能4		构件变形不超过中等破坏状态对应的限值
性能5		构件变形不超过比较严重破坏状态对应的限值
性能6		构件变形超过严重破坏状态对应的限值，但钢筋应变不超过0.09

续表

性能状态	破坏类型	性能描述
剪切未破坏	剪切破坏类型	构件满足最小抗剪截面的要求
剪切破坏		构件不满足最小抗剪截面的要求

FEMA274 提出“第一竖向构件失效”准则来定义结构的倒塌极限状态，本研究依据该准则对 RC 结构进行安全性评估：

(1) 若结构在某条地震波作用下，有竖向构件进入性能 6 或是发生了剪切破坏，则认为该竖向构件已丧失竖向承载能力，结构在该条地震波作用下处于倒塌极限状态。

(2) 由于地震波的计算结果存在离散性，对每一个模型选择 20 条天然地震波，要求至少有 95％的工况满足安全性要求：若有两条及两条以上的地震波计算结果判定为结构处于倒塌极限状态，则仍认为该结构的抗震性能不满足安全性要求。

9.3.5.2　结构概况

Ⅲ类场地上考虑不同设防烈度（7 度 0.1g，8 度 0.2g）的地震，建立典型结构模型，除弹性层间位移角外，结构模型其他条件均满足《抗规》《高规》的要求，根据《高规》对结构最大适用高度的要求确定模型的高度。于 7 度设防的结构，最高结构高度贴近于最大适用高度，于 8 度设防的结构，最高结构高度略大于最大适用高度。16 个模型的设防烈度及相应的结构高度见表 9-3-31。

结构模型设防烈度与结构高度　　　　**表 9-3-31**

结构体系		7 度(0.1g)	8 度(0.2g)	标准层高(m)
框架	层数(层)	6	9	4.5
	总高度(m)	27	40.5	
剪力墙	层数(层)	25	35	4
	总高度(m)	100	140	
框架-剪力墙	层数(层)	25	35	4
	总高度(m)	100	140	
框架-核心筒	层数(层)	25	35	4.5
	总高度(m)	112.5	157.5	

为各结构模型进行编号，编号形式为 DA-a-b-c，其中前缀 D 代表大震模型，从而与 9.3.4.2 节的模型编号区分，其余参数代号与 9.3.4.2 节相同。各结构模型的平面布置见图 9-3-10～图 9-3-13。各模型的竖向构件混凝土等级沿高度不变化，竖向构件截面尺寸沿高度不变化。

使用 YJK 设计模型时，控制各模型在小震作用下的最大层间位移角贴近于 1/500。各模型的混凝土强度等级、构件尺寸、前三阶周期及小震作用下层间位移角等见表 9-3-32。模型的荷载布置与 9.3.4.1 节相同。

结构模型基本信息　　　　**表 9-3-32**

模型编号	竖向构件混凝土等级	剪力墙厚(mm)	柱截面尺寸(mm×mm)	梁截面尺寸(mm×mm)	前三阶周期			层间位移角	
								X 向	Y 向
Df-Ⅲ-7-6	C40	—	400×400 450×450	200×400	1.85	1.72	1.54	1/527	1/501

续表

模型编号	竖向构件混凝土等级	剪力墙厚(mm)	柱截面尺寸(mm×mm)	梁截面尺寸(mm×mm)	前三阶周期			层间位移角	
								X向	Y向
Df-Ⅲ-7-9	C40	—	500×500	200×400	2.62	2.41	2.21	1/524	1/510
Df-Ⅲ-8-6	C40	—	700×700	300×500	1.03	0.94	0.87	1/535	1/516
Df-Ⅲ-8-9	C40	—	750×750	300×550	1.43	1.33	1.21	1/526	1/507
Ds-Ⅲ-7-25	C60	250～300	—	250×400 300×400	5.31	5.00	4.72	1/501	1/553
Ds-Ⅲ-7-35	C60	450～500	—	300×450 400×450	6.19	6.10	5.27	1/509	1/537
Ds-Ⅲ-8-25	C60	250～350	—	250×550 300×600	3.30	3.18	2.96	1/502	1/564
Ds-Ⅲ-8-35	C60	450～500	—	450×600	4.14	4.04	3.48	1/510	1/529
Dfs-Ⅲ-7-25	C60	300	700×700 750×750	250×450 300×450	5.01	4.81	4.39	1/516	1/555
Dfs-Ⅲ-7-35	C60	450	900×900 1000×1000	300×450 350×500	6.19	6.09	5.37	1/511	1/534
Dfs-Ⅲ-8-25	C60	500	800×800 900×900	400×550	3.27	3.22	2.68	1/512	1/534
Dfs-Ⅲ-8-35	C60	500	1000×1000 1100×1100	400×650	4.15	4.04	3.23	1/518	1/523
Dft-Ⅲ-7-25	C60	300	1000×1000	300×400 300×500	5.56	5.23	4.69	1/518	1/585
Dft-Ⅲ-7-35	C60	550	1200×1200	400×450 400×500	6.58	6.29	5.49	1/519	1/562
Dft-Ⅲ-8-25	C60	400	1500×1500	300×650 400×850	3.65	3.57	3.06	1/529	1/510
Dft-Ⅲ-8-35	C60	600	1600×1600	400×800 450×900	4.57	4.45	3.88	1/523	1/504

9.3.5.3 Perform-3D模型验证

本节的Perform-3D模型均由本课题组开发的YJK转换接口生成。表9-3-33给出了YJK模型与Perform-3D模型的前三阶周期对比，以验证模型转换过程的正确性。由于Perform-3D不考虑梁刚度的放大系数，因此YJK模型的周期取不考虑梁刚度放大系数的结果。

从表9-3-33中可以看到，所有结构模型的YJK与Perform-3D前三阶周期相对差值均在10%以内，这表明在模型转换的过程中能够保留模型的模态信息，转换得到的Perform-3D模型是合理的。

各结构模型前三阶周期对比 表9-3-33

模型编号		T1(s)	T2(s)	T3(s)	模型编号		T1(s)	T2(s)	T3(s)
Df-Ⅲ-7-6	YJK	1.94	1.81	1.60	Ds-Ⅲ-7-25	YJK	6.10	5.74	5.28
	P-3D	2.06	1.92	1.71		P-3D	5.70	5.60	5.14
	误差	5.6%	5.8%	6.1%		误差	6.9%	2.6%	2.7%
Df-Ⅲ-7-9	YJK	2.85	2.64	2.42	Ds-Ⅲ-7-35	YJK	7.17	6.99	5.89
	P-3D	3.02	2.77	2.51		P-3D	7.05	6.94	5.95
	误差	5.5%	4.7%	3.4%		误差	1.7%	0.6%	1.0%
Df-Ⅲ-8-6	YJK	1.08	1.00	0.91	Ds-Ⅲ-8-25	YJK	3.81	3.61	3.34
	P-3D	1.16	1.07	0.97		P 3D	3.83	3.78	3.45
	误差	6.8%	7.0%	5.5%		误差	0.6%	4.4%	3.1%
Df-Ⅲ-8-9	YJK	1.60	1.50	1.38	Ds-Ⅲ-8-35	YJK	4.55	4.55	3.77
	P-3D	1.64	1.52	1.37		P-3D	4.76	4.59	3.83
	误差	2.6%	1.5%	0.8%		误差	4.3%	0.9%	1.7%
Dfs-Ⅲ-7-25	YJK	6.02	5.76	4.93	Dft-Ⅲ-7-25	YJK	6.50	6.22	5.49
	P-3D	5.71	5.38	4.52		P-3D	6.51	6.02	5.81
	误差	5.5%	7.0%	9.1%		误差	0.2%	3.4%	5.6%
Dfs-Ⅲ-7-35	YJK	7.50	7.27	6.06	Dft-Ⅲ-7-35	YJK	7.85	7.41	6.32
	P-3D	7.23	6.93	5.75		P-3D	7.80	7.69	6.88
	误差	3.8%	4.9%	5.4%		误差	0.6%	3.6%	8.2%
Dfs-Ⅲ-8-25	YJK	3.83	3.67	2.94	Dft-Ⅲ-8-25	YJK	3.65	3.57	3.27
	P-3D	3.78	3.63	2.94		P-3D	3.74	3.65	3.47
	误差	1.2%	1.1%	0.2%		误差	2.4%	2.2%	5.6%
Dfs-Ⅲ-8-35	YJK	4.76	4.68	3.56	Dft-Ⅲ-8-35	YJK	4.57	4.45	3.88
	P-3D	4.87	4.86	3.90		P-3D	4.70	4.55	4.29
	误差	2.4%	3.7%	8.6%		误差	2.8%	2.2%	9.6%

9.3.5.4 大震作用下的安全性评估

(1) 地震波的选取

地震波的选取依据与选取方法与9.3.4.2节相同，最终为每栋结构选取20条天然地震波。对结构输入双向地震波，其中Y向地震波的峰值加速度为X向地震波的85%。

(2) 层间位移角

使用弹塑性分析软件Perform-3D进行罕遇地震下的时程分析，所采用的地面运动加速度峰值如表9-3-34所示。

地面运动加速度峰值（g/1000） 表9-3-34

设防烈度	7度0.1g	8度0.2g
多遇地震	35	70

续表

设防烈度	7 度 0.1g	8 度 0.2g
设防地震	100	200
罕遇地震	220	400

提取各结构在罕遇地震作用下 X 向的各层层间位移角，限于篇幅，仅给出剪力墙结构的层间位移角曲线，如图 9-3-16 所示。

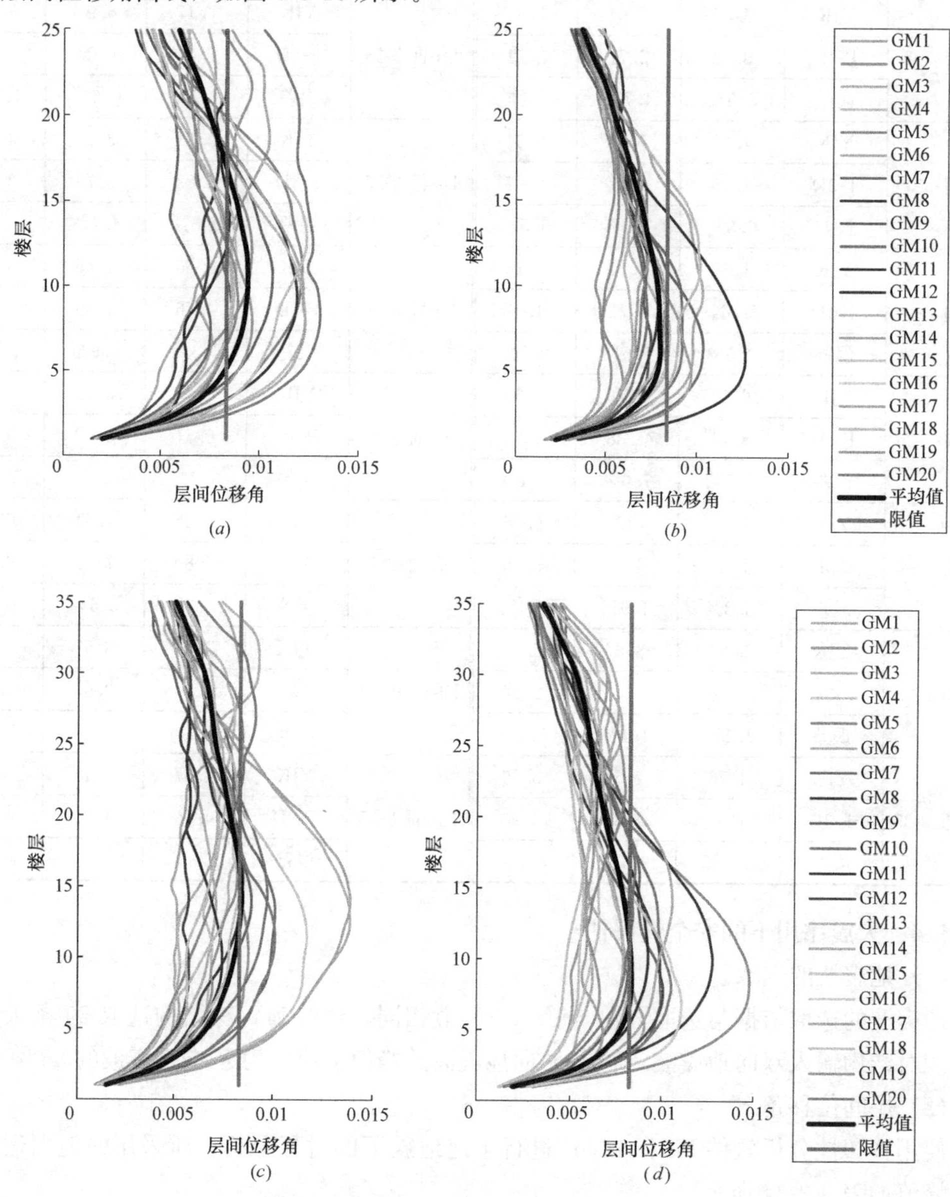

图 9-3-16　四栋剪力墙结构模型在罕遇地震作用下各楼层层间位移角

(*a*) Ds-Ⅲ-7-25；(*b*) Ds-Ⅲ-8-25；(*c*) Ds-Ⅲ-7-35；(*d*) Ds-Ⅲ-8-35

结构模型在 20 条地震波作用下的最大平均层间位移角见表 9-3-35。

各结构模型在 20 条地震波作用下的最大平均层间位移角及规范限值　　表 9-3-35

模型编号	平均最大层间位移角	限值	模型编号	平均最大层间位移角	限值
Df-Ⅲ-7-6	1/103	1/50	Dfs-Ⅲ-7-25	1/100	1/100
Df-Ⅲ-7-9	1/89		Dfs-Ⅲ-7-35	1/105	
Df-Ⅲ-8-6	1/108		Dfs-Ⅲ-8-25	1/94	
Df-Ⅲ-8-9	1/114		Dfs-Ⅲ-8-35	1/82	
Ds-Ⅲ-7-25	1/106	1/120	Dft-Ⅲ-7-25	1/116	1/100
Ds-Ⅲ-7-35	1/122		Dft-Ⅲ-7-35	1/108	
Ds-Ⅲ-8-25	1/118		Dft-Ⅲ-8-25	1/108	
Ds-Ⅲ-8-35	1/119		Dft-Ⅲ-8-35	1/106	

由表 9-3-35 可知，框架结构模型在 20 条地震波作用下均未超过规范的大震限值1/50，剪力墙结构、框架-剪力墙结构和框架-核心筒结构均有多条地震波作用下的最大层间位移角超过规范限值；除框架结构外，其他模型的平均最大层间位移角十分接近规范限值，其中部分结构的平均最大层间位移角已超过规范限值。

结构构件损坏程度与有害层间位移角相关，与最大层间位移角没有直接的对应关系。以下通过进一步研究构件的损坏程度，评估结构的抗震性能。

（3）竖向构件的抗震性能评估

使用后处理软件提取 16 个结构模型在 20 条地震波作用下的性能状态，采用“第一竖向构件失效”准则进行抗震性能评估，确定各结构模型竖向构件发生破坏的工况数量，并统计各结构模型在最不利工况下的竖向构件破坏情况，见表 9-3-36。

各结构模型抗震性能评估　　表 9-3-36

模型编号	破坏工况数量	最不利工况	最不利工况下竖向构件破坏情况		最不利工况层间位移角	
			柱	剪力墙	首层层间位移角	最大层间位移角
Df-Ⅲ-7-6	1	GM17	首层 40%的柱达到性能 6	—	1/31	1/31
Df-Ⅲ-7-9	1	GM16	首层 15%的柱达到性能 6	—	1/43	1/43
Df-Ⅲ-8-6	0	—	未发生破坏	—	—	—
Df-Ⅲ-8-9	0	—	未发生破坏	—	—	—
Ds-Ⅲ-7-25	0	—	—	未发生破坏	—	—
Ds-Ⅲ-7-35	0	—	—	未发生破坏	—	—
Ds-Ⅲ-8-25	0	—	—	未发生破坏	—	—
Ds-Ⅲ-8-35	0	—	—	未发生破坏	—	—
Dfs-Ⅲ-7-25	2	GM13	未发生破坏	首层 9%的剪力墙达到性能 6	1/239	1/58
Dfs-Ⅲ-7-35	0	—	未发生破坏	未发生破坏	—	—
Dfs-Ⅲ-8-25	2	GM19	未发生破坏	首层 3%的剪力墙达到性能 6	1/235	1/68
Dfs-Ⅲ-8-35	2	GM17	未发生破坏	首层 6%的剪力墙达到性能 6	1/183	1/47

续表

模型编号	破坏工况数量	最不利工况	最不利工况下竖向构件破坏情况		最不利工况层间位移角	
			柱	剪力墙	首层层间位移角	最大层间位移角
Dft-Ⅲ-7-25	1	GM13	未发生破坏	首层14%的剪力墙达到性能6	1/218	1/57
Dft-Ⅲ-7-35	0	—	未发生破坏	未发生破坏	—	—
Dft-Ⅲ-8-25	1	GM5	未发生破坏	首层9%的剪力墙达到剪切破坏	1/376	1/103
Dft-Ⅲ-8-35	2	GM12	未发生破坏	首层9%的剪力墙达到剪切破坏	1/188	1/49

由表9-3-36可见：

1）对于框架结构，模型Df-Ⅲ-7-6、Df-Ⅲ-7-9各有1条地震波发生了柱的破坏（达到性能6），并且发生破坏的柱集中在首层；模型Df-Ⅲ-8-6、Df-Ⅲ-8-9在20条地震波作用下均未发生柱的破坏。当结构的柱发生破坏时，结构的最大层间位移角出现在首层，并且超过了规范的限值1/50。

2）对于剪力墙结构，各模型在20条地震波作用下均未发生剪力墙的破坏，并且仅有少量剪力墙构件达到性能5状态，均集中在结构的首层。除底部加强区外，所有模型的剪力墙构件均处于性能1状态。

3）对于框架-剪力墙结构，除模型Dfs-Ⅲ-7-35未发生竖向构件的破坏外，其余模型各有2条地震波发生了剪力墙的破坏（达到性能6），发生破坏的剪力墙集中在首层；所有模型的柱构件均处于性能1状态。当结构的剪力墙发生破坏时，结构的最大层间位移角出现在楼层中部，范围在1/68～1/47之间；此时结构的首层层间位移角范围在1/239～1/183之间。

4）对于框架-核心筒结构，除模型Dft-Ⅲ-7-35未发生竖向构件的破坏外，模型Dft-Ⅲ-7-25、Dft-Ⅲ-8-25各有1条地震波发生了剪力墙的破坏（达到性能6或达到剪切破坏），模型Dft-Ⅲ-8-35有2条地震波发生了剪力墙的剪切破坏，发生破坏的剪力墙集中在首层；所有模型的柱构件均处于性能1状态。当结构的剪力墙发生破坏时，结构的最大层间位移角出现在楼层中部，范围在1/103～1/49之间；此时结构的首层层间位移角范围在1/376～1/188之间。

以上现象表明，将结构在小震作用下的层间位移角放松至1/500后，框架、剪力墙结构的4个模型能够满足大震下的安全性要求。框架-剪力墙结构的3个模型有2条地震波发生了首层剪力墙构件的破坏，但破坏的数量很少，仅占首层剪力墙总数的9%以内；框架-核心筒结构的1个模型有2条地震波发生了首层剪力墙构件的破坏，但破坏的数量很少，仅占首层剪力墙总数的14%以内；因此，本研究认为框架-剪力墙、框架-核心筒结构同样能够满足大震下的安全性要求。

参考文献

[1] GB 50009—2012，建筑结构荷载规范［S］. 中国建筑工业出版社.

[2] EN1991-1-4：2005，Eurocode 1：Actions on structures- Part 1-4：General actions- Wind actions［S］. CEN.

[3] ASCE/SEI 7-10，Minimum Design Loads For Buildings and Other Structures [S]. American Society of Civil Engineers.

[4] AS/NZS 1170. 2：2011，Structral Design Actions Part 2- Wind actions [S]. SAI Global Limited.

[5] AIJ Recommendations for Loads on Buildings Chapter 6：Wind Loads [S]. Architectural Institude of Japan.

[6] 建築物耐風設計規範及解說 [S]. 内政部营建署.

[7] 香港风力效应作业守则 2004 [S]. 屋宇署，2004. 12.

[8] GB 50010—2010，混凝土结构设计规范 [S]. 中国建筑工业出版社.

[9] EN1992-1-1，Eurocode 2：Design of structures- Part 1-1：General rules and rules for buildings [S]. CEN .

[10] ACI 318-14，Building Code Requirements for Structural Concrete [S]. American Concrete Institute.

[11] NZS 3101：Part 1：2006，Concrete Structures Standard [S]. Standards New Zealand.

[12] AIJ Standards for Structral Caculation of Steel Reinforced Concrete Structures [S]. Architectural Institude of Japan.

[13] 混凝土結構設計規範 [S]. 内政部营建署.

[14] Code of Practice for Structural Use of Concrete 2013 [S]. Buildings Department，2013. 02.

[15] 庄诗雨，欧阳东. 中美普通混凝土配比设计方法的系统比较和研究 [J]. 硅酸盐通报，2016. 11，35 (11).

[16] JGJ 3—2010，高层建筑混凝土结构技术规程 [S]. 中国建筑工业出版社.

[17] 魏琏，王森. 论高层建筑结构层间位移角限值的控制 [C].《建筑结构》编辑部. 首届全国建筑结构技术交流会论文集. 建筑结构，2006. 06.

[18] NZS 1170. 0. 2002，Structral Design Actions Part 0- General principles [S]. Standards New Zealand.

[19] 罗开海，王亚勇. 中美欧抗震设计规范地震动参数换算关系的研究 [J]. 建筑结构，2006 (08)：103～107.

第10章 工程实例

10.1 概 述

本章介绍了采用本研究提出的基于性能的结构抗震设计方法在实际工程中的应用。其中6个项目在中国大陆，属于超限高层建筑，包括6度设防、7度设防、8度设防和8.5度设防；另外两个项目，一个在印尼首都雅加达，类似国内8度设防，一个位于7度设防区中国澳门，是多道厚板转换的复杂超高层结构。

该方法的重点是通过强震作用下构件的变形大小来判断构件的损坏程度，证明结构的安全性。

10.2 横琴信德大厦

10.2.1 工程概况

本项目位于广东省珠海市横琴岛东部，地上由两栋塔楼（T1和T2）和四层商业裙房组成，T1为酒店及商务公寓，共54层207.6m高，T2为办公楼，共35层176.4m高；地下四层为停车场和设备用房，如图10-2-1所示。本项目总建筑面积约23.1万m^2，为集办公、酒店、商业、商务公寓等多种功能为一体的城市综合体。

本工程抗震设防烈度为7度，设计基本地震加速度为0.1g，场地类别为Ⅲ类。50年一遇的基本风压为0.85kN/m^2。

图10-2-1 项目效果图

10.2.2 结构概况

两栋超高层塔楼平面布置类似，均采用框架-核心筒结构，所有核心筒剪力墙均为落地剪力墙，组成双重抗侧力体系。由于裙房楼板严重不连续，在首层楼面以上设置防震缝将裙房与塔楼脱开。以下仅以塔楼T1为例说明超限结构抗震设计。

T1塔楼标准层平面为31.1m×33.7m，高宽比约6.37，核心筒平面尺寸为16.0m×18.5m，高宽比约12.97；平面呈削角矩形。由于建筑大堂及设备空间需要，局部楼层楼板开洞较大，形成穿层柱；为了减少柱截面对房间使用的影响，22层局部采用斜柱转换，标准平面布置图如图10-2-2所示。

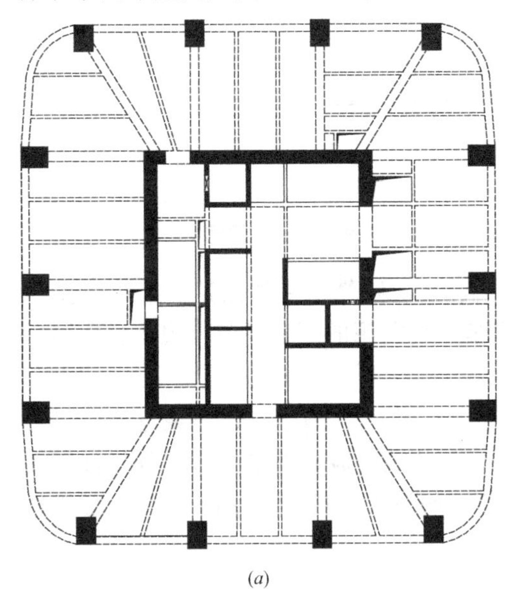

(*a*)

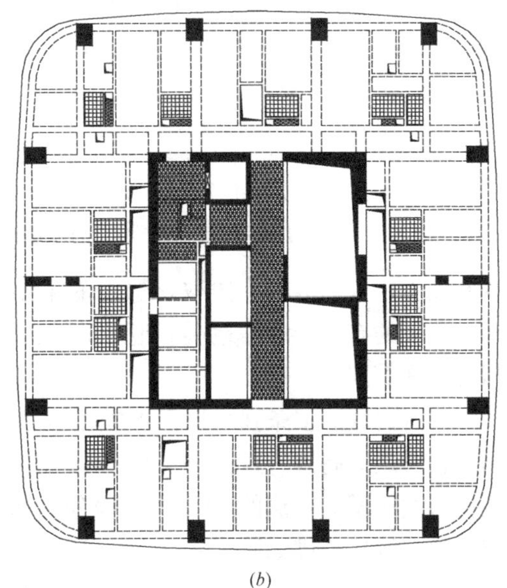

(*b*)

图10-2-2 T1标准平面布置图

(*a*) 斜柱转换前；(*b*) 斜柱转换后

10.2.3 结构超限情况

本工程超限情况如下：

(1) 结构高度超限：塔楼高度为207.6m，超出《高规》B级高度180m限值。

(2) 扭转不规则：考虑偶然偏心地震作用下，T1塔楼2层Y方向位移比为1.24，超过《广东省超限高层建筑工程抗震设防专项审查实施细则》的1.2限值。

(3) 楼板不连续：塔楼局部楼层开洞较大。

(4) 竖向构件不连续：塔楼22层处存在局部斜柱转换。

10.2.4 地震作用

10.2.4.1 规范与安评报告反应谱比较

根据《抗规》、地质资料及安评报告等，本场地抗震设防烈度为7度，设计分组为第一组，设计基本地震加速度为0.10g，场地类别为Ⅲ类。

根据安评报告及抗规反应谱的相关参数，绘制50年超越概率63.2%的反应谱曲线如图10-2-3所示。

由图10-2-3可见，安评报告所提供的反应谱曲线在0～6.0s范围内均大于现行规范值。因此本工程小震反应谱曲线以《安评报告》作为设计依据。中震和大震仍按规范的设计参数采用。

10.2.4.2 地震波的选取

本工程时程分析使用的地震波选取：采用两条人工波和五条强震记录。天然地震波从

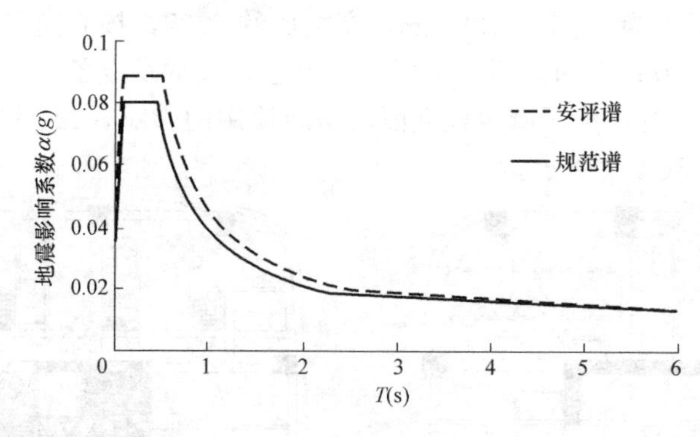

图 10-2-3　小震作用下的规范设计反应谱和安评反应谱的对比曲线图

既有强震记录的数据库选取，选波的主要原则如下：频谱特性、剪切波速、地震产生机理、记录的有效持时、地震波记录的最大峰值、场地距离震源的距离以及与规范反应谱的拟合程度等。

将所选取的多条强震记录地震波输入 PKPM 计算，挑选出频谱特性与规范反应谱最吻合且满足《高规》JGJ 3—2010 第 4.3.5 条要求的 7 条地震波，即单个时程分析计算基底剪力大于反应谱法的 65%，时程分析基底剪力的平均值大于反应谱法的 80%。最终选取的地震波反应谱如图 10-2-4 所示。

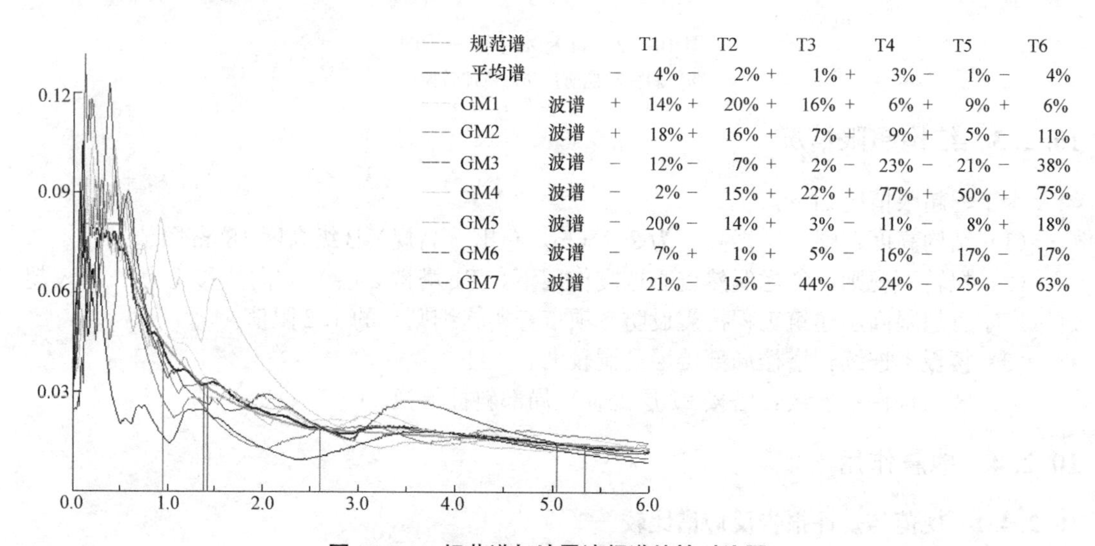

图 10-2-4　规范谱与地震波频谱特性对比图

10.2.4.3　抗震等级

本工程核心筒和框架的抗震等级为一级，斜柱及与斜柱相连框架的抗震等级为特一级。

10.2.5　结构抗震性能目标和设计方法

10.2.5.1　结构性能指标

根据《高规》3.11.1 条抗震性能目标四个等级和 3.11.2 条抗震性能五个水准规定，本工程确定抗震性能目标为 C 级，对应小、中、大震的抗震性能水准为 1、3、4。抗震性能目标细化如表 10-2-1 所示。

结构整体性能指标C级　　表10-2-1

		地震作用	小震	中震	大震
结构整体性能水平		性能水准	1	3	4
		层间位移角	T1：1/555	—	1/125
		性能水平定性描述	完好，一般不需修理即可继续使用	轻度损坏，稍加修理，仍可继续使用	中度破坏，需修复或加固后可继续使用
		评估方法	SATWE 小震弹性	SATWE中震弹性 SATWE中震不屈服	Perform-3D 动力弹塑性分析
关键构件	底部加强区剪力墙	控制指标	承载力设计值 满足规范要求	抗剪弹性 抗弯不屈服	抗剪不屈服 弯曲转角不超过 轻中等破坏限值
		构件损坏状态	完好	轻微损坏	轻中等破坏
	底部加强区框架柱斜柱及相连框架	控制指标	承载力设计值 满足规范要求	抗剪弹性 抗弯不屈服	抗剪不屈服 弯曲转角不超过 轻中等破坏限值
		构件损坏状态	完好	轻微损坏	轻中等破坏
	大开洞楼层楼板	控制指标	承载力设计值 满足规范要求	抗拉弹性 抗剪弹性	抗拉不屈服 抗剪不屈服
		构件损坏状态	完好	轻微损坏	轻中等破坏
普通竖向构件	非底部加强区剪力墙	控制指标	承载力设计值 满足规范要求	抗剪不屈服 抗弯不屈服	抗剪满足最小截面要求 弯曲转角不超过 中等破坏限值
		构件损坏状态	完好	轻微损坏	部分中等破坏
	非底部加强区框架柱	控制指标	承载力设计值 满足规范要求	抗剪不屈服 抗弯不屈服	抗剪满足最小截面要求 弯曲转角不超过 中等破坏限值
		构件损坏状态	完好	轻微损坏	部分中等破坏
耗能构件	框架梁	控制指标	承载力设计值 满足规范要求	抗剪不屈服，部分构件进入抗弯屈服状态	抗剪满足最小截面要求 弯曲转角不超过 严重破坏限值
		构件损坏状态	完好	轻中等损坏 个别中等损坏	中等破坏 个别严重破坏
	连梁	控制指标	承载力设计值 满足规范要求	抗剪不屈服，部分构件进入抗弯屈服状态	抗剪满足最小截面要求 弯曲转角不超过 严重破坏限值
		构件损坏状态	完好	轻中等损坏 部分中等损坏	中等破坏 部分严重破坏

10.2.5.2 地震作用下的结构构件性能分析表达式

1. 小震作用下的结构构件性能分析表达式

根据现行《混凝土结构设计规范》、《建筑结构荷载规范》、《抗规》及《高规》，求出最不利的荷载组合进行设计，考虑结构、构件的内力增大、调整系数以及设计荷载分项系数。

$$S_d \leqslant R_d \text{ 或 } S_d \leqslant \frac{R_d}{\gamma_{RE}}\text{（仅计算竖向地震作用时，}\gamma_{RE}\text{取 1.0）}$$

式中 S_d——结构构件内力组合设计值，包括组合的弯矩、轴向力和剪力设计值等；

R_d——结构构件承载力设计值；

γ_{RE}——承载力抗震调整系数，按《建筑抗震设计规范》选用。

2. 中震、大震作用下的结构构件性能分析表达式

（1）弹性设计：

$$\gamma_G S_{GE} + \gamma_{Eh} S_{Ehk}^* + \gamma_{Ev} S_{Evk}^* \leqslant \frac{R_d}{\gamma_{RE}}$$

式中 γ_G、γ_{Eh}、γ_{Ev}——重力荷载分项系数、水平地震作用分项系数、竖向地震作用分项系数；

S_{GE}——重力荷载代表值的效应；

S_{Ehk}^*——水平地震作用标准值的效应，不需考虑与抗震等级有关的增大系数；

S_{Evk}^*——竖向地震作用标准值的效应，不需考虑与抗震等级有关的增大系数。

（2）不屈服设计：

$$S_{GE} + S_{Ehk}^* + 0.4S_{Evk}^* \leqslant R_k \quad \text{（水平地震控制）}$$

$$S_{GE} + 0.4S_{Ehk}^* + S_{Evk}^* \leqslant R_k \quad \text{（竖向地震控制）}$$

式中 R_k——结构构件承载力标准值，按材料强度标准值计算。

（3）最小受剪截面要求（钢筋混凝土竖向构件）：

$$V_{GE} + V_{Ek}^* \leqslant 0.15 f_{ck} b h_0$$

式中 V_{GE}——重力荷载代表值作用下的构件剪力；

V_{Ek}^*——水平地震作用标准值的构件剪力，不需考虑与抗震等级有关的增大系数；

f_{ck}——混凝土轴心拉压强度标准值；

b、h_0——构件截面宽度、构件截面有效高度。

（4）变形校核

根据性能目标，按下式校核构件的性能：

$$\delta \leqslant [\delta]$$

式中 δ——构件最大塑性位移角；

$[\delta]$——与构件允许破坏程度对应的构件变形限值。

10.2.6 转换方案对比

如图 10-2-5 所示，由于建筑功能改变，22 层以上标准层为商务公寓。C 轴框架柱位于两间卧室之间（图中椭圆圈位置），为了不影响建筑使用功能，需将 22 层以上 C 轴框架柱改为宽扁柱或剪力墙。

结合工程实际，设计人员提出如图 10-2-6 所示的三种方案。方案一采用框支剪力墙转换；方案二采用双斜柱作为转换构件；方案三采用单斜柱作为转换构件。

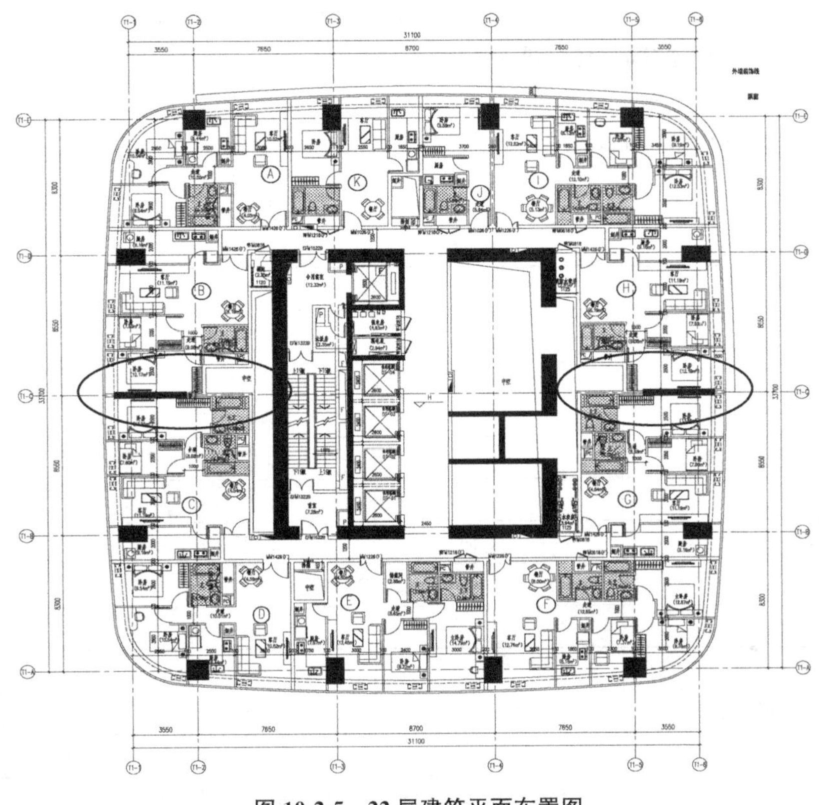

图 10-2-5 22 层建筑平面布置图

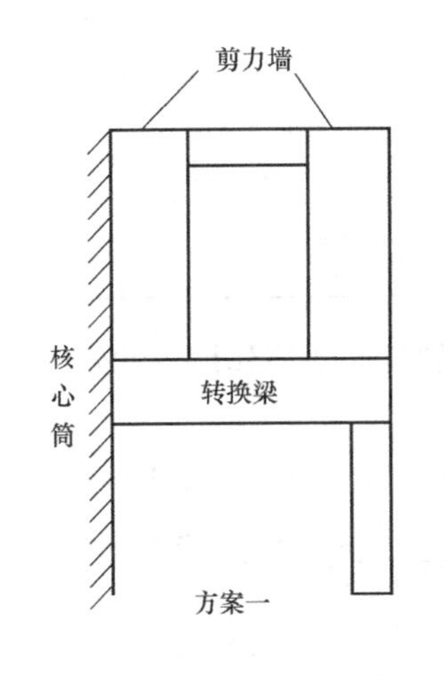

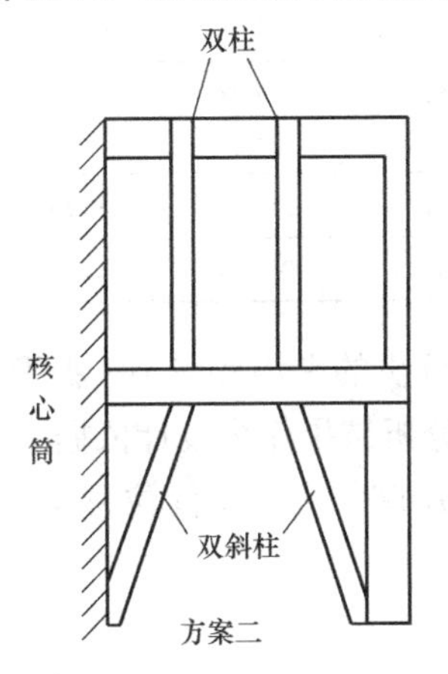

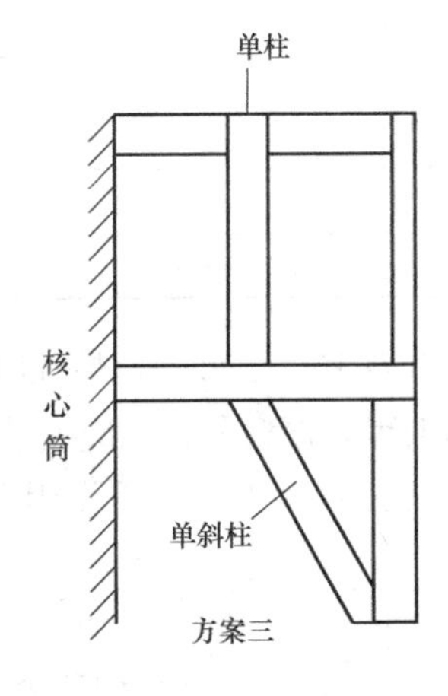

图 10-2-6 22 层处结构转换方案

经计算和建筑设计要求分析，得出以下结论：(1) 方案一属于高位转换，被转换的剪力墙嵌固在框支框架上，刚度大，因此被转换的剪力墙构件容易发生“超筋”。(2) 对比方案二和方案三结构布置，方案三结构更简洁合理，对建筑使用空间的影响更小。综上，采用方案三。

10.2.7 小震作用下性能分析

小震作用下的结构抗震设计分别采用 SATWE 和 ETABS 进行计算，考察结构整体特性时采用刚性楼板假设，结构构件的抗震等级和结构构件的特殊设定（如斜柱、转换梁）严格按照规范规定设定，以便分析程序自动按照规范考虑结构、构件的内力增大、调整系数。

10.2.7.1　小震作用下结构整体性能分析

在 X 向和 Y 向小震作用下，验算结构承载力（层间剪力及层倾覆弯矩）和变形（层间位移角）。结构分析结果如表 10-2-2 所示。

多遇地震作用下结构分析结果　　表 10-2-2

分析方法	振型分解反应谱分析				弹性动力时程分析	
分析软件	SATWE		ETABS		—	
结构单位面积质量(t)	2.10		—			
第一平动周期 T_1(s)	5.34		5.25			
第二平动周期 T_2(s)	5.05		4.97			
第一扭转周期 T_t(s)	2.60		2.33			
T_t/T$_1$	0.49		0.44			
最大扭转位移比	1.24(*Y* 向)		1.23(*Y* 向)			
分析软件	SATWE					
方向	*X*		*Y*		*X*	*Y*
最不利楼层侧向刚度比(1.0)	1.0		1.0		—	—
层间抗剪承载力规则性(0.75)	0.83		0.83		—	—
刚重比	1.75		1.91		—	—
分析软件	SATWE	ETABS	SATWE	ETABS	SATWE	SATWE
最不利剪重比(1.32%)	1.53%	1.60%	1.51%	1.60%	—	—
最大层间位移角(1/555)	1/811 (38F)	1/822 (38F)	1/822 (37F)	1/842 (37F)	1/826	1/858
基底剪力(kN)	17678	18300	17435	18230	14890	14979
基底弯矩(kN·m)	2015127	2003000	1979840	2041000	—	—

由表 10-2-2 可见，弹性时程分析的平均效应小于振型分解反应谱法作用下的效应，因此本工程以振型分解反应谱法的分析结果作为设计依据。

以 X 向为例，小震作用下的层间剪力和层间位移角分析结果见图 10-2-7 和图 10-2-8。

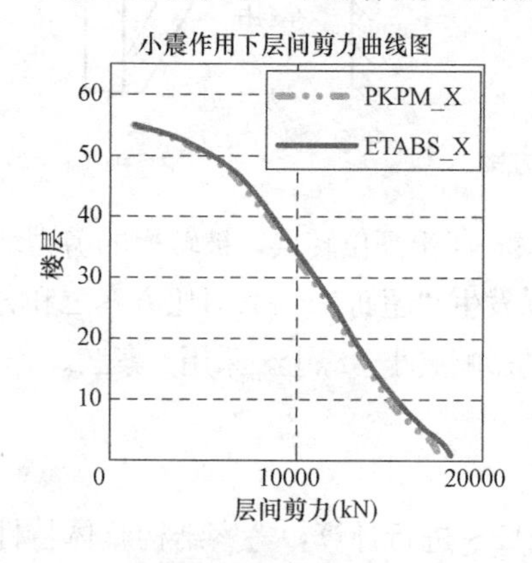

图 10-2-7　层间剪力分布图

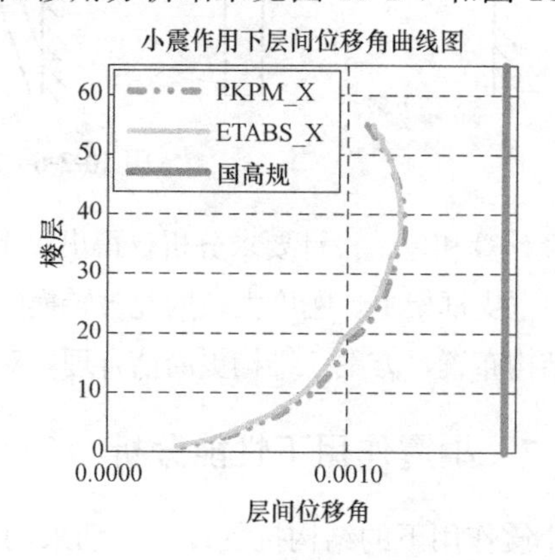

图 10-2-8　层间位移角曲线图

由图中可知，两个软件的计算结果规律基本一致。分析结果表明，小震作用下层间位移角小于规范限值1/555，满足规范要求。

倾覆弯矩分布、框架部分承担倾覆弯矩的分布如图10-2-9和图10-2-10所示。底层框架承担的X向抗倾覆弯矩为18.96%。

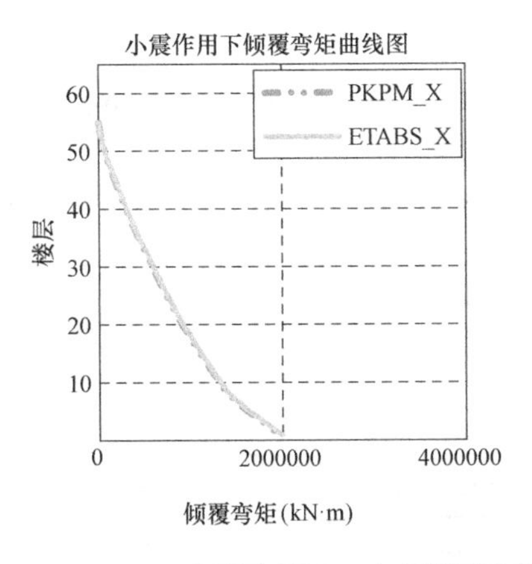

图10-2-9　小震作用下X向倾覆弯矩图

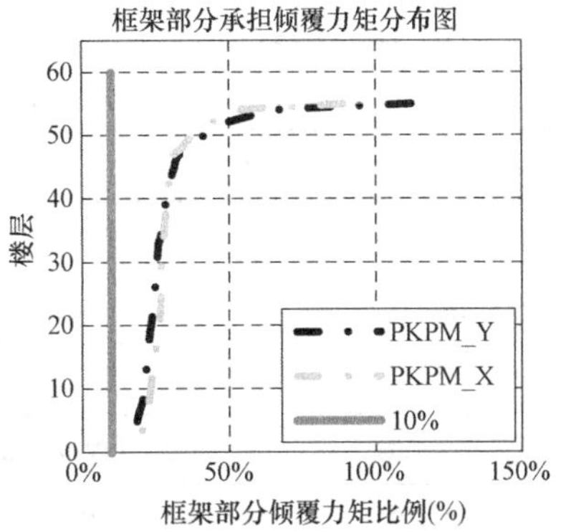

图10-2-10　框架部分承担倾覆力矩分布图

偶然偏心地震楼层扭转位移比分布如图10-2-11所示，本结构X向最大扭转位移比1.15，满足《高规》规定的扭转位移比限值1.2的要求。层间抗剪承载力规则性判断依据《抗规》3.4.3条及《高规》3.5.3条规定，层间抗剪承载力比值分布如图10-2-12所示，满足规范限值0.75的要求。

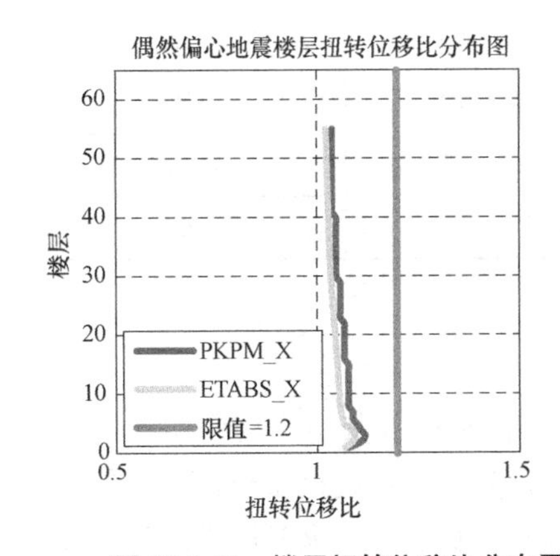

图10-2-11　楼层扭转位移比分布图

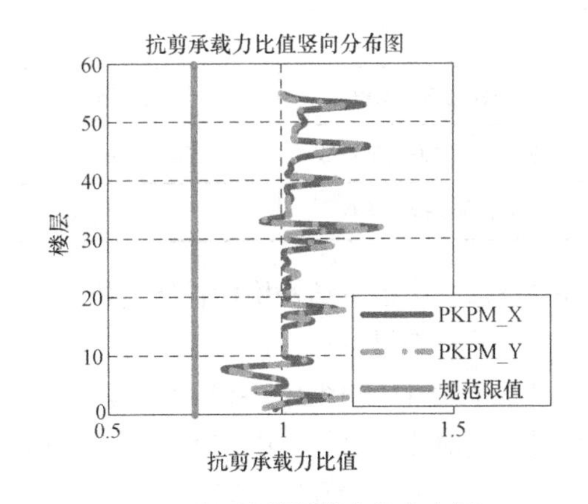

图10-2-12　抗剪承载力比分布图

10.2.7.2　小震作用下结构构件分析

各构件内力需求及配筋分析如下：

1）框架柱最大轴压比为0.83，满足限值0.85的要求，无超筋信息；

2）落地剪力墙轴压比普遍处于0.41～0.46之间，极个别达到0.50，满足限值0.50的要求。

10.2.8 中震作用下结构性能分析

中震作用下的结构抗震设计采用SATWE程序进行等效弹性算法验算复核。中震作用下结构的整体指标应处于小震作用和大震作用之间的水平，不作详细叙述。根据本章2.5节设定的性能目标C级，针对各类构件进行弹性设计和不屈服设计，以验证构件是否满足预设的抗震性能目标。

10.2.8.1 中震计算参数

中震性能计算参数　　表10-2-3

中震不屈服		中震弹性	
是否刚性楼板假定	否	是否刚性楼板假定	否
风荷载计算信息	不计算	风荷载计算信息	不计算
考虑 P-Δ 效应	是	考虑 P-Δ 效应	是
中梁刚度放大系数	按2010规范取值	中梁刚度放大系数	按2010规范取值
地震影响系数最大值 α_{max}	0.23	地震影响系数最大值 α_{max}	0.23
周期折减系数	1.0	周期折减系数	1.0
结构阻尼比	0.05	结构阻尼比	0.05
双向地震	不考虑	双向地震	不考虑
偶然偏心	不考虑	偶然偏心	不考虑
材料强度	采用标准值	材料强度	同小震弹性分析
作用分项系数	1.0	作用分项系数	同小震弹性分析
抗震承载力调整系数	1.0	抗震承载力调整系数	同小震弹性分析
构件地震力调整	不调整	构件地震力调整	不调整
地震组合内力调整系数	1.0	地震组合内力调整系数	1.0
连梁刚度折减系数	0.4	连梁刚度折减系数	0.4

10.2.8.2 中震下结构构件性能分析

（1）框架梁

图10-2-13和图10-2-14为中震不屈服验算的梁配筋需求图将其与小震作用下的梁配筋设计图对比，可知：中震不屈服下，框架梁及连梁的箍筋需求不超过小震作用下的设计配筋，可知框架梁及连梁满足中震抗剪不屈服；部分框架梁及连梁的纵筋需求超过小震作用下的设计配筋，满足部分构件进入抗弯屈服状态的抗震性能目标。

（2）框架柱

查看中震弹性验算的框架柱配筋图10-2-15可知，框架柱配筋率基本都为0.95%，为最小配筋率控制，箍筋需求不超过小震作用下的设计配筋。因此框架柱基本满足中震抗剪弹性、抗弯不屈服抗震性能目标。

（3）剪力墙

在中震弹性验算下，剪力墙剪压比如图10-2-16和图10-2-17所示，首层剪力墙剪压比大部分处于4.0%～7.0%之间，最大剪压比为9.4%；二层剪力墙剪压比处于5.0%～8.0%之间，最大剪压比为8.4%，同时箍筋需求不超过小震作用下的设计配筋，满足抗剪弹性的性能目标。在中震不屈服设计中，大部分墙肢为构造配筋，个别墙肢处于中震弹性偏心受拉状态。实际设计中，将中震作用下偏心受拉的剪力墙抗震等级提高为特一级，并配置足量竖向钢筋抵抗拉力。

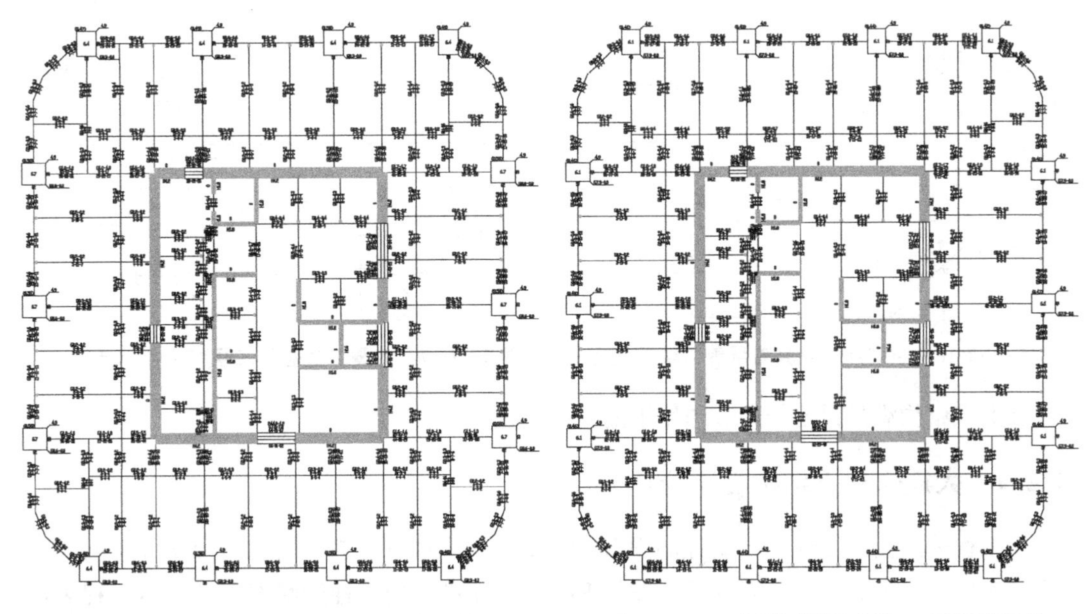

图10-2-13　中震不屈服验算10层梁配筋图　　　　图10-2-14　中震不屈服验算18层梁配筋图

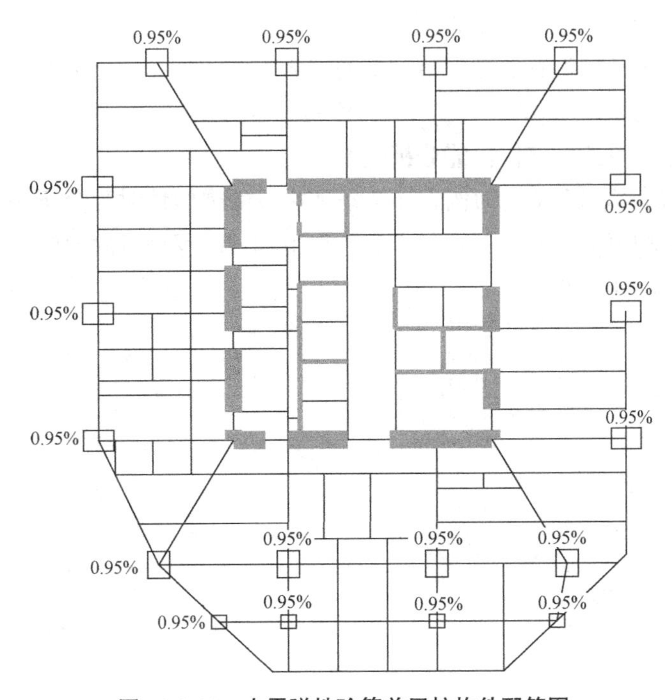

图10-2-15　中震弹性验算首层柱构件配筋图

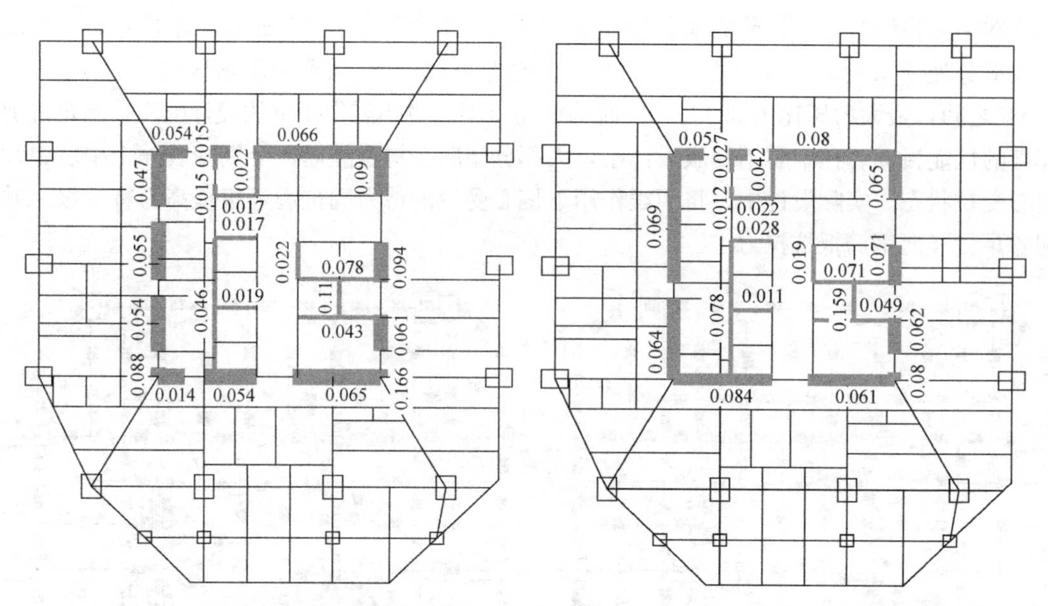

图 10-2-16　中震弹性验算首层剪力墙剪压比　　图 10-2-17　中震弹性验算二层剪力墙剪压比

综上，结构满足设定的中震作用下的性能要求。

10.2.9　大震作用下结构性能分析

本工程采用美国 CSI 公司研究的 PERFORM-3D 程序进行静力及动力弹塑性分析，并采用华南理工大学高层建筑研究所开发的 PBSD 程序进行构件性能状态复核。本工程采用弹性时程选中的 7 条地震波（GM1～GM7），分别按 X 向、Y 向为主方向（主次方向地震波峰值比例为 1∶0.85）进行双向弹塑性时程分析，共需要计算 14 个不同情况的弹塑性动力时程分析工况。为了较为真实考虑结构钢筋的影响，整个弹塑性分析模型的钢筋按结构初步设计配筋进行输入。

10.2.9.1　大震作用下结构整体性能分析

如图 10-2-18 所示，以 X 向为例，在 7 条地震波的弹塑性时程分析中，最大的基底剪力为 84957kN，平均值为 72663kN，与小震作用下弹性时程分析的比值为 4.76；最大的层

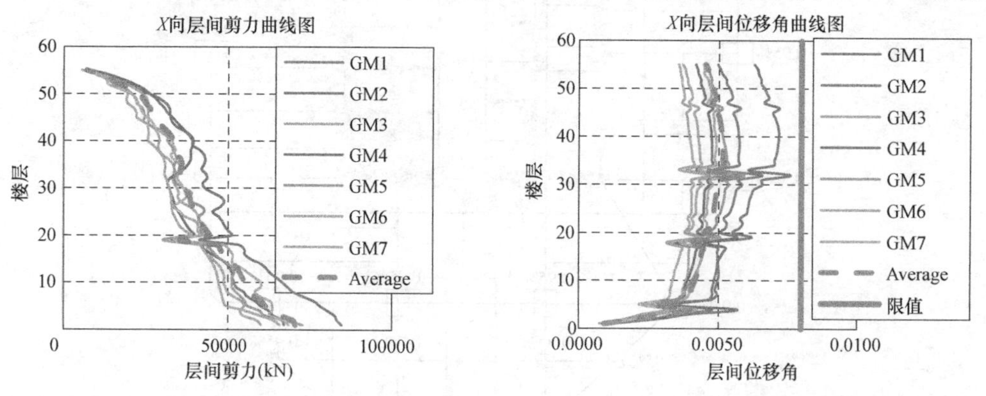

图 10-2-18　大震作用下结构整体性能指标

间位移角为1/131，平均层间位移角为1/172，满足框架-核心筒层间弹塑性极限位移角1/125的限值要求；时程中最大的顶点位移为780mm。

10.2.9.2　大震作用下结构耗散能量分析

从基底剪力中发现GM3地震波基底剪力与7条波的平均值最接近，因此选取GM3为典型地震波，GM3作用下结构耗能情况如图10-2-19～图10-2-22所示。

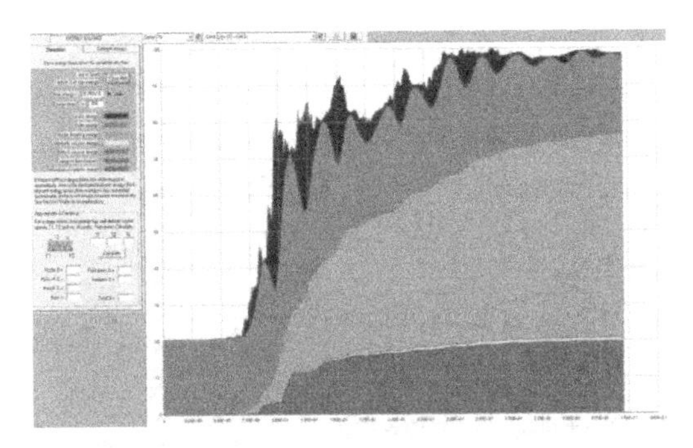

图10-2-19　总能量耗散分布图

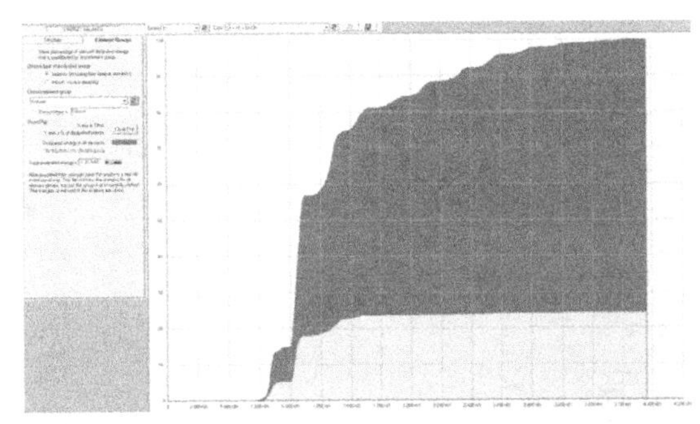

图10-2-20　柱单元能量耗散分布图

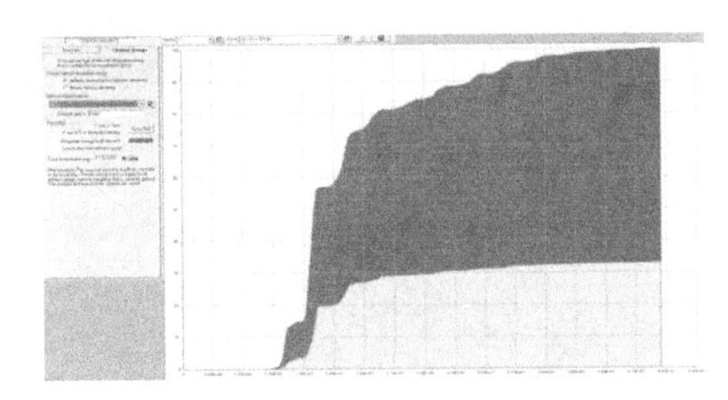

图10-2-21　梁单元能量耗散分布图

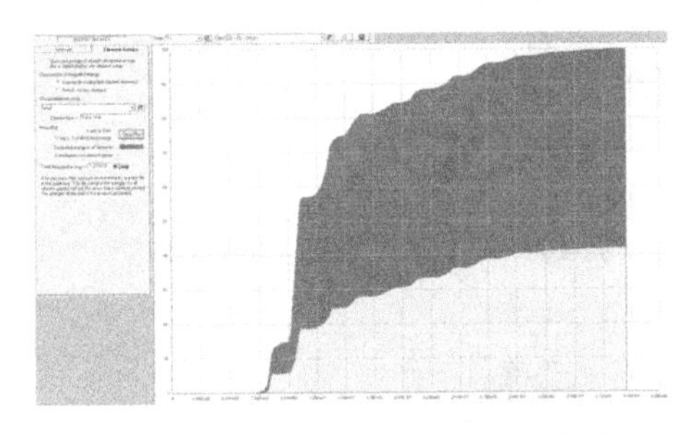

图10-2-22　剪力墙能量耗散分布图

10.2.9.3　大震作用下结构构件性能分析

Perform-3D中，构件变形大小可以通过颜色来表现。选择GM3地震波下结构构件变形作为典型例子。在GM3地震波X向作用下结构变形性能如图10-2-23、图10-2-24所示。以下使用基于变形的性能设计方法对各类构件进行校核。

梁纵筋应变如图10-2-23所示，梁端转角变形如图10-2-24所示。

从图10-2-23可见，大部分梁钢筋应变达到0.002，约超过半数的梁钢筋应变甚至达到0.004，因此在大震下大部分梁都进入了屈服状态，框架梁塑性较发展在整个结构上均匀分布。

据判断，梁构件没有发生剪切破坏，均发生弯曲破坏或弯剪破坏，因此采用变形控制。所有梁构件均保守地按弯剪破坏的变形限值判断构件损坏程度。由图10-2-24可见，大部分梁单元转角变形为0.000～0.003之间，小于变形限值0.003，因此判定为属于完好状态；少数梁单元转角变形处于0.003～0.006之间，根据给出的变形限值0.006，可判定属于轻微损坏状态；个别梁单元转角变形处于0.006～0.008之间，根据给出的变形限值0.008，可判定属于轻中等破坏状态；极个别梁单元转角变形处于0.008～0.010之间，根据给出的变形限值0.013，可判定属于中等破坏状态。根据以上结果，大部分梁单元转角变形处于完好状态；少数构件转角变形处于轻微损坏状态至中等破坏状态之间，满足结构C级抗震性能要求。

柱纵筋应变如图10-2-25所示，柱端转角变形如图10-2-26所示。

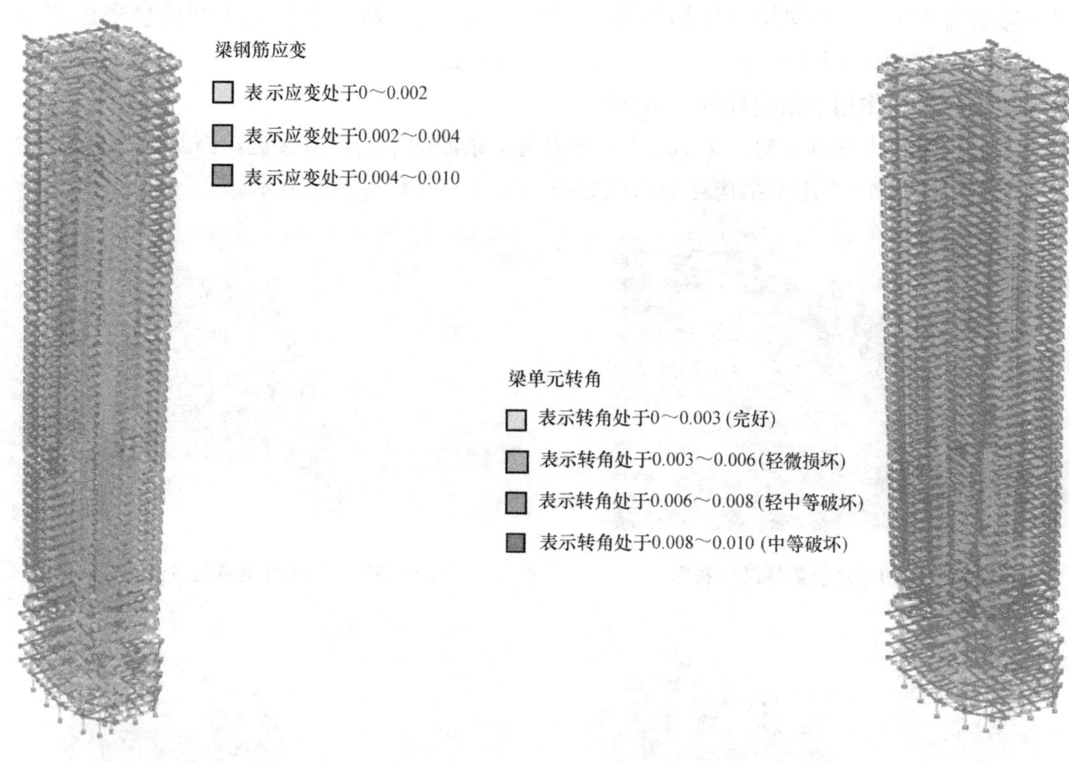

图 10-2-23　梁纵筋应变侧视图　　**图 10-2-24　梁端转角变形侧视图**

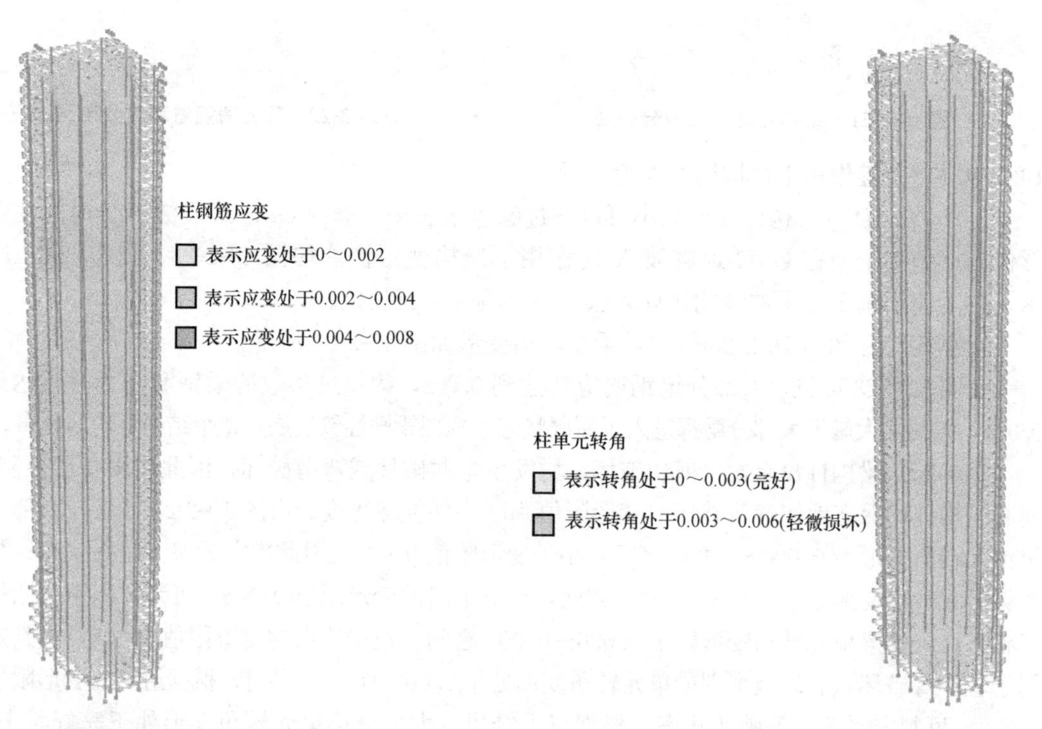

图 10-2-25　柱纵筋应变侧视图　　**图 10-2-26　柱端转角变形侧视图**

由图 10-2-25 可见，大部分柱钢筋应变小于 0.002，个别柱钢筋应变处于 0.002～

0.004 之间，极个别柱钢筋应变处于 0.004～0.008 之间，证明在大震作用下，只有个别柱子进入屈服状态。

据判断，柱构件没有发生剪切破坏，均发生弯曲破坏或弯剪破坏，因此采用变形控制。所有柱构件均保守地按弯剪破坏的变形限值判断构件损坏程度。由图 10-2-26 可见，绝大部分的柱单元转角小于 0.003，按照限值判断处于完好状态；极个别柱单元转角处于 0.003～0.006 之间，小于轻微损坏的变形限值 0.006，属于轻微破坏状态。根据以上结果，框架柱抗震薄弱位置主要在结构底部及顶部；大部分框架柱单元弯曲变形处于完好状态，少数构件转角变形处于轻微损坏状态，满足结构 C 级抗震性能要求。

剪力墙纵筋应变如图 10-2-27 所示，剪力墙端部转角变形如图 10-2-28 所示。

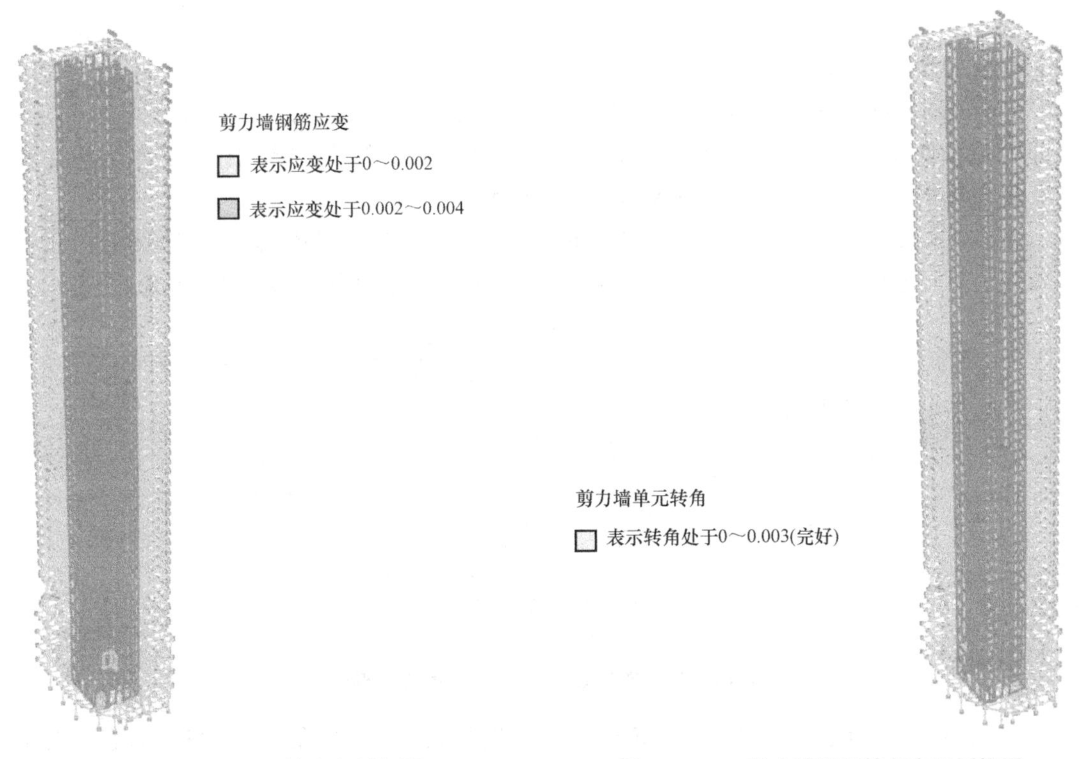

图 10-2-27　剪力墙纵筋应变侧视图　　**图 10-2-28　剪力墙端部转角变形侧视图**

由图 10-2-27 可见，绝大部分剪力墙钢筋应变小于 0.002，极个别钢筋应变处于 0.002～0.004 之间，证明在大震作用下，剪力墙单元几乎没有屈服。

据判断，剪力墙构件没有发生剪切破坏，均发生弯曲破坏或弯剪破坏，因此采用变形控制。所有剪力墙构件均保守地按弯剪破坏的变形限值判断构件损坏程度。由图 10-2-28 可见，所有的剪力墙单元单元转角小于 0.0025，按照限值判断处于完好状态。根据以上结果，剪力墙抗震薄弱位置主要集中在塔楼底部。对于底部加强区，所有剪力墙弯曲变形处于完好状态，满足结构 C 级抗震性能要求。

10.2.9.4　大震作用下关键构件变形分析

对于关键构件，通过监控其在弹塑性动力时程分析中的变形时程，复核其性能。构件的位置编号见附图。

（1）抗剪承载力验算

剪切破坏是脆性破坏，根据第 4 性能水准要求进行复核，关键构件应满足大震最小受剪截面要求，验算 SW1、SW2 和 SW3 的抗剪承载力，如表 10-2-4 所示。

T1 关键构件抗剪承载力验算 **表 10-2-4**

构件编号	GM1	GM2	GM3	GM4	GM5	GM6	GM7	AVE	最小受剪截面要求
SW1	33218	32294	27394	25831	25415	26062	25800	28002	52853
SW2	10028	13063	8179	8767	8111	7353	10324	9403	25003
SW3	10923	11771	8326	11751	11382	7232	8439	9975	30492

注：表中数据单位为 kN。

如表 10-2-4 所示，SW1、SW2 和 SW3 的抗剪承载力均满足第 4 性能水准的要求。

（2）首层剪力墙转角变形复核

Perform-3D 中，剪力墙构件变形通过 Gage 单元记录。从结构整体变形分析中可以看出剪力墙构件破坏主要集中在首层。现针对首层剪力墙作变形分析，图中 Y 轴为构件转角，*X* 轴为时间。现复核 SW1、SW2 和 SW3 的变形。

如图 10-2-29 所示，首层剪力墙 SW1 在六条时程波工况下转角均处于完好状态，仅在 GM2X 工况下处于轻微损坏状态，说明首层剪力墙 SW1 在大震作用下满足性能水准 4 的要求。

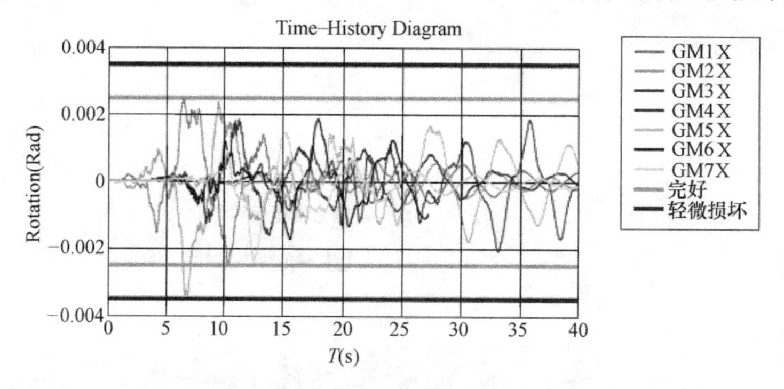

图 10-2-29 首层墙肢 SW1 转角时程变形图

如图 10-2-30 所示，首层剪力墙 SW2 在六条时程波工况下转角均处于完好状态，仅在 GM2Y 工况下处于轻微损坏状态，说明首层剪力墙 SW2 在大震作用下满足性能水准 4 的要求。

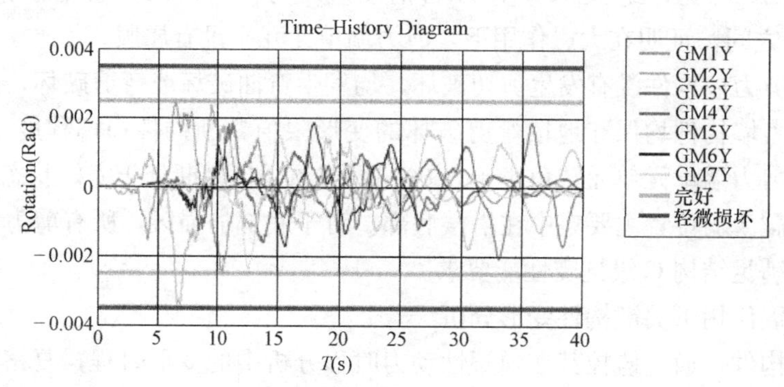

图 10-2-30 首层墙肢 SW2 转角时程变形图

如图10-2-31所示，首层墙肢SW3在每条时程波工况下转角均处于完好状态，说明首层墙肢SW3在大震作用下满足性能水准4的要求。

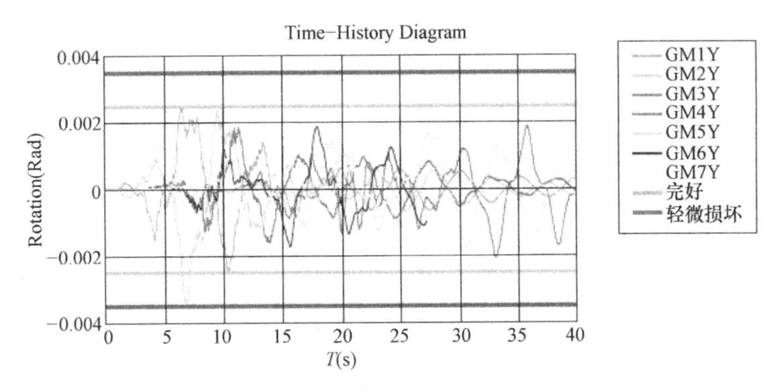

图10-2-31　首层墙肢SW3转角时程变形图

（3）连梁转角变形复核

复核LL1和LL2的变形。

如图10-2-32所示，连梁LL1在所有时程波工况下最大转角处于中等破坏状态，说明连梁LL1在大震作用下满足性能水准4的要求。

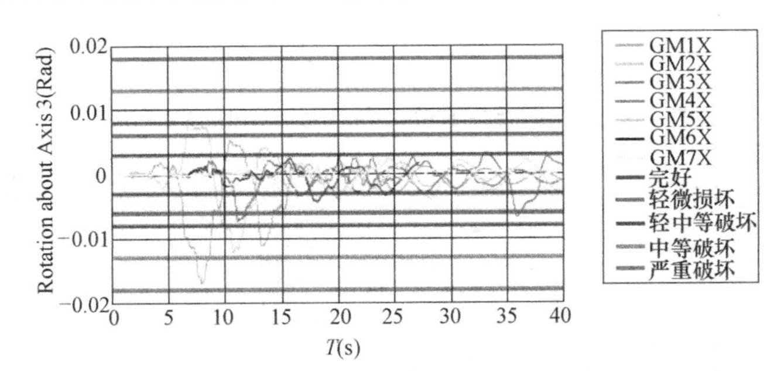

图10-2-32　连梁LL1转角时程变形图

如图10-2-33所示，连梁LL2在所有时程波工况下最大转角处于轻中等状态，说明连梁LL2在大震作用下满足性能水准4的要求。

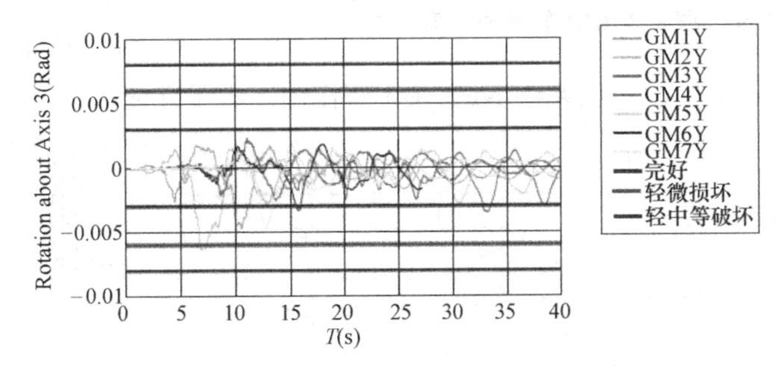

图10-2-33　连梁LL2转角时程变形图

（4）框架柱转角变形复核

复核KZ1、KZ2和KZ3的变形，以KZ1为例。

如图10-2-34、图10-2-35所示，框架柱KZ1在X向、Y向地震波工况下转角均处于完好状态。说明框架柱 KZ1 在大震作用下满足性能水准 4 的要求。

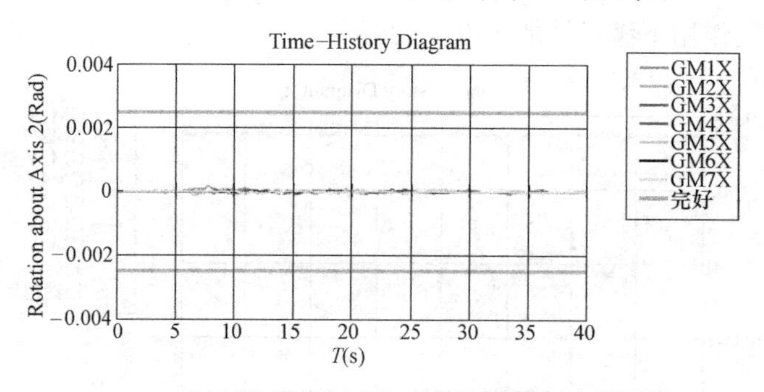

图 10-2-34　框架柱 KZ1 *X* 向地震转角时程变形图

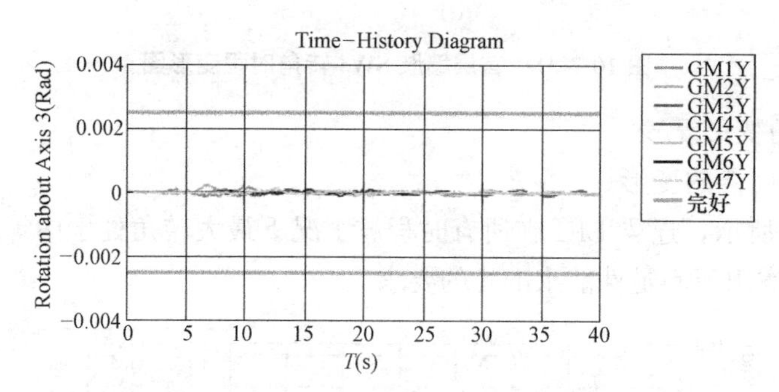

图 10-2-35　框架柱 KZ1 *Y* 向地震转角时程变形图

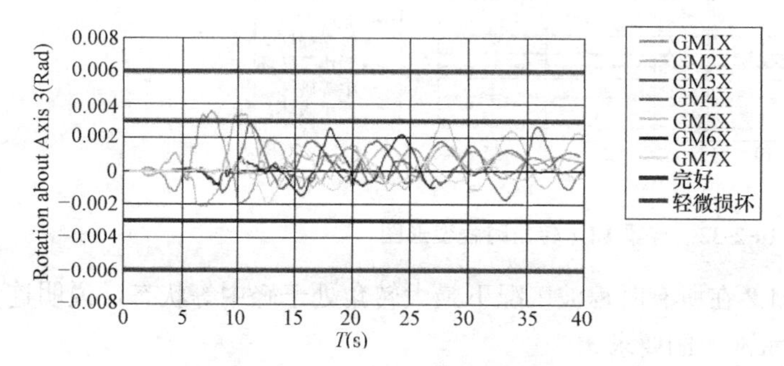

图 10-2-36　框架梁 KL1 转角时程变形图

（5）框架梁转角变形复核

复核 KL1 和 KL2 的变形。

如图 10-2-36 所示，框架梁 KL1 转角在每条地震波工况基本都小于完好状态限值，说明框架梁 KL1 在大震作用下满足性能水准 4 的要求。

如图 10-2-37 所示，框架梁 KL2 转角在每条地震波工况均小于完好状态限值，说明框架梁 KL2 在大震作用下满足性能水准 4 的要求。

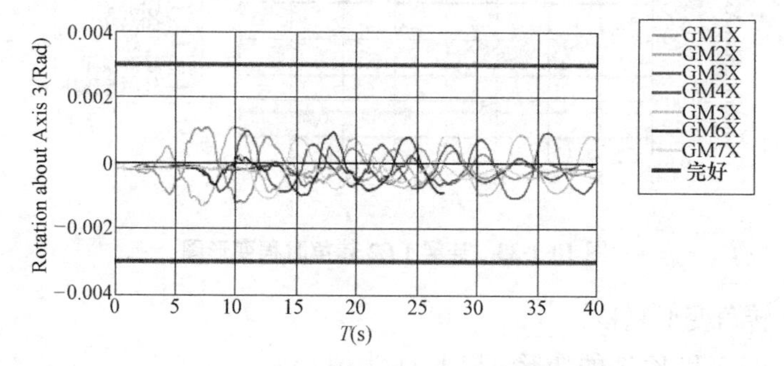

图 10-2-37　框架梁 KL2 转角时程变形图

10.2.10 结论

针对工程超限情况，结构设计通过采用STAWE、ETABS、Perform-3D、PBSD软件进行全面的、细致的计算对比分析，确保结构的各项控制指标得到合理评估。计算结果表明，本工程结构可以满足预先设定的性能目标和使用功能的要求，并满足“小震不坏、中震可修、大震不倒”的抗震设计要求。

附图：关键构件性能分析编号图

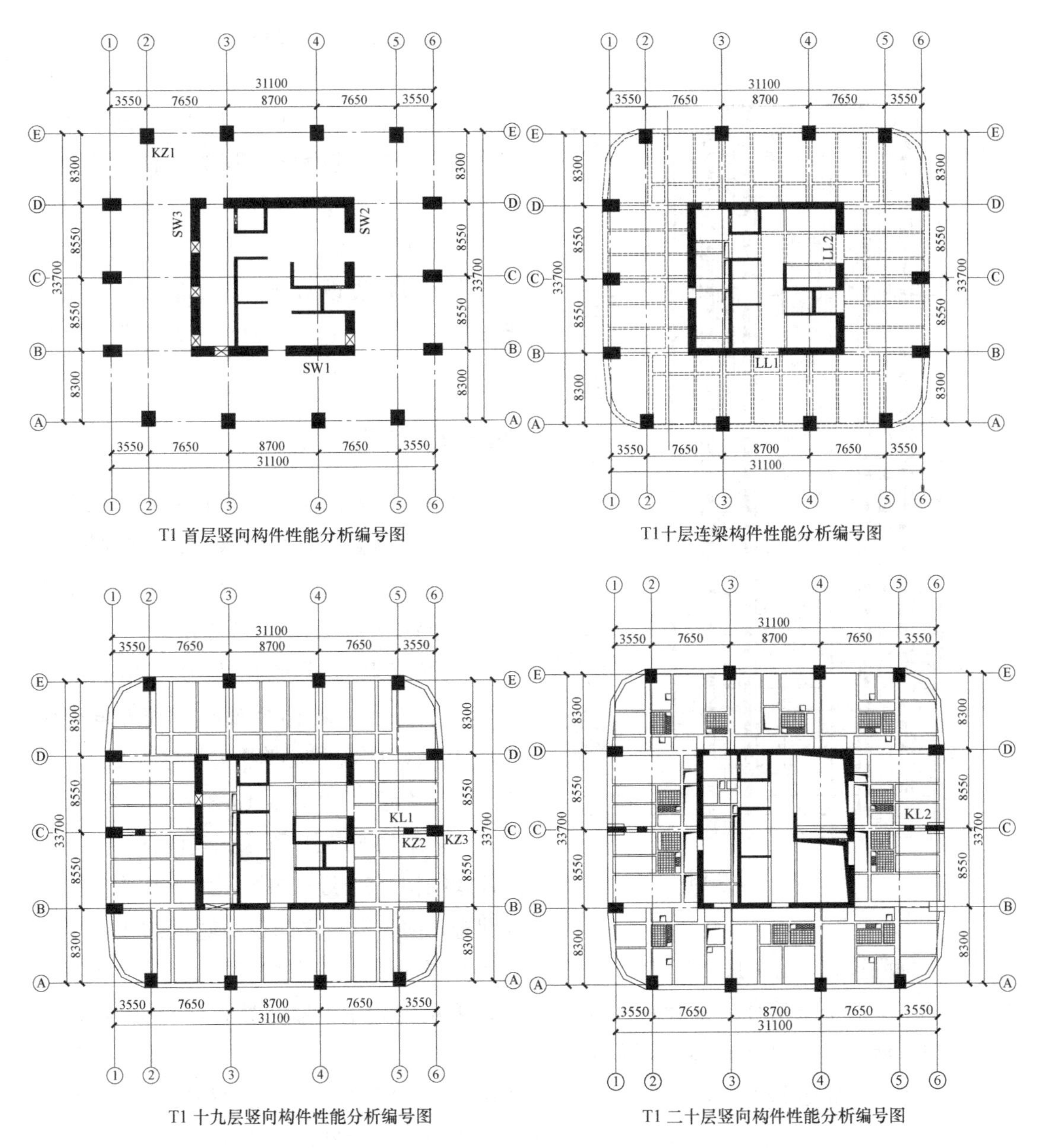

T1首层竖向构件性能分析编号图

T1十层连梁构件性能分析编号图

T1 十九层竖向构件性能分析编号图

T1 二十层竖向构件性能分析编号图

（注：本工程抗震超限设计完成于2015年04月）

10.3 中山皇爵广场

10.3.1 工程概况

皇爵广场位于中山市坦洲镇坦神北路，是一个由5栋建筑组成的大型综合体，其中一、二、四、五栋均已建成投入使用，本项目（三栋）是皇爵广场的最重要组成部分，同时又是坦洲城市广场的地标性建筑物。

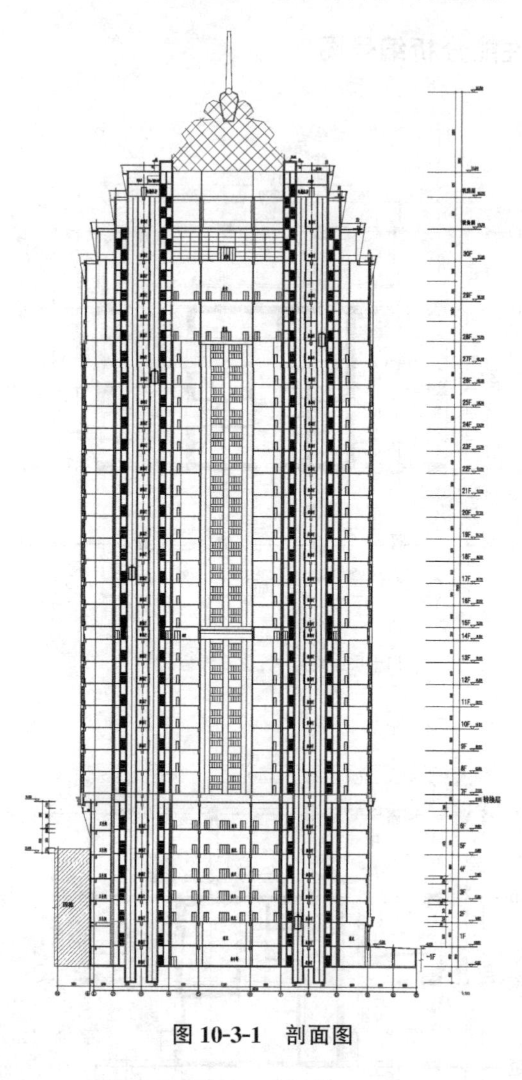

图 10-3-1 剖面图

如图10-3-1所示，本项目建筑高度218.0m，总建筑面积为74872.47m^2，地上部分共32层，其中1～4层为裙楼，功能为商场，5～32层是酒店式公寓和高级会所；地下一层为停车场。

本工程抗震设防烈度为7度，设计基本地震加速度为0.1g，场地类别为Ⅲ类。50年一遇的基本风压为0.70kN/m^2。

10.3.2 结构概况

项目功能为商业及酒店式公寓，根据建筑平面布局特点，选取框架-双筒结构体系。在首层楼面以上设置防震缝将裙房与主楼脱开，本节针对主楼进行抗震超限设计。

主楼地上各层呈长方形，高宽比为192.3/34=5.66，由两个核心筒和外框架组成，且左右对称。核心筒平面尺寸为16.1m×13.3m，高宽比193.45/13.3=14.88。平面布置中，结构28层以下采用现浇钢筋混凝土梁板式结构。8层到27层，由于结构中间局部凹进，两个框筒之间仅由宽度的1/3楼板连接，为加强连接，在11、15、19、23层设置空中连廊；结构在28层以上，因建筑需要，抽掉中间四个结构柱形成大跨度（28.5m），采用钢梁+混凝土楼板组合楼盖体系。典型楼层平面布置图如图10-3-2和图10-3-3所示。

5层以下平面尺寸收进为71.4m×34m，通过在5、6层处设置斜柱转换，逐层伸出，7层以上平面尺寸为74.4m×34m。顶部由于建筑需要，结构设置斜柱逐层收进。斜柱布置如图10-3-4和图10-3-5所示。

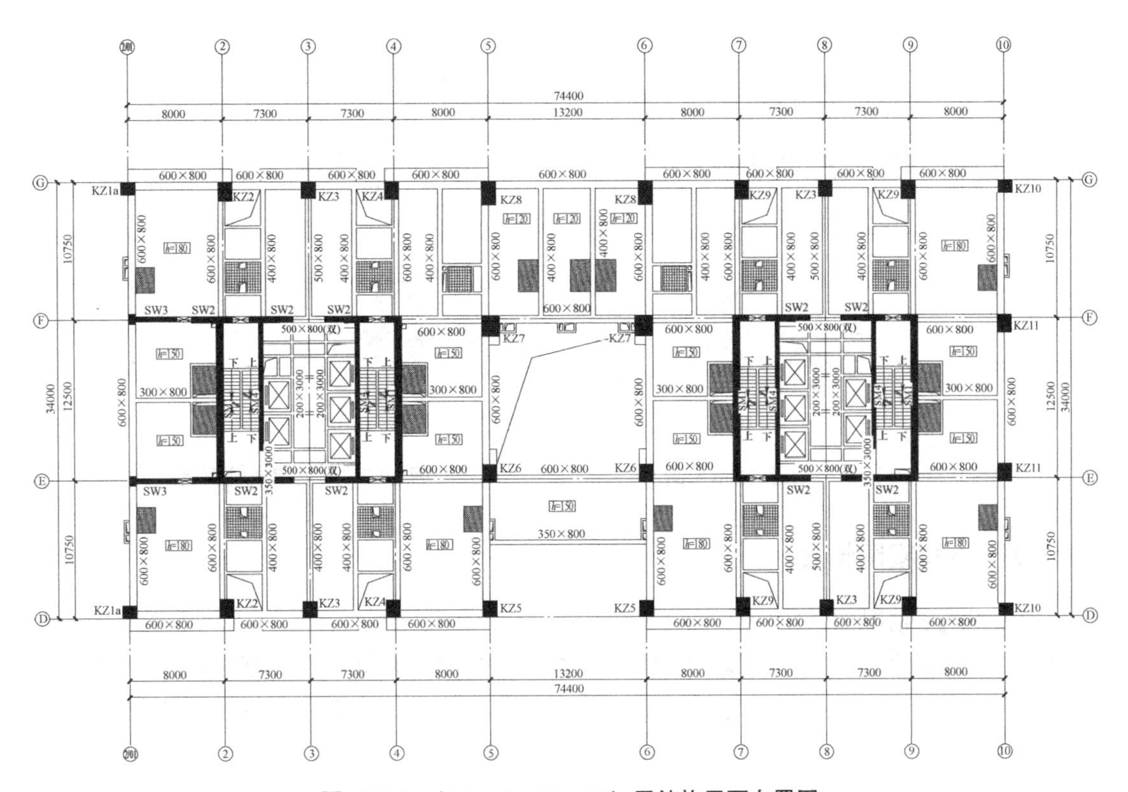

图 10-3-2 (11、15、19、23)层结构平面布置图

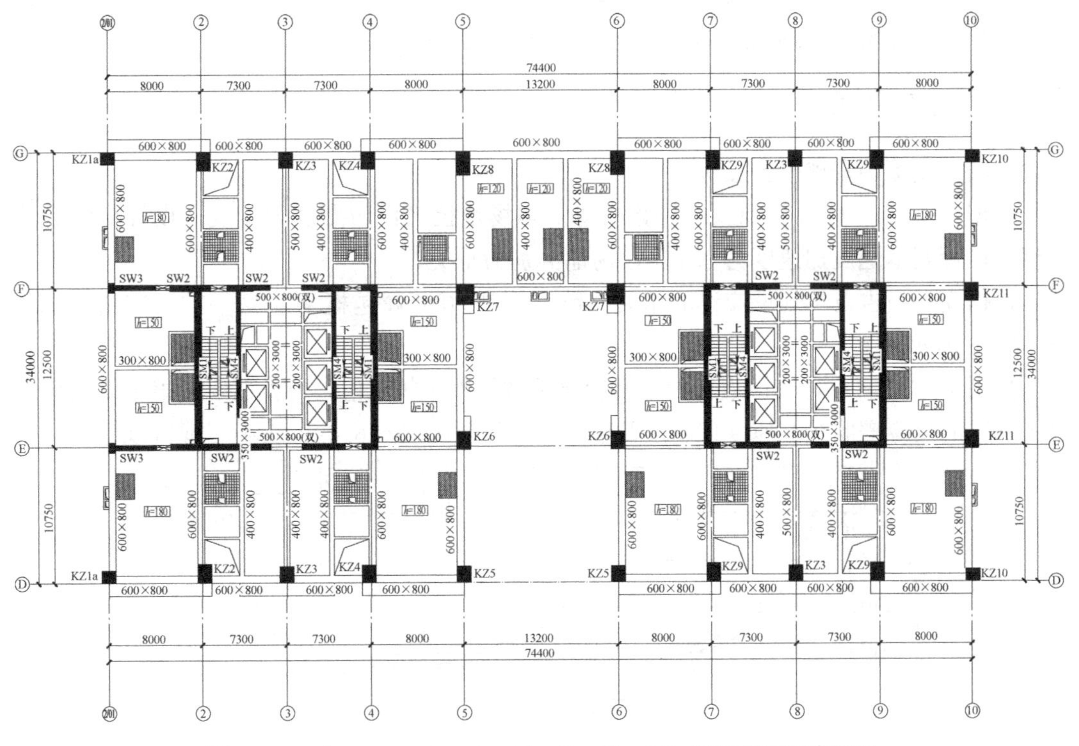

图 10-3-3 (8～10、12～14、16～18、20～22)层结构平面布置图

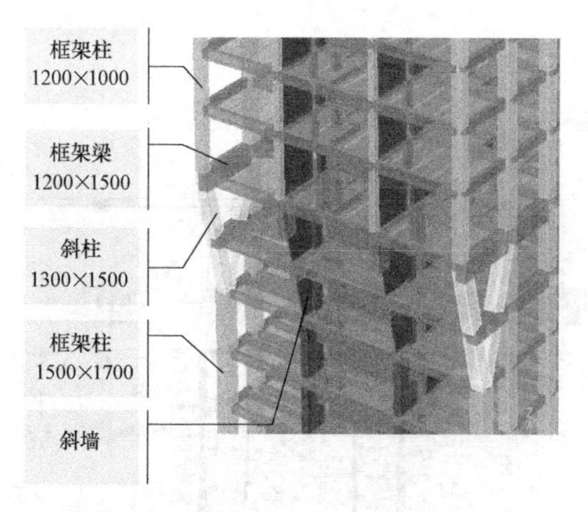

图 10-3-4　第 5、6 层斜柱布置图

图 10-3-5　顶部斜柱布置

10.3.3　结构超限情况

本工程超限情况如下：

（1）结构高度超限：本工程为框架-双筒结构。参照《高规》有关规定，7 度区框架-双筒结构，高层建筑适用的最大 A 级高度为 130m，最大 B 级高度为 180m。本工程塔楼屋面结构高度为 193.45m，结构高度超限，属于超限工程。

（2）存在楼板不连续。

（3）竖向构件不连续：5、6 层斜柱转换。

（4）承载力突变：13 层 X 向受剪承载力与上层的比值为 0.70，小于限值 0.75。

10.3.4　地震作用

10.3.4.1　规范与安评报告反应谱比较

根据《抗规》、地质资料及安评报告等，本场地抗震设防烈度为 7 度，设计分组为第一组，设计基本地震加速度为 0.10g，场地类别为Ⅲ类。

根据安评报告及抗规反应谱的相关参数，绘制 50 年超越概率 63.2%的反应谱曲线如图 10-3-6 所示。

如图 10-3-6 所示，安评报告中地震影响系数虽大于规范值，但根据安评报告所提供的公式求得的反应谱曲线在速度控制段及位移控制段（0.45～6.0s）均小于现行规范值。由

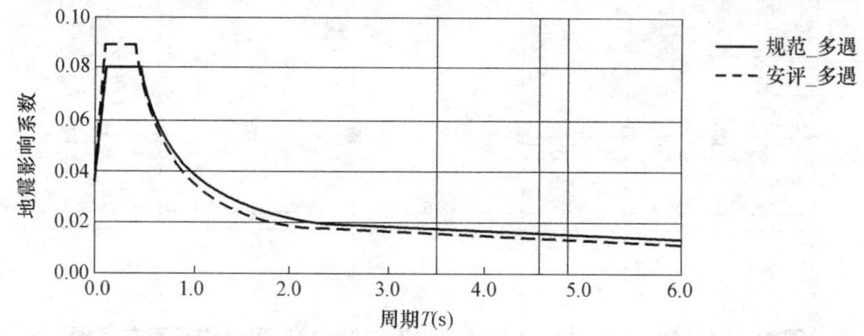

图 10-3-6　小震作用下的规范设计反应谱和安评反应谱的对比曲线图

于本结构第一自振周期为4.85s，结构地震响应受长周期影响为主。因此本工程小震、中震、大震均采用规范反应谱。

10.3.4.2 地震波的选取

本工程时程分析使用的地震波选取原则同本书10.2中介绍的信德横琴大厦项目。

最终选取的地震波反应谱如图10-3-7所示。

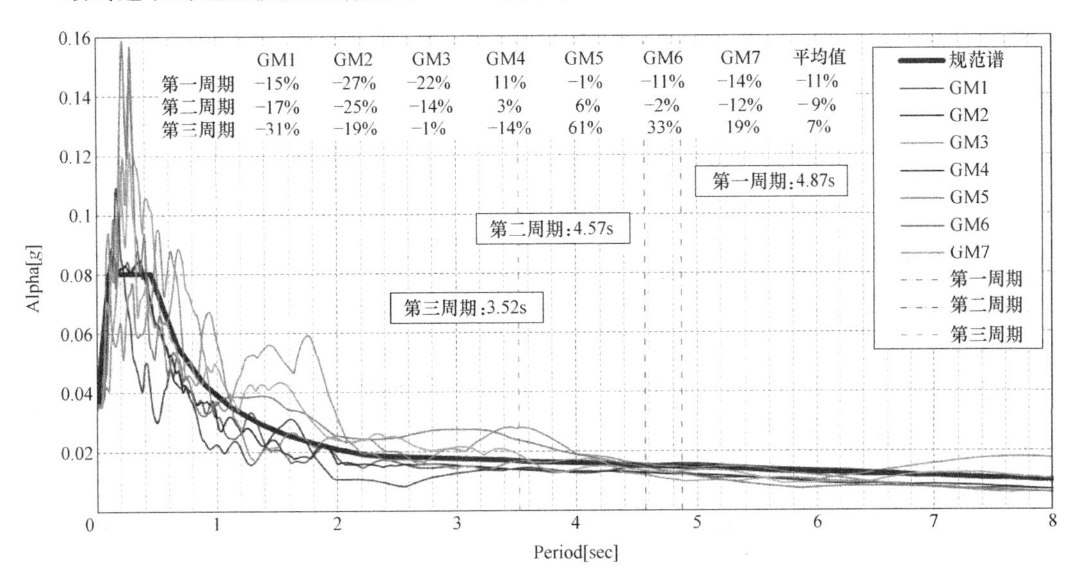

图10-3-7 规范谱与地震波频谱特性对比图

10.3.4.3 抗震等级

本工程核心筒和框架的抗震等级为一级，4～7层斜柱及与斜柱相连框架的抗震等级为特一级。

10.3.5 结构抗震性能目标和设计方法

10.3.5.1 结构性能指标

根据《高规》3.11.1条抗震性能目标四个等级和3.11.2条抗震性能五个水准规定，本工程确定抗震性能目标为C级，对应小、中、大震的抗震性能水准为1、3、4。抗震性能目标细化如表10-3-1所示。

结构整体性能指标C级　　表10-3-1

	地震作用	小震	中震	大震
结构整体性能水平	性能水准	1	3	4
	层间位移角	1/650	1/325	1/125
	性能水平定性描述	完好，一般不需修理即可继续使用	轻度损坏，稍加修理，仍可继续使用	中度破坏，需修复或加固后可继续使用
	评估方法	按规范常规设计	按规范常规设计（连梁刚度折减0.4）	动力弹塑性分析

续表

底部加强区剪力墙	承载力指标	承载力设计值满足规范要求	抗剪弹性 抗弯不屈服	抗剪不屈服 少数构件抗弯屈服
	构件损坏状态	完好	轻微损坏	轻中等破坏
非底部加强区剪力墙	承载力指标	承载力设计值满足规范要求	抗剪弹性 抗弯不屈服	抗剪满足最小截面要求 抗弯大部分不屈服
	构件损坏状态	完好	轻微损坏	部分中等破坏
斜柱及其节点	承载力指标	承载力设计值满足规范要求	抗剪弹性 抗弯弹性	抗剪不屈服 抗弯不屈服
	构件损坏状态	完好	轻微损坏	轻中等破坏
框架柱	承载力指标	承载力设计值满足规范要求	抗剪弹性 抗弯不屈服	抗剪满足最小截面要求 抗弯大部分不屈服、 少数构件处于有限屈服状态
	构件损坏状态	完好	轻微破坏	部分中等破坏
框架梁	承载力指标	承载力设计值满足规范要求	抗剪承载力不屈服，部分构件抗弯进入有限屈服状态	抗剪满足最小截面要求 部分构件抗弯进入有限屈服状态
	构件损坏状态	完好	轻中等损坏 个别中等损坏	中等破坏 个别严重破坏
连梁	承载力指标	承载力设计值满足规范要求	抗剪承载力不屈服，部分构件抗弯进入有限屈服状态	抗剪满足最小截面要求 大部分构件抗弯进入屈服状态
	构件损坏状态	完好	轻中等损坏 部分中等损坏	中等破坏 部分严重破坏
楼板	承载力指标	承载力设计值满足规范要求	抗拉弹性	抗拉不屈服
	构件损坏状态	完好	轻微损坏	轻中等破坏

10.3.5.2 地震作用下的结构构件性能分析表达式

设计表达式如下所示，符号含义同工程实例 1。

小震作用下的结构构件性能分析表达式：

$$S_d \leqslant R_d \text{ 或 } S_d \leqslant \frac{R_d}{\gamma_{RE}} \text{（仅计算竖向地震作用时，}\gamma_{RE}\text{取 1.0）}$$

中震、大震作用下的结构构件性能分析表达式：

（1）弹性设计

$$\gamma_G S_{GE} + \gamma_{Eh} S_{Ehk}^{*} + \gamma_{Ev} S_{Evk}^{*} \leqslant \frac{R_d}{\gamma_{RE}}$$

（2）不屈服设计

$$S_{GE}+S_{Ehk}^{*}+0.4S_{Evk}^{*}\leqslant R_{k} \quad （水平地震控制）$$

$$S_{GE}+0.4S_{Ehk}^{*}+S_{Evk}^{*}\leqslant R_{k} \quad （竖向地震控制）$$

（3）最小受剪截面要求（钢筋混凝土竖向构件）

$$V_{GE}+V_{Ek}^{*}\leqslant 0.15f_{ck}bh_{0}$$

（4）变形校核

根据性能目标，按下式校核构件的性能：

$$\delta\leqslant[\delta]$$

10.3.6 风荷载及小震作用下性能分析

风荷载及小震作用下的结构抗震设计分别采用 SATWE 和 ETABS 进行计算。考察结构整体特性时采用刚性楼板假设；结构构件的抗震等级和结构构件的特殊设定（如斜柱、转换梁）严格按照规范规定设定。

10.3.6.1 风荷载及小震作用下结构整体性能分析

在风荷载及小震作用下，验算结构承载力（层间剪力及层倾覆弯矩）和变形（层间位移角）。结构整体分析结果如表 10-3-2 所示。

多遇地震作用下结构分析结果　　表 10-3-2

计算软件		SATWE	ETABS
结构总质量(t)(注1)		182660	184540
单位面积重度(t/m^2)		2.52	2.54
结构振型数		45	45
自振周期	T_1	4.85(Y)	4.79(Y)
	T_2	4.56(X)	4.36(X)
	T_3	3.51(T)	3.34(T)
第一扭转周期/第一平动周期		0.72	0.70
小震下基地剪力(kN)(首层)	X	24558	25390
	Y	24874	25460
风荷载基地剪力(kN)(首层)	X	13392	15610
	Y	28716	27790
小震下倾覆弯矩(kN·m)(首层)	X	2548722	2181571
	Y	2448436	2471000
风荷载下倾覆弯矩(kN·m)(首层)	X	1602700	1733000
	Y	3463922	3385000
剪重比(规范要求X向为1.31%)(规范要求Y向为1.23%)	X	1.35%	1.40%
	Y	1.37%	1.40%
有效质量系数	X	99.50%	90%
	Y	99.55%	90%

续表

计算软件		SATWE	ETABS
风荷载下最大层间位移角(层号) 《高规》限值 1/615 《广东省高规》限值 1/565	X	1/1880(30层，即28层)	1/1977(30层，即28层)
	Y	1/710(24层，即22层)	1/729(24层，即22层)
小震下最大层间位移角(层号) 《高规》限值 1/615 《广东省高规》限值 1/565	X	1/1125(30层，即28层)	1/1187(30层，即28层)
	Y	1/942(24层，即22层)	1/963(24层，即22层)
考虑偶然偏心最大扭转位移比(层号) 规定水平力法(规范限值为1.4)	X	1.04(3层，即首层)	1.04(3层，即首层)
	Y	1.18(9层，即7层)	1.17(9层，即7层)
构件最大轴压比(SATWE)	建筑首层剪力墙	0.45～0.49	—
	2层以上剪力墙	0.43～0.48	—
	建筑首层框架柱(框支柱)	0.72～0.77	—
	2层以上框架柱	0.70～0.76	—
本层侧移刚度与上一层相应塔侧移刚度90%、110%或者150%比值(注2)	X	1.01(15层，即13层)	1.01(15层，即13层)
	Y	1.05(15层，即13层)	1.05(15层，即13层)
楼层受剪承载力与上层的比值 规范限值75%	X	0.70(15层，即13层)	—
	Y	0.76(15层，即13层)	—
刚重比(EJd/GH2)	X	1.53	—
	Y	2.01	—

注：1. 结构总质量统计不包括地下室质量；
2. 楼层侧向刚度取楼层剪力与楼层位移角之比。

以Y向为例，小震作用下的层间剪力和层间位移角分析结果见图10-3-8和图10-3-9。由图中可知，两个软件算出来的结果规律基本一致。另外，弹性时程分析的平均效应小于振型分解反应谱法作用下的效应，因此本工程以振型分解反应谱法的分析结果作为设计依据。分析结果表明，风荷载及小震作用下的层间位移角分别为1/710和1/942，小于《高规》限值1/615，满足规范要求。

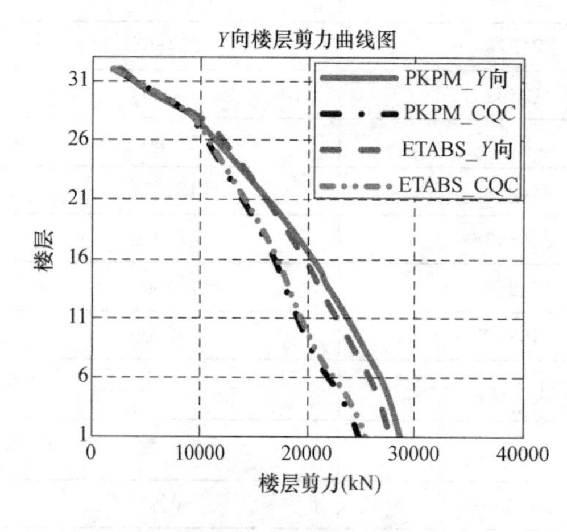

图10-3-8　层间剪力分布图

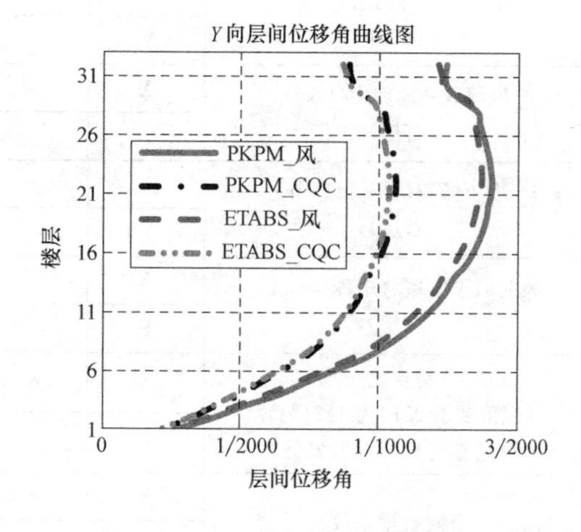

图10-3-9　层间位移角曲线图

倾覆弯矩分布、框架部分承担倾覆弯矩的分布如图 10-3-10 和图 10-3-11 所示。底层框架承担的 Y 向抗倾覆弯矩为 25%。

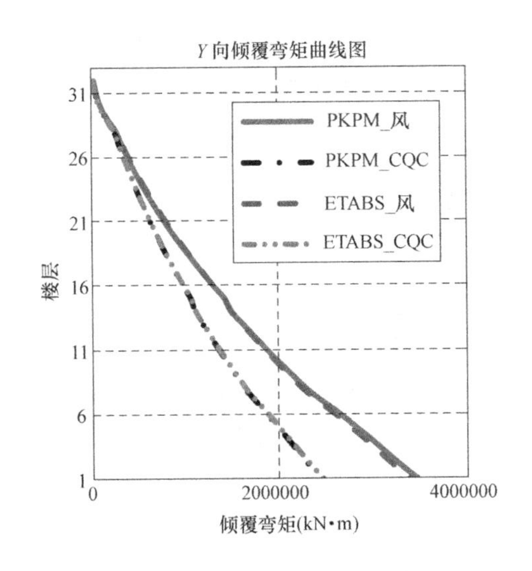

图 10-3-10 Y 向倾覆弯矩图

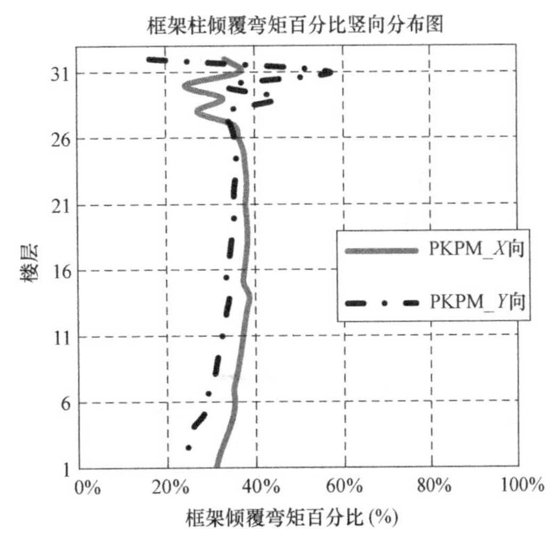

图 10-3-11 框架承担的倾覆弯矩比

楼层侧向刚度规则性判断依据《广东省高规》规定，侧向刚度比如图 10-3-12 所示，满足规范要求。层间抗剪承载力规则性判断依据《抗规》3.4.3 条及《高规》3.5.3 条规定，层间抗剪承载力比值分布如图 10-3-13 所示，满足规范限值 0.75 的要求。

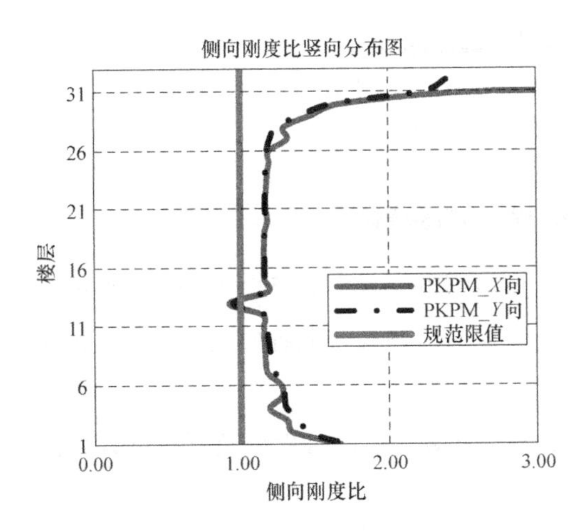

图 10-3-12 结构侧向刚度比分布图

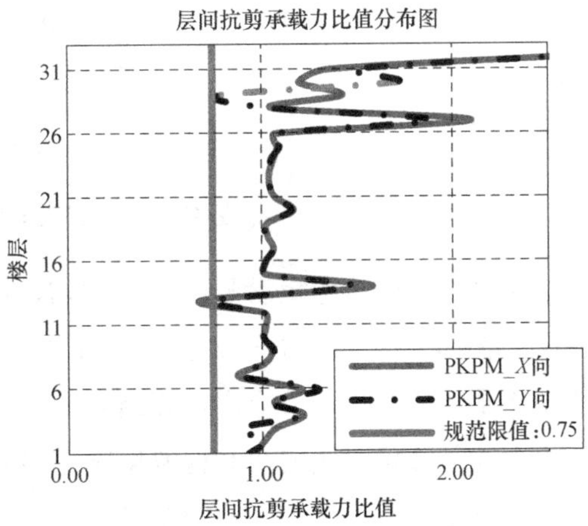

图 10-3-13 抗剪承载力比分布图

10.3.6.2 小震作用下弹性时程分析

按照前述的选波原则，选出 7 条符合要求的地震波，分别用 PKPM 和 ETABS 对结构进行弹性时程分析。以 Y 方向的 PKPM 分析为例。

如图 10-3-14 所示，分析结果表明无论底部剪力还是倾覆弯矩，反应谱分析的结果均略大于弹性时程分析结果的平均值，且每条时程曲线计算所得结构底部剪力均不小于反应谱计算结果的65%，7条时程曲线计算所得结构底部剪力的平均值不小于反应谱计算结果的80%，满足《高规》4.3.5条的规定，说明了时程曲线选取的合理性。

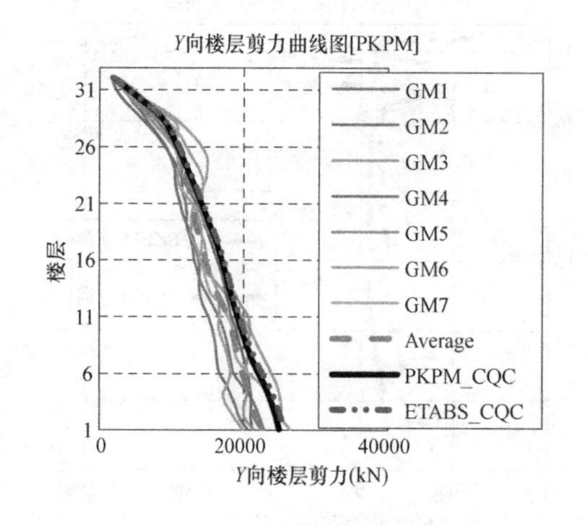

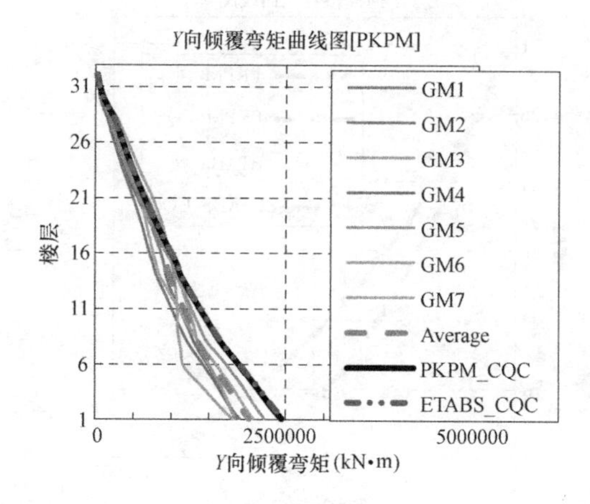

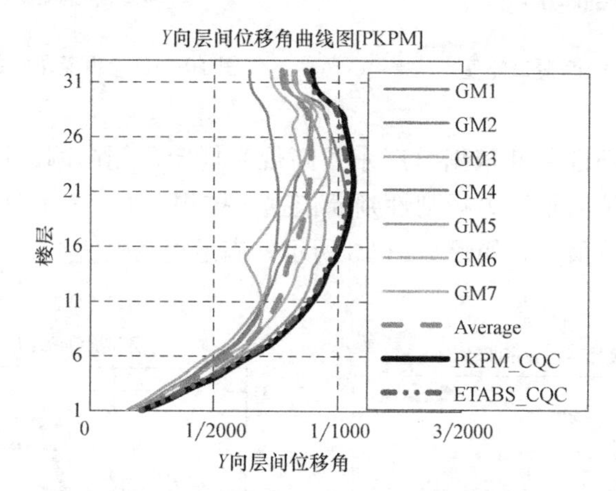

图 10-3-14　弹性时程分析下的结构指标

楼层剪力、倾覆弯矩沿竖向变化均匀，由于高振型的影响，GM3、GM6等时程曲线作用下，在部分楼层（21～28层）的结果较反应谱的结果略大，但各楼层处7条时程曲线计算结果平均值均小于反应谱计算结果。

由上述位移角曲线图，时程波反应平均值小于反应谱结果，时程波及反应谱计算的层间位移角满足规范限值1/650的要求。

10.3.7　中震作用下结构性能分析

中震作用下的结构抗震设计采用SATWE程序进行等效弹性算法验算复核。中震作用下结构的整体指标应处于小震作用和大震作用间的水平，不作详细分析。根据设定的性能目标C级，针对各类构件进行弹性设计和不屈服设计，以验证构件是否满足预设的抗震性能目标。

10.3.7.1 中震计算参数

中震性能计算参数 表 10-3-3

中震不屈服		中震弹性	
是否刚性楼板假定	否	是否刚性楼板假定	否
风荷载计算信息	不计算	风荷载计算信息	不计算
考虑 $P\text{-}\Delta$ 效应	是	考虑 $P\text{-}\Delta$ 效应	是
中梁刚度放大系数	按 2010 规范取值	中梁刚度放大系数	按 2010 规范取值
地震影响系数最大值 α_{max}	0.23	地震影响系数最大值 α_{max}	0.23
周期折减系数	1.0	周期折减系数	1.0
结构阻尼比	0.05	结构阻尼比	0.05
双向地震	不考虑	双向地震	不考虑
偶然偏心	不考虑	偶然偏心	不考虑
材料强度	采用标准值	材料强度	同小震弹性分析
作用分项系数	1.0	作用分项系数	同小震弹性分析
抗震承载力调整系数	1.0	抗震承载力调整系数	同小震弹性分析
构件地震力调整	不调整	构件地震力调整	不调整
地震组合内力调整系数	1.0	地震组合内力调整系数	1.0
连梁刚度折减系数	0.4	连梁刚度折减系数	0.4

10.3.7.2 中震下结构构件性能分析

(1) 框架柱

如图 10-3-15 和图 10-3-16 所示，底部框架柱基本都为最小配筋率控制，仅 6 层由于斜柱转换，局部柱配筋较大。

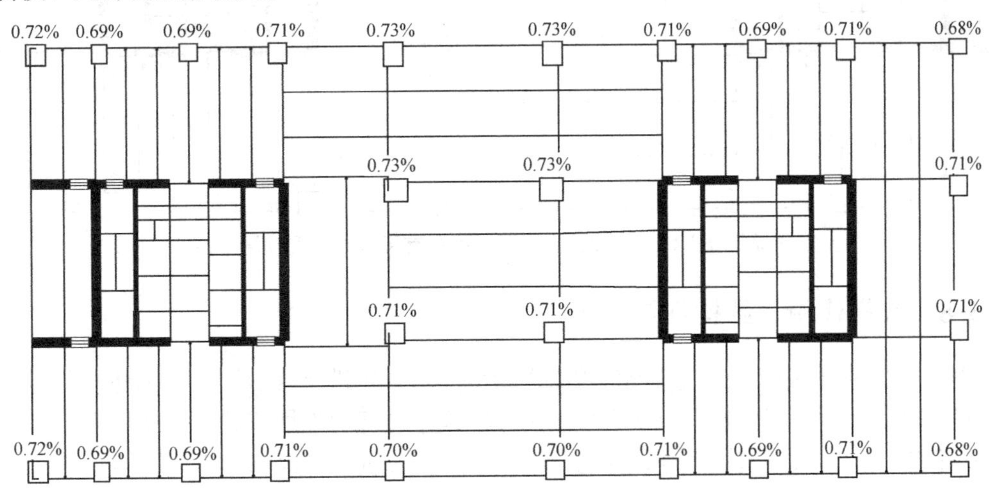

图 10-3-15 中震抗弯不屈服验算首层柱构件配筋图

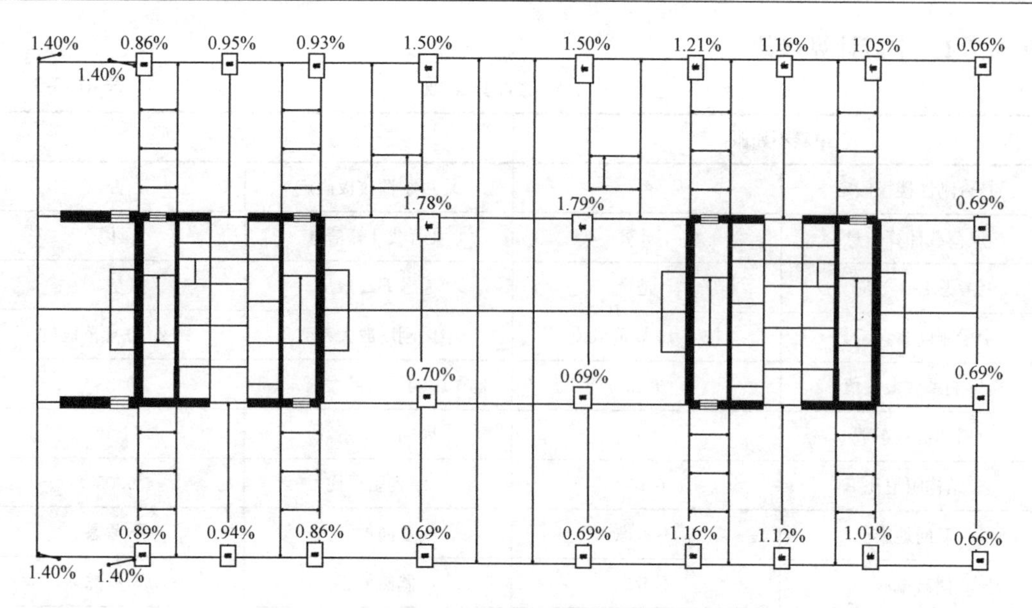

图 10-3-16　中震抗弯不屈服验算 6 层柱构件配筋图

（2）底部加强区剪力墙

首层剪力墙配筋如图 10-3-17 和图 10-3-18 所示。在中震弹性及中震不屈服设计中，底部加强区剪力墙基本满足中震抗剪弹性，抗弯不屈服的 C 级性能目标要求。

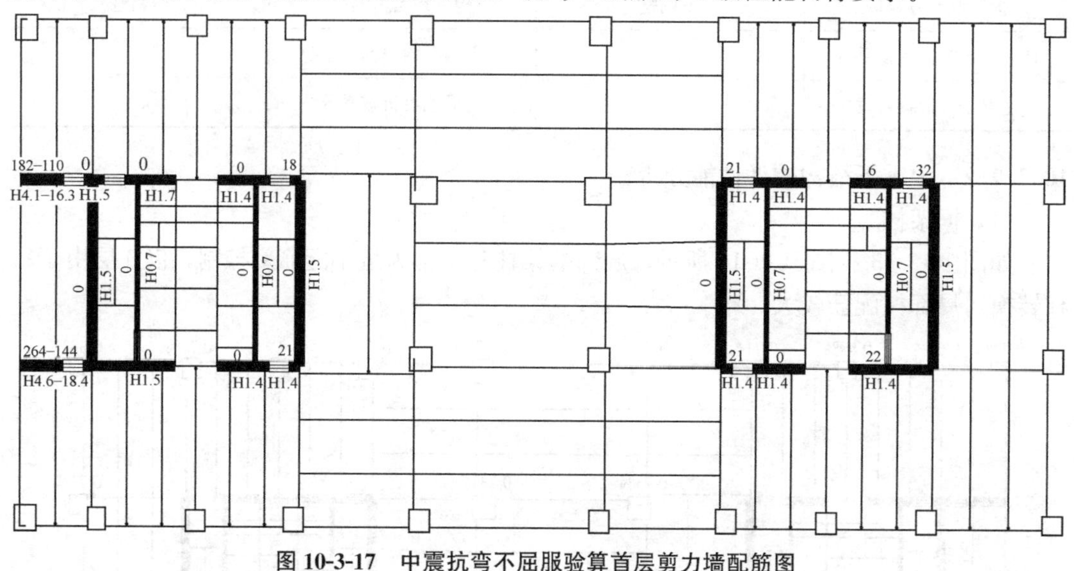

图 10-3-17　中震抗弯不屈服验算首层剪力墙配筋图

10.3.8　大震作用下结构性能分析

本工程采用美国 CSI 公司研究的 PERFORM-3D 程序进行静力及动力弹塑性分析，并采用华南理工大学高层建筑研究所开发的 PBSD 程序进行构件性能状态复核。本工程采用弹性时程选中的 7 条地震波（GM1～GM7），分别按 X 向、Y 向为主方向（主次方向地震波峰值比例为 1∶0.85）进行双向弹塑性时程分析，共需要计算 14 个不同情况的弹塑性动力时程分析工况。为了较为真实考虑结构钢筋的影响，整个弹塑性分析模型的钢筋按结构

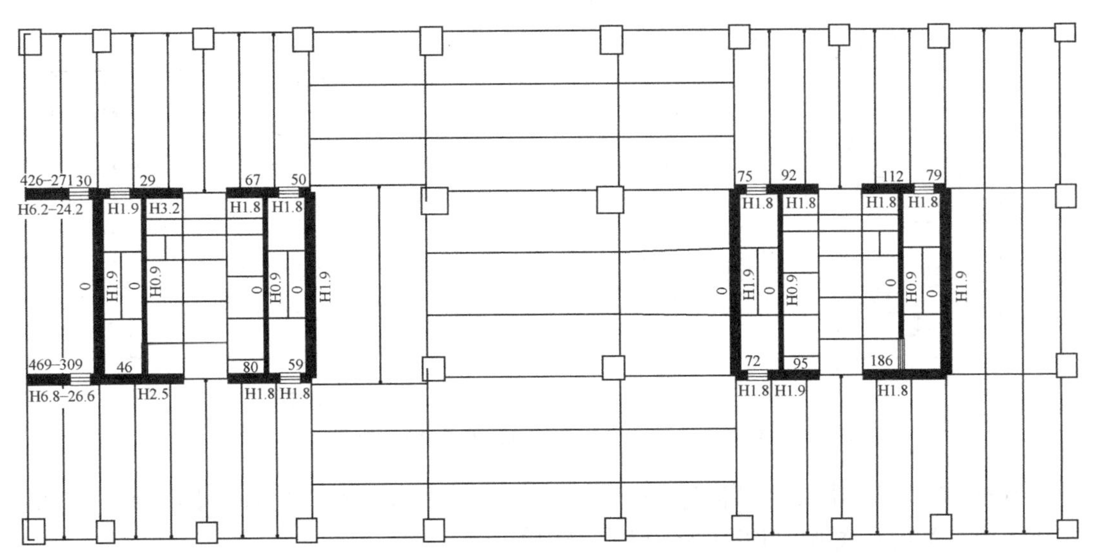

图 10-3-18 中震抗剪弹性验算首层剪力墙配筋图

初步设计配筋进行输入。

10.3.8.1 大震作用下结构整体性能分析

如图 10-3-19 所示，本工程层间弹塑性位移角远小于限值 1/125，满足框架-剪力墙性能目标 C 要求，且有较大富余。

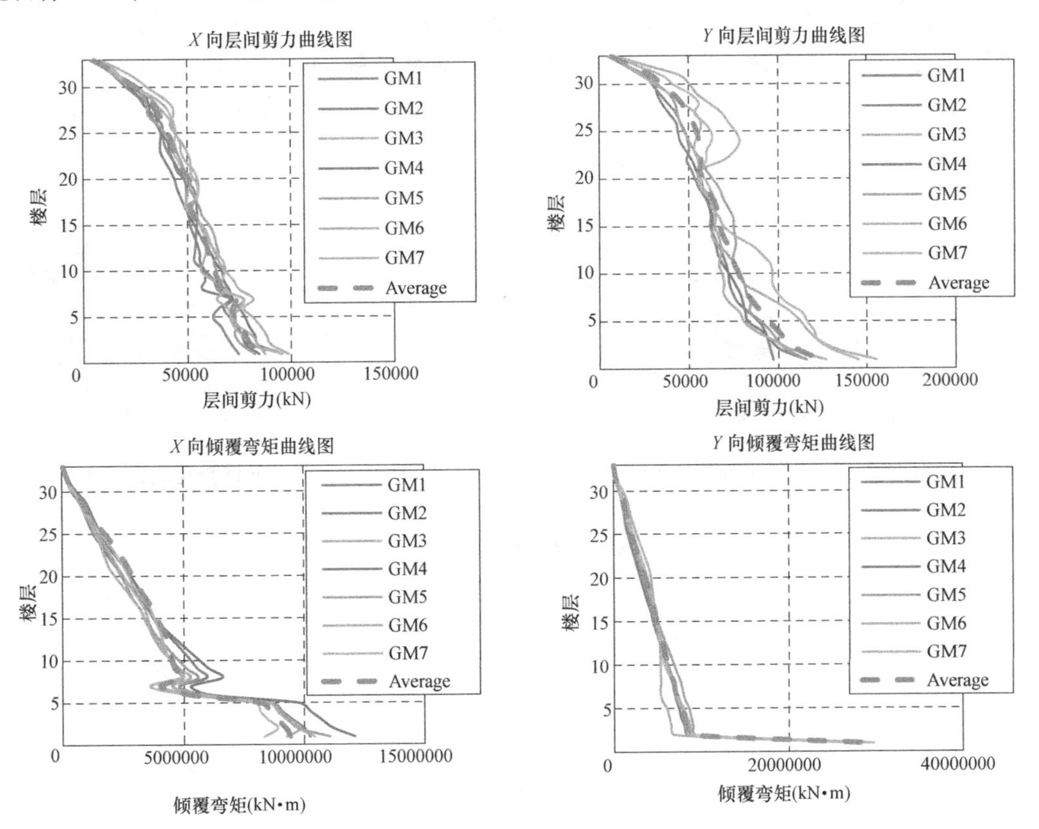

图 10-3-19 大震作用下结构整体指标（一）

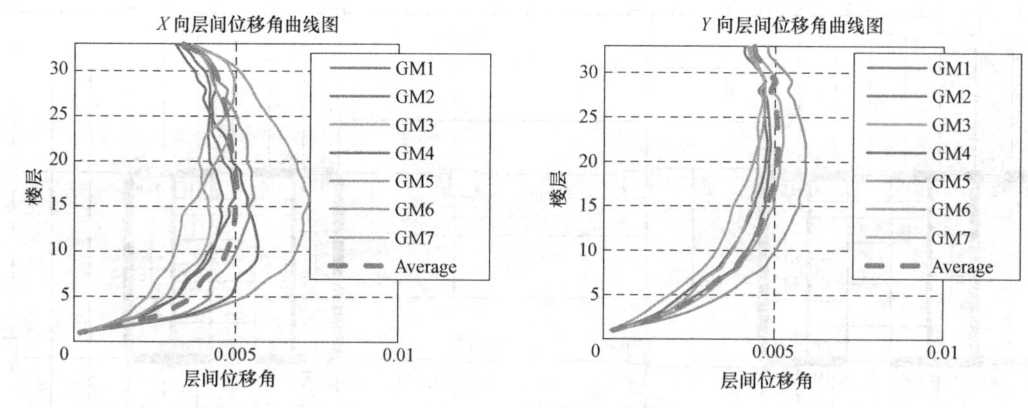

图 10-3-19　大震作用下结构整体指标（二）

另外，在大震作用下，结构基底剪力 X 向是小震的 3.35 倍；Y 向是小震的 4.96 倍。造成 X 向、Y 向基底剪力比例差异较大的原因如下：

1. 本工程风荷载较大，从前述分析中风荷载作用与小震作用下结构效应可以看出，结构在 X 方向上的配筋由地震作用控制，在 Y 方向上的配筋由风荷载控制。

2. 大震作用下，X 方向上的框架梁及连梁破坏较为严重，结构整体刚度下降较大；而比 Y 方向上的大部分框架梁处于完好状态，结构基本处于弹性。

10.3.8.2　大震作用下结构耗散能量分析

从基底剪力中发现 GM3 地震波基底剪力与 7 条波的平均值最接近，因此选取 GM3 为典型地震波，以 X 向为例，GM3 作用下结构耗能情况如图 10-3-20～图 10-3-23 所示。从能量耗散图 10-3-21～图 10-3-23 可以看出，结构的非线性耗能主要由框架梁和连梁贡献，

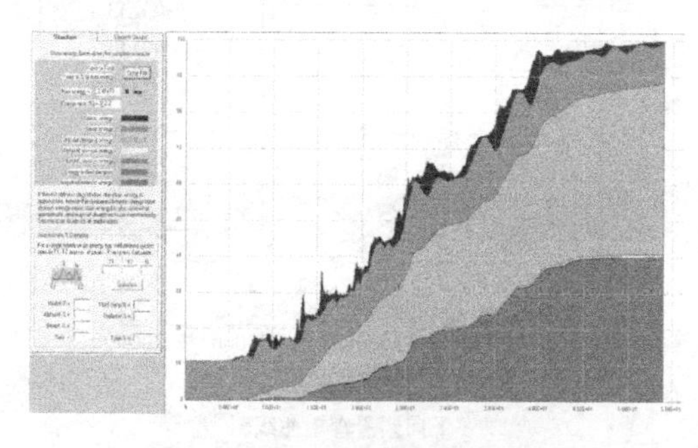

图 10-3-20　总能量耗散分布图

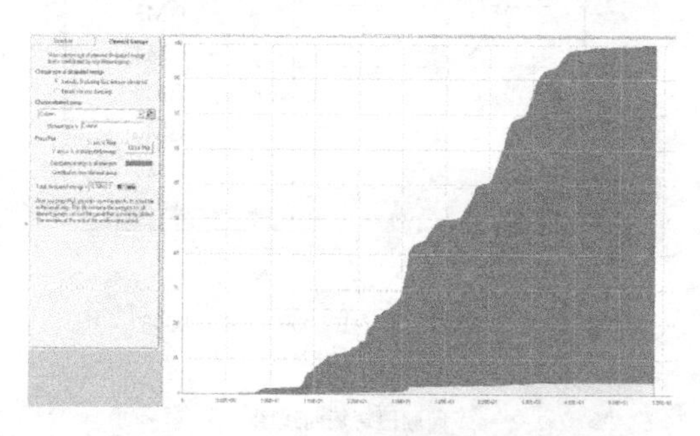

图 10-3-21　柱单元能量耗散分布图

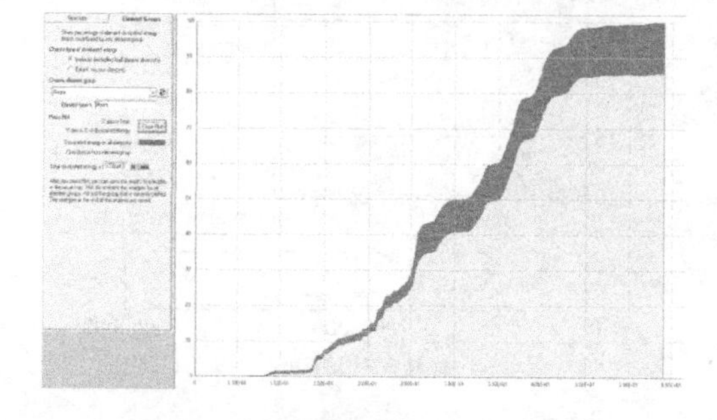

图 10-3-22　梁单元能量耗散分布图

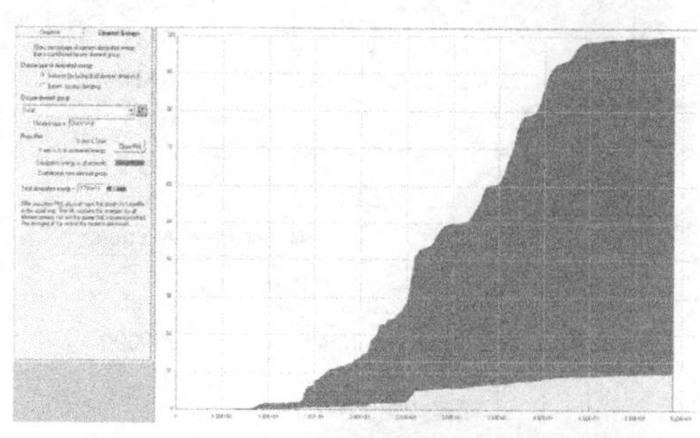

图 10-3-23　剪力墙能量耗散分布图

框架柱和剪力墙的非线性耗能所占比例很小。

10.3.8.3　大震作用下结构构件性能分析

Perform-3D 中，构件变形大小可以通过颜色来表现。选择 GM3 地震波下结构构件变形作为典型例子。在 GM3 地震波 X 向作用下结构变形性能如图 10-2-24～图 10-2-26 所示。以下使用基于变形的性能设计方法对各类构件进行校核。

如图 10-3-24 所示，框架梁塑性铰发展在整个结构上分布比较均匀。大多数框架梁弯曲变形处于轻微损坏和轻中等破坏；只有少数构件的变形处于中等破坏状态和严重破坏。框架梁的弯曲变形基本处于大震有限破坏状态。满足结构 C 级抗震性能要求。

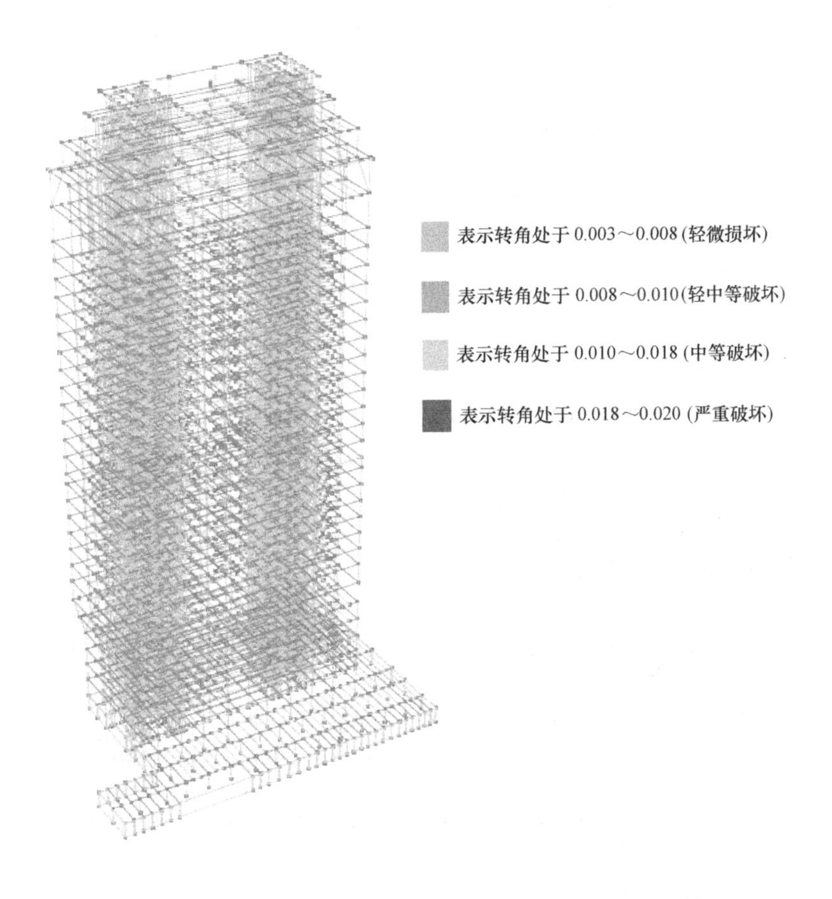

图 10-3-24　结构梁单元转角变形图

如图 10-3-25 所示，剪力墙抗震薄弱位置主要集中在塔楼底部。对于底部加强区，大部分剪力墙弯曲变形处于完好状态，只有极个别剪力墙处于轻中等破坏状态，高于结构 C 级抗震性能要求。

如图 10-3-26 所示，框架柱抗震薄弱位置主要在结构顶部。大多数框架柱处于完好状态，少数框架柱处于轻微损坏，只有个别构件处于轻中等破坏和中等破坏。说明框架柱的弯曲变形基本处于大震有限屈服状态，高于结构 C 级抗震性能要求。

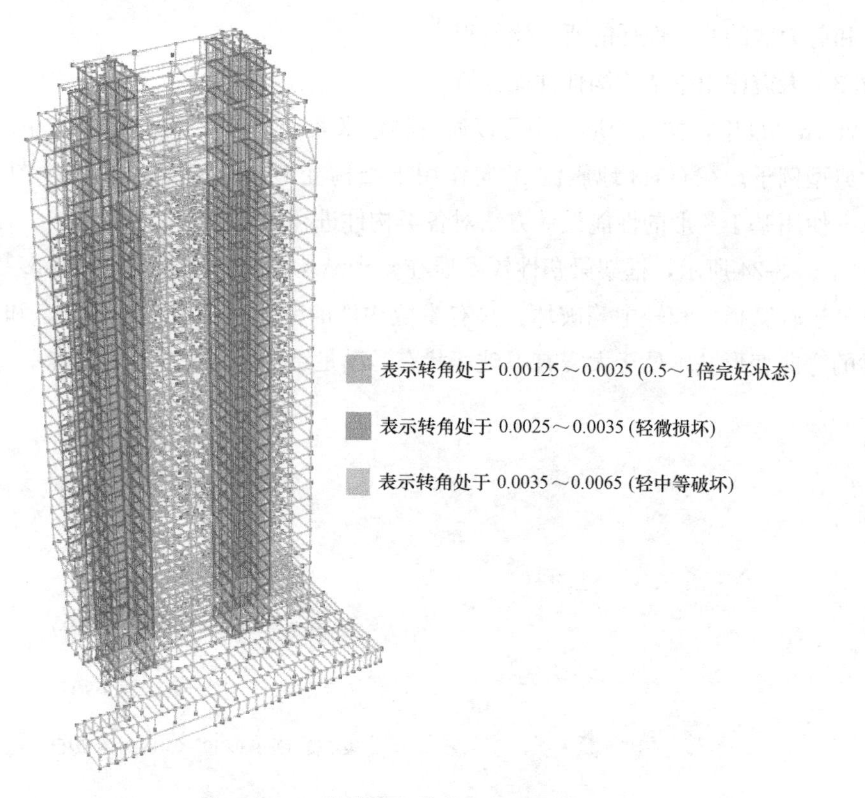

图 10-3-25　结构剪力墙单元转角变形图

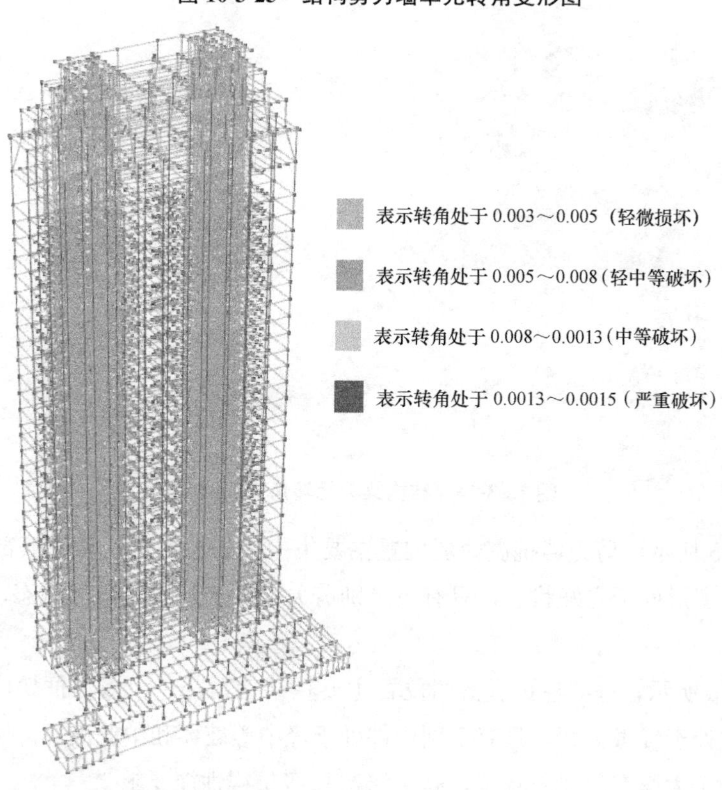

图 10-3-26　结构柱单元转角变形图

10.3.8.4 大震作用下关键构件变形分析

对于关键构件，通过监控其在弹塑性动力时程分析中的变形时程，复核其性能。构件的位置编号见附图。

(1) 首层剪力墙转角变形复核

复核SW1、SW2、SW3和SW4的变形。

Perform-3D中，剪力墙构件变形通过Gage单元记录。从结构整体变形分析中可以看出剪力墙构件破坏主要集中在首层。现针对首层剪力墙作变形分析。图中Y轴为构件转角，X轴为时间。

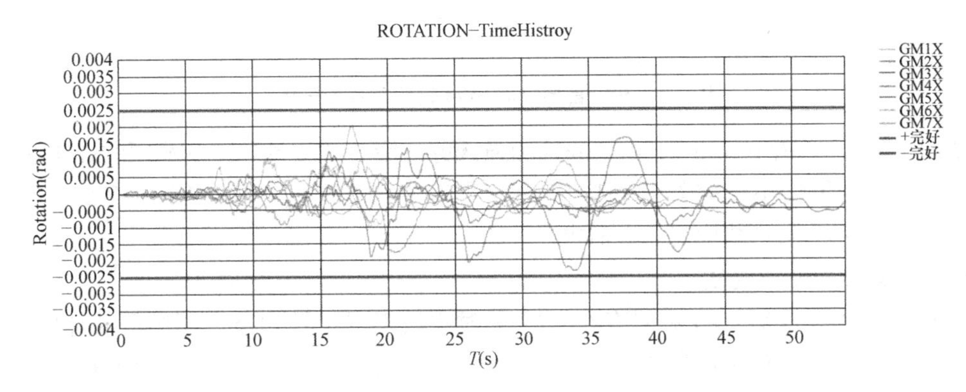

图 10-3-27 首层墙肢SW1转角时程变形图

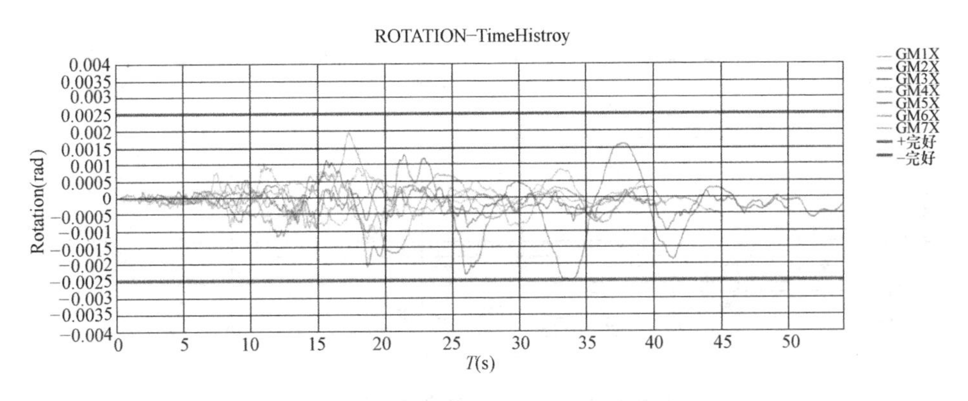

图 10-3-28 首层墙肢SW2转角时程变形图

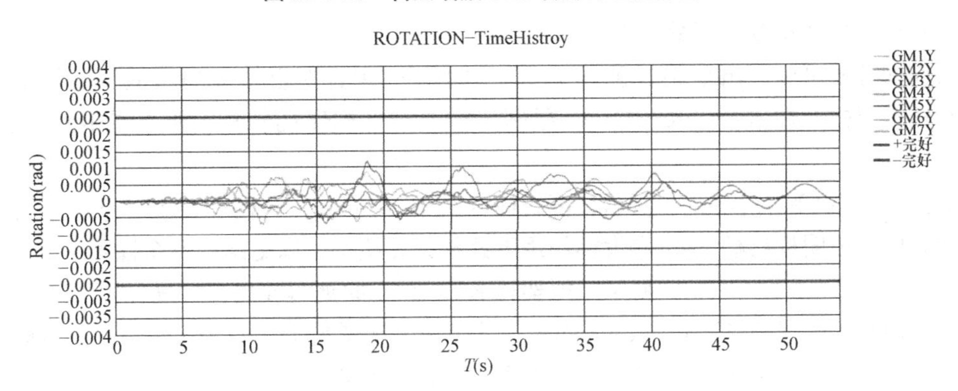

图 10-3-29 首层墙肢SW3转角时程变形图

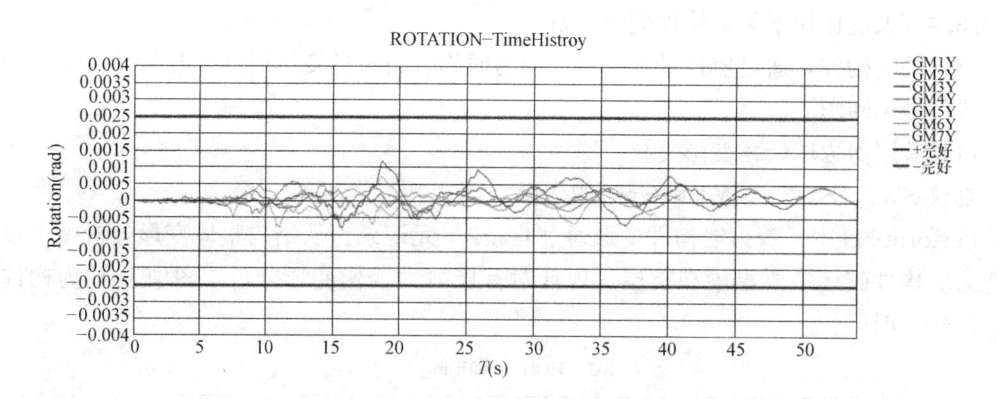

图 10-3-30 首层墙肢 SW4 转角时程变形图

如图 10-3-27～图 10-3-30 所示，底部加强区剪力墙 SW1、SW2、SW3 和 SW4 在每条时程波工况下转角均小于完好状态限值，说明底部加强区剪力墙 SW1、SW2、SW3 和 SW4 在大震作用下满足结构安全性需求。

（2）连梁转角变形复核

如图 10-3-31，连梁 LL1 在只有在 GM3X 时程波工况下转角略大于中等破坏状态值，其余时程波工况下转角均小于中等破坏状态值，说明连梁 LL1 在大震作用下基本处于中等破坏状态，满足结构安全性需求。

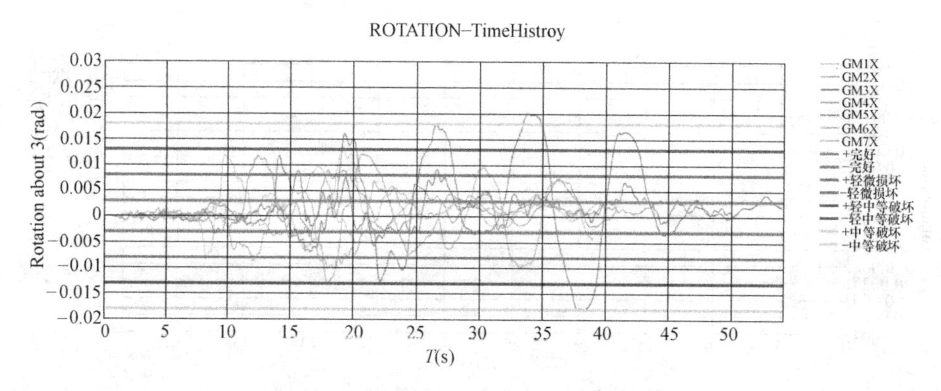

图 10-3-31 连梁 LL1 转角时程变形图

（3）框架柱转角变形复核

从前面分析可以看出框架柱破坏主要集中顶层。现针对首层及顶层框架柱作变形分析，复核首层框架柱 KZ1、KZ2 及 31 层框架柱 KZ3、KZ4 的转角变形，以 KZ1 和 KZ3 为例。

如图 10-3-32 和图 10-3-33 所示，框架柱 KZ1 在 X 向、Y 向地震波工况下转角均小于完好状态值。说明框架柱 KZ1 在大震作用下处于完好状态，满足结构安全性需求。

如图 10-3-34 和图 10-3-35 所示，框架柱 KZ3 在 X 向地震作用下，转角略大于完好状态限值，但小于轻微损坏限值；在 Y 向地震波工况下转角均小于完好状态值。说明框架柱 KZ3 在大震作用下基本轻微损坏状态，满足结构安全性需求。

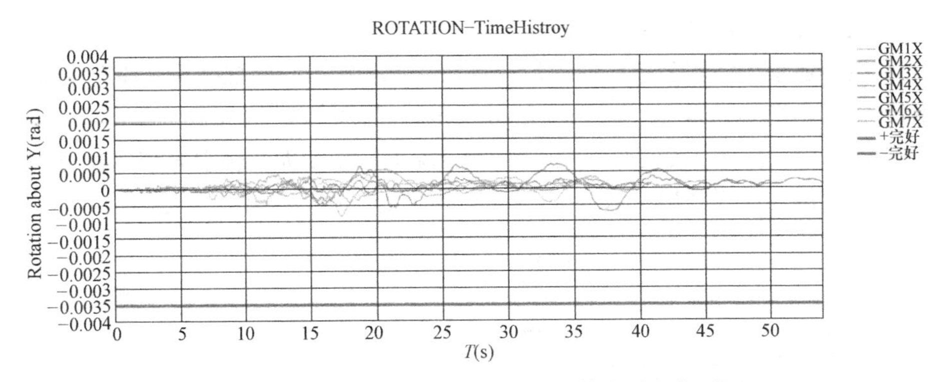

图 10-3-32　首层角柱 KZ1 *X* 向地震转角时程变形图

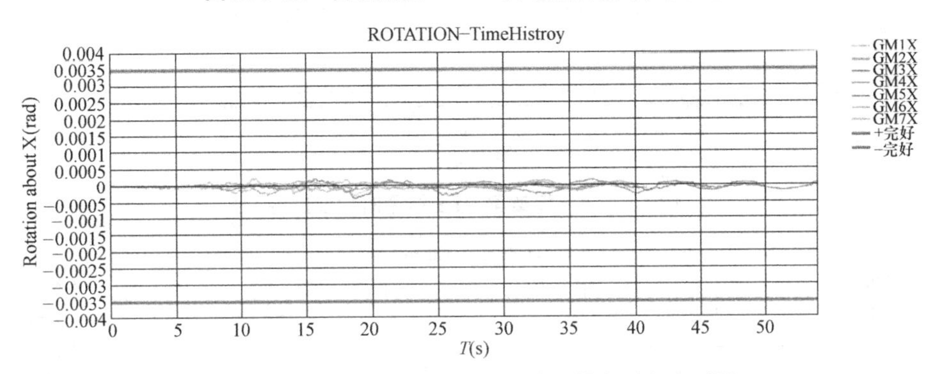

图 10-3-33　首层角柱 KZ1 *Y* 向地震转角时程变形图

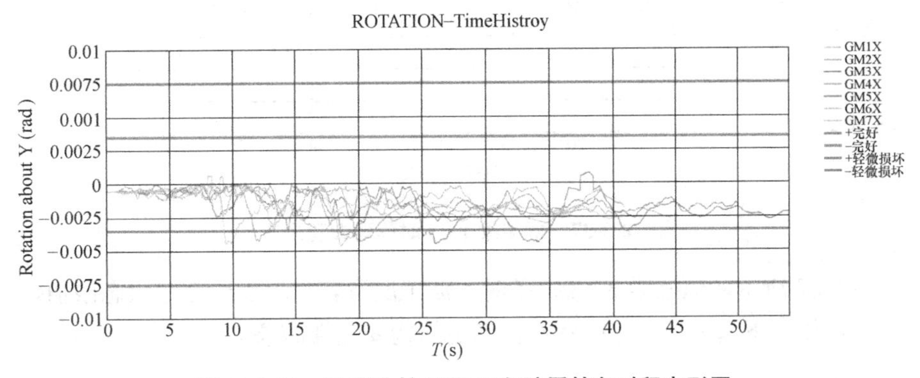

图 10-3-34　31 层边柱 KZ3 *X* 向地震转角时程变形图

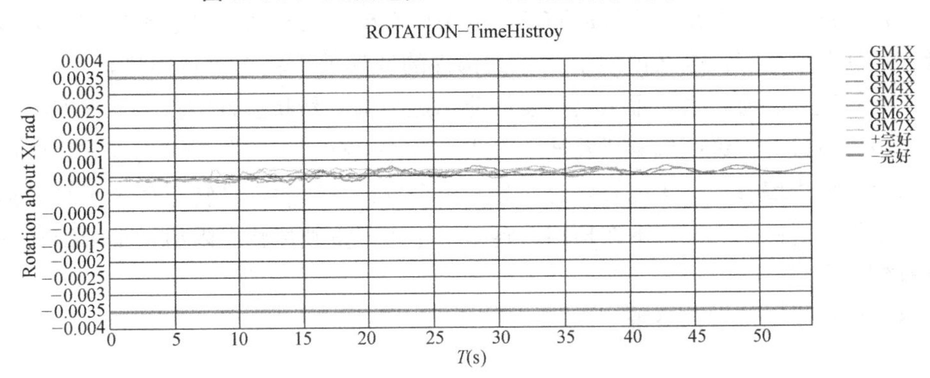

图 10-3-35　31 层边柱 KZ3 *Y* 向地震转角时程变形图

（4）框架梁转角变形复核

框架梁破坏在整个结构分布比较均匀，现针对 20 层、25 层框架梁作变形分析，复核 KL1～KL8 的转角变形。以 20 层 KL5 及 25 层 KL8 为例。

如图 10-3-36 所示，框架梁 KL5 在时程波工况下转角略大于轻中等破坏状态值，但均小于中等破坏限值，说明框架梁 KL5 在大震作用下处于中等损坏，满足结构安全性需求。

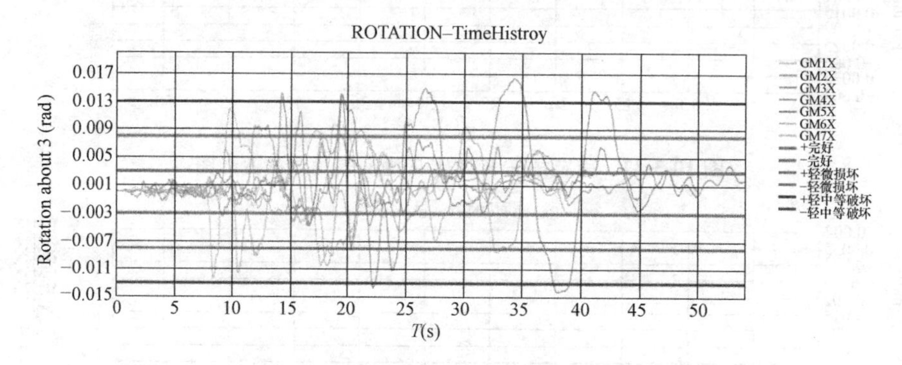

图 10-3-36　框架梁 KL5 转角时程变形图

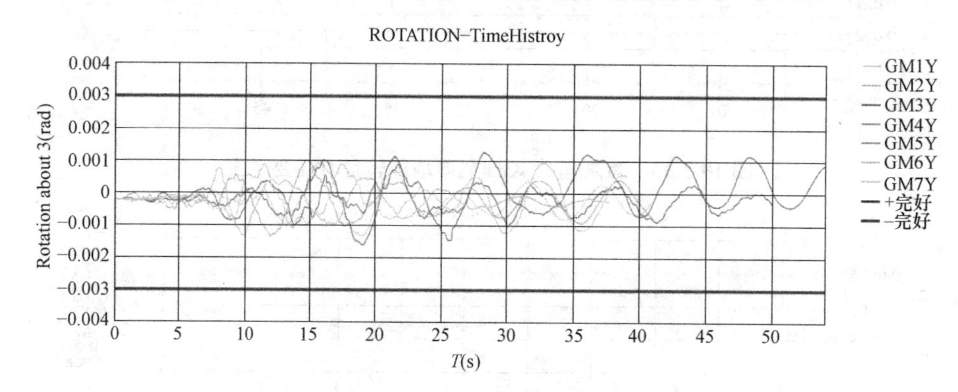

图 10-3-37　框架梁 KL8 时程弯曲变形图

如图 10-3-37 所示，框架梁 KL8 每条时程波工况下转角均小于完好状态限值，说明框架梁 KL8 大震作用下基本处于完好状态，满足结构安全性需求。

（5）小结

从构件变形图可以看出，构件的破坏主要集中在框架梁和连梁等水平构件，大多数框架梁及连梁转角小于轻微损坏的限值；少数构件的变形处于轻中等破坏状态及中等破坏，但均小于严重破坏状态限值，框架梁抗震性能满足结构 C 级抗震性能要求：框架梁在大震作用下比较严重破坏。说明框架梁及连梁等水平构件虽有屈服，但不影响承重，生命安全能得到保障。剪力墙基本处于完好状态，只有极个别构件屈服，且转角均小于轻微损坏状态限值。框架柱的破坏主要集中在顶层，转角均小于严重破坏状态限值，整个结构抗侧承载力具有较大富余。

10.3.8.5　斜柱受力、变形分析

（1）小震分析

由于斜柱转换，斜柱区域内框架梁存在拉力，偏于安全考虑，不考虑该区域楼板有利

作用，假定全部拉力由框架梁承担。

（2）中震分析

斜柱采用钢筋混凝土柱，截面为1300×1500，采用XTRACT软件进行纤维截面分析，材料均采用标准值。从PKPM中提取中震不屈服控制截面配筋的作用力，分析示例见图10-3-38。由分析可得，在小震弹性及中震不屈服作用下，构件还有较大的安全富余。斜柱满足小震弹性、中震不屈服性能设计要求。

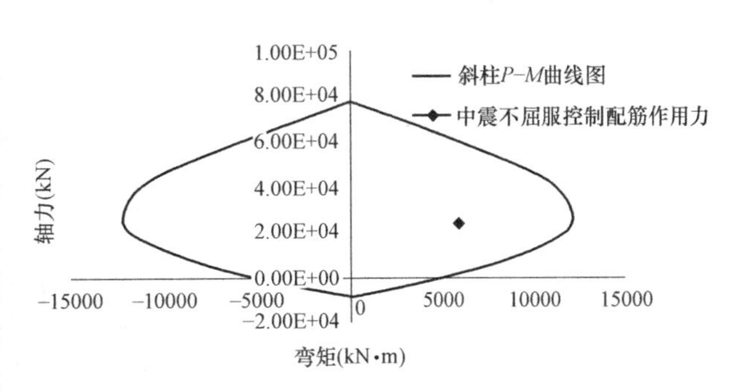

图10-3-38 XTRACT截面分析

（3）大震变形分析

如图10-3-39所示，大震作用下对斜柱进行转角变形校核，分析方法同关键构件变形分析，在此不再赘述。

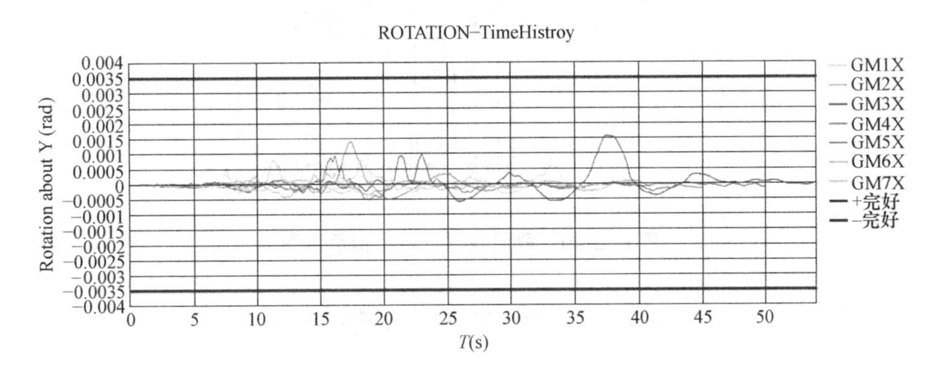

图10-3-39 某斜柱X向地震转角时程变形图

10.3.8.6 斜柱结构抗连续倒塌分析

考虑到斜柱结构的重要性和连续倒塌的可能性，有必要对斜柱结构进行抗连续倒塌分析。验算时采用拆除斜柱构件的分析方法。由于斜柱突然破坏会产生较大的塑性内力分布，弹性计算很难计算结果，采用Perform-3D来进行非线性计算。为了较为真实满足二道防线的需求，模型配筋按PKPM计算值输入，建立采用荷载逐步加载的方式。分析模型如图10-3-40所示。

在去掉斜柱后，结构发生内力重分布，上部楼层框架梁基本达到了屈服阶段，但构件的变形都在轻微损坏范围，并且还有足够的承载力抵抗竖向荷载，不会引起结构的连续倒塌。因此结构具有良好的抗连续倒塌的能力。

10.3.9 结论

本工程为超限高层结构，结构体系采用框架-双筒体系。针对工程超限情况，结构设计通过采用STAWE、ETABS及Perform-3D软件进行全面的、细致的计算对比分析，确保结构的各项控制指标得到合理评估。计算结果表明，本工程结构可以满足预先设定的性能目标

C和使用功能的要求，并满足“小震不坏、中震可修、大震不倒”的抗震设计要求。

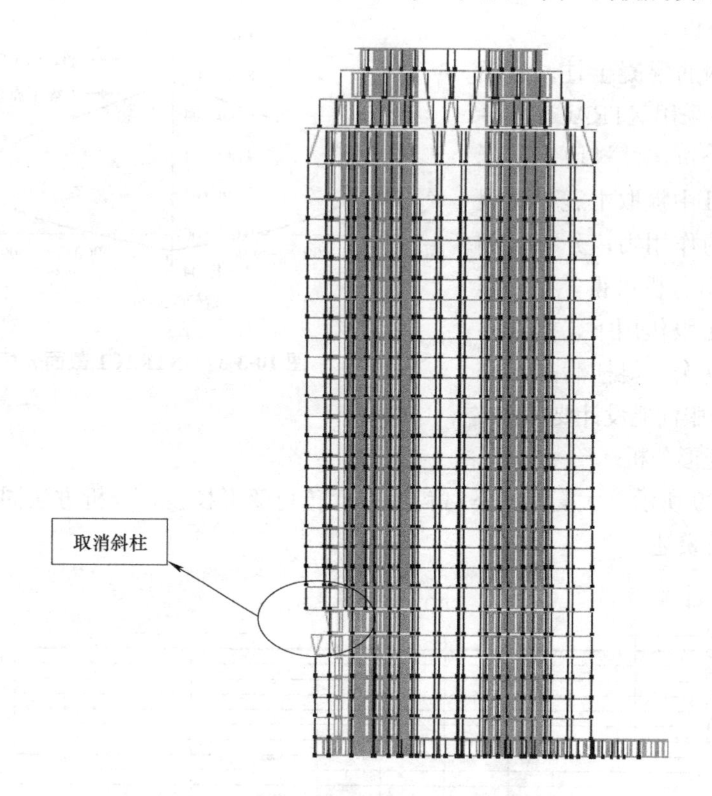

图 10-3-40　取消斜柱分析模型示意图

附图：关键构件性能分析编号图

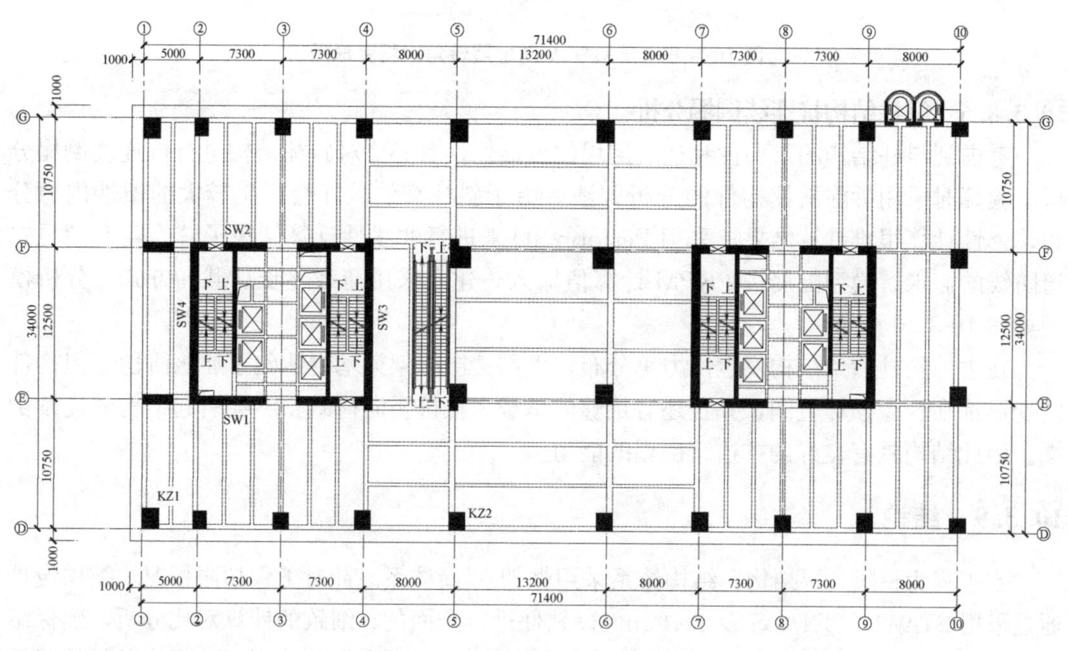

附图 1　首层构件性能分析编图

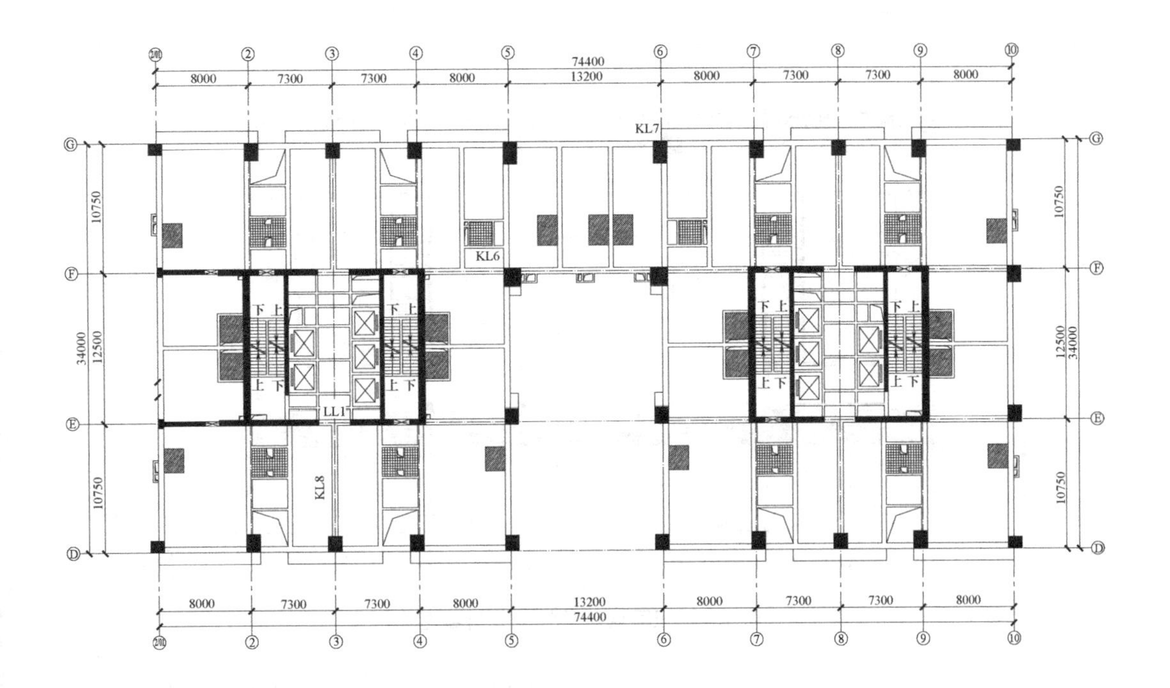

附图 2 20 层构件性能分析编图

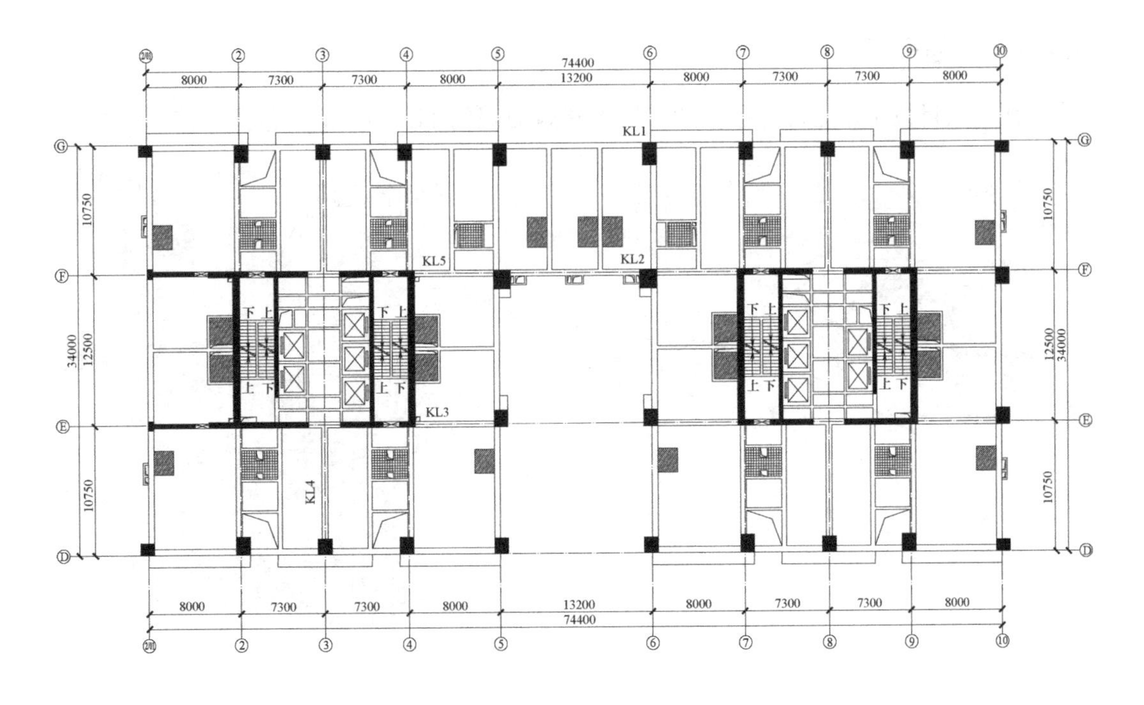

附图 3 25 层构件性能分析编图

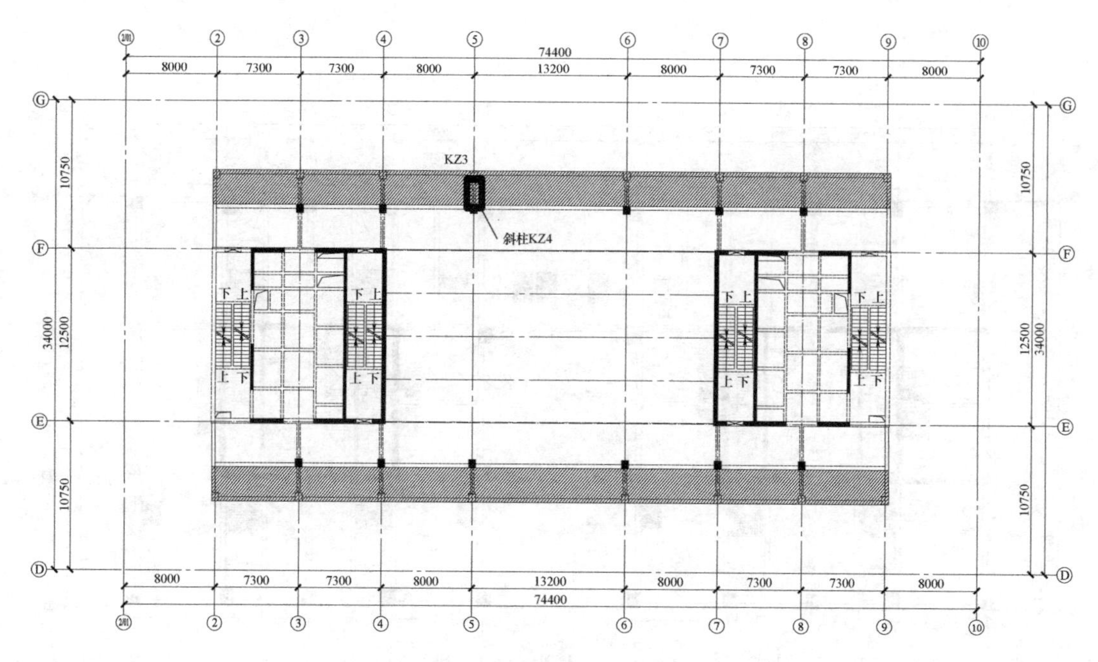

附图 4　天面层构件性能分析编图

（注：本工程抗震超限设计完成于 2013 年 9 月）

10.4　印尼雅加达某工程

10.4.1　工程概况

该住宅项目位于印尼首都雅加达，地上建筑面积约 11.6 万 m²，包括一栋 48 层（以

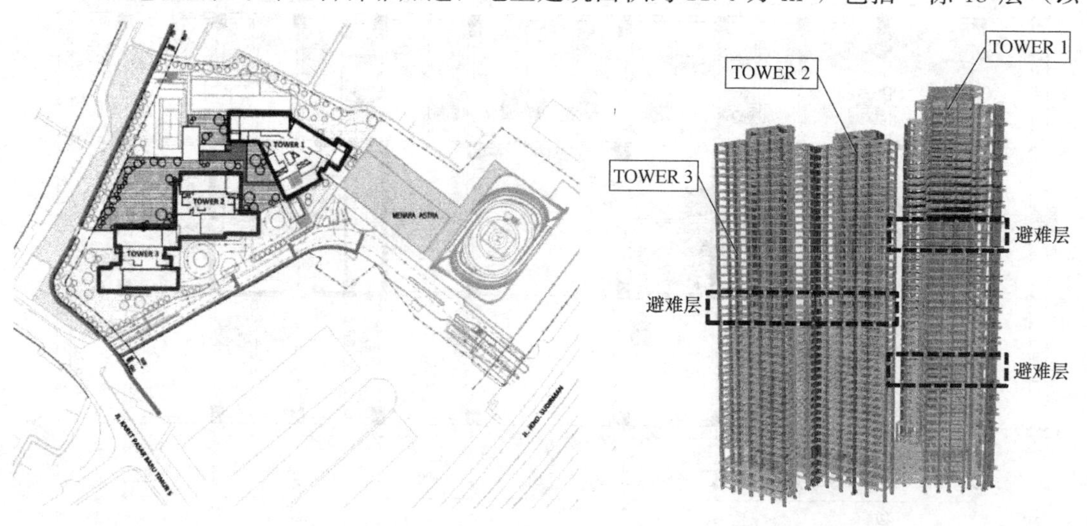

图 10-4-1　项目平面图及布置图

下简称 T1）和两栋 46 层（以下简称 T2/T3）的塔楼，并附带 4 层裙房和 4 层地下室。其中 T1 楼高 184.5m，T2/T3 塔楼高 165.9m。项目平面图及布置图见图 10-4-1 所示。根据印尼、美国和中国的结构设计规范，结合该项目结构咨询公司 DAVYSUKAMTA 提供的施工图，对塔楼 T1 和 T2/T3 在地震作用下的安全性进行全面评估，并围绕改善结构抗震性能、优化结构设计方案等方面提出建议。

10.4.2 结构概况

10.4.2.1 结构体系

两栋塔楼均采用钢筋混凝土框架-剪力墙结构体系。T1 地上 48 层，其中 1～4 层为裙房，结构总高度为 184.5m，高宽比约为 8.6；T2/T3 地上 46 层，其中 1～4 层为裙房，结构总高度为 165.9m，高宽比约为 6.2。结构平面图如图 10-4-2 所示。

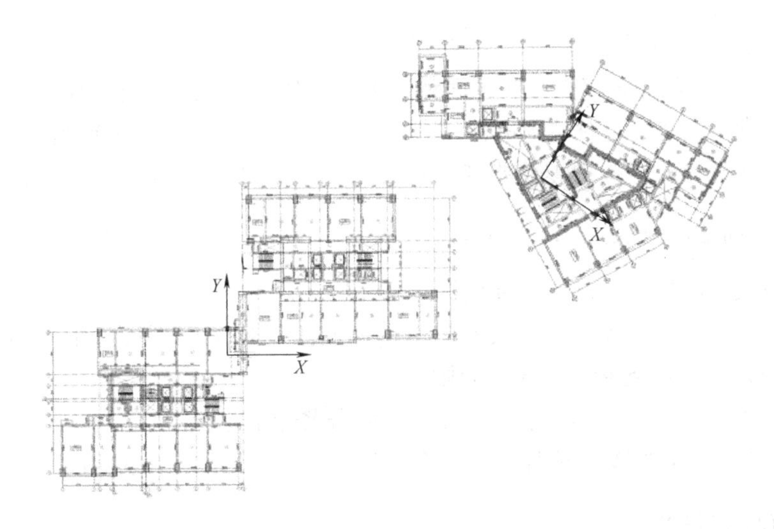

图 10-4-2 T1、T2/T3 平面图

根据 DAVYSUKAMTA 的结构设计方案，重新建立了 ETABS 分析模型，通过对比两方分析模型在模态、楼层质量、基底剪力等方面的分析结果，反映了我方分析模型与 DAVYSUKAMTA 结构设计方案具有一致性的同时，也验证了 DAVYSUKAMTA 分析模型的正确性。

10.4.2.2 结构主要构件尺寸（以 T1 为例）

根据计算结果，结构主要竖向构件的截面如表 10-4-1 所示。

T1 塔楼主要竖向构件截面 表 10-4-1

楼层	剪力墙厚度(mm)	柱截面尺寸(mm)				
		CT1-1	CT1-2	CT1-3	CT1-4	CT1-5
1-4	700、800	1200×1200	600×1200	800×1500	900×1500	900×2000
5-15	500、600、700	1100×1100	600×1200	700×1500	800×1500	800×2000
16-33	450、500、600	1000×1000	600×1000	700×1500	700×1500	700×2000
33-46	400、500	800×800	600×800	600×1500	600×1500	600×2000

10.4.2.3 材料属性

本项目裙房及塔楼部分采用的混凝土材料属性见表 10-4-2。其中 f'_c 为 28d 龄期的圆柱体抗压强度，E 为混凝土的弹性模量。

混凝土材料属性　　表 10-4-2

f'_c(MPa)	30	35	40	50	60
$E=4700\sqrt{f'_c}$(MPa)	25743	27806	29725	33234	36406

本项目中，使用了两种等级的钢筋：直径不小于 16mm 的钢筋极限强度为 400MPa；直径不大于 13mm 的钢筋极限强度为 500MPa（根据 ACI318-11 的第 11.4.2 条，用于抗剪设计时，钢筋极限强度取值不允许超过 420MPa）。

10.4.3 结构超限情况

本工程超限情况如下：

（1）对于 T1、T2/T3 存在一些平面和竖向不规则的情况：根据 SNI 03-1726-2002 第 7.1.1 条，宜建立三维模型对结构进行动力分析（反应谱分析、弹性或弹塑性时程分析），以考虑上述不规则性对结构抗震性能带来的影响；根据 SNI 03-1726-2002 第 7.1.3 条，分别将 X 向和 Y 向地震力放大 1.08 倍和 1.2 倍，以满足基底剪力不小于 $0.8\dfrac{C_1 I}{R}W_t$ 的要求，并采用放大后的地震力进行构件设计。

（2）T1 和 T2/T3 均有个别楼层的集中楼层质量超过了相邻楼层集中质量的 150%，根据 SNI 03-1726-2002 判断为竖向不规则。

（3）Y 向地震作用下，T1 和 T2/T3 大部分楼层的扭转位移比均超过 1.4，根据 ASCE7-10 判断为严重扭转不规则，反映结构平面布置存在严重不规则性。

10.4.4 荷载与作用

10.4.4.1 恒载与活载

在裙房和塔楼大部分区域，DAVYSUKAMTA 的荷载取值与 GB 50009 的荷载取值接近；在个别区域，荷载取值有一定差异，但在合理范围内。因此，认为 DAVYSUKAMTA 设计时考虑的恒载与活载取值合理，按照 DAVYSUKAMTA 提供的荷载平面图进行设计结果的复核验算。

10.4.4.2 风荷载

由于 T1 和 T2/T3 塔楼高度均超过了 150m，且平面具有一定复杂性，需要通过风洞试验确定结构在风荷载作用下的响应。根据 GB 50009，将雅加达地区 50 年重现期 10 分钟平均风速换算成基本风压为 $\omega_0=0.31\text{kN/m}^2$。

10.4.4.3 地震作用

（1）概述

与美国 ASCE7 类似，SNI 03-1726-2002 使用 50 年基准期超越概率 10%的地震动作为设防地震动。当结构遭遇预期地震时，一般已经进入非线性阶段，处于破坏控制极限状态。根据 SNI 03-1726-2002 和参考资料[1]，确定设计反应谱加速度。在抗震分析时，按照结构抗侧力体系和主体结构使用的建筑材料，综合延性及耗能能力后，对反应谱进行折减。采用折减后的谱值作为输入地震作用，对结构作线弹性分析，按规范进行荷载组合，乘以内力调整系数、材料强度折减系数等进行构件强度设计，按计算结果和规范规定的构造要求进行配筋。乘以位移放大系数，进行层间变形验算。通过以上设计方法，实现结构“中震不倒”的目标。SNI 03-1726-2002 提供了各类结构体系的位移放大系数 μ_m、地震力折减系数 R_m 和体系超强系数 f 的取值。其中 DAVYSUKAMTA 采用的取值为 $\mu_m=3.6$，$R_m=6.0$，$f=2.8$，对应的结构体系为延性框架-剪力墙。

（2）设计反应谱

参考资料[1]提供了本项目场地的平均剪切波速和标准贯入试验结果，将本项目的场地分类归为 E 类（即软土类别）。通过 SSRA 方法，参考资料[1]给出了本项目场地的建议设计反应谱，如图 10-4-3 所示。

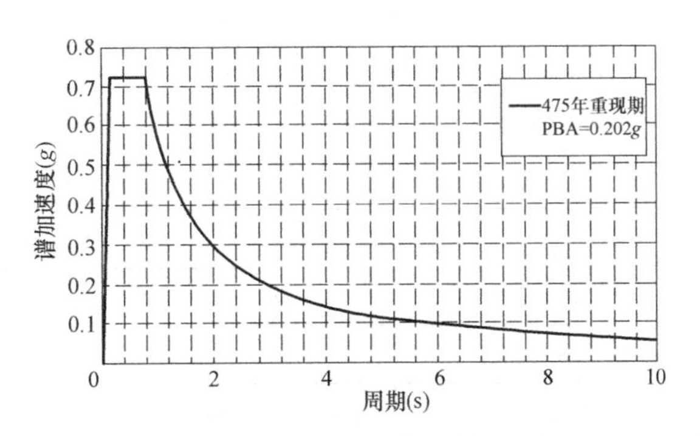

图 10-4-3　建议的设计地震反应谱

根据 SNI 03-1726-2002 第 7.3.2 条，考虑结构重要性系数 I（$I=1.0$）和地震力折减系数 R（$R=6.0$），对设计反应谱进行折减，折减后的谱加速度最大值为 $0.121g$。

（3）地震波的选取

本工程时程分析所采用的地震波如图 10-4-4 所示。

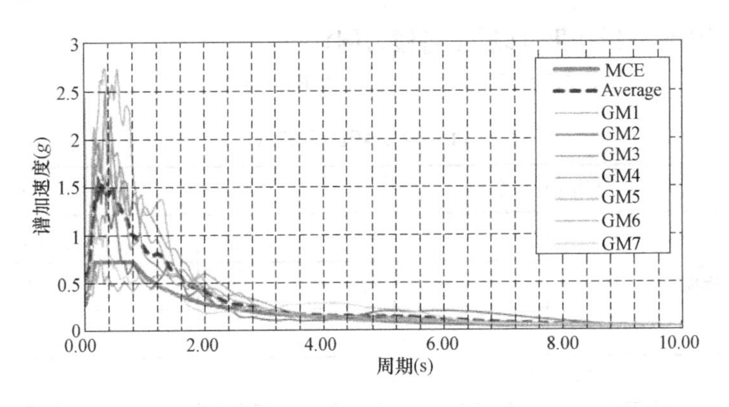

图 10-4-4　最大考虑地震反应谱与 SRSS 谱平均值对比图

10.4.5 小震作用下结构弹性分析

在 DAVYSUKAMTA 提供的结构布置图、荷载平面图等资料的基础上，根据 ACI318-11 和 SNI03-1726 -2002 等规范的要求，采用美国 CSI 公司研发的 ETABS 软件（版本 9.7.4）建立弹性分析模型。通过与 DAVYSUKAMTA 提供的计算结果进行对比，从而说明我方分析模型与 DAVYSUKAMTA 结构设计方案的一致性，并验证 DAVY-SUKAMTA 分析模型的正确性。

10.4.5.1 结构整体计算参数

采用北京盈建科软件有限责任公司开发的盈建科结构设计软件（以下简称 YJK）依照中国规范对塔楼 T1 和 T2/T3 进行分析设计，通过对比按照两国规范设计的构件配筋结果，为改善结构抗震性能、优化结构设计方案提供参考。结构整体计算参数如表 10-4-3 所示。

结构整体计算参数　　表 10-4-3

YJK 弹性计算主要参数设置			
是否刚性楼板假定	结构整体指标计算采用：承载力计算不采用	恒活荷载计算信息	模拟施工加载 3
计算振型个数	60	中梁刚度放大系数	按 GB 50010 取值
梁端负弯矩调整系数	0.85	考虑 P-Δ 效应	是
塔楼 T1 地震信息			
设计反应谱	按场地反应谱	地震影响系数最大值	0.156
周期折减系数	0.80	框架抗震等级	一级
结构阻尼比	0.05	剪力墙抗震等级	特一级
塔楼 T2/T3 地震信息			
设计反应谱	按场地反应谱	地震影响系数最大值	0.156
周期折减系数	0.80	框架抗震等级	一级
结构阻尼比	0.05	剪力墙抗震等级	特一级

10.4.5.2 塔楼弹性分析结果（以 T1 塔楼为例）

结构在 X 向、Y 向小震作用下的弹性分析结果如表 10-4-4 所示。

T1 弹性分析结果汇总　　表 10-4-4

项目		数值
结构总质量(t)		97261
自振周期	T_1	4.50(Y)
	T_2	2.85(X)
	T_3	2.44(T)
第一扭转周期/第一平动周期		0.54
地震作用下基底剪力(kN)	X	35326
	Y	26381
地震作用下倾覆弯矩(kN·m)	X	3014840
	Y	1854849
剪重比	X	3.62%
	Y	2.71%
小震下最大层间位移角	X	1/855
	Y	1/467

续表

最大扭转位移比(规范限值为1.4)	X	1.15
	Y	1.48
本层侧移刚度与上一层相应塔侧移刚度90%、110%或者150%比值	X	1.11
	Y	1.12
刚重比(EJd/GH^2)规范限值为1.4	X	7.0
	Y	3.47

根据ASCE7-10第12.9.1条，结构进行模态反应谱分析时，要求各个正交水平方向的累计模态质量参与系数不小于90%。分析结果表明：在考虑30阶模态的条件下，结构X向和Y向的模态质量参与系数累计为93%，满足ASCE7-10第12.9.1条的要求。结构前三阶模态对应周期及质量参与系数如表10-4-5所示。

塔楼T1结构动力特性　　表10-4-5

模态	周期(s)	模态质量参与系数(%)		
		X向平动	Y向平动	RZ旋转
1	6.48	7.75	39.00	0.41
2	3.89	42.03	7.74	3.34
3	3.63	0	4.32	19.13

根据SNI 03-1726-2002第5.6条，为避免结构太柔，对结构的基本周期作出了限制。对于第三震区，要求结构基本周期不超过0.18倍结构楼层数：$6.48s<0.18\times48=8.64s$，满足要求。

DAVYSUKAMTA的分析模型计算得到的塔楼T1结构动力特性如表10-4-6所示。

DAVYSUKAMTA塔楼T1结构动力特性　　表10-4-6

模态	周期(s)	模态质量参与系数(%)		
		X向平动	Y向平动	RZ旋转
1	6.30	9.555	38.57	0.25
2	3.93	40.72	9.76	3.25
3	3.19	0	2.94	19.66

通过对比表10-4-5和表10-4-6，两分析模型计算得到的周期和模态质量参与系数的偏差在合理范围内。统计各集中楼层质量，与参考资料[2]提供的集中楼层质量进行对比，如表10-4-7所示。

除了46层结构层外，本报告计算的集中楼层质量与参考资料[2]的集中楼层质量的偏差在合理范围之内。根据SNI 03-1726-2002第4.2条，塔楼T1第3层、第4层和第46层的集中楼层质量超过了上一层（或下一层）的150%，属于一项竖向不规则。

集中楼层质量对比　　表 10-4-7

结构层	质量(t)			结构层	质量(t)		
	参考资料[2]	本报告	偏差		参考资料[2]	本报告	偏差
47、48	1616	1459	−9.69%	23	1693	1781	5.20%
46	2544	1879	−26.14%	22	1509	1497	−0.80%
45	1320	1273	−3.56%	21	1775	1781	0.34%
44	1540	1540	0.00%	20	1509	1497	−0.80%
43	1322	1273	−3.71%	19	1693	1781	5.20%
42	1672	1660	−0.72%	18	1509	1497	−0.80%
41	1322	1273	−3.71%	17	1694	1781	5.14%
40	1672	1660	−0.72%	16	1510	1497	−0.86%
39	1394	1371	−1.65%	15	1934	1949	0.78%
38	1670	1663	−0.42%	14	1776	1831	3.10%
37	1394	1371	−1.65%	13	1582	1587	0.32%
36	1579	1663	5.32%	12	1766	1861	5.38%
35	1394	1371	−1.65%	11	1582	1587	0.32%
34	1579	1663	5.32%	10	1766	1861	5.38%
33	1394	1373	−1.51%	9	1609	1608	−0.06%
32	1823	1872	2.69%	8	1857	1861	0.22%
31	1580	1753	10.95%	7	1609	1608	−0.06%
30	1509	1497	−0.80%	6	1747	1861	6.53%
29	1780	1777	−0.17%	5	1596	1608	0.75%
28	1509	1497	−0.80%	4	2474	2615	5.70%
27	1775	1777	0.11%	3	10619	11620	9.43%
26	1509	1488	−1.39%	2	6963	6980	0.24%
25	1693	1781	5.20%	1	6445	7027	9.03%
24	1509	1497	−0.80%	Total	96316	98560	2.33%

风荷载和地震作用下，塔楼 T1 结构 X 向和 Y 向的楼层剪力和倾覆弯矩如图 10-4-5、图 10-4-6 所示。

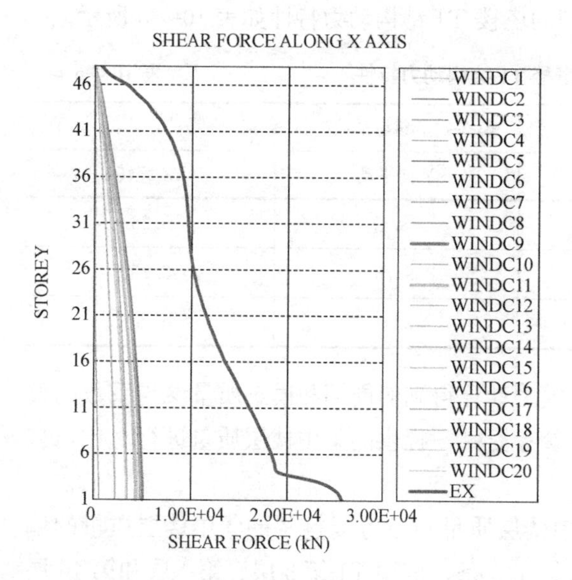

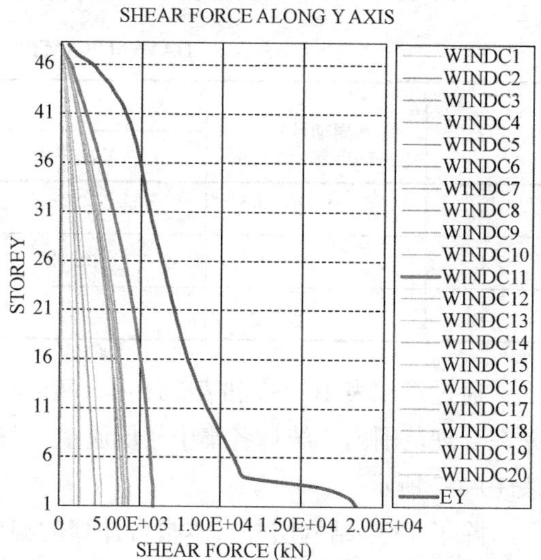

图 10-4-5　风荷载和地震作用下楼层剪力对比

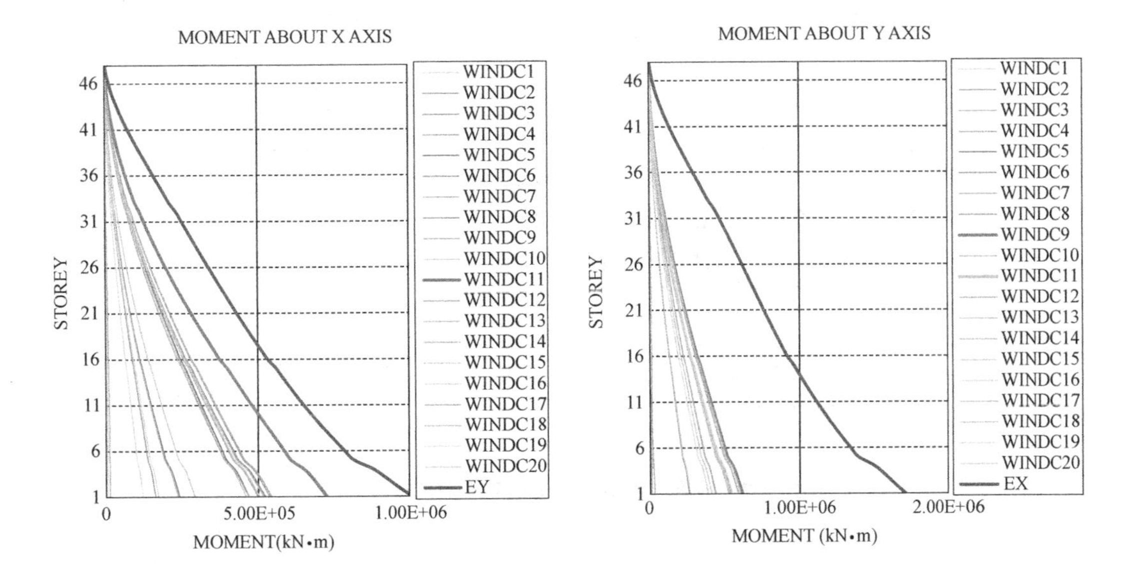

图 10-4-6 风荷载和地震作用下楼层倾覆弯矩对比

可知，结构在局部坐标系 X 向和 Y 向的受力均由地震工况控制。

根据 SNI 03-1726-2002 第 7.1.3 条，要求结构的基底剪力满足：

$$V \geqslant 0.8\frac{C_1 I}{R}W_t = 19646\text{kN}$$

需要对 Y 向地震力放大 19646/18410=1.07 倍。

对地震作用下 T1 的底部剪力进行坐标变换，与 DAVYSUKAMTA 在地震作用下的基底剪力进行比较，如表 10-4-8 所示。

地震作用下基底剪力对比 **表 10-4-8**

方向	基底剪力(kN)		
	DAVYSUKAMTA	本报告	偏差(%)
局部坐标系 X 向	25901	25730	0.7
局部坐标系 Y 向	19072	18410	3.5

由表 10-4-8 可知，两分析模型计算得到的基底剪力相差不超过 5%。

根据 SNI 03-1726-2002 第 8.1.2 条，要求正常使用状态下结构的层间位移不超过 30mm，且层间位移角不超过 $0.03/R$。地震作用下结构的楼层位移和层间位移如图 10-4-7 所示。X 向和 Y 向的顶点位移分别为 149.5mm 和 220.3mm；各楼层的层间位移均远小于 30mm。

地震作用下，结构在正常使用状态和极限状态的层间位移角如图 10-4-8 所示。根据 SNI 03-1726-2002 第 8.2 条，极限状态下的层间位移角需要乘以放大系数 $0.7R/I$，并要求不超过 1/50。

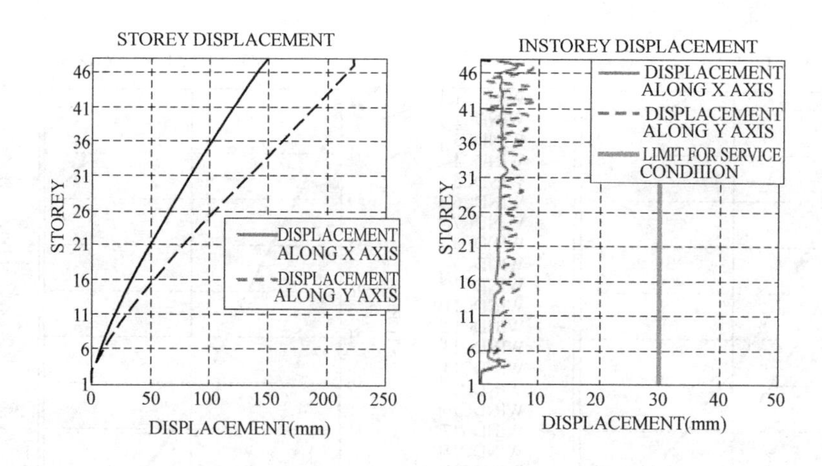

图 10-4-7　地震作用下楼层位移和层间位移曲线图

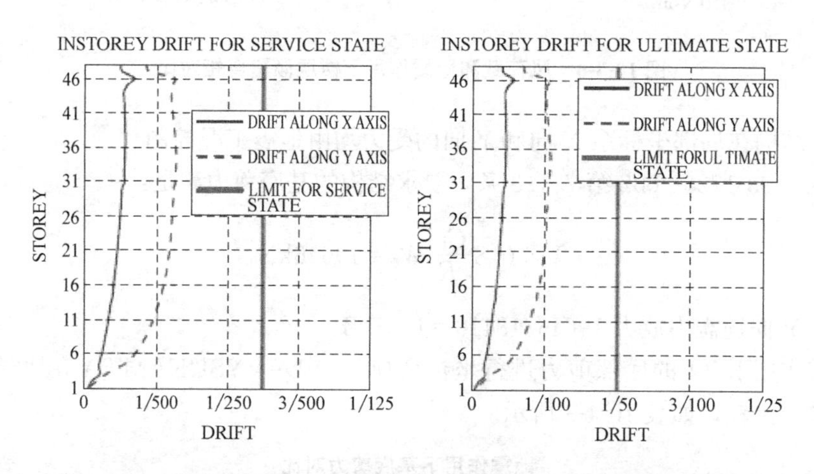

图 10-4-8　地震作用下结构在正常使用状态和极限状态的层间位移角

由图 10-4-8 可见，无论是正常使用状态，还是极限状态，结构的层间位移角均有一定的富余。

根据 SNI 03-1726-2002 第 4.2 条：当结构某一楼层的侧向刚度小于上一楼层侧向刚度 70%或小于上三层侧向刚度平均值的 80%，则判断该楼层为软弱层；当结构某一楼层的侧向刚度小于上一楼层侧向刚度 60%或小于上三层侧向刚度平均值的 70%，则判断该楼层为严重软弱层。

由图 10-4-9 可以看出，T1 各楼层侧向刚度均不小于上一楼层侧向刚度的 70%，且不小于上三层侧向刚度平均值的 80%，即不存在软弱层。

ASCE7-10 第 12.3.2 条定义了结构平面不规则的情况，其中就包括了扭转不规则和严重扭转不规则，扭转位移比限值分别对应 1.2 和 1.4。结构各楼层扭转位移比如图 10-4-10 所示，在 Y 向地震作用下，结构大部分楼层的扭转位移比均超过了 1.4，属于严重扭转不规则。

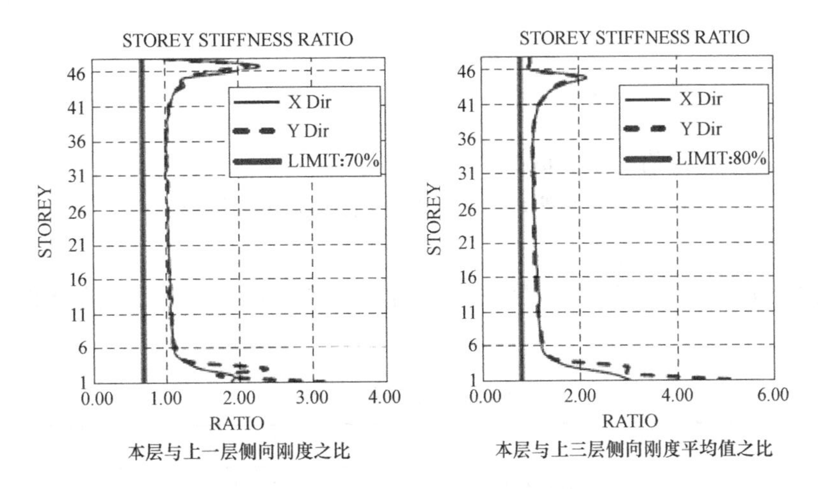

图 10-4-9 楼层侧向刚度比曲线图

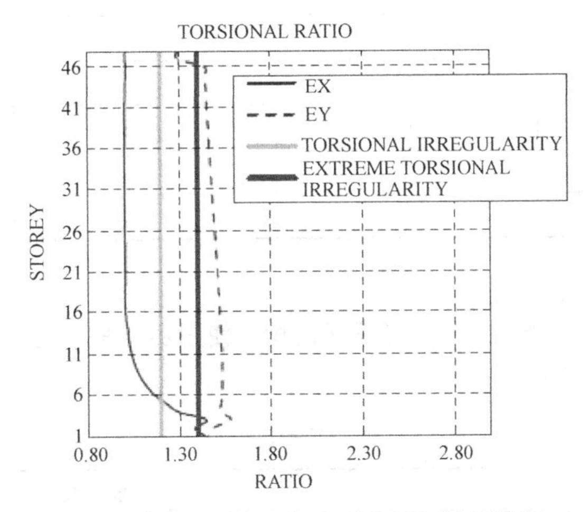

图 10-4-10 地震作用下结构各层扭转位移比

10.4.6 最大考虑地震作用下的安全准则和性能目标

最大考虑地震震动评估的目的是提供足够的安全性以防止结构倒塌，这个目标可通过结构非线性时程分析实现。

10.4.6.1 结构层次的安全准则

结构层次的安全准则包括层间位移角峰值（peak transient drift）和残余层间位移角（residual drift）。

对于每一楼层，一组地震波分析得到的层间位移角峰值（绝对值）的平均值不得超过 0.03，且任一地震波得到的层间位移角峰值（绝对值）不得超过 0.045；对于每一楼层，一组地震波分析得到的残余层间位移角（绝对值）的平均值不得超过 0.01，且任一地震波得到的残余层间位移角（绝对值）不得超过 0.015。

10.4.6.2 构件层次的安全准则

所有形式的作用（力、力矩、应变、位移，或其他变形）都要通过力控制或变形控制进行评估。

力控制的关键作用应满足：

$$F_{uc} \leqslant \phi F_{n,e}$$

式中 F_{uc}——需求平均值的1.5倍；

$F_{n,e}$——公称强度，根据材性规范计算同时基于预期的材料特性；

ϕ——取1.0。

对ASCE/SEI 41-06规范中的规定进行简化，得到如表10-4-9所示的变形控制的作用准则。

构件层次变形控制的安全准则 **表10-4-9**

构件类型		可接受塑性转角或弦转角(弧度)		
		即刻入住(IO)	生命安全(LS)	防止倒塌(CP)
剪力墙	1～5层	0.002	0.004	0.008
	6层及以上	0.004	0.008	0.01
柱子	1～5层	0.003	0.006	0.007
	6层及以上	0.005	0.01	0.015
梁		0.005	0.01	0.02
耦合梁		0.006	0.018	0.03

10.4.6.3 性能目标

根据前面提到的安全准则，同时考虑建筑物的使用功能和结构形式，结构性能目标的确定方式如表10-4-10所示。

结构性能目标 **表10-4-10**

结构整体层次	性能要求	
层间位移角峰值极限	需要	
残余层间位移角极限	需要	
构件层次	力控制	位移控制
剪力墙	需要	生命安全
柱子	需要	生命安全
梁	不需要	防止倒塌
耦合梁	不需要	防止倒塌

10.4.7 大震作用下结构性能分析（以塔楼1为例）

本工程利用PERFORM-3D程序进行弹塑性动力时程分析，从而进行最大考虑地震作用下的震害评估。

10.4.7.1 大震作用下结构整体性能分析

塔楼1在X和Y方向的层间剪力如图10-4-11所示。层间剪力沿垂直方向连续，说明此结构中无薄弱层。

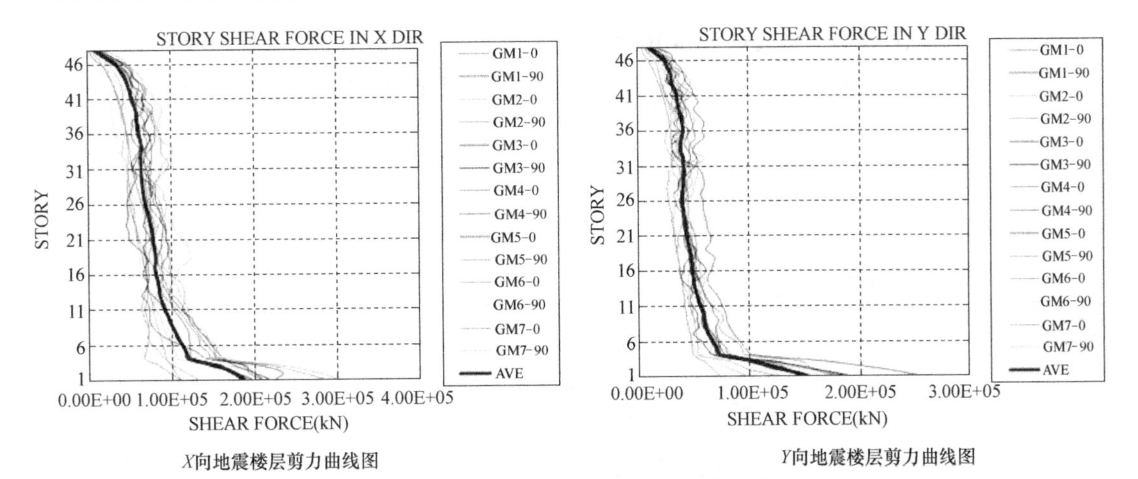

X向地震楼层剪力曲线图　　Y向地震楼层剪力曲线图

图 10-4-11　大震作用下结构楼层剪力

在最大考虑地震作用下，结构层次的安全准则包括层间位移角峰值（peak transient-drift）和残余层间位移角（residual drift），塔楼1均满足要求，如图10-4-12和图10-4-13所示。

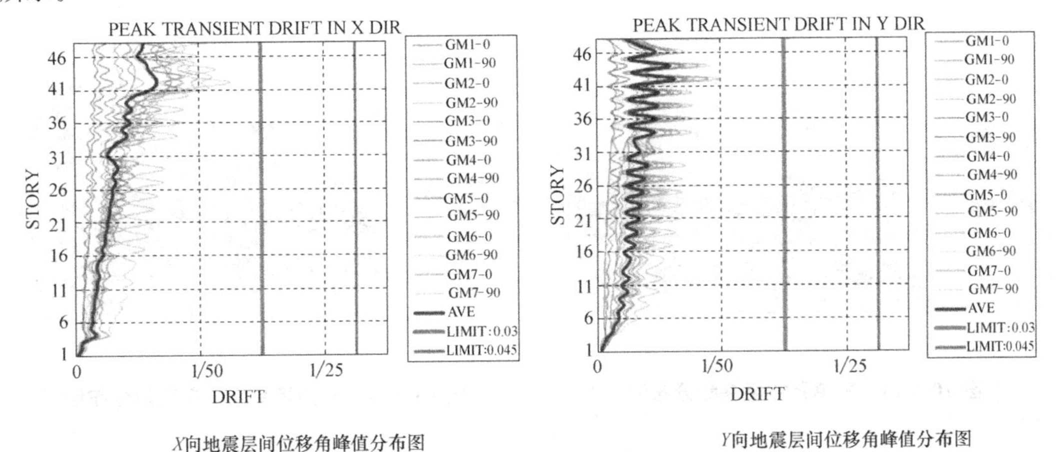

X向地震层间位移角峰值分布图　　Y向地震层间位移角峰值分布图

图 10-4-12　大震作用下层间位移角峰值

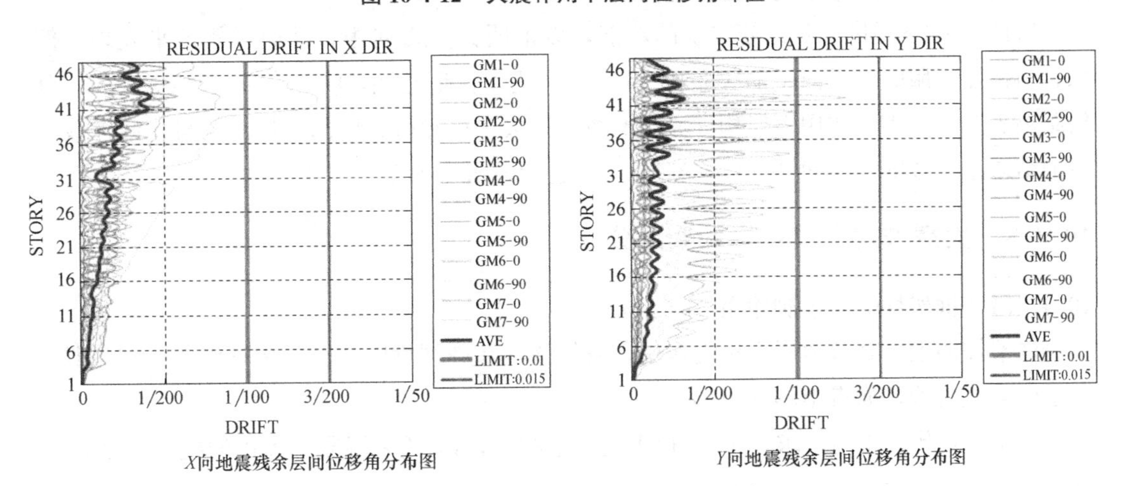

X向地震残余层间位移角分布图　　Y向地震残余层间位移角分布图

图 10-4-13　大震作用下残余层间位移角

10.4.7.2 大震作用下结构耗散能量分析

不失一般性，下面以 GM1X 为例，介绍结构在大震作用下的耗能情况（图 10-4-14～图 10-4-17）。

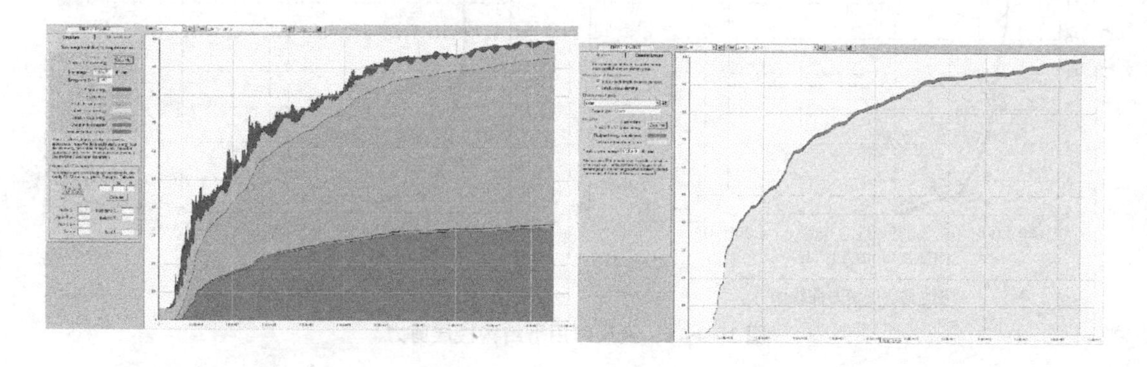

图 10-4-14 总能量耗散分布图

图 10-4-15 梁单元能量耗散分布图

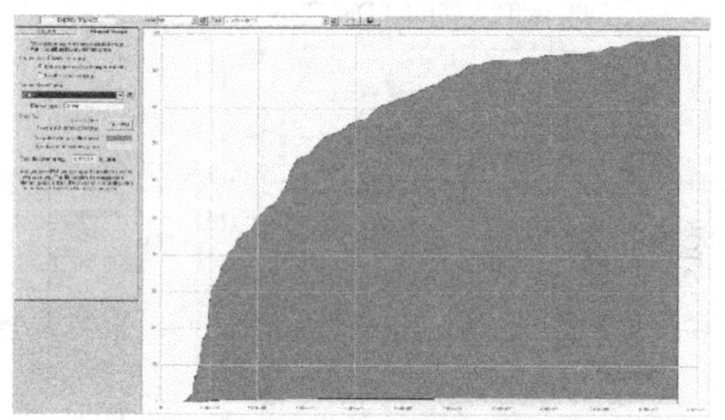

图 10-4-16 柱单元能量耗散分布图

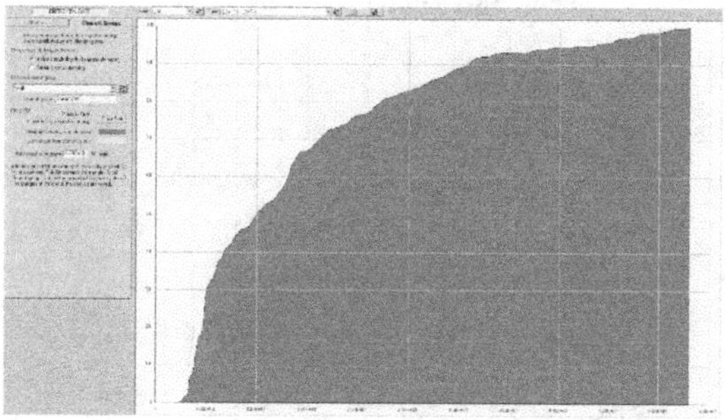

图 10-4-17 剪力墙单元能量耗散分布图

10.4.7.3 大震作用下结构构件性能分析

Perform-3D 提供监测钢筋应变的功能，以证明其是否屈服，并通过颜色来表现。例如，当钢筋屈服时，纵向钢筋应变超过 0.002，为了保证延性，将其限制在 0.05 以内。分析结果表明，在大震作用下梁构件屈服的数量远大于柱和剪力墙的数量，这与能量耗散分析的结果是一致的。下面同样以 GM1X 为例进行说明（图 10-4-18）。

10.4.8 大震作用下关键构件变形分析

10.4.8.1 框架柱的力控制作用

框架柱的轴力及剪力属力控制作用，需复核其在弹塑性时程分析中的结果，以塔楼 1 首层框架柱为例，如表 10-4-11 所示。

其中，P 代表轴力需求，$A_s f'_c$ 代表构件承载力，V_c 代表混凝土提供的抗剪强度，V_2 和 V_3 代表剪力需求。

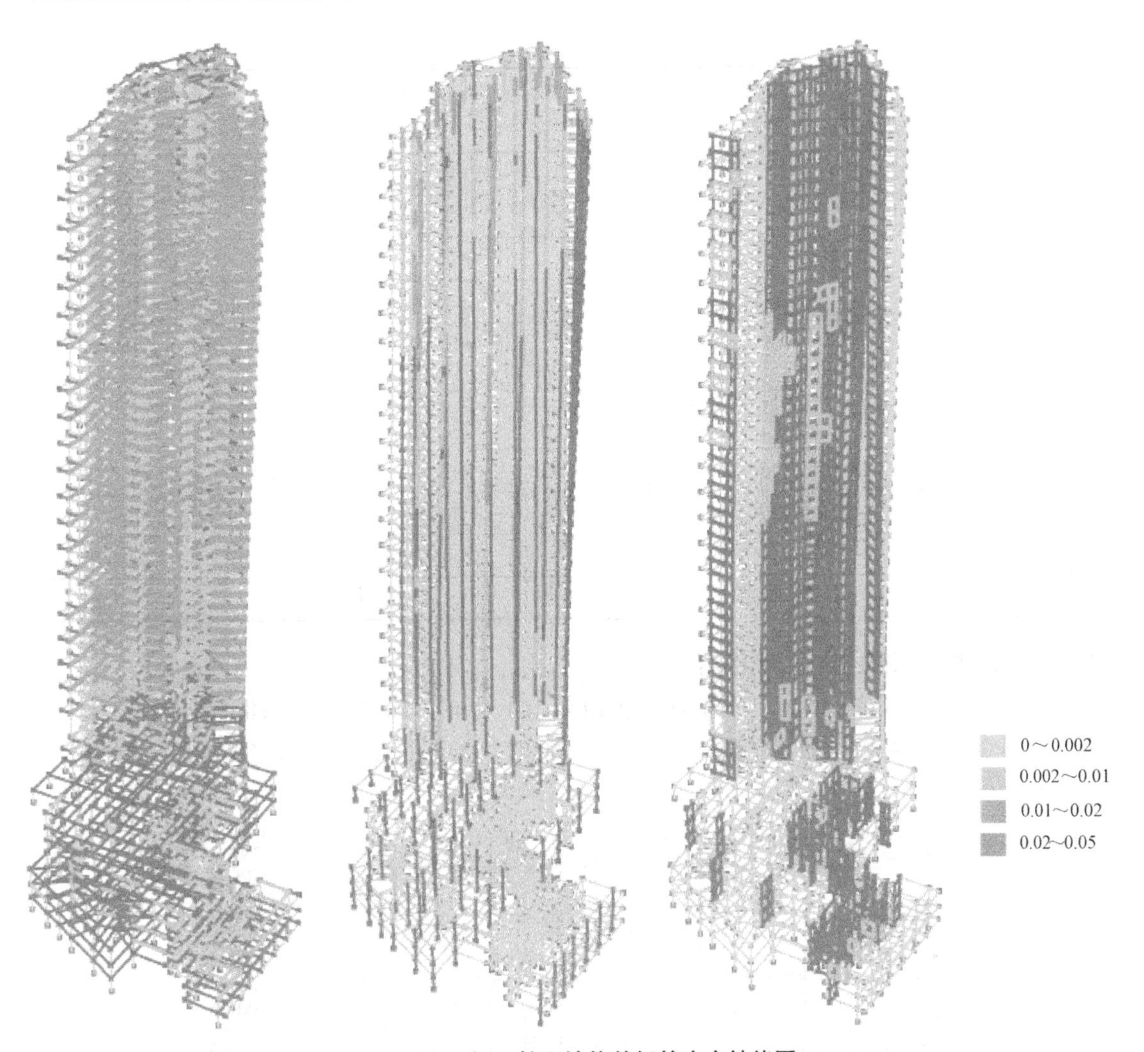

图 10-4-18 梁、柱、墙构件钢筋应变性能图

楼层 1 框架柱轴力及剪力复核 表 10-4-11

层数	编号	截面(mm)	$\frac{P}{A_s f'_c}$	V_2(kN)	V_3(kN)	V_c(kN)
1	999	800×1500	0.40	779.62	345.00	1801.68
1	1008	800×1500	0.41	736.98	258.08	1801.68
1	1010	800×1500	0.39	779.46	255.79	1801.68
1	1014	800×1500	0.36	901.03	209.72	1801.68
1	1023	800×1500	0.31	928.12	445.82	1801.68
1	1033	1200×1200	0.28	683.39	825.88	2162.02
1	1034	600×1200	0.37	467.03	96.37	1081.01
1	1035	600×1200	0.44	379.46	138.31	1081.01
1	1037	1200×1200	0.32	681.67	906.56	2162.02
1	1038	1200×1200	0.36	561.52	964.61	2162.02

续表

层数	编号	截面(mm)	$\frac{P}{A_s f'_c}$	V_2(kN)	V_3(kN)	V_c(kN)
1	1042	450×1000	0.07	140.14	84.22	675.63
1	1043	800×1500	0.51	913.86	287.09	1801.68
1	1045	900×1500	0.33	849.36	597.47	2026.89
1	1046	900×2000	0.41	1354.80	751.73	2702.52
1	1049	1200×1200	0.27	842.46	798.67	2162.02
1	1050	800×1500	0.47	684.58	505.95	1801.68
1	1051	1200×1200	0.41	795.68	919.19	2162.02
1	1053	1200×1200	0.37	597.47	902.60	2162.02
1	1054	900×2000	0.43	1556.94	732.86	2702.52
1	1055	800×1500	0.42	753.55	436.80	1801.68
1	1058	600×1200	0.01	363.82	129.90	1081.01

10.4.8.2 框架柱的变形控制作用

分析说明，楼层1中所有框架柱的转角均小于性能目标IO中的限值要求，此处以部分框架柱的分析结果为例进行阐述，其余构件类似（图10-4-19～图10-4-22）。

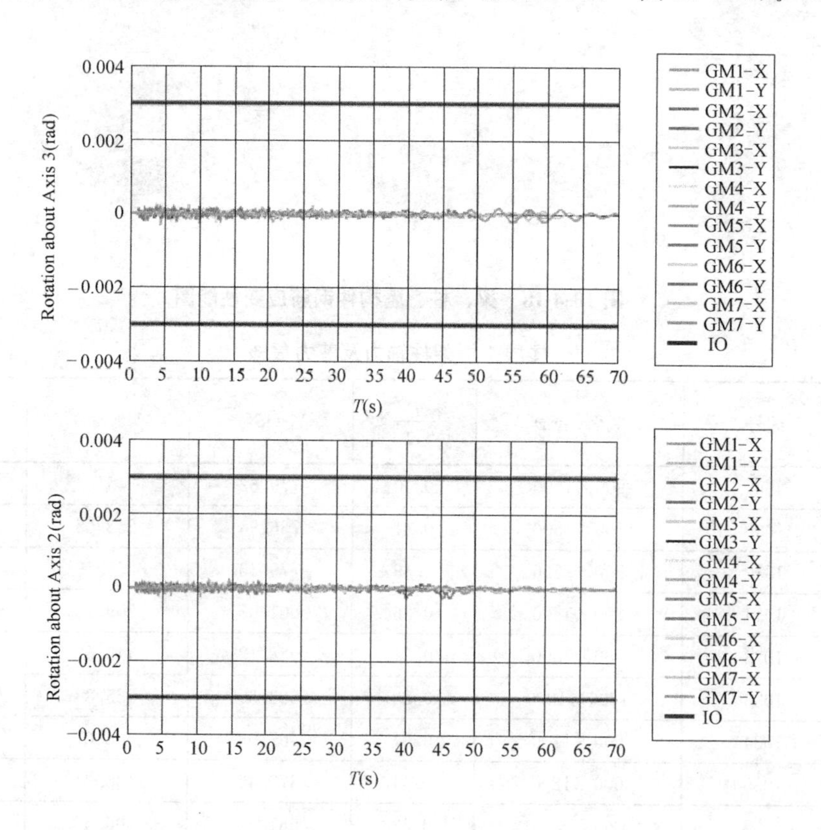

图 10-4-19 楼层1框架柱C-999转角时程变形图

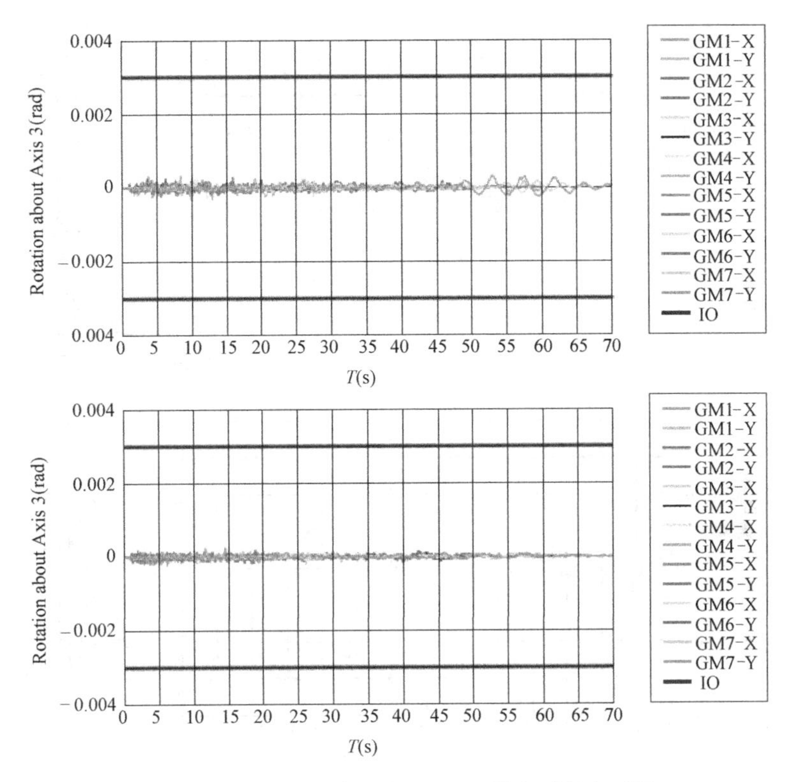

图 10-4-20 楼层 1 框架柱 C-1014 转角时程变形图

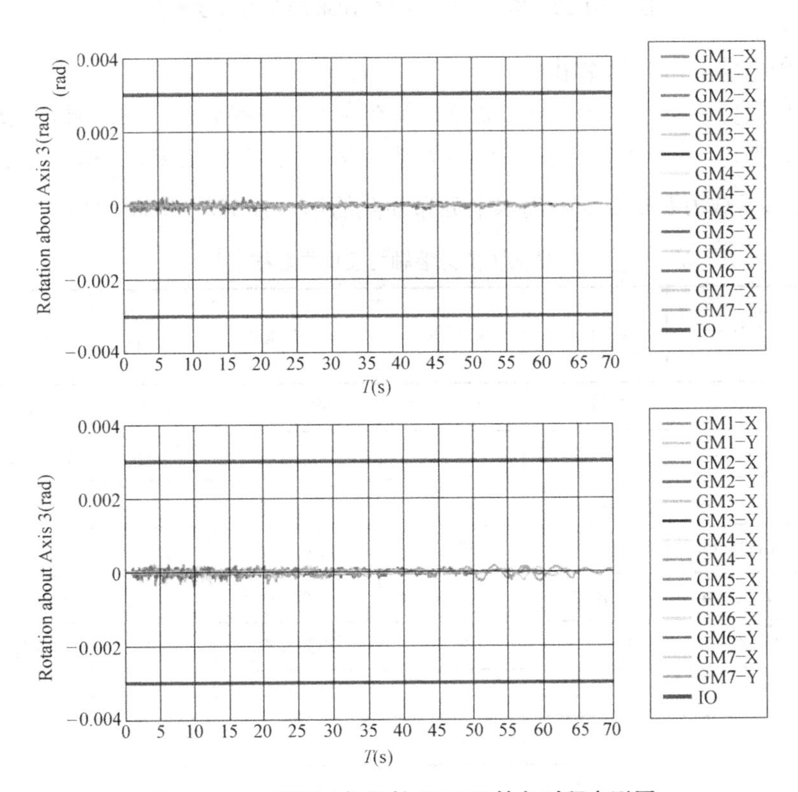

图 10-4-21 楼层 1 框架柱 C-1035 转角时程变形图

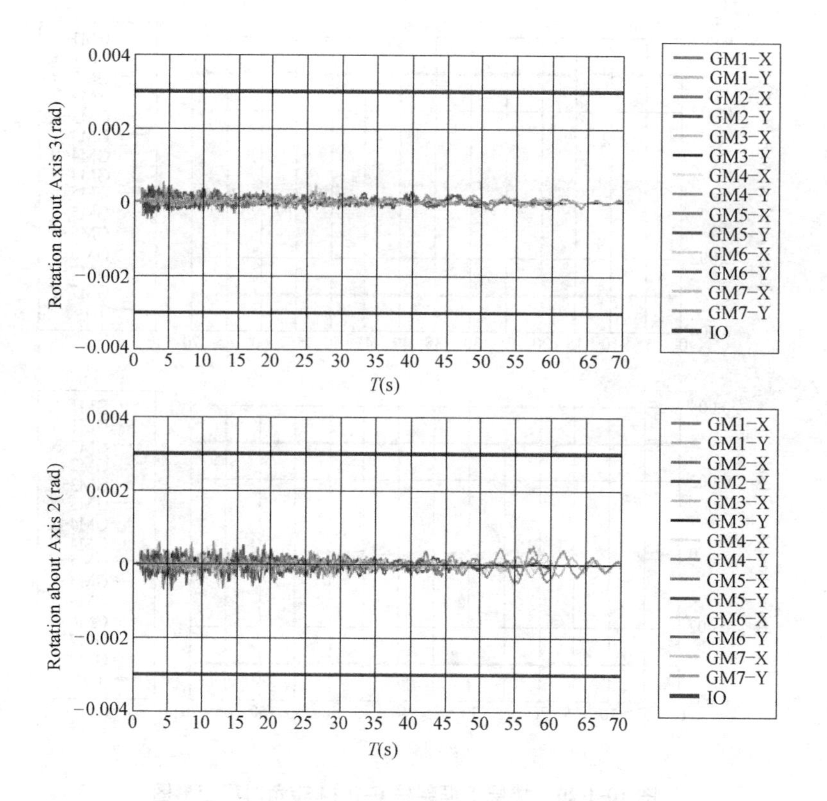

图 10-4-22　楼层 1 框架柱 C-1058 转角时程变形图

10.4.8.3　剪力墙的力控制作用

剪力墙所受剪力属力控制作用，需复核其在弹塑性时程分析中的结果，以塔楼 1 首层剪力墙为例，如表 10-4-12 所示。可见剪力墙 SW-3、SW-4、SW-5、SW-6、SW-8、SW-11 不满足抗剪承载力要求，应提高水平分布筋配筋率，且 V_u 不应超过 $0.66\sqrt{f'_c}L_p t_p$。

楼层 1 剪力墙轴力及剪力复核　　　　**表 10-4-12**

构件名称	V_u(kN)	V_c(kN)	V_s(kN)	V_c+V_s(kN)	$\frac{V_u}{V_c+V_s}$	P(kN)	$\frac{P}{A_s f'_c}$
SW-1	15442.11	7727.79	13262.42	20990.21	0.74	139563.00	0.66
SW-2	18904.29	7109.57	12201.42	19310.99	0.98	134566.50	0.70
SW-3	10718.71	4327.56	5266.76	9594.32	1.12	36058.50	0.31
SW-4	16538.09	5409.45	6583.45	11992.90	1.38	41209.50	0.28
SW-5	7201.50	2318.34	4408.56	6726.90	1.07	10339.50	0.16
SW-6	26632.64	8346.01	10157.32	18503.34	1.44	44341.50	0.20
SW-7	8923.51	4095.73	7029.08	11124.81	0.80	28308.00	0.25
SW-8	27565.02	8809.68	15119.16	23928.84	1.15	154207.50	0.64
SW-9	12920.32	5100.34	8753.20	13853.54	0.93	55050.00	0.40

续表

构件名称	V_u(kN)	V_c(kN)	V_s(kN)	V_c+V_s(kN)	$\frac{V_u}{V_c+V_s}$	P(kN)	$\frac{P}{A_s f'_c}$
SW-10	8996.02	3863.90	6631.21	10495.10	0.86	51387.00	0.49
SW-11	18629.09	11128.02	6771.55	17899.57	1.04	72310.50	0.24
SW-12	3453.38	2318.34	3570.93	5889.27	0.59	25942.50	0.41
SW-13	29258.90	14605.52	33606.45	48211.98	0.61	96652.50	0.24
SW-14	5109.65	3245.67	4999.31	8244.98	0.62	21628.50	0.25
SW-15	6547.67	3632.06	5594.46	9226.52	0.71	19224.00	0.19
SW-16	19893.05	9273.35	15914.90	25188.25	0.79	116470.50	0.46
SW-17	3544.53	6491.34	11140.43	17631.78	0.20	16233.00	0.09
SW-18	11393.00	10510.00	4263.57	14773.00	0.77	30247.00	0.11
SW-19	10507.00	10510.00	4263.57	14773.00	0.71	31945.00	0.11

10.4.8.4 剪力墙的变形控制作用

分析说明，楼层1中所有剪力墙的转角均小于性能目标IO中的限值要求，自然也满足性能目标LS的要求。

此处以部分剪力墙的分析结果为例进行阐述（图10-4-23～图10-4-26），其余构件类似。

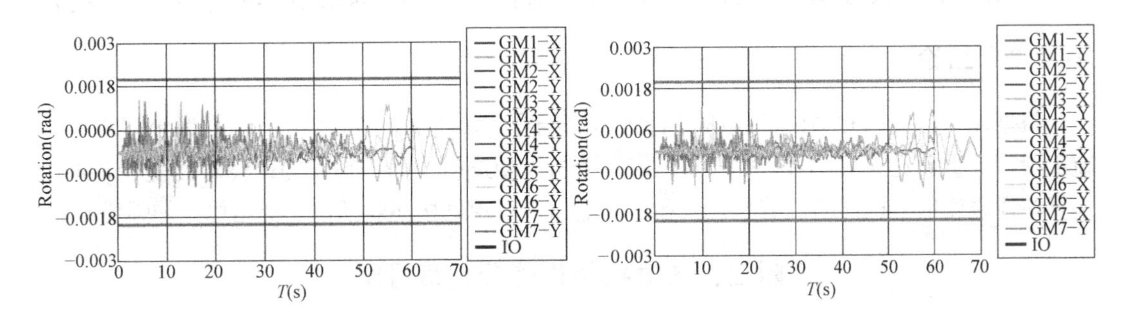

图10-4-23 楼层1剪力墙SW-1转角时程变形图

图10-4-24 楼层1剪力墙SW-6转角时程变形图

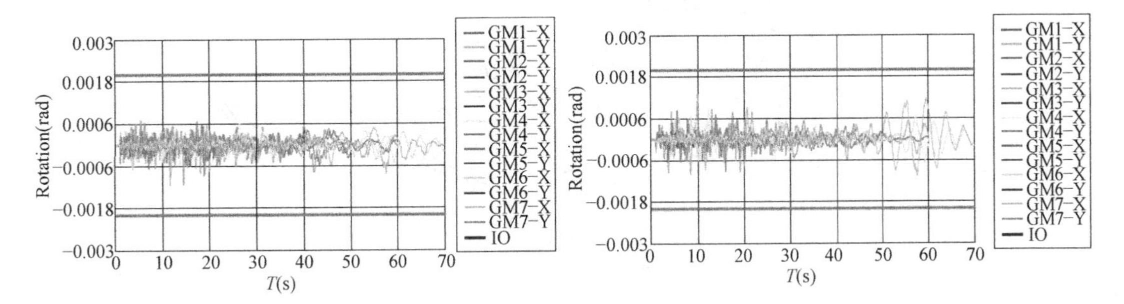

图10-4-25 楼层1剪力墙SW-11转角时程变形图

图10-4-26 楼层1剪力墙SW-16转角时程变形图

10.4.8.5 框架梁的变形控制作用

分析表明，框架梁（尤其是上部楼层）构件的性能状态已超过性能目标 CP 的限值要求，这与能量耗散分析及构件性能分析的结果吻合。

此处以部分楼层框架梁 SP-1 的分析结果为例进行阐述，转角时程变形如图 10-4-27～图 10-4-30 所示，其余构件类似。

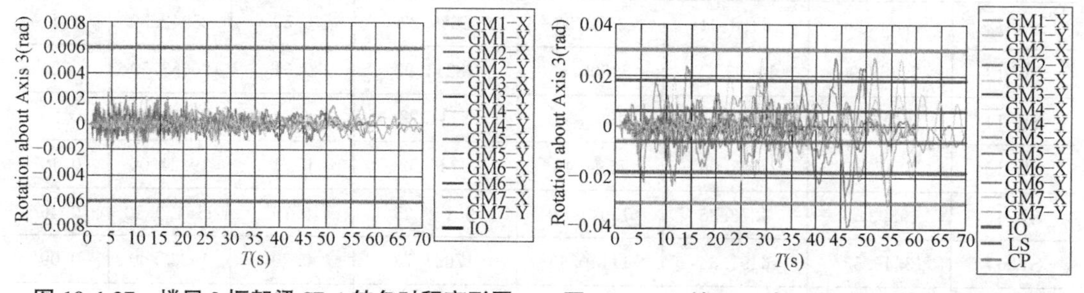

图 10-4-27　楼层 2 框架梁 SP-1 转角时程变形图　　图 10-4-28　楼层 15 框架梁 SP-1 转角时程变形图

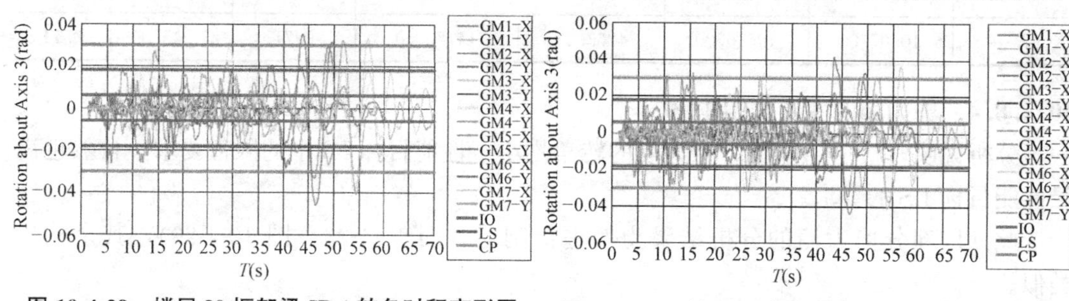

图 10-4-29　楼层 30 框架梁 SP-1 转角时程变形图　　图 10-4-30　楼层 45 框架梁 SP-1 转角时程变形图

10.4.9 结论

根据印尼、美国和中国的结构设计规范，结合 DAVYSUKAMTA 结构咨询公司提供的施工图纸，重新建立 ETABS 和 Perform-3D 分析模型进行全面、细致的计算对比复核，重点是复核强震作用下构件的抗剪承载力和变形能力，发现结构薄弱部位，提出构件加强措施。

附图：关键构件性能分析编号图

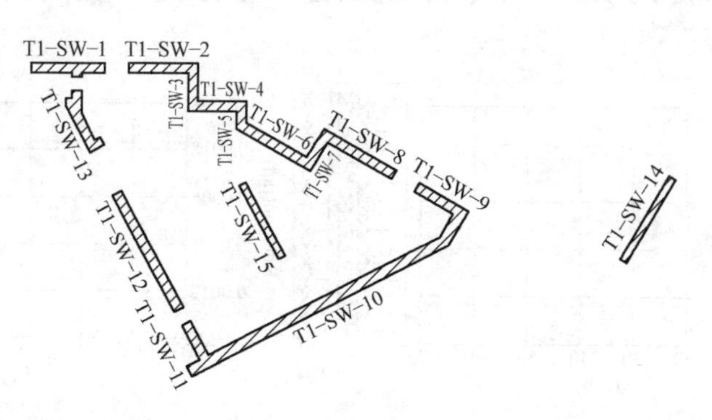

附图 1　T1 首层关键构件编号图

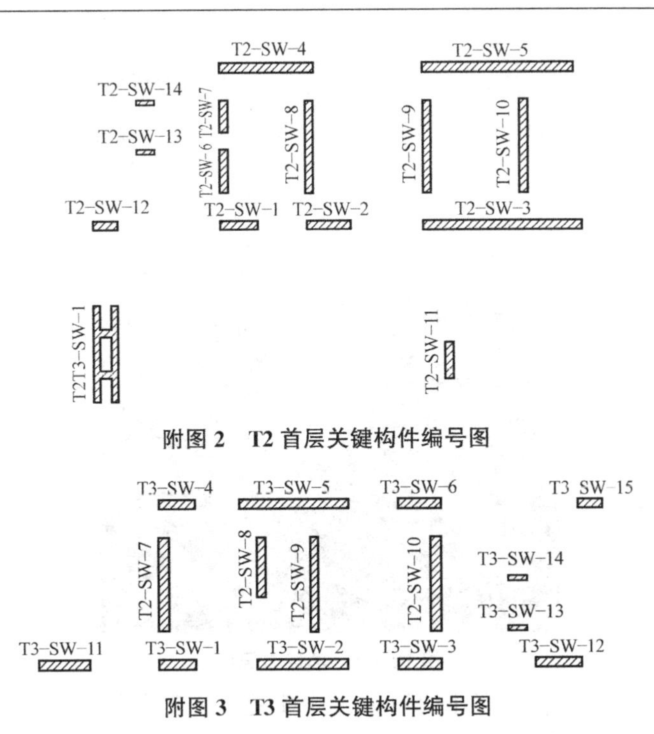

附图2 T2首层关键构件编号图

附图3 T3首层关键构件编号图

(注：本工程超限设计完成于2014年09月)

参考文献

[1] SITE SPECIFIC RESPONSE ANALYSIS FOR ASTRA HONGKONG PROJECT IN JAKARTA，INDONESIA

[2] TOWER 1，AHRD，JAKARTA WIND-INDUCED STRUCTURAL LOADS AND BUILDING MOTION STUDY

10.5 保利·大江郡E地块项目

10.5.1 工程概况

保利大江郡E地块项目是集办公、酒店及商业为一体的多功能建筑。该项目包括一栋5层的裙楼和一栋53层的综合塔楼，地下结构均为3层，总建筑面积214282.58m²，项目效果图如图10-5-1所示。

本工程抗震设防烈度为6度，设计基本地震加速度为0.05g，场地类别为Ⅱ类，50年一遇的基本风压为0.30kN/m²。

10.5.2 结构概况

10.5.2.1 结构体系

根据建筑平面布局特点，地下三层不设缝，地上设置防震缝将超高层主塔楼与裙楼分开。主塔楼采用框架-核心筒结构，组成双重抗侧力体系，地面以上高度249.700m，属于抗震超限结构。塔楼立面规则，平面呈42m×42m的八角形，高宽比约为5.9，核心筒平

图 10-5-1　项目效果图

面尺寸为 21.35m×21.8m，高宽比约为 11。由于建筑大堂需要，二层楼板开洞较大，形成穿层柱。采用现浇钢筋混凝土结构，典型楼层平面布置如图 10-5-2 所示。

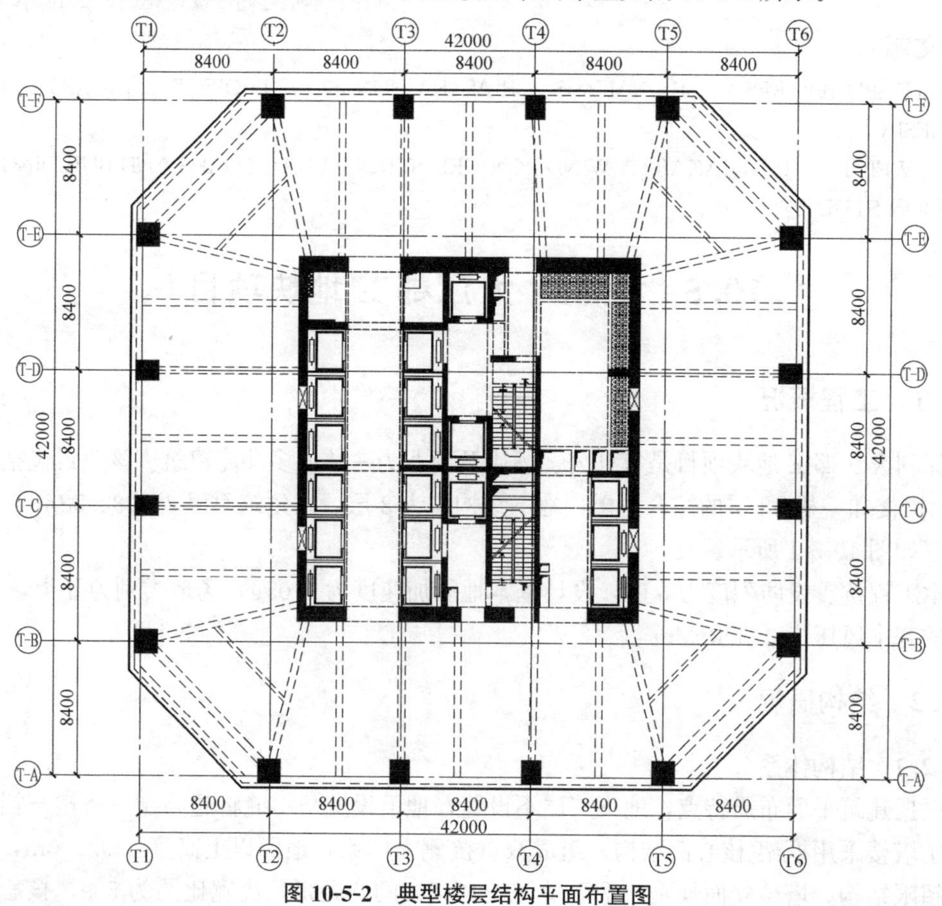

图 10-5-2　典型楼层结构平面布置图

10.5.2.2 结构主要构件尺寸

根据计算结果，结构主要构件的截面如表10-5-1所示。

主要构件截面 表10-5-1

构件名称	构件尺寸(单位:mm)	材料强度等级
剪力墙	外筒:1000～300、750～300;内筒:350～300	C60～C40
连梁	宽同墙厚,高度:500、800、1100	C60～C40
框架梁	外框架梁:300×800、400×800 内框架梁:300×600、400×600、300×700	C30
框架柱	1650×1650～700×700、1250×1700～600×600	C60～C40

10.5.3 结构超限情况

本工程超限情况如下：

(1) 结构高度超限：塔楼高度为249.7m，超出《高规》B级高度210m限值。

(2) 扭转不规则：考虑偶然偏心地震作用下，首层 X 方向扭转位移比1.22，首层 Y 方向扭转位移比1.32，超出《超限高层建筑工程抗震设防专项审查技术要点》的1.2限值。

(3) 刚度突变：43层 X 方向侧向刚度为上层的106%，43层 Y 方向侧向刚度为上层的106%，小于《超限高层建筑工程抗震设防专项审查技术要点》的110%（本层层高大于相邻上层层高的1.5倍时）限值。

(4) 其他不规则：首层存在局部穿层柱、52层～机房屋面层存在斜柱。

10.5.4 荷载与作用

10.5.4.1 风荷载

50年重现期基本风压为 $w_0=0.30\text{kN/m}^2$，建筑地面粗糙度类别取为C类，依据《高规》体系系数取为1.4。

10.5.4.2 地震作用

(1) 抗震设计参数

根据《抗规》和《建筑工程抗震设防分类标准》GB 50223—2008等，本工程结构设计中采用的抗震设计参数如表10-5-2所示。

抗震设计参数表 表10-5-2

项目	内容	项目	内容
设计基准期	50年	设计使用年限	50年
设计耐久性	50年	抗震设防分类	标准设防类
建筑结构安全等级	二级	地基基础设计等级	甲级
设计烈度	6度	抗震措施烈度	6度
特征周期	0.35s	周期折减系数	0.85
场地类别	Ⅱ类	设计地震分组	第一组
基本地震加速度	0.05g	结构阻尼比	0.05

(2) 地震反应谱

根据《抗规》和《安评报告》，规范反应谱和安评反应谱参数对比如表 10-5-3 所示反应谱曲线对比图如图 10-5-3 所示，《抗规》5.1.4 条指出：周期大于 6s 的建筑结构所采用的地震影响系数应专门研究。对于此类结构，地面运动的速度和位移可能比加速度对结构的破坏具有更大的影响；而长周期地面运动实测资料较少，缺乏足够的依据，安全起见，将 6～10s 的反应谱取为水平直线的形式。

规范谱和安评反应谱参数对比 **表 10-5-3**

超越概率	规范反应谱				安评反应谱			
	A_{max}(cm/s^2)	a_{max}	T_g(s)	γ	A_{max}(cm/s^2)	a_{max}	T_g(s)	γ
50 年 63%(小震)	18	0.04	0.35	0.9	22	0.055	0.35	0.9
50 年 10%(中震)	50	0.12	0.35	0.9	66	0.165	0.40	0.9
50 年 2%(大震)	125	0.28	0.40	0.9	120	0.3	0.45	0.9

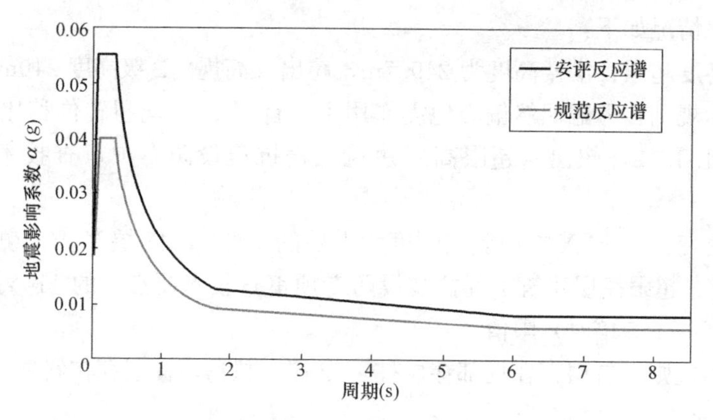

图 10-5-3　小震水准的规范反应谱和安评反应谱曲线对比图

确定小震水准的地震作用设计参数时，取《抗规》和《安评报告》设计参数的较大值：由图 10-5-4 可知，小震弹性分析采用《安评报告》的地震作用设计参数。中震和大震等效弹性分析仍采用规范的地震作用设计参数。

（3）地震波的选取

本工程时程分析使用的地震波选取原则同本书中工程实例 1。最终选取的地震波反应谱如图 10-5-4 所示，其中 GM1～GM5 为天然波，GM6～GM7 为人工波。

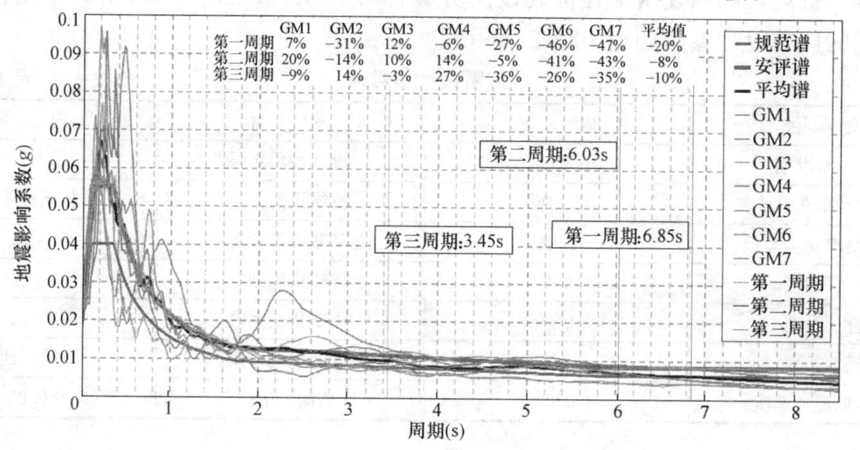

图 10-5-4　规范谱与地震波频谱特性对比图

（4）抗震等级

根据《高规》和《抗规》的有关规定，本工程核心筒抗震等级为二级，框架抗震等级为二级。

10.5.5 结构抗震性能目标和设计方法

10.5.5.1 结构性能指标

根据《高规》3.11.1条抗震性能目标四个等级和3.11.2条抗震性能五个水准规定，本工程确定抗震性能目标为C级，对应小、中、大震的抗震性能水准为1、3、4。抗震性能目标细化如表10-5-4所示。

结构整体性能指标C级　　表10-5-4

		地震作用	小震	中震	大震
结构整体性能水平		性能水准	1	3	4
		层间位移角	1/500	—	1/100
		性能水平定性描述	完好，一般不需修理即可继续使用	轻度损坏，稍加修理，仍可继续使用	中度破坏，需修复或加固后可继续使用
		评估方法	SATWE小震弹性	SATWE中震弹性 SATWE中震不屈服	Perform-3D动力弹塑性分析
关键构件	底部加强区剪力墙	控制指标	承载力设计值满足规范要求	抗剪弹性 抗弯不屈服	抗剪不屈服 弯曲转角不超过轻中等破坏限值
		构件损坏状态	完好	轻微损坏	轻中等破坏
	底部加强区框架柱	控制指标	承载力设计值满足规范要求	抗剪弹性 抗弯不屈服	抗剪不屈服 弯曲转角不超过轻中等破坏限值
		构件损坏状态	完好	轻微损坏	轻中等破坏
	斜柱及与之相连的框架梁	控制指标	承载力设计值满足规范要求	抗剪弹性 抗弯弹性 抗拉弹性	抗剪满足最小截面要求弯曲转角不超过中等破坏限值
		构件损坏状态	完好	轻微损坏	部分中等破坏
普通竖向构件	非底部加强区剪力墙	控制指标	承载力设计值满足规范要求	抗剪不屈服 抗弯不屈服	抗剪满足最小截面要求弯曲转角不超过中等破坏限值
		构件损坏状态	完好	轻微损坏	部分中等破坏
	非底部加强区框架柱	控制指标	承载力设计值满足规范要求	抗剪不屈服 抗弯不屈服	抗剪满足最小截面要求弯曲转角不超过中等破坏限值
		构件损坏状态	完好	轻微损坏	部分中等破坏

续表

耗能构件	框架梁	控制指标	承载力设计值满足规范要求	抗剪不屈服,部分构件进入抗弯屈服状态	抗剪满足最小截面要求弯曲转角不超过严重破坏限值
		构件损坏状态	完好	轻中等损坏个别中等损坏	中等破坏个别严重破坏
	连梁	控制指标	承载力设计值满足规范要求	抗剪不屈服,部分构件进入抗弯屈服状态	抗剪满足最小截面要求弯曲转角不超过严重破坏限值
		构件损坏状态	完好	轻中等损坏部分中等损坏	中等破坏部分严重破坏

10.5.5.2 地震作用下的结构构件性能分析表达式

设计表达式如下所示，符号含义同本章第1节。

(1) 小震作用下的结构构件性能分析表达式

$$S_d \leqslant R_d \text{或} S_d \leqslant \frac{R_d}{\gamma_{RE}} \text{（仅竖向地震作用时，}\gamma_{RE}\text{取 1.0）}$$

(2) 中震、大震作用下的结构构件性能分析表达式

1) 弹性设计

$$\gamma_G S_{GE} + \gamma_{Eh} S_{Ehk}^* + \gamma_{Ev} S_{Evk}^* \leqslant \frac{R_d}{\gamma_{RE}}$$

2) 不屈服设计

$$S_{GE} + S_{Ehk}^* + 0.4S_{Evk}^* \leqslant R_k \text{（水平地震控制）}$$

$$S_{GE} + 0.4S_{Ehk}^* + S_{Evk}^* \leqslant R_k \text{（竖向地震控制）}$$

3) 最小受剪截面要求（钢筋混凝土竖向构件）

$$V_{GE} + V_{Ek}^* \leqslant 0.15 f_{ck} b h_0$$

4) 变形校核

根据性能目标，按下式校核构件的性能

$$\delta \leqslant [\delta]$$

10.5.6 风荷载及小震作用下性能分析

风荷载及小震作用下的结构设计分别采用中国建筑科学研究院 PKPM 系列的 SATWE 和美国 CSI 公司的 ETABS 进行计算。通过比较两种软件建模下的结构主要分析结果：总质量、周期及 1.0 恒载+1.0 活载工况下主要构件内力，以此判断模型的可靠性。通过分析结果发现两种软件的结构主要信息较吻合，结构模型可靠。

10.5.6.1 风荷载作用下结构性能分析

验算结构在重现期为 50 年的风荷载作用下结构整体性能，分析结果如表 10-5-5 所示。

风荷载作用下结构整体性能 表 10-5-5

风荷载作用	规范静力分析			
作用方向	X 方向		Y 方向	
分析软件	SATWE	ETABS	SATWE	ETABS
最大层间位移角（限值 1/500）	1/1658（34 层）	1/1686（33 层）	1/1948（37 层）	1/1658（34 层）
基底剪力(kN)	9858	10450	9779	10100
基底弯矩(kN·m)	1501534	1588000	1488756	1533000

在重现期为50年风荷载作用下结构层间位移角、楼层剪力、楼层倾覆弯矩分别如图10-5-5～图10-5-7所示。

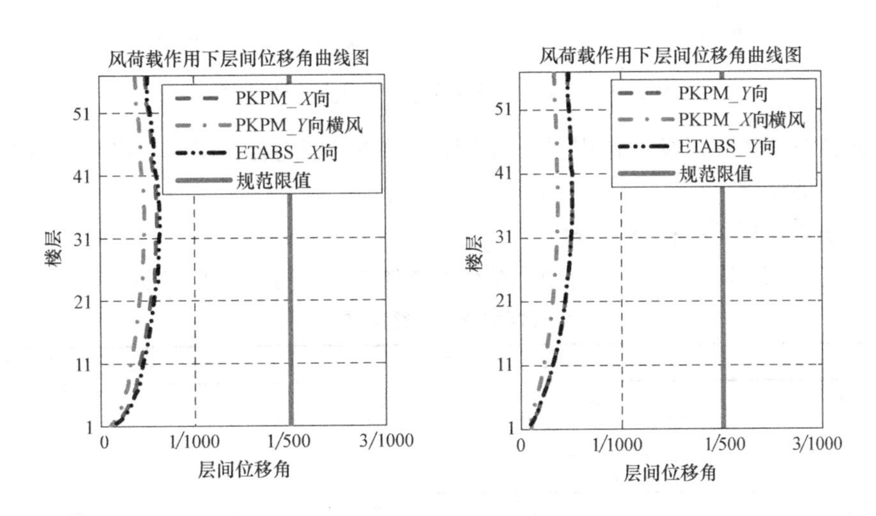

图 10-5-5 风荷载作用下层间位移角分布图

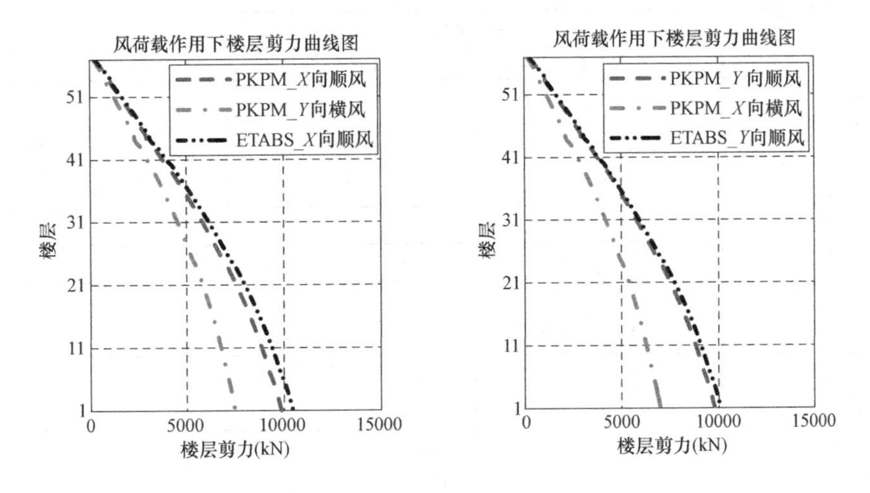

图 10-5-6 风荷载作用下楼层剪力分布图

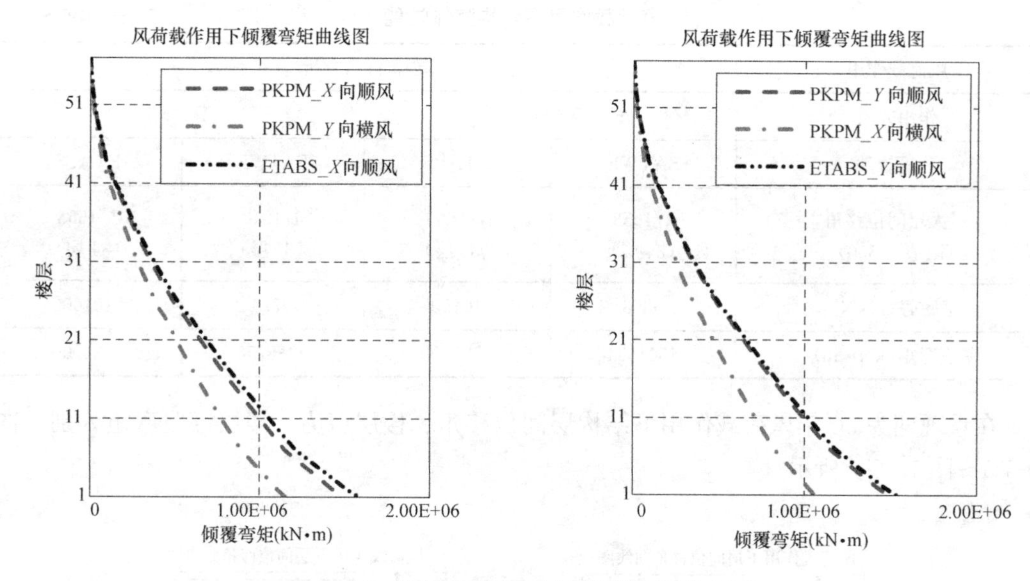

图 10-5-7 风荷载作用下楼层倾覆弯矩分布图

通过对比分析，在风荷载作用下，两程序分析结果较吻合，层间位移角均小于1/500，满足设定的性能要求。

10.5.6.2 小震作用下结构性能分析

验算结构在 X 向、Y 向小震作用下结构的整体性能，分析结果如表 10-5-6 所示。

小震作用下结构整体性能 **表 10-5-6**

分析方法	振型分解反应谱分析				弹性动力时程分析	
分析软件	SATWE		ETABS		—	
第一平动周期 T_1(s)	6.85		6.71			
第一平动周期 T_2(s)	6.03		5.94			
第一扭转周期 T_t(s)	3.45		3.15			
T_t/T_1	0.50		0.47			
最大扭转位移比	1.32(Y 向)		1.26(Y 向)			
分析软件	SATWE					
	X 方向		Y 方向		X 方向	Y 方向
相邻楼层侧向刚度比(限值 1.0)	0.96		0.96		—	—
楼层受剪承载力与上层的比值(限值 0.75)	0.83		0.83		—	—
刚重比(限值 1.4)	1.54		1.98		—	—
分析软件	SATWE	ETABS	SATWE	ETABS	SATWE	SATWE
最小剪重比(0.60%)	0.64%(首层)	0.70%(首层)	0.73%(首层)	0.70%(首层)	—	—
小震下最大层间位移角(限值 1/500)	1/1312(35 层)	1/1311(35 层)	1/1448(39 层)	1/1614(39 层)	1/1590	1/1809
小震下基底剪力(kN)	10461	10910	12016	10860	8731	9635
小震下基底弯矩(kN·m)	1581044	1714000	1737888	1	—	—

注：表中相邻楼层侧向刚度比已除以系数 0.9、1.1、1.5，即比值大于 1 为满足。

以 X 向小震作用下结构的层间位移角、楼层剪力为例，分析结果如图 10-5-8、图 10-5-9所示。

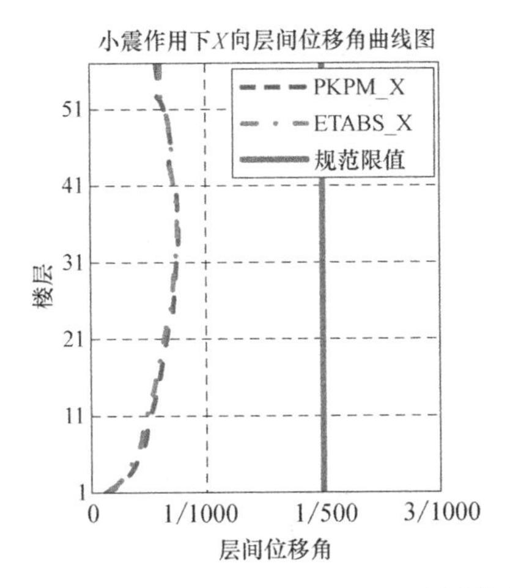

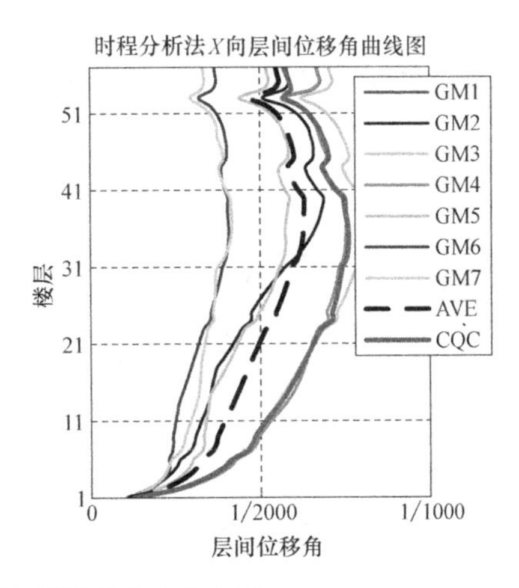

图 10-5-8 小震作用下层间位移角分布图

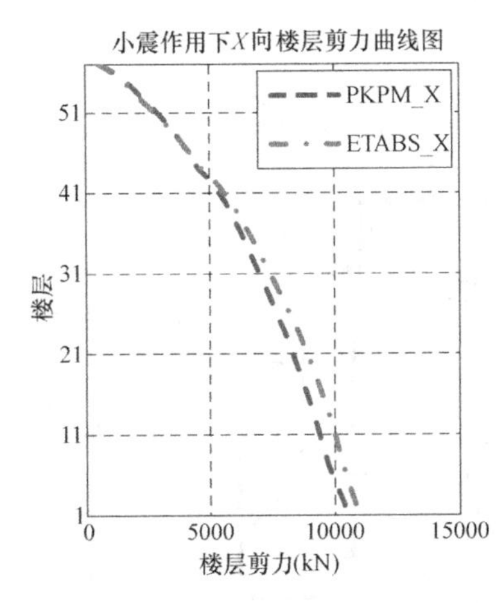

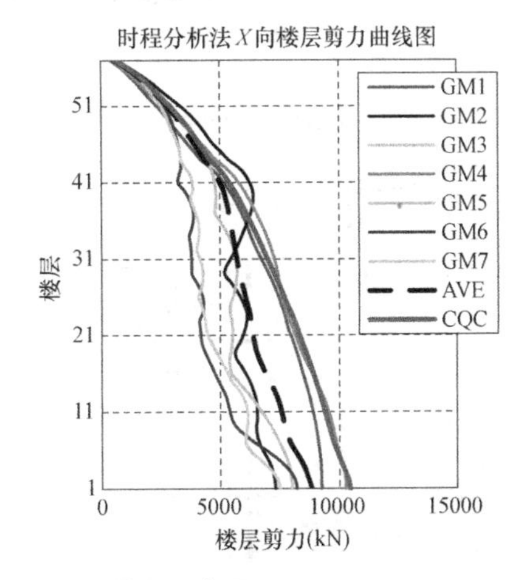

图 10-5-9 小震作用下楼层剪力分布图

由图 10-5-8、图 10-5-9 可见，不同地震波作用下结构的层间位移角、楼层剪力有着较明显的区别，但其平均效应均小于 CQC 法的计算结果。分析结果表明结构层间位移角小于 1/500，满足设定的性能要求。

楼层侧向刚度比如图 10-5-10 所示。

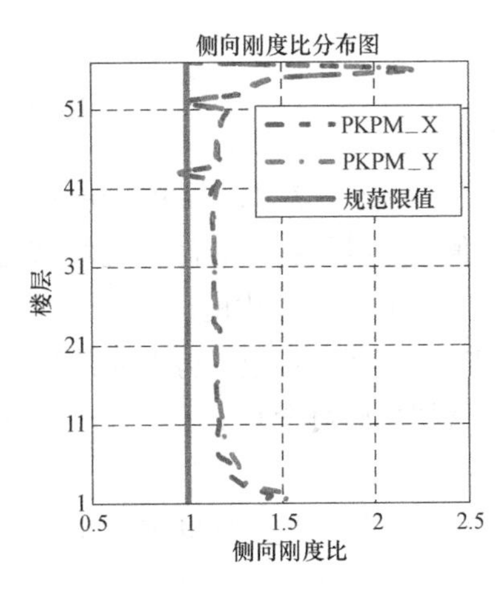

图 10-5-10 楼层侧向刚度比

图中的抗侧刚度比已除以系数 0.9、1.1、1.5，即比值大于 1 为满足规范要求。由图 10-5-10 可以看出，第 43、52 层的抗侧刚度不满足《高规》3.5.2 条的要求，根据《高规》3.5.8 条，将第 43、52 层对应于地震作用标准值的剪力放大 1.25 倍。

框架-核心筒之间剪力分布如图 10-5-11、图 10-5-12 所示。

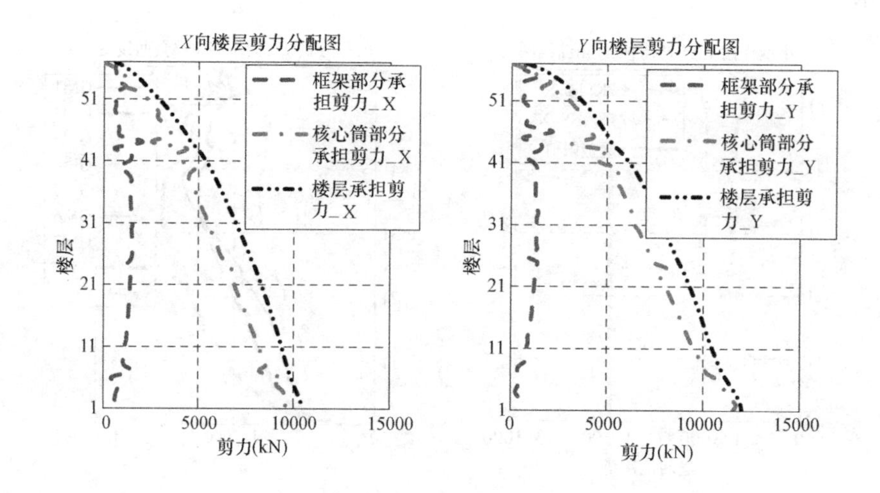

图 10-5-11　框架-核心筒剪力分配图

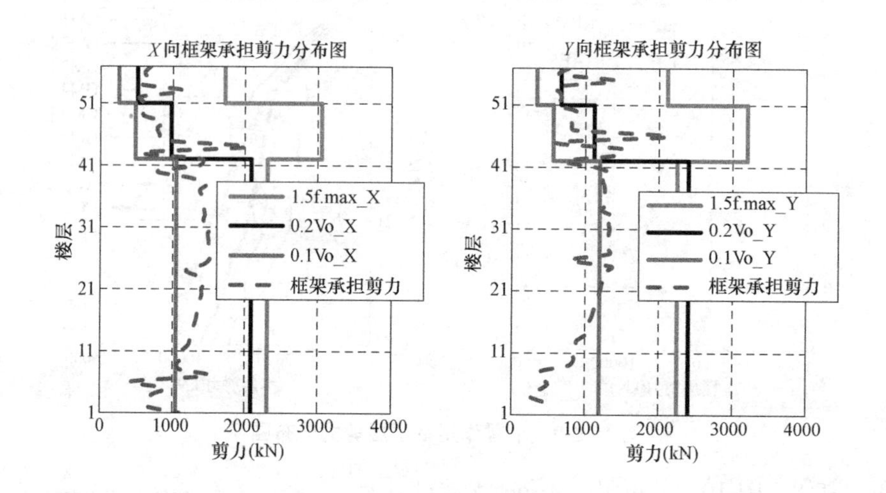

图 10-5-12　框架部分承担剪力图

由图 10-5-12 可以看出，在 X 方向和 Y 方向，框架部分分配的楼层地震剪力标准值的最大值大于结构各段底部总地震剪力标准值的 10%；但框架部分承担的楼层剪力仍需按 $0.2V_0$ 和 $1.5V_{f,max}$ 中的较小值分段调整。在调整框架柱的地震剪力后，框架柱端弯矩及与之相连的框架梁弯矩、剪力应进行相应调整。

楼层抗倾覆弯矩分布、框架部分承担倾覆弯矩百分比分别如图 10-5-13、图 10-5-14 所示。

底层框架承担的抗倾覆弯矩 X 向 16.36%、Y 向 13.10%，均大于 10%且小于 50%，属于典型的框架-核心筒结构。

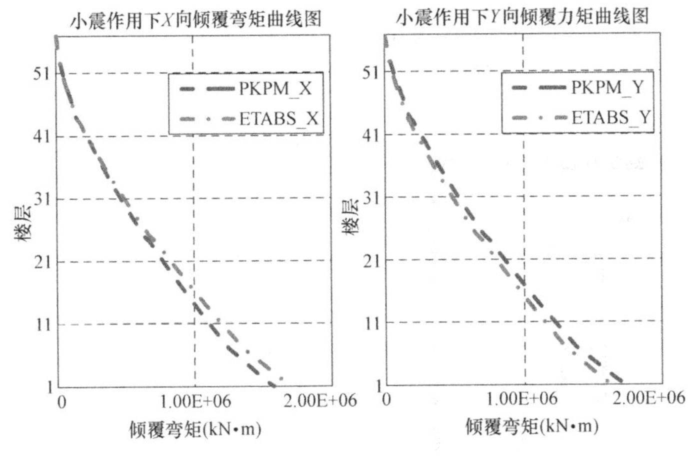

图 10-5-13 小震作用下楼层倾覆弯矩分布图

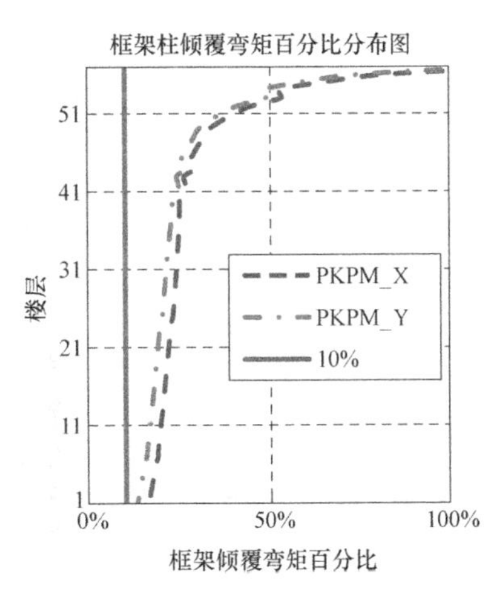

图 10-5-14 框架倾覆弯矩百分比

10.5.7 中震作用下结构性能分析

10.5.7.1 中震计算参数

中震性能计算参数 表 10-5-7

中震不屈服		中震弹性	
是否刚性楼板假定	否	是否刚性楼板假定	否
风荷载计算信息	不计算	风荷载计算信息	不计算
考虑 P-Δ 效应	是	考虑 P-Δ 效应	是
中梁刚度放大系数	按 2010 规范取值	中梁刚度放大系数	按 2010 规范取值
地震影响系数最大值 α_{max}	0.12	地震影响系数最大值 α_{max}	0.12
周期折减系数	1.0	周期折减系数	1.0
结构阻尼比	0.05	结构阻尼比	0.05
双向地震	不考虑	双向地震	不考虑
偶然偏心	不考虑	偶然偏心	不考虑
材料强度	采用标准值	材料强度	同小震弹性分析
作用分项系数	1.0	作用分项系数	同小震弹性分析
抗震承载力调整系数	1.0	抗震承载力调整系数	同小震弹性分析
构件地震力调整	不调整	构件地震力调整	不调整
地震组合内力调整系数	1.0	地震组合内力调整系数	1.0
连梁刚度折减系数	0.4	连梁刚度折减系数	0.4

10.5.7.2 中震验算结果

1. 框架柱

由图 10-5-15 可见，框架柱的配筋均为构造配筋，满足抗弯中震不屈服、抗剪中震弹性的抗震性能目标。考虑到斜柱的特殊性，按中震弹性的计算结果对斜柱和与之相连的框架梁进行设计。

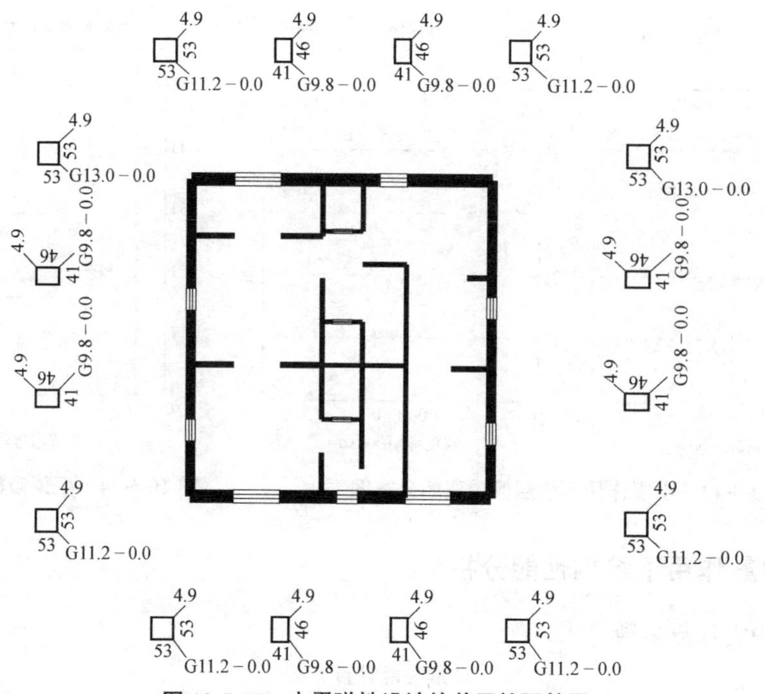

图 10-5-15　中震弹性设计的首层柱配筋图

2. 核心筒

由图 10-5-16 可见，所有墙肢的水平钢筋均为构造配筋，及抗剪均满足中震弹性的抗震性能目标。

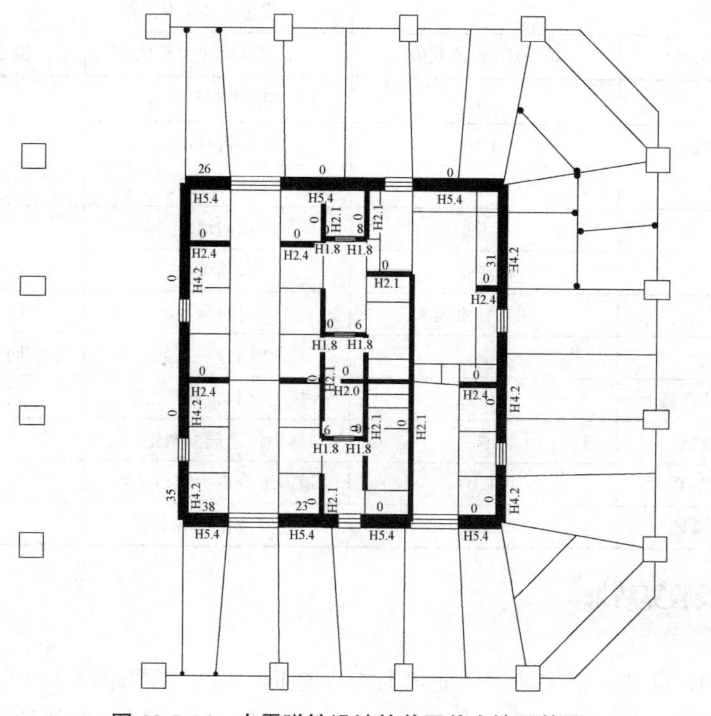

图 10-5-16　中震弹性设计的首层剪力墙配筋图

由图 10-5-17 可见，所有墙肢的竖向配筋均为构造配筋，及抗弯均满足中震不屈服的抗震性能目标。

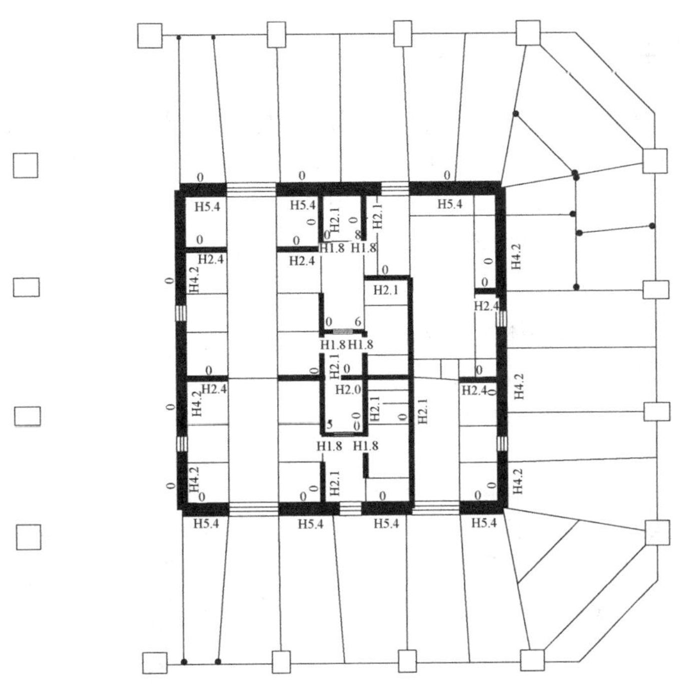

图 10-5-17 中震不屈服设计的首层剪力墙配筋图

3. 框架梁及连梁

由图 10-5-18 可见，在中震不屈服设计中，框架梁和连梁满足中震抗剪不屈服，部分

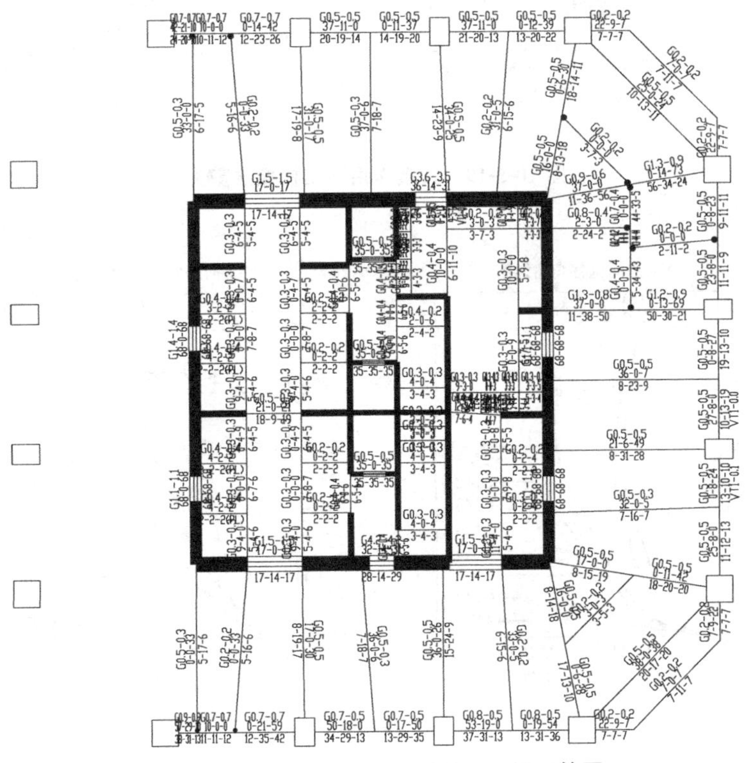

图 10-5-18 中震不屈服设计的二层梁配筋图

构件抗弯屈服的抗震性能目标。

10.5.8 大震作用下结构性能分析

本工程利用 PERFORM-3D 程序进行弹塑性动力时程分析。采用 7 条地震波（GM1～GM7），分别按 X 向、Y 向为主方向（主次方向地震波峰值比例为 1∶0.85）进行双向弹塑性时程分析，并以 X 向结果平均值和 Y 向结果平均值的不利情况进行结构抗震性能设计。为了较为真实考虑结构钢筋的影响，整个弹塑性分析模型的钢筋按结构初步设计配筋进行输入。

10.5.8.1 大震作用下结构整体性能分析

验算结构在 X 向、Y 向大震作用下的承载力（层间剪力）和变形（层间位移角），分析结果如图 10-5-19、图 10-5-20 所示。

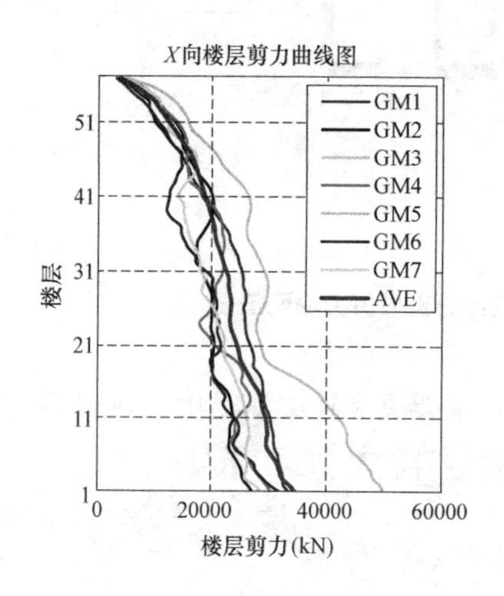

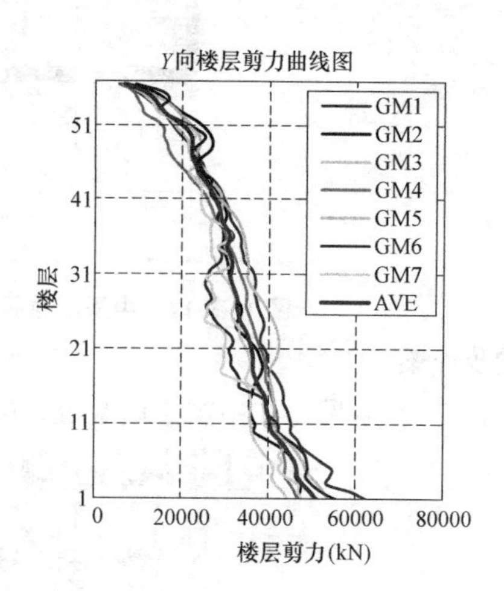

图 10-5-19 大震作用下结构楼层剪力

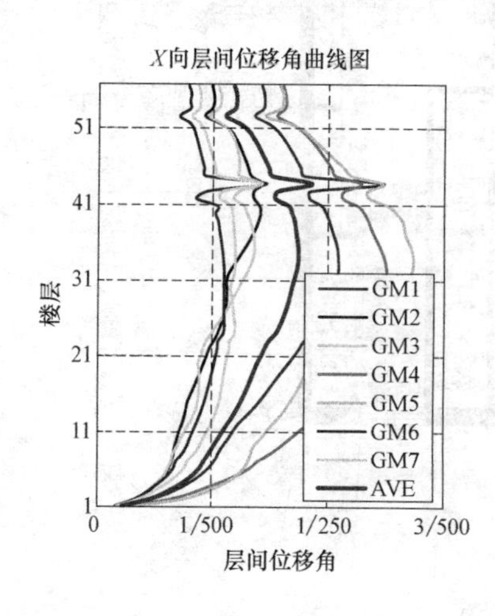

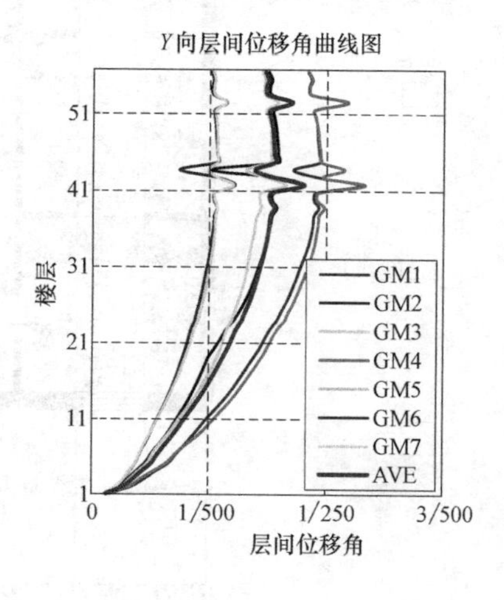

图 10-5-20 大震作用下结构层间位移角

由图 10-5-19 可以看出，在 7 条地震波的弹塑性时程分析中，X 向基底剪力的平均值为 34616kN，与小震基底剪力的比值为 5.04；Y 向基底剪力的平均值为 51112kN，与小震基底剪力的比值为 5.51。

由图 10-5-20 可以看出，在 7 条地震波的弹塑性时程分析中，X 向层间位移角的平均值为 1/269，Y 向层间位移角的平均值为 1/276，均满足设定的性能需求 1/100。

10.5.8.2 大震作用下结构耗散能量分析

为了不失一般性，下面以 GM3X 为例，介绍结构在大震作用下的耗能情况（图 10-5-21～图 10-5-24）。

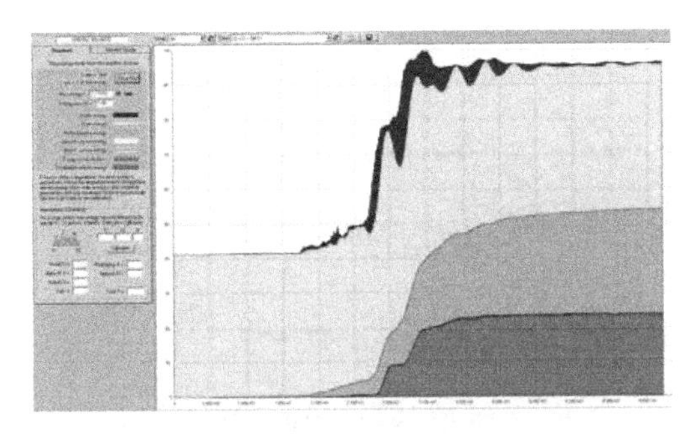

图 10-5-21 总能量耗散分布图

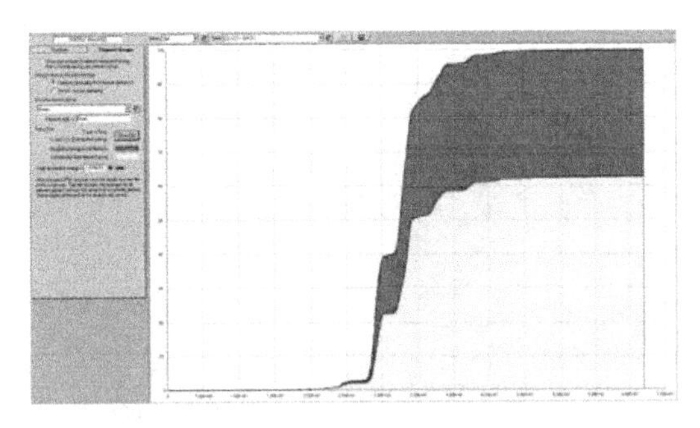

图 10-5-22 梁单元能量耗散分布图

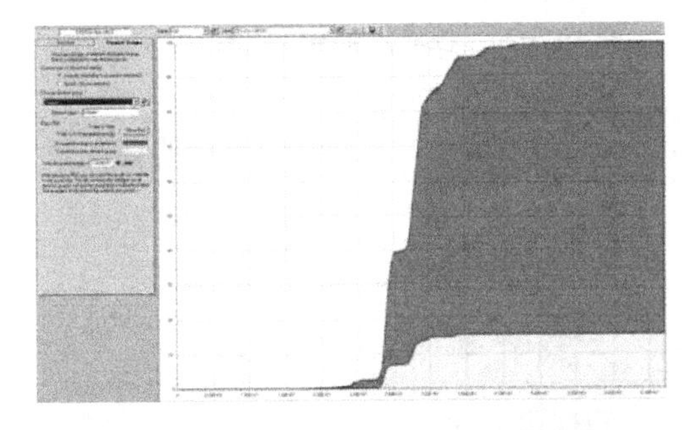

图 10-5-23 框架柱单元能量耗散分布图

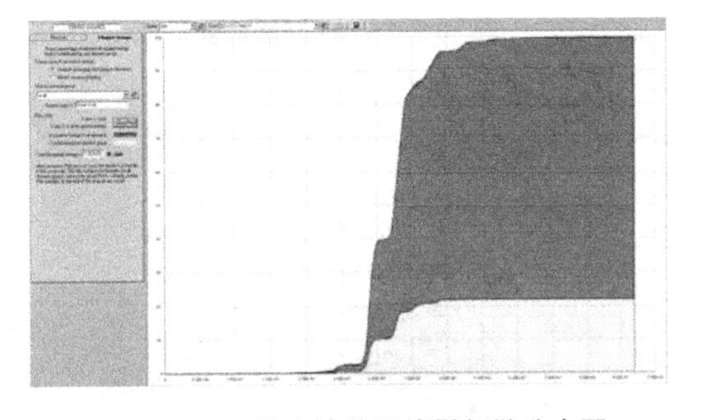

图 10-5-24 剪力墙单元能量耗散分布图

10.5.8.3 大震作用下结构构件性能分析

Perform-3D 中，构件变形大小可以通过颜色来表现。以 GM3 地震波沿 X 向作用下结构构件变形作为典型例子。在 GM3 地震波 X 向作用下结构变形性能如图 10-5-25～图 10-5-30所示。以下使用基于变形的性能设计方法对各类构件进行校核。

（1）框架柱

柱钢筋应变图如图 10-5-25 所示。可见，除了顶层个别柱钢筋应变处于 0.002～0.005 之间，其余柱钢筋应变均小于 0.002，因此，在大震作用下，除顶层个别柱外，其余柱均处于不屈服状态。

柱转角变形图如图 10-5-26 所示。据判断，柱构件没有发生剪切破坏，均发生弯曲或弯剪破坏，因此采用变形控制。所有柱构件均保守地按弯剪破坏的变形限值判断构件损坏程度。由图 10-5-26 可见，所有柱单元转角均小于变形限值 0.003，按照限值判断处于完好状态。根据以上结果，柱构件满足结构 C 级抗震性能要求。

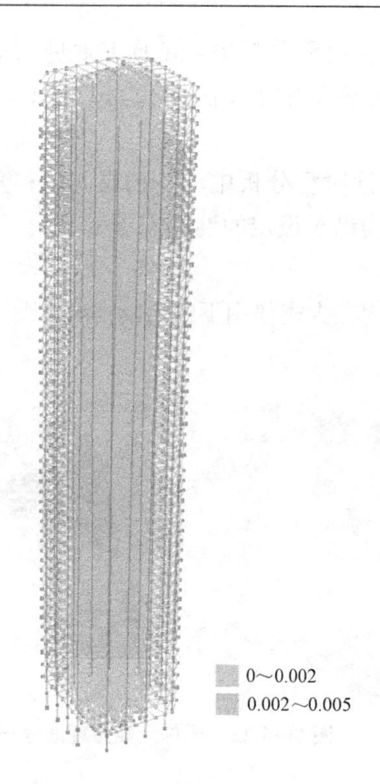

图 10-5-25　柱钢筋应变性能图

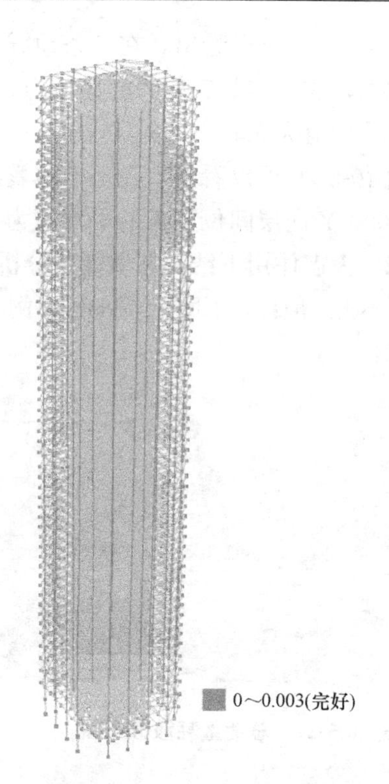

图 10-5-26　柱单元转角性能图

（2）剪力墙

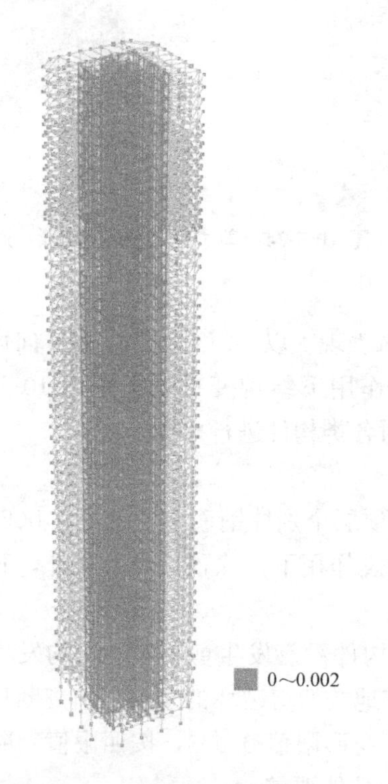

图 10-5-27　剪力墙钢筋应变性能图

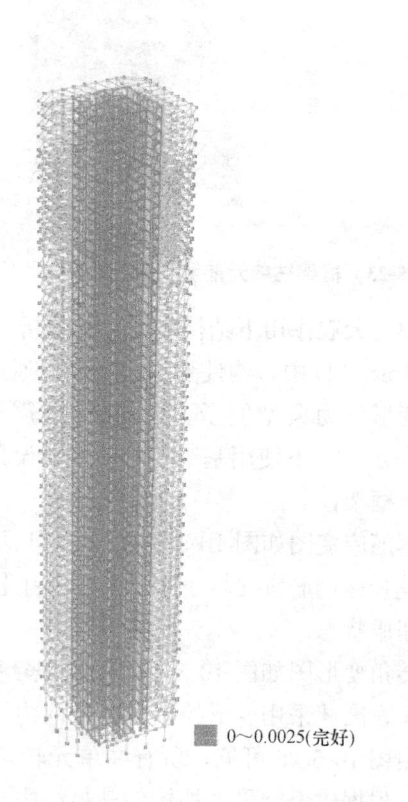

图 10-5-28　剪力墙单元转角性能图

剪力墙钢筋应变图如图 10-5-27 所示。可见，所有剪力墙钢筋应变均小于 0.002，因此在大震作用下，所有剪力墙均处于不屈服状态。

剪力墙转角变形图如图 10-5-28 所示。据判断，剪力墙构件没有发生剪切破坏，均发生弯曲或弯剪破坏，因此采用变形控制。所有剪力墙构件均保守地按弯剪破坏的变形限值判断构件损坏程度。由图 10-5-28 可见，所有剪力墙单元转角小于变形限值 0.0025，按照限值判断处于完好状态。根据以上结果，剪力墙构件满足结构 C 级抗震性能要求。

（3）框架梁及连梁

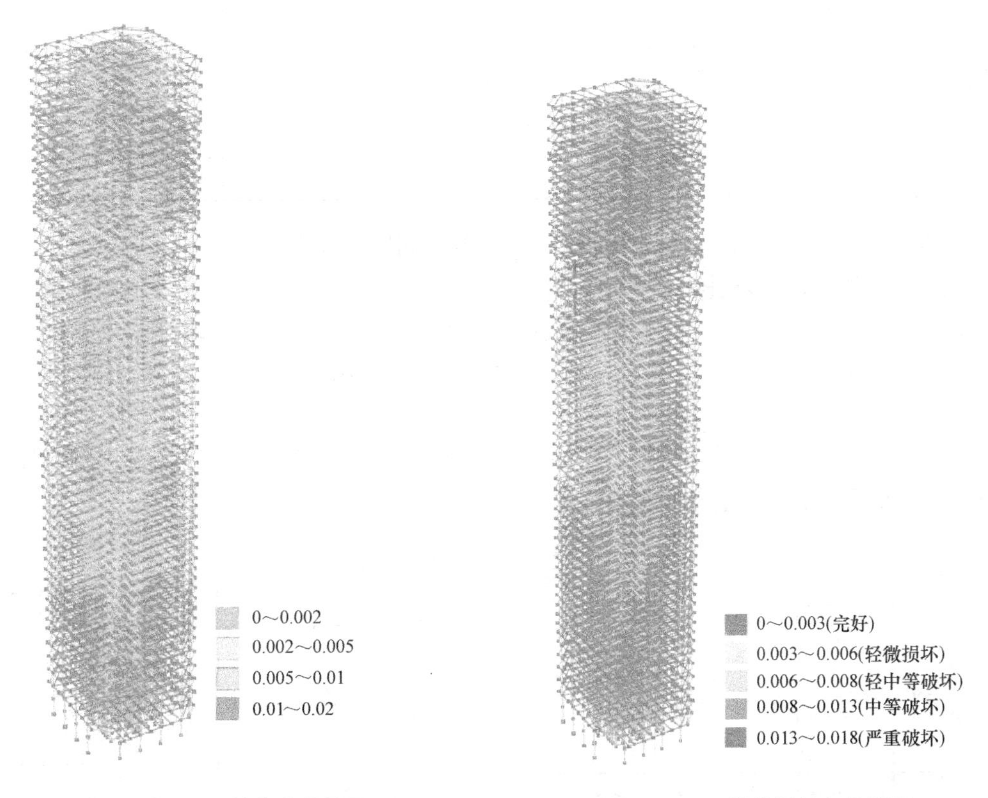

图 10-5-29 梁钢筋应变性能图

图 10-5-30 梁单元转角性能图

梁钢筋应变图如图 10-5-29 所示，由图 10-5-29 可见，大部分梁钢筋应变超过 0.002，因此在大震下大部分梁都进入了屈服状态，梁塑性铰的发展主要出现在结构的中上部。

梁转角变形图如图 10-5-30 所示。据判断，梁构件没有发生剪切破坏，均发生弯曲或弯剪破坏，因此采用变形控制。所有梁构件均保守地按弯剪破坏的变形限值判断构件损坏程度。由图 10-5-30 可见，大部分梁单元转角变形为 0.000～0.003 之间，小于给出的变形限值 0.003，因此判定为属于完好状态；一部分梁单元转角变形处于 0.003～0.006 之间，根据给出的变形限值 0.006，可判定属于轻微损坏状态；个别梁单元转角变形处于0.006～0.008 之间，根据给出的变形限值 0.008，可判定属于轻中等破坏状态；少数梁单元转角变形处于 0.008～0.010 之间，根据给出的变形限值 0.013，可判定属于中等破坏状态；极少数梁单元转角处于 0.0013～0.018 之间，根据给出的变形限值 0.018，可判定属于严重破坏状态。根据以上结果，梁构件满足结构 C 级抗震性能要求。

10.5.8.4 大震作用下关键构件变形分析

1. 首层剪力墙抗剪承载力复核

剪切破坏是脆性破坏，根据第 4 性能水准要求，关键构件应满足大震抗剪不屈服。验算 SW1、SW2、SW3、SW4、SW5 的抗剪承载力（墙编号见附图 1）。

关键构件抗剪承载力验算　　表 10-5-8

构件编号	GM1	GM2	GM3	GM4	GM5	GM6	GM7	AVE	不屈服承载力
SW1	3405	3464	3511	4586	5978	3561	3347	3979	8170
SW2	5761	4818	4646	6425	8954	4912	5279	5828	11200
SW3	4750	3565	3564	4076	4959	3200	3078	3885	5426
SW4	8950	5781	5928	5626	6458	7858	6072	6668	10710
SW5	10305	8630	8355	8197	11284	8371	8520	9095	11995

由表 10-5-8 可见，所有关键构件均满足抗剪不屈服的要求。

2. 首层剪力墙转角变形复核

Perform-3D 中，剪力墙构件变形通过 Gage 单元记录。从结构整体变形分析中可以看出剪力墙构件破坏主要集中在首层。现针对首层剪力墙作变形分析。图中 Y 轴为构件转角，X 轴为时间。以 SW1～SW3 为例说明。

由图 10-5-31 可见，首层墙肢 SW1 在每条时程波工况下均处于完好状态，说明首层墙肢 SW1 在大震作用下满足性能水准 4 的要求。

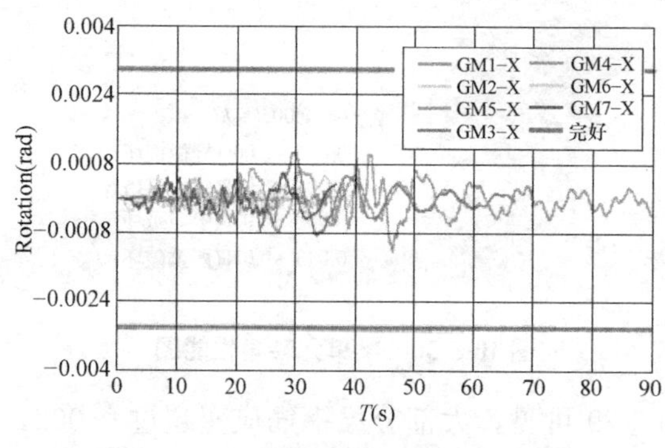

图 10-5-31　首层 SW1 转角时程变形图

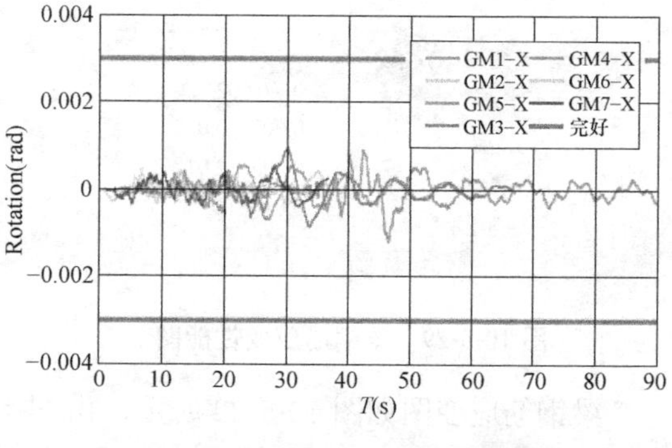

图 10-5-32　首层 SW2 转角时程变形图

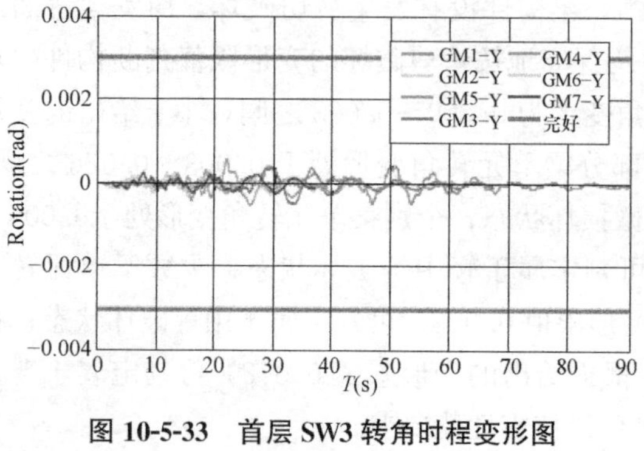

图 10-5-33　首层 SW3 转角时程变形图

由图 10-5-32 可见，首层墙肢 SW2 在每条时程波工况下转角均处于完好状态，说明首层墙肢 SW2 在大震作用下满足性能水准 4。

由图 10-5-33 可见，首层墙肢 SW3 在每条时程波工况下转角均处于完好状态，说明首层墙肢 SW3 在大震作用下满足性能水准 4。

3. 连梁转角变形复核

针对连梁 LL1、LL2 作变形分析（连梁编号见附图 2、附图 3）。

由图 10-5-34 可见，连梁 LL1 在每条时程波工况下均处于完好状态，说明连梁 LL1 在大震作用下满足性能水准 4 的要求。

由图 10-5-35 可见，连梁 LL2 在每条时程波工况下转角均处于完好状态，说明连梁 LL2 在大震作用下满足性能水准 4。

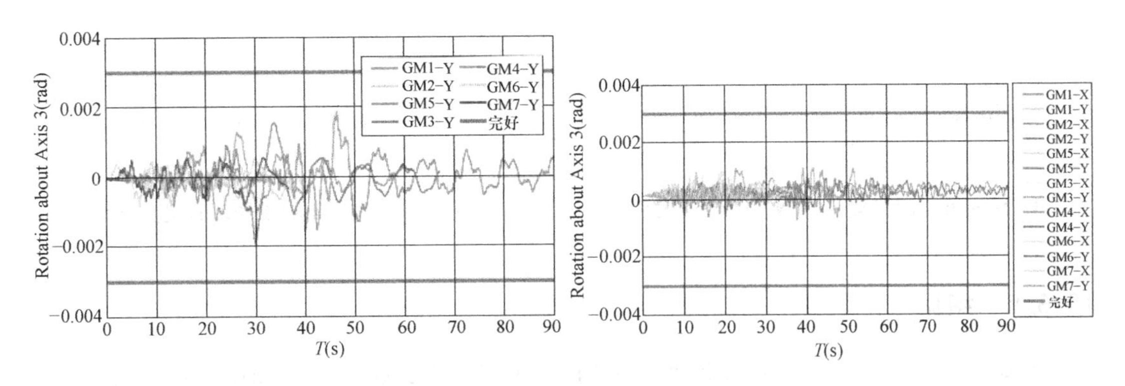

图 10-5-34　连梁 LL1 转角时程变形图

图 10-5-35　连梁 LL2 转角时程变形图

4. 框架柱转角变形复核

针对框架柱 KZ1、KZ2、KZ3 作变形分析（柱编号见附图 1），以 KZ1 为例说明。

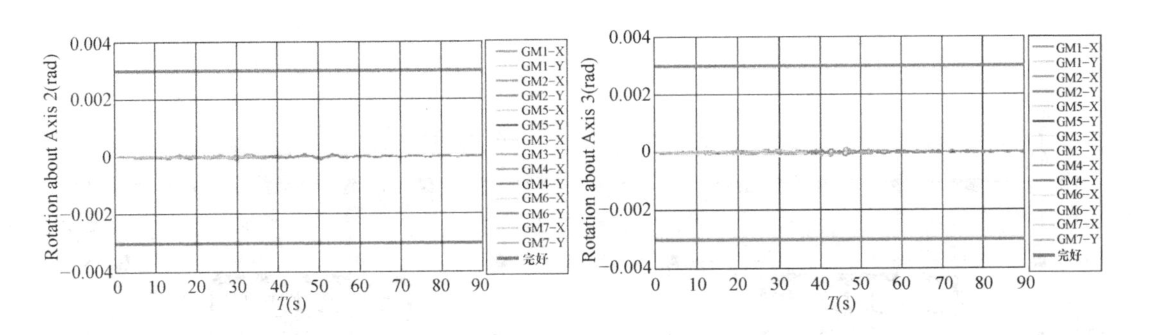

图 10-5-36　框架柱 KZ1 *X* 向地震转角时程变形图

图 10-5-37　框架柱 KZ1 *Y* 向地震转角时程变形图

由图 10-5-36、图 10-5-37 可见，框架柱 KZ1 在 *X* 向、*Y* 向地震波工况下均处于完好状态，说明框架柱 KZ1 在大震作用下满足性能水准 4 的要求。

5. 框架梁转角变形复核

针对框架梁 KL1、KL2 作变形分析（框架梁编号见附图 2、附图 3）。

由图 10-5-38 可见，框架梁 KL1 转角在每条地震波工况均小于完好状态限值，说明框架梁 KL1 在大震作用下满足性能水准 4。

由图 10-5-39 可见，框架梁 KL2 转角在每条地震波工况下均小于轻微损坏状态限值，说明框架梁 KL2 在打针下满足性能水准 4 的要求。

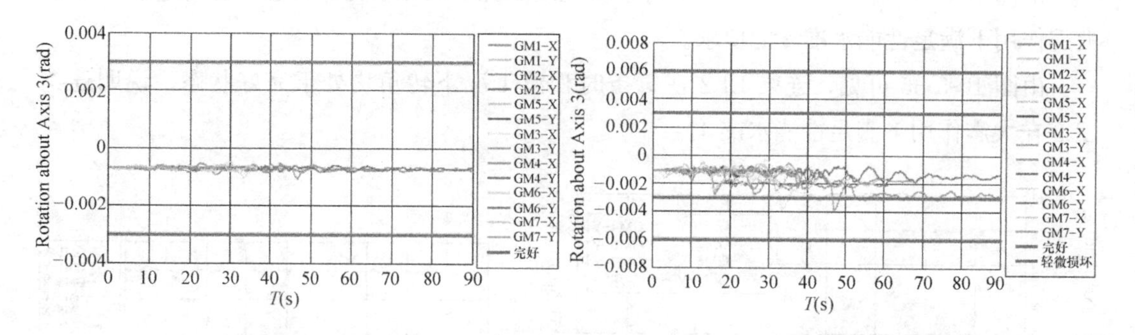

图 10-5-38　框架梁 KL1 转角时程变形图　　　　图 10-5-39　框架梁 KL2 转角时程变形图

10.5.9　结论

针对工程超限情况，结构设计通过采用 STAWE、ETABS、Perform-3D 软件进行全面的、细致的计算对比分析，确保结构的各项控制指标得到合理评估。计算结果表明，本工程结构可以满足预先设定的性能目标和使用功能的要求，并满足“小震不坏、中震可修、大震不倒”的抗震设计要求。

附图：关键构件性能分析编号图

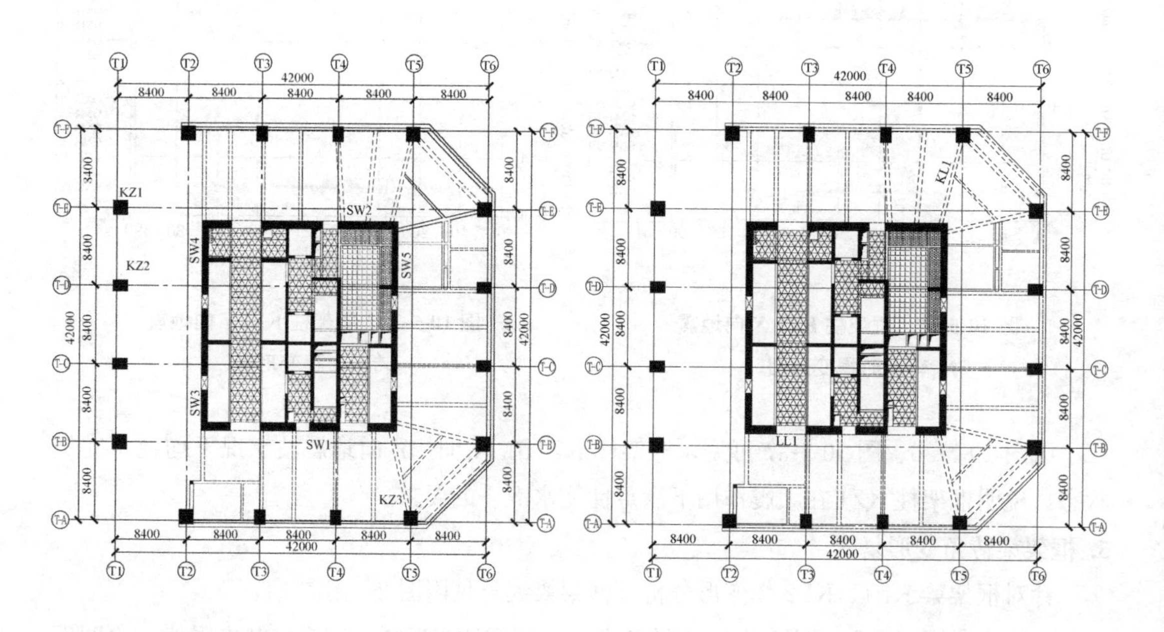

附图 1　首层竖向构件性能分析编号图　　　　附图 2　二层梁构件性能分析编号图

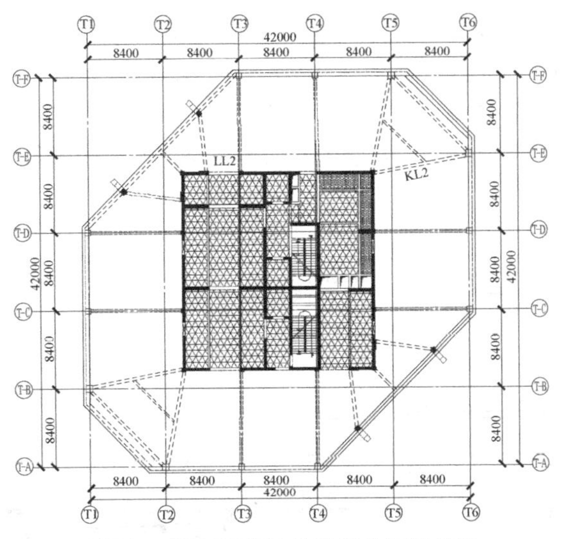

附图3 屋面层梁构件性能分析标号图

（注：本工程超限设计完成于2014年11月）

10.6 保利宁湖-云顶假日

10.6.1 工程概况

本工程位于云南省昆明市，为高层办公楼与商业综合体，总建筑面积78956m²，图10-6-1为项目效果图。

图10-6-1 项目效果图

本工程位于斜坡地带，地下室呈矩形平面，南北长约82m，东西长约125m，东西高差约17m。地下室处于三面（东、南及北面）背土，一边（西边）临空的特殊情况，如图10-6-2所示。为避免周边土体对地下室产生不利的土动力效应，本工程三边背土面均采用永久性挡土墙并设置排水沟独立于主体结构。故原地下三层，地上独立三个塔楼的建筑方案在结构形式上实质为三层裙楼（大底盘）上的多塔楼结构，结构总高度应从地下室底板面起算。为避免塔楼偏置及多塔楼的不利效应，本工程在地下三层设置纵横两道防震缝，将结构分为 4 个部分，三个带三层裙楼的主塔楼和一个三层裙楼，如图 10-6-3 所示。其中，A 栋塔楼高 117.1m，B 栋塔楼高 97.9m，C 栋塔楼高 91.9m，裙楼高 17.5m。经分析，A 栋属于规范定义的超限高层结构，故仅对 A 栋超高层建筑结构进行结构抗震超限设计可行性分析。

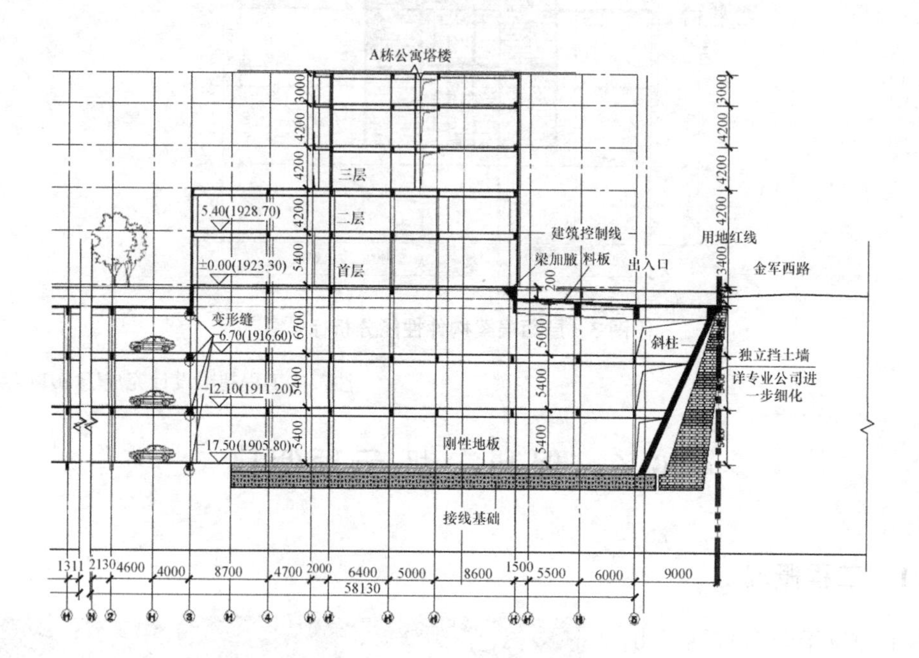

图 10-6-2　东-西向剖面图

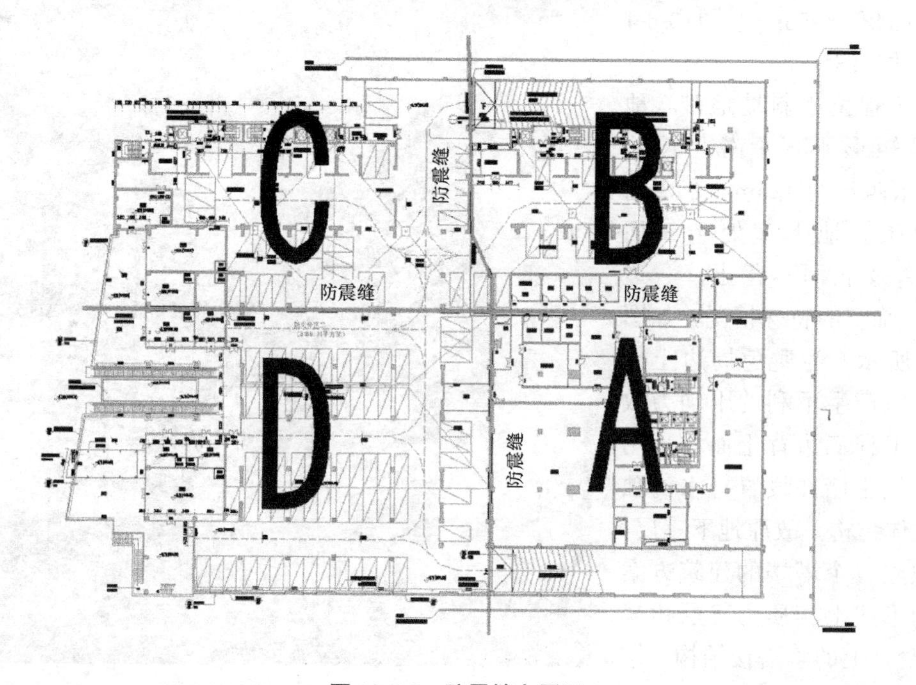

图 10-6-3　防震缝布置图

10.6.2 结构概况

采用现浇混凝土剪力墙结构体系。剪力墙双向布置，端、角部适当加强，以增强结构的抗扭性能。典型标准层结构平面布置如图10-6-4所示。

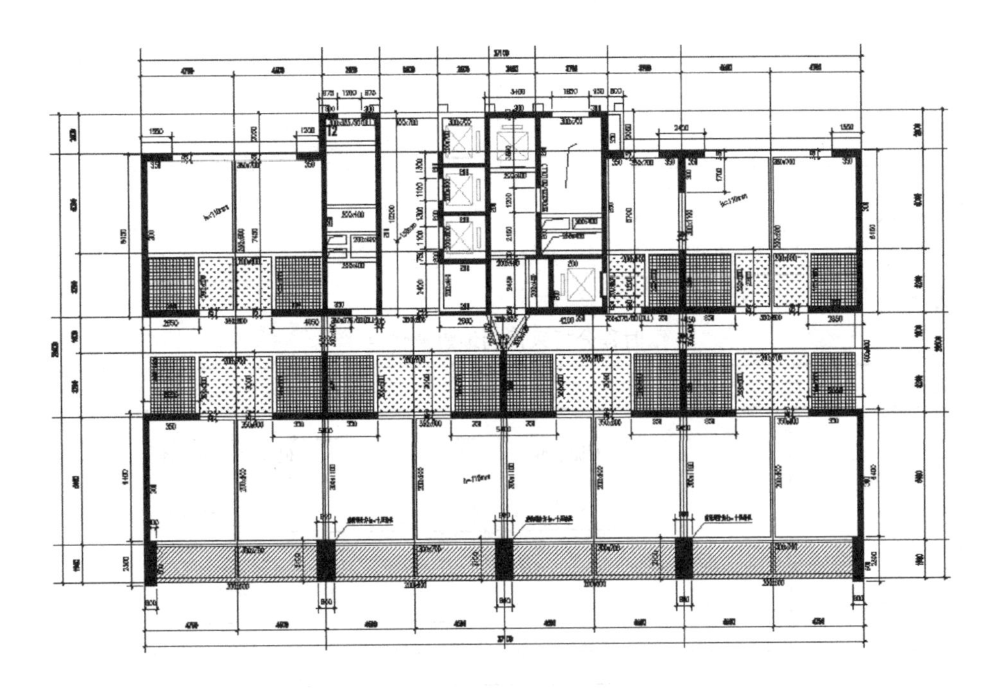

图10-6-4 典型标准层结构平面布置

10.6.3 结构超限情况

本工程超限情况如下：

（1）结构高度超限：塔楼高度为117.1m，超出《高规》A级高度限值100m，属于B级高度超高层建筑结构。

（2）尺寸突变：四层塔楼缩进约35%，超出《超限高层建筑工程抗震设防专项审查技术要点》竖向构件位置缩进大于25%或外凸10%和4m限值规定。

10.6.4 荷载与作用

10.6.4.1 风荷载

50年重现期基本风压为$\omega_0=0.30\text{kN/m}^2$，地面粗糙类别B类，体型系数1.4。

10.6.4.2 地震作用

（1）抗震设防相关参数

根据《建筑结构可靠度设计统一标准》GB 50068—2001、《建筑抗震设防分类标准》GB 50223—2008以及《高规》，本工程结构进行地震作用分析时，采用的相关参数如表10-6-1所示。

抗震设防相关参数 **表 10-6-1**

建筑结构安全等级	二级	抗震设防烈度	8 度
结构重要性系数	1.0(二级)		
建筑结构抗震设防类别	丙类	设计基本地震加速度	0.20g
设计使用年限	50 年	场地类别	Ⅱ类
建筑高度	B 级	地震分组	第三组
地基基础设计等级	甲级	小震阻尼比	0.05
基础设计安全等级	二级	周期折减系数	0.95

（2）地震波的选取

本工程选取一组人工地震波和两组实际地震记录（SATWE 软件选波），对结构做弹性时程分析。选取的地震波如表 10-6-2 所示。

时程分析采用的地震波信息 **表 10-6-2**

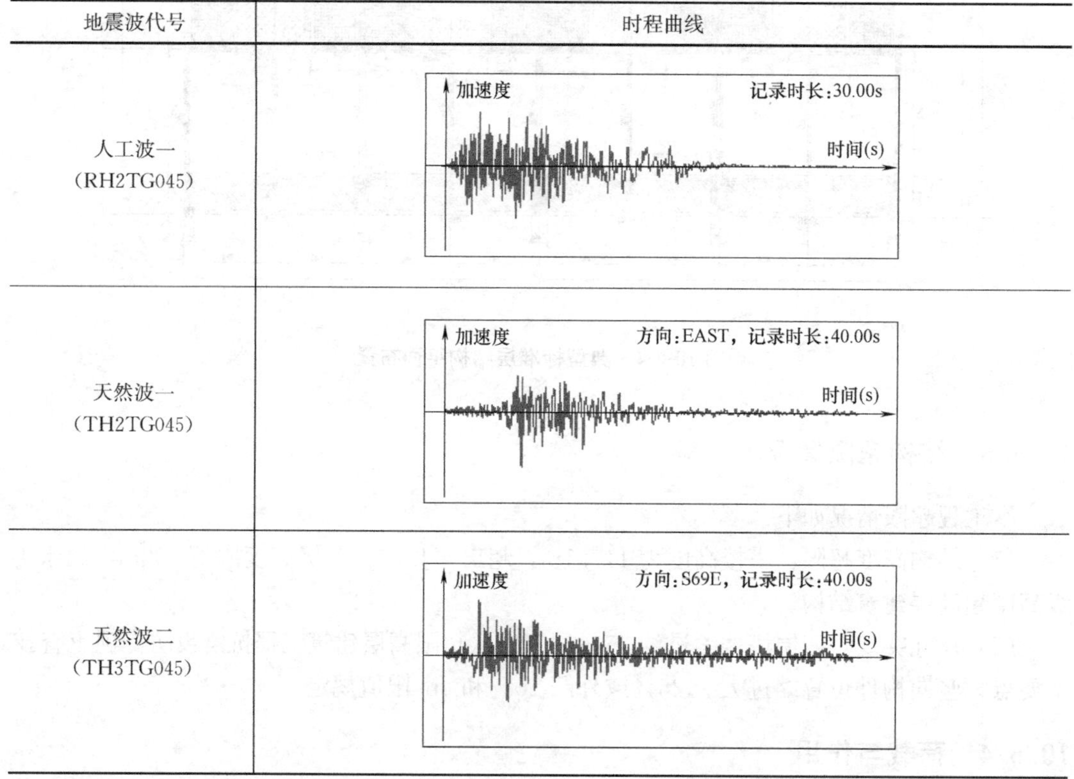

地震波代号	时程曲线
人工波一 (RH2TG045)	加速度 记录时长:30.00s 时间(s)
天然波一 (TH2TG045)	加速度 方向:EAST，记录时长:40.00s 时间(s)
天然波二 (TH3TG045)	加速度 方向:S69E，记录时长:40.00s 时间(s)

（3）抗震等级

根据《高规》和《抗规》的有关规定，本工程剪力墙抗震等级为一级。

10.6.5 结构抗震性能目标和设计方法

10.6.5.1 结构性能指标

结合本工程情况，主体结构性能设计根据《抗规》附录 M 相关规定，性能指标要求如表 10-6-3、表 10-6-4 所示。

结构整体性能指标 **表 10-6-3**

地震作用	性能指标		小震	中震	大震
结构整体性能水平	性能4		结构在地震后完好、无损伤，一般不需修理即可继续使用，人们不会因结构损伤造成伤害，可安全出入和使用	地震后结构的薄弱部位和重要部位的构件轻微损坏，出现轻微裂缝，其他部位有部分选定的具有延性的构件发生中等损坏，出现明显裂缝，进入屈服阶段，需要修理并采取一些安全措施才可继续使用	结构在地震下发生明显损坏，多数构件中等损坏，进入屈服，有明显的裂缝，部分构件严重损坏，但整个结构不倒塌，人员会受到伤害，但不危及生命安全
层间位移角	性能4	指标	1/1000	1/333	1/120
		评估方法	按规范常规设计（连梁刚度折减0.70）	按规范常规设计（不考虑抗震调整）（连梁刚度折减0.20）	静力弹塑性PUSH-OVER分析
		状态	完好，变形小于弹性位移限值	轻～中等破坏，变形小于3倍弹性位移限值	不严重破坏，变形不大于0.9倍塑性变形限值

结构构件承载力性能指标 **表 10-6-4**

地震作用	性能指标		小震	中震	大震
剪力墙	性能3	指标	承载力设计值满足规范要求	抗剪不屈服允许抗弯屈服	通过静力弹塑性PUSH-OVER分析
		评估方法	按规范常规设计	承载力按标准值复核	1. 结构概念设计 2. 中小震承载力验算 3. 严格的细部构造措施
		状态	完好	墙肢底部出现较明显的弯曲塑性变形，但未发生剪切屈服，构件控制在一般加固即恢复使用的范围	不严重破坏，承载达到极限值后基本维持稳定
框架柱	性能2	指标	承载力设计值满足规范要求	承载力设计值满足规范要求	通过静力弹塑性PUSH-OVER分析
		评估方法	按规范常规设计	承载力按不计抗震等级调整地震效应的设计值复核	1. 结构概念设计 2. 中小震承载力验算 3. 严格的细部构造措施
		状态	完好	基本完好	不严重破坏，承载达到极限值后基本维持稳定
框架梁	性能3	指标	承载力设计值满足规范要求	抗剪不屈服允许抗弯屈服	通过静力弹塑性PUSH-OVER分析
		评估方法	按规范常规设计	承载力按标准值复核	1. 结构概念设计 2. 中小震承载力分析 3. 严格的细部构造措施
		状态	完好	梁端出现明显的弯曲塑性变形，但未发生剪切屈服，构件控制在一般加固即恢复使用的范围	破坏较严重，但不发生剪切失效

续表

地震作用	性能指标		小震	中震	大震
连梁	性能4	指标	承载力设计值满足规范要求	允许抗剪、抗弯屈服但不发生剪切破坏	通过静力弹塑性PUSH-OVER分析
		评估方法	按规范常规设计(刚度折减0.7)	按规范常规设计(刚度折减0.2)承载力按极限值复核	1. 结构概念设计 2. 中小震承载力验算 3. 严格的细部构造措施
		状态	基本完好	梁端出现明显的弯曲塑性变形,但未发生剪切破坏,个别楼层连梁可能失效需要更换,经过加固后方可恢复使用	破坏较严重,但不发生剪切失效

所有结构构件细部构造均按规范性能4所要求的高延性构造要求，即按常规设计的有关规定采用。

10.6.5.2 地震作用下的结构构件性能分析表达式

设计表达式如下所示，符号含义同工程实例1。

(1) 小震作用下的结构构件性能分析表达式

$S_d \leqslant R_d$ 或 $S_d \leqslant \frac{R_d}{\gamma_{RE}}$（仅竖向地震作用时，$\gamma_{RE}$取1.0）

(2) 中震、大震作用下结构构件性能分析表达式

1) 弹性设计

$$\gamma_G S_{GE} + \gamma_{Eh} S_{Ehk}^* + \gamma_{Ev} S_{Evk}^* \leqslant \frac{R_d}{\gamma_{RE}}$$

2) 不屈服设计

$$S_{GE} + S_{Ehk}^* + 0.4 S_{Evk}^* \leqslant R_k \text{（水平地震控制）}$$

$$S_{GE} + 0.4 S_{Ehk}^* + S_{Evk}^* \leqslant R_k \text{（竖向地震控制）}$$

3) 最小受剪截面要求（钢筋混凝土竖向构件）

$$V_{GE} + V_{Ek}^* \leqslant 0.15 f_{ck} b h_0$$

10.6.6 结构性能分析

10.6.6.1 小震及风作用下计算结果及分析

风荷载及小震作用下的结构设计分别采用中国建筑科学研究院编制的SATWE软件和CSI公司开发研制的ETABS进行计算。结构计算考虑偶然偏心地震作用、双向地震作用、扭转耦联及施工模拟，同时采用弹性时程分析进行多遇地震作用下的补充验算。

小震及风作用下结构整体性能计算结果如表10-6-5所示。

结构整体性能计算结果　　表10-6-5

计算软件	SATWE	ETABS
计算振型数	18	27
第一平动周期	2.32(Y向)	2.19(Y向)
	2.25(X向)	2.09(X向)
第一扭转周期	1.67	1.52
第一扭转周期/第一平动周期	0.72	0.69

续表

计算软件		SATWE	ETABS
地震下基底剪力(kN)	X	211Y98	20780
	Y	23744	23980
结构总质量(t)		66197	64070
单位面积质量(t/m^2)(标准层)		1.48	1.44
剪重比	X	3.6%	3.7%
	Y	4.1%	4.3%
地震下倾覆弯矩(kN·m)	X	1082587	1088000
	Y	1071381	1082000
有效质量系数	X	96.0%	93.0%
	Y	95.6%	92.0%
风荷载下最大层间位移角(所在层号)	X	1/6339(8层,即4层)	1/7020(13层,即9层)
	Y	1/3864(23层,即19层)	1/4449(23层,即19层)
反应谱地震荷载下最大层间位移角(所在层号)	X	1/1062(26层,即22层)	1/980(24层,即20层)
	Y	1/1009(29层,即25层)	1/942(30层,即26层)
考虑偶然偏心最大扭转位移比(所在层号)	X	1.14 (35层,即31层)	1.14(35层,即31层)
	Y	1.18 (2层,即−3层)	1.15(2层,即−3层)
构件最大轴压比(SATWE)	剪力墙	0.41	0.40
	框架柱	0.59	0.58
层间刚度(楼层剪力与层间位移比值法)本层/上层比值中最小值(层号)	X	0.73(8层,即4层)	0.79 (8层,即4层)
	Y	0.79 (8层,即4层)	0.80 (8层,即4层)
层间刚度(剪切刚度法)本层/上层比值中最小值(层号)	X	0.72 (8层,即4层)	—
	Y	0.76 (8层,即4层)	—
层间刚度(位移角比值法)本层/上层比值中最大值(层号)	X	1.18 (32层,即28层)	—
	Y	1.10 (32层,即28层)	—
楼层受剪承载力与上层的比值(>75%)(层号)	X	0.94(5层,即1层)	—
	Y	0.93(3层,即−2层)	—
刚重比(EJd/GH^2)	X	7.65	—
	Y	7.29	—

以 X 向小震作用下结构的层间位移角、层间剪力、楼层倾覆弯矩为例，分析结果如图 10-6-5～图 10-6-7 所示。

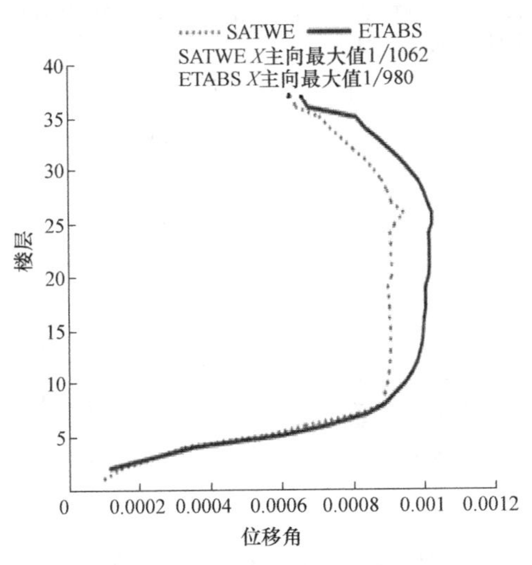

图 10-6-5　X 向小震下层间位移角分布图

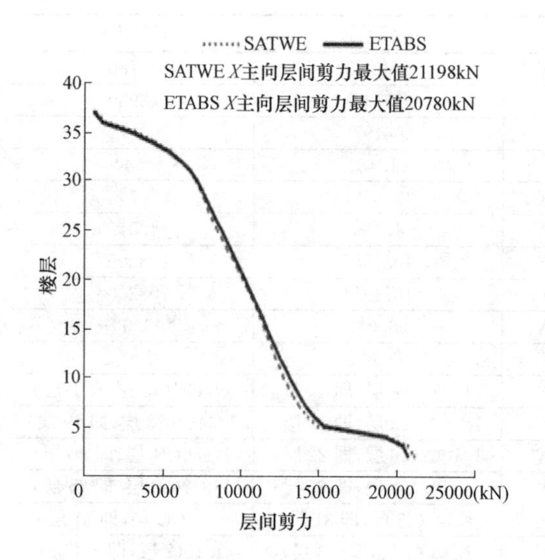

图 10-6-6　X 向小震下层间剪力分布图

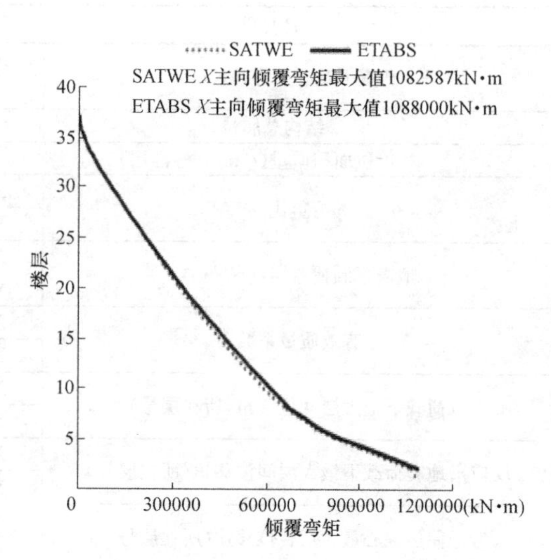

图 10-6-7　X 向小震作用下楼层倾覆弯矩分布图

由图 10-6-5 可见，结构弹性层间位移角小于 1/1000，满足设定的性能目标。

10.6.6.2　弹性时程分析结果

弹性时程分析结果如图 10-6-8～图 10-6-10 所示。

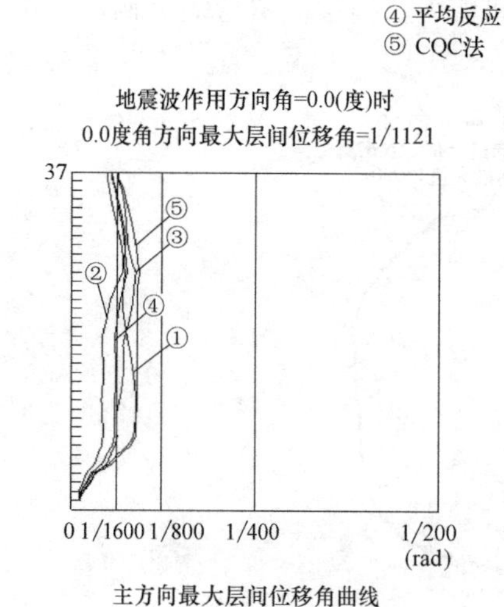

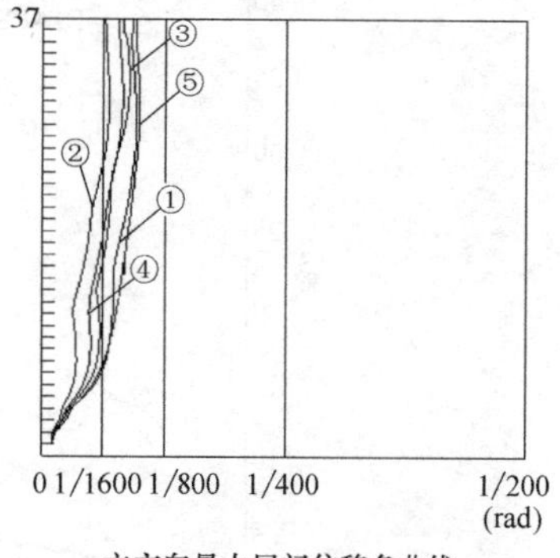

图 10-6-8　最大楼层位移角曲线

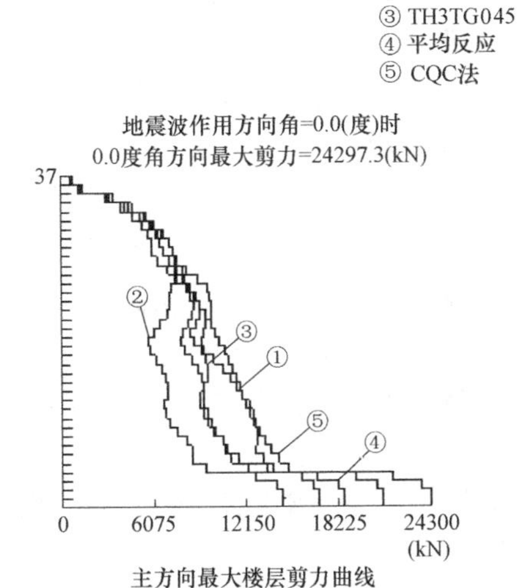

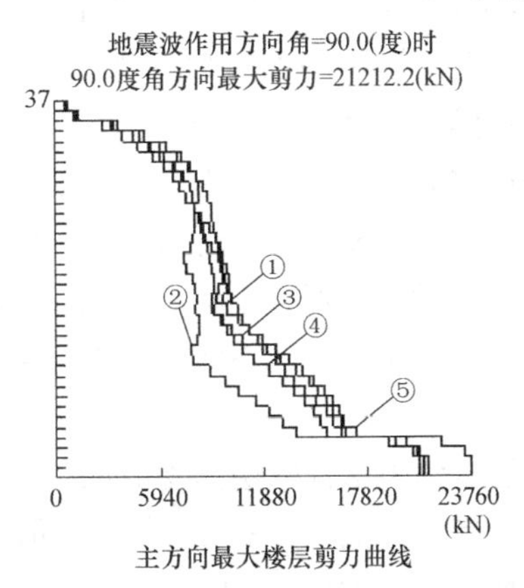

图 10-6-9 最大楼层剪力曲线

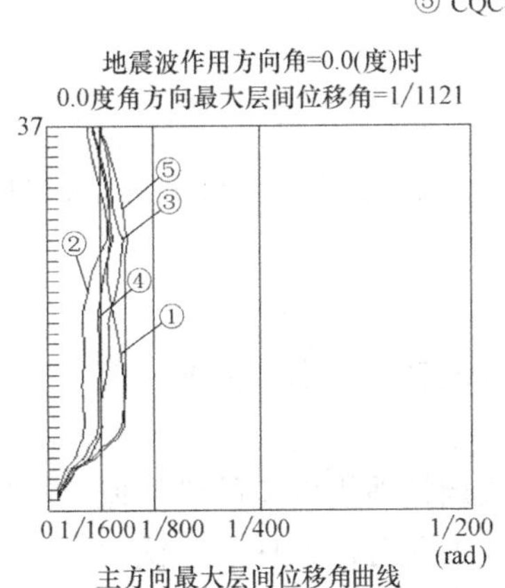

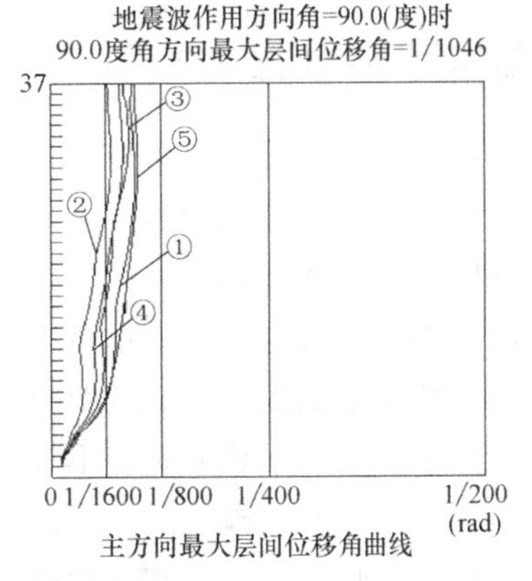

图 10-6-10 最大楼层弯矩曲线

由图 10-6-8～图 10-6-10 可以看出：

(1) 弹性时程分析结果满足平均底部剪力不小于振型分解反应谱法结果的 80%，每条地震波底部剪力不小于反应谱法结果的 65%的条件。

(2) 弹性时程分析的楼层内力平均值基本小于规范反应谱结果，反应谱分析结果在弹性阶段对结构起控制作用。

10.6.6.3 小震及风荷载作用下分析小结

根据上述计算结果，结合《高规》及《抗规》规定的要求及结构抗震概念设计理论，可以得出以下结论：

（1）ETABS与SATWE结果基本一致，计算模型比较符合结构的实际工作状况。

（2）第一扭转周期与第一平动周期之比小于0.85，满足《高规》4.3.5条要求。

（3）有效质量系数大于90%，所取振型数足够。

（4）在小震及风荷载作用下，层间位移角均满足《高规》4.6.3条要求。

（5）X、Y方向剪重比均满足《抗规》5.2.5条要求。

（6）在偶然偏心地震荷载作用下，最大扭转位移比不大于1.20，属于扭转规则结构。

（7）楼层侧向刚度的变化分别满足以下规定：《高规》4.4.2条：抗震设计的高层建筑结构，其楼层侧向刚度不宜小于相邻上部楼层侧向刚度的70%。《高规》附录E.0.1条：上层/下层剪切刚度不应大于2，相当于下层/上层不应小于0.50。广东省实施《高规》补充规定，DBJ/T 15-46-2005，本层层间位移角不大于上层1.30倍，或相邻上三个楼层的1.2倍。

（8）楼层抗侧力结构的层间受剪承载力大于其上一层受剪承载力的75%，SATWE判断无薄弱层，满足《抗规》3.4.2条楼层承载力均匀性要求。

（9）结构刚重比EJd/GH^2大于1.4，能够通过《高规》5.4.4条的整体稳定验算。

（10）墙柱的轴压比均符合《高规》的要求。

综上所述，小震及风荷载作用下，本工程各项整体指标均能满足相关规范的有关要求或未超出规范规定的最大限值；墙柱的轴压比和各构件的强度及变形也均能满足规范的要求，完全能达到小震作用下“结构处于弹性状态，各构件完好、无损伤”的第一阶段的抗震性能目标。

10.6.7 中震作用下结构性能分析

中震作用下，除普通楼板、次梁以外所有结构构件的承载力，根据其抗震性能目标，进行结构重要构件的承载力性能分析。

经复核，各构件性能水平如下。

（1）在中震作用下，剪力墙抗剪承载力满足标准值复核要求，但部分剪力墙抗弯承载力未能满足，剪力墙基本满足性能3的要求。

（2）框架柱抗剪、抗弯承载力满足不计抗震等级调整地震效应的设计值复核要求，但配筋需求大于小震弹性工况，施工图中将以中震弹性工况对框架柱进行截面设计，以保证结构在中震、大震下的竖向承载力和抗扭能力。框架柱满足性能2的要求。

（3）框架梁抗剪、抗弯承载力满足标准值复核要求，框架梁满足性能3的要求。

（4）连梁抗剪承载力满足极限承载力复核要求，但部分连梁抗弯承载力未能满足，连梁基本满足性能4的要求。

注：个别指5%以下，部分指30%以下，多数指50%以上。

中震下结构整体性能简要计算结果如表10-6-6所示。

中震作用下结构整体性能计算结果　　表10-6-6

方向		0度	90度
中震作用下最大层间位移角		1/355(26层)	1/349(26层)
基底剪力	Q_0(kN)	58390	65780

续表

方向		0度	90度
Q_0/W_t(为结构总重量)		10.02%	11.28%
基底弯矩	M_0(kN·m)	2903480	2937256

由表10-6-6可见，在中震作用下，结构最大层间位移角小于1/333，满足设定的性能需求。

10.6.8 大震作用下结构性能分析

10.6.8.1 静力弹塑性推覆分析

按规范要求的“大震不倒”的抗震设防目标，采用PUSH&EPDA程序对结构在罕遇地震作用下进行静力弹塑性推覆分析。

(1) 加载顺序与水平荷载竖向分布模式

分两步进行加载。第一步为施加重力荷载代表值，并在后续施加水平荷载过程中保持恒定。第二步为逐步施加竖向分布模式为弹性CQC地震力分布模式的水平荷载。

(2) Push-over的简要结果

以X方向(0度)为例介绍结构弹塑性静力分析，其Push-over分析结果如图10-6-11、图10-6-12所示。

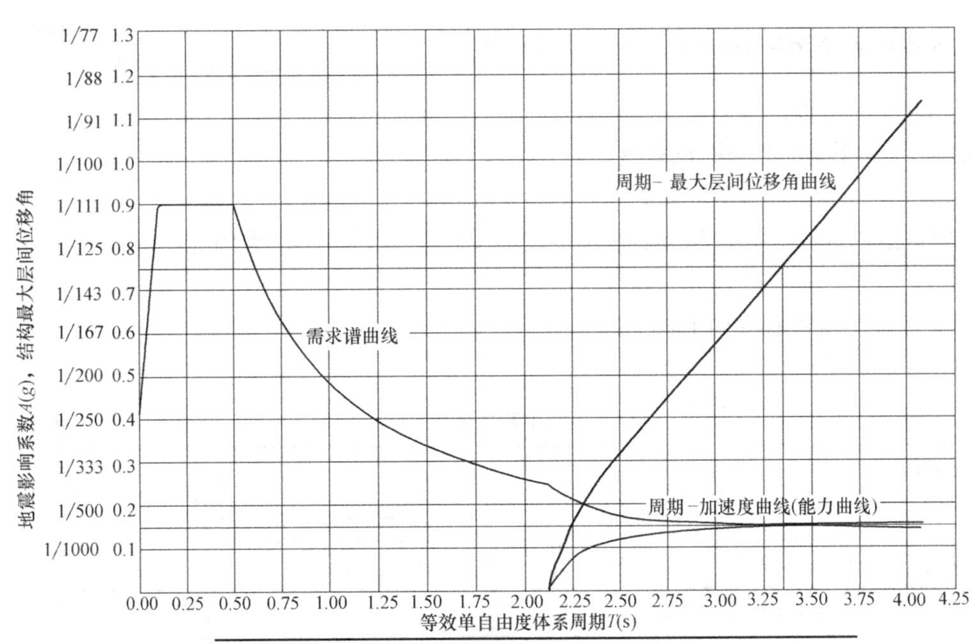

所在地区：全国：场地类型：2 设计地震分组：3 抗震设防烈度：9度大震：
地震影响系数最大值$A_{max}(g)$：0.900特征周期 T_g(a)：0.500弹性状态阻尼比：0.050
能力曲线与需求曲线的交点[$T(g)$，$A(g)$]：3.356,0.150 性能点最大层间位移角：1/133
性能点基底剪力(kN)：72122.3 性能点顶点位移(mm)：572.3
性能点附加阻尼比：0.28×0.70=0.195与性能点相对应的总 加载步号：46.5
相应的数据文件：扰侧塌验算图.IXT

图10-6-11 X方向弹塑性静力推覆能力谱验算图

图 10-6-12　X方向弹塑性静力推覆极限变形图

(3) 主要计算结果分析

1）结构在加载开始时，少数连梁出现损伤，之后有少数框架梁出现塑性铰，在性能点处时墙体出现一定面积的损伤，但未有连续发展的情况出现，基本达到“强墙弱连梁”的设定目标。施工图中，将对上述连梁的抗剪承载力，墙体的抗剪、抗弯承载力进行适当加强。

2）X 向最大基底剪力为 72122kN，约为小震的 3.4 倍，Y 向最大基底剪力为 73334kN，约为小震的 3.10 倍。楼层 X 向最大层间位移角为 1/133，发生在第 11 层；楼层 Y 向最大层间位移角为 1/161，发生在第 23 层。层间位移角均满足规范限值 1/120。

3）Push-over 分析的能力谱和需求谱均能找到相应于大震的目标性能点，在大震性能点处，剪力墙作为主要抗侧力构件未发生严重破坏，满足“大震不倒”的抗震设防要求。

10.6.8.2　特殊构件的分析及复核

(1) 6.7m 层高墙体稳定验算

结构三层层高 6.7m，相应墙体应进行稳定性验算，以 W1 为例说明（墙体编号见图 10-6-13）。

W1 墙体稳定性验算如下：

1）基本资料

W1 基本资料　　**表 10-6-7**

墙肢的支承条件	单片独立墙肢（两边支承）	层高	6700mm
截面高度	8300mm	截面厚度	400mm
混凝土强度等级	C50	混凝土弹性模量	34554N/mm^2
等效竖向均布荷载设计值		2588kN/m	

2）稳定计算

单片独立墙肢（两边支承）的计算长度系数：$\beta=1$

剪力墙墙肢计算长度：$L_0=\beta\cdot h=1\times6700=6700\text{mm}$

剪力墙墙肢应满足下式的稳定要求：

$q=2588\text{kN/m}\leqslant E_c t^3/(10L_0^2)=34554\times400^3/(10\times6700^2)=4926.4\text{kN/m}$，满足要求。

(2) 单片墙肢剪力分配比例

由于结构刚度及平面布置需要，本工程设置了长度大于 8m 的剪力墙。复核其所承担的楼层剪力比例，如图 10-6-13 所示。

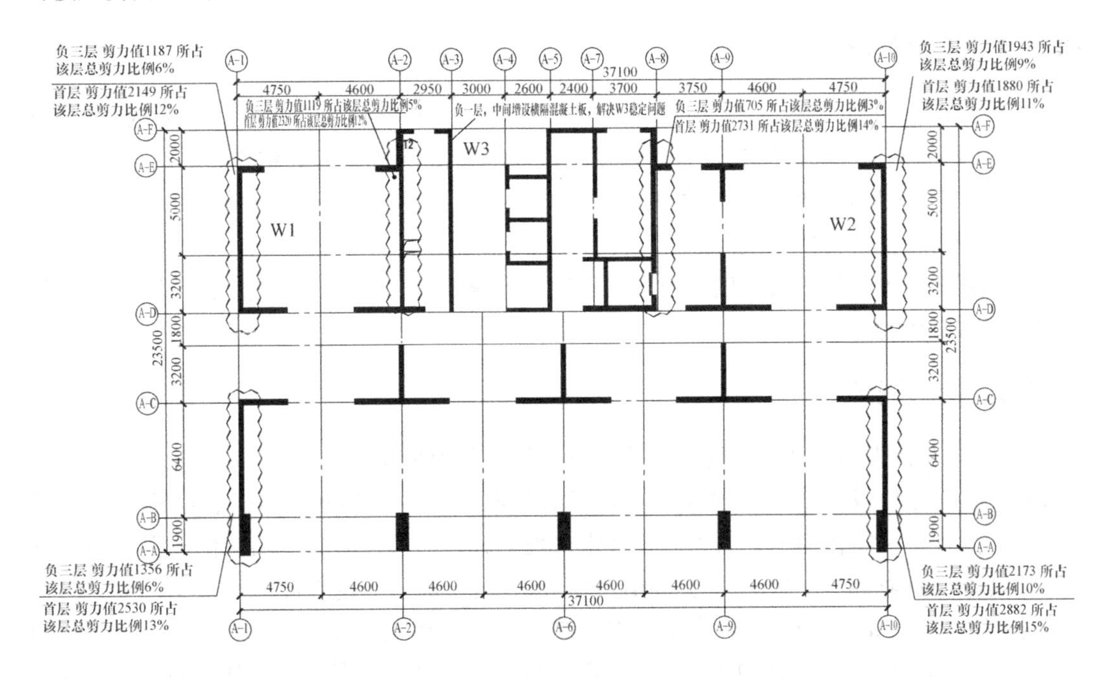

图 10-6-13 单片墙肢承担剪力比例及墙肢稳定复核示意图

其中，W1 首层剪力值为 1187kN，占该层总剪力比例 6%，四层剪力值为 2149kN，占该层总剪力比例 12%；W2 首层剪力值为 1943kN，占该层总剪力比例 9%，四层剪力值为 1880kN，占该层总剪力比例 11%；W3 首层剪力值为 1119kN，占该层总剪力比例 6%，四层剪力值为 2320kN，占该层总剪力比例 13%。由此可见，单片剪力墙承担该层总剪力的比例均小于 30%，满足剪力不宜过分集中于某一墙肢的概念设计要求。施工图中，将适当加强大于 8m 的单片墙肢的水平分布筋配筋率，以增加其抗剪及抗温度作用能力。

10.6.9 结论

综上所述，本工程虽然超过 A 级高层建筑适用高度，但结构形式比较简单、体型规则，我们在设计中充分利用概念设计方法，对关键构件设定抗震性能化目标。并在抗震设计中，对结构进行了弹性、静力弹塑性计算分析，除保证结构在小震下完全处于弹性阶段外，还补充了关键构件在中震作用下的验算，大震作用下弹塑性分析。计算结果表明，多项指标均表现良好，基本满足规范的有关要求。根据计算分析结果和概念设计方法，对关键和重要构件做了适当加强，以保证在地震作用下的延性。

因此可以认为本工程除能满足竖向荷载和风荷载作用下的有关指标外，亦满足“小震不坏，中震下主要构件不屈服、震后可以修复，大震不倒”的抗震设防目标。结构是可行且安全的。

(注：本工程超限设计完成于 2011 年 7 月)

10.7 海口某高层住宅

10.7.1 工程概况

本项目位于海南省海口市，由7栋高层住宅及商业裙楼组成，总建筑面积约11.6万m^2。其中1～4栋住宅总高97.5m，共32层，采用全部落地剪力墙结构；5、6栋住宅总高87.5m，共28层，7栋住宅总高69.5m，共22层，均采用部分框支剪力墙结构。通过设置防震缝将各主楼与裙房脱开。

本工程抗震设防烈度为8度，设计基本地震加速度为0.30g，场地类别为Ⅱ类。50年一遇的基本风压为0.75kN/m^2。

10.7.2 结构概况

1～4栋为B级高度高层建筑，均采用全部落地剪力墙结构；5～6栋为超B级高度高层建筑，7栋为B级高度高层建筑，均采用部分框支剪力墙结构，转换层设置在三层楼面。在高烈度区中震作用下，剪力墙构件常出现全截面受拉，对剪力墙构件极限承载力不利，因此本项目对部分受拉的剪力墙构件按钢板混凝土剪力墙构件设计。

本节中以1栋的结构为例，介绍剪力墙结构的抗震超限设计，1栋的典型平面布置如图10-7-1所示；以5栋的结构为例，介绍部分框支剪力墙结构的抗震超限设计。5栋的典型平面布置如图10-7-2和图10-7-3所示。

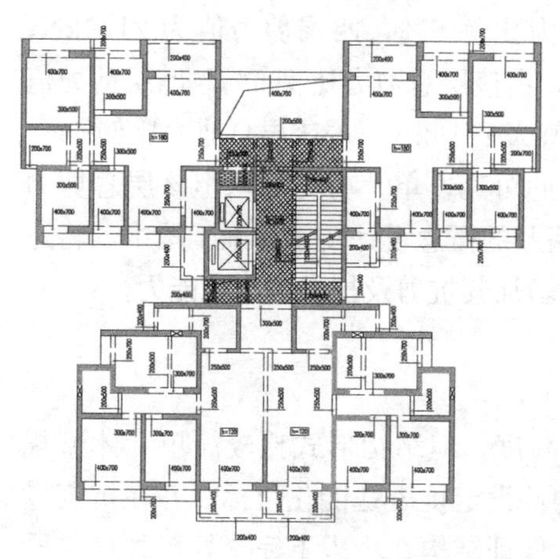

图10-7-1 1栋标准层结构平面布置图

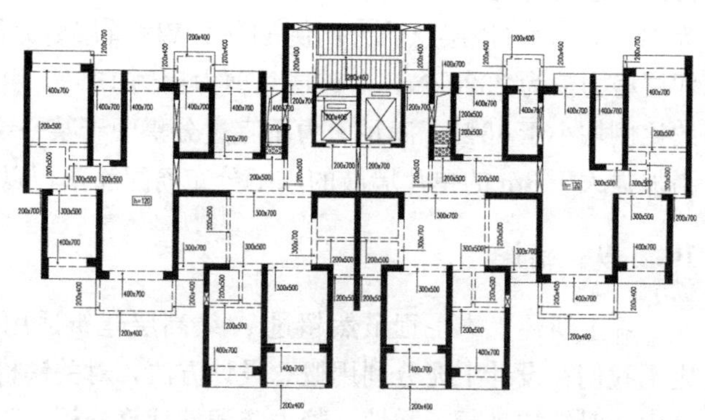

图10-7-2 5栋标准层结构平面布置图

10.7.3 结构超限情况

1栋结构的超限情况如下：

(1) 结构高度超限。参照《高规》有关规定，8度区（0.3g）剪力墙结构，高层建筑适用的最大A级高度为80m，最大B级高度为110m。本工程塔楼屋面结构高度为

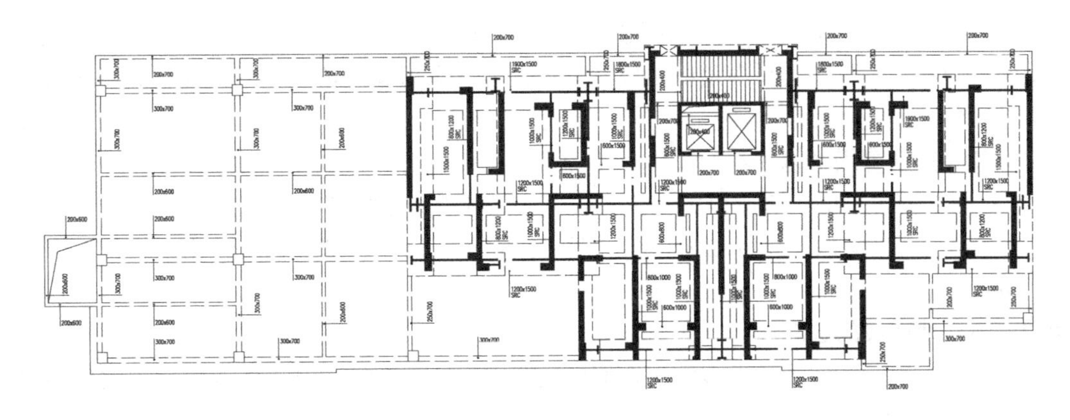

图 10-7-3 5栋三层（转换层）结构平面布置图

97.5m，属于B级高层建筑。

（2）扭转不规则。考虑偶然偏心地震作用下，裙楼首层 Y 方向位移比为1.21，超过《超限高层建筑工程抗震设防专项审查实施细则》的1.2限值。

（3）凹凸不规则。平面凹凸尺寸大于相应边长30%。

（4）楼板不连续。楼板中部有较大的凹入。

5栋结构的超限情况如下：

（1）结构高度超限。8度区（0.3g）剪力墙结构高层建筑适用的最大B级高度为80m。本工程塔楼屋面结构高度为87.5m，本工程属于超B级高层建筑。

（2）扭转不规则。考虑偶然偏心地震作用下，裙楼首层 Y 方向位移比为1.36，不计裙房3层 Y 方向位移比为1.22，超过《超限高层建筑工程抗震设防专项审查实施细则》的1.2限值。

（3）构件间断。存在框支转换。

10.7.4 地震作用

10.7.4.1 规范与安评报告反应谱比较

根据《抗规》、地质资料及安评报告等，本场地抗震设防烈度为8度，设计分组为第一组，设计基本地震加速度为0.30g，场地类别为Ⅱ类。

根据安评报告及抗规反应谱的相关参数，绘制50年超越概率63.2%的反应谱曲线如图10-7-4所示。

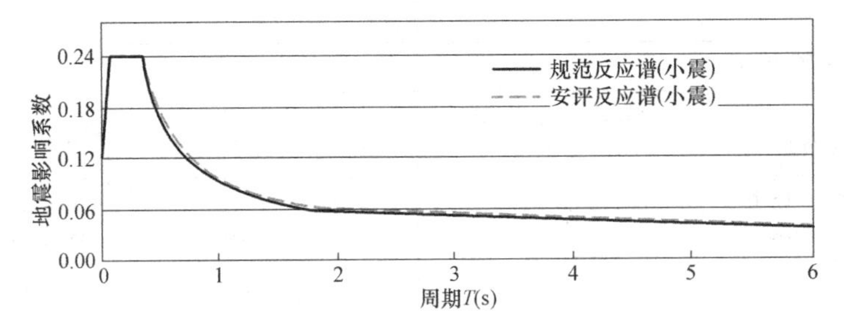

图 10-7-4 小震作用下的规范设计反应谱和安评反应谱的对比曲线图

由图 10-7-4 可见，安评报告所提供的反应谱曲线在 0.35～6.0s 范围内均略大于现行规范值。因此本工程小震反应谱曲线以《安评报告》作为设计依据。中震和大震仍按规范的设计参数采用。

10.7.4.2 抗震等级

1 栋结构剪力墙的抗震等级为一级，底部加强区剪力墙抗震等级为特一级。

5 栋结构剪力墙的抗震等级为一级，框架、框支框架和底部加强区剪力墙抗震等级为特一级。

10.7.4.3 地震波的选取

本项目时程分析使用的地震波选取原则同本书工程实例 1。最终选取的地震波反应谱如图 10-7-5 所示。

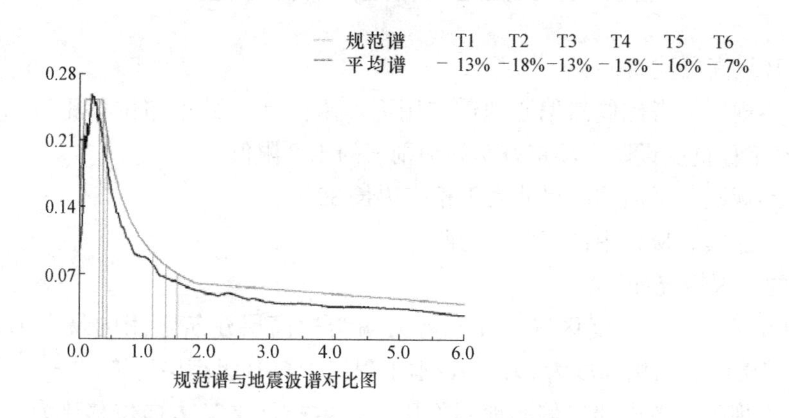

图 10-7-5 规范谱与地震波频谱特性对比图

10.7.5 结构抗震性能目标和设计方法

10.7.5.1 结构性能指标

根据《高规》3.11.1 条抗震性能目标四个等级和 3.11.2 条抗震性能五个水准规定，本工程 1 栋结构确定抗震性能目标为 D 级，对应小、中、大震的抗震性能水准为 1、4、5；5 栋结构确定抗震性能目标为 C 级，对应小、中、大震的抗震性能水准为 1、3、4～5。抗震性能目标细化如表 10-7-1 和表 10-7-2 所示。

1 栋结构整体性能指标（D 级） **表 10-7-1**

	地震作用	小震	中震	大震
结构抗震性能目标	性能水准	1	4	5
	层间位移角	1/1000	—	1/120
	性能水准定性描述	完好，一般不需修理即可继续使用	中度破坏，需修复或加固后可继续使用	比较严重损坏，需排险大修
构件抗震性能目标	底部加强区剪力墙	满足规范要求	抗剪不屈服；抗弯不屈服	抗剪宜不屈服少数构件抗弯屈服控制塑性变形
	非底部加强区剪力墙	满足规范要求	抗剪满足最小截面要求；部分抗弯屈服	抗剪满足最小截面要求；较多构件抗弯不屈服，同一楼层不宜全部屈服；控制塑性变形

续表

构件抗震性能目标	框架梁	满足规范要求	抗剪满足最小截面要求 大部分构件抗弯屈服	部分严重破坏 控制塑性变形
	连梁	满足规范要求	抗剪满足最小截面要求 大部分构件抗弯屈服	部分严重破坏 控制塑性变形
	楼板	满足规范要求	抗拉弹性	抗拉不屈服

5 栋结构整体性能指标（C 级） **表 10-7-2**

	地震作用	小震	中震	大震
结构抗震性能目标	性能水准	1	3	4～5
	层间位移角	1/1000	—	1/120
	性能水准定性描述	完好，一般不需修理即可继续使用	轻度损坏，稍加修理，仍可继续使用	中度破坏，需修复或加固后可继续使用
构件抗震性能目标	底部加强区剪力墙	满足规范要求	抗剪弹性 抗弯不屈服	抗剪不屈服 抗弯不屈服 控制塑性变形
	非底部加强区剪力墙	满足规范要求	抗剪弹性 抗弯不屈服	抗剪满足最小截面要求 抗弯部分屈服 控制塑性变形
	框支柱	满足规范要求	抗剪弹性 抗弯不屈服	抗剪不屈服 抗弯不屈服 控制塑性变形
	转换梁	满足规范要求	抗剪弹性 抗弯不屈服	抗剪不屈服 抗弯不屈服 控制塑性变形
	框架梁	满足规范要求	抗剪不屈服 部分构件抗弯屈服	抗剪满足最小截面要求 大部分构件抗弯进入屈服状态；控制塑性变形
	连梁	满足规范要求	抗剪不屈服 部分构件抗弯屈服	抗剪满足最小截面要求 大部分构件抗弯进入屈服状态；控制塑性变形
	楼板	满足规范要求	抗拉弹性	抗拉不屈服

10.7.5.2　地震作用下的结构构件性能分析表达式

设计表达式如下所示，符号含义同工程实例 1。

（1）小震作用下的结构构件性能分析表达式

$$S_d \leqslant R_d \text{ 或 } S_d \leqslant \frac{R_d}{\gamma_{RE}} \text{（仅竖向地震作用时，}\gamma_{RE}\text{取 1.0）}$$

（2）中震、大震作用下的结构构件性能分析表达式

1）弹性设计

$$\gamma_G S_{GE} + \gamma_{Eh} S^*_{Ehk} + \gamma_{Ev} S^*_{Evk} \leqslant \frac{R_d}{\gamma_{RE}}$$

2）不屈服设计

$$S_{GE}+S_{Ehk}^{*}+0.4S_{Evk}^{*}\leqslant R_{k}\text{（水平地震控制）}$$

$$S_{GE}+0.4S_{Ehk}^{*}+S_{Evk}^{*}\leqslant R_{k}\text{（竖向地震控制）}$$

3）最小受剪截面要求（钢筋混凝土竖向构件）

$$V_{GE}+V_{Ek}^{*}\leqslant 0.15f_{ck}bh_{0}$$

4）变形校核

根据性能目标，按下式校核构件的性能：

$$\delta\leqslant[\delta]$$

10.7.6 1栋小震作用下性能分析

小震作用下的结构抗震设计采用中国建筑科学研究院PKPM系列的SATWE软件进行整体分析，采用YJK（盈建科）、ETABS进行校核。

10.7.6.1 小震作用下结构整体性能分析

在X向和Y向小震作用下，验算结构承载力（层间剪力及层倾覆弯矩）和变形（层间位移角），结构分析结果如表10-7-3所示。

1栋整体计算结果表 **表10-7-3**

计算软件		SATWE	YJK	ETABS
结构总质量(t)注1		29584	29581	30233
标准层单位面积重度(t/m^2)		1.75	1.75	1.79
结构振型数		24	24	24
自振周期	T_1	1.75(X)	1.79(X)	1.78(X)
	T_2	1.66(Y)	1.70(Y)	1.68(Y)
	T_3	1.40(T)	1.43(T)	1.49(T)
第一扭转周期/第一平动周期		0.80	0.80	0.84
小震下基底剪力(kN)(首层)	X	15904	15478	16270
	Y	18014	17709	18340
风荷载基底剪力(kN)(首层)	X	5786	5772	5662
	Y	6550	6537	6474
小震下倾覆弯矩(kN·m)(首层)	X	844062	822298	852000
	Y	891521	874344	889100
风荷载下倾覆弯矩(kN·m)(首层)	X	335990	335064	334100
	Y	380081	379276	383100
剪重比(规范要求X向为4.80%)(规范要求Y向为4.80%)	X	5.38%	5.23%	5.5%
	Y	6.09%	5.99%	6.2%
有效质量系数	X	99.50%	98.73%	98%
	Y	99.50%	96.96%	97%

续表

计算软件		SATWE	YJK	ETABS
风荷载下最大层间位移角(层号) 《高规》限值 1/1000	X	1/3469 (11层)	1/3276 (11层)	1/3220 (11层)
	Y	1/3200 (15层)	1/3054 (15层)	1/3102 (15层)
小震下最大层间位移角(层号) 《高规》限值 1/1000	X	1/1069 (14层)	1/1030 (13层)	1/1080 (14层)
	Y	1/1140 (19层)	1/1105 (19层)	1/1156 (19层)
考虑偶然偏心最大扭转位移比 (层号) 规定水平力法(规范限值为1.4)	X	1.19 (9层)	1.21 (12层)	1.14 (16层)
	Y	1.21 (首层)	1.21 (8层)	1.15 (12层)
构件最大轴压比(SATWE、YJK)	建筑首层剪力墙	0.28～0.37	0.28～0.38	—
楼层受剪承载力与上层的 比值规范限值75%	X	0.99 (首层)	0.98 (首层)	—
	Y	0.97 (首层)	0.96 (首层)	—
刚重比(EJd/GH^2) (大于2.7,可以不考虑 P-Δ 效应)	X	8.38	11.02	—
	Y	9.47	12.04	—
水平力与整体坐标夹角30°(附加模型计算位移角)				
小震下最大层间位移角(层号) 《高规》限值 1/1000	X	1/1003 (14层)	1/972 (14层)	—
	Y	1/1294 (17层)	1/1282 (17层)	—

注：1. 结构总质量统计不包括地下室质量。
2. 除转换层上下刚度比按《高规》附录E计算，其余楼层侧向刚度取楼层剪力与楼层位移角之比。

以 X 向为例，小震作用下的层间剪力和层间位移角分析结果如图10-7-6和图10-7-7所示。由图中可知，三个软件算出来的结果规律基本一致。另外，弹性时程分析的平均效应小于振型分解反应谱法作用下的效应，因此本工程以振型分解反应谱法的分析结果作为

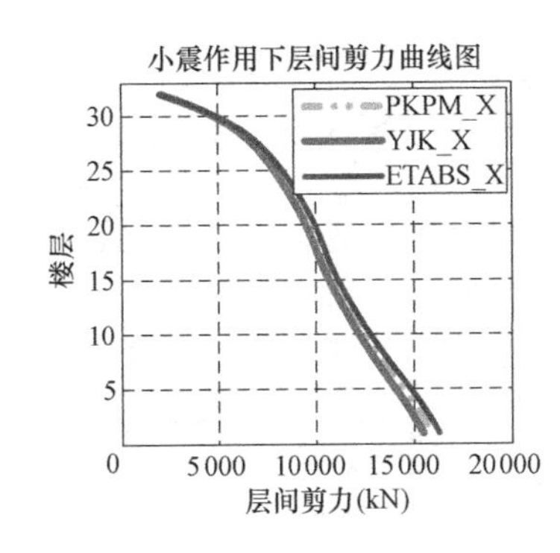

图 10-7-6 层间剪力分布图

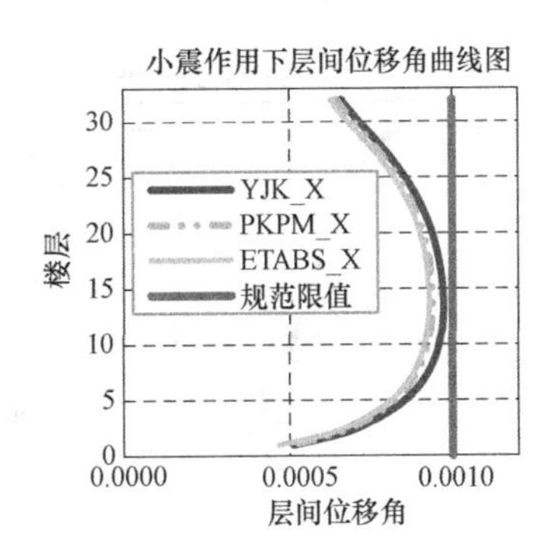

图 10-7-7 层间位移角曲线图

设计依据。分析结果表明，小震作用下层间位移角小于 1/1000，满足规范要求。

倾覆弯矩分布、剪重比竖向分布如图 10-7-8 和图 10-7-9 所示。

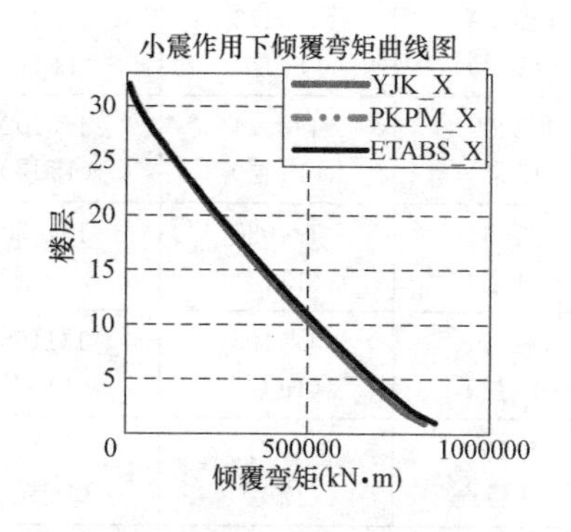

图 10-7-8　小震作用下 *X* 向倾覆弯矩图

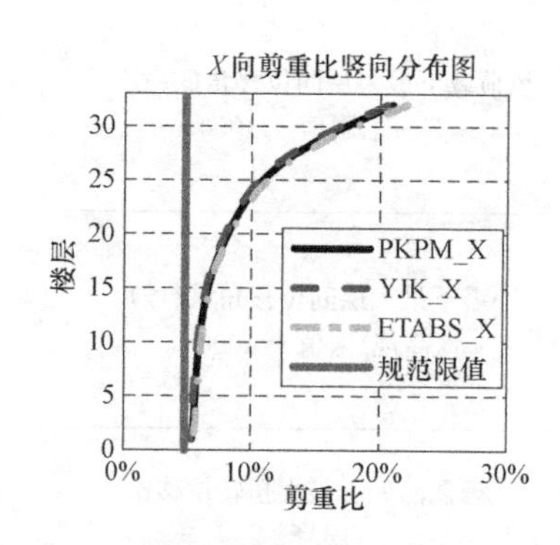

图 10-7-9　小震作用下 *X* 向剪重比分布图

楼层侧向刚度规则性判断依据《广东省高规》规定，侧向刚度比如图 10-7-10 所示，满足规范要求。层间抗剪承载力规则性判断依据《抗规》3.4.3 条及《高规》3.5.3 条规定，层间抗剪承载力比值分布如图 10-7-11 所示，满足规范限值 0.75 的要求。

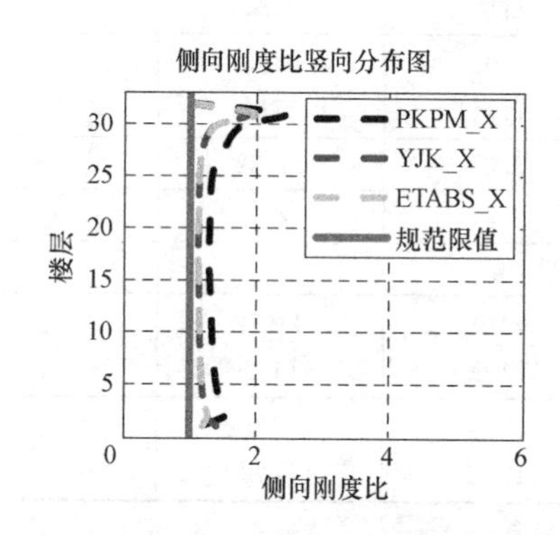

图 10-7-10　结构侧向刚度比分布图

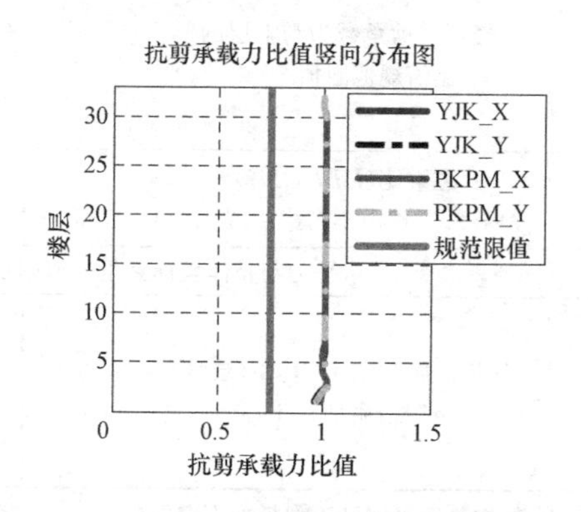

图 10-7-11　抗剪承载力比分布图

10.7.6.2　小震作用下弹性时程分析

按照前述的选波原则，选出 7 条符合要求的地震波，对结构进行弹性时程分析。以 *X* 方向为例。

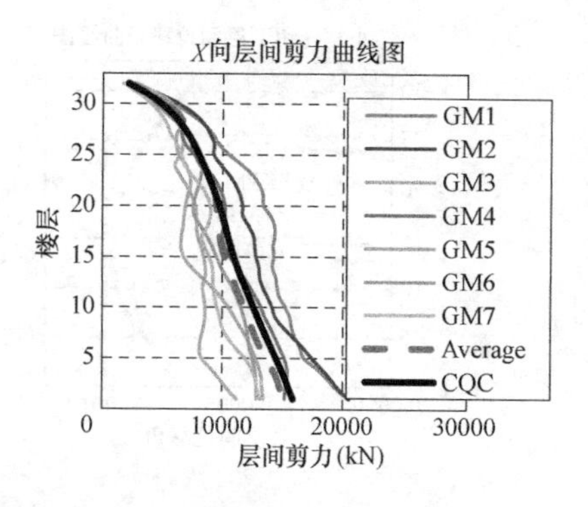

图 10-7-12　小震时程分析层间剪力分布图

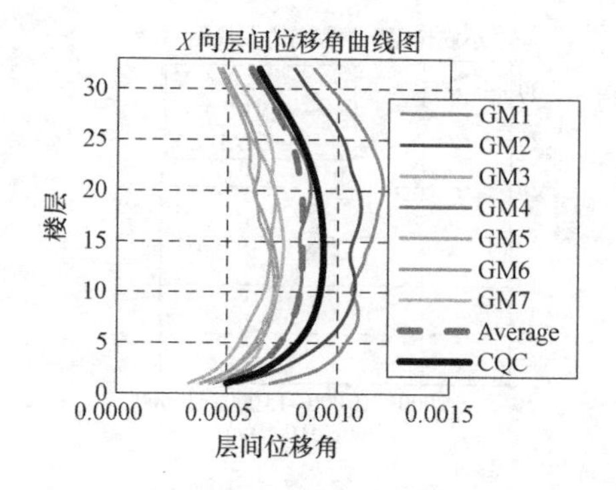

图 10-7-13　小震时程分析层间位移角分布

由图10-7-12和图10-7-13可知，层间剪力时程计算结果平均值 X 向27～32层，Y 向18～32层大于CQC法计算结果，施工图按两者包络值设计。层间位移角时程计算结果平均值均小于CQC法计算结果。

10.7.7 1栋中震作用下结构性能分析

中震作用下的结构抗震设计采用SATWE程序进行等效弹性算法验算复核。中震作用下结构的整体指标应处于小震作用和大震作用间的水平，不作详细分析。根据前面设定的性能目标C级，针对各类构件进行弹性设计和不屈服设计，以验证构件是否满足预设的抗震性能目标。

10.7.7.1 中震计算参数

中震性能计算参数　　表10-7-4

计算参数	中震弹性	中震不屈服
地震作用影响系数	0.68	0.68
地震组合内力调整系数	1.0	1.0
荷载分项系数	与小震弹性分析相同	1.0
材料强度	与小震弹性分析相同	采用标准值
抗震承载力调整系数	与小震弹性分析相同	1.0
阻尼比	0.05	0.05
风荷载计算	不计算	不计算
特征周期	0.37s	0.37s
周期折减系数	0.99	0.99
构件地震力调整	不调整	不调整
双向地震	不考虑	不考虑
偶然偏心	不考虑	不考虑
中梁刚度放大系数	按规范取值	按规范取值
连梁刚度折减系数	0.4	0.4
计算方法	等效弹性计算	等效弹性计算

10.7.7.2 中震下结构构件性能水准

通过对1栋结构中震弹性及中震不屈服计算结果统计，各类构件性能水准如表10-7-5所示。

各类构件性能水准一览　　表10-7-5

构件性能水准		中震弹性	中震不屈服	中震屈服
底部加强区剪力墙	斜截面	约90%	约10%	0%
	正截面	约50%	约20%	约30%
非底部加强区剪力墙	斜截面	约95%	约5%	0%
	正截面	约75%	约10%	约15%

续表

构件性能水准		中震弹性	中震不屈服	中震屈服
连梁	斜截面	0%	约 10%	约 90%
	正截面	约 10%	约 50%	约 40%
框架梁	斜截面	约 90%	约 10%	0%
	正截面	约 80%	约 20%	0%

现以首层为例，详细说明各构件性能水准的分布。

① 抗剪承载力验算

首层构件抗剪性能水准如图 10-7-14 所示，浅色代表抗剪弹性；深色代表抗剪不屈服；方框代表抗剪屈服但满足最小抗剪截面要求。

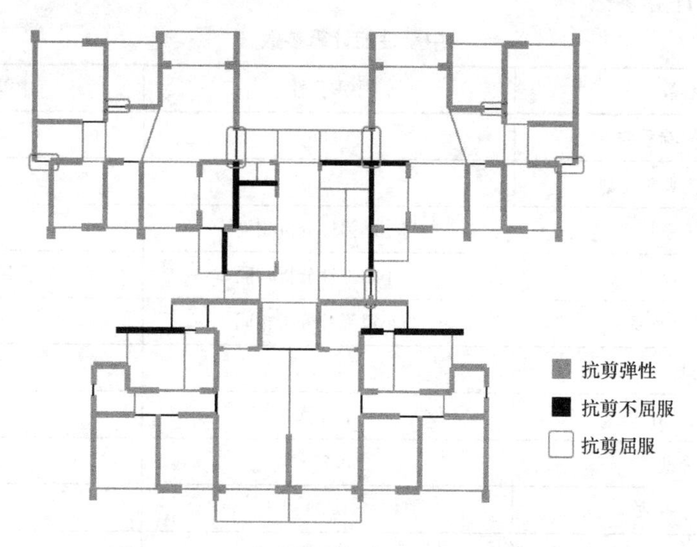

图 10-7-14　首层构件斜截面性能水准示意图

② 抗弯承载力验算

首层构件抗弯性能水准如图 10-7-15 所示，按颜色深浅划分不同水准。

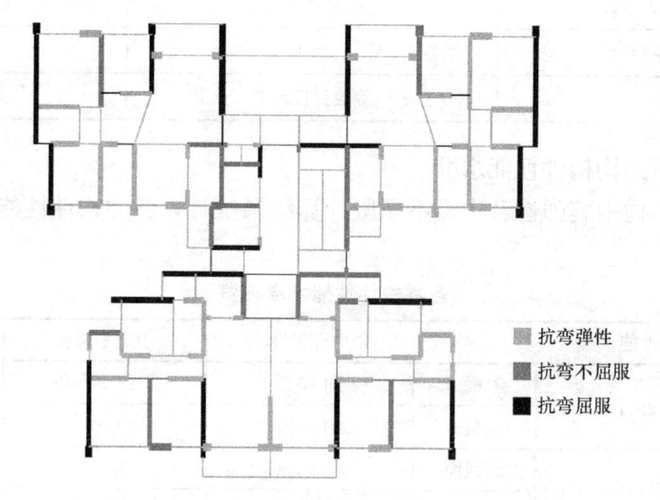

图 10-7-15　首层构件正截面性能水准示意图

10.7.7.3 剪力墙拉应力分析

在高烈度区中震作用下，剪力墙构件常出现全截面受拉，对剪力墙构件极限承载力极为不利。因此，应控制剪力墙构件全截面平均拉应力不超过 $2f_{tk}$，以避免剪力墙构件承载力裂缝过大而丧失承载力。

由中震不屈服计算结果表明：在结构中下部楼层（首层～7层），部分剪力墙构件全截面平均拉应力超过了 $2f_{tk}$，最大的达到 $3.5f_{tk}$。以首层为例，如图10-7-16所示，约40%剪力墙（深色部分）拉应力超过了限值。

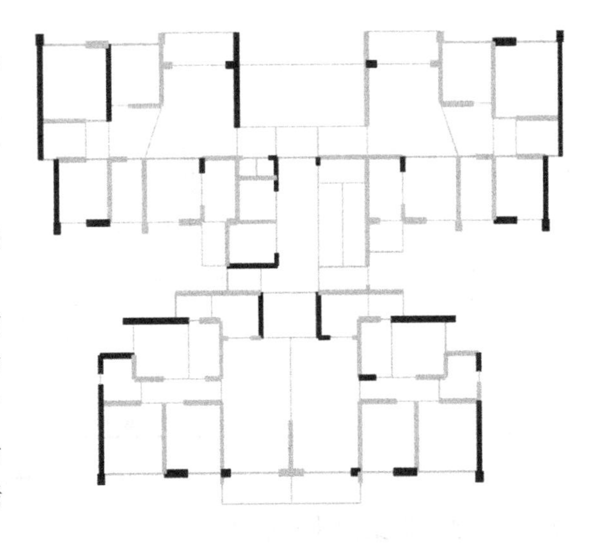

图 10-7-16 首层剪力墙构件拉应力示意图

10.7.7.4 加强措施

在1栋中下部楼层，少数剪力墙构件不满足“中震抗剪弹性”、“中震抗弯不屈服”及“全截面平均拉应力不应超过 $2f_{tk}$”的D级抗震性能目标要求。对于这部分剪力墙，本工程拟采取以下加强措施方案。

在剪力墙中埋置钢板，形成钢板混凝土剪力墙组合构件共同承担拉力和剪力。钢板混凝土剪力墙的形式多样，为施工便利，做法如图10-7-17所示：剪力墙端部不设置型钢柱；钢板不伸入暗柱，在钢板与暗柱交界处，通过在翼缘板上焊接伸入暗柱的锚筋来保证拉力传递的连续性，同时边缘构件竖向钢筋最小配筋率提高到1.6%。

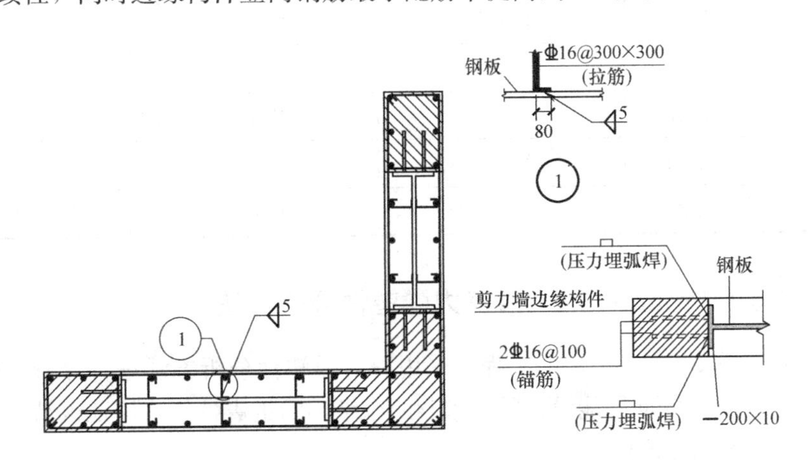

图 10-7-17 典型钢板混凝土剪力墙示意图

钢板连接大样如图10-7-18所示：在楼层搭接处，下层剪力墙钢板伸入上层剪力墙500mm；在剪力墙根部，将钢板伸入基础500mm，并每隔500mm焊一块180×100×6的矩形钢板。

钢板混凝土剪力墙的设计参考《高规》11.4和JGJ 138—2012《组合结构设计规范》（报批稿）。

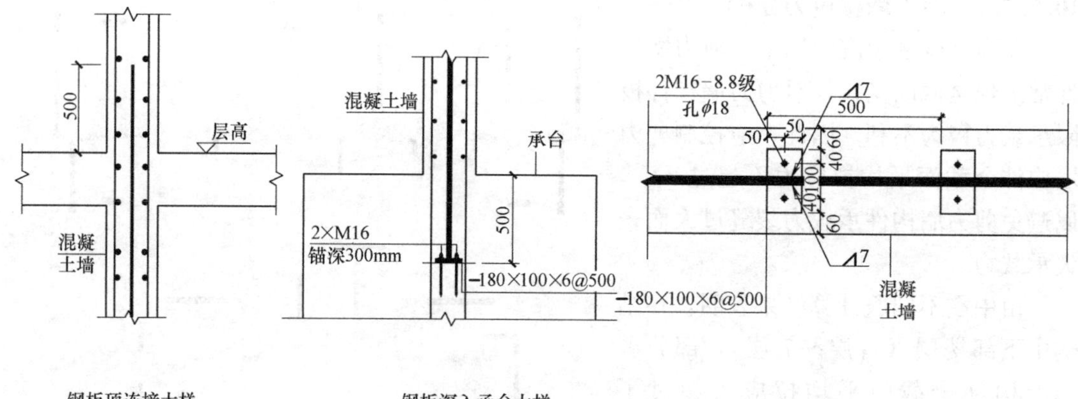

图 10-7-18　钢板连接大样

10.7.7.5　加强后结构性能水准

通过以上加强措施，剪力墙构件的斜截面和正截面承载力性能有了较大提高，如表10-7-6所示，1栋所有构件均满足D级抗震性能目标的要求。

加强后结构性能水准　　表 10-7-6

构件性能水准		中震弹性	中震不屈服	中震屈服
底部加强区剪力墙	斜截面	100%	0%	0%
	正截面	约 50%	约 50%	0%
非底部加强区剪力墙	斜截面	100%	0%	0%
	正截面	约 75%	约 25%	0%
连梁	斜截面	0%	约 10%	约 90%
	正截面	约 10%	约 50%	约 40%
框架梁	斜截面	约 90%	约 10%	0%
	正截面	约 80%	约 20%	0%

10.7.8　1栋基于Pushover的大震静力弹塑性分析方法

根据《高规》第3.11.4条，本工程可采用静力弹塑性分析方法进行分析，得到结构在大震作用下的反应，依据性能设计的要求判断该结构的抗震性能，论证该结构是否满足“大震不倒”的抗震性能要求。

规范谱、能力曲线、需求曲线及抗倒塌验算如图10-7-19和图10-7-20所示。

Pushover 分析结果　　表 10-7-7

方向	性能点对应最大层间位移角	性能点对应基底剪力(kN)	大震下基底剪力与小震下基底剪力之比	性能点顶点位移(mm)	大震下位移与小地震下位移之比
X	1/261	52582.3	2.63	309.9	4.09
Y	1/216	47458.8	2.63	394.4	5.48

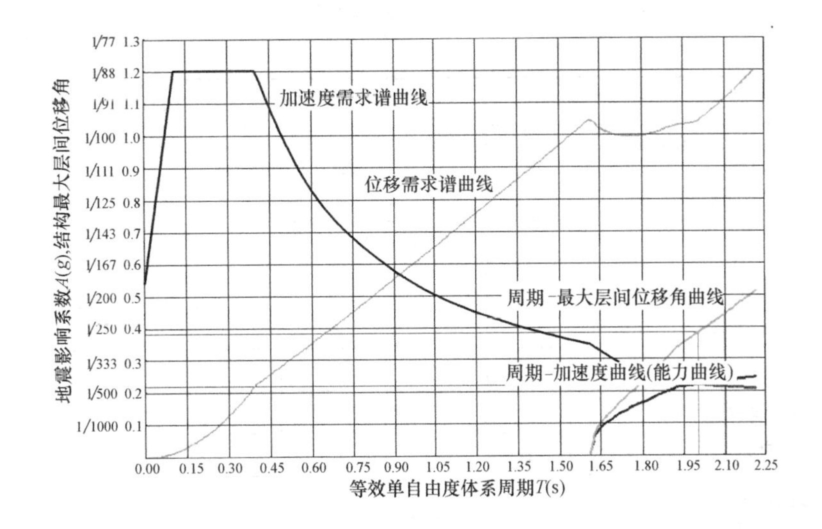

图 10-7-19 *X* 向需求点及抗倒塌验算图

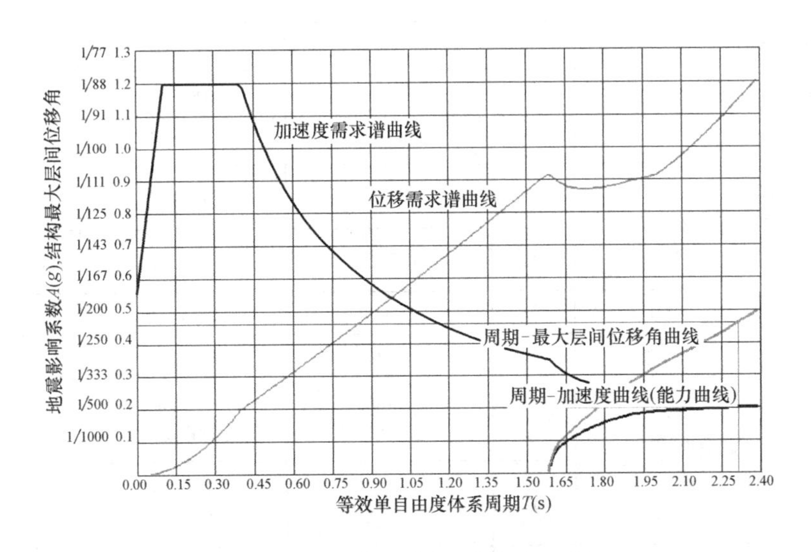

图 10-7-20 *Y* 向需求点及抗倒塌验算图

从结构的抗倒塌验算图来看，结构的能力曲线能够穿越需求谱曲线且呈上升趋势。如表 10-7-7 所示，*X* 和 *Y* 方向的需求层间位移角为 1/261 和 1/216，满足规范 1/120 的要求。说明结构在大震作用下具有一定的抗倒塌能力，满足“大震不倒”的抗震设防要求。

10.7.9 5栋小震作用下性能分析

小震作用下的结构抗震设计采用中国建筑科学研究院 PKPM 系列的 SATWE 软件进行整体分析，采用 YJK（盈建科）、ETABS 进行校核。

10.7.9.1 小震作用下结构整体性能分析

在 *X* 向和 *Y* 向小震作用下，验算结构承载力（层间剪力及层倾覆弯矩）和变形（层间位移角），结构整体分析结果如表 10-7-8 所示。

5 栋整体计算结果表 **表 10-7-8**

计算软件		SATWE	YJK	ETABS
结构总质量(t)注1		25559	25639	25339
标准层单位面积重度(t/m^2)		1.64	1.64	1.63
结构振型数		24	24	24
自振周期	T_1	1.54(Y)	1.54(Y)	1.48(Y)
	T_2	1.36(X)	1.39(X)	1.38(X)
	T_3	1.15(T)	1.15(T)	1.10(T)
第一扭转周期/第一平动周期		0.75	0.75	0.74
小震下基底剪力(kN)(首层)	X	16966	16973	16940
	Y	19399	19567	19260
风荷载基底剪力(kN)(首层)	X	3418	3418	2941
	Y	7308	7308	6315
小震下倾覆弯矩(kN·m)(首层)	X	692949	676608	676608
	Y	622336	624087	624087
风荷载下倾覆弯矩(kN·m)(首层)	X	180368	180372	180372
	Y	376882	376882	376882
剪重比(规范要求 X 向为 4.80%)(规范要求 Y 向为 4.80%)	X	6.74%	6.72%	6.8%
	Y	7.70%	7.75%	7.8%
有效质量系数	X	98.89%	96.75%	98%
	Y	97.51%	90.14%	98%
风荷载下最大层间位移角(层号)《高规》限值 1/1000	X	1/ 4855(10 层)	1/4658(10 层)	1/5052(11 层)
	Y	1/1897(17 层)	1/1906(16 层)	1/2229(17 层)
小震下最大层间位移角(层号)《高规》限值 1/1000	X	1/1165(11 层)	1/1130(11 层)	1/1084(12 层)
	Y	1/1025(22 层)	1/1036(22 层)	1/1063(22 层)
考虑偶然偏心最大扭转位移比(层号)规定水平力法(规范限值为 1.4)	X	1.11(28 层)	1.11(28 层)	1.18(28 层)
	Y	1.36(裙房,首层)1.22(除裙房,3 层)	1.35(裙房,首层)1.21(除裙房,3 层)	1.44(裙房,首层)1.18(除裙房,3 层)
构件最大轴压比(SATWE、YJK)	首层落地剪力墙	0.08~0.23	0.08~0.22	—
	首层框支柱	0.19~0.31	0.19~0.28	—

续表

计算软件		SATWE	YJK	ETABS
楼层受剪承载力与上层的比值（规范限值75%）	X	0.75（首层）	0.75（首层）	—
	Y	0.77（首层）	0.78（首层）	—
刚重比（EJd/GH^2）（大于2.7，可以不考虑 P-Δ 效应）	X	12.27	15.40	—
	Y	11.14	14.35	—
转换层上下刚度比[注2]	X	1.98	1.99	—
	Y	1.31	1.35	—
水平力与整体坐标夹角20°（附加PKPM模型计算位移角）				
小震下最大层间位移角（层号）	X	1/1196　（12层）		
	Y	1/1085　（21层）		

注：1. 结构总质量统计不包括地下室质量。

2. 除转换层上下刚度比按《高规》附录E计算，其余楼层侧向刚度取楼层剪力与楼层位移角之比。

以 X 向为例，小震作用下的层间剪力和层间位移角分析结果见图10-7-21和图10-7-22。由图中可知，三个软件算出来的结果规律基本一致。分析结果表明，小震作用下层间位移角小于1/1000，满足规范要求。

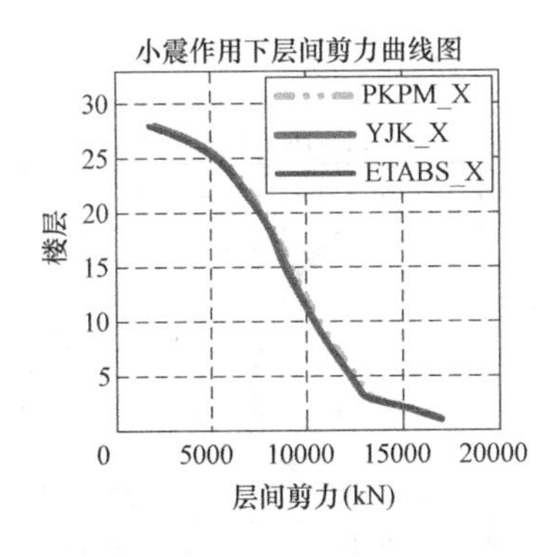

图10-7-21　层间剪力分布图

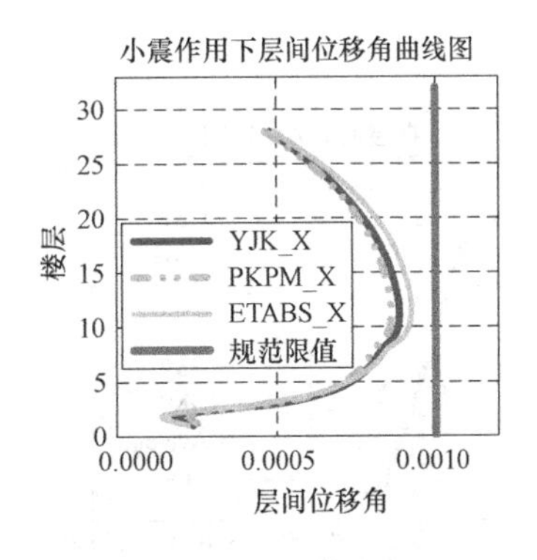

图10-7-22　层间位移角曲线图

倾覆弯矩分布、剪重比竖向分布如图10-7-23和图10-7-24所示。

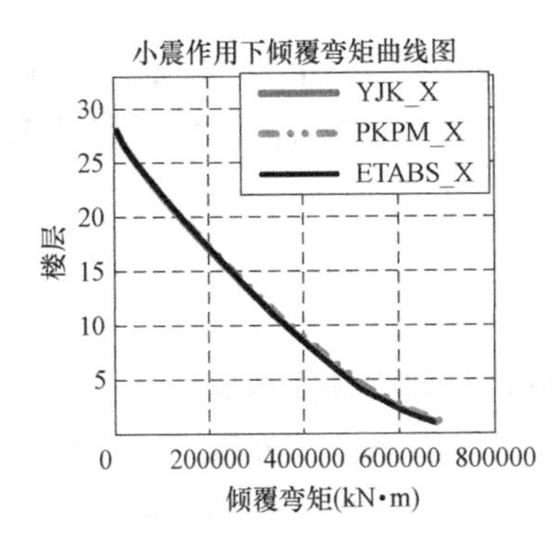

图10-7-23　小震作用下 X 向倾覆弯矩图

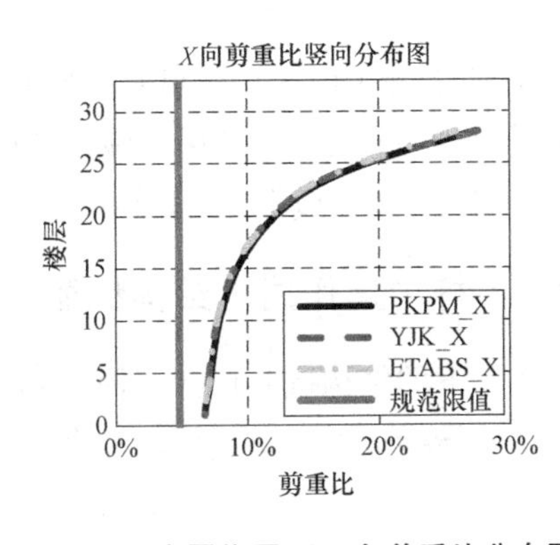

图10-7-24　小震作用下 X 向剪重比分布图

楼层侧向刚度规则性判断依据《广东省高规》规定，侧向刚度比如图 10-7-25 所示，满足规范要求。层间抗剪承载力规则性判断依据《抗规》3.4.3 条及《高规》3.5.3 条规定，层间抗剪承载力比值分布如图 10-7-26 所示，满足规范限值 0.75 的要求。

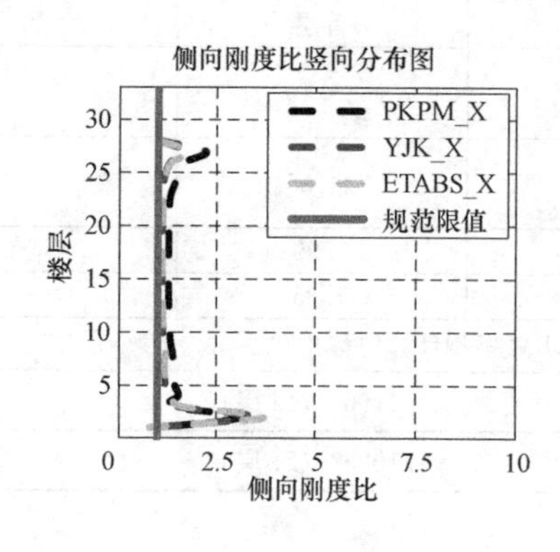

图 10-7-25　结构侧向刚度比分布图

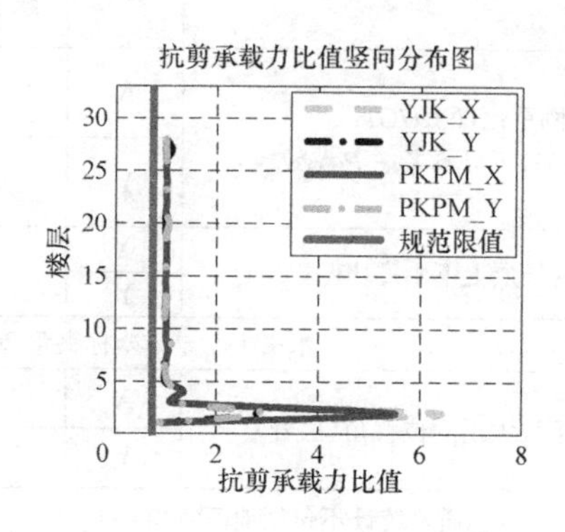

图 10-7-26　抗剪承载力比分布图

10.7.9.2　小震作用下弹性时程分析

按照前述的选波原则，选出 7 条符合要求的地震波，对结构进行弹性时程分析。以 X 方向为例。

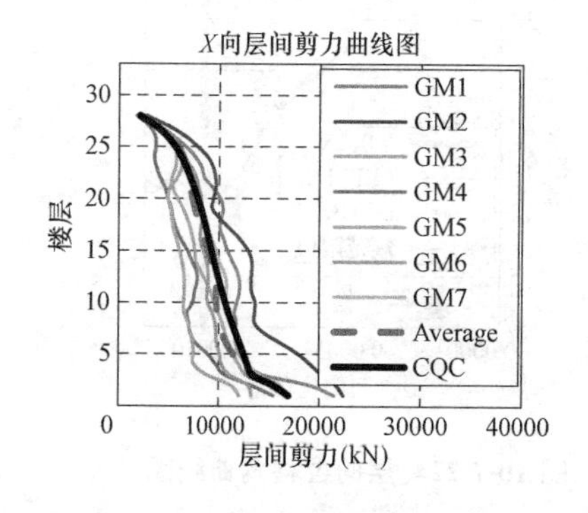

图 10-7-27　小震时程分析层间剪力分布图

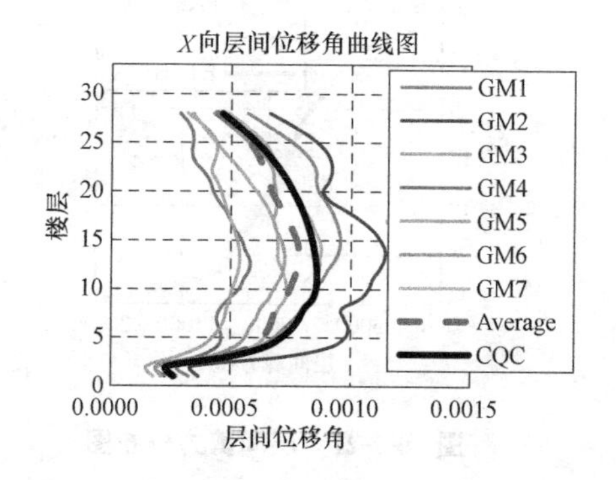

图 10-7-28　小震时程分析层间位移角分布

由图 10-7-27 和图 10-7-28 可知，层间剪力时程计算结果平均值 X 向 22～28 层，Y 向 23～28 层大于 CQC 法计算结果，施工图按两者包络值设计。层间位移角时程计算结果平均值 X、Y 向均小于 CQC 法计算结果。

10.7.10　5 栋中震作用下结构性能分析

中震作用下的结构抗震设计采用 SATWE 程序进行等效弹性算法验算复核。中震作用下结构的整体指标应处于小震作用和大震作用间的水平，不作详细分析。根据前面设定的性能目标 C 级，针对各类构件进行弹性设计和不屈服设计，以验证构件是否满足预设的抗震性能目标。

10.7.10.1　中震计算参数

中震性能计算参数　　　　表 10-7-9

计算参数	中震弹性	中震不屈服
地震作用影响系数	0.68	0.68
地震组合内力调整系数	1.0	1.0
荷载分项系数	与小震弹性分析相同	1.0
材料强度	与小震弹性分析相同	采用标准值
抗震承载力调整系数	与小震弹性分析相同	1.0
阻尼比	0.05	0.05
风荷载计算	不计算	不计算
特征周期	0.37s	0.37s
周期折减系数	0.99	0.99
构件地震力调整	不调整	不调整
双向地震	不考虑	不考虑
偶然偏心	不考虑	不考虑
中梁刚度放大系数	按规范取值	按规范取值
连梁刚度折减系数	0.4	0.4
计算方法	等效弹性计算	等效弹性计算

10.7.10.2　剪力墙拉应力分析

如图 10-7-29 所示，由中震不屈服计算结果表明，5 栋结构在转换层上一层中，仅一片剪力墙构件（深色部分）全截面平均拉应力超过了 $2f_{tk}$。

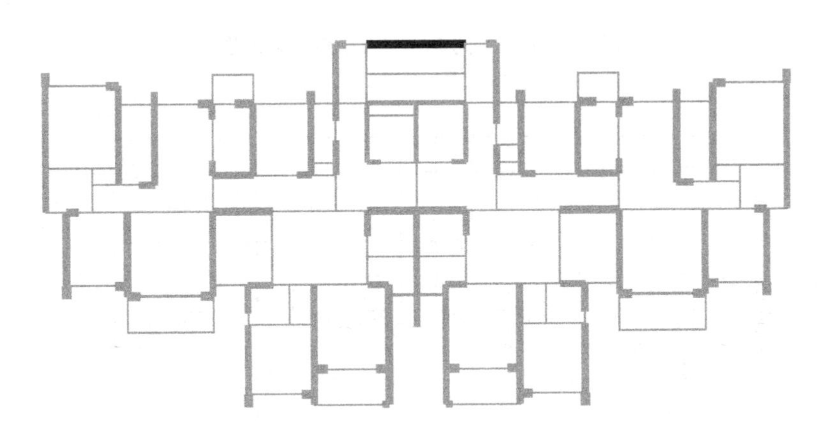

图 10-7-29　5 栋首层剪力墙构件拉应力示意图

10.7.10.3　加强措施

在 5 栋结构中，少量剪力墙在中震作用下全截面平均拉应力超过了 $2f_{tk}$。对于这部分剪力墙，本工程拟采取钢板混凝土剪力墙的形式，钢板混凝土剪力墙的具体做法同 1 栋结构。

10.7.10.4 加强后结构性能水准

通过以上加强措施，剪力墙构件的斜截面和正截面承载力性能有了较大提高，所有构件均满足抗震性能目标的要求。

10.7.11 5栋基于Pushover的大震静力弹塑性分析方法

根据《高规》第3.11.4条，本工程可采用静力弹塑性分析方法进行分析，得到结构在大震作用下的反应，依据性能设计的要求判断该结构的抗震性能，论证该结构是否满足“大震不倒”的抗震性能要求。

规范谱、能力曲线、需求曲线及抗倒塌验算如图10-7-30和图10-7-31所示。

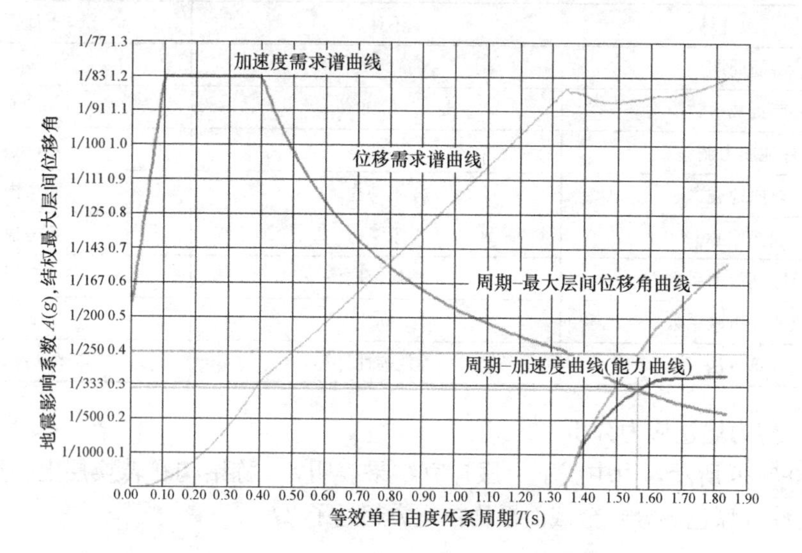

图10-7-30 *X*向需求点及抗倒塌验算图

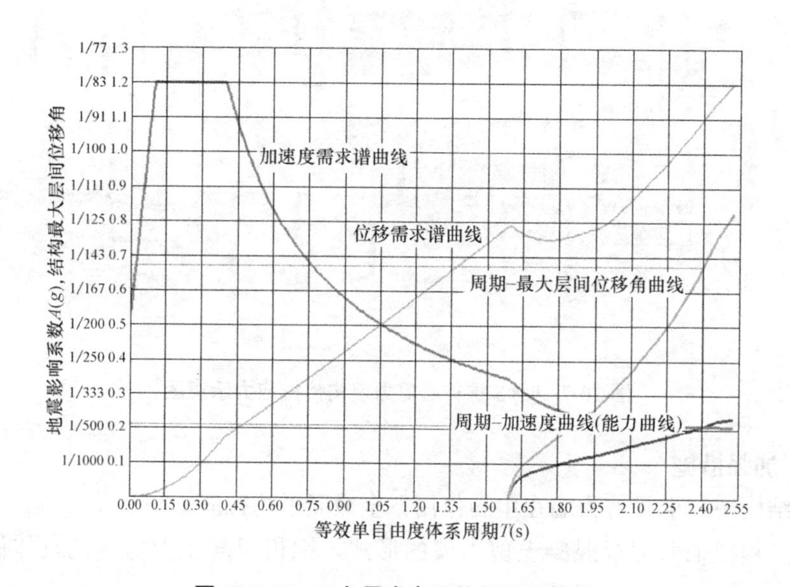

图10-7-31 *Y*向需求点及抗倒塌验算图

Pushover 分析结果　　表 10-7-10

方向	性能点对应最大层间位移角	性能点对应基底剪力(kN)	罕遇地震下基底剪力同多遇地震下基底剪力之比	性能点顶点位移(mm)	罕遇地震下位移同多遇地震下位移之比
X	1/252	50424.5	2.94	245.7	4.47
Y	1/149	35013.9	1.78	451.2	7.23

从结构的抗倒塌验算图来看，结构的能力曲线能够穿越需求谱曲线且呈上升趋势。如表 10-7-10 所示，*X* 和 *Y* 方向的需求层间位移角为 1/252 和 1/149，满足规范 1/120 的要求。说明结构在大震作用下具有一定的抗倒塌能力，满足“大震不倒”的抗震设防要求。

10.7.12　5 栋大震作用下结构动力弹塑性分析

以 5 栋结构为例介绍大震作用下的结构性能分析。

本工程采用美国 CSI 公司研究的 PERFORM-3D 程序进行静力及动力弹塑性分析，并采用华南理工大学高层建筑研究所开发的 PBSD 程序进行构件性能状态复核。本工程采用弹性时程选中的 7 条地震波（GM1～GM7），分别按 *X* 向、*Y* 向为主方向（主次方向地震波峰值比例为 1：0.85）进行双向弹塑性时程分析，共需要计算 14 个不同情况的弹塑性动力时程分析工况。为了较为真实考虑结构钢筋的影响，整个弹塑性分析模型的钢筋按结构初步设计配筋进行输入。

10.7.12.1　大震作用下结构整体性能分析

以 *Y* 向为例，如图 10-7-32 所示，在 7 条地震波的弹塑性时程分析中，最大的基底剪力为 73111kN，平均值为 61125kN，与小震作用下弹性时程分析的比值为 3.24；最大的层间位移角为 1/140，平均层间位移角为 1/186，满足框架-核心筒层间弹塑性极限位移角 1/120的限值要求。

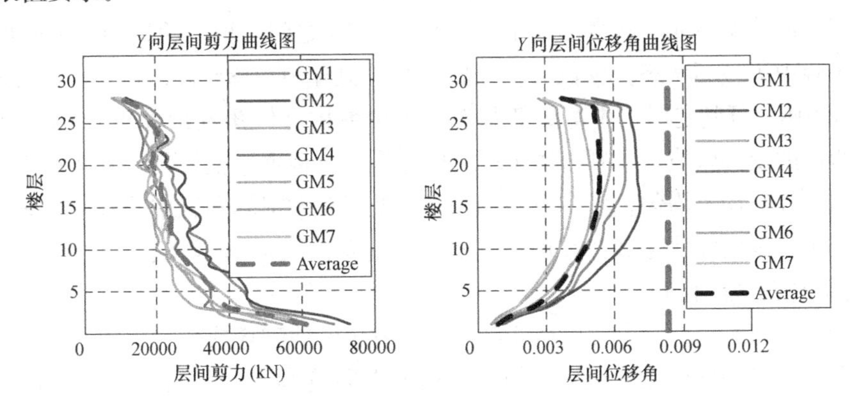

图 10-7-32　大震作用下结构整体性能指标

10.7.12.2　大震作用下结构耗散能量分析

从基底剪力中发现 GM3 地震波基底剪力与 7 条波的平均值最接近，因此选取 GM3Y 工况为例，GM3 作用下结构耗能情况如图 10-7-33～图 10-7-36 所示。

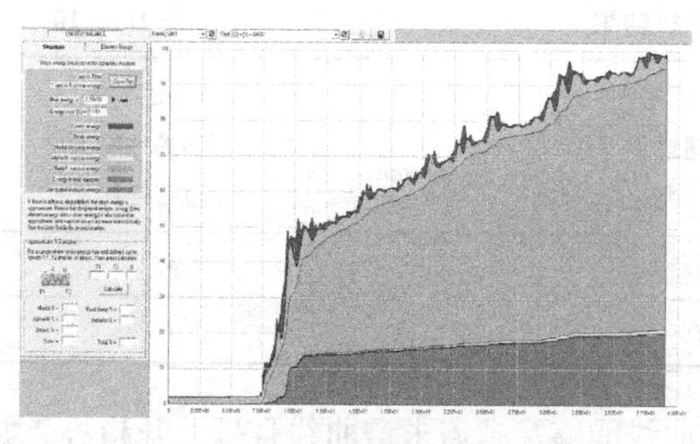

图 10-7-33　总能量耗散分布图

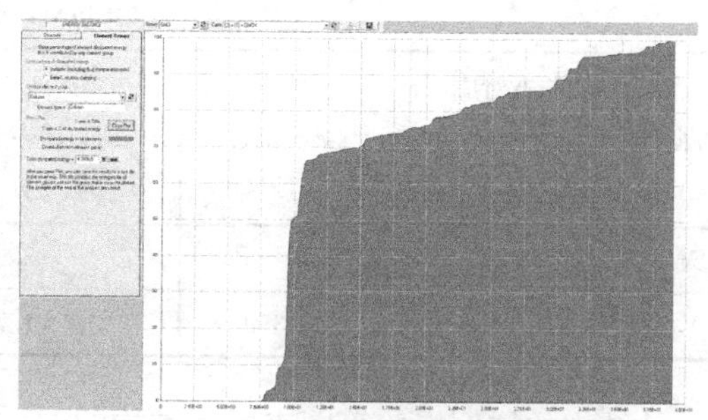

图 10-7-34　柱单元能量耗散分布图

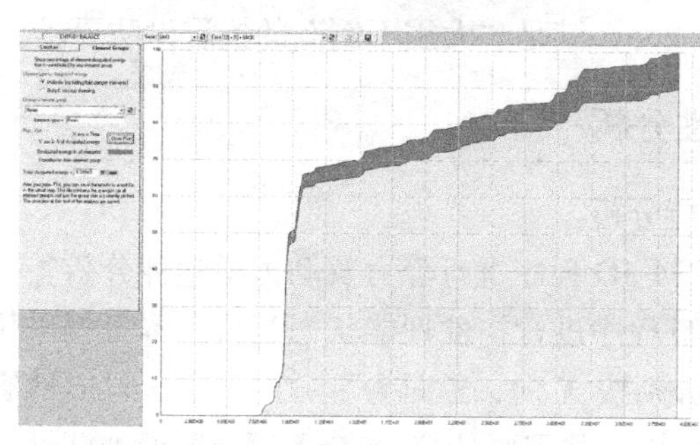

图 10-7-35　梁单元能量耗散分布图

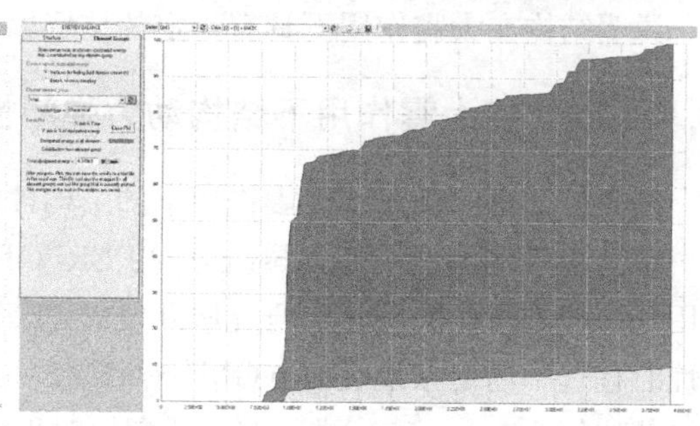

图 10-7-36　剪力墙能量耗散分布图

10.7.12.3　大震作用下结构构件性能分析

Perform-3D 中，构件变形大小可以通过颜色来表现。选择 GM3 X 向地震波下结构构件变形作为典型例子。以下使用基于变形的性能设计方法对各类构件进行校核。

据判断，梁构件没有发生剪切破坏，均发生弯曲破坏或弯剪破坏，因此采用变形控制。所有梁构件均保守地按弯剪破坏的变形限值判断构件损坏程度。由图 10-7-37 可见，多数梁单元转角变形处于 0.003～0.008 之间，根据给出的变形限值 0.008，可判定属于轻微损坏状态；部分梁单元转角变形处于 0.008～0.010 之间，根据给出的变形限值 0.013，可判定属于轻中等破坏状态；少数梁单元转角变形处于 0.013～0.018 之间，根据给出的变形限值 0.018，可判定属于中等破坏状态；极少数构件转角变形处于 0.018～0.020 之间，根据给出的变形限值，可判定属于严重破坏形式。根据以上结果，框架梁塑性铰发展在整个结构上分布比较均匀。大多数梁单元变形处于轻微损坏和轻中等破坏；只有少数构件的变形处于中等破坏状态和严重破坏。框架梁的弯曲变形基本处于大震有限破坏状态。满足 C 级的抗震性能目标。

据判断，剪力墙构件没有发生剪切破坏，均发生弯曲破坏或弯剪破坏，因此采用变形控制。所有剪力墙构件均保守地按弯剪破坏的变形限值判断构件损坏程度。由图 10-7-38 和图 10-7-39 可见，所有已屈服剪力墙均处于轻微损坏或轻中等破坏满足结构 C 级抗震性能要求。

转换柱及裙房框架柱均处于完好状态。

10.7.12.4　大震作用下关键构件变形分析

构件编号见附图。

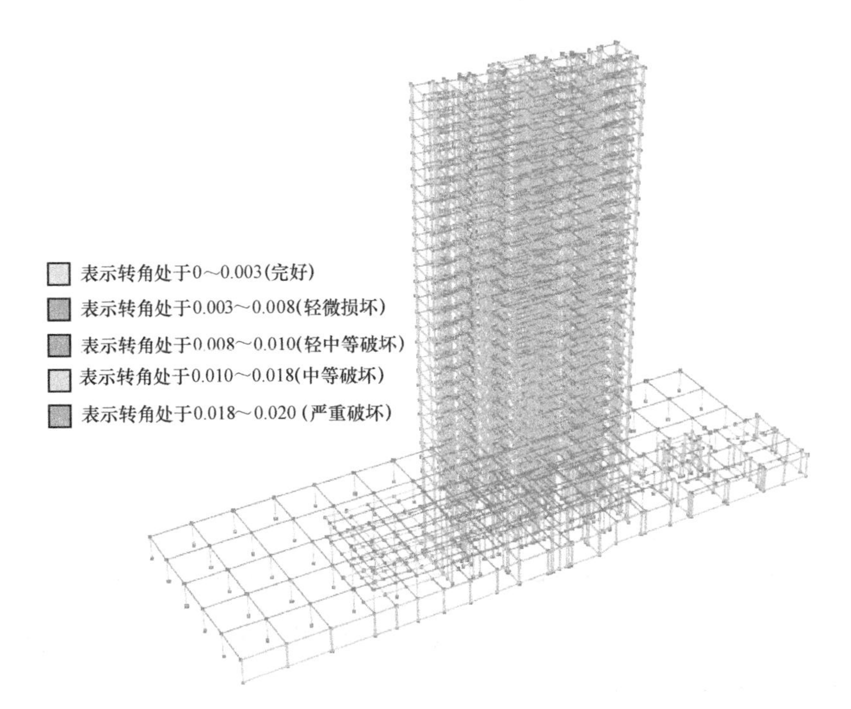

图 10-7-37　GM3 *X* 向地震作用下结构梁单元破坏状态侧视图

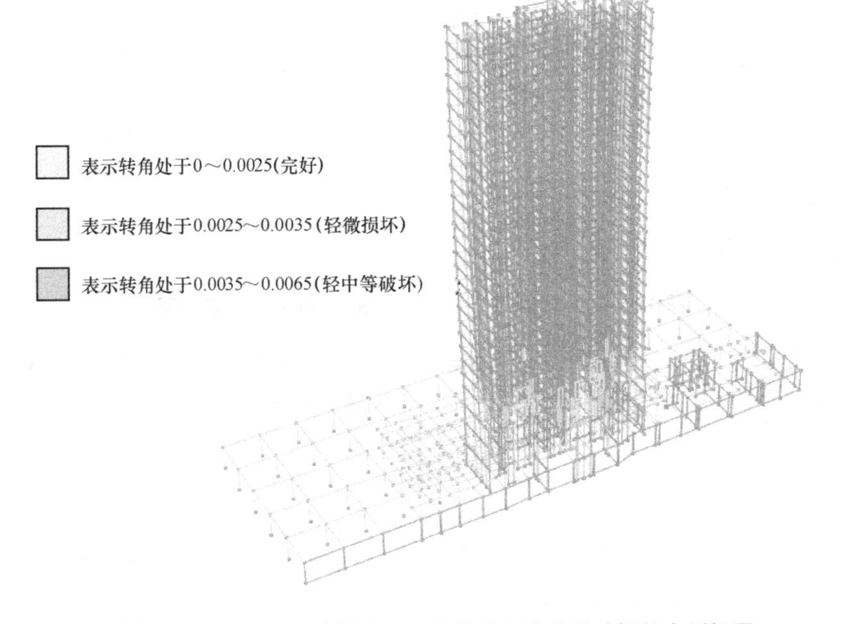

图 10-7-38　GM3 *X* 向地震作用下结构剪力墙单元破坏状态侧视图

1. 转换层上一层剪力墙转角变形复核

复核转换层上一层剪力墙 SW1～SW7 的转角变形，以 SW1、SW3 、SW5、SW7 转角变形复核为例。

Perform-3D 中，剪力墙构件变形通过 Gage 单元记录。从上述分析中可以看出剪力墙

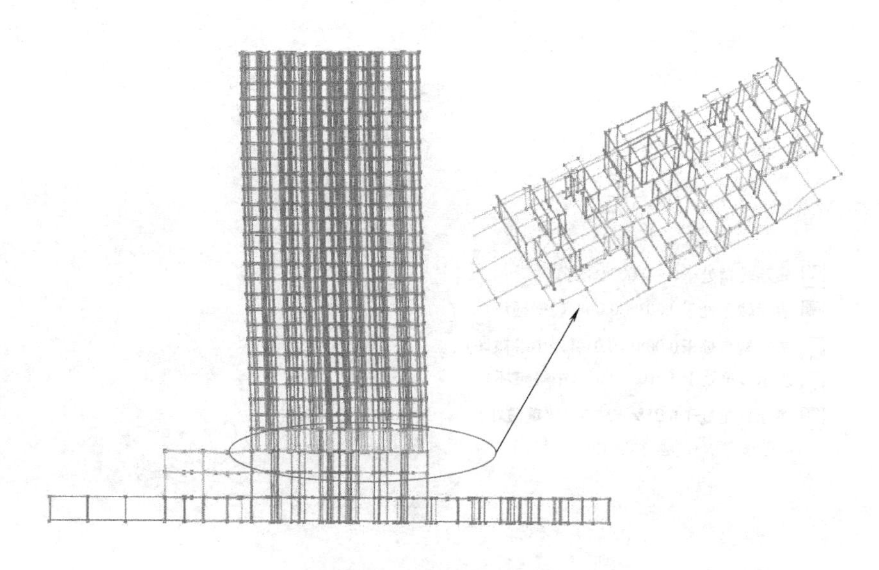

图 10-7-39　GM3 X 向地震作用下结构剪力墙单元破坏状态立面图

构件破坏主要集中在转换层上一层。现针对该层剪力墙作变形分析。转角时程变形图中，Y 轴为构件转角，X 轴为时间。

如图 10-7-40 所示，转换层上一层墙肢 SW1 在每条时程波工况下转角均小于完好状态限值，说明转换层上一层墙肢 SW1 在大震作用下满足性能水准 4。

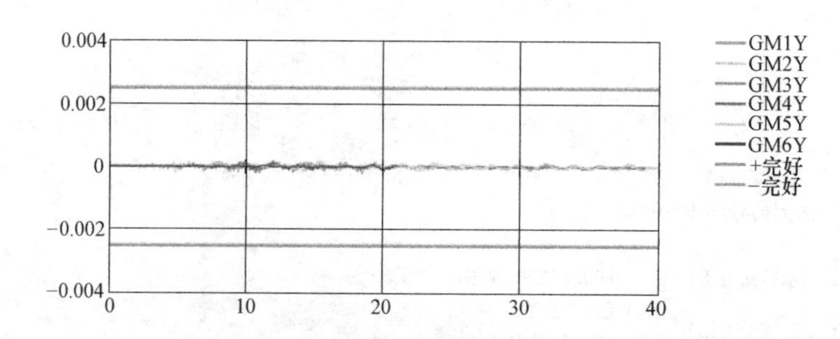

图 10-7-40　转换层上一层墙肢 SW1 转角时程变形图

如图 10-7-41 所示，转换层上一层墙肢 SW3 在每条时程波工况下转角均小于完好状态限值，说明转换层上一层墙肢 SW3 在大震作用下满足性能水准 4。

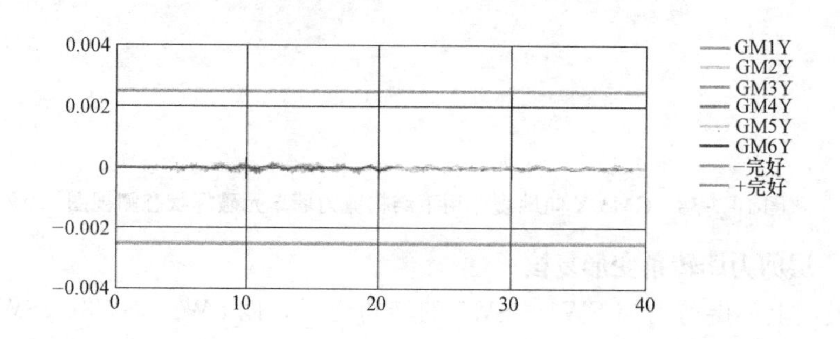

图 10-7-41　转换层上一层墙肢 SW3 转角时程变形图

如图 10-7-42 所示，转换层上一层墙肢 SW5 在每条时程波工况下转角均小于轻微损坏状态限值，说明转换层上一层墙肢 SW5 在大震作用下满足性能水准 4。

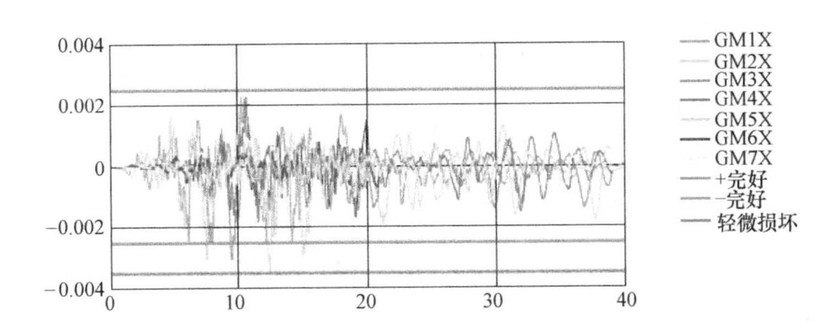

图 10-7-42　转换层上一层墙肢 SW5 转角时程变形图

如图 10-7-43 所示，转换层上一层墙肢 SW7 在仅在 GM2 时程波工况下转角略大于完好状态限值，说明转换层上一层墙肢 SW7 在大震作用下满足性能水准 4。

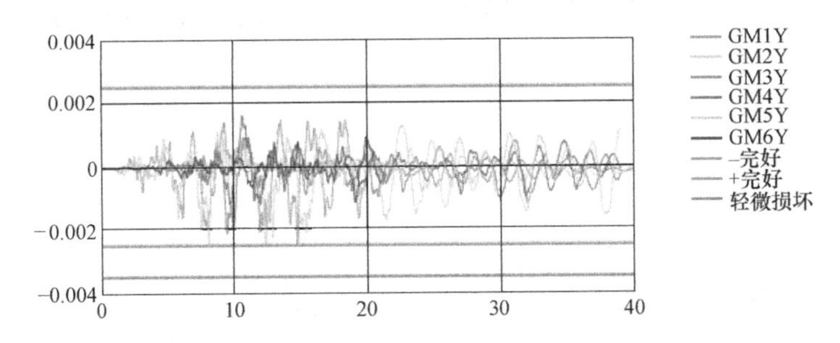

图 10-7-43　转换层上一层墙肢 SW7 转角时程变形图

2. 转换梁转角变形复核

偏于保守设计，不考虑型钢对构件延性的提高。型钢转换梁的破坏限值按普通混凝土梁取值。复核 ZHL1～ZHL4 的变形，以 ZHL1 、ZHL3 为例。

如图 10-7-44 所示，转换梁 ZHL1 转角在每条地震波工况均小于完好状态限值，说明转换梁 ZHL1 在大震作用下处于完好状态，满足性能水准 4。

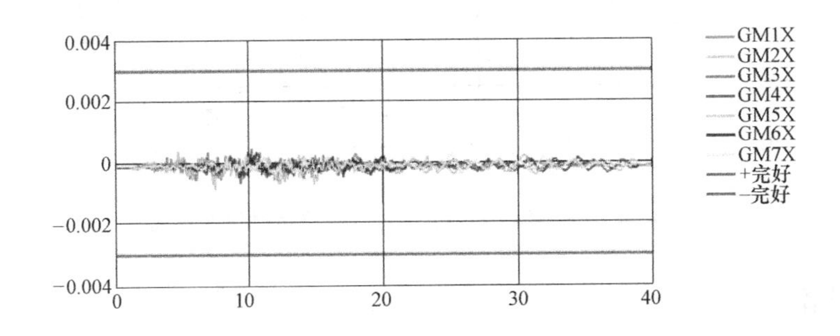

图 10-7-44　转换梁 ZHL1 转角时程变形图

如图 10-7-45 所示，转换梁 ZHL3 转角在每条地震波工况均小于完好状态限值，说明转换梁 ZHL3 在大震作用下处于完好状态，满足性能水准 4。

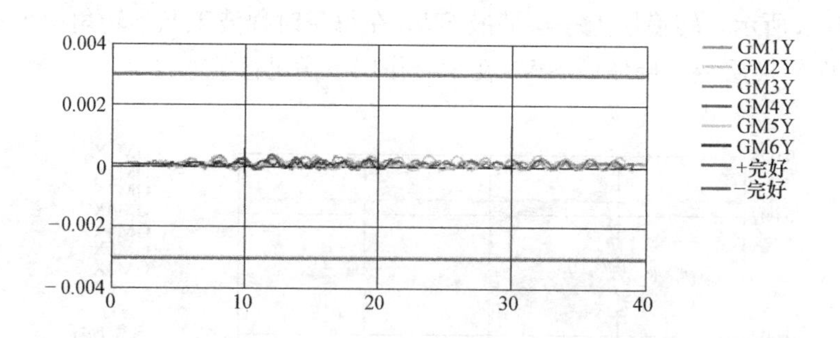

图 10-7-45 转换梁 ZHL3 转角时程变形图

3. 转换柱转角变形复核

偏于保守设计，不考虑型钢对构件延性的提高。型钢转换柱的破坏限值按普通混凝土柱取值。复核 ZHZ1 和 ZHZ2 的变形，以 ZHZ1 为例。

如图 10-7-46、图 10-7-47 所示，转换柱 ZHZ1 在 X 向、Y 向地震波工况下转角均小于完好状态值。说明转换柱 ZHZ1 在大震作用下处于完好状态，满足性能水准 4。

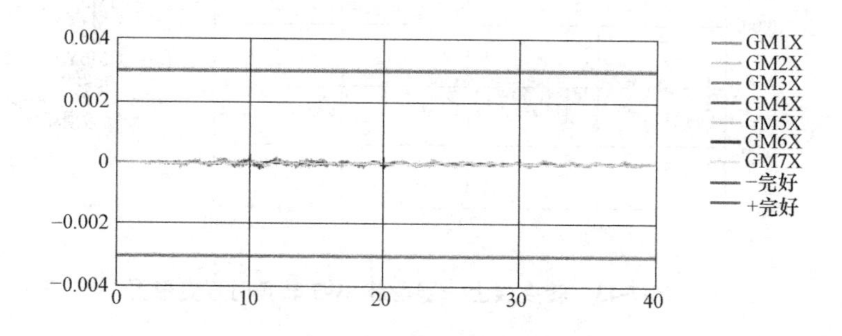

图 10-7-46 转换柱 ZHZ1 X 向地震转角时程变形图

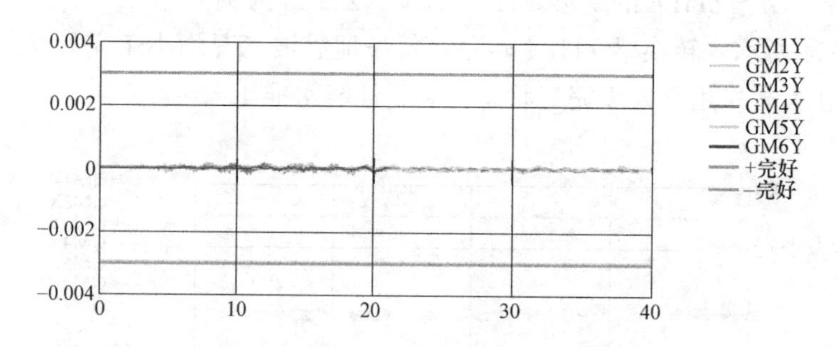

图 10-7-47 转换柱 ZHZ1 Y 向地震转角时程变形图

10.7.13 结论

针对工程超限情况，结构设计通过采用 SATWE、YJK、ETABS、PERFORM-3D 软件进行全面的、细致的计算对比分析，确保结构的各项控制指标得到合理评估。计算结果表明，本工程结构可以满足预先设定的性能目标和使用功能的要求，并满足“小震不坏、中震可修、大震不倒”的抗震设计要求。

附图：关键构件性能分析编号

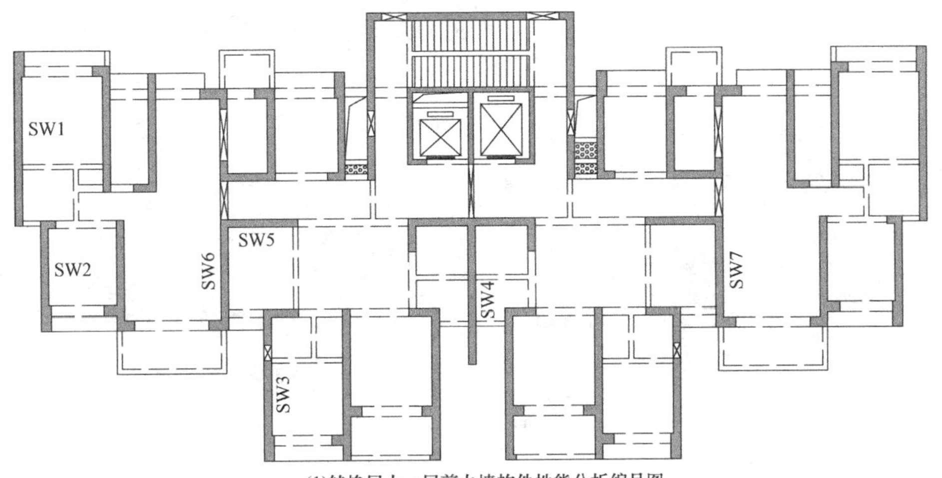

(1)转换层上一层剪力墙构件性能分析编号图

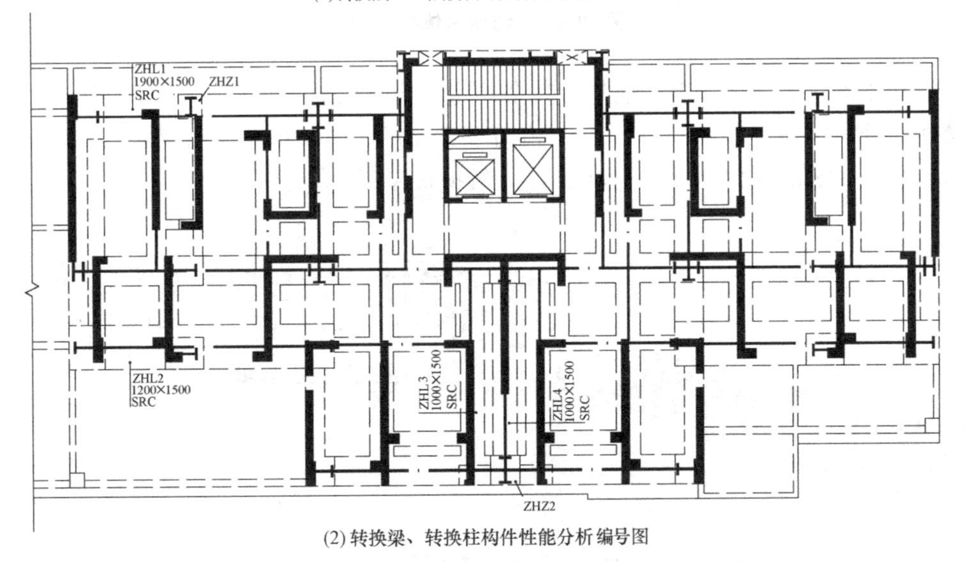

(2) 转换梁、转换柱构件性能分析编号图

（注：本工程抗震超限设计完成于 2014 年 5 月）

10.8　某厚板转换结构抗震安全性复核

10.8.1　结构概况

本工程由南北塔楼组成（以下称南塔楼为 ST，北塔楼为 NT），南塔楼高 143.295m，北塔楼高 147.145m，结构总体布置如图 10-8-1～图 10-8-3 所示。

由图 10-8-1 可见，本工程共设 6 个厚板转换，其中第 1、2 个位于 3 层，转换板厚

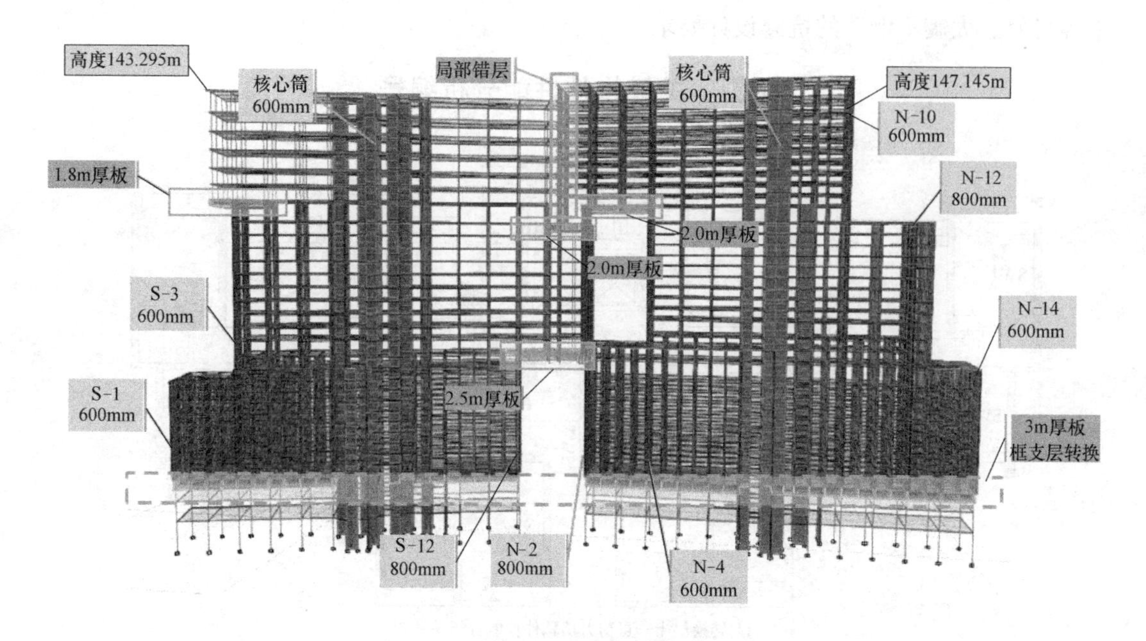

图 10-8-1 结构总体布置图

3m，3 层以下除核心筒剪力墙落地外，其余均为双层单跨转换框架；第 3 个位于 13 层两栋塔楼相交处，转换板厚 2.5m；第 4 个位于 ST24 层，转换板厚 2m；第 5 个位于 ST25 层，转换板厚 1.8m；第 6 个位于 NT27 层，转换板厚 2m。

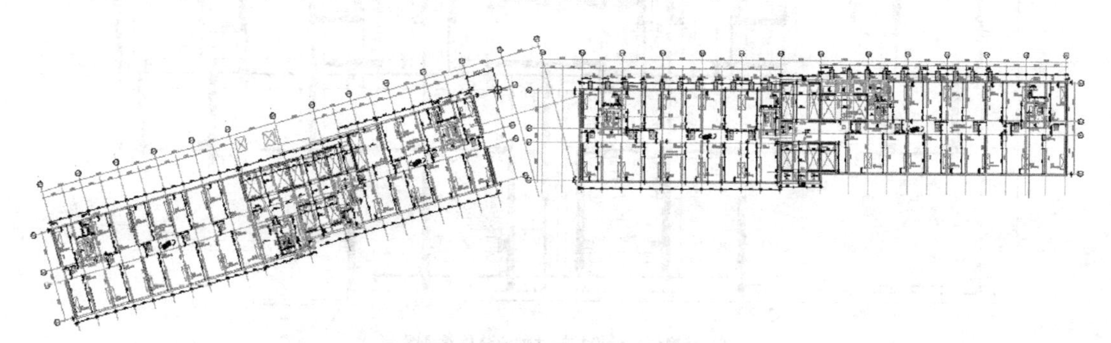

图 10-8-2 三层（转换层）平面图

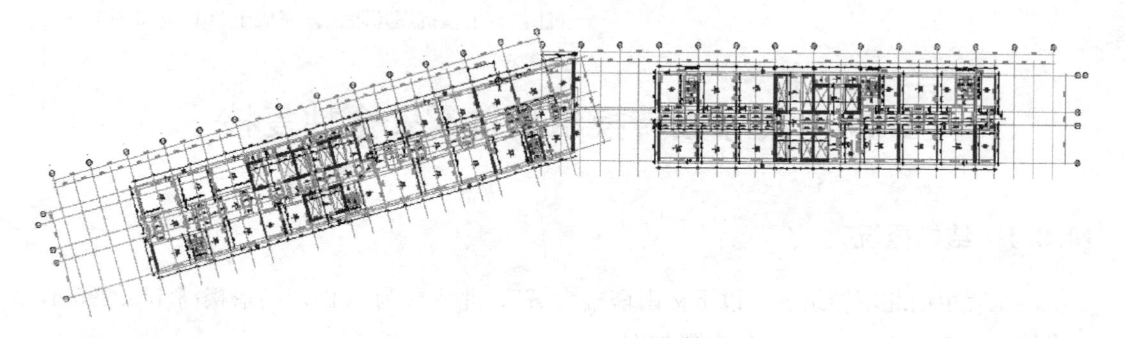

图 10-8-3 十六～二十三层平面图

本工程抗震设防烈度为7度，设计基本加速度为0.10g，场地类别为Ⅱ类，50年一遇基本风压为0.85kN/m^2。

10.8.2 地震作用

10.8.2.1 抗震分类参数

根据《抗规》和《建筑工程抗震设防分类标准》GB 50223—2008等，本工程结构设计采用的抗震分类参数如表10-8-1所示。

抗震分类参数 **表10-8-1**

项目	内容	项目	内容
设计基准期	50年	设计使用年限	50年
建筑结构安全等级	二级	抗震设防分类	丙类
设防烈度	7度	抗震措施烈度	7度
特征周期	0.35s	周期折减	0.85
场地类别	Ⅱ类	设计地震分组	第一组
基本地震加速度	0.1g	结构阻尼比	0.05

10.8.2.2 地震作用

小震、大震均按《高规》的有关条款计算地震作用。

10.8.2.3 地震波选取

本工程时程分析使用的地震波选取原则同本书工程实例1。最终选取的地震波如表10-8-2所示，其中GM1、GM2为人工波，GM3～GM7为天然波。

时程分析地震波信息 **表10-8-2**

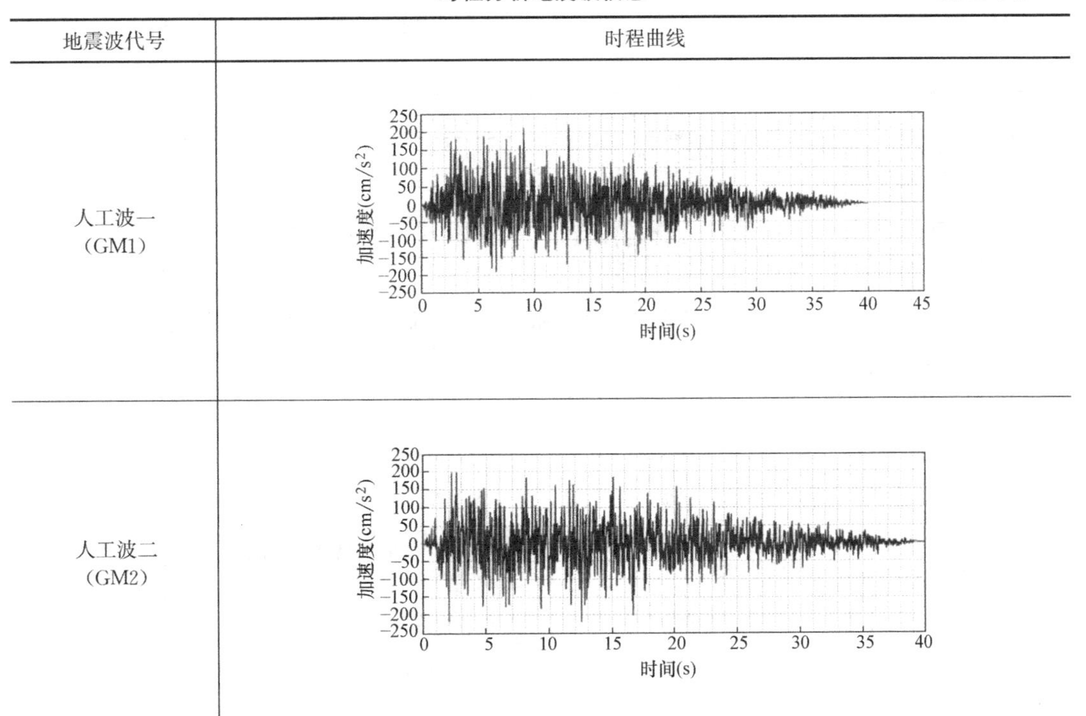

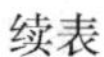
续表

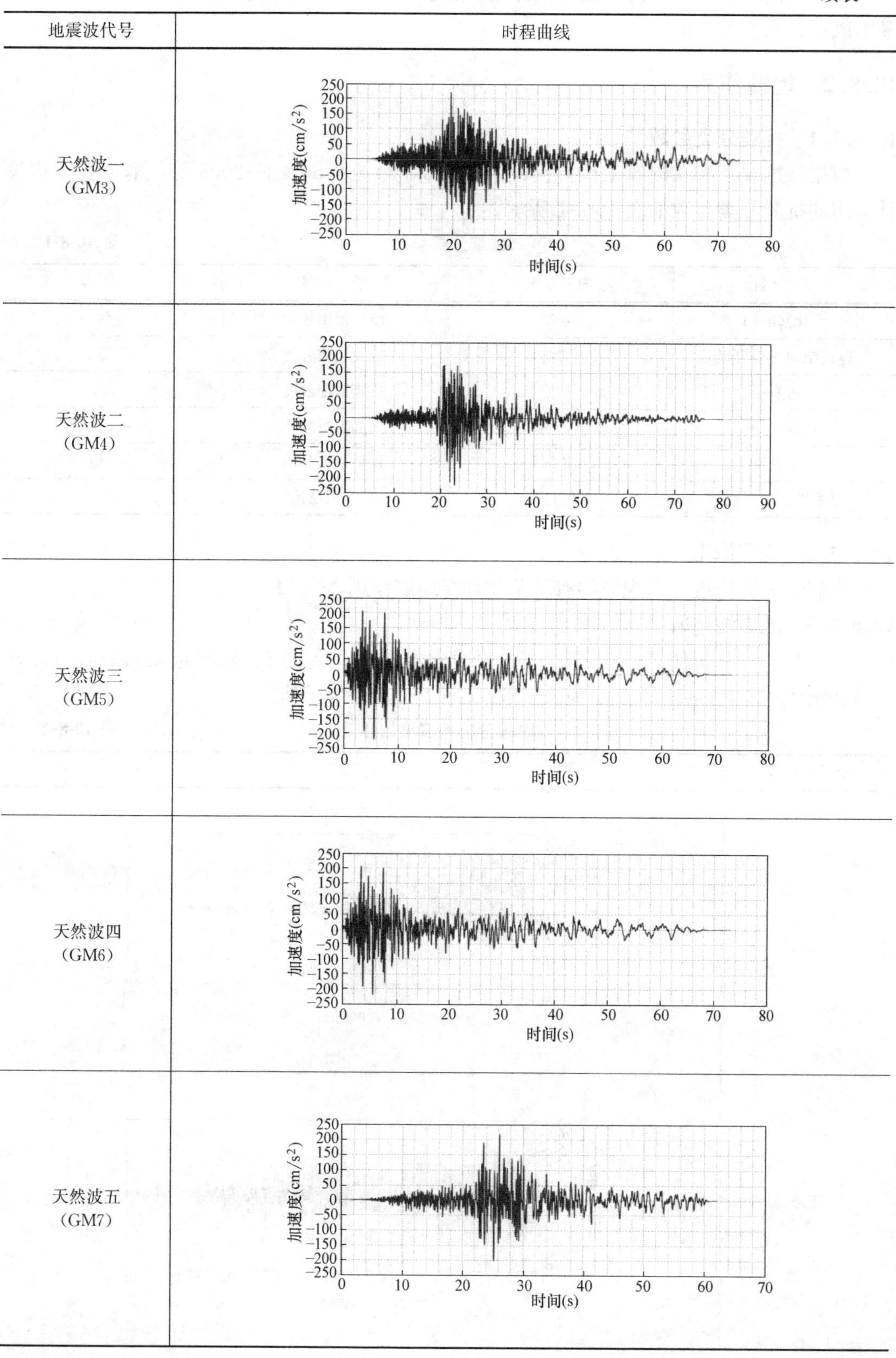

地震波代号	时程曲线
天然波一（GM3）	
天然波二（GM4）	
天然波三（GM5）	
天然波四（GM6）	
天然波五（GM7）	

10.8.2.4 抗震等级

本工程主要构件抗震等级设置如图10-8-4所示。

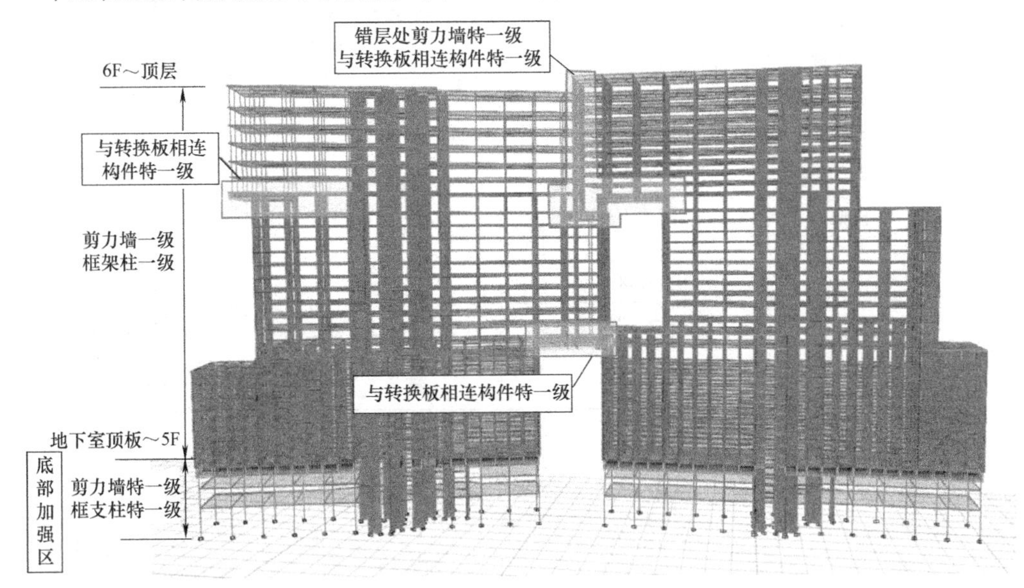

图10-8-4 结构抗震等级

10.8.3 结构抗震性能目标和设计方法

10.8.3.1 结构性能指标

根据《高规》3.11.1条抗震性能目标四个等级和3.11.2条抗震性能五水准规定，本工程确定抗震性能目标为C级，对应小、大震的抗震性能水准为1、4。抗震性能目标细化如表10-8-3所示。

结构整体性能指标C级　　表10-8-3

结构整体性能水平		地震作用	小震	大震
		性能水准	1	4
		层间位移角	1/800	1/150
		性能水平定性描述	完好，一般不需修理即可继续使用	中度破坏，需修复或加固后可继续使用
		评估方法	YJK 小震弹性	PERFORM-3D 动力弹塑性分析
关键构件	底部加强区剪力墙	控制指标	承载力设计值满足规范要求	抗剪满足最小截面要求 弯曲转角不超过轻中等破坏限值
		构件损坏状态	完好	轻中等破坏
	框支柱	控制指标	承载力设计值满足规范要求	抗剪不屈服 弯曲转角不超过完好限值
		构件损坏状态	完好	完好

续表

普通竖向构件	非底部加强区剪力墙	控制指标	承载力设计值满足规范要求	抗剪满足最小截面要求弯曲转角不超过中等破坏限值
		构件损坏状态	完好	部分中等破坏
	框架柱	控制指标	承载力设计值满足规范要求	抗剪满足最小截面要求弯曲转角不超过中等破坏限值
		构件损坏状态	完好	部分中等破坏
耗能构件	框架梁	控制指标	承载力设计值满足规范要求	抗剪满足最小截面要求弯曲转角不超过严重破坏限值
		构件损坏状态	完好	中等破坏个别严重破坏
	连梁	控制指标	承载力设计值满足规范要求	抗剪满足最小截面要求弯曲转角不超过严重破坏限值
		构件损坏状态	完好	中等破坏部分严重破坏

10.8.3.2 地震作用下的结构构件性能分析表达式

设计表达式如下所示，符号含义同工程实例 1。

（1）小震作用下的结构构件性能分析表达式

$$S_d \leqslant R_d \text{ 或 } S_d \frac{R_d}{\gamma_{RE}} \text{（仅竖向地震作用时，}\gamma_{RE}\text{取 1.0）}$$

（2）大震作用下的结构构件性能分析表达式

1）弹性设计

$$\gamma_G S_{GE} + \gamma_{Eh} S^*_{Ehk} + \gamma_{Ev} S^*_{Evk} \leqslant \frac{R_d}{\gamma_{RE}}$$

2）不屈服设计

$$S_{GE} + S^*_{Ehk} + 0.4 S^*_{Evk} \leqslant R_k \quad \text{（水平地震控制）}$$

$$S_{GE} + 0.4 S^*_{Ehk} + S^*_{Evk} \leqslant R_k \quad \text{（竖向地震控制）}$$

3）最小受剪截面要求（钢筋混凝土竖向构件）

$$V_{GE} + V^*_{Ek} \leqslant 0.15 f_{ck} b h_0$$

4）变形校核

根据性能目标，按下式校核构件的性能

$$\delta \leqslant [\delta]$$

10.8.4 小震弹性计算分析

10.8.4.1 弹性分析模型

弹性计算采用中国 YJK（盈建科）软件，模型各项计算参数如表 10-8-4 所示。

结构整体计算参数 **表 10-8-4**

YJK 弹性计算主要参数设置			
是否刚性楼板假定	结构整体指标计算采用；承载力计算不采用	恒活荷载计算信息	模拟施工加载 3
计算振型个数	30	中梁刚度放大系数	按 2010 规范取值
梁端负弯矩调整系数	0.85	考虑 P-Δ 效应	是
风荷载参数			
承载力计算基本风压(kN·m)	0.85	承载力计算风荷载效应放大系数	1.1
用于舒适度验算的风压(kN·m)	0.75	用于舒适度验算的风压的结构阻尼比	0.02
地面粗糙度类别	C	体型系数	1.4
小震参数			
设计地震分组	一组	周期折减系数	0.85
设防烈度	7(0.1g)	结构阻尼比	0.05
场地类别	Ⅱ类	特征周期	0.35
考虑偶然偏心	是	地震影响系数最大值	0.08
考虑双向地震	是	连梁刚度折减系数	0.60

10.8.4.2 结构整体计算结果

整体计算结果 **表 10-8-5**

计算参数		结果
结构总质量(t)		253335
结构振型数		30
自振周期	T_1	3.51(X)
	T_2	2.56(Y)
	T_3	2.13(T)
有效质量系数	X	97.85%
	Y	97.26%
小震下基底剪力(kN)(首层)	X	ST 21485 NT 15818
	Y	ST 26182 NT 23595
剪重比(规范要求 X 向为 1.60%)(规范要求 Y 向为 1.60%)	X	ST 1.35% NT 1.69%
	Y	ST 1.64% NT 2.52%

根据上述计算结果，结合规范规定的要求及结构抗震概念设计理论，可以得出如下结论：

(1) 第一扭转周期与第一平动周期之比小于 0.85，满足《高规》3.4.5 条要求；

(2) 有效质量系数大于 90%，所以振型数满足要求；

(3) X 向剪重比小于规范要求，需按规范要求放大地震力。

10.8.4.3 小震轴压比复核

根据《高规》6.4.2 条、7.2.13 条、7.2.2 条，框架柱及剪力墙的轴压比限值如表10-8-6所示。

轴压比限值 表 10-8-6

结构类型	框架柱	框支柱	剪力墙	短肢剪力墙
部分框支剪力墙结构	0.75	0.60	0.50	0.45

经复核，部分墙肢厚度设置不合理，剪力墙突变处（主要集中在 14 层及 15 层）局部剪力墙轴压比不满足要求，宜设置边缘约束构件。部分复核结果如图 10-8-5～图 10-8-8 所示。

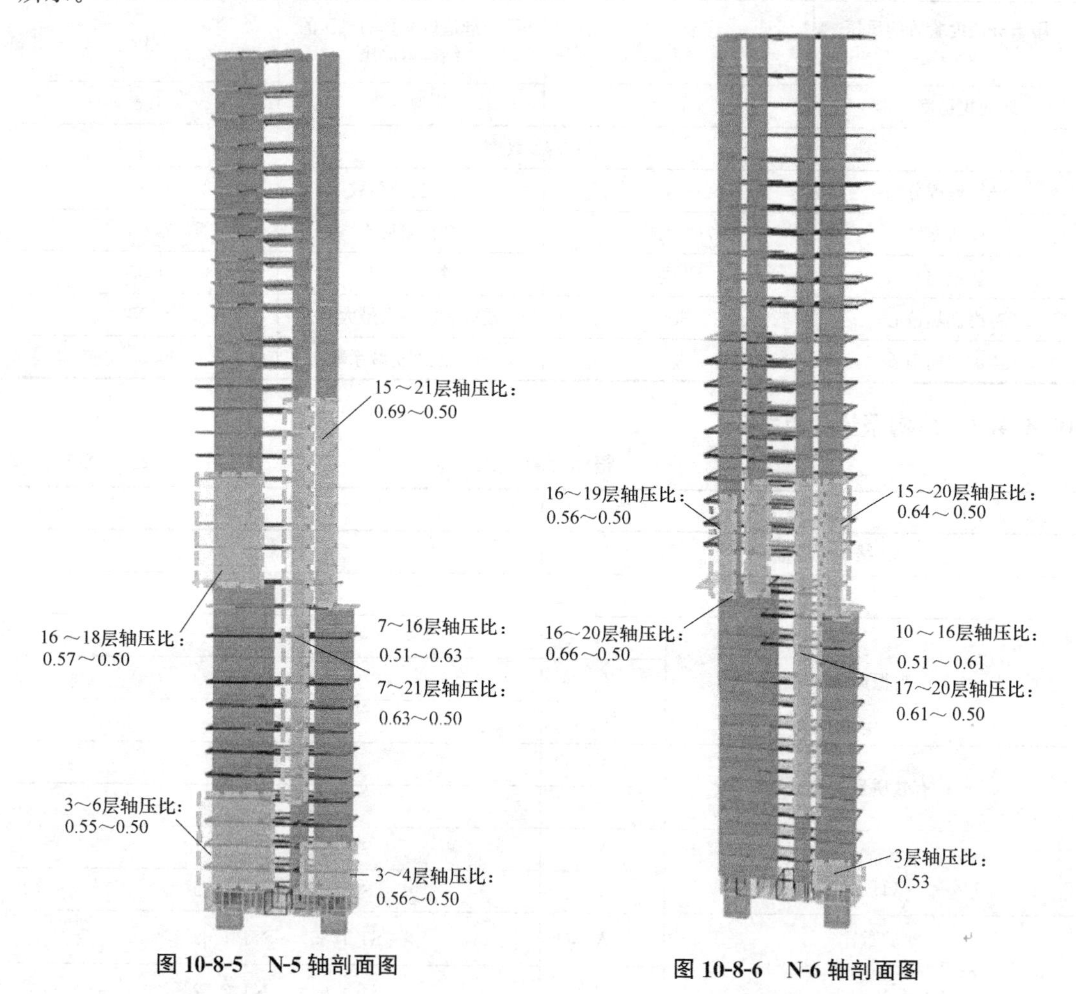

图 10-8-5 N-5 轴剖面图

图 10-8-6 N-6 轴剖面图

10.8.4.4 构件复核

构件承载力（配筋）基本满足规范要求。应对剪力墙构造措施进行以下抗震加强：

（1）当剪力墙或核心筒与其平面外相交的楼面梁刚接时，宜在墙内设置暗柱。

（2）当墙肢的截面高度与厚度之比不大于 4 时，宜按框架柱进行截面设计。

（3）当竖向构件采用大直径钢筋作为受力钢筋时，宜加大其箍筋或水平钢筋直径，防止纵筋发生屈曲破坏。

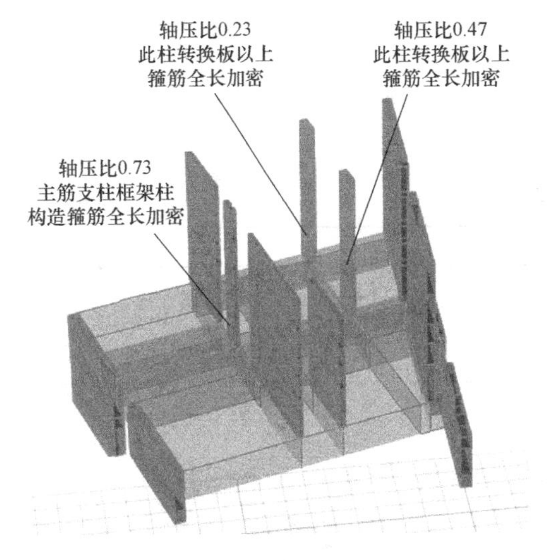

图 10-8-7 ST14 转换厚板

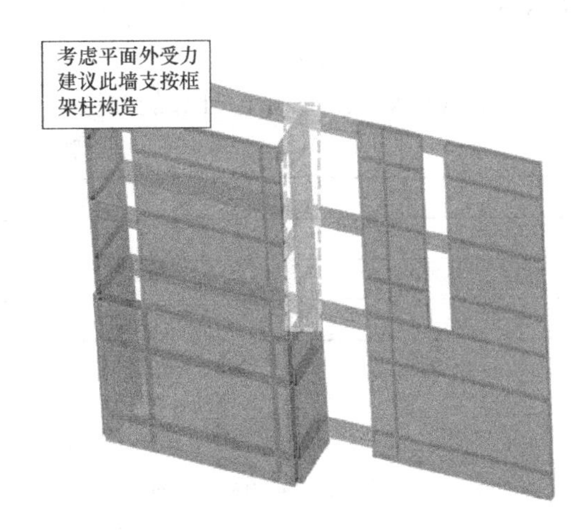

图 10-8-8 S9 轴核心筒剖面图

(4) 非底部加强区剪力墙宜设置构造边缘构件。

(5) 普通框架柱宜设置箍筋加密区。

(6) 框架梁宜设置箍筋加密区，底筋宜直接锚固在剪力墙内或框架柱内。

(7) 与转换板相连的普通楼板厚度不宜小于 180mm，且宜双层双向配筋，每层每方向的配筋率不宜小于 0.25%，楼板中钢筋宜锚固在边梁或墙体内。与转换层相邻楼层的楼板宜适当加强。如图 10-8-9 所示。

(8) 验算转换板处剪力墙构件局部承压。如图 10-8-10 所示。

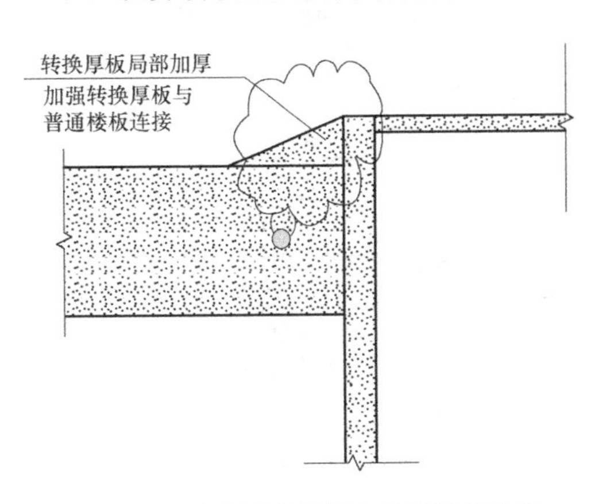

图 10-8-9 加强转换厚板与普通楼板连接

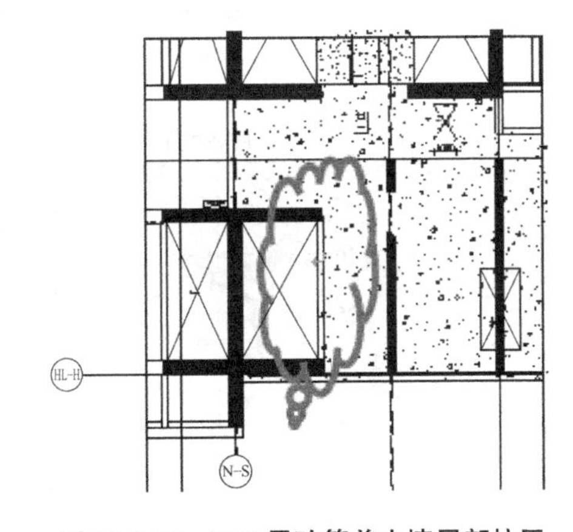

图 10-8-10 NT3 需验算剪力墙局部抗压

10.8.5 大震作用下结构性能分析

本工程利用 PERFORM-3D 程序进行弹塑性动力时程分析。采用 7 条地震波（GM1～GM7），分别按 X 向、Y 向为主方向（主次方向地震波峰值比例为 1∶0.85）进行双向弹塑性时程分析，并以 X 向结果平均值和 Y 向结果平均值的不利情况进行结构抗震性能设计。为了较为真实考虑结构钢筋的影响，整个弹塑性分析模型的构件截面积钢筋用量均按设计单位提供计算结果进行输入。

10.8.5.1 大震作用下结构整体性能分析。

(1) 弹性周期比较

PERFORM-3D 与 YJK 计算的前三周期如表 10-8-7 所示。

弹性周期比较 表 10-8-7

周期	PERFORM-3D(s)	YJK(s)
T_1	3.66	3.51
T_2	2.49	2.56
T_3	2.13	2.13

(2) 层间剪力

在 0 度、90 度罕遇地震作用下，结构层间剪力如图 10-8-11、图 10-8-12 所示。

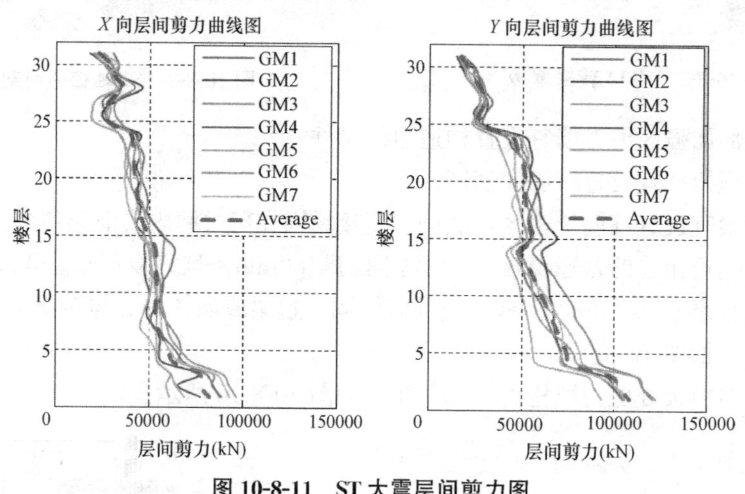

图 10-8-11 ST 大震层间剪力图

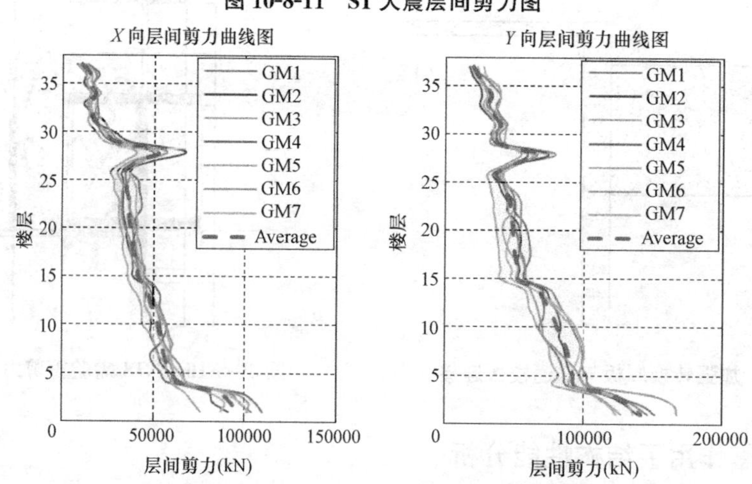

图 10-8-12 NT 大震层间剪力图

由图 10-8-11、图 10-8-12 可以看出，在转换层处（ST3 层及 NT3 层、ST14 层及 NT14 层、ST26 层及 NT28 层），楼层剪力发生突变，应加强与转换板相连的普通楼板构造措施。

（3）弹塑性位移角

在0度、90度罕遇地震作用下，结构的层间弹塑性位移角如图10-8-13、图10-8-14所示。

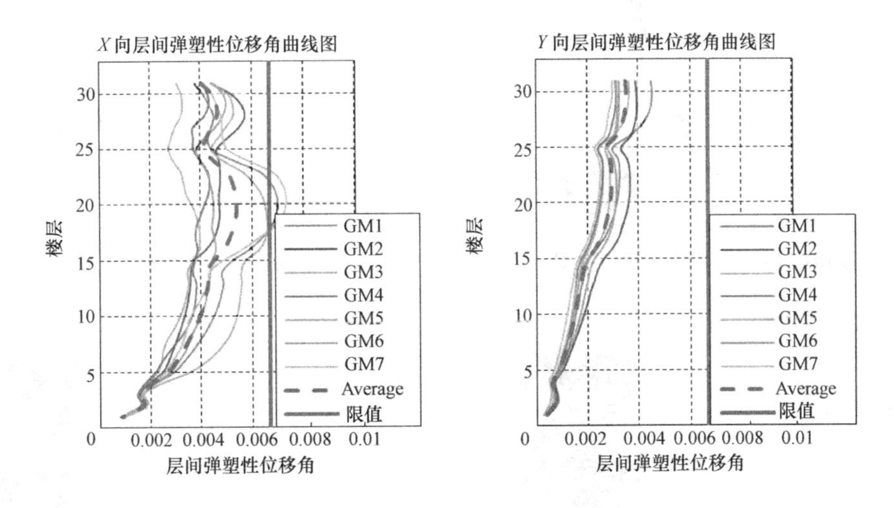

图 10-8-13 ST层间弹塑性位移角

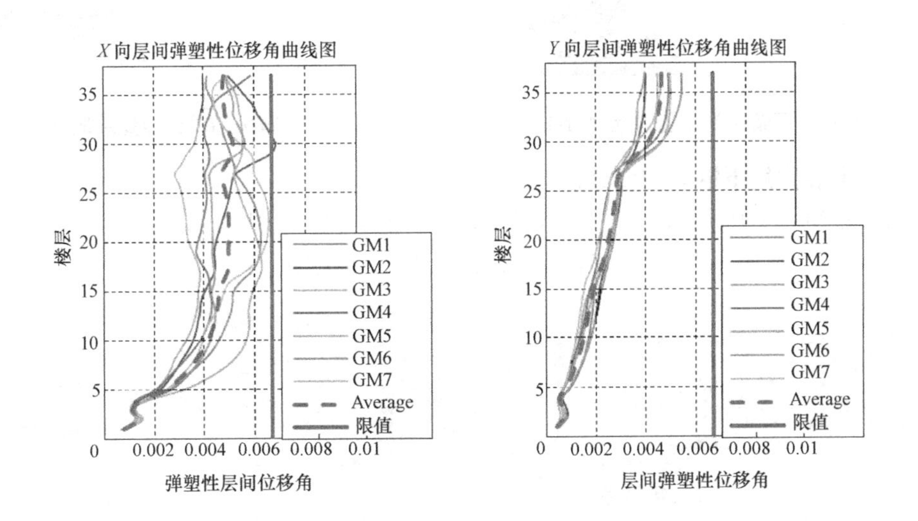

图 10-8-14 NT层间弹塑性位移角

由图10-8-13、图10-8-14可以看出，本工程层间弹塑性位移角平均值小于1/150，满足性能目标C的要求。

10.8.5.2 大震作用下结构耗散能量分析

从基底剪力中发现GM7地震波基底剪力与7条波的平均值最接近，因此选取GM7为典型地震波，以GM7X为例，介绍结构在罕遇地震作用下的耗能情况。

从能量图（图10-8-15～图10-8-18）中可以看出，在GM7X工况下，结构的非线性耗能主要由框架梁承担，竖向构件（剪力墙、框架柱及框支柱）所占耗能比例非常小。

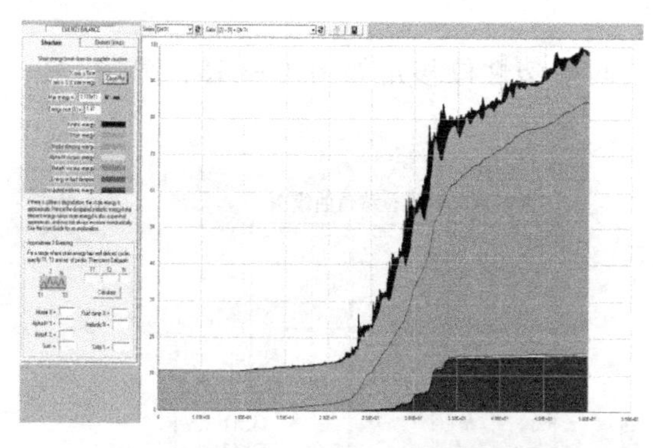

图 10-8-15　总能量耗散分布图

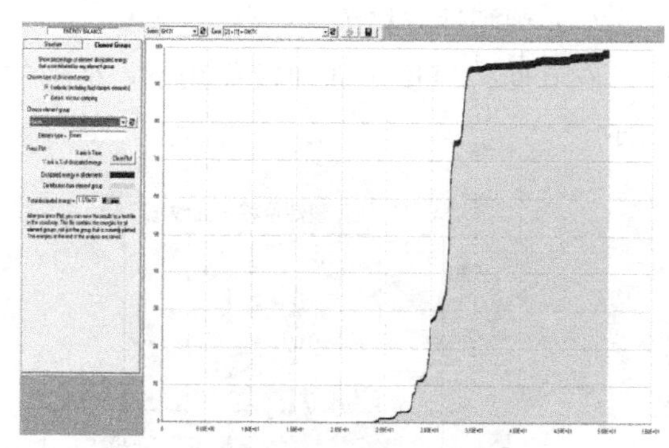

图 10-8-16　梁单元能量耗散分布图

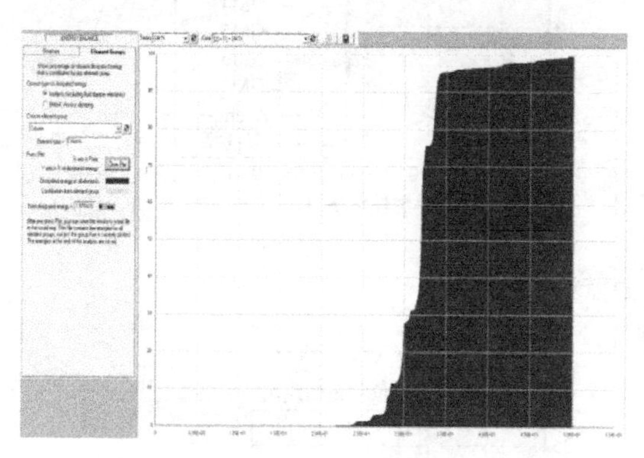

图 10-8-17　框架柱单元能量耗散分布图

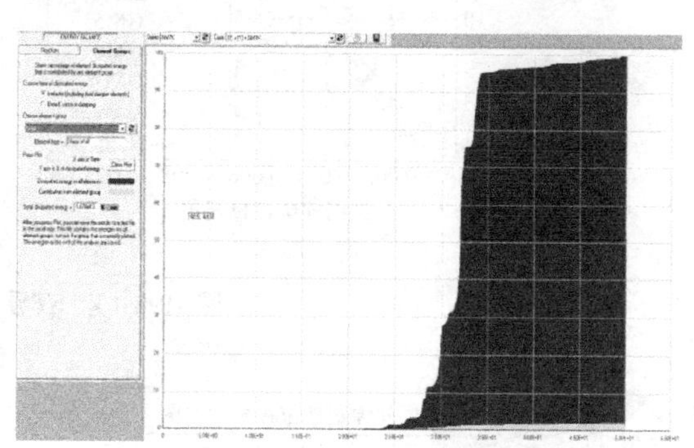

图 10-8-18　剪力墙单元能量耗散分布图

10.8.5.3　大震作用下钢筋应变分析

PERFORM-3D 中，钢筋应变大小可以通过颜色来表现。选择 GM1X 工况作为典型例子，在 GM1X 工况下钢筋应变如图 10-8-19、图 10-8-20 所示。

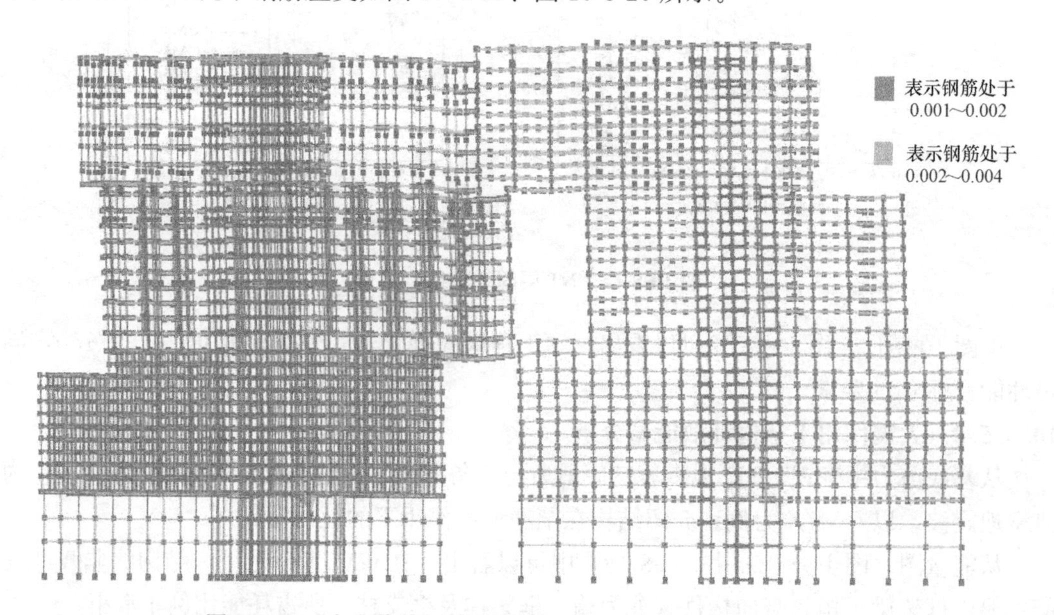

图 10-8-19　竖向构件钢筋应变分布图（钢筋屈服应变为 0.002）

由图10-8-19可以看出，大部分竖向构件钢筋的应变小于0.002，极少数处于0.002～0.004之间。说明竖向构件在大震作用下，大部分处于不屈服状态，只有极少数进入屈服状态。

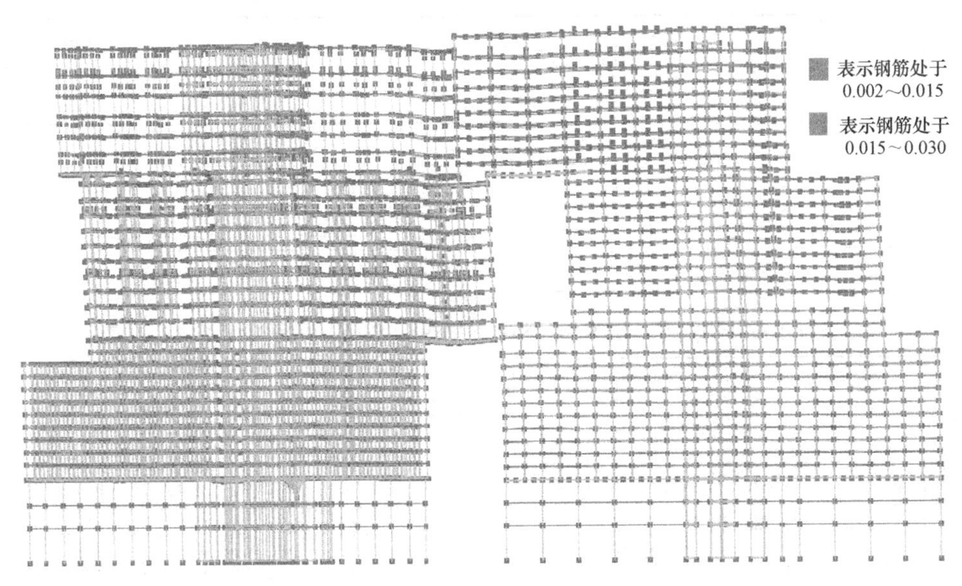

图10-8-20 梁钢筋应变分布图（钢筋屈服应变为0.002）

由图10-8-20可以看出，相当一部分梁钢筋应变超过0.002。说明在大震作用下大部分梁都进入了屈服状态。

10.8.5.4 大震作用下剪力墙受剪复核

剪切破坏是脆性破坏，根据第4性能水准要求，当钢筋混凝土竖向构件受弯进入屈服阶段，应满足最小受剪截面要求。核心筒抗剪承载力复核以ST-1层核心筒为例说明。

由图10-8-21可以看出，ST-1层核心筒剪力墙满足最小受剪截面要求。

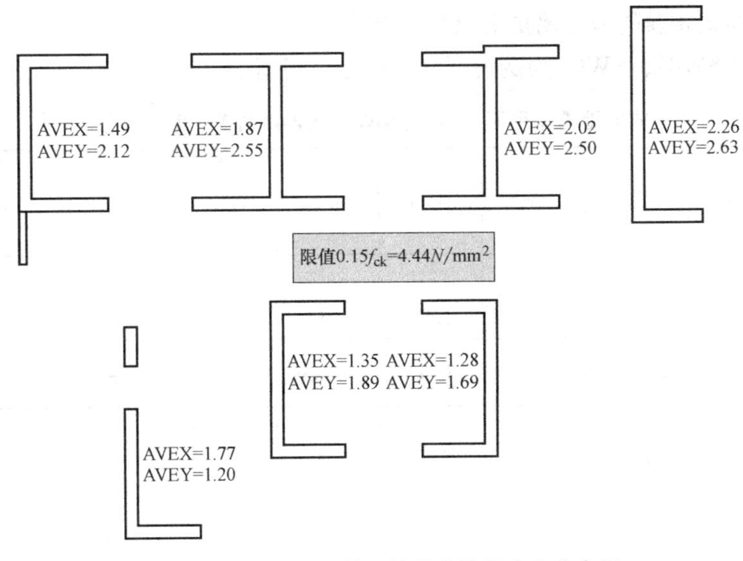

图10-8-21 ST-1层核心筒剪力墙剪应力分布图

（1）底部加强区剪力墙抗剪承载力复核

以 ST3 层 SW1、SW2、SW9、SW10 为例说明（墙编号见附图 1）。

X 方向地震作用下 ST3 层 SW1、SW2、SW9、SW10 抗剪承载力复核　　表 10-8-8

地震波	GM1	GM2	GM3	GM4	GM5	GM6	GM7	AVE	需求能力比 $\gamma_V=\frac{AVE}{0.15f_{ck}}$
ST3-SW1	0.48	0.45	0.38	0.42	0.43	0.47	0.52	0.45	0.10
ST3-SW2	0.80	0.64	0.63	0.71	0.65	0.76	0.71	0.70	0.16
ST3-SW9	0.78	0.67	0.64	0.67	0.68	0.75	0.81	0.71	0.16
ST3-SW10	0.87	0.79	0.74	0.90	0.81	0.92	0.81	0.83	0.19

Y 方向地震作用下 ST3 层 SW1、SW2、SW9、SW10 抗剪承载力复核　　表 10-8-9

地震波	GM1	GM2	GM3	GM4	GM5	GM6	GM7	AVE	需求能力比 $\gamma_V=\frac{AVE}{0.15f_{ck}}$
ST3-SW1	1.41	1.34	1.23	1.24	1.06	1.20	1.13	1.23	0.28
ST3-SW2	1.21	1.14	1.17	1.07	0.96	1.13	1.06	1.10	0.25
ST3-SW9	2.00	1.90	2.19	2.13	1.85	2.12	2.03	2.03	0.46
ST3-SW10	1.75	1.58	1.76	1.68	1.74	1.96	1.63	1.73	0.39

由表 10-8-8、表 10-8-9 可以看出，ST3 层 SW1、SW2、SW9、SW10 满足最小受剪截面要求，并对底部加强区剪力墙构造措施方面进行以下抗震加强：

① 取地下室顶板至 5F 为剪力墙底部加强区，并在底部加强区及以上下一层按特一级抗震要求设置约束边缘构件。

② 约束边缘构件纵向钢筋最小构造配筋不宜小于 1.4%，配箍率不宜小于 1.27%。

③ 水平和竖向分布筋的最小配筋率宜不宜小于 0.40%，钢筋间距不宜小于 200mm。

（2）与转换板相连的剪力墙抗剪承载力复核

以 ST24 层 SW61、SW62 为例说明（墙编号见附图 2）。

X 方向地震作用下 ST24 层 SW61、SW62 抗剪承载力复核　　表 10-8-10

地震波	GM1	GM2	GM3	GM4	GM5	GM6	GM7	AVE	需求能力比 $\gamma_V=\frac{AVE}{0.15f_{ck}}$
ST24-SW61	1.71	1.98	1.30	1.91	1.72	1.94	1.72	1.75	0.40
ST24-SW62	1.77	2.12	1.33	1.81	1.80	1.95	1.95	1.82	0.41

Y 方向地震作用下 ST24 层 SW61、SW62 抗剪承载力复核　　表 10-8-11

地震波	GM1	GM2	GM3	GM4	GM5	GM6	GM7	AVE	需求能力比 $\gamma_V=\frac{AVE}{0.15f_{ck}}$
ST24-SW61	2.91	2.92	2.82	3.00	2.80	2.31	2.60	2.76	0.62
ST24-SW62	4.34	5.19	4.01	3.40	4.24	3.98	3.78	4.14	0.93

由表10-8-10、表10-8-11可以看出，转换层处剪力墙构件抗剪需求比较大，考虑到剪切破坏为脆性破坏，且受力形式复杂，应增大该处剪力墙截面，或采用型钢剪力墙。

（3）错层剪力墙抗剪承载力复核

结构错层所在位置及剪力墙编号如图10-8-22、图10-8-23所示。以NT34层N1-1、N1-2、N1-3、N1-4为例说明。

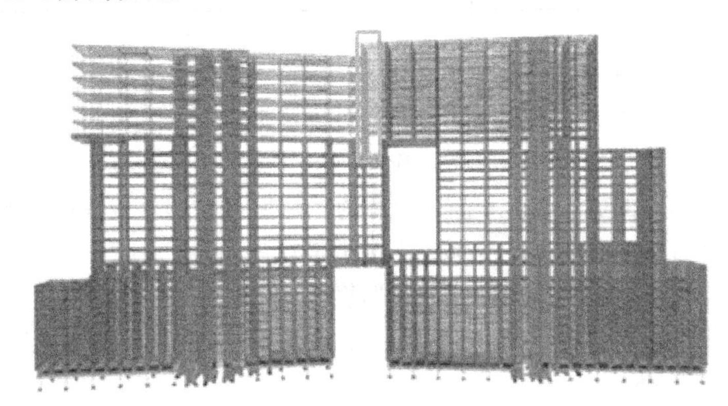

图10-8-22 错层所在位置

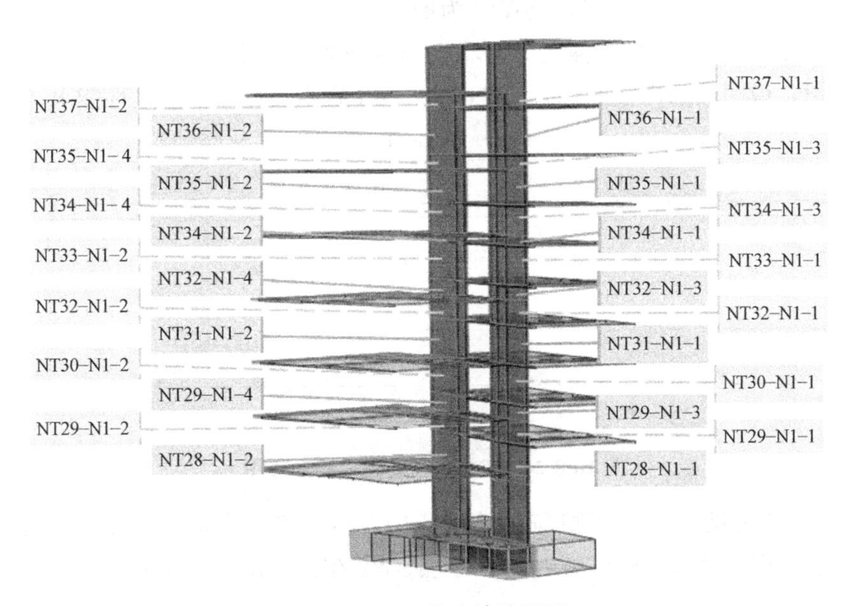

图10-8-23 剪力墙编号图

NT34层N1-1、N1-2、N1-3、N1-4平面外抗剪承载力复核　　表10-8-12

地震波	GM1	GM2	GM3	GM4	GM5	GM6	GM7	AVE	需求能力比 $\gamma_V=\frac{AVE}{0.15f_{ck}}$
NT34-N1-1	2.74	2.17	2.91	4.84	4.07	3.48	3.04	3.32	0.75
NT34-N1-2	2.74	2.70	2.70	5.05	4.78	3.74	3.71	3.63	0.82
NT34-N1-3	1.02	0.83	1.11	1.80	1.36	1.41	1.12	1.23	0.28
NT34-N1-4	0.60	0.76	0.70	1.26	1.12	1.16	0.94	0.93	0.21

NT34 层 N1-1、N1-2、N1-3、N1-4 平面内抗剪承载力复核　　表 10-8-13

地震波	GM1	GM2	GM3	GM4	GM5	GM6	GM7	AVE	需求能力比 $\gamma_V=\frac{AVE}{0.15f_{ck}}$
NT34-N1-1	0.85	0.65	1.13	1.00	1.28	0.99	0.88	0.97	0.22
NT34-N1-2	0.99	0.75	1.29	1.17	1.36	1.11	1.03	1.10	0.25
NT34-N1-3	0.66	0.52	0.67	0.73	0.69	0.64	0.77	0.67	0.15
NT34-N1-4	0.77	0.61	1.04	0.89	0.86	0.72	0.84	0.82	0.18

由表 10-8-12、表 10-8-13 可以看出，错层处剪力墙构件平面外抗剪需求比较大，考虑剪切破坏为脆性破坏，且受力形式复杂，应对错层处剪力墙采用以下加强措施：

（1）错层处平面外的剪力墙宜设置与之垂直的墙肢或扶壁柱或采用型钢剪力墙。

（2）水平和垂直竖向分布筋的配筋率不宜小于 0.5%。

10.8.5.5　大震作用下剪力墙平面内弯曲变形复核

罕遇地震作用下，当剪力墙构件受弯进入屈服阶段，其平面内弯曲变形应满足相应状态下的限值要求。

（1）第三层剪力墙平面内弯曲变形复核

以 ST3 层 SW1、SW2、SW9、SW10 为例说明。

由图 10-8-24 可见，底部加强区剪力墙 ST3 层 SW1 在每条时程波工况下转角均小于完好状态限值，说明底部加强区剪力墙 ST3 层 SW1 在大震作用下满足性能水准 4 的要求。

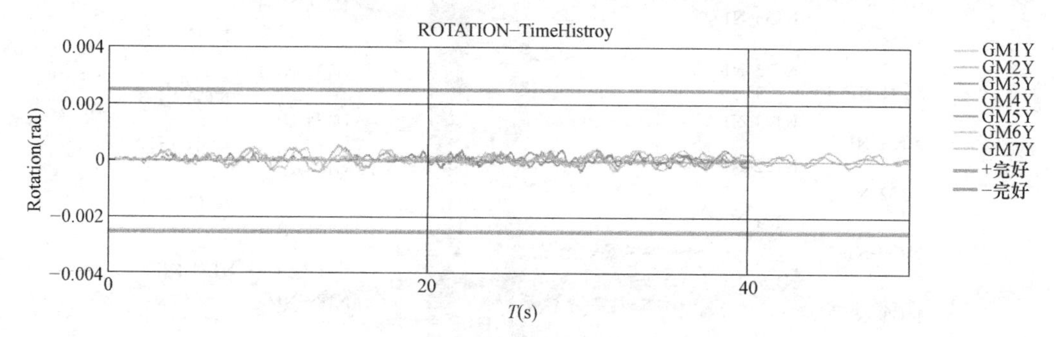

图 10-8-24　ST3-SW1 转角时程变形图

由图 10-8-25 可见，底部加强区剪力墙 ST3 层 SW2 在每条时程波工况下转角均小于完好状态限值，说明底部加强区剪力墙 ST3 层 SW2 在大震作用下满足性能水准 4 的要求。

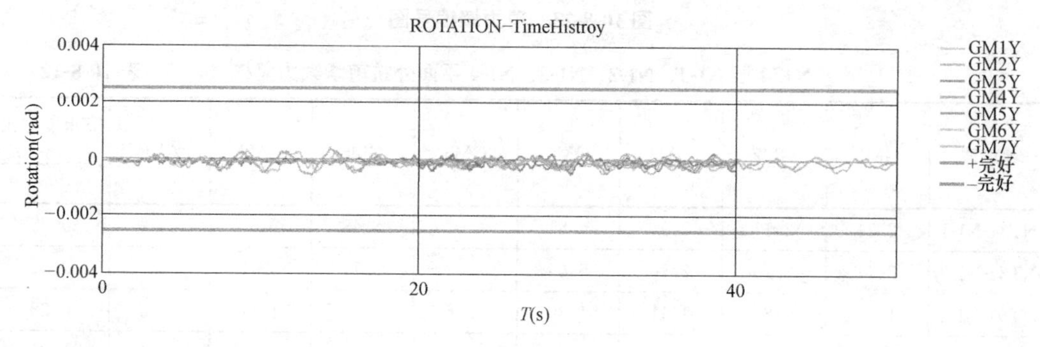

图 10-8-25　ST3-SW2 转角时程变形图

由图10-8-26可见，底部加强区剪力墙ST3层SW9在每条时程波工况下转角均小于完好状态限值，说明底部加强区剪力墙ST3层SW9在大震作用下满足性能水准4的要求。

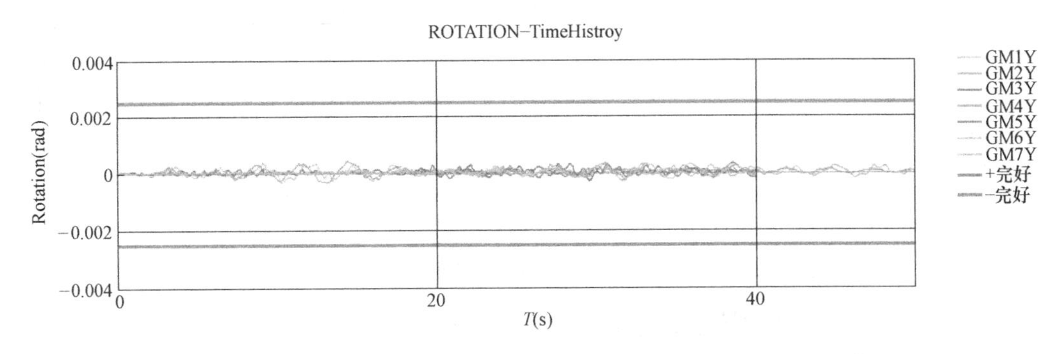

图10-8-26 ST3-SW9转角时程变形图

由图10-8-27可见，底部加强区剪力墙ST3层SW10在每条时程波工况下转角均小于完好状态限值，说明底部加强区剪力墙ST3层SW10在大震作用下满足性能水准4的要求。

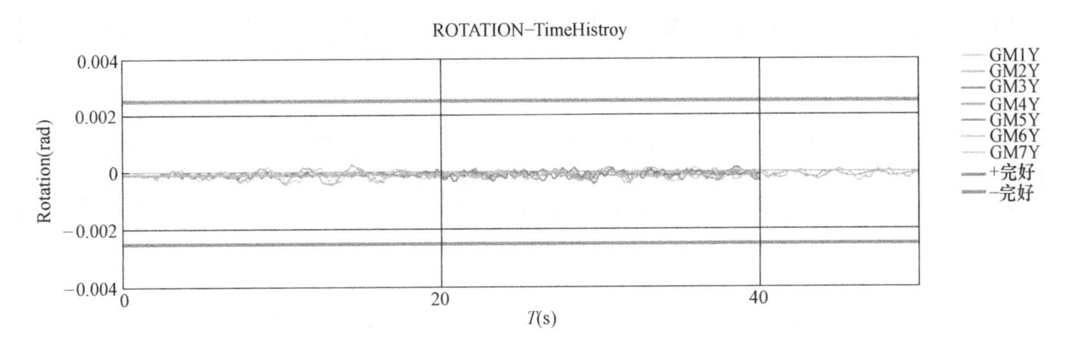

图10-8-27 ST3-SW10转角时程变形图

(2) 与转换板相连剪力墙平面内弯曲变形复核

以ST24层SW61例说明（墙编号见附图2）。

由图10-8-28、图10-8-29可见，与转换板相连剪力墙ST24-SW61在每条时程波工况下转角均小于完好状态限值，说明与转换板相连剪力墙ST24-SW61在大震作用下满足性能水准4的要求。

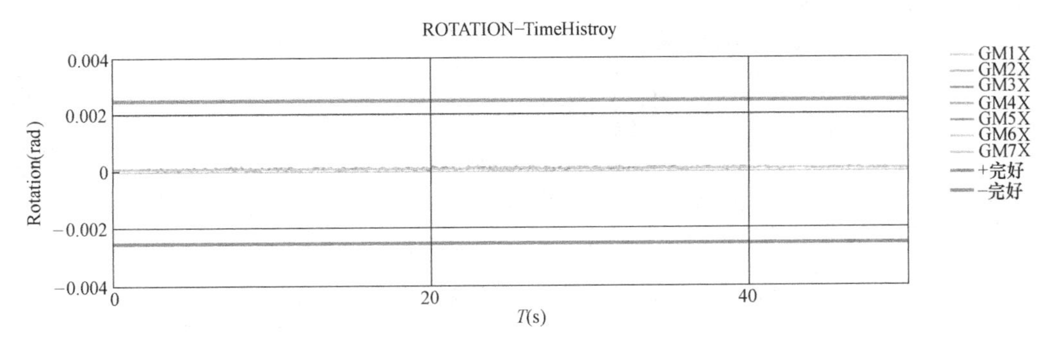

图10-8-28 *X*向地震ST24-SW61转角时程变形图

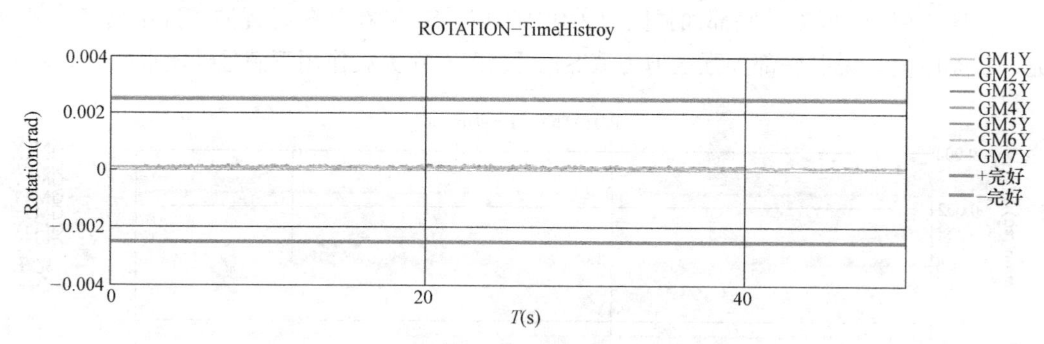

图 10-8-29　*Y* 向地震 ST24-SW61 转角时程变形图

10.8.5.6　大震作用下剪力墙平面外抗弯承载力复核

受弯屈服承载力采用 XTRACT 程序计算。

(1) 第三层剪力墙平面外抗弯承载力复核

以 SW1、SW9 为例说明（墙编号见附图 10-8）。

由图 10-8-30 可见，ST3 层 SW1 在大震作用下发生平面外抗弯屈服，应提高其平面外抗弯能力。

由图 10-8-31 可见，ST3 层 SW9 在大震作用下发生平面外抗弯屈服，应提高其平面外抗弯能力。

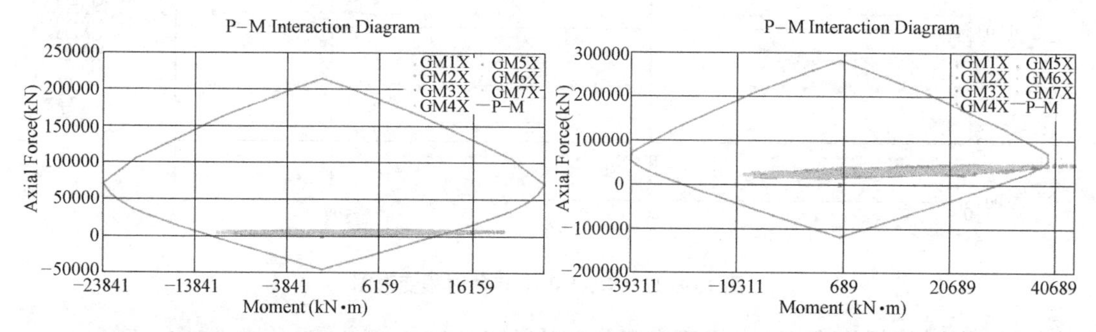

图 10-8-30　ST3-SW1 P-M 时程包络图　　图 10-8-31　ST3-SW9 P-M 时程包络图

(2) 与转换板相连剪力墙平面外抗弯承载力复核

以 ST24 层 SW59 为例说明（墙编号见附图 2）。

由图 10-8-32、图 10-8-33 可见，ST34 层 SW59 在大震作用下发生平面外抗弯屈服，应提高其平面外抗弯能力。

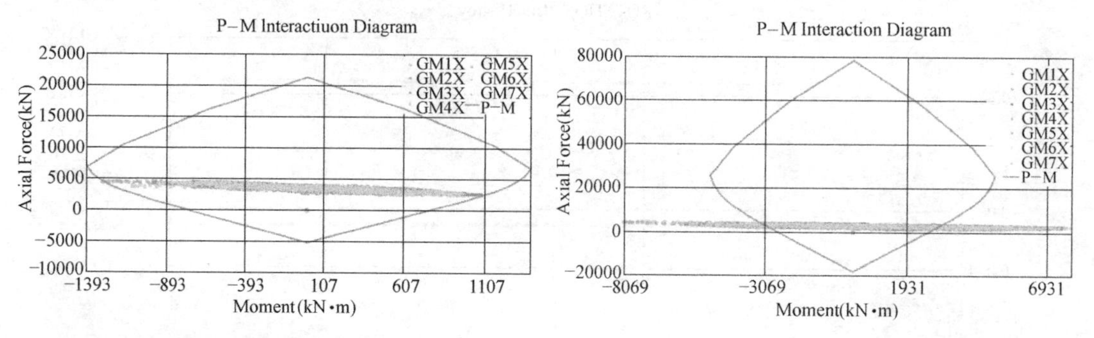

图 10-8-32　ST34-SW59（短）P-M 时程包络图　　图 10-8-33　ST34-SW59（长）P-M 时程包络图

10.8.5.7 大震作用下框支柱承载力及变形复核

根据本章设定的性能目标，框支柱在大震作用在应满足抗弯不屈服的要求，其弯曲变形应满足相应状态下的限值要求。以框支柱 STC1 为例说明，（柱编号见附图 10-8）。

（1）框支柱承载力复核

由图 10-8-34～图 10-8-37 可见，－1 层、2 层框支柱 STC1 在大震作用下抗弯不屈服，满足性能水准 4 的要求。

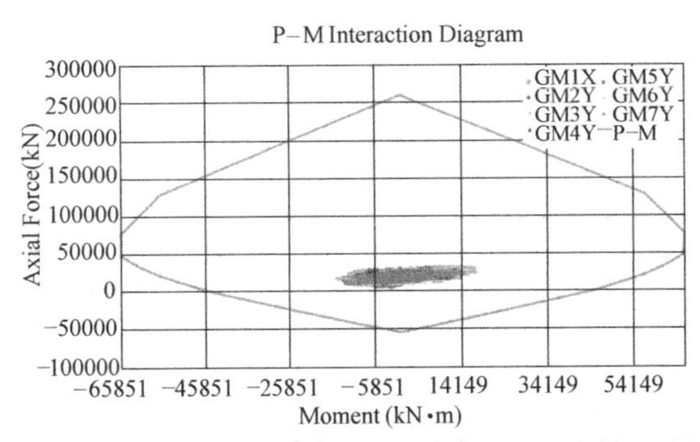

图 10-8-34 －1 层 STC1 *X* 向地震下 P-M 时程包络图

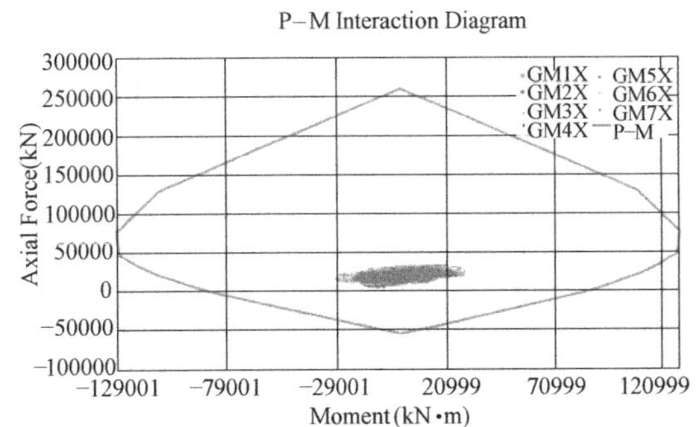

图 10-8-35 －1 层 STC1 *Y* 向地震下 P-M 时程包络图

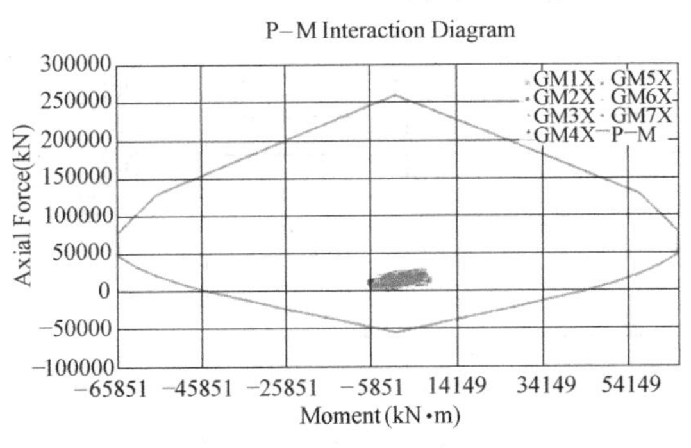

图 10-8-36 2 层 STC1 *X* 向地震下 P-M 时程包络图

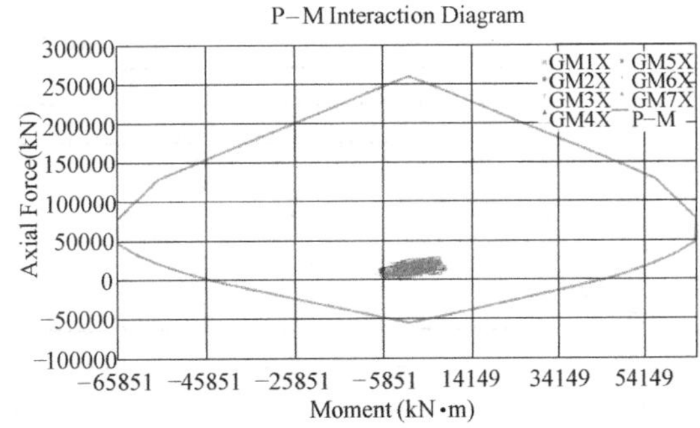

图 10-8-37 2 层 STC1 *Y* 向地震下 P-M 时程包络图

（2）框支柱弯曲变形复核

由图 10-8-38～图 10-8-41 可见，－1 层、2 层框支柱 STC1 在每条时程波工况下转角均小于完好状态限值，满足性能水准 4 的要求。

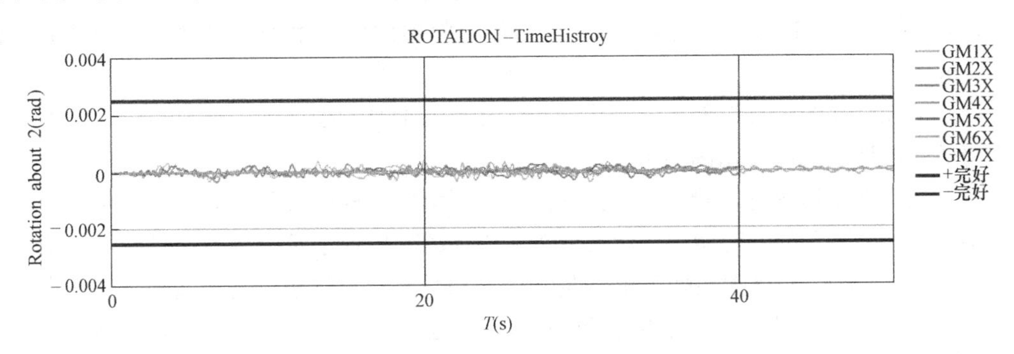

图 10-8-38 －1 层 STC1 X 向地震转角时程变形图

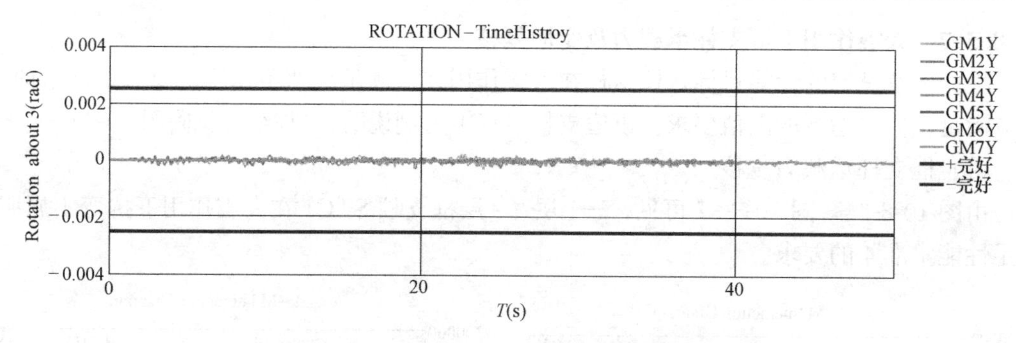

图 10-8-39　－1 层 STC1 Y 向地震转角时程变形图

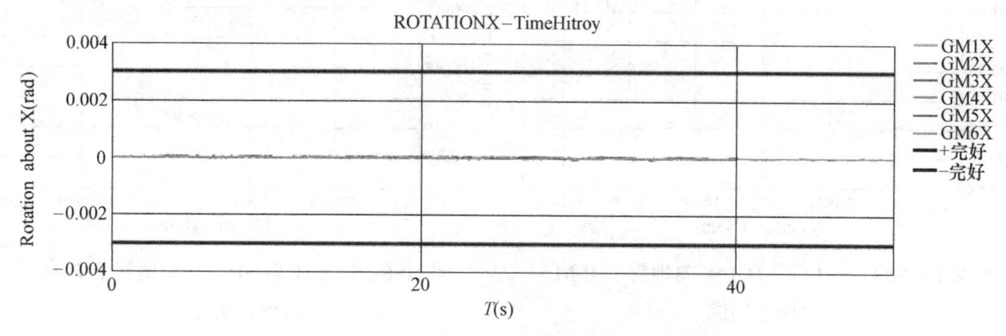

图 10-8-40　2 层 STC1 X 向地震转角时程变形图

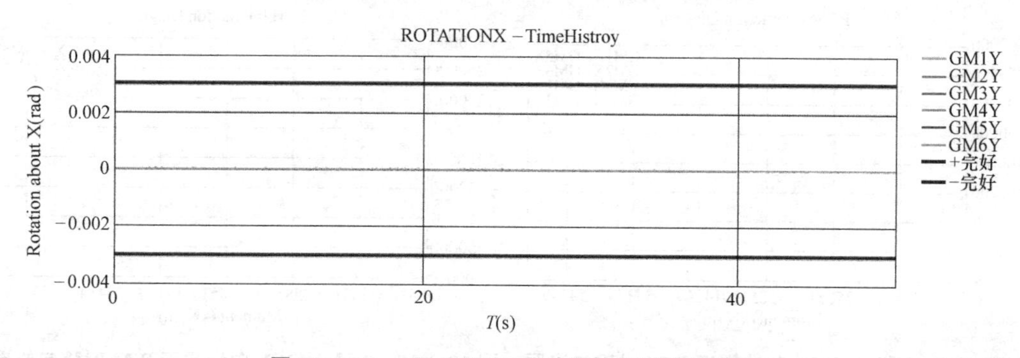

图 10-8-41　2 层 STC1 Y 向地震转角时程变形图

10.8.5.8　大震分析小结

综上分析，结构整体具有较好的抗侧刚度及承载力；结构整体及构件性能基本满足大震作用下性能目标所设定的承载力和刚度需求。分析结论：

(1) 7 条地震波在大震作用下，X、Y 向楼层弹塑性位移角平均值满足结构性能目标 C 级要求。

(2) 从能量耗散图可以看出，结构的非线性耗能主要由框架梁和连梁贡献，框架柱和剪力墙的非线性耗能所占比例很小。

(3) 从构件变形图可以看出，构件的破坏主要集中在框架梁和连梁等水平构件，大多数框架梁及连梁转角处于轻微损坏状态；少数构件的变形处于轻中等破坏状态，但均小于严重破坏状态限值，框架梁抗震性能满足结构 C 级抗震性能要求。剪力墙基本处于完好状态，只有少数构件屈服，且转角均处于轻微损坏状态。框架柱基本处于完好状态，只有少数构件屈服，且转角均处于轻微损坏状态。框支柱基本处于完好状态。

附图：构件编号图

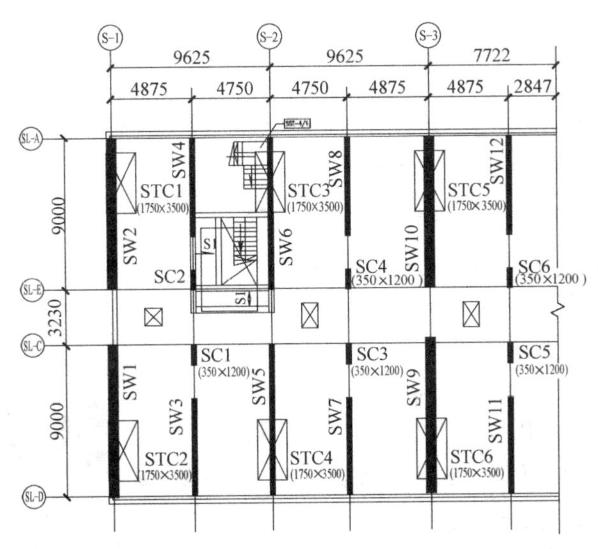

附图1 ST3层局部构件编号图

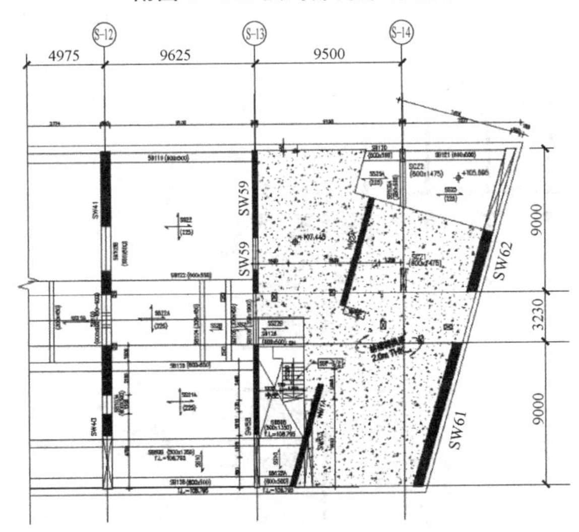

附图2 ST24层局部构件编号图

（注：本工程超限设计完成于2013年11月）

10.9 南沙建滔广场

10.9.1 工程概况

南沙建滔广场位于广州市南沙自贸区蕉门河中心区供电局西侧，毗邻地铁4号线。本项目用地面积12619m^2，总建筑面积116172m^2，其中地下33370.7m^2，地上82801.4m^2，项目效果图如图10-9-1所示。

本工程抗震设防烈度为7度，设计基本地震加速度为0.10g，场地类别为Ⅲ类，50年一遇的基本风压为 0.60kN/m²。

10.9.2 结构概况

10.9.2.1 结构体系

本项目为集商业和办公为一体的城市综合体，是一个双塔楼连体结构，根据建筑平面布局特点，北塔结构体系采用部分框支剪力墙结构（转换层为二层，即三层楼面），南塔结构体系采用框架-剪力墙结构。本项目包括 3 层地下室、34 层的北塔和 25 层的南塔。北塔地面以上高度为 149.5m，塔楼高宽比约 6.6；南塔地面以上高度为 104.5m，高宽比约 4.6。北塔与南塔的连体层位于 3 层和 18～26 层。此外，竖向构件在 79.7m 高度处收进约 70%，在 104.5m 高度处收进约 58%。

图 10-9-1　项目效果图

塔楼采用现浇混凝土梁板楼盖体系，典型结构平面布置如图 10-9-2 所示。

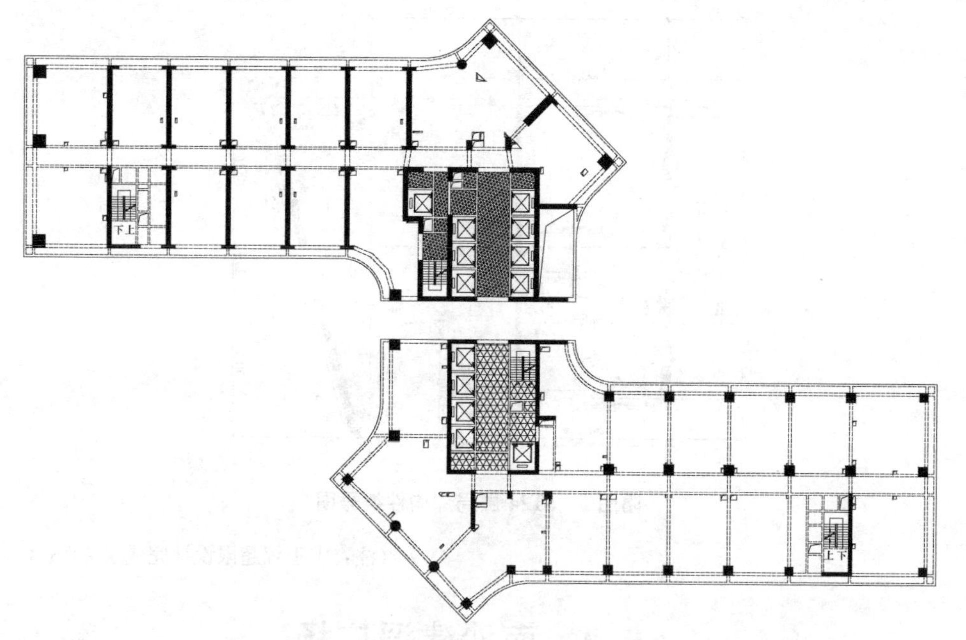

图 10-9-2　典型楼层结构平面布置图

10.9.2.2 结构主要构件尺寸

根据计算结果，结构主要构件的截面如表 10-9-1 所示。

主要构件截面　　表 10-9-1

构件名称	构件尺寸(单位:mm)	材料强度等级
剪力墙	北塔:700～300 南塔:400～300	C60～C40
连梁	梁宽同墙宽,梁高:800、1000	C60～C40

续表

构件名称	构件尺寸(单位:mm)	材料强度等级
框架梁	北塔:400×800、300×800、250×600等 南塔:300×800、250×600等 连体部分:600×900、600×1200、500×900	C35～C30
框架柱	北塔:1600×2000、1300×1300、500×800等 南塔:1100×1100、1000×1000、400×600等	C70～C40

10.9.3 结构超限情况

本工程超限情况如下：

(1) 结构高度超限：北塔高度为149.5m，超出《高规》B级高度120m限值。

(2) 扭转不规则：考虑偶然偏心地震作用下，20层X方向扭转位移比1.32，20层Y方向扭转位移比1.88，超出《超限高层建筑工程抗震设防专项审查技术要点》的1.2限值。

(3) 尺寸突变：竖向构件在79.7m高度处收进约70%、在104.5 m高度处收进约58%（竖向构件收进位置高于结构高度20%且收进大于25%），不符合《高规》3.5.5条的要求。

(4) 竖向构件不连续：北塔8片剪力墙在3层楼面转换。

(5) 复杂连接：3层、18～26层连体（连体两端塔楼高度、体型或沿大底盘某个主轴方向的振动周期显著不同）。

10.9.4 荷载与作用

10.9.4.1 风荷载

广州市南沙区50年重现期基本风压为$\omega_0=0.60\text{kN/m}^2$，建筑物地面粗糙度类别取为B类，依据《高层建筑混凝土结构技术规程》体形系数取1.4。

10.9.4.2 地震作用

(1) 抗震设计参数

根据《抗规》和《建筑工程抗震设防分类标准》GB 50223—2008等，本工程结构设计中采用的抗震设计参数如表10-9-2所示。

抗震设计参数表 **表10-9-2**

项　目	内　容	项　目	内　容
设计基准期	50年	设计使用年限	50年
设计耐久性	50年	抗震设防分类	标准设防类
建筑结构安全等级	二级	地基基础设计等级	甲级
设计烈度	7度	抗震措施烈度	7度
特征周期	0.45s	周期折减系数	0.80
场地类别	Ⅲ类	设计地震分组	第一组
基本地震加速度	0.10g	结构阻尼比	0.05

（2）地震波的选取

本工程时程分析使用的地震波选取原则同本书中工程实例 1。最终选取的地震波反应谱如图 10-9-3 所示，其中 GM1～GM5 为天然波，GM6～GM7 为人工波。

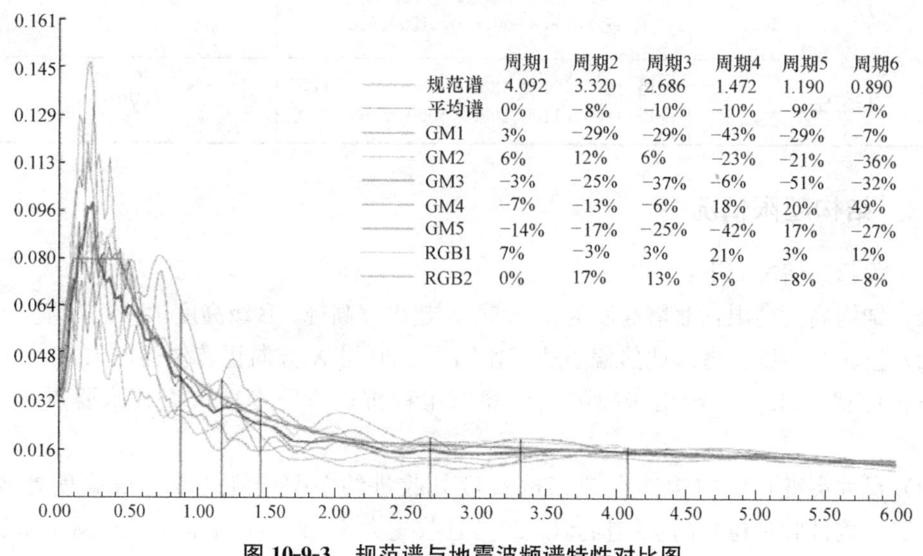

图 10-9-3　规范谱与地震波频谱特性对比图

（3）抗震等级

根据《高规》和《抗规》的有关规定，本工程框支框架，在连接体高度范围内及其上下一层、连接体及与连接体相连的结构构件为特一级，其余剪力墙和框架为一级。

10.9.5　结构抗震性能目标和设计方法

10.9.5.1　结构性能指标

根据《高规》3.11.1 条抗震性能目标四个等级和 3.11.2 条抗震性能五个水准规定，本工程确定抗震性能目标为 C 级，对应小、中、大震的抗震性能水准为 1、3、4。抗震性能目标细化如表 10-9-3 所示。

结构整体性能指标 C 级　　**表 10-9-3**

		地震作用	小震	中震	大震
结构整体性能水平		性能水准	1	3	4
		层间位移角	1/800	—	1/120
		性能水平定性描述	完好，一般不需修理即可继续使用	轻度损坏，稍加修理，仍可继续使用	中度破坏，需修复或加固后可继续使用
		评估方法	YJK 弹性分析	YJK 中震性能设计	Perform-3D 动力弹塑性分析
关键构件	底部加强区剪力墙	控制指标	承载力设计值满足规范要求	抗剪弹性 抗弯不屈服	抗剪不屈服 弯曲转角不超过轻中等破坏限值
		构件损坏状态	完好	轻微损坏	轻中等破坏

续表

关键构件	底部加强区框架柱	控制指标	承载力设计值满足规范要求	抗剪弹性 抗弯不屈服	抗剪不屈服 弯曲转角不超过 轻中等破坏限值
		构件损坏状态	完好	轻微损坏	轻中等破坏
	框支框架	控制指标	承载力设计值满足规范要求	抗剪弹性 抗弯不屈服	抗剪不屈服 弯曲转角不超过 轻中等破坏限值
		构件损坏状态	完好	轻微损坏	轻中等破坏
	连接体底层和顶层及其相邻层相连构件	控制指标	承载力设计值满足规范要求	抗剪弹性 抗弯不屈服	抗剪不屈服 弯曲转角不超过 轻中等破坏限值
		构件损坏状态	完好	轻微损坏	轻中等破坏
普通竖向构件	非底部加强区剪力墙	控制指标	承载力设计值满足规范要求	抗剪不屈服 抗弯不屈服	抗剪满足最小截面要求 弯曲转角不超过 中等破坏限值
		构件损坏状态	完好	轻微损坏	部分中等破坏
	非底部加强区框架柱	控制指标	承载力设计值满足规范要求	抗剪不屈服 抗弯不屈服	抗剪满足最小截面要求 弯曲转角不超过 中等破坏限值
		构件损坏状态	完好	轻微损坏	部分中等破坏
耗能构件	框架梁	控制指标	承载力设计值满足规范要求	抗剪不屈服，部分构件进入抗弯屈服状态	抗剪满足最小截面要求 弯曲转角不超过 中等破坏限值
		构件损坏状态	完好	轻中等损坏 个别中等损坏	中等破坏 个别严重破坏
	连梁	控制指标	承载力设计值满足规范要求	抗剪不屈服，部分构件进入抗弯屈服状态	抗剪满足最小截面要求 弯曲转角不超过 严重破坏限值
		构件损坏状态	完好	轻中等损坏 部分中等损坏	中等破坏 部分严重破坏
体型收进层(21层、26层)、连体层(3层、18～26层)楼板		控制指标	承载力设计值满足规范要求	抗剪弹性，抗拉不屈服	—
		构件损坏状态	完好	轻中等损坏 部分中等损坏	—

10.9.5.2 地震作用下的结构构件性能分析表达式

设计表达式如下所示，符号含义同工程实例1。

（1）小震作用下的结构构件性能分析表达式

$S_d \leqslant R_d$ 或 $S_d \leqslant \frac{R_d}{\gamma_{RE}}$（仅竖向地震作用时，$\gamma_{RE}$取 1.0）

（2）中震、大震作用下的结构构件性能分析表达式

弹性设计：

$$\gamma_G S_{GE} + \gamma_{Eh} S_{Ehk}^* + \gamma_{Ev} S_{Evk}^* \leqslant \frac{R_d}{\gamma_{RE}}$$

不屈服设计：

$S_{GE} + S_{Ehk}^* + 0.4 S_{Evk}^* \leqslant R_k$（水平地震控制）

$S_{GE} + 0.4 S_{Ehk}^* + S_{Evk}^* \leqslant R_k$（竖向地震控制）

（3）最小受剪截面要求（钢筋混凝土竖向构件）：

$V_{GE} + V_{Ek}^* \leqslant 0.15 f_{ck} b h_0$

（4）变形校核

根据性能目标，按下式校核构件的性能：

$\delta \leqslant [\delta]$

10.9.6 风荷载及小震作用下性能分析

小震作用下的结构抗震设计分别采用 YJK 和 ETABS 进行计算，考察结构整体特性时采用刚性楼板假设，结构构件的抗震等级和结构构件的特殊设定（如转换梁）严格按照规范设定，以便分析程序自动按照规范考虑结构、构件的内力增大、调整系数。通过分析结果发现两种软件的结构主要信息较吻合，结构模型可靠。同时采用弹性时程分析进行多遇地震作用下的补充验算。

10.9.6.1 风荷载作用下结构性能分析

验算结构在重现期为 50 年的风荷载作用下结构整体性能，分析结果如表 10-9-4 所示。

风荷载作用下结构整体性能 **表 10-9-4**

风荷载作用	规范静力分析			
作用方向	*X* 方向		*Y* 方向	
分析软件	YJK	ETABS	YJK	ETABS
最大层间位移角（限值 1/800）	1/1548（18 层北塔）	1/1256（16 层北塔）	1/913（34 层北塔）	1/791（34 层北塔）
基底剪力(kN)	15070	15849	25939	26532
倾覆弯矩(kN·m)	1238591	1297185	2099937	2148965

对比分析两程序在重现期为 50 年风荷载作用下结构层间位移角、楼层剪力、楼层倾覆弯矩的计算结果，两程序分析结果较吻合，满足设定的性能要求。

10.9.6.2 小震作用下结构性能分析

验算结构在 *X* 向、*Y* 向小震作用下结构的整体性能，分析结果如表 10-9-5 所示。

小震作用下结构整体性能 表 10-9-5

分析方法	振型分解反应谱分析				弹性动力时程分析	
分析软件	YJK		ETABS		—	
第一平动周期 T_1(s)	4.09		4.41			
第二平动周期 T_2(s)	3.32		3.34			
第一扭转周期 T_t(s)	2.68		2.72			
T_t/T_1	0.66		0.62			
方向	X		Y		X	Y
分析软件	YJK				—	—
刚重比(限值 1.4)	2.58		4.69		—	—
分析软件	YJK	ETABS	YJK	ETABS	YJK	YJK
小震下最大层间位移角(限值 1/500)	1/846(22 层北塔)	1/802(22 层北塔)	1/1041(34 层北塔)	1/874(34 层北塔)	1/789(南塔)	1/837(北塔)
小震下基底剪力(kN)	20292	20457	25107	25791	8731	9635
小震下基底弯矩(kN·m)	1550101	1644428	1442837	1562824	—	—

根据《高层建筑混凝土结构技术规程》要求，结构的扭转位移比不宜大于 1.2，不应大于 1.4。结构各楼层的扭转位移比如图 10-9-4 所示。

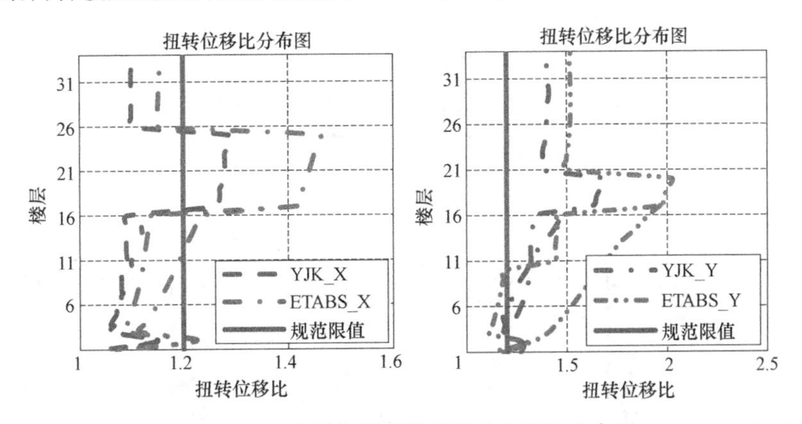

图 10-9-4 小震作用下楼层扭转位移比分布图

在具有偶然偏心的 X 向规定水平力作用下，连体层的扭转位移比均超过 1.2，但小于 1.5；在具有偶然偏心的 Y 向规定水平力作用下，大部分楼层的扭转位移比均超过 1.2，个别连体层的扭转位移比甚至超过了 1.8。通过验算相关竖向构件的抗剪承载力，保证结构可以抵抗由于平面不规则引起的不利地震效应。

根据《高层建筑混凝土结构技术规程》，小震作用下结构各楼层的 X 向剪重比不应小于 1.44%，Y 向不应小于 1.60%。结构各楼层剪重比竖向分布如图 10-9-5 所示。

本结构个别楼层的剪重比不满足规范最小剪重比的要求，楼层剪力已按照楼层最小剪力的要求放大。

下面以 X 向小震作用下结构的层间位移角、楼层剪力为例，分析结果如图 10-9-6、图 10-9-7 所示。

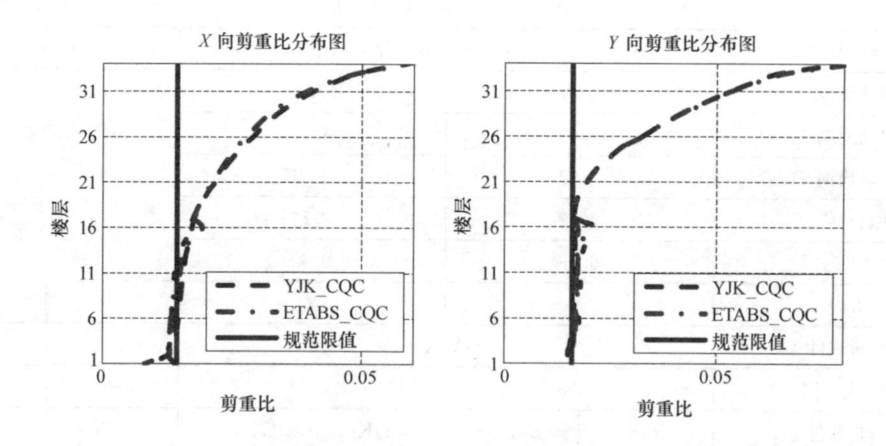

图 10-9-5　楼层剪重比竖向分布图

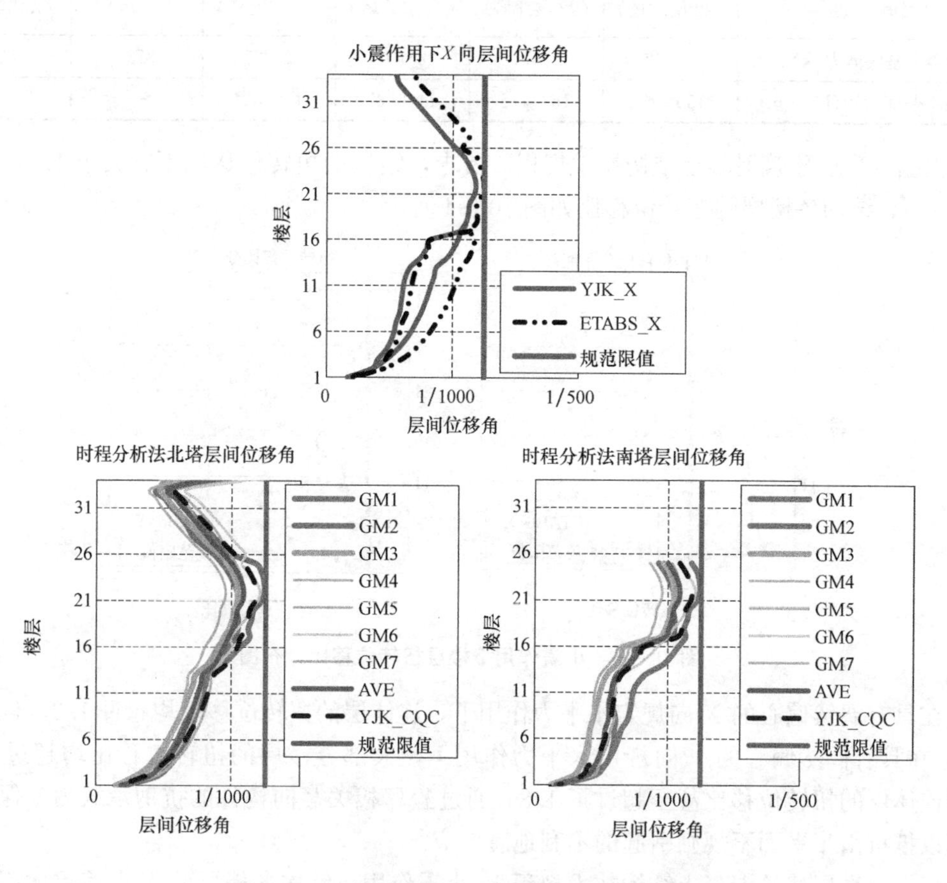

图 10-9-6　小震作用下 X 向层间位移角分布图

由图 10-9-6、图 10-9-7 可见，不同地震波作用下结构层间位移角、楼层剪力的时程分析结果的平均效应均小于 CQC 法的计算结果。分析结果表明结构层间位移角小于 1/800，满足设定的性能要求。

楼层侧向刚度比如图 10-9-8 所示。

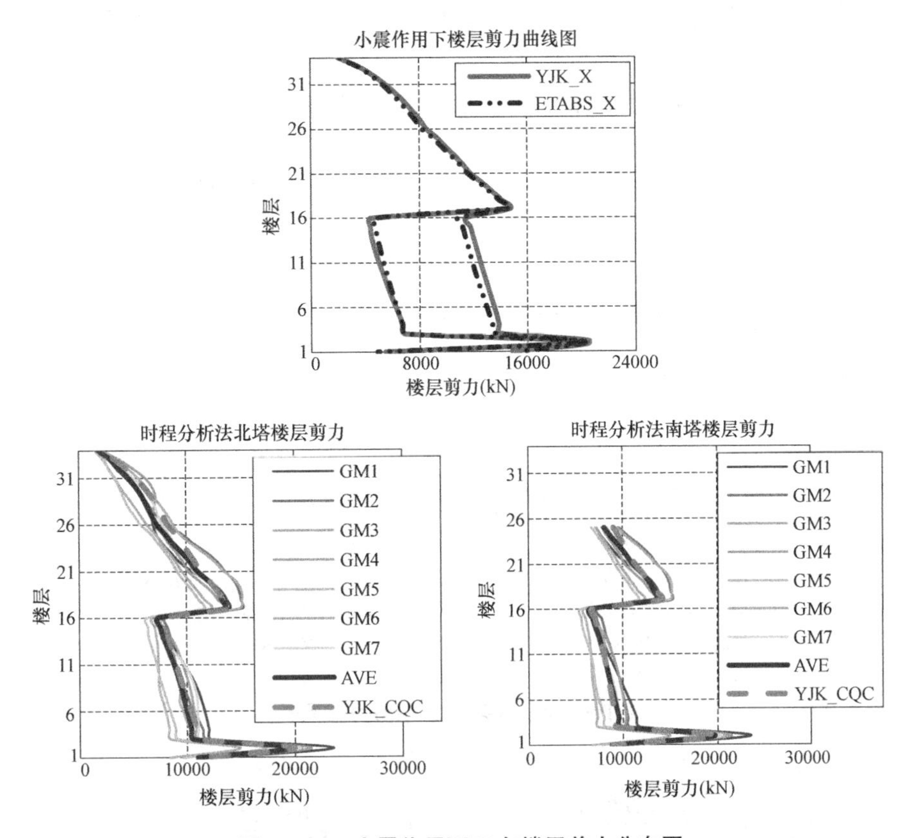

图 10-9-7　小震作用下 *X* 向楼层剪力分布图

图中的抗侧刚度比已除以系数 0.9、1.1、1.5，即比值大于 1 为满足规范要求。南北塔在 1 层和 16 层存在着分塔和连体的差别，结构的侧向刚度比存在数据统计的问题，修正后所有楼层的侧向刚度比均满足《高层建筑混凝土结构技术规程》的要求。

根据《高层建筑混凝土结构技术规程》3.5.3 条，B 级高度高层建筑的楼层抗侧力结构的层间受剪承载力不应小于其相邻上一层受剪承载力的 75%。层间抗剪承载力比值分布图如图 10-9-9 所示。

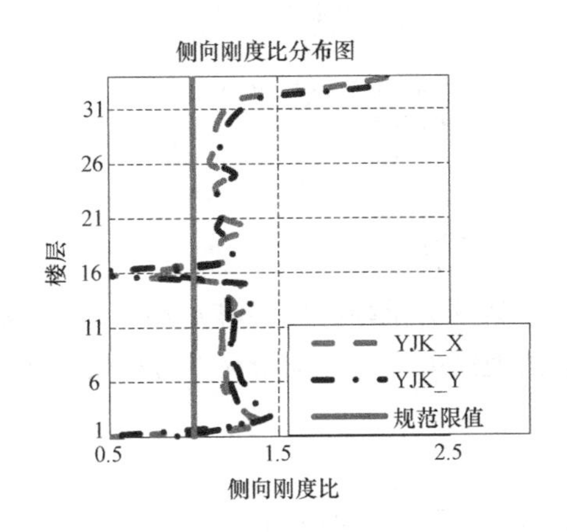

图 10-9-8　楼层抗侧刚度比

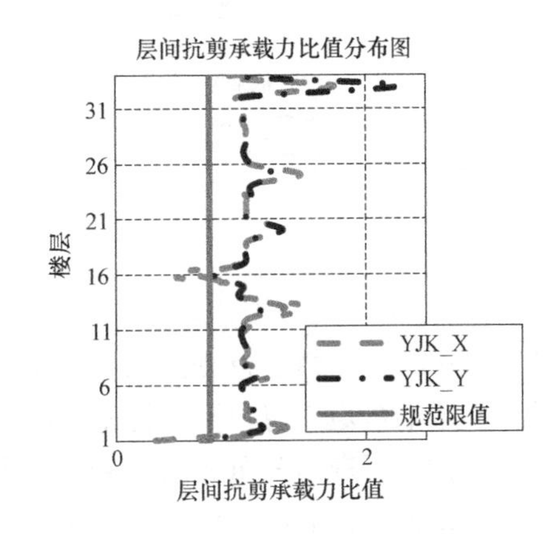

图 10-9-9　楼层抗侧刚度比

南北塔在 1 层和 16 层存在着分塔和连体的差别，结构的层间抗剪承载力经过修正后可满足规范要求。

小震作用下，南塔框架-剪力墙之间剪力分布如图 10-9-10、图 10-9-11 所示。

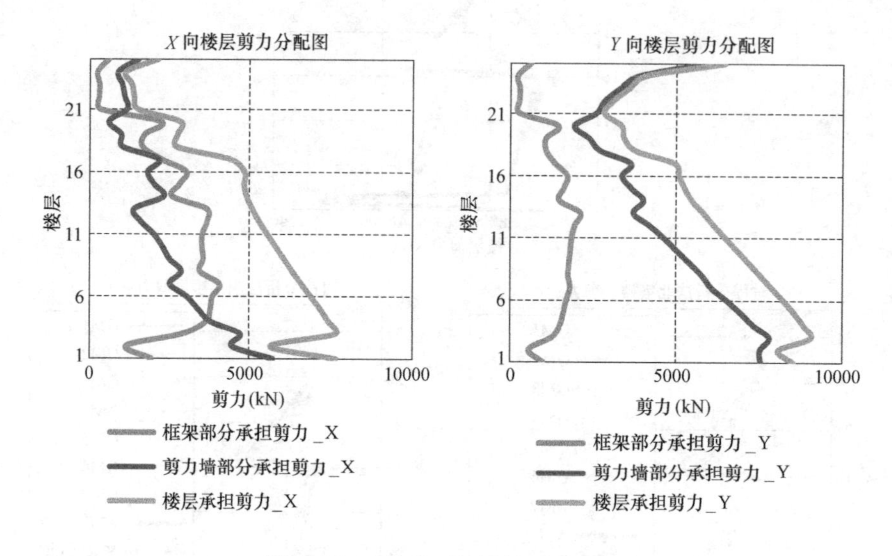

图 10-9-10　框架-剪力墙剪力分配图

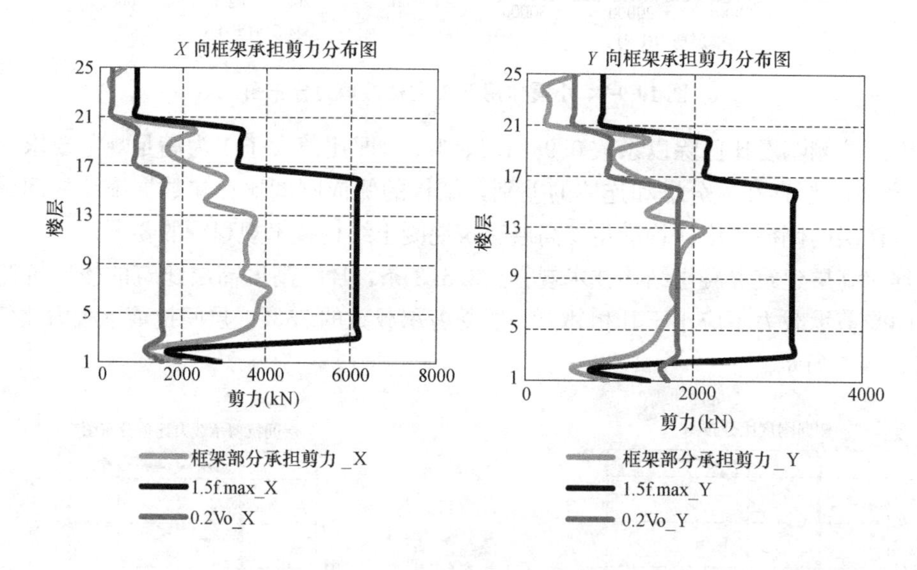

图 10-9-11　框架部分承担剪力图

由图 10-9-11 可以看出，在 X 方向和 Y 方向，框架部分承担的楼层剪力需按 $0.2V_0$ 和 $1.5V_{f,max}$ 中的较小值进行分段调整。在调整框架柱的地震剪力后，框架柱端弯矩及与之相连的框架梁端弯矩、剪力不进行相应调整。

楼层抗倾覆弯矩分布如图 10-9-12 所示。

底层框架承担的抗倾覆弯矩 X 向 20.65%、Y 向 11.56%，均大于 10%且小于 50%，属于典型的框架-剪力墙结构。

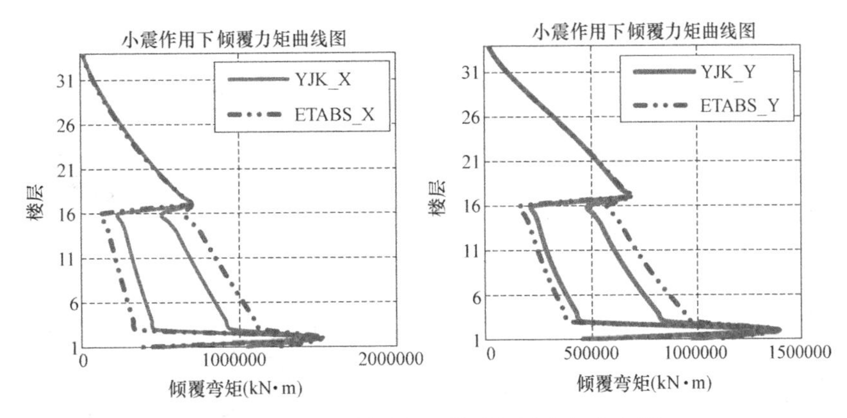

图 10-9-12　小震作用下楼层倾覆弯矩分布图

10.9.7　中震作用下结构性能分析

10.9.7.1　中震计算参数

中震性能计算参数　　表 10-9-6

中震不屈服		中震弹性	
是否刚性楼板假定	否	是否刚性楼板假定	否
风荷载计算信息	不计算	风荷载计算信息	不计算
考虑 *P*-Δ 效应	是	考虑 *P*-Δ 效应	是
中梁刚度放大系数	按 2010 规范取值	中梁刚度放大系数	按 2010 规范取值
地震影响系数最大值 α_{max}	0.23	地震影响系数最大值 α_{max}	0.23
周期折减系数	1.0	周期折减系数	1.0
结构阻尼比	0.07	结构阻尼比	0.07
双向地震	不考虑	双向地震	不考虑
偶然偏心	不考虑	偶然偏心	不考虑
材料强度	采用标准值	材料强度	同小震弹性分析
作用分项系数	1.0	作用分项系数	同小震弹性分析
抗震承载力调整系数	1.0	抗震承载力调整系数	同小震弹性分析
构件地震力调整	不调整	构件地震力调整	不调整
地震组合内力调整系数	1.0	地震组合内力调整系数	1.0
连梁刚度折减系数	0.3	连梁刚度折减系数	0.3

10.9.7.2　中震验算结果

（1）关键竖向构件

根据设定的结构抗震性能目标，1～4 层竖向构件、与 18 层、26 层连接体部分相连的上下层竖向构件作为关键构件。

本工程按照《高规》第 3.11.3 条性能水准 3 的要求，计算关键竖向构件在中震作用下的配筋率和配箍率，以北塔首层为例介绍典型楼层关键竖向构件配筋图（图 10-9-13）。

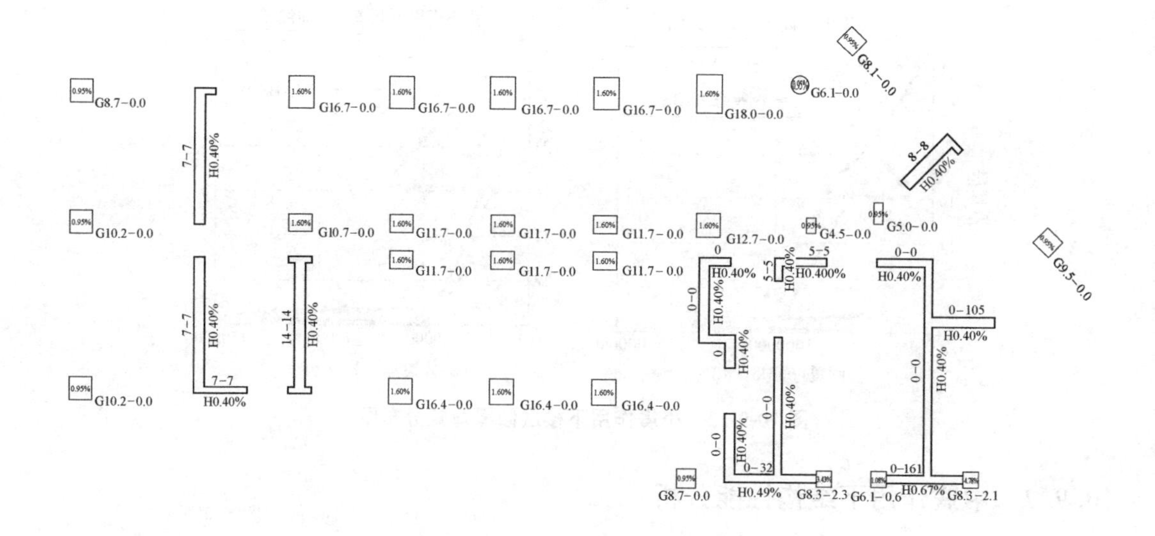

图 10-9-13　北塔首层竖向构件配筋图

关键竖向构件按中震抗弯不屈服、抗剪弹性计算的配筋略大于小震计算配筋，通过包络设计可满足性能水准 3 的要求。

（2）普通竖向构件

本工程按照高规第 3.11.3 条规定，普通竖向构件在中震作用下需满足中震抗弯不屈服，抗剪弹性的性能要求，以北塔楼 8 层为例介绍典型楼层的普通竖向构件配筋图（图 10-9-14）。

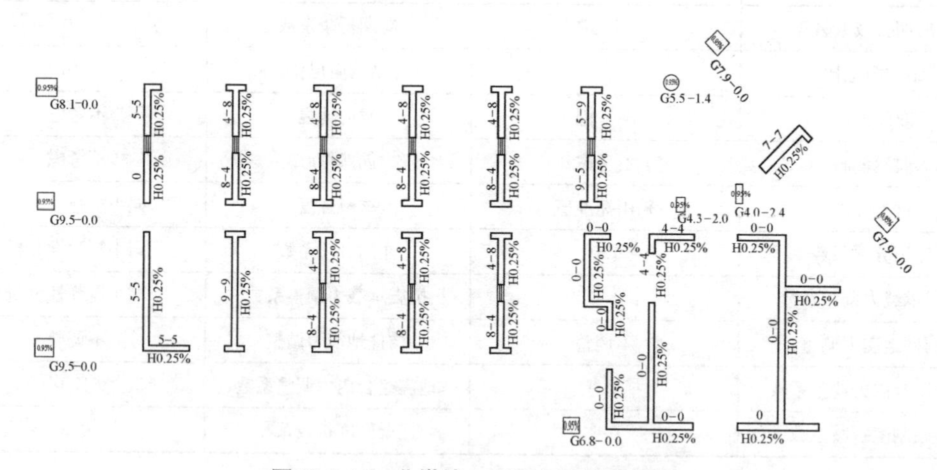

图 10-9-14　北塔楼 8 层竖向构件配筋图

普通竖向构件按中震抗弯不屈服计算的配筋不大于小震计算配筋，按中震抗剪不屈服计算的配筋略大于小震计算配筋，通过包络设计可满足性能水准 3 的要求。

（3）框架梁及连梁

根据设定的结构抗震性能目标，3 层转换梁，3 层、18 层、26 层连接体的框架梁作为关键构件；其余框架梁和连梁均为耗能构件（图 10-9-15、图 10-9-16）。

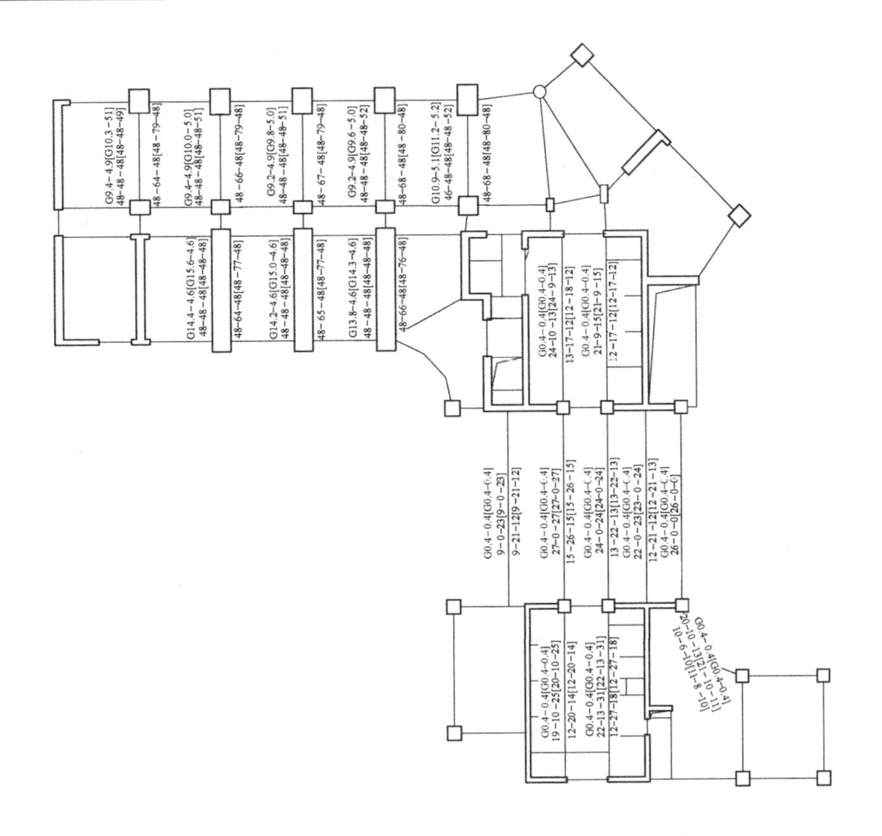

图 10-9-15　3 层关键构件（梁）配筋对比图

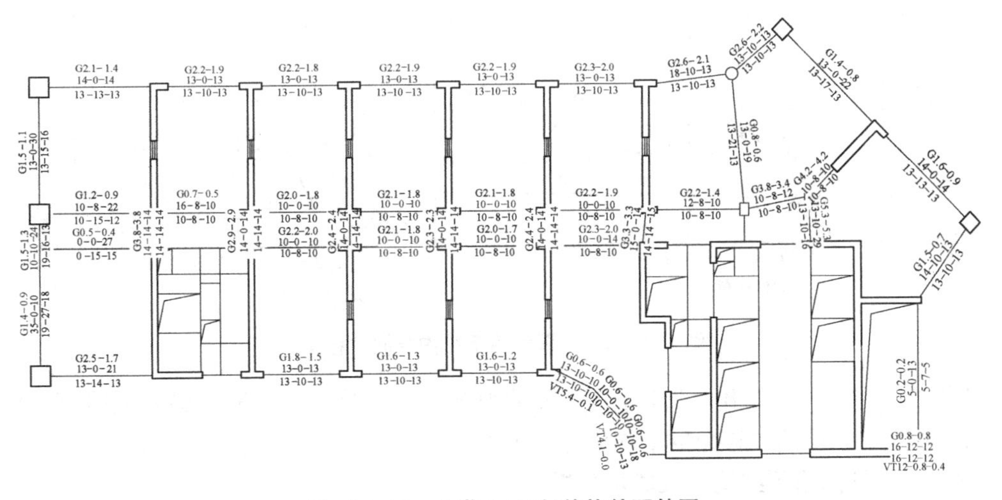

图 10-9-16　北塔 16 层耗能构件配筋图

通过包络设计，各层框架梁和连梁均可满足性能水准 3 要求。

10.9.8　大震作用下结构性能分析

本工程利用 PERFORM-3D 程序进行弹塑性动力时程分析。采用 7 条地震波（GM1～GM7），分别按 X 向、Y 向为主方向（主次方向地震波峰值比例为 1∶0.85）进行双向弹塑性时程分析，并以 X 向结果平均值和 Y 向结果平均值的不利情况进行结构抗震性能设计。为了较为真实考虑结构钢筋的影响，整个弹塑性分析模型的钢筋按结构初步设计配筋进行输入。

10.9.8.1 大震作用下结构整体性能分析

验算结构在 X 向、Y 向大震作用下的承载力（层间剪力）和变形（层间位移角），分析结果如图 10-9-17、图 10-9-18 所示。

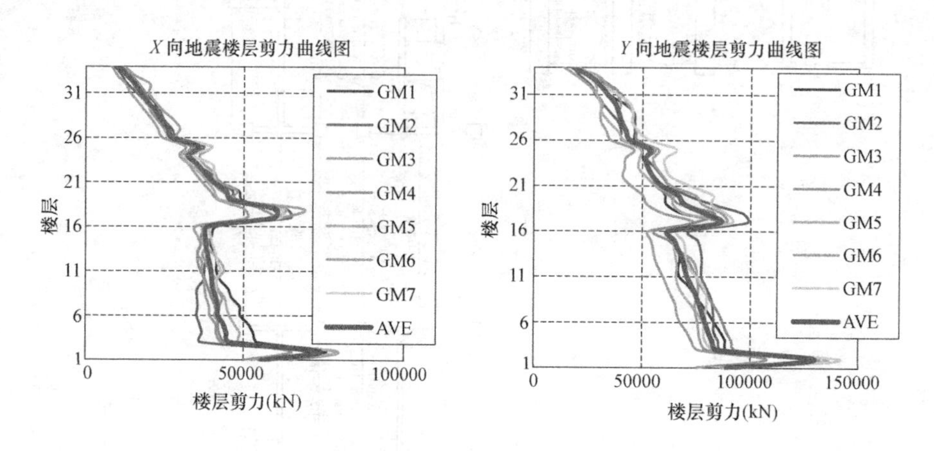

图 10-9-17 大震作用下结构楼层剪力（以北塔为例）

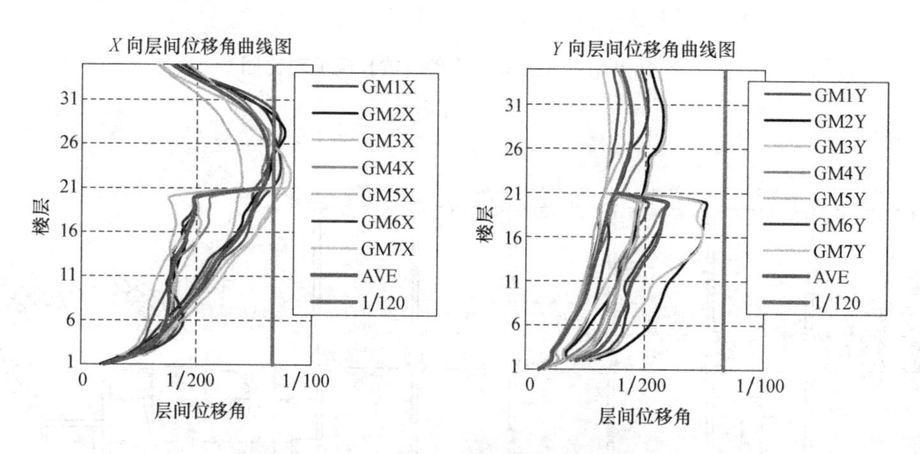

图 10-9-18 大震作用下结构层间位移角

由图 10-9-18 可以看出，在 7 条地震波的弹塑性时程分析中，X 向层间位移角的平均值为 1/124，Y 向层间位移角的平均值为 1/171，均满足设定的性能需求 1/120。

10.9.8.2 大震作用下结构耗散能量分析

不失一般性，下面以 GM2X 为例，介绍结构在大震作用下的耗能情况（图 10-9-19～图 10-9-22）。

10.9.8.3 大震作用下结构构件性能分析

Perform-3D 中，构件变形大小可以通过颜色来表现。以 GM2 地震波沿 X 向作用下结构构件变形作为典型例子。在 GM2 地震波 X 向作用下结构变形性能如图 10-9-23～图 10-9-28所示。以下使用基于变形的性能设计方法对各类构件进行校核。

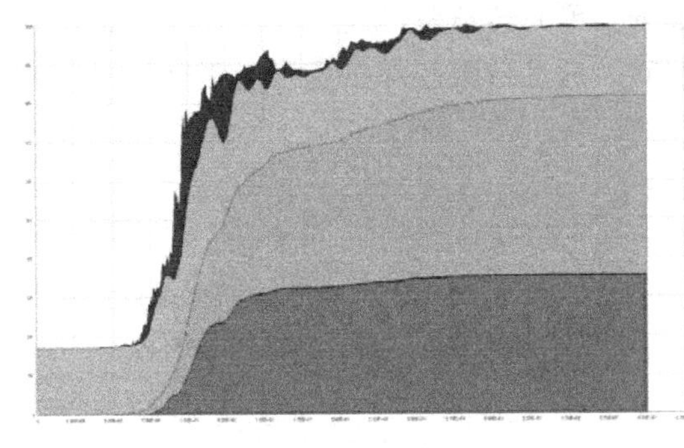

图 10-9-19 总能量耗散分布图

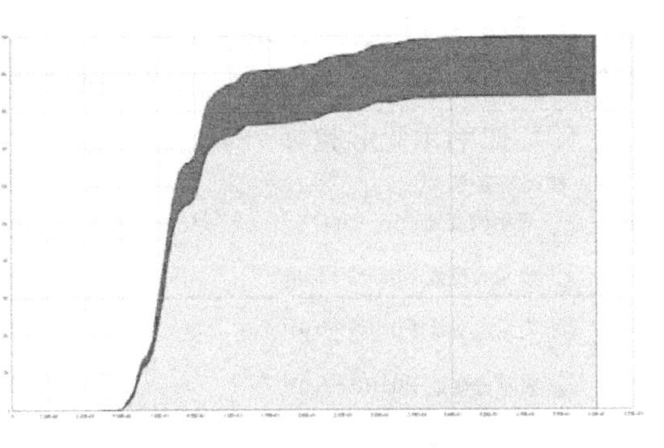

图 10-9-20 梁单元能量耗散分布图

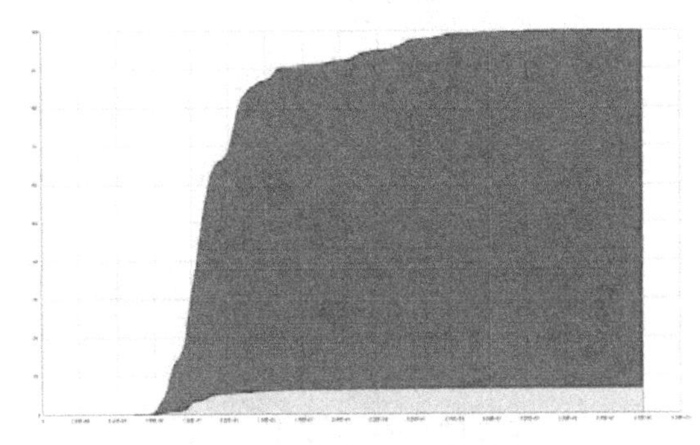

图 10-9-21 框架柱单元能量耗散分布图

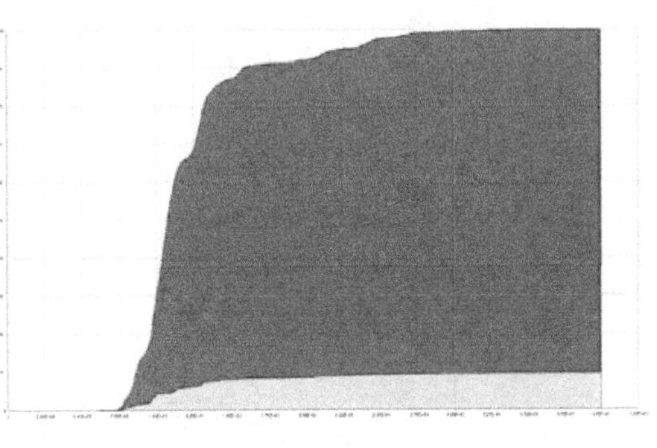

图 10-9-22 剪力墙单元能量耗散分布图

(1) 梁单元变形验算

梁钢筋应变

- 表示应变处于 0～0.002
- 表示应变处于 0.002～0.005
- 表示应变处于 0.005～0.010
- 表示应变处于 0.010～0.020
- 表示应变处于 0.020～0.030

梁单元转角

- 表示转角处于 0～0.003(完好)
- 表示转角处于 0.003～0.006(轻微损坏)
- 表示转角处于 0.006～0.008(轻中等破坏)
- 表示转角处于 0.008～0.013 (中等破坏)
- 表示转角处于 0.013～0.018 (比较严重破坏)

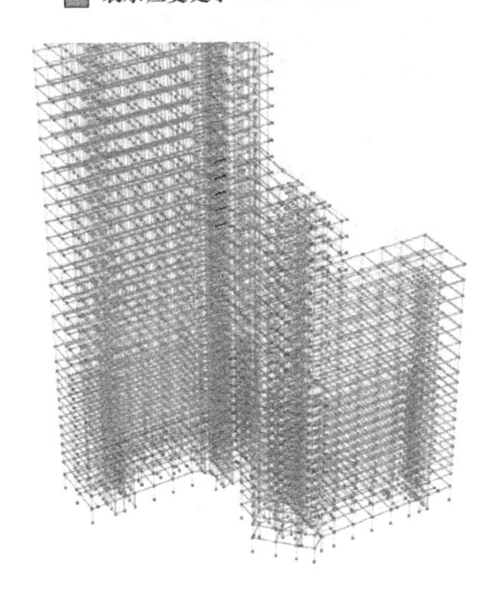

图 10-9-23 梁钢筋应变性能图

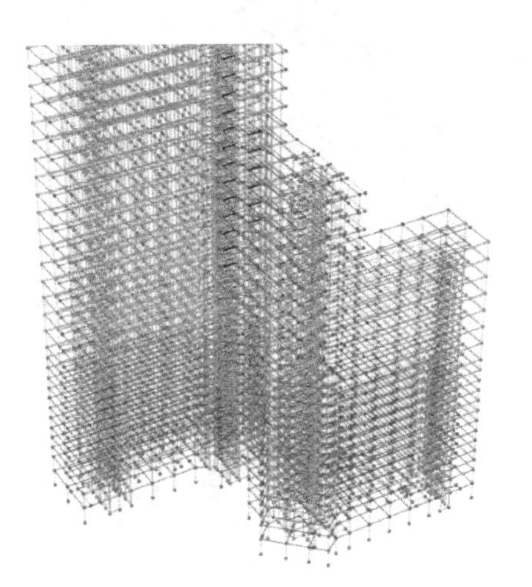

图 10-9-24 梁单元转角性能图

梁塑性铰发展在整个结构上均匀分布。大部分梁单元转角变形处于完好状态；部分构件转角变形处于轻微损坏状态至严重破坏状态之间，满足结构C级抗震性能要求。

（2）柱单元变形验算

柱钢筋应变

表示应变处于0～0.002

表示应变处于0.002～0.005

表示应变处于0.005～0.010

表示应变处于0.010～0.020

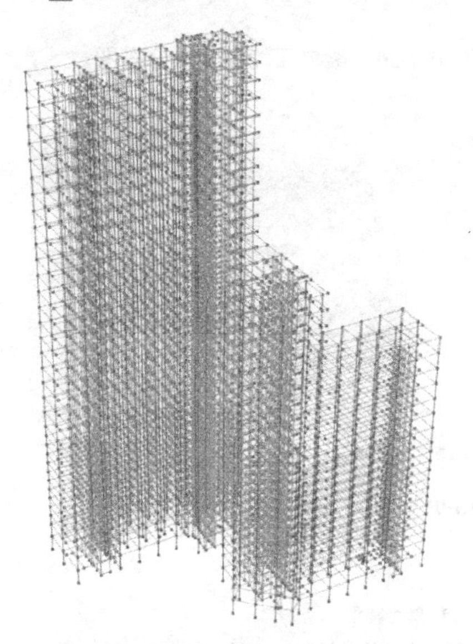

图 10-9-25　柱钢筋应变性能图

柱单元转角

表示转角处于0～0.003(完好)

表示转角处于0.003～0.005(轻微损坏)

表示转角处于0.005～0.008(轻中等破坏)

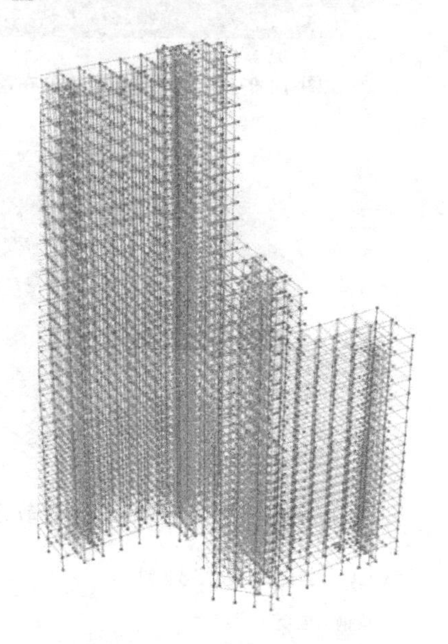

图 10-9-26　柱单元转角性能图

剪力墙钢筋应变

表示应变处于0～0.002

表示应变处于0.002～0.005

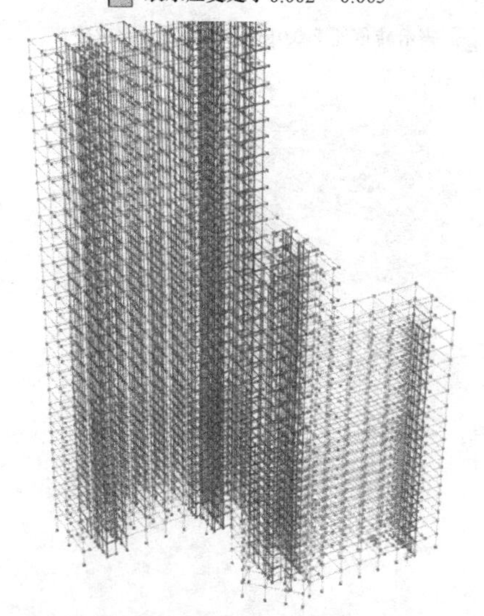

图 10-9-27　剪力墙钢筋应变性能图

剪力墙单元转角

表示转角处于0～0.0025(完好)

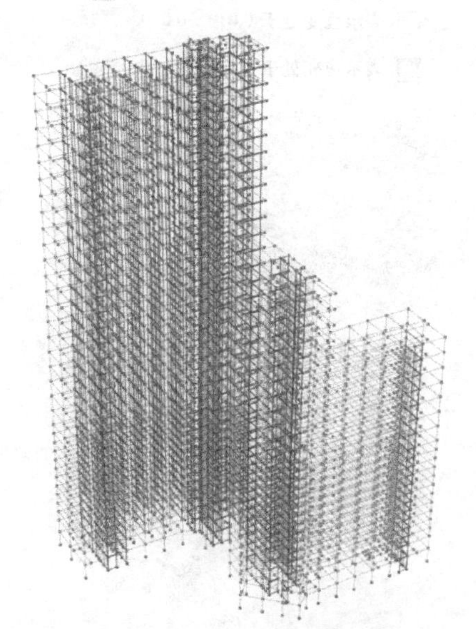

图 10-9-28　剪力墙单元转角性能图

框架柱抗震薄弱位置主要在结构中上部。大部分框架柱单元弯曲变形处于完好状态，少数构件转角变形处于轻微损坏状态，满足结构C级抗震性能要求。

(3) 剪力墙单元变形验算

剪力墙抗震薄弱位置主要集中在塔楼底部。对于底部加强区，所有剪力墙弯曲变形处于完好状态，满足结构C级抗震性能要求。

10.9.8.4 大震作用下关键构件变形分析

表10-9-7列出大震性能分析中具有代表性的构件并注明其编号及所在位置（构件编号见附图）。

性能分析中代表性构件 表10-9-7

构件类型	层号	备注
墙	首层、2层、3层	底部加强区
连梁	6层、11层、16层、21层、26层、34层	沿楼层高度均匀选取
框架柱	首层	底部加强区
	2～3层	与第一个连体部位相连的框架柱
	17～18层	与第二个连体部位底部相连的框架柱
	20～21层、25～26层	与缩进部位相连的框架柱
框架梁	3层	第一个连体部位的框架梁
	18层	第二个连体部位底部的框架梁
	21层、26层	缩进部位的框架梁
转换柱	首层、2层	—
转换梁	3层	—

(1) 剪力墙抗剪承载力及转角变形复核（以北塔首层NSW1～2为例）

剪切破坏是脆性破坏，根据第4性能水准要求，关键构件应满足大震抗剪不屈服。验算以下剪力墙构件的抗剪承载力。

关键构件抗剪承载力验算（kN） 表10-9-8

构件编号	GM1	GM2	GM3	GM4	GM5	GM6	GM7	AVE	不屈服承载力
NSW1	6629	7275	6194	9173	8665	8006	8576	7788	11746
NSW2	13290	13294	11851	9670	10362	12375	13293	12019	16558

由表10-9-8可见，所有关键构件均满足抗剪不屈服的要求。

Perform-3D中，剪力墙构件变形通过Gage单元记录。从结构整体变形分析中可以看出剪力墙构件破坏主要集中在底部及转换层上层。现以北塔首层剪力墙为例作变形分析。图中Y轴为构件转角，X轴为时间。

如图10-9-29，北塔首层墙肢NSW1在每条时程波工况下转角均处于完好状态，说明北塔首层墙肢NSW1在大震作用下满足性能水准4。

如图10-9-30所示，北塔首层墙肢NSW2在每条时程波工况下转角均处于完好状态，说明北塔首层墙肢NSW2在大震作用下满足性能水准4。

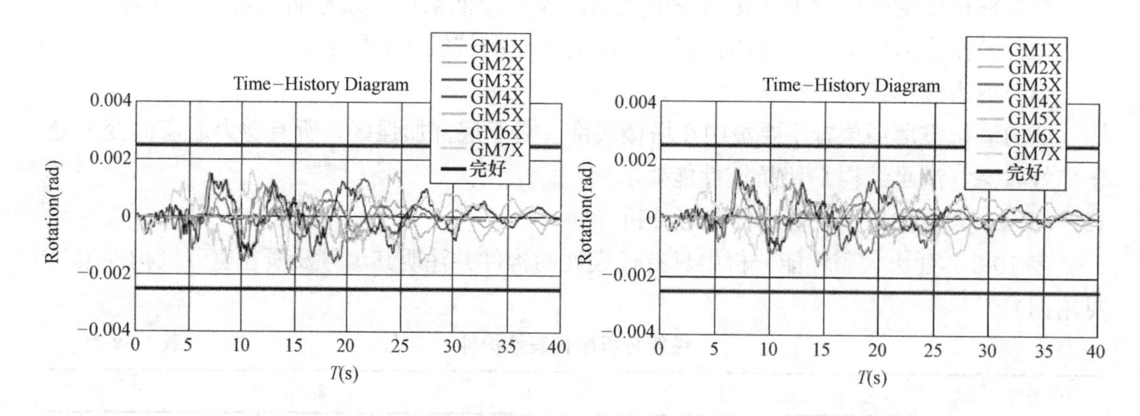

图 10-9-29　北塔首层墙肢 NSW1 转角时程变形图　　图 10-9-30　北塔首层墙肢 NSW2 转角时程变形图

（2）连梁抗剪承载力及转角变形复核（以北塔 6 层为例）

剪切破坏是脆性破坏，根据第 4 性能水准要求，耗能构件应满足大震最小抗剪截面要求。

耗能构件抗剪承载力验算（kN）　　表 10-9-9

构件编号	GM1	GM2	GM3	GM4	GM5	GM6	GM7	AVE	最小抗剪截面
NLL1	1844	1838	1845	1845	1845	1845	1845	1844	3593
NLL2	1144	1205	1077	1209	1268	1073	1374	1193	3593

由表 10-9-9 可见所有构件均满足最小抗剪截面的要求。

如图 10-9-31 所示，北塔 6 层连梁 NLL1 转角在每条地震波工况下均小于中等破坏限值，说明北塔 6 层连梁 NLL1 在大震作用下满足性能水准 4。

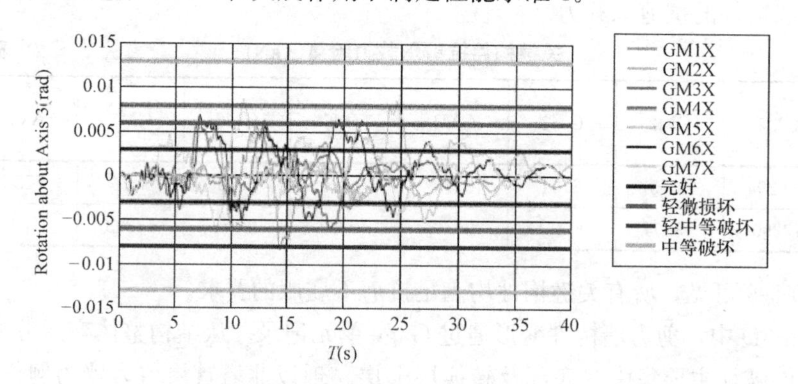

图 10-9-31　北塔 6 层连梁 NLL1 转角时程变形图

如图 10-9-32 所示，北塔 6 层连梁 NLL2 转角在每条地震波工况下均小于完好限值，说明北塔 6 层连梁 NLL2 在大震作用下满足性能水准 4。

（3）框架柱抗剪承载力及转角变形复核（以北塔首层 NKZ1～2 为例）

剪切破坏是脆性破坏，根据第 4 性能水准要求，关键构件应满足大震抗剪不屈服。

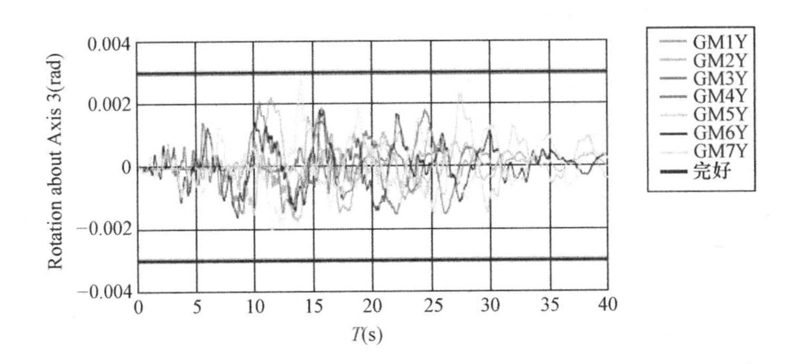

图 10-9-32　北塔 6 层连梁 NLL2 转角时程变形图

关键构件抗剪承载力验算（kN）　　　　表 10-9-10

构件编号	地震方向	GM1	GM2	GM3	GM4	GM5	GM6	GM7	AVE	不屈服承载力
NKZ1	X	656	611	552	781	608	693	698	657	7848
	Y	389	330	280	442	329	412	373	365	7923
NKZ2	X	129	119	129	143	140	135	143	134	2276
	Y	213	243	182	188	182	201	226	205	3500

由表 10-9-10 可见，所有构件均满足抗剪不屈服的要求。

如图 10-9-34 所示，北塔首层框架柱 NKZ1 转角在每条地震波工况下均处于完好状态，说明北塔首层框架柱 NKZ1 在大震作用下满足性能水准 4。

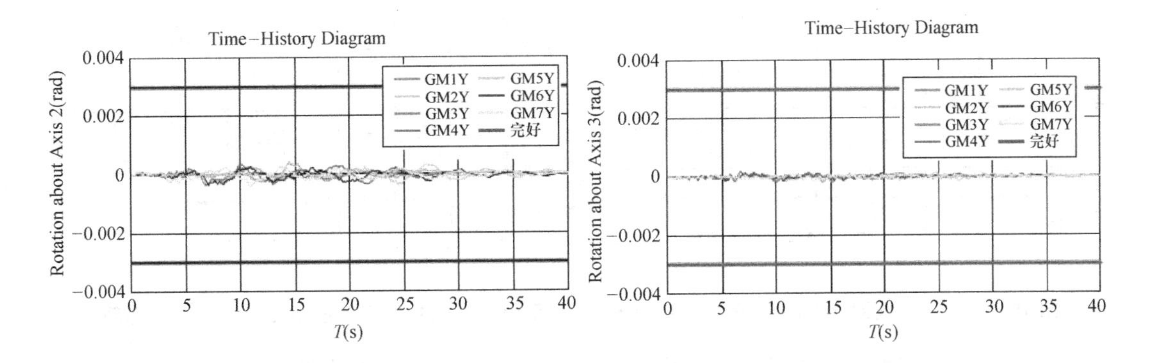

图 10-9-33　北塔首层框架柱 NKZ1 *X* 向转角时程变形图

图 10-9-34　北塔首层框架柱 NKZ1 *Y* 向转角时程变形图

如图 10-9-35、图 10-9-36 所示，北塔首层框架柱 NKZ2 转角在每条地震波工况下均处于完好状态，说明北塔首层框架柱 NKZ2 在大震作用下满足性能水准 4。

（4）框架梁抗剪承载力及转角变形复核（以 3 层为例）

剪切破坏是脆性破坏，根据第 4 性能水准要求，耗能构件应满足大震最小抗剪截面要求（表 10-9-11）。

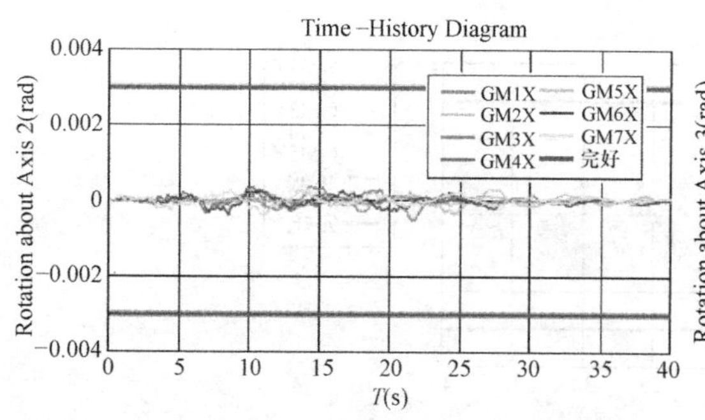

图 10-9-35　北塔首层框架柱 NKZ2 *X* 向转角时程变形图

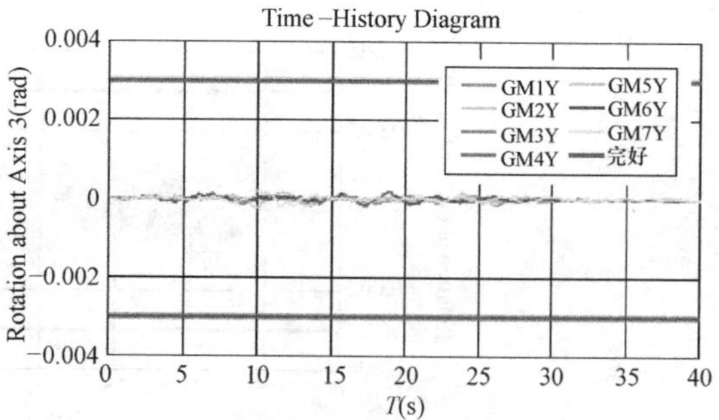

图 10-9-36　北塔首层框架柱 NKZ2 *Y* 向转角时程变形图

耗能构件抗剪承载力验算（kN）　　　　**表 10-9-11**

构件编号	GM1	GM2	GM3	GM4	GM5	GM6	GM7	AVE	最小抗剪截面
KL1	288	315	284	283	296	308	309	298	983
KL2	337	361	327	337	330	342	349	340	983

所有构件均满足最小抗剪截面的要求。

如图 10-9-37 所示，3 层框架梁 KL1 转角在每条地震波工况下均处于完好状态，说明 3 层框架梁 KL1 在大震作用下满足性能水准 4。

如图 10-9-38 所示，3 层框架梁 KL2 转角在每条地震波工况下均处于完好状态，说明 3 层框架梁 KL2 在大震作用下满足性能水准 4。

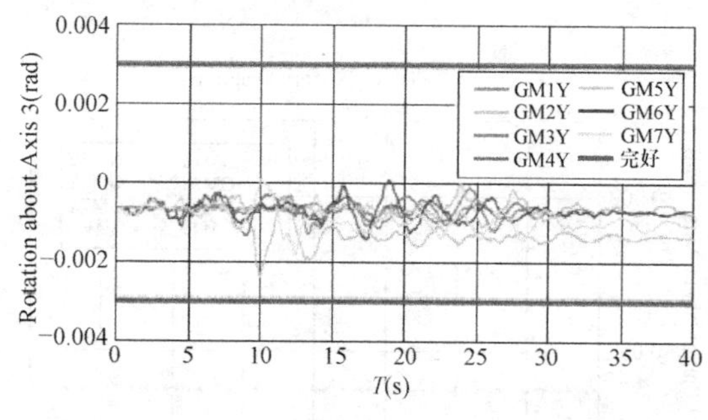

图 10-9-37　3 层框架梁 KL1 转角时程变形图

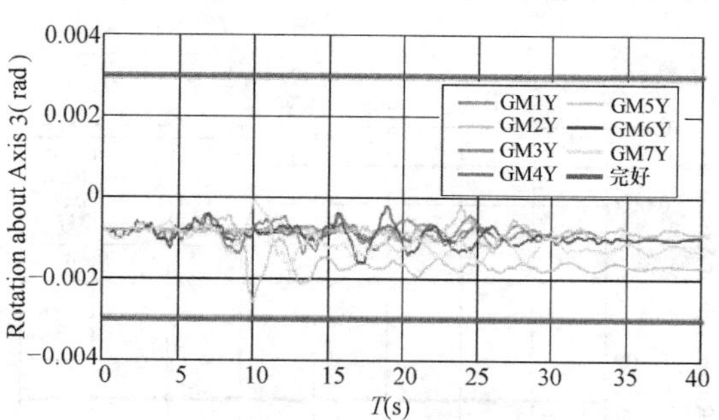

图 10-9-38　3 层框架梁 KL2 转角时程变形图

（5）转换柱抗剪承载力及转角变形复核（以首层 NZHZ1～2 为例）

剪切破坏是脆性破坏，根据第 4 性能水准要求，关键构件应满足大震抗剪不屈服（表 10-9-12）。

关键构件抗剪承载力验算（kN）　　　　**表 10-9-12**

构件编号	地震方向	GM1	GM2	GM3	GM4	GM5	GM6	GM7	AVE	不屈服承载力
NKZ1	*X*	1380	1389	1223	1633	1425	1317	1381	1393	9224
	Y	868	832	864	1260	968	985	1081	980	10041
NZHZ2	*X*	1377	1392	1292	1631	1350	1321	1492	1408	6610
	Y	1118	909	988	1249	1218	1172	1225	1125	7913

所有构件均满足抗剪不屈服的要求。

如图 10-9-39、图 10-9-40 所示，北塔首层转换柱 NZHZ1 转角在每条地震波工况下均处于完好状态，说明北塔首层转换柱 NZHZ1 在大震作用下满足性能水准 4。

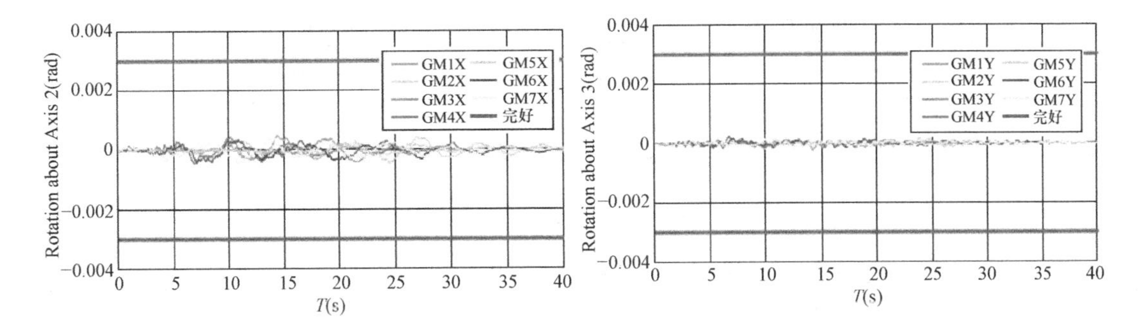

图 10-9-39　北塔首层转换柱 NZHZ1 *X* 向转角时程变形图

图 10-9-40　北塔首层转换柱 NZHZ1 *Y* 向转角时程变形图

如图 10-9-41、图 10-9-42 所示，北塔首层转换柱 NZHZ2 转角在每条地震波工况下均处于完好状态，说明北塔首层转换柱 NZHZ2 在大震作用下满足性能水准 4。

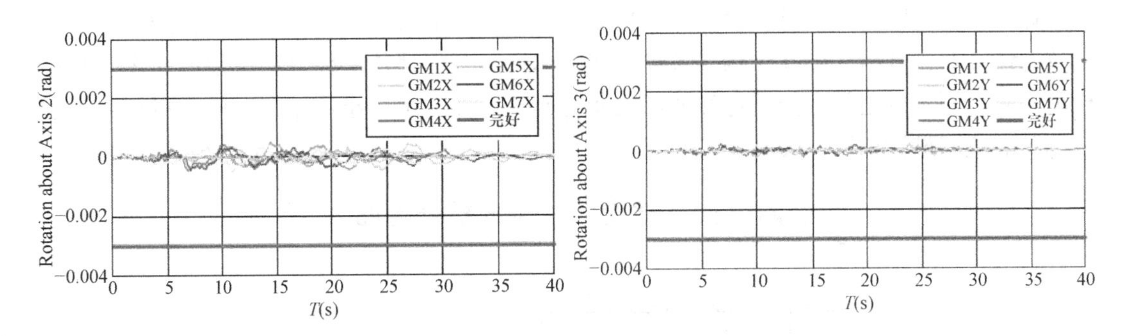

图 10-9-41　北塔首层转换柱 NZHZ2 *X* 向转角时程变形图

图 10-9-42　北塔首层转换柱 NZHZ2 *Y* 向转角时程变形图

(6) 转换梁抗剪承载力及转角变形复核（以 3 层 NKZL1～2 为例）

剪切破坏是脆性破坏，根据第 4 性能水准要求，关键构件应满足大震最小抗剪截面要求（表 10-9-13）。

关键构件抗剪承载力验算（kN）　　表 10-9-13

构件编号	GM1	GM2	GM3	GM4	GM5	GM6	GM7	AVE	不屈服承载力
NKZL1	708	683	695	728	761	765	745	727	2543
NKZL2	698	701	658	710	767	783	764	726	2500

所有构件均满足抗剪不屈服的要求。

如图 10-9-43 所示，北塔 3 层转换梁 NKZL1 转角在每条地震波工况下均处于完好状态，说明北塔 3 层转换梁 NKZL1 在大震作用下满足性能水准 4。

如图 10-9-44 所示，北塔 3 层转换梁 NKZL2 转角在每条地震波工况下均处于完好状态，说明北塔 3 层转换梁 NKZL2 在大震作用下满足性能水准 4。

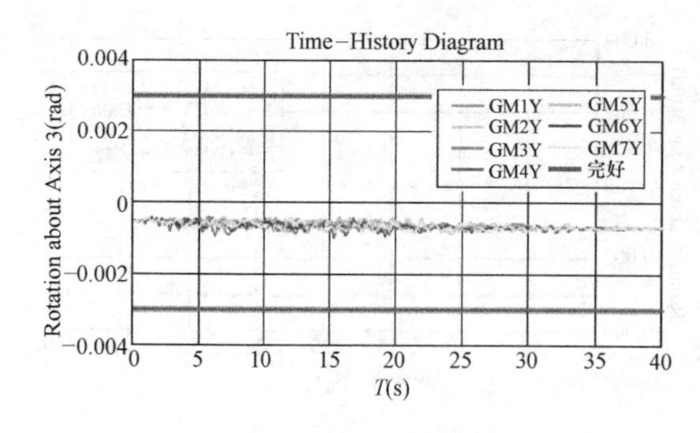

图 10-9-43　北塔 3 层转换梁 NKZL1 转角时程变形图

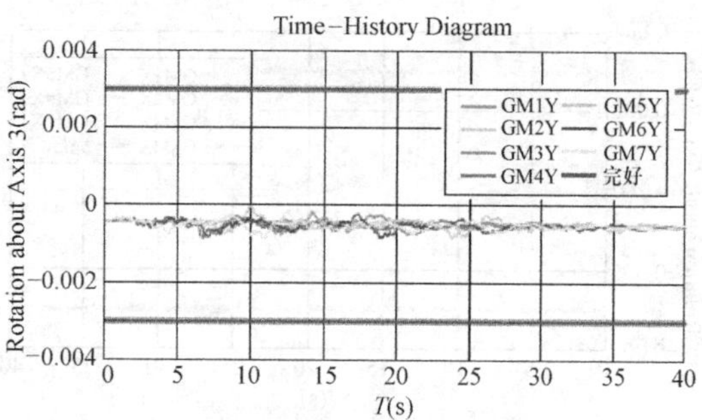

图 10-9-44　北塔 3 层转换梁 NKZL2 转角时程变形图

10.9.9　结论

针对工程超限情况，结构设计通过采用 YJK、ETABS、Perform-3D 软件进行全面的、细致的计算对比分析，确保结构的各项控制指标得到合理评估。计算结果表明，本工程结构可以满足预先设定的性能目标和使用功能的要求，并满足“小震不坏、中震可修、大震不倒”的抗震设计要求。

附图：关键构件性能分析编号图

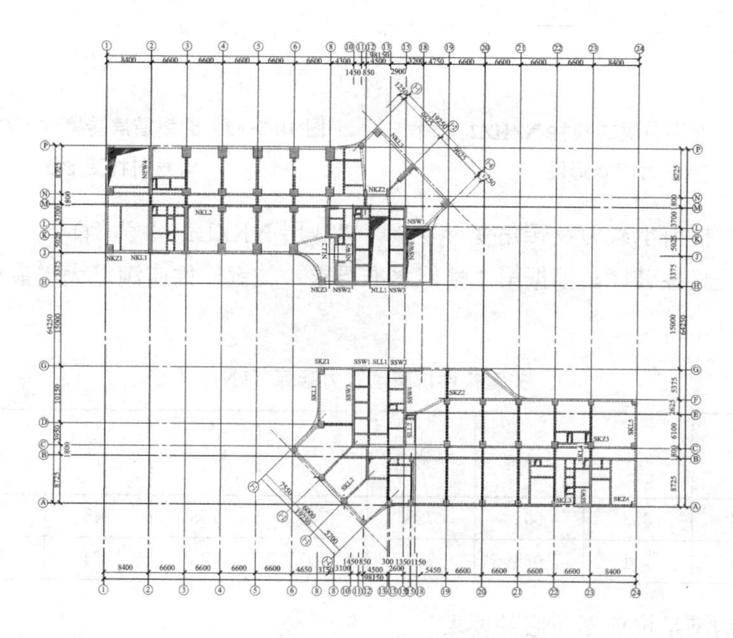

附图 1　首层、2 层构件性能分析编号图

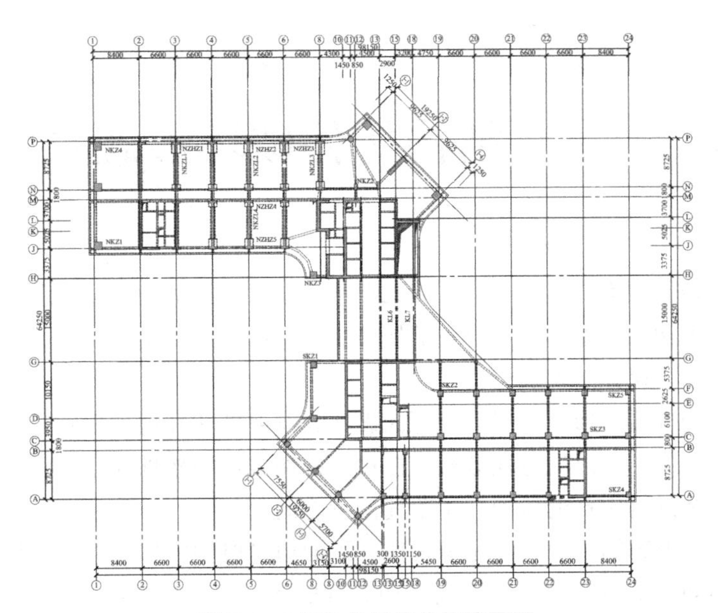

附图2 3层构件性能分析编号图

（注：本工程超限设计完成于2016年11月）

第 11 章　结构构件破坏形态预测

强震作用下防止钢筋混凝土结构倒塌最有效、经济的方法是：部分结构构件（梁、柱、剪力墙）进入塑性状态，形成合理的屈服机制，耗散地震能量、降低结构刚度，从而减小地震作用大小，保证结构安全。

钢筋混凝土构件破坏形态可以分为弯曲破坏、弯剪破坏和剪切破坏三种。弯曲破坏的构件具有很好的延性，可以充分耗散地震能量；剪切破坏的构件属于脆性构件，耗能能力非常差；弯剪破坏的构件耗能能力介于上述两者之间。

影响构件破坏形态的主要因素是剪跨比。下面通过典型的框架结构和剪力墙结构在不同场地条件、不同设防烈度地震和不同结构高度的条件下，研究构件剪跨比的分布规律，并通过第五章的研究成果，研究构件破坏形态的分布规律。

11.1　框架结构构件破坏形态

11.1.1　框架结构模型设计

以结构高度、设防烈度和设计特征周期为变量，选取了 3 层、6 层、9 层三种常见的框架结构层数，考虑 7 度（0.1g）、8 度（0.2g）、8 度半（0.3g）三种设防烈度以及 0.35s、0.45s、0.65s 三类设计特征周期，根据现行规范设计了 27 个丙类设防典型框架结构模型，结构平面布置如图 11-1-1 所示。首层层高为 5m，其余楼层层高为 4m。

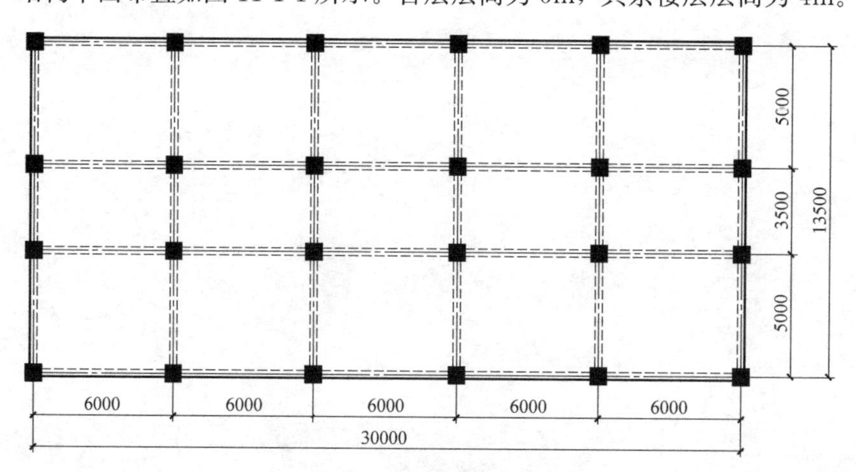

图 11-1-1　框架结构平面布置图

在满足规范的前提下，为了保证模型具有一定合理性和真实性，本章参考实际工程，以下列原则进行模型设计：

（1）模型的竖向荷载施加情况如下：屋面层附加恒载取 3.5kN/m²，其他层附加恒载取 2kN/m²，活荷载取 2kN/m²，外墙线荷载取 11kN/m，内墙线荷载取 5kN/m，屋面女儿墙线荷载取 4kN/m。模型单位面积重量在 1.1～1.4t/m² 之间，与工程实际相符。

（2）模型承受的水平荷载包括风荷载和地震作用，由于主要研究结构的抗震性能，在模型设计时需保证结构的整体指标由地震作用控制。因此，基本风压取 0.35kN/m²，地震作用根据结构的设防烈度确定。

（3）竖向构件截面沿高度变化一次，混凝土强度等级为 C30～C40，纵筋为 HRB400，箍筋为 HPB300。

（4）模型设计过程中使层间位移角和轴压比尽量贴近规范限值。

采用结构设计软件 YJK 对 27 个框架结构模型进行分析设计，各模型计算结果见表 11-1-1，各模型的整体指标均满足现行规范的要求。其中，因 2010《抗规》规定框架柱的截面宽度不宜小于 400mm，三层框架模型不能很好实现“贴限值”设计。为方便论述，采用“楼层-烈度-特征周期”的方式对模型进行编号，如：6F7D0.45S 表示楼层数为 6 层、抗震设防烈度为 7 度和设计特征周期为 0.45s 的模型。

框架结构弹性计算结果　　　　**表 11-1-1**

编号	轴压比		周期(s)			位移角		
	限值	设计	T_1	T_2	T_3	限值	X 向	Y 向
3F7D0.35S	0.85	0.36	0.81	0.80	0.75	1/550	1/892	1/895
3F7D0.45S	0.85	0.36	0.79	0.79	0.72	1/550	1/719	1/718
3F7D0.65S	0.85	0.36	0.80	0.79	0.74	1/550	1/593	1/599
3F8D0.35S	0.75	0.32	0.69	0.67	0.62	1/550	1/592	1/608
3F8D0.45S	0.75	0.28	0.53	0.53	0.48	1/550	1/652	1/658
3F8D0.65S	0.75	0.25	0.55	0.53	0.50	1/550	1/623	1/658
3F8.5D0.35S	0.75	0.21	0.51	0.48	0.44	1/550	1/585	1/653
3F8.5D0.45S	0.75	0.21	0.48	0.45	0.43	1/550	1/643	1/673
3F8.5D0.65S	0.75	0.21	0.48	0.45	0.43	1/550	1/643	1/673
6F7D0.35S	0.75	0.65	1.40	1.39	1.27	1/550	1/770	1/774
6F7D0.45S	0.75	0.60	1.39	1.26	1.20	1/550	1/647	1/740
6F7D0.65S	0.75	0.56	1.20	1.12	1.03	1/550	1/650	1/704
6F8D0.35S	0.65	0.45	0.97	0.93	0.85	1/550	1/706	1/763
6F8D0.45S	0.65	0.46	0.77	0.76	0.69	1/550	1/700	1/708
6F8D0.65S	0.65	0.41	0.74	0.73	0.67	1/550	1/670	1/662
6F8.5D0.35S	0.65	0.42	0.77	0.75	0.70	1/550	1/599	1/603
6F8.5D0.45S	0.65	0.38	0.59	0.56	0.51	1/550	1/672	1/769
6F8.5D0.65S	0.65	0.37	0.59	0.56	0.51	1/550	1/672	1/769
9F7D0.35S	0.75	0.75	1.74	1.65	1.52	1/550	1/937	1/1068
9F7D0.45S	0.75	0.70	1.68	1.63	1.50	1/550	1/800	1/872
9F7D0.65S	0.75	0.69	1.57	1.50	1.38	1/550	1/637	1/692
9F8D0.35S	0.65	0.65	1.37	1.32	1.23	1/550	1/660	1/731
9F8D0.45S	0.65	0.61	1.19	1.17	1.07	1/550	1/658	1/648
9F8D0.65S	0.65	0.55	0.89	0.83	0.77	1/550	1/648	1/793
9F8.5D0.35S	0.65	0.50	1.09	1.08	1.00	1/550	1/580	1/595
9F8.5D0.45S	0.65	0.43	0.80	0.79	0.74	1/550	1/641	1/667
9F8.5D0.65S	0.65	0.35	0.75	0.72	0.67	1/550	1/603	1/676

11.1.2　构件剪跨比在结构中的分布规律

根据 YJK 的弹性计算结果，采用 Matlab 编译程序读取 YJK 结果文件，进行构件剪跨比的计算。

11.1.2.1 框架梁剪跨比在结构中的分布规律

统计发现，框架梁的剪跨比大小分布在 0.5～6.0 之间，且大部分框架梁剪跨比大于 2.0，只有不足 2%的框架梁剪跨比小于 2.0。框架梁剪跨比沿楼层高度的分布规律如图 11-1-2 所示，剪跨比随楼层上升逐渐减小。

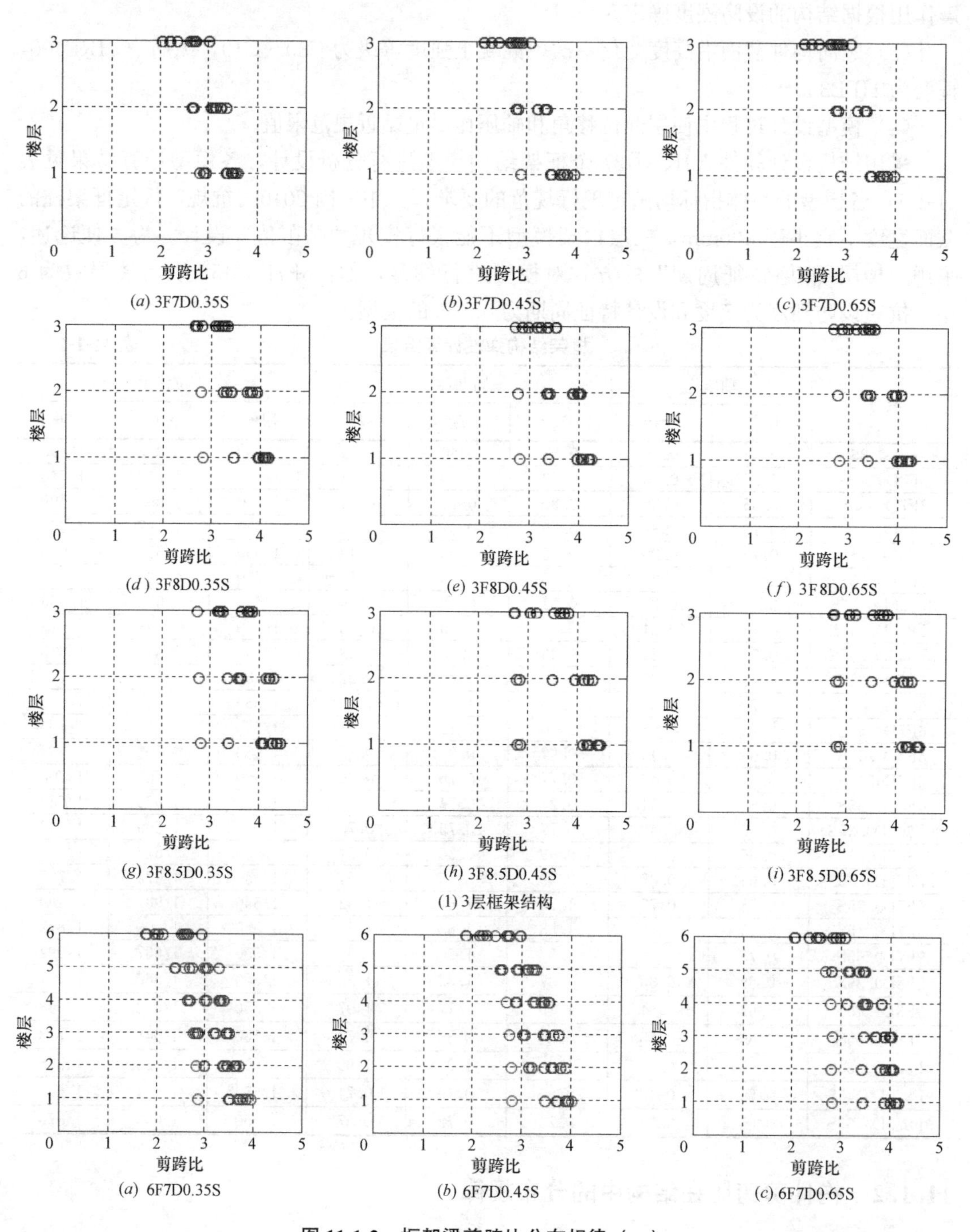

图 11-1-2 框架梁剪跨比分布规律（一）

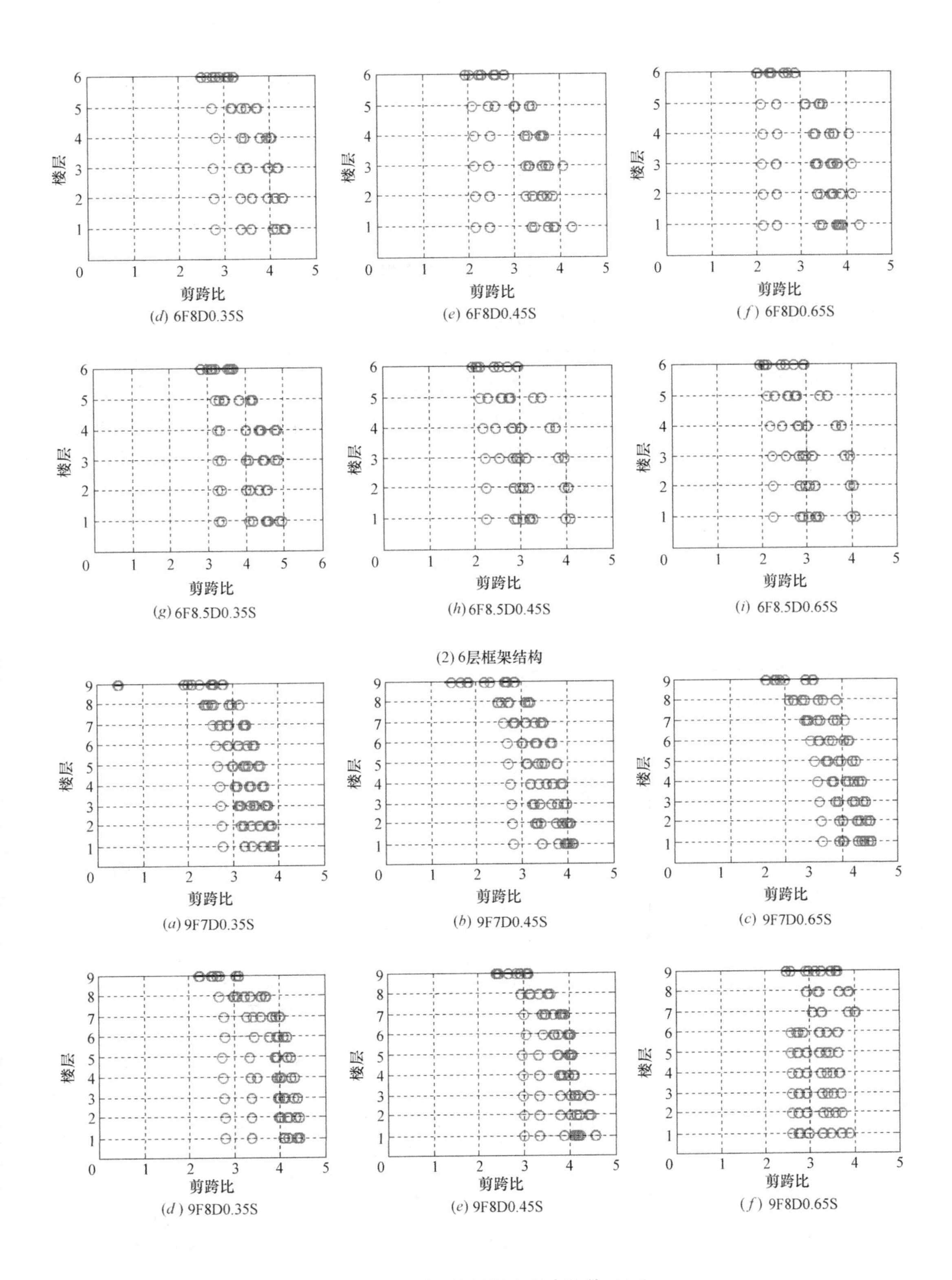

(2) 6层框架结构

图 11-1-2　框架梁剪跨比分布规律（二）

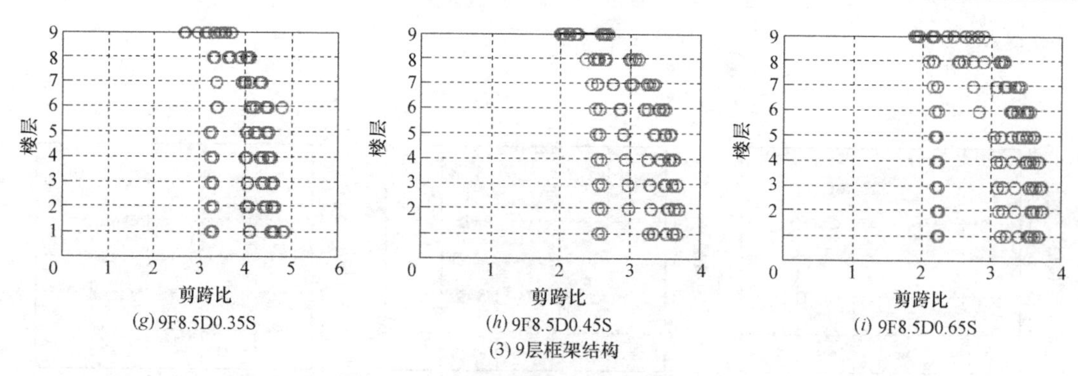

图 11-1-2 框架梁剪跨比分布规律（三）

11.1.2.2 框架柱剪跨比在结构中的分布规律

统计发现，框架柱剪跨比大小分布在1.9～8.1之间，且大部分框架柱剪跨比大于2，只有不足2%的框架柱剪跨比小于2.0。随着设计特征周期增大、抗震设防烈度上升、楼层数量增加，框架柱的截面尺寸逐渐变大、剪跨比逐渐减小。框架柱剪跨比沿结构高度的变化规律如图11-1-3所示，可见，随着楼层的上升，框架柱剪跨比呈现先减小后增大的规律。

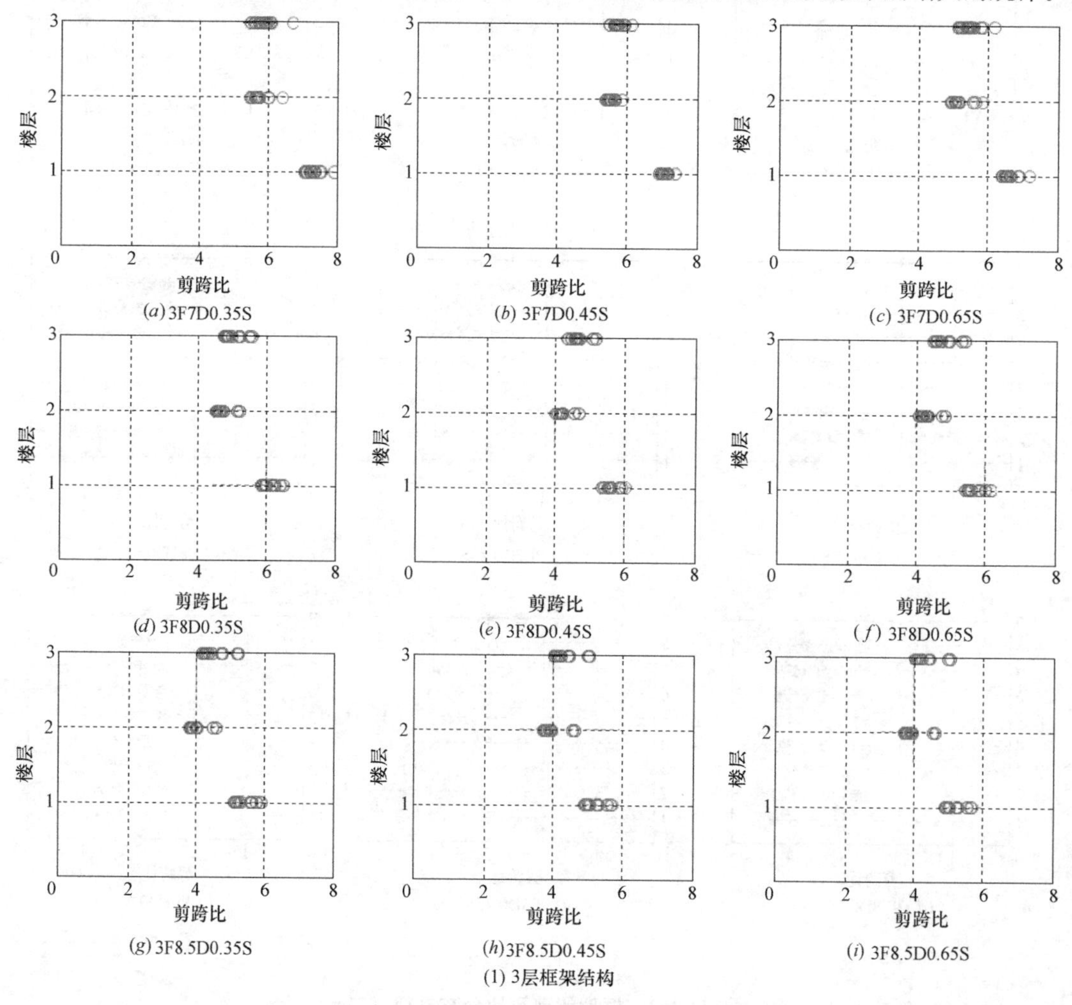

图 11-1-3 框架柱剪跨比分布规律（一）

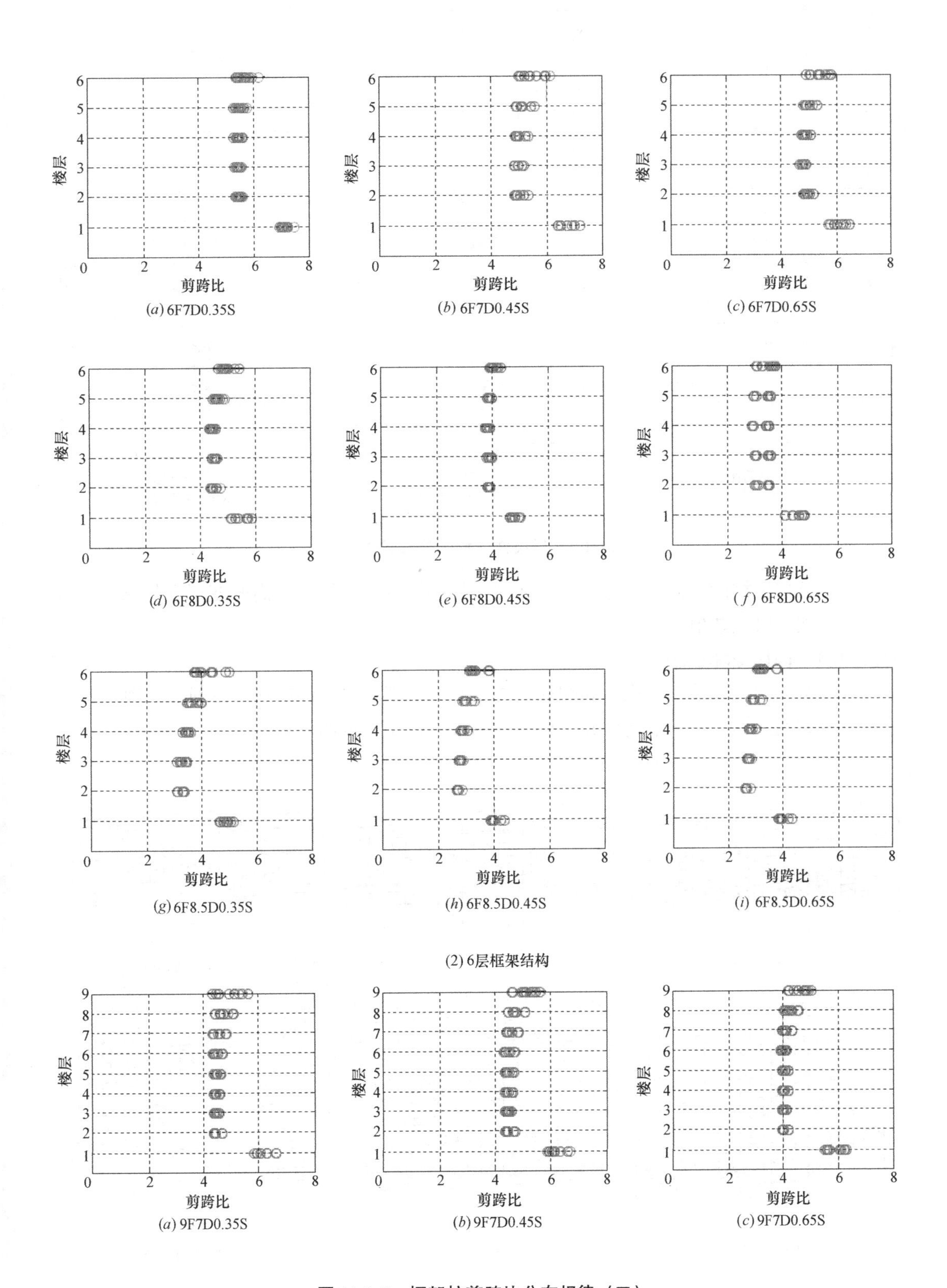

图 11-1-3　框架柱剪跨比分布规律（二）

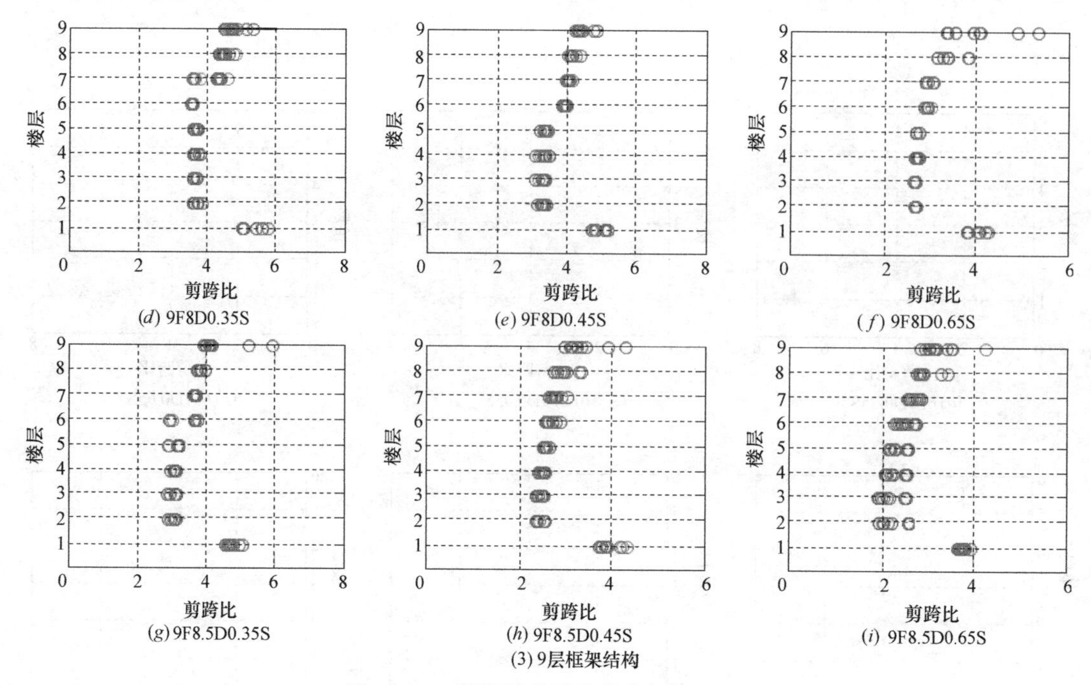

图 11-1-3　框架柱剪跨比分布规律（三）

同一结构中柱的截面尺寸越大，其剪跨比越小，并在首层、层高改变层和柱截面尺寸收进层出现剪跨比数值突变的现象。

11.1.2.3　构件破坏形态

根据结构构件的截面、内力和配筋，按照第五章框架梁、柱破坏形态划分准则，对 27 个框架模型在地震作用下的构件破坏形态进行划分，结果见图 11-1-4～图 11-1-6。

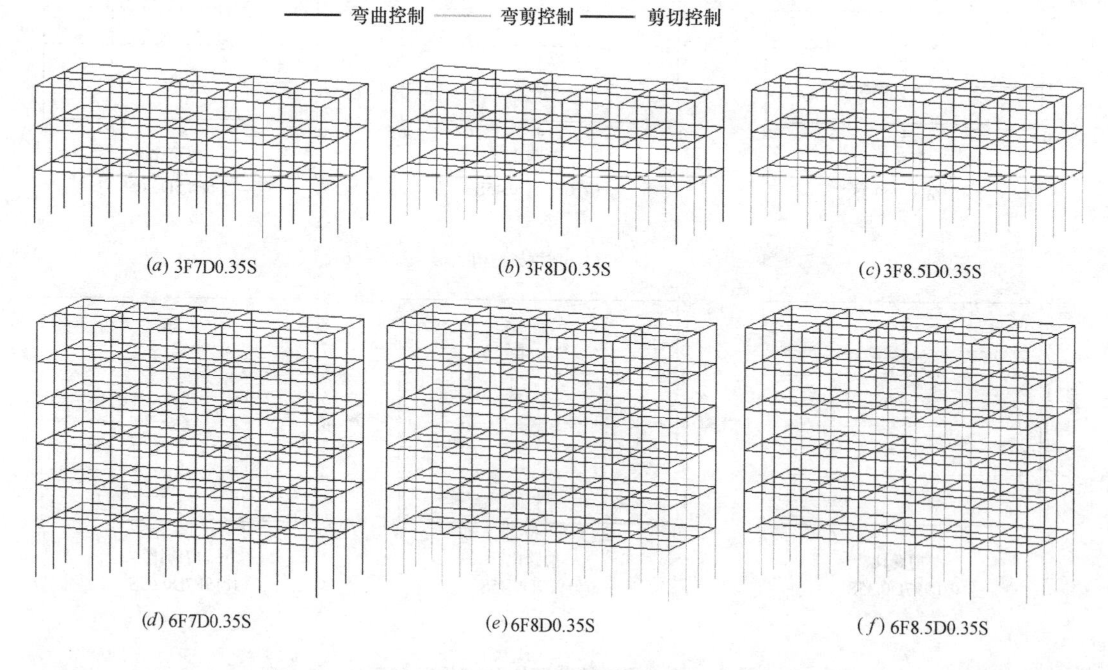

图 11-1-4　特征周期为 0.35s 模型构件破坏形态分布（一）

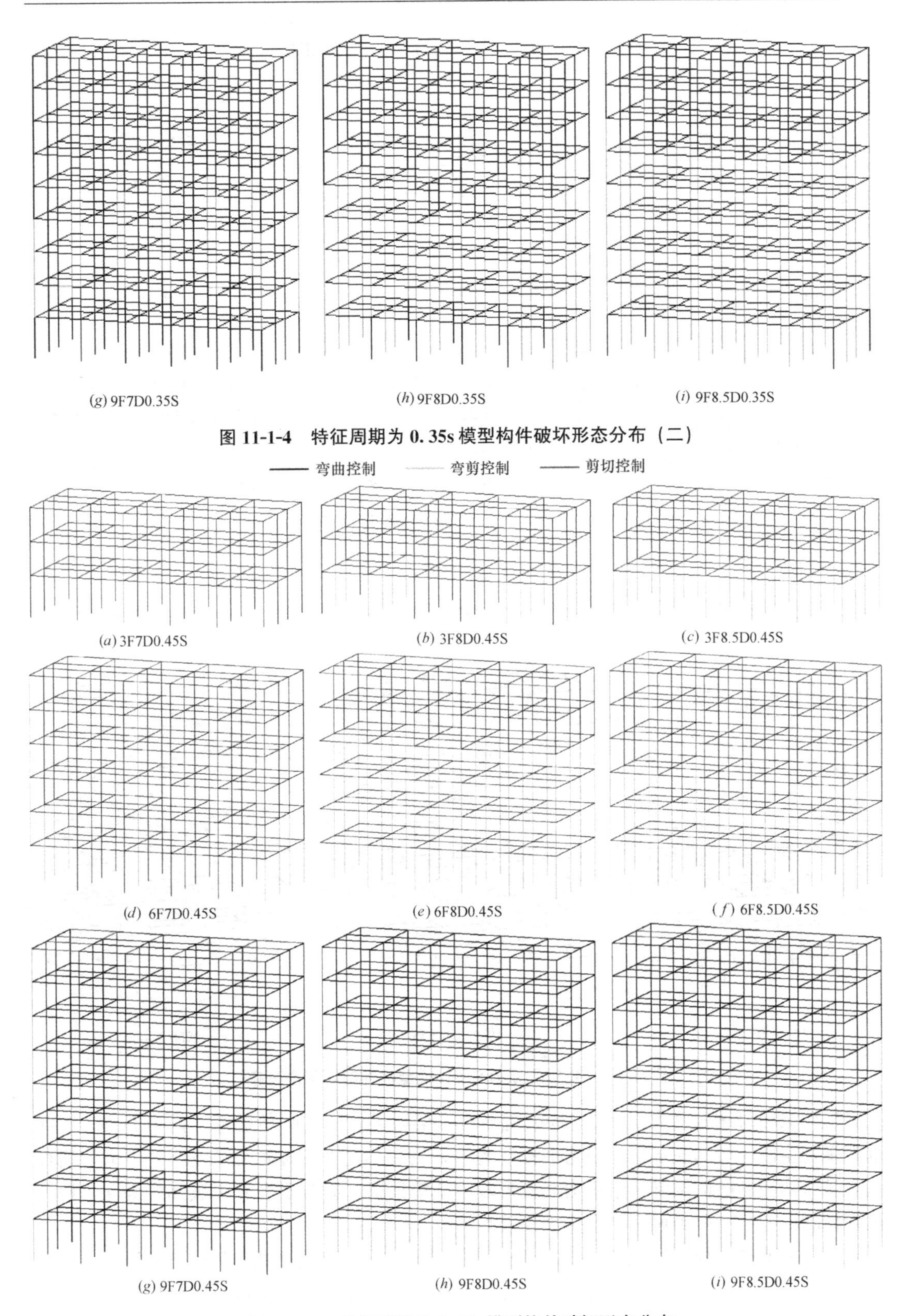

(*g*) 9F7D0.35S　(*h*) 9F8D0.35S　(*i*) 9F8.5D0.35S

图 11-1-4　特征周期为 0.35s 模型构件破坏形态分布（二）

(*a*) 3F7D0.45S　(*b*) 3F8D0.45S　(*c*) 3F8.5D0.45S

(*d*) 6F7D0.45S　(*e*) 6F8D0.45S　(*f*) 6F8.5D0.45S

(*g*) 9F7D0.45S　(*h*) 9F8D0.45S　(*i*) 9F8.5D0.45S

图 11-1-5　特征周期为 0.45s 模型构件破坏形态分布

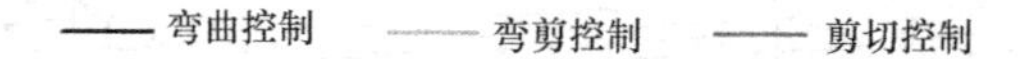

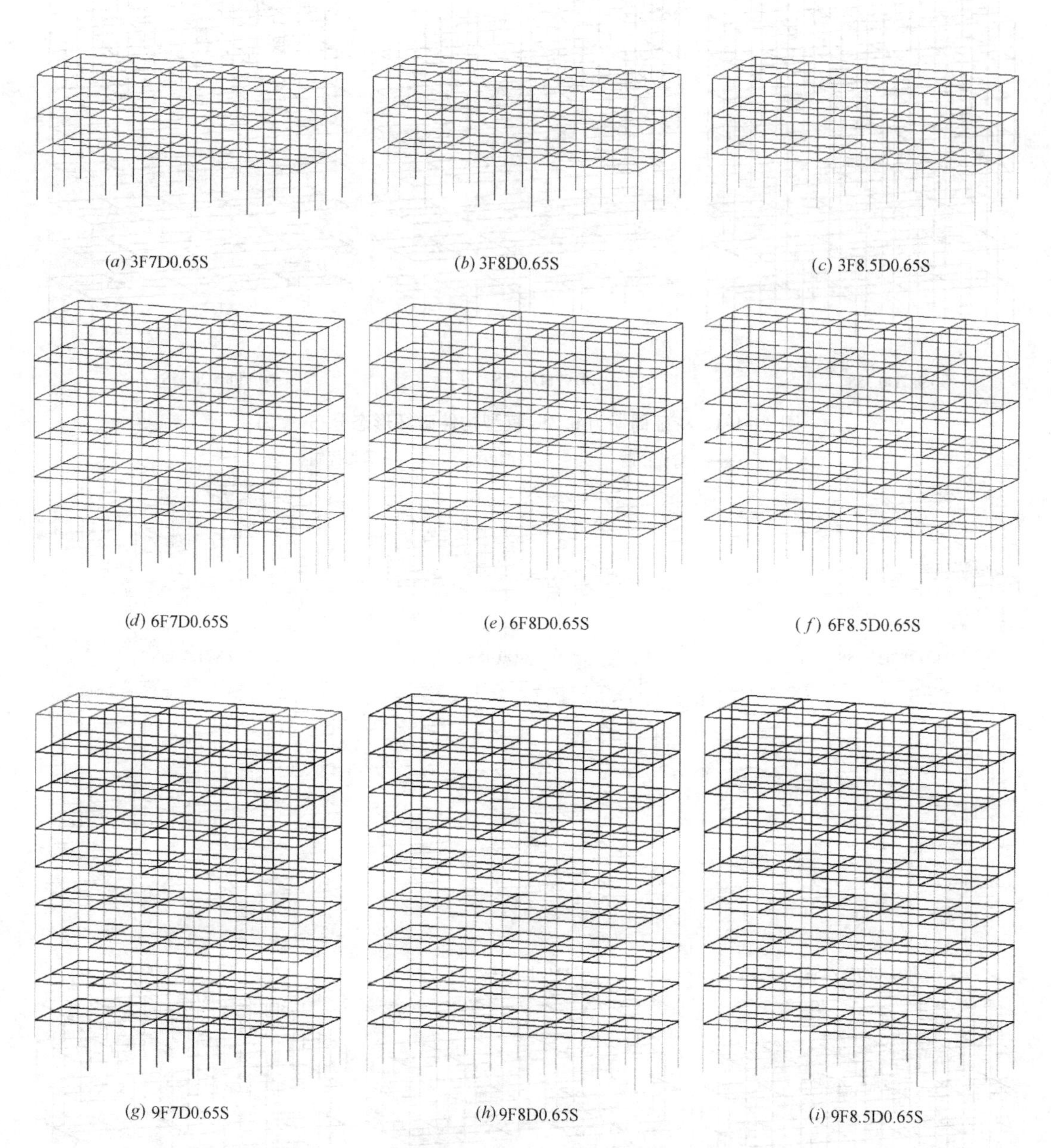

(a) 3F7D0.65S　(b) 3F8D0.65S　(c) 3F8.5D0.65S

(d) 6F7D0.65S　(e) 6F8D0.65S　(f) 6F8.5D0.65S

(g) 9F7D0.65S　(h) 9F8D0.65S　(i) 9F8.5D0.65S

图 11-1-6　特征周期为 0.65s 模型构件破坏形态分布

框架梁剪跨比普遍大于 2.0，同时规范对框架梁进行了“强剪弱弯”内力调整，因此框架梁发生破坏时的破坏形态以弯曲控制为主，只有不足 2%的框架梁破坏形态为剪切控制，且剪切控制的框架梁位于内力和变形较小结构顶层，通常不会发生破坏。因此，按规范设计的框架梁一般来说不会发生剪切破坏。

对于框架柱，统计发现超过 98%发生破坏时的破坏形态为弯曲控制或弯剪控制，只有不足 2%为剪切控制。位于上部楼层的框架柱破坏形态均为弯曲控制，中部和下部楼层的框架柱在低烈度区（7 度）的破坏形态以弯控为主，在高烈度区（8 度、8.5 度）的破坏形态以弯剪控制为主。随着抗震设防烈度的上升、楼层数量的增加和设计特征周期的增大，框架柱的截面尺寸逐渐变大，破坏形态被判定为弯曲控制的框架柱数量逐渐减小，破坏形态被判定为弯剪控制和剪切控制的框架柱数量逐渐增加。总的来说，按现行规范设计的框架柱在发生破坏时的破坏形态以延性破坏为主。进一步研究发现，剪切控制的框架柱只出现在抗震设防烈度为 8 度半（0.3g）的框架结构中，其数量不超过所在楼层柱子数量的 35%。虽然破坏形态为剪切控制的框架柱数量不多，但其所在的位置主要为结构底部楼层的边柱和角柱，位于结构抗震的关键部位。因此，在强震作用下，高烈度区（0.3g）的框架柱存在发生剪切破坏的可能，在强震弹塑性分析中需要特别关注此类构件的性能状态，防止剪切破坏的发生。

11.2　剪力墙结构构件破坏形态

11.2.1　剪力墙结构模型设计

剪力墙结构设计原则与框架结构设计原则类似，以结构高度、设防烈度和设计特征周期为变量，选取了 20 层、25 层、30 层三种常见的结构高度，考虑 7 度（0.1g）、8 度（0.2g）两种常见的设防烈度，并把设计特征周期分为 0.35s、0.45s、0.65s 三类，根据现行规范的要求建立了 15 个剪力结构模型，结构平面布置如图 11-2-1 所示。

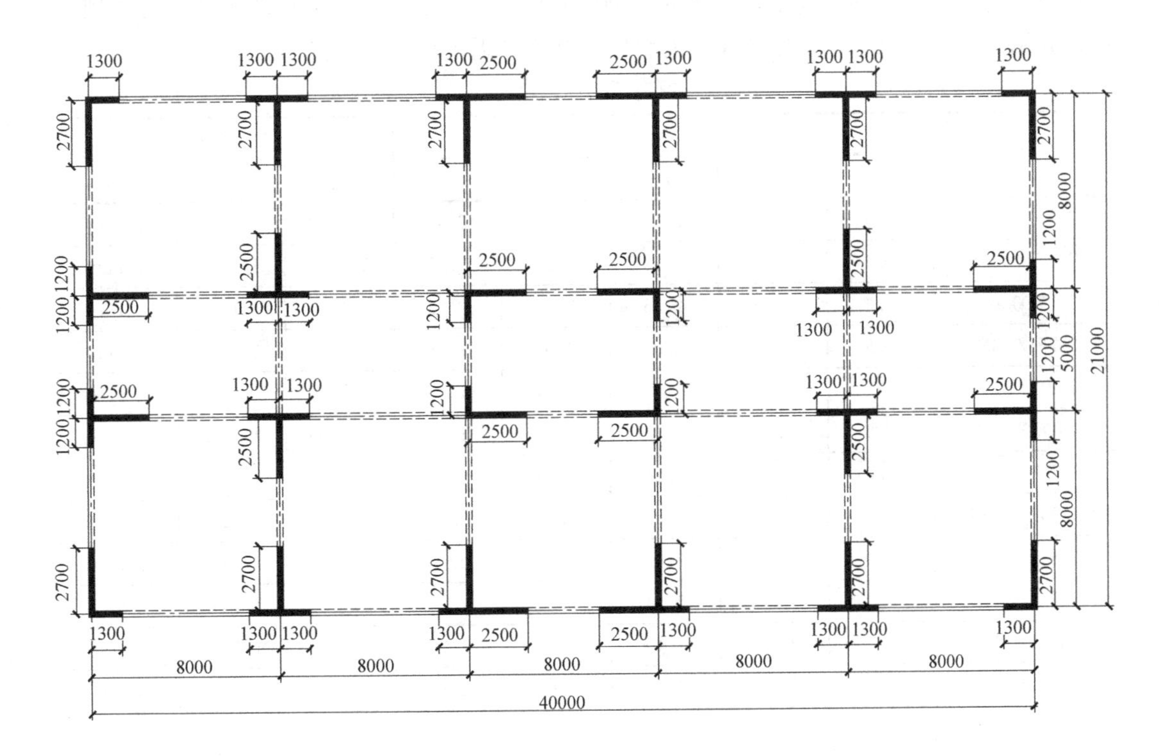

图 11-2-1　剪力墙结构平面布置图

结构首层层高为 5m，其余楼层层高为 4m，使每个设防烈度下均有总高度达到规范最大适用高度（7 度区为 120m，8 度区为 100m）的模型，剪力墙结构模型信息见表 11-2-1。

剪力墙结构模型信息 **表 11-2-1**

剪力墙结构			设计特征周期								
设防烈度	基本地震加速度	楼层高度	0.35s			0.45s			0.65s		
7 度	0.1g	层数(f)	20	25	30	20	25	30	20	25	30
		总高(m)	81	101	121	81	101	121	81	101	121
8 度	0.2g	总高(m)	20	25	—	20	25	—	20	25	—
		总高(m)	81	101	—	81	101	—	81	101	—

注：“—”表示结构在对应设防烈度下已超过最大适用高度。

模型竖向荷载施加情况如下：屋面层附加恒载取 4.5kN/m^2，其他层附加恒载取 3.0kN/m^2，活荷载取 2.0kN/m^2，外墙线荷载取 11kN/m，内墙线荷载取 5kN/m，屋面女儿墙线荷载取 4kN/m。模型单位面积重量在 1.3～1.6t/m^2 之间，与工程实际相符。

与框架结构设计原则相同，结构所在地的基本风压取 0.35kN/m^2，混凝土强度等级为 C30～C50，受力钢筋和分布筋采用 HRB400，箍筋为 HPB300。20 层的模型，构件截面沿高度变化一次；25 层的模型，构件截面沿高度变化两次，30 层的模型，构件截面沿高度变化三次。

共建立了 15 个剪力结构模型，为了体现结构设计的经济性，在周期比、位移比等整体指标满足规范要求的前提下，尽量使模型层间位移角和轴压比贴近规范限值。各模型弹性计算结果见表 11-2-2，可见各模型的整体指标均贴近现行规范的要求。

剪力结构计算结果 **表 11-2-2**

编号	轴压比		周期(s)			位移角		
	限值	设计	T_1	T_2	T_3	限值	X 向	Y 向
20F7D0.35S	0.6	0.59	2.93	2.93	2.48	1/1000	1/1089	1/1099
20F7D0.45S	0.6	0.59	2.93	2.92	2.47	1/1000	1/1109	1/1119
20F7D0.65S	0.6	0.58	2.55	2.54	2.13	1/1000	1/1058	1/1070
20F8D0.35S	0.5	0.47	2.04	2.02	1.66	1/1000	1/1135	1/1149
20F8D0.45S	0.5	0.5	1.78	1.74	1.41	1/1000	1/1089	1/1150
20F8D0.65S	0.5	0.41	1.45	1.41	1.20	1/1000	1/1029	1/1030
25F7D0.35S	0.6	0.57	3.23	3.14	2.62	1/1000	1/1127	1/1096
25F7D0.45S	0.6	0.6	3.24	3.21	2.70	1/1000	1/1103	1/1096
25F7D0.65S	0.6	0.57	3.00	2.99	2.48	1/1000	1/1080	1/1084
25F8D0.35S	0.5	0.5	2.34	2.31	1.87	1/1000	1/1096	1/1078
25F8D0.45S	0.5	0.48	2.19	2.14	1.76	1/1000	1/1106	1/1079
25F8D0.65S	0.5	0.43	1.83	1.60	1.36	1/1000	1/1111	1/999
30F7D0.35S	0.6	0.6	3.64	3.50	2.97	1/1000	1/1080	1/1037
30F7D0.45S	0.6	0.6	3.67	3.49	2.95	1/1000	1/1116	1/1075
30F7D0.65S	0.6	0.6	3.67	3.57	3.01	1/1000	1/1065	1/1040

11.2.2　构件剪跨比在结构中的分布规律

11.2.2.1　连梁剪跨比在结构中的分布规律

统计发现，连梁的剪跨比大小分布在 0.9～4.0 之间，每个结构都存在剪跨比小于 2.0 的连梁，比例占连梁总数的 25%～45%。在同一楼层中，跨高比较小的连梁其剪跨比也较小。连梁剪跨比沿楼层高度的典型分布规律如图 11-2-2 所示（由于篇幅有限且分布规律类似，只列举 20 层剪力墙结构的分布规律）。

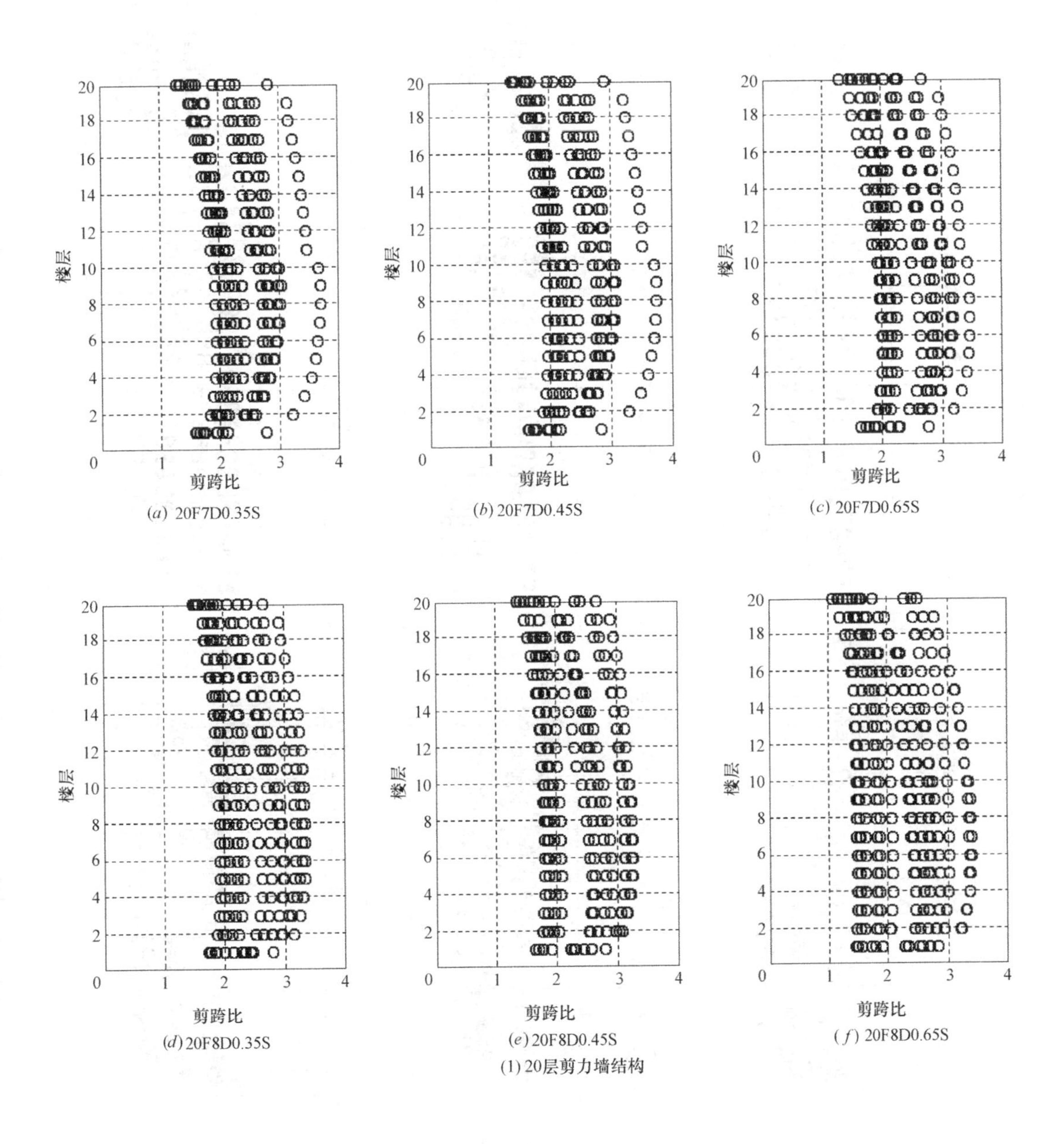

图 11-2-2　连梁剪跨比分布规律（一）

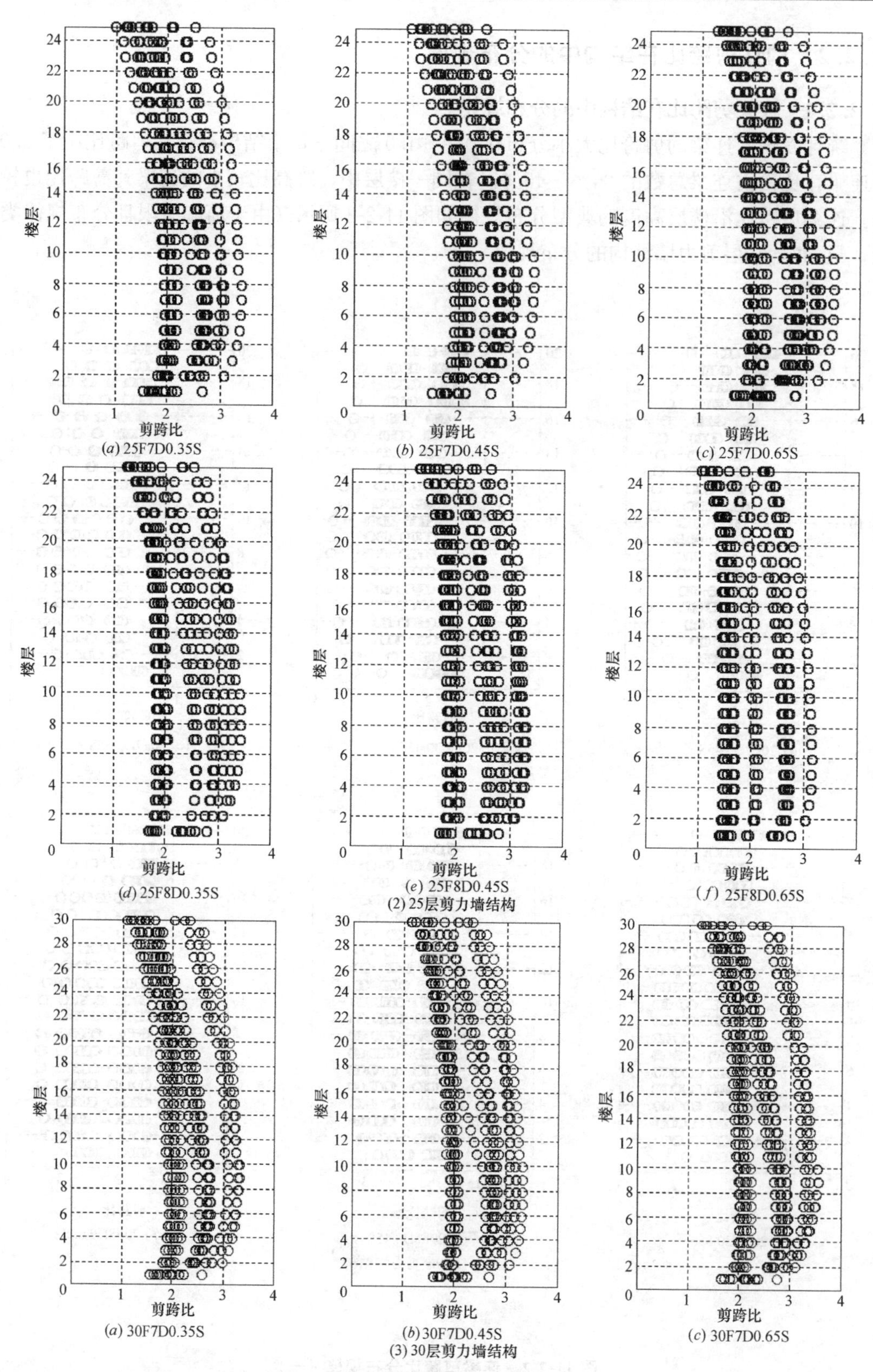

(a) 25F7D0.35S　(b) 25F7D0.45S　(c) 25F7D0.65S

(d) 25F8D0.35S　(e) 25F8D0.45S　(f) 25F8D0.65S

(2) 25层剪力墙结构

(a) 30F7D0.35S　(b) 30F7D0.45S　(c) 30F7D0.65S

(3) 30层剪力墙结构

图 11-2-2　连梁剪跨比分布规律（二）

可见，连梁的剪跨比随着楼层上升呈现先增大后减小的规律，与结构在小震作用下层间位移角的变化规律相似，在层间位移角最大的楼层，连梁的剪跨比也达到最大值。

11. 2. 2. 2　墙肢剪跨比在结构中的分布规律

美国规范 ASCE41-13 认为，剪跨比小于 1.5 的剪力墙破坏形态由剪切控制。针对上述 15 个剪力墙模型进行统计分析，发现剪力墙的剪跨比大小分布在 0.2～4.7 之间，每个结构均发现剪跨比小于 1.5 的剪力墙，且占比在 45%～85%之间，随着设计特征周期和抗震设防烈度的增大，剪跨比小于 1.5 的剪力墙数量占比逐渐增加。首层为结构抗震的关键部位，首层剪力墙剪跨比大小比其他楼层大，数值分布在 0.9～4.7 之间，剪跨比小于 1.5 的剪力墙占首层构件数量的 8%～25%。剪力墙剪跨比沿楼层高度的典型分布规律如图 11 2 3 所示，可见大部分剪力墙的剪跨比沿楼层上升先减小后增大，并在层高变化和剪力墙截面变化时发生突变。

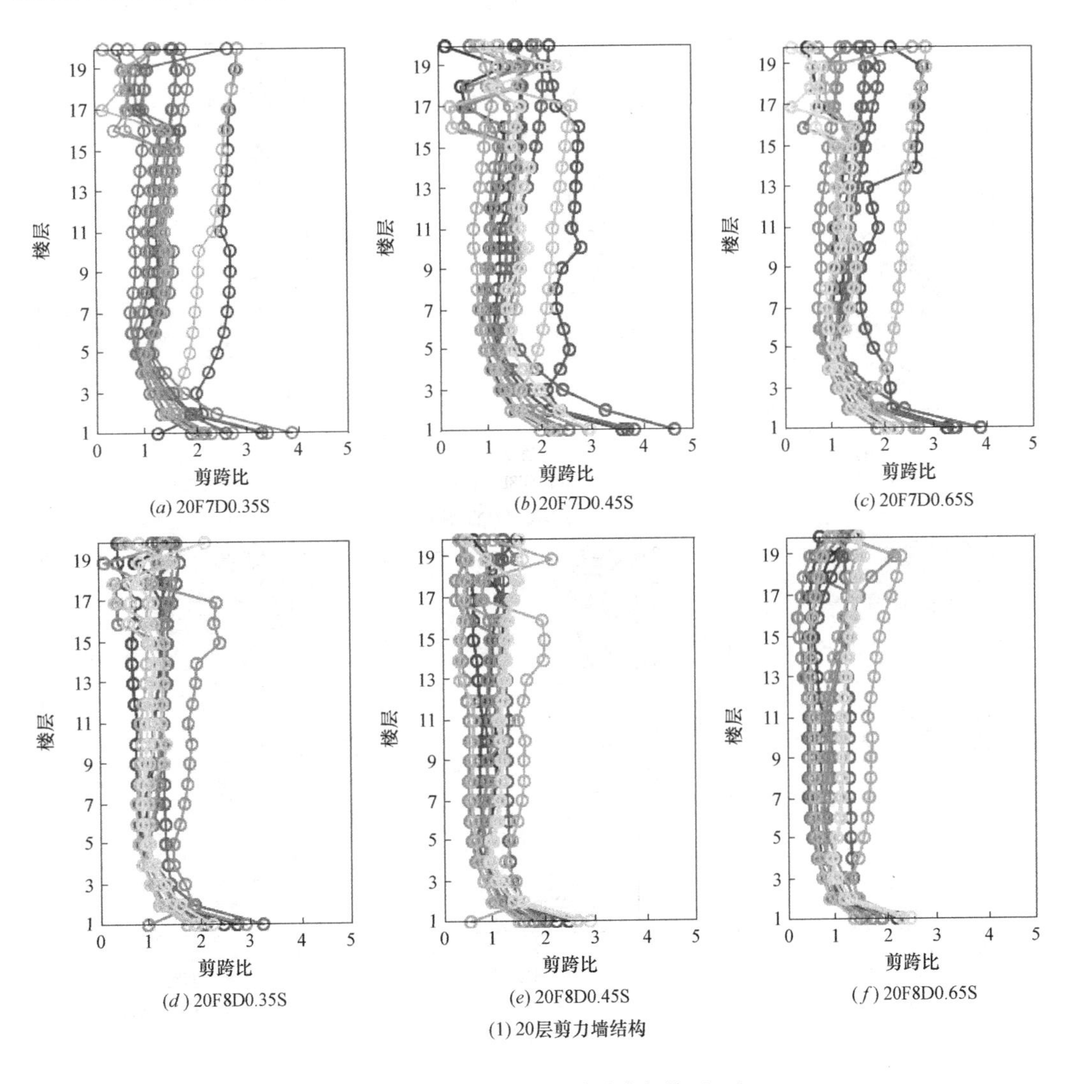

(a) 20F7D0.35S　(b) 20F7D0.45S　(c) 20F7D0.65S

(d) 20F8D0.35S　(e) 20F8D0.45S　(f) 20F8D0.65S

(1) 20层剪力墙结构

图 11-2-3　剪力墙剪跨比分布规律（一）

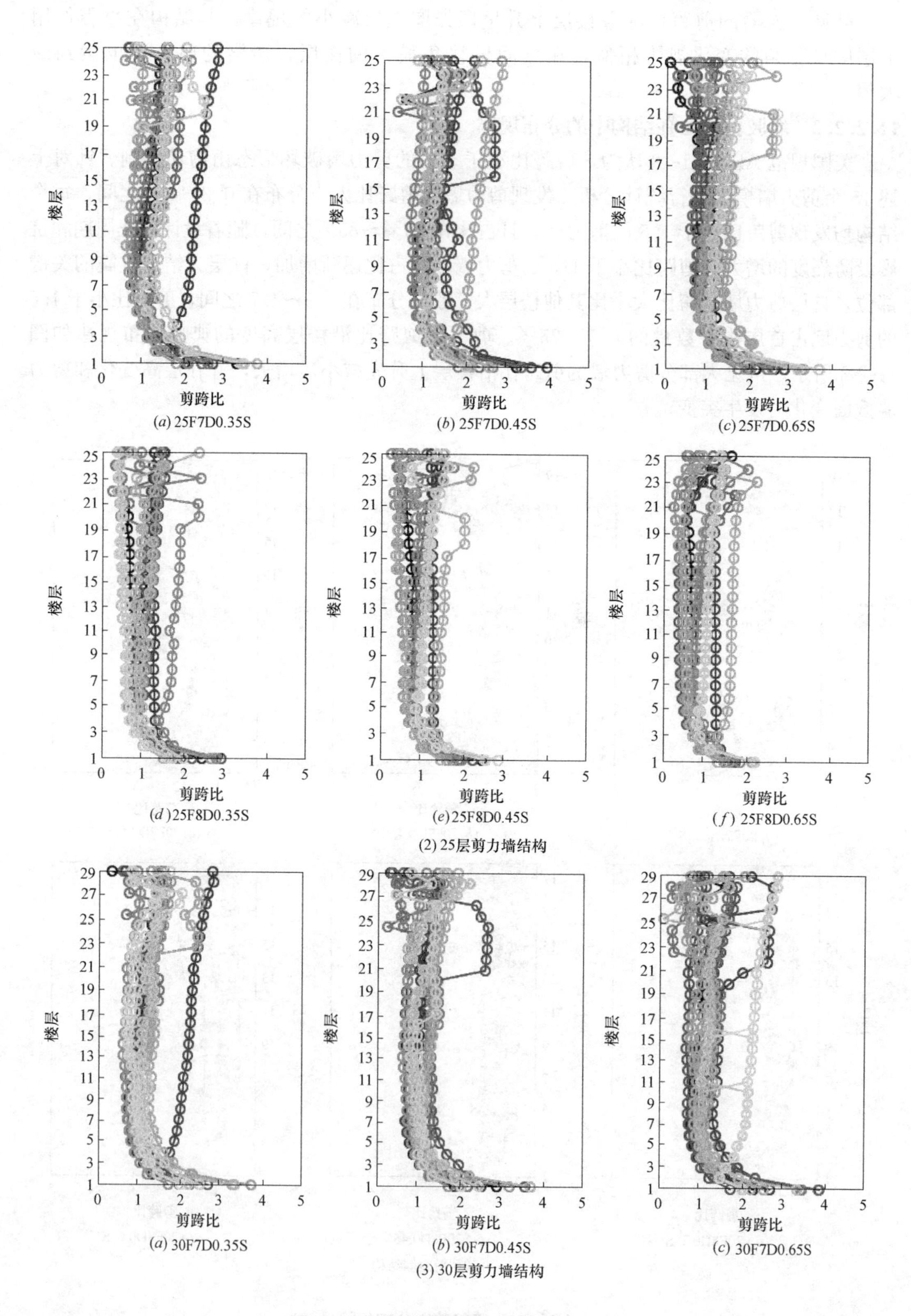

图 11-2-3　剪力墙剪跨比分布规律（二）

11.2.3　构件破坏形态

根据结构构件设计的内力和配筋，对 15 个剪力墙模型的剪力墙和连梁在地震作用下的破坏形态进行划分，将各个模型按楼层数进行分组，连梁和剪力墙的破坏形态划分结果分别见图 11-2-4～图 11-2-6。

对于连梁，虽然现行规范进行了“强剪弱弯”内力调整，并规定了抗震构造措施，但由于连梁的跨高比较小，每个结构中均发现破坏形态被判定为剪切控制的连梁，占比在 25%～45%之间，且连梁跨高比越小，其破坏形态为剪切控制的可能性越大。进一步对各楼层剪切控制连梁的数量进行统计，以模型 20F7D0.35S 为例，统计结果如图 11-2-7 所示。可见，随着楼层上升破坏形态为剪切控制的连梁数量先减少后增加。在底部和顶部楼层，连梁的破坏形态一般以剪切控制为主；在中部楼层，连梁的破坏形态以弯曲控制为主；在结构抗震的关键部位首层，剪切控连梁的数量比其他楼层多，占首层连梁总数的 60%～75%。

对于剪力墙，大部分墙肢发生破坏时的破坏形态由剪切控制，统计表明 15 个剪力墙结构中剪切控制剪力墙的数量占比在 65%以上，在各个楼层中剪力墙的破坏形态均以剪切控制为主，且随着抗震设防烈度的提高、设计特征周期的增大和模型楼层数的增加，破坏形态由剪切控制的剪力墙数量逐渐递增。其中，首层为结构抗震的关键部位，剪切控制剪力墙的数量与其他楼层相比较少，剪切控制的剪力墙数量沿楼层上升先增加后减小。

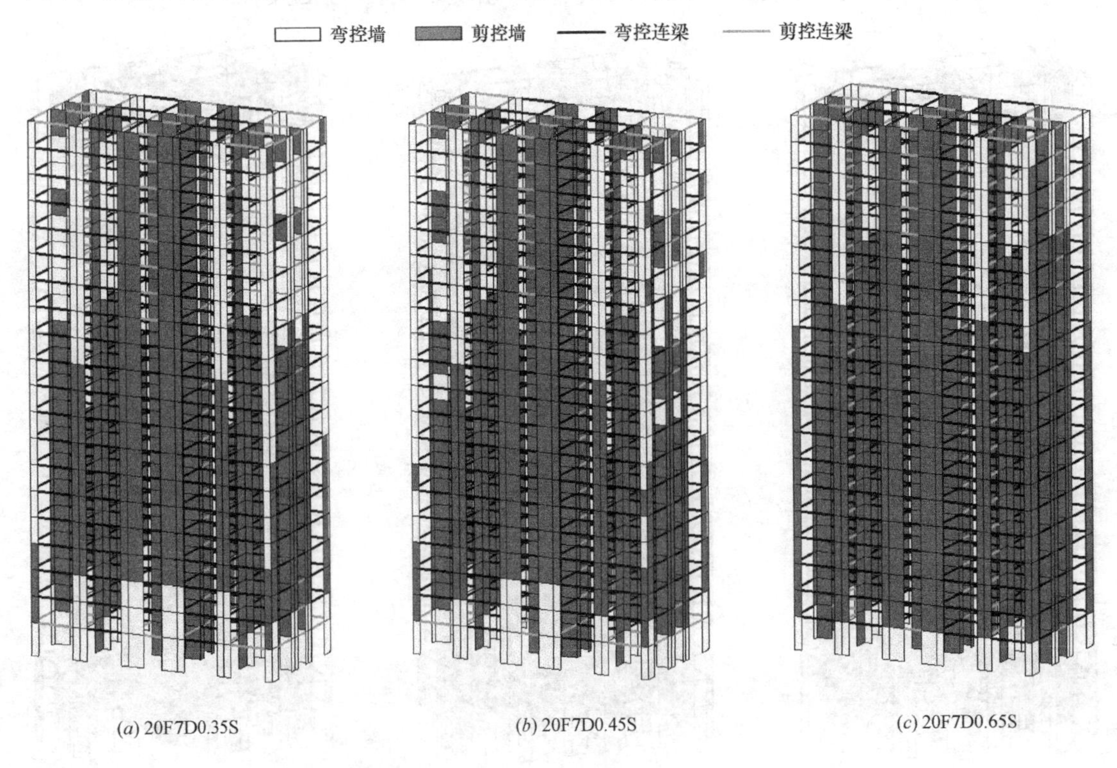

图 11-2-4　20F 剪力墙模型构件破坏形态划分（一）

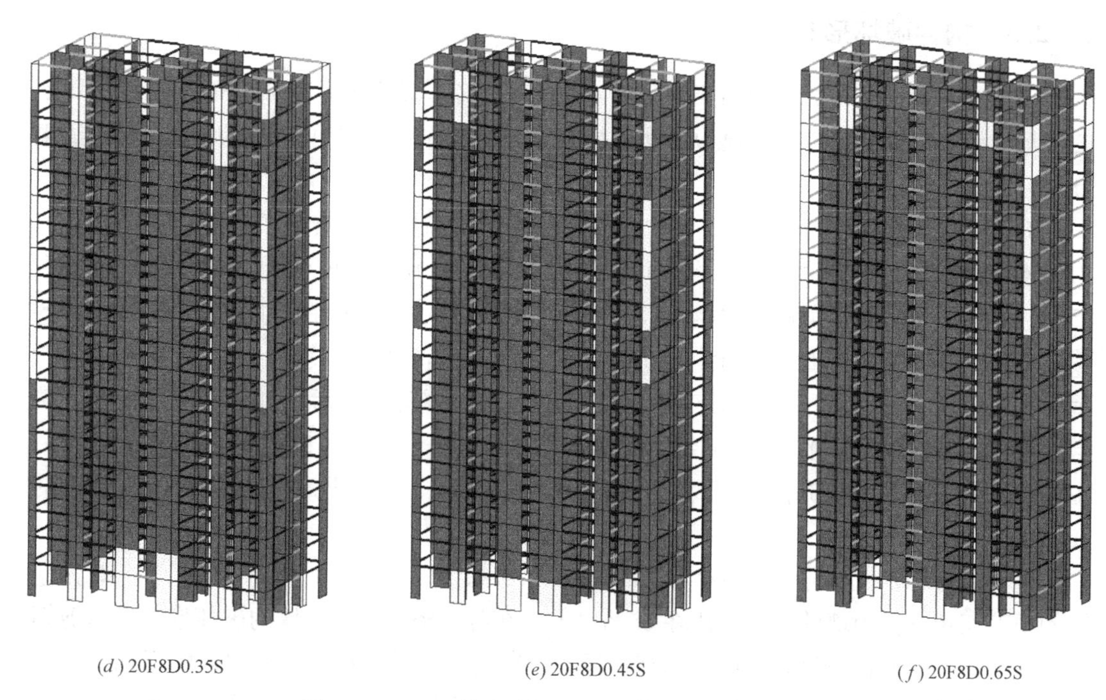

(d) 20F8D0.35S　　(e) 20F8D0.45S　　(f) 20F8D0.65S

图 11-2-4　20F 剪力墙模型构件破坏形态划分（二）

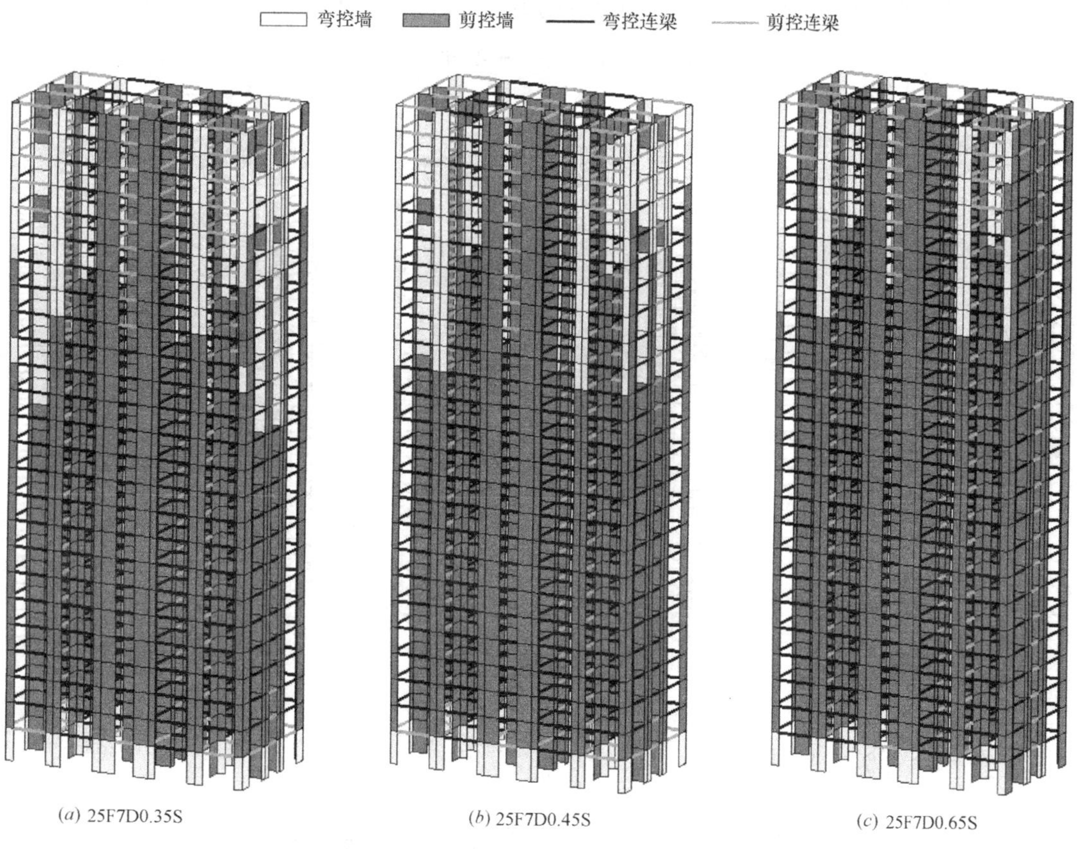

(a) 25F7D0.35S　　(b) 25F7D0.45S　　(c) 25F7D0.65S

图 11-2-5　25F 剪力墙模型构件破坏形态划分（一）

(*d*) 25F8D0.35S　(*e*) 25F8D0.45S　(*f*) 25F8D0.65S

图 11-2-5　25F 剪力墙模型构件破坏形态划分（二）

(*a*) 30F7D0.35S　(*b*) 30F7D0.45S　(*c*) 30F7D0.65S

图 11-2-6　30F 剪力墙模型构件破坏形态划分

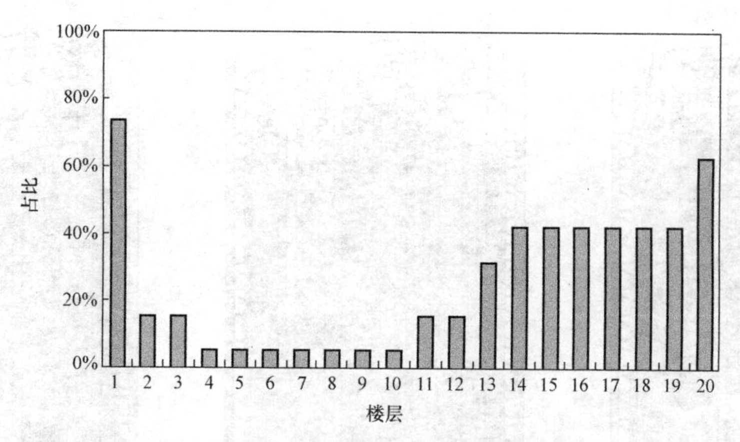

图 11-2-7　模型 20F7D0.35S 各楼层剪控连梁数量占比

可见，剪力墙结构中无论是连梁或墙肢均有相当一部分比例的构件破坏形态为剪切控制，此类构件的变形能力较差，在强震弹塑性分析中需要特别关注，通过提高构件抗剪承载力避免剪切破坏的发生。